チャート式® 解法と演習 数学C

チャート研究所　編著

はじめに

CHART
（チャート）
とは 何？

C.O.D.(*The Concise Oxford Dictionary*) には，CHART——Navigator's sea map, with coast outlines, rocks, shoals, *etc.* と説明してある。

海図——浪風荒き問題の海に船出する若き船人に捧げられた海図——問題海の全面をことごとく一眸の中に収め，もっとも安らかな航路を示し，あわせて乗り上げやすい暗礁や浅瀬を一目瞭然たらしめるCHART！

——昭和初年チャート式代数学巻頭言

本書では，このCHARTの意義に則り，下に示したチャート式編集方針で

問題の急所がどこにあるか，その解法をいかにして思いつくか

をわかりやすく示すことを主眼としています。

チャート式編集方針

1
基本となる事項を，定義や公式・定理という形で覚えるだけではなく，問題を解くうえで直接に役に立つ形でとらえるようにする。

▶

2
問題と基本となる事項の間につながりをつけることを考える——問題の条件を分析して既知の基本事項を結びつけて結論を導き出す。

▶

3
問題と基本となる事項を端的にわかりやすく示したものが CHART である。
CHART によって基本となる事項を問題に活かす。

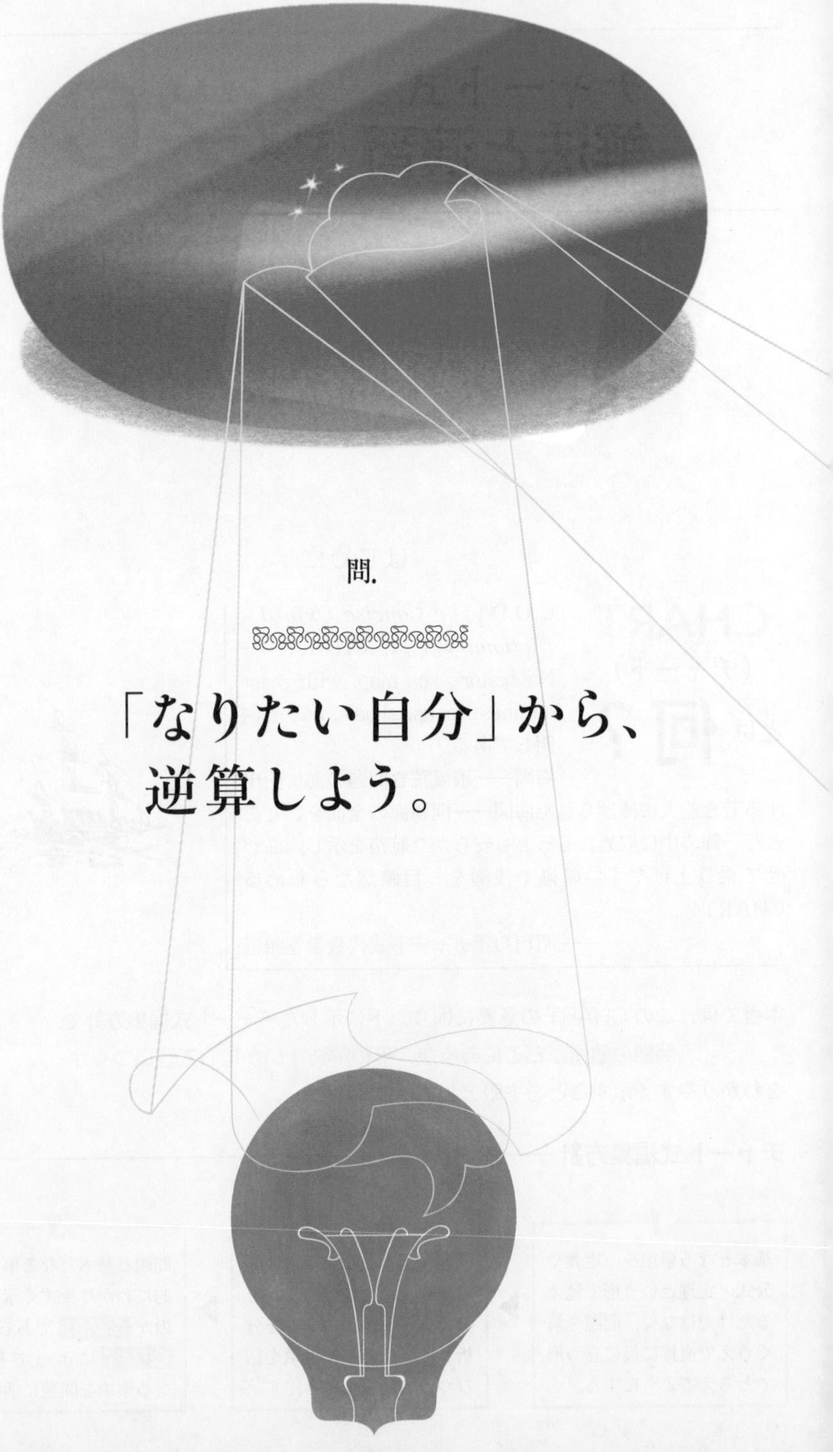

問.

「なりたい自分」から、逆算しよう。

数字で表せない成長がある。

チャート式との学びの旅も、いよいよ最終章です。
これまでの旅路を振り返ってみよう。
大きな難題につまづいたり、思い通りの結果が出なかったり、
出口がなかなか見えず焦ることも、たくさんあったはず。
そんな長い学びの旅路の中で、君が得たものは何だろう。
それはきっと、たくさんの公式や正しい解法だけじゃない。
納得いくまで、自分の頭で考え抜く力。
自分の考えを、言葉と数字で表現する力。
難題を恐れず、挑み続ける力。
いまの君には、数学を通して大きな力が身についているはず。

磨いているのは「未来の問題」を解く力。

数年後、君はどんな大人になっていたいのだろう?
そのためには、どんな力が必要だろう?
チャート式との学びの先に待っているのは、君が主役の人生。
この先、知識や公式だけでは解けない問題にも直面するだろう。
だからいま、数学を一生懸命学んでほしい。
チャート式と身につけた君の力。
その力こそ、これから訪れる身の回りの小さな問題も、
社会に訪れる大きな難題も乗り越えて、
君が目指すゴールに向かって進み続ける助けになるから。

その答えが、
君の未来を前進させる解になる。

本書の構成

章トビラのページ

各章の始めに SELECTSTUDY と例題一覧を掲載。SELECTSTUDY は目的に応じて例題を選択しながら学習する際に使用。例題一覧は，各章で掲載している例題の全体像をつかむのに役立つ。問題ごとの難易度の比較などにも使用できる。

基本事項のページ

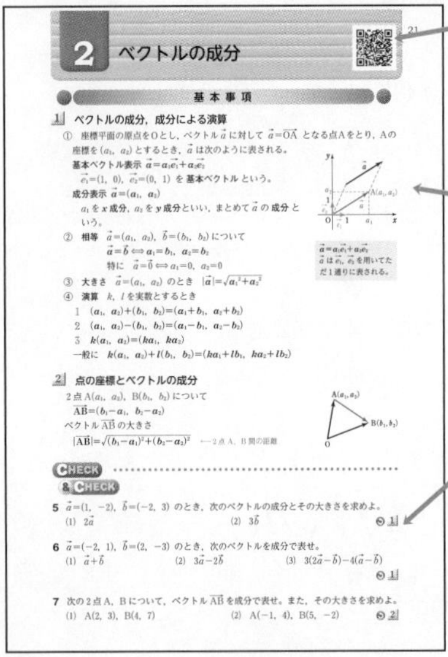
21

2 ベクトルの成分

基本事項

1 ベクトルの成分，成分による演算

① 座標平面の原点をOとし，ベクトル $\vec{a}$ に対して $\vec{a}=\overrightarrow{OA}$ となる点Aをとり，Aの座標を $(a_1,\ a_2)$ とするとき，$\vec{a}$ は次のように表される。

基本ベクトル表示 $\vec{a}=a_1\vec{e_1}+a_2\vec{e_2}$

$\vec{e_1}=(1,\ 0)$，$\vec{e_2}=(0,\ 1)$ を **基本ベクトル** という。

成分表示 $\vec{a}=(a_1,\ a_2)$

a_1 を **x 成分**，a_2 を **y 成分**といい，まとめて $\vec{a}$ の **成分** という。

$\vec{a}=a_1\vec{e_1}+a_2\vec{e_2}$
$\vec{a}$ は $\vec{e_1}$，$\vec{e_2}$ を用いてただ1通りに表される。

② **相等** $\vec{a}=(a_1,\ a_2)$，$\vec{b}=(b_1,\ b_2)$ について

$\vec{a}=\vec{b} \iff a_1=b_1,\ a_2=b_2$

特に $\vec{a}=\vec{0} \iff a_1=0,\ a_2=0$

③ **大きさ** $\vec{a}=(a_1,\ a_2)$ のとき $|\vec{a}|=\sqrt{a_1^2+a_2^2}$

④ **演算** k，l を実数とするとき

1 $(a_1,\ a_2)+(b_1,\ b_2)=(a_1+b_1,\ a_2+b_2)$
2 $(a_1,\ a_2)-(b_1,\ b_2)=(a_1-b_1,\ a_2-b_2)$
3 $k(a_1,\ a_2)=(ka_1,\ ka_2)$
一般に $k(a_1,\ a_2)+l(b_1,\ b_2)=(ka_1+lb_1,\ ka_2+lb_2)$

2 点の座標とベクトルの成分

2点 $A(a_1,\ a_2)$，$B(b_1,\ b_2)$ について

$\overrightarrow{AB}=(b_1-a_1,\ b_2-a_2)$

ベクトル $\overrightarrow{AB}$ の大きさ

$|\overrightarrow{AB}|=\sqrt{(b_1-a_1)^2+(b_2-a_2)^2}$ ←2点A，B間の距離

CHECK & CHECK

5 $\vec{a}=(1,\ -2)$，$\vec{b}=(-2,\ 3)$ のとき，次のベクトルの成分とその大きさを求めよ。
(1) $2\vec{a}$ (2) $3\vec{b}$ 1

6 $\vec{a}=(-2,\ 1)$，$\vec{b}=(2,\ -3)$ のとき，次のベクトルを成分で表せ。
(1) $\vec{a}+\vec{b}$ (2) $3\vec{a}-2\vec{b}$ (3) $3(2\vec{a}-\vec{b})-4(\vec{a}-\vec{b})$ 1

7 次の2点A，Bについて，ベクトル $\overrightarrow{AB}$ を成分で表せ。また，その大きさを求めよ。
(1) A(2, 3)，B(4, 7) (2) A(−1, 4)，B(5, −2) 2

デジタルコンテンツ
各節の例題解説動画や，学習を補助するコンテンツにアクセスできる（詳細は，$p.8$ を参照）。

基本事項
教科書の内容を中心に，定理・公式や重要な定義などをわかりやすくまとめた。
また，教科書で扱われていない内容に関しては解説・証明などを示した。

CHECK & CHECK
基本事項で得た知識をチェックしよう。
わからないときは に従って，基本事項を確認。答は巻末に掲載している。

例題のページ

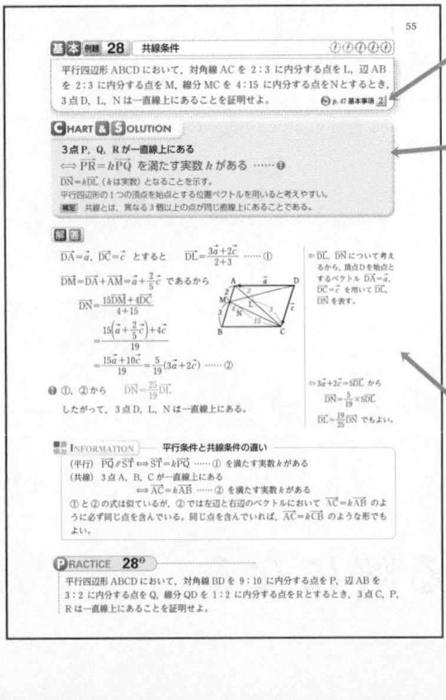
55

基本 例題 28 共線条件

平行四辺形 ABCD において，対角線 AC を 2:3 に内分する点を L，辺 AB を 2:3 に内分する点を M，線分 MC を 4:15 に内分する点をNとするとき，3点 D，L，N は一直線上にあることを証明せよ。 p.47 基本事項 2

CHART & SOLUTION

3点 P，Q，R が一直線上にある
$\iff \overrightarrow{PR}=k\overrightarrow{PQ}$ を満たす実数 k がある ……❶
$\overrightarrow{DN}=k\overrightarrow{DL}$（$k$ は実数）となることを示す。
平行四辺形の1つの頂点を始点とする位置ベクトルを用いると考えやすい。
補足 共線とは，異なる3個以上の点が同じ直線上にあることである。

解答

$\overrightarrow{DA}=\vec{a}$，$\overrightarrow{DC}=\vec{c}$ とすると $\overrightarrow{DL}=\dfrac{3\vec{a}+2\vec{c}}{2+3}$ ……①

$\overrightarrow{DM}=\overrightarrow{DA}+\overrightarrow{AM}=\vec{a}+\dfrac{2}{5}\vec{c}$ であるから

$\overrightarrow{DN}=\dfrac{15\overrightarrow{DM}+4\overrightarrow{DC}}{4+15}$

$=\dfrac{15\left(\vec{a}+\frac{2}{5}\vec{c}\right)+4\vec{c}}{19}$

$=\dfrac{15\vec{a}+10\vec{c}}{19}=\dfrac{5}{19}(3\vec{a}+2\vec{c})$ ……②

❶ ①，②から $\overrightarrow{DN}=\dfrac{25}{19}\overrightarrow{DL}$

したがって，3点 D，L，N は一直線上にある。

⇐ $\overrightarrow{DL}$，$\overrightarrow{DN}$ について考えるから，頂点Dを始点とするベクトル $\overrightarrow{DA}=\vec{a}$，$\overrightarrow{DC}=\vec{c}$ を用いて $\overrightarrow{DL}$，$\overrightarrow{DN}$ を表す。

⇐ $3\vec{a}+2\vec{c}=5\overrightarrow{DL}$ から $\overrightarrow{DN}=\dfrac{5}{19}\times 5\overrightarrow{DL}$
$\overrightarrow{DL}=\dfrac{19}{25}\overrightarrow{DN}$ でもよい。

INFORMATION 平行条件と共線条件の違い

（平行） $\overrightarrow{PQ}/\!/\overrightarrow{ST} \iff \overrightarrow{ST}=k\overrightarrow{PQ}$ ……① を満たす実数 k がある
（共線） 3点 A，B，C が一直線上にある
$\iff \overrightarrow{AC}=k\overrightarrow{AB}$ ……② を満たす実数 k がある
①と②の式は似ているが，②では左辺と右辺のベクトルにおいて $\overrightarrow{AC}=k\overrightarrow{AB}$ のように必ず同じ点を含んでいる。同じ点を含んでいれば，$\overrightarrow{AC}=k\overrightarrow{CB}$ のような形でもよい。

PRACTICE 28

平行四辺形 ABCD において，対角線 BD を 9:10 に内分する点を P，辺 AB を 3:2 に内分する点を Q，線分 QD を 1:2 に内分する点をRとするとき，3点 C，P，R は一直線上にあることを証明せよ。

フィードバック・フォワード
関連する例題番号や基本事項を示した。

CHART & SOLUTION,
CHART & THINKING
問題の重点や急所はどこか，問題解法の方針の立て方，解法上のポイントとなる式は何かを示した。特に，CHART & THINKING では，考え方の糸口を示し，何に着目して方針を立てるかを説明した。

解答 自学自習できるようていねいな解答。
解説図も豊富に取り入れた。
解答の左側に ❶ がついている部分は解答の中でも特に重要な箇所である。CHART & SOLUTION，CHART & THINKING の対応する ❶ の説明を振り返っておきたい。

基本例題 基礎力を固めるための例題。教科書で扱われているタイプの問題が中心。
重要例題 教科書ではあまり扱いのないタイプの問題や，代表的な入試問題が中心。
補充例題 他科目の範囲など，教科書では扱いのない問題や，入試準備には不可欠な問題。

難易度 例題はタイトルの右に，PRACTICE，EXERCISES は問題番号の肩に示した。
①…教科書の例レベル
②…教科書の例題レベル
③…教科書の節末，章末レベル
④…入試の基本～標準レベル
⑤…入試の標準～やや難レベル

POINT 定理や公式，重要な性質をまとめた。
INFORMATION 注意事項や参考事項をまとめた。
ピンポイント解説 つまずきやすい事柄について，かみ砕いてていねいに解説した。
PRACTICE 例題の反復練習問題が中心。例題が理解できたかチェックしよう。

コラムのページ

ズーム UP 考える力を特に必要とする例題について，更に詳しく解説。重要な内容の理解を深めるとともに，**思考力**，**判断力**，**表現力**を高めるのに有効なものを扱った。
振り返り 複数の例題で学んだ解法の特徴を横断的に解説した。解法を判断するときのポイントについて，理解を深められる。
まとめ いろいろな場所で学んできた事柄を読みやすくまとめた。定理や公式をどのように使い分けるかなども扱った。
STEP UP 教科書で扱われていない内容のうち，特に注意すべき事柄を扱った。

EXERCISES のページ

各項目に，例題に関連する問題を取り上げた。難易度により，A 問題，B 問題の 2 レベルに分けているので，目的に合わせて取り組む問題を選ぶことができる。
A問題 その項目で学習した内容の反復練習問題が中心。わからないときは ! に従って，例題を確認しよう。
B問題 応用的な問題。中にはやや難しい問題もある。HINT を参考に挑戦してみよう。
HINT 主にB問題の指針となるものを示した。

Research＆Work のページ

各分野の学習内容に関連する重要なテーマを取り上げた。各テーマについて，例題や基本事項を振り返りながら解説した。また，基本的な問題として **確認**，やや発展的な問題として **やってみよう** を掲載した。これらの問題に取り組みながら理解を深めることができる。日常・社会的な事象を扱ったテーマや，デジタルコンテンツと連動する内容を扱ったテーマもある。更に，各テーマの最後に，仕上げ問題として **問題に挑戦** を掲載した。「大学入学共通テスト」につながる問題演習として取り組むこともできる（詳細は，$p.255$ を参照）。

CONTENTS

問題数
① **例題 150** （基本 114，重要 34，補充 2）
② **CHECK & CHECK 49**
③ **PR 150，EX 137**（A問題 81，B 問題 56）
④ **Research & Work 14**
（①，②，③，④の合計 **500 題**）

※ Research & Work の問題数は，確認 (Q)，やってみよう (問)，問題に挑戦 の問題の合計。

コラムの一覧

デジタルコンテンツの活用方法

本書では，QR コード*からアクセスできるデジタルコンテンツを豊富に用意しています。これらを活用することで，わかりにくいところの理解を補ったり，学習したことを更に深めたりすることができます。

■ 解説動画

本書に掲載しているすべての例題 (基本例題，重要例題，補充例題) の解説動画を配信しています。

数学講師が丁寧に解説 しているので，本書と解説動画をあわせて学習することで，例題のポイントを確実に理解することができます。

例えば，

・例題を解いたあとに，その例題の理解を確認したいとき

・例題が解けなかったときや，解説を読んでも理解できなかったとき

といった場面で活用できます。

数学講師による解説を **いつでも，どこでも，何度でも** 視聴することができます。解説動画も活用しながら，チャート式とともに数学力を高めていってください。

■ サポートコンテンツ

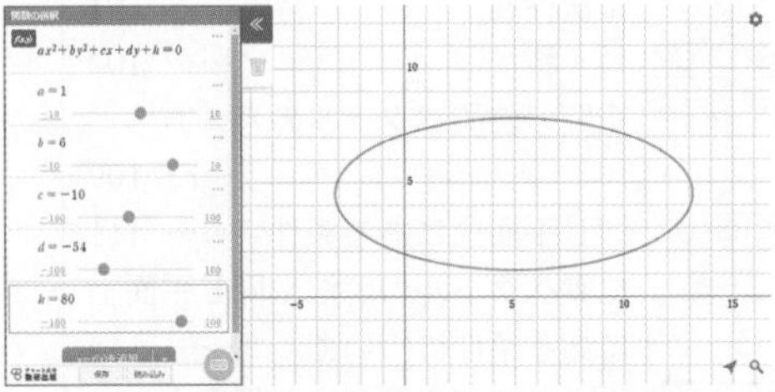

本書に掲載した問題や解説の理解を深めるための補助的なコンテンツも用意しています。

例えば，関数のグラフや図形の動きを考察する例題において，画面上で実際にグラフや図形を動かしてみることで，視覚的なイメージと数式を結びつけて学習できるなど，より深い理解につなげることができます。

<デジタルコンテンツのご利用について>

デジタルコンテンツはインターネットに接続できるコンピュータやスマートフォン等でご利用いただけます。下記の URL，右の QR コード，もしくは「基本事項」のページにある QR コードからアクセスできます。

https://cds.chart.co.jp/books/x2d4njtli1

※追加費用なしにご利用いただけますが，通信料はお客様のご負担となります。Wi-Fi 環境でのご利用をおすすめいたします。学校や公共の場では，マナーを守ってスマートフォンなどをご利用ください。

＊　QR コードは，(株) デンソーウェーブの登録商標です。

※　上記コンテンツは，順次配信予定です。また，画像は製作中のものです。

本書の活用方法

■ 方法1「自学自習のため」の活用例

週末・長期休暇などの時間のあるときや受験勉強などで，本書の各ページに順々に取り組む場合は，次のようにして学習を進めるとよいでしょう。

第1ステップ ……基本事項のページを読み，重要事項を確認。
問題を解くうえでは，知識を整理しておくことが大切である。
CHECK & CHECK の問題を解いて，知識が身についたか確認するとよい。

↓

第2ステップ ……例題に取り組み解法を習得，PRACTICE を解いて理解の確認。

① まず，**例題を自分で解いてみよう。**
➡ 何もわからなかったら，CHART & SOLUTION，CHART & THINKING を読んで糸口をつかもう。

↓

② CHART & SOLUTION，CHART & THINKING を読んで，**解法やポイントを確認**し，自分の解答と見比べよう。
〈＋α〉**INFORMATION** や **POINT** などの解説も読んで，応用力を身につけよう。
➡ ポイントを見抜く力をつけるために，CHART & SOLUTION，CHART & THINKING は必ず読もう。また，解答の右の ⇦ も理解の助けになる。

↓

③ **PRACTICE** に取り組んで，そのページで学習したことを**再確認**しよう。
➡ わからなかったら，CHART & SOLUTION，CHART & THINKING をもう一度読み返そう。

↓

第3ステップ …… EXERCISES のページで腕試し。
例題のページの勉強がひと通り終わったら取り組もう。

■ 方法2「解法を調べるため」の活用例（解法の辞書としての使い方）

どうやって解いたらいいかわからない問題が出てきたときは，同じ (似た) タイプの例題があるページを本書で探し，解法をまねる ことを考えてみましょう。

同じ (似た) タイプの例題があるページを見つけるには
目次 ($p.$ 6) や **例題一覧** (各章の始め) を利用するとよいでしょう。

大切なこと 解法を調べる際，解答を読むだけでは実力は定着しません。
CHART & SOLUTION，CHART & THINKING もしっかり読んで，その問題の急所やポイントをつかんでおく ことを意識すると，実力の定着につながります。

■ 方法3「目的に応じた学習のため」の活用例

短期間で取り組みたいときや，順々に取り組む時間がとれないときは，目的に応じた例題を選んで学習する ことも1つの方法です。例題の種類 (基本，重要，補充) や各章の始めの SELECT STUDY を参考に，目的に応じた問題に取り組むとよいでしょう。

まとめ　三角関数のいろいろな公式（数学Ⅱ）

数学Ⅱの「三角関数」で学んださまざまな公式は，数学Cを学ぶうえでよく利用されるため，ここに掲載しておく。公式の再確認のためのページとして活用して欲しい。
（符号が紛らわしいものも多いので注意！）

1　半径が r，中心角が θ（ラジアン）である扇形の

弧の長さは　$l=r\theta$，面積は　$S=\dfrac{1}{2}r^2\theta=\dfrac{1}{2}rl$

2　**相互関係**　$\tan\theta=\dfrac{\sin\theta}{\cos\theta}$　$\sin^2\theta+\cos^2\theta=1$　$1+\tan^2\theta=\dfrac{1}{\cos^2\theta}$

$-1\leqq\sin\theta\leqq1$　$-1\leqq\cos\theta\leqq1$

3　**三角関数の性質**　複号同順とする。

$\sin(-\theta)=-\sin\theta$　$\cos(-\theta)=\cos\theta$　$\tan(-\theta)=-\tan\theta$

$\sin(\pi\pm\theta)=\mp\sin\theta$　$\cos(\pi\pm\theta)=-\cos\theta$　$\tan(\pi\pm\theta)=\pm\tan\theta$

$\sin\left(\dfrac{\pi}{2}\pm\theta\right)=\cos\theta$　$\cos\left(\dfrac{\pi}{2}\pm\theta\right)=\mp\sin\theta$　$\tan\left(\dfrac{\pi}{2}\pm\theta\right)=\mp\dfrac{1}{\tan\theta}$

4　**加法定理**　複号同順とする。

$\sin(\alpha\pm\beta)=\sin\alpha\cos\beta\pm\cos\alpha\sin\beta$

$\cos(\alpha\pm\beta)=\cos\alpha\cos\beta\mp\sin\alpha\sin\beta$

$\tan(\alpha\pm\beta)=\dfrac{\tan\alpha\pm\tan\beta}{1\mp\tan\alpha\tan\beta}$

5　**2倍角の公式**　**導き方**　加法定理の式で，$\beta=\alpha$ とおく。

$\sin2\alpha=2\sin\alpha\cos\alpha$

$\cos2\alpha=\cos^2\alpha-\sin^2\alpha=1-2\sin^2\alpha=2\cos^2\alpha-1$

$\tan2\alpha=\dfrac{2\tan\alpha}{1-\tan^2\alpha}$

6　**半角の公式**　**導き方**　cos の2倍角の公式を変形して，α を $\dfrac{\alpha}{2}$ とおく。

$\sin^2\dfrac{\alpha}{2}=\dfrac{1-\cos\alpha}{2}$　$\cos^2\dfrac{\alpha}{2}=\dfrac{1+\cos\alpha}{2}$　$\tan^2\dfrac{\alpha}{2}=\dfrac{1-\cos\alpha}{1+\cos\alpha}$

7　**3倍角の公式**　**導き方**　$3\alpha=2\alpha+\alpha$ として，加法定理と2倍角の公式を利用。

$\sin3\alpha=3\sin\alpha-4\sin^3\alpha$　$\cos3\alpha=-3\cos\alpha+4\cos^3\alpha$

8　**積 ⟶ 和の公式**

$\sin\alpha\cos\beta=\dfrac{1}{2}\{\sin(\alpha+\beta)+\sin(\alpha-\beta)\}$

$\cos\alpha\sin\beta=\dfrac{1}{2}\{\sin(\alpha+\beta)-\sin(\alpha-\beta)\}$

$\cos\alpha\cos\beta=\dfrac{1}{2}\{\cos(\alpha+\beta)+\cos(\alpha-\beta)\}$

$\sin\alpha\sin\beta=-\dfrac{1}{2}\{\cos(\alpha+\beta)-\cos(\alpha-\beta)\}$

9　**和 ⟶ 積の公式**

$\sin A+\sin B=2\sin\dfrac{A+B}{2}\cos\dfrac{A-B}{2}$

$\sin A-\sin B=2\cos\dfrac{A+B}{2}\sin\dfrac{A-B}{2}$

$\cos A+\cos B=2\cos\dfrac{A+B}{2}\cos\dfrac{A-B}{2}$

$\cos A-\cos B=-2\sin\dfrac{A+B}{2}\sin\dfrac{A-B}{2}$

10　**三角関数の合成**

$a\sin\theta+b\cos\theta=\sqrt{a^2+b^2}\sin(\theta+\alpha)$　ただし　$\sin\alpha=\dfrac{b}{\sqrt{a^2+b^2}}$，$\cos\alpha=\dfrac{a}{\sqrt{a^2+b^2}}$

数学C

第1章 平面上のベクトル

1　ベクトルの演算
2　ベクトルの成分
3　ベクトルの内積
4　位置ベクトル，ベクトルと図形
5　ベクトル方程式

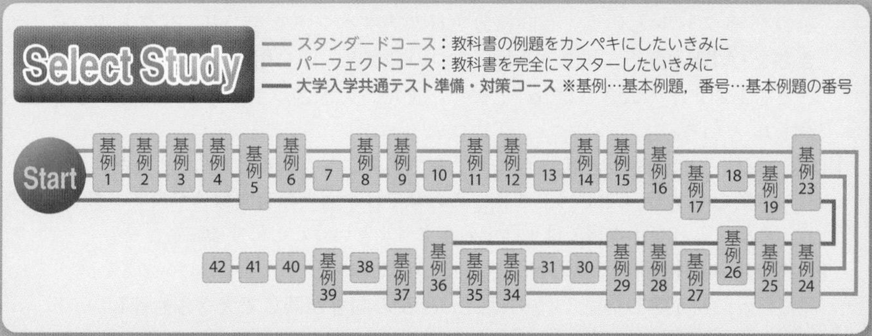

■ 例題一覧

種類	番号	例題タイトル	難易度
1 基本	1	ベクトルの加法・減法・実数倍	1
基本	2	ベクトルの合成，等式の証明	1
基本	3	ベクトルの演算	2
基本	4	ベクトルの平行	2
基本	5	ベクトルの分解	2
2 基本	6	ベクトルの分解（成分）	2
基本	7	ベクトルの成分による演算	3
基本	8	ベクトルの成分と平行条件	2
基本	9	平行四辺形の辺とベクトル	2
基本	10	ベクトルの大きさの最小値（成分）	3
3 基本	11	三角形と内積	2
基本	12	内積の計算，ベクトルのなす角	2
基本	13	なす角からベクトルを求める	3
基本	14	ベクトルの垂直と成分	2
基本	15	内積の性質，垂直条件となす角	2
基本	16	内積と大きさ	2
基本	17	ベクトルの大きさとなす角，垂直条件	3
基本	18	ベクトルの大きさの最小値（内積）	3
基本	19	三角形の面積	3
重要	20	内積と不等式	3
重要	21	ベクトルの大きさと絶対不等式	4
重要	22	内積を利用した最大・最小問題	4

種類	番号	例題タイトル	難易度
4 基本	23	分点，重心の位置ベクトル	2
基本	24	分点に関する等式の証明	2
基本	25	内心の位置ベクトル	2
基本	26	ベクトルの等式と三角形の面積比	3
基本	27	共点条件	2
基本	28	共線条件	2
基本	29	交点の位置ベクトル（1）	2
基本	30	線分の垂直に関する証明	3
基本	31	線分の平方に関する証明	3
重要	32	垂心の位置ベクトル	4
重要	33	内積と三角形の形状	4
5 基本	34	直線の媒介変数表示	1
基本	35	直線のベクトル方程式	2
基本	36	交点の位置ベクトル（2）	2
基本	37	平面上の点の存在範囲（1）	2
基本	38	平面上の点の存在範囲（2）	3
基本	39	内積と直線，2直線のなす角	2
基本	40	垂線の足の座標	3
基本	41	円のベクトル方程式	3
基本	42	円の接線のベクトル方程式	3
重要	43	平面上の点の存在範囲（3）	4
重要	44	ベクトルと軌跡	4

1 ベクトルの演算

基本事項

1 有向線分とベクトル

① **有向線分**（ゆうこう） 線分 AB において，点Aから点Bへの向きを指定したとき，これを **有向線分** AB という。有向線分 AB においてAをその **始点**，Bをその **終点** という。また，線分 AB の長さを，有向線分 AB の **大きさ** または長さという。

有向線分 AB

② **ベクトル** 有向線分の位置の違いを無視して，その向きと大きさだけに着目したものを **ベクトル** という。有向線分 AB が表すベクトルを $\overrightarrow{\mathbf{AB}}$，ベクトル $\overrightarrow{\mathrm{AB}}$ の大きさを $|\overrightarrow{\mathbf{AB}}|$ と書く。ベクトルは，1つの文字と矢印を用いて，$\vec{a}$，$\vec{b}$ のように表すこともある。$\vec{a}$ の大きさは $|\vec{a}|$ と書く。また，大きさが1であるベクトルを **単位ベクトル** という。

注意 ベクトルは，**向き** と **大きさ** をもつ量である。ベクトルに対して，**大きさ** だけをもつ量を **スカラー** という。また，この章では平面上の有向線分が表すベクトルを考える。これを，本書では平面上のベクトルということにする。

③ **ベクトルの相等** 2つのベクトル $\vec{a}$，$\vec{b}$ について

$\vec{a}$，$\vec{b}$ が等しい というのは，**$\vec{a}$ と $\vec{b}$ の向きが同じで大きさも等しい**

ことであり，これを $\vec{a}=\vec{b}$ で表す。

2 ベクトルの演算

大きさが0のベクトルを **零**（れい）**ベクトル** または **ゼロベクトル** といい，$\vec{0}$ と表す。零ベクトルの向きは考えない。
また，ベクトル $\vec{a}$ と大きさが等しく，向きが反対のベクトルを，$\vec{a}$ の **逆ベクトル** といい，$-\vec{a}$ で表す。

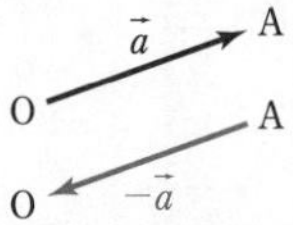

$\overrightarrow{\mathrm{AO}}=-\overrightarrow{\mathrm{OA}}$

① **ベクトルの加法・減法・実数倍**

ベクトルの加法 $\vec{a}+\vec{b}$ $\overrightarrow{\mathrm{OA}}+\overrightarrow{\mathrm{AC}}=\overrightarrow{\mathrm{OC}}$

ベクトルの減法 $\vec{a}-\vec{b}$ $\overrightarrow{\mathrm{OA}}-\overrightarrow{\mathrm{OB}}=\overrightarrow{\mathrm{BA}}$

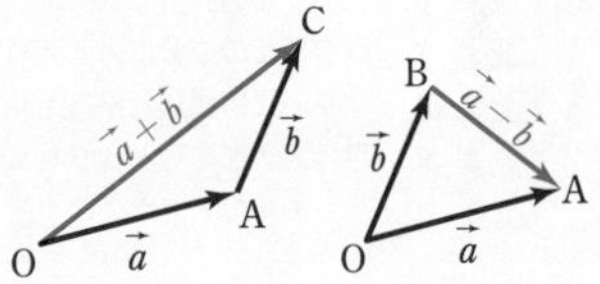

ベクトルの実数倍 $k\vec{a}$ （k は実数）

大きさは $|\vec{a}|$ の $|k|$ 倍

向きは $k>0$ なら $\vec{a}$ と同じ

$k<0$ なら $\vec{a}$ と反対

特に，$k=0$ ならば $0\vec{a}=\vec{0}$

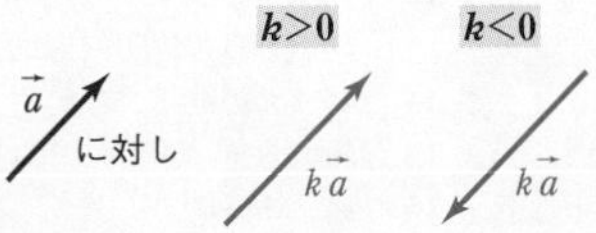

② **逆ベクトルと零ベクトルの性質**

1 $\vec{a}+(-\vec{a})=\vec{0}$ 2 $\vec{a}+\vec{0}=\vec{a}$

③ **ベクトルの加法の性質**

1 **交換法則** $\vec{a}+\vec{b}=\vec{b}+\vec{a}$

2 **結合法則** $(\vec{a}+\vec{b})+\vec{c}=\vec{a}+(\vec{b}+\vec{c})$

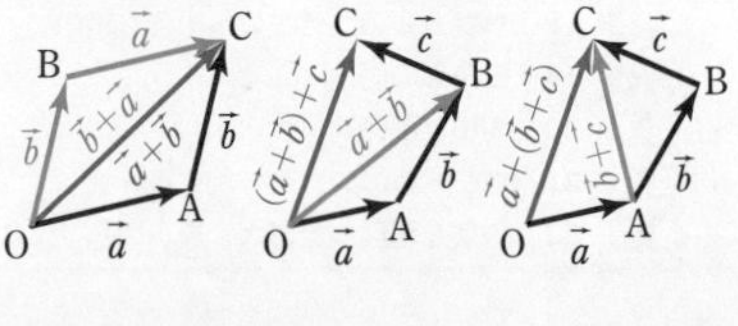

④ **ベクトルの実数倍の性質**　k, l を実数とするとき

1　$\boldsymbol{k(l\vec{a})=(kl)\vec{a}}$　　2　$\boldsymbol{(k+l)\vec{a}=k\vec{a}+l\vec{a}}$　　3　$\boldsymbol{k(\vec{a}+\vec{b})=k\vec{a}+k\vec{b}}$

3 ベクトルの平行，分解

① **ベクトルの平行**

$\vec{0}$ でない 2 つのベクトル $\vec{a}$, $\vec{b}$ は，向きが同じか反対のとき，$\vec{a}$ と $\vec{b}$ は **平行** であるといい，$\boldsymbol{\vec{a}\parallel\vec{b}}$ と書く。

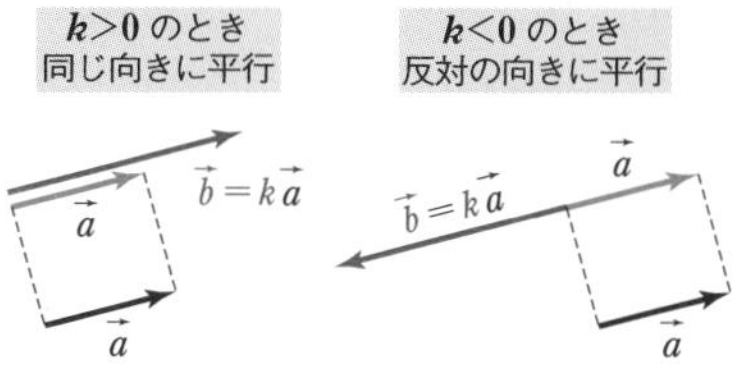

ベクトルの平行条件 は次のようになる。

$\vec{a}\neq\vec{0}$, $\vec{b}\neq\vec{0}$ のとき

$\boldsymbol{\vec{a}\parallel\vec{b} \iff \vec{b}=k\vec{a}}$ **となる実数 $\boldsymbol{k}$ がある**

また，$\vec{a}\neq\vec{0}$ のとき，$\vec{a}$ と平行な単位ベクトルは，$\dfrac{\vec{a}}{|\vec{a}|}$ と $-\dfrac{\vec{a}}{|\vec{a}|}$ である。

注意　ベクトル $\vec{a}$ に対して，例えば，$\dfrac{1}{3}\vec{a}$ を $\dfrac{\vec{a}}{3}$，$-\dfrac{1}{3}\vec{a}$ を $-\dfrac{\vec{a}}{3}$ と書くこともある。

② **ベクトルの分解**　$\vec{a}\neq\vec{0}$, $\vec{b}\neq\vec{0}$, $\vec{a}\not\parallel\vec{b}$ ($\vec{a}$ と $\vec{b}$ が平行でない) とする。

平面上におけるこのような 2 つのベクトル $\vec{a}$, $\vec{b}$ は **1 次独立** であるという (p.25 参照)。

このとき，平面上の任意のベクトル $\vec{p}$ は，次の形に，ただ 1 通りに表される。

$\boldsymbol{\vec{p}=s\vec{a}+t\vec{b}}$　　ただし，s, t は実数

このことから，k, l, m, n を実数として，次の性質が成り立つ。

$\boldsymbol{k\vec{a}+l\vec{b}=m\vec{a}+n\vec{b} \iff k=m,\ l=n}$

特に $\boldsymbol{k\vec{a}+l\vec{b}=\vec{0} \iff k=l=0}$

CHECK & CHECK

1 右の図のベクトル $\vec{a}$～$\vec{j}$ について

(1) 向きが同じベクトル

(2) 大きさが等しいベクトル

(3) 等しいベクトル

の組を，それぞれ答えよ。　1

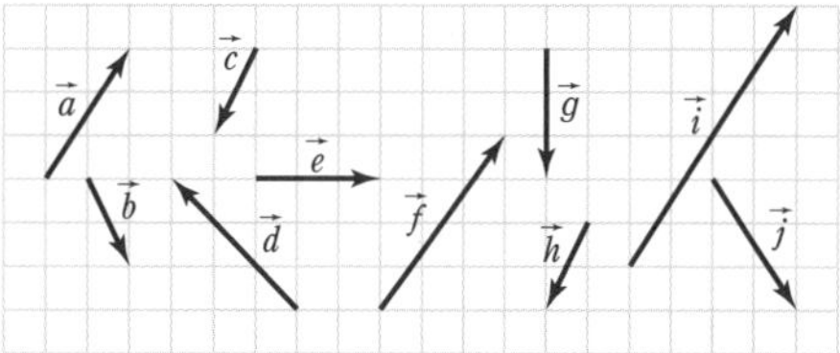

2 右の図のベクトル $\vec{a}$, $\vec{b}$, $\vec{c}$ について，次のベクトルをそれぞれ図示せよ。

(1) $\vec{a}+\vec{b}$　(2) $\vec{a}-\vec{c}$　(3) $3\vec{b}$　(4) $-2\vec{c}$　2

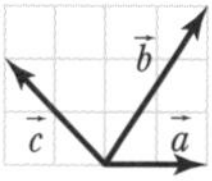

3 平行四辺形 ABCD の対角線の交点を E とし，$\overrightarrow{AE}=\vec{a}$, $\overrightarrow{BE}=\vec{b}$ とするとき，ベクトル $\overrightarrow{EA}$, $\overrightarrow{DE}$, $\overrightarrow{AC}$ を $\vec{a}$, $\vec{b}$ を用いて表せ。　2

4 $|\vec{a}|=3$ のとき，$\vec{a}$ と平行な単位ベクトルを求めよ。　3

基本 例題 1　ベクトルの加法・減法・実数倍

右の図で与えられた3つのベクトル $\vec{a}$, $\vec{b}$, $\vec{c}$ について，次のベクトルを図示せよ。

(1)　$\vec{a}+\vec{b}$　　(2)　$\vec{b}-\vec{c}$　　(3)　$\vec{a}+\vec{b}+\vec{c}$

(4)　$2\vec{b}$　　(5)　$\vec{a}-2\vec{b}+3\vec{c}$

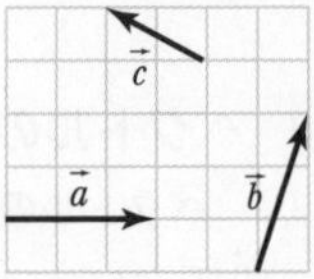

p.12，13 基本事項 2

CHART & SOLUTION

和 $\vec{a}+\vec{b}$　　$\vec{a}$ の終点と $\vec{b}$ の始点を重ねる

差 $\vec{a}-\vec{b}$　　$\vec{a}+(-\vec{b})$ として図示する

差 $\vec{a}-\vec{b}$ について，参考（図[2]）のように，$\vec{a}$ と $\vec{b}$ の始点（参考では，$\vec{b}$ と $\vec{c}$ の始点）を重ねて図示してもよいが，その場合，ベクトル $\vec{a}-\vec{b}$ の向きを間違えやすい。そこで $\vec{a}$ と $-\vec{b}$ の和として図示する。

注意　本書では，有向線分 AB が表すベクトル $\overrightarrow{AB}$ に対し，有向線分 AB の始点 A，終点 B をそれぞれ **ベクトル $\overrightarrow{AB}$ の始点，終点** とよぶことにする。

解答

(1)～(5)　［図］

(1)

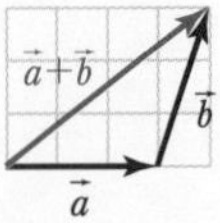

(2)

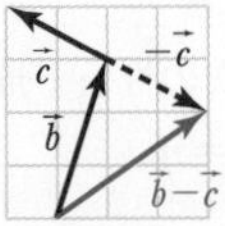

(3)

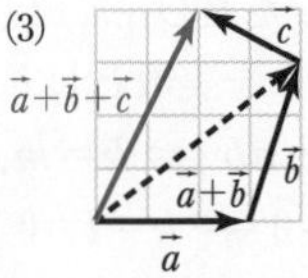

(4)

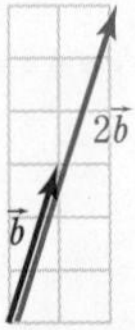

(5)

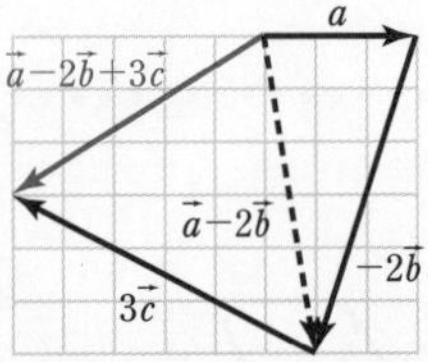

(5)　$-2\vec{b}$ は，$\vec{b}$ と反対の向きで大きさが2倍であるベクトル。

まず，$\vec{a}-2\vec{b}$ を $\vec{a}+(-2\vec{b})$ として図示する。次に，$(\vec{a}-2\vec{b})+3\vec{c}$ を図示する。

参考　ベクトルの和は，平行四辺形の対角線として図示する方法もある（図[1]）。また，ベクトルの差は，始点どうしを重ねて図示してもよい（図[2]）。

[1]
(1)の図

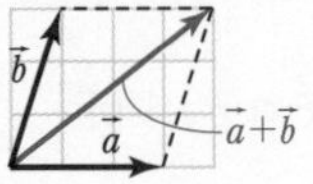

[2]
(2)の図

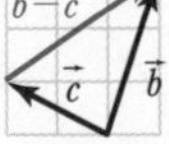

inf.　ベクトルの加法によって，始点にある点が終点に移動すると考えると図示しやすい。

(1)

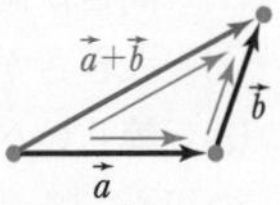

(5)の $\vec{a}-2\vec{b}$

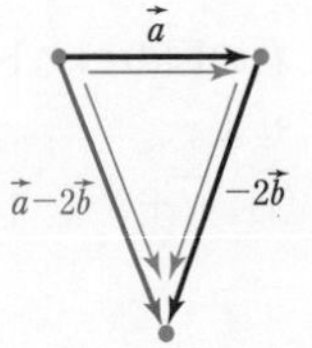

PRACTICE 1[1]

上の例題の $\vec{a}$, $\vec{b}$, $\vec{c}$ について，次のベクトルを図示せよ。

(1)　$\vec{a}+\vec{c}$　　(2)　$-3\vec{c}$　　(3)　$-\vec{a}+3\vec{b}-2\vec{c}$

基本 例題 2　ベクトルの合成，等式の証明

次の等式が成り立つことを証明せよ。

(1) $\overrightarrow{AB}-\overrightarrow{DB}+\overrightarrow{DC}=\overrightarrow{AC}$　　(2) $\overrightarrow{PS}+\overrightarrow{QR}=\overrightarrow{PR}+\overrightarrow{QS}$

p. 12，13 基本事項 2

CHART & SOLUTION

ベクトルの等式の証明

1 左辺または右辺の一方を変形して他方を導く

2 (左辺)−(右辺)$=\vec{0}$ であることを示す

数学Ⅱの等式の証明と同様に考える (数学Ⅱ基本例題 23 参照)。

(1) は 1 の方針。(2) は 2 の方針。証明の際には，以下の性質を利用する。

[合成]　$\overrightarrow{A\square}+\overrightarrow{\square B}=\overrightarrow{AB}$　$\overrightarrow{\square B}-\overrightarrow{\square A}=\overrightarrow{AB}$　(□は同じ点)

[向き変え]　$\overrightarrow{BA}=-\overrightarrow{AB}$

[$\overrightarrow{PP}=\vec{0}$]　同じ文字が並ぶと $\vec{0}$

解答

(1) $\overrightarrow{AB}-\overrightarrow{DB}+\overrightarrow{DC}=(\overrightarrow{AB}+\overrightarrow{BD})+\overrightarrow{DC}$　⇐ 向き変え

$=\overrightarrow{AD}+\overrightarrow{DC}=\overrightarrow{AC}$　⇐ 合成

したがって　$\overrightarrow{AB}-\overrightarrow{DB}+\overrightarrow{DC}=\overrightarrow{AC}$

(2) $\overrightarrow{PS}+\overrightarrow{QR}-(\overrightarrow{PR}+\overrightarrow{QS})=\overrightarrow{PS}+\overrightarrow{QR}-\overrightarrow{PR}-\overrightarrow{QS}$　⇐ (左辺)−(右辺)

$=\overrightarrow{PS}+\overrightarrow{QR}+\overrightarrow{RP}+\overrightarrow{SQ}$　⇐ 向き変え

$=(\overrightarrow{PS}+\overrightarrow{SQ})+(\overrightarrow{QR}+\overrightarrow{RP})$ ……(∗)　⇐ 合成

$=\overrightarrow{PQ}+\overrightarrow{QP}=\overrightarrow{PP}=\vec{0}$　⇐ 同じ文字が並ぶ……零ベクトル

したがって　$\overrightarrow{PS}+\overrightarrow{QR}=\overrightarrow{PR}+\overrightarrow{QS}$

別解　$\overrightarrow{PS}+\overrightarrow{QR}-(\overrightarrow{PR}+\overrightarrow{QS})=\overrightarrow{PS}+\overrightarrow{QR}-\overrightarrow{PR}-\overrightarrow{QS}$

$=(\overrightarrow{PS}-\overrightarrow{PR})+(\overrightarrow{QR}-\overrightarrow{QS})$　⇐ $\overrightarrow{\square B}-\overrightarrow{\square A}=\overrightarrow{AB}$ (□は同じ点)

$=\overrightarrow{RS}+\overrightarrow{SR}=\overrightarrow{RR}=\vec{0}$

したがって　$\overrightarrow{PS}+\overrightarrow{QR}=\overrightarrow{PR}+\overrightarrow{QS}$

INFORMATION ―― ベクトルの合成での補足

合成について，次の等式が成り立つ。

$\overrightarrow{A\square}+\overrightarrow{\square\triangle}+\overrightarrow{\triangle A}=\vec{0}$ (つぎ足して戻れば $\vec{0}$)

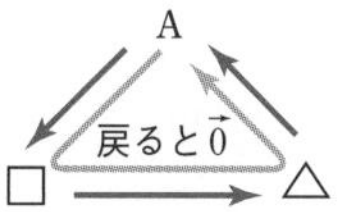

ただし，□，△はそれぞれ同じ点。これを用いて，上の解答の (∗) において，$\overrightarrow{PS}+\overrightarrow{SQ}+\overrightarrow{QR}+\overrightarrow{RP}=\vec{0}$ と考えてもよい。

なお，この等式の右辺の $\vec{0}$ を 0 と書き間違えないように注意する。また，$\vec{a}-\vec{a}=0$ ではなく $\vec{a}-\vec{a}=\vec{0}$ であることも同様である。

PRACTICE 2①

次の等式が成り立つことを証明せよ。

$\overrightarrow{AB}+\overrightarrow{DC}+\overrightarrow{EF}=\overrightarrow{DB}+\overrightarrow{EC}+\overrightarrow{AF}$

基本 例題 3 ベクトルの演算

(1) $2(2\vec{a}-\vec{b})-3(\vec{a}-2\vec{b})$ を簡単にせよ。

(2) (ア) $2\vec{a}-3\vec{x}=\vec{x}-\vec{a}+2\vec{b}$ を満たす $\vec{x}$ を，$\vec{a}$，$\vec{b}$ を用いて表せ。

(イ) $\vec{x}+2\vec{y}=\vec{a}$，$2\vec{x}-\vec{y}=\vec{b}$ を満たす $\vec{x}$，$\vec{y}$ を，$\vec{a}$，$\vec{b}$ を用いて表せ。

p.12，13 基本事項 2

CHART & SOLUTION

ベクトルの演算

数式と同じように計算

ベクトルの加法・減法・実数倍について，数式と同じような計算法則が成り立つから，数式の場合と同じように計算すればよい。

(1) $2(2a-b)-3(a-2b)$ を整理する要領で。

(2) (ア) x の方程式 $2a-3x=x-a+2b$ を解く要領で。

(イ) x，y の連立方程式 $x+2y=a$，$2x-y=b$ を解く要領で。

解答

(1) $2(2\vec{a}-\vec{b})-3(\vec{a}-2\vec{b})=4\vec{a}-2\vec{b}-3\vec{a}+6\vec{b}$

$=(4-3)\vec{a}+(-2+6)\vec{b}$

$=\boldsymbol{\vec{a}+4\vec{b}}$

(2) (ア) $2\vec{a}-3\vec{x}=\vec{x}-\vec{a}+2\vec{b}$ から

$-3\vec{x}-\vec{x}=-\vec{a}+2\vec{b}-2\vec{a}$

よって $-4\vec{x}=-3\vec{a}+2\vec{b}$

ゆえに $\boldsymbol{\vec{x}=\frac{3}{4}\vec{a}-\frac{1}{2}\vec{b}}$

(イ) $\vec{x}+2\vec{y}=\vec{a}$ ……①，$2\vec{x}-\vec{y}=\vec{b}$ ……② とする。

①＋②×2 から $5\vec{x}=\vec{a}+2\vec{b}$

よって $\boldsymbol{\vec{x}=\frac{1}{5}\vec{a}+\frac{2}{5}\vec{b}}$

①×2−② から $5\vec{y}=2\vec{a}-\vec{b}$

ゆえに $\boldsymbol{\vec{y}=\frac{2}{5}\vec{a}-\frac{1}{5}\vec{b}}$

ベクトルの実数倍の性質
$k(l\vec{a})=(kl)\vec{a}$
$(k+l)\vec{a}=k\vec{a}+l\vec{a}$
$k(\vec{a}+\vec{b})=k\vec{a}+k\vec{b}$
ただし，k，l は実数。

⇐ $\vec{y}$ を消去。

⇐ $\vec{x}$ を消去。

PRACTICE 3❷

(1) $\frac{1}{3}(\vec{a}-2\vec{b})-\frac{1}{2}(-\vec{a}+3\vec{b})$ を簡単にせよ。

(2) (ア) $2(\vec{x}-3\vec{a})+3(\vec{x}-2\vec{b})=\vec{0}$ を満たす $\vec{x}$ を，$\vec{a}$，$\vec{b}$ を用いて表せ。

(イ) $3\vec{x}+2\vec{y}=\vec{a}$，$2\vec{x}-3\vec{y}=\vec{b}$ を満たす $\vec{x}$，$\vec{y}$ を，$\vec{a}$，$\vec{b}$ を用いて表せ。

基本 例題 4 ベクトルの平行

(1) $\overrightarrow{OA}=\vec{a}$, $\overrightarrow{OB}=\vec{b}$, $\overrightarrow{OP}=-2\vec{a}+\vec{b}$, $\overrightarrow{OQ}=3\vec{a}-4\vec{b}$ であるとき，$\overrightarrow{PQ}/\!/\overrightarrow{AB}$ であることを示せ。ただし，$\vec{a}\neq\vec{b}$ とする。

(2) $|\vec{a}|=8$ のとき，$\vec{a}$ と平行で大きさが 2 であるベクトルを求めよ。

p.13 基本事項 3

CHART & SOLUTION

ベクトル $\vec{a}$，$\vec{b}$ の平行条件 $(\vec{a}\neq\vec{0},\ \vec{b}\neq\vec{0})$

$\vec{a}/\!/\vec{b} \Longleftrightarrow \vec{b}=k\vec{a}$ となる実数 k がある ……❗

(1) $\overrightarrow{PQ}=k\overrightarrow{AB}$ となる実数 k があることを示す。
また，証明の際には，次の性質を利用する。
[分割] $\overrightarrow{AB}=\overrightarrow{\square B}-\overrightarrow{\square A}$ （□は同じ点）

(2) $\vec{a}\neq\vec{0}$ のとき，$\vec{a}$ と平行な単位ベクトルは，$\dfrac{\vec{a}}{|\vec{a}|}$ と $-\dfrac{\vec{a}}{|\vec{a}|}$ の 2 つある。
↑ $\vec{a}$ と同じ向き　↑ $\vec{a}$ と反対の向き
単位ベクトルの大きさは 1 であるから，大きさが 2 であるベクトルは，2 倍すると得られる。

解答

(1) $\overrightarrow{AB}=\overrightarrow{OB}-\overrightarrow{OA}$
$=\vec{b}-\vec{a}$ …… ①
$\overrightarrow{PQ}=\overrightarrow{OQ}-\overrightarrow{OP}$
$=(3\vec{a}-4\vec{b})-(-2\vec{a}+\vec{b})$
$=5\vec{a}-5\vec{b}$
$=-5(\vec{b}-\vec{a})$ …… ②

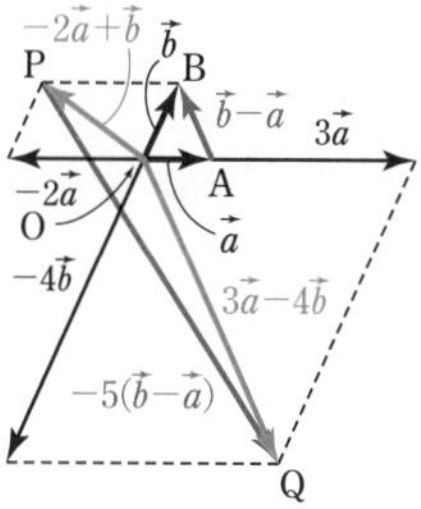

❗ ①，② から　$\overrightarrow{PQ}=-5\overrightarrow{AB}$
また　$\overrightarrow{AB}\neq\vec{0}$，$\overrightarrow{PQ}\neq\vec{0}$
したがって　$\overrightarrow{PQ}/\!/\overrightarrow{AB}$

(2) $\vec{a}$ と平行な単位ベクトルは，$\dfrac{\vec{a}}{|\vec{a}|}$ と $-\dfrac{\vec{a}}{|\vec{a}|}$ であり，$|\vec{a}|=8$ であるから　$\dfrac{\vec{a}}{8}$，$-\dfrac{\vec{a}}{8}$
よって，$\vec{a}$ と平行で大きさが 2 であるベクトルは
$$2\times\frac{\vec{a}}{8}=\boldsymbol{\frac{1}{4}\vec{a}},\quad 2\times\left(-\frac{\vec{a}}{8}\right)=\boldsymbol{-\frac{1}{4}\vec{a}}$$

⇦ $\overrightarrow{AB}$ を分割。
⇦ $\overrightarrow{PQ}$ を分割。
⇦ $\vec{a}\neq\vec{b}$ であるから $\vec{b}-\vec{a}\neq\vec{0}$
⇦ 単位ベクトルを 2 倍する。

PRACTICE 4❷

(1) $\overrightarrow{OA}=2\vec{a}$, $\overrightarrow{OB}=3\vec{b}$, $\overrightarrow{OP}=5\vec{a}-4\vec{b}$, $\overrightarrow{OQ}=\vec{a}+2\vec{b}$ であるとき，$\overrightarrow{PQ}/\!/\overrightarrow{AB}$ であることを示せ。ただし，$2\vec{a}\neq3\vec{b}$ とする。

(2) $|\vec{a}|=10$ のとき，$\vec{a}$ と平行で大きさが 4 であるベクトルを求めよ。

基本 例題 5 ベクトルの分解

正六角形 ABCDEF において，辺 DE の中点をMとする。このとき，
$\overrightarrow{CF}=$ ア $\square$ $\overrightarrow{AB}$，$\overrightarrow{AM}=$ イ $\square$ $\overrightarrow{AB}+$ ウ $\square$ $\overrightarrow{AF}$ である。

p.12，13 基本事項 2，3

CHART & SOLUTION

ベクトルの表示の基本

	しりとりの形	差の形	
分割	$\overrightarrow{AB}=\overrightarrow{A\square}+\overrightarrow{\square B}$ (しりとり)	$\overrightarrow{AB}=\overrightarrow{\square B}-\overrightarrow{\square A}$	（$\square$ は同じ点）

ベクトルの分割には「しりとりの形」と「差の形」の 2 つのパターンがある。この例題では，しりとりの形で分割する。差の形での分割は基本例題 4 (1) を参照。

正六角形 ABCDEF の対角線 AD，BE，CF の交点をOとすると，正六角形の性質から

$\overrightarrow{AB}=\overrightarrow{FO}=\overrightarrow{OC}=\overrightarrow{ED}$，$\overrightarrow{AF}=\overrightarrow{BO}=\overrightarrow{OE}=\overrightarrow{CD}$，

$\overrightarrow{AO}=\overrightarrow{OD}=\overrightarrow{BC}=\overrightarrow{FE}$

が成り立つ。

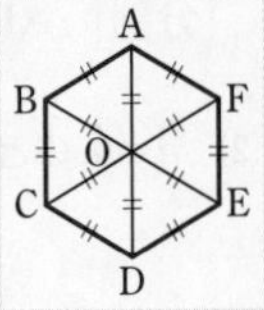

解答

この正六角形の対角線 AD，BE，CF の交点をOとすると

$\overrightarrow{CF}=2\overrightarrow{CO}=-2\overrightarrow{OC}=$ ア $-\mathbf{2}\overrightarrow{AB}$ 　⇐ 向き変え

$\overrightarrow{AM}=\overrightarrow{AD}+\overrightarrow{DM}=2\overrightarrow{AO}+\frac{1}{2}\overrightarrow{DE}$ 　⇐ しりとりで分割

$=2(\overrightarrow{AB}+\overrightarrow{BO})-\frac{1}{2}\overrightarrow{ED}$ 　⇐ $\overrightarrow{DE}=-\overrightarrow{ED}$（向き変え）

$=2(\overrightarrow{AB}+\overrightarrow{AF})-\frac{1}{2}\overrightarrow{AB}$

$=\left(2-\frac{1}{2}\right)\overrightarrow{AB}+2\overrightarrow{AF}=$ イ $\mathbf{\frac{3}{2}}\overrightarrow{AB}+$ ウ $\mathbf{2}\overrightarrow{AF}$

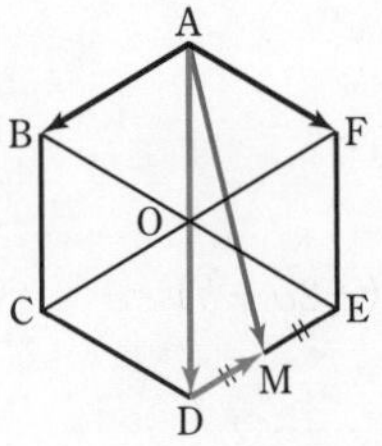

別解 1　$\overrightarrow{AM}=\overrightarrow{AF}+\overrightarrow{FE}+\overrightarrow{EM}=\overrightarrow{AF}+\overrightarrow{AO}+\frac{1}{2}\overrightarrow{ED}$

$=\overrightarrow{AF}+(\overrightarrow{AB}+\overrightarrow{BO})+\frac{1}{2}\overrightarrow{AB}$

$=\overrightarrow{AF}+\overrightarrow{AB}+\overrightarrow{AF}+\frac{1}{2}\overrightarrow{AB}=$ イ $\mathbf{\frac{3}{2}}\overrightarrow{AB}+$ ウ $\mathbf{2}\overrightarrow{AF}$

別解 2　$\overrightarrow{AM}=\overrightarrow{AB}+\overrightarrow{BO}+\overrightarrow{OE}+\overrightarrow{EM}$

$=\overrightarrow{AB}+\overrightarrow{AF}+\overrightarrow{AF}+\frac{1}{2}\overrightarrow{AB}$

$=$ イ $\mathbf{\frac{3}{2}}\overrightarrow{AB}+$ ウ $\mathbf{2}\overrightarrow{AF}$

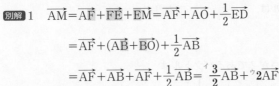

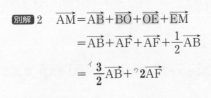

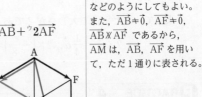

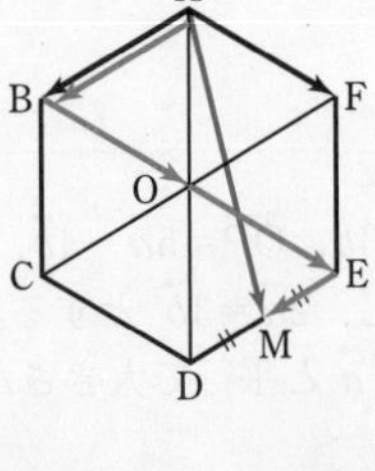

inf. 左の他にも
$\overrightarrow{AM}=\overrightarrow{AE}+\overrightarrow{EM}$
$=(\overrightarrow{AO}+\overrightarrow{AF})+\frac{1}{2}\overrightarrow{ED}$
$=\cdots\cdots$
などのようにしてもよい。
また，$\overrightarrow{AB}\neq\vec{0}$，$\overrightarrow{AF}\neq\vec{0}$，$\overrightarrow{AB}\not\parallel\overrightarrow{AF}$ であるから，$\overrightarrow{AM}$ は，$\overrightarrow{AB}$，$\overrightarrow{AF}$ を用いて，ただ 1 通りに表される。

ピンポイント解説 ベクトルの変形

ここでは，ベクトルの計算でポイントとなる変形について整理しておく。それぞれの変形について，図形的なイメージとセットで理解しておこう。
なお，次の等式の中で，□ や △ はどのような点をもってきてもよいことを意味する。

1 合成

しりとりの形
$\overrightarrow{\mathrm{A}\square}+\overrightarrow{\square\mathrm{B}}=\overrightarrow{\mathrm{AB}}$ …… ①

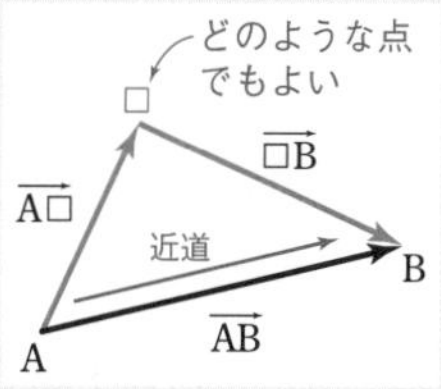

差の形
$\overrightarrow{\square\mathrm{B}}-\overrightarrow{\square\mathrm{A}}=\overrightarrow{\mathrm{AB}}$ …… ②

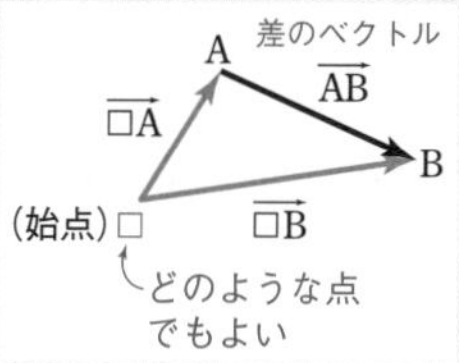

①は，しりとりのようにベクトルをつないでいくと，スタートとゴールを結ぶベクトルが得られることを意味する。途中，どのような点を通ってもよい。また，次の式に示すように，途中の点が複数あっても結果は同様である。

$$\overrightarrow{\mathrm{A}\square}+\overrightarrow{\square\triangle}+\overrightarrow{\triangle\mathrm{B}}=\overrightarrow{\mathrm{AB}}$$

②は，始点が同じ 2 つのベクトルの差は，1 つのベクトルに合成されることを意味する。差の形は，どちらを前にするか後ろにするかで迷いやすい。後ろから前を引くと覚えてもよい。

$$\overrightarrow{\square\mathrm{B}}-\overrightarrow{\square\mathrm{A}}=\overrightarrow{\mathrm{AB}}$$
後　前　前後

2 分割

しりとりの形
$\overrightarrow{\mathrm{AB}}=\overrightarrow{\mathrm{A}\square}+\overrightarrow{\square\mathrm{B}}$ …… ③

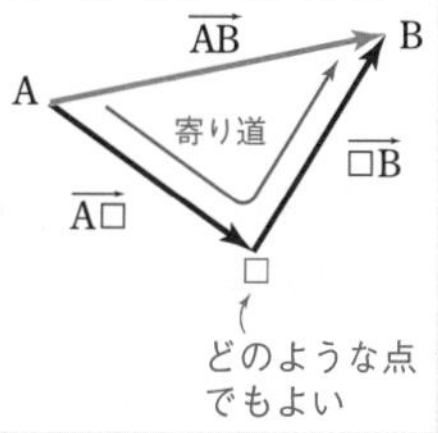

差の形
$\overrightarrow{\mathrm{AB}}=\overrightarrow{\square\mathrm{B}}-\overrightarrow{\square\mathrm{A}}$ …… ④

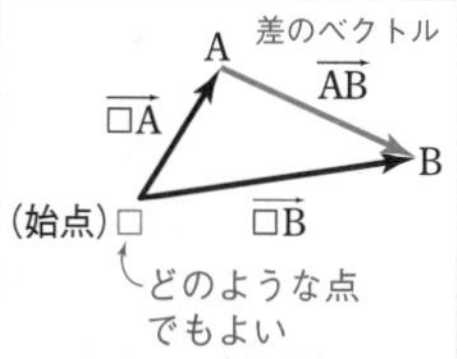

2 は 1 の左辺と右辺を入れ替えたものである。③は，ベクトルは始点と終点で決まるから，途中で寄り道をしてもよいことを示している。④は，□ はどのような点でもよいから，あるベクトルは始点が同じ 2 つのベクトルの差で表せることを示している。始点をそろえることはベクトルを扱ううえで重要である。

3 向き変え $\overrightarrow{\square\triangle}=-\overrightarrow{\triangle\square}$

始点と終点を入れ替えると，マイナスがつく。

4 $\overrightarrow{\square\square}=\vec{0}$

同じ文字が並ぶと，零ベクトルになる。$\vec{0}$ は矢印をつけ忘れないように注意しよう。

PRACTICE 5❷

正六角形 ABCDEF において，辺 CD の中点をQとし，辺 BC の中点をRとする。
$\overrightarrow{\mathrm{AB}}=\vec{a}$，$\overrightarrow{\mathrm{AF}}=\vec{b}$ とするとき，次のベクトルを $\vec{a}$，$\vec{b}$ を用いて表せ。
(1) $\overrightarrow{\mathrm{FE}}$　(2) $\overrightarrow{\mathrm{AC}}$　(3) $\overrightarrow{\mathrm{AQ}}$　(4) $\overrightarrow{\mathrm{RQ}}$

EXERCISES　　1 ベクトルの演算

A

1❷ (1) $\vec{x}=3\vec{a}-\vec{b}+2\vec{c}$，$\vec{y}=2\vec{a}+5\vec{b}-\vec{c}$ のとき，$7(2\vec{x}-3\vec{y})-5(3\vec{x}-5\vec{y})$ を $\vec{a}$，$\vec{b}$，$\vec{c}$ を用いて表せ。

(2) $2\vec{x}+5\vec{y}=\vec{a}$，$3\vec{x}-2\vec{y}=\vec{b}$ を満たす $\vec{x}$，$\vec{y}$ を $\vec{a}$，$\vec{b}$ を用いて表せ。

3

2❸ $(2\vec{a}+3\vec{b})\parallel(\vec{a}-4\vec{b})$，$\vec{a}\neq\vec{0}$，$\vec{b}\neq\vec{0}$ のとき，$\vec{a}\parallel\vec{b}$ であることを示せ。4

3❷ AD$\nparallel$BC である四角形 ABCD の辺 AB，CD の中点をそれぞれ P，Q とし，$\overrightarrow{AD}=\vec{a}$，$\overrightarrow{BC}=\vec{b}$，$\overrightarrow{BD}=\vec{c}$ とする。

(1) $\overrightarrow{BQ}$ を $\vec{b}$，$\vec{c}$ を用いて表せ。　　(2) $\overrightarrow{PQ}$ を $\vec{a}$，$\vec{b}$ を用いて表せ。5

4❷ (1) 平行四辺形 ABCD の辺 AB を 2：1 に内分する点を E とし，BD と EC の交点を F とするとき，$\overrightarrow{AF}$ を $\overrightarrow{AB}$ と $\overrightarrow{AD}$ を用いて表せ。

〔東京電機大〕

(2) 正六角形 ABCDEF において，$\overrightarrow{FB}$ を $\overrightarrow{AB}$，$\overrightarrow{AC}$ を用いて表せ。

〔類　立教大〕

5

B

5❸ 互いに平行ではない 2 つのベクトル $\vec{a}$，$\vec{b}$（ただし，$\vec{a}\neq\vec{0}$，$\vec{b}\neq\vec{0}$ とする）があって，これらが $s(\vec{a}+3\vec{b})+t(-2\vec{a}+\vec{b})=-5\vec{a}-\vec{b}$ を満たすとき，実数 s，t の値を求めよ。

p.13 3

6❹ 平面上に 1 辺の長さが 1 の正五角形があり，その頂点を順に A，B，C，D，E とする。次の問いに答えよ。

(1) 辺 BC と線分 AD は平行であることを示せ。

(2) 線分 AC と線分 BD の交点を F とする。四角形 AFDE はどのような形であるか，その名称と理由を答えよ。

(3) 線分 AF と線分 CF の長さの比を求めよ。

(4) $\overrightarrow{AB}=\vec{a}$，$\overrightarrow{BC}=\vec{b}$ とするとき，$\overrightarrow{CD}$ を $\vec{a}$ と $\vec{b}$ で表せ。　〔鳥取大〕

4, 5

HINT

5　左辺を $\vec{a}$，$\vec{b}$ について整理する。

6　(1) 正五角形の外接円を考えて，円周角の定理を利用する。

(3) △BCF と △DAF に着目して考える。

2 ベクトルの成分

基本事項

1 ベクトルの成分，成分による演算

① 座標平面の原点をOとし，ベクトル$\vec{a}$に対して $\vec{a}=\overrightarrow{\mathrm{OA}}$ となる点Aをとり，Aの座標を$(a_1,\ a_2)$とするとき，$\vec{a}$は次のように表される。

基本ベクトル表示 $\boldsymbol{\vec{a}=a_1\vec{e_1}+a_2\vec{e_2}}$

$\vec{e_1}=(1,\ 0)$，$\vec{e_2}=(0,\ 1)$ を **基本ベクトル** という。

成分表示 $\boldsymbol{\vec{a}=(a_1,\ a_2)}$

a_1を **x成分**，a_2を **y成分**といい，まとめて$\vec{a}$の **成分** という。

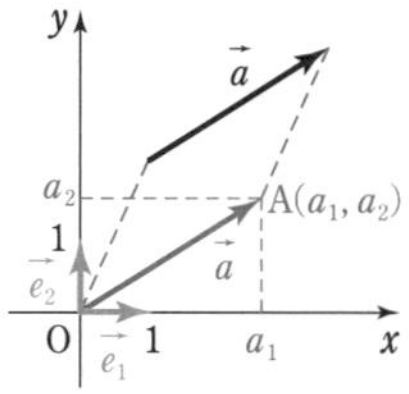

$\vec{a}=a_1\vec{e_1}+a_2\vec{e_2}$
$\vec{a}$は$\vec{e_1}$，$\vec{e_2}$を用いてただ1通りに表される。

② **相等** $\vec{a}=(a_1,\ a_2)$，$\vec{b}=(b_1,\ b_2)$について

$\boldsymbol{\vec{a}=\vec{b} \iff a_1=b_1,\ a_2=b_2}$

特に $\vec{a}=\vec{0} \iff a_1=0,\ a_2=0$

③ **大きさ** $\vec{a}=(a_1,\ a_2)$ のとき $|\vec{a}|=\sqrt{a_1{}^2+a_2{}^2}$

④ **演算** k，lを実数とするとき

1 $(a_1,\ a_2)+(b_1,\ b_2)=(a_1+b_1,\ a_2+b_2)$

2 $(a_1,\ a_2)-(b_1,\ b_2)=(a_1-b_1,\ a_2-b_2)$

3 $k(a_1,\ a_2)=(ka_1,\ ka_2)$

一般に $k(a_1,\ a_2)+l(b_1,\ b_2)=(ka_1+lb_1,\ ka_2+lb_2)$

2 点の座標とベクトルの成分

2点$\mathrm{A}(a_1,\ a_2)$，$\mathrm{B}(b_1,\ b_2)$について

$\overrightarrow{\mathrm{AB}}=(b_1-a_1,\ b_2-a_2)$

ベクトル$\overrightarrow{\mathrm{AB}}$の大きさ

$|\overrightarrow{\mathrm{AB}}|=\sqrt{(b_1-a_1)^2+(b_2-a_2)^2}$ ←2点A，B間の距離

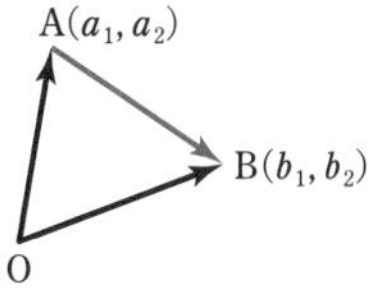

CHECK & CHECK

5 $\vec{a}=(1,\ -2)$，$\vec{b}=(-2,\ 3)$ のとき，次のベクトルの成分とその大きさを求めよ。

(1) $2\vec{a}$　(2) $3\vec{b}$

1

6 $\vec{a}=(-2,\ 1)$，$\vec{b}=(2,\ -3)$ のとき，次のベクトルを成分で表せ。

(1) $\vec{a}+\vec{b}$　(2) $3\vec{a}-2\vec{b}$　(3) $3(2\vec{a}-\vec{b})-4(\vec{a}-\vec{b})$

1

7 次の2点A，Bについて，ベクトル$\overrightarrow{\mathrm{AB}}$を成分で表せ。また，その大きさを求めよ。

(1) A(2, 3)，B(4, 7)　(2) A(−1, 4)，B(5, −2)

2

基本 例題 6　ベクトルの分解（成分）

$\vec{a}=(2,\ 3)$，$\vec{b}=(3,\ -1)$，$\vec{c}=(13,\ 3)$ であるとき，$\vec{c}=s\vec{a}+t\vec{b}$ を満たす実数 s，t の値を求めよ。

p.21 基本事項 1

CHART & SOLUTION

ベクトルの相等

対応する成分が等しい

$\vec{a}=(a_1,\ a_2)$，$\vec{b}=(b_1,\ b_2)$ について　$\vec{a}=\vec{b} \Longleftrightarrow a_1=b_1,\ a_2=b_2$

ベクトルの相等 を利用して，**連立方程式** を作り，これを解いて s，t を求める。

解答

$\vec{c}=s\vec{a}+t\vec{b}$ から

$$(13,\ 3)=s(2,\ 3)+t(3,\ -1)$$
$$=(2s+3t,\ 3s-t)$$

よって　$2s+3t=13,\ 3s-t=3$

これを解いて　$\boldsymbol{s=2,\ t=3}$

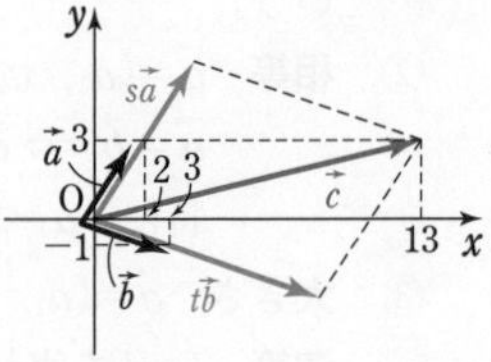

INFORMATION　$\vec{a}\neq\vec{0}$，$\vec{b}\neq\vec{0}$，$\vec{a}\parallel\vec{b}$ のときのベクトルの表現

$\vec{a}\neq\vec{0}$，$\vec{b}\neq\vec{0}$，$\vec{a}\not\parallel\vec{b}$ のとき，任意のベクトル $\vec{p}$ は $\vec{p}=s\vec{a}+t\vec{b}$ の形に，ただ1通りに表すことができる（p.25 参照）。

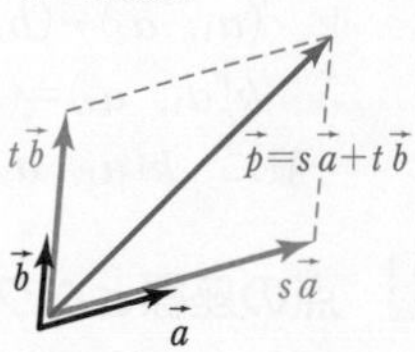

では，$\vec{a}\parallel\vec{b}$ の場合はどうなるか考えてみよう。

以下，$\vec{a}\neq\vec{0}$，$\vec{b}\neq\vec{0}$，$\vec{a}\parallel\vec{b}$ とする。

$\vec{0}$ でない $\vec{p}$ に対して，

［1］　$\vec{p}\not\parallel\vec{a}$ ならば，$\vec{p}=s\vec{a}+t\vec{b}$ ……①
を満たす実数 s，t はない。

［2］　$\vec{p}\parallel\vec{a}$ ならば，① を満たす実数 s，t は無数にある。
例えば，$\vec{a}=(1,\ 2)$，$\vec{b}=2\vec{a}=(2,\ 4)$，$\vec{p}=3\vec{a}=(3,\ 6)$ とすると，① から

$$s+2t=3,\ 2s+4t=6$$

よって　$s+2t=3$
これを満たす $(s,\ t)$ は $(1,\ 1)$，$(-1,\ 2)$ などがあり，1通りに定まらない。

[1]

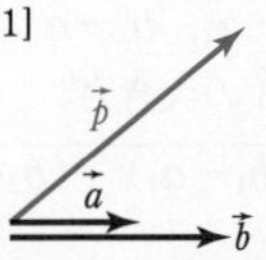

$\vec{a}$ と $\vec{b}$ に平行でない $\vec{p}$ は表せない。

[2]

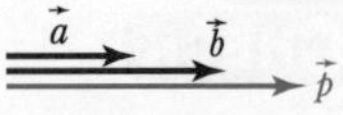

$\vec{a}$ と $\vec{b}$ に平行な $\vec{p}$ の表し方は無数にある。

PRACTICE 6[2]

(1)　$\vec{a}=(3,\ 2)$，$\vec{b}=(0,\ -1)$ のとき，$\vec{c}=(6,\ 1)$ を $\vec{a}$ と $\vec{b}$ で表せ。　［(1) 湘南工科大］

(2)　$\vec{a}=(-1,\ 2)$，$\vec{b}=(-5,\ -6)$ のとき，$\vec{c}=\left(\dfrac{5}{2},\ -7\right)$ を $\vec{a}$ と $\vec{b}$ で表せ。

基本 例題 7　ベクトルの成分による演算

(1)　2 つのベクトル $\vec{x}$, $\vec{y}$ において, $2\vec{x}-\vec{y}=(4,\ 1)$, $3\vec{x}-2\vec{y}=(7,\ 0)$ のとき, $\vec{x}$ と $\vec{y}$ を求めよ。

(2)　$\vec{a}=(2,\ 2)$, $\vec{b}=(5,\ -3)$ とする。2 つの等式 $\vec{x}+4\vec{y}=\vec{a}$, $\vec{x}-2\vec{y}=\vec{b}$ を満たす $\vec{x}$, $\vec{y}$ を成分で表せ。

p.21 基本事項 1, 基本 3

CHART & SOLUTION

連立方程式を解く要領で進める

(1)　x, y の連立方程式を解く要領で, $\vec{x}$, $\vec{y}$ を $(4,\ 1)$, $(7,\ 0)$ を用いて表す。

(2)　x, y の連立方程式を解く要領で $\vec{x}$, $\vec{y}$ を $\vec{a}$, $\vec{b}$ を用いて表す。

解答

(1)　$2\vec{x}-\vec{y}=(4,\ 1)$ …… ①,

$3\vec{x}-2\vec{y}=(7,\ 0)$ …… ② とする。

$$\begin{array}{rl} & 4\vec{x}-2\vec{y}=2(4,\ 1) \\ -) & 3\vec{x}-2\vec{y}=(7,\ 0) \\ \hline & \vec{x}\qquad\ =2(4,\ 1)-(7,\ 0) \end{array}$$

①×2−② から

$$\boldsymbol{\vec{x}}=2(4,\ 1)-(7,\ 0)$$
$$=\boldsymbol{(1,\ 2)}$$

⇐ $\vec{y}$ を消去。

よって, ① から

$$\boldsymbol{\vec{y}}=2\vec{x}-(4,\ 1)=2(1,\ 2)-(4,\ 1)$$
$$=\boldsymbol{(-2,\ 3)}$$

(2)　$\vec{x}+4\vec{y}=\vec{a}$ …… ①, $\vec{x}-2\vec{y}=\vec{b}$ …… ② とする。

①+②×2 から　$3\vec{x}=\vec{a}+2\vec{b}$

⇐ $\vec{y}$ を消去。

よって　$\boldsymbol{\vec{x}}=\dfrac{1}{3}(\vec{a}+2\vec{b})=\dfrac{1}{3}\{(2,\ 2)+2(5,\ -3)\}$

$$=\boldsymbol{\left(4,\ -\frac{4}{3}\right)}$$

①−② から　$6\vec{y}=\vec{a}-\vec{b}$

⇐ $\vec{x}$ を消去。

よって　$\boldsymbol{\vec{y}}=\dfrac{1}{6}(\vec{a}-\vec{b})=\dfrac{1}{6}\{(2,\ 2)-(5,\ -3)\}$

$$=\boldsymbol{\left(-\frac{1}{2},\ \frac{5}{6}\right)}$$

inf. (2) $\vec{x}+4\vec{y}=(2,\ 2)$, $\vec{x}-2\vec{y}=(5,\ -3)$ として, (1) と同じように解いてもよい。

PRACTICE 7③

(1)　2 つのベクトル $\vec{x}$, $\vec{y}$ において, $\vec{x}+2\vec{y}=(-2,\ -4)$, $2\vec{x}+\vec{y}=(5,\ -2)$ のとき, $\vec{x}$ と $\vec{y}$ を求めよ。

(2)　$\vec{a}=(2,\ -1)$, $\vec{b}=(3,\ 11)$ とする。2 つの等式 $2\vec{x}-\vec{y}=\vec{a}+\vec{b}$, $-\vec{x}+2\vec{y}=3\vec{a}-\vec{b}$ を満たす $\vec{x}$, $\vec{y}$ を成分で表せ。

基本 例題 8 ベクトルの成分と平行条件

2 つのベクトル $\vec{a}=(3,\ -4)$, $\vec{b}=(-2t+3,\ 3t-7)$ が平行になるように，t の値を定めよ。 p.21 基本事項 1

CHART & SOLUTION

ベクトルの平行

2 つのベクトル $\vec{a}=(a_1,\ a_2)$, $\vec{b}=(b_1,\ b_2)$ $(\vec{a}\neq\vec{0},\ \vec{b}\neq\vec{0})$ について

1 $\vec{a}\parallel\vec{b} \iff \vec{b}=k\vec{a}$ **となる実数 k がある** ……❗

2 $\vec{a}\parallel\vec{b} \iff a_1b_2-a_2b_1=0$

(2の証明は INFORMATION を参照。)

1の方針では t と k の連立方程式，2の方針（別解）では t の方程式から t の値を求めればよい。

解答

❗ $\vec{a}\neq\vec{0}$, $\vec{b}\neq\vec{0}$ であるから，$\vec{a}\parallel\vec{b}$ になるのは，$\vec{b}=k\vec{a}$ となる実数 k が存在するときである。

$(-2t+3,\ 3t-7)=(3k,\ -4k)$ から

$$-2t+3=3k \ \cdots\cdots①,\quad 3t-7=-4k \ \cdots\cdots②$$

①×4+②×3 から　$t-9=0$

よって　$\boldsymbol{t=9}$　このとき　$k=-5$

別解 $\vec{a}\neq\vec{0}$, $\vec{b}\neq\vec{0}$ であるから，$\vec{a}\parallel\vec{b}$ になるための条件は

❗ $$3\times(3t-7)-(-4)\times(-2t+3)=0$$

よって　$9t-21-8t+12=0$

ゆえに　$t-9=0$　したがって　$\boldsymbol{t=9}$

⇐ $-2t+3=0$ かつ $3t-7=0$ となる t はないから　$\vec{b}\neq\vec{0}$

⇐ x 成分，y 成分がそれぞれ等しい。

⇐ ①，② から，t の値が決まれば k の値も定まるので，k の値は必ずしも求めなくてもよい。

⇐ $a_1b_2-a_2b_1=0$

INFORMATION　$\vec{a}\parallel\vec{b} \iff a_1b_2-a_2b_1=0$ $(\vec{a}\neq\vec{0},\ \vec{b}\neq\vec{0})$ の証明

$\vec{a}\parallel\vec{b} \iff \vec{b}=k\vec{a} \iff (b_1,\ b_2)=k(a_1,\ a_2) \iff b_1=ka_1,\ b_2=ka_2$ であるから，

「$b_1=ka_1,\ b_2=ka_2 \iff a_1b_2-a_2b_1=0$」…… Ⓐ を証明する。

[1]（Ⓐ の ⟹）　$b_1=ka_1$, $b_2=ka_2$ とすると　$a_1b_2-a_2b_1=a_1\times ka_2-a_2\times ka_1=0$

[2]（Ⓐ の ⟸）　$a_1b_2-a_2b_1=0$ …… Ⓑ とすると

$a_1=0$ のとき　$a_2\neq0$ で，Ⓑ から　$b_1=0$　$\dfrac{b_2}{a_2}=k$ とおくと　$b_1=ka_1$, $b_2=ka_2$

$a_1\neq0$ のとき　Ⓑ から　$b_2=\dfrac{b_1}{a_1}a_2$　$\dfrac{b_1}{a_1}=k$ とおくと　$b_1=ka_1$, $b_2=ka_2$

したがって　$\boldsymbol{\vec{a}\parallel\vec{b} \iff a_1b_2-a_2b_1=0}$

PRACTICE 8❷

(1)　2 つのベクトル $\vec{a}=(-3,\ 2)$, $\vec{b}=(5t+3,\ -t+5)$ が平行になるように，t の値を定めよ。

(2)　$\vec{a}=(x,\ -1)$, $\vec{b}=(2,\ -3)$ について，$\vec{b}-\vec{a}$ と $\vec{a}+3\vec{b}$ が平行になるように，x の値を定めよ。

STEP UP 1次独立と1次従属

2個のベクトル $\vec{a}$，$\vec{b}$ を用いて，$s\vec{a}+t\vec{b}$ (s，t は実数) の形に表されたベクトルを，$\vec{a}$，$\vec{b}$ の **1次結合** という。そして

$$s\vec{a}+t\vec{b}=\vec{0} \quad ならば \quad s=t=0$$

が成り立つとき，これら2個のベクトル $\vec{a}$，$\vec{b}$ は **1次独立** であるという。また，1次独立でないベクトルは，**1次従属** であるという。

例えば，$\vec{a}=(2,\ 1)$，$\vec{b}=(1,\ -1)$，$\vec{c}=(4,\ 2)$ のとき

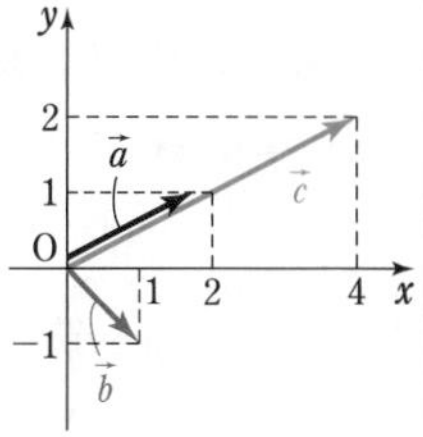

$s\vec{a}+t\vec{b}=\vec{0} \Longrightarrow (2s+t,\ s-t)=(0,\ 0)$　⇐ $\vec{a} \not\parallel \vec{b}$

$\Longrightarrow 2s+t=0,\ s-t=0$

$\Longrightarrow s=t=0$

よって，$\vec{a}$ と $\vec{b}$ は1次独立である。

$s\vec{a}+t\vec{c}=\vec{0} \Longrightarrow (2s+4t,\ s+2t)=(0,\ 0)$　⇐ $\vec{a} \parallel \vec{c}$

$\Longrightarrow 2s+4t=0,\ s+2t=0$

$\Longrightarrow s=-2k,\ t=k$　(k は任意の実数)

よって，$\vec{a}$ と $\vec{c}$ は1次従属である。

一般に，2つのベクトル $\vec{a}$，$\vec{b}$ について，次のことが成り立つ。

$\vec{a}$ と $\vec{b}$ が1次独立 $\Longleftrightarrow \vec{a} \neq \vec{0}$，$\vec{b} \neq \vec{0}$，$\vec{a} \not\parallel \vec{b}$

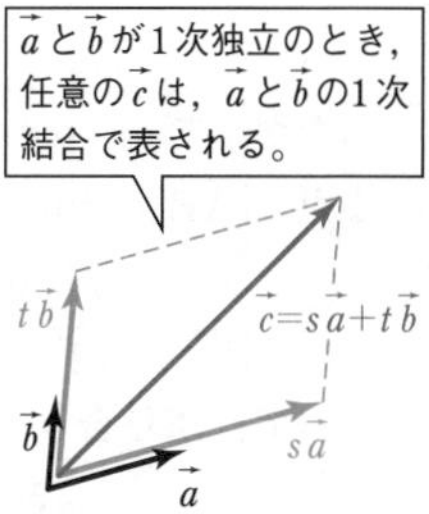

また，2つのベクトル $\vec{a}$，$\vec{b}$ が1次独立であるとき，3つ目のベクトル $\vec{c}$ をどのようにとっても，$\vec{a}$，$\vec{b}$，$\vec{c}$ は1次従属になる。

証明　$\vec{a}$，$\vec{b}$ が1次独立であるとき，同じ平面上の $\vec{c}$ は $\vec{c}=s\vec{a}+t\vec{b}$ の形に，ただ1通りに表される。変形して

$$s\vec{a}+t\vec{b}+(-1)\vec{c}=\vec{0}$$

$s\vec{a}+t\vec{b}+u\vec{c}=\vec{0}$ を満たす同時には0でない s，t，u が存在するから，$\vec{a}$，$\vec{b}$，$\vec{c}$ は1次従属である。

⇐ 3つ以上のベクトルに関する1次独立および1次従属については，下の inf. を参照。

$p.13$，22で学んだことと合わせ，次のことは重要であるから，ここにまとめておく。

平面上で $\vec{a} \neq \vec{0}$，$\vec{b} \neq \vec{0}$，$\vec{a} \not\parallel \vec{b}$ のとき，次のことが成り立つ。

① **任意のベクトル $\vec{p}$ は $\vec{p}=s\vec{a}+t\vec{b}$ の形に，ただ1通りに表される。**

② **$s\vec{a}+t\vec{b}=\vec{0} \Longleftrightarrow s=t=0$**

inf.　n 個のベクトル $\vec{a_1}$，$\vec{a_2}$，……，$\vec{a_n}$ と n 個の実数 k_1，k_2，……，k_n について

$$k_1\vec{a_1}+k_2\vec{a_2}+\cdots\cdots+k_n\vec{a_n}=\vec{0} \quad ならば \quad k_1=k_2=\cdots\cdots=k_n=0$$

が成り立つとき，これら n 個のベクトルは **1次独立** であるという。また，1次独立でないベクトルは，**1次従属** であるという。

基本 例題 9 平行四辺形の辺とベクトル

4 点 A(−1, 1), B(6, 4), C(7, 6), D(a, b) を頂点とする四角形 ABCD が平行四辺形になるように, a, b の値を定めよ。また, このとき, 平行四辺形 ABCD の隣り合う 2 辺の長さと対角線の長さを, それぞれ求めよ。

p.21 基本事項 1, 2, 基本 49

CHART & SOLUTION

4 点 A, B, C, D が一直線上にないとき

四角形 ABCD が平行四辺形 ⟺ $\overrightarrow{AD}=\overrightarrow{BC}$

$\overrightarrow{AD}$, $\overrightarrow{BC}$ をそれぞれ成分で表し, a, b の値を求める。

A(a_1, a_2), B(b_1, b_2) のとき

$$\overrightarrow{AB}=(b_1-a_1,\ b_2-a_2),\ AB=|\overrightarrow{AB}|=\sqrt{(b_1-a_1)^2+(b_2-a_2)^2}$$

解答

四角形 ABCD が平行四辺形になるのは, $\overrightarrow{AD}=\overrightarrow{BC}$ のときであるから

$$(a-(-1),\ b-1)=(7-6,\ 6-4)$$

よって $a+1=1$, $b-1=2$

したがって **$a=0$, $b=3$**

また $|\overrightarrow{AB}|=\sqrt{\{6-(-1)\}^2+(4-1)^2}$

$=\sqrt{7^2+3^2}=\sqrt{58}$

$|\overrightarrow{BC}|=\sqrt{1^2+2^2}=\sqrt{5}$

よって, **隣り合う 2 辺の長さは**

$\sqrt{58}$, $\sqrt{5}$

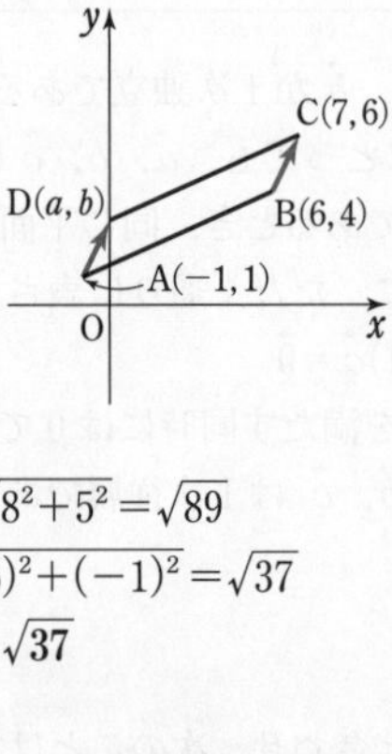

対角線の長さは $|\overrightarrow{AC}|$, $|\overrightarrow{BD}|$ である。

$|\overrightarrow{AC}|=\sqrt{\{7-(-1)\}^2+(6-1)^2}=\sqrt{8^2+5^2}=\sqrt{89}$

$|\overrightarrow{BD}|=\sqrt{(0-6)^2+(3-4)^2}=\sqrt{(-6)^2+(-1)^2}=\sqrt{37}$

したがって, **対角線の長さは $\sqrt{89}$, $\sqrt{37}$**

⇐ $\overrightarrow{AB}=\overrightarrow{DC}$ から考えてもよい。

⇐ $\overrightarrow{AD}$ の成分は (D の x 座標 − A の x 座標, D の y 座標 − A の y 座標)「後 (終点) − 前 (始点)」ととらえると覚えやすい。

⇐ 隣り合う 2 辺の長さは $|\overrightarrow{AB}|$, $|\overrightarrow{BC}|$ である。

inf. 平面上の異なる 4 点 A, B, C, D が一直線上にあり, $\overrightarrow{AD}=\overrightarrow{BC}$ を満たす場合, 4 点 A, B, C, D を結んでも四角形はできない。

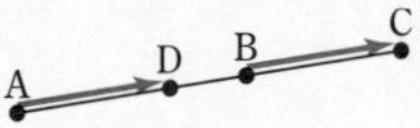

INFORMATION — 4 点 A, B, C, D を頂点とする平行四辺形

上の例題で,「平行四辺形 ABCD」というと 1 つに決まるが,「4 点 A, B, C, D を頂点とする平行四辺形」というと 1 つには決まらずに, 全部で 3 つの平行四辺形が考えられる (EXERCISES 12 参照)。

PRACTICE 9②

4 点 A(−2, 3), B(2, x), C(8, 2), D(y, 7) を頂点とする四角形 ABCD が平行四辺形になるように, x, y の値を定めよ。また, このとき, 平行四辺形 ABCD の対角線の交点を E として, 線分 BE の長さを求めよ。

基本 例題 10　ベクトルの大きさの最小値（成分）

$\vec{a}=(2,\ 1)$, $\vec{b}=(-4,\ 3)$ がある。実数 t を変化させるとき，$\vec{c}=\vec{a}+t\vec{b}$ の大きさの最小値と，そのときの t の値を求めよ。〔類 関東学院大〕

p.21 基本事項 1，基本 18，50

CHART & SOLUTION

$|\vec{a}+t\vec{b}|$ の最小値

$|\vec{a}+t\vec{b}|^2$ の最小値を考える

$|\vec{a}+t\vec{b}|$ を t で表すと $\sqrt{\ \ }$ が現れるから，そのままでは扱いにくい。
$|\vec{a}+t\vec{b}|\geqq 0$ であるから，次のことが成り立つ。

$|\vec{a}+t\vec{b}|^2$ が最小となるとき，$|\vec{a}+t\vec{b}|$ も最小となる

このことを利用して，まず，$|\vec{a}+t\vec{b}|^2$（**t の 2 次式**）の最小値を求める。
2 次式の最小値 ⟶ 2 次式を平方完成して基本形に変形

解答

$\vec{c}=\vec{a}+t\vec{b}=(2,\ 1)+t(-4,\ 3)=(2-4t,\ 1+3t)$

よって　$|\vec{c}|^2=(2-4t)^2+(1+3t)^2$
$=25t^2-10t+5$
$=25\left(t-\dfrac{1}{5}\right)^2+4$

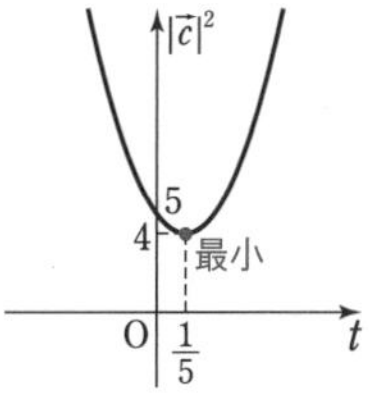

ゆえに，$|\vec{c}|^2$ は $t=\dfrac{1}{5}$ のとき最小値 4 をとる。
$|\vec{c}|\geqq 0$ であるから，このとき $|\vec{c}|$ も最小となる。

したがって，$|\vec{c}|$ は **$t=\dfrac{1}{5}$** のとき **最小値 $\sqrt{4}=2$** をとる。

⇐ 2 次式は基本形へ
$25t^2-10t+5$
$=25\left(t^2-\dfrac{2}{5}t\right)+5$
$=25\left\{\left(t-\dfrac{1}{5}\right)^2-\left(\dfrac{1}{5}\right)^2\right\}+5$
$=25\left(t-\dfrac{1}{5}\right)^2-25\left(\dfrac{1}{5}\right)^2+5$

⇐ **この断りは重要。**

注意　ベクトルの大きさの最小値を求める問題は基本例題 18 でも学ぶ。

INFORMATION　$|\vec{a}+t\vec{b}|$ の最小値の図形的意味

$\vec{a}=\overrightarrow{OA}$, $\vec{b}=\overrightarrow{OB}$, $\vec{c}=\vec{a}+t\vec{b}=\overrightarrow{OC}$ とする。
t が変化するとき，点Cは，点Aを通り $\vec{b}$ に平行な直線 ℓ 上を動く。⟵ $p.67$ の基本事項 1 参照。
したがって，$|\vec{c}|=|\vec{a}+t\vec{b}|=|\overrightarrow{OC}|$ が最小になるのは，$\overrightarrow{OC}\perp\ell$ のときである。すなわち，点Cが，原点Oから直線 ℓ に下ろした垂線と直線 ℓ の交点Hに一致するときであり，このとき OH$=2$ となる。

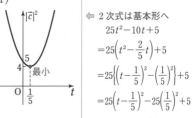

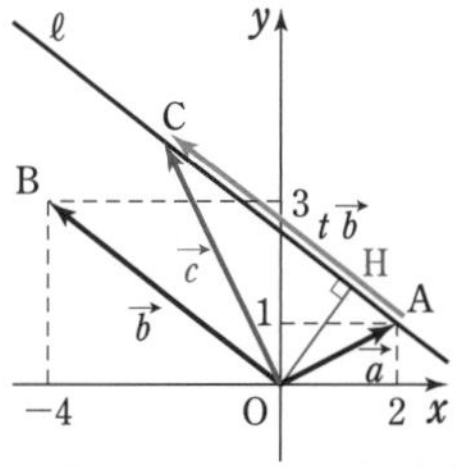

PRACTICE 10③

2 つのベクトル $\vec{a}=(11,\ -2)$ と $\vec{b}=(-4,\ 3)$ に対して $\vec{c}=\vec{a}+t\vec{b}$ とおく。実数 t が変化するとき，$|\vec{c}|$ の最小値は ア□，そのときの t の値は イ□ である。〔摂南大〕

EXERCISES　2 ベクトルの成分

A

7❷ ベクトル $\vec{a}=(1,\ -2)$, $\vec{b}=(1,\ 1)$ に対し，ベクトル $t\vec{a}+\vec{b}$ の大きさが $\sqrt{5}$ となる t の値を求めよ。 → p.21 1

8❷ $\vec{a}=(1,\ 1)$, $\vec{b}=(1,\ 3)$ とする。

(1) $\vec{c}=(-4,\ 3)$ を $k\vec{a}+l\vec{b}$ (k, l は実数) の形に表せ。

(2) $\vec{x}+2\vec{y}=\vec{a}$, $\vec{x}-3\vec{y}=\vec{b}$ を満たす $\vec{x}$, $\vec{y}$ を成分で表せ。 → 6, 7

9❸ 平面ベクトル $\vec{a}=(1,\ 3)$, $\vec{b}=(2,\ 8)$, $\vec{c}=(x,\ y)$ がある。$\vec{c}$ は $2\vec{a}+\vec{b}$ に平行で，$|\vec{c}|=\sqrt{53}$ である。このとき，x, y の値を求めよ。 〔岩手大〕

→ 8

10❸ $\vec{a}=(2,\ 3)$, $\vec{b}=(1,\ -1)$, $\vec{t}=\vec{a}+k\vec{b}$ とする。$-2\leqq k\leqq 2$ のとき，$|\vec{t}|$ の最大値および最小値を求めよ。 〔東京電機大〕

→ 10

B

11❸ 座標平面上に3定点A，B，Cと動点Pがあって，$\overrightarrow{AB}=(3,\ 1)$, $\overrightarrow{BC}=(1,\ 2)$ であり，$\overrightarrow{AP}$ が実数 t を用いて $\overrightarrow{AP}=(2t,\ 3t)$ と表されるとき

(1) $\overrightarrow{PB}$, $\overrightarrow{PC}$ を求めよ。

(2) $\overrightarrow{PC}$ が $\overrightarrow{AB}$ と平行であるときの t の値を求めよ。

(3) $\overrightarrow{PA}$ と $\overrightarrow{PB}$ の大きさが等しいときの t の値を求めよ。 〔新潟大〕

→ 8

12❸ 3点 P(1, 2), Q(3, −2), R(4, 1) を頂点とする平行四辺形の第4の頂点Sの座標を求めよ。 → 9

HINT

11 (1) 分割 ⟶ 成分の計算

(2) $\vec{0}$ でない2つのベクトル $\vec{a}=(a_1,\ a_2)$, $\vec{b}=(b_1,\ b_2)$ について，次のことを利用。

$$\vec{a}\parallel\vec{b}\iff\vec{b}=k\vec{a}\ (k\text{ は実数})\iff a_1b_2-a_2b_1=0$$

(3) $|\overrightarrow{PA}|=|\overrightarrow{PB}|\iff|\overrightarrow{PA}|^2=|\overrightarrow{PB}|^2$

12 頂点の順序に指定がないから，3通り（四角形PQRS，PQSR，PSQR）の場合がある。
四角形ABCDが平行四辺形 $\iff\overrightarrow{AD}=\overrightarrow{BC}$ を利用。

3 ベクトルの内積

基本事項

1 ベクトルの内積の定義

$\vec{0}$ でない 2 つのベクトル $\vec{a}$ と $\vec{b}$ の **なす角** を θ とするとき，$|\vec{a}||\vec{b}|\cos\theta$ を $\vec{a}$ と $\vec{b}$ の **内積** といい，$\vec{a}\cdot\vec{b}$ で表す。すなわち，内積 $\vec{a}\cdot\vec{b}$ は

$$\vec{a}\cdot\vec{b}=|\vec{a}||\vec{b}|\cos\theta \qquad \text{ただし}\quad 0^\circ \leqq \theta \leqq 180^\circ$$

$\vec{a}=\vec{0}$ または $\vec{b}=\vec{0}$ のときは $\vec{a}\cdot\vec{b}=0$ と定める。

注意　2 つのベクトルの内積は，ベクトルではなく実数 (スカラー) である。
内積 $\vec{a}\cdot\vec{b}$ は $\vec{a}\vec{b}$ と書いてはいけない。「・」を省略しないこと。また，「×」を用いて $\vec{a}\times\vec{b}$ と書いてはいけない。

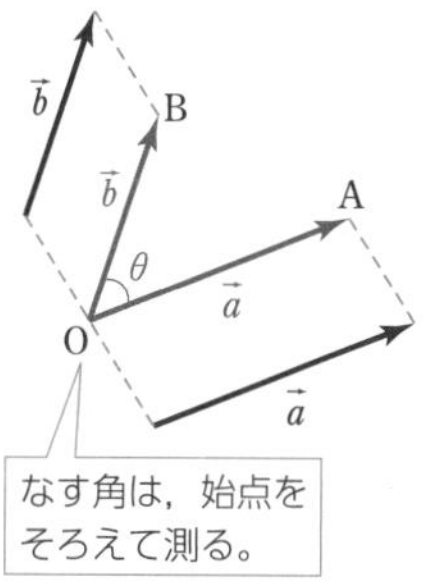

2 内積と成分

$\vec{a}=(a_1,\ a_2)$，$\vec{b}=(b_1,\ b_2)$ とする。

1　**内積**　$\vec{a}\cdot\vec{b}=a_1b_1+a_2b_2$

2　**なす角の余弦**　$\vec{a}\neq\vec{0}$，$\vec{b}\neq\vec{0}$ のとき，$\vec{a}$ と $\vec{b}$ のなす角を θ とすると

$$\cos\theta=\frac{\vec{a}\cdot\vec{b}}{|\vec{a}||\vec{b}|}=\frac{a_1b_1+a_2b_2}{\sqrt{a_1^2+a_2^2}\sqrt{b_1^2+b_2^2}} \qquad \text{ただし}\quad 0^\circ \leqq \theta \leqq 180^\circ$$

3 内積と平行・垂直条件

$\vec{a}\neq\vec{0}$，$\vec{b}\neq\vec{0}$，$\vec{a}=(a_1,\ a_2)$，$\vec{b}=(b_1,\ b_2)$ とする。

[1]　**平行条件**　$\vec{a}\,/\!/\,\vec{b} \iff \vec{a}\cdot\vec{b}=\pm|\vec{a}||\vec{b}| \iff a_1b_2-a_2b_1=0$

[2]　**垂直条件**　$\vec{a}\perp\vec{b} \iff \vec{a}\cdot\vec{b}=0 \iff a_1b_1+a_2b_2=0$

解説　内積の定義　$\vec{a}\cdot\vec{b}=|\vec{a}||\vec{b}|\cos\theta=a_1b_1+a_2b_2$　から導かれる。

[1]　**平行条件**

$\vec{a}\,/\!/\,\vec{b} \iff \vec{a}$ と $\vec{b}$ のなす角 θ が 0° (同じ向き) または 180° (反対向き)

$\iff \cos\theta=1$　または　$\cos\theta=-1$

$\iff \vec{a}\cdot\vec{b}=|\vec{a}||\vec{b}|$　または　$\vec{a}\cdot\vec{b}=-|\vec{a}||\vec{b}|$

また，$\vec{a}\cdot\vec{b}=\pm|\vec{a}||\vec{b}|$ より，$(\vec{a}\cdot\vec{b})^2-|\vec{a}|^2|\vec{b}|^2=0$ であるから

$$(a_1b_1+a_2b_2)^2-(a_1^2+a_2^2)(b_1^2+b_2^2)=-(a_1^2b_2^2-2a_1a_2b_1b_2+a_2^2b_1^2)$$
$$=-(a_1b_2-a_2b_1)^2=0$$

したがって　$a_1b_2-a_2b_1=0$ ($p.24$ も参照)

[2]　**垂直条件**　$\vec{0}$ でない 2 つのベクトル $\vec{a}$，$\vec{b}$ のなす角 θ が $\theta=90^\circ$ のとき，$\vec{a}$ と $\vec{b}$ は **垂直** であるといい，$\vec{a}\perp\vec{b}$ と書く。

$\vec{a}\perp\vec{b} \iff \vec{a}$ と $\vec{b}$ のなす角 θ が 90°

$\iff \cos\theta=0$

$\iff \vec{a}\cdot\vec{b}=0$

$\iff a_1b_1+a_2b_2=0$

4 内積の性質

1　$\vec{a}\cdot\vec{a}=|\vec{a}|^2$

2　$\vec{a}\cdot\vec{b}=\vec{b}\cdot\vec{a}$

3　$(\vec{a}+\vec{b})\cdot\vec{c}=\vec{a}\cdot\vec{c}+\vec{b}\cdot\vec{c}$

4　$\vec{a}\cdot(\vec{b}+\vec{c})=\vec{a}\cdot\vec{b}+\vec{a}\cdot\vec{c}$

5　$(k\vec{a})\cdot\vec{b}=\vec{a}\cdot(k\vec{b})=k(\vec{a}\cdot\vec{b})\ [=k\vec{a}\cdot\vec{b}]$　ただし，k は実数。

補足　1より，$\vec{a}\cdot\vec{a}\geqq 0$，$|\vec{a}|=\sqrt{\vec{a}\cdot\vec{a}}$ が成り立つ。
なお，$\vec{a}\cdot\vec{a}$ を $\vec{a}^2$ とは書かないことに注意。

5 三角形の面積

△OAB において，$\overrightarrow{OA}=\vec{a}=(a_1,\ a_2)$，$\overrightarrow{OB}=\vec{b}=(b_1,\ b_2)$
とするとき，△OAB の面積 S は

$$S=\frac{1}{2}\sqrt{|\vec{a}|^2|\vec{b}|^2-(\vec{a}\cdot\vec{b})^2}$$

$$=\frac{1}{2}|a_1b_2-a_2b_1|$$

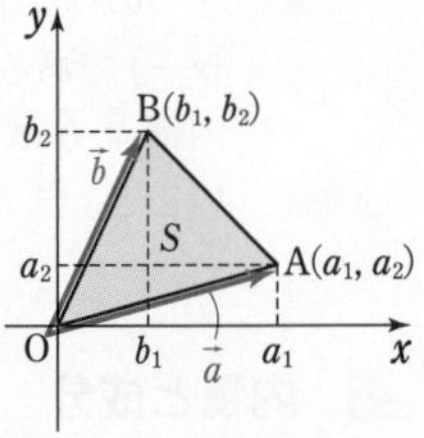

証明は $p.40$ STEP UP 参照。

補足　頂点がいずれも原点ではない △PQR の場合には，1つの頂点をベクトルの始点にとって考えればよい。例えば，点Pを始点として，$\overrightarrow{PQ}=\vec{x}=(x_1,\ x_2)$，$\overrightarrow{PR}=\vec{y}=(y_1,\ y_2)$ とすると，面積 S は

$$S=\frac{1}{2}\sqrt{|\vec{x}|^2|\vec{y}|^2-(\vec{x}\cdot\vec{y})^2}=\frac{1}{2}|x_1y_2-x_2y_1|$$

CHECK & CHECK

8　次のベクトル $\vec{a}$，$\vec{b}$ について，内積 $\vec{a}\cdot\vec{b}$ を求めよ。

(1)　$|\vec{a}|=1$，$|\vec{b}|=3$ で $\vec{a}$ と $\vec{b}$ のなす角が $60°$

(2)　$|\vec{a}|=2$，$|\vec{b}|=4$ で $\vec{a}$ と $\vec{b}$ のなす角が $135°$　　1

9　次の2つのベクトル $\vec{a}$，$\vec{b}$ の内積を求めよ。

(1)　$\vec{a}=(1,\ -2)$，$\vec{b}=(6,\ 3)$　　(2)　$\vec{a}=(\sqrt{3},\ -3)$，$\vec{b}=(0,\ 1)$　　2

10　次の2つのベクトル $\vec{a}$，$\vec{b}$ のなす角 θ を求めよ。

(1)　$\vec{a}=(3,\ 1)$，$\vec{b}=(1,\ 2)$　　(2)　$\vec{a}=(1,\ -\sqrt{3})$，$\vec{b}=(2,\ 0)$

(3)　$\vec{a}=(2,\ 3)$，$\vec{b}=\left(-\frac{3}{4},\ \frac{1}{2}\right)$　　(4)　$\vec{a}=(1,\ -2)$，$\vec{b}=(-\sqrt{2},\ 2\sqrt{2})$

2

11　次の2つのベクトルが垂直になるような x の値を求めよ。

(1)　$\vec{a}=(3,\ 2)$，$\vec{b}=(x,\ 6)$　　(2)　$\vec{a}=(3,\ x)$，$\vec{b}=(-1,\ \sqrt{3})$　　3

基本 例題 11 三角形と内積

$\angle A=90^\circ$, $AB=1$, $BC=2$ の $\triangle ABC$ において，次の内積を求めよ。

(1) $\overrightarrow{BA}\cdot\overrightarrow{BC}$　　(2) $\overrightarrow{AB}\cdot\overrightarrow{BC}$　　(3) $\overrightarrow{AC}\cdot\overrightarrow{CA}$

p.29 基本事項 1

CHART & SOLUTION

内積（2 つのベクトルの始点が異なる場合）

なす角 θ は始点をそろえて測る ……❗

例えば，(2) で $\overrightarrow{AB}$ と $\overrightarrow{BC}$ のなす角を $\angle ABC$ と考えるのは誤りである。このような場合，2 つのベクトル $\overrightarrow{AB}$，$\overrightarrow{BC}$ の始点をそろえてから，なす角を求める。

解答

$\angle A=90^\circ$, $AB=1$, $BC=2$ から

$\angle B=60^\circ$, $AC=\sqrt{3}$

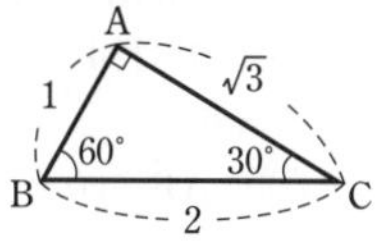

(1) $\overrightarrow{BA}$ と $\overrightarrow{BC}$ のなす角は 60° であるから

$$\overrightarrow{BA}\cdot\overrightarrow{BC}=|\overrightarrow{BA}||\overrightarrow{BC}|\cos 60^\circ$$
$$=1\times 2\times\frac{1}{2}=\mathbf{1}$$

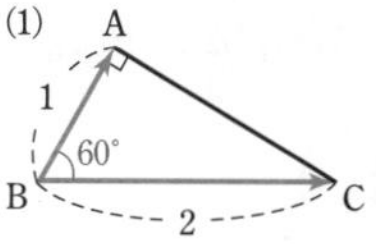

❗ (2) 図のように $\overrightarrow{AB}=\overrightarrow{BD}$ となる点 D をとる。$\overrightarrow{AB}$ と $\overrightarrow{BC}$ のなす角（$\overrightarrow{BD}$ と $\overrightarrow{BC}$ のなす角）は 120° であるから

$$\overrightarrow{AB}\cdot\overrightarrow{BC}=|\overrightarrow{AB}||\overrightarrow{BC}|\cos 120^\circ$$
$$=1\times 2\times\left(-\frac{1}{2}\right)=\mathbf{-1}$$

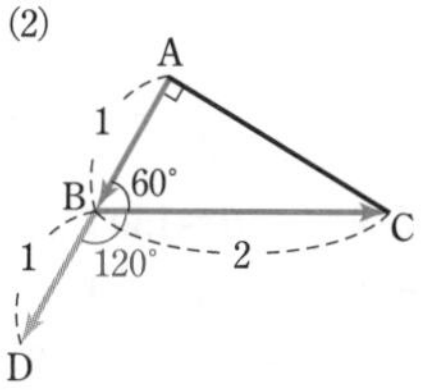

⇐ 始点を B にそろえる。

inf. $\overrightarrow{BC}=\overrightarrow{AD'}$ となる点 D′ をとって（始点を A にそろえる）なす角を求めても結果は同じ。

別解 (2) $\overrightarrow{AB}\cdot\overrightarrow{BC}$
$=(-\overrightarrow{BA})\cdot\overrightarrow{BC}$
$=-|\overrightarrow{BA}||\overrightarrow{BC}|\cos 60^\circ$
$=-1\times 2\times\frac{1}{2}=\mathbf{-1}$

❗ (3) 図のように $\overrightarrow{AC}=\overrightarrow{CE}$ となる点 E をとる。$\overrightarrow{AC}$ と $\overrightarrow{CA}$ のなす角（$\overrightarrow{CE}$ と $\overrightarrow{CA}$ のなす角）は 180° であるから

$$\overrightarrow{AC}\cdot\overrightarrow{CA}=|\overrightarrow{AC}||\overrightarrow{CA}|\cos 180^\circ$$
$$=\sqrt{3}\times\sqrt{3}\times(-1)$$
$$=\mathbf{-3}$$

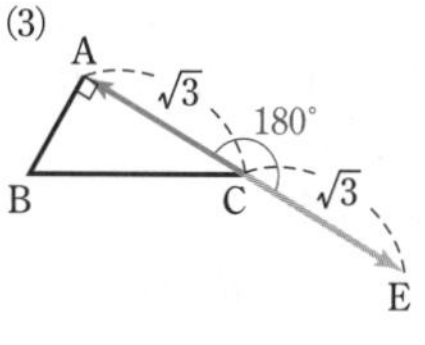

⇐ 始点を C にそろえる。

⇐ なす角は 0° ではない。

別解 (3) $\overrightarrow{AC}\cdot\overrightarrow{CA}$
$=\overrightarrow{AC}\cdot(-\overrightarrow{AC})$
$=-|\overrightarrow{AC}|^2=\mathbf{-3}$

PRACTICE 11❷

$\triangle ABC$ において，$AB=\sqrt{2}$, $BC=\sqrt{3}+1$, $CA=2$, $\angle B=45^\circ$, $\angle C=30^\circ$ であるとき，次の内積を求めよ。

(1) $\overrightarrow{BA}\cdot\overrightarrow{BC}$　　(2) $\overrightarrow{CA}\cdot\overrightarrow{CB}$　　(3) $\overrightarrow{AB}\cdot\overrightarrow{BC}$　　(4) $\overrightarrow{BC}\cdot\overrightarrow{CA}$

基本 例題 12 内積の計算，ベクトルのなす角

(1) $\vec{a}=(\sqrt{3},\ -1)$, $\vec{b}=(-1,\ \sqrt{3})$ のとき，$\vec{a}$, $\vec{b}$ の内積と，そのなす角 θ を求めよ。

(2) 3点 $A(-1,\ 2)$, $B(3,\ -2)$, $C(\sqrt{3},\ \sqrt{3}+1)$ について，$\overrightarrow{AB}$, $\overrightarrow{AC}$ の内積と，そのなす角 θ を求めよ。

p. 29 基本事項 2

CHART & SOLUTION

成分による内積 $\vec{a}=(a_1,\ a_2)$, $\vec{b}=(b_1,\ b_2)$ とし，$\vec{a}$, $\vec{b}$ のなす角を θ とする。

$$\vec{a}\cdot\vec{b}=a_1b_1+a_2b_2 \quad \cdots\cdots Ⓐ \qquad \cos\theta=\frac{\vec{a}\cdot\vec{b}}{|\vec{a}||\vec{b}|} \quad \cdots\cdots Ⓑ$$

成分が与えられたベクトルの内積は Ⓐ を利用して計算する。
また，ベクトルのなす角 θ は Ⓑ を利用して，三角方程式 $\cos\theta=\alpha$ $(-1\leqq\alpha\leqq1)$ を解く問題に帰着させる。このとき，$\mathbf{0^\circ\leqq\theta\leqq180^\circ}$ に注意する。

(2) まず，$\overrightarrow{AB}$, $\overrightarrow{AC}$ を成分で表す。
$A(a_1,\ a_2)$, $B(b_1,\ b_2)$ のとき $\overrightarrow{\mathbf{AB}}=(\boldsymbol{b_1-a_1},\ \boldsymbol{b_2-a_2})$

解答

(1) $\vec{a}\cdot\vec{b}=\sqrt{3}\times(-1)+(-1)\times\sqrt{3}=\mathbf{-2\sqrt{3}}$

また $|\vec{a}|=\sqrt{(\sqrt{3})^2+(-1)^2}=2$, $|\vec{b}|=\sqrt{(-1)^2+(\sqrt{3})^2}=2$

よって $\cos\theta=\dfrac{\vec{a}\cdot\vec{b}}{|\vec{a}||\vec{b}|}=\dfrac{-2\sqrt{3}}{2\times2}=-\dfrac{\sqrt{3}}{2}$

$0^\circ\leqq\theta\leqq180^\circ$ であるから　$\boldsymbol{\theta=150^\circ}$

(2) $\overrightarrow{AB}=(3-(-1),\ -2-2)=(4,\ -4)$
$\overrightarrow{AC}=(\sqrt{3}-(-1),\ \sqrt{3}+1-2)=(\sqrt{3}+1,\ \sqrt{3}-1)$

よって $\overrightarrow{\mathbf{AB}}\cdot\overrightarrow{\mathbf{AC}}=4\times(\sqrt{3}+1)+(-4)\times(\sqrt{3}-1)=\mathbf{8}$

また $|\overrightarrow{AB}|=\sqrt{4^2+(-4)^2}=\sqrt{32}=4\sqrt{2}$
$|\overrightarrow{AC}|=\sqrt{(\sqrt{3}+1)^2+(\sqrt{3}-1)^2}=\sqrt{8}=2\sqrt{2}$

ゆえに $\cos\theta=\dfrac{\overrightarrow{AB}\cdot\overrightarrow{AC}}{|\overrightarrow{AB}||\overrightarrow{AC}|}=\dfrac{8}{4\sqrt{2}\times2\sqrt{2}}=\dfrac{1}{2}$

$0^\circ\leqq\theta\leqq180^\circ$ であるから　$\boldsymbol{\theta=60^\circ}$

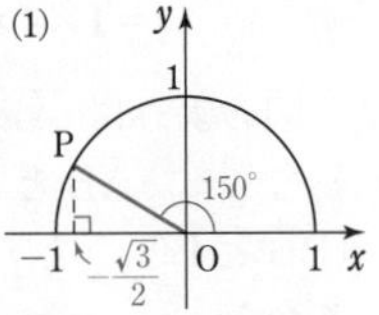

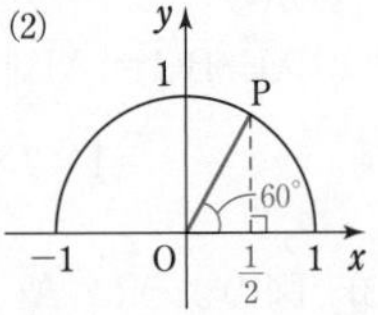

PRACTICE 12❷

(1) $\vec{a}=(\sqrt{6},\ \sqrt{2})$, $\vec{b}=(1,\ \sqrt{3})$ のとき，$\vec{a}$, $\vec{b}$ の内積と，そのなす角 θ を求めよ。

(2) $\vec{a}=(2,\ 4)$, $\vec{b}=(2,\ -6)$ のとき，$\vec{a}$, $\vec{b}$ の内積と，そのなす角 θ を求めよ。

(3) 3点 $A(-3,\ 4)$, $B(2\sqrt{3}-2,\ \sqrt{3}+2)$, $C(-4,\ 6)$ について，$\overrightarrow{AB}$, $\overrightarrow{AC}$ の内積と，そのなす角 θ を求めよ。

基本 例題 13 なす角からベクトルを求める

(1) p を正の数とし，ベクトル $\vec{a}=(1,\ 1)$ と $\vec{b}=(1,\ -p)$ があるとする。いま，$\vec{a}$ と $\vec{b}$ のなす角が 60° のとき，p の値を求めよ。 [(1) 立教大]

(2) $\vec{a}=(1,\ -2)$，$\vec{b}=(m,\ n)$（m と n は正の数）について，$|\vec{b}|=\sqrt{10}$ であり，$\vec{a}$ と $\vec{b}$ のなす角は 135° である。このとき，m，n の値を求めよ。 基本 12

CHART & SOLUTION

なす角からベクトルを求める $\vec{a}=(a_1,\ a_2)$，$\vec{b}=(b_1,\ b_2)$ とする。

内積を $\vec{a}\cdot\vec{b}=|\vec{a}||\vec{b}|\cos\theta$，$\vec{a}\cdot\vec{b}=a_1b_1+a_2b_2$ の2通りで表す

内積を2通りの方法で表し，これらを等しいとおいた方程式を解けばよい。
(1) では p，(2) では m，n が正の数であることに注意する。

解答

(1) $\vec{a}\cdot\vec{b}=1\times1+1\times(-p)=1-p$ ⇐ 成分による表現。

$|\vec{a}|=\sqrt{1^2+1^2}=\sqrt{2}$，$|\vec{b}|=\sqrt{1^2+(-p)^2}=\sqrt{1+p^2}$

$\vec{a}\cdot\vec{b}=|\vec{a}||\vec{b}|\cos60^\circ$ から $1-p=\sqrt{2}\sqrt{1+p^2}\times\frac{1}{2}$ ……① ⇐ 定義による表現。

① の両辺を2乗して整理すると $p^2-4p+1=0$ ⇐ $(1-p)^2=\frac{1}{2}(1+p^2)$ を整理する。

よって $p=2\pm\sqrt{3}$

ここで，① より，$1-p>0$ であるから $0<p<1$ ⇐ $\sqrt{1+p^2}>0$ であるから，① の右辺は正。よって，① の左辺も正であり，$1-p>0$

ゆえに $\boldsymbol{p=2-\sqrt{3}}$

(2) $|\vec{b}|=\sqrt{10}$ から $|\vec{b}|^2=10$

よって $m^2+n^2=10$ ……①

$|\vec{a}|=\sqrt{1^2+(-2)^2}=\sqrt{5}$ であるから

$$\vec{a}\cdot\vec{b}=|\vec{a}||\vec{b}|\cos135^\circ=\sqrt{5}\times\sqrt{10}\times\left(-\frac{1}{\sqrt{2}}\right)=-5$$ ⇐ 定義による表現。

また，$\vec{a}\cdot\vec{b}=1\times m+(-2)\times n=m-2n$ であるから ⇐ 成分による表現。

$m-2n=-5$ ゆえに $m=2n-5$ ……②

② を ① に代入すると $(2n-5)^2+n^2=10$

整理すると $5n^2-20n+15=0$

よって $n^2-4n+3=0$ ゆえに $(n-1)(n-3)=0$

よって $n=1,\ 3$

② から $n=1$ のとき $m=-3$，$n=3$ のとき $m=1$ ⇐ $m=-3<0$ から不適。

m，n は正の数であるから $\boldsymbol{m=1,\ n=3}$

PRACTICE 13❸

(1) $\overrightarrow{OA}=(x,\ 1)$，$\overrightarrow{OB}=(2,\ 1)$ について，$\overrightarrow{OA}$，$\overrightarrow{OB}$ のなす角が 45° であるとき，x の値を求めよ。

(2) $\vec{a}=(2,\ -1)$，$\vec{b}=(m,\ n)$ について，$|\vec{b}|=2\sqrt{5}$ であり，$\vec{a}$ と $\vec{b}$ のなす角は 60° である。このとき，m，n の値を求めよ。

基本 例題 14 ベクトルの垂直と成分

(1) 2つのベクトル $\vec{a}=(x-1,\ 3)$, $\vec{b}=(1,\ x+1)$ が垂直になるような x の値を求めよ。

(2) ベクトル $\vec{p}=(2,\ 1)$ に垂直で，大きさ $\sqrt{15}$ のベクトル $\vec{q}$ を求めよ。

p. 29 基本事項 3

CHART & SOLUTION

ベクトルの垂直 (内積)=0 ……❶

注意 $\vec{0}$ でない2つのベクトルのなす角が 90° のとき，2つのベクトルは **垂直** であるという。よって，「(内積)=0 ⟹ 垂直」は，2つのベクトルがともに $\vec{0}$ でないときに限り成り立つ。

(2) $\vec{q}=(x,\ y)$ として，大きさの条件，垂直条件から x, y の条件式を求める。

解答

❶ (1) $\vec{a}\neq\vec{0}$, $\vec{b}\neq\vec{0}$ から，$\vec{a}\perp\vec{b}$ であるための条件は $\vec{a}\cdot\vec{b}=0$

ここで $\vec{a}\cdot\vec{b}=(x-1)\times1+3\times(x+1)=4x+2$

よって $4x+2=0$ ゆえに $\boldsymbol{x=-\dfrac{1}{2}}$

❶ (2) $\vec{q}=(x,\ y)$ とする。$\vec{p}\perp\vec{q}$ であるから $\vec{p}\cdot\vec{q}=0$

よって $2\times x+1\times y=0$

ゆえに $y=-2x$ ……①

また，$|\vec{q}|=\sqrt{15}$ であるから $x^2+y^2=15$ ……②

① を ② に代入すると $x^2+(-2x)^2=15$

整理すると $x^2=3$ よって $x=\pm\sqrt{3}$

① から $y=\mp2\sqrt{3}$ (複号同順)

したがって $\boldsymbol{\vec{q}=(\sqrt{3},\ -2\sqrt{3}),\ (-\sqrt{3},\ 2\sqrt{3})}$

別解 $\vec{p}=(2,\ 1)$ に垂直なベクトルの1つは $\vec{u}=(-1,\ 2)$ である。

$|\vec{u}|=\sqrt{5}$ であるから，$\vec{u}$ と平行な単位ベクトルは

$$\frac{1}{\sqrt{5}}\vec{u}=\left(-\frac{1}{\sqrt{5}},\ \frac{2}{\sqrt{5}}\right),\ -\frac{1}{\sqrt{5}}\vec{u}=\left(\frac{1}{\sqrt{5}},\ -\frac{2}{\sqrt{5}}\right)$$

よって，求めるベクトル $\vec{q}$ は，

$$\sqrt{15}\left(-\frac{1}{\sqrt{5}},\ \frac{2}{\sqrt{5}}\right),\ \sqrt{15}\left(\frac{1}{\sqrt{5}},\ -\frac{2}{\sqrt{5}}\right)$$

すなわち $\boldsymbol{\vec{q}=(-\sqrt{3},\ 2\sqrt{3}),\ (\sqrt{3},\ -2\sqrt{3})}$

(1) $(x-1,\ 3)\neq\vec{0}$, $(1,\ x+1)\neq\vec{0}$ である。

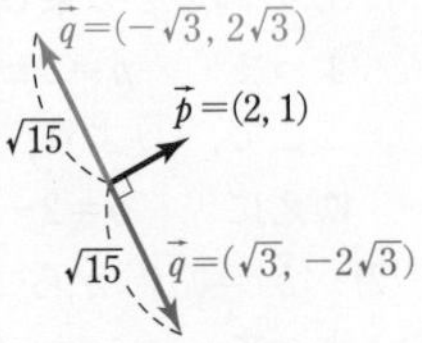

注意 互いに逆向きの2つのベクトルが答えになる。

⇐ $\boldsymbol{\vec{p}=(a,\ b)\neq\vec{0}}$ と $\boldsymbol{\vec{q}=(-b,\ a)}$ **は垂直である。** このことを利用する。

⇐ $\dfrac{\vec{u}}{|\vec{u}|}$, $-\dfrac{\vec{u}}{|\vec{u}|}$

⇐ 大きさが1である単位ベクトルを $\sqrt{15}$ 倍にのばすと，その大きさは $\sqrt{15}$ である。

PRACTICE 14❷

(1) 2つのベクトル $\vec{a}=(x+1,\ x)$, $\vec{b}=(x,\ x-2)$ が垂直になるような x の値を求めよ。

(2) ベクトル $\vec{a}=(1,\ -3)$ に垂直である単位ベクトルを求めよ。

基本 例題 15 内積の性質，垂直条件となす角

(1) 等式 $|2\vec{a}+3\vec{b}|^2+|2\vec{a}-3\vec{b}|^2=2(4|\vec{a}|^2+9|\vec{b}|^2)$ を証明せよ。

(2) $|\vec{a}|=2$, $|\vec{b}|=3$ で，$\vec{a}-\vec{b}$ と $6\vec{a}+\vec{b}$ が垂直であるとき，$\vec{a}$ と $\vec{b}$ のなす角 θ を求めよ。

〔(2) 武蔵大〕 p.29，30 基本事項 2，3，4

CHART & SOLUTION

等式の証明

複雑な式を変形して簡単な式へ

垂直条件 $\vec{a}\neq\vec{0}$, $\vec{b}\neq\vec{0}$ のとき

$$\vec{a}\perp\vec{b} \iff \vec{a}\cdot\vec{b}=0$$

(1) 右辺をこれ以上変形することは難しい。左辺を変形して右辺を導く。
$|\vec{p}|^2=\vec{p}\cdot\vec{p}$ を利用。

(2) まず，内積 $\vec{a}\cdot\vec{b}$ の値を求める。
$(\vec{a}-\vec{b})\perp(6\vec{a}+\vec{b}) \longrightarrow (\vec{a}-\vec{b})\cdot(6\vec{a}+\vec{b})=0$ を利用。

解答

(1) $(\text{左辺})=|2\vec{a}+3\vec{b}|^2+|2\vec{a}-3\vec{b}|^2$

$=(2\vec{a}+3\vec{b})\cdot(2\vec{a}+3\vec{b})+(2\vec{a}-3\vec{b})\cdot(2\vec{a}-3\vec{b})$

$=4|\vec{a}|^2+12\vec{a}\cdot\vec{b}+9|\vec{b}|^2+4|\vec{a}|^2-12\vec{a}\cdot\vec{b}+9|\vec{b}|^2$

$=8|\vec{a}|^2+18|\vec{b}|^2$

$=2(4|\vec{a}|^2+9|\vec{b}|^2)=(\text{右辺})$

よって　$|2\vec{a}+3\vec{b}|^2+|2\vec{a}-3\vec{b}|^2=2(4|\vec{a}|^2+9|\vec{b}|^2)$

⇐ $(2a+3b)^2+(2a-3b)^2$ と同じように計算。（詳しくは，p.37 のズーム UP を参照。）

(2) $(\vec{a}-\vec{b})\perp(6\vec{a}+\vec{b})$ であるから

$(\vec{a}-\vec{b})\cdot(6\vec{a}+\vec{b})=0$

⇐ (内積)=0

よって　$6|\vec{a}|^2-5\vec{a}\cdot\vec{b}-|\vec{b}|^2=0$

$|\vec{a}|=2$, $|\vec{b}|=3$ を代入して

$6\times2^2-5\vec{a}\cdot\vec{b}-3^2=0$

ゆえに　$\vec{a}\cdot\vec{b}=3$

したがって　$\cos\theta=\dfrac{\vec{a}\cdot\vec{b}}{|\vec{a}||\vec{b}|}=\dfrac{3}{2\times3}=\dfrac{1}{2}$

$0^\circ\leqq\theta\leqq180^\circ$ であるから　$\boldsymbol{\theta=60^\circ}$

PRACTICE 15②

(1) 等式 $\left|\dfrac{1}{2}\vec{a}-\dfrac{1}{3}\vec{b}\right|^2+\left|\dfrac{1}{2}\vec{a}+\dfrac{1}{3}\vec{b}\right|^2=\dfrac{1}{2}|\vec{a}|^2+\dfrac{2}{9}|\vec{b}|^2$ を証明せよ。

(2) $|\vec{a}|=1$, $|\vec{b}|=1$ で，$-3\vec{a}+2\vec{b}$ と $\vec{a}+4\vec{b}$ が垂直であるとき，$\vec{a}$ と $\vec{b}$ のなす角 θ を求めよ。

基本 例題 16 内積と大きさ ①①①①①

(1) $|\vec{a}|=3$, $|\vec{b}|=4$, $\vec{a}\cdot\vec{b}=-1$ のとき，$|\vec{a}+\vec{b}|$ を求めよ。 〔(1) 東京電機大〕

(2) 2つのベクトル $\vec{a}$, $\vec{b}$ が $|\vec{a}|=2$, $|\vec{b}|=\sqrt{3}$, $|\vec{a}-\vec{b}|=1$ を満たすとき，$|2\vec{a}-3\vec{b}|$ の値を求めよ。 〔(2) 岡山理科大〕

p. 30 基本事項 4

CHART & SOLUTION

ベクトルの大きさと内積

$|\vec{p}|$ は $|\vec{p}|^2=\vec{p}\cdot\vec{p}$ として扱う ……❗

(1) $|\vec{a}+\vec{b}|^2=(\vec{a}+\vec{b})\cdot(\vec{a}+\vec{b})$ として $|\vec{a}+\vec{b}|^2$ を求める。

(2) (1)と同様に，求めるもの $|2\vec{a}-3\vec{b}|$ を2乗すると，$\vec{a}\cdot\vec{b}$ の値が必要になる。そこで，まず条件 $|\vec{a}-\vec{b}|=1$ を2乗した式から $\vec{a}\cdot\vec{b}$ の値を求める。

解答

❗ (1) $|\vec{a}+\vec{b}|^2=(\vec{a}+\vec{b})\cdot(\vec{a}+\vec{b})$
$=|\vec{a}|^2+2\vec{a}\cdot\vec{b}+|\vec{b}|^2$
$=3^2+2(-1)+4^2$
$=23$

$|\vec{a}+\vec{b}|\geqq 0$ であるから
$|\vec{a}+\vec{b}|=\sqrt{23}$

❗ (2) $|\vec{a}-\vec{b}|^2=(\vec{a}-\vec{b})\cdot(\vec{a}-\vec{b})$
$=|\vec{a}|^2-2\vec{a}\cdot\vec{b}+|\vec{b}|^2$

$|\vec{a}|=2$, $|\vec{b}|=\sqrt{3}$, $|\vec{a}-\vec{b}|=1$ であるから
$1^2=2^2-2\vec{a}\cdot\vec{b}+(\sqrt{3})^2$

したがって $\vec{a}\cdot\vec{b}=3$

❗ ここで $|2\vec{a}-3\vec{b}|^2=(2\vec{a}-3\vec{b})\cdot(2\vec{a}-3\vec{b})$
$=4|\vec{a}|^2-12\vec{a}\cdot\vec{b}+9|\vec{b}|^2$

$|\vec{a}|=2$, $|\vec{b}|=\sqrt{3}$, $\vec{a}\cdot\vec{b}=3$ であるから
$|2\vec{a}-3\vec{b}|^2=4\times2^2-12\times3+9\times(\sqrt{3})^2$
$=7$

$|2\vec{a}-3\vec{b}|\geqq 0$ であるから
$|2\vec{a}-3\vec{b}|=\sqrt{7}$

⇐ $|\vec{p}|^2=\vec{p}\cdot\vec{p}$

⇐ $(a+b)^2=a^2+2ab+b^2$ と同じように計算。

注意 $\vec{a}\cdot\vec{a}$ は $(\vec{a})^2$ としないように！

⇐ $|\vec{p}|^2=\vec{p}\cdot\vec{p}$

⇐ $(a-b)^2=a^2-2ab+b^2$ と同じように計算。

⇐ $|\vec{p}|^2=\vec{p}\cdot\vec{p}$

⇐ $(2a-3b)^2=4a^2-12ab+9b^2$ と同じように計算。

PRACTICE 16②

(1) $|\vec{a}|=2$, $|\vec{b}|=3$ で $\vec{a}$ と $\vec{b}$ のなす角が 120° であるとき，$|3\vec{a}-\vec{b}|$ を求めよ。

(2) $|\vec{a}|=|\vec{a}-2\vec{b}|=2$, $|\vec{b}|=1$ のとき，$|2\vec{a}+3\vec{b}|$ を求めよ。

ズーム UP ベクトルの大きさの扱い方

基本例題 16 では，ベクトルの大きさ $|\vec{p}|$ を 2 乗した $|\vec{p}|^2$ として扱っています。この考え方について詳しく検討してみましょう。

ベクトルの大きさは 2 乗するのが原則である

基本例題 16 のような，ベクトルの和や差の大きさを求める問題では，$|\vec{a}+\vec{b}|$ や $|2\vec{a}-3\vec{b}|$ はこのままではこれ以上簡単にならない。そこで，ベクトルの大きさを 2 乗して考えるとよい。例えば，$|\vec{a}+\vec{b}|$ について

$$|\vec{a}+\vec{b}|^2=(\vec{a}+\vec{b})\cdot(\vec{a}+\vec{b})$$
$$=|\vec{a}|^2+2\vec{a}\cdot\vec{b}+|\vec{b}|^2 \quad \cdots\cdots ①$$

として変形し，問題で与えられた条件 ($|\vec{a}|$，$|\vec{b}|$，$\vec{a}\cdot\vec{b}$ の値など) を利用する。

このような「$|\vec{p}|$ は $|\vec{p}|^2=\vec{p}\cdot\vec{p}$ として扱う」考え方は，ベクトルの問題を解くときに非常に有効である。

$|\vec{p}|^2$ の変形には内積が出てくることに注意！

上の例のように $|\vec{a}+\vec{b}|^2$ の変形は，通常の文字式 $(a+b)^2$ の展開と同じ要領で計算できる。また，次のように変形した式も似た形になる。

$$(sa+tb)^2=s^2a^2+2stab+t^2b^2$$
⇦ 多項式の展開。

$$|s\vec{a}+t\vec{b}|^2=(s\vec{a}+t\vec{b})\cdot(s\vec{a}+t\vec{b})$$
$$=s^2|\vec{a}|^2+2st\vec{a}\cdot\vec{b}+t^2|\vec{b}|^2 \quad \cdots\cdots ②$$
⇦ ベクトルの大きさの 2 乗の計算。

ここで，展開の公式と比べて a^2 と $|\vec{a}|^2$，ab と $\vec{a}\cdot\vec{b}$，b^2 と $|\vec{b}|^2$ の表現が違うことに注意しよう。また，①，② で変形した式では $\vec{a}$，$\vec{b}$ の内積 $\vec{a}\cdot\vec{b}$ が現れるから，

ベクトルの和や差の大きさを 2 乗することで
内積の関係式をとり出すことができる。

このことは重要なポイントである。

ベクトルの成分が与えられている場合は？

基本例題 10 は，$|\vec{a}+t\vec{b}|$ の最小値を求める問題であった。この問題では成分が，$\vec{a}=(2,\ 1)$，$\vec{b}=(-4,\ 3)$ と与えられており，次のように計算できる。

$$\vec{a}+t\vec{b}=(2,\ 1)+t(-4,\ 3)=(2-4t,\ 1+3t)$$

であるから

$$|\vec{a}+t\vec{b}|=\sqrt{(2-4t)^2+(1+3t)^2}=\cdots\cdots=\sqrt{25\left(t-\frac{1}{5}\right)^2+4}$$

$\sqrt{\quad}$ が現れるから，扱いにくそうですね。

成分の場合も，大きさの 2 乗で考えると式が扱いやすくなります。このように，**ベクトルの大きさは 2 乗したものを考える** のが原則ですので，必ず覚えておきましょう。

基本例題 17　ベクトルの大きさとなす角，垂直条件

(1) $|\vec{a}|=1$, $|\vec{b}|=3$, $|\vec{a}-\vec{b}|=\sqrt{13}$ のとき，$\vec{a}$ と $\vec{b}$ のなす角 θ を求めよ。

(2) ベクトル $\vec{a}$, $\vec{b}$ について，$|\vec{a}|=3$, $|\vec{b}|=1$, $|\vec{a}-2\vec{b}|=2$ とする。t を実数として，$\vec{a}-t\vec{b}$ と $\vec{a}+\vec{b}$ が垂直になるとき，t の値を求めよ。

p. 29，30 基本事項 2，3，4，基本 16

CHART & SOLUTION

ベクトルの大きさの扱い　$|\vec{p}|$ は $|\vec{p}|^2$ として扱う

(1) は 2 つのベクトルのなす角を求める問題，(2) は 2 つのベクトルが垂直となる条件を求める問題であり，それぞれ基本例題 15 (2)，基本例題 14 で学んだ。しかし，本問では，ベクトルの大きさについての条件が与えられているから，基本例題 16 (2) と同様に **ベクトルの大きさの 2 乗を考え，内積 $\vec{a}\cdot\vec{b}$ の値を求める** ことから始める。……❗

(1) $|\vec{a}-\vec{b}|=\sqrt{13}$ から　$|\vec{a}|^2-2\vec{a}\cdot\vec{b}+|\vec{b}|^2=13$

(2) $|\vec{a}-2\vec{b}|=2$ から　$|\vec{a}|^2-4\vec{a}\cdot\vec{b}+4|\vec{b}|^2=4$

解答

(1) $|\vec{a}-\vec{b}|^2=|\vec{a}|^2-2\vec{a}\cdot\vec{b}+|\vec{b}|^2$

$=1^2-2\vec{a}\cdot\vec{b}+3^2=10-2\vec{a}\cdot\vec{b}$

$|\vec{a}-\vec{b}|=\sqrt{13}$ より，$|\vec{a}-\vec{b}|^2=13$ であるから

$10-2\vec{a}\cdot\vec{b}=13$

❗ よって　$\vec{a}\cdot\vec{b}=-\dfrac{3}{2}$

したがって　$\cos\theta=\dfrac{\vec{a}\cdot\vec{b}}{|\vec{a}||\vec{b}|}=\dfrac{-\frac{3}{2}}{1\times3}=-\dfrac{1}{2}$

$0^\circ\leqq\theta\leqq180^\circ$ であるから　$\boldsymbol{\theta=120^\circ}$

(2) $|\vec{a}-2\vec{b}|^2=|\vec{a}|^2-4\vec{a}\cdot\vec{b}+4|\vec{b}|^2$

$=3^2-4\vec{a}\cdot\vec{b}+4\times1^2=13-4\vec{a}\cdot\vec{b}$

$|\vec{a}-2\vec{b}|^2=2^2$ であるから　$13-4\vec{a}\cdot\vec{b}=4$

❗ よって　$\vec{a}\cdot\vec{b}=\dfrac{9}{4}$　……①

また，$(\vec{a}-t\vec{b})\perp(\vec{a}+\vec{b})$ から　$(\vec{a}-t\vec{b})\cdot(\vec{a}+\vec{b})=0$

すなわち　$|\vec{a}|^2+(1-t)\vec{a}\cdot\vec{b}-t|\vec{b}|^2=0$

① から　$3^2+(1-t)\times\dfrac{9}{4}-t\times1^2=0$　ゆえに　$\boldsymbol{t=\dfrac{45}{13}}$

inf. (1) $\vec{a}=\overrightarrow{OA}$, $\vec{b}=\overrightarrow{OB}$ とすると $OA=1$, $OB=3$,
$AB=|\overrightarrow{AB}|=|\vec{b}-\vec{a}|$
$=|\vec{a}-\vec{b}|=\sqrt{13}$
本問の場合，△OAB に余弦定理を適用（下参照）しても θ の値が求められる。
$\cos\theta=\dfrac{1^2+3^2-(\sqrt{13})^2}{2\times1\times3}$

⇐ $|\vec{a}-2\vec{b}|=2$ は $|\vec{a}-2\vec{b}|^2=2^2$ として扱う。

⇐ (内積)$=0$

PRACTICE 17❸

(1) $|\vec{a}|=4$, $|\vec{b}|=\sqrt{3}$, $|2\vec{a}-5\vec{b}|=\sqrt{19}$ のとき，$\vec{a}$, $\vec{b}$ のなす角 θ を求めよ。

(2) $|\vec{a}|=3$, $|\vec{b}|=2$, $|\vec{a}-2\vec{b}|=\sqrt{17}$ のとき，$\vec{a}+\vec{b}$ と $\vec{a}+t\vec{b}$ が垂直であるような実数 t の値を求めよ。

基本 例題 18 ベクトルの大きさの最小値（内積）

$|\vec{a}|=2,\ |\vec{b}|=3,\ \vec{a}\cdot\vec{b}=-3$ のとき，$P=|\vec{a}+t\vec{b}|$ を最小にする実数 t の値と，そのときの最小値を求めよ。

基本 10, 16

CHART & SOLUTION

$|\vec{a}+t\vec{b}|$ の最小値

$|\vec{a}+t\vec{b}|^2$ の最小値を考える

基本例題 10 と似た問題であるが，この問題では，ベクトルの成分ではなく，大きさや内積の値が与えられている。P^2 を計算することで，t の 2 次式で表すことができる。

解答

$P=|\vec{a}+t\vec{b}|$ から

$$P^2=|\vec{a}|^2+2t\vec{a}\cdot\vec{b}+t^2|\vec{b}|^2$$

$|\vec{a}|=2,\ |\vec{b}|=3,\ \vec{a}\cdot\vec{b}=-3$ であるから

$$P^2=2^2+2t\times(-3)+t^2\times3^2$$
$$=9t^2-6t+4$$
$$=9\left(t-\frac{1}{3}\right)^2+3$$

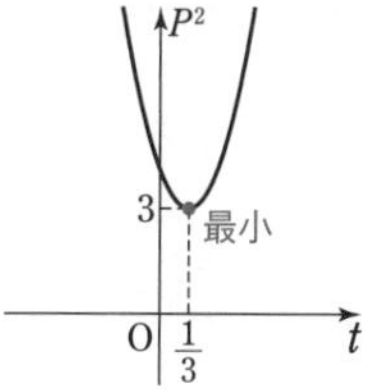

よって，P^2 は $t=\dfrac{1}{3}$ のとき最小値 3 をとる。

$P\geqq0$ であるから，このとき P も最小となる。

したがって，P は $\boldsymbol{t=\dfrac{1}{3}}$ のとき **最小値 $\sqrt{3}$** をとる。

⇐ $9t^2-6t+4$
$=9\left(t^2-\frac{2}{3}t\right)+4$
$=9\left\{\left(t-\frac{1}{3}\right)^2-\left(\frac{1}{3}\right)^2\right\}+4$
$=9\left(t-\frac{1}{3}\right)^2-9\left(\frac{1}{3}\right)^2+4$

inf. $(\vec{a}+t\vec{b})\perp\vec{b}$ となるとき，$|\vec{a}+t\vec{b}|$ は最小になる。図形的意味は $p.27$ 参照。

INFORMATION ― $|\vec{a}+t\vec{b}|^2$ の求め方

〔方法 1〕 基本例題 10 のように，$\vec{a},\ \vec{b}$ の成分表示が与えられている場合には，$\vec{a}+t\vec{b}$ を成分表示し，$|\vec{a}+t\vec{b}|^2$ を t の式で表す。

〔方法 2〕 基本例題 18 のように，$|\vec{a}|,\ |\vec{b}|,\ \vec{a}\cdot\vec{b}$ が与えられている場合には，$|\vec{a}+t\vec{b}|^2=|\vec{a}|^2+2t\vec{a}\cdot\vec{b}+t^2|\vec{b}|^2$ ……① を用いて t の式で表す。

基本例題 10 を〔方法 2〕で解くと，$\vec{a}=(2,\ 1),\ \vec{b}=(-4,\ 3)$ から

$$|\vec{a}|=\sqrt{5},\ |\vec{b}|=5,\ \vec{a}\cdot\vec{b}=-5$$

これを ① に代入して t の式で表す。

PRACTICE 18③

ベクトル $\vec{a},\ \vec{b}$ について，$|\vec{a}|=2,\ |\vec{b}|=1,\ |\vec{a}+3\vec{b}|=3$ とする。このとき，内積 $\vec{a}\cdot\vec{b}$ の値は $\vec{a}\cdot\vec{b}=$ア□ である。また t が実数全体を動くとき $|\vec{a}+t\vec{b}|$ の最小値は イ□ である。

〔慶応大〕

STEP UP ベクトルによる三角形の面積公式の導出

$p.30$ 基本事項 5 で示した三角形の面積を求める公式を証明しよう。公式は 2 通りあり，前半でベクトルによる式，後半でベクトルの成分による式を扱う。

△OAB において，$\overrightarrow{\mathrm{OA}}=\vec{a}$，$\overrightarrow{\mathrm{OB}}=\vec{b}$ のとき，
△OAB の面積 S は

$$S=\frac{1}{2}\sqrt{|\vec{a}|^2|\vec{b}|^2-(\vec{a}\cdot\vec{b})^2}$$

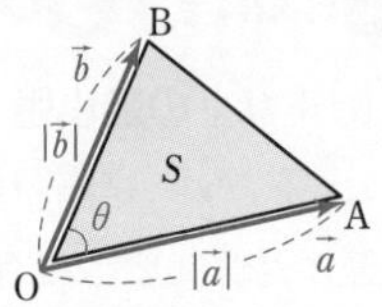

証明▶ $\angle\mathrm{AOB}=\theta$ $(0°<\theta<180°)$ とすると　$S=\frac{1}{2}\mathrm{OA}\cdot\mathrm{OB}\sin\theta=\frac{1}{2}|\vec{a}||\vec{b}|\sin\theta$

$\sin\theta>0$ であるから　$\sin\theta=\sqrt{1-\cos^2\theta}$　　よって　$S=\frac{1}{2}|\vec{a}||\vec{b}|\sqrt{1-\cos^2\theta}$

また，$\cos\theta=\dfrac{\vec{a}\cdot\vec{b}}{|\vec{a}||\vec{b}|}$ であるから，これを代入すると　⇦ 内積の定義から。

$$S=\frac{1}{2}|\vec{a}||\vec{b}|\sqrt{1-\left(\frac{\vec{a}\cdot\vec{b}}{|\vec{a}||\vec{b}|}\right)^2}=\frac{1}{2}|\vec{a}||\vec{b}|\sqrt{\frac{(|\vec{a}||\vec{b}|)^2-(\vec{a}\cdot\vec{b})^2}{(|\vec{a}||\vec{b}|)^2}}$$

$$=\frac{1}{2}|\vec{a}||\vec{b}|\frac{\sqrt{|\vec{a}|^2|\vec{b}|^2-(\vec{a}\cdot\vec{b})^2}}{|\vec{a}||\vec{b}|}=\frac{1}{2}\sqrt{|\vec{a}|^2|\vec{b}|^2-(\vec{a}\cdot\vec{b})^2}$$

次のように，ベクトルの成分が与えられている場合は，三角形の面積も成分で表される。

△OAB において，$\overrightarrow{\mathrm{OA}}=\vec{a}=(a_1,\ a_2)$，$\overrightarrow{\mathrm{OB}}=\vec{b}=(b_1,\ b_2)$
のとき，△OAB の面積 S は

$$S=\frac{1}{2}|a_1b_2-a_2b_1|$$

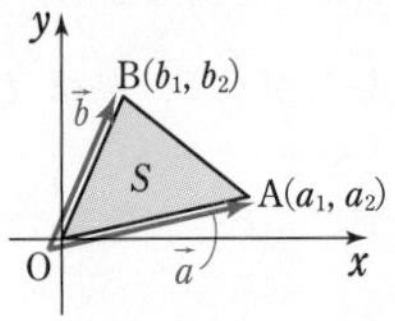

証明▶ $|\vec{a}|^2=a_1{}^2+a_2{}^2$，$|\vec{b}|^2=b_1{}^2+b_2{}^2$，$\vec{a}\cdot\vec{b}=a_1b_1+a_2b_2$ であるから

$$|\vec{a}|^2|\vec{b}|^2-(\vec{a}\cdot\vec{b})^2=(a_1{}^2+a_2{}^2)(b_1{}^2+b_2{}^2)-(a_1b_1+a_2b_2)^2$$
$$=a_1{}^2b_2{}^2-2a_1a_2b_1b_2+a_2{}^2b_1{}^2=(a_1b_2-a_2b_1)^2$$

よって，前半の公式から　$S=\frac{1}{2}\sqrt{(a_1b_2-a_2b_1)^2}=\frac{1}{2}|a_1b_2-a_2b_1|$

$\vec{a}$ と $\vec{b}$ が平行であるときは，$a_1b_2-a_2b_1=0$ が成り立つ（$p.29$ 基本事項 3 参照）から，この公式から $S=0$ となる。これは，$\vec{a}$ と $\vec{b}$ が平行であるとき，3 点 O, A, B が一直線上にあり，△OAB ができないことからもわかる。

なお，前半で示した公式 $S=\frac{1}{2}\sqrt{|\vec{a}|^2|\vec{b}|^2-(\vec{a}\cdot\vec{b})^2}$ は，第 2 章で学習する空間におけるベクトルについても，同様の公式が成り立つ。

また，後半で示した $S=\frac{1}{2}|a_1b_2-a_2b_1|$ は，数学Ⅱ「図形と方程式」でも学んでいる。

基本 例題 19 三角形の面積

(1) △OAB において，$|\overrightarrow{OA}|=3$，$|\overrightarrow{OB}|=4$，$\overrightarrow{OA}\cdot\overrightarrow{OB}=6$ のとき，△OAB の面積 S を求めよ。

(2) 3 点 O(0, 0)，A(4, 2)，B(3, 5) を頂点とする △OAB の面積 S を求めよ。

(3) 3 点 P(4, 2)，Q(−1, 3)，R(−2, −2) を頂点とする △PQR の面積 S を求めよ。

p.30 基本事項 5，p.40 STEP UP

CHART & SOLUTION

三角形の面積

△OAB において，$\overrightarrow{OA}=\vec{a}=(a_1,\ a_2)$，$\overrightarrow{OB}=\vec{b}=(b_1,\ b_2)$ とすると，△OAB の面積 S は

$S=\dfrac{1}{2}\sqrt{|\vec{a}|^2|\vec{b}|^2-(\vec{a}\cdot\vec{b})^2}$ ……Ⓐ または $S=\dfrac{1}{2}|a_1b_2-a_2b_1|$ ……Ⓑ

(3) $\overrightarrow{PQ}$，$\overrightarrow{PR}$ を求めてから面積公式を適用する。p.30 基本事項 5 の 補足 参照。

解答

(1) $\overrightarrow{OA}=\vec{a}$，$\overrightarrow{OB}=\vec{b}$ とすると　$|\vec{a}|=3$，$|\vec{b}|=4$，$\vec{a}\cdot\vec{b}=6$

よって　$S=\dfrac{1}{2}\sqrt{3^2\times4^2-6^2}=\dfrac{1}{2}\sqrt{108}=\mathbf{3\sqrt{3}}$

⇦ Ⓐ を利用。

(2) $\overrightarrow{OA}=\vec{a}$，$\overrightarrow{OB}=\vec{b}$ とすると　$\vec{a}=(4,\ 2)$，$\vec{b}=(3,\ 5)$

よって　$S=\dfrac{1}{2}|4\times5-2\times3|=\dfrac{1}{2}|14|=\mathbf{7}$

⇦ Ⓑ を利用。

別解　$|\vec{a}|^2=4^2+2^2=20$，$|\vec{b}|^2=3^2+5^2=34$，
$\vec{a}\cdot\vec{b}=4\times3+2\times5=22$

⇦ Ⓐ を利用。

よって　$S=\dfrac{1}{2}\sqrt{20\times34-22^2}=\dfrac{1}{2}\sqrt{196}=\mathbf{7}$

⇦ $\sqrt{196}=\sqrt{14^2}$

(3) $\overrightarrow{PQ}=(-1-4,\ 3-2)=(-5,\ 1)$，
$\overrightarrow{PR}=(-2-4,\ -2-2)=(-6,\ -4)$ であるから

$S=\dfrac{1}{2}|(-5)\times(-4)-1\times(-6)|=\dfrac{1}{2}|26|=\mathbf{13}$

⇦ 3 点 P，Q，R はいずれも O(0, 0) ではないから，P を始点としたベクトルを考える。

別解　$\overrightarrow{PQ}=(-5,\ 1)$，$\overrightarrow{PR}=(-6,\ -4)$ であるから
$|\overrightarrow{PQ}|^2=(-5)^2+1^2=26$，$|\overrightarrow{PR}|^2=(-6)^2+(-4)^2=52$，
$\overrightarrow{PQ}\cdot\overrightarrow{PR}=(-5)\times(-6)+1\times(-4)=26$

よって

$S=\dfrac{1}{2}\sqrt{|\overrightarrow{PQ}|^2|\overrightarrow{PR}|^2-(\overrightarrow{PQ}\cdot\overrightarrow{PR})^2}=\dfrac{1}{2}\sqrt{26\times52-26^2}=\mathbf{13}$

⇦ $\dfrac{1}{2}\sqrt{26^2\times(2-1)}$

PRACTICE 19③

(1) △OAB において，$|\overrightarrow{OA}|=2\sqrt{3}$，$|\overrightarrow{OB}|=5$，$\overrightarrow{OA}\cdot\overrightarrow{OB}=-15$ のとき，△OAB の面積 S を求めよ。

(2) 3 点 O(0, 0)，A(1, 2)，B(3, 4) を頂点とする △OAB の面積 S を求めよ。

(3) 3 点 P(2, 8)，Q(0, −2)，R(6, 4) を頂点とする △PQR の面積 S を求めよ。

重要例題 20 内積と不等式

次の不等式を証明せよ。

(1) $|\vec{a}\cdot\vec{b}|\leqq|\vec{a}||\vec{b}|$　　(2) $|\vec{a}|-|\vec{b}|\leqq|\vec{a}+\vec{b}|\leqq|\vec{a}|+|\vec{b}|$

p.29 基本事項 1

CHART & SOLUTION

不等式の証明　$A\geqq0,\ B\geqq0$ のとき　$A\leqq B \iff A^2\leqq B^2$ ……❗

(1) 内積の定義を利用するか，または成分を用いて証明する。成分を用いて証明するときは，$|\vec{a}\cdot\vec{b}|^2\leqq(|\vec{a}||\vec{b}|)^2$ を示す。

(2) まず，右側の不等式 $|\vec{a}+\vec{b}|\leqq|\vec{a}|+|\vec{b}|$ を証明する。途中，(1)の結果が利用できる部分がある。左側の不等式 $|\vec{a}|-|\vec{b}|\leqq|\vec{a}+\vec{b}|$ は，先に示した右側の不等式を利用して示すとよい。

解答

(1) $\vec{a}=\vec{0}$ または $\vec{b}=\vec{0}$ のとき，$\vec{a}\cdot\vec{b}=0$，$|\vec{a}||\vec{b}|=0$ であるから　$|\vec{a}\cdot\vec{b}|=|\vec{a}||\vec{b}|$

$\vec{a}\neq\vec{0}$，$\vec{b}\neq\vec{0}$ のとき，$\vec{a}$ と $\vec{b}$ のなす角を θ とすると

$$\vec{a}\cdot\vec{b}=|\vec{a}||\vec{b}|\cos\theta,\quad -1\leqq\cos\theta\leqq1$$

ゆえに　$|\vec{a}\cdot\vec{b}|=|\vec{a}||\vec{b}||\cos\theta|\leqq|\vec{a}||\vec{b}|$

よって，$|\vec{a}\cdot\vec{b}|\leqq|\vec{a}||\vec{b}|$ が成り立つ。

別解　$\vec{a}=(a,\ b)$，$\vec{b}=(c,\ d)$ とすると

$$(|\vec{a}||\vec{b}|)^2-|\vec{a}\cdot\vec{b}|^2=(a^2+b^2)(c^2+d^2)-(ac+bd)^2$$
$$=a^2d^2+b^2c^2-2acbd=(ad-bc)^2\geqq0$$

❗ よって　$|\vec{a}\cdot\vec{b}|^2\leqq(|\vec{a}||\vec{b}|)^2$

$|\vec{a}\cdot\vec{b}|\geqq0$，$|\vec{a}||\vec{b}|\geqq0$ であるから　$|\vec{a}\cdot\vec{b}|\leqq|\vec{a}||\vec{b}|$

(2) (1)から　$(|\vec{a}|+|\vec{b}|)^2-|\vec{a}+\vec{b}|^2$

$$=|\vec{a}|^2+2|\vec{a}||\vec{b}|+|\vec{b}|^2-(|\vec{a}|^2+2\vec{a}\cdot\vec{b}+|\vec{b}|^2)$$
$$=2(|\vec{a}||\vec{b}|-\vec{a}\cdot\vec{b})\geqq0$$

❗ ゆえに　$|\vec{a}+\vec{b}|^2\leqq(|\vec{a}|+|\vec{b}|)^2$

$|\vec{a}|+|\vec{b}|\geqq0$，$|\vec{a}+\vec{b}|\geqq0$ であるから

$$|\vec{a}+\vec{b}|\leqq|\vec{a}|+|\vec{b}|\ \cdots\cdots ①$$

①において，$\vec{a}$ を $\vec{a}+\vec{b}$，$\vec{b}$ を $-\vec{b}$ とすると

$$|\vec{a}+\vec{b}-\vec{b}|\leqq|\vec{a}+\vec{b}|+|-\vec{b}|$$

よって　$|\vec{a}|\leqq|\vec{a}+\vec{b}|+|\vec{b}|$

ゆえに　$|\vec{a}|-|\vec{b}|\leqq|\vec{a}+\vec{b}|\ \cdots\cdots ②$

①，②から　$|\vec{a}|-|\vec{b}|\leqq|\vec{a}+\vec{b}|\leqq|\vec{a}|+|\vec{b}|$

(1) $\vec{a}=\vec{0}$ または $\vec{b}=\vec{0}$ のとき，なす角 θ が定義できないから，別に処理する。

⇐ $|\cos\theta|\leqq1$

⇐ 等号が成り立つのは，$\vec{a}=\vec{0}$ または $\vec{b}=\vec{0}$ または $\vec{a}\parallel\vec{b}$ のとき。

inf. $|\vec{a}\cdot\vec{b}|\leqq|\vec{a}||\vec{b}|$ は $-|\vec{a}||\vec{b}|\leqq\vec{a}\cdot\vec{b}\leqq|\vec{a}||\vec{b}|$ と表すこともできる。

⇐ $|\vec{a}+\vec{b}|^2=(\vec{a}+\vec{b})\cdot(\vec{a}+\vec{b})$

⇐ (1)から $\vec{a}\cdot\vec{b}\leqq|\vec{a}\cdot\vec{b}|\leqq|\vec{a}||\vec{b}|$

⇐ $|-\vec{b}|=|\vec{b}|$

inf. $|\vec{a}+\vec{b}|\leqq|\vec{a}|+|\vec{b}|$ を**ベクトルの三角不等式**ということがある。

PRACTICE 20③

不等式 $|3\vec{a}+2\vec{b}|\leqq3|\vec{a}|+2|\vec{b}|$ を証明せよ。

重要 例題 21　ベクトルの大きさと絶対不等式

$|\vec{a}|=1,\ |\vec{b}|=2,\ \vec{a}\cdot\vec{b}=\sqrt{2}$ とするとき，$|k\vec{a}+t\vec{b}|>1$ がすべての実数 t に対して成り立つような実数 k の値の範囲を求めよ。

基本 18

CHART & SOLUTION

$|\vec{p}|$ は $|\vec{p}|^2$ として扱う

$|k\vec{a}+t\vec{b}|>1$ は $|k\vec{a}+t\vec{b}|^2>1^2$ …… ① と同値である。① を計算して整理すると，(t についての 2 次式)>0 の形になる。

この式に対し，数学 I で学習した次のことを利用し，k の値の範囲を求める。

t の 2 次不等式 $at^2+bt+c>0$ がすべての実数 t について成り立つ

$\iff a>0$ かつ $b^2-4ac<0$

解答

$|k\vec{a}+t\vec{b}|\geqq 0$ であるから，$|k\vec{a}+t\vec{b}|>1$ は

$|k\vec{a}+t\vec{b}|^2>1$ …… ① と同値である。

ここで　$|k\vec{a}+t\vec{b}|^2=k^2|\vec{a}|^2+2kt\vec{a}\cdot\vec{b}+t^2|\vec{b}|^2$

$|\vec{a}|=1,\ |\vec{b}|=2,\ \vec{a}\cdot\vec{b}=\sqrt{2}$ であるから

$$|k\vec{a}+t\vec{b}|^2=k^2+2\sqrt{2}kt+4t^2$$

よって，① から　$k^2+2\sqrt{2}kt+4t^2>1$

すなわち　$4t^2+2\sqrt{2}kt+k^2-1>0$ …… ②

② がすべての実数 t に対して成り立つための条件は，t の 2 次方程式 $4t^2+2\sqrt{2}kt+k^2-1=0$ の判別式を D とすると，t^2 の係数は正であるから　$D<0$

ここで　$\dfrac{D}{4}=(\sqrt{2}k)^2-4\times(k^2-1)=-2k^2+4$

よって　$-2k^2+4<0$　ゆえに　$k^2-2>0$

したがって　$\boldsymbol{k<-\sqrt{2},\ \sqrt{2}<k}$

⇐ $A>0,\ B>0$ のとき $A>B \iff A^2>B^2$

⇐ 問題の不等式の条件は ② がすべての実数 t に対して成り立つこと。

⇐ $D<0$ が条件。

⇐ $(k+\sqrt{2})(k-\sqrt{2})>0$

INFORMATION　2 次関数のグラフによる考察

上の CHART & SOLUTION で扱った絶対不等式は，関数 $y=at^2+bt+c$ のグラフが常に「t 軸より上側」にある，として考えるとわかりやすい。

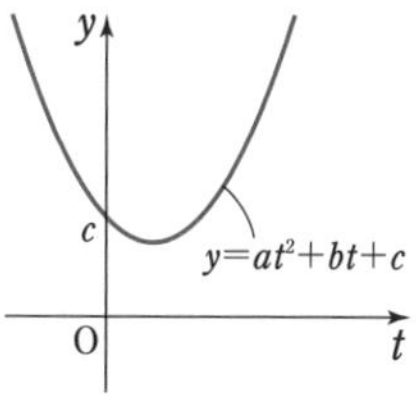

[$a>0$ かつ $b^2-4ac<0$]

PRACTICE 21④

$|\vec{a}|=2,\ |\vec{b}|=1,\ |\vec{a}-\vec{b}|=\sqrt{3}$ とするとき，$|k\vec{a}+t\vec{b}|\geqq 2$ がすべての実数 t に対して成り立つような実数 k の値の範囲を求めよ。

重要 例題 22 内積を利用した最大・最小問題

(1) xy 平面上に点 A(2, 3) をとり，更に単位円 $x^2+y^2=1$ 上に点 P$(x,\ y)$ をとる。また，原点をOとする。2つのベクトル $\overrightarrow{\mathrm{OA}}$，$\overrightarrow{\mathrm{OP}}$ のなす角を θ とするとき，内積 $\overrightarrow{\mathrm{OA}}\cdot\overrightarrow{\mathrm{OP}}$ を θ のみで表せ。

(2) 実数 x，y が条件 $x^2+y^2=1$ を満たすとき，$2x+3y$ の最大値，最小値を求めよ。

基本 11, 12

CHART & THINKING

x，y の1次式の最大・最小の問題や不等式の問題

$\vec{p}$ と $\vec{q}$ のなす角を θ として　$\vec{p}\cdot\vec{q}=|\vec{p}||\vec{q}|\cos\theta$　の利用が有効

(1) $|\overrightarrow{\mathrm{OA}}|$ の値は計算できる。点Pは単位円上の点であるから，$|\overrightarrow{\mathrm{OP}}|$ は？

(2) **(1) は (2) のヒント**　A(2, 3)，P$(x,\ y)$ に着目すると，$2x+3y$ は何を表すだろうか？
かくれた条件 $-1\leqq\cos\theta\leqq1$ の利用も考えてみよう。

解答

(1) $|\overrightarrow{\mathrm{OA}}|=\sqrt{2^2+3^2}=\sqrt{13}$，$|\overrightarrow{\mathrm{OP}}|=1$
から　　$\boldsymbol{\overrightarrow{\mathrm{OA}}\cdot\overrightarrow{\mathrm{OP}}=\sqrt{13}\cos\theta}$

⇐ $\overrightarrow{\mathrm{OA}}\cdot\overrightarrow{\mathrm{OP}}=|\overrightarrow{\mathrm{OA}}||\overrightarrow{\mathrm{OP}}|\cos\theta$

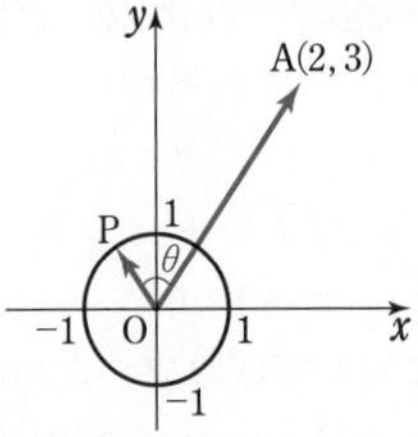

(2) $x^2+y^2=1$ を満たす x，y に対し，$\overrightarrow{\mathrm{OP}}=(x,\ y)$，$\overrightarrow{\mathrm{OA}}=(2,\ 3)$ とする。$\overrightarrow{\mathrm{OA}}$，$\overrightarrow{\mathrm{OP}}$ のなす角を θ とすると，(1) から

$$2x+3y=\overrightarrow{\mathrm{OA}}\cdot\overrightarrow{\mathrm{OP}}=\sqrt{13}\cos\theta$$

$0°\leqq\theta\leqq180°$ より，$-1\leqq\cos\theta\leqq1$ であるから

$2x+3y$ の **最大値は $\sqrt{13}$，最小値は $-\sqrt{13}$**

⇐ $-|\overrightarrow{\mathrm{OA}}||\overrightarrow{\mathrm{OP}}|\leqq\overrightarrow{\mathrm{OA}}\cdot\overrightarrow{\mathrm{OP}}\leqq|\overrightarrow{\mathrm{OA}}||\overrightarrow{\mathrm{OP}}|$ を直接利用してもよい。$(-\sqrt{13}\leqq\overrightarrow{\mathrm{OA}}\cdot\overrightarrow{\mathrm{OP}}\leqq\sqrt{13})$

別解 1　$2x+3y=k$ とおく。この式と $x^2+y^2=1$ から y を消去して　　$13x^2-4kx+k^2-9=0$ ……①

⇐ $y=-\dfrac{2}{3}x+\dfrac{1}{3}k$ を $x^2+y^2=1$ に代入，整理。

x は実数であるから，① の判別式 D について　$\dfrac{D}{4}\geqq0$

⇐ $\dfrac{D}{4}=9(13-k^2)\geqq0$

よって，$-\sqrt{13}\leqq k\leqq\sqrt{13}$ から

最大値は $\sqrt{13}$，最小値は $-\sqrt{13}$

別解 2　$(x,\ y)=(\cos t,\ \sin t)$ $(0°\leqq t<360°)$ と表されるから

$$2x+3y=2\cos t+3\sin t=\sqrt{13}\sin(t+\alpha)$$

ただし　　$\sin\alpha=\dfrac{2}{\sqrt{13}}$，$\cos\alpha=\dfrac{3}{\sqrt{13}}$

⇐ 三角関数の合成（数学Ⅱ）
$2\cos t+3\sin t$
$=\sqrt{2^2+3^2}\sin(t+\alpha)$

$-1\leqq\sin(t+\alpha)\leqq1$ から　　$-\sqrt{13}\leqq2x+3y\leqq\sqrt{13}$

よって　**最大値は $\sqrt{13}$，最小値は $-\sqrt{13}$**

PRACTICE 22④

実数 x，y，a，b が条件 $x^2+y^2=1$ および $a^2+b^2=2$ を満たすとき，$ax+by$ の最大値，最小値を求めよ。

EXERCISES　3 ベクトルの内積

A

13❷ 1辺の長さが1の正六角形 ABCDEF がある。このとき，内積 $\overrightarrow{AC}\cdot\overrightarrow{AD}$ を求めよ。 〔中央大〕 ➜11

14❸ 2つのベクトル $\vec{a}=(1,\ t)$ と $\vec{b}=\left(1,\ \dfrac{t}{3}\right)$ のなす角が $30°$ であるとき，t の値を求めよ。ただし，$t>0$ とする。 〔岩手大〕 ➜13

15❷ 2つのベクトル $\vec{a}=(-1,\ 2)$，$\vec{b}=(x,\ 1)$ について

(1) $2\vec{a}-3\vec{b}$ と $\vec{a}+2\vec{b}$ が垂直になるように x の値を定めよ。

(2) $2\vec{a}-3\vec{b}$ と $\vec{a}+2\vec{b}$ が平行になるように x の値を定めよ。 ➜8, 14

16❸ ともに零ベクトルでない2つのベクトル $\vec{a}$，$\vec{b}$ が $3|\vec{a}|=|\vec{b}|$ であり，$3\vec{a}-2\vec{b}$ と $15\vec{a}+4\vec{b}$ が垂直であるとき，$\vec{a}$，$\vec{b}$ のなす角 $\theta\,(0°\leqq\theta\leqq180°)$ を求めよ。 〔長崎大〕 ➜17

17❸ 2つのベクトル $\vec{a}$，$\vec{b}$ が $|\vec{a}+\vec{b}|=4$，$|\vec{a}-\vec{b}|=3$ を満たすとき

(1) $\vec{a}\cdot\vec{b}$ を求めよ。

(2) $|\sqrt{3}\,\vec{a}+\vec{b}|^2+|\vec{a}-\sqrt{3}\,\vec{b}|^2$ を求めよ。

(3) t を実数とするとき，$|t\vec{a}+\vec{b}|^2+|\vec{a}+t\vec{b}|^2$ の最小値と，そのときの t の値を求めよ。 〔類 北海道薬大〕 ➜16, 18

18❸ $\triangle$OAB において，$|\overrightarrow{OA}|=3$，$|\overrightarrow{OB}|=1$ である。また，点Cは $\overrightarrow{OC}=\overrightarrow{OA}+2\overrightarrow{OB}$，$|\overrightarrow{OC}|=\sqrt{7}$ を満たす。

(1) 内積 $\overrightarrow{OA}\cdot\overrightarrow{OB}$ を求めよ。　(2) $\triangle$OAB の面積を求めよ。

➜16, 19

EXERCISES　　3 ベクトルの内積

B

19❹ $\vec{0}$ でない2つのベクトル $\vec{a}$ と $\vec{b}$ において $\vec{a}+2\vec{b}$ と $\vec{a}-2\vec{b}$ が垂直で，$|\vec{a}+2\vec{b}|=2|\vec{b}|$ とする。

(1) $\vec{a}$ と $\vec{b}$ のなす角 $\theta\,(0^\circ\leqq\theta\leqq180^\circ)$ を求めよ。

(2) $|\vec{a}|=1$ のとき，$\left|t\vec{a}+\dfrac{1}{t}\vec{b}\right|$ $(t>0)$ の最小値を求めよ。〔群馬大〕

➡15, 18

20❸ △ABC について，$\overrightarrow{AB}$，$\overrightarrow{BC}$，$\overrightarrow{CA}$ に関する内積を，それぞれ $\overrightarrow{AB}\cdot\overrightarrow{BC}=x$，$\overrightarrow{BC}\cdot\overrightarrow{CA}=y$，$\overrightarrow{CA}\cdot\overrightarrow{AB}=z$ とおく。△ABC の面積を x，y，z を使って表せ。

〔類　大分大〕 ➡19

21❹ 平面上のベクトル $\vec{a}$，$\vec{b}$ が $|2\vec{a}+\vec{b}|=2$，$|3\vec{a}-5\vec{b}|=1$ を満たすように動くとき，$|\vec{a}+\vec{b}|$ のとりうる値の範囲を求めよ。〔類　名城大〕 ➡20

22❹ 2つのベクトル $\vec{a}$，$\vec{b}$ は $|\vec{a}|=2$，$|\vec{b}|=3$，$|\vec{a}+\vec{b}|=4$ を満たすとする。$P=|\vec{a}+t\vec{b}|$ の値を最小にする実数 t の値は ア［　　］であり，そのときの P の最小値は イ［　　］である。また，すべての実数 t に対して $|k\vec{a}+t\vec{b}|>1$ が成り立つとき，実数 k のとりうる値の範囲は ウ［　　］である。〔類　北里大〕

➡18, 21

23❹ 平面上の点 $(a,\ b)$ は円 $x^2+y^2-100=0$ 上を動き，点 $(c,\ d)$ は円 $x^2+y^2-6x-8y+24=0$ 上を動くものとする。

(1) $ac+bd=0$ を満たす $(a,\ b)$ と $(c,\ d)$ の例を1組あげよ。

(2) $ac+bd$ の最大値を求めよ。〔埼玉大〕 ➡22

HINT

19 (2) (相加平均)≧(相乗平均) を用いる。

20 $\overrightarrow{AB}=\vec{b}$，$\overrightarrow{AC}=\vec{c}$ とおき，△ABC の面積を $\vec{b}$，$\vec{c}$ で表す。

21 条件を扱いやすくするため，$2\vec{a}+\vec{b}=\vec{p}$，$3\vec{a}-5\vec{b}=\vec{q}$ とおく。

22 (前半) $|\vec{a}+t\vec{b}|$ の最小値 ⟶ $|\vec{a}+t\vec{b}|^2$ の最小値を考える。
(後半) $at^2+bt+c>0$ がすべての実数 t について成り立つ
$\iff a>0$ かつ $b^2-4ac<0$

23 $\mathrm{P}(a,\ b)$，$\mathrm{Q}(c,\ d)$ とすると　$ac+bd=\overrightarrow{OP}\cdot\overrightarrow{OQ}$

4 位置ベクトル，ベクトルと図形

基本事項

1 位置ベクトル

位置ベクトル 位置ベクトルが $\vec{p}$ である点Pを $\mathrm{P}(\vec{p})$ で表す。

また，2点 $\mathrm{A}(\vec{a})$，$\mathrm{B}(\vec{b})$ に対し，ベクトル $\overrightarrow{\mathrm{AB}}$ は次のように表される。

$$\overrightarrow{\mathrm{AB}}=\overrightarrow{\mathrm{OB}}-\overrightarrow{\mathrm{OA}}=\vec{b}-\vec{a}$$

① **分点の位置ベクトル** 2点 $\mathrm{A}(\vec{a})$，$\mathrm{B}(\vec{b})$ に対して，線分 AB を $m:n$ に内分する点Pと外分する点Qの位置ベクトルを，それぞれ $\vec{p}$，$\vec{q}$ とすると

$$\vec{p}=\frac{n\vec{a}+m\vec{b}}{m+n},\qquad \vec{q}=\frac{-n\vec{a}+m\vec{b}}{m-n}$$

特に，線分 AB の中点 M の位置ベクトルを $\vec{m}$ とすると　$\vec{m}=\dfrac{\vec{a}+\vec{b}}{2}$

② **三角形の重心の位置ベクトル** 3点 $\mathrm{A}(\vec{a})$，$\mathrm{B}(\vec{b})$，$\mathrm{C}(\vec{c})$ を頂点とする △ABC の重心Gの位置ベクトルを $\vec{g}$ とすると　$\vec{g}=\dfrac{\vec{a}+\vec{b}+\vec{c}}{3}$

③ **共点条件** 異なる3本以上の直線が1点で交わるとき，これらの直線は **共点** であるという。2点P，Qが一致することを示すには，2点P，Qの位置ベクトルが一致することを示す。

$$\overrightarrow{\mathrm{OP}}=\overrightarrow{\mathrm{OQ}} \iff \text{2点P，Qは一致する}$$

注意　位置ベクトルにおける点Oは平面上のどこに定めてもよい。**以後，特に断らない限り，1つ定めた点Oに関する位置ベクトルを考える。**

2 共線条件

異なる3個以上の点が同じ直線上にあるとき，これらの点は **共線** であるという。

点Cが直線 AB 上にある

$$\iff \overrightarrow{\mathrm{AC}}=k\overrightarrow{\mathrm{AB}} \text{ となる実数}k\text{がある}$$

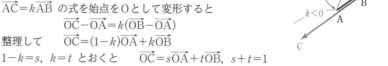

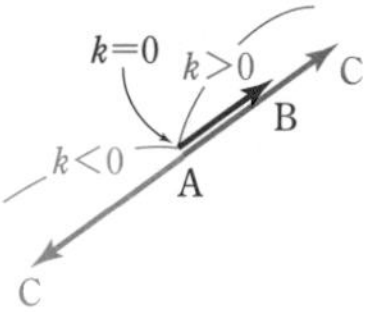

補足　$\overrightarrow{\mathrm{AC}}=k\overrightarrow{\mathrm{AB}}$ の式を始点をOとして変形すると

$$\overrightarrow{\mathrm{OC}}-\overrightarrow{\mathrm{OA}}=k(\overrightarrow{\mathrm{OB}}-\overrightarrow{\mathrm{OA}})$$

整理して　$\overrightarrow{\mathrm{OC}}=(1-k)\overrightarrow{\mathrm{OA}}+k\overrightarrow{\mathrm{OB}}$

$1-k=s$，$k=t$ とおくと　$\overrightarrow{\mathrm{OC}}=s\overrightarrow{\mathrm{OA}}+t\overrightarrow{\mathrm{OB}}$，$s+t=1$

これについては，$p.67$ 以降の「ベクトル方程式」の節で詳しく学習する。

CHECK & CHECK

12　2点 $\mathrm{A}(\vec{a})$，$\mathrm{B}(\vec{b})$ を結ぶ線分 AB について，次の点の位置ベクトルを $\vec{a}$，$\vec{b}$ を用いて表せ。

(1) 1：3 に内分する点　　(2) 1：3 に外分する点　→ 1

13　次の3点が一直線上にあるように，x，y の値を定めよ。

(1) A(2, 4)，B(4, 8)，C(x, -3)　　(2) A(6, -1)，B(2, 3)，C(-1, y)

→ 2

基本 例題 23 分点，重心の位置ベクトル

3点 $A(\vec{a})$, $B(\vec{b})$, $C(\vec{c})$ を頂点とする△ABC について，次の点の位置ベクトルを $\vec{a}$, $\vec{b}$, $\vec{c}$ を用いて表せ。

(1) 辺 BC の中点をMとするとき，線分 AM を 2：3 に内分する点 N

(2) △ABC の重心をGとするとき，線分 AG を 5：3 に外分する点D

p.47 基本事項 1

CHART & SOLUTION

線分 AB を $m:n$ に内分する点 $P(\vec{p})$，$m:n$ に外分する点 $Q(\vec{q})$

$$\vec{p}=\frac{n\vec{a}+m\vec{b}}{m+n},\qquad \vec{q}=\frac{-n\vec{a}+m\vec{b}}{m-n}$$

内分の場合の「n」を「$-n$」におき換えたものが外分の場合である。
なお，位置ベクトルを考える問題では，点Oをどこに定めてもよい。点Oの位置は気にせず，上の公式を適用する。

解答

(1) 2点 M，N の位置ベクトルを，それぞれ $\vec{m}$, $\vec{n}$ とする。

$\vec{m}=\dfrac{\vec{b}+\vec{c}}{2}$ であるから

$$\vec{n}=\frac{3\vec{a}+2\vec{m}}{2+3}$$
$$=\frac{1}{5}\left\{3\vec{a}+2\left(\frac{1}{2}\vec{b}+\frac{1}{2}\vec{c}\right)\right\}$$
$$=\boldsymbol{\frac{3}{5}\vec{a}+\frac{1}{5}\vec{b}+\frac{1}{5}\vec{c}}$$

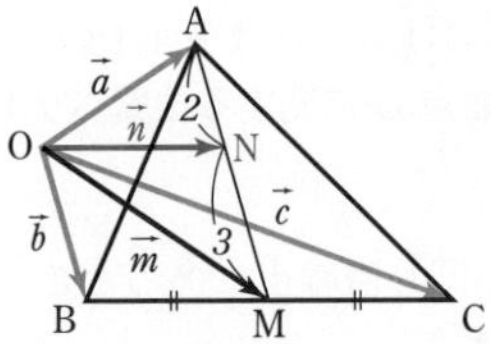

⇦ 辺 BC の中点 M の位置ベクトルは $\dfrac{\vec{b}+\vec{c}}{2}$

⇦ 点Nは線分 AM を 2：3 に **内分** する点。

(2) 2点 D，G の位置ベクトルを，それぞれ $\vec{d}$, $\vec{g}$ とする。

$\vec{g}=\dfrac{\vec{a}+\vec{b}+\vec{c}}{3}$ であるから

$$\vec{d}=\frac{-3\vec{a}+5\vec{g}}{5-3}$$
$$=\frac{1}{2}\left\{-3\vec{a}+5\left(\frac{1}{3}\vec{a}+\frac{1}{3}\vec{b}+\frac{1}{3}\vec{c}\right)\right\}$$
$$=\boldsymbol{-\frac{2}{3}\vec{a}+\frac{5}{6}\vec{b}+\frac{5}{6}\vec{c}}$$

⇦ △ABC の重心の位置ベクトルは $\dfrac{\vec{a}+\vec{b}+\vec{c}}{3}$

⇦ 点Dは線分 AG を 5：3 に **外分** する点。

PRACTICE 23❷

3点 $A(\vec{a})$, $B(\vec{b})$, $C(\vec{c})$ を頂点とする△ABC の辺 BC を 2：1 に外分する点を D，辺 AB の中点を E とする。線分 ED を 1：2 に内分する点を F，△AEF の重心を G とするとき，点F，Gの位置ベクトルを $\vec{a}$, $\vec{b}$, $\vec{c}$ を用いて表せ。

ピンポイント解説　内分点と外分点の位置ベクトル

2 点 $A(\vec{a})$, $B(\vec{b})$ に対して，線分 AB を $m:n$ に内分する点 $P(\vec{p})$，$m:n$ に外分する点 $Q(\vec{q})$ の位置ベクトルをそれぞれ求めてみよう。

内分　$AP:PB=m:n$

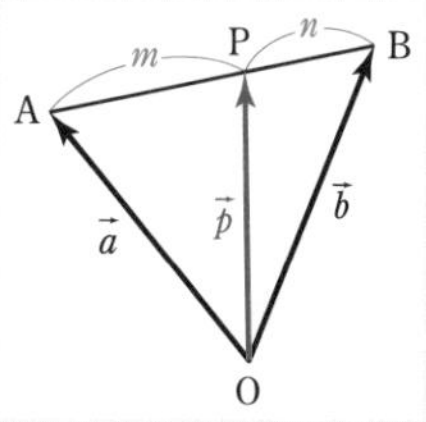

$AP:AB=m:(m+n)$ であるから

$$\overrightarrow{AP}=\frac{m}{m+n}\overrightarrow{AB}$$

よって　$\vec{p}-\vec{a}=\frac{m}{m+n}(\vec{b}-\vec{a})$

$$\vec{p}=\left(1-\frac{m}{m+n}\right)\vec{a}+\frac{m}{m+n}\vec{b}$$

$$=\boldsymbol{\frac{n\vec{a}+m\vec{b}}{m+n}}\quad\cdots\cdots ①$$

外分　$AQ:QB=m:n$

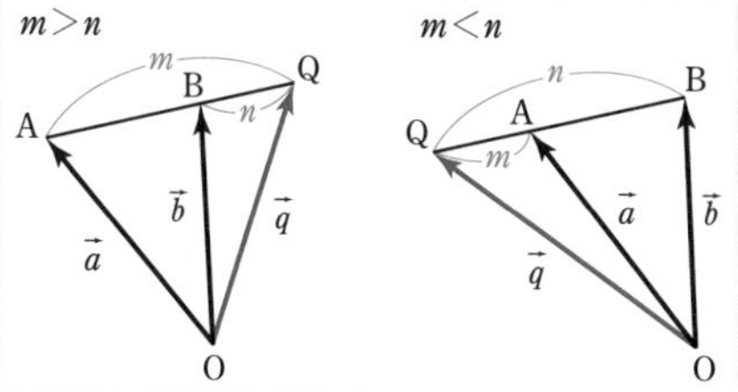

$m>n$ のとき

$AQ:AB=m:(m-n)$ であるから

$$\overrightarrow{AQ}=\frac{m}{m-n}\overrightarrow{AB}$$

よって　$\vec{q}-\vec{a}=\frac{m}{m-n}(\vec{b}-\vec{a})$

$$\vec{q}=\left(1-\frac{m}{m-n}\right)\vec{a}+\frac{m}{m-n}\vec{b}$$

$$=\boldsymbol{\frac{-n\vec{a}+m\vec{b}}{m-n}}\quad\cdots\cdots ②$$

外分点 $Q(\vec{q})$ の位置ベクトルについては，$m<n$ のときも，$BQ:BA=n:(n-m)$ を利用することにより $\vec{q}$ は ② で表される。

内分点の公式は次のように覚えておくとよい。

　分母は比の和　　　$m+n$
　分子はたすき掛け　$n\vec{a}+m\vec{b}$

$m:n$ に外分するときは，「$m:(-n)$ に内分する」と考えて，① を適用すればよい。

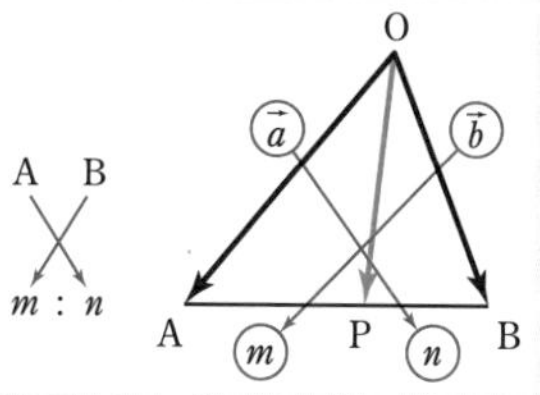

また，数学Ⅱ「図形と方程式」では，次のことを学んでいる。数直線上の 2 点 $A(a)$, $B(b)$ に対して，線分 AB を $m:n$ に内分する点を $P(p)$，$m:n$ に外分する点を $Q(q)$ とすると，

$$p=\frac{na+mb}{m+n},\quad q=\frac{-na+mb}{m-n}$$

これらは，ベクトルの内分点の公式 ①，外分点の公式 ② とそれぞれ同じような形をしている。まとめて覚えておこう。

inf.　①，② において，$\vec{a}$ と $\vec{b}$ の係数の和は，それぞれ

$$\vec{p}:\frac{n}{m+n}+\frac{m}{m+n}=1,\quad \vec{q}:\frac{-n}{m-n}+\frac{m}{m-n}=1$$

であるから，ともに 1 となる。

よって，$\vec{p}$, $\vec{q}$ は，適当な実数 s を用いて，$(1-s)\vec{a}+s\vec{b}$ と表すことができる（$p.57$ 参照）。

内分のときは $0<s<1$，外分で $m>n$ のときは $s>1$，$m<n$ のときは $s<0$ である。

基本 例題 24 分点に関する等式の証明

△ABC の辺 BC，CA，AB を 5：3 に内分する点を，それぞれ D，E，F とするとき，$\overrightarrow{AD}+\overrightarrow{BE}+\overrightarrow{CF}=\vec{0}$ であることを証明せよ。 p.47 基本事項 1

CHART & SOLUTION

△ABC の分点のベクトル表示

1　3つの頂点の位置ベクトル $\vec{a}$，$\vec{b}$，$\vec{c}$ を用いて表す

2　1つの頂点 A を始点に，$\overrightarrow{AB}$，$\overrightarrow{AC}$ を用いて表す

1の方針で解くときは，Dが辺 BC の内分点であるから，Dの位置ベクトルをB，Cの位置ベクトルで表す。E，Fも同様。

2の方針で解くときは，$\overrightarrow{BE}=\overrightarrow{AE}-\overrightarrow{AB}$ のように，まず始点をAにそろえる。その後で，$\overrightarrow{AB}$，$\overrightarrow{AC}$ が現れるように変形すればよい。

解答

方針1

6点 A，B，C，D，E，F の位置ベクトルを，それぞれ $\vec{a}$，$\vec{b}$，$\vec{c}$，$\vec{d}$，$\vec{e}$，$\vec{f}$ とすると

$$\vec{d}=\frac{3\vec{b}+5\vec{c}}{5+3},\quad \vec{e}=\frac{3\vec{c}+5\vec{a}}{5+3},\quad \vec{f}=\frac{3\vec{a}+5\vec{b}}{5+3}$$

よって　$\overrightarrow{AD}+\overrightarrow{BE}+\overrightarrow{CF}=(\vec{d}-\vec{a})+(\vec{e}-\vec{b})+(\vec{f}-\vec{c})$

$$=\frac{3\vec{b}+5\vec{c}}{8}-\vec{a}+\frac{3\vec{c}+5\vec{a}}{8}-\vec{b}+\frac{3\vec{a}+5\vec{b}}{8}-\vec{c}$$

$$=\vec{0}$$

⇐ $\overrightarrow{AD}=\vec{d}-\vec{a}$
$\overrightarrow{BE}=\vec{e}-\vec{b}$
$\overrightarrow{CF}=\vec{f}-\vec{c}$

方針2

$$\overrightarrow{AD}=\frac{3\overrightarrow{AB}+5\overrightarrow{AC}}{5+3}=\frac{3}{8}\overrightarrow{AB}+\frac{5}{8}\overrightarrow{AC}$$

$$\overrightarrow{BE}=\overrightarrow{AE}-\overrightarrow{AB}=\frac{3}{8}\overrightarrow{AC}-\overrightarrow{AB}$$

$$\overrightarrow{CF}=\overrightarrow{AF}-\overrightarrow{AC}=\frac{5}{8}\overrightarrow{AB}-\overrightarrow{AC}$$

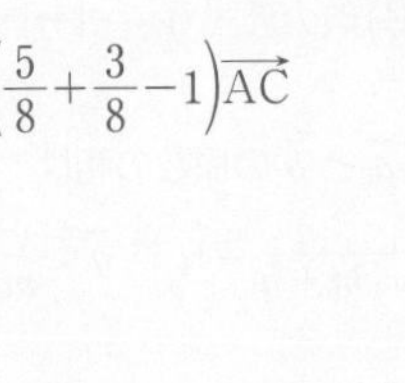

ゆえに

$$\overrightarrow{AD}+\overrightarrow{BE}+\overrightarrow{CF}=\left(\frac{3}{8}-1+\frac{5}{8}\right)\overrightarrow{AB}+\left(\frac{5}{8}+\frac{3}{8}-1\right)\overrightarrow{AC}$$

$$=\vec{0}$$

inf. 5：3 でなくても，一般に，三角形の各辺を $m:n\ (m>0,\ n>0)$ に内分する点 D，E，F に対して
$\overrightarrow{AD}+\overrightarrow{BE}+\overrightarrow{CF}=\vec{0}$
が成り立つ。

PRACTICE 24②

三角形 ABC の内部に点Pがある。AP と辺 BC の交点をQとするとき，BQ：QC=1：2，AP：PQ=3：4 であるなら，等式 $4\overrightarrow{PA}+2\overrightarrow{PB}+\overrightarrow{PC}=\vec{0}$ が成り立つことを証明せよ。

ズーム UP 位置ベクトルの始点の選び方

基本例題 24 について，方針 1 と方針 2 にはどのような考え方の違いがあるのでしょうか。

方針 1 → 図形上にない点を始点にとる

1 の方針による解答では，図形上にない点を始点に定めた位置ベクトルを考えた。
この方法では「どの点も対等に考えることができる」というメリットがある。
例えば，△ABC の重心Gの位置ベクトルを $\vec{g}$ とすると

$$\vec{g}=\frac{\vec{a}+\vec{b}+\vec{c}}{3}$$

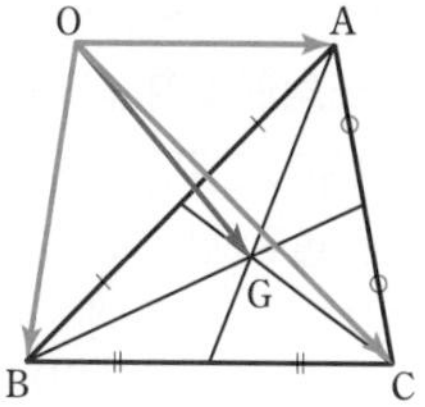

となる。この式の右辺は，三角形の各頂点の位置ベクトルの和を 3 で割っているから，重心Gは「各頂点の平均」の位置にあることがわかりやすい。
ここで，始点をAとして重心Gの位置ベクトルを表すと

$$\overrightarrow{AG}=\frac{\overrightarrow{AA}+\overrightarrow{AB}+\overrightarrow{AC}}{3}=\frac{\overrightarrow{AB}+\overrightarrow{AC}}{3}$$

⇐ $\overrightarrow{AA}=\vec{0}$

となる。この式が重心の位置ベクトルを表すことを見抜くには，慣れが必要だろう。

補足 点Aの位置ベクトルを，点Oを始点とした位置ベクトル $\overrightarrow{OA}$ と表すことと，$\vec{a}$ とおいて表すことは，いずれも同じ意味である。

方針 2 → 図形上の特定の点を始点にとる

2 の方針による解答では，頂点Aという図形上の点を始点に位置ベクトルを考えた。
この方法では「図形上の特定の点から見た位置を図形的にとらえる」ことができるメリットがある。
例えば，点 A，B，C に $\overrightarrow{AC}=2\overrightarrow{AB}$ という関係があるとき，「点Aから点Bを見たとき，点Cは同じ方向に，その 2 倍の距離の位置にある」ということがわかる。それにより，点 A，B，C は一直線上にあることがいえる (基本例題 28 で詳しく学ぶ)。

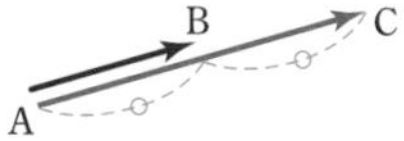

また，複数の直線の交点の位置ベクトルを求める際にも，図形上の点を始点とした位置ベクトルを考えることが多い (基本例題 29 などで学ぶ)。

基本例題 24 では，1，2 どちらの方針でも計算量に大きな差はないが，1 の方針では，どの点についても対等に扱え，基本的な計算を進めることで解くことができる。2 の方針では，点Aの位置ベクトルが $\vec{0}$ になり，他のベクトルを $\overrightarrow{AB}$，$\overrightarrow{AC}$ で表せばよいから，計算の見通しを立てやすい。

位置ベクトルの考え方に慣れるまでは難しく感じるかもしれません。この問題で示すことは何か，どのように始点をとるのがよいか，といったことを考えながら学習に取り組みましょう。

基本 例題 25　内心の位置ベクトル

3 点 $A(\vec{a})$, $B(\vec{b})$, $C(\vec{c})$ を頂点とする △ABC において，AB=5，BC=6，CA=3 である。また，∠A の二等分線と辺 BC の交点をDとする。

(1)　点Dの位置ベクトルを $\vec{d}$ とするとき，$\vec{d}$ を $\vec{b}$，$\vec{c}$ で表せ。

(2)　△ABC の内心 I の位置ベクトルを $\vec{i}$ とするとき，$\vec{i}$ を $\vec{a}$，$\vec{b}$，$\vec{c}$ で表せ。

p.47 基本事項 1

CHART & SOLUTION

三角形の内心の位置ベクトル

角の二等分線と線分比の関係を利用

三角形の内心は 3 つの内角の二等分線の交点である。

(1)　右の図で AD は ∠A の二等分線であるから

BD : DC=AB : AC

(2)　∠C の二等分線と AD の交点が内心 I であるから

AI : ID=CA : CD

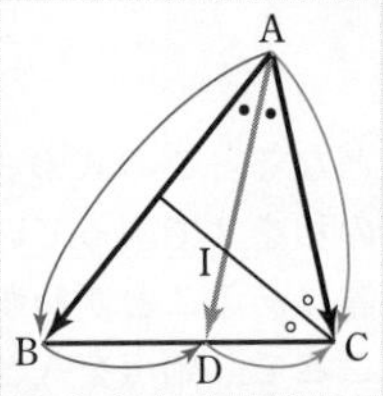

解答

(1)　AD は ∠A の二等分線であるから

BD : DC=AB : AC=5 : 3

よって　$\vec{d}=\dfrac{3\vec{b}+5\vec{c}}{5+3}=\dfrac{3}{8}\vec{b}+\dfrac{5}{8}\vec{c}$

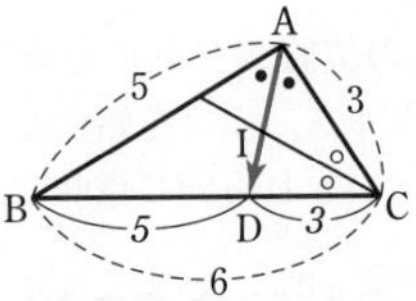

(2)　△ABC の内心 I は線分 AD 上にあり，CI は ∠C を 2 等分するから　AI : ID=CA : CD

(1) より，$CD=\dfrac{3}{5+3}BC=\dfrac{3}{8}\times 6=\dfrac{9}{4}$ であるから

$AI : ID=3 : \dfrac{9}{4}=4 : 3$　よって　$\vec{i}=\dfrac{3\vec{a}+4\vec{d}}{4+3}=\dfrac{3\vec{a}+4\vec{d}}{7}$

(1) から　$\vec{i}=\dfrac{1}{7}\left\{3\vec{a}+4\left(\dfrac{3}{8}\vec{b}+\dfrac{5}{8}\vec{c}\right)\right\}=\dfrac{3}{7}\vec{a}+\dfrac{3}{14}\vec{b}+\dfrac{5}{14}\vec{c}$

⇦ 角の二等分線と線分比。

⇦ 線分 AB を $m : n$ に内分する点 $P(\vec{p})$ は $\vec{p}=\dfrac{n\vec{a}+m\vec{b}}{m+n}$

⇦ BD : DC=5 : 3

inf. ∠B の二等分線を考えても，同様に解答できる。

INFORMATION　内心の位置ベクトル

$A(\vec{a})$, $B(\vec{b})$, $C(\vec{c})$ を頂点とする △ABC において，$BC=l$，$CA=m$，$AB=n$ であるとき，△ABC の内心 $I(\vec{i})$ は $\vec{i}=\dfrac{l\vec{a}+m\vec{b}+n\vec{c}}{l+m+n}$ と表される。

証明は解答編 PRACTICE 25 の続きを参照。

PRACTICE 25❷

3 点 $A(\vec{a})$, $B(\vec{b})$, $C(\vec{c})$ を頂点とする △ABC において，AB=6，BC=8，CA=7 である。また，∠B の二等分線と辺 AC の交点をDとする。

(1)　点Dの位置ベクトルを $\vec{d}$ とするとき，$\vec{d}$ を $\vec{a}$，$\vec{c}$ で表せ。

(2)　△ABC の内心 I の位置ベクトルを $\vec{i}$ とするとき，$\vec{i}$ を $\vec{a}$，$\vec{b}$，$\vec{c}$ で表せ。

基本 例題 26 ベクトルの等式と三角形の面積比

三角形 ABC と点Pがあり，$4\overrightarrow{PA}+5\overrightarrow{PB}+3\overrightarrow{PC}=\vec{0}$ を満たしている。

(1) 点Pの位置をいえ。

(2) 面積比 △PBC：△PCA：△PAB を求めよ。　〔類 神戸薬大〕

p.47 基本事項 1，数学A基本 70，重要 62

CHART & SOLUTION

$a\overrightarrow{PA}+b\overrightarrow{PB}+c\overrightarrow{PC}=\vec{0}$ の問題

変形して，$\overrightarrow{AP}=k\left(\dfrac{n\overrightarrow{AB}+m\overrightarrow{AC}}{m+n}\right)$ の形にする

(1) **点Aを始点とする位置ベクトル** で考える。

(2) **三角形の面積比 ⟶ 等高なら底辺の比，等底なら高さの比** を利用する。
　△ABC の面積を S とおいて，各三角形の面積を S で表す。

解答

(1) 等式から　$-4\overrightarrow{AP}+5(\overrightarrow{AB}-\overrightarrow{AP})+3(\overrightarrow{AC}-\overrightarrow{AP})=\vec{0}$

ゆえに　$\overrightarrow{AP}=\dfrac{5\overrightarrow{AB}+3\overrightarrow{AC}}{12}$

$=\dfrac{2}{3}\times\dfrac{5\overrightarrow{AB}+3\overrightarrow{AC}}{8}$

ここで，$\overrightarrow{AD}=\dfrac{5\overrightarrow{AB}+3\overrightarrow{AC}}{8}$ とおくと，点Dは線分 BC を 3：5 に内分する点であり　$\overrightarrow{AP}=\dfrac{2}{3}\overrightarrow{AD}$　よって　AP：PD＝2：1

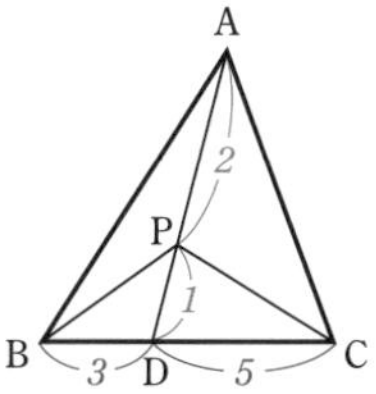

ゆえに，点Pは，**線分 BC を 3：5 に内分する点を D としたとき，線分 AD を 2：1 に内分する点** である。

(2) △ABC の面積を S とすると

$\triangle PBC=\dfrac{1}{1+2}\triangle ABC=\dfrac{1}{3}S$,

$\triangle PCA=\dfrac{2}{2+1}\triangle ADC=\dfrac{2}{3}\times\dfrac{5}{3+5}\triangle ABC=\dfrac{5}{12}S$,

$\triangle PAB=\dfrac{2}{2+1}\triangle ABD=\dfrac{2}{3}\times\dfrac{3}{3+5}\triangle ABC=\dfrac{1}{4}S$

よって　$\triangle PBC:\triangle PCA:\triangle PAB=\dfrac{1}{3}S:\dfrac{5}{12}S:\dfrac{1}{4}S$

$=\mathbf{4:5:3}$

⇐ 分割　$\overrightarrow{PB}=\overrightarrow{□B}-\overrightarrow{□P}$
　□ は同じ点

⇐ $5\overrightarrow{AB}+3\overrightarrow{AC}$ において，$\overrightarrow{AB}$，$\overrightarrow{AC}$ の係数の和は
　$5+3=8$
　よって
　$\overrightarrow{AP}=k\left(\dfrac{5\overrightarrow{AB}+3\overrightarrow{AC}}{8}\right)$
　の形に変形する。

⇐ 点Dは問題文にある点ではないから，解答のようにDの位置を説明する必要がある。

inf. △ABC と点Pに対し，
$a\overrightarrow{PA}+b\overrightarrow{PB}+c\overrightarrow{PC}=\vec{0}$
を満たす正の数 a，b，c が存在するとき，次のことが知られている。
(1) **点Pは △ABC の内部にある。**
(2) **$\triangle PBC:\triangle PCA:\triangle PAB=a:b:c$**
(解答編 PRACTICE 26 の 補足 参照。)

PRACTICE 26 ③

三角形 ABC と点Pがあり，$2\overrightarrow{PA}+6\overrightarrow{PB}+5\overrightarrow{PC}=\vec{0}$ を満たしている。

(1) 点Pの位置をいえ。　(2) 面積比 △PBC：△PCA：△PAB を求めよ。

基本 例題 27 共点条件 ②②②②②

四角形 ABCD の辺 AB，BC，CD，DA の中点を，それぞれ K，L，M，N とし，対角線 AC，BD の中点を，それぞれ S，T とする。
(1) 頂点 A，B，C，D の位置ベクトルを，それぞれ $\vec{a}$，$\vec{b}$，$\vec{c}$，$\vec{d}$ とするとき，線分 KM の中点の位置ベクトルを $\vec{a}$，$\vec{b}$，$\vec{c}$，$\vec{d}$ を用いて表せ。
(2) 線分 LN，ST の中点の位置ベクトルをそれぞれ $\vec{a}$，$\vec{b}$，$\vec{c}$，$\vec{d}$ を用いて表すことにより，3 つの線分 KM，LN，ST は 1 点で交わることを示せ。

p.47 基本事項 1

CHART & SOLUTION

点の一致は 位置ベクトルの一致 で示す

(2) 3 つの線分のそれぞれの中点が一致することを示す（**共点条件**）。
点 $P(\vec{p})$，$Q(\vec{q})$，$R(\vec{r})$ が一致 $\iff \vec{p}=\vec{q}=\vec{r}$

補足 共点とは，異なる 3 本以上の直線が 1 点で交わることである。

解答

(1) 線分 KM の中点を P とし，点 K，M，P の位置ベクトルを，それぞれ $\vec{k}$，$\vec{m}$，$\vec{p}$ とすると $\vec{k}=\dfrac{\vec{a}+\vec{b}}{2}$，

$\vec{m}=\dfrac{\vec{c}+\vec{d}}{2}$，$\vec{p}=\dfrac{\vec{k}+\vec{m}}{2}$

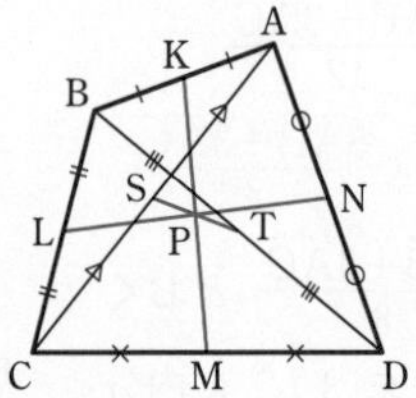

よって $\vec{p}=\dfrac{1}{2}\left(\dfrac{\vec{a}+\vec{b}}{2}+\dfrac{\vec{c}+\vec{d}}{2}\right)$

$=\dfrac{\vec{a}+\vec{b}+\vec{c}+\vec{d}}{4}$ ……①

⇦ 2 点 $A(\vec{a})$，$B(\vec{b})$ を結ぶ線分 AB の中点の位置ベクトルは $\dfrac{\vec{a}+\vec{b}}{2}$

(2) 線分 LN の中点を Q とし，点 L，N，Q の位置ベクトルを，それぞれ $\vec{l}$，$\vec{n}$，$\vec{q}$ とすると

$\vec{q}=\dfrac{\vec{l}+\vec{n}}{2}=\dfrac{1}{2}\left(\dfrac{\vec{b}+\vec{c}}{2}+\dfrac{\vec{d}+\vec{a}}{2}\right)=\dfrac{\vec{a}+\vec{b}+\vec{c}+\vec{d}}{4}$ ……②

⇦ $\vec{l}=\dfrac{\vec{b}+\vec{c}}{2}$，$\vec{n}=\dfrac{\vec{d}+\vec{a}}{2}$

線分 ST の中点を R とし，点 S，T，R の位置ベクトルを，それぞれ $\vec{s}$，$\vec{t}$，$\vec{r}$ とすると

$\vec{r}=\dfrac{\vec{s}+\vec{t}}{2}=\dfrac{1}{2}\left(\dfrac{\vec{a}+\vec{c}}{2}+\dfrac{\vec{b}+\vec{d}}{2}\right)=\dfrac{\vec{a}+\vec{b}+\vec{c}+\vec{d}}{4}$ ……③

⇦ $\vec{s}=\dfrac{\vec{a}+\vec{c}}{2}$，$\vec{t}=\dfrac{\vec{b}+\vec{d}}{2}$

① ～ ③ より，3 つの線分 KM，LN，ST の中点の位置ベクトルが一致するから，3 つの線分は 1 点で交わる。

⇦ 3 つの線分のそれぞれの中点で交わる。

PRACTICE 27②

正六角形 OPQRST において $\overrightarrow{OP}=\vec{p}$，$\overrightarrow{OQ}=\vec{q}$ とする。
(1) $\overrightarrow{OR}$，$\overrightarrow{OS}$，$\overrightarrow{OT}$ を，それぞれ $\vec{p}$，$\vec{q}$ を用いて表せ。
(2) △OQS の重心 G_1 と △PRT の重心 G_2 は一致することを証明せよ。

基本 例題 28　共線条件

平行四辺形 ABCD において，対角線 AC を 2：3 に内分する点を L，辺 AB を 2：3 に内分する点を M，線分 MC を 4：15 に内分する点を N とするとき，3 点 D，L，N は一直線上にあることを証明せよ。

p.47 基本事項 2

CHART & SOLUTION

3 点 P，Q，R が一直線上にある

⟺ $\overrightarrow{PR}=k\overrightarrow{PQ}$ を満たす実数 k がある ……❶

$\overrightarrow{DN}=k\overrightarrow{DL}$（$k$ は実数）となることを示す。

平行四辺形の 1 つの頂点を始点とする位置ベクトルを用いると考えやすい。

補足　共線とは，異なる 3 個以上の点が同じ直線上にあることである。

解答

$\overrightarrow{DA}=\vec{a}$，$\overrightarrow{DC}=\vec{c}$ とすると　$\overrightarrow{DL}=\dfrac{3\vec{a}+2\vec{c}}{2+3}$ …… ①

$\overrightarrow{DM}=\overrightarrow{DA}+\overrightarrow{AM}=\vec{a}+\dfrac{2}{5}\vec{c}$ であるから

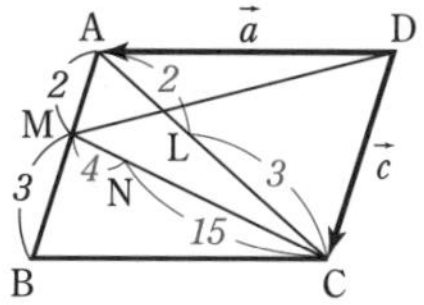

$$\overrightarrow{DN}=\frac{15\overrightarrow{DM}+4\overrightarrow{DC}}{4+15}=\frac{15\left(\vec{a}+\frac{2}{5}\vec{c}\right)+4\vec{c}}{19}=\frac{15\vec{a}+10\vec{c}}{19}=\frac{5}{19}(3\vec{a}+2\vec{c}) \quad \cdots\cdots ②$$

❶ ①，② から　$\overrightarrow{DN}=\dfrac{25}{19}\overrightarrow{DL}$

したがって，3 点 D，L，N は一直線上にある。

⇐ $\overrightarrow{DL}$，$\overrightarrow{DN}$ について考えるから，頂点 D を始点とするベクトル $\overrightarrow{DA}=\vec{a}$，$\overrightarrow{DC}=\vec{c}$ を用いて $\overrightarrow{DL}$，$\overrightarrow{DN}$ を表す。

⇐ $3\vec{a}+2\vec{c}=5\overrightarrow{DL}$ から $\overrightarrow{DN}=\dfrac{5}{19}\times5\overrightarrow{DL}$

$\overrightarrow{DL}=\dfrac{19}{25}\overrightarrow{DN}$ でもよい。

INFORMATION　平行条件と共線条件の違い

（平行）$\overrightarrow{PQ}\,/\!/\,\overrightarrow{ST}$ ⟺ $\overrightarrow{ST}=k\overrightarrow{PQ}$ …… ① を満たす実数 k がある

（共線）3 点 A，B，C が一直線上にある

⟺ $\overrightarrow{AC}=k\overrightarrow{AB}$ …… ② を満たす実数 k がある

① と ② の式は似ているが，② では左辺と右辺のベクトルにおいて $\overrightarrow{AC}=k\overrightarrow{AB}$ のように必ず同じ点を含んでいる。同じ点を含んでいれば，$\overrightarrow{AC}=k\overrightarrow{CB}$ のような形でもよい。

PRACTICE 28❷

平行四辺形 ABCD において，対角線 BD を 9：10 に内分する点を P，辺 AB を 3：2 に内分する点を Q，線分 QD を 1：2 に内分する点を R とするとき，3 点 C，P，R は一直線上にあることを証明せよ。

基本 例題 29 交点の位置ベクトル (1)

△OAB において，辺 OA を 1：2 に内分する点をC，辺 OB を 2：1 に内分する点をDとする。線分 AD と線分 BC の交点をPとし，直線 OP と辺 AB の交点をQとする。$\overrightarrow{OA}=\vec{a}$，$\overrightarrow{OB}=\vec{b}$ とするとき，次のベクトルを $\vec{a}$，$\vec{b}$ を用いて表せ。

(1) $\overrightarrow{OP}$　　(2) $\overrightarrow{OQ}$

p.13 基本事項 3，p.47 基本事項 1，基本 36，57

CHART & SOLUTION

交点の位置ベクトル　2通りに表し　係数比較

(1) AP：PD$=s:(1-s)$，BP：PC$=t:(1-t)$ として，点Pを
　線分 AD における内分点，線分 BC における内分点
の2通りにとらえ，$\overrightarrow{OP}$ を2通りに表す。

(2) 点Qは直線 OP 上にあるから，$\overrightarrow{OQ}=k\overrightarrow{OP}$（$k$ は実数）と表される。(1) と同様に，点Qを **線分 AB における内分点，直線 OP 上の点** の2通りにとらえ，$\overrightarrow{OQ}$ を2通りに表す。

解答

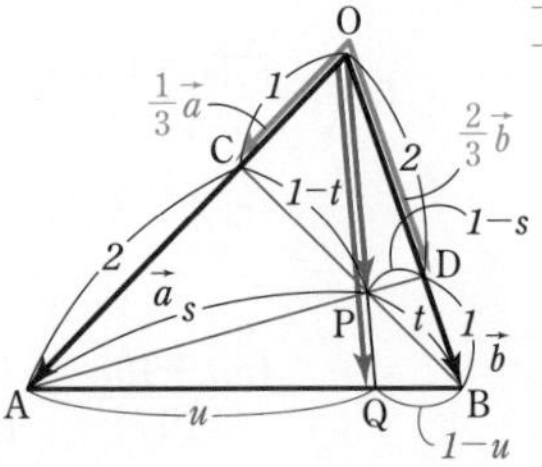

(1) AP：PD$=s:(1-s)$，BP：PC$=t:(1-t)$ とすると

$$\overrightarrow{OP}=(1-s)\overrightarrow{OA}+s\overrightarrow{OD}=(1-s)\vec{a}+\frac{2}{3}s\vec{b} \quad \cdots\cdots ①$$

$$\overrightarrow{OP}=(1-t)\overrightarrow{OB}+t\overrightarrow{OC}=\frac{1}{3}t\vec{a}+(1-t)\vec{b} \quad \cdots\cdots ②$$

①，② から　$(1-s)\vec{a}+\frac{2}{3}s\vec{b}=\frac{1}{3}t\vec{a}+(1-t)\vec{b}$

$\vec{a}\neq\vec{0}$，$\vec{b}\neq\vec{0}$，$\vec{a}\not\parallel\vec{b}$ であるから　$1-s=\frac{1}{3}t$，$\frac{2}{3}s=1-t$

これを解くと　$s=\frac{6}{7}$，$t=\frac{3}{7}$　　ゆえに　$\boldsymbol{\overrightarrow{OP}=\frac{1}{7}\vec{a}+\frac{4}{7}\vec{b}}$

(2) AQ：QB$=u:(1-u)$ とすると　$\overrightarrow{OQ}=(1-u)\vec{a}+u\vec{b}$

また，点Qは直線 OP 上にあるから，$\overrightarrow{OQ}=k\overrightarrow{OP}$（$k$ は実数）とすると，(1) より　$\overrightarrow{OQ}=k\left(\frac{1}{7}\vec{a}+\frac{4}{7}\vec{b}\right)=\frac{1}{7}k\vec{a}+\frac{4}{7}k\vec{b}$

よって　$(1-u)\vec{a}+u\vec{b}=\frac{1}{7}k\vec{a}+\frac{4}{7}k\vec{b}$

$\vec{a}\neq\vec{0}$，$\vec{b}\neq\vec{0}$，$\vec{a}\not\parallel\vec{b}$ であるから　$1-u=\frac{1}{7}k$，$u=\frac{4}{7}k$

これを解くと　$k=\frac{7}{5}$，$u=\frac{4}{5}$　　ゆえに　$\boldsymbol{\overrightarrow{OQ}=\frac{1}{5}\vec{a}+\frac{4}{5}\vec{b}}$

注意　**左の解答の赤破線の断りを必ず明記する。**

inf.　メネラウスの定理，チェバの定理を用いた別解は，p.58 の STEP UP 参照。
また，ベクトル方程式から「係数の和が1」を用いる解法は次節で扱う（基本例題 36 の inf. 参照）。

PRACTICE 29②

△OAB において，辺 OA を 2：3 に内分する点をC，辺 OB を 4：5 に内分する点をDとする。線分 AD と BC の交点をPとし，直線 OP と辺 AB との交点をQとする。$\overrightarrow{OA}=\vec{a}$，$\overrightarrow{OB}=\vec{b}$ とするとき，$\overrightarrow{OP}$，$\overrightarrow{OQ}$ をそれぞれ $\vec{a}$，$\vec{b}$ を用いて表せ。〔類 近畿大〕

ズーム…UP 交点の位置ベクトルの求め方

基本例題 29 のような，線分の交点の位置ベクトルを求める方法について
じっくり考えてみましょう。

交点の位置ベクトルは，2 通りに表し係数比較で求める

点Pは △OAB の内部の点であるから，始めから $\overrightarrow{\mathrm{OA}}$，$\overrightarrow{\mathrm{OB}}$ で表すのは難しい。
そこで，点Pが線分 AD と BC の交点であることから，Pは AD 上にも BC 上にもあると考える。すなわち，

点Pは線分 AD 上にある
⟶ $\overrightarrow{\mathrm{OP}}$ を $\overrightarrow{\mathrm{OA}}$，$\overrightarrow{\mathrm{OD}}$ で表す ……Ⓐ
点Pは線分 BC 上にある
⟶ $\overrightarrow{\mathrm{OP}}$ を $\overrightarrow{\mathrm{OB}}$，$\overrightarrow{\mathrm{OC}}$ で表す ……Ⓑ

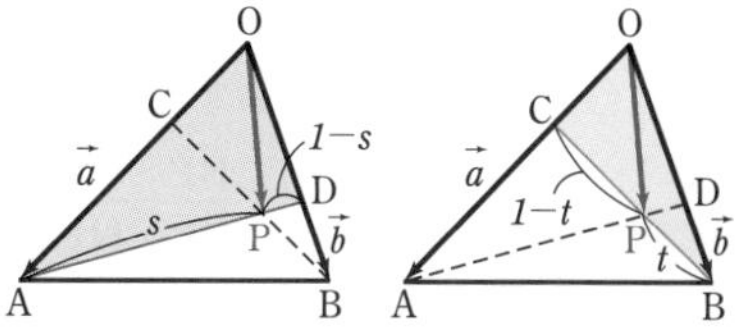

と考えてみよう。
ただし，点Pが線分 AD，BC 上のどの位置にあるかわからないから，
AP：PD＝s：$(1-s)$，BP：PC＝t：$(1-t)$ のように，内分比を文字でおく。
Ⓐ については，$\overrightarrow{\mathrm{OP}}$ を s，$\overrightarrow{\mathrm{OA}}$，$\overrightarrow{\mathrm{OD}}$ で表すことができるが，$\overrightarrow{\mathrm{OD}}$ は $\overrightarrow{\mathrm{OB}}$ で表されるから，$\overrightarrow{\mathrm{OP}}$ を s，$\overrightarrow{\mathrm{OA}}$，$\overrightarrow{\mathrm{OB}}$ で表すことができる。Ⓑ についても同様に考えると，$\overrightarrow{\mathrm{OP}}$ は $\overrightarrow{\mathrm{OA}}$，$\overrightarrow{\mathrm{OB}}$，すなわち $\vec{a}$，$\vec{b}$ を用いて 2 通りに表すことができる。
ここで，$p.25$ で学んだ次のことを思い出そう。

> $\vec{a}\neq\vec{0}$，$\vec{b}\neq\vec{0}$，$\vec{a}\not\parallel\vec{b}$ である（$\vec{a}$，$\vec{b}$ が 1 次独立である）とき，
> 平面上の任意のベクトル $\vec{p}$ は $\vec{p}=s\vec{a}+t\vec{b}$ の形に，ただ 1 通りに表される。

「ただ 1 通りに表される」ということは，2 通りに表したとき，$\vec{a}$，$\vec{b}$ の係数がそれぞれ等しいことを意味する。よって，基本例題 29 の解答の ①，② から $\vec{a}$，$\vec{b}$ の係数を比較して実数 s，t の値を求めることができる。このため，**係数を比較するとき** には「$\boldsymbol{\vec{a}\neq\vec{0}}$，$\boldsymbol{\vec{b}\neq\vec{0}}$，$\boldsymbol{\vec{a}\not\parallel\vec{b}}$ **であるから**」の断りを必ず明記しよう。

内分比を s：$(1-s)$ とする理由は？

点Pが線分 AD を m：n に内分する，すなわち AP：PD＝m：n であるとしよう。
このとき，$\overrightarrow{\mathrm{OP}}$ は

$$\overrightarrow{\mathrm{OP}}=\frac{n\overrightarrow{\mathrm{OA}}+m\overrightarrow{\mathrm{OD}}}{m+n}=\frac{n}{m+n}\overrightarrow{\mathrm{OA}}+\frac{m}{m+n}\overrightarrow{\mathrm{OD}}$$

となる。ここで，$\overrightarrow{\mathrm{OA}}$ と $\overrightarrow{\mathrm{OD}}$ の係数の和を考えると $\dfrac{n}{m+n}+\dfrac{m}{m+n}=1$

$\dfrac{m}{m+n}=s$ とおくと，$\dfrac{n}{m+n}=1-s$ であり，$\overrightarrow{\mathrm{OP}}=(1-s)\overrightarrow{\mathrm{OA}}+s\overrightarrow{\mathrm{OD}}$ となる。以上から，1 つの文字 s で内分比を表すことができることがわかった（$p.49$ の inf. 参照）。
また，ベクトルの係数を比較するときには，文字が少ない方が計算しやすい。
このような理由で，AP：PD＝m：n ではなく AP：PD＝s：$(1-s)$ としているのである。今後よく使う表し方であるから，この方法も必ず身に付けておこう。

STEP UP メネラウスの定理，チェバの定理を利用した交点の位置ベクトルの求め方

基本例題 29 のタイプの問題の解法として，「**2 通りに表し係数比較**」以外に **メネラウスの定理**，**チェバの定理**（数学Aの「図形の性質」で学ぶ）を用いた解法がある。

1 メネラウスの定理の利用

メネラウスの定理

△ABC の辺 BC，CA，AB またはその延長が，三角形の頂点を通らない 1 つの直線と，それぞれ点 P，Q，R で交わるとき　$\dfrac{\mathbf{BP}}{\mathbf{PC}}\cdot\dfrac{\mathbf{CQ}}{\mathbf{QA}}\cdot\dfrac{\mathbf{AR}}{\mathbf{RB}}=\mathbf{1}$

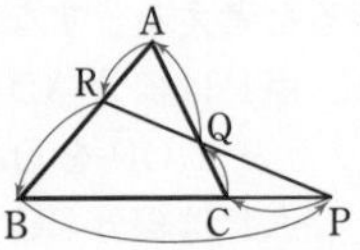

基本例題 29 (1) の別解

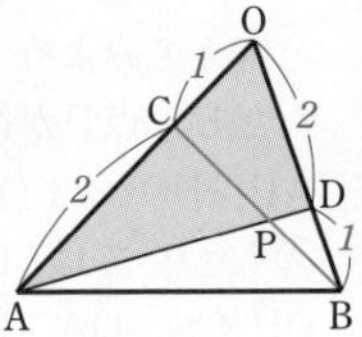

△OAD と直線 BC について，メネラウスの定理により

$$\frac{OC}{CA}\cdot\frac{AP}{PD}\cdot\frac{DB}{BO}=1$$

よって　$\dfrac{1}{2}\cdot\dfrac{AP}{PD}\cdot\dfrac{1}{3}=1$　　ゆえに　$\dfrac{AP}{PD}=6$

よって　AP：PD＝6：1

ゆえに　$\overrightarrow{\mathrm{OP}}=\dfrac{\overrightarrow{\mathrm{OA}}+6\overrightarrow{\mathrm{OD}}}{6+1}=\dfrac{\vec{a}+6\times\dfrac{2}{3}\vec{b}}{7}=\dfrac{\mathbf{1}}{\mathbf{7}}\vec{\boldsymbol{a}}+\dfrac{\mathbf{4}}{\mathbf{7}}\vec{\boldsymbol{b}}$

2 チェバの定理の利用

チェバの定理

△ABC の 3 頂点 A，B，C と，三角形の辺上にもその延長上にもない点 O を結ぶ直線が，辺 BC，CA，AB またはその延長と交わるとき，交点をそれぞれ P，Q，R とすると　$\dfrac{\mathbf{BP}}{\mathbf{PC}}\cdot\dfrac{\mathbf{CQ}}{\mathbf{QA}}\cdot\dfrac{\mathbf{AR}}{\mathbf{RB}}=\mathbf{1}$

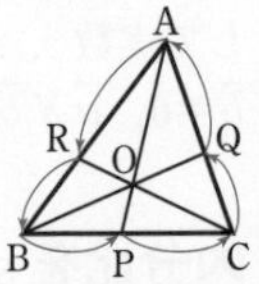

基本例題 29 (2) の別解

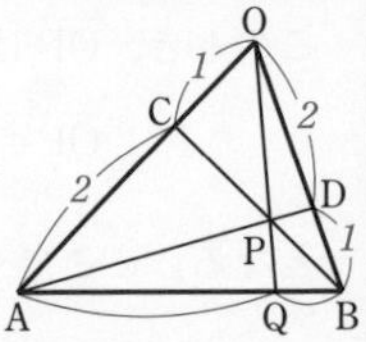

△OAB においてチェバの定理により　$\dfrac{OC}{CA}\cdot\dfrac{AQ}{QB}\cdot\dfrac{BD}{DO}=1$

よって　$\dfrac{1}{2}\cdot\dfrac{AQ}{QB}\cdot\dfrac{1}{2}=1$　　ゆえに　$\dfrac{AQ}{QB}=4$

よって　AQ：QB＝4：1

ゆえに　$\overrightarrow{\mathrm{OQ}}=\dfrac{\overrightarrow{\mathrm{OA}}+4\overrightarrow{\mathrm{OB}}}{4+1}=\dfrac{\mathbf{1}}{\mathbf{5}}\vec{\boldsymbol{a}}+\dfrac{\mathbf{4}}{\mathbf{5}}\vec{\boldsymbol{b}}$

基本例題 29 の解答では文字を 2 つおいて係数比較をしたが，(1) では AP：PD（あるいは BP：PC），(2) では AQ：QB といった **内分比がわかればよい** ので，図形の性質を用いた解法も有用である。

基本 例題 30 線分の垂直に関する証明

正三角形でない鋭角三角形 ABC の外心を O，重心を G とし，線分 OG の G を越える延長上に OH=3OG となる点 H をとる。
このとき，AH⊥BC，BH⊥CA，CH⊥AB であることを証明せよ。

p.29 基本事項 3，p.47 基本事項 1，基本 61

CHART & SOLUTION

垂直に関する証明　垂直　内積=0 を利用 ……❗

$\overrightarrow{AH}\cdot\overrightarrow{BC}=0$，$\overrightarrow{BH}\cdot\overrightarrow{CA}=0$，$\overrightarrow{CH}\cdot\overrightarrow{AB}=0$ を示す。また，**外心の性質 OA=OB=OC** や，OH，OG なども出てくるから，**点Oを始点とする位置ベクトル** で考える。

解答

$\overrightarrow{OA}=\vec{a}$，$\overrightarrow{OB}=\vec{b}$，$\overrightarrow{OC}=\vec{c}$ とする。

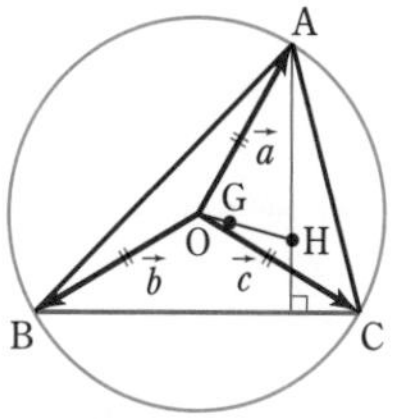

O は △ABC の外心であるから

$$OA=OB=OC$$

よって　$|\vec{a}|=|\vec{b}|=|\vec{c}|$

⇐ 外心は，△ABC の外接円の中心であるから，OA，OB，OC の長さはすべて外接円の半径と等しい。

G は △ABC の重心であるから

$$\overrightarrow{OG}=\frac{\vec{a}+\vec{b}+\vec{c}}{3}$$

ゆえに　$\overrightarrow{AH}=\overrightarrow{OH}-\overrightarrow{OA}=3\overrightarrow{OG}-\overrightarrow{OA}=(\vec{a}+\vec{b}+\vec{c})-\vec{a}=\vec{b}+\vec{c}$　⇐ $\overrightarrow{OH}=3\overrightarrow{OG}$

❗ よって　$\overrightarrow{AH}\cdot\overrightarrow{BC}=(\vec{b}+\vec{c})\cdot(\vec{c}-\vec{b})=|\vec{c}|^2-|\vec{b}|^2=0$　⇐ $|\vec{c}|=|\vec{b}|$

$\overrightarrow{AH}\neq\vec{0}$，$\overrightarrow{BC}\neq\vec{0}$ であるから　$\overrightarrow{AH}\perp\overrightarrow{BC}$

⇐ $\overrightarrow{AH}=\vec{0}$ のとき，$\vec{b}+\vec{c}=\vec{0}$ より外心 O は辺 BC の中点であるから，∠A=90°（直角三角形）となり，不適。

したがって　AH⊥BC

更に　$\overrightarrow{BH}=\overrightarrow{OH}-\overrightarrow{OB}=3\overrightarrow{OG}-\overrightarrow{OB}=(\vec{a}+\vec{b}+\vec{c})-\vec{b}=\vec{a}+\vec{c}$

$\overrightarrow{CH}=\overrightarrow{OH}-\overrightarrow{OC}=3\overrightarrow{OG}-\overrightarrow{OC}=(\vec{a}+\vec{b}+\vec{c})-\vec{c}=\vec{a}+\vec{b}$

❗ ゆえに　$\overrightarrow{BH}\cdot\overrightarrow{CA}=(\vec{a}+\vec{c})\cdot(\vec{a}-\vec{c})=|\vec{a}|^2-|\vec{c}|^2=0$　⇐ $|\vec{a}|=|\vec{c}|$

❗ $\overrightarrow{CH}\cdot\overrightarrow{AB}=(\vec{a}+\vec{b})\cdot(\vec{b}-\vec{a})=|\vec{b}|^2-|\vec{a}|^2=0$　⇐ $|\vec{b}|=|\vec{a}|$

$\overrightarrow{BH}\neq\vec{0}$，$\overrightarrow{CA}\neq\vec{0}$，$\overrightarrow{CH}\neq\vec{0}$，$\overrightarrow{AB}\neq\vec{0}$ であるから

$\overrightarrow{BH}\perp\overrightarrow{CA}$，$\overrightarrow{CH}\perp\overrightarrow{AB}$

よって　BH⊥CA，CH⊥AB

inf. この例題の点Hは △ABC の **垂心** となる。

inf. 外心，重心，垂心を通る直線（この問題の直線 OH）を **オイラー線** という。なお，正三角形の外心，内心，重心，垂心は一致するため，正三角形ではオイラー線は定義できない。

PRACTICE 30❸

三角形 OAB において，OA=6，OB=5，AB=4 である。辺 OA を 5：3 に内分する点を C，辺 OB を $t:(1-t)$ に内分する点を D とし，辺 BC と辺 AD の交点を H とする。$\vec{a}=\overrightarrow{OA}$，$\vec{b}=\overrightarrow{OB}$ とするとき，次の問いに答えよ。

(1) $\vec{a}\cdot\vec{b}$ の値を求めよ。　(2) $\vec{a}\perp\overrightarrow{BC}$ であることを示せ。

(3) $\vec{b}\perp\overrightarrow{AD}$ となるときの t の値を求めよ。

(4) $\vec{b}\perp\overrightarrow{AD}$ であるとき，$\overrightarrow{OH}\perp\overrightarrow{AB}$ となることを示せ。　〔高知大〕

基本 例題 31　線分の平方に関する証明

(1) △ABC の辺 BC を 2：1 に内分する点をPとする。

(ア) $\overrightarrow{AB}=\vec{a}$，$\overrightarrow{AC}=\vec{b}$ とするとき，ベクトル $\overrightarrow{AP}$ を $\vec{a}$，$\vec{b}$ を用いて表せ。

(イ) $3AB^2+6AC^2=9AP^2+2BC^2$ が成り立つことを示せ。　〔(1) 八戸工大〕

(2) △ABC において，辺 BC の中点をMとするとき，等式 $AB^2+AC^2=2(AM^2+BM^2)$ が成り立つことを証明せよ。

p.30 基本事項 4，p.47 基本事項 1

CHART & SOLUTION

線分の長さ，(線分)^2 の問題

内積を利用　$AB^2=|\overrightarrow{AB}|^2=\overrightarrow{AB}\cdot\overrightarrow{AB}$

(1) (イ) $AP^2=|\overrightarrow{AP}|^2$，$BC^2=|\overrightarrow{BC}|^2$ として，$9AP^2+2BC^2$ を $\vec{a}$，$\vec{b}$ を用いて表す。その際，(ア) を利用する。

(2) $\overrightarrow{AB}=\vec{a}$，$\overrightarrow{AC}=\vec{b}$ とする。$AM^2=|\overrightarrow{AM}|^2$，$BM^2=|\overrightarrow{BM}|^2$ として，$2(AM^2+BM^2)$ を $\vec{a}$，$\vec{b}$ を用いて表す。

解答

(1) (ア) $\overrightarrow{AP}=\dfrac{1\times\overrightarrow{AB}+2\times\overrightarrow{AC}}{2+1}=\dfrac{1}{3}\vec{a}+\dfrac{2}{3}\vec{b}$

(イ) $9AP^2+2BC^2=9|\overrightarrow{AP}|^2+2|\overrightarrow{BC}|^2$

$=9\left|\dfrac{1}{3}\vec{a}+\dfrac{2}{3}\vec{b}\right|^2+2|\vec{b}-\vec{a}|^2$

$=9\left(\dfrac{1}{9}|\vec{a}|^2+\dfrac{4}{9}\vec{a}\cdot\vec{b}+\dfrac{4}{9}|\vec{b}|^2\right)+2(|\vec{b}|^2-2\vec{a}\cdot\vec{b}+|\vec{a}|^2)$

$=3|\vec{a}|^2+6|\vec{b}|^2=3AB^2+6AC^2$

(2) $\overrightarrow{AB}=\vec{a}$，$\overrightarrow{AC}=\vec{b}$ とすると

$\overrightarrow{AM}=\dfrac{\overrightarrow{AB}+\overrightarrow{AC}}{2}=\dfrac{1}{2}\vec{a}+\dfrac{1}{2}\vec{b}$，

$\overrightarrow{BM}=\dfrac{1}{2}\overrightarrow{BC}=\dfrac{1}{2}\vec{b}-\dfrac{1}{2}\vec{a}$

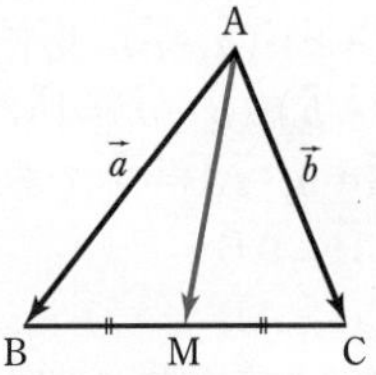

よって

$2(AM^2+BM^2)=2(|\overrightarrow{AM}|^2+|\overrightarrow{BM}|^2)$

$=2\left(\left|\dfrac{1}{2}\vec{a}+\dfrac{1}{2}\vec{b}\right|^2+\left|\dfrac{1}{2}\vec{b}-\dfrac{1}{2}\vec{a}\right|^2\right)$

$=2\left(\dfrac{1}{4}|\vec{a}|^2+\dfrac{1}{2}\vec{a}\cdot\vec{b}+\dfrac{1}{4}|\vec{b}|^2+\dfrac{1}{4}|\vec{b}|^2-\dfrac{1}{2}\vec{a}\cdot\vec{b}+\dfrac{1}{4}|\vec{a}|^2\right)$

$=|\vec{a}|^2+|\vec{b}|^2=AB^2+AC^2$

(1)(イ) (ア)の利用を考え，等式の右辺を変形する。

⇐ $9\left|\dfrac{1}{3}\vec{a}+\dfrac{2}{3}\vec{b}\right|^2$
$=\left(3\left|\dfrac{1}{3}\vec{a}+\dfrac{2}{3}\vec{b}\right|\right)^2$
$=|\vec{a}+2\vec{b}|^2$
$=|\vec{a}|^2+4\vec{a}\cdot\vec{b}+4|\vec{b}|^2$
と計算してもよい。

(2) 考えやすい点Aを始点とする。

inf. $\left|\dfrac{1}{2}\vec{a}+\dfrac{1}{2}\vec{b}\right|^2$
$=\left(\dfrac{1}{2}|\vec{a}+\vec{b}|\right)^2$
$=\dfrac{1}{4}(|\vec{a}|^2+2\vec{a}\cdot\vec{b}+|\vec{b}|^2)$
と計算してもよい。

⇐ (2) の結果を **中線定理** という。

PRACTICE 31③

△ABC において，辺 BC を 1：3 に内分する点をDとするとき，等式 $3AB^2+AC^2=4(AD^2+3BD^2)$ が成り立つことを証明せよ。

まとめ　ベクトルの平面図形への応用

図形の問題を解決する方法として

「三角形や円の基本定理 (数学Aの図形の性質) を利用する」,

「座標 (数学IIの図形と方程式) で考える」,

「ベクトルを用いる」

の 3 つがある。ここでは，これまでに学んだ「ベクトルを用いる」方法についてまとめる。**ベクトルで考えるときの基本は，2 つのベクトル $\vec{a}$，$\vec{b}$ ($\vec{a}\neq\vec{0}$，$\vec{b}\neq\vec{0}$，$\vec{a}\not\parallel\vec{b}$) を用いて各ベクトルを $s\vec{a}+t\vec{b}$ の形にすることである。**

図形の問題をベクトルを用いて解く手順は，以下の [1]～[3] のようになる。

[1]　基準となる 2 つのベクトルを定める。または，図形上の各点の位置ベクトルを定める。問題文で与えられている場合もある。

[2]　与えられた条件をもとに，ベクトルの式を変形する。

[3]　ベクトルによって示された結論を図形に対応させる。

[1]～[3] の手順において，以下の対応を利用する。

図形とベクトルの対応

① **点 P が線分 AB を $m:n$ に内分する**　$\Longleftrightarrow$　$\overrightarrow{\square P}=\dfrac{n\overrightarrow{\square A}+m\overrightarrow{\square B}}{m+n}$ (□は同じ点)

点 Q が線分 AB を $m:n$ に外分する　$\Longleftrightarrow$　$\overrightarrow{\square Q}=\dfrac{-n\overrightarrow{\square A}+m\overrightarrow{\square B}}{m-n}$ (□は同じ点)

➡ 基本例題 23，24，25，26 参照

② **2 点 P，Q が一致する**　$\Longleftrightarrow$　$\overrightarrow{\square P}=\overrightarrow{\square Q}$ (□は同じ点)　➡ 基本例題 27 参照

③ **平行 AB∥CD**　$\Longleftrightarrow$　$\overrightarrow{AB}=k\overrightarrow{CD}$ となる実数 k が存在。

➡ 基本例題 4，8 参照

特に平行かつ長さが等しい AB∥CD，AB=CD　$\Longleftrightarrow$　$\overrightarrow{AB}=\pm\overrightarrow{CD}$

④ **垂直 AB⊥CD**　$\Longleftrightarrow$　$\overrightarrow{AB}\cdot\overrightarrow{CD}=0$ ($\overrightarrow{AB}\neq\vec{0}$，$\overrightarrow{CD}\neq\vec{0}$)

➡ 基本例題 30 参照

⑤ **点 C が直線 AB 上にある**　$\Longleftrightarrow$　$\overrightarrow{AC}=k\overrightarrow{AB}$ となる実数 k が存在。

➡ 基本例題 28 参照

図形とベクトルの対応において，次のような性質もある。

⑥ $AB^2=|\overrightarrow{AB}|^2=\overrightarrow{AB}\cdot\overrightarrow{AB}$　➡ 基本例題 31 参照

⑦ Oを原点とし，点Aの座標が $(a,\ b)$，点Pの座標が $(x,\ y)$ のとき

$ax+by=\overrightarrow{OA}\cdot\overrightarrow{OP}$　➡ 重要例題 22 参照

重要 例題 32　垂心の位置ベクトル ④

△OAB において，OA=4，OB=5，AB=6 とし，垂心をHとする。また，$\overrightarrow{OA}=\vec{a}$，$\overrightarrow{OB}=\vec{b}$ とする。

(1) 内積 $\vec{a}\cdot\vec{b}$ を求めよ。　(2) $\overrightarrow{OH}$ を $\vec{a}$，$\vec{b}$ を用いて表せ。

p.29 基本事項 3，基本 30

CHART & SOLUTION

三角形の垂心　3頂点から下ろした垂線の交点

垂直　内積=0 を利用

(1) $|\overrightarrow{AB}|^2=|\vec{b}-\vec{a}|^2$ の展開式を考える。

(2) OA⊥BH，OB⊥AH であるから　$\overrightarrow{OA}\cdot\overrightarrow{BH}=0$，$\overrightarrow{OB}\cdot\overrightarrow{AH}=0$

$\overrightarrow{OH}=s\vec{a}+t\vec{b}$ として，この条件を利用し，s，t を求める。

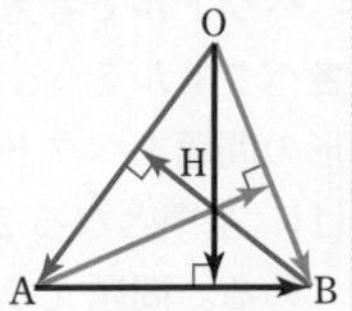

解答

(1) $|\overrightarrow{AB}|^2=|\vec{b}-\vec{a}|^2=|\vec{b}|^2-2\vec{a}\cdot\vec{b}+|\vec{a}|^2$

$|\overrightarrow{AB}|=6$，$|\vec{a}|=4$，$|\vec{b}|=5$ であるから

$6^2=5^2-2\vec{a}\cdot\vec{b}+4^2$　　よって　$\boldsymbol{\vec{a}\cdot\vec{b}=\frac{5}{2}}$

⇐ $2\vec{a}\cdot\vec{b}=5$

(2) $\overrightarrow{OH}=s\vec{a}+t\vec{b}$（$s$，$t$ は実数）とする。

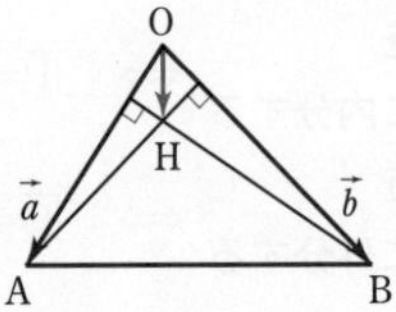

Hは垂心であるから　$\overrightarrow{OA}\perp\overrightarrow{BH}$

よって　$\overrightarrow{OA}\cdot\overrightarrow{BH}=0$

⇐ (内積)=0

ゆえに　$\vec{a}\cdot\{s\vec{a}+(t-1)\vec{b}\}=0$

⇐ $\overrightarrow{BH}=\overrightarrow{OH}-\overrightarrow{OB}=s\vec{a}+t\vec{b}-\vec{b}$

よって　$s|\vec{a}|^2+(t-1)\vec{a}\cdot\vec{b}=0$

$|\vec{a}|=4$，$\vec{a}\cdot\vec{b}=\frac{5}{2}$ であるから　$16s+\frac{5}{2}(t-1)=0$

ゆえに　$32s+5t-5=0$ …… ①

また，$\overrightarrow{OB}\perp\overrightarrow{AH}$ から　$\overrightarrow{OB}\cdot\overrightarrow{AH}=0$

⇐ (内積)=0

ゆえに　$\vec{b}\cdot\{(s-1)\vec{a}+t\vec{b}\}=0$

⇐ $\overrightarrow{AH}=\overrightarrow{OH}-\overrightarrow{OA}=s\vec{a}+t\vec{b}-\vec{a}$

よって　$(s-1)\vec{a}\cdot\vec{b}+t|\vec{b}|^2=0$

$|\vec{b}|=5$，$\vec{a}\cdot\vec{b}=\frac{5}{2}$ であるから　$\frac{5}{2}(s-1)+25t=0$

ゆえに　$s+10t-1=0$ …… ②

①，② を解くと　$s=\frac{1}{7}$，$t=\frac{3}{35}$

よって　$\boldsymbol{\overrightarrow{OH}=\frac{1}{7}\vec{a}+\frac{3}{35}\vec{b}}$

inf. △OAB は直角三角形ではないから，垂心Hは頂点O，A，Bのいずれとも一致しない。

PRACTICE 32 ④

△OAB において，OA=7，OB=5，AB=8 とし，垂心をHとする。また，$\overrightarrow{OA}=\vec{a}$，$\overrightarrow{OB}=\vec{b}$ とする。

(1) 内積 $\vec{a}\cdot\vec{b}$ を求めよ。　(2) $\overrightarrow{OH}$ を $\vec{a}$，$\vec{b}$ を用いて表せ。

STEP UP 正射影ベクトルの利用

ベクトルの正射影ベクトル

$\overrightarrow{OA}=\vec{a}$，$\overrightarrow{OB}=\vec{b}$ とし，$\vec{a}$，$\vec{b}$ のなす角を θ とする。点Bから直線 OA に垂線 BH を下ろしたとき，$\overrightarrow{OH}$ を $\overrightarrow{OB}$ の $\overrightarrow{OA}$ への **正射影ベクトル** という。

0°≦θ<90°のとき

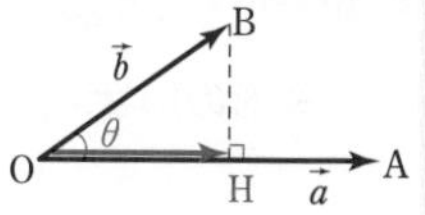

90°≦θ≦180°のとき

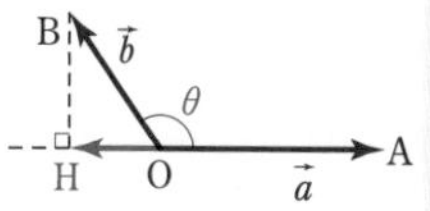

$\overrightarrow{OA}$ と $\overrightarrow{OB}$ の内積は　$\overrightarrow{OA}\cdot\overrightarrow{OB}=|\overrightarrow{OA}||\overrightarrow{OB}|\cos\theta$

$0^\circ \leqq \theta < 90^\circ$ のとき，$\mathrm{OH}=|\overrightarrow{OB}|\cos\theta$ であるから

$$\overrightarrow{OA}\cdot\overrightarrow{OB}=\mathrm{OA}\times\mathrm{OH} \quad \cdots\cdots ①$$

$90^\circ \leqq \theta \leqq 180^\circ$ のとき，$|\overrightarrow{OB}|\cos\theta \leqq 0$ であるが，これを符号を含んだ長さと考えると $\mathrm{OH}=|\overrightarrow{OB}|\cos\theta$ となり，① が成り立つ。よって，内積 $\overrightarrow{OA}\cdot\overrightarrow{OB}$ の図形的意味は，線分 OA の長さと，線分 OH の長さの積である，といえる。

また，$\overrightarrow{OH}$ は，$\vec{a}$ と同じ向きの単位ベクトル $\dfrac{\vec{a}}{|\vec{a}|}$ を $|\vec{b}|\cos\theta$ 倍（$90^\circ \leqq \theta \leqq 180^\circ$ のときは 0 以下）したベクトルであるから

$$\overrightarrow{\mathbf{OH}}=|\vec{b}|\cos\theta\times\frac{\vec{a}}{|\vec{a}|}=\frac{|\vec{a}||\vec{b}|\cos\theta}{|\vec{a}|^2}\vec{a}=\frac{\vec{a}\cdot\vec{b}}{|\vec{a}|^2}\vec{a}$$

重要例題 32 (2) を正射影ベクトルを用いて解く

左ページの重要例題 32 (2) を，正射影ベクトルを用いて解いてみよう。

$|\vec{a}|=4$，$|\vec{b}|=5$，$\vec{a}\cdot\vec{b}=\dfrac{5}{2}$ である。点Aから辺 OB に垂線 AP を，点Bから辺 OA に垂線 BQ を下ろすと

$$\overrightarrow{OP}=\frac{\vec{a}\cdot\vec{b}}{|\vec{b}|^2}\vec{b}=\frac{1}{10}\vec{b},\ \overrightarrow{OQ}=\frac{\vec{a}\cdot\vec{b}}{|\vec{a}|^2}\vec{a}=\frac{5}{32}\vec{a} \quad \cdots\cdots (*)$$

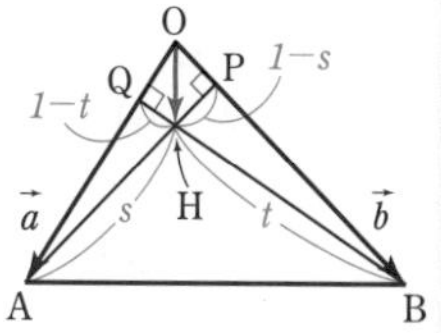

AH：HP$=s:(1-s)$ とすると

$$\overrightarrow{OH}=(1-s)\overrightarrow{OA}+s\overrightarrow{OP}=(1-s)\vec{a}+\frac{1}{10}s\vec{b} \quad \cdots\cdots ①$$

BH：HQ$=t:(1-t)$ とすると

$$\overrightarrow{OH}=(1-t)\overrightarrow{OB}+t\overrightarrow{OQ}=\frac{5}{32}t\vec{a}+(1-t)\vec{b} \quad \cdots\cdots ②$$

⇦ $\overrightarrow{OH}$ を 2 通りで表して係数比較（$p.56$ 基本例題 29 参照）。

①，② から　$(1-s)\vec{a}+\dfrac{1}{10}s\vec{b}=\dfrac{5}{32}t\vec{a}+(1-t)\vec{b}$

$\vec{a}\neq\vec{0}$，$\vec{b}\neq\vec{0}$，$\vec{a}\not\parallel\vec{b}$ であるから　$1-s=\dfrac{5}{32}t$，$\dfrac{1}{10}s=1-t$

これを解くと　$s=\dfrac{6}{7}$，$t=\dfrac{32}{35}$　　よって　$\overrightarrow{\mathbf{OH}}=\dfrac{\mathbf{1}}{\mathbf{7}}\vec{a}+\dfrac{\mathbf{3}}{\mathbf{35}}\vec{b}$

補足　$(*)$ の式から，OP：PB$=1:9$，OQ：QA$=5:27$ がわかる。
これらとメネラウスの定理から，AH：HP（あるいは BH：HQ）を求める方針でもよい。

重要例題 33 内積と三角形の形状

△ABC が次の等式を満たすとき，△ABC はどんな形の三角形か。

(1) $\overrightarrow{AB}\cdot\overrightarrow{AC}=|\overrightarrow{AC}|^2$　　(2) $\overrightarrow{AB}\cdot\overrightarrow{BC}=\overrightarrow{BC}\cdot\overrightarrow{CA}=\overrightarrow{CA}\cdot\overrightarrow{AB}$

基本 30, 31

CHART & THINKING

三角形の形状問題　2辺ずつの長さの関係，2辺のなす角を調べる

(1) $|\overrightarrow{AC}|^2=\overrightarrow{AC}\cdot\overrightarrow{AC}$ と考えよう。与式の右辺を左辺に移項すると，**(ベクトルの内積)=0** の式になる。内積=0 ⟺ 垂直か $\vec{0}$ が利用できないだろうか？

(2) 等式 $\overrightarrow{AB}\cdot\overrightarrow{BC}=\overrightarrow{BC}\cdot\overrightarrow{CA}$ をAを始点とする $\overrightarrow{AB}$，$\overrightarrow{AC}$ を用いて表し，整理すると，$\overrightarrow{AB}$，$\overrightarrow{AC}$ についてどのような関係がわかるだろうか？
等式 $\overrightarrow{BC}\cdot\overrightarrow{CA}=\overrightarrow{CA}\cdot\overrightarrow{AB}$ については，B を始点として同様に考えてみよう。

解答

(1) $\overrightarrow{AB}\cdot\overrightarrow{AC}=|\overrightarrow{AC}|^2$ から　$\overrightarrow{AB}\cdot\overrightarrow{AC}-\overrightarrow{AC}\cdot\overrightarrow{AC}=0$

ゆえに　$(\overrightarrow{AB}-\overrightarrow{AC})\cdot\overrightarrow{AC}=0$

$\overrightarrow{AB}-\overrightarrow{AC}=\overrightarrow{CB}$ であるから　$\overrightarrow{CB}\cdot\overrightarrow{AC}=0$

$\overrightarrow{CB}\neq\vec{0}$，$\overrightarrow{AC}\neq\vec{0}$ であるから

$\overrightarrow{CB}\perp\overrightarrow{AC}$　すなわち　$CB\perp AC$

したがって，△ABC は **∠C=90° の直角三角形** である。

(2) $\overrightarrow{AB}\cdot\overrightarrow{BC}=\overrightarrow{BC}\cdot\overrightarrow{CA}$ から　$\overrightarrow{BC}\cdot(\overrightarrow{AB}+\overrightarrow{AC})=0$

よって　$(\overrightarrow{AC}-\overrightarrow{AB})\cdot(\overrightarrow{AB}+\overrightarrow{AC})=0$

ゆえに　$|\overrightarrow{AC}|^2-|\overrightarrow{AB}|^2=0$

よって　$|\overrightarrow{AC}|^2=|\overrightarrow{AB}|^2$　すなわち　AC=AB ……①

また，$\overrightarrow{BC}\cdot\overrightarrow{CA}=\overrightarrow{CA}\cdot\overrightarrow{AB}$ から，上と同様にして

BA=BC ……②　　①，② から　AB=BC=CA

したがって，△ABC は **正三角形** である。

別解 (2) $\overrightarrow{AB}\cdot\overrightarrow{BC}=\overrightarrow{BC}\cdot\overrightarrow{CA}$ から　$\overrightarrow{BC}\cdot(\overrightarrow{AB}-\overrightarrow{CA})=0$

ゆえに　$\overrightarrow{BC}\cdot(\overrightarrow{AB}+\overrightarrow{AC})=0$

ここで，辺 BC の中点を M とすると　$\overrightarrow{AB}+\overrightarrow{AC}=2\overrightarrow{AM}$

よって　$\overrightarrow{BC}\cdot(2\overrightarrow{AM})=0$

$\overrightarrow{BC}\neq\vec{0}$，$\overrightarrow{AM}\neq\vec{0}$ であるから

$\overrightarrow{BC}\perp\overrightarrow{AM}$　すなわち　$BC\perp AM$

したがって，AM は辺 BC の垂直二等分線であるから，

△ABC は AB=AC の二等辺三角形である。

同様に，$\overrightarrow{BC}\cdot\overrightarrow{CA}=\overrightarrow{CA}\cdot\overrightarrow{AB}$ から　BA=BC

よって，△ABC は **正三角形** である。

⇐ $|\overrightarrow{AC}|^2=\overrightarrow{AC}\cdot\overrightarrow{AC}$

⇐ $bc-c^2=0$ から $(b-c)c=0$ と似た計算。

⇐ $\overrightarrow{CA}=-\overrightarrow{AC}$

⇐ $\overrightarrow{BC}=\overrightarrow{AC}-\overrightarrow{AB}$

⇐ $(a+b)(a-b)=a^2-b^2$ の要領で計算。

⇐ $\overrightarrow{CA}\cdot(\overrightarrow{BA}+\overrightarrow{BC})=0$
よって
$(\overrightarrow{BA}-\overrightarrow{BC})\cdot(\overrightarrow{BA}+\overrightarrow{BC})=0$

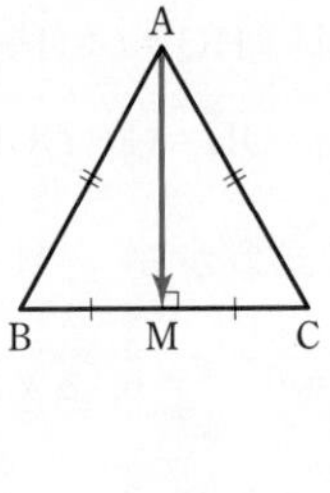

PRACTICE 33 ④

次の等式を満たす △ABC は，どんな形の三角形か。

$\overrightarrow{AB}\cdot\overrightarrow{AB}=\overrightarrow{AB}\cdot\overrightarrow{AC}+\overrightarrow{BA}\cdot\overrightarrow{BC}+\overrightarrow{CA}\cdot\overrightarrow{CB}$

EXERCISES　4 位置ベクトル，ベクトルと図形

A

24❸ △OAB において，OA=3，OB=4，AB=2 である。∠AOB の二等分線と辺 AB との交点をCとし，∠OAB の二等分線と線分 OC との交点を I とする。また，辺 AO を 1：4 に外分する点をDとする。
(1) $\overrightarrow{OI}$ を $\overrightarrow{OA}$，$\overrightarrow{OB}$ を用いて表せ。　(2) 内積 $\overrightarrow{OA}\cdot\overrightarrow{OB}$ の値を求めよ。
(3) △ADI の面積を求めよ。〔芝浦工大〕

→25, 26

25❸ △ABC の周囲の長さが 36，△ABC に内接する円の半径が 3 であるとする。点Qが $6\overrightarrow{AQ}+3\overrightarrow{BQ}+2\overrightarrow{CQ}=\vec{0}$ を満たすとき，△QBC の面積を求めよ。〔名古屋市大〕

→26

26❸ AD∥BC，BC=2AD である四角形 ABCD がある。点 P，Q が
$$\overrightarrow{PA}+2\overrightarrow{PB}+3\overrightarrow{PC}=\vec{0},\ \overrightarrow{QA}+\overrightarrow{QC}+\overrightarrow{QD}=\vec{0}$$
を満たすとき，次の問いに答えよ。
(1) AB と PQ が平行であることを示せ。
(2) 3 点 P，Q，D が一直線上にあることを示せ。〔滋賀大〕

→4, 28

27❸ $0<k<1$，$0<l<1$ とする。鋭角三角形 OAB の辺 OA を $k:(1-k)$ に内分する点をP，辺 OB を $l:(1-l)$ に内分する点をQ，AQ と BP の交点をRとおく。$\overrightarrow{OA}=\vec{a}$，$\overrightarrow{OB}=\vec{b}$ とする。
(1) $\overrightarrow{OP}$，$\overrightarrow{OQ}$ をそれぞれ $\vec{a}$，$\vec{b}$ を用いて表せ。
(2) $\overrightarrow{OR}$ を $\vec{a}$，$\vec{b}$ を用いて表せ。〔類 高知大〕

→29

28❸ 三角形 ABC の外接円の中心をDとし，点Aと異なる点Eは $\overrightarrow{DA}+\overrightarrow{DB}+\overrightarrow{DC}=\overrightarrow{DE}$ を満たすとする。また，頂点Aと辺 BC の中点を通る直線が頂点Bと辺 CA の中点を通る直線と交わる点をFとする。
(1) $\overrightarrow{AF}+\overrightarrow{BF}+\overrightarrow{CF}=\vec{0}$ が成り立つことを示せ。
(2) 直線 AE は直線 BC と垂直に交わることを示せ。
(3) 点Eと点Fが異なるとき，線分の長さの比 DF：EF を求めよ。
(4) 点Eと点Fが等しいとき，辺の長さの比 AB：AC を求めよ。

→30

29❸ 点Oを中心とする円を考える。この円の円周上に 3 点 A，B，C があって，$\overrightarrow{OA}+\overrightarrow{OB}+\overrightarrow{OC}=\vec{0}$ を満たしている。このとき，三角形 ABC は正三角形であることを証明せよ。

→33

EXERCISES　4 位置ベクトル，ベクトルと図形

B

30❹ $BC=a$，$CA=b$，$AB=c$ である△ABCと点Pについて，Pが△ABCの内心のとき，$a\overrightarrow{PA}+b\overrightarrow{PB}+c\overrightarrow{PC}=\vec{0}$ が成り立つことを証明せよ。

→24, 25

31❺ 一直線上にない3点A，B，Cの位置ベクトルをそれぞれ $\vec{a}$，$\vec{b}$，$\vec{c}$ とする。$0<t<1$ を満たす実数 t に対して，△ABCの辺BC，CA，ABを $t:(1-t)$ に内分する点をそれぞれD，E，Fとする。また，線分BEとCFの交点をG，線分CFとADの交点をH，線分ADとBEの交点をIとする。

(1) 実数 x，y，z が $x+y+z=0$，$x\vec{a}+y\vec{b}+z\vec{c}=\vec{0}$ を満たすとき，$x=y=z=0$ となることを示せ。

(2) 点Gの位置ベクトル $\vec{g}$ を，$\vec{a}$，$\vec{b}$，$\vec{c}$，t で表せ。

(3) 3点G，H，Iが一致するような t の値を求めよ。〔類 東北大〕

→27, 29

32❹ 三角形OABにおいて $OA=4$，$OB=5$，$AB=6$ とする。三角形OABの外心をHとするとき，$\overrightarrow{OH}$ を $\overrightarrow{OA}$，$\overrightarrow{OB}$ を用いて表せ。〔類 早稲田大〕

→32

33❹ 四角形ABCDと点Oがあり，$\overrightarrow{OA}=\vec{a}$，$\overrightarrow{OB}=\vec{b}$，$\overrightarrow{OC}=\vec{c}$，$\overrightarrow{OD}=\vec{d}$ とおく。$\vec{a}+\vec{c}=\vec{b}+\vec{d}$ かつ $\vec{a}\cdot\vec{c}=\vec{b}\cdot\vec{d}$ のとき，この四角形の形を調べよ。

〔類 学習院大〕

→33

34❹ 平面上で点Oを中心とした半径1の円周上に相異なる2点A，Bをとる。点O，A，Bは一直線上にないものとする。$\vec{a}=\overrightarrow{OA}$，$\vec{b}=\overrightarrow{OB}$ とし，$\vec{a}$ と $\vec{b}$ の内積を α とおく。$0<t<1$ に対して，線分ABを $t:(1-t)$ に内分する点をCとする。点P，Qを

$$\overrightarrow{OP}=2\overrightarrow{OA}+\overrightarrow{OC},\quad \overrightarrow{OQ}=\overrightarrow{OB}+\overrightarrow{OC}$$

となるようにとり，直線OQと直線ABの交点をDとする。

(1) $\overrightarrow{OD}$ を求めよ。

(2) 三角形OADの面積を t と α を用いて表せ。

(3) $\overrightarrow{OP}$ と $\overrightarrow{OQ}$ が直交するような t の値がただ1つ存在するための必要十分条件を α を用いて表せ。〔名古屋工大〕

HINT

30 角の二等分線と線分比の関係を利用する。

31 (3) 点Hの位置ベクトルを $\vec{a}$，$\vec{b}$，$\vec{c}$，t で表して，点Gの位置ベクトルと一致するときの t の値を求める。

32 辺OA，辺OBの中点をそれぞれM，Nとすると，Hは三角形OABの外心であるから $OA\perp MH$，$OB\perp NH$

33 $\vec{a}+\vec{c}=\vec{b}+\vec{d}$，$\vec{a}\cdot\vec{c}=\vec{b}\cdot\vec{d}$ から $\vec{d}$ を消去する。

34 (3) **垂直　内積=0 を利用**
まず t の2次方程式を導く。その方程式が $0<t<1$ において，ただ1つの解をもてばよい。

5 ベクトル方程式

基本事項

1 直線のベクトル方程式

直線上の任意の点Pの位置ベクトルを $\vec{p}$ とし，s と t を実数の変数とする。

① **ベクトル $\vec{d}$ に平行な直線**

定点 $A(\vec{a})$ を通り，$\vec{0}$ でないベクトル $\vec{d}$ に平行な直線のベクトル方程式は　　$\boldsymbol{\vec{p}=\vec{a}+t\vec{d}}$

$\vec{d}$ を直線の **方向ベクトル** といい，t を **媒介変数**（ばいかい）または **パラメータ** という。$\vec{p}=(x,\ y)$，$\vec{a}=(x_1,\ y_1)$，$\vec{d}=(l,\ m)$ とすると，次のように表される。

$$\begin{cases} x=x_1+lt \\ y=y_1+mt \end{cases}$$

これを **直線の媒介変数表示** という。

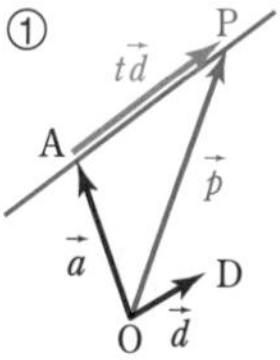

② **異なる2点を通る直線**

異なる2点 $A(\vec{a})$，$B(\vec{b})$ を通る直線のベクトル方程式は

$\boldsymbol{\vec{p}=(1-t)\vec{a}+t\vec{b}}$　または

$\boldsymbol{\vec{p}=s\vec{a}+t\vec{b}}$，$\boldsymbol{s+t=1}$（係数の和が1）

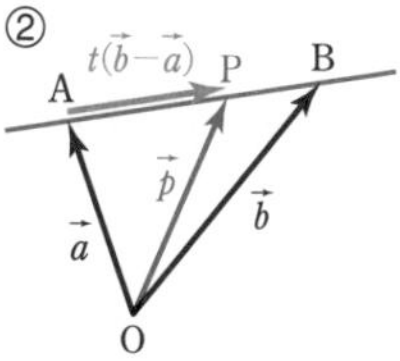

③ **ベクトル $\vec{n}$ に垂直な直線**

点 $A(\vec{a})$ を通り，$\vec{0}$ でないベクトル $\vec{n}$ に垂直な直線のベクトル方程式は　　$\boldsymbol{\vec{n}\cdot(\vec{p}-\vec{a})=0}$

$\vec{n}$ を直線の **法線ベクトル** という。

直線の法線ベクトルについて，次のことが成り立つ。

1　点 $A(x_1,\ y_1)$ を通り，$\vec{n}=(a,\ b)$ が法線ベクトルである直線の方程式は　　$\boldsymbol{a(x-x_1)+b(y-y_1)=0}$

2　**直線 $\boldsymbol{ax+by+c=0}$ において，$\boldsymbol{\vec{n}=(a,\ b)}$ はその法線ベクトルの1つである。**

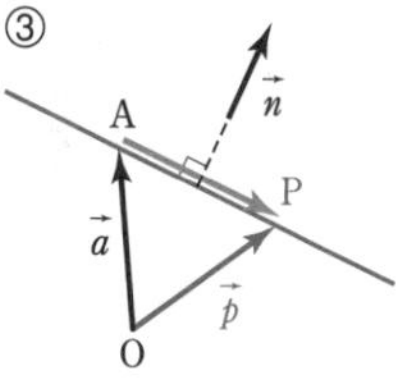

2 平面上の点の存在範囲

$\overrightarrow{OA}=\vec{a}$，$\overrightarrow{OB}=\vec{b}$，$\overrightarrow{OP}=\vec{p}$ とし，$\vec{a}\neq\vec{0}$，$\vec{b}\neq\vec{0}$，$\vec{a}\not\parallel\vec{b}$，$\boldsymbol{\vec{p}=s\vec{a}+t\vec{b}}$ とする。

また，s，t を実数の変数とする。s，t に条件があると，次のような図形を表す。

① **直線 AB　$s+t=1$**　　特に　**線分 AB　$s+t=1$，$s\geqq 0$，$t\geqq 0$**

② **三角形 OAB の周および内部　　$0\leqq s+t\leqq 1$，$s\geqq 0$，$t\geqq 0$**

③ **平行四辺形 OACB の周および内部　　$0\leqq s\leqq 1$，$0\leqq t\leqq 1$**

解説　②　$s+t=k$，$0\leqq k\leqq 1$ とし，$s=s'k$，$t=t'k$ とすると

$\vec{p}=s'(k\vec{a})+t'(k\vec{b})$　　$s'+t'=1$，$s'\geqq 0$，$t'\geqq 0$

ここで，$A'(k\vec{a})$，$B'(k\vec{b})$ とし，k を定数（$k>0$）とすると，点Pは線分 AB と平行な線分 A'B' 上を動く。そして，k が $0<k\leqq 1$ で動くと，点 A' は線分 OA 上（点Oを除く）を，点 B' は線分 OB 上（点Oを除く）を動く。

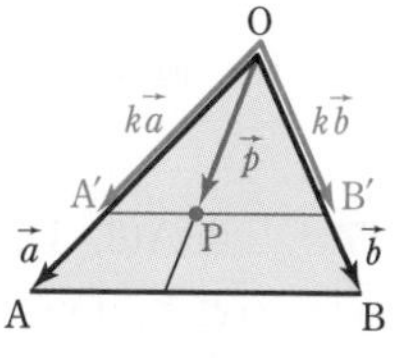

また，$k=0$ のとき，点Pは点Oと一致する。

よって，$0 \leqq k \leqq 1$ のとき，点Pは△OABの周および内部を動く。

特に，$s+t<1$，$s>0$，$t>0$ ならば，点Pの存在範囲は△OABの内部である。

③　s を固定して，$\overrightarrow{\mathrm{OA'}}=s\overrightarrow{\mathrm{OA}}$ とすると $\overrightarrow{\mathrm{OP}}=\overrightarrow{\mathrm{OA'}}+t\overrightarrow{\mathrm{OB}}$　ここで，**t を $0 \leqq t \leqq 1$ の範囲で変化させる**と，点Pは右の図の線分 A′C′ 上を動く。そして，**s を $0 \leqq s \leqq 1$ の範囲で変化させる**と，線分 A′C′ は線分 OB から線分 AC まで動く（ただし，$\overrightarrow{\mathrm{OC}}=\overrightarrow{\mathrm{OA}}+\overrightarrow{\mathrm{OB}}$）。

よって，点Pは平行四辺形 OACB の周および内部を動く。

③
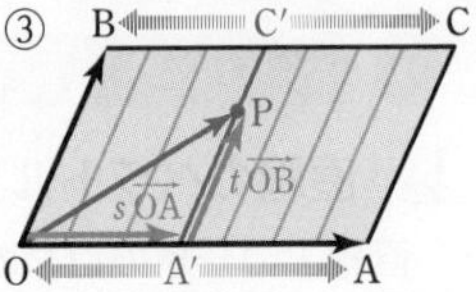

3 円のベクトル方程式

$\overrightarrow{\mathrm{OA}}=\vec{a}$，$\overrightarrow{\mathrm{OB}}=\vec{b}$，$\overrightarrow{\mathrm{OC}}=\vec{c}$，$\overrightarrow{\mathrm{OP}}=\vec{p}$ とし，Pは円周上の任意の点とする。

①　中心C，半径 r の円のベクトル方程式は

$$|\vec{p}-\vec{c}|=r,\ (\vec{p}-\vec{c})\cdot(\vec{p}-\vec{c})=r^2$$

②　線分 AB を直径とする円のベクトル方程式は

$$(\vec{p}-\vec{a})\cdot(\vec{p}-\vec{b})=0$$

①
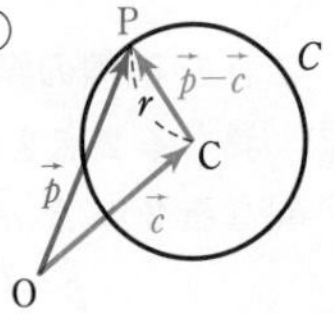

解説　①　$|\overrightarrow{\mathrm{CP}}|=r$ から　$|\vec{p}-\vec{c}|=r$

$|\vec{p}-\vec{c}|^2=r^2$ から　$(\vec{p}-\vec{c})\cdot(\vec{p}-\vec{c})=r^2$

②　直径に対する円周角は直角であるから，AP⊥BP または P が A，B のいずれかと一致する。

よって　$\overrightarrow{\mathrm{AP}}\perp\overrightarrow{\mathrm{BP}}$ または $\overrightarrow{\mathrm{AP}}=\vec{0}$ または $\overrightarrow{\mathrm{BP}}=\vec{0}$

ゆえに　$\overrightarrow{\mathrm{AP}}\cdot\overrightarrow{\mathrm{BP}}=0$

したがって　$(\overrightarrow{\mathrm{OP}}-\overrightarrow{\mathrm{OA}})\cdot(\overrightarrow{\mathrm{OP}}-\overrightarrow{\mathrm{OB}})=0$

ゆえに　$(\vec{p}-\vec{a})\cdot(\vec{p}-\vec{b})=0$

②
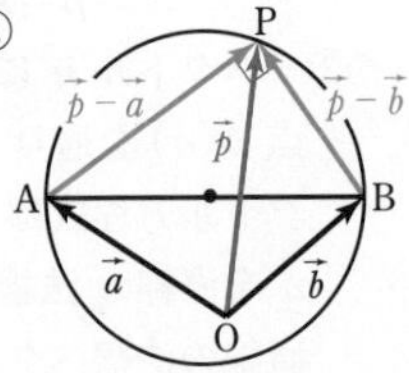

CHECK & CHECK

14　次の直線の媒介変数表示を，媒介変数を t として求めよ。

(1)　点 A(1, 1) を通り，ベクトル $\vec{d}=(-2,\ 1)$ に平行な直線

(2)　点 B(−4, 3) を通り，ベクトル $\vec{d}=(5,\ 6)$ に平行な直線　1

15　次の点Aを通り，ベクトル $\vec{n}$ に垂直な直線の方程式を求めよ。

(1)　A(2, −1)，$\vec{n}=(3,\ 4)$　　(2)　A(1, 3)，$\vec{n}=(-1,\ 2)$　1

16　次の直線の法線ベクトルを1つ求めよ。

(1)　直線 $2x-3y+1=0$　　(2)　直線 $y=-\dfrac{1}{2}x+3$　1

17　2点 A(2, 1)，B(−8, 7) を結ぶ線分 AB を直径とする円周上の点を P$(x,\ y)$ とするとき，$(x-2)(x+$ ア□$)+(y-$ イ□$)(y-7)=0$ が成り立つ。　3

基本 例題 34 直線の媒介変数表示

次の直線の媒介変数表示を，媒介変数を t として求めよ。また，t を消去した式で表せ。
(1) 点 A(4, 2) を通り，ベクトル $\vec{d}=(-1,\ 3)$ に平行な直線
(2) 2 点 A(1, 3), B(4, 5) を通る直線

p.67 基本事項 1

CHART & SOLUTION

直線の媒介変数表示

1 点 $A(\vec{a})$ を通り，$\vec{d}$ に平行 ⟶ $\vec{p}=\vec{a}+t\vec{d}$

2 異なる 2 点 $A(\vec{a})$，$B(\vec{b})$ を通る ⟶ $\vec{p}=(1-t)\vec{a}+t\vec{b}$

(1) は 1，(2) は 2 の方針で解けばよい。ベクトル方程式の両辺の成分を比較し，x，y をそれぞれ t の式で表す。また，2 式から t を消去すると，x と y の 1 次方程式，すなわち直線の方程式が得られる。

解答

直線上の任意の点を $P(x,\ y)$，t を媒介変数とする。

(1) $(x,\ y)=(4,\ 2)+t(-1,\ 3)=(4-t,\ 2+3t)$

⇦ $\vec{p}=\vec{a}+t\vec{d}$ に $\vec{p}=(x,\ y)$，$\vec{a}=(4,\ 2)$，$\vec{d}=(-1,\ 3)$ を代入。

よって，媒介変数表示は $\begin{cases} \boldsymbol{x=4-t} & \cdots\cdots ① \\ \boldsymbol{y=2+3t} & \cdots\cdots ② \end{cases}$

①×3+② から $3x+y=14$

⇦ t を消去。

よって $\boldsymbol{3x+y-14=0}$

(2) $(x,\ y)=(1-t)(1,\ 3)+t(4,\ 5)=(1+3t,\ 3+2t)$

⇦ $\vec{p}=(1-t)\vec{a}+t\vec{b}$ に $\vec{p}=(x,\ y)$，$\vec{a}=(1,\ 3)$，$\vec{b}=(4,\ 5)$ を代入。

よって，媒介変数表示は $\begin{cases} \boldsymbol{x=1+3t} & \cdots\cdots ① \\ \boldsymbol{y=3+2t} & \cdots\cdots ② \end{cases}$

①×2−②×3 から $2x-3y=-7$

⇦ t を消去。

よって $\boldsymbol{2x-3y+7=0}$

inf. (2) を数学Ⅱの問題として解くと，2 点 (1, 3), (4, 5) を通る直線は

$$y-3=\frac{5-3}{4-1}(x-1) \quad \text{すなわち} \quad y=\frac{2}{3}x+\frac{7}{3}$$

INFORMATION ベクトルの成分を縦に書く方法

(1) の式を $\begin{pmatrix} x \\ y \end{pmatrix}=\begin{pmatrix} 4 \\ 2 \end{pmatrix}+t\begin{pmatrix} -1 \\ 3 \end{pmatrix}$ のように，ベクトルの成分を縦に書く方法もある。
縦に書くと，x 成分，y 成分がそれぞれ同じ高さになり見やすい，という利点がある。
特に，第 2 章で学ぶ空間のベクトルは，成分が 3 つになるため，より見やすくなる。

PRACTICE 34①

次の直線の媒介変数表示を，媒介変数を t として求めよ。また，t を消去した式で表せ。
(1) 点 A(3, 1) を通り，ベクトル $\vec{d}=(1,\ -2)$ に平行な直線
(2) 2 点 A(3, 6), B(0, 2) を通る直線

基本 例題 35　直線のベクトル方程式

△OAB において，辺 OA を 2：1 に内分する点を C，辺 OB を 2：1 に外分する点を D とする。$\overrightarrow{OA}=\vec{a}$，$\overrightarrow{OB}=\vec{b}$ とするとき，次の直線のベクトル方程式を求めよ。

(1) 直線 CD　　(2) A を通り，CD に平行な直線

p.67 基本事項 1

CHART & SOLUTION

直線のベクトル方程式

1　点 A($\vec{a}$) を通り，$\vec{d}$ に平行　⟶　$\vec{p}=\vec{a}+t\vec{d}$

2　異なる 2 点 A($\vec{a}$)，B($\vec{b}$) を通る　⟶　$\vec{p}=(1-t)\vec{a}+t\vec{b}$

前ページの基本例題 34 と異なり，この問題ではベクトルの成分が与えられていない。そのため，この問題では $\vec{p}=\cdots\cdots$ の形で答えることに注意する。

(1)　2 点 C，D を通る直線と考え，2 を用いる。

(2)　$\overrightarrow{CD}$ を方向ベクトルと考え，1 を用いる。

解答

直線上の任意の点を P($\vec{p}$)，t を媒介変数とする。

(1)　$\overrightarrow{OC}=\dfrac{2}{3}\overrightarrow{OA}=\dfrac{2}{3}\vec{a}$

$\overrightarrow{OD}=2\overrightarrow{OB}=2\vec{b}$

よって，求める直線のベクトル方程式は

$\vec{p}=(1-t)\overrightarrow{OC}+t\overrightarrow{OD}$

$=\dfrac{2}{3}(1-t)\vec{a}+2t\vec{b}$

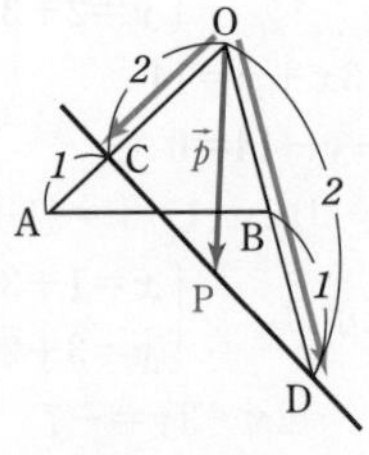

⇐ $\vec{p}=t\overrightarrow{OC}+(1-t)\overrightarrow{OD}$ としてもよい。

(2)　$\overrightarrow{CD}=\overrightarrow{OD}-\overrightarrow{OC}=2\vec{b}-\dfrac{2}{3}\vec{a}$

⇐ まず，方向ベクトルを求める。

よって，求める直線のベクトル方程式は

$\vec{p}=\overrightarrow{OA}+t\overrightarrow{CD}=\vec{a}+t\left(2\vec{b}-\dfrac{2}{3}\vec{a}\right)$

$=\left(1-\dfrac{2}{3}t\right)\vec{a}+2t\vec{b}$

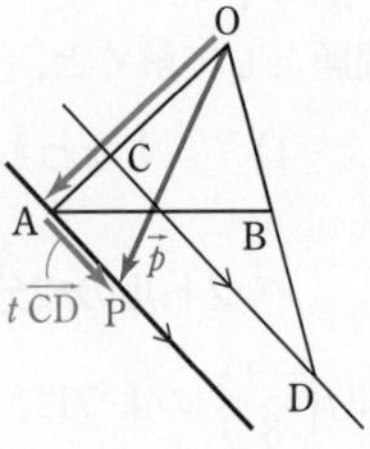

inf.　$t=3s$ として，$\vec{p}=(1-2s)\vec{a}+6s\vec{b}$ と表してもよい。

PRACTICE 35②

△OAB において，辺 OA の中点を C，辺 OB を 1：3 に外分する点を D とする。$\overrightarrow{OA}=\vec{a}$，$\overrightarrow{OB}=\vec{b}$ とするとき，次の直線のベクトル方程式を求めよ。

(1) 直線 CD　　(2) A を通り，CD に平行な直線

ピンポイント解説　直線のベクトル方程式と共線条件

$p.47$ 基本事項，$p.55$ 例題 28 では，共線条件について，2 点 A，B が異なるとき

点Pが直線 AB 上にある $\iff$ $\overrightarrow{\mathrm{AP}}=k\overrightarrow{\mathrm{AB}}$ となる実数 k がある

ということを学習した。

共線条件は，

$\overrightarrow{\mathbf{AP}}=\boldsymbol{k}\overrightarrow{\mathbf{AB}}$ （$\boldsymbol{k}$ は実数） …… ①

と簡潔な形で表されるが，次の ②〜⑤ [直線のベクトル方程式など] のように，別の形で表すこともできる。つまり，① と ②〜⑤ はすべて同じ意味である。したがって，直線のベクトル方程式は表し方が何通りもあるが，必要以上に難しく考えなくてよい。迷ったら ① から考えるなど，自分なりの解決方法を身につけておこう。

> k，m，n，s，t は実数とする。
>
> ② $\overrightarrow{\mathbf{OP}}=\overrightarrow{\mathbf{OA}}+\boldsymbol{k}\overrightarrow{\mathbf{AB}}$
>
> [点Aを通り，方向ベクトルが $\overrightarrow{\mathrm{AB}}$ である直線のベクトル方程式]
>
> ③ $\overrightarrow{\mathbf{OP}}=(1-\boldsymbol{t})\overrightarrow{\mathbf{OA}}+\boldsymbol{t}\overrightarrow{\mathbf{OB}}$　[2 点 A，B を通る直線のベクトル方程式]
>
> ④ $\overrightarrow{\mathbf{OP}}=\boldsymbol{s}\overrightarrow{\mathbf{OA}}+\boldsymbol{t}\overrightarrow{\mathbf{OB}}$，$\boldsymbol{s}+\boldsymbol{t}=1$　[2 点 A，B を通る直線のベクトル方程式]
>
> ⑤ $\overrightarrow{\mathbf{OP}}=\dfrac{\boldsymbol{n}\overrightarrow{\mathbf{OA}}+\boldsymbol{m}\overrightarrow{\mathbf{OB}}}{\boldsymbol{m}+\boldsymbol{n}}$　[線分 AB における分点の位置ベクトル]

解説 ① $\overrightarrow{\mathrm{AP}}=k\overrightarrow{\mathrm{AB}} \iff \overrightarrow{\mathrm{OP}}-\overrightarrow{\mathrm{OA}}=k\overrightarrow{\mathrm{AB}}$

$\iff \overrightarrow{\mathbf{OP}}=\overrightarrow{\mathbf{OA}}+\boldsymbol{k}\overrightarrow{\mathbf{AB}}$ …… ②

① $\overrightarrow{\mathrm{AP}}=k\overrightarrow{\mathrm{AB}} \iff \overrightarrow{\mathrm{OP}}-\overrightarrow{\mathrm{OA}}=k(\overrightarrow{\mathrm{OB}}-\overrightarrow{\mathrm{OA}})$

$\iff \overrightarrow{\mathrm{OP}}=(1-k)\overrightarrow{\mathrm{OA}}+k\overrightarrow{\mathrm{OB}}$

k を t におき換えて

$\iff \overrightarrow{\mathbf{OP}}=(1-\boldsymbol{t})\overrightarrow{\mathbf{OA}}+\boldsymbol{t}\overrightarrow{\mathbf{OB}}$ …… ③

$1-t=s$ とおくと

$\iff \overrightarrow{\mathbf{OP}}=\boldsymbol{s}\overrightarrow{\mathbf{OA}}+\boldsymbol{t}\overrightarrow{\mathbf{OB}}$，$\boldsymbol{s}+\boldsymbol{t}=1$

…… ④

$t=\dfrac{m}{m+n}$ とおくと

③ $\overrightarrow{\mathrm{OP}}=(1-t)\overrightarrow{\mathrm{OA}}+t\overrightarrow{\mathrm{OB}}$

$\iff \overrightarrow{\mathrm{OP}}=\left(1-\dfrac{m}{m+n}\right)\overrightarrow{\mathrm{OA}}+\dfrac{m}{m+n}\overrightarrow{\mathrm{OB}}$

$\iff \overrightarrow{\mathbf{OP}}=\dfrac{\boldsymbol{n}\overrightarrow{\mathbf{OA}}+\boldsymbol{m}\overrightarrow{\mathbf{OB}}}{\boldsymbol{m}+\boldsymbol{n}}$ …… ⑤

① $\overrightarrow{\mathrm{AP}}=k\overrightarrow{\mathrm{AB}}$

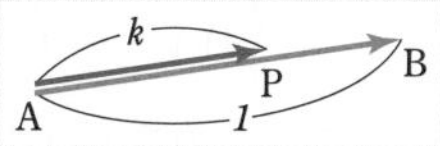

② $\overrightarrow{\mathrm{OP}}=\overrightarrow{\mathrm{OA}}+k\overrightarrow{\mathrm{AB}}$

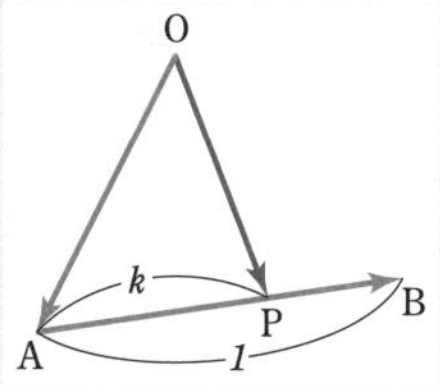

③ $\overrightarrow{\mathrm{OP}}=(1-t)\overrightarrow{\mathrm{OA}}+t\overrightarrow{\mathrm{OB}}$

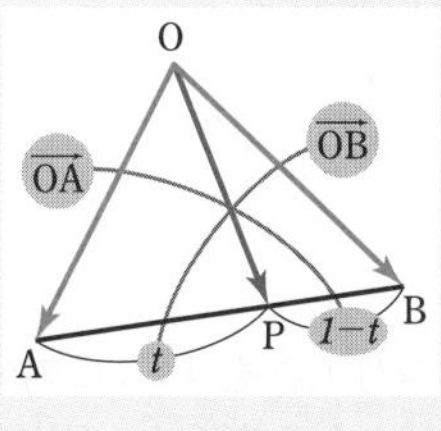

④ $\overrightarrow{\mathrm{OP}}=s\overrightarrow{\mathrm{OA}}+t\overrightarrow{\mathrm{OB}}$

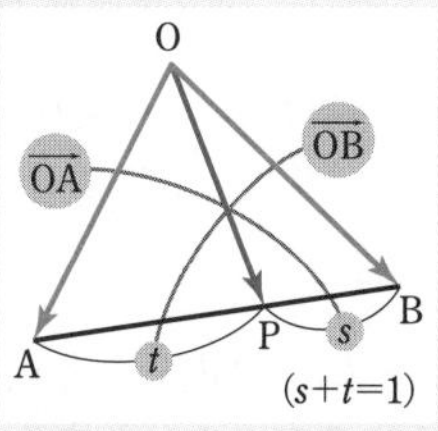

⑤ $\overrightarrow{\mathrm{OP}}=\dfrac{n\overrightarrow{\mathrm{OA}}+m\overrightarrow{\mathrm{OB}}}{m+n}$

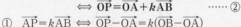

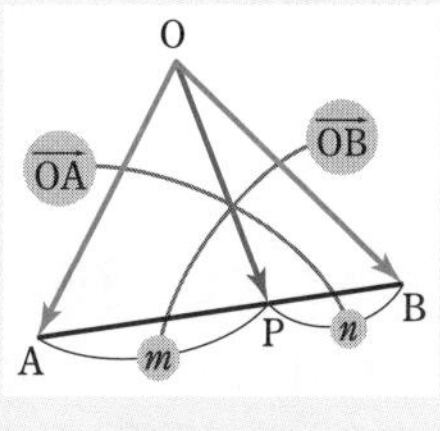

基本 例題 36 交点の位置ベクトル (2)

△OAB において，辺 OA を 2：1 に内分する点をC，線分 BC を 1：2 に内分する点をDとし，直線 OD と辺 AB の交点をEとする。次のベクトルを $\overrightarrow{OA}$, $\overrightarrow{OB}$ を用いて表せ。

(1) $\overrightarrow{OD}$　　　　(2) $\overrightarrow{OE}$

p.67 基本事項 1，基本 29

CHART & SOLUTION

交点の位置ベクトル 「係数の和が 1」の利用 ……❗

(2) 点Eは直線 OD 上にあるから，$\overrightarrow{OE}=k\overrightarrow{OD}$ となる実数 k がある。
また，点Eが直線 AB 上にあり，$\overrightarrow{OE}=s\overrightarrow{OA}+t\overrightarrow{OB}$ の形で表されるとき，
$s+t=1$ となることを利用して k の値を求める。

解答

(1) BD：DC＝1：2 であるから

$$\overrightarrow{OD}=\frac{2\overrightarrow{OB}+\overrightarrow{OC}}{1+2}=\frac{1}{3}\left(2\overrightarrow{OB}+\frac{2}{3}\overrightarrow{OA}\right)$$

$$=\frac{2}{9}\overrightarrow{OA}+\frac{2}{3}\overrightarrow{OB}$$

⇐ $\overrightarrow{OC}=\frac{2}{3}\overrightarrow{OA}$

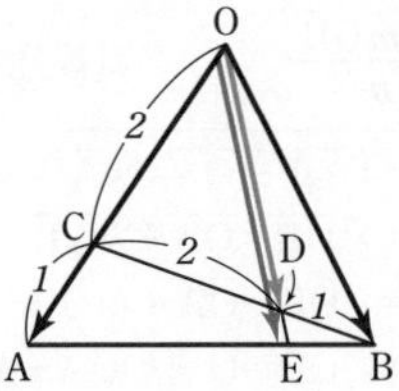

(2) 点Eは直線 OD 上にあるから，
$\overrightarrow{OE}=k\overrightarrow{OD}$ (k は実数) とすると，

⇐ 3点 O，D，E は一直線上にある。

(1) から　$\overrightarrow{OE}=k\left(\frac{2}{9}\overrightarrow{OA}+\frac{2}{3}\overrightarrow{OB}\right)$

$$=\frac{2}{9}k\overrightarrow{OA}+\frac{2}{3}k\overrightarrow{OB} \quad \cdots\cdots ①$$

❗ 点Eは直線 AB 上にあるから　$\frac{2}{9}k+\frac{2}{3}k=1$

⇐ $\overrightarrow{OE}=s\overrightarrow{OA}+t\overrightarrow{OB}$, $s+t=1$ (係数の和が 1)

よって　$\frac{8}{9}k=1$　　ゆえに　$k=\frac{9}{8}$

① に代入して　$\overrightarrow{OE}=\frac{1}{4}\overrightarrow{OA}+\frac{3}{4}\overrightarrow{OB}$

⇐ 点Eは辺 AB を 3：1 に内分する。

inf. 基本例題 29 (2) を「係数の和が 1」を用いて解くと，次のようになる。
$\overrightarrow{OQ}=k\overrightarrow{OP}=\frac{1}{7}k\vec{a}+\frac{4}{7}k\vec{b}$ であり，点Qは直線 AB 上にあるから

$\frac{1}{7}k+\frac{4}{7}k=1$　　よって，$k=\frac{7}{5}$ であり　$\overrightarrow{OQ}=\frac{1}{5}\vec{a}+\frac{4}{5}\vec{b}$

PRACTICE 36❷

△OAB において，辺 OA を 3：2 に内分する点をC，線分 BC を 4：3 に内分する点をDとし，直線 OD と辺 AB の交点をEとする。次のベクトルを $\overrightarrow{OA}$, $\overrightarrow{OB}$ を用いて表せ。

(1) $\overrightarrow{OD}$　　　　(2) $\overrightarrow{OE}$

基本 例題 37 平面上の点の存在範囲 (1)

△OAB において，次の式を満たす点Pの存在範囲を求めよ。

(1) $\overrightarrow{OP}=s\overrightarrow{OA}+t\overrightarrow{OB}$，$s+t=3$，$s\geqq 0$，$t\geqq 0$

(2) $\overrightarrow{OP}=s\overrightarrow{OA}+t\overrightarrow{OB}$，$2s+t=3$，$s\geqq 0$，$t\geqq 0$

p.67 基本事項 2

CHART & SOLUTION

$\overrightarrow{OP}=s\overrightarrow{OA}+t\overrightarrow{OB}$ である点 P の存在範囲

$s+t=k$ を変形して $=1$（係数の和が 1）の形に導く

(1) 条件より，$\dfrac{s}{3}+\dfrac{t}{3}=1$ であるから，$\overrightarrow{OP}=\dfrac{s}{3}(3\overrightarrow{OA})+\dfrac{t}{3}(3\overrightarrow{OB})$ とし，

$\overrightarrow{OP}=s'\overrightarrow{OA'}+t'\overrightarrow{OB'}$，$s'+t'=1$，$s'\geqq 0$，$t'\geqq 0$ の形にする。

(2) $2s+t=3$ の両辺を 3 で割り，(1)と同様に考える。

解答

(1) $s+t=3$ から　$\dfrac{s}{3}+\dfrac{t}{3}=1$

また　$\overrightarrow{OP}=s\overrightarrow{OA}+t\overrightarrow{OB}$

$=\dfrac{s}{3}(3\overrightarrow{OA})+\dfrac{t}{3}(3\overrightarrow{OB})$

ここで，$\dfrac{s}{3}=s'$，$\dfrac{t}{3}=t'$ とおくと

$\overrightarrow{OP}=s'(3\overrightarrow{OA})+t'(3\overrightarrow{OB})$，$s'+t'=1$，$s'\geqq 0$，$t'\geqq 0$

よって，**$3\overrightarrow{OA}=\overrightarrow{OA'}$，$3\overrightarrow{OB}=\overrightarrow{OB'}$ となる点 A′，B′ をとると**，点Pの存在範囲は **線分 A′B′** である。

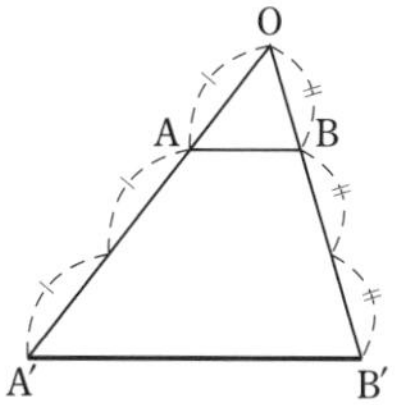

$\overrightarrow{OP}=●\overrightarrow{OA'}+▲\overrightarrow{OB'}$
$●+▲=1$，$●\geqq 0$，$▲\geqq 0$
この形を意識して変形する。

注意 $s\geqq 0$，$t\geqq 0$ の条件がなければ，点Pの存在範囲は **直線** A′B′ となる。

(2) $2s+t=3$ から　$\dfrac{2}{3}s+\dfrac{t}{3}=1$

また　$\overrightarrow{OP}=s\overrightarrow{OA}+t\overrightarrow{OB}$

$=\dfrac{2}{3}s\left(\dfrac{3}{2}\overrightarrow{OA}\right)+\dfrac{t}{3}(3\overrightarrow{OB})$

ここで，$\dfrac{2}{3}s=s'$，$\dfrac{t}{3}=t'$ とおくと

$\overrightarrow{OP}=s'\left(\dfrac{3}{2}\overrightarrow{OA}\right)+t'(3\overrightarrow{OB})$，$s'+t'=1$，$s'\geqq 0$，$t'\geqq 0$

よって，**$\dfrac{3}{2}\overrightarrow{OA}=\overrightarrow{OA'}$，$3\overrightarrow{OB}=\overrightarrow{OB'}$ となる点 A′，B′ をとると**，点Pの存在範囲は **線分 A′B′** である。

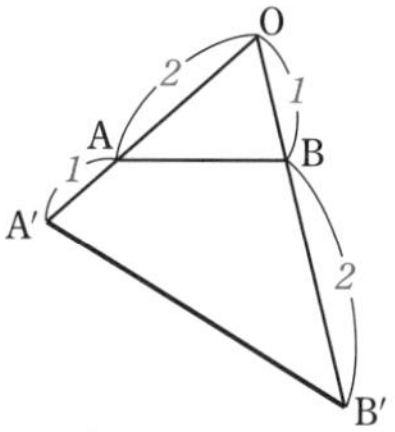

$\overrightarrow{OP}=●\overrightarrow{OA'}+▲\overrightarrow{OB'}$
$●+▲=1$，$●\geqq 0$，$▲\geqq 0$
この形を意識して変形する。

⇐ $\dfrac{3}{2}OA=OA'$ から
$OA:OA'=2:3$

PRACTICE 37❷

△OAB において，次の式を満たす点Pの存在範囲を求めよ。

(1) $\overrightarrow{OP}=s\overrightarrow{OA}+t\overrightarrow{OB}$，$s+t=\dfrac{1}{3}$，$s\geqq 0$，$t\geqq 0$

(2) $\overrightarrow{OP}=s\overrightarrow{OA}+t\overrightarrow{OB}$，$3s+2t=4$，$s\geqq 0$，$t\geqq 0$

基本 例題 38 平面上の点の存在範囲 (2)

$\triangle$OAB において，次の式を満たす点Pの存在範囲を求めよ。

(1) $\overrightarrow{OP}=s\overrightarrow{OA}+t\overrightarrow{OB}$，$0\leqq s+t\leqq\dfrac{1}{3}$，$s\geqq0$，$t\geqq0$

(2) $\overrightarrow{OP}=s\overrightarrow{OA}+t\overrightarrow{OB}$，$1\leqq s\leqq2$，$0\leqq t\leqq1$

p.67，68 基本事項 2，基本 37，重要 43

CHART & SOLUTION

$\overrightarrow{OP}=s\overrightarrow{OA}+t\overrightarrow{OB}$ である点Pの存在範囲

1 $0\leqq s+t\leqq k$ を変形して $\leqq1$ を導く

2 まず s を固定して，t を動かす

(1) **$\overrightarrow{OP}=$●$\overrightarrow{OA'}+$▲$\overrightarrow{OB'}$，$0\leqq$●$+$▲$\leqq1$，●$\geqq0$，▲$\geqq0$** のとき，点Pの存在範囲は $\triangle$OA′B′ の周および内部である。この形を意識して条件式を変形する。

条件をみると，係数の和に関する不等式が $0\leqq s+t\leqq\dfrac{1}{3}$ であるから，右辺を1にすることを考える。この不等式の各辺を3倍すると，$0\leqq3s+3t\leqq1$ であるから，

$\overrightarrow{OP}=3s\left(\dfrac{1}{3}\overrightarrow{OA}\right)+3t\left(\dfrac{1}{3}\overrightarrow{OB}\right)$ とし，$\overrightarrow{OP}=s'\overrightarrow{OA'}+t'\overrightarrow{OB'}$，$0\leqq s'+t'\leqq1$，$s'\geqq0$，$t'\geqq0$ の形にする。

(2) 係数 s と t の間に関係式はない。そのため，s と t は互いに無関係に動く。同時に2つの値を変化させると考えにくいので，まず s を固定して t のみを変化させたときの点Pの描く図形を考える。次に，s を変化させて，その図形がどのような範囲を動くか調べる。

別解 **$\overrightarrow{OP}=$●$\overrightarrow{OA'}+$▲$\overrightarrow{OB'}$，$0\leqq$●$\leqq1$，$0\leqq$▲$\leqq1$** の形のとき，点Pの存在範囲は OA′，OB′ を隣り合う2辺とする平行四辺形の周および内部であるから，この形を導いて考える。

解答

(1) $0\leqq s+t\leqq\dfrac{1}{3}$ から　　$0\leqq3s+3t\leqq1$

また　$\overrightarrow{OP}=s\overrightarrow{OA}+t\overrightarrow{OB}$

$=3s\left(\dfrac{1}{3}\overrightarrow{OA}\right)+3t\left(\dfrac{1}{3}\overrightarrow{OB}\right)$

ここで，$3s=s'$，$3t=t'$ とおくと

$\overrightarrow{OP}=s'\left(\dfrac{1}{3}\overrightarrow{OA}\right)+t'\left(\dfrac{1}{3}\overrightarrow{OB}\right)$，

$0\leqq s'+t'\leqq1$，$s'\geqq0$，$t'\geqq0$

よって，$\dfrac{1}{3}\overrightarrow{OA}=\overrightarrow{OA'}$，$\dfrac{1}{3}\overrightarrow{OB}=\overrightarrow{OB'}$ **となる点 A′，B′ をとると**，点Pの存在範囲は **$\triangle$OA′B′ の周および内部**である。

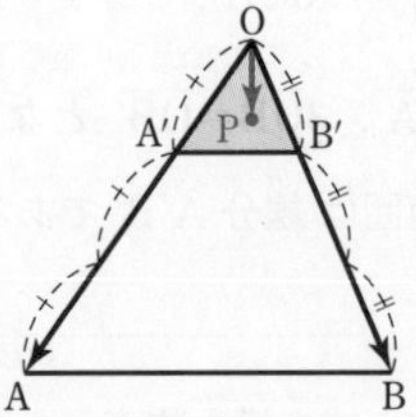

⇐ 3を掛けて $\leqq1$ の形にする。

⇐ $3s$，$3t$ が係数となるように $\overrightarrow{OP}$ の式を変形する。

⇐ $s\geqq0$，$t\geqq0$ のとき $3s\geqq0$，$3t\geqq0$

⇐ A′，B′ の位置を明示しておく。

(2) s を固定して，$\overrightarrow{OA'}=s\overrightarrow{OA}$ とすると

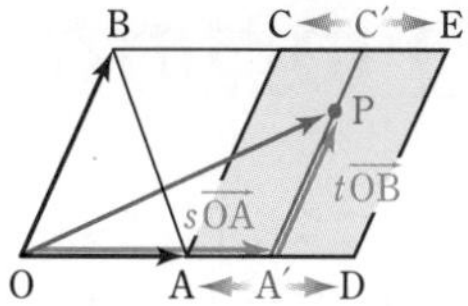

$\overrightarrow{OP}=\overrightarrow{OA'}+t\overrightarrow{OB}$

ここで，t を $0\leqq t\leqq 1$ の範囲で変化させると，点Pは右の図の線分 A′C′ 上を動く。

ただし，$\overrightarrow{OC'}=\overrightarrow{OA'}+\overrightarrow{OB}$ である。

次に，s を $1\leqq s\leqq 2$ の範囲で変化させると，線分 A′C′ は図の線分 AC から DE まで平行に動く。

ただし，$\overrightarrow{OC}=\overrightarrow{OA}+\overrightarrow{OB}$，$\overrightarrow{OD}=2\overrightarrow{OA}$，$\overrightarrow{OE}=\overrightarrow{OD}+\overrightarrow{OB}$ である。

よって，$\overrightarrow{OA}+\overrightarrow{OB}=\overrightarrow{OC}$，$2\overrightarrow{OA}=\overrightarrow{OD}$，$2\overrightarrow{OA}+\overrightarrow{OB}=\overrightarrow{OE}$ **となる点 C，D，E をとると，** 点Pの存在範囲は **平行四辺形 ADEC の周および内部** である。

⇐ s と t は無関係に動く。そこで，まず s を固定して t を動かし，Pの動く範囲（線分 A′C′）を考える。次に，s を動かすとどうなるかを考える。

別解 $0\leqq s-1\leqq 1$ から，

$s-1=s'$

とすると

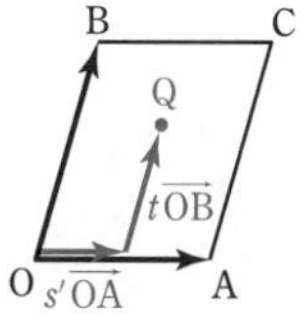

$\overrightarrow{OP}=(s'+1)\overrightarrow{OA}+t\overrightarrow{OB}$

$=(s'\overrightarrow{OA}+t\overrightarrow{OB})+\overrightarrow{OA}$

ここで，

$\overrightarrow{OQ}=s'\overrightarrow{OA}+t\overrightarrow{OB}$

とおくと，$0\leqq s'\leqq 1$，$0\leqq t\leqq 1$ から，点Qの存在範囲は平行四辺形 OACB の周および内部である。

ただし，$\overrightarrow{OC}=\overrightarrow{OA}+\overrightarrow{OB}$ である。

⇐ $0\leqq$ ◎ $\leqq 1$ の形を作る。

⇐ $s=s'+1$

⇐ $+\overrightarrow{OA}$ の部分はあとで考える。

$\overrightarrow{OP}=\overrightarrow{OQ}+\overrightarrow{OA}$

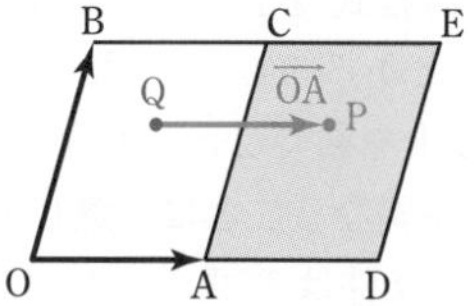

であるから，点Pの存在範囲は，平行四辺形 OACB の周および内部を $\overrightarrow{OA}$ だけ平行移動したものである。

よって，$\overrightarrow{OA}+\overrightarrow{OB}=\overrightarrow{OC}$，$2\overrightarrow{OA}=\overrightarrow{OD}$，$2\overrightarrow{OA}+\overrightarrow{OB}=\overrightarrow{OE}$ **となる点 C，D，E をとると，** 点Pの存在範囲は **平行四辺形 ADEC の周および内部** である。

⇐ 点Qの存在範囲全体を $\overrightarrow{OA}$ だけ平行移動したものが点Pの存在範囲となる。

PRACTICE 38③

△OAB において，次の式を満たす点Pの存在範囲を求めよ。

(1) $\overrightarrow{OP}=s\overrightarrow{OA}+t\overrightarrow{OB}$，$0\leqq s+t\leqq 4$，$s\geqq 0$，$t\geqq 0$

(2) $\overrightarrow{OP}=s\overrightarrow{OA}+t\overrightarrow{OB}$，$2\leqq s\leqq 3$，$0\leqq t\leqq 2$

まとめ　平面上の点の存在範囲

基本例題 37, 38 のような, $\vec{0}$ でなく平行でない 2 つのベクトル $\overrightarrow{OA}$, $\overrightarrow{OB}$ によって, 点P が $\overrightarrow{OP}=s\overrightarrow{OA}+t\overrightarrow{OB}$ ……① で与えられ, s, t の条件式による点Pの存在範囲を考察する問題では, ① や s, t の条件式を変形し (その際, **おき換え** も有効), 次の [1] ～ [4] のいずれかにあてはまらないかと考えてみるとよい。ポイントは, [1] ～ [3] のタイプは $=1$ や $\leqq 1$ の形を導く こと, [4] のタイプは, s (または t) を固定 して考えることである。

基本の4タイプ

[1]	$s+t=1$ (係数の和が 1)	$\Longleftrightarrow$	直線 AB
[2]	$s+t=1$, $s\geqq 0$, $t\geqq 0$	$\Longleftrightarrow$	線分 AB
[3]	$0\leqq s+t\leqq 1$, $s\geqq 0$, $t\geqq 0$	$\Longleftrightarrow$	△OAB の周および内部
[4]	$0\leqq s\leqq 1$, $0\leqq t\leqq 1$	$\Longleftrightarrow$	平行四辺形 OACB の周および内部

[1]　[2]　[3]　[4]

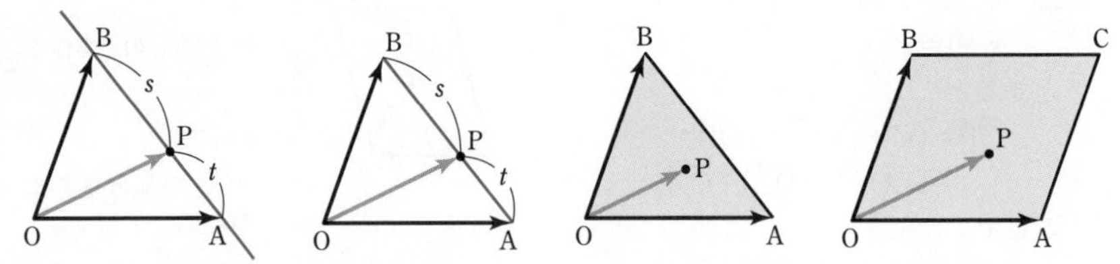

[1] ～ [4] の条件式はそれぞれ形が似ている。それらの違いを詳しく見てみよう。

[**[1] と [2] について**]　$s+t=1$ であるから, $s=1-t$ であり, これを ① に代入すると $\overrightarrow{OP}=(1-t)\overrightarrow{OA}+t\overrightarrow{OB}$ となる。[1] では, t の値はすべての実数をとるから, **点A, B を通る直線のベクトル方程式** を表す ($p.67$ 基本事項 1 ② 参照)。[2] では, $s\geqq 0$ から $1-t\geqq 0$ であり, $t\geqq 0$ とから $0\leqq t\leqq 1$ となる。また, $\overrightarrow{OP}=\overrightarrow{OA}+t\overrightarrow{AB}$ と変形できるから, 点P は **線分 AB** 上を動くことがわかる ($0\leqq t\leqq 1$ に注意)。[1] と [2] では, s と t のとりうる値の範囲が異なることに注意しよう。

[**[2] と [3] について**]　[2] の条件は 等式 $s+t=1$ であり, 結果は **線分** になる。[3] の条件は 不等式 $0\leqq s+t\leqq 1$ であり, 結果は **三角形の周および内部** になる。条件の形と結果の図形をあわせて覚えておこう。

[**[3] と [4] について**]　条件はいずれも不等式であるが, [4] は s の条件と t の条件がそれぞれ独立して与えられている。結果の違いも大切であるが, $p.67$, 68 基本事項 2 の 解説 にあるような, 考え方の違いをおさえておこう。

参考　$\overrightarrow{OP}=s\overrightarrow{OA}+t\overrightarrow{OB}$ と $s+t=k$ という条件が与えられたとき, s, t の符号, k と 1 との大小により, 点P の存在範囲は右のようになる。例えば, $s>0$, $t>0$, $k<1$ ならば, 点P は △OAB の内部 ; $s>0$, $t>0$ ならば, 点P は ∠AOB の内部にある。

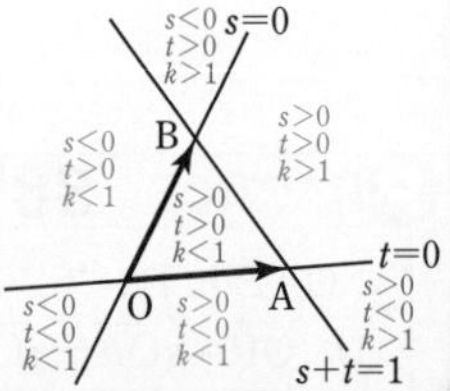

基本 例題 39 内積と直線，2直線のなす角

(1) 3点 A(−1, 4), B(−4, −3), C(8, 3) について，点Aを通り，BC に垂直な直線の方程式を求めよ。

(2) 直線 $\ell_1: x-\sqrt{3}y+3=0$ と直線 $\ell_2: \sqrt{3}x+3y+1=0$ とがなす鋭角 α を求めよ。

p.67 基本事項 1

CHART & SOLUTION

(1) 直線上の点をPとすると

$\overrightarrow{AP}=\vec{0}$ または $\overrightarrow{BC}\perp\overrightarrow{AP}$

(2) 交わる2直線 ℓ_1, ℓ_2 が垂直でないとき，その法線ベクトルをそれぞれ $\vec{n_1}$, $\vec{n_2}$ とし，$\vec{n_1}$ と $\vec{n_2}$ のなす角を θ とする。

2直線 ℓ_1, ℓ_2 のなす鋭角は

$0°<\theta<90°$ のとき θ

$90°<\theta<180°$ のとき $180°-\theta$

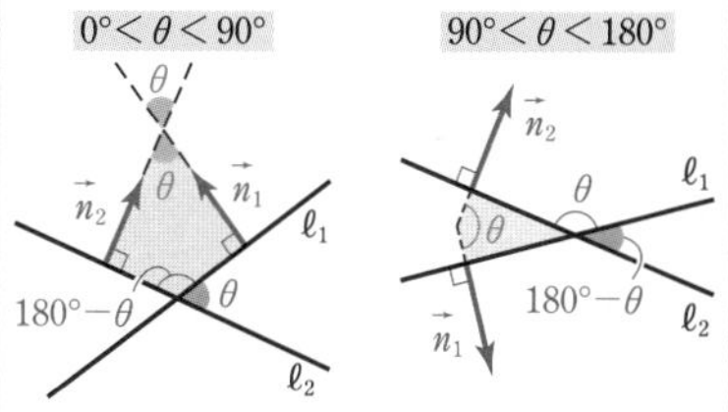

解答

(1) 求める直線は，点Aを通り，$\overrightarrow{BC}=(12, 6)$ に垂直な直線であるから，直線上の点を P(x, y) とすると

$$\overrightarrow{BC}\cdot\overrightarrow{AP}=0$$

$\overrightarrow{AP}=(x+1, y-4)$ であるから

$$12(x+1)+6(y-4)=0$$

すなわち $\boldsymbol{2x+y-2=0}$

(2) 2直線 ℓ_1, ℓ_2 の法線ベクトルは，それぞれ $\vec{m}=(1, -\sqrt{3})$, $\vec{n}=(\sqrt{3}, 3)$ とおける。

$\vec{m}$ と $\vec{n}$ のなす角を $\theta\,(0°\leqq\theta\leqq180°)$ とすると

$$\cos\theta=\frac{\vec{m}\cdot\vec{n}}{|\vec{m}||\vec{n}|}=\frac{-2\sqrt{3}}{2\times2\sqrt{3}}=-\frac{1}{2}$$

$0°\leqq\theta\leqq180°$ であるから　$\theta=120°$

したがって　$\boldsymbol{\alpha}=180°-\theta\boldsymbol{=60°}$

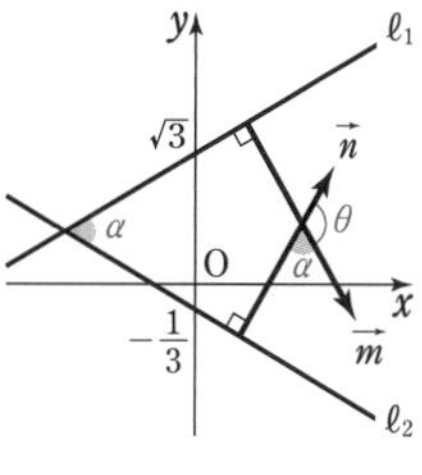

⇐ 2つの場合がある。
[1] PがAと一致する。 $\overrightarrow{AP}=\vec{0}$
[2] PがAと一致しない。 $\overrightarrow{BC}\perp\overrightarrow{AP}$
[1], [2] のどちらの場合も $\overrightarrow{BC}\cdot\overrightarrow{AP}=0$ となる。

inf. 2直線 ℓ_1, ℓ_2 の方向ベクトルは，それぞれ $\vec{v_1}=(\sqrt{3}, 1)$, $\vec{v_2}=(3, -\sqrt{3})$ とおける。$\vec{v_1}$ と $\vec{v_2}$ のなす角 θ' について考えてもよい。法線ベクトルのなす角 θ と同様に
$0°\leqq\theta'\leqq90°$ なら $\alpha=\theta'$
$90°<\theta'\leqq180°$ なら $\alpha=180°-\theta'$

PRACTICE 39②

(1) 3点 A(1, 2), B(2, 3), C(−1, 2) について，点Aを通り，BC に垂直な直線の方程式を求めよ。

(2) 2直線 $x-2y+3=0$, $6x-2y-5=0$ のなす鋭角 α を求めよ。

基本 例題 40 垂線の足の座標

点 A(2, −1) から直線 $3x-4y+5=0$ に垂線を引き，交点をHとする。
(1) $\vec{n}=(3,\ -4)$ に対して $\overrightarrow{\mathrm{AH}}=k\vec{n}$ を満たす実数 k の値を求めよ。
(2) 点Hの座標を求めよ。
(3) 線分 AH の長さを求めよ。

基本 39

CHART & SOLUTION

垂線の足の座標　法線ベクトル利用

(1) 垂線の方向ベクトルと直線の法線ベクトルは平行である。
$\vec{n}=(3,\ -4)$ は直線 $3x-4y+5=0$ の法線ベクトルであるから $\vec{n}\,/\!/\,\overrightarrow{\mathrm{AH}}$

注意　直線に垂線を引いたとき，直線と垂線の交点を **垂線の足** という。

解答

(1) H$(s,\ t)$ とすると　$\overrightarrow{\mathrm{AH}}=(s-2,\ t+1)$
$\overrightarrow{\mathrm{AH}}=k\vec{n}$ とすると　$s-2=3k,\ t+1=-4k$
よって　$s=3k+2$ ……①，$t=-4k-1$ ……②
また　$3s-4t+5=0$
これに①，②を代入して整理すると　$25k+15=0$
したがって　$\boldsymbol{k=-\frac{3}{5}}$

(2) $k=-\frac{3}{5}$ のとき，①，②から　$s=\frac{1}{5},\ t=\frac{7}{5}$
よって　$\mathbf{H}\left(\frac{1}{5},\ \frac{7}{5}\right)$

(3) $|\overrightarrow{\mathrm{AH}}|=\left|-\frac{3}{5}\vec{n}\right|$ から　$\mathrm{AH}=|\overrightarrow{\mathrm{AH}}|=\frac{3}{5}\sqrt{3^2+(-4)^2}=\mathbf{3}$

(1) $\vec{n}\,/\!/\,\overrightarrow{\mathrm{AH}}$ であるから $\overrightarrow{\mathrm{AH}}=k\vec{n}$ と表される。

⇐ Hは直線 $3x-4y+5=0$ 上の点。

inf. 下の公式を用いると
$\mathrm{AH}=\frac{|3\times2-4\times(-1)+5|}{\sqrt{3^2+(-4)^2}}=3$

INFORMATION　点 $\mathrm{A}(x_1,\ y_1)$ と直線 $ax+by+c=0$ の距離 d

この例題において，$\mathrm{A}(x_1,\ y_1)$，$\mathrm{H}(x_2,\ y_2)$，$\vec{n}=(a,\ b)$，直線 $ax+by+c=0$ とする。
$\vec{n}\,/\!/\,\overrightarrow{\mathrm{AH}}$ から　$\vec{n}\cdot\overrightarrow{\mathrm{AH}}=\pm|\vec{n}||\overrightarrow{\mathrm{AH}}|$ ⟵ $\vec{n}$ と $\overrightarrow{\mathrm{AH}}$ のなす角は 0° または 180°
ゆえに　$|\vec{n}\cdot\overrightarrow{\mathrm{AH}}|=|\vec{n}||\overrightarrow{\mathrm{AH}}|$　　よって　$|\overrightarrow{\mathrm{AH}}|=\frac{|\vec{n}\cdot\overrightarrow{\mathrm{AH}}|}{|\vec{n}|}$ ⟵ $|\vec{n}|=\sqrt{a^2+b^2}$
ここで　$|\vec{n}\cdot\overrightarrow{\mathrm{AH}}|=|a(x_2-x_1)+b(y_2-y_1)|=|-ax_1-by_1+ax_2+by_2|$
$ax_2+by_2+c=0$ から　$|\vec{n}\cdot\overrightarrow{\mathrm{AH}}|=|-ax_1-by_1-c|=|ax_1+by_1+c|$
ゆえに，点 $\mathrm{A}(x_1,\ y_1)$ と直線 $ax+by+c=0$ の距離 $d\ (=\mathrm{AH})$ は

$$d=\frac{|ax_1+by_1+c|}{\sqrt{a^2+b^2}}$$（数学Ⅱ 図形と方程式 参照）

PRACTICE 40③

点 A(−1, 2) から直線 $x-3y+2=0$ に垂線を引き，この直線との交点をHとする。点Hの座標と線分 AH の長さをベクトルを用いて求めよ。

基本例題 41 円のベクトル方程式

平面上の異なる 2 つの定点 O，A と任意の点 P に対し，次のベクトル方程式はどのような図形を表すか。

(1) $|2\overrightarrow{OP}-\overrightarrow{OA}|=4$　　(2) $\overrightarrow{OP}\cdot\overrightarrow{OP}=\overrightarrow{OP}\cdot\overrightarrow{OA}$

p.68 基本事項 3，重要 44

CHART & SOLUTION

円のベクトル方程式

1 (ベクトルの大きさ)＝一定 を導く

2 (内積)＝0 を導く

1 動点と定点(円の中心)の距離が一定であることを示す。

2 動点と 2 定点(直径の両端)を結んでできる 2 つの線分が直交することを示す。

解答

(1) $|2\overrightarrow{OP}-\overrightarrow{OA}|=4$ を変形すると

$$2\left|\overrightarrow{OP}-\frac{1}{2}\overrightarrow{OA}\right|=4$$

すなわち $\left|\overrightarrow{OP}-\frac{1}{2}\overrightarrow{OA}\right|=2$

ゆえに，**線分 OA の中点を中心とする半径 2 の円** を表す。

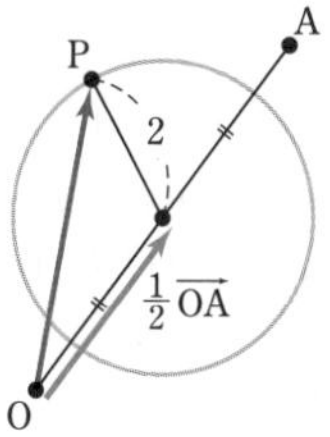

← (1) 1の方針。
← **$\overrightarrow{OP}$ の係数を 1 にする** ための変形。
← 線分 OA の中点を B とすると $|\overrightarrow{OP}-\overrightarrow{OB}|=2$
よって，$|\overrightarrow{BP}|=2$ (**一定**) と表すことができる。

(2) $\overrightarrow{OP}\cdot\overrightarrow{OP}=\overrightarrow{OP}\cdot\overrightarrow{OA}$ を変形すると

$\overrightarrow{OP}\cdot\overrightarrow{OP}-\overrightarrow{OP}\cdot\overrightarrow{OA}=0$

よって　$\overrightarrow{OP}\cdot(\overrightarrow{OP}-\overrightarrow{OA})=0$

すなわち　$\overrightarrow{OP}\cdot\overrightarrow{AP}=0$

ゆえに

$\overrightarrow{OP}=\vec{0}$ または $\overrightarrow{AP}=\vec{0}$ または $\overrightarrow{OP}\perp\overrightarrow{AP}$

よって，**線分 OA を直径とする円** を表す。

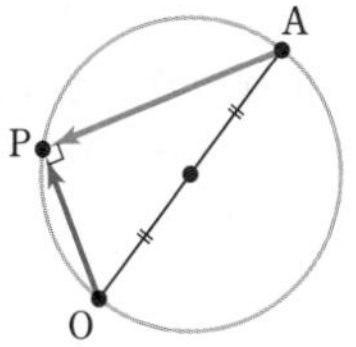

← (2) 2の方針。
← **(内積)＝0**
← $\overrightarrow{OP}\perp\overrightarrow{AP}$ のとき，点 P は線分 OA を直径とする円周上(点 O，A を除く)にある。

PRACTICE 41❸

(1) 平面上の異なる 2 つの定点 A，B と任意の点 P に対し，ベクトル方程式 $|3\overrightarrow{OA}+2\overrightarrow{OB}-5\overrightarrow{OP}|=5$ はどのような図形を表すか。

(2) 平面上に点 P と △ABC がある。条件 $2\overrightarrow{PA}\cdot\overrightarrow{PB}=3\overrightarrow{PA}\cdot\overrightarrow{PC}$ を満たす点 P の集合を求めよ。

基本例題 42　円の接線のベクトル方程式

2 点 $A(3,\ -5)$, $B(-5,\ 1)$ を直径の両端とする円を C とする。

(1) 点 $P_0(2,\ 2)$ は円 C 上の点であることを，ベクトルを用いて示せ。

(2) 点 P_0 における円 C の接線の方程式を，ベクトルを用いて求めよ。

基本 39

CHART & SOLUTION

円の接線　接線⊥半径 に注目 ……❗

(1) 直径 に対する円周角は 直角

$\longrightarrow AP_0 \perp BP_0$ を示す。

(2) 円の接線は，接点と円の中心を結ぶ直線に垂直である。円 C の中心を $C(\vec{c})$ として，円 C 上の点 $P_0(\vec{p_0})$ における接線上の任意の点を $P(\vec{p})$ とすると，**接線のベクトル方程式** は

$$(\vec{p_0}-\vec{c})\cdot(\vec{p}-\vec{p_0})=0$$

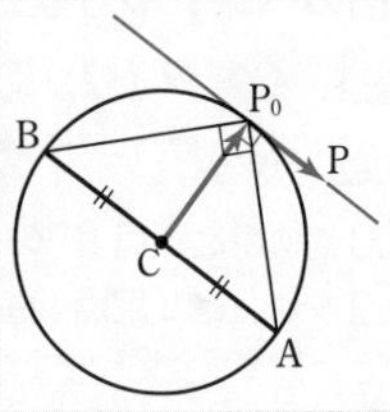

解答

(1) $\overrightarrow{AP_0}=(2-3,\ 2-(-5))=(-1,\ 7)$

$\overrightarrow{BP_0}=(2-(-5),\ 2-1)=(7,\ 1)$

よって　$\overrightarrow{AP_0}\cdot\overrightarrow{BP_0}=(-1)\times7+7\times1=0$

$\overrightarrow{AP_0}\neq\vec{0}$, $\overrightarrow{BP_0}\neq\vec{0}$ であるから　$\overrightarrow{AP_0}\perp\overrightarrow{BP_0}$

すなわち　$\angle AP_0B=90°$

したがって，点 P_0 は円 C 上の点である。

(2) 円の中心を C とすると　$C(-1,\ -2)$

点 P_0 における円 C の接線上の任意の点 $P(x,\ y)$ に対して

❗ $\overrightarrow{CP_0}\cdot\overrightarrow{P_0P}=0$ …… ①

$\overrightarrow{CP_0}=(2-(-1),\ 2-(-2))=(3,\ 4)$, $\overrightarrow{P_0P}=(x-2,\ y-2)$

であるから，① より

$$3(x-2)+4(y-2)=0$$

したがって，点 P_0 における円 C の接線の方程式は

$$\mathbf{3x+4y-14=0}$$

> 2 点 $A(\vec{a})$, $B(\vec{b})$ を直径の両端とする円のベクトル方程式は
> $(\vec{p}-\vec{a})\cdot(\vec{p}-\vec{b})=0$
> $\vec{p}=(x,\ y)$, $\vec{a}=(3,\ -5)$, $\vec{b}=(-5,\ 1)$ として整理すると　$(x+1)^2+(y+2)^2=25$
>
> ⇐ C は線分 AB の中点。
>
> ⇐ $P=P_0$ なら $\overrightarrow{P_0P}=\vec{0}$
> $P\neq P_0$ なら $\overrightarrow{CP_0}\perp\overrightarrow{P_0P}$

INFORMATION　円の接線の方程式

円 $(x-a)^2+(y-b)^2=r^2\ (r>0)$ 上の点 $(x_0,\ y_0)$ における接線の方程式は

$$(x_0-a)(x-a)+(y_0-b)(y-b)=r^2$$

(証明は，解答編 $p.26$ を参照。)

PRACTICE 42③

2 点 $A(6,\ 6)$, $B(0,\ -2)$ を直径の両端とする円を C とする。

(1) 点 $P_0(-1,\ 5)$ は円 C 上の点であることを，ベクトルを用いて示せ。

(2) 点 P_0 における円 C の接線の方程式を，ベクトルを用いて求めよ。

重要例題 43 平面上の点の存在範囲 (3)

△OAB において，次の式を満たす点Pの存在範囲を求めよ。

(1) $\overrightarrow{OP}=s\overrightarrow{OA}+t\overrightarrow{OB}$，$1\leqq s+t\leqq 3$，$s\geqq 0$，$t\geqq 0$

(2) $\overrightarrow{OP}=(s+t)\overrightarrow{OA}+t\overrightarrow{OB}$，$0\leqq s\leqq 1$，$0\leqq t\leqq 1$

p.67，68 基本事項 2，基本 38

CHART & THINKING

基本例題 38 と似た問題であるが，条件式が少し異なる。

(1) 係数の和に関する不等式 $1\leqq s+t\leqq 3$ は，**$0\leqq$(係数の和)$\leqq 1$ の形** にできそうにない。
そこで，$s+t=k$ とおくと，$1\leqq k\leqq 3$ となる。p.67，68 基本事項 2 ② と同様に，**k を固定して** 考えてみよう。

$\overrightarrow{OP}=\dfrac{s}{k}(k\overrightarrow{OA})+\dfrac{t}{k}(k\overrightarrow{OB})$，$\dfrac{s}{k}\geqq 0$，$\dfrac{t}{k}\geqq 0$，$\dfrac{s}{k}+\dfrac{t}{k}=1$ であるから，これは線分を表す。

次に，$1\leqq k\leqq 3$ の範囲で **k を動かす** と，線分はどのような範囲を動くだろうか？

(2) $\overrightarrow{OA}$，$\overrightarrow{OB}$ いずれの係数にも t が含まれている。そこで条件式を s，t について整理すると

$\overrightarrow{OP}=s\overrightarrow{OA}+t(\overrightarrow{OA}+\overrightarrow{OB})$，$0\leqq s\leqq 1$，$0\leqq t\leqq 1$

$\overrightarrow{OA}+\overrightarrow{OB}=\overrightarrow{OC}$ とおけば，点Pはどのような範囲に存在するだろうか？ （p.67，68 基本事項 2 ③ 参照）。

解答

(1) $s+t=k$ として固定する。このとき，$\dfrac{s}{k}+\dfrac{t}{k}=1$ である

⇐ $1\leqq k\leqq 3$

から，$k\overrightarrow{OA}=\overrightarrow{OA'}$，$k\overrightarrow{OB}=\overrightarrow{OB'}$，$\dfrac{s}{k}=s'$，$\dfrac{t}{k}=t'$ とすると

⇐ $\overrightarrow{OP}=\frac{s}{k}(k\overrightarrow{OA})+\frac{t}{k}(k\overrightarrow{OB})$

$\overrightarrow{OP}=s'\overrightarrow{OA'}+t'\overrightarrow{OB'}$，$s'+t'=1$，$s'\geqq 0$，$t'\geqq 0$

よって，点Pは線分 A′B′ 上を動く。

次に，$1\leqq k\leqq 3$ の範囲で k を変化させると，線分 A′B′ は図の線分 AB から CD まで平行に動く。

ただし，$\overrightarrow{OC}=3\overrightarrow{OA}$，$\overrightarrow{OD}=3\overrightarrow{OB}$ である。

よって，**$3\overrightarrow{OA}=\overrightarrow{OC}$，$3\overrightarrow{OB}=\overrightarrow{OD}$ となる点 C，D をとると，** 点Pの存在範囲は **台形 ACDB の周および内部** である。

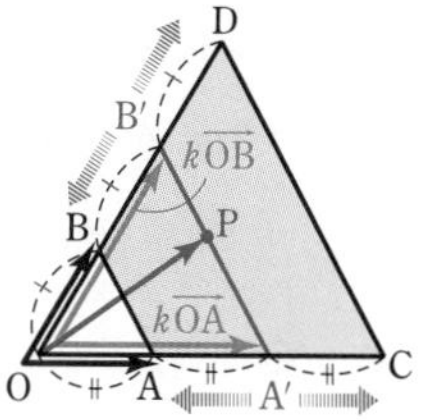

(2) $\overrightarrow{OP}=s\overrightarrow{OA}+t(\overrightarrow{OA}+\overrightarrow{OB})$

$\overrightarrow{OA}+\overrightarrow{OB}=\overrightarrow{OC}$ とすると

$\overrightarrow{OP}=s\overrightarrow{OA}+t\overrightarrow{OC}$，$0\leqq s\leqq 1$，$0\leqq t\leqq 1$

よって，**$\overrightarrow{OA}+\overrightarrow{OB}=\overrightarrow{OC}$，$2\overrightarrow{OA}+\overrightarrow{OB}=\overrightarrow{OD}$ となる点 C，D をとると，** 点Pの存在範囲は **平行四辺形 OADC の周および内部** である。

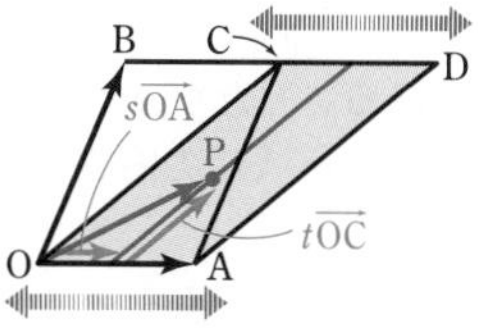

PRACTICE 43④

△OAB において，次の式を満たす点Pの存在範囲を求めよ。

(1) $\overrightarrow{OP}=s\overrightarrow{OA}+t\overrightarrow{OB}$，$1\leqq s+2t\leqq 2$，$s\geqq 0$，$t\geqq 0$

(2) $\overrightarrow{OP}=s\overrightarrow{OA}+(s-t)\overrightarrow{OB}$，$0\leqq s\leqq 1$，$0\leqq t\leqq 1$

重要 例題 44 ベクトルと軌跡 ④④④④

平面上の△ABC は $\overrightarrow{BA}\cdot\overrightarrow{CA}=0$ を満たしている。この平面上の点Pが条件 $\overrightarrow{AP}\cdot\overrightarrow{BP}+\overrightarrow{BP}\cdot\overrightarrow{CP}+\overrightarrow{CP}\cdot\overrightarrow{AP}=0$ を満たすとき，P はどのような図形上の点であるか。 〔岡山理科大〕

基本 41

CHART & SOLUTION

△ABC の問題　Aを始点とする位置ベクトルで表す

条件式の中の各ベクトルを，A を始点として，ベクトルの差に分割して整理する。ベクトル方程式に帰着できないかと考える。

解答

$\overrightarrow{BA}\cdot\overrightarrow{CA}=0$ から，△ABC は ∠A=90° の直角三角形である。

$\overrightarrow{AB}=\vec{b}$，$\overrightarrow{AC}=\vec{c}$，$\overrightarrow{AP}=\vec{p}$ とすると，条件の等式から

$$\vec{p}\cdot(\vec{p}-\vec{b})+(\vec{p}-\vec{b})\cdot(\vec{p}-\vec{c})+(\vec{p}-\vec{c})\cdot\vec{p}=0$$

$\overrightarrow{BA}\cdot\overrightarrow{CA}=0$ から　$\vec{b}\cdot\vec{c}=0$

よって　$|\vec{p}|^2-\vec{b}\cdot\vec{p}+|\vec{p}|^2-\vec{c}\cdot\vec{p}-\vec{b}\cdot\vec{p}+|\vec{p}|^2-\vec{c}\cdot\vec{p}=0$

整理すると　$3|\vec{p}|^2-2(\vec{b}+\vec{c})\cdot\vec{p}=0$

ゆえに　$|\vec{p}|^2-\dfrac{2}{3}(\vec{b}+\vec{c})\cdot\vec{p}=0$

よって　$|\vec{p}|^2-\dfrac{2}{3}(\vec{b}+\vec{c})\cdot\vec{p}+\left(\dfrac{1}{3}|\vec{b}+\vec{c}|\right)^2=\left(\dfrac{1}{3}|\vec{b}+\vec{c}|\right)^2$

ゆえに　$\left|\vec{p}-\dfrac{1}{3}(\vec{b}+\vec{c})\right|^2=\left|\dfrac{\vec{b}+\vec{c}}{3}\right|^2$ ……①

辺 BC の中点を M，$\overrightarrow{AM}=\vec{m}$ とすると　$\vec{m}=\dfrac{\vec{b}+\vec{c}}{2}$

$\vec{b}+\vec{c}=2\vec{m}$ を①に代入すると

$$\left|\vec{p}-\frac{2}{3}\vec{m}\right|^2=\left|\frac{2}{3}\vec{m}\right|^2$$

よって　$\left|\vec{p}-\dfrac{2}{3}\vec{m}\right|=\left|\dfrac{2}{3}\vec{m}\right|$

$\overrightarrow{AG}=\dfrac{2}{3}\vec{m}$ とすると，G は線分 AM を 2：1 に内分する点である。したがって，**点 P は△ABC の重心 G を中心とし，半径が AG の円周上の点** である。

⇐ $\overrightarrow{BA}\perp\overrightarrow{CA}$

⇐ A を始点とする位置ベクトルで表す。

⇐ $\overrightarrow{AB}\cdot\overrightarrow{AC}=0$

⇐ 2 次式の平方完成と同様に変形する。

⇐ M も定点である。

inf. G は△ABC の重心である。

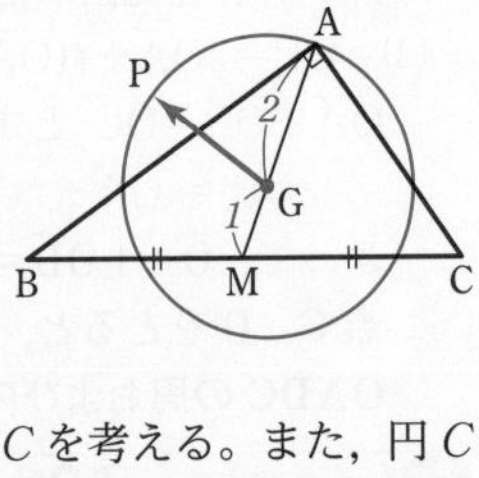

PRACTICE 44④

平面上に，異なる 2 定点 O，A と，線分 OA を直径とする円 C を考える。また，円 C 上に点Bをとり，$\overrightarrow{OA}=\vec{a}$，$\overrightarrow{OB}=\vec{b}$ とする。

(1) この平面上で，$\overrightarrow{OP}\cdot\overrightarrow{AP}+\overrightarrow{AP}\cdot\overrightarrow{BP}+\overrightarrow{BP}\cdot\overrightarrow{OP}=0$ を満たす点Pの全体よりなる円の中心を D，半径を r とする。$\overrightarrow{OD}$ および r を，$\vec{a}$ と $\vec{b}$ を用いて表せ。

(2) (1) において，点Bが円 C 上を動くとき，点Dはどんな図形を描くか。 〔岡山大〕

EXERCISES　5 ベクトル方程式

A

35❸ Oを原点とするとき，ベクトル $\overrightarrow{OA}=\vec{a}$，$\overrightarrow{OB}=\vec{b}$ のなす角の二等分線のベクトル方程式は，t を変数として，$\vec{p}=t\left(\dfrac{\vec{a}}{|\vec{a}|}+\dfrac{\vec{b}}{|\vec{b}|}\right)$ で表されることを証明せよ。

35

36❸ 三角形OABで，辺OAを2：1に内分する点をL，辺OBの中点をM，辺ABを2：3に内分する点をNとする。線分LMとONの交点をPとする。$\vec{a}=\overrightarrow{OA}$，$\vec{b}=\overrightarrow{OB}$ とするとき，$\overrightarrow{ON}$ と $\overrightarrow{OP}$ を $\vec{a}$，$\vec{b}$ を用いて表せ。〔琉球大〕

36

37❸ O(0, 0)，A(2, 4)，B(−2, 2) とする。実数 s，t が次の条件を満たしながら変化するとき，$\overrightarrow{OP}=s\overrightarrow{OA}+t\overrightarrow{OB}$ を満たす点Pの存在範囲を図示せよ。

(1) $s=0$，$t\geqq 0$　　(2) $s+4t=2$　　(3) $2s+t\leqq\dfrac{1}{2}$，$s\geqq 0$，$t\geqq 0$

37, 38

38❸ 平面上に三角形ABCがある。実数 k に対して，点Pが $\overrightarrow{PA}+\overrightarrow{PC}=k\overrightarrow{AB}$ を満たすとする。点Pが三角形ABCの内部（辺上を含まない）にあるような k の値の範囲を求めよ。〔福井県大〕

p.76

39❸ △ABCにおいて AC=BC とする。$\overrightarrow{CA}=\vec{a}$，$\overrightarrow{CB}=\vec{b}$，$\overrightarrow{CP}=\vec{p}$ とし，t を任意の実数とすると $\vec{p}=\dfrac{1}{2}\vec{a}+t(\vec{a}+\vec{b})$ は，辺ACの中点を通り，辺ABに垂直な直線を表すベクトル方程式であることを示せ。

39

40❸ 平面上に定点 $A(\vec{a})$，$B(\vec{b})$ があり，$|\vec{a}-\vec{b}|=5$，$|\vec{a}|=3$，$|\vec{b}|=6$ を満たしているとき，次の問いに答えよ。

(1) 内積 $\vec{a}\cdot\vec{b}$ を求めよ。

(2) 点 $P(\vec{p})$ に関するベクトル方程式 $|\vec{p}-\vec{a}+\vec{b}|=|2\vec{a}+\vec{b}|$ で表される円の中心の位置ベクトルと半径を求めよ。

(3) 点 $P(\vec{p})$ に関するベクトル方程式 $(\vec{p}-\vec{a})\cdot(2\vec{p}-\vec{b})=0$ で表される円の中心の位置ベクトルと半径を求めよ。〔東北学院大〕

41

EXERCISES　　5 ベクトル方程式

A

41③ Oを原点とする座標平面上に，半径 r，中心の位置ベクトル $\overrightarrow{OA}$ の円 C を考え，その円周上の点Pの位置ベクトルを $\overrightarrow{OP}$ とする。また，円 C の外部に点Bを考え，その位置ベクトルを $\overrightarrow{OB}$ とする。更に，点Bと点Pの中点をQ，その位置ベクトルを $\overrightarrow{OQ}$，点Pが円周上を動くとき点Qが描く図形を D とする。

(1) 円 C を表すベクトル方程式を求めよ。

(2) 図形 D を表すベクトル方程式を求めよ。〔山梨大〕

⟲ 41

42③ 平面上に△OABがあり，OA=5，OB=8，AB=7 とする。s，t を実数として，点Pを $\overrightarrow{OP}=s\overrightarrow{OA}+t\overrightarrow{OB}$ で定める。

(1) △OABの面積 S を求めよ。

(2) $s\geqq 0$，$t\geqq 0$，$1\leqq s+t\leqq 2$ のとき，点Pの存在範囲の面積を T とする。面積比 $S:T$ を求めよ。〔類 摂南大〕

⟲ 19, 43

43③ △ABCを1辺の長さが1の正三角形とする。△ABCを含む平面上の点Pが $\overrightarrow{AP}\cdot\overrightarrow{BP}-\overrightarrow{BP}\cdot\overrightarrow{CP}+\overrightarrow{CP}\cdot\overrightarrow{AP}=0$ を満たして動くとき，Pが描く図形を求めよ。〔埼玉大〕

⟲ 44

B

44⑤ 原点をOとする。x 軸上に定点 A$(k,\ 0)$ $(k>0)$ がある。いま，平面上に動点Pを $\overrightarrow{OP}\neq\vec{0}$，$\overrightarrow{OP}\cdot(\overrightarrow{OA}-\overrightarrow{OP})=0$，$0^\circ\leqq\angle POA<90^\circ$ となるようにとるとき

(1) 点 P$(x,\ y)$ の軌跡の方程式を x，y を用いて表せ。

(2) $|\overrightarrow{OP}||\overrightarrow{OA}-\overrightarrow{OP}|$ の最大値とこのときの ∠POA を求めよ。〔埼玉工大〕

⟲ 41

45④ Oを原点，A(2，1)，B(1，2)，$\overrightarrow{OP}=s\overrightarrow{OA}+t\overrightarrow{OB}$ (s，t は実数) とする。s，t が次の関係を満たしながら変化するとき，点Pの描く図形を図示せよ。

(1) $1\leqq s\leqq 2$，$0\leqq t\leqq 1$　　(2) $1\leqq s+t\leqq 2$，$s\geqq 0$，$t\geqq 0$

⟲ 38, 43

HINT

44 (1) **内積=0 ⟺ 垂直か $\vec{0}$**

(2) $\angle POA=\theta$ とすると $|\overrightarrow{OP}|=k\cos\theta$，$|\overrightarrow{OA}-\overrightarrow{OP}|=k\sin\theta$

45 (1) まず s を **固定** ⟶ t を **動かす**。次に s を $1\leqq s\leqq 2$ で **動かす**。

(2) $s+t=k$ として k を **固定** ⟶ =1 として，s，t を動かすと線分上を動く。次に k を $1\leqq k\leqq 2$ で **動かす**。

第2章

数学C
空間のベクトル

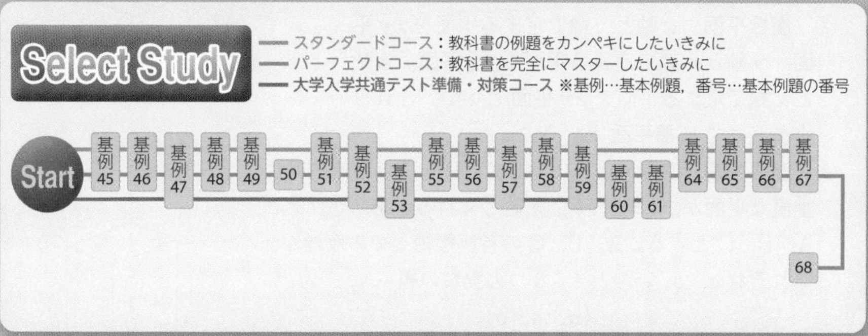

■ 例題一覧

	種類	番号	例題タイトル	難易度
6	基本	45	空間の点の座標	1
	基本	46	空間の２点間の距離	2
	基本	47	平行六面体とベクトル	2
7	基本	48	空間のベクトルの分解（成分）	2
	基本	49	平行四辺形と空間のベクトル	2
	基本	50	ベクトルの大きさの最小値（空間）	3
	基本	51	空間図形とベクトルの内積となす角	2
	基本	52	空間ベクトルの垂直	2
	基本	53	三角形の面積（空間）	3
	重要	54	ベクトルと座標軸のなす角	3
8	基本	55	共点条件（空間）	2
	基本	56	共線条件（空間）	2
	基本	57	交点の位置ベクトル（空間）	3
	基本	58	同じ平面上にある条件（共面条件）	2
	基本	59	直線と平面の交点の位置ベクトル	3
	基本	60	平面に下ろした垂線（1）……（座標あり）	3
	基本	61	垂直条件，線分の長さ	3
	重要	62	ベクトルの等式と四面体の体積比	3
	重要	63	平面に下ろした垂線（2）……（座標なし）	4
9	基本	64	分点の座標（空間）	1
	基本	65	座標平面に平行な平面	1
	基本	66	球面の方程式（1）	2
	基本	67	球面とその切り口	2
	基本	68	直線のベクトル方程式（空間）	3
	重要	69	球面の方程式（2）	3
	重要	70	３点を通る平面上の点	3
	重要	71	２直線の交点，直線と球面の交点	3
	重要	72	２直線の最短距離	4
	重要	73	直線と平面のなす角	4
	補充	74	平面の方程式	3
	補充	75	直線の方程式（空間）	3

6 空間の座標，空間のベクトル

基本事項

1 空間の点の座標

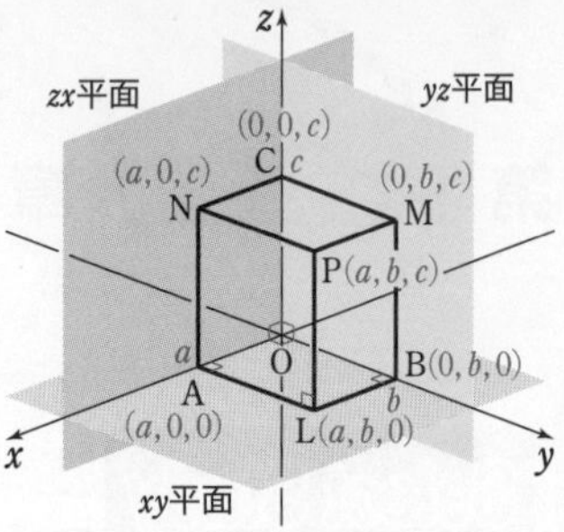

① **座標軸**　空間に点Oをとり，Oで互いに直交する3本の数直線を，右の図のように定める。これらを，それぞれ **x 軸**，**y 軸**，**z 軸** といい，まとめて **座標軸** という。また，点Oを **原点** という。

② **座標平面**　x 軸と y 軸で定まる平面を **xy 平面**，y 軸と z 軸で定まる平面を **yz 平面**，z 軸と x 軸で定まる平面を **zx 平面** といい，これらをまとめて **座標平面** という。

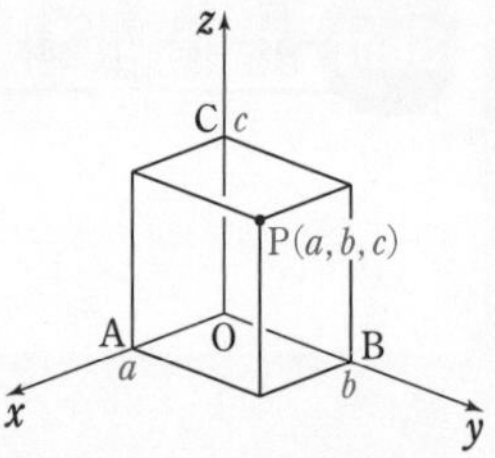

③ **座標空間**　空間の点Pに対して，Pを通り各座標軸に垂直な平面が，x 軸，y 軸，z 軸と交わる点を，それぞれA，B，Cとする。A，B，Cの各座標軸上での座標が，それぞれ a，b，c のとき，3つの実数の組

$$(a,\ b,\ c)$$

を点Pの **座標** といい，a，b，c をそれぞれ点Pの **x 座標**，**y 座標**，**z 座標** という。この点Pを **P$(a,\ b,\ c)$** と書くことがある。原点Oと，右の図の点A，B，Cの座標は

$$\mathrm{O}(0,\ 0,\ 0),\ \mathrm{A}(a,\ 0,\ 0),\ \mathrm{B}(0,\ b,\ 0),\ \mathrm{C}(0,\ 0,\ c)$$

である。

座標の定められた空間を **座標空間** という。

2 2点間の距離

2点A$(a_1,\ a_2,\ a_3)$，B$(b_1,\ b_2,\ b_3)$について，A，B間の距離は

$$\mathbf{AB}=\sqrt{(b_1-a_1)^2+(b_2-a_2)^2+(b_3-a_3)^2}$$

特に，原点Oと点P$(a,\ b,\ c)$の距離は　$\mathbf{OP}=\sqrt{a^2+b^2+c^2}$

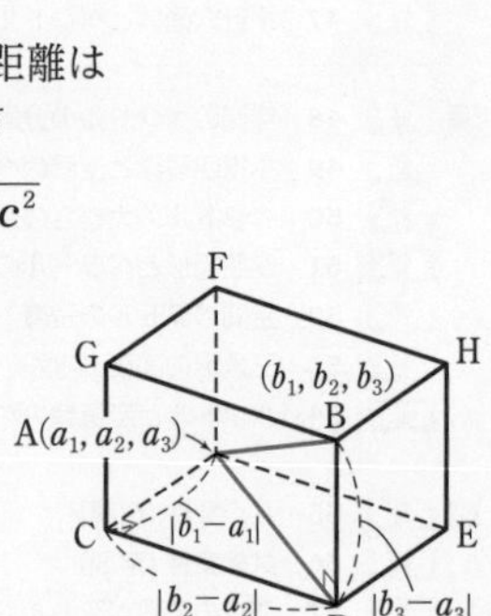

解説　座標空間において，2点をA$(a_1,\ a_2,\ a_3)$，B$(b_1,\ b_2,\ b_3)$とする。点Aを通り各座標平面に平行な3つの平面と，点Bを通り各座標平面に平行な3つの平面でできる直方体ACDE−FGBHにおいて

$$\mathrm{AC}=|b_1-a_1|,\ \mathrm{CD}=|b_2-a_2|,\ \mathrm{DB}=|b_3-a_3|$$

であるから　$\mathrm{AB}^2=\mathrm{AD}^2+\mathrm{DB}^2=(\mathrm{AC}^2+\mathrm{CD}^2)+\mathrm{DB}^2$

$$=(b_1-a_1)^2+(b_2-a_2)^2+(b_3-a_3)^2$$

$\mathrm{AB}>0$ から，2点A，B間の距離は

$$\mathrm{AB}=\sqrt{(b_1-a_1)^2+(b_2-a_2)^2+(b_3-a_3)^2}$$

3 空間のベクトル

① **空間のベクトルの演算法則**

空間のベクトルの加法，減法，実数倍や単位ベクトル，逆ベクトル，零ベクトルなどの定義は，平面上のベクトルの場合（p.12, 13 参照）と同様である。更に，平面上のベクトルについて成り立つ性質は，空間のベクトルに対してもそのまま成り立つから，次のことが成り立つ。

1 **交換法則** $\vec{a}+\vec{b}=\vec{b}+\vec{a}$ **結合法則** $(\vec{a}+\vec{b})+\vec{c}=\vec{a}+(\vec{b}+\vec{c})$

2 $\vec{a}+(-\vec{a})=\vec{0}$，$\vec{a}+\vec{0}=\vec{a}$，$\vec{a}-\vec{b}=\vec{a}+(-\vec{b})$

3 k，l を実数とするとき

$\boldsymbol{k(l\vec{a})=(kl)\vec{a}}$，$\boldsymbol{(k+l)\vec{a}=k\vec{a}+l\vec{a}}$，$\boldsymbol{k(\vec{a}+\vec{b})=k\vec{a}+k\vec{b}}$

② **空間のベクトルの平行条件**

$\vec{a}\neq\vec{0}$，$\vec{b}\neq\vec{0}$ のとき　$\vec{a}\,/\!/\,\vec{b} \iff \vec{b}=k\vec{a}$ **となる実数 k がある**

③ **ベクトルの合成・分割，向き変え，零ベクトル（□は同じ点）**

1 合成 $\overrightarrow{\mathrm{A}\square}+\overrightarrow{\square\mathrm{B}}=\overrightarrow{\mathrm{AB}}$，　$\overrightarrow{\square\mathrm{B}}-\overrightarrow{\square\mathrm{A}}=\overrightarrow{\mathrm{AB}}$

2 分割 $\overrightarrow{\mathrm{AB}}=\overrightarrow{\mathrm{A}\square}+\overrightarrow{\square\mathrm{B}}$，　$\overrightarrow{\mathrm{AB}}=\overrightarrow{\square\mathrm{B}}-\overrightarrow{\square\mathrm{A}}$

3 向き変え $\overrightarrow{\mathrm{BA}}=-\overrightarrow{\mathrm{AB}}$

4 零ベクトル $\overrightarrow{\mathrm{AA}}=\vec{0}$

4 ベクトルの分解（空間）

4点O，A，B，Cが同じ平面上にないとき，任意の点をPとし，$\overrightarrow{\mathrm{OA}}=\vec{a}$，$\overrightarrow{\mathrm{OB}}=\vec{b}$，$\overrightarrow{\mathrm{OC}}=\vec{c}$，$\overrightarrow{\mathrm{OP}}=\vec{p}$ とする（s，t，u，s'，t'，u' は実数）。

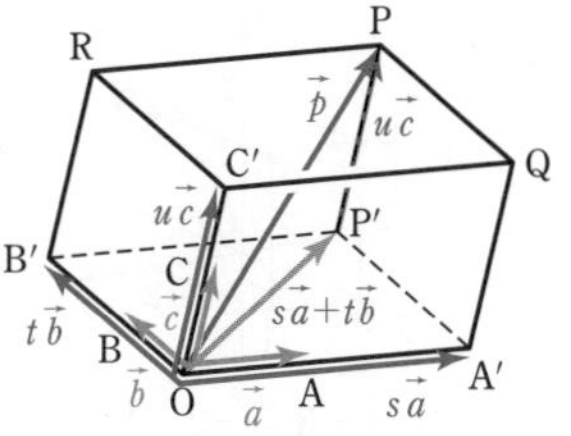

① 空間の任意のベクトル $\vec{p}$ は $\boldsymbol{\vec{p}=s\vec{a}+t\vec{b}+u\vec{c}}$ の形に，ただ1通りに表される。

② $\boldsymbol{s\vec{a}+t\vec{b}+u\vec{c}=s'\vec{a}+t'\vec{b}+u'\vec{c}}$

$\iff \boldsymbol{s=s'}$，$\boldsymbol{t=t'}$，$\boldsymbol{u=u'}$

特に　$\boldsymbol{s\vec{a}+t\vec{b}+u\vec{c}=\vec{0} \iff s=t=u=0}$

補足 「4点O，A，B，Cが同じ平面上にないとき」というのは，O，A，B，Cを頂点とする四面体を作ることができる場合をいう。また，このとき「$\vec{a}$，$\vec{b}$，$\vec{c}$ は同じ平面上にない」ともいう。この $\vec{a}$，$\vec{b}$，$\vec{c}$ は **1次独立** である（p.91 STEP UP 参照）。

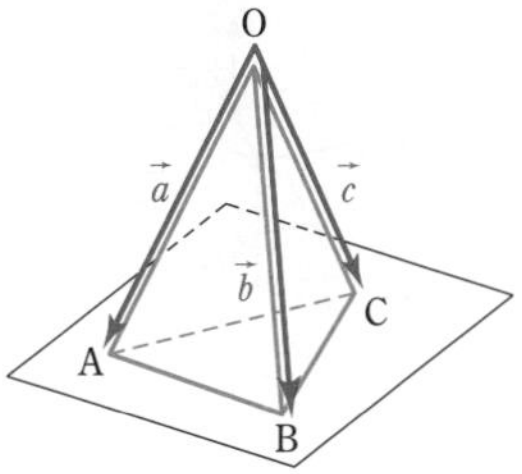

CHECK & CHECK

18 次の2点間の距離を求めよ。

(1) (0, 0, 0), (3, −4, 2)　　(2) (4, −1, 3), (−2, 2, 5)　　➡ 2

19 四面体ABCDについて，次の等式が成り立つことを示せ。

(1) $\overrightarrow{\mathrm{AD}}+\overrightarrow{\mathrm{BC}}-\overrightarrow{\mathrm{BD}}-\overrightarrow{\mathrm{AC}}=\vec{0}$　　(2) $\overrightarrow{\mathrm{AD}}-\overrightarrow{\mathrm{AB}}=\overrightarrow{\mathrm{CD}}-\overrightarrow{\mathrm{CB}}$　　➡ 3

基本 例題 45　空間の点の座標

点 P(3, 2, 4) に対して，次の座標を求めよ。

(1) 点Pから xy 平面，yz 平面，zx 平面に垂線を下ろし，各平面との交点を，それぞれ A，B，C とするとき，3点 A，B，C の座標。

(2) 点Pと (ア) yz 平面 (イ) z 軸 (ウ) 原点 に関して対称な点の座標。

p. 86 基本事項 1

CHART & SOLUTION

空間の点の座標と対称な点の座標

座標の符号の変化に注意

(1) 点Pから xy 平面に垂線を下ろす ⟶ z 座標が 0 で，x，y 座標は同じ。

(2) (ア) 点Pと yz 平面に対称な点 ⟶ x 座標の符号を変える。y，z 座標は同じ。

(イ) 点Pと z 軸に対称な点 ⟶ x，y 座標の符号を変える。z 座標は同じ。

解答

(1) **A(3, 2, 0)，**
B(0, 2, 4)，
C(3, 0, 4)

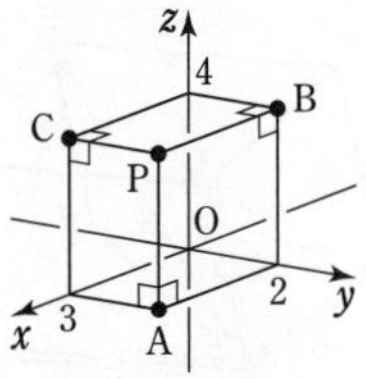

(2) (ア) **(−3, 2, 4)**

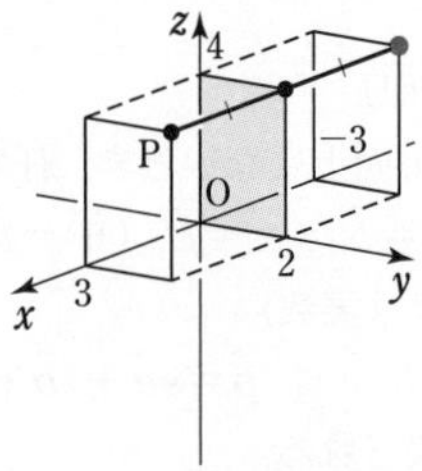

(イ) **(−3, −2, 4)**

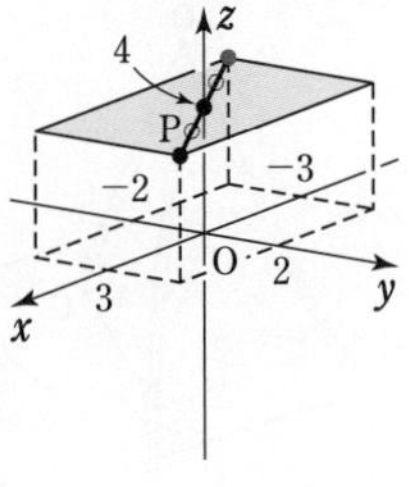

(ウ) **(−3, −2, −4)**

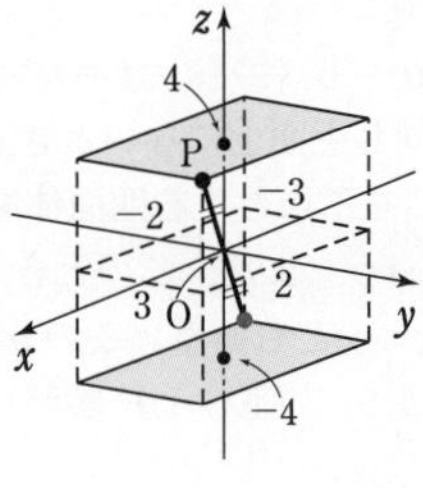

(1) 座標平面上の点は
xy 平面……(a, b, 0)
yz 平面……(0, b, c)
zx 平面……(a, 0, c)
と表される。

(2) (ア) x 座標を異符号に。
(イ) x，y 座標を異符号に。
(ウ) x，y，z 座標をすべて異符号に。
対称な点の符号の変化について，解答編 PRACTICE 45 の inf. にまとめてある。

PRACTICE 45[1]

(1) 点 P(2, 3, −1) から xy 平面，yz 平面，zx 平面に垂線を下ろし，各平面との交点を，それぞれ A，B，C とするとき，3点 A，B，C の座標を求めよ。

(2) 点 Q(−3, 4, 2) と (ア) xy 平面 (イ) yz 平面 (ウ) zx 平面 (エ) x 軸 (オ) y 軸 (カ) z 軸 (キ) 原点 に関して対称な点の座標をそれぞれ求めよ。

基本 例題 46 空間の 2 点間の距離

3 点 O(0, 0, 0), A(−1, 0, 2), B(2, 1, −1) について
(1) 2 点 A, B 間の距離を求めよ。
(2) 2 点 A, B から等距離にある z 軸上の点 P の座標を求めよ。
(3) 3 点 O, A, B から等距離にある xy 平面上の点 Q の座標を求めよ。

p. 86 基本事項 2

CHART & SOLUTION

空間の 2 点間の距離　距離は 2 乗の形で扱う ……❗

(1) 公式 $\mathbf{AB}=\sqrt{(\boldsymbol{b}_1-\boldsymbol{a}_1)^2+(\boldsymbol{b}_2-\boldsymbol{a}_2)^2+(\boldsymbol{b}_3-\boldsymbol{a}_3)^2}$ を用いる。
(2) P は z 軸上の点 ⟶ P$(0, 0, z)$ とする。条件から AP=BP であるが, 2 乗の形 $\text{AP}^2=\text{BP}^2$ とすると扱いやすい。
(3) Q は xy 平面上の点 ⟶ Q$(x, y, 0)$ とする。条件から OQ=AQ=BQ であるから
$\text{OQ}^2=\text{AQ}^2$, $\text{OQ}^2=\text{BQ}^2$

解答

(1) $\text{AB}=\sqrt{\{2-(-1)\}^2+(1-0)^2+(-1-2)^2}=\sqrt{19}$

❗ (2) P$(0, 0, z)$ とすると, AP=BP から　$\text{AP}^2=\text{BP}^2$

よって　$\{0-(-1)\}^2+(0-0)^2+(z-2)^2=(0-2)^2+(0-1)^2+\{z-(-1)\}^2$

整理すると　$6z=-1$　よって　$z=-\dfrac{1}{6}$

したがって　$\mathbf{P}\left(\mathbf{0},\ \mathbf{0},\ -\dfrac{\mathbf{1}}{\mathbf{6}}\right)$

(3) Q$(x, y, 0)$ とする。条件から　OQ=AQ=BQ

❗ OQ=AQ から　$\text{OQ}^2=\text{AQ}^2$

よって　$x^2+y^2=\{x-(-1)\}^2+y^2+(0-2)^2$

整理すると　$2x+5=0$　…… ①

❗ OQ=BQ から　$\text{OQ}^2=\text{BQ}^2$

よって　$x^2+y^2=(x-2)^2+(y-1)^2+\{0-(-1)\}^2$

整理すると　$2x+y-3=0$　…… ②

①, ② を解いて　$x=-\dfrac{5}{2}$, $y=8$

したがって　$\mathbf{Q}\left(-\dfrac{\mathbf{5}}{\mathbf{2}},\ \mathbf{8},\ \mathbf{0}\right)$

⇦ AP>0, BP>0 から AP=BP ⟺ $\text{AP}^2=\text{BP}^2$

⇦ $1+(z-2)^2=4+1+(z+1)^2$

⇦ OQ>0, AQ>0 から OQ=AQ ⟺ $\text{OQ}^2=\text{AQ}^2$

⇦ $\text{AQ}^2=\text{BQ}^2$ を計算してもよいが, 原点 O を含む方が計算しやすいことが多い。なお, $\text{AQ}^2=\text{BQ}^2$ を計算すると
$6x+2y-1=0$

PRACTICE 46②

3 点 A(3, 0, −2), B(−1, 2, 3), C(2, 1, 0) について
(1) 2 点 A, B から等距離にある y 軸上の点 P の座標を求めよ。
(2) 3 点 A, B, C から等距離にある yz 平面上の点 Q の座標を求めよ。

基本 例題 47　平行六面体とベクトル ②②②②②

平行六面体 ABCD-EFGH において，$\overrightarrow{AB}=\vec{a}$，$\overrightarrow{AD}=\vec{b}$，$\overrightarrow{AE}=\vec{c}$ とする。

(1) $\overrightarrow{AC}$，$\overrightarrow{AF}$，$\overrightarrow{AG}$，$\overrightarrow{DF}$，$\overrightarrow{BH}$ を，それぞれ $\vec{a}$，$\vec{b}$，$\vec{c}$ を用いて表せ。

(2) 等式 $\overrightarrow{AG}-\overrightarrow{BH}=\overrightarrow{DF}-\overrightarrow{CE}$ が成り立つことを証明せよ。 p.87 基本事項 3

CHART & SOLUTION

平行六面体に関するベクトル

ベクトルの分割，向き変えを活用

分割　$\overrightarrow{AB}=\overrightarrow{A\square}+\overrightarrow{\square B}$（しりとり）　$\overrightarrow{AB}=\overrightarrow{\square B}-\overrightarrow{\square A}$

向き変え　$\overrightarrow{BA}=-\overrightarrow{AB}$

平行六面体 とは，右の図のような，向かい合った 3 組の面がそれぞれ平行であるような六面体のことで，**すべての面が** 平行四辺形 である。

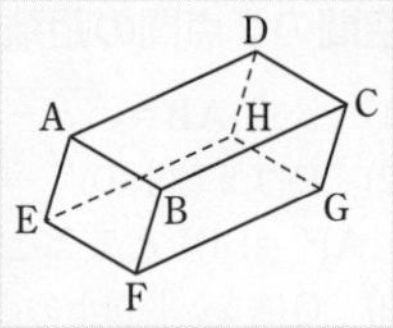

解答

(1) $\overrightarrow{AC}=\overrightarrow{AB}+\overrightarrow{AD}=\boldsymbol{\vec{a}+\vec{b}}$

$\overrightarrow{AF}=\overrightarrow{AB}+\overrightarrow{AE}=\boldsymbol{\vec{a}+\vec{c}}$

$\overrightarrow{AG}=\overrightarrow{AB}+\overrightarrow{BC}+\overrightarrow{CG}$
$=\overrightarrow{AB}+\overrightarrow{AD}+\overrightarrow{AE}$
$=\boldsymbol{\vec{a}+\vec{b}+\vec{c}}$

$\overrightarrow{DF}=\overrightarrow{DC}+\overrightarrow{CB}+\overrightarrow{BF}$
$=\overrightarrow{AB}-\overrightarrow{AD}+\overrightarrow{AE}$
$=\boldsymbol{\vec{a}-\vec{b}+\vec{c}}$

$\overrightarrow{BH}=\overrightarrow{BA}+\overrightarrow{AD}+\overrightarrow{DH}$
$=-\overrightarrow{AB}+\overrightarrow{AD}+\overrightarrow{AE}$
$=\boldsymbol{-\vec{a}+\vec{b}+\vec{c}}$

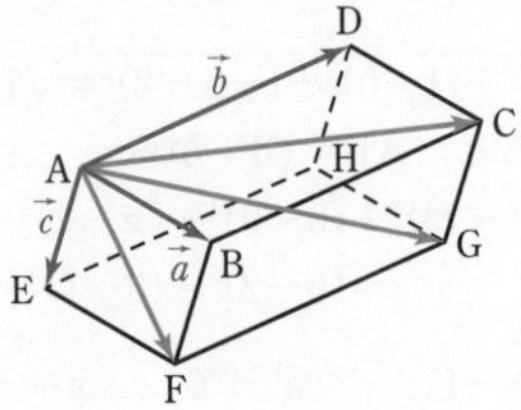

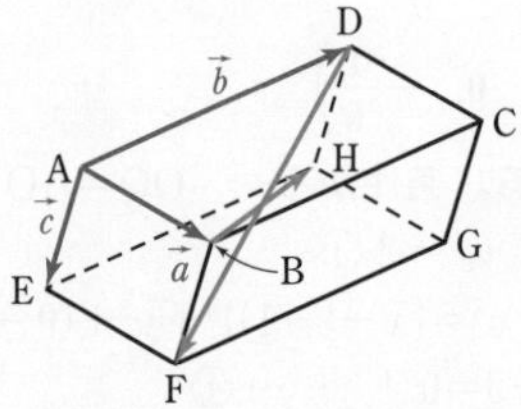

(2) $\overrightarrow{CE}=\overrightarrow{CD}+\overrightarrow{DA}+\overrightarrow{AE}$
$=-\overrightarrow{AB}-\overrightarrow{AD}+\overrightarrow{AE}$
$=-\vec{a}-\vec{b}+\vec{c}$

よって，(1) から

$\overrightarrow{AG}-\overrightarrow{BH}=(\vec{a}+\vec{b}+\vec{c})-(-\vec{a}+\vec{b}+\vec{c})=2\vec{a}$

$\overrightarrow{DF}-\overrightarrow{CE}=(\vec{a}-\vec{b}+\vec{c})-(-\vec{a}-\vec{b}+\vec{c})=2\vec{a}$

したがって　$\overrightarrow{AG}-\overrightarrow{BH}=\overrightarrow{DF}-\overrightarrow{CE}$

⇐ 平行四辺形を利用。

⇐ $\overrightarrow{AG}=\overrightarrow{A\square}+\overrightarrow{\square\triangle}+\overrightarrow{\triangle G}$（しりとり式）で表す。

⇐ $\overrightarrow{DF}=\overrightarrow{AF}-\overrightarrow{AD}$ と考えてもよい。

⇐ $\overrightarrow{BH}=\overrightarrow{AH}-\overrightarrow{AB}$
$=(\overrightarrow{AD}+\overrightarrow{AE})-\overrightarrow{AB}$
と考えてもよい。

⇐ (1) は (2) のヒント
(1) と同じように，基本になるベクトル $\vec{a}$，$\vec{b}$，$\vec{c}$ の計算で証明すると見通しがよい。

PRACTICE 47②

平行六面体 ABCD-EFGH において，$\overrightarrow{AB}=\vec{a}$，$\overrightarrow{AD}=\vec{b}$，$\overrightarrow{AE}=\vec{c}$ とする。

(1) $\overrightarrow{AH}$，$\overrightarrow{CE}$ を，それぞれ $\vec{a}$，$\vec{b}$，$\vec{c}$ を用いて表せ。

(2) 等式 $\overrightarrow{AG}+\overrightarrow{BH}+\overrightarrow{CE}+\overrightarrow{DF}=4\overrightarrow{AE}$ が成り立つことを証明せよ。

(3) 等式 $3\overrightarrow{BH}+2\overrightarrow{DF}=2\overrightarrow{AG}+3\overrightarrow{CE}+2\overrightarrow{BC}$ が成り立つことを証明せよ。

STEP UP 空間のベクトルの１次独立と１次従属

第１章では，平面ベクトルの１次独立と１次従属について学んだ（p.25 STEP UP 参照）。空間ベクトルにおいても，平面上のときと同様に，次のように定義される。

３個のベクトル $\vec{a}$，$\vec{b}$，$\vec{c}$ と実数 s，t，u に対して

$$s\vec{a}+t\vec{b}+u\vec{c}=\vec{0} \quad \text{ならば} \quad s=t=u=0$$

が成り立つとき，これら３個のベクトル $\vec{a}$，$\vec{b}$，$\vec{c}$ は**１次独立**であるという。
また，１次独立でないベクトルは，**１次従属**であるという。

また，空間において，同じ平面上にないベクトル $\vec{a}$，$\vec{b}$，$\vec{c}$ に対して次のことが成り立つ。

① **任意のベクトル $\vec{p}$ は $\vec{p}=s\vec{a}+t\vec{b}+u\vec{c}$ の形に，ただ１通りに表される。**
② $s\vec{a}+t\vec{b}+u\vec{c}=\vec{0} \iff s=t=u=0$

（① の 証明） $\vec{a}=\overrightarrow{\mathrm{OA}}$，$\vec{b}=\overrightarrow{\mathrm{OB}}$，$\vec{c}=\overrightarrow{\mathrm{OC}}$ とし，
$\vec{p}=\overrightarrow{\mathrm{OP}}$ となる点Pをとる。３辺がそれぞれ直線OA，OB，OC上にあり，Pを１つの頂点とする右の図のような平行六面体 OA′P′B′-C′QPR を作る。
点P′は，３点O，A，Bの定める平面上にあるから，
$\overrightarrow{\mathrm{OP'}}=s\vec{a}+t\vec{b}$ となる実数 s，t がただ１組ある。
また，P′P // OC′，P′P=OC′ であるから，
$\overrightarrow{\mathrm{P'P}}=\overrightarrow{\mathrm{OC'}}=u\vec{c}$ となる実数 u がただ１つある。
よって　$\overrightarrow{\mathrm{OP}}=\overrightarrow{\mathrm{OP'}}+\overrightarrow{\mathrm{P'P}}=s\vec{a}+t\vec{b}+u\vec{c}$
ゆえに，**$\vec{p}=s\vec{a}+t\vec{b}+u\vec{c}$ となる実数 s，t，u がただ１通りに定まる。**

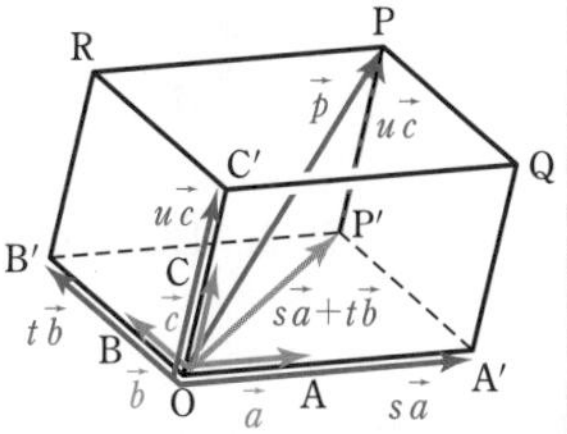

一般に，空間では３つのベクトル $\vec{a}$，$\vec{b}$，$\vec{c}$ について

$\vec{a}$，$\vec{b}$，$\vec{c}$ が１次独立 $\iff$ $\vec{a}$，$\vec{b}$，$\vec{c}$ が同じ平面上にない

が成り立つ。このことから，$\vec{a}$，$\vec{b}$，$\vec{c}$ が１次独立であるとき，$\vec{a}=\overrightarrow{\mathrm{OA}}$，$\vec{b}=\overrightarrow{\mathrm{OB}}$，$\vec{c}=\overrightarrow{\mathrm{OC}}$ とすると，４点O，A，B，Cは同じ平面上にないことがわかる。このとき，４点O，A，B，Cを頂点とする立体は四面体になる。
また，$\vec{a}$，$\vec{b}$，$\vec{c}$ はどれも $\vec{0}$ でなく，どの２つのベクトルも平行でない。
なお，$\vec{0}$ でないベクトル $\vec{a}$，$\vec{b}$，$\vec{c}$ が１次従属であるとき，$\vec{a}=\overrightarrow{\mathrm{OA}}$，$\vec{b}=\overrightarrow{\mathrm{OB}}$，$\vec{c}=\overrightarrow{\mathrm{OC}}$ とすると，４点O，A，B，Cは１つの平面上にある。このとき，この平面上にない点Pの位置ベクトル $\vec{p}$ を $\vec{p}=s\vec{a}+t\vec{b}+u\vec{c}$ の形に表すことはできない。

１次独立

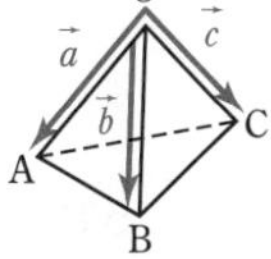

１次従属

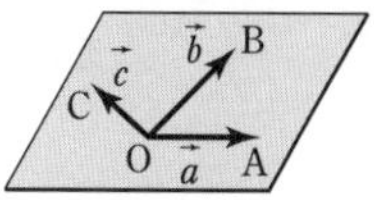

次のことは特に重要なので，最後にまとめておく。しっかり押さえておこう。

平面上では， 任意のベクトル $\vec{p}$ は１次独立な **２つのベクトル** $\vec{a}$，$\vec{b}$ を用いて，
$\vec{p}=s\vec{a}+t\vec{b}$ の形に ただ１通り に表すことができる。
空間では， 任意のベクトル $\vec{p}$ は１次独立な **３つのベクトル** $\vec{a}$，$\vec{b}$，$\vec{c}$ を用いて，
$\vec{p}=s\vec{a}+t\vec{b}+u\vec{c}$ の形に ただ１通り に表すことができる。

EXERCISES　6 空間の座標，空間のベクトル

A

46❷ 点Oを原点とする空間に，3点 A(1，2，0)，B(0，2，3)，C(1，0，3) がある。このとき，四面体 OABC の体積を求めよ。〔群馬大〕

➡ 45

47❷ 空間において，3点 A(5，0，1)，B(4，2，0)，C(0，1，5) を頂点とする三角形 ABC がある。

(1) 線分 AB，BC，CA の長さを求めよ。

(2) 三角形 ABC の面積 S を求めよ。〔類 長崎大〕

➡ 46

48❷ 四面体 ABCD において，次の等式が成り立つことを示せ。

(1) $\overrightarrow{AB}+\overrightarrow{BD}+\overrightarrow{DC}+\overrightarrow{CA}=\vec{0}$

(2) $\overrightarrow{BC}-\overrightarrow{DA}=\overrightarrow{AC}-\overrightarrow{DB}$

➡ 47

49❸ 同じ平面上にない異なる4点 O，A，B，C があり，2点 P，Q に対し $\overrightarrow{OP}=\overrightarrow{OA}-\overrightarrow{OB}$，$\overrightarrow{OQ}=-5\overrightarrow{OC}$ のとき，$k\overrightarrow{OP}+\overrightarrow{OQ}=-3\overrightarrow{OA}+3\overrightarrow{OB}+l\overrightarrow{OC}$ を満たす実数 k，l の値を求めよ。

➡ p.87 4

B

50❸ 3点 A(2，−1，3)，B(5，2，3)，C(2，2，0) について

(1) 3点 A，B，C を頂点とする三角形は正三角形であることを示せ。

(2) 正四面体の3つの頂点が A，B，C であるとき，第4の頂点Dの座標を求めよ。

➡ 46

51❸ 平行六面体 ABCD-EFGH において，$\overrightarrow{AC}=\vec{p}$，$\overrightarrow{AF}=\vec{q}$，$\overrightarrow{AH}=\vec{r}$ とするとき，

$\overrightarrow{AB}$，$\overrightarrow{AD}$，$\overrightarrow{AE}$，$\overrightarrow{AG}$

を，それぞれ $\vec{p}$，$\vec{q}$，$\vec{r}$ を用いて表せ。

➡ 47

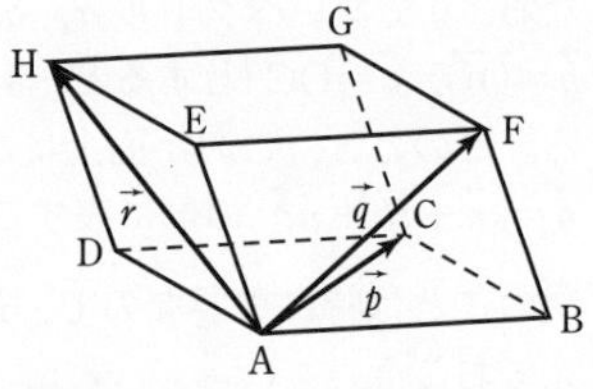

HINT

49 p.87 基本事項 4 ② の性質を利用する。なお，$\overrightarrow{OA}$，$\overrightarrow{OB}$，$\overrightarrow{OC}$ は1次独立である。

50 (1) AB=BC=CA を示す。

(2) D(x，y，z) として，AD=BD=CD から x，y，z を求める。正四面体の1辺の長さは(1)を利用する。

51 直接 $\overrightarrow{AB}$，$\overrightarrow{AD}$，$\overrightarrow{AE}$ を $\vec{p}$，$\vec{q}$，$\vec{r}$ を用いて表すことは難しい。そこで $\vec{p}$，$\vec{q}$，$\vec{r}$ をそれぞれ $\overrightarrow{AB}$，$\overrightarrow{AD}$，$\overrightarrow{AE}$ を用いて表してみる。

7 空間のベクトルの成分，内積

基本事項

1 空間のベクトルの成分

① **ベクトルの表示**

$\vec{a}$ の成分表示 $\vec{a}=(a_1,\ a_2,\ a_3)$　　この a_1，a_2，a_3 を，それぞれ $\vec{a}$ の **x 成分**，**y 成分**，**z 成分** といい，まとめて $\vec{a}$ の **成分** という。

零ベクトルの成分表示は　$\vec{0}=(0,\ 0,\ 0)$

② **ベクトルの相等，大きさ**

相等　$\vec{a}=(a_1,\ a_2,\ a_3)$，$\vec{b}=(b_1,\ b_2,\ b_3)$ について

$$\vec{a}=\vec{b} \iff a_1=b_1,\ a_2=b_2,\ a_3=b_3$$

大きさ　$\vec{a}=(a_1,\ a_2,\ a_3)$ のとき　$|\vec{a}|=\sqrt{a_1^2+a_2^2+a_3^2}$

③ **成分によるベクトルの演算**　k，l を実数とする。

1　$(a_1,\ a_2,\ a_3)+(b_1,\ b_2,\ b_3)=(a_1+b_1,\ a_2+b_2,\ a_3+b_3)$

2　$(a_1,\ a_2,\ a_3)-(b_1,\ b_2,\ b_3)=(a_1-b_1,\ a_2-b_2,\ a_3-b_3)$

3　$k(a_1,\ a_2,\ a_3)=(ka_1,\ ka_2,\ ka_3)$

一般に　$k(a_1,\ a_2,\ a_3)+l(b_1,\ b_2,\ b_3)=(ka_1+lb_1,\ ka_2+lb_2,\ ka_3+lb_3)$

参考　① 座標軸に関する **基本ベクトル** を

$\vec{e_1}=(1,\ 0,\ 0)$，$\vec{e_2}=(0,\ 1,\ 0)$，$\vec{e_3}=(0,\ 0,\ 1)$

とすると，$\vec{a}=(a_1,\ a_2,\ a_3)$ は

$\vec{a}=a_1\vec{e_1}+a_2\vec{e_2}+a_3\vec{e_3}$ **(基本ベクトル表示)**

とも表される。

$\vec{a}=a_1\vec{e_1}+a_2\vec{e_2}+a_3\vec{e_3}$，

$\vec{b}=b_1\vec{e_1}+b_2\vec{e_2}+b_3\vec{e_3}$ のとき

$\vec{a}=\vec{b} \iff a_1=b_1,\ a_2=b_2,\ a_3=b_3$

($p.87$ 基本事項 4 参照)

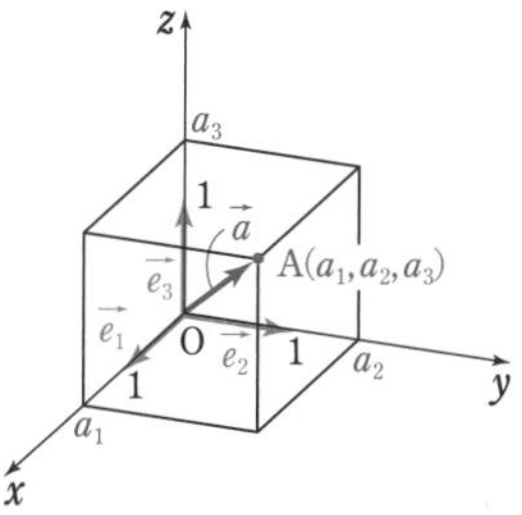

$\vec{a}=a_1\vec{e_1}+a_2\vec{e_2}+a_3\vec{e_3}$
$\vec{a}$ は，$\vec{e_1}$，$\vec{e_2}$，$\vec{e_3}$ を用いて，ただ1通りに表される。

2 座標空間の点とベクトル

2点 $\mathrm{A}(a_1,\ a_2,\ a_3)$，$\mathrm{B}(b_1,\ b_2,\ b_3)$ について

$\overrightarrow{\mathrm{AB}}=(b_1-a_1,\ b_2-a_2,\ b_3-a_3)$

ベクトル $\overrightarrow{\mathrm{AB}}$ の大きさ

$|\overrightarrow{\mathrm{AB}}|=\sqrt{(b_1-a_1)^2+(b_2-a_2)^2+(b_3-a_3)^2}$　← 2点 A，B 間の距離

3 空間のベクトルの内積　平面上のベクトルの内積と同様に定義される。

① **定義**　$\vec{0}$ でない2つのベクトル $\vec{a}$ と $\vec{b}$ のなす角を θ とすると

$$\vec{a}\cdot\vec{b}=|\vec{a}||\vec{b}|\cos\theta \qquad ただし\quad 0^\circ \leqq \theta \leqq 180^\circ$$

$\vec{a}=\vec{0}$ または $\vec{b}=\vec{0}$ のときは $\vec{a}\cdot\vec{b}=0$ と定める。

② **成分表示** $\vec{a}=(a_1,\ a_2,\ a_3),\ \vec{b}=(b_1,\ b_2,\ b_3)$ のとき

  1 **内積** $\vec{a}\cdot\vec{b}=a_1b_1+a_2b_2+a_3b_3$

  2 **なす角の余弦** $\vec{a}\neq\vec{0},\ \vec{b}\neq\vec{0}$ のとき，$\vec{a}$ と $\vec{b}$ のなす角を θ とすると

$$\cos\theta=\frac{\vec{a}\cdot\vec{b}}{|\vec{a}||\vec{b}|}=\frac{a_1b_1+a_2b_2+a_3b_3}{\sqrt{a_1{}^2+a_2{}^2+a_3{}^2}\sqrt{b_1{}^2+b_2{}^2+b_3{}^2}}\qquad \text{ただし}\quad 0°\leqq\theta\leqq180°$$

  3 **垂直条件** $\vec{a}\neq\vec{0},\ \vec{b}\neq\vec{0}$ のとき

$$\vec{a}\perp\vec{b}\iff\vec{a}\cdot\vec{b}=0\iff a_1b_1+a_2b_2+a_3b_3=0$$

③ **内積の演算法則** 平面上のベクトルと同様の性質が成り立つ（$p.30$ 参照）。

  1 $\vec{a}\cdot\vec{a}=|\vec{a}|^2$ 2 $\vec{a}\cdot\vec{b}=\vec{b}\cdot\vec{a}$

  3 $(\vec{a}+\vec{b})\cdot\vec{c}=\vec{a}\cdot\vec{c}+\vec{b}\cdot\vec{c}$ 4 $\vec{a}\cdot(\vec{b}+\vec{c})=\vec{a}\cdot\vec{b}+\vec{a}\cdot\vec{c}$

  5 $(k\vec{a})\cdot\vec{b}=\vec{a}\cdot(k\vec{b})=k(\vec{a}\cdot\vec{b})\ [=k\vec{a}\cdot\vec{b}]$ ただし，k は実数

> **補足** 重要例題 20 で示した $|\vec{a}\cdot\vec{b}|\leqq|\vec{a}||\vec{b}|$，$|\vec{a}+\vec{b}|\leqq|\vec{a}|+|\vec{b}|$ などは，空間のベクトルでも成り立つ。
>
> また，空間内の $\triangle$OAB において，$\overrightarrow{\text{OA}}=\vec{a}$，$\overrightarrow{\text{OB}}=\vec{b}$ とすると，$\triangle$OAB の面積 S は平面のときと同様に次の式で表される。
>
> $$S=\frac{1}{2}\sqrt{|\vec{a}|^2|\vec{b}|^2-(\vec{a}\cdot\vec{b})^2}$$

CHECK & CHECK ・・・

20 次のベクトル $\vec{a}$，$\vec{b}$ が等しくなるように，x，y，z の値を定めよ。

  (1) $\vec{a}=(-1,\ 2,\ -3)$，$\vec{b}=(x-2,\ y+3,\ -z-4)$

  (2) $\vec{a}=(2x-1,\ 4,\ 3z)$，$\vec{b}=(3,\ 3y+1,\ 2-z)$ **⤵ 1**

21 次のベクトルの大きさを求めよ。

  (1) $\vec{a}=(6,\ -3,\ 2)$ (2) $\vec{b}=(7,\ 1,\ -5)$ **⤵ 1**

22 $\vec{a}=(2,\ -1,\ 3)$，$\vec{b}=(-2,\ -3,\ 1)$ であるとき，次のベクトルを成分で表せ。

  (1) $\vec{a}+\vec{b}$ (2) $\vec{a}-\vec{b}$ (3) $2\vec{a}$

  (4) $2\vec{a}+3\vec{b}$ (5) $5\vec{b}-4\vec{a}$ **⤵ 1**

23 A$(3,\ -1,\ 2)$，B$(1,\ 2,\ 3)$，C$(2,\ 3,\ 1)$ について，$\overrightarrow{\text{AB}}$，$\overrightarrow{\text{BC}}$，$\overrightarrow{\text{CA}}$ を成分で表し，大きさを求めよ。   **⤵ 2**

24 次の 2 つのベクトル $\vec{a}$ と $\vec{b}$ の内積を求めよ。

  (1) $\vec{a}=(-2,\ 1,\ 2)$，$\vec{b}=(1,\ -1,\ 0)$

  (2) $\vec{a}=(2,\ 3,\ -4)$，$\vec{b}=(-1,\ 2,\ 1)$ **⤵ 3**

25 空間の 3 点 L$(2,\ 1,\ 0)$，M$(1,\ 2,\ 0)$，N$(2,\ 2,\ 1)$ に対して，$\angle$LMN の大きさを求めよ。   **⤵ 3**

基本 例題 48 空間のベクトルの分解(成分)

$\vec{a}=(1,\ 3,\ 2)$, $\vec{b}=(0,\ 1,\ -1)$, $\vec{c}=(5,\ 1,\ 3)$ であるとき，ベクトル $\vec{d}=(7,\ 6,\ 8)$ を，$s\vec{a}+t\vec{b}+u\vec{c}$ (s, t, u は実数) の形に表せ。

p.93 基本事項 1，基本 6

CHART & SOLUTION

ベクトルの相等

対応する成分が等しい

$\vec{a}=(a_1,\ a_2,\ a_3)$, $\vec{b}=(b_1,\ b_2,\ b_3)$ について

$\vec{a}=\vec{b} \iff a_1=b_1,\ a_2=b_2,\ a_3=b_3$

平面の場合(基本例題 6)と方針は同じ。次の手順で進める。

① $\vec{d}=s\vec{a}+t\vec{b}+u\vec{c}$ として，**両辺の x 成分，y 成分，z 成分が等しい** とする。

② s, t, u の **連立方程式** を解く。

解答

$s\vec{a}+t\vec{b}+u\vec{c}=s(1,\ 3,\ 2)+t(0,\ 1,\ -1)+u(5,\ 1,\ 3)$

$=(s+5u,\ 3s+t+u,\ 2s-t+3u)$

$\vec{d}=s\vec{a}+t\vec{b}+u\vec{c}$ とすると

$(7,\ 6,\ 8)=(s+5u,\ 3s+t+u,\ 2s-t+3u)$

よって　$s+5u=7$ …… ①

$3s+t+u=6$ …… ②

$2s-t+3u=8$ …… ③

②+③ から　$5s+4u=14$ …… ④

①×5−④ から　$21u=21$

ゆえに　$u=1$

よって，① から　$s=2$

更に，② から　$t=-1$

したがって　$\vec{d}=2\vec{a}-\vec{b}+\vec{c}$

$k(a_1,\ a_2,\ a_3)$
$=(ka_1,\ ka_2,\ ka_3)$
ただし，k は実数。
$(a_1,\ a_2,\ a_3)+(b_1,\ b_2,\ b_3)$
$=(a_1+b_1,\ a_2+b_2,\ a_3+b_3)$

inf. $s\vec{a}+t\vec{b}+u\vec{c}=\vec{0}$ とすると，
$s=t=u=0$
である。このことから，$\vec{a}$, $\vec{b}$, $\vec{c}$ は **1 次独立** であることがわかる。
したがって，任意のベクトル $\vec{p}$ は $\vec{p}=s\vec{a}+t\vec{b}+u\vec{c}$ の形に，ただ1通りに表される。例題の
$\vec{d}=2\vec{a}-\vec{b}+\vec{c}$
は，その例である。
(p.87 基本事項 4，p.91 STEP UP 参照。)

PRACTICE 48②

$\vec{a}=(1,\ 2,\ -5)$, $\vec{b}=(2,\ 3,\ 1)$, $\vec{c}=(-1,\ 0,\ 1)$ であるとき，次のベクトルを，それぞれ $s\vec{a}+t\vec{b}+u\vec{c}$ (s, t, u は実数) の形に表せ。

(1) $\vec{d}=(1,\ 5,\ -2)$　　(2) $\vec{e}=(3,\ 4,\ 7)$

基本 例題 49 平行四辺形と空間のベクトル

4 点 A(−1, 1, 1), B(1, −1, 1), C(1, 1, −1), D(a, b, c) を頂点とする四角形 ABCD が平行四辺形になるように，a，b，c の値を定めよ。また，このとき，平行四辺形 ABCD の隣り合う 2 辺の長さと対角線の長さを，それぞれ求めよ。

➲ p. 93 基本事項 1，2，基本 9

CHART & SOLUTION

四角形 ABCD が平行四辺形
$$\iff \overrightarrow{AD}=\overrightarrow{BC}$$

平面の場合と同様に，平行四辺形になるための条件
「1 組の対辺が平行で長さが等しい」を利用する。
2 点 A(a_1, a_2, a_3), B(b_1, b_2, b_3) について
$$\mathbf{AB}=|\overrightarrow{\mathbf{AB}}|=\sqrt{(\boldsymbol{b}_1-\boldsymbol{a}_1)^2+(\boldsymbol{b}_2-\boldsymbol{a}_2)^2+(\boldsymbol{b}_3-\boldsymbol{a}_3)^2}$$

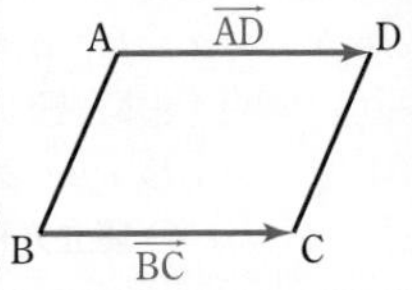

解答

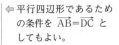

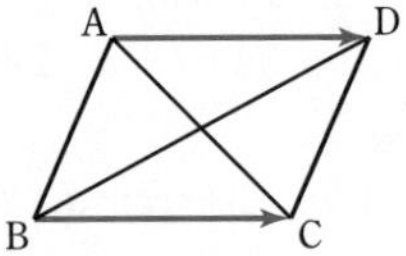

四角形 ABCD が平行四辺形になるのは，$\overrightarrow{AD}=\overrightarrow{BC}$ のときであるから

$$(a-(-1),\ b-1,\ c-1)$$
$$=(1-1,\ 1-(-1),\ -1-1)$$

よって　$a+1=0$, $b-1=2$, $c-1=-2$

ゆえに　$\boldsymbol{a=-1,\ b=3,\ c=-1}$

また　$|\overrightarrow{AB}|=\sqrt{\{1-(-1)\}^2+(-1-1)^2+(1-1)^2}$
$=\sqrt{2^2+(-2)^2+0^2}=2\sqrt{2}$

$|\overrightarrow{BC}|=\sqrt{0^2+2^2+(-2)^2}=2\sqrt{2}$

よって，**隣り合う 2 辺の長さは　$2\sqrt{2}$，$2\sqrt{2}$**

対角線の長さは $|\overrightarrow{AC}|$, $|\overrightarrow{BD}|$ である。

$|\overrightarrow{AC}|=\sqrt{\{1-(-1)\}^2+(1-1)^2+(-1-1)^2}$
$=\sqrt{2^2+0^2+(-2)^2}=2\sqrt{2}$

$|\overrightarrow{BD}|=\sqrt{(-1-1)^2+\{3-(-1)\}^2+(-1-1)^2}$
$=\sqrt{(-2)^2+4^2+(-2)^2}=2\sqrt{6}$

したがって，**対角線の長さは　$2\sqrt{2}$，$2\sqrt{6}$**

⇐ 平行四辺形であるための条件を $\overrightarrow{AB}=\overrightarrow{DC}$ としてもよい。

⇐ 成分を比較する。

⇐ D(−1, 3, −1)

⇐ AB, BC が隣り合う辺。

inf. この結果から △ABC は正三角形であり，平行四辺形 ABCD はひし形であることがわかる。

PRACTICE 49②

4 点 A(1, 2, −1), B(3, 5, 3), C(5, 0, 1), D(a, b, c) を頂点とする四角形 ABDC が平行四辺形になるように，a，b，c の値を定めよ。また，このとき，平行四辺形 ABDC の隣り合う 2 辺の長さと対角線の長さを，それぞれ求めよ。

基本 例題 50 ベクトルの大きさの最小値(空間)

$\vec{a}=(3,\ 4,\ 4)$, $\vec{b}=(2,\ 3,\ -1)$ がある。実数 t を変化させるとき，$\vec{c}=\vec{a}+t\vec{b}$ の大きさの最小値と，そのときの t の値を求めよ。

⟲ 基本 10

CHART & SOLUTION

$|\vec{a}+t\vec{b}|$ の最小値
$|\vec{a}+t\vec{b}|^2$ の最小値を考える

平面上のベクトルの大きさの最小値の求め方と同様 (基本例題 10 参照)。
$|\vec{c}|$ の最小値 ⟶ $|\vec{c}|^2$ (t の 2 次式) の最小値を求める。

解答

$\vec{c}=\vec{a}+t\vec{b}=(3,\ 4,\ 4)+t(2,\ 3,\ -1)$
$=(3+2t,\ 4+3t,\ 4-t)$

よって
$|\vec{c}|^2=(3+2t)^2+(4+3t)^2+(4-t)^2$
$=14t^2+28t+41$
$=14(t+1)^2+27$

⇦ $14(t^2+2t)+41$
$=14\{(t+1)^2-1^2\}+41$
$=14(t+1)^2-14+41$

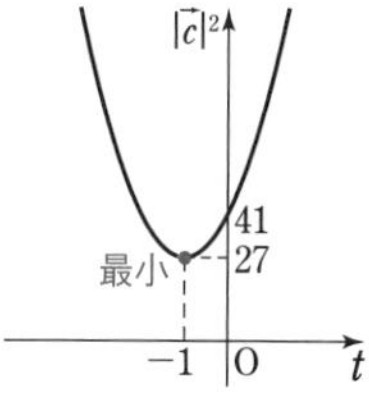

ゆえに，$|\vec{c}|^2$ は $t=-1$ のとき最小値 27 をとる。
$|\vec{c}|\geqq 0$ であるから，このとき $|\vec{c}|$ も最小となる。

⇦ **この断りは重要。**

したがって，$|\vec{c}|$ は **$t=-1$ のとき最小値 $\sqrt{27}=3\sqrt{3}$** をとる。

INFORMATION ―― $|\vec{a}+t\vec{b}|$ の最小値の図形的意味

上の例題を座標空間において図形的に考えてみよう。
$\vec{a}=\overrightarrow{OA}$, $\vec{b}=\overrightarrow{OB}$, $\vec{c}=\overrightarrow{OC}$ とすると，t が変化するとき，C は点 A$(3,\ 4,\ 4)$ を通り，$\vec{b}$ に平行な直線 ℓ 上を動く。
$|\vec{c}|$ は，$t=-1$ のとき最小となるが，このとき $\vec{c}=(1,\ 1,\ 5)$ である。これは原点Oから直線 ℓ に垂線 OH を下ろしたとき，Hの座標が $(1,\ 1,\ 5)$ で，$|\vec{c}|$ の最小値が $\mathrm{OH}=\sqrt{1^2+1^2+5^2}=\sqrt{27}=3\sqrt{3}$ であることを意味する。

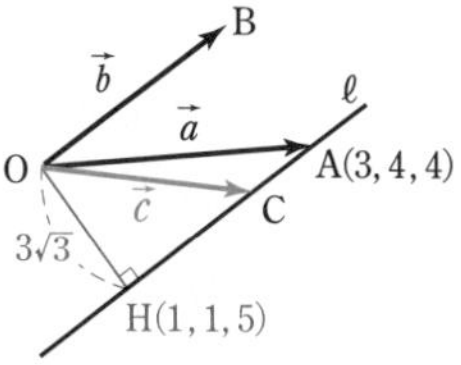

このことは，座標平面においても同様である ($p.27$ の INFORMATION 参照)。

PRACTICE 50③

$\vec{a}=(1,\ -1,\ 2)$, $\vec{b}=(1,\ 1,\ -1)$ とする。$\vec{a}+t\vec{b}$ (t は実数) の大きさの最小値とそのときの t の値を求めよ。 〔北見工大〕

基本 例題 51 空間図形とベクトルの内積となす角

(1) AB=1, AD=$\sqrt{3}$, AE=1 の直方体 ABCD-EFGH について，次の内積を求めよ。

(ア) $\overrightarrow{AD}\cdot\overrightarrow{EG}$　　(イ) $\overrightarrow{AB}\cdot\overrightarrow{CH}$

(2) $\vec{a}=(1,\ 1,\ 0)$, $\vec{b}=(2,\ 1,\ -2)$ の内積となす角 θ を求めよ。

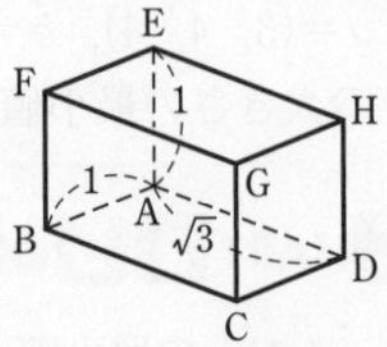

p.93, 94 基本事項 3

CHART & SOLUTION

内積　なす角 θ は始点をそろえて測る

内積と成分　平面の内積に z 成分の積をプラス

(1) (ア) 始点をAにそろえる。　(イ) 始点をCにそろえる。

(2) $\vec{a}=(a_1,\ a_2,\ a_3)$, $\vec{b}=(b_1,\ b_2,\ b_3)$ のとき

$$\vec{a}\cdot\vec{b}=a_1b_1+a_2b_2+a_3b_3,\quad \cos\theta=\frac{\vec{a}\cdot\vec{b}}{|\vec{a}||\vec{b}|}$$

解答

(1) (ア) $\overrightarrow{EG}=\overrightarrow{AC}$ であり，$\overrightarrow{AD}$ と $\overrightarrow{AC}$ のなす角は 30°, $|\overrightarrow{AC}|=2$ であるから

$$\overrightarrow{AD}\cdot\overrightarrow{EG}=\overrightarrow{AD}\cdot\overrightarrow{AC}=|\overrightarrow{AD}||\overrightarrow{AC}|\cos 30^\circ=\sqrt{3}\times2\times\frac{\sqrt{3}}{2}=3$$

(イ) $\overrightarrow{AB}=\overrightarrow{CI}$ となる点 I をとる。

$\overrightarrow{CI}$ と $\overrightarrow{CH}$ のなす角は 135°, $|\overrightarrow{CH}|=\sqrt{2}$ であるから

$$\overrightarrow{AB}\cdot\overrightarrow{CH}=\overrightarrow{CI}\cdot\overrightarrow{CH}=|\overrightarrow{CI}||\overrightarrow{CH}|\cos 135^\circ$$
$$=1\times\sqrt{2}\times\left(-\frac{1}{\sqrt{2}}\right)=\mathbf{-1}$$

(2) 内積は　$\vec{a}\cdot\vec{b}=1\times2+1\times1+0\times(-2)=\mathbf{3}$

また　$\cos\theta=\dfrac{\vec{a}\cdot\vec{b}}{|\vec{a}||\vec{b}|}=\dfrac{3}{\sqrt{1^2+1^2+0^2}\sqrt{2^2+1^2+(-2)^2}}=\dfrac{1}{\sqrt{2}}$

$0^\circ\leqq\theta\leqq180^\circ$ であるから　$\boldsymbol{\theta=45^\circ}$

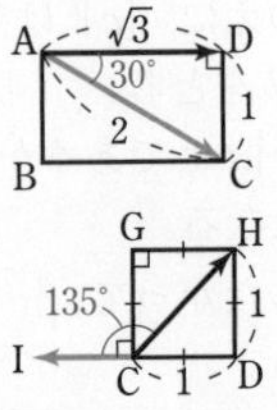

inf. (1)(イ)は始点をAにそろえて考えてもよい。

INFORMATION　成分を利用する解法

上の例題(1)は，直方体 ABCD-EFGH の頂点Aを原点とし，直線 AB, AD, AE を，それぞれ x 軸，y 軸，z 軸にとって，ベクトルの成分で解くことができる。

例えば，(イ)は A(0, 0, 0), B(1, 0, 0), C(1, $\sqrt{3}$, 0), H(0, $\sqrt{3}$, 1) から

$\overrightarrow{AB}=(1,\ 0,\ 0)$, $\overrightarrow{CH}=(-1,\ 0,\ 1)$

よって　$\overrightarrow{AB}\cdot\overrightarrow{CH}=1\times(-1)+0\times0+0\times1=\mathbf{-1}$

PRACTICE 51②

(1) 上の例題(1)において，内積 $\overrightarrow{AE}\cdot\overrightarrow{CF}$ を求めよ。

(2) $\vec{a}=(2,\ -3,\ -1)$, $\vec{b}=(-1,\ -2,\ -3)$ の内積となす角 θ を求めよ。

基本 例題 52 空間ベクトルの垂直

2つのベクトル $\vec{a}=(2,\ 1,\ -2)$, $\vec{b}=(3,\ 4,\ 0)$ の両方に垂直で，大きさが $\sqrt{5}$ のベクトル $\vec{p}$ を求めよ。

p.93, 94 基本事項 3, 基本 14

CHART & SOLUTION

ベクトルの垂直　内積利用

$\vec{p}=(x,\ y,\ z)$ とおいて　$\vec{a}\cdot\vec{p}=0$, $\vec{b}\cdot\vec{p}=0$, $|\vec{p}|=\sqrt{5}$

これらから，x, y, z の式を導き，それらを連立させる。

解答

$\vec{p}=(x,\ y,\ z)$ とする。

$\vec{a}\perp\vec{p}$ より $\vec{a}\cdot\vec{p}=0$ であるから　$2x+y-2z=0$ …… ①

$\vec{b}\perp\vec{p}$ より $\vec{b}\cdot\vec{p}=0$ であるから　$3x+4y=0$ …… ②

$|\vec{p}|^2=(\sqrt{5})^2$ であるから　$x^2+y^2+z^2=5$ …… ③

①, ② から，y, z を x で表すと　$y=-\dfrac{3}{4}x$, $z=\dfrac{5}{8}x$

これらを ③ に代入すると　$x^2+\left(-\dfrac{3}{4}x\right)^2+\left(\dfrac{5}{8}x\right)^2=5$

整理すると　$\dfrac{125}{64}x^2=5$　すなわち　$x=\pm\dfrac{8}{5}$

$x=\dfrac{8}{5}$ のとき　$y=-\dfrac{6}{5}$, $z=1$

$x=-\dfrac{8}{5}$ のとき　$y=\dfrac{6}{5}$, $z=-1$

したがって　$\vec{p}=\left(\dfrac{8}{5},\ -\dfrac{6}{5},\ 1\right),\ \left(-\dfrac{8}{5},\ \dfrac{6}{5},\ -1\right)$

⇐ 垂直 ⟹ (内積)=0

⇐ $|\vec{p}|^2=x^2+y^2+z^2$

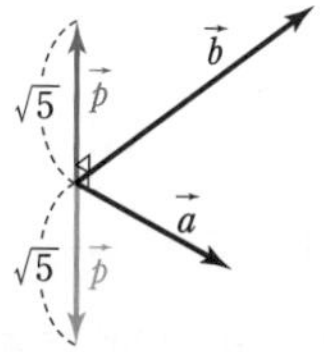

$\vec{p}$ を求めるのに，$\vec{a}$ と $\vec{b}$ の外積を用いる方法もある（p.104 STEP UP 参照）。

補足　上の答えを $\vec{p}=\left(\pm\dfrac{8}{5},\ \mp\dfrac{6}{5},\ \pm1\right)$（複号同順）と書いてもよい。

INFORMATION　直線と平面の垂直

数学Aの内容であるが，直線と平面の垂直について，ここで確認しておこう。

直線と平面の垂直

直線 h が，平面 α 上のすべての直線に垂直であるとき，直線 h は α に **垂直** である，または α に **直交** するといい，$h\perp\alpha$ と書く。また，このとき，h を平面 α の **垂線** という。

［定理］ **直線 h が，平面 α 上の交わる 2 直線 ℓ, m に垂直ならば，直線 h は平面 α に垂直である。**

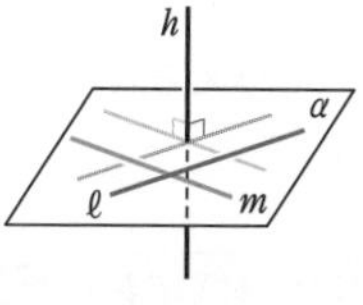

したがって，上の例題で $\vec{a}=\overrightarrow{OA}$, $\vec{b}=\overrightarrow{OB}$ とすると，$\vec{p}$ は平面 OAB と垂直である。

PRACTICE 52②

座標空間に 4 点 O(0, 0, 0), A(3, −2, −1), B(1, 1, 1), C(−1, 4, 2) がある。$\overrightarrow{OA}$, $\overrightarrow{BC}$ のどちらにも垂直で大きさが $3\sqrt{3}$ であるベクトル $\vec{p}$ を求めよ。　［類 慶応大］

基本 例題 53 三角形の面積（空間）

3 点 A(−3, 1, 2), B(−2, 3, 1), C(−1, 2, 3) について，∠BAC $=\theta$ とおく。ただし，$0°<\theta<180°$ とする。

(1) θ を求めよ。　　(2) △ABC の面積を求めよ。

p. 93, 94 基本事項 3

CHART & SOLUTION

(1) **なす角　内積利用**

まず，$\cos\theta$ を求める。

(2) △ABC の面積 ⟶ (1) で ∠BAC を求めているから，次の公式を利用。

$$\triangle ABC=\frac{1}{2}|\overrightarrow{AB}||\overrightarrow{AC}|\sin\theta$$

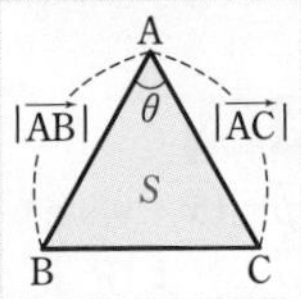

解答

(1) $\overrightarrow{AB}=(1,\ 2,\ -1)$, $\overrightarrow{AC}=(2,\ 1,\ 1)$ であるから

$$|\overrightarrow{AB}|=\sqrt{1^2+2^2+(-1)^2}=\sqrt{6}$$
$$|\overrightarrow{AC}|=\sqrt{2^2+1^2+1^2}=\sqrt{6}$$

また　$\overrightarrow{AB}\cdot\overrightarrow{AC}=1\times2+2\times1+(-1)\times1=3$

よって　$\cos\theta=\dfrac{\overrightarrow{AB}\cdot\overrightarrow{AC}}{|\overrightarrow{AB}||\overrightarrow{AC}|}=\dfrac{3}{\sqrt{6}\times\sqrt{6}}=\dfrac{3}{6}=\dfrac{1}{2}$

$0°<\theta<180°$ であるから　$\boldsymbol{\theta=60°}$

(2) △ABC の面積を S とおくと，(1) から

$$S=\frac{1}{2}|\overrightarrow{AB}||\overrightarrow{AC}|\sin 60°=\frac{1}{2}\times\sqrt{6}\times\sqrt{6}\times\frac{\sqrt{3}}{2}=\boldsymbol{\frac{3\sqrt{3}}{2}}$$

⇐ 2 点 $P(x_1,\ y_1,\ z_1)$, $Q(x_2,\ y_2,\ z_2)$ について $\overrightarrow{PQ}=(x_2-x_1,\ y_2-y_1,\ z_2-z_1)$

別解 (2) 下の INFORMATION の公式を用いると，△ABC の面積は

$\dfrac{1}{2}\sqrt{(\sqrt{6})^2\cdot(\sqrt{6})^2-3^2}=\dfrac{3\sqrt{3}}{2}$

INFORMATION　三角形の面積の公式

平面上で考えた（p. 30 基本事項 5，p. 40 STEP UP 参照）ように，空間でも △PQR の面積は，$\overrightarrow{PQ}=\vec{x}$, $\overrightarrow{PR}=\vec{y}$ とすると

$$\triangle PQR=\frac{1}{2}\sqrt{|\vec{x}|^2|\vec{y}|^2-(\vec{x}\cdot\vec{y})^2}$$

で与えられる。これに当てはめて上の例題の面積を求めてもよい（別解 参照）。

PRACTICE 53 ③

(1) 3 点 A(5, 4, 7), B(3, 4, 5), C(1, 2, 1) について，∠ABC $=\theta$ とおく。ただし，$0°<\theta<180°$ とする。このとき，θ および △ABC の面積を求めよ。

(2) 空間の 3 点 O(0, 0, 0), A(1, 2, p), B(3, 0, −4) について

(ア) 上の INFORMATION の公式を用いて，△OAB の面積を p で表せ。

(イ) △OAB の面積が $5\sqrt{2}$ で，$p>0$ のとき，p の値を求めよ。　［(2) 類 立教大］

重要例題 54　ベクトルと座標軸のなす角

(1) $\vec{a}=(\sqrt{2},\ \sqrt{2},\ 2)$ と $\vec{b}=(-1,\ p,\ \sqrt{2})$ のなす角が 60° であるとき，p の値を求めよ。

(2) (1) の $\vec{b}$ と z 軸の正の向きのなす角 θ を求めよ。

基本 13，51

CHART & THINKING

ベクトルと座標軸のなす角

座標軸の向きの基本ベクトルを考える ……!

(1) 内積を 2 通りの方法で表し，p についての方程式を解く。
⟶ 内積には，どのような表し方の種類があっただろうか？

(p.33 基本例題 13 参照)

(2) z 軸の正の向きと同じ向きをもつベクトルを，成分で表すとどうなるだろうか？　計算をラクにするため，大きさが 1 である基本ベクトル $\vec{e_3}$ を考えよう。

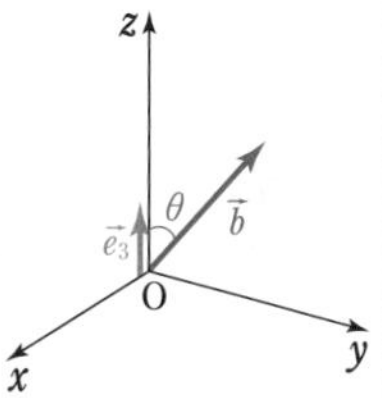

解答

(1) $\vec{a}\cdot\vec{b}=\sqrt{2}\times(-1)+\sqrt{2}\times p+2\times\sqrt{2}=\sqrt{2}(p+1)$　⇐ 成分による表現。

$|\vec{a}|=\sqrt{(\sqrt{2})^2+(\sqrt{2})^2+2^2}=2\sqrt{2}$

$|\vec{b}|=\sqrt{(-1)^2+p^2+(\sqrt{2})^2}=\sqrt{p^2+3}$

$\vec{a}\cdot\vec{b}=|\vec{a}||\vec{b}|\cos 60°$ から　⇐ 定義による表現。

$$\sqrt{2}(p+1)=2\sqrt{2}\sqrt{p^2+3}\times\frac{1}{2}$$

すなわち　$p+1=\sqrt{p^2+3}$　…… ①

① の両辺を 2 乗すると

$$p^2+2p+1=p^2+3$$

よって　$\boldsymbol{p=1}$　これは ① を満たす。

⇐ (① の右辺)>0 より $p+1>0$ であるから $p>-1$

(2) z 軸の正の向きと同じ向きのベクトルの 1 つは

! $\vec{e_3}=(0,\ 0,\ 1)$

(1) より，$|\vec{b}|=2$ であり，$\vec{b}\cdot\vec{e_3}=\sqrt{2}$，$|\vec{e_3}|=1$ であるから

⇐ $\vec{b}$ と $\vec{e_3}$ の内積は，$\vec{b}$ の z 成分となる。

$$\cos\theta=\frac{\vec{b}\cdot\vec{e_3}}{|\vec{b}||\vec{e_3}|}=\frac{\sqrt{2}}{2\times1}=\frac{1}{\sqrt{2}}$$

$0°\leqq\theta\leqq180°$ であるから　$\boldsymbol{\theta=45°}$

PRACTICE 54 ③

(1) $\vec{a}=(-4,\ \sqrt{2},\ 0)$ と $\vec{b}=(\sqrt{2},\ p,\ -1)$ $(p>0)$ のなす角が 120° であるとき，p の値を求めよ。

(2) (1) の $\vec{b}$ と y 軸の正の向きのなす角 θ を求めよ。

A

52❷ $\vec{e_1}=(1,\ 0,\ 0)$，$\vec{e_2}=(0,\ 1,\ 0)$，$\vec{e_3}=(0,\ 0,\ 1)$ とし，$\vec{a}=\left(0,\ \frac{1}{2},\ \frac{1}{2}\right)$，$\vec{b}=\left(\frac{1}{2},\ 0,\ \frac{1}{2}\right)$，$\vec{c}=\left(\frac{1}{2},\ \frac{1}{2},\ 0\right)$ とするとき，$\vec{e_1}$，$\vec{e_2}$，$\vec{e_3}$ をそれぞれ $\vec{a}$，$\vec{b}$，$\vec{c}$ を用いて表せ。また，$\vec{d}=(3,\ 4,\ 5)$ を $\vec{a}$，$\vec{b}$，$\vec{c}$ を用いて表せ。

〔近畿大〕

➡48

53❷ 4点A$(1,\ -2,\ -3)$，B$(2,\ 1,\ 1)$，C$(-1,\ -3,\ 2)$，D$(3,\ -4,\ -1)$ がある。線分AB，AC，ADを3辺にもつ平行六面体の他の頂点の座標を求めよ。

〔類　防衛大〕

➡47, 49

54❸ $\vec{a}=(0,\ 1,\ 2)$，$\vec{b}=(2,\ 4,\ 6)$ とする。$-1\leqq t\leqq 1$ である実数 t に対し $\vec{x}=\vec{a}+t\vec{b}$ の大きさが最大，最小になるときの $\vec{x}$ を，それぞれ求めよ。

➡50

55❷ $\vec{a}=(1,\ 2,\ -3)$，$\vec{b}=(-1,\ 2,\ 1)$，$\vec{c}=(-1,\ 6,\ x)$，$\vec{d}=(l,\ m,\ n)$ とする。ただし，$\vec{d}$ は $\vec{a}$，$\vec{b}$ および $\vec{c}$ のどれにも垂直な単位ベクトルで，$lmn>0$ である。

(1) m の値を求めよ。

(2) x の値を求めよ。

(3) $\vec{c}$ を $\vec{a}$ と $\vec{b}$ を用いて表せ。

〔成蹊大〕

➡48, 52

56❸ 3点A$(2,\ 0,\ 0)$，B$(12,\ 5,\ 10)$，C$(p,\ 1,\ 8)$ がある。
内積 $\overrightarrow{AB}\cdot\overrightarrow{AC}=45$ であるとき，$p=$ ア□ となる。このとき，ACの長さはイ□，△ABCの面積はウ□となる。また，$p=$ ア□ のとき，3点A，B，Cから等距離にある zx 平面上の点Qの座標はエ□である。

〔立命館大〕

➡46, 53

EXERCISES　7 空間のベクトルの成分，内積

A

57❷ $\vec{e_1}$, $\vec{e_2}$, $\vec{e_3}$ を，それぞれ x 軸，y 軸，z 軸に関する基本ベクトルとし，ベクトル $\vec{a}=\left(-\dfrac{3}{\sqrt{2}},\ -\dfrac{3}{2},\ \dfrac{3}{2}\right)$ と $\vec{e_1}$, $\vec{e_2}$, $\vec{e_3}$ のなす角を，それぞれ α, β, γ とする。

(1) $\cos\alpha$, $\cos\beta$, $\cos\gamma$ の値を求めよ。

(2) α, β, γ を求めよ。 ➡51, 54

58❸ $\vec{a}=(3,\ 4,\ 5)$, $\vec{b}=(7,\ 1,\ 0)$ のとき，$\vec{a}+t\vec{b}$ と $\vec{b}+t\vec{a}$ のなす角が $120°$ となるような実数 t の値を求めよ。 ➡54

B

59❸ 空間内に3点 A$(1,\ -1,\ 1)$, B$(-1,\ 2,\ 2)$, C$(2,\ -1,\ -1)$ がある。このとき，ベクトル $\vec{r}=\overrightarrow{\mathrm{OA}}+x\overrightarrow{\mathrm{AB}}+y\overrightarrow{\mathrm{AC}}$ の大きさの最小値を求めよ。

〔信州大〕

➡50

60❹ $\overrightarrow{\mathrm{OP}}=(2\cos t,\ 2\sin t,\ 1)$, $\overrightarrow{\mathrm{OQ}}=(-\sin 3t,\ \cos 3t,\ -1)$ とする。ただし，$-180°\leqq t\leqq 180°$, O は原点とする。

(1) 点Pと点Qの距離が最小となる t と，そのときの点Pの座標を求めよ。

(2) $\overrightarrow{\mathrm{OP}}$ と $\overrightarrow{\mathrm{OQ}}$ のなす角が $0°$ 以上 $90°$ 以下となる t の範囲を求めよ。

〔北海道大〕

➡50, 51

61❹ 座標空間に点 A$(1,\ 1,\ 1)$, 点 B$(-1,\ 2,\ 3)$ がある。

(1) 2点 A，B と，xy 平面上の動点Pに対して，AP+PB の最小値を求めよ。

(2) 2点 A，B と点 C$(t,\ -1,\ 4)$ について，△ABC の面積 $S(t)$ の最小値を求めよ。 ➡53

HINT

59 $|\vec{r}|^2$ は x, y の2次式で表される。そこで，まず y を定数と考えて x について平方完成し，残った y の2次式を平方完成する。

60 (1) $|\overrightarrow{\mathrm{PQ}}|^2$ を t を用いて表す。

(2) $\overrightarrow{\mathrm{OP}}$ と $\overrightarrow{\mathrm{OQ}}$ のなす角を θ とすると，$0°\leqq\theta\leqq 90°$ となるのは，$\cos\theta\geqq 0$ のときである。

61 (1) xy 平面に関して点Aと対称な点を A′ とすると，線分 A′B の長さが AP+PB の最小値である。

STEP UP 外　積

1 外積の定義

$\overrightarrow{OA}=\vec{a}$, $\overrightarrow{OB}=\vec{b}$ とする。$\vec{a}$ と $\vec{b}$ について，$\vec{a}$, $\vec{b}$ が作る（線分 OA，OB を隣り合う 2 辺とする）平行四辺形の面積 S を大きさとし，$\vec{a}$ と $\vec{b}$ の両方に垂直なベクトルを $\vec{a}$ と $\vec{b}$ の **外積** という。

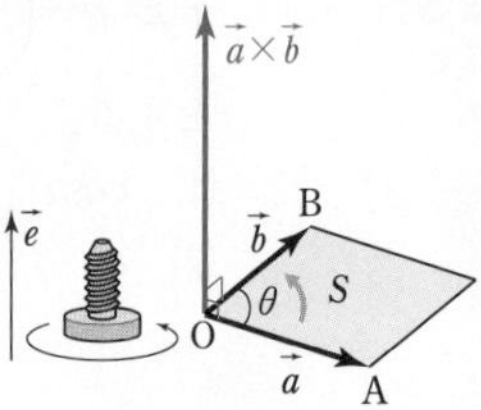

外積は「$\vec{a}\times\vec{b}$」で表し，次のように定義する。

$$\vec{a}\times\vec{b}=(|\vec{a}||\vec{b}|\sin\theta)\vec{e} \quad \cdots\cdots Ⓐ$$

ただし，θ は，$\vec{a}$ と $\vec{b}$ のなす角とする。また，$\vec{e}$ は，A から B に向かって右ねじを回すときのねじの進む向きと同じ向きの単位ベクトルとする。

外積の性質

① $\vec{a}\times\vec{b}$ はベクトルで，$\vec{a}$, $\vec{b}$ の両方に垂直

② $\vec{a}\times\vec{b}$ の向きは A から B に右ねじを回すときに進む向き

③ $|\vec{a}\times\vec{b}|$ は $\vec{a}$, $\vec{b}$ が作る平行四辺形の面積に等しい

内積との比較

◀$\vec{a}\cdot\vec{b}$ は値（スカラー）で，向きはない。

◀$|\vec{a}|$ は線分 OA の長さ

補足　右上の図の青い平行四辺形の面積は　$2\triangle OAB=2\times\frac{1}{2}|\vec{a}||\vec{b}|\sin\theta=|\vec{a}||\vec{b}|\sin\theta$

2 外積の成分表示

1 で $\vec{a}\times\vec{b}$ を Ⓐ のように定義したが，次の Ⓑ のように，$\vec{a}\times\vec{b}$ を成分によって表現することもできる。

$\vec{a}=(a_1,\ a_2,\ a_3)$, $\vec{b}=(b_1,\ b_2,\ b_3)$ とするとき

$$\boldsymbol{\vec{a}\times\vec{b}=(a_2b_3-a_3b_2,\ a_3b_1-a_1b_3,\ a_1b_2-a_2b_1)} \quad \cdots\cdots Ⓑ$$

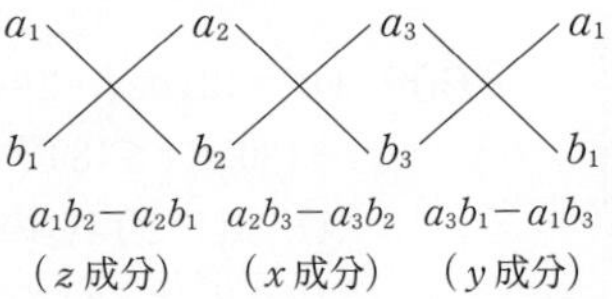

なお，外積については次のことも成り立つ。これは成分表示 Ⓑ を利用しても示されるし，定義 Ⓐ をもとに図形的に考えても成り立つことがわかる。

外積の性質

④ $\vec{a}\times\vec{a}=\vec{0}$

⑤ $\vec{b}\times\vec{a}=-(\vec{a}\times\vec{b})$

⑥ $\vec{a}\times(\vec{b}+\vec{c})=\vec{a}\times\vec{b}+\vec{a}\times\vec{c}$

内積との比較

◀$\vec{a}\cdot\vec{a}=|\vec{a}|^2$

◀$\vec{b}\cdot\vec{a}=\vec{a}\cdot\vec{b}$

◀$\vec{a}\cdot(\vec{b}+\vec{c})=\vec{a}\cdot\vec{b}+\vec{a}\cdot\vec{c}$

参考　例題 52 (p.99) を，Ⓑ を用いて解いてみよう。

$\vec{a}=(2,\ 1,\ -2)$, $\vec{b}=(3,\ 4,\ 0)$ の両方に垂直なベクトル $\vec{q}$ を Ⓑ から求めると

$\vec{q}=(8,\ -6,\ 5)$　⟵ 計算は右図を参照。

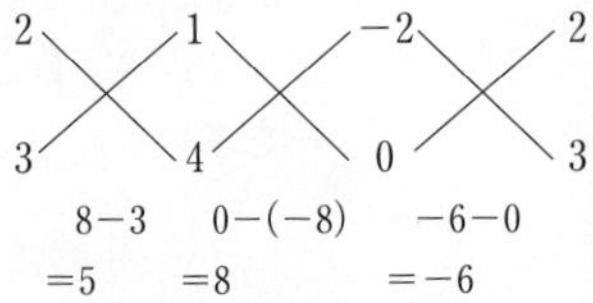

$|\vec{q}|=\sqrt{8^2+(-6)^2+5^2}=5\sqrt{5}$ であるから

$$\vec{p}=\pm\sqrt{5}\times\frac{\vec{q}}{|\vec{q}|}=\pm\sqrt{5}\times\frac{1}{5\sqrt{5}}(8,\ -6,\ 5)$$ ⟵ 問題の条件から　$|\vec{p}|=\sqrt{5}$

$$=\left(\frac{8}{5},\ -\frac{6}{5},\ 1\right),\ \left(-\frac{8}{5},\ \frac{6}{5},\ -1\right)$$ ⟵ $\vec{q}$ と同じ向きと反対の向きの 2 つあることに注意。

8 位置ベクトル，ベクトルと図形

基本事項

1 位置ベクトルと内分点・外分点 位置ベクトルが $\vec{p}$ である点を $\mathrm{P}(\vec{p})$ と表す。

空間においても，平面上の場合と同様に，次のことが成り立つ。

$\mathrm{A}(\vec{a})$，$\mathrm{B}(\vec{b})$，$\mathrm{C}(\vec{c})$ に対して

1 $\overrightarrow{\mathrm{AB}}=\vec{b}-\vec{a}$

2 線分 AB を $m:n$ に内分する点，$m:n$ に外分する点の位置ベクトルは

内分 … $\dfrac{n\vec{a}+m\vec{b}}{m+n}$　　外分 … $\dfrac{-n\vec{a}+m\vec{b}}{m-n}$

特に，線分 AB の中点の位置ベクトルは $\dfrac{\vec{a}+\vec{b}}{2}$

3 △ABC の重心Gの位置ベクトル $\vec{g}$ は $\vec{g}=\dfrac{\vec{a}+\vec{b}+\vec{c}}{3}$

2 ベクトルと図形

① **共点条件** 異なる3本以上の直線が1点で交わるとき，これらの直線は **共点** であるという。2点P，Qが一致することを示すには，2点P，Qの位置ベクトルが一致することを示す。

$\overrightarrow{\mathrm{OP}}=\overrightarrow{\mathrm{OQ}} \iff$ **2点P，Qは一致する**

② **共線条件** 異なる3個以上の点が同じ直線上にあるとき，これらの点は **共線** であるという。

点Cが直線AB上にある

$\iff \overrightarrow{\mathrm{AC}}=k\overrightarrow{\mathrm{AB}}$ **となる実数 k がある**

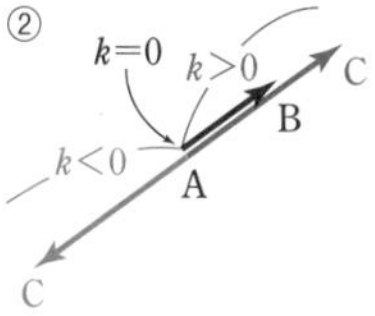

③ **共面条件** 異なる4個以上の点が同じ平面上にあるとき，これらの点は **共面** であるという。

一直線上にない3点A，B，Cの定める平面ABCがある。

点Pが平面ABC上にある

$\iff \overrightarrow{\mathrm{CP}}=s\overrightarrow{\mathrm{CA}}+t\overrightarrow{\mathrm{CB}}$ **となる実数 s，t がある** （p.111 STEP UP 参照。）

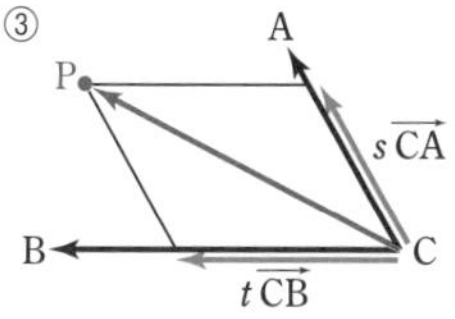

CHECK & CHECK

26 直方体 OABC-DEFG において，$\overrightarrow{\mathrm{OA}}=\vec{a}$，$\overrightarrow{\mathrm{OC}}=\vec{c}$，$\overrightarrow{\mathrm{OD}}=\vec{d}$ とする。次の点の位置ベクトルを $\vec{a}$，$\vec{c}$，$\vec{d}$ を用いて表せ。

(1) 線分 EF を 2：1 に内分する点P

(2) 線分 CE を 1：2 に外分する点Q ↺1

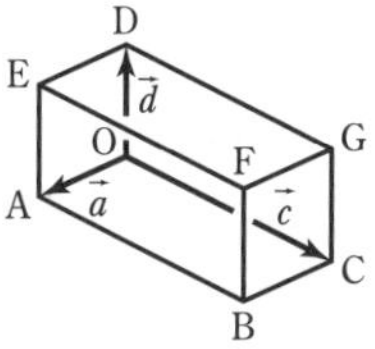

27 空間の3点 A(3, 2, 6)，B(5, −1, 4)，C(x, y, 0) が一直線上にあるとき $x=$ ア□，$y=$ イ□ である。 ↺2

基本 例題 55 共点条件(空間)

四面体 ABCD において △BCD, △ACD の重心をそれぞれ E, F とする。線分 AE, BF をそれぞれ 3:1 に内分する点は一致することを示せ。

p.105 基本事項 1, 2, 基本 24, 27

CHART & SOLUTION

共点条件 位置ベクトルの一致で示す ……❗

A($\vec{a}$), B($\vec{b}$), C($\vec{c}$), D($\vec{d}$) として，線分 AE, BF をそれぞれ 3:1 に内分する点の位置ベクトルを $\vec{a}$, $\vec{b}$, $\vec{c}$, $\vec{d}$ で表し，それらが一致することを示す。

解答

6点 A, B, C, D, E, F の位置ベクトルをそれぞれ $\vec{a}$, $\vec{b}$, $\vec{c}$, $\vec{d}$, $\vec{e}$, $\vec{f}$ とする。また，線分 AE, BF を 3:1 に内分する点を，それぞれ K, L とする。

点 E, F は，それぞれ △BCD, △ACD の重心であるから

$$\vec{e}=\frac{\vec{b}+\vec{c}+\vec{d}}{3},\quad \vec{f}=\frac{\vec{a}+\vec{c}+\vec{d}}{3}$$

よって，K の位置ベクトル $\vec{k}$ は

$$\vec{k}=\frac{1\times\vec{a}+3\times\vec{e}}{3+1}=\frac{\vec{a}+\vec{b}+\vec{c}+\vec{d}}{4}$$

L の位置ベクトル $\vec{l}$ は

$$\vec{l}=\frac{1\times\vec{b}+3\times\vec{f}}{3+1}=\frac{\vec{a}+\vec{b}+\vec{c}+\vec{d}}{4}$$

❗ ゆえに，$\vec{k}=\vec{l}$ となり，線分 AE, BF をそれぞれ 3:1 に内分する点は一致する。

参考 △ABD, △ABC の重心をそれぞれ G, H とし，線分 CG, DH を 3:1 に内分する点をそれぞれ M, N とすると，上の解答と同様の計算により，M, N の位置ベクトル $\vec{m}$, $\vec{n}$ は，$\vec{m}=\vec{n}=\dfrac{\vec{a}+\vec{b}+\vec{c}+\vec{d}}{4}$ となり，4点 K, L, M, N は一致することが示される。この点を **四面体 ABCD の重心** という。

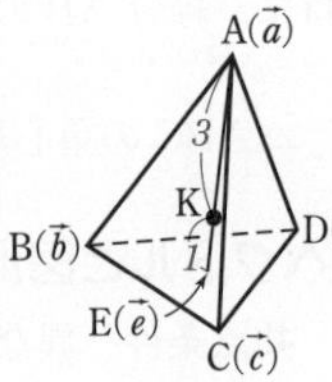

inf. 四面体 ABCD の分点のベクトル表示には次の2つの方法がある。(基本例題 24 とそのズーム UP 参照。)

1 4つの頂点の位置ベクトル $\vec{a}$, $\vec{b}$, $\vec{c}$, $\vec{d}$ を用いて表す。

2 1つの頂点 A を始点に，$\overrightarrow{AB}$, $\overrightarrow{AC}$, $\overrightarrow{AD}$ を用いて表す。

左の解答は 1 の方針。

PRACTICE 55❷

空間内に同一平面上にない4点 O, A, B, C がある。$\overrightarrow{OA}=\vec{a}$, $\overrightarrow{OB}=\vec{b}$, $\overrightarrow{OC}=\vec{c}$ とおき，D, E は $\overrightarrow{OD}=\vec{a}+\vec{b}$, $\overrightarrow{OE}=\vec{a}+\vec{c}$ を満たす点とする。

(1) △ODE の重心を G とおくとき，$\overrightarrow{OG}$ を $\vec{a}$, $\vec{b}$, $\vec{c}$ を用いて表せ。

(2) P, Q, R はそれぞれ $3\overrightarrow{AG}=\overrightarrow{AP}$, $3\overrightarrow{DG}=\overrightarrow{DQ}$, $3\overrightarrow{EG}=\overrightarrow{ER}$ を満たす点とする。このとき，$\overrightarrow{OP}$, $\overrightarrow{OQ}$, $\overrightarrow{OR}$ を $\vec{a}$, $\vec{b}$, $\vec{c}$ を用いて表せ。

(3) O, B, C はそれぞれ線分 QR, PR, PQ の中点であることを示せ。 〔山形大〕

基本 例題 56 共線条件（空間）

平行六面体 ABCD-EFGH において，辺 AB，AD の中点を，それぞれ P，Q とし，平行四辺形 EFGH の対角線の交点を R とすると，平行六面体の対角線 AG は △PQR の重心 K を通ることを証明せよ。

p. 105 基本事項 1，2，基本 28

CHART & SOLUTION

点 C が直線 AB 上にある
⟺ $\overrightarrow{AC}=k\overrightarrow{AB}$ となる実数 k がある ……❶

直線 AG は点 K を通る

⟶ 点Kが直線 AG 上にある。（3 点 A，K，G が共線）

⟶ $\overrightarrow{AG}=k\overrightarrow{AK}$ となる実数 k がある。

まず，Aを始点とする位置ベクトル $\overrightarrow{AB}$，$\overrightarrow{AD}$，$\overrightarrow{AE}$ を，それぞれ $\vec{b}$，$\vec{d}$，$\vec{e}$ として，$\overrightarrow{AK}$，$\overrightarrow{AG}$ を $\vec{b}$，$\vec{d}$，$\vec{e}$ を用いて表す。

解答

$\overrightarrow{AB}=\vec{b}$，$\overrightarrow{AD}=\vec{d}$，$\overrightarrow{AE}=\vec{e}$ とすると

$$\overrightarrow{AP}=\frac{\vec{b}}{2},\quad \overrightarrow{AQ}=\frac{\vec{d}}{2}$$

また

$$\overrightarrow{AG}=\overrightarrow{AB}+\overrightarrow{BC}+\overrightarrow{CG}=\vec{b}+\vec{d}+\vec{e}$$

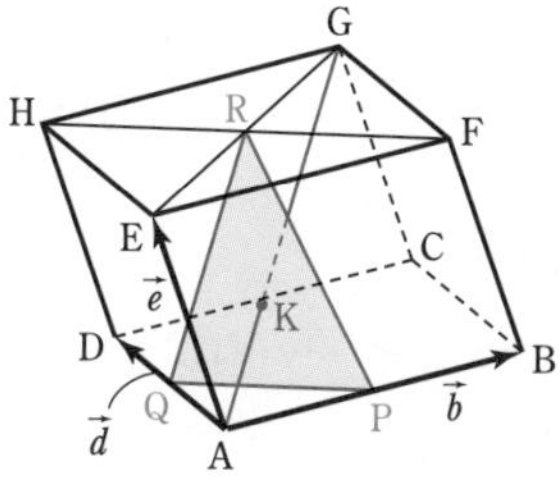

点Rは対角線 EG の中点であるから

$$\overrightarrow{AR}=\frac{\overrightarrow{AE}+\overrightarrow{AG}}{2}=\frac{\vec{b}+\vec{d}+2\vec{e}}{2}$$

ゆえに，△PQR の重心Kについて

$$\overrightarrow{AK}=\frac{\overrightarrow{AP}+\overrightarrow{AQ}+\overrightarrow{AR}}{3}=\frac{1}{3}\left(\frac{\vec{b}}{2}+\frac{\vec{d}}{2}+\frac{\vec{b}+\vec{d}+2\vec{e}}{2}\right)=\frac{\vec{b}+\vec{d}+\vec{e}}{3}$$

❶ よって　$\overrightarrow{AG}=3\overrightarrow{AK}$

したがって，3 点 A，K，G は一直線上にある。
すなわち，対角線 AG は △PQR の重心Kを通る。

⇐ 4 点 A，B，D，E は同じ平面上にない。よって，任意の点の位置ベクトル（Aを始点とする）は，ただ 1 通りに $s\vec{b}+t\vec{d}+u\vec{e}$（$s$，$t$，$u$ は実数）の形に表される。（p. 91 STEP UP 参照）

⇐ $\overrightarrow{AE}+\overrightarrow{AG}=\vec{e}+(\vec{b}+\vec{d}+\vec{e})$

⇐ $\overrightarrow{AG}=k\overrightarrow{AK}$ で $k=3$

PRACTICE 56❷

平行六面体 ABCD-EFGH で △BDE，△CHF の重心をそれぞれ P，Q とするとき，4 点 A，P，Q，G が一直線上にあることを証明せよ。

基本 例題 57 交点の位置ベクトル（空間）

四面体OABCにおいて，$\overrightarrow{OA}=\vec{a}$，$\overrightarrow{OB}=\vec{b}$，$\overrightarrow{OC}=\vec{c}$ とする。線分ABを1：2 に内分する点をL，線分BCの中点をMとする。線分AMと線分CLの交点をPとするとき，$\overrightarrow{OP}$ を $\vec{a}$，$\vec{b}$，$\vec{c}$ を用いて表せ。

p.87 基本事項 4，p.105 基本事項 1，基本 29，基本 59

CHART & SOLUTION

交点の位置ベクトル　2通りに表し　係数比較 ……❶

平面の場合（基本例題 29）と同様に，AP：PM$=s$：$(1-s)$，CP：PL$=t$：$(1-t)$ として，点Pを **線分AMにおける内分点，線分CLにおける内分点** の2通りにとらえ，$\overrightarrow{OP}$ を2通りに表す。

解答

$\overrightarrow{OL}=\dfrac{2\overrightarrow{OA}+\overrightarrow{OB}}{1+2}=\dfrac{2}{3}\vec{a}+\dfrac{1}{3}\vec{b}$

$\overrightarrow{OM}=\dfrac{\overrightarrow{OB}+\overrightarrow{OC}}{2}=\dfrac{1}{2}\vec{b}+\dfrac{1}{2}\vec{c}$

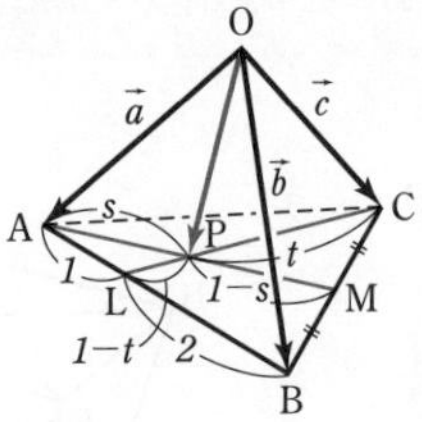

AP：PM$=s$：$(1-s)$ とすると

❶ $\overrightarrow{OP}=(1-s)\overrightarrow{OA}+s\overrightarrow{OM}$

$=(1-s)\vec{a}+s\left(\dfrac{1}{2}\vec{b}+\dfrac{1}{2}\vec{c}\right)$

$=(1-s)\vec{a}+\dfrac{1}{2}s\vec{b}+\dfrac{1}{2}s\vec{c}$ …… ①

CP：PL$=t$：$(1-t)$ とすると

❶ $\overrightarrow{OP}=(1-t)\overrightarrow{OC}+t\overrightarrow{OL}=(1-t)\vec{c}+t\left(\dfrac{2}{3}\vec{a}+\dfrac{1}{3}\vec{b}\right)$

$=\dfrac{2}{3}t\vec{a}+\dfrac{1}{3}t\vec{b}+(1-t)\vec{c}$ …… ②

①，② から　$(1-s)\vec{a}+\dfrac{1}{2}s\vec{b}+\dfrac{1}{2}s\vec{c}=\dfrac{2}{3}t\vec{a}+\dfrac{1}{3}t\vec{b}+(1-t)\vec{c}$

4点O，A，B，Cは同じ平面上にないから

$$1-s=\dfrac{2}{3}t,\ \dfrac{1}{2}s=\dfrac{1}{3}t,\ \dfrac{1}{2}s=1-t$$

$1-s=\dfrac{2}{3}t$ と $\dfrac{1}{2}s=\dfrac{1}{3}t$ を連立して解くと　$s=\dfrac{1}{2}$，$t=\dfrac{3}{4}$

これは，$\dfrac{1}{2}s=1-t$ を満たす。ゆえに　$\boldsymbol{\overrightarrow{OP}=\dfrac{1}{2}\vec{a}+\dfrac{1}{4}\vec{b}+\dfrac{1}{4}\vec{c}}$

別解 △ABMと直線LCにメネラウスの定理を用いると $\dfrac{AL}{LB}\cdot\dfrac{BC}{CM}\cdot\dfrac{MP}{PA}=1$

よって　$\dfrac{1}{2}\cdot\dfrac{2}{1}\cdot\dfrac{MP}{PA}=1$

ゆえに，MP=PA となり，Pは線分AMの中点である。

よって

$\overrightarrow{OP}=\dfrac{\overrightarrow{OA}+\overrightarrow{OM}}{2}$

$=\dfrac{\vec{a}+\dfrac{\vec{b}+\vec{c}}{2}}{2}$

$=\dfrac{1}{2}\vec{a}+\dfrac{1}{4}\vec{b}+\dfrac{1}{4}\vec{c}$

⇦ 同じ平面上にない4点O，A($\vec{a}$)，B($\vec{b}$)，C($\vec{c}$) に対し，次のことが成り立つ。

$s\vec{a}+t\vec{b}+u\vec{c}=s'\vec{a}+t'\vec{b}+u'\vec{c}$

$\Longleftrightarrow$

$s=s'$，$t=t'$，$u=u'$（s，t，u，s'，t'，u' は実数）

PRACTICE 57③

四面体OABCの辺AB，BC，CAを 3：2，2：3，1：4 に内分する点を，それぞれD，E，Fとする。CDとEFの交点をHとし，$\overrightarrow{OA}=\vec{a}$，$\overrightarrow{OB}=\vec{b}$，$\overrightarrow{OC}=\vec{c}$ とする。このとき，ベクトル $\overrightarrow{OH}$ を $\vec{a}$，$\vec{b}$，$\vec{c}$ を用いて表せ。

ズーム UP 空間の位置ベクトルの考え方

平面上のベクトルの基本例題 29 でも「2 通りに表し係数比較する」解法を学びましたが，この解法は空間でも同じように使えるのですね。

ベクトルは，平面と空間で同じように使える解法が多いのですが，注意しなければならないこともあります。ここでは，平面と空間の類似点，相違点について考えてみましょう。

ベクトルを 2 通りに表す

第 1 章の基本例題 29 で学んだように，ベクトルを 2 通りに表して，係数比較で求める解法は，空間の位置ベクトルを求める問題でも有効である。
この問題では，点 P が線分 AM 上にも CL 上にもあると考えて，$\overrightarrow{\mathrm{OP}}$ を 2 通りに表す。
内分比を

$$\mathrm{AP}:\mathrm{PM}=s:(1-s),\quad \mathrm{CP}:\mathrm{PL}=t:(1-t)$$

とするのも，基本例題 29 などと同様である。
なお，空間の問題であるから，$\overrightarrow{\mathrm{OP}}$ は 3 つのベクトル $\vec{a}$，$\vec{b}$，$\vec{c}$ で表される。これは平面上の場合と異なる点であるから注意しよう。

空間の場合の 1 次独立の条件

上で述べた「2 通りに表し係数比較する」解法は，ベクトルが 1 次独立であることがポイントである。
ここで，平面上の場合と空間の場合の 1 次独立について，確認しておこう。

平面上のベクトルの 1 次独立
$\vec{a}\neq\vec{0}$，$\vec{b}\neq\vec{0}$，$\vec{a}\not\parallel\vec{b}$ のとき（$\vec{0}$ でない $\vec{a}$，$\vec{b}$ が平行でないとき），$\vec{a}$，$\vec{b}$ は 1 次独立であるという。

平面

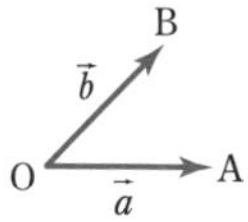

空間のベクトルの 1 次独立
$\vec{a}$，$\vec{b}$，$\vec{c}$ が同じ平面上にないとき，$\vec{a}$，$\vec{b}$，$\vec{c}$ は 1 次独立であるという。

空間

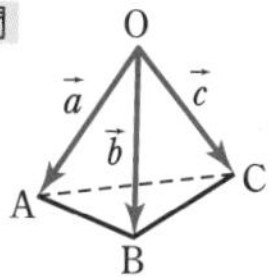

平面上の 1 次独立の条件は「$\vec{a}$，$\vec{b}$ が同じ直線上にないとき」と言い換えることができる。この表現は，空間の場合の 1 次独立の条件と似た表現である。
なお，空間では「$\vec{a}$，$\vec{b}$，$\vec{c}$ が $\vec{0}$ ではなく，互いに平行でないとき」という条件では，1 次独立とは限らないので注意しよう。
例えば，右の図の立方体で，$\vec{a}$，$\vec{b}$，$\vec{c}$ は $\vec{a}\neq\vec{0}$，$\vec{b}\neq\vec{0}$，$\vec{c}\neq\vec{0}$，$\vec{a}\not\parallel\vec{b}$，$\vec{b}\not\parallel\vec{c}$，$\vec{c}\not\parallel\vec{a}$ であるが，$\vec{a}$，$\vec{b}$，$\vec{c}$ は同じ平面上にあるから **1 次独立ではない**（右の図の $\vec{p}$ は，$\vec{p}=s\vec{a}+t\vec{b}+u\vec{c}$ の形に表すことはできない）。

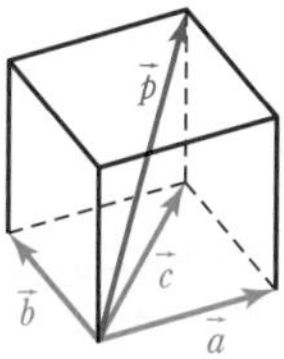

基本 例題 58 同じ平面上にある条件（共面条件）

3点 A(2, 2, 0), B(5, 7, 2), C(1, 3, 0) の定める平面 ABC 上に点 P(4, y, 2) があるとき，y の値を求めよ。

p.105 基本事項 2

CHART & SOLUTION

点 P が平面 ABC 上にある条件

1 $\overrightarrow{CP}=s\overrightarrow{CA}+t\overrightarrow{CB}$ となる実数 s, t がある

2 $\vec{p}=s\vec{a}+t\vec{b}+u\vec{c}$, $s+t+u=1$ となる実数 s, t, u がある

1, 2 いずれの方針も，ベクトルを成分で表して比較する。

2 については次のページの STEP UP を参照。

解答

$\overrightarrow{CP}=(3,\ y-3,\ 2)$, $\overrightarrow{CA}=(1,\ -1,\ 0)$, $\overrightarrow{CB}=(4,\ 4,\ 2)$ に対して，$\overrightarrow{CP}=s\overrightarrow{CA}+t\overrightarrow{CB}$ となる実数 s, t があるから

⇐ 1 の方針。

$$(3,\ y-3,\ 2)=s(1,\ -1,\ 0)+t(4,\ 4,\ 2)$$

すなわち　$(3,\ y-3,\ 2)=(s+4t,\ -s+4t,\ 2t)$

よって　$3=s+4t$ …… ①,

$y-3=-s+4t$ …… ②,

$2=2t$ …… ③

⇐ 対応する成分が等しい。

①, ③ を解くと　$s=-1$, $t=1$

② に代入して　$y-3=-(-1)+4\times1=5$

したがって　$\boldsymbol{y=8}$

⇐ y を含まない ① と ③ から，まず s, t を求める。

別解　原点をOとし，$\overrightarrow{OP}=\vec{p}$, $\overrightarrow{OA}=\vec{a}$, $\overrightarrow{OB}=\vec{b}$, $\overrightarrow{OC}=\vec{c}$ とする。点Pが平面 ABC 上にあるための条件は

⇐ 2 の方針。

$$\vec{p}=s\vec{a}+t\vec{b}+u\vec{c},\quad s+t+u=1$$

となる実数 s, t, u があることである。ゆえに

⇐ $s+t+u=1$（係数の和が1）を忘れないように。$\vec{p}=s\vec{a}+t\vec{b}+(1-s-t)\vec{c}$ としてもよい（次のページの STEP UP 参照）。

$$(4,\ y,\ 2)=s(2,\ 2,\ 0)+t(5,\ 7,\ 2)+u(1,\ 3,\ 0)$$

よって　$(4,\ y,\ 2)=(2s+5t+u,\ 2s+7t+3u,\ 2t)$

ゆえに　$4=2s+5t+u$ …… ①,

$y=2s+7t+3u$ …… ②,

$2=2t$ …… ③

また　$s+t+u=1$ …… ④

①, ③, ④ を解いて　$s=-1$, $t=1$, $u=1$

よって，② から　$\boldsymbol{y}=2\times(-1)+7\times1+3\times1=\boldsymbol{8}$

⇐ ①, ③, ④ から，s, t, u の値を求め，② に代入する。

PRACTICE 58②

3点 A(1, 1, 0), B(3, 4, 5), C(1, 3, 6) の定める平面 ABC 上に点 P(4, 5, z) があるとき，z の値を求めよ。

STEP UP 同じ平面上にある条件

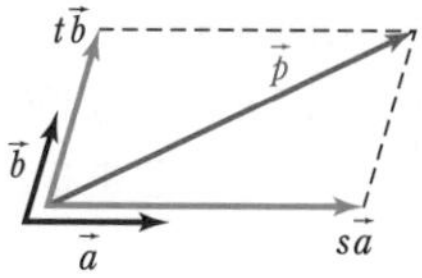

平面上の任意のベクトル $\vec{p}$ は，その平面上の 2 つのベクトル $\vec{a}$，$\vec{b}$ ($\vec{a}\neq\vec{0}$，$\vec{b}\neq\vec{0}$，$\vec{a}\not\parallel\vec{b}$) を用いて次のように表すことができる。

$$\vec{p}=s\vec{a}+t\vec{b}\quad(s,\ t \text{ は実数})\quad\cdots\cdots①$$

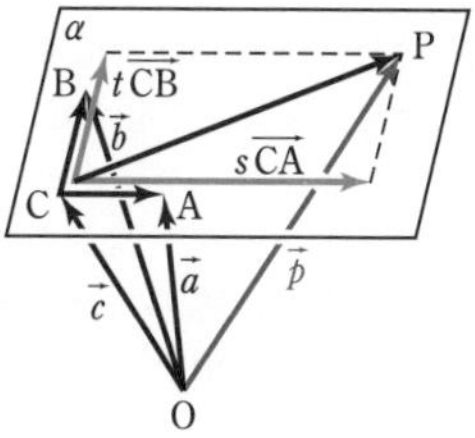

一直線上にない 3 点 A($\vec{a}$)，B($\vec{b}$)，C($\vec{c}$) で定まる平面を α とする。
点 P($\vec{p}$) が平面 α 上にあるとき，① と同様に，次のように表すことができる。

$$\overrightarrow{\mathrm{CP}}=s\overrightarrow{\mathrm{CA}}+t\overrightarrow{\mathrm{CB}}\quad(s,\ t \text{ は実数})\quad\cdots\cdots②$$

② を位置ベクトルを用いて表すと

$$\vec{p}-\vec{c}=s(\vec{a}-\vec{c})+t(\vec{b}-\vec{c})$$

よって　$\vec{p}=s\vec{a}+t\vec{b}+(1-s-t)\vec{c}$

ここで，$1-s-t=u$ とおくと

$$\vec{p}=s\vec{a}+t\vec{b}+u\vec{c},\ s+t+u=1\quad\cdots\cdots③$$

逆に，$\vec{p}$ が ③ の形で表されるとき，上の計算を逆にたどって ② が示され，点 P は平面 α 上にある。

したがって，次のことが成り立つ。

> 一直線上にない 3 点 A($\vec{a}$)，B($\vec{b}$)，C($\vec{c}$) の定める平面を α とする。
>
> **点 P($\vec{p}$) が平面 α 上にある**
> **$\Longleftrightarrow$ $\overrightarrow{\mathrm{CP}}=s\overrightarrow{\mathrm{CA}}+t\overrightarrow{\mathrm{CB}}$ となる実数 s，t がある**
> **$\Longleftrightarrow$ $\vec{p}=s\vec{a}+t\vec{b}+u\vec{c}$，$s+t+u=1$ (係数の和が 1) となる実数 s，t，u がある**

なお，この **同じ平面上にある条件** (**共面条件**) は，第 1 章「平面上のベクトル」で学んだ，平面上における共線条件を空間の場合に発展させたものと考えることができる。

平面上における共線条件：(p.71 ピンポイント解説参照)
点 P($\vec{p}$) が 2 点 A($\vec{a}$)，B($\vec{b}$) を通る直線 AB 上にある
$\Longleftrightarrow$ $\overrightarrow{\mathrm{AP}}=k\overrightarrow{\mathrm{AB}}$ となる実数 k がある
$\Longleftrightarrow$ $\vec{p}=s\vec{a}+t\vec{b}$，$s+t=1$ (係数の和が 1) となる実数 s，t がある

また，$\vec{p}=s\vec{a}+t\vec{b}+u\vec{c}$，$s+t+u=1$ を，3 点 A($\vec{a}$)，B($\vec{b}$)，C($\vec{c}$) を通る **平面のベクトル方程式** という (p.122 参照)。

基本 例題 59 直線と平面の交点の位置ベクトル

四面体 OABC において，辺 AB を 1：2 に内分する点を P，線分 PC を 2：3 に内分する点を Q とする。また，辺 OA の中点を D，辺 OB を 2：1 に内分する点を E，辺 OC を 1：2 に内分する点を F とする。平面 DEF と線分 OQ の交点を R とするとき，OR：OQ を求めよ。

基本 57, 58，p.111 STEP UP

CHART & SOLUTION

直線と平面の交点の位置ベクトル

点 P が平面 ABC 上にある

$\Longleftrightarrow \overrightarrow{OP}=s\overrightarrow{OA}+t\overrightarrow{OB}+u\overrightarrow{OC},\ s+t+u=1$

点 R は線分 OQ 上にあるから，$\overrightarrow{OR}=k\overrightarrow{OQ}$ (k は実数) と表される。

また，点 R は平面 DEF 上にあるから，$\overrightarrow{OR}$ を $\overrightarrow{OD}$，$\overrightarrow{OE}$，$\overrightarrow{OF}$ で表して，**(係数の和)=1** を利用する。

別解 について，点 R が線分 OQ 上にあるから，$\overrightarrow{OR}=k\overrightarrow{OQ}$ と表すことは，解答と同じである。それ以降の方針は，それぞれ次の通りであるが，いずれも「2 通りに表し係数比較する」解法を用いる。

別解 1　点 R は平面 DEF 上にあるから，$\overrightarrow{OR}=s\overrightarrow{OD}+t\overrightarrow{OE}+u\overrightarrow{OF}$，$s+t+u=1$ を利用。$\overrightarrow{OR}$ を $\overrightarrow{OA}$，$\overrightarrow{OB}$，$\overrightarrow{OC}$ で 2 通りに表し係数比較する。

別解 2　点 R は平面 DEF 上にあるから，$\overrightarrow{DR}=s\overrightarrow{DE}+t\overrightarrow{DF}$ (s，t は実数) を利用。$\overrightarrow{OR}$ を $\overrightarrow{OD}$，$\overrightarrow{OE}$，$\overrightarrow{OF}$ で 2 通りに表し係数比較する。

解答

$$\overrightarrow{OQ}=\frac{3\overrightarrow{OP}+2\overrightarrow{OC}}{2+3}=\frac{3}{5}\cdot\frac{2\overrightarrow{OA}+\overrightarrow{OB}}{1+2}+\frac{2}{5}\overrightarrow{OC}$$

$$=\frac{2}{5}\overrightarrow{OA}+\frac{1}{5}\overrightarrow{OB}+\frac{2}{5}\overrightarrow{OC}$$

⇐ $\overrightarrow{OP}=\dfrac{2\overrightarrow{OA}+\overrightarrow{OB}}{1+2}$

点 R は線分 OQ 上にあるから，$\overrightarrow{OR}=k\overrightarrow{OQ}$ (k は実数) とすると

$$\overrightarrow{OR}=k\overrightarrow{OQ}=k\left(\frac{2}{5}\overrightarrow{OA}+\frac{1}{5}\overrightarrow{OB}+\frac{2}{5}\overrightarrow{OC}\right)$$

$$=\frac{2}{5}k\overrightarrow{OA}+\frac{1}{5}k\overrightarrow{OB}+\frac{2}{5}k\overrightarrow{OC}\ \cdots\cdots(*)$$

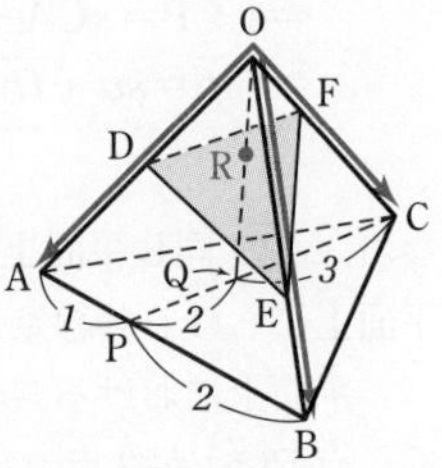

$\overrightarrow{OD}=\dfrac{1}{2}\overrightarrow{OA}$，$\overrightarrow{OE}=\dfrac{2}{3}\overrightarrow{OB}$，$\overrightarrow{OF}=\dfrac{1}{3}\overrightarrow{OC}$ であるから

$$\overrightarrow{OR}=\frac{2}{5}k(2\overrightarrow{OD})+\frac{1}{5}k\left(\frac{3}{2}\overrightarrow{OE}\right)+\frac{2}{5}k(3\overrightarrow{OF})$$

$$=\frac{4}{5}k\overrightarrow{OD}+\frac{3}{10}k\overrightarrow{OE}+\frac{6}{5}k\overrightarrow{OF}\ \cdots\cdots(**)$$

⇐ 点 R は平面 DEF 上にあるから，$\overrightarrow{OR}$ を $\overrightarrow{OD}$，$\overrightarrow{OE}$，$\overrightarrow{OF}$ で表す。

点 R は平面 DEF 上にあるから　$\dfrac{4}{5}k+\dfrac{3}{10}k+\dfrac{6}{5}k=1$

⇐ (係数の和)=1

よって　$k=\dfrac{10}{23}$　ゆえに　**OR：OQ**$=\dfrac{10}{23}$：1**=10：23**

⇐ OR：OQ$=k$：1

別解 1 ($\overrightarrow{OR}$ を $\overrightarrow{OA}$, $\overrightarrow{OB}$, $\overrightarrow{OC}$ で 2 通りに表す解法)

[(∗)までは同じ。]

点Rは平面 DEF 上にあるから，s, t, u を実数として

$$\overrightarrow{OR}=s\overrightarrow{OD}+t\overrightarrow{OE}+u\overrightarrow{OF},\ s+t+u=1$$

と表される。

ここで，$\overrightarrow{OD}=\frac{1}{2}\overrightarrow{OA}$, $\overrightarrow{OE}=\frac{2}{3}\overrightarrow{OB}$, $\overrightarrow{OF}=\frac{1}{3}\overrightarrow{OC}$ であるから

$$\overrightarrow{OR}=\frac{1}{2}s\overrightarrow{OA}+\frac{2}{3}t\overrightarrow{OB}+\frac{1}{3}u\overrightarrow{OC} \quad \cdots\cdots ①$$

(∗)，① から

$$\frac{2}{5}k\overrightarrow{OA}+\frac{1}{5}k\overrightarrow{OB}+\frac{2}{5}k\overrightarrow{OC}=\frac{1}{2}s\overrightarrow{OA}+\frac{2}{3}t\overrightarrow{OB}+\frac{1}{3}u\overrightarrow{OC}$$

4 点 O, A, B, C は同じ平面上にないから

$$\frac{2}{5}k=\frac{1}{2}s,\quad \frac{1}{5}k=\frac{2}{3}t,\quad \frac{2}{5}k=\frac{1}{3}u$$

ゆえに　$s=\frac{4}{5}k$, $t=\frac{3}{10}k$, $u=\frac{6}{5}k$

これらを $s+t+u=1$ に代入して　$\frac{4}{5}k+\frac{3}{10}k+\frac{6}{5}k=1$

よって　$k=\frac{10}{23}$　(以下同じ。)

⇐ 点Pが平面 ABC 上にある
⟺ $\overrightarrow{OP}=s\overrightarrow{OA}+t\overrightarrow{OB}+u\overrightarrow{OC}$, $s+t+u=1$
これを点Rと平面 DEF に適用する。

⇐ **この断りは重要。**

別解 2 ($\overrightarrow{OR}$ を $\overrightarrow{OD}$, $\overrightarrow{OE}$, $\overrightarrow{OF}$ で 2 通りに表す解法)

[(∗∗)までは同じ。]

点Rは平面 DEF 上にあるから，s, t を実数として

$$\overrightarrow{DR}=s\overrightarrow{DE}+t\overrightarrow{DF}$$

と表される。

ゆえに　$\overrightarrow{OR}-\overrightarrow{OD}=s(\overrightarrow{OE}-\overrightarrow{OD})+t(\overrightarrow{OF}-\overrightarrow{OD})$

よって　$\overrightarrow{OR}=(1-s-t)\overrightarrow{OD}+s\overrightarrow{OE}+t\overrightarrow{OF} \quad \cdots\cdots ②$

(∗∗)，② から

$$\frac{4}{5}k\overrightarrow{OD}+\frac{3}{10}k\overrightarrow{OE}+\frac{6}{5}k\overrightarrow{OF}=(1-s-t)\overrightarrow{OD}+s\overrightarrow{OE}+t\overrightarrow{OF}$$

4 点 O, D, E, F は同じ平面上にないから

$$\frac{4}{5}k=1-s-t,\quad \frac{3}{10}k=s,\quad \frac{6}{5}k=t$$

ゆえに　$\frac{4}{5}k=1-\frac{3}{10}k-\frac{6}{5}k$　　よって　$k=\frac{10}{23}$

(以下同じ。)

⇐ **共面条件**
点Pが平面 ABC 上にある
⟺ $\overrightarrow{CP}=s\overrightarrow{CA}+t\overrightarrow{CB}$ となる実数 s, t がある

⇐ **この断りは重要。**

補足　別解 は解法比較のために紹介した。特に，別解 2 は左ページの解答と比べてかなり手間がかかる。この問題では，左ページの解法が有効といえる。

2章 8 位置ベクトル，ベクトルと図形

PRACTICE 59③

四面体 OABC において，辺 AB の中点をP，線分 PC を 2：1 に内分する点をQとする。また，辺 OA を 3：2 に内分する点をD，辺 OB を 2：1 に内分する点をE，辺 OC を 1：2 に内分する点をFとする。平面 DEF と線分 OQ の交点をRとするとき，OR：OQ を求めよ。

振り返り　位置ベクトルの解法や同じ平面上にある条件について

例題 **58**，**59** には別解もありましたが，どれを使うか迷いそうです。

内容に大きな違いはなく，どれを使ってもよいといえます。表現の違いや特徴について，みていきましょう。

● 位置ベクトルの解法

空間において，直線と直線，または直線と平面の交点の位置ベクトルを求めるときに，次の 2 つの方法があることを学んだ。

1 (係数の和)=1 を利用する方法　　**2 2 通りに表し係数比較する方法**

ベクトルが　$\overrightarrow{\mathrm{OP}}=●\overrightarrow{\mathrm{OA}}+▲\overrightarrow{\mathrm{OB}}+■\overrightarrow{\mathrm{OC}}$　(●，▲，■ は k の式)

の形で表されるときは，1 の方法が有効であることが多い。**例題 59** の本解（ここでは，例題の 1 つ目の解答を本解と呼ぶことにする）では，1 を用いている。まず，点 R が線分 OQ 上にあることから，$\overrightarrow{\mathrm{OR}}$ を $\overrightarrow{\mathrm{OA}}$，$\overrightarrow{\mathrm{OB}}$，$\overrightarrow{\mathrm{OC}}$ で表し，それを $\overrightarrow{\mathrm{OD}}$，$\overrightarrow{\mathrm{OE}}$，$\overrightarrow{\mathrm{OF}}$ の式に直している，すなわち　$\overrightarrow{\mathrm{OR}}=\frac{4}{5}k\overrightarrow{\mathrm{OD}}+\frac{3}{10}k\overrightarrow{\mathrm{OE}}+\frac{6}{5}k\overrightarrow{\mathrm{OF}}$ ← すべての係数を k で表す。

を導いている。確かに，係数はいずれも k の式で表されており，**(係数の和)=1** を利用すると k の方程式が得られ，これを解くことで k の値を求めることができる。

一方，別解 1，別解 2 ではいずれも 2 を用いている。別解 1 は 4 文字 (k，s，t，u) を，別解 2 は 3 文字 (k，s，t) を使うが，本解では 1 文字 (k) だけを使う。このように，2 の方が扱う文字の種類が多くなりやすい。このため，計算に手間がかかる場合がある。

● 同じ平面上にある条件の扱い方

例題 58 では，点 P が平面 ABC 上にある条件を表すのに，

本解では　$\overrightarrow{\mathrm{CP}}=s\overrightarrow{\mathrm{CA}}+t\overrightarrow{\mathrm{CB}}$　…… Ⓐ，

別解では　$\overrightarrow{\mathrm{OP}}=s\overrightarrow{\mathrm{OA}}+t\overrightarrow{\mathrm{OB}}+u\overrightarrow{\mathrm{OC}}$，$s+t+u=1$　…… Ⓑ

を用いている。Ⓑ の形は Ⓐ より文字の種類は多くなるが，成分の問題の場合，各点の座標をそのまま使うことができるというメリットがある。$p.111$ の STEP UP で示したように，いずれも実質的には同じであるから，問題に応じて計算しやすい形を用いるようにしよう。

● ベクトルのよさ

これまでの学習で，ベクトルについては平面上の場合と空間の場合で計算法則に大きな違いはないことがわかったと思う。「**2 通りに表し係数比較する**」解法は，1 次独立の条件に細かい違いはある ($p.109$ 参照) が，平面上の場合と空間の場合でよく似ているといえる。また，**(係数の和)=1** の解法は，平面では「点が同じ直線上にある」，空間では「点が同じ平面上にある」と条件に違いはあるが，扱い方は同様である。

図形の問題においては，問題の条件から正しく図をかくことが難しい場合もあるが，問題の条件をベクトルを用いた数式で表すことは難しくないことが多い。図形が複雑になる問題でも，ベクトルを用いて計算を進めることによって問題を解くことができる。これはベクトルのよさといえるだろう。

基本 例題 60 平面に下ろした垂線 (1)……(座標あり)

3点A(2, 0, 0), B(0, 4, 0), C(0, 0, 6) を通る平面を α とし，原点Oから平面 α に下ろした垂線と α の交点をHとする。点Hの座標を求めよ。

基本 58, 59, 重要 70

CHART & SOLUTION

平面に垂直な直線

OH⊥(平面 ABC) のとき $\overrightarrow{OH}\cdot\overrightarrow{AB}=0$, $\overrightarrow{OH}\cdot\overrightarrow{AC}=0$ ……❗

点Hは平面 ABC 上にあるから，$\overrightarrow{OH}$ は
$\overrightarrow{OH}=s\overrightarrow{OA}+t\overrightarrow{OB}+u\overrightarrow{OC}$, $s+t+u=1$ と表される。
また，OH⊥(平面 ABC) のとき，$\overrightarrow{OH}$ と平面 ABC 上にあるベクトルは垂直であるから，
$\overrightarrow{OH}\cdot\overrightarrow{AB}=0$, $\overrightarrow{OH}\cdot\overrightarrow{AC}=0$ を利用して s, t, u を求める。
(直線と平面の垂直については ($p.99$ の INFORMATION 参照。)

解答

点Hは平面 α 上にあるから，s, t, u を実数として

$$\overrightarrow{OH}=s\overrightarrow{OA}+t\overrightarrow{OB}+u\overrightarrow{OC},\quad s+t+u=1$$

と表される。

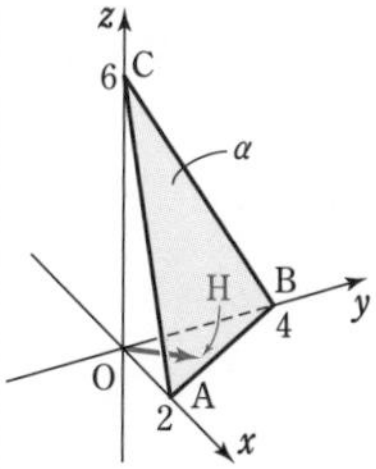

よって　$\overrightarrow{OH}=s(2,\ 0,\ 0)+t(0,\ 4,\ 0)+u(0,\ 0,\ 6)$
$=(2s,\ 4t,\ 6u)$

また　$\overrightarrow{AB}=(-2,\ 4,\ 0)$, $\overrightarrow{AC}=(-2,\ 0,\ 6)$

OH⊥(平面 α) であるから　$\overrightarrow{OH}\perp\overrightarrow{AB}$, $\overrightarrow{OH}\perp\overrightarrow{AC}$

❗ よって，$\overrightarrow{OH}\cdot\overrightarrow{AB}=0$ から　$2s\times(-2)+4t\times4+6u\times0=0$

すなわち　$-4s+16t=0$ ……①

❗ また，$\overrightarrow{OH}\cdot\overrightarrow{AC}=0$ から　$2s\times(-2)+4t\times0+6u\times6=0$

すなわち　$-4s+36u=0$ ……②

①，② から　$t=\dfrac{s}{4}$, $u=\dfrac{s}{9}$

⇦ t, u をそれぞれ s で表す。

$s+t+u=1$ に代入して　$s+\dfrac{s}{4}+\dfrac{s}{9}=1$

ゆえに　$s=\dfrac{36}{49}$　　よって　$t=\dfrac{9}{49}$, $u=\dfrac{4}{49}$

このとき　$\overrightarrow{OH}=\left(\dfrac{72}{49},\ \dfrac{36}{49},\ \dfrac{24}{49}\right)$

したがって　$\mathbf{H}\left(\dfrac{72}{49},\ \dfrac{36}{49},\ \dfrac{24}{49}\right)$

PRACTICE 60③

原点をOとし，A(2, 0, 0), B(0, 4, 0), C(0, 0, 3) とする。原点から3点A, B, Cを含む平面に垂線OHを下ろしたとき，次のものを求めよ。

(1) 点Hの座標　　(2) △ABC の面積

基本 例題 61 垂直条件，線分の長さ ③③③

1辺の長さが1の正四面体ABCDにおいて，辺AB，CDの中点を，それぞれE，Fとする。

(1) AB⊥EF が成り立つことを証明せよ。

(2) △BCDの重心をGとするとき，線分EGの長さを求めよ。

p.105 基本事項 1，基本 30，重要 63

CHART & SOLUTION

垂直に関する証明　垂直　内積＝0 を利用

(1) $\overrightarrow{AB}\neq\vec{0}$，$\overrightarrow{EF}\neq\vec{0}$ であるから，$\overrightarrow{AB}\cdot\overrightarrow{EF}=0$ を示す。基本例題30と同様。

(2) 線分EGの長さを求めるから，まず $|\overrightarrow{EG}|^2$ を計算する。

$|\vec{p}+\vec{q}+\vec{r}|^2=|\vec{p}|^2+|\vec{q}|^2+|\vec{r}|^2+2\vec{p}\cdot\vec{q}+2\vec{q}\cdot\vec{r}+2\vec{r}\cdot\vec{p}$ であることに注意。

解答

$\overrightarrow{AB}=\vec{b}$，$\overrightarrow{AC}=\vec{c}$，$\overrightarrow{AD}=\vec{d}$ とする。

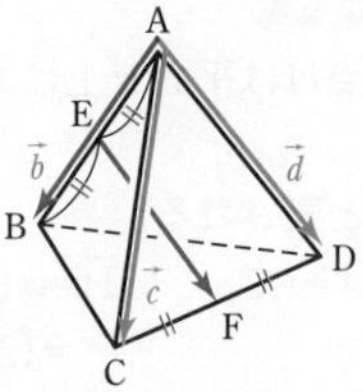

(1) $\overrightarrow{EF}=\overrightarrow{AF}-\overrightarrow{AE}=\dfrac{\vec{c}+\vec{d}}{2}-\dfrac{1}{2}\vec{b}=\dfrac{1}{2}(\vec{c}+\vec{d}-\vec{b})$

よって　$\overrightarrow{AB}\cdot\overrightarrow{EF}=\vec{b}\cdot\dfrac{1}{2}(\vec{c}+\vec{d}-\vec{b})$

$=\dfrac{1}{2}(\vec{b}\cdot\vec{c}+\vec{b}\cdot\vec{d}-\vec{b}\cdot\vec{b})$

$=\dfrac{1}{2}(|\vec{b}||\vec{c}|\cos 60^\circ+|\vec{b}||\vec{d}|\cos 60^\circ-|\vec{b}|^2)$　⇐ $\vec{b}$ と $\vec{c}$，$\vec{b}$ と $\vec{d}$ のなす角はともに 60°

$=\dfrac{1}{2}\left(1\times1\times\dfrac{1}{2}+1\times1\times\dfrac{1}{2}-1^2\right)=0$　⇐ $|\vec{b}|=|\vec{c}|=|\vec{d}|=1$，$\cos 60^\circ=\dfrac{1}{2}$

$\overrightarrow{AB}\neq\vec{0}$，$\overrightarrow{EF}\neq\vec{0}$ より $\overrightarrow{AB}\perp\overrightarrow{EF}$ であるから　AB⊥EF

(2) $\overrightarrow{EG}=\overrightarrow{AG}-\overrightarrow{AE}=\dfrac{\vec{b}+\vec{c}+\vec{d}}{3}-\dfrac{1}{2}\vec{b}=\dfrac{1}{6}(-\vec{b}+2\vec{c}+2\vec{d})$　⇐ $\overrightarrow{AG}=\dfrac{\vec{b}+\vec{c}+\vec{d}}{3}$

から　$|\overrightarrow{EG}|^2=\left|\dfrac{1}{6}(-\vec{b}+2\vec{c}+2\vec{d})\right|^2=\dfrac{1}{36}|-\vec{b}+2\vec{c}+2\vec{d}|^2$　⇐ $(x+y+z)^2=x^2+y^2+z^2+2xy+2yz+2zx$ と同じように計算。

$=\dfrac{1}{36}(|\vec{b}|^2+4|\vec{c}|^2+4|\vec{d}|^2-4\vec{b}\cdot\vec{c}+8\vec{c}\cdot\vec{d}-4\vec{d}\cdot\vec{b})$

$=\dfrac{1}{36}\left(1+4+4-4\times\dfrac{1}{2}+8\times\dfrac{1}{2}-4\times\dfrac{1}{2}\right)=\dfrac{1}{4}$　⇐ $\vec{c}\cdot\vec{d}=|\vec{c}||\vec{d}|\cos 60^\circ=\dfrac{1}{2}$

$|\overrightarrow{EG}|\geqq0$ であるから　　$\mathrm{EG}=|\overrightarrow{EG}|=\boldsymbol{\dfrac{1}{2}}$

PRACTICE 61③

1辺の長さが2の正四面体ABCDにおいて，辺AD，BCの中点を，それぞれE，Fとする。

(1) EF⊥BC が成り立つことを証明せよ。

(2) △ABCの重心をGとするとき，線分EGの長さを求めよ。

まとめ 平面と空間の類似点と相違点1

これまでに学んだ平面上のベクトルと空間のベクトルの性質を，比較しながらまとめよう。以下，k，s，t，u は実数とする。

	平面上のベクトル	空間のベクトル	補　足
1次独立の条件	平面上の $\vec{0}$ でない2つのベクトル $\vec{a}$，$\vec{b}$ が平行でないとき(同じ直線上にないとき)，**1次独立** である。 このとき，平面上のベクトル $\vec{p}$ は $\vec{p}=s\vec{a}+t\vec{b}$ の形で，ただ1通りに表される。 ⇨ $p.13$ 基本事項 3，$p.25$ STEP UP	空間の $\vec{0}$ でない3つのベクトル $\vec{a}$，$\vec{b}$，$\vec{c}$ が同じ平面上にないとき，**1次独立** である。 このとき，空間のベクトル $\vec{p}$ は $\vec{p}=s\vec{a}+t\vec{b}+u\vec{c}$ の形で，ただ1通りに表される。 ⇨ $p.87$ 基本事項 4，$p.91$ STEP UP	平面と空間での1次独立の条件の違いに注意する。また，1次独立のとき，係数比較ができることにも注意。
大きさ・内積	$\vec{a}=(a_1,\ a_2)$，$\vec{b}=(b_1,\ b_2)$，$\vec{a}$，$\vec{b}$ のなす角を θ とすると $\vec{a}$ の大きさは $\lvert\vec{a}\rvert=\sqrt{a_1^2+a_2^2}$ $\vec{a}$ と $\vec{b}$ の内積は $\vec{a}\cdot\vec{b}=\lvert\vec{a}\rvert\lvert\vec{b}\rvert\cos\theta$ $=a_1b_1+a_2b_2$ ⇨ $p.21$ 基本事項 1，$p.29$ 基本事項 1，2	$\vec{a}=(a_1,\ a_2,\ a_3)$，$\vec{b}=(b_1,\ b_2,\ b_3)$，$\vec{a}$，$\vec{b}$ のなす角を θ とすると $\vec{a}$ の大きさは $\lvert\vec{a}\rvert=\sqrt{a_1^2+a_2^2+a_3^2}$ $\vec{a}$ と $\vec{b}$ の内積は $\vec{a}\cdot\vec{b}=\lvert\vec{a}\rvert\lvert\vec{b}\rvert\cos\theta$ $=a_1b_1+a_2b_2+a_3b_3$ ⇨ $p.93$，94 基本事項 1，3	内積の定義の式は平面，空間で同じ。また，成分表示は，空間では z 成分が追加される。
三角形の面積	平面上にある △OAB で， $\overrightarrow{\mathrm{OA}}=\vec{a}=(a_1,\ a_2)$， $\overrightarrow{\mathrm{OB}}=\vec{b}=(b_1,\ b_2)$ とすると △OAB の面積 S は $S=\dfrac{1}{2}\sqrt{\lvert\vec{a}\rvert^2\lvert\vec{b}\rvert^2-(\vec{a}\cdot\vec{b})^2}$ $=\dfrac{1}{2}\lvert a_1b_2-a_2b_1\rvert$ ⇨ $p.30$ 基本事項 5，$p.40$ STEP UP	空間内にある △OAB で， $\overrightarrow{\mathrm{OA}}=\vec{a}$，$\overrightarrow{\mathrm{OB}}=\vec{b}$ とすると △OAB の面積 S は $S=\dfrac{1}{2}\sqrt{\lvert\vec{a}\rvert^2\lvert\vec{b}\rvert^2-(\vec{a}\cdot\vec{b})^2}$ ⇨ $p.94$ 基本事項 3	ベクトルによる式は，平面・空間で同じ形である。また，平面の場合の成分による式は数学Ⅱでも学ぶ。
共線・共面条件	(平面における**共線条件**) 点Pが直線 AB 上にある $\Longleftrightarrow$ $\overrightarrow{\mathrm{AP}}=k\overrightarrow{\mathrm{AB}}$ となる実数 k がある $\Longleftrightarrow$ $\overrightarrow{\mathrm{OP}}=s\overrightarrow{\mathrm{OA}}+t\overrightarrow{\mathrm{OB}}$，$s+t=1$ ……(＊) ⇨ $p.47$ 基本事項 2，$p.67$ 基本事項 1	(空間における**共面条件**) 点Pが平面 ABC 上にある $\Longleftrightarrow$ $\overrightarrow{\mathrm{CP}}=s\overrightarrow{\mathrm{CA}}+t\overrightarrow{\mathrm{CB}}$ となる実数 s，t がある $\Longleftrightarrow$ $\overrightarrow{\mathrm{OP}}=s\overrightarrow{\mathrm{OA}}+t\overrightarrow{\mathrm{OB}}+u\overrightarrow{\mathrm{OC}}$，$s+t+u=1$ ……(＊) ⇨ $p.105$ 基本事項 2，$p.111$ STEP UP	(＊)の表し方は，ともに**(係数の和)=1** であることに注意する。

重要 例題 62 ベクトルの等式と四面体の体積比

四面体OABCと点Pについて $10\overrightarrow{OP}+5\overrightarrow{AP}+9\overrightarrow{BP}+8\overrightarrow{CP}=\vec{0}$ が成り立つ。
(1) 点Pはどのような位置にあるか。
(2) 四面体OABC，PABCの体積をそれぞれ V_1，V_2 とするとき，$V_1:V_2$ を求めよ。

p.105 基本事項 1，基本 26

CHART & SOLUTION

ベクトルの等式から位置を求める問題
内分点，外分点の公式にあてはめる

(1) 平面の場合（基本例題 26）と同様に，内分点，外分点の公式にあてはまるようにベクトルの等式を変形する。
(2) 底面 △ABC が共通であるから，高さの比から求める。

解答

(1) $10\overrightarrow{OP}+5\overrightarrow{AP}+9\overrightarrow{BP}+8\overrightarrow{CP}=\vec{0}$ から
$10\overrightarrow{OP}+5(\overrightarrow{OP}-\overrightarrow{OA})+9(\overrightarrow{OP}-\overrightarrow{OB})+8(\overrightarrow{OP}-\overrightarrow{OC})=\vec{0}$
ゆえに　$32\overrightarrow{OP}=5\overrightarrow{OA}+9\overrightarrow{OB}+8\overrightarrow{OC}$
よって　$\overrightarrow{OP}=\dfrac{1}{32}(5\overrightarrow{OA}+9\overrightarrow{OB}+8\overrightarrow{OC})$ ……(＊)
線分BCを 8：9 に内分する点をDとすると
$$\overrightarrow{OP}=\frac{1}{32}\left(5\overrightarrow{OA}+17\times\frac{9\overrightarrow{OB}+8\overrightarrow{OC}}{17}\right)=\frac{1}{32}(5\overrightarrow{OA}+17\overrightarrow{OD})$$
線分ADを 17：5 に内分する点をEとすると
$$\overrightarrow{OP}=\frac{1}{32}\times22\times\frac{5\overrightarrow{OA}+17\overrightarrow{OD}}{22}=\frac{11}{16}\overrightarrow{OE}$$
したがって，点Pは，**線分BCを 8：9 に内分する点をD，線分ADを 17：5 に内分する点をEとすると，線分OEを 11：5 に内分する点** である。

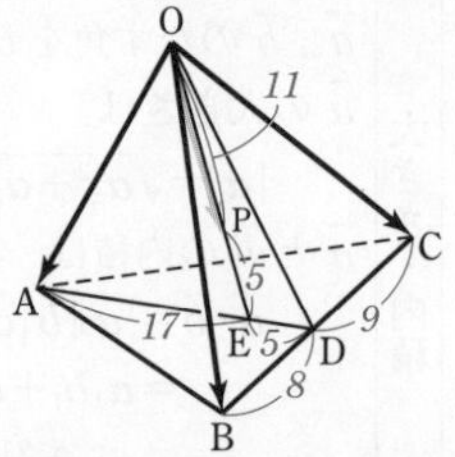

(2) 四面体OABCの底面を△ABC，高さを h_1，四面体PABCの底面を△ABC，高さを h_2 とすると
$V_1:V_2=h_1:h_2=\text{OE}:\text{PE}$
ゆえに，(1)から　$V_1:V_2=16:5$

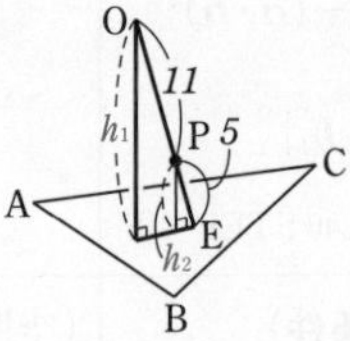

inf. (1) 答えの表し方は1通りではない。(＊)を以下のように変形して位置を求めてもよい。
線分ABを 9：5 に内分する点をFとすると
$\overrightarrow{OP}=\dfrac{1}{32}(14\overrightarrow{OF}+8\overrightarrow{OC})$
線分FCを 8：14 に内分する点をGとすると
$\overrightarrow{OP}=\dfrac{1}{32}\times22\overrightarrow{OG}=\dfrac{11}{16}\overrightarrow{OG}$
このとき，点Gと左の解答の点Eは一致する。

PRACTICE 62[3]

四面体OABCと点Pについて $7\overrightarrow{OP}+2\overrightarrow{AP}+4\overrightarrow{BP}+5\overrightarrow{CP}=\vec{0}$ が成り立つ。
(1) 点Pはどのような位置にあるか。
(2) 四面体OABC，PABCの体積をそれぞれ V_1，V_2 とするとき，$V_1:V_2$ を求めよ。

重要 例題 63　平面に下ろした垂線 (2) ……（座標なし）

$\angle AOB=\angle BOC=45^\circ$，$\angle AOC=60^\circ$，$OA=OC=1$，$OB=\sqrt{2}$ である四面体 OABC において，頂点Oから平面 ABC に垂線 OH を下ろす。垂線 OH の長さを求めよ。

基本 60, 61

CHART & THINKING

点Hは平面 ABC 上にあるから，

$$\overrightarrow{OH}=s\overrightarrow{OA}+t\overrightarrow{OB}+u\overrightarrow{OC},\ s+t+u=1$$

と表される。また，OH⊥(平面 ABC) から，$\overrightarrow{OH}$ についてどのような関係式が得られるだろうか？　その関係式から，s，t，u の値を求めよう。

解答

$\overrightarrow{OA}=\vec{a}$，$\overrightarrow{OB}=\vec{b}$，$\overrightarrow{OC}=\vec{c}$ とする。

点Hは平面 ABC 上にあるから，s，t，u を実数として

$$\overrightarrow{OH}=s\vec{a}+t\vec{b}+u\vec{c},\ s+t+u=1$$

と表される。OH⊥(平面 ABC) から

$$\overrightarrow{OH}\perp\overrightarrow{AB},\ \overrightarrow{OH}\perp\overrightarrow{AC}$$

よって　$(s\vec{a}+t\vec{b}+u\vec{c})\cdot(\vec{b}-\vec{a})=0$ …… ①

$(s\vec{a}+t\vec{b}+u\vec{c})\cdot(\vec{c}-\vec{a})=0$ …… ②

ここで　$|\vec{a}|^2=|\vec{c}|^2=1$，$|\vec{b}|^2=2$，$\vec{a}\cdot\vec{b}=1\times\sqrt{2}\times\cos45^\circ=1$，

$\vec{b}\cdot\vec{c}=\sqrt{2}\times1\times\cos45^\circ=1$，$\vec{c}\cdot\vec{a}=1\times1\times\cos60^\circ=\frac{1}{2}$

① から　$-s|\vec{a}|^2+t|\vec{b}|^2+(s-t)\vec{a}\cdot\vec{b}+u\vec{b}\cdot\vec{c}-u\vec{c}\cdot\vec{a}=0$

ゆえに　$t+\frac{1}{2}u=0$ …… ③

② から　$-s|\vec{a}|^2+u|\vec{c}|^2+(s-u)\vec{a}\cdot\vec{c}+t\vec{b}\cdot\vec{c}-t\vec{a}\cdot\vec{b}=0$

よって　$s-u=0$ …… ④

③，④ および $s+t+u=1$ を解いて　$s=\frac{2}{3}$，$t=-\frac{1}{3}$，$u=\frac{2}{3}$

ゆえに　$\overrightarrow{OH}=\frac{2}{3}\vec{a}-\frac{1}{3}\vec{b}+\frac{2}{3}\vec{c}$

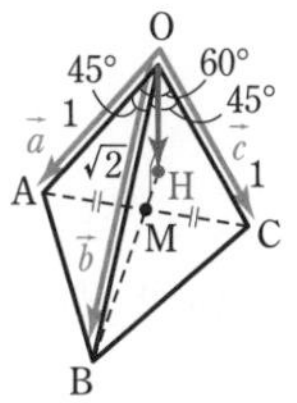

inf. 辺 AC の中点をMとすると

$$\overrightarrow{OH}=\frac{4}{3}\cdot\frac{\vec{a}+\vec{c}}{2}-\frac{1}{3}\vec{b}=\frac{4}{3}\overrightarrow{OM}-\frac{1}{3}\overrightarrow{OB}=\frac{-\overrightarrow{OB}+4\overrightarrow{OM}}{4-1}$$

よって，Hは線分 BM を 4：1 に外分する点である。

よって　$|\overrightarrow{OH}|^2=\frac{1}{9}|2\vec{a}-\vec{b}+2\vec{c}|^2=\frac{1}{9}(4|\vec{a}|^2+|\vec{b}|^2+4|\vec{c}|^2-4\vec{a}\cdot\vec{b}-4\vec{b}\cdot\vec{c}+8\vec{c}\cdot\vec{a})$

$$=\frac{1}{9}\left(4\times1+2+4\times1-4\times1-4\times1+8\times\frac{1}{2}\right)=\frac{2}{3}$$

$|\overrightarrow{OH}|\geqq0$ であるから　$OH=|\overrightarrow{OH}|=\sqrt{\frac{2}{3}}=\mathbf{\frac{\sqrt{6}}{3}}$

PRACTICE 63④

$\angle AOB=\angle AOC=60^\circ$，$\angle BOC=90^\circ$，$OB=OC=1$，$OA=2$ である四面体 OABC において，頂点Oから平面 ABC に垂線 OH を下ろす。垂線 OH の長さを求めよ。

EXERCISES　8 位置ベクトル，ベクトルと図形

A

62❷ 四面体ABCDにおいて，△BCDの重心をEとし，線分AEを 3：1 に内分する点をGとする。このとき，等式 $\overrightarrow{AG}+\overrightarrow{BG}+\overrightarrow{CG}+\overrightarrow{DG}=\vec{0}$ が成り立つことを証明せよ。

→ 47, p.105 1

63❷ 四面体ABCDにおいて，辺AB，CB，CD，ADを $t:(1-t)$ $[0<t<1]$ に内分する点を，それぞれP，Q，R，Sとする。

(1) 四角形PQRSは平行四辺形であることを示せ。

(2) AC⊥BD ならば，四角形PQRSは長方形であることを示せ。

→ 49, p.105 1

64❸ 四面体OABCにおいて，辺OAを1：2に内分する点をD，線分BDを5：3に内分する点をE，線分CEを3：1に内分する点をF，直線OFと平面ABCの交点をPとする。$\overrightarrow{OA}=\vec{a}$，$\overrightarrow{OB}=\vec{b}$，$\overrightarrow{OC}=\vec{c}$ とするとき

(1) $\overrightarrow{OP}$ を $\vec{a}$，$\vec{b}$，$\vec{c}$ を用いて表せ。

(2) OF：FP を求めよ。

→ 59

65❸ 1辺の長さが1の正四面体PABCにおいて，辺PA，BC，PB，ACの中点をそれぞれK，L，M，Nとする。線分KL，MNの中点をそれぞれQ，Rとし，△ABCの重心をGとする。また，$\overrightarrow{PA}=\vec{a}$，$\overrightarrow{PB}=\vec{b}$，$\overrightarrow{PC}=\vec{c}$ とおく。

(1) $\overrightarrow{PQ}$，$\overrightarrow{PR}$ を $\vec{a}$，$\vec{b}$，$\vec{c}$ を用いて表し，点QとRが一致することを示せ。

(2) 3点P，Q，Gが同一直線上にあることを示せ。また，PQ：QG を求めよ。

(3) PG⊥AB を示せ。〔大分大〕

→ 55, 56, 61

66❸ 直方体の隣り合う3辺をOA，OB，OCとし，$\overrightarrow{OD}=\overrightarrow{OA}+\overrightarrow{OB}+\overrightarrow{OC}$ を満たす頂点をDとする。線分ODが平面ABCと直交するとき，この直方体は立方体であることを証明せよ。〔東京学芸大〕

→ 60, 61

EXERCISES　8 位置ベクトル，ベクトルと図形

B

67③ 空間内に四面体 ABCD がある。辺 AB の中点を M，辺 CD の中点を N とする。t を 0 でない実数とし，点 G を $\overrightarrow{GA}+\overrightarrow{GB}+(t-2)\overrightarrow{GC}+t\overrightarrow{GD}=\vec{0}$ を満たす点とする。

(1) $\overrightarrow{DG}$ を $\overrightarrow{DA}$，$\overrightarrow{DB}$，$\overrightarrow{DC}$ で表せ。

(2) 点 G は点 N と一致しないことを示せ。

(3) 直線 NG と直線 MC は平行であることを示せ。〔東北大〕

→ 55

68④ 座標空間に 4 点 A(2, 1, 0)，B(1, 0, 1)，C(0, 1, 2)，D(1, 3, 7) がある。3 点 A，B，C を通る平面に関して点 D と対称な点を E とするとき，点 E の座標を求めよ。〔京都大〕

→ 60

69④ 正四面体 ABCD の辺 AB，CD の中点をそれぞれ M，N とし，線分 MN の中点を G，$\angle$AGB を θ とする。このとき，$\cos\theta$ の値を求めよ。〔熊本大〕

→ 61

70⑤ 1 辺の長さが 1 である正四面体の頂点を O，A，B，C とする。

(1) O を原点に，A を (1, 0, 0) に重ね，B を xy 平面上に，C を $x>0$，$y>0$，$z>0$ の部分におく。頂点 B，C の座標を求めよ。

(2) $\overrightarrow{OA}$ と $\overrightarrow{OB}$，および $\overrightarrow{OB}$ と $\overrightarrow{OC}$ のなす角を，それぞれ 2 等分する 2 つのベクトルのなす角を θ とするとき，$\cos\theta$ の値を求めよ。〔室蘭工大〕

HINT

67 (2) (1)の結果を利用。点 G と点 N が一致しない $\Longleftrightarrow$ $\overrightarrow{DG}$ と $\overrightarrow{DN}$ が一致しない

68 平面 ABC$\perp$DE であり，線分 DE の中点が平面 ABC 上にある。

69 内積 $\overrightarrow{GA}\cdot\overrightarrow{GB}=|\overrightarrow{GA}||\overrightarrow{GB}|\cos\theta$ を利用する。$\overrightarrow{GA}\cdot\overrightarrow{GB}$，$|\overrightarrow{GA}|$，$|\overrightarrow{GB}|$ の値が必要である。なお，正四面体の 1 辺の長さを $4a$ とし，$\overrightarrow{AB}=4\vec{b}$，$\overrightarrow{AC}=4\vec{c}$，$\overrightarrow{AD}=4\vec{d}$ と表すと，見通しよく計算できる。

70 (2) △OAB，△OBC は正三角形。線分 AB の中点を M，線分 BC の中点を N とすると，$\angle$MON$=\theta$ である。

9 座標空間における図形，ベクトル方程式

基本事項

1 内分点，外分点の座標　2 点 $A(a_1,\ a_2,\ a_3)$，$B(b_1,\ b_2,\ b_3)$ を結ぶ線分 AB を

$m:n$ に内分する点の座標は $\left(\boldsymbol{\dfrac{na_1+mb_1}{m+n},\ \dfrac{na_2+mb_2}{m+n},\ \dfrac{na_3+mb_3}{m+n}}\right)$

$m:n$ に外分する点の座標は $\left(\boldsymbol{\dfrac{-na_1+mb_1}{m-n},\ \dfrac{-na_2+mb_2}{m-n},\ \dfrac{-na_3+mb_3}{m-n}}\right)$

補足　$A(a_1,\ a_2,\ a_3)$，$B(b_1,\ b_2,\ b_3)$，$C(c_1,\ c_2,\ c_3)$ とすると

△ABC の重心の座標は $\left(\boldsymbol{\dfrac{a_1+b_1+c_1}{3},\ \dfrac{a_2+b_2+c_2}{3},\ \dfrac{a_3+b_3+c_3}{3}}\right)$

2 座標平面に平行な平面の方程式

点 $P(a,\ b,\ c)$ を通り，座標平面に平行な平面の方程式は

yz 平面に平行…… $\boldsymbol{x=a}$，zx 平面に平行…… $\boldsymbol{y=b}$，xy 平面に平行…… $\boldsymbol{z=c}$

特に，xy 平面，yz 平面，zx 平面の方程式は，それぞれ $z=0$，$x=0$，$y=0$ である。

3 球面の方程式　空間において，定点Cからの距離が一定の値 r であるような点の全体を，C を中心とする半径 r の **球面**，または単に **球** という。

① 点 $(a,\ b,\ c)$ を中心とする半径 r の球面の方程式は

$$\boldsymbol{(x-a)^2+(y-b)^2+(z-c)^2=r^2}$$

特に，原点を中心とする半径 r の球面の方程式は　$\boldsymbol{x^2+y^2+z^2=r^2}$

② 一般形　　$\boldsymbol{x^2+y^2+z^2+Ax+By+Cz+D=0}$　ただし $A^2+B^2+C^2>4D$

解説　②　①の方程式 $(x-a)^2+(y-b)^2+(z-c)^2=r^2$ を展開して整理すると

$$x^2+y^2+z^2-2ax-2by-2cz+a^2+b^2+c^2-r^2=0$$

$-2a=A$，$-2b=B$，$-2c=C$，$a^2+b^2+c^2-r^2=D$ とおくと

$$x^2+y^2+z^2+Ax+By+Cz+D=0$$

ただし，$a^2+b^2+c^2-D=\dfrac{A^2}{4}+\dfrac{B^2}{4}+\dfrac{C^2}{4}-D=r^2>0$ から　$A^2+B^2+C^2>4D$

4 平面のベクトル方程式　平面上の任意の点を $P(\vec{p})$，s，t，u を実数とする。

① 一直線上にない 3 点 $A(\vec{a})$，$B(\vec{b})$，$C(\vec{c})$ の定める平面のベクトル方程式は

$\boldsymbol{\vec{p}=s\vec{a}+t\vec{b}+u\vec{c},\ s+t+u=1}$；または $\boldsymbol{\vec{p}=s\vec{a}+t\vec{b}+(1-s-t)\vec{c}}$

② 点 $A(\vec{a})$ を通り，$\vec{0}$ でないベクトル $\vec{n}$ に垂直な平面 α のベクトル方程式は

$\boldsymbol{\vec{n}\cdot(\vec{p}-\vec{a})=0}$

(①については，$p.111$ で扱っている。)

解説　②　点Pが平面 α 上にある

$\iff \vec{n}\perp\overrightarrow{AP}$ または $\overrightarrow{AP}=\vec{0}$

$\iff \vec{n}\cdot\overrightarrow{AP}=0$

ここで，$\overrightarrow{OA}=\vec{a}$，$\overrightarrow{OP}=\vec{p}$ であるから

$\vec{n}\cdot(\vec{p}-\vec{a})=0$

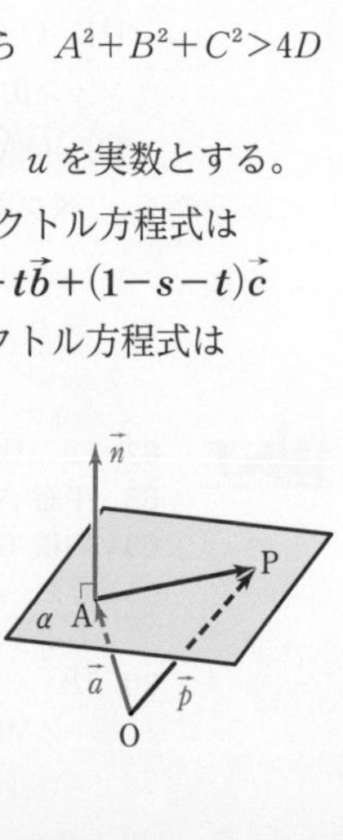

5 空間における直線のベクトル方程式

s，t は実数の変数とし，直線上の任意の点を $P(\vec{p})$ とする。

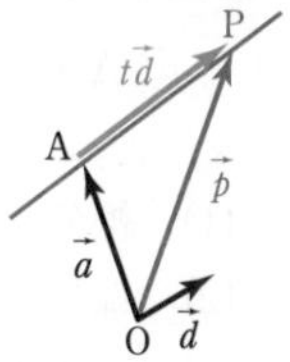

① 点 $A(\vec{a})$ を通り，$\vec{0}$ でないベクトル $\vec{d}$ に平行な直線のベクトル方程式は

$$\boldsymbol{\vec{p}=\vec{a}+t\vec{d}}$$

② 異なる2点 $A(\vec{a})$，$B(\vec{b})$ を通る直線のベクトル方程式は

$$\boldsymbol{\vec{p}=(1-t)\vec{a}+t\vec{b}} \quad \text{または} \quad \boldsymbol{\vec{p}=s\vec{a}+t\vec{b},\ s+t=1}$$

(以上のことは，平面上の直線のベクトル方程式と同様である ⟶ $p.67$ **1** 参照)

$A(x_1,\ y_1,\ z_1)$，$B(x_2,\ y_2,\ z_2)$ を定点，$P(x,\ y,\ z)$ を直線上の点とし，t を実数の変数とする。

③ 点Aを通り，$\vec{d}=(l,\ m,\ n)$ に平行な直線の媒介変数表示は

$$\boldsymbol{x=x_1+lt,\ y=y_1+mt,\ z=z_1+nt}$$

④ 異なる2点A，Bを通る直線の媒介変数表示は

$$\boldsymbol{x=(1-t)x_1+tx_2,\ y=(1-t)y_1+ty_2,\ z=(1-t)z_1+tz_2}$$

解説 ③ ①のベクトル方程式 $\vec{p}=\vec{a}+t\vec{d}$ において，$\vec{p}=(x,\ y,\ z)$，$\vec{a}=(x_1,\ y_1,\ z_1)$ として成分で表すと

$$(x,\ y,\ z)=(x_1,\ y_1,\ z_1)+t(l,\ m,\ n)$$
$$=(x_1+lt,\ y_1+mt,\ z_1+nt)$$

よって　$x=x_1+lt,\ y=y_1+mt,\ z=z_1+nt$

④ ③において，$\vec{d}=\overrightarrow{AB}=(x_2-x_1,\ y_2-y_1,\ z_2-z_1)$ と考える。

6 球面のベクトル方程式

球面上の任意の点を $P(\vec{p})$ とする。

① 中心が $C(\vec{c})$，半径 r の球面のベクトル方程式は

$$\boldsymbol{|\vec{p}-\vec{c}|=r} \quad \text{または} \quad \boldsymbol{(\vec{p}-\vec{c})\cdot(\vec{p}-\vec{c})=r^2}$$

② $A(\vec{a})$，$B(\vec{b})$ とし，線分ABを直径とする球面のベクトル方程式は

$$\boldsymbol{(\vec{p}-\vec{a})\cdot(\vec{p}-\vec{b})=0}$$

(以上のことは，平面上の円のベクトル方程式と同様である ⟶ $p.68$ **3** 参照)

CHECK & CHECK

28 3点 $A(7,\ -1,\ 2)$，$B(-3,\ 5,\ 4)$，$C(5,\ -7,\ 0)$ に対して，次の各点の座標を求めよ。 **1**

(1) 線分ABの中点　(2) 線分ABを $2:1$ に内分する点，外分する点

(3) 線分ABを $1:2$ に内分する点，外分する点　(4) 三角形ABCの重心

29 次のような球面の方程式を求めよ。

(1) 中心が原点，半径が2　(2) 中心が $(1,\ -2,\ 3)$，半径が5 **3**

30 次の直線の媒介変数表示を，媒介変数を t として求めよ。

(1) 点 $A(-2,\ 1,\ 3)$ を通り，ベクトル $\vec{d}=(1,\ 3,\ -4)$ に平行な直線

(2) 2点 $A(2,\ -4,\ 3)$，$B(3,\ -1,\ 5)$ を通る直線 **5**

基本 例題 64 分点の座標（空間）

3 点 A(0, 3, 7), B(x, y, z), C(2, -4, -1) について，次の条件を満たす x, y, z の値を求めよ。

(1) 線分 AB を 2：1 に内分する点の座標が (2, -1, 3)

(2) 線分 AB を 3：2 に外分する点の座標が (15, 12, -23)

(3) △ABC の重心の座標が (1, -2, 3)

p.122 基本事項 1

CHART & SOLUTION

2 点 A(a_1, a_2, a_3), B(b_1, b_2, b_3) を結ぶ線分 AB を m：n に分ける点の座標は

$$\left(\frac{na_1+mb_1}{m+n},\ \frac{na_2+mb_2}{m+n},\ \frac{na_3+mb_3}{m+n}\right)$$

(1) 2：1 に内分 ⟶ $m=2$, $n=1$ とおく。

(2) 3：2 に外分 ⟶ $m=3$, $n=-2$ とおく。

$m=-3$, $n=2$ とおいてもよいが，(分母)>0 の方が計算しやすい。

(3) A(a_1, a_2, a_3), B(b_1, b_2, b_3), C(c_1, c_2, c_3) のとき，△ABC の重心の座標は

$$\left(\frac{a_1+b_1+c_1}{3},\ \frac{a_2+b_2+c_2}{3},\ \frac{a_3+b_3+c_3}{3}\right)$$

解答

(1) $\left(\dfrac{1\times0+2\times x}{2+1},\ \dfrac{1\times3+2\times y}{2+1},\ \dfrac{1\times7+2\times z}{2+1}\right)$

この座標が (2, -1, 3) に等しい。

よって　**$x=3$, $y=-3$, $z=1$**

(2) $\left(\dfrac{-2\times0+3\times x}{3+(-2)},\ \dfrac{-2\times3+3\times y}{3+(-2)},\ \dfrac{-2\times7+3\times z}{3+(-2)}\right)$

この座標が (15, 12, -23) に等しい。

よって　**$x=5$, $y=6$, $z=-3$**

(3) $\left(\dfrac{0+x+2}{3},\ \dfrac{3+y+(-4)}{3},\ \dfrac{7+z+(-1)}{3}\right)$

この座標が (1, -2, 3) に等しい。

よって　**$x=1$, $y=-5$, $z=3$**

⇦ $\dfrac{2x}{3}=2$, $\dfrac{3+2y}{3}=-1$, $\dfrac{7+2z}{3}=3$

別解 (2) P(15, 12, -23) とすると，B は線分 AP を 1：2 に内分する点。

$x=\dfrac{2\times0+1\times15}{1+2}=5$

$y=\dfrac{2\times3+1\times12}{1+2}=6$

$z=\dfrac{2\times7+1\times(-23)}{1+2}=-3$

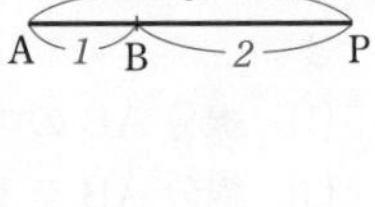

PRACTICE 64[1]

3 点 A(-3, 0, 4), B(x, y, z), C(5, -1, 2) について，次の条件を満たす x, y, z の値を求めよ。

(1) 線分 AB を 1：2 に内分する点の座標が (-1, 1, 3)

(2) 線分 AB を 3：4 に外分する点の座標が (-3, -6, 4)

(3) △ABC の重心の座標が (1, 1, 3)

基本 例題 65 座標平面に平行な平面

(1) 点 A(1, 3, −2) を通る，次のような平面の方程式を，それぞれ求めよ。
　(ア) xy 平面に平行　　(イ) yz 平面に平行　　(ウ) zx 平面に平行

(2) 点 B(2, −1, 3) を通る，次のような平面の方程式を，それぞれ求めよ。
　(ア) x 軸に垂直　　(イ) y 軸に垂直　　(ウ) z 軸に垂直

p.122 基本事項 2

CHART & SOLUTION

座標平面に平行な平面の方程式

点 P(a, b, c) を通り，座標平面に平行な平面の方程式は

　yz 平面に平行 ⟶ $x=a$，　zx 平面に平行 ⟶ $y=b$，　xy 平面に平行 ⟶ $z=c$

(2) x 軸，y 軸，z 軸に垂直な平面は，それぞれ yz 平面，zx 平面，xy 平面に平行である。

解答

(1) (ア) $z=-2$　　(イ) $x=1$　　(ウ) $y=3$

(2) 求める平面は点 B(2, −1, 3) を通り，(ア) yz 平面，(イ) zx 平面，(ウ) xy 平面に平行であるから

　(ア) $x=2$　　(イ) $y=-1$　　(ウ) $z=3$

参考　求める平面を図示すると，次のようになる。

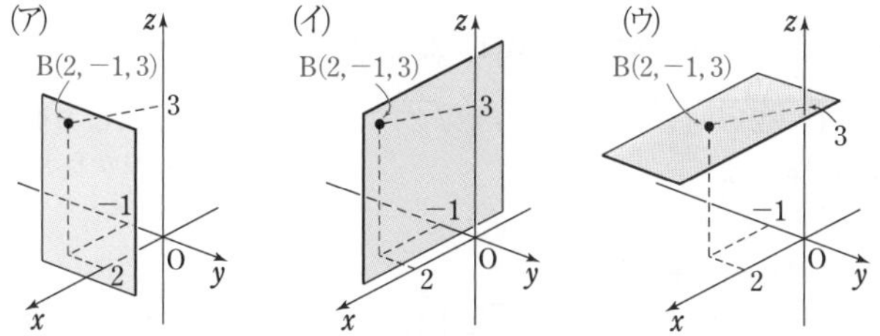

inf. (2) (ア)で求める平面と x 軸との交点の座標は
(2, 0, 0)
(イ)で求める平面と y 軸との交点の座標は
(0, −1, 0)
(ウ)で求める平面と z 軸との交点の座標は
(0, 0, 3)

注意　例えば，方程式 $x=1$ は，座標空間では平面を表すが，座標平面では直線を表すことに注意しよう。

INFORMATION　座標軸に垂直な平面の方程式

点 P(a, b, c) を通り，x 軸に垂直な平面を α とする。α と x 軸との交点 A の座標は (a, 0, 0) で，α は x 座標が常に a (y, z 座標は任意) である点全体の集合であるから，**平面 α の方程式は $x=a$** である。同様に考えて，点 P を通り y 軸に垂直な **平面 β の方程式は $y=b$** であり，点 P を通り z 軸に垂直な **平面 γ の方程式は $z=c$** である。

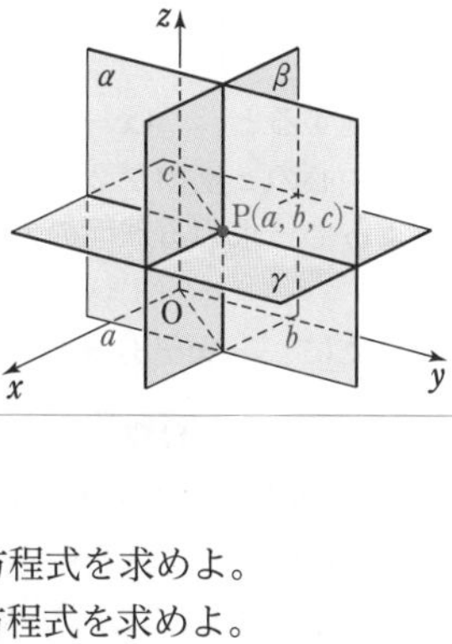

PRACTICE 65❶

(1) 点 A(−2, 1, 0) を通り，yz 平面に平行な平面の方程式を求めよ。

(2) 点 B(3, 2, −4) を通り，zx 平面に平行な平面の方程式を求めよ。

(3) 点 C(0, 3, −2) を通り，z 軸に垂直な平面の方程式を求めよ。

基本 例題 66 球面の方程式 (1)

次の球面の方程式を求めよ。

(1) 点 A(1, −2, 3) を中心とし，点 B(2, −1, −1) を通る球面

(2) 2 点 A(3, 2, −4), B(−1, 2, 0) を直径の両端とする球面

(3) 点 (3, −5, 2) を中心とし，xy 平面に接する球面

p.122 基本事項 3，重要 71

CHART & SOLUTION

球面の方程式　半径と中心で決定

(1) 半径は線分 AB の長さ。

(2) 中心は線分 AB の中点 M，半径は線分 AM の長さ。

別解　球面のベクトル方程式 $(\vec{p}-\vec{a})\cdot(\vec{p}-\vec{b})=0$ を利用。

(3) xy 平面に接する ⟶ 半径は中心の z 座標からわかる。

解答

(1) $\mathrm{AB}=\sqrt{(2-1)^2+\{-1-(-2)\}^2+(-1-3)^2}=3\sqrt{2}$

よって，求める球面の方程式は

$$(x-1)^2+\{y-(-2)\}^2+(z-3)^2=(3\sqrt{2})^2$$

ゆえに　$\boldsymbol{(x-1)^2+(y+2)^2+(z-3)^2=18}$

⇐ 半径

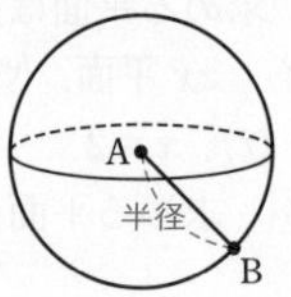

(2) 線分 AB の中点 M が球面の中心であるから

$$\mathrm{M}\left(\frac{3-1}{2},\ \frac{2+2}{2},\ \frac{-4+0}{2}\right)\ \text{すなわち}\ \mathrm{M}(1,\ 2,\ -2)$$

⇐ 中心

また　$\mathrm{AM}=\sqrt{(1-3)^2+(2-2)^2+\{-2-(-4)\}^2}=2\sqrt{2}$

⇐ 半径。2 点 A，B 間の距離 (直径) から求めてもよい。

よって，求める球面の方程式は

$$(x-1)^2+(y-2)^2+\{z-(-2)\}^2=(2\sqrt{2})^2$$

ゆえに　$\boldsymbol{(x-1)^2+(y-2)^2+(z+2)^2=8}$

別解　球面上の点を P$(x,\ y,\ z)$ とし，P$(\vec{p})$, A$(\vec{a})$, B$(\vec{b})$ とすると　$\vec{p}-\vec{a}=(x-3,\ y-2,\ z+4)$,

$\vec{p}-\vec{b}=(x+1,\ y-2,\ z)$

⇐ p.123 基本事項 6 を参照。

よって　$(x-3)(x+1)+(y-2)(y-2)+(z+4)z=0$

⇐ $(\vec{p}-\vec{a})\cdot(\vec{p}-\vec{b})=0$ に代入する。

整理すると　$\boldsymbol{(x-1)^2+(y-2)^2+(z+2)^2=8}$

(3) 中心の z 座標が 2 であるから，球面の半径は 2

よって，求める球面の方程式は

$$(x-3)^2+\{y-(-5)\}^2+(z-2)^2=2^2$$

ゆえに　$\boldsymbol{(x-3)^2+(y+5)^2+(z-2)^2=4}$

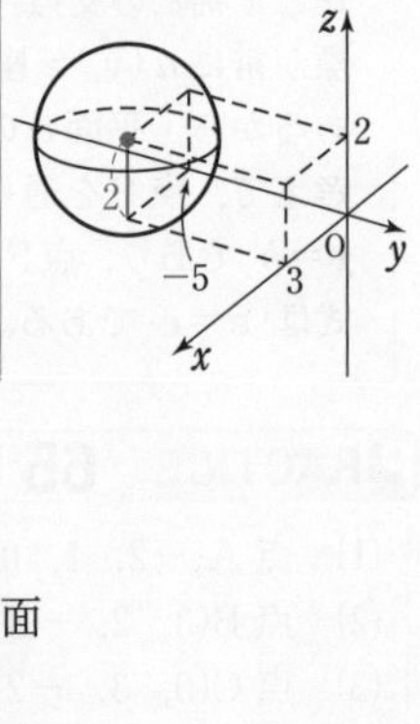

PRACTICE 66②

次の球面の方程式を求めよ。

(1) 点 A(3, 0, 2) を中心とし，点 B(1, $\sqrt{5}$, 4) を通る球面

(2) 2 点 A(−1, 1, 2), B(5, 7, −4) を直径の両端とする球面

(3) 点 (2, −3, 1) を中心とし，zx 平面に接する球面

基本 例題 67 球面とその切り口

中心が $(1,\ a,\ 2)$，半径が 6 の球面が zx 平面と交わってできる円の半径が $3\sqrt{3}$ であるという。a の値を求めよ。

p.122 基本事項 2，3

CHART & SOLUTION

球面と座標平面の交わり

座標平面の方程式を代入する

球面 $(x-a)^2+(y-b)^2+(z-c)^2=r^2$ と zx 平面が交わってできる図形 C は右の図の太実線の部分である。その図形上の点の y 座標はすべて 0 であるから，C の方程式は球面の方程式に $y=0$ を代入したものとなる。

よって，C の方程式は

$$(x-a)^2+(z-c)^2=r^2-b^2,\ y=0$$

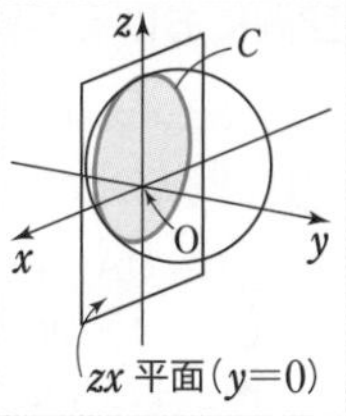

注意　C の方程式に $y=0$ を書き忘れないように。

解答

中心が $(1,\ a,\ 2)$，半径が 6 の球面の方程式は

$$(x-1)^2+(y-a)^2+(z-2)^2=6^2$$

この球面と zx 平面 $(y=0)$ が交わってできる図形の方程式は

$$(x-1)^2+(0-a)^2+(z-2)^2=6^2,\ y=0$$

⇐ 上の方程式に zx 平面の方程式 $y=0$ を代入。

すなわち

$$(x-1)^2+(z-2)^2=6^2-a^2,\ y=0$$

これは，$6^2-a^2>0$ のとき，zx 平面上で中心が $(1,\ 0,\ 2)$，半径が $\sqrt{6^2-a^2}$ の円を表す。

その半径が $3\sqrt{3}$ であるから　　$6^2-a^2=(3\sqrt{3})^2$

すなわち　　$a^2=9$

ゆえに　　$\boldsymbol{a=\pm 3}$

別解　球の中心と zx 平面の距離は $|a|$ である。

よって，三平方の定理から　　$|a|^2+(3\sqrt{3})^2=6^2$

ゆえに　　$a^2=9$

よって　　$\boldsymbol{a=\pm 3}$

inf. 球面が xy 平面と交わってできる図形（円）の方程式は，球面の方程式に $z=0$ を代入したものとなる。
yz 平面の場合は $x=0$ を代入。

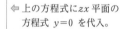

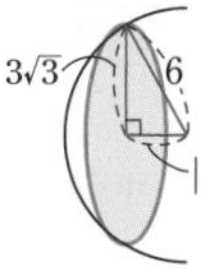

PRACTICE 67❷

(1) 中心が $(-1,\ 3,\ 2)$，半径が 5 の球面が xy 平面，yz 平面，zx 平面と交わってできる図形の方程式をそれぞれ求めよ。

(2) 中心が $(1,\ -2,\ 3a)$，半径が $\sqrt{13}$ の球面が xy 平面と交わってできる円の半径が 2 であるという。a の値を求めよ。また，この円の中心の座標を求めよ。

基本 例題 68 直線のベクトル方程式（空間）

(1) 点 A(2, 3, 1) を通り，$\vec{d}=(-1,\ -2,\ 2)$ に平行な直線 ℓ に，原点 O から垂線 OH を下ろす。点 H の座標を求めよ。

(2) 2 点 A(3, −1, 2)，B(1, −2, 3) を通る直線と xy 平面との交点の座標を求めよ。

p.123 基本事項 5，基本 34, 35，重要 71, 72, 73

CHART & SOLUTION

空間における直線のベクトル方程式

1 点 A($\vec{a}$) を通り，$\vec{d}$ に平行 ⟶ $\vec{p}=\vec{a}+t\vec{d}$

2 異なる 2 点 A($\vec{a}$)，B($\vec{b}$) を通る ⟶ $\vec{p}=(1-t)\vec{a}+t\vec{b}$

(1) $\overrightarrow{OH}=\overrightarrow{OA}+t\vec{d}$ と表す（1 の方針）。また，$\overrightarrow{OH}\cdot\vec{d}=0$ から t の値を求める。

(2) $\overrightarrow{OP}=(1-t)\overrightarrow{OA}+t\overrightarrow{OB}$ と表す（2 の方針）。点 P が xy 平面上にあるとき，P の z 座標は 0 であることから，t の値を求める。

解答

(1) 点 H は直線 ℓ 上にあるから，t を媒介変数とすると

$$\overrightarrow{OH}=\overrightarrow{OA}+t\vec{d} \quad と表される。$$

ここで，$\overrightarrow{OA}=(2,\ 3,\ 1)$，$\vec{d}=(-1,\ -2,\ 2)$ であるから

$$\overrightarrow{OH}=(2,\ 3,\ 1)+t(-1,\ -2,\ 2)$$
$$=(2-t,\ 3-2t,\ 1+2t)$$

また，OH は直線 ℓ への垂線であるから　$\overrightarrow{OH}\perp\vec{d}$

よって　$\overrightarrow{OH}\cdot\vec{d}=0$

ゆえに　$(2-t)\times(-1)+(3-2t)\times(-2)+(1+2t)\times 2=0$

これを解いて　$t=\dfrac{2}{3}$　このとき　$\overrightarrow{OH}=\left(\dfrac{4}{3},\ \dfrac{5}{3},\ \dfrac{7}{3}\right)$

したがって，点 H の座標は　$\left(\dfrac{4}{3},\ \dfrac{5}{3},\ \dfrac{7}{3}\right)$

(2) 直線 AB 上の点を P(x, y, z)，t を媒介変数とすると

$$\overrightarrow{OP}=(1-t)\overrightarrow{OA}+t\overrightarrow{OB}$$
$$=(3-2t,\ -1-t,\ 2+t)$$

点 P が xy 平面上にあるとき，P の z 座標は 0 であるから

$$2+t=0$$

よって　$t=-2$　このとき　$\overrightarrow{OP}=(7,\ 1,\ 0)$

したがって，求める座標は　**(7, 1, 0)**

(1)

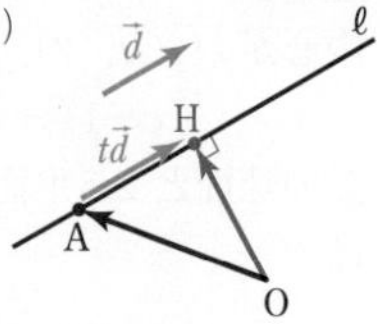

⇐ 整理すると $-6+9t=0$

⇐ $\overrightarrow{OP}=\overrightarrow{OA}+t\overrightarrow{AB}$ としてもよい。

⇐ xy 平面の方程式は $z=0$

PRACTICE 68❸

(1) 点 A(2, −1, 0) を通り，$\vec{d}=(-2,\ 1,\ 2)$ に平行な直線 ℓ に，原点 O から垂線 OH を下ろす。点 H の座標を求めよ。

(2) 2 点 A(3, 1, −1)，B(−2, −3, 2) を通る直線と，xy 平面，yz 平面，zx 平面との交点の座標をそれぞれ求めよ。

重要 例題 69 球面の方程式 (2)

(1) 次の方程式はどんな図形を表すか。

$$x^2+y^2+z^2+6x-3y+z+11=0$$

(2) 4 点 (0, 0, 0), (6, 0, 0), (0, 4, 0), (0, 0, −8) を通る球面の中心の座標と半径を求めよ。

p.122 基本事項 3

CHART & SOLUTION

球面の方程式 ($r>0$, $A^2+B^2+C^2>4D$ とする)

1 中心が (a, b, c), 半径が $r \iff (x-a)^2+(y-b)^2+(z-c)^2=r^2$

2 一般形 $x^2+y^2+z^2+Ax+By+Cz+D=0$

(1) $(x-a)^2+(y-b)^2+(z-c)^2=r^2$ の形に変形する。

(2) 条件の 4 点の座標に 0 が多いから，2 の一般形から求めるとよい。そして，(1)のように変形する。

解答

(1) 与えられた式を変形すると

$$(x^2+6x+3^2)+\left\{y^2-3y+\left(\frac{3}{2}\right)^2\right\}+\left\{z^2+z+\left(\frac{1}{2}\right)^2\right\}$$
$$=-11+3^2+\left(\frac{3}{2}\right)^2+\left(\frac{1}{2}\right)^2$$

ゆえに　$(x+3)^2+\left(y-\dfrac{3}{2}\right)^2+\left(z+\dfrac{1}{2}\right)^2=\left(\dfrac{1}{\sqrt{2}}\right)^2$

したがって　**中心 $\left(-3, \dfrac{3}{2}, -\dfrac{1}{2}\right)$, 半径 $\dfrac{1}{\sqrt{2}}$ の球面**

(2) 球面の方程式を $x^2+y^2+z^2+Ax+By+Cz+D=0$ とすると

$D=0$, $36+6A+D=0$, $16+4B+D=0$, $64-8C+D=0$

ゆえに　$A=-6$, $B=-4$, $C=8$

したがって，球面の方程式は

$$x^2+y^2+z^2-6x-4y+8z=0$$

これを変形して

$$(x^2-6x+3^2)+(y^2-4y+2^2)+(z^2+8z+4^2)=3^2+2^2+4^2$$

よって　$(x-3)^2+(y-2)^2+(z+4)^2=(\sqrt{29})^2$

ゆえに　**中心の座標は (3, 2, −4), 半径は $\sqrt{29}$**

(1) x, y, z の 2 次式をそれぞれ平方完成する。

⇐ 平方完成の際に加えられた定数項を右辺にも加える。

⇐ 2 の方針。

⇐ 4 点の x 座標, y 座標, z 座標をそれぞれ代入する。

inf. この問題の場合，中心の座標を (a, b, c) として，中心と 4 点の距離が等しいことから求めてもよい。

PRACTICE 69③

(1) 方程式 $x^2+y^2+z^2-x-4y+3z+4=0$ はどんな図形を表すか。

(2) 4 点 O(0, 0, 0), A(0, 2, 3), B(1, 0, 3), C(1, 2, 0) を通る球面の中心の座標と半径を求めよ。

〔(2) 類 九州大〕

重要例題 70　3点を通る平面上の点

3点 A(1, −1, 0), B(3, 1, 2), C(3, 3, 0) の定める平面を α とする。点 P(x, y, z) が α 上にあるとき，x, y, z が満たす関係式を求めよ。

p.122 基本事項 4，基本 60

CHART & SOLUTION

3点 A，B，C が定める平面 α 上にある点 P(x, y, z)

1　点 A($\vec{a}$) を通り，$\vec{n}$ に垂直 ⟶ $\vec{n}\cdot(\vec{p}-\vec{a})=0$

2　$\overrightarrow{\mathrm{OP}}=s\overrightarrow{\mathrm{OA}}+t\overrightarrow{\mathrm{OB}}+u\overrightarrow{\mathrm{OC}}$，$s+t+u=1$ を満たす

平面 α に垂直なベクトル (**法線ベクトル**) $\vec{n}$ は $\vec{n}\perp\overrightarrow{\mathrm{AB}}$，$\vec{n}\perp\overrightarrow{\mathrm{AC}}$ から求められる。
この $\vec{n}$ に対し，$\vec{n}\cdot\overrightarrow{\mathrm{AP}}=0$ から x, y, z の関係式を求める (1 の方針)。
別解 は 2 の方針。s, t, u を x, y, z で表し，$s+t+u=1$ に代入する。

解答

平面 α の法線ベクトルを $\vec{n}=(a,\ b,\ c)$ $(\vec{n}\neq\vec{0})$ とする。
ここで　$\overrightarrow{\mathrm{AB}}=(2,\ 2,\ 2)$，$\overrightarrow{\mathrm{AC}}=(2,\ 4,\ 0)$
$\vec{n}\perp\overrightarrow{\mathrm{AB}}$ から　$\vec{n}\cdot\overrightarrow{\mathrm{AB}}=0$　よって　$2a+2b+2c=0$ …… ①
$\vec{n}\perp\overrightarrow{\mathrm{AC}}$ から　$\vec{n}\cdot\overrightarrow{\mathrm{AC}}=0$　よって　$2a+4b=0$ …… ②
② から　$a=-2b$　　これと ① から　$c=b$
ゆえに　$\vec{n}=b(-2,\ 1,\ 1)$
$\vec{n}\neq\vec{0}$ であるから，$b=1$ として　$\vec{n}=(-2,\ 1,\ 1)$ …… (*)
点Pは平面 α 上にあるから　$\vec{n}\cdot\overrightarrow{\mathrm{AP}}=0$
$\overrightarrow{\mathrm{AP}}=(x-1,\ y-(-1),\ z-0)=(x-1,\ y+1,\ z)$ であるから

$$-2\times(x-1)+1\times(y+1)+1\times z=0$$

したがって　$\boldsymbol{2x-y-z-3=0}$

別解　原点をOとする。点Pは平面 α 上にあるから，s, t, u を実数として
$\overrightarrow{\mathrm{OP}}=s\overrightarrow{\mathrm{OA}}+t\overrightarrow{\mathrm{OB}}+u\overrightarrow{\mathrm{OC}}$，$s+t+u=1$ と表される。
よって　$(x,\ y,\ z)=s(1,\ -1,\ 0)+t(3,\ 1,\ 2)+u(3,\ 3,\ 0)$
$=(s+3t+3u,\ -s+t+3u,\ 2t)$
ゆえに　$x=s+3t+3u$，$y=-s+t+3u$，$z=2t$
s, t, u について解くと　$s=\dfrac{x-y-z}{2}$，$t=\dfrac{z}{2}$，$u=\dfrac{x+y-2z}{6}$
$s+t+u=1$ に代入して整理すると　$\boldsymbol{2x-y-z-3=0}$

⇐ 1 の方針。
$\vec{n}$ を成分表示する。

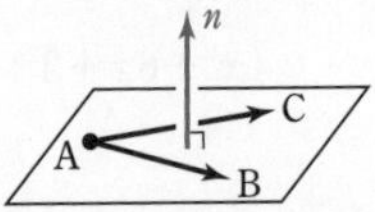

inf. 一般に，平面に垂直な直線をその平面の **法線** といい，平面に垂直なベクトルをその平面の **法線ベクトル** という。

(*) において，$\vec{n}\neq\vec{0}$ であれば，b はどの値でもよい。
一般に，**1つの平面の法線ベクトルは無数にある。**

⇐ x, y, z の関係式を求めたいから，s, t, u を x, y, z で表し，$s+t+u=1$ に代入する。

PRACTICE 70③

次の3点の定める平面を α とする。点 P(x, y, z) が α 上にあるとき，x, y, z が満たす関係式を求めよ。
(1)　(1, 2, 4), (−2, 0, 3), (4, 5, −2)　　(2)　(2, 0, 0), (0, 3, 0), (0, 0, 4)

重要例題 71　2直線の交点，直線と球面の交点

(1) 点 $(1,\ 2,\ -3)$ を通り，$\vec{a}=(3,\ -1,\ 2)$ に平行な直線 ℓ と，点 $(4,\ -3,\ 1)$ を通り，$\vec{b}=(3,\ 7,\ -2)$ に平行な直線 m の交点の座標を求めよ。

(2) 点 $(6,\ 3,\ -4)$ を通り，ベクトル $(-1,\ 1,\ 4)$ に平行な直線 ℓ と，点 $(2,\ 4,\ 6)$ を中心とする半径3の球面との交点の座標を求めよ。 基本 66, 68

CHART & SOLUTION

直線上の点に関する問題　媒介変数表示が有効

(1) まず，2直線をそれぞれ媒介変数 s，t を用いて表し，x，y，z 成分がそれぞれ一致するときの s，t の値を求め，その値を代入して求める。

(2) 直線 ℓ を媒介変数 t で表し，球面の方程式に代入する。

解答

(1) s, t を媒介変数とすると，2直線 ℓ, m の媒介変数表示は

$\ell:(x,\ y,\ z)=(1,\ 2,\ -3)+s(3,\ -1,\ 2)$

$m:(x,\ y,\ z)=(4,\ -3,\ 1)+t(3,\ 7,\ -2)$

すなわち　$\ell: x=1+3s,\ y=2-s,\ z=-3+2s$

$m: x=4+3t,\ y=-3+7t,\ z=1-2t$

この2直線が交わるとき　$1+3s=4+3t$ ……①，

$2-s=-3+7t$ ……②，$-3+2s=1-2t$ ……③

を同時に満たす実数 s，t が存在する。

①，②を解いて　$s=\dfrac{3}{2}$，$t=\dfrac{1}{2}$　これは，③を満たす。

よって，求める交点の座標は　$\left(\dfrac{11}{2},\ \dfrac{1}{2},\ 0\right)$

(2) t を媒介変数とすると，直線 ℓ の媒介変数表示は

$(x,\ y,\ z)=(6,\ 3,\ -4)+t(-1,\ 1,\ 4)$

すなわち　$x=6-t,\ y=3+t,\ z=-4+4t$ ……①

点 $(2,\ 4,\ 6)$ を中心とする半径3の球面の方程式は

$(x-2)^2+(y-4)^2+(z-6)^2=9$ ……②

①を②に代入すると $(4-t)^2+(-1+t)^2+(-10+4t)^2=9$

整理すると　$t^2-5t+6=0$　ゆえに　$t=2,\ 3$

よって，交点の座標は

$t=2$ のとき　$(x,\ y,\ z)=(4,\ 5,\ 4)$

$t=3$ のとき　$(x,\ y,\ z)=(3,\ 6,\ 8)$

(1) 直線 ℓ 上の点を $\mathrm{P}(\vec{p})$，直線 m 上の点を $\mathrm{Q}(\vec{q})$，$\vec{c}=(1,\ 2,\ -3)$，$\vec{d}=(4,\ -3,\ 1)$ とすると $\vec{p}=\vec{c}+s\vec{a}$，$\vec{q}=\vec{d}+t\vec{b}$

⇐ 方程式が3つで，変数が2つであるから，①，②から求めた値が③を満たすことを確認する。なお，③を満たさないときは2直線は交わらないときである（重要例題72参照）。

⇐ 直線の媒介変数表示の式に $t=2,\ 3$ を代入する。

PRACTICE 71③

(1) 直線 $\ell:(x,\ y,\ z)=(-5,\ 3,\ 3)+s(1,\ -2,\ 2)$ と直線 $m:(x,\ y,\ z)=(0,\ 3,\ 2)+t(3,\ 4,\ -5)$ の交点の座標を求めよ。

(2) 2点 $\mathrm{A}(2,\ 4,\ 0)$，$\mathrm{B}(0,\ -5,\ 6)$ を通る直線 ℓ と，点 $(0,\ 2,\ 0)$ を中心とする半径2の球面との共有点の座標を求めよ。

重要 例題 72　2 直線の最短距離

2 点 A(1, 3, 0), B(0, 4, −1) を通る直線を ℓ とし，点 C(−1, 3, 2) を通り，$\vec{d}=(-1,\ 2,\ 0)$ に平行な直線を m とする。

(1) ℓ と m は交わらないことを示せ。

(2) ℓ 上の点 P と m 上の点 Q の距離 PQ の最小値を求めよ。

基本 68，重要 71

CHART & SOLUTION

直線上の点に関する問題　媒介変数表示が有効

(1) 重要例題 71 (1) と同様に，2 直線を媒介変数 s, t を用いて表す。交わらないことを示すには，x, y, z 成分がそれぞれ等しいとおいたとき，3 つの式を満たす s, t が存在しないことをいえばよい。

(2) PQ^2 を s, t の 2 次式で表し，平方完成する。

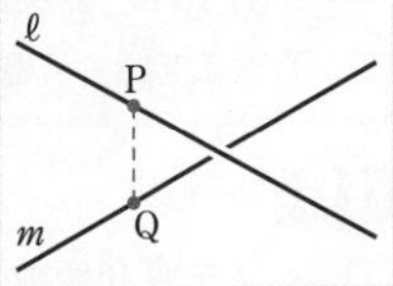

解答

(1) s を媒介変数とすると，直線 ℓ の媒介変数表示は

$$(x,\ y,\ z)=(1-s)(1,\ 3,\ 0)+s(0,\ 4,\ -1)$$

すなわち　$\ell : x=1-s,\ y=3+s,\ z=-s$　……①

また，t を媒介変数とすると，直線 m の媒介変数表示は

$$(x,\ y,\ z)=(-1,\ 3,\ 2)+t(-1,\ 2,\ 0)$$

すなわち　$m : x=-1-t,\ y=3+2t,\ z=2$　……②

ℓ と m が交わるとすると，①，② から

$$1-s=-1-t,\ 3+s=3+2t,\ -s=2$$

これらを同時に満たす s, t は存在しない。

よって，ℓ と m は交わらない。

(2) (1) から，P$(1-s,\ 3+s,\ -s)$，Q$(-1-t,\ 3+2t,\ 2)$ とおける。

よって　$PQ^2=(-2-t+s)^2+(2t-s)^2+(2+s)^2$

$=3s^2-6st+5t^2+4t+8$

$=3(s-t)^2+2(t+1)^2+6$

ゆえに，PQ^2 は $s=t$ かつ $t=-1$ すなわち $s=t=-1$ から，**P(2, 2, 1)，Q(0, 1, 2) のとき** 最小値 6 をとる。

$PQ>0$ であるから，このとき PQ は **最小値 $\sqrt{6}$** をとる。

⇐ $\vec{p}=(1-s)\vec{a}+s\vec{b}$ ただし，A$(\vec{a})$，B$(\vec{b})$。

⇐ $\vec{p}=\vec{c}+t\vec{d}$ ただし，C$(\vec{c})$。

⇐ 第 1 式，第 3 式から $s=-2$, $t=-4$ であるが，これは第 2 式を満たさない。

⇐ まず，s の式とみて平方完成，次に t について平方完成する。

⇐ $s-t=0$ かつ $t+1=0$ のとき最小。

PRACTICE 72[4]

2 点 A(1, 1, −1), B(0, 2, 1) を通る直線を ℓ，2 点 C(2, 1, 1), D(3, 0, 2) を通る直線を m とする。

(1) ℓ と m は交わらないことを示せ。

(2) ℓ 上の点 P と m 上の点 Q の距離 PQ の最小値を求めよ。

重要 例題 73　直線と平面のなす角

点 $P(1,\ 2,\ \sqrt{6})$ を通り，$\vec{d}=(1,\ -1,\ -\sqrt{6})$ に平行な直線を ℓ とする。
(1)　直線 ℓ と xy 平面の交点 A の座標を求めよ。
(2)　点 P から xy 平面に垂線 PH を下ろしたとき，点 H の座標を求めよ。
(3)　直線 ℓ と xy 平面のなす鋭角 θ を求めよ。

基本 68

CHART & THINKING

直線と平面のなす角

(3)　直線 ℓ と xy 平面の交点をAとし，直線 ℓ 上の点Pから xy 平面に垂線 PH を下ろすと，直線 ℓ と xy 平面のなす角 θ は $\angle$PAH である。△PAH に着目して，$\angle$PAH を求めよう。△PAH はどのような三角形だろうか？

別解　平面の法線ベクトルと，直線の方向ベクトルを考える方法もある。

解答

(1)　Oを原点とする。点 A は直線 ℓ 上の点であるから

$$\overrightarrow{OA}=\overrightarrow{OP}+t\vec{d}=(1+t,\ 2-t,\ \sqrt{6}-\sqrt{6}\,t)$$

と表される。ただし，t は実数である。
点Aは xy 平面上にあるから，Aの z 座標は 0 である。
よって　$\sqrt{6}-\sqrt{6}\,t=0$　　ゆえに　$t=1$
このとき　$\overrightarrow{OA}=(2,\ 1,\ 0)$
よって，求める座標は　**A(2, 1, 0)**

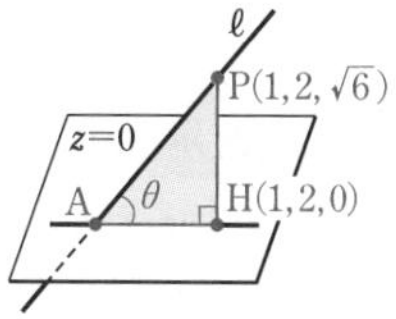

注意　直線 AH を，直線 ℓ の xy 平面上への正射影という。
解答編 PRACTICE 73 の inf. も参照。

(2)　点Pから xy 平面に垂線を下ろすと，z 座標が 0 になるから　**H(1, 2, 0)**

(3)　$\mathrm{AH}=\sqrt{(1-2)^2+(2-1)^2+0^2}=\sqrt{2}$，
$\mathrm{AP}=\sqrt{(1-2)^2+(2-1)^2+(\sqrt{6}-0)^2}=2\sqrt{2}$
であるから　$\cos\theta=\dfrac{\mathrm{AH}}{\mathrm{AP}}=\dfrac{\sqrt{2}}{2\sqrt{2}}=\dfrac{1}{2}$
$0^\circ<\theta<90^\circ$ であるから　$\boldsymbol{\theta=60^\circ}$

別解　xy 平面は $\vec{n}=(0,\ 0,\ 1)$ に垂直で，直線 ℓ は $\vec{d}=(1,\ -1,\ -\sqrt{6})$ に平行である。$\vec{n}$ と $\vec{d}$ のなす角を θ_1 とすると　$\cos\theta_1=\dfrac{\vec{n}\cdot\vec{d}}{|\vec{n}||\vec{d}|}=\dfrac{-\sqrt{6}}{1\times 2\sqrt{2}}=-\dfrac{\sqrt{3}}{2}$
$0^\circ\leqq\theta_1\leqq180^\circ$ であるから　$\theta_1=150^\circ$
よって　$\boldsymbol{\theta=\theta_1-90^\circ=60^\circ}$

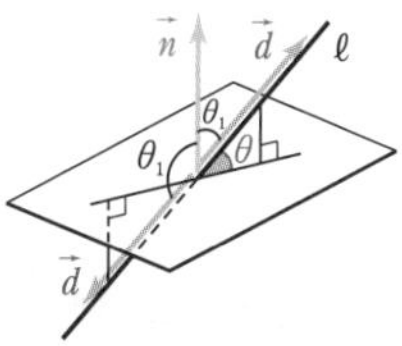

⇦ 図から，$\theta=90^\circ-\theta_1$ または $\theta=\theta_1-90^\circ$ である。

PRACTICE 73④

点 $P(-2,\ 3,\ 1)$ を通り，$\vec{d}=(2,\ 1,\ -3)$ に平行な直線を ℓ とする。
(1)　直線 ℓ と xy 平面の交点 A の座標を求めよ。
(2)　点 P から xy 平面に垂線 PH を下ろしたときの，点 H の座標を求めよ。
(3)　直線 ℓ と xy 平面のなす鋭角を θ とするとき，$\cos\theta$ の値を求めよ。

STEP UP 平面の方程式，直線の方程式

ここで扱う平面の方程式，直線の方程式は学習指導要領の範囲外の内容であるから，場合によっては省略してよい。

[1] 平面の方程式

① 点 $\mathrm{A}(x_1,\ y_1,\ z_1)$ を通り，$\vec{0}$ でないベクトル $\vec{n}=(a,\ b,\ c)$ に垂直な平面の方程式は

$$\boldsymbol{a(x-x_1)+b(y-y_1)+c(z-z_1)=0}$$

② 一般形　$\boldsymbol{ax+by+cz+d=0}$　ただし $(a,\ b,\ c)\neq(0,\ 0,\ 0)$

解説 ① 平面のベクトル方程式 $\vec{n}\cdot(\vec{p}-\vec{a})=0$ において，$\vec{p}=(x,\ y,\ z)$ とすると

$$a(x-x_1)+b(y-y_1)+c(z-z_1)=0$$

② ① の方程式を展開し，$-ax_1-by_1-cz_1=d$ とおくと

$$ax+by+cz+d=0$$

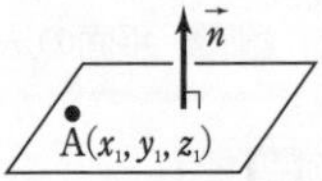

補足 **$\vec{n}=(a,\ b,\ c)$ は平面 $ax+by+cz+d=0$ の法線ベクトル**である。

[2] 点と平面の距離

点 $\mathrm{A}(x_1,\ y_1,\ z_1)$ と平面 $\alpha：ax+by+cz+d=0$ の距離は

$$\boldsymbol{\frac{|ax_1+by_1+cz_1+d|}{\sqrt{a^2+b^2+c^2}}}$$

証明▶ 点 A から平面 α に下ろした垂線を AH とすると，$\overrightarrow{\mathrm{AH}}$ は $\vec{n}=(a,\ b,\ c)$ に平行であるから，$\overrightarrow{\mathrm{AH}}=t\vec{n}$（$t$ は実数）と表される。

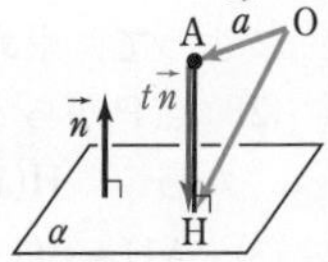

ここで，$\vec{p}=(x,\ y,\ z)$ とすると平面 α の方程式は

$$\vec{n}\cdot\vec{p}+d=0$$

$\vec{a}=(x_1,\ y_1,\ z_1)$ とすると $\overrightarrow{\mathrm{OH}}=\vec{a}+t\vec{n}$ となり，点 H は平面 α 上にあるから

$$\vec{n}\cdot(\vec{a}+t\vec{n})+d=0 \qquad ゆえに \qquad \vec{n}\cdot\vec{a}+t|\vec{n}|^2+d=0$$

よって，$t=\dfrac{-\vec{n}\cdot\vec{a}-d}{|\vec{n}|^2}$ となり，点 A と平面 α の距離，すなわち $|\overrightarrow{\mathrm{AH}}|$ は

$$|\overrightarrow{\mathrm{AH}}|=|t||\vec{n}|=\frac{|\vec{n}\cdot\vec{a}+d|}{|\vec{n}|}=\frac{|ax_1+by_1+cz_1+d|}{\sqrt{a^2+b^2+c^2}}$$

[3] 空間における直線の方程式

点 $\mathrm{A}(x_1,\ y_1,\ z_1)$ を通り，$\vec{d}=(l,\ m,\ n)$ に平行な直線の方程式は

$$\boldsymbol{\frac{x-x_1}{l}=\frac{y-y_1}{m}=\frac{z-z_1}{n}} \qquad ただし\ \ lmn\neq0$$

解説 $p.123$ 基本事項 5 ③ の式 $x=x_1+lt,\ y=y_1+mt,\ z=z_1+nt$ をそれぞれ t について解くと　$t=\dfrac{x-x_1}{l},\ t=\dfrac{y-y_1}{m},\ t=\dfrac{z-z_1}{n}$

これらの右辺を等号でつなぐと得られる。

補充 例題 74 平面の方程式

点 A$(-1,\ 3,\ -2)$ とする。

(1) 点Aを通り，$\vec{n}=(4,\ -1,\ 3)$ に垂直な平面の方程式を求めよ。

(2) 平面 α：$2x-y+2z-7=0$ に平行で，点Aを通る平面を β とする。平面 β と点 B$(-1,\ -5,\ 3)$ の距離を求めよ。 p.134 STEP UP

CHART & SOLUTION

平面の方程式

点 $(x_1,\ y_1,\ z_1)$ を通り，$\vec{n}=(a,\ b,\ c)$ に垂直な平面の方程式は

$$a(x-x_1)+b(y-y_1)+c(z-z_1)=0 \quad \cdots\cdots !$$

点と平面の距離

点 $(x_1,\ y_1,\ z_1)$ と平面 $ax+by+cz+d=0$ の距離は

$$\frac{|ax_1+by_1+cz_1+d|}{\sqrt{a^2+b^2+c^2}}$$

(2) まず，平面 β の方程式を求める。平面 β は平面 α に垂直なベクトル $\vec{n}$ と垂直であることを利用する。

解答

(1) A$(-1,\ 3,\ -2)$ を通り，$\vec{n}=(4,\ -1,\ 3)$ に垂直な平面の方程式は

! $$4\{x-(-1)\}+(-1)(y-3)+3\{z-(-2)\}=0$$

よって　$\boldsymbol{4x-y+3z+13=0}$

(2) 平面 α はベクトル $\vec{n}=(2,\ -1,\ 2)$ に垂直な平面で，平面 β は α と平行であるから，平面 β は $\vec{n}$ に垂直な平面である。また，平面 β は A$(-1,\ 3,\ -2)$ を通るから，平面 β の方程式は　$2\{x-(-1)\}+(-1)(y-3)+2\{z-(-2)\}=0$

よって　$2x-y+2z+9=0$

ゆえに，求める距離は

$$\frac{|2\times(-1)-(-5)+2\times3+9|}{\sqrt{2^2+(-1)^2+2^2}}=\frac{|18|}{\sqrt{9}}=\boldsymbol{6}$$

⇐ 平面 α の方程式の x，y，z の係数を順に並べたものが $\vec{n}$ である。

⇐ 点と平面の距離。

inf. 平面の方程式の公式や，点と平面の距離の公式を用いない解法もある。解答編 PRACTICE 74 の 補足 参照。

PRACTICE 74③

点 A$(2,\ -4,\ 3)$ とする。

(1) 点Aを通り，$\vec{n}=(1,\ -3,\ -5)$ に垂直な平面の方程式を求めよ。

(2) 平面 α：$x-y-2z+1=0$ に平行で，点Aを通る平面を β とする。平面 β と点 P$(1,\ -4,\ 2)$ の距離を求めよ。

補充 例題 75 直線の方程式（空間）

(1) 点 $(-2,\ 5,\ 1)$ を通り，$\vec{d}=(2,\ 4,\ -3)$ に平行な直線の方程式を求めよ。ただし，媒介変数を用いずに表せ。

(2) 直線 $\dfrac{x+1}{3}=y+2=\dfrac{z-1}{2}$ と平面 $3x-2y-4z+6=0$ の交点の座標を求めよ。

p.134 STEP UP

CHART & SOLUTION

空間における直線の方程式

(1) p.134 STEP UP で示した公式 $\dfrac{x-x_1}{l}=\dfrac{y-y_1}{m}=\dfrac{z-z_1}{n}$ (ただし，$lmn \neq 0$) を用いる。

(2) 直線の方程式を $=t$ とおき，$x,\ y,\ z$ を t で表す。それを平面の方程式に代入する。

解答

(1) 求める直線の方程式は $\dfrac{x-(-2)}{2}=\dfrac{y-5}{4}=\dfrac{z-1}{-3}$

よって $\boldsymbol{\dfrac{x+2}{2}=\dfrac{y-5}{4}=\dfrac{z-1}{-3}}$

別解 $(x,\ y,\ z)=(-2,\ 5,\ 1)+t(2,\ 4,\ -3)$ から　← 公式を用いない解法。

$x=-2+2t$ ……①，$y=5+4t$ ……②，$z=1-3t$ ……③

①，②，③ から　$t=\dfrac{x+2}{2}$，$t=\dfrac{y-5}{4}$，$t=\dfrac{z-1}{-3}$　← それぞれを $t=$…… の形に表す。

よって $\boldsymbol{\dfrac{x+2}{2}=\dfrac{y-5}{4}=\dfrac{z-1}{-3}}$

(2) $\dfrac{x+1}{3}=y+2=\dfrac{z-1}{2}=t$ とおくと　← 比例式は文字でおく。

$x=3t-1,\ y=t-2,\ z=2t+1$ ……①　← 直線を媒介変数表示の形にする。

これを $3x-2y-4z+6=0$ に代入すると

$3(3t-1)-2(t-2)-4(2t+1)+6=0$

よって $-t+3=0$　ゆえに $t=3$

① に代入して $x=8,\ y=1,\ z=7$

よって，求める座標は $\boldsymbol{(8,\ 1,\ 7)}$

PRACTICE 75❸

(1) 次の直線の方程式を求めよ。ただし，媒介変数を用いずに表せ。

(ア) 点 $(5,\ 7,\ -3)$ を通り，$\vec{d}=(1,\ 5,\ -4)$ に平行な直線

(イ) 2 点 $\mathrm{A}(1,\ 2,\ 3)$，$\mathrm{B}(-3,\ -1,\ 4)$ を通る直線

(2) 直線 $\dfrac{x+3}{2}=\dfrac{y-1}{-4}=\dfrac{z+2}{3}$ と平面 $2x+y-3z-4=0$ の交点の座標を求めよ。

まとめ 平面と空間の類似点と相違点2

平面上のベクトルと空間のベクトルの性質を学んできたが，$p.117$ の まとめ 以外のことについて，比較しながらまとめよう。

	平面上のベクトル	空間のベクトル	補　足
円・球面の方程式	点 $(a,\ b)$ を中心とする半径 r の円の方程式は $(x-a)^2+(y-b)^2=r^2$ 中心が $\mathrm{C}(\vec{c})$，半径 r の円のベクトル方程式は $\vert\vec{p}-\vec{c}\vert=r$ ⇨ $p.68$ 基本事項 3	点 $(a,\ b,\ c)$ を中心とする半径 r の球面の方程式は $(x-a)^2+(y-b)^2+(z-c)^2=r^2$ 中心が $\mathrm{C}(\vec{c})$，半径 r の球面のベクトル方程式は $\vert\vec{p}-\vec{c}\vert=r$ ⇨ $p.122,\ 123$ 基本事項 3，6	空間の場合は z 座標が追加される。 ベクトル方程式の形は同じである。
ベクトル方程式	点 $\mathrm{A}(\vec{a})$ を通り，$\vec{d}\ (\neq\vec{0})$ に平行な直線のベクトル方程式は $\vec{p}=\vec{a}+t\vec{d}$ ……① 点 $\mathrm{A}(\vec{a})$ を通り，$\vec{n}\ (\neq\vec{0})$ に垂直な直線のベクトル方程式は $\vec{n}\cdot(\vec{p}-\vec{a})=0$ ……② ⇨ $p.67$ 基本事項 1	点 $\mathrm{A}(\vec{a})$ を通り，$\vec{d}\ (\neq\vec{0})$ に平行な直線のベクトル方程式は $\vec{p}=\vec{a}+t\vec{d}$ ……① 点 $\mathrm{A}(\vec{a})$ を通り，$\vec{n}\ (\neq\vec{0})$ に垂直な平面のベクトル方程式は $\vec{n}\cdot(\vec{p}-\vec{a})=0$ ……② ⇨ $p.122,\ 123$ 基本事項 4，5	① は平面，空間どちらでも直線を表す。 ② は平面では直線，空間では平面を表す。
1次方程式の表す図形	点 $\mathrm{A}(x_1,\ y_1)$ と直線 $ax+by+c=0$ の距離は $\dfrac{\vert ax_1+by_1+c\vert}{\sqrt{a^2+b^2}}$ 直線 $ax+by+c=0$ に垂直なベクトル $\vec{n}$ は $\vec{n}=(a,\ b)$ ⇨ $p.67$ 基本事項 1	点 $\mathrm{A}(x_1,\ y_1,\ z_1)$ と平面 $ax+by+cz+d=0$ の距離は $\dfrac{\vert ax_1+by_1+cz_1+d\vert}{\sqrt{a^2+b^2+c^2}}$ 平面 $ax+by+cz+d=0$ に垂直なベクトル $\vec{n}$ は $\vec{n}=(a,\ b,\ c)$ ⇨ $p.134$ STEP UP	点と直線の距離，点と平面の距離の公式は形がよく似ている。 また，垂直なベクトルの成分は，ともに係数を順に並べたものである。

※円の方程式，点と直線の距離は数学Ⅱ「図形と方程式」で学ぶ。

このページや，$p.117$ まとめ で紹介したもの以外にも，平面と空間で比較できるものもある。
例えば，内分点や外分点の式では，それぞれの成分は平面と空間で同じ形をしている。
よく似ているもの，似ているが少し異なるものは，関連付けることで理解が深まる。
これは，定理や公式だけでなく，これまでの例題で学習した問題解法にもあてはまる。
学習を振り返るときには，このようなことを意識するとよいだろう。

EXERCISES　9 座標空間における図形，ベクトル方程式

A

71❷ (1) 点 $A(1,\ -2,\ 3)$ に関して，点 $P(-3,\ 4,\ 1)$ と対称な点の座標を求めよ。

(2) $A(1,\ 1,\ 4)$，$B(-1,\ 1,\ 2)$，$C(x,\ y,\ z)$，$D(1,\ 3,\ 2)$ を頂点とする四面体において，$\triangle BCD$ の重心 G と点 A を結ぶ線分 AG を $3:1$ に内分する点の座標が $(0,\ 2,\ 3)$ のとき，x，y，z の値を求めよ。

⟲ 64

72❸ 次の球面の方程式を求めよ。

(1) 中心が $(-3,\ 1,\ 3)$ で，2つの座標平面に接する球面

(2) 点 $(-2,\ 2,\ 4)$ を通り，3つの座標平面に接する球面

(3) 中心が y 軸上にあり，2点 $(2,\ 2,\ 4)$，$(1,\ 1,\ 2)$ を通る球面

⟲ 66

73❸ (1) 中心が $(2,\ -3,\ 4)$，半径が r の球面が xy 平面と交わってできる円の半径が3であるという。r の値を求めよ。

(2) 中心が $(-1,\ 5,\ 3)$，半径が4の球面が平面 $x=1$ と交わってできる円の中心の座標と半径を求めよ。

(3) 中心が $(1,\ -3,\ 2)$，原点を通る球面が平面 $z=k$ と交わってできる円の半径が $\sqrt{5}$ であるという。k の値を求めよ。

⟲ 67

B

74❸ 空間の4点 $A(1,\ 2,\ 3)$，$B(2,\ 3,\ 1)$，$C(3,\ 1,\ 2)$，$D(1,\ 1,\ 1)$ に対し，2点 A，B を通る直線を ℓ，2点 C，D を通る直線を m とする。

(1) ℓ，m のベクトル方程式を求めよ。

(2) ℓ と m のどちらにも直交する直線を n とするとき，ℓ と n の交点 E の座標および m と n の交点 F の座標を求めよ。〔旭川医大〕

⟲ 68, 72

75❹ (1) xy 平面上の3点 $O(0,\ 0)$，$A(2,\ 1)$，$B(1,\ 2)$ を通る円の方程式を求めよ。

(2) t が実数全体を動くとき，xyz 空間内の点 $(t+2,\ t+2,\ t)$ がつくる直線を ℓ とする。3点 $O(0,\ 0,\ 0)$，$A'(2,\ 1,\ 0)$，$B'(1,\ 2,\ 0)$ を通り，中心を $C(a,\ b,\ c)$ とする球面 S が直線 ℓ と共有点をもつとき，a，b，c の満たす条件を求めよ。〔北海道大〕

HINT

74 (2) ℓ，m の方向ベクトルをそれぞれ $\vec{a}$，$\vec{b}$ とすると　$\vec{a}\cdot\overrightarrow{FE}=0$，$\vec{b}\cdot\overrightarrow{FE}=0$

75 (1) 求める円の方程式を $x^2+y^2+lx+my+n=0$ とおく。

(2) 3点 O，A′，B′ は xy 平面上にあるから，この3点を通る円は，((1)で求めた方程式) かつ $z=0$ で表される。また，球面 S の中心 C から xy 平面上に垂線を下ろすと，3点 O，A′，B′ を通る円の中心を通る。

第3章

数学C

複素数平面

Select Study

— スタンダードコース：教科書の例題をカンペキにしたいきみに

— パーフェクトコース：教科書を完全にマスターしたいきみに

— 大学入学共通テスト準備・対策コース ※基例…基本例題，番号…基本例題の番号

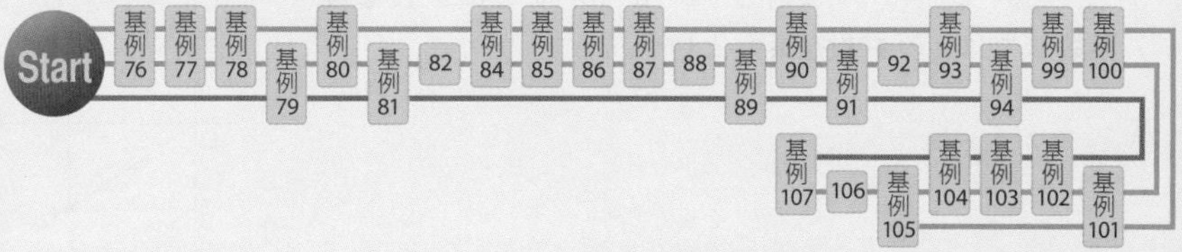

■ 例題一覧

	種類	番号	例題タイトル	難易度
10	基本	76	複素数の和・差・実数倍の図示	1
	基本	77	原点 O を含む3点が一直線上にある条件	2
	基本	78	共役複素数の性質 (1)	2
	基本	79	共役複素数の性質 (2)	3
	基本	80	2点間の距離	2
	基本	81	複素数の絶対値と共役複素数 (1)	3
	基本	82	複素数の絶対値と共役複素数 (2)	3
	重要	83	複素数の実数条件	4
11	基本	84	複素数の極形式 (1)	1
	基本	85	複素数の積・商	1
	基本	86	極形式の利用	2
	基本	87	原点を中心とする回転	2
	基本	88	原点以外の点を中心とする回転	3
	基本	89	回転の図形への利用	3
	基本	90	ド・モアブルの定理	1
	基本	91	複素数の n 乗の計算 (1)	3
	基本	92	複素数の n 乗の計算 (2)	3
	基本	93	1の n 乗根	2
	基本	94	複素数の n 乗根	3

	種類	番号	例題タイトル	難易度
	重要	95	$z^n=1$ の虚数解の分数列の和	4
	重要	96	1の5乗根の利用	4
	重要	97	複素数の極形式 (2)	4
	重要	98	複素数の漸化式	4
12	基本	99	内分点・外分点，重心を表す複素数	1
	基本	100	方程式・不等式の表す図形	2
	基本	101	方程式の表す図形	2
	基本	102	$w=f(z)$ の表す図形 (1)	3
	基本	103	$w=f(z)$ の表す図形 (2)	3
	基本	104	複素数の絶対値の最大値・最小値	3
	基本	105	線分のなす角，平行・垂直	2
	基本	106	三角形の形状 (1)	3
	基本	107	三角形の形状 (2)	3
	重要	108	直線の方程式	3
	重要	109	$w=f(z)$ の表す図形 (3)	4
	重要	110	不等式の表す領域	4
	重要	111	図形への応用	3
	重要	112	三角形の垂心	4
	重要	113	複素数平面上の点列	4

10 複素数平面

基本事項

注意　1～3における a, b, c, d は実数を表すものとする。

1 複素数平面

① 複素数 $z=a+bi$ に対して，座標平面上の点 $\mathrm{P}(a,\ b)$ を対応させるとき，この平面を **複素数平面**（または **複素平面**）といい，x 軸を **実軸**，y 軸を **虚軸** という。
また，$z=a+bi$ を表す点Pを $\mathbf{P}(z)$，$\mathbf{P}(a+bi)$ または単に **点 z** と表す。
たとえば，点0とは原点Oのことである。

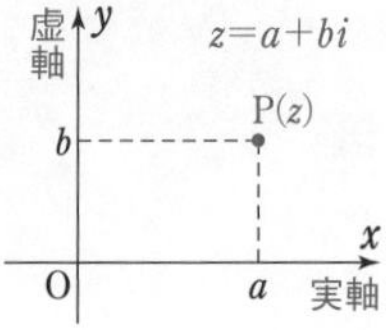

② 複素数 $z=a+bi$ に対し，$\overline{z}=a-bi$ を z に **共役な複素数** または z の **共役複素数** という。

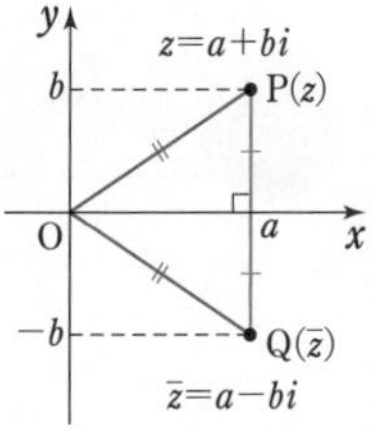

2 複素数の和，差の図示，実数倍

① **複素数の和，差の図示**

2つの複素数 $\alpha=a+bi$, $\beta=c+di$ について

和：$\alpha+\beta=(a+c)+(b+d)i$
であるから，点 $\alpha+\beta$ は，点 α を実軸方向に c，虚軸方向に d だけ平行移動した点である。

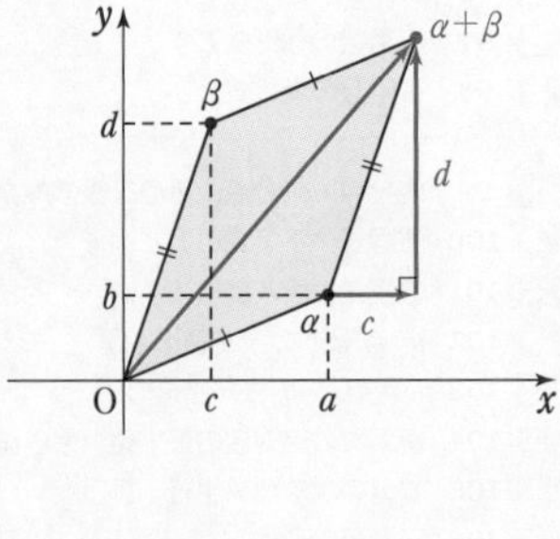

原点Oを点 β に移す平行移動によって点 α が移る点が対応する。

差：$\alpha-\beta=(a-c)+(b-d)i$
であるから，点 $\alpha-\beta$ は，点 α を実軸方向に $-c$，虚軸方向に $-d$ だけ平行移動した点である。

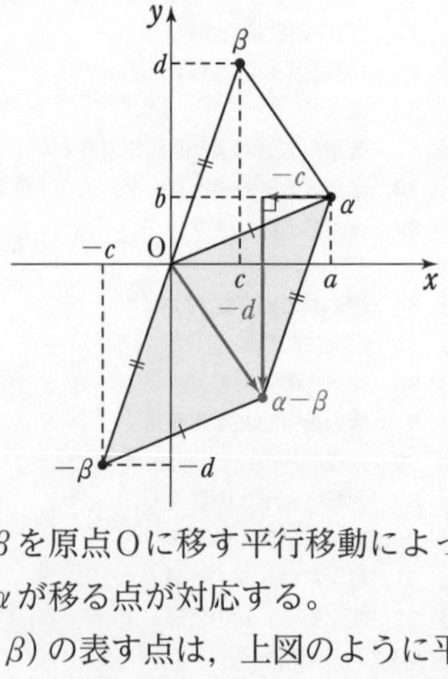

点 β を原点Oに移す平行移動によって点 α が移る点が対応する。

複素数平面上での和 $\alpha+\beta$，差 $\alpha-\beta=\alpha+(-\beta)$ の表す点は，上図のように平行四辺形と関連づけて考えるとよい。

② **複素数の実数倍**

実数kと複素数 $\alpha=a+bi$ について，$k\alpha=ka+kbi$ である。また，$\alpha\neq0$ のとき，次のことが成り立つ。

3 点 0，α，β が一直線上にある

$\iff$ $\beta=k\alpha$ を満たす実数 k が存在する

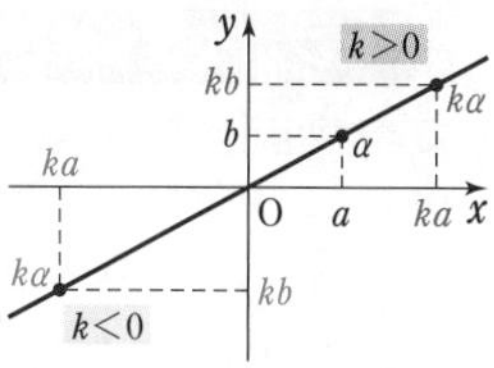

3 共役複素数の性質

z，α，β を複素数とする。

① 実数の条件・純虚数の条件　　**z が実数 $\iff$ $\overline{z}=z$**

z が純虚数 $\iff$ $\overline{z}=-z$　　ただし，$z\neq0$

② [1]　**$z+\overline{z}$ は実数**

[2]　$\overline{\alpha+\beta}=\overline{\alpha}+\overline{\beta}$　　[3]　$\overline{\alpha-\beta}=\overline{\alpha}-\overline{\beta}$

[4]　$\overline{\alpha\beta}=\overline{\alpha}\,\overline{\beta}$　　[5]　$\overline{\left(\dfrac{\alpha}{\beta}\right)}=\dfrac{\overline{\alpha}}{\overline{\beta}}$　($\beta\neq0$)

[6]　$\overline{\overline{\alpha}}=\alpha$

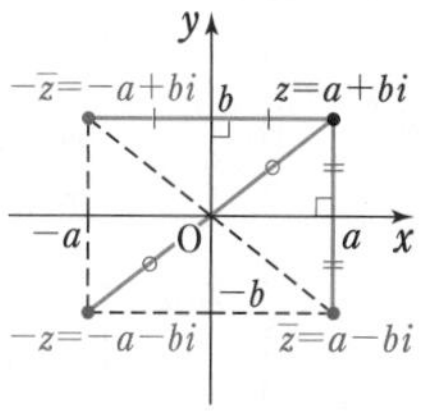

4 複素数の絶対値

① 複素数 $z=a+bi$ に対し，$\sqrt{a^2+b^2}$ を z の **絶対値** といい，$|z|$ で表す。

すなわち　　$|z|=|a+bi|=\sqrt{a^2+b^2}$

($|z|$ は原点Oと点 z との距離である)

② **複素数の絶対値の性質**

[1]　$|z|=0 \iff z=0$　　[2]　$|z|=|-z|=|\overline{z}|$

[3]　$z\overline{z}=|z|^2$　　[4]　$|\alpha\beta|=|\alpha||\beta|$　　[5]　$\left|\dfrac{\alpha}{\beta}\right|=\dfrac{|\alpha|}{|\beta|}$　($\beta\neq0$)

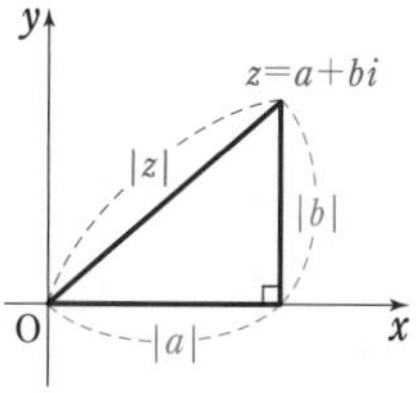

③ 2 点 A(α)，B(β) とすると，2 点間の距離　　**AB$=|\beta-\alpha|$**

CHECK & CHECK

31 複素数平面上に，次の複素数を表す点を図示せよ。

(1) A$(2+3i)$　(2) B$(-3-4i)$　(3) C(5)　(4) D$(-2i)$　1

32 $z=3+2i$ とする。複素数平面上に点 $\overline{z}$，点 $-z$，点 $-\overline{z}$ を図示し，点 z との位置関係を答えよ。 1

33 次の複素数の絶対値を求めよ。

(1) $-2+i$　(2) $\dfrac{1}{2}-\dfrac{\sqrt{3}}{2}i$　(3) $1-\sqrt{2}$　(4) $-5i$　4

34 次の 2 点間の距離を求めよ。

(1) A$(2+3i)$，B$(-4+5i)$　(2) A$(-2+i)$，B$(3-4i)$　4

ピンポイント解説　複素数平面と平面上のベクトル

複素数平面上で，複素数 $\alpha=a+bi$ を表す点を $\mathrm{A}(\alpha)$ とする。
いま，この平面上で，原点 O に関する点 A の位置ベクトルを $\vec{p}$ とすると，複素数 α と位置ベクトル $\vec{p}$ は互いに対応している。

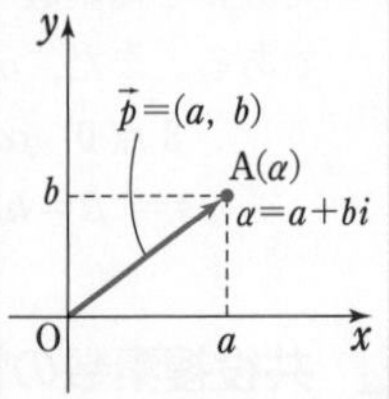

$\boldsymbol{\alpha=a+bi \iff \vec{p}=\overrightarrow{\mathrm{OA}}=(a,\ b)}$　［**1** 対 **1** に対応］

よって，複素数 α を，複素数平面上の「点を表す」ととらえるだけではなく，ベクトルのように「向き」と「大きさ」を表すもの，ととらえることも，複素数平面の問題を考えるうえでは大切である。

ここでは，加法・減法・実数倍，および 2 点間の距離について，複素数平面と平面上のベクトルの対応関係について整理しておく。ベクトルの考え方も参考にしながら，複素数平面の問題に取り組むとよいだろう。

	複素数平面	**平面上のベクトル**
	$\alpha=a+bi$，$\beta=c+di$ に対して，$\mathrm{A}(\alpha)$，$\mathrm{B}(\beta)$ とする。	$\overrightarrow{\mathrm{OA}}=(a,\ b)$，$\overrightarrow{\mathrm{OB}}=(c,\ d)$ とする。
加法	$\boldsymbol{\alpha+\beta=(a+c)+(b+d)i}$ 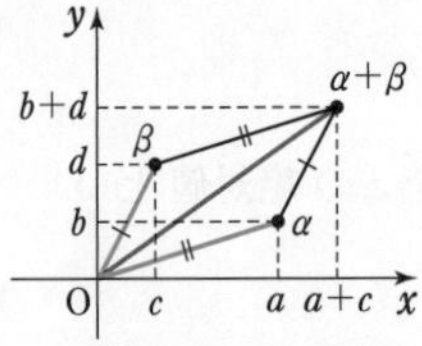	$\boldsymbol{\overrightarrow{\mathrm{OA}}+\overrightarrow{\mathrm{OB}}=(a+c,\ b+d)}$ 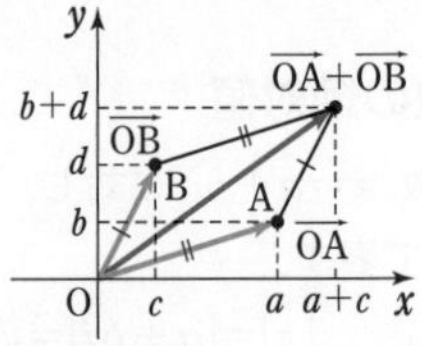
減法	$\boldsymbol{\alpha-\beta=(a-c)+(b-d)i}$ 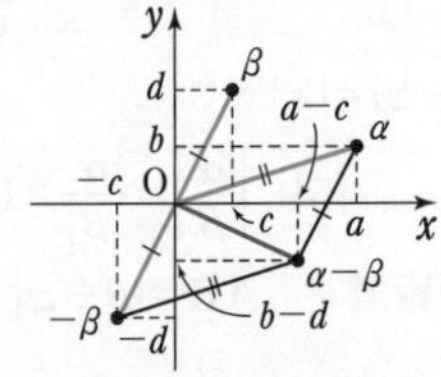	$\boldsymbol{\overrightarrow{\mathrm{OA}}-\overrightarrow{\mathrm{OB}}=(a-c,\ b-d)}$ 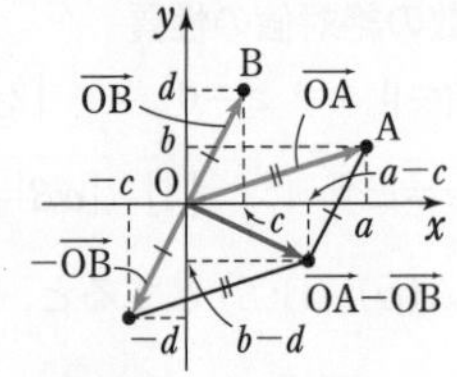
実数倍	$\boldsymbol{k\alpha=ka+kbi}$ 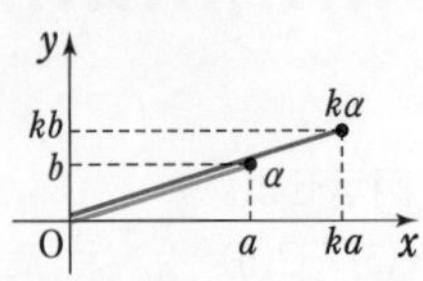	$\boldsymbol{k\overrightarrow{\mathrm{OA}}=(ka,\ kb)}$ 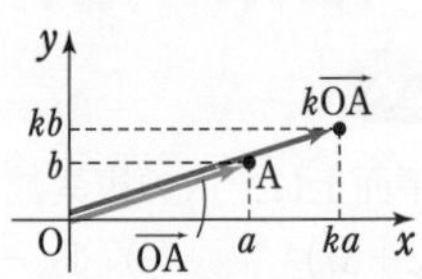
2 点間の距離	$\boldsymbol{\mathrm{AB}=\lvert\beta-\alpha\rvert}$ $\boldsymbol{=\sqrt{(c-a)^2+(d-b)^2}}$ 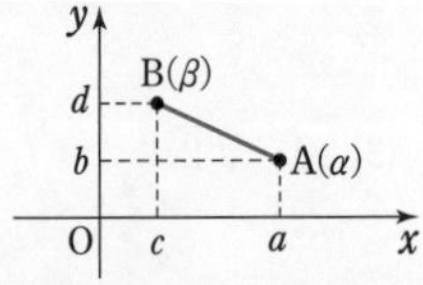	$\boldsymbol{\mathrm{AB}=\lvert\overrightarrow{\mathrm{AB}}\rvert=\lvert\overrightarrow{\mathrm{OB}}-\overrightarrow{\mathrm{OA}}\rvert}$ $\boldsymbol{=\sqrt{(c-a)^2+(d-b)^2}}$ 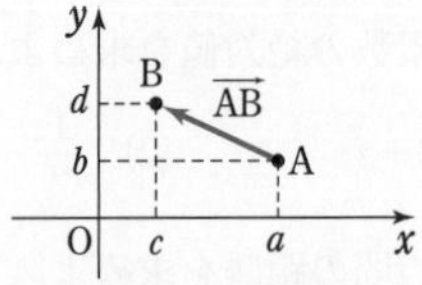

基本 例題 76 複素数の和・差・実数倍の図示

複素数平面上において，2点 α，β が右の図のように与えられているとき，次の点を図示せよ。

(1) $\alpha+\beta$　　(2) $\alpha-\beta$　　(3) 2β

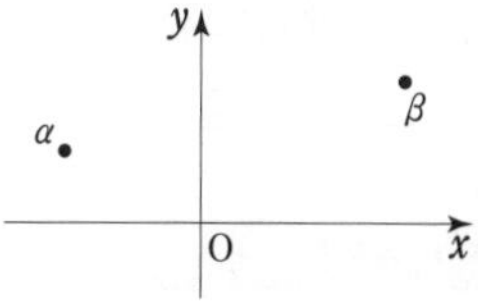

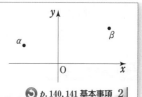

p.140, 141 基本事項 2

CHART & SOLUTION

複素数の和・差　複素数の和・差は平行移動

(1) 点 $\alpha+\beta$ は，原点Oを点 β に移す平行移動 $(+\beta)$ によって点 α が移る点である。

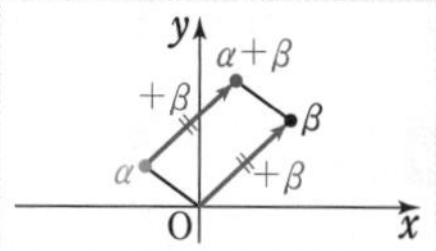

(2) 点 $\alpha-\beta$ は，点 β を原点Oに移す平行移動 $(-\beta)$ によって点 α が移る点である。

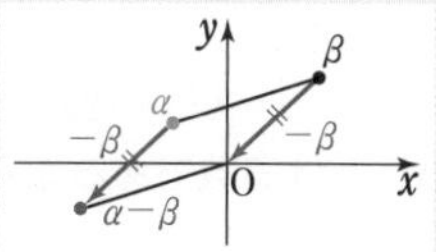

(3) 点 2β は，原点Oを点 β に移す平行移動 $(+\beta)$ によって点 β が移る点である。

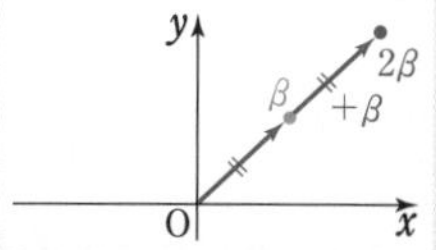

解答

(1)から(3)の各点は，下図のようになる。

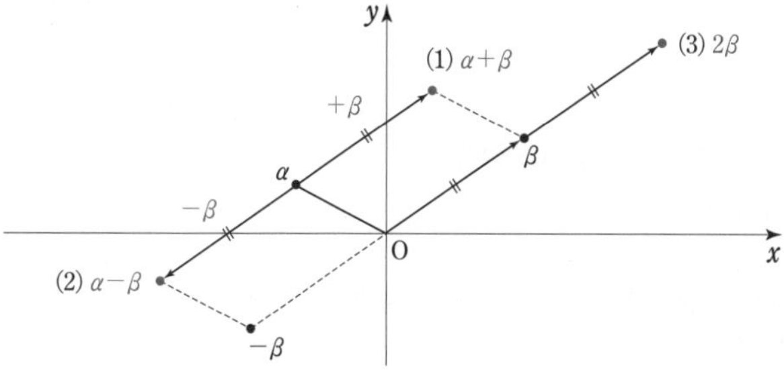

⇦ 点 $-\beta$ は点 β と原点に関して対称な点であることを利用して
$\alpha-\beta=\alpha+(-\beta)$
と考え，原点Oを点 $-\beta$ に移す平行移動を点 α に行う。

inf. (1)について，3点 $A(\alpha)$，$B(\beta)$，$C(\alpha+\beta)$ をとると，$\overrightarrow{OC}=\overrightarrow{OA}+\overrightarrow{OB}$ を満たしている。(2)，(3)もベクトルと関連付けて考えてみよう（p.142 ピンポイント解説参照）。

PRACTICE 76[1]

複素数平面上において，2点 α，β が右の図のように与えられているとき，次の点を図示せよ。

(1) $\alpha+\beta$　　(2) $-\alpha+\beta$　　(3) -2β

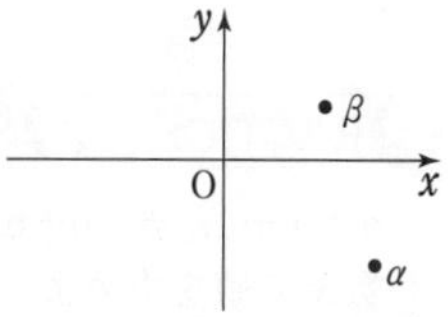

基本 例題 77 原点Oを含む3点が一直線上にある条件

$\alpha=3+(2x-1)i$, $\beta=x+2-i$ とする。2点 A(α), B(β) と原点Oが一直線上にあるとき，実数 x の値を求めよ。 p.140, 141 基本事項 2，基本 105

CHART & SOLUTION

3点が一直線上にある条件

3点 0, α, β が一直線上にある
$\iff$ $\beta=k\alpha$ を満たす実数 k が存在する

複素数 $\alpha=a+bi$ について，$k\alpha=ka+kbi$ であるから，
$\alpha\neq0$ であるとき，点 $k\alpha$ は2点 0, α を通る直線上にある。

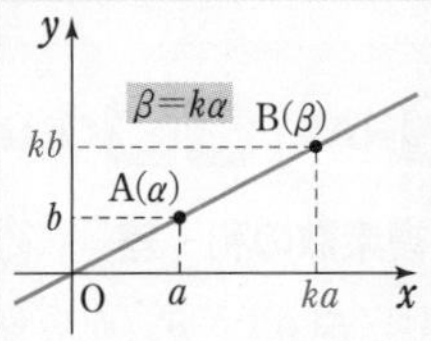

解答

3点O，A，Bが一直線上にあるとき $\beta=k\alpha$ を満たす実数 k がある。

$x+2-i=k\{3+(2x-1)i\}$ から　$x+2-i=3k+(2x-1)ki$

x, k は実数であるから，$x+2$, $3k$, $(2x-1)k$ は実数である。

したがって　$x+2=3k$ ……①，
$-1=(2x-1)k$ ……②

① から　$k=\dfrac{x+2}{3}$

これを ② に代入すると　$-1=(2x-1)\cdot\dfrac{x+2}{3}$

よって　$2x^2+3x+1=0$　ゆえに　$(x+1)(2x+1)=0$

これを解いて　$\boldsymbol{x=-1,\ -\frac{1}{2}}$　また　$k=\dfrac{1}{3},\ \dfrac{1}{2}$

⇐ この断り書きは重要。

⇐ 複素数の相等
a, b, c, d が実数で，$a+bi=c+di$ ならば $a=c$（実部）かつ $b=d$（虚部）

⇐ ①, ② から，x の値が決まれば k の値も定まるので，k の値は必ずしも求めなくてもよい。

INFORMATION　ベクトルを用いた解法

$p.142$ のピンポイント解説で説明したように，平面上のベクトルを使って考えてみよう。
$\overrightarrow{\mathrm{OA}}=(3,\ 2x-1)$, $\overrightarrow{\mathrm{OB}}=(x+2,\ -1)$ とする。
3点O，A，Bが一直線上にあるとき，$\overrightarrow{\mathrm{OA}}=k\overrightarrow{\mathrm{OB}}$ を満たす実数 k がある。
よって　$(3,\ 2x-1)=k(x+2,\ -1)$
ゆえに　$3=k(x+2)$ ……①，$2x-1=-k$ ……②
② から　$k=-2x+1$　これを ① に代入して　$3=(-2x+1)(x+2)$
整理すると　$2x^2+3x+1=0$　これ以降は，上の解答と同様である。

PRACTICE 77②

$\alpha=x+4i$, $\beta=6+6xi$ とする。2点 A(α), B(β) と原点Oが一直線上にあるとき，実数 x の値を求めよ。

基本例題 78 共役複素数の性質 (1)

(1) 複素数 z が，$3z+2\overline{z}=10-3i$ を満たすとき，共役複素数の性質を利用して，z を求めよ。

(2) a，b，c，d は実数とする。3 次方程式 $ax^3+bx^2+cx+d=0$ が虚数 α を解にもつとき，共役複素数 $\overline{\alpha}$ も解にもつことを示せ。 p.141 基本事項 3

CHART & SOLUTION

複素数の等式　両辺の共役複素数を考える

(1) 共役複素数の性質を利用して z と $\overline{z}$ の式を 2 つ作る。z と $\overline{z}$ の連立方程式と考え，z を求める。

(2) $x=\alpha$ が方程式 $f(x)=0$ の解 $\Longleftrightarrow$ $f(\alpha)=0$
$\longrightarrow$ $f(\overline{\alpha})=0$ が成り立つことを示せばよい。

解答

(1) $3z+2\overline{z}=10-3i$ ……① とする。

①の両辺の共役複素数を考えると　$\overline{3z+2\overline{z}}=\overline{10-3i}$

よって　$\overline{3z}+\overline{2\overline{z}}=10+3i$

ゆえに　$3\overline{z}+2z=10+3i$

すなわち　$2z+3\overline{z}=10+3i$ ……②

①×3−②×2 から　$5z=10-15i$

ゆえに　$\boldsymbol{z=2-3i}$

(2) 3 次方程式 $ax^3+bx^2+cx+d=0$ が虚数 α を解にもつから $a\alpha^3+b\alpha^2+c\alpha+d=0$ が成り立つ。

両辺の共役複素数を考えると　$\overline{a\alpha^3+b\alpha^2+c\alpha+d}=\overline{0}$

よって　$\overline{a\alpha^3}+\overline{b\alpha^2}+\overline{c\alpha}+\overline{d}=0$

ゆえに　$a\overline{\alpha^3}+b\overline{\alpha^2}+c\overline{\alpha}+d=0$

すなわち　$a(\overline{\alpha})^3+b(\overline{\alpha})^2+c\overline{\alpha}+d=0$

これは，$x=\overline{\alpha}$ が 3 次方程式 $ax^3+bx^2+cx+d=0$ の解であることを示している。

よって，3 次方程式 $ax^3+bx^2+cx+d=0$ が虚数 α を解にもつとき，共役複素数 $\overline{\alpha}$ も解にもつ。

⇐ 共役複素数の性質を利用。α，β を複素数とすると $\overline{\alpha+\beta}=\overline{\alpha}+\overline{\beta}$
更に，k を実数とすると $\overline{k\alpha}=k\overline{\alpha}$，$\overline{\overline{\alpha}}=\alpha$

⇐ $x=\alpha$ が解 $\Longleftrightarrow$ α を代入すると成り立つ。

⇐ a，b，c，d は実数であるから
$\overline{a}=a$，$\overline{b}=b$，$\overline{c}=c$，$\overline{d}=d$，$\overline{0}=0$
また　$\overline{\alpha^n}=(\overline{\alpha})^n$

INFORMATION　実数係数の方程式の性質

実数係数の n 次方程式が $x=\alpha$ を虚数解にもつとき，共役複素数 $x=\overline{\alpha}$ も方程式の解である。

PRACTICE 78②

(1) 複素数 z が，$z-3\overline{z}=2+20i$ を満たすとき，共役複素数の性質を利用して，z を求めよ。

(2) a，b，c は実数とする。5 次方程式 $ax^5+bx^2+c=0$ が虚数 α を解にもつとき，共役複素数 $\overline{\alpha}$ も解にもつことを示せ。

基本 例題 79　共役複素数の性質 (2)

定数 α は複素数とする。　〔(1) 岡山大〕

(1) 任意の複素数 z に対して，$z\bar{z}+\alpha\bar{z}+\bar{\alpha}z$ は実数であることを示せ。

(2) $\alpha\bar{z}$ が実数でない複素数 z に対して，$\alpha\bar{z}-\bar{\alpha}z$ は純虚数であることを示せ。

p.141 基本事項 3，基本 78，重要 83

CHART & SOLUTION

複素数 z の実数，純虚数条件　共役複素数を利用

z が実数　$\Longleftrightarrow$　$\bar{z}=z$　……!

z が純虚数　$\Longleftrightarrow$　$\bar{z}=-z$　ただし，$z\neq 0$　……!

(1) $w=z\bar{z}+\alpha\bar{z}+\bar{\alpha}z$ とおいて，$\bar{w}=w$ を示す。

(2) $v=\alpha\bar{z}-\bar{\alpha}z$ とおいて，$\bar{v}=-v$ かつ $v\neq 0$ を示す。

解答

(1) $w=z\bar{z}+\alpha\bar{z}+\bar{\alpha}z$ とする。……①

両辺の共役複素数を考えると

! $\bar{w}=\overline{z\bar{z}+\alpha\bar{z}+\bar{\alpha}z}$

ここで　(右辺) $=\overline{z\bar{z}}+\overline{\alpha\bar{z}}+\overline{\bar{\alpha}z}=\bar{z}z+\bar{\alpha}z+\alpha\bar{z}$

$=z\bar{z}+\alpha\bar{z}+\bar{\alpha}z=w$

← 共役複素数の性質を利用。α，β を複素数とすると $\overline{\alpha+\beta}=\bar{\alpha}+\bar{\beta}$，$\bar{\bar{\alpha}}=\alpha$

したがって，$\bar{w}=w$ であるから，$z\bar{z}+\alpha\bar{z}+\bar{\alpha}z$ は実数である。

別解 (① までは上と同じ)

$(z+\alpha)(\bar{z}+\bar{\alpha})=z\bar{z}+\alpha\bar{z}+\bar{\alpha}z+\alpha\bar{\alpha}$ から

← $\alpha\bar{\alpha}=|\alpha|^2$ を用いた別解。

$w=(z+\alpha)(\bar{z}+\bar{\alpha})-\alpha\bar{\alpha}$

$=(z+\alpha)\overline{(z+\alpha)}-\alpha\bar{\alpha}$

$=|z+\alpha|^2-|\alpha|^2$

← $|z+\alpha|^2$，$|\alpha|^2$ はともに実数である。

したがって，$z\bar{z}+\alpha\bar{z}+\bar{\alpha}z$ は実数である。

(2) $v=\alpha\bar{z}-\bar{\alpha}z$ とする。

$\alpha\bar{z}$ が実数ではないから　$\overline{\alpha\bar{z}}\neq\alpha\bar{z}$

よって　$\bar{\alpha}z\neq\alpha\bar{z}$　ゆえに　$\alpha\bar{z}-\bar{\alpha}z\neq 0$

すなわち　$v\neq 0$

← $\alpha\bar{z}$ が実数 $\Longleftrightarrow$ $\overline{\alpha\bar{z}}=\alpha\bar{z}$ であるから，$\alpha\bar{z}$ が実数でない $\Longleftrightarrow$ $\overline{\alpha\bar{z}}\neq\alpha\bar{z}$

! $v=\alpha\bar{z}-\bar{\alpha}z$ の両辺の共役複素数を考えると　$\bar{v}=\overline{\alpha\bar{z}-\bar{\alpha}z}$

ここで　(右辺) $=\overline{\alpha\bar{z}}-\overline{\bar{\alpha}z}=-\alpha\bar{z}+\bar{\alpha}z=-v$

したがって，$\bar{v}=-v$ かつ $v\neq 0$ であるから，$\alpha\bar{z}-\bar{\alpha}z$ は純虚数である。

PRACTICE 79③

(1) $z\bar{z}=1$ のとき，$z+\dfrac{1}{z}$ は実数であることを示せ。　〔類 琉球大〕

(2) z^3 が実数でない複素数 z に対して，$z^3-(\bar{z})^3$ は純虚数であることを示せ。

ズームUP 複素数平面上の点の位置関係

複素数平面上の点 z に関して，点 $\overline{z}$，$-z$，$-\overline{z}$ などがどのような位置にあるかがとらえられると，z の実数条件や純虚数条件などが理解できます。

4 点 z，$\overline{z}$，$-z$，$-\overline{z}$ の位置関係

$z=a+bi$ （a，b は実数）とおくと

$$\overline{z}=\overline{a+bi}=a-bi,\quad -z=-(a+bi)=-a-bi,\quad -\overline{z}=-(a-bi)=-a+bi$$

であるから，4 点は右図のような位置関係にある。

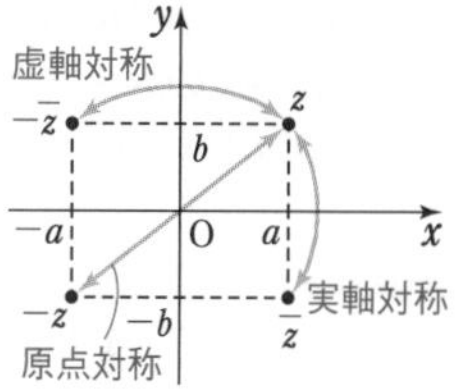

これから，

点 z と点 $\overline{z}$ は実軸に関して対称

点 z と点 $-\overline{z}$ は虚軸に関して対称

点 z と点 $-z$ は原点に関して対称

となることがわかる。

複素数 z の実数条件と純虚数条件

$z=a+bi$ （a，b は実数）とする。

・z が実数 $\iff \overline{z}=z$

$\overline{z}=z$ が成り立つとき，$a-bi=a+bi$ から　　$-b=b$　すなわち　$b=0$

よって，$z=a$ となり，z は実数となる。

これを複素数平面上で考えると，点 z と点 $\overline{z}$ は実軸に関して対称な 2 点であり，この 2 点が一致するのは，**実軸上の点だけである** から，z は実数である。

・z が純虚数 $\iff \overline{z}=-z$ かつ $z\neq 0$

$\overline{z}=-z$ かつ $z\neq 0$ が成り立つとき，$a-bi=-a-bi$ から

$a=-a$　すなわち　$a=0$

よって，$z=bi$ となり，$z\neq 0$ より $b\neq 0$ であるから z は純虚数となる。

これを複素数平面上で考えると，点 $\overline{z}$ と点 $-z$ は虚軸に関して対称な 2 点であり，この 2 点が一致するのは，**虚軸上の点だけである**。このうち，原点O以外の点は純虚数である。よって，z は純虚数である。

$z=a+bi$ （a，b は実数）と表す方法もあります。前ページの **例題 79** で $\alpha=a+bi$，$z=p+qi$ （a，b，p，q は実数）とおくと，次のようになります。

(1)　$z\overline{z}+\alpha\overline{z}+\overline{\alpha}z=(p+qi)(p-qi)+(a+bi)(p-qi)+(a-bi)(p+qi)$

$=(p^2+q^2)+\{(ap+bq)-(aq-bp)i\}+\{(ap+bq)+(aq-bp)i\}$

$=p^2+q^2+2(ap+bq)$

$p^2+q^2+2(ap+bq)$ は実数であるから，$z\overline{z}+\alpha\overline{z}+\overline{\alpha}z$ は実数である。

(2)　$\alpha\overline{z}=(a+bi)(p-qi)=(ap+bq)-(aq-bp)i$

$\alpha\overline{z}$ は実数でないから　　$aq-bp\neq 0$ ……①

$\alpha\overline{z}-\overline{\alpha}z=(a+bi)(p-qi)-(a-bi)(p+qi)$

$=\{(ap+bq)-(aq-bp)i\}-\{(ap+bq)+(aq-bp)i\}=-2(aq-bp)i$

① より，$\alpha\overline{z}-\overline{\alpha}z\neq 0$ であるから，$\alpha\overline{z}-\overline{\alpha}z$ は純虚数である。

基本 例題 80　2点間の距離

3点 $A(5+4i)$, $B(3-2i)$, $C(1+2i)$ について，次の点を表す複素数を求めよ。

(1)　2点 A，B から等距離にある虚軸上の点 P

(2)　3点 A，B，C から等距離にある点 Q

p.141 基本事項 4

CHART & SOLUTION

複素数平面上の2点 $A(\alpha)$，$B(\beta)$ 間の距離　$AB=|\beta-\alpha|$

$\beta-\alpha=p+qi$ (p，q は実数) のとき　$|\beta-\alpha|=|p+qi|=\sqrt{p^2+q^2}$

(1)　虚軸上の点を $P(ki)$ (k は実数) とおき　$AP=BP$

(2)　$Q(a+bi)$ (a，b は実数) とおき　$AQ=BQ=CQ$

解答

(1)　$P(ki)$ (k は実数) とすると

$$AP^2=|ki-(5+4i)|^2=|(-5)+(k-4)i|^2$$
$$=(-5)^2+(k-4)^2=k^2-8k+41$$
$$BP^2=|ki-(3-2i)|^2=|(-3)+(k+2)i|^2$$
$$=(-3)^2+(k+2)^2=k^2+4k+13$$

$AP=BP$ より $AP^2=BP^2$ であるから

$k^2-8k+41=k^2+4k+13$　これを解いて　$k=\dfrac{7}{3}$

したがって，点 P を表す複素数は　$\dfrac{7}{3}i$

(2)　$Q(a+bi)$ (a，b は実数) とすると

$$AQ^2=|(a+bi)-(5+4i)|^2=|(a-5)+(b-4)i|^2$$
$$=(a-5)^2+(b-4)^2$$
$$BQ^2=|(a+bi)-(3-2i)|^2=|(a-3)+(b+2)i|^2$$
$$=(a-3)^2+(b+2)^2$$
$$CQ^2=|(a+bi)-(1+2i)|^2=|(a-1)+(b-2)i|^2$$
$$=(a-1)^2+(b-2)^2$$

$AQ=BQ$ より $AQ^2=BQ^2$ であるから

$$(a-5)^2+(b-4)^2=(a-3)^2+(b+2)^2$$

整理すると　$a+3b=7$ …… ①

$BQ=CQ$ より $BQ^2=CQ^2$ であるから

$$(a-3)^2+(b+2)^2=(a-1)^2+(b-2)^2$$

整理すると　$a-2b=2$ …… ②

①，② を解くと　$a=4$，$b=1$

したがって，点 Q を表す複素数は　$4+i$

⇐「k は実数」の断りは重要。

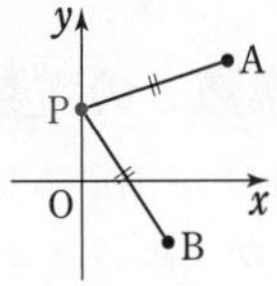

⇐ $AP\geqq0$，$BP\geqq0$ のとき
$AP=BP \Longleftrightarrow AP^2=BP^2$

⇐「a，b は実数」の断りは重要。

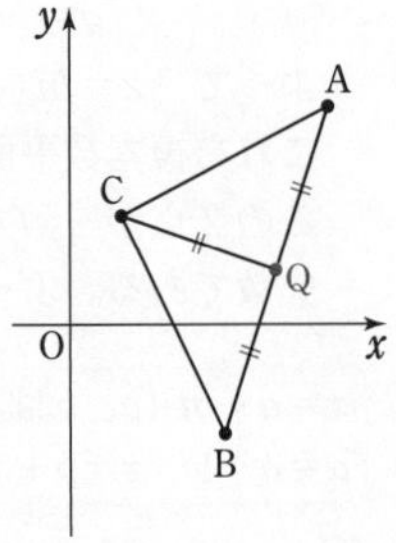

inf. △ABC は ∠C が直角の直角 (二等辺) 三角形であるので，求める点は辺 AB の中点である。

PRACTICE 80②

3点 $A(-2-2i)$, $B(5-3i)$, $C(2+6i)$ について，次の点を表す複素数を求めよ。

(1)　2点 A，B から等距離にある虚軸上の点 P

(2)　3点 A，B，C から等距離にある点 Q

基本 例題 81 複素数の絶対値と共役複素数 (1)

$|z|=1$ かつ $|z+i|=\sqrt{3}$ を満たす複素数 z について，次の値を求めよ。

(1) $z\overline{z}$　　(2) $z-\overline{z}$　　(3) z

p.141 基本事項 3，4

CHART & SOLUTION

複素数の絶対値　$|\alpha|$ は $|\alpha|^2$ として扱う　$|\alpha|^2=\alpha\overline{\alpha}$ ……❗

(1) $z\overline{z}=|z|^2$　(2) $(z+i)\overline{(z+i)}=|z+i|^2$ の利用。

(3) (1), (2) の結果から，z についての2次方程式を導き，解く。

別解 $z=a+bi$ (a, b は実数) とおき，a, b の値を求める。

解答

❗ (1) $z\overline{z}=|z|^2=1^2=\mathbf{1}$

(2) $|z+i|=\sqrt{3}$ から　$|z+i|^2=3$

❗ よって　$(z+i)\overline{(z+i)}=3$　⇦ $|z+i|^2=(z+i)\overline{(z+i)}$

すなわち　$(z+i)(\overline{z}-i)=3$　⇦ $\overline{z+i}=\overline{z}+\overline{i}=\overline{z}-i$

展開すると　$z\overline{z}-iz+i\overline{z}+1=3$　⇦ $i^2=-1$

$z\overline{z}=1$ を代入して整理すると　$i(z-\overline{z})=-1$

よって　$z-\overline{z}=\dfrac{-1}{i}=\dfrac{-i}{i^2}=\boldsymbol{i}$

(3) $z\neq0$ であるから，(1) の結果より　$\overline{z}=\dfrac{1}{z}$　⇦ $|z|=1$ から　$z\neq0$

inf. $|z|=1$ のとき，$\overline{z}=\dfrac{1}{z}$ の関係はよく利用される。

これを (2) の結果に代入して　$z-\dfrac{1}{z}=i$

両辺に z を掛けて整理すると　$z^2-iz-1=0$

よって　$\left(z-\dfrac{i}{2}\right)^2-\left(\dfrac{i}{2}\right)^2-1=0$

ゆえに　$\left(z-\dfrac{i}{2}\right)^2=\dfrac{3}{4}$　すなわち　$z-\dfrac{i}{2}=\pm\dfrac{\sqrt{3}}{2}$

したがって　$\boldsymbol{z=\dfrac{\sqrt{3}}{2}+\dfrac{1}{2}i,\ -\dfrac{\sqrt{3}}{2}+\dfrac{1}{2}i}$

別解 $z=a+bi$ (a, b は実数) とおく。　⇦「a, b は実数」の断りは重要。

$\overline{z}=a-bi$ であるから　$z-\overline{z}=a+bi-(a-bi)=2bi$

(2) より，$z-\overline{z}=i$ であるから　$b=\dfrac{1}{2}$　⇦ $2bi=i$

また，$|z|=1$ であるから　$a^2+b^2=1$　⇦ $|z|^2=a^2+b^2$

$b=\dfrac{1}{2}$ を代入して　$a^2=\dfrac{3}{4}$　よって　$a=\pm\dfrac{\sqrt{3}}{2}$

したがって　$\boldsymbol{z=\dfrac{\sqrt{3}}{2}+\dfrac{1}{2}i,\ -\dfrac{\sqrt{3}}{2}+\dfrac{1}{2}i}$

PRACTICE 81③

$|z|=5$ かつ $|z+5|=2\sqrt{5}$ を満たす複素数 z について，次の値を求めよ。

(1) $z\overline{z}$　　(2) $z+\overline{z}$　　(3) z

基本 例題 82 複素数の絶対値と共役複素数 (2)

α，β は複素数とする。

(1) $|\alpha|=|\beta|=2$，$\alpha+\beta+2=0$ のとき，$\alpha\beta$，$\alpha^3+\beta^3$ の値を求めよ。

(2) $|\alpha|=|\beta|=|\alpha-\beta|=2$ のとき，$|\alpha+\beta|$ の値を求めよ。

p.141 基本事項 3，基本 78, 81

CHART & SOLUTION

複素数の絶対値　$|\alpha|$ は $|\alpha|^2$ として扱う　$|\alpha|^2=\alpha\overline{\alpha}$

(1) $|\alpha|=k$（k は 0 でない実数）のとき，$|\alpha|^2=\alpha\overline{\alpha}$ から $\alpha\overline{\alpha}=k^2$　すなわち　$\overline{\alpha}=\dfrac{k^2}{\alpha}$

「複素数の等式　両辺の共役複素数を考える」（基本例題 78 参照）により，$\alpha+\beta+2=0$ の両辺の共役複素数を考える。$\overline{\alpha}=\dfrac{4}{\alpha}$，$\overline{\beta}=\dfrac{4}{\beta}$ から，$\overline{\alpha}$，$\overline{\beta}$ を消去し，α，β の式を導く。

(2) $|\alpha+\beta|^2$ を計算すると，$|\alpha|^2$，$|\beta|^2$，$\alpha\overline{\beta}+\overline{\alpha}\beta$ で表される。$\alpha\overline{\beta}+\overline{\alpha}\beta$ は $|\alpha-\beta|=2$ の両辺を 2 乗して求めることができる。

解答

(1) $|\alpha|^2=2^2$ から　$\alpha\overline{\alpha}=4$　ゆえに　$\overline{\alpha}=\dfrac{4}{\alpha}$ ……①

$|\beta|^2=2^2$ から　$\beta\overline{\beta}=4$　ゆえに　$\overline{\beta}=\dfrac{4}{\beta}$ ……②

$\alpha+\beta+2=0$ の両辺の共役複素数を考えると

$\overline{\alpha+\beta+2}=\overline{0}$　すなわち　$\overline{\alpha}+\overline{\beta}+2=0$

①，② を代入して　$\dfrac{4}{\alpha}+\dfrac{4}{\beta}+2=0$

ゆえに　$4\beta+4\alpha+2\alpha\beta=0$　よって　$\alpha\beta=-2(\alpha+\beta)$

$\alpha+\beta=-2$ であるから　$\boldsymbol{\alpha\beta=-2\cdot(-2)=4}$

また　$\boldsymbol{\alpha^3+\beta^3}=(\alpha+\beta)^3-3\alpha\beta(\alpha+\beta)$

$=(-2)^3-3\cdot4\cdot(-2)=\boldsymbol{16}$

(2) $|\alpha-\beta|^2=(\alpha-\beta)(\overline{\alpha-\beta})=(\alpha-\beta)(\overline{\alpha}-\overline{\beta})$

$=\alpha\overline{\alpha}-\alpha\overline{\beta}-\overline{\alpha}\beta+\beta\overline{\beta}=|\alpha|^2-\alpha\overline{\beta}-\overline{\alpha}\beta+|\beta|^2$

条件より，$|\alpha|^2=|\beta|^2=|\alpha-\beta|^2=4$ であるから

$4=4-\alpha\overline{\beta}-\overline{\alpha}\beta+4$　ゆえに　$\alpha\overline{\beta}+\overline{\alpha}\beta=4$

よって　$|\alpha+\beta|^2=(\alpha+\beta)(\overline{\alpha+\beta})=(\alpha+\beta)(\overline{\alpha}+\overline{\beta})$

$=\alpha\overline{\alpha}+\alpha\overline{\beta}+\overline{\alpha}\beta+\beta\overline{\beta}$

$=|\alpha|^2+\alpha\overline{\beta}+\overline{\alpha}\beta+|\beta|^2=4+4+4=12$

したがって　$\boldsymbol{|\alpha+\beta|=\sqrt{12}=2\sqrt{3}}$

⇐ $\alpha\overline{\alpha}=|\alpha|^2$

⇐ $\beta\overline{\beta}=|\beta|^2$

⇐ $\overline{\alpha+\beta}=\overline{\alpha}+\overline{\beta}$

⇐ 両辺に $\alpha\beta$ を掛ける。

⇐ 条件 $\alpha+\beta+2=0$ から。

⇐ 対称式 $\alpha^3+\beta^3$ は基本対称式 $\alpha+\beta$ と $\alpha\beta$ で表す。

inf. $|\alpha|=|\beta|=|\alpha-\beta|=2$ から，複素数平面上の 3 点 0，α，β は 1 辺の長さが 2 の正三角形をなす。

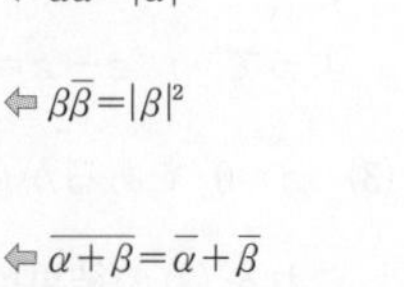

図から

$|\alpha+\beta|=2\times\sqrt{3}=2\sqrt{3}$

PRACTICE 82③

α，β は複素数とする。

(1) $|\alpha|=|\beta|=1$，$\alpha-\beta+1=0$ のとき，$\alpha\beta$，$\dfrac{\alpha}{\beta}+\dfrac{\beta}{\alpha}$ の値を求めよ。

(2) $|\alpha|=|\beta|=|\alpha-\beta|=1$ のとき，$|2\beta-\alpha|$ の値を求めよ。

重要 例題 83　複素数の実数条件

絶対値が 1 で，z^3-z が実数であるような複素数 z を求めよ。

基本 79, 81, 82

CHART & SOLUTION

複素数の実数条件　α が実数 $\Longleftrightarrow$ $\overline{\alpha}=\alpha$

z と $\overline{z}$ の和と積の値から z と $\overline{z}$ を解にもつ 2 次方程式を作る。

解答

$|z|=1$ から　$|z|^2=1$　ゆえに　$z\overline{z}=1$

また，z^3-z は実数であるから

$$\overline{z^3-z}=z^3-z$$

ここで，$\overline{z^3-z}=\overline{z^3}-\overline{z}=(\overline{z})^3-\overline{z}$ から

$$(\overline{z})^3-\overline{z}=z^3-z$$

したがって　$z^3-(\overline{z})^3-(z-\overline{z})=0$

$$\begin{aligned}(\text{左辺})&=(z-\overline{z})\{z^2+z\overline{z}+(\overline{z})^2\}-(z-\overline{z})\\&=(z-\overline{z})\{z^2+1+(\overline{z})^2-1\}\\&=(z-\overline{z})\{z^2+(\overline{z})^2\}\end{aligned}$$

よって　$(z-\overline{z})\{z^2+(\overline{z})^2\}=0$

ゆえに　$z=\overline{z}$　または　$z^2+(\overline{z})^2=0$

[1]　$z=\overline{z}$ のとき

z は実数である。

よって，$|z|=1$ から

$$z=\pm1$$

[2]　$z^2+(\overline{z})^2=0$ のとき

$$(z+\overline{z})^2-2z\overline{z}=0$$

ゆえに　$(z+\overline{z})^2=2$

よって　$z+\overline{z}=\pm\sqrt{2}$

$z+\overline{z}=\sqrt{2}$ のとき，$z\overline{z}=1$ から，2 数 z, $\overline{z}$ は 2 次方程式

$t^2-\sqrt{2}\,t+1=0$ の解である。よって　$t=\dfrac{\sqrt{2}\pm\sqrt{2}\,i}{2}$

$z+\overline{z}=-\sqrt{2}$ のときも同様にして 2 数 z, $\overline{z}$ は 2 次方程式

$t^2+\sqrt{2}\,t+1=0$ の解である。よって　$t=\dfrac{-\sqrt{2}\pm\sqrt{2}\,i}{2}$

[1], [2] から　$\boldsymbol{z=\pm1,\ \dfrac{\sqrt{2}\pm\sqrt{2}\,i}{2},\ \dfrac{-\sqrt{2}\pm\sqrt{2}\,i}{2}}$

⇐ $z\overline{z}=|z|^2$

⇐ α が実数 $\Longleftrightarrow$ $\overline{\alpha}=\alpha$

⇐ $\overline{\alpha-\beta}=\overline{\alpha}-\overline{\beta}$
$\overline{\alpha^n}=(\overline{\alpha})^n$

⇐ a^3-b^3
$=(a-b)(a^2+ab+b^2)$

⇐ $z\overline{z}=1$

inf. $z=a+bi$ (a, b は実数) とおき，z^3-z に代入する方針でもよい。
$|z|=1$ から $a^2+b^2=1\cdots$ ①
$z^3-z=(a^3-3ab^2-a)$
$\qquad+(3a^2b-b^3-b)i$
これの虚部が 0 であるから
$b(3a^2-b^2-1)=0$ $\cdots$ ②
①，② から
$(a,\ b)=(\pm1,\ 0)$,
$\left(\pm\dfrac{\sqrt{2}}{2},\ \pm\dfrac{\sqrt{2}}{2}\right)$
（複号任意）

⇐ $t^2-(\text{和})t+(\text{積})=0$

⇐ 解の公式を利用。

PRACTICE 83④

$z+\dfrac{4}{z}$ が実数であり，かつ $|z-2|=2$ であるような複素数 z を求めよ。　〔一橋大〕

EXERCISES　　10 複素数平面

A

76❷ a, b は実数とし, $z=a+bi$ とするとき, 次の式を z と $\overline{z}$ を用いて表せ。
(1) a　(2) b　(3) $a-b$　(4) a^2-b^2　⇒ p.140 1

77❷ 複素数 z が $z^2=-3+4i$ を満たすとき z の絶対値は ア□ であり, z の共役複素数 $\overline{z}$ を z を用いて表すと $\overline{z}=\dfrac{イ\square}{z}$ である (ただし i は虚数単位)。また, $(z+\overline{z})^2$ の値は ウ□ である。〔関西学院大〕
⇒ p.141 3, 4

78❷ a, b は実数とし, 3 次方程式 $x^3+ax^2+bx+1=0$ が虚数解 α をもつとする。このとき, α の共役複素数 $\overline{\alpha}$ もこの方程式の解になることを示せ。また, 3 つ目の解 β, および係数 a, b を α, $\overline{\alpha}$ を用いて表せ。〔類 防衛医大〕
⇒ 78

79❸ $|z|=|w|=1$, $zw\neq 1$ を満たす複素数 z, w に対して, $\dfrac{z-w}{1-zw}$ は実数であることを証明せよ。
⇒ 79

80❸ 虚数 z について, $z+\dfrac{1}{z}$ が実数であるとき, $|z|$ を求めよ。⇒ 79

B

81❸ 複素数 z が $|z-1|=|z+i|$, $2|z-i|=|z+2i|$ をともに満たすとき, z の値を求めよ。〔日本女子大〕
⇒ 81

82❹ 絶対値が 1 より小さい複素数 α, β に対して, 不等式 $\left|\dfrac{\alpha-\beta}{1-\overline{\alpha}\beta}\right|<1$ が成り立つことを示せ。ただし, $\overline{\alpha}$ は α の共役複素数を表す。〔学習院大〕
⇒ 81

HINT

79　複素数の実数条件 $\overline{\left(\dfrac{z-w}{1-zw}\right)}=\dfrac{z-w}{1-zw}$ が成り立つことを示す。

81　$z=a+bi$ (a, b は実数) として計算する。

82　$\left|\dfrac{\alpha-\beta}{1-\overline{\alpha}\beta}\right|<1$ を示すには, $|\alpha-\beta|^2<|1-\overline{\alpha}\beta|^2$ を示せばよい。

11 複素数の極形式，ド・モアブルの定理

基本事項

1 極形式

複素数平面上で，0 でない複素数 $z=a+bi$ を表す点をPとする。OP$=r$，半直線OP を，実軸の正の部分を始線とした動径と考えて，動径OP の表す角を θ とする。

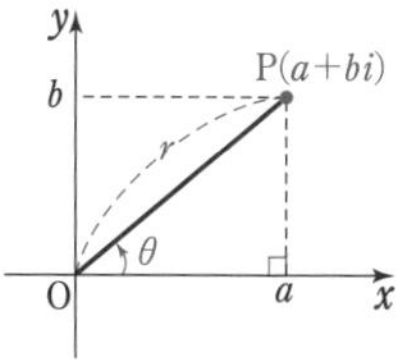

$r=\sqrt{a^2+b^2}$，$a=r\cos\theta$，$b=r\sin\theta$ であるから，0 でない複素数 z は次の形にも表される。

$$\boldsymbol{z=r(\cos\theta+i\sin\theta)}$$

これを複素数 z の **極形式** という。$\boldsymbol{r=|z|}$ であり，θ を z の **偏角** といい **arg** $\boldsymbol{z}$ と表す。偏角 θ は，$0\leqq\theta<2\pi$ または $-\pi<\theta\leqq\pi$ の範囲でただ1通りに定まる。z の偏角の1つを θ_0 とすると，$\arg z=\theta_0+2n\pi$（n は整数）である。

注意　$z=0$ のとき，偏角が定まらないから，その極形式は考えない。

2 極形式で表された複素数の積と商

$\alpha=r_1(\cos\theta_1+i\sin\theta_1)$，$\beta=r_2(\cos\theta_2+i\sin\theta_2)$（$r_1>0$，$r_2>0$）とする。

① 複素数 α，β の **積の極形式**　$\boldsymbol{\alpha\beta=r_1r_2\{\cos(\theta_1+\theta_2)+i\sin(\theta_1+\theta_2)\}}$

$\boldsymbol{|\alpha\beta|=|\alpha||\beta|}$，$\boldsymbol{\arg\alpha\beta=\arg\alpha+\arg\beta}$

② 複素数 α，β の **商の極形式**　$\boldsymbol{\dfrac{\alpha}{\beta}=\dfrac{r_1}{r_2}\{\cos(\theta_1-\theta_2)+i\sin(\theta_1-\theta_2)\}}$

$\boldsymbol{\left|\dfrac{\alpha}{\beta}\right|=\dfrac{|\alpha|}{|\beta|}}$，$\boldsymbol{\arg\dfrac{\alpha}{\beta}=\arg\alpha-\arg\beta}$

注意　偏角についての等式では，2π の整数倍の違いは無視して考える。

3 原点を中心とする回転

① $\alpha=\cos\theta+i\sin\theta$ と z に対して，**点 $\boldsymbol{\alpha z}$ は，点 $\boldsymbol{z}$ を原点を中心として $\boldsymbol{\theta}$ だけ回転した点** である。

また，$\overline{\alpha}=\cos\theta-i\sin\theta=\cos(-\theta)+i\sin(-\theta)$ から，**点 $\boldsymbol{\overline{\alpha}z}$ は，点 $\boldsymbol{z}$ を原点を中心として $\boldsymbol{-\theta}$ だけ回転した点** である。　└ $\cos(-\theta)=\cos\theta$，$\sin(-\theta)=-\sin\theta$

② $\beta=r(\cos\theta+i\sin\theta)$（$r>0$）と z に対して，**点 $\boldsymbol{\beta z}$ は，点 $\boldsymbol{z}$ を原点を中心として $\boldsymbol{\theta}$ だけ回転し，更に原点からの距離を $\boldsymbol{r}$ 倍した点** である。

また，**点 $\boldsymbol{\overline{\beta}z}$ は，点 $\boldsymbol{z}$ を原点を中心として $\boldsymbol{-\theta}$ だけ回転し，更に原点からの距離を $\boldsymbol{r}$ 倍した点** である。

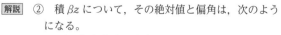

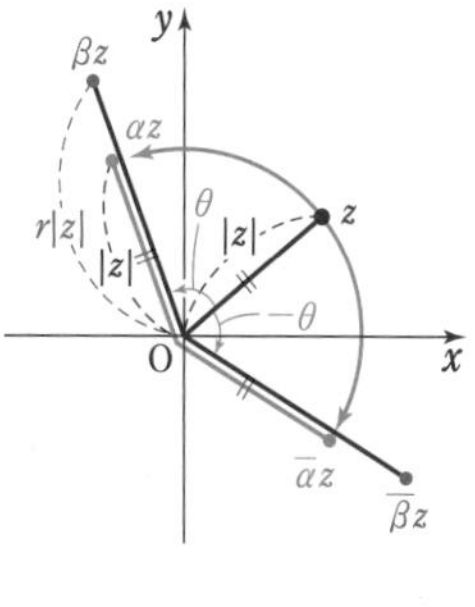

解説　② 積 βz について，その絶対値と偏角は，次のようになる。

$|\beta z|=|\beta||z|=r|z|$，

$\arg\beta z=\arg\beta+\arg z=\arg z+\theta$

4 ド・モアブルの定理

nが整数のとき　$(\cos\theta+i\sin\theta)^n=\cos n\theta+i\sin n\theta$

5 1の n 乗根

複素数αと2以上の整数nに対して，方程式 $z^n=\alpha$ の解を，αの **n 乗根** という。

1のn乗根はn個あり，それらをz_kとすると

$$z_k=\cos\frac{2k\pi}{n}+i\sin\frac{2k\pi}{n}\quad (k=0,\ 1,\ 2,\ \cdots\cdots,\ n-1)$$

と表せ，$n\geqq 3$ のとき，複素数平面上で，z_kを表す点は，単位円に内接する正n角形の各頂点である。特に，頂点の1つは実軸上の点1である。

例　数学Ⅱで，$x^3=1$ の虚数解の1つをωとすると，1の3乗根は1，ω，ω^2であることを学習した（新課程チャート式解法と演習数学Ⅱ p.102 基本例題60を参照）。

これを複素数平面上で考えてみると，方程式 $z^3=1$ の解は

$$z_k=\cos\frac{2k\pi}{3}+i\sin\frac{2k\pi}{3}\quad (k=0,\ 1,\ 2)$$

から

$$z_0=\cos 0+i\sin 0=1$$

$$z_1=\cos\frac{2}{3}\pi+i\sin\frac{2}{3}\pi=-\frac{1}{2}+\frac{\sqrt{3}}{2}i$$

$$z_2=\cos\frac{4}{3}\pi+i\sin\frac{4}{3}\pi=-\frac{1}{2}-\frac{\sqrt{3}}{2}i$$

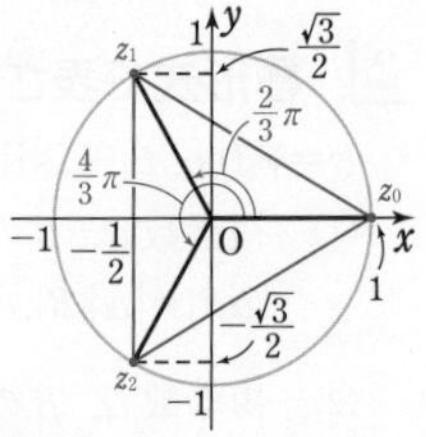

の3個が求まり，右の図のように，この3つの解は複素数平面上の単位円に内接する正三角形の3つの頂点となっていることがわかる。

CHECK & CHECK

35　次の複素数を極形式で表せ。ただし，偏角は $0\leqq\theta<2\pi$ とする。

(1)　$1-i$　　(2)　$-2i$　　(3)　$-\sqrt{3}+3i$　　1

36　次の複素数の積$\alpha\beta$，商$\dfrac{\alpha}{\beta}$を求めよ。

(1)　$\alpha=\cos\dfrac{2}{3}\pi+i\sin\dfrac{2}{3}\pi$，$\beta=\cos\dfrac{\pi}{6}+i\sin\dfrac{\pi}{6}$

(2)　$\alpha=2\left(\cos\dfrac{\pi}{4}+i\sin\dfrac{\pi}{4}\right)$，$\beta=3\left(\cos\dfrac{5}{12}\pi+i\sin\dfrac{5}{12}\pi\right)$　　2

37　次の点は，点zをどのように回転した点か。ただし，回転の角θの範囲は $0\leqq\theta<2\pi$ とする。

(1)　$\dfrac{1-\sqrt{3}i}{2}z$　　(2)　$-iz$　　3

38　次の複素数の値を求めよ。

(1)　$\left(\cos\dfrac{\pi}{3}+i\sin\dfrac{\pi}{3}\right)^6$　　(2)　$\left\{2\left(\cos\dfrac{\pi}{10}+i\sin\dfrac{\pi}{10}\right)\right\}^5$　　4

基本 例題 84 複素数の極形式 (1)

次の複素数を極形式で表せ。ただし，偏角 θ の範囲は $0 \leqq \theta < 2\pi$ とする。

(1) $\cos\frac{5}{6}\pi - i\sin\frac{5}{6}\pi$　　(2) $z=\cos\frac{\pi}{5}+i\sin\frac{\pi}{5}$ のとき $2\overline{z}$

p.153 基本事項 1，2，重要 97

CHART & SOLUTION

$a+bi$ の極形式表示　点 $a+bi$ を図示して考える

(1) 極形式は，$r(\cos● + i\sin●)$ の形である（i の前の符号は $+$）から，与式は極形式ではないことに注意。まず，数値に直してから極形式にする。

別解 三角関数の公式を利用（p.170 重要例題 97 でも扱う）。

(2) 複素数平面上に点 $2\overline{z}$ を図示すると考えやすい。……❗

解答

(1) $\cos\frac{5}{6}\pi - i\sin\frac{5}{6}\pi$

$=-\frac{\sqrt{3}}{2}-\frac{1}{2}i$

$=\cos\frac{7}{6}\pi + i\sin\frac{7}{6}\pi$

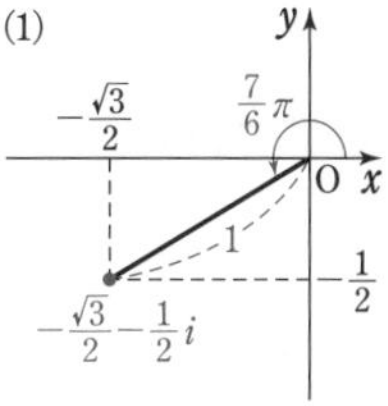

別解 $\cos\frac{5}{6}\pi - i\sin\frac{5}{6}\pi$

$=\cos\left(-\frac{5}{6}\pi\right)+i\sin\left(-\frac{5}{6}\pi\right)$

$=\cos\frac{7}{6}\pi + i\sin\frac{7}{6}\pi$

⇐ $\sin(-\theta)=-\sin\theta$
$\cos(-\theta)=\cos\theta$
偏角 θ が $0 \leqq \theta < 2\pi$ を満たすように変形する。
$-\frac{5}{6}\pi+2\pi=\frac{7}{6}\pi$

(2) z の絶対値は

$\sqrt{\cos^2\frac{\pi}{5}+\sin^2\frac{\pi}{5}}=1$,　偏角は $\frac{\pi}{5}$

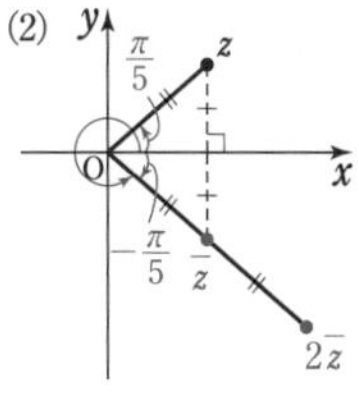

❗ 点 $2\overline{z}$ は，点 z を実軸に関して対称移動し，原点からの距離を 2 倍した点である。

よって，$2\overline{z}$ の絶対値は 2，偏角は

$$-\frac{\pi}{5}+2\pi=\frac{9}{5}\pi$$

⇐ 偏角 θ が $0 \leqq \theta < 2\pi$ を満たすようにする。

したがって　$2\overline{z}=2\left(\cos\frac{9}{5}\pi+i\sin\frac{9}{5}\pi\right)$

PRACTICE 84❶

次の複素数を極形式で表せ。ただし，偏角 θ の範囲は $0 \leqq \theta < 2\pi$ とする。

(1) $2\left(\sin\frac{\pi}{3}+i\cos\frac{\pi}{3}\right)$　　(2) $z=\cos\frac{12}{7}\pi+i\sin\frac{12}{7}\pi$ のとき $-3z$

3章 11 複素数の極形式，ド・モアブルの定理

基本 例題 85 複素数の積・商 ②②②②②

$\alpha=1-i$, $\beta=\sqrt{3}+i$ とする。ただし，偏角は $0\leqq\theta<2\pi$ とする。

(1) $\alpha\beta$, $\dfrac{\alpha}{\beta}$ をそれぞれ極形式で表せ。 (2) $\arg\beta^4$, $\left|\dfrac{\alpha}{\beta^4}\right|$ をそれぞれ求めよ。

p.153 基本事項 1, 2

CHART & SOLUTION

複素数 α, β の積と商　まず α, β を極形式で表す

$\alpha=r_1(\cos\theta_1+i\sin\theta_1)$, $\beta=r_2(\cos\theta_2+i\sin\theta_2)$ のとき

積　$\alpha\beta=r_1r_2\{\cos(\theta_1+\theta_2)+i\sin(\theta_1+\theta_2)\}$
　絶対値 は 掛ける，偏角 は 加える

商　$\dfrac{\alpha}{\beta}=\dfrac{r_1}{r_2}\{\cos(\theta_1-\theta_2)+i\sin(\theta_1-\theta_2)\}$
　絶対値 は 割る，偏角 は 引く

……❗

解答

(1) α, β をそれぞれ極形式で表すと

$$\alpha=\sqrt{2}\left(\cos\frac{7}{4}\pi+i\sin\frac{7}{4}\pi\right),$$
$$\beta=2\left(\cos\frac{\pi}{6}+i\sin\frac{\pi}{6}\right)$$

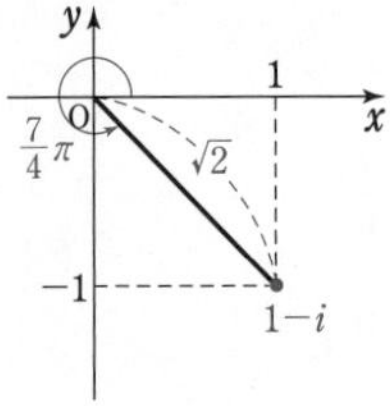

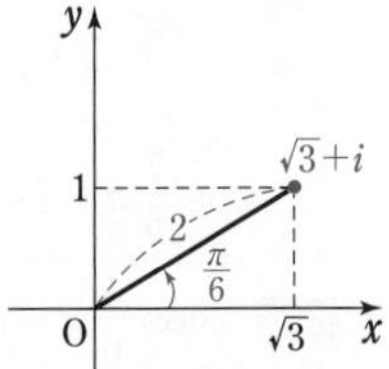

よって

❗ $$\alpha\beta=\sqrt{2}\cdot2\left\{\cos\left(\frac{7}{4}\pi+\frac{\pi}{6}\right)+i\sin\left(\frac{7}{4}\pi+\frac{\pi}{6}\right)\right\}$$
$$=\mathbf{2\sqrt{2}\left(\cos\frac{23}{12}\pi+i\sin\frac{23}{12}\pi\right)},$$

⇐ $\dfrac{7}{4}\pi+\dfrac{\pi}{6}=\dfrac{23}{12}\pi$

❗ $$\frac{\alpha}{\beta}=\frac{\sqrt{2}}{2}\left\{\cos\left(\frac{7}{4}\pi-\frac{\pi}{6}\right)+i\sin\left(\frac{7}{4}\pi-\frac{\pi}{6}\right)\right\}$$
$$=\mathbf{\frac{\sqrt{2}}{2}\left(\cos\frac{19}{12}\pi+i\sin\frac{19}{12}\pi\right)}$$

⇐ $\dfrac{7}{4}\pi-\dfrac{\pi}{6}=\dfrac{19}{12}\pi$

(2) (1)より $\arg\beta=\dfrac{\pi}{6}$ であるから　$\arg\beta^4=4\arg\beta=\mathbf{\dfrac{2}{3}\pi}$

⇐ $\arg\beta^4=\arg(\beta\cdot\beta\cdot\beta\cdot\beta)$
$=4\arg\beta$

(1)より $|\alpha|=\sqrt{2}$, $|\beta|=2$ であるから

$$\left|\frac{\alpha}{\beta^4}\right|=\frac{|\alpha|}{|\beta^4|}=\frac{|\alpha|}{|\beta|^4}=\frac{\sqrt{2}}{2^4}=\mathbf{\frac{\sqrt{2}}{16}}$$

inf. $(\sqrt{3}+i)^4$ や $\dfrac{1-i}{(\sqrt{3}+i)^4}$ を計算してから，絶対値や偏角を求めるのは大変。

PRACTICE 85 ①

$\alpha=-2+2i$, $\beta=-3-3\sqrt{3}i$ とする。ただし，偏角は $0\leqq\theta<2\pi$ とする。

(1) $\alpha\beta$, $\dfrac{\alpha}{\beta}$ をそれぞれ極形式で表せ。　(2) $\arg\alpha^3$, $\left|\dfrac{\alpha^3}{\beta}\right|$ をそれぞれ求めよ。

基本 例題 86　極形式の利用

$1+\sqrt{3}i$, $1+i$ を極形式で表すことにより，$\cos\dfrac{\pi}{12}$, $\sin\dfrac{\pi}{12}$ の値をそれぞれ求めよ。

基本 84, 85

CHART & SOLUTION

三角関数の値　偏角に着目する

$\alpha=1+\sqrt{3}i$, $\beta=1+i$ とすると　$\arg\alpha=\dfrac{\pi}{3}$, $\arg\beta=\dfrac{\pi}{4}$　←解答の図参照。

arg● は ● の偏角のこと。

$\dfrac{\pi}{12}=\dfrac{\pi}{3}-\dfrac{\pi}{4}$ であるから　$\dfrac{\pi}{12}=\boldsymbol{\arg\alpha-\arg\beta=\arg\dfrac{\alpha}{\beta}}$

よって，$\dfrac{\alpha}{\beta}$ を極形式で表すと　$\dfrac{\alpha}{\beta}=r\left(\cos\dfrac{\pi}{12}+i\sin\dfrac{\pi}{12}\right)$　$[r>0]$

また，$\dfrac{\alpha}{\beta}=\dfrac{1+\sqrt{3}i}{1+i}$ を変形して $a+bi$ の形にすると，$\dfrac{\alpha}{\beta}$ が **極形式と $a+bi$ の2通りの形で表されたことになる** から，それぞれの実部と虚部を **比較** する。

解答

$1+\sqrt{3}i$, $1+i$ をそれぞれ極形式で表すと

$$1+\sqrt{3}i=2\left(\frac{1}{2}+\frac{\sqrt{3}}{2}i\right)=2\left(\cos\frac{\pi}{3}+i\sin\frac{\pi}{3}\right)$$

$$1+i=\sqrt{2}\left(\frac{1}{\sqrt{2}}+\frac{1}{\sqrt{2}}i\right)=\sqrt{2}\left(\cos\frac{\pi}{4}+i\sin\frac{\pi}{4}\right)$$

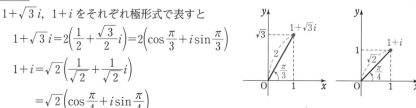

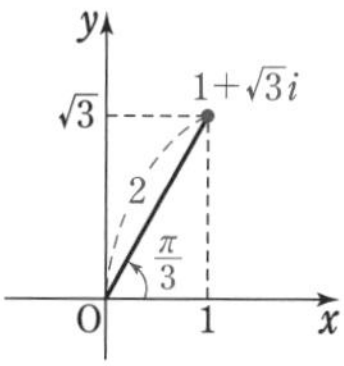

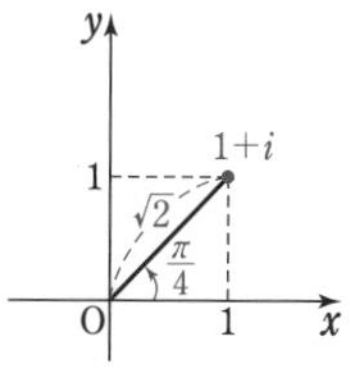

ゆえに
$$\frac{1+\sqrt{3}i}{1+i}=\frac{2}{\sqrt{2}}\left\{\cos\left(\frac{\pi}{3}-\frac{\pi}{4}\right)+i\sin\left(\frac{\pi}{3}-\frac{\pi}{4}\right)\right\}=\sqrt{2}\left(\cos\frac{\pi}{12}+i\sin\frac{\pi}{12}\right)\quad\cdots\cdots ①$$

⇐ 極形式の形。

また
$$\frac{1+\sqrt{3}i}{1+i}=\frac{(1+\sqrt{3}i)(1-i)}{(1+i)(1-i)}=\frac{1-i+\sqrt{3}i+\sqrt{3}}{1+1}=\frac{\sqrt{3}+1}{2}+\frac{\sqrt{3}-1}{2}i\quad\cdots\cdots ②$$

⇐ $a+bi$ の形。

よって，①，② から

$$\sqrt{2}\cos\frac{\pi}{12}=\frac{\sqrt{3}+1}{2},\quad \sqrt{2}\sin\frac{\pi}{12}=\frac{\sqrt{3}-1}{2}$$

⇐ ①，② の実部どうし，虚部どうしがそれぞれ等しい。

したがって
$$\boldsymbol{\cos\frac{\pi}{12}}=\frac{\sqrt{3}+1}{2\sqrt{2}}=\boldsymbol{\frac{\sqrt{6}+\sqrt{2}}{4}},$$
$$\boldsymbol{\sin\frac{\pi}{12}}=\frac{\sqrt{3}-1}{2\sqrt{2}}=\boldsymbol{\frac{\sqrt{6}-\sqrt{2}}{4}}$$

⇐ この値は三角関数の加法定理から導くこともできる。覚えておくと便利である。

PRACTICE 86②

$1+i$, $\sqrt{3}+i$ を極形式で表すことにより，$\cos\dfrac{5}{12}\pi$, $\sin\dfrac{5}{12}\pi$ の値をそれぞれ求めよ。

基本 例題 87 原点を中心とする回転 ②②②②②

$z=-3+i$ とする。

(1) 点 z を原点を中心として $\dfrac{\pi}{3}$ だけ回転した点を表す複素数 w_1 を求めよ。

(2) 点 z を原点を中心として $-\dfrac{\pi}{4}$ だけ回転し，原点からの距離を $\sqrt{2}$ 倍した点を表す複素数 w_2 を求めよ。

p.153 基本事項 3

CHART & SOLUTION

原点を中心として θ だけ回転し，原点からの距離を r 倍

$r(\cos\theta+i\sin\theta)$ を掛ける

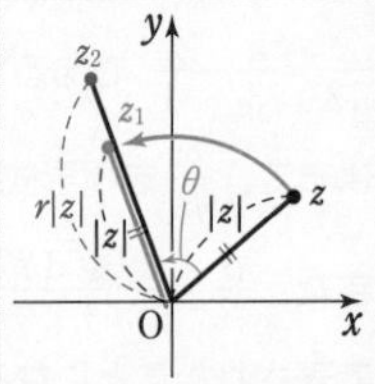

点 z を原点を中心として θ だけ回転した点 z_1 は

$$z_1=(\cos\theta+i\sin\theta)z$$

点 z を原点を中心として θ だけ回転し，原点からの距離を r 倍した点 z_2 は　　$z_2=r(\cos\theta+i\sin\theta)z$

解答

(1) $$\boldsymbol{w_1}=\left(\cos\frac{\pi}{3}+i\sin\frac{\pi}{3}\right)z=\left(\frac{1}{2}+\frac{\sqrt{3}}{2}i\right)(-3+i)$$
$$=\boldsymbol{\left(-\frac{3}{2}-\frac{\sqrt{3}}{2}\right)+\left(\frac{1}{2}-\frac{3\sqrt{3}}{2}\right)i}$$

⇐ 絶対値が1で，偏角が $\dfrac{\pi}{3}$ の複素数を z に掛ける。

(2) $$\boldsymbol{w_2}=\sqrt{2}\left\{\cos\left(-\frac{\pi}{4}\right)+i\sin\left(-\frac{\pi}{4}\right)\right\}z$$
$$=\sqrt{2}\left(\frac{1}{\sqrt{2}}-\frac{1}{\sqrt{2}}i\right)(-3+i)$$
$$=\boldsymbol{-2+4i}$$

⇐ 絶対値が $\sqrt{2}$ で，偏角が $-\dfrac{\pi}{4}$ の複素数を z に掛ける。

INFORMATION —— 図形への利用

上の例題において，原点を O，P(z)，Q(w_1)，R(w_2) とすると，$\angle\mathrm{POQ}=\dfrac{\pi}{3}$，OP=OQ から，△OPQ は正三角形であることがわかる。また，$\angle\mathrm{POR}=\dfrac{\pi}{4}$，OP：OR=1：$\sqrt{2}$ から，△OPR は OP=PR の直角二等辺三角形であることがわかる（p.160 基本例題 89 参照）。

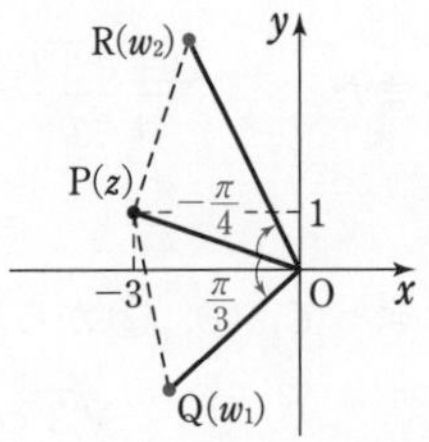

PRACTICE 87❷

$z=4-2i$ とする。

(1) 点 z を原点を中心として $-\dfrac{\pi}{2}$ だけ回転した点を表す複素数 w_1 を求めよ。

(2) 点 z を原点を中心として $\dfrac{\pi}{3}$ だけ回転し，原点からの距離を $\dfrac{1}{2}$ 倍した点を表す複素数 w_2 を求めよ。

基本 例題 88 原点以外の点を中心とする回転 ①①①①①

$\alpha=1+2i$, $\beta=-1+4i$ とする。点 β を，点 α を中心として $\dfrac{\pi}{3}$ だけ回転した点を表す複素数 γ を求めよ。

基本 87

CHART & SOLUTION

原点以外の点が回転の中心　回転の中心が原点となるように平行移動

点 β を点 α を中心として θ だけ回転した点を表す複素数 γ を求める手順は次の通り。

[1]　点 α が原点に移るような平行移動 $(-\alpha)$ で，点 β を平行移動した点を β' とすると

$$\beta'=\beta-\alpha$$

[2]　点 β' を，原点を中心として θ だけ回転した点を γ' とすると

$$\gamma'=(\cos\theta+i\sin\theta)\beta'$$

[3]　点 γ' を [1] の逆の平行移動 $(+\alpha)$ で元に戻した点が求める点 γ である。

$$\gamma=\gamma'+\alpha$$

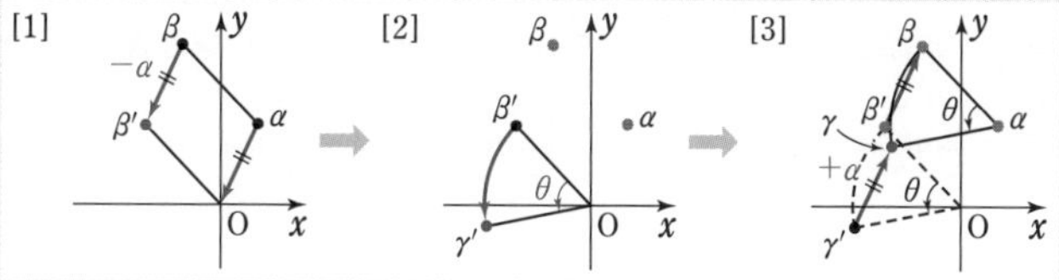

解答

点 α が原点Oに移るような平行移動で，点 β，γ がそれぞれ β'，γ' に移るとすると

$$\beta'=\beta-\alpha=(-1+4i)-(1+2i)=-2+2i$$

$$\gamma'=\gamma-\alpha$$

⇐ [1] $-\alpha$ の平行移動。

点 γ' は，点 β' を原点Oを中心として $\dfrac{\pi}{3}$ だけ回転した点であるから

$$\gamma'=\left(\cos\frac{\pi}{3}+i\sin\frac{\pi}{3}\right)(-2+2i)=\left(\frac{1}{2}+\frac{\sqrt{3}}{2}i\right)(-2+2i)$$

$$=(-1-\sqrt{3})+(1-\sqrt{3})i$$

⇐ [2] 原点を中心とした $\dfrac{\pi}{3}$ の回転移動。

よって　　$\boldsymbol{\gamma}=\gamma'+\alpha=(-1-\sqrt{3})+(1-\sqrt{3})i+(1+2i)$

$$=\boldsymbol{-\sqrt{3}+(3-\sqrt{3})i}$$

⇐ [3] 元に戻す $+\alpha$ の平行移動。

INFORMATION　原点以外の点を中心とする回転

CHART & SOLUTION の [1]～[3] から，点 β を，点 α を中心として θ だけ回転した点 γ は　　$\boldsymbol{\gamma=(\cos\theta+i\sin\theta)(\beta-\alpha)+\alpha}$

PRACTICE 88③

$\alpha=2+i$, $\beta=4+5i$ とする。点 β を，点 α を中心として $\dfrac{\pi}{4}$ だけ回転した点を表す複素数 γ を求めよ。

基本 例題 89 回転の図形への利用

原点をOとする。

(1) A$(5+2i)$ とする。△OAB が正三角形となるような点Bを表す複素数 w を求めよ。

(2) A$(2+3i)$ とする。△OAB が OA＝AB の直角二等辺三角形となるような点Bを表す複素数 β を求めよ。

基本 87，88

CHART & SOLUTION

複素数平面上の三角形　2辺のなす角と長さの比に注目

(1) 点Bは，点Aを原点Oを中心として $\pm\frac{\pi}{3}$ だけ回転した点。

(2) OA＝AB の直角二等辺三角形であるから，点Bは，点Aを原点Oを中心として $\pm\frac{\pi}{4}$ だけ回転して，原点からの距離を $\sqrt{2}$ 倍した点。

別解 $\angle A=\frac{\pi}{2}$ の直角二等辺三角形であるから，点Bは，原点Oを点Aを中心として $\pm\frac{\pi}{2}$ だけ回転した点。

解答

(1) 点Bは，点Aを原点Oを中心として $\frac{\pi}{3}$ または $-\frac{\pi}{3}$ だけ回転した点である。

[1] $\frac{\pi}{3}$ だけ回転した場合

$$w=\left(\cos\frac{\pi}{3}+i\sin\frac{\pi}{3}\right)(5+2i)=\left(\frac{1}{2}+\frac{\sqrt{3}}{2}i\right)(5+2i)$$
$$=\boldsymbol{\left(\frac{5}{2}-\sqrt{3}\right)+\left(1+\frac{5\sqrt{3}}{2}\right)i}$$

[2] $-\frac{\pi}{3}$ だけ回転した場合

$$w=\left\{\cos\left(-\frac{\pi}{3}\right)+i\sin\left(-\frac{\pi}{3}\right)\right\}(5+2i)$$
$$=\left(\frac{1}{2}-\frac{\sqrt{3}}{2}i\right)(5+2i)=\boldsymbol{\left(\frac{5}{2}+\sqrt{3}\right)+\left(1-\frac{5\sqrt{3}}{2}\right)i}$$

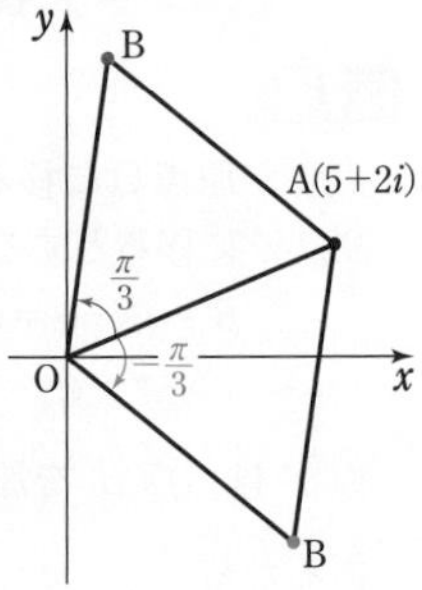

(2) 点Bは，点Aを原点Oを中心として $\frac{\pi}{4}$ または $-\frac{\pi}{4}$ だけ回転し，原点からの距離を $\sqrt{2}$ 倍した点である。

[1] $\frac{\pi}{4}$ だけ回転した場合

$$\beta=\sqrt{2}\left(\cos\frac{\pi}{4}+i\sin\frac{\pi}{4}\right)(2+3i)$$
$$=\sqrt{2}\left(\frac{1}{\sqrt{2}}+\frac{1}{\sqrt{2}}i\right)(2+3i)$$
$$=\boldsymbol{-1+5i}$$

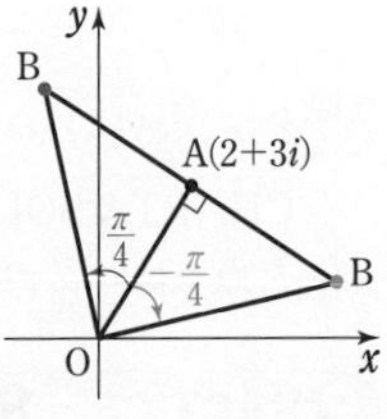

[2] $-\frac{\pi}{4}$ だけ回転した場合

$$\boldsymbol{\beta}=\sqrt{2}\left\{\cos\left(-\frac{\pi}{4}\right)+i\sin\left(-\frac{\pi}{4}\right)\right\}(2+3i)$$

$$=\sqrt{2}\left(\frac{1}{\sqrt{2}}-\frac{1}{\sqrt{2}}i\right)(2+3i)=\boldsymbol{5+i}$$

別解 点Bは，原点Oを点Aを中心として $\frac{\pi}{2}$ または $-\frac{\pi}{2}$ だけ回転した点である。

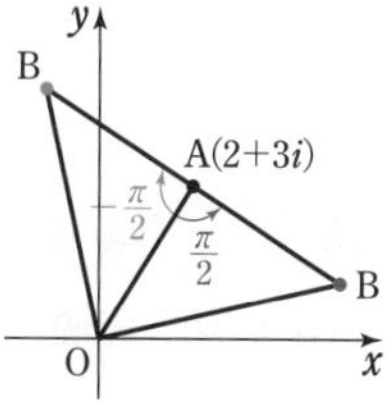

点Aが原点に移るような平行移動で，点O，Bがそれぞれ点O′，B′に移るとすると　　O′$(-2-3i)$，B′$(\beta-(2+3i))$

点B′は，点O′を原点Oを中心として $\frac{\pi}{2}$ または $-\frac{\pi}{2}$ だけ回転した点であるから

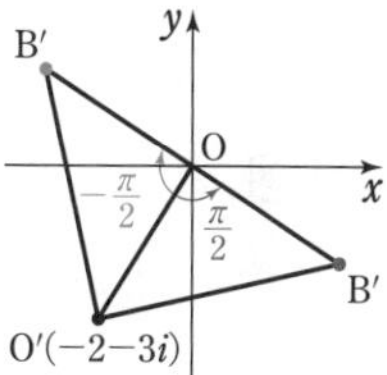

$$\beta-(2+3i)=\left\{\cos\left(\pm\frac{\pi}{2}\right)+i\sin\left(\pm\frac{\pi}{2}\right)\right\}(-2-3i)$$

$$=\pm i(-2-3i)=\pm3\mp2i \text{（複号はすべて同順）}$$

よって　　$\boldsymbol{\beta=-1+5i,\ 5+i}$

INFORMATION　△OAB が直角二等辺三角形になる場合

上の例題(2)では OA＝AB の条件が与えられていたが，この条件がない場合，△OAB が直角二等辺三角形になるのは下の図のように 6 通り考えられる。

[1] AO＝AB，∠A＝90° の直角二等辺三角形

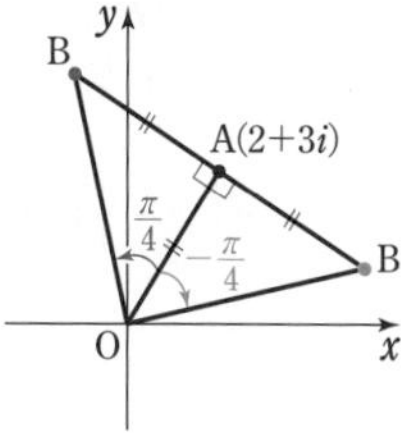

点Bは，点Aを原点Oを中心として $\pm\frac{\pi}{4}$ 回転し，原点からの距離を $\sqrt{2}$ 倍した点。

[2] OA＝OB，∠O＝90° の直角二等辺三角形

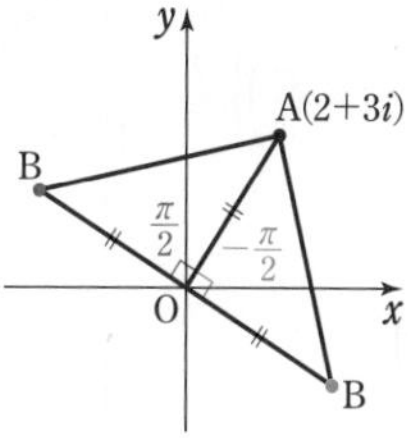

点Bは，点Aを原点Oを中心として $\pm\frac{\pi}{2}$ 回転した点。

[3] BA＝BO，∠B＝90° の直角二等辺三角形

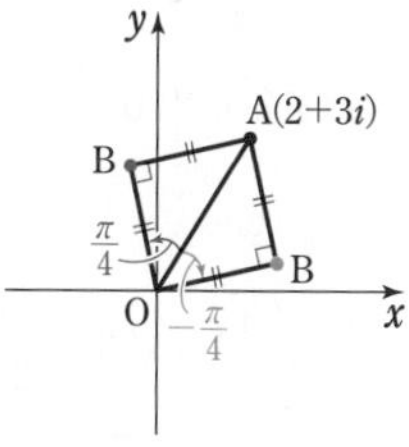

点Bは，点Aを原点Oを中心として $\pm\frac{\pi}{4}$ 回転し，原点からの距離を $\frac{1}{\sqrt{2}}$ 倍した点。

PRACTICE 89③

原点をOとする。

(1) A$(5-\sqrt{3}\,i)$ とする。△OAB が正三角形となるような点Bを表す複素数 w を求めよ。〔類 千葉工大〕

(2) A$(-1+2i)$ とする。△OAB が直角二等辺三角形となるような点Bを表す複素数 β を求めよ。

基本 例題 90　ド・モアブルの定理

次の複素数の値を求めよ。　[(1) 類 京都産大]

(1) $(1+\sqrt{3}\,i)^6$　　(2) $(1-i)^{-4}$　　(3) $\left(\dfrac{3+\sqrt{3}\,i}{2}\right)^8$

p.154 基本事項 4，基本 84

CHART & SOLUTION

$(a+bi)^n$ の値　ド・モアブルの定理の利用 ……❗

ド・モアブルの定理から　$\{r(\cos\theta+i\sin\theta)\}^n=r^n(\cos n\theta+i\sin n\theta)$ （n は整数）

$a+bi$ を極形式で表してから計算。　絶対値は n 乗　偏角は n 倍

解答

(1) $1+\sqrt{3}\,i=2\left(\cos\dfrac{\pi}{3}+i\sin\dfrac{\pi}{3}\right)$ から

$(1+\sqrt{3}\,i)^6=2^6\left(\cos\dfrac{\pi}{3}+i\sin\dfrac{\pi}{3}\right)^6$

❗ $=64(\cos 2\pi+i\sin 2\pi)$

$=\mathbf{64}$

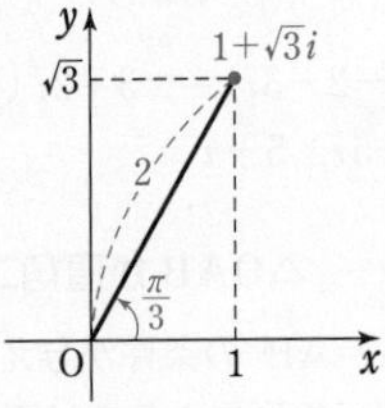

⇐ $1+\sqrt{3}\,i$ を極形式で表す。

⇐ $6\times\dfrac{\pi}{3}=2\pi$

(2) $1-i=\sqrt{2}\left\{\cos\left(-\dfrac{\pi}{4}\right)+i\sin\left(-\dfrac{\pi}{4}\right)\right\}$

から

$(1-i)^{-4}$

$=(\sqrt{2})^{-4}\left\{\cos\left(-\dfrac{\pi}{4}\right)+i\sin\left(-\dfrac{\pi}{4}\right)\right\}^{-4}$

❗ $=\dfrac{1}{4}(\cos\pi+i\sin\pi)=-\dfrac{\mathbf{1}}{\mathbf{4}}$

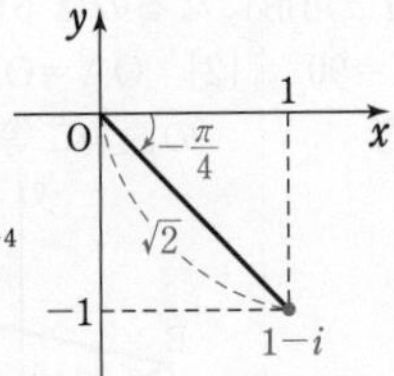

⇐ 偏角は $0\leqq\theta<2\pi$ の範囲で表す場合が多いが，$-\pi<\theta\leqq\pi$ の範囲で表した方が計算がスムーズな場合もある。

⇐ $-4\times\left(-\dfrac{\pi}{4}\right)=\pi$

(3) $\dfrac{3+\sqrt{3}\,i}{2}=\sqrt{3}\left(\dfrac{\sqrt{3}}{2}+\dfrac{1}{2}i\right)$

$=\sqrt{3}\left(\cos\dfrac{\pi}{6}+i\sin\dfrac{\pi}{6}\right)$

から

$\left(\dfrac{\mathbf{3+\sqrt{3}\,i}}{\mathbf{2}}\right)^8$

❗ $=(\sqrt{3})^8\left(\cos\dfrac{\pi}{6}+i\sin\dfrac{\pi}{6}\right)^8=3^4\left(\cos\dfrac{4}{3}\pi+i\sin\dfrac{4}{3}\pi\right)$

$=81\left(-\dfrac{1}{2}-\dfrac{\sqrt{3}}{2}i\right)=-\dfrac{\mathbf{81}}{\mathbf{2}}-\dfrac{\mathbf{81\sqrt{3}}}{\mathbf{2}}\boldsymbol{i}$

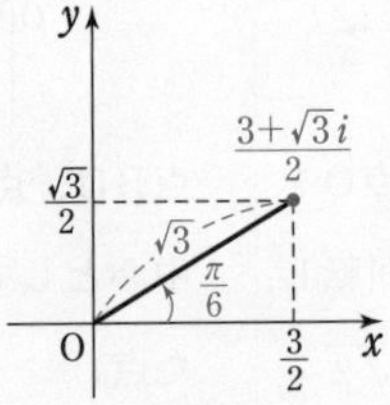

⇐ $8\times\dfrac{\pi}{6}=\dfrac{4}{3}\pi$

PRACTICE 90❶

次の複素数の値を求めよ。

(1) $(\sqrt{3}-i)^4$　　(2) $\left(\dfrac{2}{-1+i}\right)^{-6}$　　(3) $\left(\dfrac{-\sqrt{6}+\sqrt{2}\,i}{4}\right)^8$

基本 例題 91 複素数の n 乗の計算 (1)

複素数 $z=\dfrac{1+i}{\sqrt{3}+i}$ について，z^n が正の実数となるような最小の正の整数 n を求めよ。 〔類 日本女子大〕 基本 85，90

CHART & SOLUTION

複素数の累乗　ド・モアブルの定理

分母を実数化するとうまくいかない。分母・分子をそれぞれ極形式で表してから，$\dfrac{1+i}{\sqrt{3}+i}$ を極形式で表す（$p.156$ 基本例題 85 (1) 参照）。

$z^n=r^n(\cos n\theta+i\sin n\theta)$ が正の実数 $\iff$ $\cos n\theta>0$ かつ $\sin n\theta=0$ ……!

解答

$1+i$，$\sqrt{3}+i$ をそれぞれ極形式で表すと

$$1+i=\sqrt{2}\left(\cos\frac{\pi}{4}+i\sin\frac{\pi}{4}\right),$$

$$\sqrt{3}+i=2\left(\cos\frac{\pi}{6}+i\sin\frac{\pi}{6}\right)$$

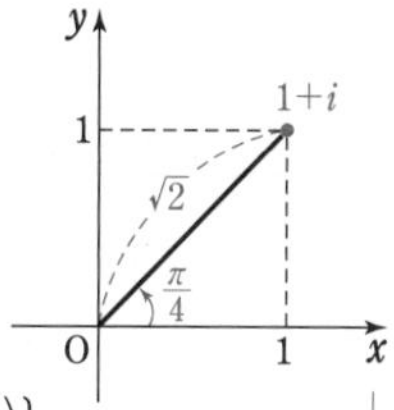

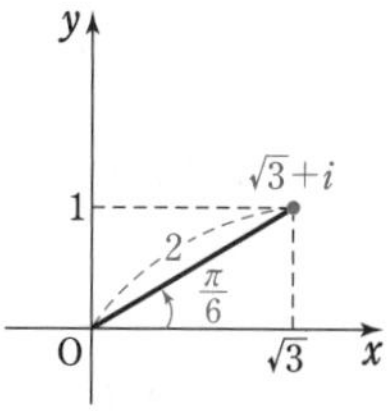

よって

$$z=\frac{\sqrt{2}}{2}\left\{\cos\left(\frac{\pi}{4}-\frac{\pi}{6}\right)+i\sin\left(\frac{\pi}{4}-\frac{\pi}{6}\right)\right\}$$

$$=\frac{\sqrt{2}}{2}\left(\cos\frac{\pi}{12}+i\sin\frac{\pi}{12}\right)$$

⇐ $\dfrac{\pi}{4}-\dfrac{\pi}{6}=\dfrac{\pi}{12}$

ゆえに

$$z^n=\left(\frac{\sqrt{2}}{2}\right)^n\left(\cos\frac{\pi}{12}+i\sin\frac{\pi}{12}\right)^n$$

$$=\left(\frac{\sqrt{2}}{2}\right)^n\left(\cos\frac{n}{12}\pi+i\sin\frac{n}{12}\pi\right)$$

⇐ ド・モアブルの定理

! z^n が正の実数となるとき　$\cos\dfrac{n}{12}\pi>0$，$\sin\dfrac{n}{12}\pi=0$

ゆえに　$\dfrac{n}{12}\pi=2m\pi$（m は整数）

よって　$n=24m$

したがって，n が最小の正の整数となるのは $m=1$ のときであるから　$\boldsymbol{n=24}$

⇐ $\sin\theta=0$ の解は $\theta=k\pi$（k は整数）
[1] $\theta=2m\pi$（m は整数）のとき $\cos\theta=1>0$
[2] $\theta=(2m+1)\pi$（m は整数）のとき $\cos\theta=-1<0$

PRACTICE 91 ③

複素数 $z=\dfrac{-1+i}{1+\sqrt{3}i}$ について，z^n が実数となるような最小の正の整数 n を求めよ。

基本 例題 92 複素数の n 乗の計算 (2)

複素数 z が $z+\dfrac{1}{z}=\sqrt{2}$ を満たす。

(1) z を極形式で表せ。 (2) $z^{20}+\dfrac{1}{z^{20}}$ の値を求めよ。 〔中部大〕

基本 90

CHART & SOLUTION

複素数の累乗 ド・モアブルの定理

(1) 条件式を変形し，z の 2 次方程式を導く。⟶ 解の公式から z を求める。
⟶ この解を極形式で表す。

(2) ド・モアブルの定理を適用して z^{20} の値を求める。

解答

(1) $z+\dfrac{1}{z}=\sqrt{2}$ から $z^2-\sqrt{2}z+1=0$

⇐ 両辺に z を掛けて整理。

これを解いて $z=\dfrac{-(-\sqrt{2})\pm\sqrt{(-\sqrt{2})^2-4\cdot1\cdot1}}{2}$

⇐ 解の公式を利用。

$=\dfrac{\sqrt{2}\pm\sqrt{2}i}{2}=\dfrac{1}{\sqrt{2}}\pm\dfrac{1}{\sqrt{2}}i$

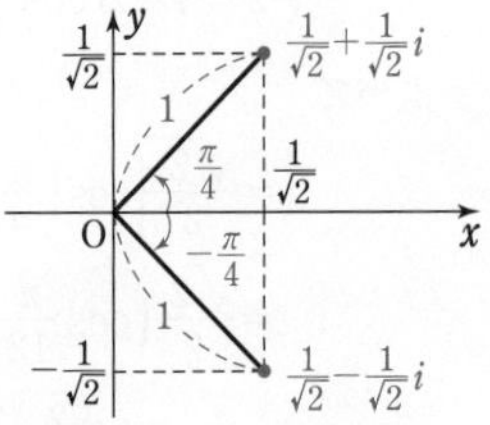

それぞれ極形式で表すと

$$\boldsymbol{z=\frac{1}{\sqrt{2}}+\frac{1}{\sqrt{2}}i=\cos\frac{\pi}{4}+i\sin\frac{\pi}{4}}$$

$$\boldsymbol{z=\frac{1}{\sqrt{2}}-\frac{1}{\sqrt{2}}i=\cos\left(-\frac{\pi}{4}\right)+i\sin\left(-\frac{\pi}{4}\right)}$$

(2) [1] $z=\dfrac{1}{\sqrt{2}}+\dfrac{1}{\sqrt{2}}i$ のとき

$$z^{20}=\left(\cos\frac{\pi}{4}+i\sin\frac{\pi}{4}\right)^{20}=\cos5\pi+i\sin5\pi=-1$$

よって $z^{20}+\dfrac{1}{z^{20}}=-1+\dfrac{1}{-1}=-2$

[2] $z=\dfrac{1}{\sqrt{2}}-\dfrac{1}{\sqrt{2}}i$ のとき

$$z^{20}=\left\{\cos\left(-\frac{\pi}{4}\right)+i\sin\left(-\frac{\pi}{4}\right)\right\}^{20}$$
$$=\cos(-5\pi)+i\sin(-5\pi)=-1$$

よって $z^{20}+\dfrac{1}{z^{20}}=-1+\dfrac{1}{-1}=-2$

以上から $\boldsymbol{z^{20}+\dfrac{1}{z^{20}}=-2}$

別解 (2) 条件式から

$\left(z+\dfrac{1}{z}\right)^2=(\sqrt{2})^2$

$z^2+2+\dfrac{1}{z^2}=2$

ゆえに $z^2+\dfrac{1}{z^2}=0$

両辺に z^2 を掛けて

$z^4=-1$

よって

$z^{20}+\dfrac{1}{z^{20}}=(z^4)^5+\dfrac{1}{(z^4)^5}$

$=(-1)^5+\dfrac{1}{(-1)^5}$

$=-1-1=\boldsymbol{-2}$

PRACTICE 92③

複素数 z が $z+\dfrac{1}{z}=\sqrt{3}$ を満たすとき，$z^{10}+\dfrac{1}{z^{10}}$ の値を求めよ。 〔京都産大〕

基本 例題 93 1のn乗根 ②②②②②

極形式を用いて，方程式 $z^3=1$ を解け。

p.154 基本事項 5，基本 90

CHART & SOLUTION

複素数の累乗　ド・モアブルの定理

[1] $|z|=1$ より $r=1$ であるから，$z=\cos\theta+i\sin\theta$ とおく。
[2] 方程式 $z^n=\alpha$ の両辺を極形式で表す。
[3] 両辺の偏角を比較する。
偏角は $\arg\alpha+2k\pi$（k は整数）とする。……❗
[4] $0\leqq\theta<2\pi$ の範囲にある偏角 θ の値を書き上げる。

解答

$z^3=1$ から　$|z|^3=1$　よって　$|z|=1$　　⇦ $r=1$

したがって，z の極形式を $z=\cos\theta+i\sin\theta$ $(0\leqq\theta<2\pi)$ とすると　$z^3=\cos3\theta+i\sin3\theta$　　⇦ ド・モアブルの定理

また，1 を極形式で表すと　$1=\cos0+i\sin0$

よって，方程式は　$\cos3\theta+i\sin3\theta=\cos0+i\sin0$

❗ 両辺の偏角を比較すると

$$3\theta=0+2k\pi\ (k\text{ は整数})\quad \text{すなわち}\quad \theta=\frac{2k\pi}{3}$$

⇦ $3\theta=0$ だけではない。$+2k\pi$ を忘れずに！

よって　$z=\cos\dfrac{2k\pi}{3}+i\sin\dfrac{2k\pi}{3}$ ……①

$0\leqq\theta<2\pi$ の範囲では　$k=0,\ 1,\ 2$

① で $k=0,\ 1,\ 2$ としたときの z をそれぞれ $z_0,\ z_1,\ z_2$ とすると　$z_0=\cos0+i\sin0=1$,

$$z_1=\cos\frac{2}{3}\pi+i\sin\frac{2}{3}\pi=-\frac{1}{2}+\frac{\sqrt{3}}{2}i,$$

$$z_2=\cos\frac{4}{3}\pi+i\sin\frac{4}{3}\pi=-\frac{1}{2}-\frac{\sqrt{3}}{2}i$$

したがって，求める解は　$\boldsymbol{z=1,\ -\dfrac{1}{2}+\dfrac{\sqrt{3}}{2}i,\ -\dfrac{1}{2}-\dfrac{\sqrt{3}}{2}i}$

inf. 「極形式を用いて」と指示がない場合

$z^3-1=0$ から　$(z-1)(z^2+z+1)=0$

よって　$z=1,\ \dfrac{-1\pm\sqrt{3}\,i}{2}$

と解くこともできる。

inf. $z^3=1$ の解を複素数平面上に図示すると，下図のようになる（$p.154$ 基本事項 5 例 を参照）。解を表す点 $z_0,\ z_1,\ z_2$ は単位円に内接する正三角形の頂点である。

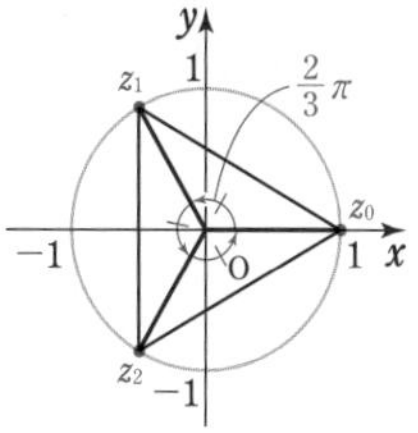

PRACTICE 93 ②

極形式を用いて，次の方程式を解け。

(1) $z^6=1$　　(2) $z^8=1$

基本 例題 94　複素数の n 乗根

方程式 $z^4=-8+8\sqrt{3}i$ を解け。　基本 93

CHART & SOLUTION

α の n 乗根　絶対値と偏角を比べる

基本的な考え方や解答の手順は，前ページの基本例題 93 と同じ。
ただし，本問では $|z|\neq 1$ であるから，手順 [1] では $z=r(\cos\theta+i\sin\theta)$ $(r>0)$ とおく。
ド・モアブルの定理を利用すると，$z^4=r^4(\cos 4\theta+i\sin 4\theta)$ となるから，$-8+8\sqrt{3}i$ を極形式で表し，両辺の絶対値と偏角を比較する。
偏角を比較するとき $+2k\pi$（k は整数）を忘れないよう注意。

解答

z の極形式を $z=r(\cos\theta+i\sin\theta)$ $(r>0,\ 0\leqq\theta<2\pi)$ とすると

$$z^4=r^4(\cos 4\theta+i\sin 4\theta)$$

←ド・モアブルの定理

また，$-8+8\sqrt{3}i$ を極形式で表すと

$$-8+8\sqrt{3}i=16\left(\cos\frac{2}{3}\pi+i\sin\frac{2}{3}\pi\right)$$

← $8(-1+\sqrt{3}i)=8\cdot 2\left(-\frac{1}{2}+\frac{\sqrt{3}}{2}i\right)$

よって，方程式は

$$r^4(\cos 4\theta+i\sin 4\theta)=16\left(\cos\frac{2}{3}\pi+i\sin\frac{2}{3}\pi\right)$$

両辺の絶対値と偏角を比較すると

$$r^4=16,\ 4\theta=\frac{2}{3}\pi+2k\pi\ (k \text{ は整数})$$

← $4\theta=\frac{2}{3}\pi$ だけではない。$+2k\pi$ を忘れずに！

$r>0$ であるから　$r=2$　また　$\theta=\frac{\pi}{6}+\frac{k\pi}{2}$

← $r^n=a$ $(a>0)$ の正の解は　$r=\sqrt[n]{a}$

よって　$z=2\left\{\cos\left(\frac{\pi}{6}+\frac{k\pi}{2}\right)+i\sin\left(\frac{\pi}{6}+\frac{k\pi}{2}\right)\right\}$ ……①

$0\leqq\theta<2\pi$ の範囲では　$k=0,\ 1,\ 2,\ 3$

① で $k=0,\ 1,\ 2,\ 3$ としたときの z をそれぞれ $z_0,\ z_1,\ z_2,\ z_3$ とすると

$$z_0=2\left(\cos\frac{\pi}{6}+i\sin\frac{\pi}{6}\right)=\sqrt{3}+i,$$

$$z_1=2\left(\cos\frac{2}{3}\pi+i\sin\frac{2}{3}\pi\right)=-1+\sqrt{3}i,$$

$$z_2=2\left(\cos\frac{7}{6}\pi+i\sin\frac{7}{6}\pi\right)=-\sqrt{3}-i,$$

$$z_3=2\left(\cos\frac{5}{3}\pi+i\sin\frac{5}{3}\pi\right)=1-\sqrt{3}i$$

したがって，求める解は

$$\boldsymbol{z=\pm(\sqrt{3}+i),\ \pm(1-\sqrt{3}i)}$$

inf. 点 z_0～z_3 を複素数平面上に図示すると，下図のようになる。
解を表す点 $z_0,\ z_1,\ z_2,\ z_3$ は原点を中心とする半径 2 の円に内接する正方形の頂点である。また，$z_2=-z_0$，$z_3=-z_1$ である。

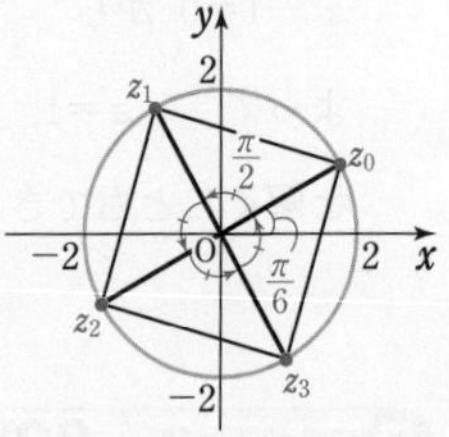

PRACTICE 94③

次の方程式を解け。

(1)　$z^3=8i$　　(2)　$z^2=2(1+\sqrt{3}i)$　　〔(1) 東北学院大〕

重要 例題 95 $z^n=1$ の虚数解の分数列の和

複素数 z を $z=\cos\frac{2}{7}\pi+i\sin\frac{2}{7}\pi$ とおく。

(1) z^7 の値を求めよ。

(2) $\frac{1}{1-z^k}+\frac{1}{1-z^{7-k}}$ の値を求めよ。ただし，k は $1\leqq k\leqq 6$ の範囲の自然数である。

(3) $\sum_{k=1}^{6}\frac{1}{1-z^k}$ の値を求めよ。

CHART & THINKING

複素数 $z=\cos\frac{2\pi}{n}+i\sin\frac{2\pi}{n}$ は1の n 乗根

(1) ド・モアブルの定理を適用。

(2) z を直接代入すると計算が面倒である。そこで，(1)の結果を利用したい。どのように式を変形すればよいだろうか？

(3) (2)の結果を利用したい。和を書き並べて，(2)を利用できる組合せを考えよう。

解答

(1) $z^7=\left(\cos\frac{2}{7}\pi+i\sin\frac{2}{7}\pi\right)^7=\cos 2\pi+i\sin 2\pi=\mathbf{1}$

⇐ ド・モアブルの定理

(2) $\frac{1}{1-z^k}+\frac{1}{1-z^{7-k}}=\frac{1}{1-z^k}+\frac{z^k}{z^k-z^7}$

$=\frac{1}{1-z^k}+\frac{z^k}{z^k-1}=\frac{1-z^k}{1-z^k}=\mathbf{1}$

⇐ $z^7=1$ を利用するために，$\frac{1}{1-z^{7-k}}$ の分母・分子に z^k を掛ける。

別解 $\frac{1}{1-z^k}+\frac{1}{1-z^{7-k}}=\frac{1-z^{7-k}+1-z^k}{(1-z^k)(1-z^{7-k})}$

$=\frac{2-z^k-z^{7-k}}{1-z^k-z^{7-k}+z^7}=\frac{2-z^k-z^{7-k}}{2-z^k-z^{7-k}}=\mathbf{1}$

⇐ 通分して式を整理してもよい。

⇐ 分母を展開して $z^7=1$ を代入。

(3) $\sum_{k=1}^{6}\frac{1}{1-z^k}$

$=\frac{1}{1-z}+\frac{1}{1-z^2}+\frac{1}{1-z^3}+\frac{1}{1-z^4}+\frac{1}{1-z^5}+\frac{1}{1-z^6}$

$=\left(\frac{1}{1-z}+\frac{1}{1-z^6}\right)+\left(\frac{1}{1-z^2}+\frac{1}{1-z^5}\right)+\left(\frac{1}{1-z^3}+\frac{1}{1-z^4}\right)$

$=1+1+1=\mathbf{3}$

⇐ (2)が利用できるように，組合せを工夫。(2)の $k=1,\ 2,\ 3$ の場合になる。

別解 $\sum_{k=1}^{6}\frac{1}{1-z^k}=\sum_{k=1}^{3}\left(\frac{1}{1-z^k}+\frac{1}{1-z^{7-k}}\right)=\sum_{k=1}^{3}1=3\cdot 1=\mathbf{3}$

⇐ $\sum_{k=1}^{3}\frac{1}{1-z^{7-k}}=\frac{1}{1-z^6}+\frac{1}{1-z^5}+\frac{1}{1-z^4}$

PRACTICE 95④

$\alpha=\cos\frac{2\pi}{5}+i\sin\frac{2\pi}{5}$ のとき，次の式の値を求めよ。

(1) α^5

(2) $\frac{1}{1-\alpha}+\frac{1}{1-\alpha^2}+\frac{1}{1-\alpha^3}+\frac{1}{1-\alpha^4}$

重要例題 96　1の5乗根の利用

複素数 $\alpha\,(\alpha \neq 1)$ を1の5乗根とする。
(1) $\alpha^4+\alpha^3+\alpha^2+\alpha+1=0$ であることを示せ。
(2) (1)を利用して，$t=\alpha+\overline{\alpha}$ は $t^2+t-1=0$ を満たすことを示せ。
(3) (2)を利用して，$\cos\frac{2}{5}\pi$ の値を求めよ。〔類 金沢大〕

CHART & SOLUTION

1の5乗根 α　$\alpha^5=1$ を満たす解

(1) 因数分解 $x^n-1=(x-1)(x^{n-1}+x^{n-2}+\cdots\cdots+x+1)$ を利用。
(2) $\alpha^5=1$ のとき，$|\alpha^5|=1 \iff |\alpha|^5=1 \iff |\alpha|=1$ ($|\alpha|$ は実数)　$|\alpha|=1$ のとき $\alpha\overline{\alpha}=1$
(3) $\alpha^5=1$ の1つの虚数解を $\alpha=\cos\frac{2}{5}\pi+i\sin\frac{2}{5}\pi$ とおいてみる。

解答

(1) $\alpha^5=1$ から　$\alpha^5-1=0$
よって　$(\alpha-1)(\alpha^4+\alpha^3+\alpha^2+\alpha+1)=0$
$\alpha \neq 1$ であるから　$\alpha^4+\alpha^3+\alpha^2+\alpha+1=0$

(2) $\alpha^5=1$ から　$|\alpha|^5=1$　よって　$|\alpha|=1$
ゆえに　$|\alpha|^2=1$　すなわち　$\alpha\overline{\alpha}=1$　よって　$\overline{\alpha}=\frac{1}{\alpha}$
したがって，$t=\alpha+\overline{\alpha}$ から

$$t^2+t-1=(\alpha+\overline{\alpha})^2+(\alpha+\overline{\alpha})-1=\left(\alpha+\frac{1}{\alpha}\right)^2+\left(\alpha+\frac{1}{\alpha}\right)-1$$

$$=\alpha^2+2+\frac{1}{\alpha^2}+\alpha+\frac{1}{\alpha}-1=\frac{\alpha^4+\alpha^3+\alpha^2+\alpha+1}{\alpha^2}=0$$

(3) $\alpha=\cos\frac{2}{5}\pi+i\sin\frac{2}{5}\pi$ とすると，$\frac{2}{5}\pi\times5=2\pi$ であるから，α は $\alpha^5=1$，$\alpha\neq1$ を満たす。
$\overline{\alpha}=\cos\frac{2}{5}\pi-i\sin\frac{2}{5}\pi$，$t=\alpha+\overline{\alpha}$ から　$t=2\cos\frac{2}{5}\pi$
(2)から，$t^2+t-1=0$ であるから　$t=\frac{-1\pm\sqrt{1^2-4\cdot1\cdot(-1)}}{2}=\frac{-1\pm\sqrt{5}}{2}$
$t>0$ であるから　$t=2\cos\frac{2}{5}\pi=\frac{-1+\sqrt{5}}{2}$
ゆえに　$\boldsymbol{\cos\frac{2}{5}\pi=\frac{-1+\sqrt{5}}{4}}$

別解 (1) $\alpha\neq1$ より，等比数列の和の公式から
$1+\alpha+\alpha^2+\alpha^3+\alpha^4$
$=\frac{1-\alpha^5}{1-\alpha}=\frac{1-1}{1-\alpha}=0$

⇐ $\alpha\overline{\alpha}=|\alpha|^2$

⇐ (1)より $\alpha^4+\alpha^3+\alpha^2+\alpha+1=0$

⇐ $\cos\frac{2}{5}\pi+i\sin\frac{2}{5}\pi$ は1の5乗根の1つ。

⇐ $\alpha+\overline{\alpha}=2\times(\alpha$ の実部$)$

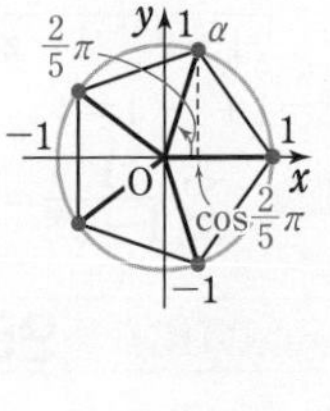

PRACTICE 96④

複素数 α を $\alpha=\cos\frac{2\pi}{7}+i\sin\frac{2\pi}{7}$ とおく。
(1) $\alpha^6+\alpha^5+\alpha^4+\alpha^3+\alpha^2+\alpha$ の値を求めよ。
(2) $t=\alpha+\overline{\alpha}$ とおくとき，t^3+t^2-2t の値を求めよ。〔類 九州大〕

まとめ　1 の n 乗根の性質

$p.154$ 基本事項 5，$p.165$ 基本例題 93，$p.167$，168 重要例題 95，96 において 1 の 3 乗根，5 乗根，7 乗根について扱った。ここでは，1 の n 乗根についての性質をまとめてみよう。

1　$z^n=1$ の解は，1，α，α^2，α^3，……，α^{n-1} の n 個あり，すべて異なる。

$z^n=1$ から　$|z|^n=1$　よって　$|z|=1$

ゆえに，$z=\cos\theta+i\sin\theta$ $(0\leqq\theta<2\pi)$ とおくと

$$z^n=(\cos\theta+i\sin\theta)^n=\cos n\theta+i\sin n\theta$$

また，1 を極形式で表すと　$1=\cos 0+i\sin 0$

よって，方程式は　$\cos n\theta+i\sin n\theta=\cos 0+i\sin 0$

両辺の偏角を比較すると　$n\theta=0+2k\pi$（k は整数）　ゆえに　$\theta=\dfrac{2k\pi}{n}$

逆に，k を整数として，$\boldsymbol{z_k=\cos\dfrac{2k\pi}{n}+i\sin\dfrac{2k\pi}{n}}$ とおくと，$(z_k)^n=1$ が成り立つから，z_k は 1 の n 乗根である。

ここで，$\alpha=z_1$ とおくと

$$\alpha^k=\left(\cos\frac{2\pi}{n}+i\sin\frac{2\pi}{n}\right)^k=\cos\frac{2k}{n}\pi+i\sin\frac{2k}{n}\pi=z_k\ (k=0,\ 1,\ 2,\ \cdots\cdots,\ n-1)$$

……①

よって，1，α，α^2，α^3，……，α^{n-1} はすべて $z^n=1$ の解であり，偏角が

$$0,\ \frac{2\pi}{n},\ \frac{4\pi}{n},\ \frac{6\pi}{n},\ \cdots\cdots,\ \frac{2(n-1)\pi}{n}\left(<\frac{2n\pi}{n}=2\pi\right)$$

であるからすべて異なる。

2　$\alpha^{n-1}+\alpha^{n-2}+\alpha^{n-3}+\cdots\cdots+1=0$

α は $z^n=1$ の解であるから　$\alpha^n=1$　よって　$\alpha^n-1=0$

ゆえに　$(\alpha-1)(\alpha^{n-1}+\alpha^{n-2}+\alpha^{n-3}+\cdots\cdots+1)=0$

$\alpha\neq 1$ であるから　$\alpha^{n-1}+\alpha^{n-2}+\alpha^{n-3}+\cdots\cdots+1=0$

3　複素数平面上で α^k を表す点は，点 1 を 1 つの頂点として単位円に内接する正 n 角形の各頂点である。

① から $|\alpha^k|=1$ である。

また，$\alpha=z_1=\cos\dfrac{2\pi}{n}+i\sin\dfrac{2\pi}{n}$ であり

$$\alpha^{k+1}=\alpha^k\cdot\alpha$$

であるから，点 α^{k+1} は，点 α^k を原点を中心として $\dfrac{2\pi}{n}$ だけ回転した点である。

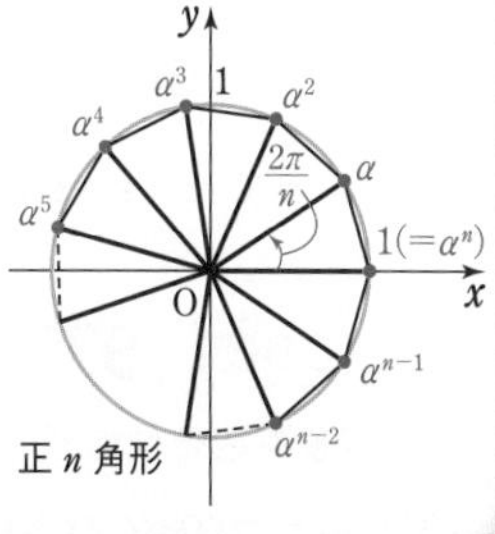

よって，右図のようになる。

重要 例題 97 複素数の極形式 (2)

次の複素数を極形式で表せ。ただし，偏角 θ は $0 \leqq \theta < 2\pi$ とする。

(1) $z=\cos\alpha-i\sin\alpha \ (0<\alpha<2\pi)$ (2) $z=\sin\alpha+i\cos\alpha \ \left(0 \leqq \alpha < \dfrac{\pi}{2}\right)$

基本 84

CHART & SOLUTION

極形式 $r(\cos ● + i\sin ●)$ の形 三角関数の公式を利用

(1) 虚部の符号 − を ＋ に ⟶ $\sin(-\theta)=-\sin\theta$ を利用
実部も虚部に偏角を合わせる ⟶ $\cos(-\theta)=\cos\theta$ を利用

(2) 実部は sin を cos に，虚部は cos を sin に
⟶ $\cos\left(\dfrac{\pi}{2}-\theta\right)=\sin\theta$, $\sin\left(\dfrac{\pi}{2}-\theta\right)=\cos\theta$ を利用

別解 与えられた複素数と $z_0=\cos\alpha+i\sin\alpha$ との図形的な位置関係から偏角を求める。

解答

(1) $|z|=\sqrt{(\cos\alpha)^2+(-\sin\alpha)^2}=1$ ⇐ z の絶対値は 1。

また，$\cos\alpha=\cos(-\alpha)$, $-\sin\alpha=\sin(-\alpha)$ であるから

$$\cos\alpha-i\sin\alpha=\cos(-\alpha)+i\sin(-\alpha)$$

⇐ $-\alpha$ は偏角 θ の条件 $0 \leqq \theta < 2\pi$ を満たさない。

$$=\boldsymbol{\cos(2\pi-\alpha)+i\sin(2\pi-\alpha)} \quad \cdots\cdots ①$$

$0<\alpha<2\pi$ より，$0<2\pi-\alpha<2\pi$ であるから，① は求める極形式である。

(2) $|z|=\sqrt{(\sin\alpha)^2+(\cos\alpha)^2}=1$ ⇐ z の絶対値は 1。

また，$\sin\alpha=\cos\left(\dfrac{\pi}{2}-\alpha\right)$, $\cos\alpha=\sin\left(\dfrac{\pi}{2}-\alpha\right)$ であるから

$$\sin\alpha+i\cos\alpha=\boldsymbol{\cos\left(\frac{\pi}{2}-\alpha\right)+i\sin\left(\frac{\pi}{2}-\alpha\right)} \quad \cdots\cdots ②$$

$0 \leqq \alpha < \dfrac{\pi}{2}$ より，$0 < \dfrac{\pi}{2}-\alpha \leqq \dfrac{\pi}{2}$ であるから，② は求める極形式である。

別解 $z_0=\cos\alpha+i\sin\alpha$ とおく。

(1) $z=\overline{z_0}$ より，z と z_0 は実軸に関して対称であるから，
z の絶対値は 1， 偏角は $2\pi-\alpha$
よって $z=\boldsymbol{\cos(2\pi-\alpha)+i\sin(2\pi-\alpha)}$

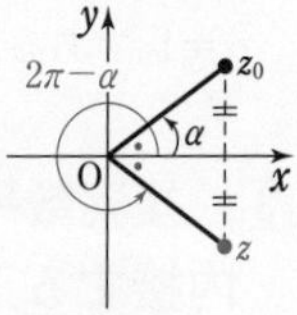

(2) $z=i(\cos\alpha-i\sin\alpha)=i\overline{z_0}$ より，z は $\overline{z_0}$ を原点Oを中心として $\dfrac{\pi}{2}$ だけ回転した点であるから，z の絶対値は 1， 偏角は $\dfrac{\pi}{2}-\alpha$

よって $z=\boldsymbol{\cos\left(\dfrac{\pi}{2}-\alpha\right)+i\sin\left(\dfrac{\pi}{2}-\alpha\right)}$

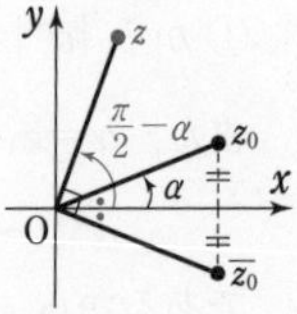

PRACTICE 97④

次の複素数を極形式で表せ。ただし，偏角 θ は $0 \leqq \theta < 2\pi$ とする。

(1) $z=-\cos\alpha+i\sin\alpha \ (0 \leqq \alpha < \pi)$ (2) $z=\sin\alpha-i\cos\alpha \ \left(0 \leqq \alpha < \dfrac{\pi}{2}\right)$

重要 例題 98 複素数の漸化式

$z_1=3$ および，漸化式 $z_{n+1}=(1+i)z_n+i$ $(n\geqq 1)$ によって定まる複素数からなる数列 $\{z_n\}$ について，以下の問いに答えよ。

(1) z_n を求めよ。　　(2) z_{21} を求めよ。

基本 90，数学B基本 30

CHART & SOLUTION

漸化式 $z_{n+1}=pz_n+q$ $(p\neq 1,\ q\neq 0)$ 特性方程式 $\alpha=p\alpha+q$ の利用

(1) 項に複素数を含む数列であっても，数学Bの数列の漸化式で学んだことと同様に考えることができる。

$z_{n+1}=pz_n+q$ の形

⟶ 特性方程式 $\alpha=p\alpha+q$ の解 α を用いて，関係式を

$z_{n+1}-\alpha=p(z_n-\alpha)$ に変形

数列 $\{z_n-\alpha\}$ は初項 $z_1-\alpha$，公比 p の等比数列であるから

$z_n-\alpha=(z_1-\alpha)p^{n-1}$

$$\begin{array}{rl} & z_{n+1}=pz_n+q \\ -) & \alpha=p\alpha+q \\ \hline & z_{n+1}-\alpha=p(z_n-\alpha) \end{array}$$

(2) 複素数の累乗 p^{n-1} はド・モアブルの定理を利用。

解答

(1) $z_{n+1}=(1+i)z_n+i$ を変形すると

$$z_{n+1}+1=(1+i)(z_n+1)$$

また　$z_1+1=3+1=4$

よって，数列 $\{z_n+1\}$ は，初項 4，公比 $1+i$ の等比数列であるから

$$z_n+1=4(1+i)^{n-1}$$

ゆえに　$\boldsymbol{z_n=4(1+i)^{n-1}-1}$

(2) (1) から　$z_{21}=4(1+i)^{20}-1$

$1+i$ を極形式で表すと

$$1+i=\sqrt{2}\left(\cos\frac{\pi}{4}+i\sin\frac{\pi}{4}\right)$$

よって　$z_{21}=4(\sqrt{2})^{20}\left(\cos\frac{\pi}{4}+i\sin\frac{\pi}{4}\right)^{20}-1$

$=4\cdot 2^{10}(\cos 5\pi+i\sin 5\pi)-1$

$=\boldsymbol{-4097}$

⇐ $\alpha=(1+i)\alpha+i$ の解は $\alpha=-1$

$$\begin{array}{rl} & z_{n+1}=(1+i)z_n+i \\ -) & \alpha=(1+i)\alpha+i \\ \hline & z_{n+1}-\alpha=(1+i)(z_n-\alpha) \end{array}$$

⇐ ド・モアブルの定理

$(\sqrt{2})^{20}=(2^{\frac{1}{2}})^{20}=2^{10}=1024$

PRACTICE 98④

次の複素数の数列を考える。$\begin{cases} z_1=1 \\ z_{n+1}=\dfrac{1}{2}(1+i)z_n+\dfrac{1}{2}\ (n=1,\ 2,\ 3,\ \cdots\cdots) \end{cases}$

(1) $z_{n+1}-\alpha=\dfrac{1}{2}(1+i)(z_n-\alpha)$ となる定数 α の値を求めよ。

(2) z_{17} を求めよ。　〔類 福島大〕

A

83❷ i を虚数単位とし，$\alpha=\sqrt{3}+i$，$\beta=(\sqrt{3}-1)+(\sqrt{3}+1)i$ とおく。このとき，$\dfrac{\beta}{\alpha}$ の偏角は ア□ であり，β の偏角は イ□ である。ただし，複素数 z の偏角 θ は，$0\leqq\theta<2\pi$ の範囲で考える。 〔関西大〕 ➡85

84❸ (1) 点 A(2, 1) を，原点を中心として $\dfrac{\pi}{3}$ だけ回転した点Bの座標を求めよ。

(2) 点 A(2, 1) を，点Pを中心として $\dfrac{\pi}{3}$ だけ回転した点の座標は $Q\left(\dfrac{3}{2}-\dfrac{3\sqrt{3}}{2},\ -\dfrac{1}{2}+\dfrac{\sqrt{3}}{2}\right)$ であった。点Pの座標を求めよ。

〔類 佐賀大〕 ➡87, 88

85❸ 複素数平面上で，$-1+2i$，$3+i$ を表す点をそれぞれ A，B とするとき，線分 AB を1辺とする正方形 ABCD の頂点 C，D を表す複素数を求めよ。

➡89

86❷ ド・モアブルの定理を用いて，次の等式を証明せよ。

(1) $\sin 2\theta=2\sin\theta\cos\theta$，$\cos 2\theta=\cos^2\theta-\sin^2\theta$

(2) $\sin 3\theta=3\sin\theta-4\sin^3\theta$，$\cos 3\theta=4\cos^3\theta-3\cos\theta$ ➡p.154 4

87❸ 次の計算をせよ。

$\dfrac{2+\sqrt{3}-i}{2+\sqrt{3}+i}=$ ア□，$\left(\dfrac{2+\sqrt{3}-i}{2+\sqrt{3}+i}\right)^3=$ イ□，$\left(\dfrac{2+\sqrt{3}-i}{2+\sqrt{3}+i}\right)^{2024}=$ ウ□

➡90

88❸ 複素数 z が $|z|=1$ を満たすとき，$\left|z^3-\dfrac{1}{z^3}\right|$ の最大値は ア□ である。また，最大値をとるときの z のうち，$0<\arg z<\dfrac{\pi}{2}$ を満たすものの偏角は，$\arg z=$ イ□ である。 〔立教大〕 ➡90

EXERCISES　11 複素数の極形式，ド・モアブルの定理

B

89❸ $P=\left(\dfrac{-1+\sqrt{3}\,i}{2}\right)^n+\left(\dfrac{-1-\sqrt{3}\,i}{2}\right)^n$ の値を求めよ。ただし，n は正の整数とする。 ➡91

90❹ 等式 $(i-\sqrt{3})^m=(1+i)^n$ を満たす自然数 m，n のうち，m が最小となるときの m，n の値を求めよ。ただし，i は虚数単位である。〔九州大〕 ➡90, 94

91❹ $\alpha=\dfrac{\sqrt{3}}{2}+\dfrac{1}{2}i$，$\beta=\dfrac{1}{2}+\dfrac{\sqrt{3}}{2}i$ とする。
また，$\gamma_n=\alpha^n+\beta^n$ $(n=1,\ 2,\ \cdots\cdots,\ 12)$ とおく。
(1) γ_3 の値を求めよ。　(2) $\displaystyle\sum_{n=1}^{12}\gamma_n$ の値を求めよ。
(3) p，q を自然数とし，$p+q=12$ を満たすならば，γ_p と γ_q は共役複素数になることを証明せよ。〔立命館大〕 ➡95

92❺ 次の複素数を極形式で表せ。ただし，偏角 θ は $0\leqq\theta<2\pi$ とする。
$1+\cos\alpha+i\sin\alpha$ $(0\leqq\alpha<\pi)$ ➡97

93❺ 次の漸化式で定義される複素数の数列

$$z_1=1,\ z_{n+1}=\frac{1+\sqrt{3}\,i}{2}z_n+1\ (n=1,\ 2,\ \cdots\cdots)$$

を考える。ただし，i は虚数単位である。
(1) z_2，z_3 を求めよ。
(2) 上の漸化式を $z_{n+1}-\alpha=\dfrac{1+\sqrt{3}\,i}{2}(z_n-\alpha)$ と表したとき，複素数 α を求めよ。
(3) 一般項 z_n を求めよ。
(4) $z_n=-\dfrac{1-\sqrt{3}\,i}{2}$ となるような自然数 n をすべて求めよ。

〔北海道大〕 ➡98

HINT
89 $\dfrac{-1+\sqrt{3}\,i}{2}$，$\dfrac{-1-\sqrt{3}\,i}{2}$ を極形式で表して，ド・モアブルの定理を用いる。n の値によって場合を分ける。
90 両辺を極形式で表し，両辺の絶対値と偏角を比較する。
91 (2) $\alpha^n=1$，$\beta^n=1$ となる n を考える。
(3) γ_p と γ_q の関係を考えるので，$\overline{\gamma_q}$ を p を用いて表すことを考える。
92 半角の公式，2 倍角の公式を利用して，$r(\cos\theta+i\sin\theta)$ $(r>0,\ 0\leqq\theta<2\pi)$ の形に変形する。
93 (2) α は特性方程式 $\alpha=\dfrac{1+\sqrt{3}\,i}{2}\alpha+1$ の解である。
(4) $z_n=-\dfrac{1-\sqrt{3}\,i}{2}$ の式を整理して，両辺の偏角を比較する。

12 複素数と図形

基本事項

1 線分の内分点，外分点

複素数平面上において，2 点 A(α)，B(β) を結ぶ線分 AB を $m:n$ に内分する点を C(γ)，$m:n$ に外分する点を D(δ) とすると

内分点 $\gamma=\dfrac{n\alpha+m\beta}{m+n}$，　外分点 $\delta=\dfrac{-n\alpha+m\beta}{m-n}$

特に，線分 AB の中点を表す複素数は $\dfrac{\alpha+\beta}{2}$

また，3 点 A(α)，B(β)，C(γ) を頂点とする △ABC の重心を表す複素数は

$\dfrac{\alpha+\beta+\gamma}{3}$

2 方程式・不等式の表す図形

複素数平面上の異なる 2 点を A(α)，B(β) とする。

① 方程式 $|z-\alpha|=|z-\beta|$ を満たす点 P(z) 全体の集合は
線分 AB の垂直二等分線

② 方程式 $|z-\alpha|=r$ $(r>0)$ を満たす点 P(z) 全体の集合は
点Aを中心とする半径 r の円

また，不等式 $|z-\alpha|\leqq r$ $(r>0)$ を満たす点 P(z) 全体の集合は
点Aを中心とする半径 r の円の周および内部

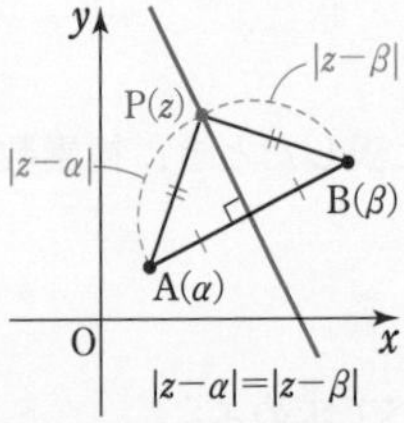

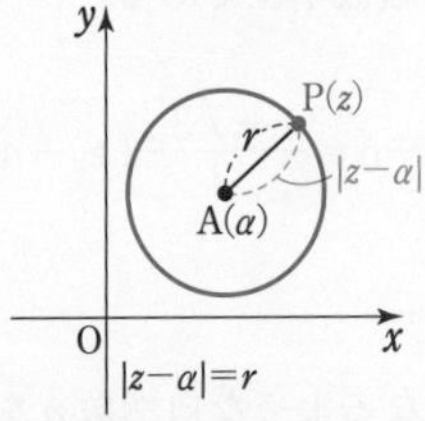

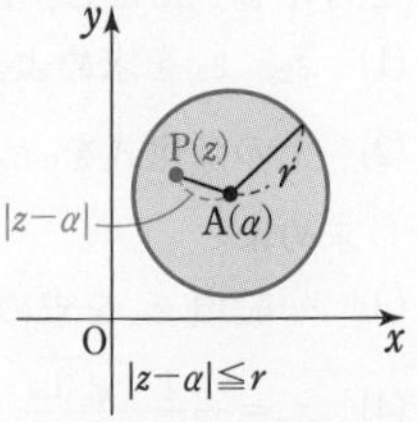

③ 方程式 $n|z-\alpha|=m|z-\beta|$ $(m>0,\ n>0,\ m\neq n)$ を満たす点 P(z) 全体の集合は，**線分 AB を $m:n$ の比に内分する点と外分する点を直径の両端とする円** である。

解説 $n|z-\alpha|=m|z-\beta| \iff n\mathrm{AP}=m\mathrm{BP} \iff \mathrm{AP}:\mathrm{BP}=m:n$
すなわち，点 P(z) は 2 点 A(α)，B(β) からの距離の比が一定である。線分 AB を $m:n$ の比に内分する点を C(γ)，外分する点を D(δ) とすると，点 P(z) 全体の集合は，2 点 C，D を直径の両端とする円である（この円を **アポロニウスの円** という）。
なお，$m=n$ のとき，点 P(z) 全体の集合は，線分 AB の垂直二等分線である。 ←① に該当

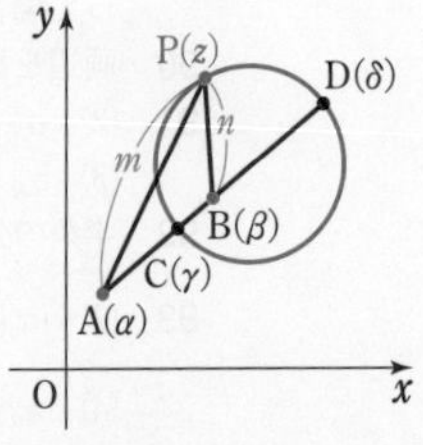

3 半直線のなす角，平行・垂直

複素数平面上の異なる4点を A(α), B(β), C(γ), D(δ) とする。点Aを中心として半直線 AB を半直線 AC の位置まで回転させたときの角 θ を，半直線 AB から半直線 AC までの回転角という。以下，$-\pi<\theta\leqq\pi$ で考えるものとする。

① $\boldsymbol{\theta=\arg\dfrac{\gamma-\alpha}{\beta-\alpha}}$，$\boldsymbol{\angle \mathrm{BAC}=\left|\arg\dfrac{\gamma-\alpha}{\beta-\alpha}\right|}$

② **3点 A，B，C が一直線上にある**

$\Longleftrightarrow$ $\boldsymbol{\dfrac{\gamma-\alpha}{\beta-\alpha}}$ **が実数** $[\boldsymbol{\theta=0,\ \pi}]$

③ **AB⊥AC** $\Longleftrightarrow$ $\boldsymbol{\dfrac{\gamma-\alpha}{\beta-\alpha}}$ **が純虚数** $\left[\boldsymbol{\theta=\pm\dfrac{\pi}{2}}\right]$

④ **AB∥CD** $\Longleftrightarrow$ $\boldsymbol{\dfrac{\delta-\gamma}{\beta-\alpha}}$ **が実数，AB⊥CD** $\Longleftrightarrow$ $\boldsymbol{\dfrac{\delta-\gamma}{\beta-\alpha}}$ **が純虚数**

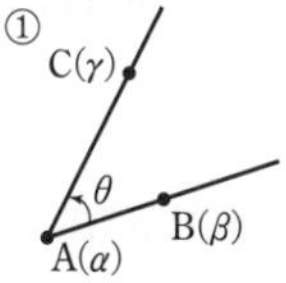

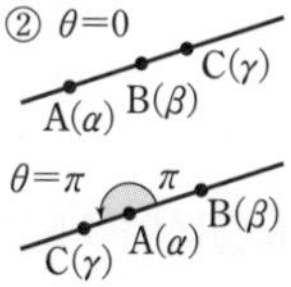

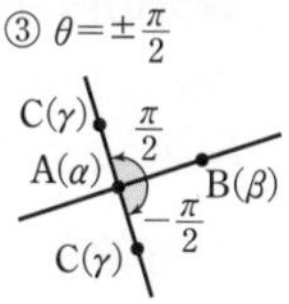

解説　回転角 θ を $\angle\beta\alpha\gamma$ と表すことにする。ここで，この $\angle\beta\alpha\gamma$ は向きを含めて考えた角である。すなわち，半直線 AB から半直線 AC へ回転する角の向きが反時計回りのとき $\angle\beta\alpha\gamma$ は正の角，時計回りのとき $\angle\beta\alpha\gamma$ は負の角となる。また，$\angle\beta\alpha\gamma=-\angle\gamma\alpha\beta$ が成り立つ。
点 A(α) が原点 O(0) に移るような平行移動で点 B(β) が点 B′(β') に，点 C(γ) が点 C′(γ') に移るとすると

$$\beta'=\beta-\alpha,\quad \gamma'=\gamma-\alpha$$

よって　$\angle\beta\alpha\gamma=\angle\beta' 0\gamma'=\arg\gamma'-\arg\beta'$

$$=\arg\frac{\gamma'}{\beta'}=\arg\frac{\gamma-\alpha}{\beta-\alpha}$$

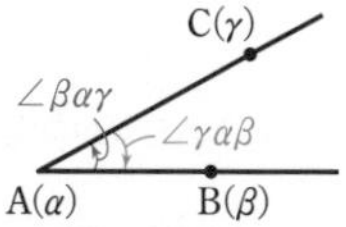

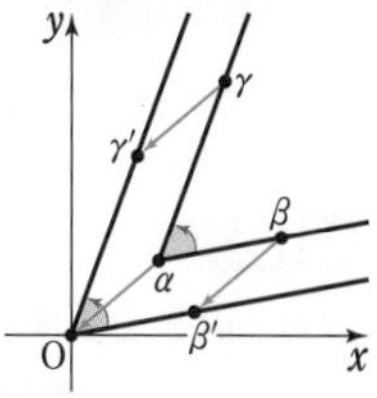

注意　$\angle\beta\alpha\gamma=-\angle\gamma\alpha\beta$ などの等式は，2π の整数倍の違いを除いて考えている。

※この項目では，特に断らない限り，図形は複素数平面上で考える。

CHECK & CHECK

39 次の点を表す複素数を求めよ。

(1) 2点 A$(-3+6i)$, B$(5-8i)$ を結ぶ線分 AB の中点

(2) 2点 A$(2-3i)$, B$(-7+3i)$ を結ぶ線分 AB を 2：1 の比に内分する点P，外分する点Q　1

40 次の方程式を満たす点 z 全体の集合は，どのような図形か。

(1) $|z-1|=|z-i|$　　(2) $|z-1+i|=2$　2

41 $\alpha=1+i$, $\beta=3+2i$, $\gamma=2+4i$ に対して，$\angle\beta\alpha\gamma$ の値を求めよ。ただし，$-\pi<\angle\beta\alpha\gamma\leqq\pi$ とする。　3

42 複素数平面上に3点 A$(3-2i)$, B$(5+6i)$, C$(7+ci)$ がある。次のそれぞれの条件を満たすように，実数 c の値を定めよ。

(1) 3点 A，B，C が一直線上にある。　(2) AB⊥AC　3

基本 例題 99　内分点・外分点，重心を表す複素数

3 点 A$(7-4i)$，B$(2+6i)$，C$(-6+i)$ について，次の点を表す複素数を求めよ。

(1)　線分 AB を 3：2 に内分する点P　(2)　線分 BC を 1：2 に外分する点Q

(3)　平行四辺形 ABCD の頂点D　(4)　△ABC の重心G

p. 174 基本事項 1

CHART & SOLUTION

線分の内分点・外分点・中点，三角形の重心を表す複素数

A(α)，B(β)，C(γ) とする。

線分 AB を $m:n$ に内分する点を表す複素数，外分する点を表す複素数

内分点 $\dfrac{n\alpha+m\beta}{m+n}$　**外分点** $\dfrac{-n\alpha+m\beta}{m-n}$ ……❗

（n を $-n$ におき換える）

線分 AB の **中点** を表す複素数　$\dfrac{\alpha+\beta}{2}$

△ABC の **重心** を表す複素数　$\dfrac{\alpha+\beta+\gamma}{3}$

(3)　**平行四辺形 ABCD ⟺ 対角線 AC，BD の中点が一致**

解答

(1)　点Pを表す複素数は

❗ $$\frac{2(7-4i)+3(2+6i)}{3+2}=\frac{20+10i}{5}=\mathbf{4+2i}$$

⇐ $m=3$，$n=2$

(2)　点Qを表す複素数は

❗ $$\frac{-2(2+6i)+1\cdot(-6+i)}{1-2}=-(-10-11i)=\mathbf{10+11i}$$

⇐ **1：2 に外分 ⟶ 1：(−2) に内分** と考えるとよい。

(3)　点D(z) とすると，線分 AC と線分 BD の中点が一致するから　$\dfrac{(7-4i)+(-6+i)}{2}=\dfrac{(2+6i)+z}{2}$

⇐ 2 本の対角線が互いに他を 2 等分する。

ゆえに　$1-3i=2+6i+z$　よって　$z=\mathbf{-1-9i}$

別解　$(7-4i)-(2+6i)=5-10i$　⇐ $\overrightarrow{BA}=\overrightarrow{OA}-\overrightarrow{OB}$

ゆえに　$z=(-6+i)+(5-10i)$　⇐ $\overrightarrow{OD}=\overrightarrow{OC}+\overrightarrow{CD}=\overrightarrow{OC}+\overrightarrow{BA}$

$=\mathbf{-1-9i}$

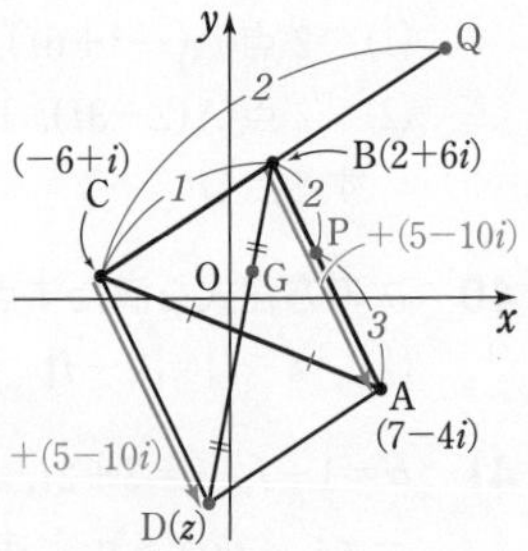

(4)　重心Gを表す複素数は

$$\frac{(7-4i)+(2+6i)+(-6+i)}{3}=\frac{3+3i}{3}=\mathbf{1+i}$$

PRACTICE 99❶

3 点 A$(-6i)$，B$(2-4i)$，C$(7+3i)$ について，次の点を表す複素数を求めよ。

(1)　線分 AB を 2：1 に内分する点P　(2)　線分 BC を 3：2 に外分する点Q

(3)　平行四辺形 ADBC の頂点D　(4)　△ABC の重心G

基本 例題 100 方程式・不等式の表す図形

次の方程式・不等式を満たす点 z 全体の集合は，どのような図形か。

(1) $|iz-1|=|z-1|$　　(2) $(2z+1)(2\overline{z}+1)=4$

(3) $z+\overline{z}=2$　　(4) $|z+2-i|\leqq 1$

p. 174 基本事項 2

CHART & SOLUTION

方程式・不等式の表す図形　等式のもつ図形的意味をとらえる

① 方程式 $|z-\alpha|=|z-\beta|$ を満たす点 z 全体の集合は
　2 点 α, β を結ぶ線分の垂直二等分線

② 方程式 $|z-\alpha|=r\ (r>0)$ を満たす点 z 全体の集合は
　点 α を中心とする半径 r の円

$|z-\alpha|$ は 2 点 z, α 間の距離

(1), (2) 方程式を ① または ② のような形に変形する。……❗

(3) $|\ \ |$ の形を作り出すことは難しい。⟶ $z=x+yi$ (x, y は実数) とする。

(4) ③ 不等式 $|z-\alpha|\leqq r\ (r>0)$ を満たす点 z 全体の集合は
　点 α を中心とする半径 r の円の周および内部

解答

(1) $|iz-1|=|i(z+i)|=|i||z+i|=|z+i|$ であるから，方程式　⇦ z の係数を 1 にする。

❗ は　$|z-(-i)|=|z-1|$　⇦ ① の形

したがって　**2 点 $-i$, 1 を結ぶ線分の垂直二等分線**

(2) 方程式から $(2z+1)\overline{(2z+1)}=4$　ゆえに $|2z+1|^2=2^2$　⇦ $\alpha\overline{\alpha}=|\alpha|^2$

❗ よって　$|2z+1|=2$　すなわち $\left|z-\left(-\frac{1}{2}\right)\right|=1$　⇦ ② の形

したがって　**点 $-\frac{1}{2}$ を中心とする半径 1 の円**

(3) $z=x+yi$ (x, y は実数) とすると $\overline{z}=x-yi$ であるから
　$(x+yi)+(x-yi)=2$　よって　$x=1$　⇦ $2x=2$

ゆえに　$z=1+yi$　⇦ y は任意の実数

したがって　**点 1 を通り，実軸に垂直な直線**　⇦「点 1 を通り，虚軸に平行な直線」と答えてもよい。

(4) $|z+2-i|\leqq 1$ から　$|z-(-2+i)|\leqq 1$

よって　**点 $-2+i$ を中心とする半径 1 の円の周および内部**

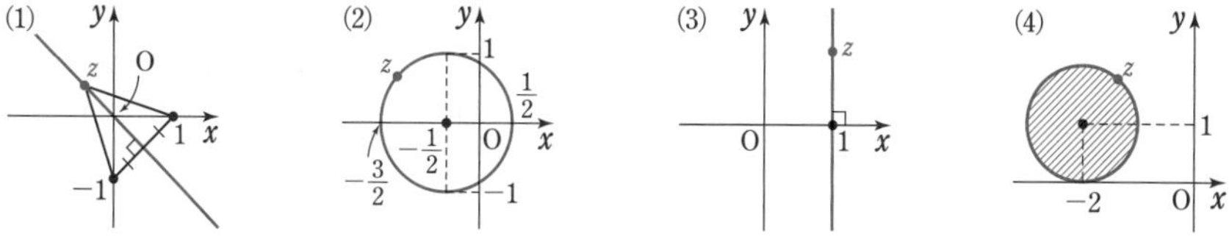

PRACTICE 100②

次の方程式・不等式を満たす点 z 全体の集合は，どのような図形か。

(1) $|2z+4|=|2iz+1|$　　(2) $(3z+i)(3\overline{z}-i)=9$

(3) $z-\overline{z}=2i$　　(4) $|z+2i|<3$

基本 例題 101 方程式の表す図形

次の方程式を満たす点 z 全体の集合は，どのような図形か。

$$|z-2i|=2|z+i|$$

p.174 基本事項 2

CHART & SOLUTION

複素数の絶対値

$|z|$ は $|z|^2$ として扱う

$n|z-\alpha|=m|z-\beta|$ $(m\neq n)$ の形の方程式は，両辺を 2 乗して，

$|z-◎|=△$ の形を導く。……❗

⟶ 点 z 全体の集合は中心が点◎，半径が△の円。

その式変形の際は，共役な複素数の性質

$$z\overline{z}=|z|^2,\ \overline{\alpha+\beta}=\overline{\alpha}+\overline{\beta},\ \overline{\alpha-\beta}=\overline{\alpha}-\overline{\beta}$$

を使う。

別解 1　$z=x+yi$ (x，y は実数) とすることによって，$|z-2i|^2=2^2|z+i|^2$ から x，y の方程式を導く。

別解 2　等式の図形的な意味を考える。
すなわち，次のことを利用する。
$m>0$，$n>0$，$m\neq n$ とする。
2 点 A，B からの距離の比が $m:n$ (一定) である点 P の軌跡は，線分 AB を $m:n$ に内分する点と，外分する点を直径の両端とする円 (アポロニウスの円) である
(p.174 基本事項 2 解説 参照)。

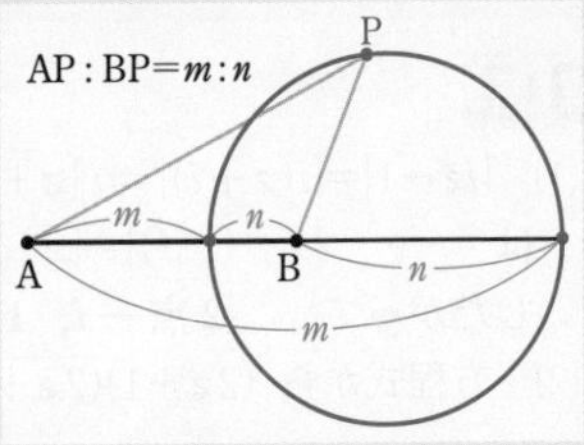

解答

$|z-2i|=2|z+i|$ の両辺を 2 乗して

$$|z-2i|^2=2^2|z+i|^2$$

よって　$(z-2i)\overline{(z-2i)}=4(z+i)\overline{(z+i)}$

ゆえに　$(z-2i)(\overline{z}+2i)=4(z+i)(\overline{z}-i)$

両辺を展開すると

$$z\overline{z}+2iz-2i\overline{z}+4=4z\overline{z}-4iz+4i\overline{z}+4$$

整理して　$z\overline{z}-2iz+2i\overline{z}=0$

よって　$(z+2i)(\overline{z}-2i)-4=0$

ゆえに　$(z+2i)(\overline{z}-2i)=4$

よって　$(z+2i)\overline{(z+2i)}=4$

すなわち　$|z+2i|^2=4$

❗ したがって　$|z+2i|=2$

よって，点 z 全体の集合は

点 $-2i$ を中心とする半径 2 の円

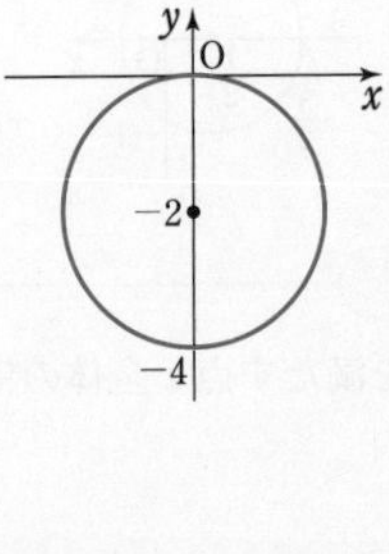

⇐ $|\alpha|^2=\alpha\overline{\alpha}$

⇐ $\overline{z-2i}=\overline{z}-\overline{2i}=\overline{z}+2i$
$\overline{z+i}=\overline{z}+\overline{i}=\overline{z}-i$

⇐ $3z\overline{z}-6iz+6i\overline{z}=0$

⇐ $z\overline{z}+\alpha z+\beta\overline{z}$
$=(z+\beta)(\overline{z}+\alpha)-\alpha\beta$

⇐ $\alpha\overline{\alpha}=|\alpha|^2$

別解 1　$z=x+yi$ (x, y は実数) とすると

$$|z-2i|^2=|x+(y-2)i|^2=x^2+(y-2)^2$$
$$|z+i|^2=|x+(y+1)i|^2=x^2+(y+1)^2$$

← a, b が実数のとき $|a+bi|=\sqrt{a^2+b^2}$

これらを $|z-2i|^2=\{2|z+i|\}^2$ に代入すると

$$x^2+(y-2)^2=4\{x^2+(y+1)^2\}$$

展開して　$x^2+y^2-4y+4=4x^2+4y^2+8y+4$

← $3x^2+3y^2+12y=0$

すなわち　$x^2+y^2+4y=0$

← $x^2+(y+2)^2-2^2=0$

変形すると　$x^2+(y+2)^2=4$

これは，座標平面上で，点 $(0,\ -2)$ を中心とする半径 2 の円を表す。

よって，複素数平面上の点 z 全体の集合は

点 $-2i$ を中心とする半径 2 の円

別解 2　A$(2i)$，B$(-i)$，P(z) とすると，$|z-2i|=2|z+i|$

から　AP$=2$BP

← $|z-2i|$ は 2 点 A，P 間の距離，$|z+i|$ は 2 点 B，P 間の距離を表す。

よって　AP：BP$=2:1$

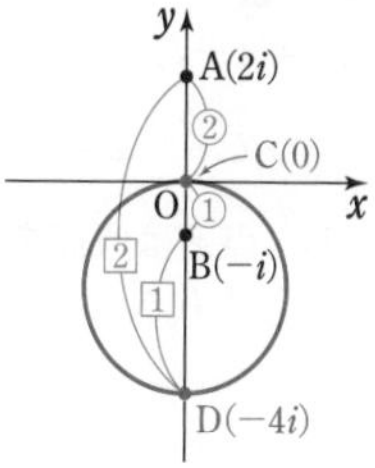

線分 AB を 2：1 に内分する点を C(α)，外分する点を D(β) とすると，点P全体は，2 点 C，D を直径の両端とする円である。

$$\alpha=\frac{1\cdot 2i+2(-i)}{2+1}=0$$

$$\beta=\frac{-1\cdot 2i+2(-i)}{2-1}=-4i$$

ゆえに，点 z 全体の集合は

2 点 0，$-4i$ を直径の両端とする円

← このような答え方でもよい。

注意　円の中心は，線分 CD の中点であるから

$$点\ \frac{0+(-4i)}{2}\quad すなわち\quad 点\ -2i$$

円の半径は　$\dfrac{\text{CD}}{2}=\dfrac{|-4i-0|}{2}=\dfrac{4}{2}=2$

となり，本解，別解 1 の結果と一致していることがわかる。

3章 12 複素数と図形

PRACTICE 101❷

次の方程式を満たす点 z 全体の集合は，どのような図形か。

$$|z-3i|=2|z+3|$$

基本 例題 102 $w=f(z)$ の表す図形 (1)

点 z が次の図形上を動くとき，$w=(1+i)z+3-i$ で表される点 w は，どのような図形を描くか。

(1) 原点を中心とする半径1の円

(2) 2点1，i を結ぶ線分の垂直二等分線

基本 100

CHART & SOLUTION

$w=f(z)$ の表す図形　z を w の式で表し，z の条件式に代入

[1] $w=$(z の式) を $z=$(w の式) で表す。

[2] $z=$(w の式) を z の条件式に代入し，w の等式を導く。

この問題における z が満たす条件は (1) $|z|=1$　(2) $|z-1|=|z-i|$

解答

$w=(1+i)z+3-i$ から　$(1+i)z=w-(3-i)$

⇐ z について解く。

よって　$z=\dfrac{w-(3-i)}{1+i}$ ……①

(1) 点 z は原点を中心とする半径1の円上を動くから　$|z|=1$

⇐ 点 α を中心とする半径 r の円は　$|z-\alpha|=r$

①を代入すると

$$\left|\frac{w-(3-i)}{1+i}\right|=1$$

すなわち　$\dfrac{|w-(3-i)|}{|1+i|}=1$

⇐ $\left|\dfrac{\alpha}{\beta}\right|=\dfrac{|\alpha|}{|\beta|}$

$|1+i|=\sqrt{2}$ であるから

⇐ $|1+i|=\sqrt{1^2+1^2}=\sqrt{2}$

$$|w-(3-i)|=\sqrt{2}$$

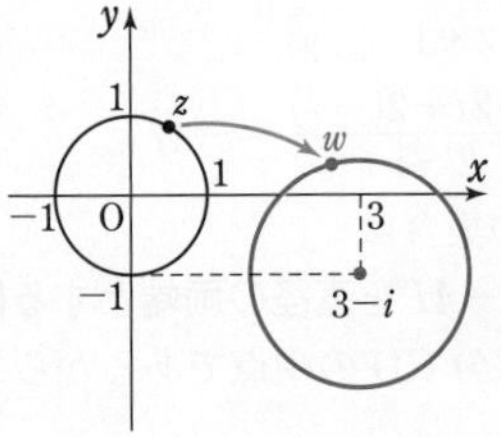

よって，点 w は **点 $3-i$ を中心とする半径 $\sqrt{2}$ の円** を描く。

(2) 点 z は2点1，i を結ぶ線分の垂直二等分線上を動くから

$$|z-1|=|z-i|$$

⇐ 2点 α，β を結ぶ線分の垂直二等分線は　$|z-\alpha|=|z-\beta|$

①を代入すると

$$\left|\frac{w-(3-i)}{1+i}-1\right|=\left|\frac{w-(3-i)}{1+i}-i\right|$$

⇐ 左辺の| |の中 $=\dfrac{w-3+i-(1+i)}{1+i}$ 両辺に $|1+i|$ を掛けて変形してもよい。

すなわち　$\left|\dfrac{w-4}{1+i}\right|=\left|\dfrac{w-2}{1+i}\right|$

ゆえに　$|w-4|=|w-2|$

よって，点 w は **2点4，2を結ぶ線分の垂直二等分線** を描く。

⇐「**点3を通り実軸に垂直な直線**」と答えてもよい。

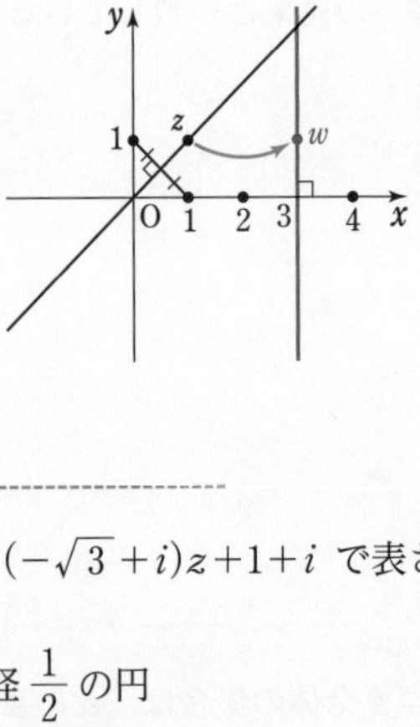

PRACTICE 102③

点 z が次の図形上を動くとき，$w=(-\sqrt{3}+i)z+1+i$ で表される点 w は，どのような図形を描くか。

(1) 点 $-1+\sqrt{3}\,i$ を中心とする半径 $\dfrac{1}{2}$ の円

(2) 2点2，$1+\sqrt{3}\,i$ を結ぶ線分の垂直二等分線

ズーム UP 式の図形的な意味を考えて解く

これまでに学んだ次のことを用いると，基本例題 102 を図形的にとらえることができます。その方法について，くわしくみてみましょう。

- **和 $z+\alpha$ が表す点は，原点Oを点 α に移す平行移動によって，点 z が移る点である。**
  $p.140$ 基本事項 2 ①
- **積 $r(\cos\theta+i\sin\theta)z$ が表す点は，点 z を原点Oを中心として θ だけ回転し，更に原点からの距離を r 倍した点である。**
  $p.153$ 基本事項 3 ②

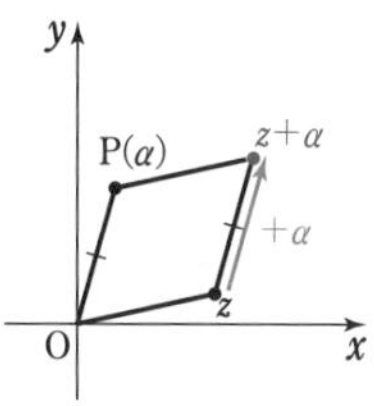

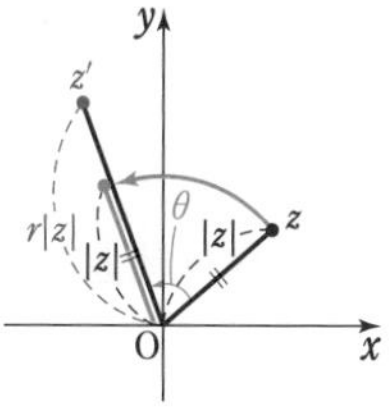

複素数の式は，その図形的な意味を見極める

基本例題 102 では，$w=(1+i)z+3-i=\sqrt{2}\left(\cos\dfrac{\pi}{4}+i\sin\dfrac{\pi}{4}\right)z+3-i$ であるから，

点 w は，点 z に対して，次の [1]，[2]，[3] の順に **回転・拡大・平行移動** を行うと得られる点である。

[1]　原点を中心として $\dfrac{\pi}{4}$ だけ回転　⟶ 点 z が点 $\left(\cos\dfrac{\pi}{4}+i\sin\dfrac{\pi}{4}\right)z(=z_1)$ に。

[2]　原点からの距離を $\sqrt{2}$ 倍に拡大 ⟶ 点 z_1 が点 $\sqrt{2}\,z_1(=z_2)$ に。

[3]　実軸方向に 3，虚軸方向に -1 だけ平行移動

⟶ 点 z_2 が点 $z_2+3-i(=w)$ に。

点 z 全体の集合の図形に対して，[1]，[2]，[3] の移動を考えると，次のようになる。

(1)　[1] の回転により，円 $|z|=1$ は円 $|z|=1$ 自身に移る。

[2] の拡大により，円 $|z|=1$ は半径が $\sqrt{2}$ 倍に拡大され，円 $|z|=\sqrt{2}$ に移る。

[3] の平行移動により，円 $|z|=\sqrt{2}$ の中心は点 $3-i$ に移るから，

円 $|w-(3-i)|=\sqrt{2}$ が点 w の描く図形である。

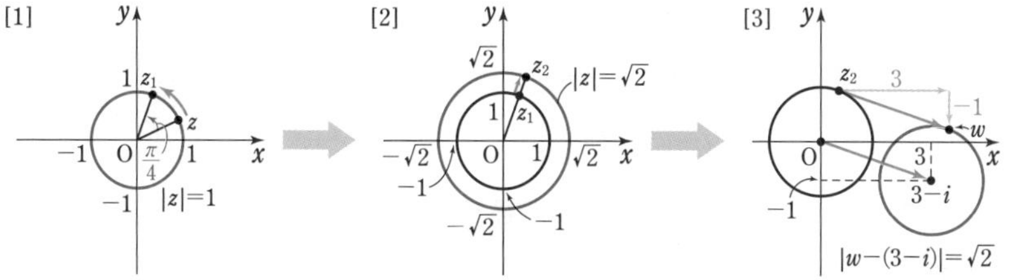

(2)　[1] の回転により，直線 $|z-1|=|z-i|$ は虚軸に移る。

[2] の拡大により，虚軸は虚軸自身に移る。

[3] の平行移動により，虚軸は **点 3 を通り実軸に垂直な直線** に移る。これが点 w の描く図形である。

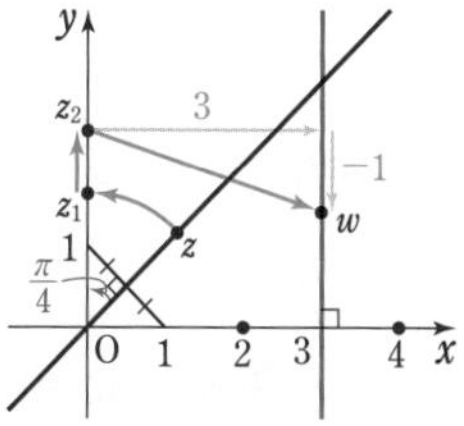

基本 例題 103　$w=f(z)$ の表す図形 (2)

点 z が次の図形上を動くとき，$w=\dfrac{1}{z}$ で表される点 w は，どのような図形を描くか。

(1) 原点を中心とする半径 $\dfrac{1}{2}$ の円　(2) 点 1 を通り，実軸に垂直な直線

基本 102

CHART & SOLUTION

$w=f(z)$ の表す図形　z を w の式で表し，z の条件式に代入

方針は $p.180$ 基本例題 102 と同じ。$z=(w$ の式$)$ を z の条件式に代入する。
なお，(分母)$\neq 0$ であるから，$z\neq 0$，$w\neq 0$ となることに注意。

解答

$w=\dfrac{1}{z}$ から　$wz=1$

$w\neq 0$ であるから　$z=\dfrac{1}{w}$ ……①

(1) 点 z は原点を中心とする半径 $\dfrac{1}{2}$ の円上を動くから

$$|z|=\frac{1}{2}$$

①を代入すると　$\left|\dfrac{1}{w}\right|=\dfrac{1}{2}$　ゆえに　$|w|=2$

よって，点 w は **原点を中心とする半径 2 の円** を描く。

(2) 点 z は 2 点 0, 2 を結ぶ線分の垂直二等分線上を動くから

$$|z|=|z-2|$$

①を代入すると　$\left|\dfrac{1}{w}\right|=\left|\dfrac{1}{w}-2\right|$

両辺に $|w|$ を掛けて　$1=|1-2w|$

ゆえに　$\left|w-\dfrac{1}{2}\right|=\dfrac{1}{2}$

よって，点 w は **点 $\dfrac{1}{2}$ を中心とする半径 $\dfrac{1}{2}$ の円** を描く。

ただし，$w\neq 0$ であるから，原点は除く。

別解　z の実部は 1 であるから　$\dfrac{z+\overline{z}}{2}=1$

すなわち　$z+\overline{z}=2$ ……②

また，①から　$\overline{z}=\dfrac{1}{\overline{w}}$ ……③

①，③を②に代入すると　$\dfrac{1}{w}+\dfrac{1}{\overline{w}}=2$

両辺に $w\overline{w}$ を掛けて　$2w\overline{w}-w-\overline{w}=0$

⇐ $w=\dfrac{1}{z}$ の式の形からもわかるように，$w=0$ となるような z は存在しない。

(1)

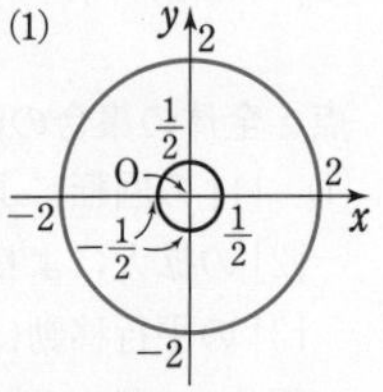

(2)

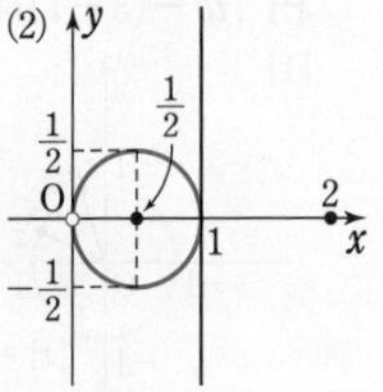

⇐ 除外点に注意。

⇐ $z=x+yi$ (x, y は実数) とすると　$\overline{z}=x-yi$
よって　$z+\overline{z}=2x$
ゆえに，z の実部は
$x=\dfrac{z+\overline{z}}{2}$

よって　$w\overline{w}-\frac{1}{2}w-\frac{1}{2}\overline{w}=0$　⇦ $w\overline{w}$ の係数を1にする。

ゆえに　$\left(w-\frac{1}{2}\right)\left(\overline{w}-\frac{1}{2}\right)-\frac{1}{4}=0$　⇦ $w\overline{w}+\alpha w+\beta\overline{w}=(w+\beta)(\overline{w}+\alpha)-\alpha\beta$

よって　$\left(w-\frac{1}{2}\right)\overline{\left(w-\frac{1}{2}\right)}=\frac{1}{4}$

したがって　$\left|w-\frac{1}{2}\right|^2=\frac{1}{4}$　すなわち　$\left|w-\frac{1}{2}\right|=\frac{1}{2}$　⇦ $\alpha\overline{\alpha}=|\alpha|^2$

よって，点 w は **点 $\frac{1}{2}$ を中心とする半径 $\frac{1}{2}$ の円** を描く。

ただし， $w \neq 0$ であるから，**原点は除く。**　⇦ 除外点に注意。

INFORMATION　$w=\frac{1}{z}$ の表す図形

$z \neq 0$ のとき，$w=\frac{1}{z}$ から　$|w|=\frac{1}{|z|}$

また　$w=\frac{1}{z}=\frac{1}{z\overline{z}}\overline{z}=\frac{1}{|z|^2}\overline{z}$

よって，**点 w は，点 z を実軸に関して対称移動し，その点と原点を通り原点を端点とする半直線上で原点からの距離が $\frac{1}{|z|}$ の位置にある点** である。

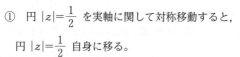

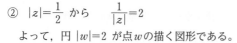

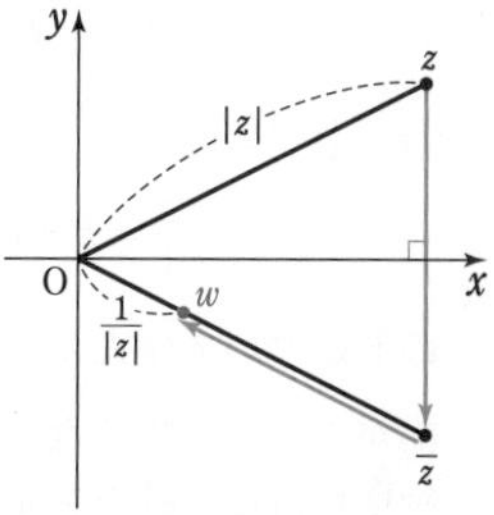

このことを用いると，(1) における点 w の描く図形を次のように調べることもできる。

① 円 $|z|=\frac{1}{2}$ を実軸に関して対称移動すると，

円 $|z|=\frac{1}{2}$ 自身に移る。

② $|z|=\frac{1}{2}$ から　$\frac{1}{|z|}=2$

よって，円 $|w|=2$ が点 w の描く図形である。

参考　O(0), A(z), B(w) とすると，$\mathrm{OA}\cdot\mathrm{OB}=|z||w|=|z|\cdot\frac{1}{|z|}=1$ が成り立っている。

一般に，中心O，半径 r の円Oがあり，Oとは異なる点Pに対し，Oを端点とする半直線上OP上の点P′を，$\mathrm{OP}\cdot\mathrm{OP}'=r^2$ となるように定めるとき，点Pに点P′を対応させることを円Oに関する **反転** という。この用語を用いると，$w=\frac{1}{z}$ のとき，点 z に実軸に関する対称移動を行い，更に単位円に関する反転を行うと得られる点が点 w であるといえる。

PRACTICE 103③

点 z が次の図形上を動くとき，$w=\frac{1}{z}$ で表される点 w はどのような図形を描くか。

(1) 原点を中心とする半径3の円　　(2) 点 $\frac{i}{2}$ を通り，虚軸に垂直な直線

振り返り　複素数で図形をとらえる方法

例題 100〜103 のような図形問題にはさまざまな解き方があるようですが，どれを使えばよいか迷ってしまいます。

等式の図形的意味をとらえることが基本となります。ここでは，それ以外の解決方法とともに整理しておきましょう。

1 複素数 z のまま扱う

複素数平面で等式が表す図形について考えるときは，等式を複素数 z のままで扱うことにより **等式のもつ図形的な意味をとらえる** ことが基本である。z のままで扱うことができれば，計算の手間が減り，解答が簡潔になる場合が多い。一方，次に示すような，等式が表す図形の特徴を押さえ，複素数特有の式変形に慣れておく必要がある。

- $|z-\alpha|=|z-\beta|$ …… **2 点 α，β を結ぶ線分の垂直二等分線**
  - ・|　| の中の z の係数を 1 にすることが式変形のポイント。（⟶ 例題 100 (1)）
- $|z-\alpha|=r$ …… **点 α を中心とする半径 r の円**　⟵ $|z-\alpha|<r$ のときは円の内部を表す。
  - ・$(z-\alpha)\overline{(z-\alpha)}=r^2$ の形をめざすことが式変形のポイント。（⟶ 例題 100 (2)）
  - ・$n|z-\alpha|=m|z-\beta|$ の形から円を判断することもできる[アポロニウスの円]。（⟶ 例題 101 別解 2）

inf. 上記の他にも，例題 103 (2) 別解 で，

$$\frac{z+\overline{z}}{2}=k \ (k \text{ は実数}) \quad \cdots\cdots (*)$$

の形について学んだ。$\dfrac{z+\overline{z}}{2}$ は z の実部であるから，$(*)$ は実部が k であるような点 z 全体の集合，すなわち，点 k を通り実軸に垂直な直線を表す。試しに，これを用いて例題 100 (3) を解くと次のようになる。

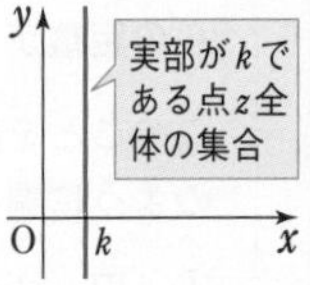

例題 100 (3) の 別解　$z+\overline{z}=2$ から　$\dfrac{z+\overline{z}}{2}=1$　よって，z の実部は 1 である。

したがって　**点 1 を通り，実軸に垂直な直線**

p.177 の解答と比較すると，この別解の方が簡潔に解答できますね。

2 極形式 $z=r(\cos\theta+i\sin\theta)$ を利用する

極形式を用いると，拡大や回転が扱いやすくなる場合が多い。（⟶ p.181 ズーム UP）
一方，式が複雑な場合は三角関数の計算が面倒になる ことがある。
なお，極形式は長さの比や偏角を求めるのに有効な形であるから，このあとの例題 105〜107 で学ぶような，線分のなす角や平行・垂直に関する問題，あるいは三角形の形状を調べる問題でも活躍する。

3 $z=x+yi$（x，y は実数）とおいて実数の関係式で扱う

この扱い方は，慣れている実数で考えることができるので，計算の方針が立てやすい ことが，最大のメリットである。ただし，計算は煩雑になることが多い。（⟶ 例題 101 別解 1）

例題 100 では (1), (2), (4) も，$z=x+yi$（x，y は実数）とおいて解くことができますが，1 の複素数 z のまま扱う方法と比べると，計算量は多くなります。

基本 例題 104 複素数の絶対値の最大値・最小値

複素数 z が $|z-3-4i|=2$ を満たすとき，$|z|$ の最大値と，そのときの z の値を求めよ。

p.174 基本事項 2，重要 109

CHART & THINKING

方程式の表す図形　等式のもつ図形的意味をとらえる

z は方程式 $|z-3-4i|=2$ を満たすから，点 z はどのような図形の上に存在するだろうか？
一方，$|z|$ は原点Oと点 z との距離である。図形の上で点 z を動かしてみて，原点と点 z の距離が最大になるのはどこかを調べよう。実際に図をかいて考えることが大切である。

解答

方程式を変形すると

$$|z-(3+4i)|=2$$

よって，点 $P(z)$ は点 $C(3+4i)$ を中心とする半径 2 の円周上の点である。

$|z|$ は原点Oと点 z との距離であるから，$|z|$ が最大となるのは，右図から，3 点 O，C，P がこの順で一直線上にあるときである。

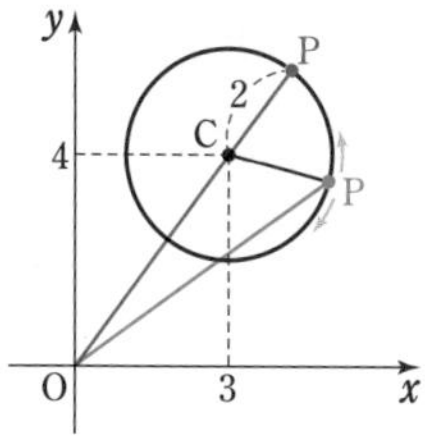

よって，求める **最大値** は

$$\mathrm{OC}+\mathrm{CP}=|3+4i|+2$$
$$=\sqrt{3^2+4^2}+2$$
$$=5+2$$
$$=\mathbf{7}$$

このとき，OP：OC＝7：5 であるから，求める z の値は

$$z=\frac{7}{5}(3+4i)$$
$$=\boldsymbol{\frac{21}{5}+\frac{28}{5}i}$$

⇐ $|z-\alpha|=r$ の形に変形。点 z は中心が点 α，半径 r の円周上に存在する。

⇐ 点Pを円周上の点とすると　$\mathrm{OC}+\mathrm{CP}\geqq\mathrm{OP}$ 等号が成り立つとき，OP は最大となる。

⇐ (線分 OC の長さ)＋(円の半径)

⇐ 点Pは線分 OC を 7：2 に外分すると考えてもよい。

inf. 上の例題では，原点Oと点 z との距離 $|z|$ を考えたが，下の PRACTICE 104 では $\mathrm{AB}=|\beta-\alpha|$ を用いて，ある点と点 z との距離を考える必要がある。
ちなみに，上の例題で，$|z|$ が最小となるのは 3 点 O，P，C がこの順で一直線上にあるときであり，最小値は $5-2=3$ である。
また，そのときの z の値は $z=\frac{3}{5}(3+4i)=\frac{9}{5}+\frac{12}{5}i$ である。

PRACTICE 104③

複素数 z が $|z-i|=1$ を満たすとき，$|z+\sqrt{3}|$ の最大値および最小値と，そのときの z の値をそれぞれ求めよ。

基本 例題 105 線分のなす角，平行・垂直

$\alpha=-1$, $\beta=2i$, $\gamma=a-i$ とし，複素数平面上で 3 点を $A(\alpha)$, $B(\beta)$, $C(\gamma)$ とする。ただし，a は実数の定数とする。

(1) $a=-\dfrac{2}{3}$ のとき，$\angle BAC$ の大きさを求めよ。

(2) 3 点 A，B，C が一直線上にあるように a の値を定めよ。

(3) 2 直線 AB，AC が垂直であるように a の値を定めよ。 p.175 基本事項 3

CHART & SOLUTION

線分のなす角，平行・垂直　$\dfrac{\gamma-\alpha}{\beta-\alpha}$ の値に着目

(1) $\angle BAC=\left|\arg\dfrac{\gamma-\alpha}{\beta-\alpha}\right|$ から $\dfrac{\gamma-\alpha}{\beta-\alpha}$ を計算し，極形式で表す。

(2) $\dfrac{\gamma-\alpha}{\beta-\alpha}$ が実数（$\angle BAC=0$ または π）　(3) $\dfrac{\gamma-\alpha}{\beta-\alpha}$ が純虚数$\left(\angle BAC=\dfrac{\pi}{2}\right)$

解答

(1) $\dfrac{\gamma-\alpha}{\beta-\alpha}=\dfrac{\left(-\dfrac{2}{3}-i\right)-(-1)}{2i-(-1)}=\dfrac{\dfrac{1}{3}-i}{1+2i}=\dfrac{1}{3}\cdot\dfrac{(1-3i)(1-2i)}{(1+2i)(1-2i)}$　⇐ 分母の実数化

$=\dfrac{1}{3}(-1-i)=\dfrac{\sqrt{2}}{3}\left(-\dfrac{1}{\sqrt{2}}-\dfrac{1}{\sqrt{2}}i\right)=\dfrac{\sqrt{2}}{3}\left\{\cos\left(-\dfrac{3}{4}\pi\right)+i\sin\left(-\dfrac{3}{4}\pi\right)\right\}$

したがって　$\angle BAC=\left|-\dfrac{3}{4}\pi\right|=\boldsymbol{\dfrac{3}{4}\pi}$　⇐ $\angle BAC=\left|\arg\dfrac{\gamma-\alpha}{\beta-\alpha}\right|$

(2) $\dfrac{\gamma-\alpha}{\beta-\alpha}=\dfrac{(a-i)-(-1)}{2i-(-1)}=\dfrac{(a+1)-i}{1+2i}$

$=\dfrac{\{(a+1)-i\}(1-2i)}{(1+2i)(1-2i)}=\dfrac{(a-1)-(2a+3)i}{5}$ ……①

3 点 A，B，C が一直線上にあるための条件は，① が実数となることであるから　$2a+3=0$　よって　$\boldsymbol{a=-\dfrac{3}{2}}$

⇐ $z=x+yi$（x, y は実数）において
$y=0 \iff z$ は実数
$x=0$ かつ $y\neq0 \iff z$ は純虚数

(3) 2 直線 AB，AC が垂直であるための条件は，① が純虚数となることであるから　$a-1=0$ かつ $2a+3\neq0$

よって　$\boldsymbol{a=1}$　⇐ $2a+3\neq0$ を満たす。

PRACTICE 105②

(1) 複素数平面上の 3 点 $A(-1+2i)$, $B(2+i)$, $C(1-2i)$ に対し，$\angle BAC$ の大きさを求めよ。

(2) $\alpha=2+i$, $\beta=3+2i$, $\gamma=a+3i$ とし，複素数平面上で 3 点を $A(\alpha)$, $B(\beta)$, $C(\gamma)$ とする。ただし，a は実数の定数とする。

(ア) 3 点 A，B，C が一直線上にあるように a の値を定めよ。

(イ) 2 直線 AB，AC が垂直であるように a の値を定めよ。

基本 例題 106　三角形の形状 (1)

複素数平面上の 3 点 A(α)，B(β)，C(γ) を頂点とする △ABC について，等式 $\beta-\alpha=(1+\sqrt{3}i)(\gamma-\alpha)$ が成り立つとき，△ABC の 3 つの内角の大きさを求めよ。

基本 105

CHART & SOLUTION

三角形の形状　2辺の比とその間の角の大きさを求める

等式は $\dfrac{\beta-\alpha}{\gamma-\alpha}=1+\sqrt{3}i$ と変形できるから，$1+\sqrt{3}i$ を極形式で表す。

・$\left|\dfrac{\beta-\alpha}{\gamma-\alpha}\right|=\dfrac{|\beta-\alpha|}{|\gamma-\alpha|}=\dfrac{AB}{AC}$ ⟶ 2 辺 AB，AC の長さの比

・$\arg\dfrac{\beta-\alpha}{\gamma-\alpha}$ から ∠CAB ⟶ 2 辺 AB，AC の間の角の大きさ

}……❗

この 2 つを調べることにより，△ABC の形状がわかる。

解答

3 点 A，B，C は三角形の頂点であるから，$\gamma-\alpha\neq0$ である。

$\beta-\alpha=(1+\sqrt{3}i)(\gamma-\alpha)$ から

$$\frac{\beta-\alpha}{\gamma-\alpha}=1+\sqrt{3}i=2\left(\cos\frac{\pi}{3}+i\sin\frac{\pi}{3}\right)$$

⇐ $1+\sqrt{3}i$ を極形式で表す。

❗ よって，$\left|\dfrac{\beta-\alpha}{\gamma-\alpha}\right|=\dfrac{|\beta-\alpha|}{|\gamma-\alpha|}=\dfrac{AB}{AC}$ から　$\dfrac{AB}{AC}=2$

⇐ $\left|\dfrac{\alpha}{\beta}\right|=\dfrac{|\alpha|}{|\beta|}$

ゆえに　AB：AC＝2：1

❗ また，$\arg\dfrac{\beta-\alpha}{\gamma-\alpha}=\dfrac{\pi}{3}$ から　$\angle CAB=\dfrac{\pi}{3}$

ゆえに，△ABC の内角の大きさは

$$\angle \mathbf{A}=\frac{\pi}{3},\ \angle \mathbf{B}=\frac{\pi}{6},\ \angle \mathbf{C}=\frac{\pi}{2}$$

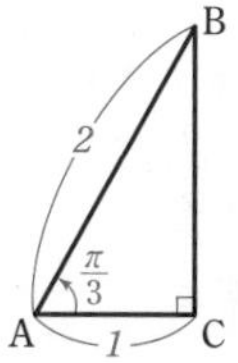

⇐ AB：AC＝2：1 かつ $\angle CAB=\dfrac{\pi}{3}$ から，△ABC は $\angle ACB=\dfrac{\pi}{2}$ の直角三角形である。

INFORMATION　図形の形状は「点の回転」を考える

p.159 基本例題 88「原点以外の点を中心とする回転」を参照。

与式を変形すると，$\beta-\alpha=2\left(\cos\dfrac{\pi}{3}+i\sin\dfrac{\pi}{3}\right)(\gamma-\alpha)$ となる。この式から点 B(β) は，点 C(γ) を点 A(α) を中心として $\dfrac{\pi}{3}$ だけ回転し，点Aからの距離を 2 倍にした点であることがわかる。すなわち，AB＝2AC，$\angle BAC=\dfrac{\pi}{3}$ であることが読み取れる。

PRACTICE 106[3]

複素数平面上の 3 点 A(α)，B(β)，C(γ) を頂点とする △ABC について，次の等式が成り立つとき，△ABC はどのような三角形か。

(1)　$\beta(1-i)=\alpha-\gamma i$

(2)　$2(\alpha-\beta)=(1+\sqrt{3}i)(\gamma-\beta)$

(3)　$(\alpha-\beta)(3+\sqrt{3}i)=4(\gamma-\beta)$

基本 例題 107 三角形の形状 (2)

3 点 O(0), A(α), B(β) を頂点とする △OAB について，等式 $\alpha^2-\alpha\beta+\beta^2=0$ が成り立つとき，次の問いに答えよ。

(1) $\dfrac{\beta}{\alpha}$ の値を求めよ。　　(2) △OAB はどのような三角形か。

基本 106

CHART & THINKING

(α, β の 2 次式)=0 と三角形の形状問題　$\dfrac{\beta}{\alpha}$ の大きさと偏角を求める

(1) $\alpha^2 \neq 0$ であるから，条件式の両辺を α^2 で割ると，$\dfrac{\beta}{\alpha}$ についての 2 次方程式が得られる。

(2) 2 辺 OA, OB の長さの比とその間の角の大きさから，△OAB の形状がわかる。本問で扱うのは，0, α, β の 3 点であるから，$\dfrac{\beta}{\alpha}=\dfrac{\beta-0}{\alpha-0}$ と考えれば，前ページの基本例題 106 と同様に解くことができる。(1) で求めた $\dfrac{\beta}{\alpha}$ に対して何をすればよいかを考えよう。

解答

(1) $\alpha \neq 0$ より $\alpha^2 \neq 0$ であるから，等式 $\alpha^2-\alpha\beta+\beta^2=0$ の両辺を α^2 で割ると　$1-\dfrac{\beta}{\alpha}+\left(\dfrac{\beta}{\alpha}\right)^2=0$

すなわち　$\left(\dfrac{\beta}{\alpha}\right)^2-\dfrac{\beta}{\alpha}+1=0$

$\dfrac{\beta}{\alpha}$ について解くと　$\boldsymbol{\dfrac{\beta}{\alpha}}=\dfrac{-(-1)\pm\sqrt{(-1)^2-4\cdot1\cdot1}}{2\cdot1}=\boldsymbol{\dfrac{1\pm\sqrt{3}\,i}{2}}$

(2) $\dfrac{\beta}{\alpha}$ を極形式で表すと　$\dfrac{\beta}{\alpha}=\cos\left(\pm\dfrac{\pi}{3}\right)+i\sin\left(\pm\dfrac{\pi}{3}\right)$ (複号同順)

$\left|\dfrac{\beta}{\alpha}\right|=\dfrac{|\beta|}{|\alpha|}=\dfrac{\mathrm{OB}}{\mathrm{OA}}$ から　$\dfrac{\mathrm{OB}}{\mathrm{OA}}=1$

よって　OA=OB

また，$\arg\dfrac{\beta}{\alpha}=\pm\dfrac{\pi}{3}$ から

$\angle\mathrm{AOB}=\dfrac{\pi}{3}$

ゆえに，△OAB は **正三角形** である。

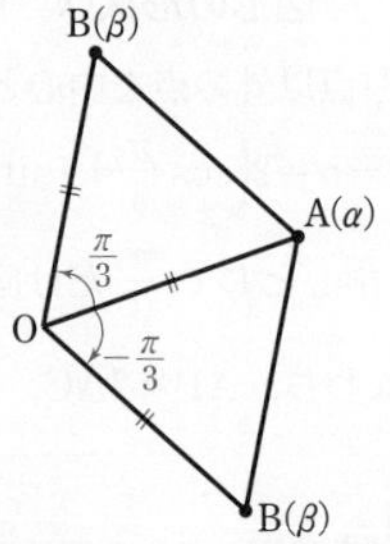

⇐ 等式を α の 2 次方程式とみて，解の公式から α を β で表してもよい。

⇐ $\dfrac{\beta}{\alpha}$ の 2 次方程式とみて，解の公式を利用。

⇐ $\beta=\left\{\cos\left(\pm\dfrac{\pi}{3}\right)+i\sin\left(\pm\dfrac{\pi}{3}\right)\right\}\alpha$ (複号同順) と表せるから，点 B は，点 A を原点を中心として，$\pm\dfrac{\pi}{3}$ だけ回転した点である。これから，△OAB が正三角形であることがわかる。

PRACTICE 107③

3 点 O(0), A(α), B(β) を頂点とする △OAB について，次の等式が成り立つとき，△OAB はどのような三角形か。

(1) $3\alpha^2+\beta^2=0$　　(2) $2\alpha^2-2\alpha\beta+\beta^2=0$

重要 例題 108 直線の方程式

α を複素数の定数とする。(1)，(2) の直線上の点Pを表す複素数 z は，等式 $\overline{\alpha}z+\alpha\overline{z}-2=0$ を満たす。α の値をそれぞれ求めよ。

(1)　2 点 A(-1)，B$(1+2i)$ を通る直線上の点P

(2)　中心が C$(2+3i)$，半径が $2\sqrt{2}$ の円周上の点 D(i) における接線上の点P

基本 105

CHART & SOLUTION

異なる 3 点 A(α)，B(β)，P(z) について

3点 A，B，P が一直線上にある $\iff \dfrac{z-\alpha}{\beta-\alpha}$ が実数

2直線 AB，AP が垂直に交わる $\iff \dfrac{z-\alpha}{\beta-\alpha}$ が純虚数 ……❗

(1)　$\dfrac{z-\alpha}{\beta-\alpha}$ が実数 $\iff \overline{\left(\dfrac{z-\alpha}{\beta-\alpha}\right)}=\dfrac{z-\alpha}{\beta-\alpha}$　　(2)　**接線⊥半径** であるから　CD⊥DP

解答

(1)　3 点 A，B，P は一直線上にあるから，

$\dfrac{z-(-1)}{1+2i-(-1)}=\dfrac{z+1}{2+2i}$ は実数である。

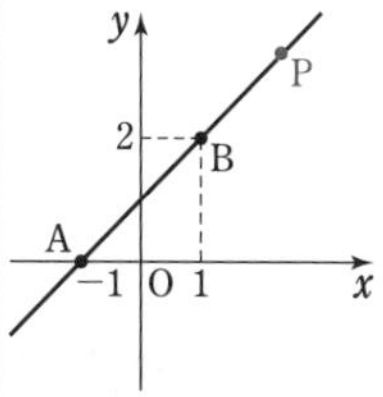

❗ ゆえに　$\overline{\left(\dfrac{z+1}{2+2i}\right)}=\dfrac{z+1}{2+2i}$　すなわち　$\dfrac{\overline{z}+1}{1-i}=\dfrac{z+1}{1+i}$

両辺に $(1-i)(1+i)$ を掛けて　$(1+i)(\overline{z}+1)=(1-i)(z+1)$

整理して　$(-1+i)z+(1+i)\overline{z}+2i=0$

両辺に i を掛けて　$(-i+i^2)z+(i+i^2)\overline{z}+2i^2=0$

よって　$(-1-i)z+(-1+i)\overline{z}-2=0$

⇐ 点Pが点A，Bに一致する場合も含まれる。

$\overline{-1+i}=-1-i$ であるから　$\boldsymbol{\alpha=-1+i}$

(2)　CD⊥DP であるから，$\dfrac{z-i}{2+3i-i}=\dfrac{z-i}{2+2i}$ は純虚数である。

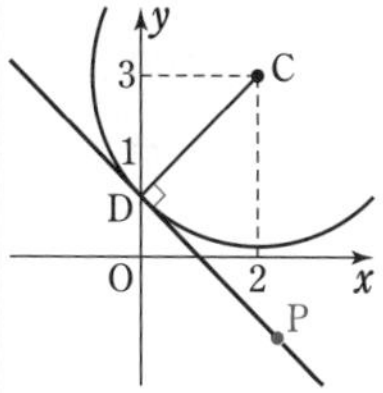

❗ ゆえに　$\dfrac{z-i}{2+2i}+\overline{\left(\dfrac{z-i}{2+2i}\right)}=0$ かつ $\dfrac{z-i}{2+2i}\neq 0$

すなわち　$\dfrac{z-i}{1+i}+\dfrac{\overline{z}+i}{1-i}=0$ ……① かつ $z\neq i$

① の両辺に $(1+i)(1-i)$ を掛けて

$(1-i)(z-i)+(1+i)(\overline{z}+i)=0$

整理して　$(1-i)z+(1+i)\overline{z}-2=0$ ($z=i$ のときも成立)

⇐ 点Pが点Dに一致する場合も含まれる。

$\overline{1+i}=1-i$ であるから　$\boldsymbol{\alpha=1+i}$

PRACTICE 108③

$\alpha=\dfrac{1}{2}+\dfrac{\sqrt{3}}{6}i$ とし，複素数 1，α に対応する複素数平面上の点をそれぞれ P，Q とすると，直線 PQ は複素数 β を用いて，方程式 $\beta z+\overline{\beta}\overline{z}+1=0$ で表される。この β を求めよ。

〔類 早稲田大〕

重要例題 109　$w=f(z)$ の表す図形 (3)

(1) 複素数平面上の点 z が単位円周上を動くとき，$w=\dfrac{z+1}{z-2}$ で表される点 w の描く図形を求めよ。

(2) $z\neq1$ である複素数 z に対して，$w=\dfrac{z+1}{1-z}$ とする。点 z が複素数平面上の虚軸上を動くとき，次の問いに答えよ。

(ア) 点 w の描く図形を求めよ。

(イ) $|w+i+1|$ の最大値と最小値を求めよ。　〔(2) 類　静岡大〕

基本 102, 103, 104

CHART & THINKING

$w=f(z)$ の表す図形

z を w の式で表し，z の条件式に代入

基本例題 102，103 と同様，$z=(w$ の式$)$ を z の条件式に代入する。

(2) (ア) 「z が虚軸上を動く」という条件を z の式で表すとどうなるだろうか？

(イ) 基本例題 104 を参照。$|w+i+1|=|w-(-1-i)|$ から，P(w)，A$(-1-i)$ とすると，これは，2 点 A，P 間の距離を表す。AP の最大値・最小値について，図をかいて考えよう。

解答

(1) $w=\dfrac{z+1}{z-2}$ から　$(z-2)w=z+1$

ゆえに　$(w-1)z=2w+1$

ここで，$w=1$ とすると，$0=3$ となり不合理である。

よって，$w\neq1$ であるから　$z=\dfrac{2w+1}{w-1}$ ……①

点 z は単位円周上を動くから　$|z|=1$

① を代入すると　$\left|\dfrac{2w+1}{w-1}\right|=1$

ゆえに　$\dfrac{|2w+1|}{|w-1|}=1$

よって　$|2w+1|=|w-1|$ ……②

両辺を 2 乗して　$|2w+1|^2=|w-1|^2$

ゆえに　$(2w+1)\overline{(2w+1)}=(w-1)\overline{(w-1)}$

よって　$(2w+1)(2\overline{w}+1)=(w-1)(\overline{w}-1)$

整理して　$w\overline{w}+w+\overline{w}=0$

ゆえに　$(w+1)(\overline{w}+1)=1$ すなわち $(w+1)\overline{(w+1)}=1$

よって　$|w+1|^2=1$

ゆえに　$|w+1|=1$

したがって，点 w は **点 -1 を中心とする半径 1 の円** を描く。

⇐「$w=$」の式を「$z=$」の式に変形する。

⇐ $w-1=0$ の可能性があるから，直ちに $w-1$ で割ってはいけない。

⇐ z の条件式。

⇐ $\left|\dfrac{\alpha}{\beta}\right|=\dfrac{|\alpha|}{|\beta|}$

⇐ $|\alpha|^2=\alpha\overline{\alpha}$

別解　(② までは同じ。アポロニウスの円を利用。)

$2\left|w+\frac{1}{2}\right|=|w-1|$ から　$\left|w+\frac{1}{2}\right|:|w-1|=1:2$

$A\left(-\frac{1}{2}\right)$, B(1), P($w$) とすると　AP : BP$=1:2$

よって, 点Pが描く図形は, 線分 AB を 1 : 2 に内分する点Cと外分する点Dを直径の両端とする円である。

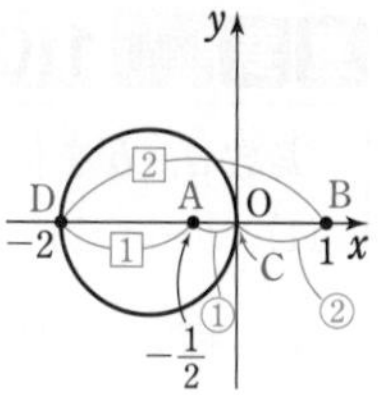

C(0), D(−2) であるから, 点 w は **点 −1 を中心とする半径 1 の円** を描く。

(2) (ア) $w=\frac{z+1}{1-z}$ から　$(1-z)w=z+1$

ゆえに　$(w+1)z=w-1$

ここで, $w=-1$ とすると, $0=-2$ となり不合理である。

よって, $w\neq-1$ であるから　$z=\frac{w-1}{w+1}$ …… ③

点 z が虚軸上を動くとき　$z+\overline{z}=0$

③ を代入すると　$\frac{w-1}{w+1}+\overline{\left(\frac{w-1}{w+1}\right)}=0$

ゆえに　$\frac{w-1}{w+1}+\frac{\overline{w}-1}{\overline{w}+1}=0$

両辺に $(w+1)(\overline{w}+1)$ を掛けて

$(\overline{w}+1)(w-1)+(w+1)(\overline{w}-1)=0$

整理して　$w\overline{w}=1$　すなわち　$|w|=1$ …… ④

したがって, 点 w は **点 0 を中心とする半径 1 の円** を描く。

ただし, $w\neq-1$ **であるから, 点 −1 を除く。**

(イ) P(w), A($-1-i$) とすると

$|w+i+1|=$AP

円 ④ の中心は, 点 O(0) であるから, $|w+i+1|$ が最大となるのは, 右図より, 3 点 A, O, P がこの順で一直線上にあるときである。

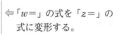

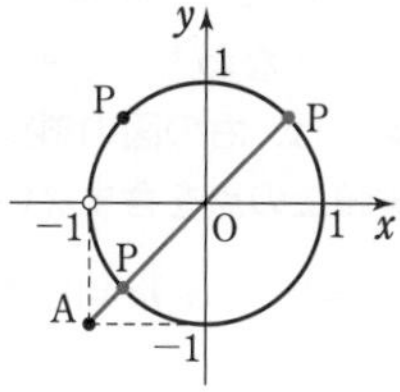

よって, 求める **最大値** は

$AO+OP=|-1-i|+1=\sqrt{2}+1$

また, $|w+i+1|$ が最小となるのは, 図から, 3 点 A, P, O がこの順で一直線上にあるときである。

よって, 求める **最小値** は　$AO-OP=\sqrt{2}-1$

⇐「$w=$」の式を「$z=$」の式に変形する。

⇐ この確認が, 後で意味をもつ。

⇐ $z=bi$ (b は実数) から $z+\overline{z}=bi-bi=0$

inf. 点 z が虚軸上を動くことを　$|z-1|=|z+1|$ などと表し, これに ③ を代入してもよい。

⇐ $w\overline{w}=|w|^2$ から $|w|^2=1$

⇐ 除外点に注意。

⇐ $|w+i+1|=|w-(-i-1)|$

⇐ 点Pを円周上の点とすると　AO+OP≧AP 等号が成り立つとき, AP は最大となる。

⇐ $|-1-i|=\sqrt{1^2+1^2}$

PRACTICE 109④

−1 と異なる複素数 z に対し, 複素数 w を $w=\frac{z}{z+1}$ で定める。

(1) 点 z が原点を中心とする半径 1 の円上を動くとき, 点 w の描く図形を求めよ。

(2) 点 z が虚軸上を動くとき, 点 w の描く図形を求めよ。　〔類　新潟大〕

重要 例題 110 不等式の表す領域

実数 a, b を係数とする x の 2 次方程式 $x^2+ax+b=0$ が虚数解 z をもつ。

(1) $b-a \leqq 1$ を満たすとき，点 z の存在範囲を複素数平面上に図示せよ。

(2) 点 z が (1) で求めた存在範囲を動くとき，$w=\dfrac{1}{z}$ で定まる点 w の存在範囲を複素数平面上に図示せよ。

〔類 電通大〕 基本 100, 103

CHART & SOLUTION

複素数平面上の領域の問題

$|z-\alpha| \leqq r$ $(r>0)$ 点 α を中心とする半径 r の円周および内部

$|z-\alpha| \geqq r$ $(r>0)$ 点 α を中心とする半径 r の円周および外部

(1) z の共役複素数 $\overline{z}$ も方程式の解である。解と係数の関係から，a, b を z, $\overline{z}$ を用いて表し，不等式に代入する。

(2) $z=$(w の式) で表し，(1) で求めた z の不等式に代入する。

解答

(1) a, b は実数であるから，z の共役複素数 $\overline{z}$ も 2 次方程式 $x^2+ax+b=0$ の解である。

解と係数の関係から　$z+\overline{z}=-a$, $z\overline{z}=b$

$b-a \leqq 1$ に代入すると　$z\overline{z}+z+\overline{z} \leqq 1$

よって　$(z+1)(\overline{z}+1) \leqq 2$　すなわち　$(z+1)\overline{(z+1)} \leqq 2$

ゆえに　$|z+1|^2 \leqq 2$　すなわち　$|z+1| \leqq \sqrt{2}$

よって，点 z の存在範囲は，**右の図の斜線部分**。ただし，z は虚数であるから，**実軸上の点を含まない。境界線は，実軸との交点を除いて他は含む。**

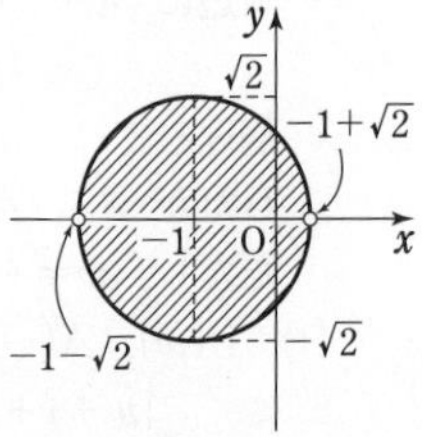

(2) $w=\dfrac{1}{z}$ から　$wz=1$　$w \neq 0$ であるから　$z=\dfrac{1}{w}$

$|z+1| \leqq \sqrt{2}$ に代入して　$\left|\dfrac{1}{w}+1\right| \leqq \sqrt{2}$

ゆえに　$|1+w| \leqq \sqrt{2}|w|$　すなわち　$|1+w|^2 \leqq 2|w|^2$

よって　$(w+1)(\overline{w}+1) \leqq 2w\overline{w}$

ゆえに　$w\overline{w}-w-\overline{w}+1 \geqq 2$　すなわち　$(w-1)(\overline{w}-1) \geqq 2$

よって　$|w-1|^2 \geqq 2$　すなわち　$|w-1| \geqq \sqrt{2}$

したがって，点 w の存在範囲は，**右の図の斜線部分**。ただし，w は虚数であるから，**実軸上の点を含まない。境界線は，実軸との交点を除いて他は含む。**

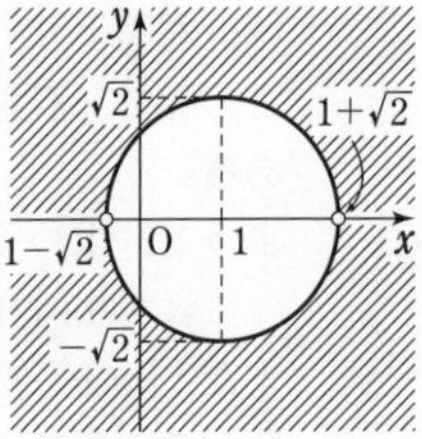

PRACTICE 110[4]

複素数 z の実部を $\mathrm{Re}\,z$ で表す。このとき，次の領域を複素数平面上に図示せよ。

(1) $|z|>1$ かつ $\mathrm{Re}\,z<\dfrac{1}{2}$ を満たす点 z の領域

(2) $w=\dfrac{1}{z}$ とする。点 z が (1) で求めた領域を動くとき，点 w が動く領域

重要 例題 111 図形への応用

右の図のように，△ABC の 2 辺 AB，AC を 1 辺とする正方形 ABDE，ACFG をこの三角形の外側に作るとき，次の問いに答えよ。

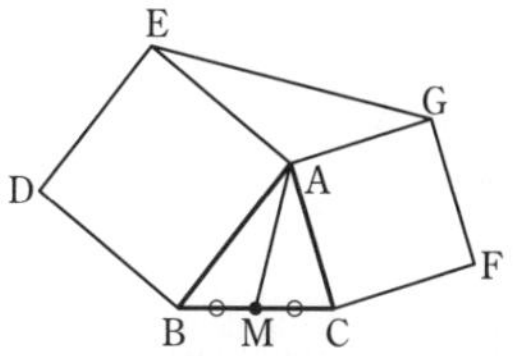

(1) 複素数平面上で A(0)，B(β)，C(γ) とするとき，点 E，G を表す複素数を求めよ。

(2) 辺 BC の中点を M とするとき，2AM＝EG，AM⊥EG であることを証明せよ。

基本 105

CHART & SOLUTION

(1) 点Aを原点とする複素数平面で考えているから，2 つの正方形に注目すると

点Eは，点Bを点A(**原点**)**を中心として** $-\dfrac{\pi}{2}$ **回転** した点 ⟶ $-i$ **を掛ける**

点Gは，点Cを点A(**原点**)**を中心として** $\dfrac{\pi}{2}$ **回転** した点 ⟶ i **を掛ける**

(2) 線分 AM，EG の長さの比，垂直条件を考えるため，E(u)，G(v)，M(δ) として，複素数 $\dfrac{v-u}{\delta-0}$ を調べる。

解答

(1) 点Eは，点 B(β) を原点Aを中心として $-\dfrac{\pi}{2}$ だけ回転した点であるから，点Eを表す複素数は　　$-\boldsymbol{\beta i}$

点Gは，点 C(γ) を原点Aを中心として $\dfrac{\pi}{2}$ だけ回転した点であるから，点Gを表す複素数は　　$\boldsymbol{\gamma i}$

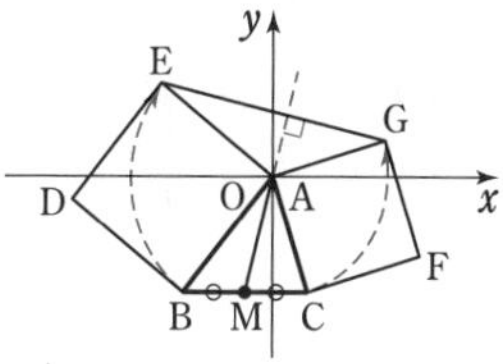

(2) M(δ) とすると　　$\delta=\dfrac{\beta+\gamma}{2}$

E(u)，G(v) とすると

$$\frac{v-u}{\delta-0}=\frac{\gamma i-(-\beta i)}{\dfrac{\beta+\gamma}{2}}=\frac{2i(\beta+\gamma)}{\beta+\gamma}=2i \quad \cdots\cdots ①$$

⇐ $\dfrac{v-u}{\delta-0}$ の大きさと偏角を調べる。

ゆえに，$\left|\dfrac{v-u}{\delta-0}\right|=\dfrac{|v-u|}{|\delta|}=\dfrac{\text{EG}}{\text{AM}}$ から　　$\dfrac{\text{EG}}{\text{AM}}=2$

⇐ $\left|\dfrac{\alpha}{\beta}\right|=\dfrac{|\alpha|}{|\beta|}$

すなわち　2AM＝EG

また，① より，$\dfrac{v-u}{\delta-0}$ は純虚数であるから　　AM⊥EG

PRACTICE 111③

線分 AB 上（ただし，両端を除く）に 1 点Oをとり，線分 AO，OB をそれぞれ 1 辺とする正方形 AOCD と正方形 OBEF を，線分 AB の同じ側に作る。このとき，複素数平面を利用して，AF⊥BC であることを証明せよ。

重要 例題 112 三角形の垂心

単位円上の異なる 3 点 A(α), B(β), C(γ) と，この円上にない点 H(z) について，等式 $z=\alpha+\beta+\gamma$ が成り立つとき，H は △ABC の垂心であることを証明せよ。 〔類 九州大〕

重要 111

CHART & SOLUTION

△ABC の垂心が H ⟺ AH⊥BC，BH⊥CA

例えば，AH⊥BC を次のように，複素数を利用して示す。

$$\mathrm{AH}\perp\mathrm{BC} \iff \frac{\gamma-\beta}{z-\alpha}\text{ が純虚数} \iff \frac{\gamma-\beta}{z-\alpha}+\overline{\left(\frac{\gamma-\beta}{z-\alpha}\right)}=0 \quad \cdots\cdots ❗$$

また，3 点 A，B，C は単位円上にあるから

$$|\alpha|=|\beta|=|\gamma|=1 \iff \alpha\overline{\alpha}=\beta\overline{\beta}=\gamma\overline{\gamma}=1$$

これと $z=\alpha+\beta+\gamma$ から得られる $z-\alpha=\beta+\gamma$ を用いて，❗ を β，γ だけの式に変形して証明する。

解答

3 点 A(α)，B(β)，C(γ) は単位円上にあるから

$|\alpha|=|\beta|=|\gamma|=1$ すなわち $\alpha\overline{\alpha}=\beta\overline{\beta}=\gamma\overline{\gamma}=1$

$\alpha\neq0$，$\beta\neq0$，$\gamma\neq0$ であるから $\overline{\alpha}=\dfrac{1}{\alpha}$，$\overline{\beta}=\dfrac{1}{\beta}$，$\overline{\gamma}=\dfrac{1}{\gamma}$

A，B，C，H はすべて異なる点であるから $\dfrac{\gamma-\beta}{z-\alpha}\neq0$

また，$z=\alpha+\beta+\gamma$ であるから $z-\alpha=\beta+\gamma$

❗ よって

$$\frac{\gamma-\beta}{z-\alpha}+\overline{\left(\frac{\gamma-\beta}{z-\alpha}\right)}=\frac{\gamma-\beta}{\beta+\gamma}+\overline{\frac{\gamma-\beta}{\beta+\gamma}}=\frac{\gamma-\beta}{\beta+\gamma}+\frac{\overline{\gamma}-\overline{\beta}}{\overline{\beta}+\overline{\gamma}}$$

$$=\frac{\gamma-\beta}{\beta+\gamma}+\frac{\frac{1}{\gamma}-\frac{1}{\beta}}{\frac{1}{\beta}+\frac{1}{\gamma}}$$

$$=\frac{\gamma-\beta}{\beta+\gamma}+\frac{\beta-\gamma}{\beta+\gamma}$$

$$=0$$

よって，$\dfrac{\gamma-\beta}{z-\alpha}$ は純虚数である。

ゆえに AH⊥BC

同様にして BH⊥CA

したがって，H は △ABC の垂心である。

⇐ $|\alpha|^2=|\beta|^2=|\gamma|^2=1$

⇐ $w=\dfrac{\gamma-\beta}{z-\alpha}$ とおくと，AH⊥BC ⟺ $w\neq0$ かつ $\overline{w}=-w$

⇐ $\overline{\beta}=\dfrac{1}{\beta}$，$\overline{\gamma}=\dfrac{1}{\gamma}$

⇐ 上の式で，α が β，β が γ，γ が α に入れ替わる。

PRACTICE 112④

異なる 3 点 O(0)，A(α)，B(β) を頂点とする △OAB の内心を P(z) とする。このとき，z は等式 $z=\dfrac{|\beta|\alpha+|\alpha|\beta}{|\alpha|+|\beta|+|\beta-\alpha|}$ を満たすことを示せ。

重要 例題 113 複素数平面上の点列

右の図のように，複素数平面の原点を P_0 とし，P_0 から実軸の正の方向に 1 進んだ点を P_1 とする。

次に，P_1 を中心として $\frac{\pi}{4}$ 回転して向きを変え，$\frac{1}{\sqrt{2}}$ 進んだ点を P_2 とする。以下同様に，P_n に到達した後，$\frac{\pi}{4}$ 回転してから前回進んだ距離の $\frac{1}{\sqrt{2}}$ 倍進んで到達する点を P_{n+1} とする。

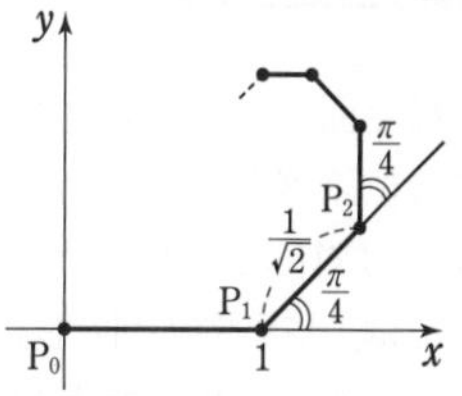

このとき，点 P_{10} が表す複素数を求めよ。　〔日本女子大〕 重要 98

CHART & SOLUTION

回転と拡大・縮小を繰り返す点の移動

極形式で表し，漸化式をつくる

$P_n(z_n)$ とし，$w_n=z_{n+1}-z_n$ とすると，右図から

$$w_{n+1}=\frac{1}{\sqrt{2}}\left(\cos\frac{\pi}{4}+i\sin\frac{\pi}{4}\right)w_n$$

これを数列 $\{w_n\}$ に関する漸化式と考えて解く。

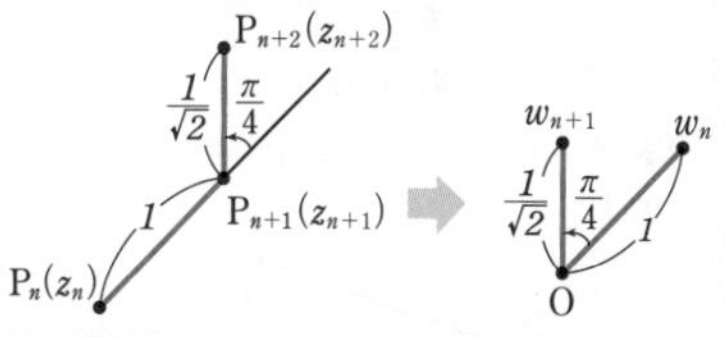

解答

n を 0 以上の整数，点 P_n を表す複素数を z_n とし，$w_n=z_{n+1}-z_n$ とする。

点 w_{n+1} は，点 w_n を原点を中心として $\frac{\pi}{4}$ だけ回転し，原点からの距離を $\frac{1}{\sqrt{2}}$ 倍した点であるから，$\frac{1}{\sqrt{2}}\left(\cos\frac{\pi}{4}+i\sin\frac{\pi}{4}\right)=\alpha$ とおくと

$w_{n+1}=\alpha w_n$　　よって　　$w_n=\alpha^n w_0$

ここで　$w_0=z_1-z_0=1-0=1$

ゆえに　$w_n=\alpha^n$　すなわち　$z_{n+1}-z_n=\alpha^n$

⇐ 漸化式を用いて
$w_n=\alpha w_{n-1}=\alpha\cdot\alpha w_{n-2}$
$=\alpha^2\cdot\alpha w_{n-3}=\cdots=\alpha^n w_0$

よって　$z_{10}=z_1+\sum_{k=1}^{9}\alpha^k=1+\frac{\alpha(1-\alpha^9)}{1-\alpha}=\frac{1-\alpha+\alpha-\alpha^{10}}{1-\alpha}=\frac{1-\alpha^{10}}{1-\alpha}$

ここで　$\alpha^{10}=\left(\frac{1}{\sqrt{2}}\right)^{10}\left\{\cos\left(\frac{\pi}{4}\times10\right)+i\sin\left(\frac{\pi}{4}\times10\right)\right\}=\left(\frac{1}{2}\right)^5\left(\cos\frac{5}{2}\pi+i\sin\frac{5}{2}\pi\right)=\frac{i}{32}$

ゆえに　$z_{10}=\left(1-\frac{i}{32}\right)\div\left(1-\frac{1+i}{2}\right)=\frac{32-i}{32}\cdot\frac{2}{1-i}=\frac{32-i}{32}(1+i)=\boldsymbol{\frac{33+31i}{32}}$

PRACTICE 113 ④

複素数平面上で原点Oから実軸上を 2 進んだ点を P_0 とする。次に，P_0 を中心として進んできた方向に対して $\frac{\pi}{3}$ 回転して向きを変え，1 進んだ点を P_1 とする。以下同様に，P_n に到達した後，進んできた方向に対して $\frac{\pi}{3}$ 回転してから前回進んだ距離の $\frac{1}{2}$ 倍進んで到達した点を P_{n+1} とする。点 P_8 が表す複素数を求めよ。

STEP UP 図形における複素数とベクトルの関係

座標平面上で，複素数 $\alpha=a+bi$ に対して点 $(a,\ b)$ を対応させることは，原点を始点とする位置ベクトル $\vec{p}=(a,\ b)$ を考えることに似ている。つまり，複素数 α と位置ベクトル $\vec{p}$ は対応しているといえる。このことは，$p.142$ のピンポイント解説でも述べた。ここでは，「複素数と図形」の単元で扱った図形の性質について，複素数で表現した場合とベクトルで表現した場合を，次のようにまとめた。

なお，複素数平面上で 4 点 A，B，C，P を表す複素数をそれぞれ α，β，γ，z とし，平面上の 4 点 A，B，C，P の位置ベクトルをそれぞれ $\vec{a}$，$\vec{b}$，$\vec{c}$，$\vec{p}$ とする。このとき，例えば $\beta-\alpha$ は $\overrightarrow{\mathrm{AB}}=\vec{b}-\vec{a}$ に対応する複素数である。

ただし，⑦，⑧ において k は実数である。更に，⑧ において $k\neq0$ である。

	複素数	ベクトル
① 2 点 A，B 間の距離	$\lvert\beta-\alpha\rvert$	$\lvert\vec{b}-\vec{a}\rvert$
②線分 AB を $m:n$ に内分する点P 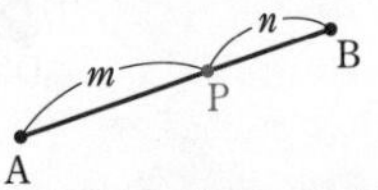	$z=\dfrac{n\alpha+m\beta}{m+n}$	$\vec{p}=\dfrac{n\vec{a}+m\vec{b}}{m+n}$
③四角形 ABCP が平行四辺形 (PB と AC の中点が一致)	$\dfrac{z+\beta}{2}=\dfrac{\alpha+\gamma}{2}$	$\dfrac{\vec{p}+\vec{b}}{2}=\dfrac{\vec{a}+\vec{c}}{2}$
④△ABC の重心が点P	$z=\dfrac{\alpha+\beta+\gamma}{3}$	$\vec{p}=\dfrac{\vec{a}+\vec{b}+\vec{c}}{3}$
⑤線分 AB の垂直二等分線上の点P 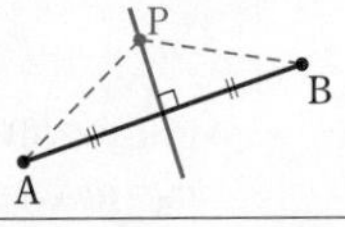	$\lvert z-\alpha\rvert=\lvert z-\beta\rvert$	$\lvert\vec{p}-\vec{a}\rvert=\lvert\vec{p}-\vec{b}\rvert$
⑥点Aを中心とする半径 r の円周上の点P	$\lvert z-\alpha\rvert=r$	$\lvert\vec{p}-\vec{a}\rvert=r$
⑦ 3 点 A，B，P が一直線上 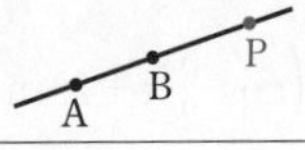	$z-\alpha=k(\beta-\alpha)$ $\Longleftrightarrow$ $\dfrac{z-\alpha}{\beta-\alpha}$ は実数	$\vec{p}-\vec{a}=k(\vec{b}-\vec{a})$
⑧AB⊥CP 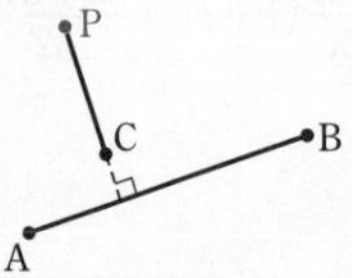	$z-\gamma=ki(\beta-\alpha)$ $\Longleftrightarrow$ $\dfrac{z-\gamma}{\beta-\alpha}$ は純虚数	$(\vec{b}-\vec{a})\cdot(\vec{p}-\vec{c})=0$

なお，$\lvert\alpha+\beta\rvert$ と $\lvert\vec{a}+\vec{b}\rvert$ については，次のような違いがあるので，気をつけよう。

複素数　$\lvert\alpha+\beta\rvert^2=(\alpha+\beta)(\overline{\alpha}+\overline{\beta})=\lvert\alpha\rvert^2+\alpha\overline{\beta}+\overline{\alpha}\beta+\lvert\beta\rvert^2$

ベクトル　$\lvert\vec{a}+\vec{b}\rvert^2=(\vec{a}+\vec{b})\cdot(\vec{a}+\vec{b})=\lvert\vec{a}\rvert^2+2\vec{a}\cdot\vec{b}+\lvert\vec{b}\rvert^2$

EXERCISES　12 複素数と図形

A

94❷ c を実数とする。x についての 2 次方程式 $x^2+(3-2c)x+c^2+5=0$ が 2 つの解 α, β をもつとする。複素数平面上の 3 点 α, β, c^2 が三角形の 3 頂点になり，その三角形の重心は 0 であるという。c を求めよ。 →99

95❸ 複素数平面上の 3 点 A(α), W(w), Z(z) は原点 O(0) と異なり，
$\alpha=-\dfrac{1}{2}+\dfrac{\sqrt{3}}{2}i$, $w=(1+\alpha)z+1+\overline{\alpha}$ とする。2 直線 OW, OZ が垂直であるとき，次の問いに答えよ。 〔類 山形大〕
(1) $|z-\alpha|$ の値を求めよ。
(2) △OAZ が直角三角形になるときの複素数 z を求めよ。 →89, 102

96❸ (1) $z+\dfrac{1}{z}$ が実数となるような複素数 z が表す複素数平面上の点全体は，どのような図形を表すか。
(2) $z+\dfrac{1}{z}$ が実数となる複素数 z と，$\left|w-\left(\dfrac{8}{3}+2i\right)\right|=\dfrac{2}{3}$ を満たす複素数 w について，$|z-w|$ の最小値を求めよ。〔類 名古屋工大〕 →79, 100, 104

97❸ i を虚数単位とし，k を実数とする。$\alpha=-1+i$ であり，点 z は複素数平面上で原点を中心とする単位円上を動く。 〔類 鳥取大〕
(1) $w_1=\dfrac{\alpha+z}{i}$ とする。点 w_1 が描く図形を求めよ。
(2) w_2 は等式 $w_2\overline{\alpha}-\overline{w_2}\alpha+ki=0$ を満たす。点 w_2 の軌跡が，(1) で求めた点 w_1 の軌跡と共有点をもつ場合の k の最大値を求めよ。 →100, 102

98❸ 互いに異なる 3 つの複素数 α, β, γ の間に，
等式 $\alpha^3-3\alpha^2\beta+3\alpha\beta^2-\beta^3=8(\beta^3-3\beta^2\gamma+3\beta\gamma^2-\gamma^3)$ が成り立つとする。
(1) $\dfrac{\alpha-\beta}{\gamma-\beta}$ を求めよ。
(2) 3 点 α, β, γ が一直線上にないとき，それらを頂点とする三角形はどのような三角形か。 〔神戸大〕 →107

B

99❸ 複素数の偏角 θ はすべて $0\leqq\theta<2\pi$ とする。$\alpha=2\sqrt{2}(1+i)$ とし，等式 $|z-\alpha|=2$ を満たす複素数 z を考える。 〔類 センター試験〕 →91, 104
(1) $|z|$ の最大値を求めよ。
(2) z の中で偏角が最大となるものを β とおくとき，β の値，β の偏角を求めよ。
(3) $1\leqq n\leqq 100$ の範囲で，β^n が実数になる整数 n の個数を求めよ。

HINT
97 (2) $w_2=x+yi$ (x, y は実数) とおく。
99 (2) △OAB に着目し，$\dfrac{\beta}{\alpha}$ を極形式で表すことにより，β の値を求める。

B

100❸ 0 でない複素数 $z=x+yi$ について，$z+\frac{4}{z}$ が実数で，更に不等式 $2\leqq z+\frac{4}{z}\leqq 5$ を満たすとき，点$(x,\ y)$が存在する範囲を xy 座標平面上に図示せよ。 ［類 関西大］ 110

101❸ 複素数 z が $|z|\leqq 1$ を満たすとする。$w=z-\sqrt{2}$ で表される複素数 w について，次の問いに答えよ。

(1) 複素数平面上で，点 w はどのような図形を描くか。図示せよ。

(2) w^2 の絶対値を r，偏角を θ とするとき，r と θ の範囲をそれぞれ求めよ。ただし，$0\leqq\theta<2\pi$ とする。 ［類 東京学芸大］ 110

102❸ 複素数平面上の 4 点 A(α), B(β), C(γ), D(δ) を頂点とする四角形 ABCD を考える。ただし，四角形 ABCD は，すべての内角が 180° より小さい四角形（凸四角形）であるとする。また，四角形 ABCD の頂点は反時計回りに A，B，C，D の順に並んでいるとする。四角形 ABCD の外側に，4 辺 AB，BC，CD，DA をそれぞれ斜辺とする直角二等辺三角形 APB，BQC，CRD，DSA を作る。

(1) 点 P を表す複素数を求めよ。

(2) 四角形 PQRS が平行四辺形であるための必要十分条件は，四角形 ABCD がどのような四角形であることか答えよ。

(3) 四角形 PQRS が平行四辺形であるならば，四角形 PQRS は正方形であることを示せ。 111

103❹ 複素数平面上で，$z_0=2(\cos\theta+i\sin\theta)$ $\left(0<\theta<\frac{\pi}{2}\right)$，$z_1=\frac{1-\sqrt{3}i}{4}z_0$，$z_2=-\frac{1}{z_0}$ を表す点を，それぞれ P_0，P_1，P_2 とする。

(1) z_1 を極形式で表せ。　　(2) z_2 を極形式で表せ。

(3) 原点 O，P_0，P_1，P_2 の 4 点が同一円周上にあるときの z_0 の値を求めよ。 ［岡山大］ 94, 105

HINT

100 $z=r(\cos\theta+i\sin\theta)$ または $z=x+yi$ として，$z+\frac{4}{z}$ が実数であるための条件を求め，不等式に代入する。

101 (1) は (2) のヒント　まず，w の絶対値を R，偏角を α として，(1) の図から，R，α の値の範囲を考える。

103 (3) 4 点 O，P_0，P_1，P_2 を頂点とする四角形が円に内接するから，対角の和は π（180°）である。この条件を満たす角を調べるために，まず $\triangle OP_0P_1$ の形状に着目する。

数学C

第4章 式と曲線

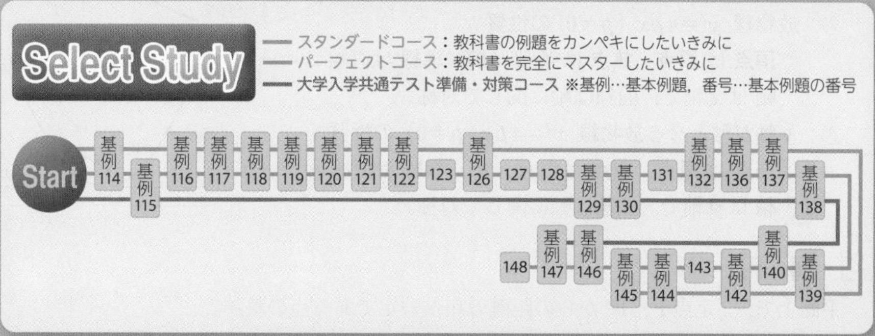

■ 例題一覧

	種類	番号	例題タイトル	難易度
13	基本	114	放物線の概形，放物線の方程式	1
	基本	115	円の中心の軌跡	3
	基本	116	楕円の概形	1
	基本	117	楕円の方程式	2
	基本	118	円と楕円	2
	基本	119	内分点，外分点の軌跡	2
	基本	120	双曲線の概形	1
	基本	121	双曲線の方程式	2
	基本	122	2次曲線の平行移動	2
	基本	123	2次曲線上の点と定点の距離	3
	重要	124	2次曲線の回転移動	4
	重要	125	複素数平面上の2次曲線の方程式	4
14	基本	126	2次曲線と直線の共有点	2
	基本	127	共有点の個数	3
	基本	128	弦の中点・長さ	3
	基本	129	弦の中点の軌跡	3
	基本	130	2次曲線に引いた接線	3
	基本	131	2次曲線の接線と証明	3
	基本	132	離心率	2
	重要	133	2つの2次曲線の共有点	4
	重要	134	2次曲線上の点と直線の距離	4
	重要	135	2接線の交点の軌跡	5
15	基本	136	曲線の媒介変数表示 (1)	1
	基本	137	曲線の媒介変数表示 (2)	2
	基本	138	曲線の媒介変数表示 (3)	3
	基本	139	媒介変数の利用（軌跡）	2
	基本	140	媒介変数の利用（最大・最小）	3
	重要	141	エピサイクロイドの媒介変数表示	4
16	基本	142	極座標と直交座標	1
	基本	143	距離・三角形の面積（極座標）	3
	基本	144	直交座標の方程式→極方程式	2
	基本	145	極方程式→直交座標の方程式	2
	基本	146	円・直線の極方程式	3
	基本	147	2次曲線の極方程式	3
	基本	148	極方程式と軌跡	3
	重要	149	レムニスケートの極方程式	3
	重要	150	図形への応用（極座標）	4

13 2次曲線

基本事項

1 放物線

平面上で，定点Fからの距離と，Fを通らない定直線 ℓ からの距離が等しい点の軌跡。

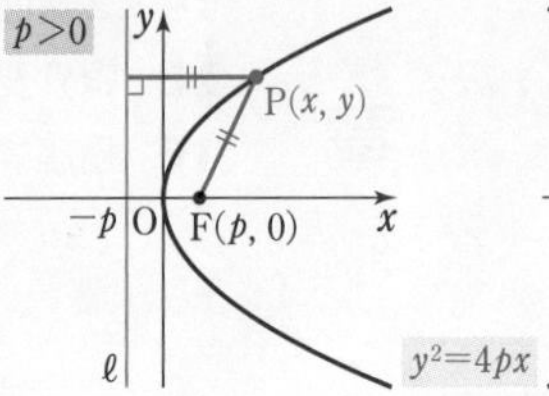

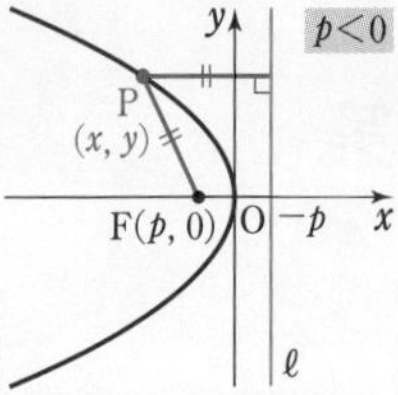

① $y^2=4px$ $(p\neq 0)$ を放物線の方程式の **標準形** という。

② **放物線 $y^2=4px$ $(p\neq 0)$ の性質**

1 **頂点** は **原点**，**焦点** は点 $(p,\ 0)$，**準線** は直線 $x=-p$

2 **軸** は x 軸で，曲線は軸に関して対称。

③ **y 軸が軸となる放物線 $x^2=4py$ $(p\neq 0)$ の性質**

1 **頂点** は **原点**，**焦点** は点 $(0,\ p)$，**準線** は直線 $y=-p$

2 **軸** は y 軸で，曲線は軸に関して対称。

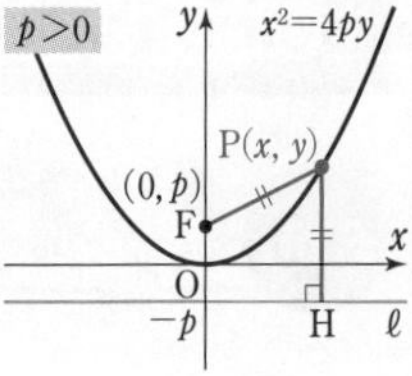

2 楕 円

平面上で，2定点F，F′からの距離の和が一定である点の軌跡。

① $\dfrac{x^2}{a^2}+\dfrac{y^2}{b^2}=1$ $(a>b>0)$ を楕円の方程式の **標準形** という。

② **楕円 $\dfrac{x^2}{a^2}+\dfrac{y^2}{b^2}=1$ $(a>b>0)$ の性質**

1 **中心** は **原点**，**長軸** の長さ $2a$，**短軸** の長さ $2b$

2 **焦点** は2点 $\mathrm{F}(\sqrt{a^2-b^2},\ 0)$，$\mathrm{F}'(-\sqrt{a^2-b^2},\ 0)$

3 曲線は x 軸，y 軸，原点に関して対称。

4 楕円上の任意の点から2つの焦点までの距離の **和は $2a$**

5 円 $x^2+y^2=a^2$ を x 軸をもとにして **y 軸方向に $\dfrac{b}{a}$ 倍に縮小** した曲線（$p.206$ 参照）。

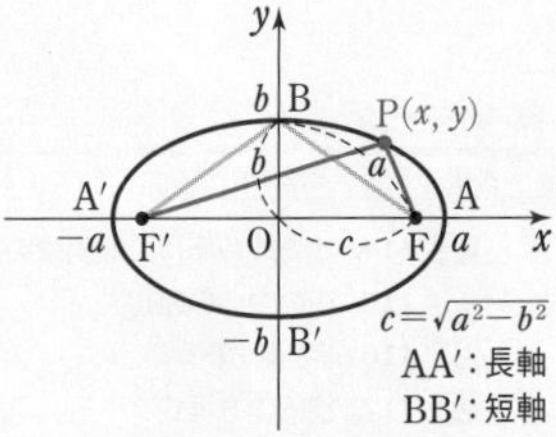

補足 上図の4点A，A′，B，B′を楕円の **頂点** という。

③ **焦点が y 軸上にある楕円 $\dfrac{x^2}{a^2}+\dfrac{y^2}{b^2}=1$ $(b>a>0)$ の性質**

1 **中心** は **原点**，**長軸** の長さ $2b$，**短軸** の長さ $2a$

2 **焦点** は2点 $\mathrm{F}(0,\ \sqrt{b^2-a^2})$，$\mathrm{F}'(0,\ -\sqrt{b^2-a^2})$

3 曲線は x 軸，y 軸，原点に関して対称。

4 楕円上の任意の点から2つの焦点までの距離の **和は $2b$**

5 円 $x^2+y^2=a^2$ を x 軸をもとにして **y 軸方向に $\dfrac{b}{a}$ 倍に拡大** した曲線。

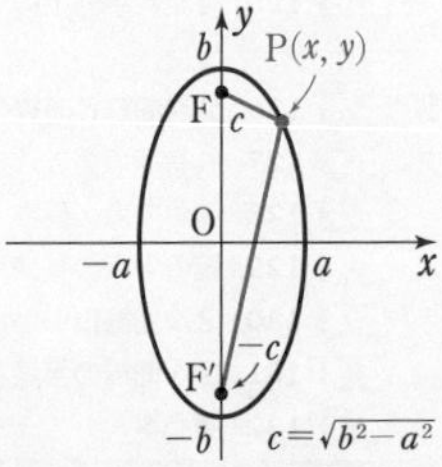

3 双曲線

平面上で，2 定点 F，F′ からの距離の差が 0 でなく一定である点の軌跡。

① $\boldsymbol{\dfrac{x^2}{a^2}-\dfrac{y^2}{b^2}=1}$ ($a>0$，$b>0$) を双曲線の方程式の **標準形** という。

② **双曲線 $\boldsymbol{\dfrac{x^2}{a^2}-\dfrac{y^2}{b^2}=1}$ ($\boldsymbol{a>0}$，$\boldsymbol{b>0}$) の性質**

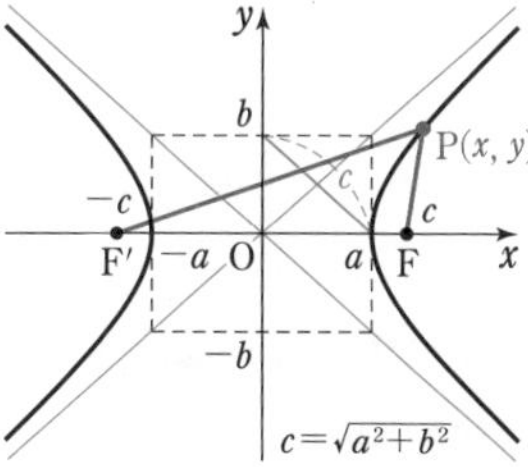

1 **中心** は **原点**，**頂点** は 2 点 $(\boldsymbol{a},\ 0)$，$(\boldsymbol{-a},\ 0)$

2 **焦点** は 2 点 $\mathbf{F}(\boldsymbol{\sqrt{a^2+b^2}},\ 0)$，$\mathbf{F'}(\boldsymbol{-\sqrt{a^2+b^2}},\ 0)$

3 曲線は x 軸，y 軸，原点に関して対称。

4 漸近線は 2 直線 $\boldsymbol{y=\pm\dfrac{b}{a}x}$

$$\left(\frac{x}{a}-\frac{y}{b}=0,\ \ \frac{x}{a}+\frac{y}{b}=0\right)$$

5 双曲線上の任意の点から 2 つの焦点までの距離の **差は 2$\boldsymbol{a}$**

③ **焦点が $\boldsymbol{y}$ 軸上にある双曲線 $\boldsymbol{\dfrac{x^2}{a^2}-\dfrac{y^2}{b^2}=-1}$ ($\boldsymbol{a>0}$，$\boldsymbol{b>0}$) の性質**

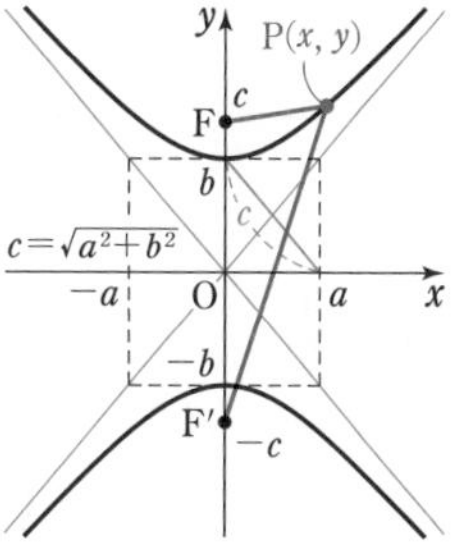

1 **中心** は **原点**，**頂点** は 2 点 $(0,\ \boldsymbol{b})$，$(0,\ \boldsymbol{-b})$

2 **焦点** は 2 点 $\mathbf{F}(0,\ \boldsymbol{\sqrt{a^2+b^2}})$，$\mathbf{F'}(0,\ \boldsymbol{-\sqrt{a^2+b^2}})$

3 曲線は x 軸，y 軸，原点に関して対称。

4 漸近線は 2 直線 $\boldsymbol{y=\pm\dfrac{b}{a}x}$ $\left(\dfrac{x}{a}-\dfrac{y}{b}=0,\ \ \dfrac{x}{a}+\dfrac{y}{b}=0\right)$

5 双曲線上の任意の点から 2 つの焦点までの距離の **差は 2$\boldsymbol{b}$**

④ 直交する漸近線をもつ双曲線を **直角双曲線** という。

4 2 次曲線の平行移動

① 曲線 $F(x,\ y)=0$ を x 軸方向に p，y 軸方向に q だけ平行移動して得られる曲線の方程式は　　$\boldsymbol{F(x-p,\ y-q)=0}$

② 方程式が標準形で表される 2 次曲線を平行移動したときの曲線の方程式は

$$\boldsymbol{ax^2+cy^2+dx+ey+f=0}$$

の形で表される。

解説 ② 2 次曲線を平行移動だけでなく，回転・対称移動すると，一般には

$$\boldsymbol{ax^2+bxy+cy^2+dx+ey+f=0}$$

の形で表される。**平行移動だけなら $\boldsymbol{xy}$ の項は現れない。**

CHECK & CHECK

43 次の 2 次曲線の焦点の座標を求めよ。

(1) $y^2=8x$　　(2) $\dfrac{x^2}{(\sqrt{3})^2}+y^2=1$　　(3) $\dfrac{x^2}{3^2}+\dfrac{y^2}{5^2}=1$

(4) $\dfrac{x^2}{4^2}-\dfrac{y^2}{3^2}=1$　　(5) $x^2-9y^2=-9$　　↻ 1 ～ 3

基本 例題 114 放物線の概形，放物線の方程式

(1) 次の放物線の焦点，準線を求めよ。また，その概形をかけ。

(ア) $y^2=2x$　(イ) $y^2=-12x$　(ウ) $y=-\dfrac{1}{8}x^2$

(2) 次の条件を満たす放物線の方程式を求めよ。

(ア) 焦点が点 $\left(\dfrac{1}{6},\ 0\right)$，準線が直線 $x=-\dfrac{1}{6}$

(イ) 焦点が点 $(0,\ 4)$，準線が直線 $y=-4$

p.200 基本事項 1

CHART & SOLUTION

放物線の焦点と準線

$y^2=4◎x$ または $x^2=4◎y$ の形に変形

放物線	焦　点	準　線	軸
$y^2=4px$ $(p\neq0)$	$(p,\ 0)$ ……x 軸上	直線 $x=-p$	x 軸 $(y=0)$
$x^2=4py$ $(p\neq0)$	$(0,\ p)$ ……y 軸上	直線 $y=-p$	y 軸 $(x=0)$

解答

(1) (ア) $y^2=4\cdot\dfrac{1}{2}x$ から

焦点は点 $\left(\dfrac{1}{2},\ 0\right)$，準線は 直線 $x=-\dfrac{1}{2}$，概形は 下図。　⇐ $p=\dfrac{1}{2}$

(イ) $y^2=4\cdot(-3)x$ から

焦点は点 $(-3,\ 0)$，準線は 直線 $x=3$，概形は 下図。　⇐ $p=-3$

(ウ) $x^2=-8y$ すなわち $x^2=4\cdot(-2)y$ から

焦点は点 $(0,\ -2)$，準線は 直線 $y=2$，概形は 下図。　⇐ $p=-2$

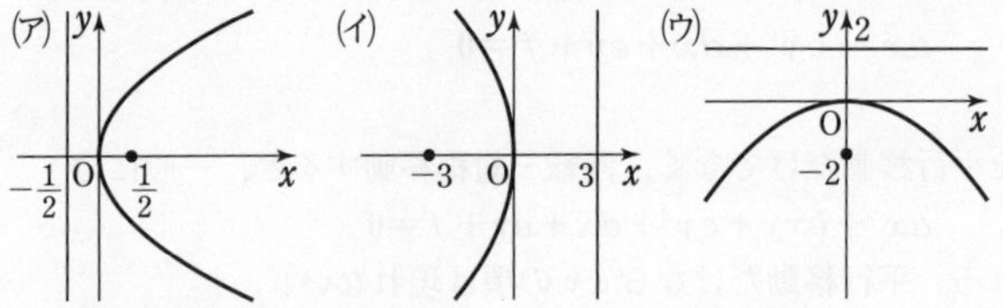

(2) (ア) $y^2=4px$ に $p=\dfrac{1}{6}$ を代入して　$\boldsymbol{y^2=\dfrac{2}{3}x}$

(イ) $x^2=4py$ に $p=4$ を代入して　$\boldsymbol{x^2=16y}$

(ア) 焦点が **x 軸** 上にある。

(イ) 焦点が **y 軸** 上にある。

PRACTICE 114①

(1) 放物線 $y^2=7x$ の焦点，準線を求めよ。また，その概形をかけ。

(2) 焦点が点 $(0,\ -1)$，準線が直線 $y=1$ の放物線の方程式を求めよ。

基本 例題 115 円の中心の軌跡

点 A(2, 0) を中心とする半径 1 の円と直線 $x=-1$ の両方に接し，点Aを内部に含まない円の中心の軌跡を求めよ。

p. 200 基本事項 1

CHART & SOLUTION

2 つの円の位置関係

2 つの円の 中心間の距離と半径の和・差 の関係をチェック

2 つの円が接するとき，外接する場合と内接する場合の 2 通りの場合がある。

この例題では，外接する場合であるから

(中心間の距離)=(半径の和) ……❗

として，x，y の関係式を導く。

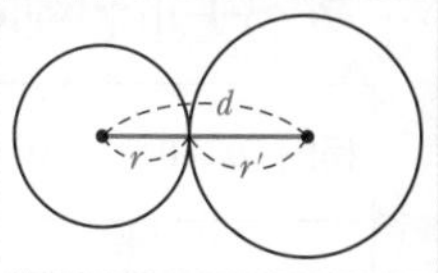

解答

点 A(2, 0) を中心とする半径 1 の円を C_1 とする。

また，円 C_1 と直線 $x=-1$ の両方に接し，点Aを内部に含まない円を C_2 とする。

円 C_2 の中心を P(x, y) とし，点Pから直線 $x=-1$ に下ろした垂線を PH とすると　PH$=|x+1|$

右の図より $x>-1$ であるから　PH$=x+1$

円 C_2 は点Aを内部に含まないから，2 つの円 C_1，C_2 は外接して

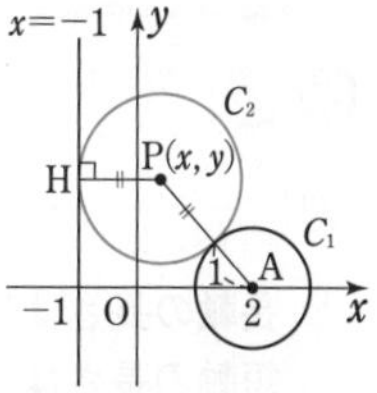

❗　　AP=PH+1

よって　$\sqrt{(x-2)^2+y^2}=x+2$

両辺を 2 乗して　$(x-2)^2+y^2=(x+2)^2$

ゆえに　$y^2=8x$

したがって，求める軌跡は　**放物線 $y^2=8x$**

⇐ AP=(C_2 の半径)+(C_1 の半径)

⇐ $x+2>0$ であるから両辺を 2 乗しても同値。

注意　上の解答では，逆の確認 (軌跡上の点が条件を満たすことの確認) は省略した。以後，本書では軌跡の問題における逆の確認を省略することがある。

INFORMATION　図形的な考察

点Pと直線 $x=-2$ の距離は AP と一致することから，点Pの軌跡は **点 A を焦点，直線 $x=-2$ を準線とする放物線** であることがわかる。

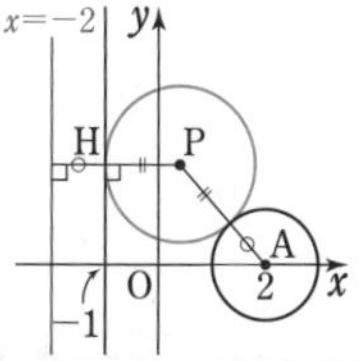

PRACTICE 115③

円 $(x-3)^2+y^2=1$ に外接し，直線 $x=-2$ にも接するような円の中心の軌跡を求めよ。

基本 例題 116　楕円の概形

次の楕円の長軸・短軸の長さ，焦点を求めよ。また，その概形をかけ。

(1) $\dfrac{x^2}{18}+\dfrac{y^2}{9}=1$　　　(2) $25x^2+9y^2=225$

p.200 基本事項 2

CHART & SOLUTION

楕円 $\dfrac{x^2}{a^2}+\dfrac{y^2}{b^2}=1$ の焦点

a，b の大小で判断

楕円 ($a>0$，$b>0$)	焦　点	長軸，短軸の長さ	2つの焦点までの距離の和 (一定)
$a>b$	$(\pm\sqrt{a^2-b^2},\ 0)$ ……x 軸上	長軸：$2a$，短軸：$2b$	$2a$
$a<b$	$(0,\ \pm\sqrt{b^2-a^2})$ ……y 軸上	長軸：$2b$，短軸：$2a$	$2b$

解答

(1) $\dfrac{x^2}{(3\sqrt{2})^2}+\dfrac{y^2}{3^2}=1$ であるから

長軸の長さは　$2\cdot3\sqrt{2}=\mathbf{6\sqrt{2}}$

短軸の長さは　$2\cdot3=\mathbf{6}$

$\sqrt{(3\sqrt{2})^2-3^2}=3$ から，**焦点は 2 点**

(3, 0)，(−3, 0) であり，**概形は 右図**。

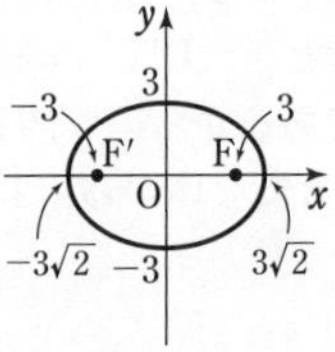

⇐ $3\sqrt{2}>3$ であるから **x 軸上** に焦点をもつ楕円。

(2) $25x^2+9y^2=225$ を変形すると，

$\dfrac{x^2}{3^2}+\dfrac{y^2}{5^2}=1$ であるから

長軸の長さは　$2\cdot5=\mathbf{10}$

短軸の長さは　$2\cdot3=\mathbf{6}$

$\sqrt{5^2-3^2}=4$ から，**焦点は 2 点 (0, 4)，(0, −4)** であり，**概形は 右図**。

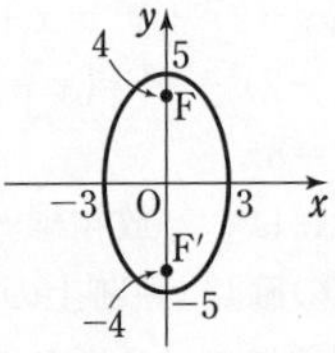

⇐ 両辺を 225 で割って $f(x,\ y)=1$ の形にする。

⇐ $3<5$ であるから **y 軸上** に焦点をもつ楕円。

PRACTICE 116 ①

次の楕円の長軸・短軸の長さ，焦点を求めよ。また，その概形をかけ。

(1) $\dfrac{x^2}{4}+\dfrac{y^2}{8}=1$　　　(2) $3x^2+5y^2=30$

基本 例題 117 楕円の方程式

2点 (2, 0), (−2, 0) を焦点とし，焦点からの距離の和が $2\sqrt{5}$ である楕円の方程式を求めよ。

p.200 基本事項 2，基本 116

CHART & SOLUTION

楕円 $\dfrac{x^2}{a^2}+\dfrac{y^2}{b^2}=1$ $(a>b>0)$

焦点 $(\pm\sqrt{a^2-b^2},\ 0)$，距離の和 $2a$ ……❶

焦点が x 軸上にあり，中心が原点であるから，求める楕円の方程式は

$\dfrac{x^2}{a^2}+\dfrac{y^2}{b^2}=1$ $(a>b>0)$ とおける。

別解　焦点を F，F′ とする。楕円上の点を P$(x,\ y)$ とおき，PF+PF′$=2\sqrt{5}$ から軌跡の方程式を求める。

解答

2点 (2, 0), (−2, 0) を焦点とする楕円の方程式は

$$\frac{x^2}{a^2}+\frac{y^2}{b^2}=1\ (a>b>0)$$

と表される。

⇐ 焦点が **x 軸**上にあるから $a>b$

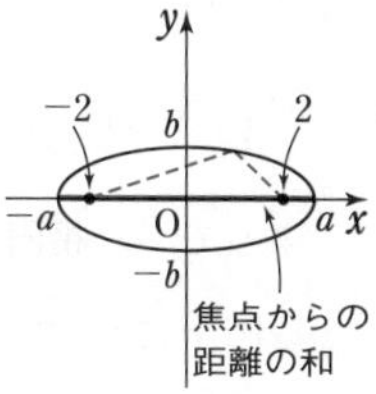

焦点からの距離の和が $2\sqrt{5}$ であるから

❶ $2a=2\sqrt{5}$　　よって　$a=\sqrt{5}$，$a^2=5$

❶ 焦点の座標から　$\sqrt{a^2-b^2}=2$

ゆえに　$b^2=a^2-2^2=5-4=1$

よって，求める楕円の方程式は　$\boldsymbol{\dfrac{x^2}{5}+y^2=1}$

別解　F(2, 0)，F′(−2, 0)，楕円上の点を P$(x,\ y)$ とする。

⇐ 2点 F，F′ は焦点であるから　PF+PF′$=2\sqrt{5}$

PF+PF′$=2\sqrt{5}$ であるから

$$\sqrt{(x-2)^2+y^2}+\sqrt{(x+2)^2+y^2}=2\sqrt{5}$$

⇐ $\sqrt{■}+\sqrt{□}=●$ の両辺を2乗すると計算が煩雑。

よって　$\sqrt{(x-2)^2+y^2}=2\sqrt{5}-\sqrt{(x+2)^2+y^2}$

両辺を2乗すると

$$(x-2)^2+y^2=20-4\sqrt{5}\sqrt{(x+2)^2+y^2}+(x+2)^2+y^2$$

整理して　$\sqrt{5}\sqrt{(x+2)^2+y^2}=2x+5$

更に，両辺を2乗して　$5\{(x+2)^2+y^2\}=(2x+5)^2$

⇐ $5x^2+20x+20+5y^2=4x^2+20x+25$

整理して　$x^2+5y^2=5$

ゆえに，求める楕円の方程式は　$\boldsymbol{\dfrac{x^2}{5}+y^2=1}$

PRACTICE 117❷

2点 $(2\sqrt{2},\ 0)$，$(-2\sqrt{2},\ 0)$ を焦点とし，焦点からの距離の和が6である楕円の方程式を求めよ。

基本 例題 118 円と楕円

円 $x^2+y^2=25$ を次のように縮小または拡大すると，どんな曲線になるか。

(1) x 軸をもとにして y 軸方向に $\dfrac{2}{5}$ 倍

(2) y 軸をもとにして x 軸方向に 2 倍

p. 200 基本事項 2

CHART & SOLUTION

軌跡

1 軌跡上の動点 $(x,\ y)$ の関係式を導く

2 条件でつなぎの文字を消去する

軌跡の問題と同じ要領で解けばよい。円上の点を $Q(s,\ t)$，点 Q が移る曲線上の点の座標を $P(x,\ y)$ とする。⟶ $s,\ t$ を $x,\ y$ で表し，$s,\ t$ を消去して，$x,\ y$ の関係式を導く。…… ❗

解答

(1) 円上に点 $Q(s,\ t)$ をとり，Q が移る点を $P(x,\ y)$ とすると　　$x=s,\ y=\dfrac{2}{5}t$

ゆえに　　$s=x,\ t=\dfrac{5}{2}y$

❗ $s^2+t^2=25$ であるから　　$x^2+\left(\dfrac{5}{2}y\right)^2=25$

よって　　**楕円 $\dfrac{x^2}{25}+\dfrac{y^2}{4}=1$**

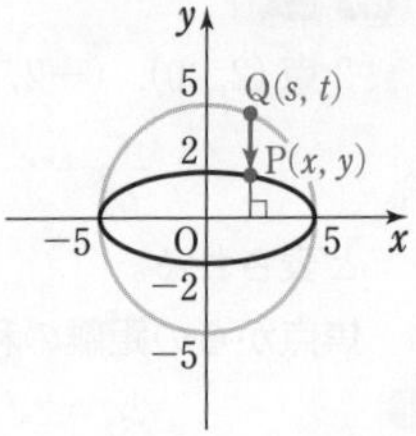

(2) 円上に点 $Q(s,\ t)$ をとり，Q が移る点を $P(x,\ y)$ とすると　　$x=2s,\ y=t$

ゆえに　　$s=\dfrac{x}{2},\ t=y$

❗ $s^2+t^2=25$ であるから　　$\left(\dfrac{x}{2}\right)^2+y^2=25$

よって　　**楕円 $\dfrac{x^2}{100}+\dfrac{y^2}{25}=1$**

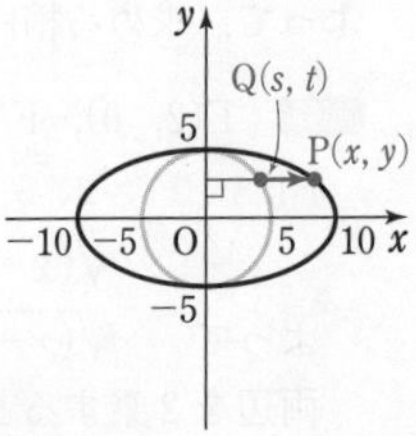

INFORMATION　円と楕円

一般に，**楕円は直径をもとにして**

円を一定方向に，一定の比率で拡大または縮小したもの

としてとらえることができる。

また，円は楕円の特別な場合であると考えることができる。

PRACTICE 118❷

円 $x^2+y^2=4$ を y 軸をもとにして x 軸方向に $\dfrac{5}{2}$ 倍に拡大した曲線の方程式を求めよ。

基本 例題 119　内分点，外分点の軌跡

長さが 8 の線分 AB の端点Aは x 軸上を，端点Bは y 軸上を動くとき，線分 AB を 3：5 に内分する点Pの軌跡を求めよ。

基本 118

CHART & THINKING

軌跡

1 軌跡上の動点 $(x,\ y)$ の関係式を導く

2 条件でつなぎの文字を消去する

前ページの基本例題 118 と同様の方針。点Pの座標を $(x,\ y)$ とする。点A，Bの座標をつなぎの文字 s，t で表すことを考えよう。点Aは x 軸上，点Bは y 軸上を動くことに着目すると，それぞれの座標はどのように表されるだろうか？

⟶ $A(s,\ 0)$，$B(0,\ t)$ とすればよい。あとは，s，t を x，y で表し，s，t を消去する。……!

2 点 $A(x_1,\ y_1)$，$B(x_2,\ y_2)$ に対して，線分 AB を $m:n$ に内分する点の座標は

$$\left(\frac{nx_1+mx_2}{m+n},\ \frac{ny_1+my_2}{m+n}\right)$$

解答

2 点 A，B の座標を，それぞれ $(s,\ 0)$，$(0,\ t)$ とすると，$AB^2=8^2$ であるから

$$s^2+t^2=8^2 \quad \cdots\cdots ①$$

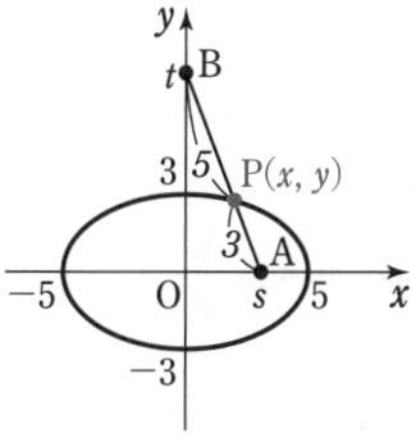

点Pの座標を $(x,\ y)$ とすると，点Pは線分 AB を 3：5 に内分するから

$$x=\frac{5}{8}s,\quad y=\frac{3}{8}t$$

ゆえに　$s=\frac{8}{5}x,\quad t=\frac{8}{3}y$

! これらを ① に代入すると　$\left(\frac{8}{5}x\right)^2+\left(\frac{8}{3}y\right)^2=8^2$

すなわち　$\frac{x^2}{5^2}+\frac{y^2}{3^2}=1$

よって，点Pの軌跡は，**楕円 $\boldsymbol{\frac{x^2}{25}+\frac{y^2}{9}=1}$** である。

⇦ 左の図は，点Pが第 1 象限にある場合の図である。点Pは第 2 象限（下図参照），第 3 象限，第 4 象限および x 軸，y 軸上にも存在する。例えば，$A(8,\ 0)$，$B(0,\ 0)$ とすると，Pの座標は $(5,\ 0)$ となる（下図参照）。

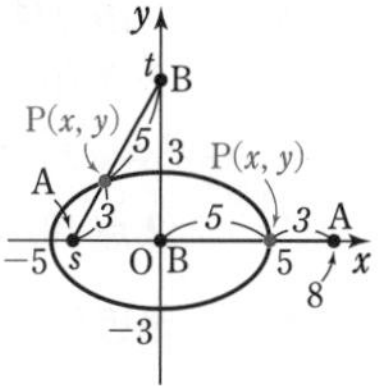

PRACTICE 119②

長さが 3 の線分 AB の端点Aは x 軸上を，端点Bは y 軸上を動くとき，線分 AB を 1：2 に外分する点Pの軌跡を求めよ。

基本 例題 120　双曲線の概形

次の双曲線の頂点と焦点，および漸近線を求めよ。また，その概形をかけ。

(1) $\frac{x^2}{25}-\frac{y^2}{9}=1$　　(2) $4x^2-25y^2=-100$

p.201 基本事項 3

CHART & SOLUTION

双曲線 $\frac{x^2}{a^2}-\frac{y^2}{b^2}=\pm1$ の焦点　右辺の符号で判断

双曲線 ($a>0$, $b>0$)	焦点	2つの焦点までの距離の差 (一定)	漸近線
$\frac{x^2}{a^2}-\frac{y^2}{b^2}=1$	$(\pm\sqrt{a^2+b^2},\ 0)$ ……x軸上	$2a$	2直線 $y=\frac{b}{a}x$, $y=-\frac{b}{a}x$
$\frac{x^2}{a^2}-\frac{y^2}{b^2}=-1$	$(0,\ \pm\sqrt{a^2+b^2})$ ……y軸上	$2b$	

解答

(1) $\frac{x^2}{5^2}-\frac{y^2}{3^2}=1$ であるから，**頂点は**

2点 $(5,\ 0)$，$(-5,\ 0)$

$\sqrt{5^2+3^2}=\sqrt{34}$ であるから，**焦点は**

2点 $(\sqrt{34},\ 0)$，$(-\sqrt{34},\ 0)$

また，**漸近線は2直線 $y=\pm\frac{3}{5}x$**

概形は **右図**。

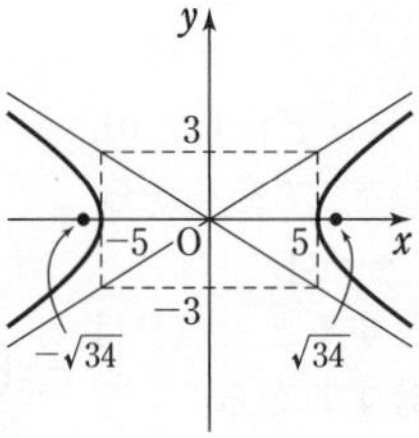

⇐ 右辺が1であるから **x軸** 上に焦点をもつ双曲線。

⇐ グラフは，まず漸近線をかくとよい。

⇐ $\frac{x}{5}-\frac{y}{3}=0$, $\frac{x}{5}+\frac{y}{3}=0$ でもよい。

(2) $4x^2-25y^2=-100$ を変形して　$\frac{x^2}{5^2}-\frac{y^2}{2^2}=-1$

よって，**頂点は**

2点 $(0,\ 2)$，$(0,\ -2)$

$\sqrt{5^2+2^2}=\sqrt{29}$ であるから，**焦点は**

2点 $(0,\ \sqrt{29})$，$(0,\ -\sqrt{29})$

また，**漸近線は2直線 $y=\pm\frac{2}{5}x$**

概形は **右図**。

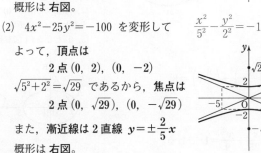

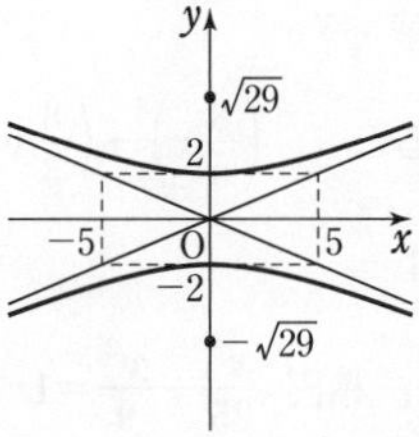

⇐ 右辺が -1 であるから **y軸** 上に焦点をもつ双曲線。

⇐ グラフは，まず漸近線をかくとよい。

⇐ $\frac{x}{5}-\frac{y}{2}=0$, $\frac{x}{5}+\frac{y}{2}=0$ でもよい。

inf. 双曲線 $\frac{x^2}{a^2}-\frac{y^2}{b^2}=\pm1$ の漸近線は，$=\pm1$ を $=0$ におき換えた $\frac{x^2}{a^2}-\frac{y^2}{b^2}=0$ と同値。

$$\frac{x^2}{a^2}-\frac{y^2}{b^2}=0 \iff \left(\frac{x}{a}-\frac{y}{b}\right)\left(\frac{x}{a}+\frac{y}{b}\right)=0 \iff \frac{x}{a}-\frac{y}{b}=0,\ \frac{x}{a}+\frac{y}{b}=0 \iff y=\frac{b}{a}x,\ y=-\frac{b}{a}x$$

PRACTICE 120①

次の双曲線の頂点と焦点，および漸近線を求めよ。また，その概形をかけ。

(1) $\frac{x^2}{4}-\frac{y^2}{4}=1$　　(2) $25x^2-9y^2=-225$

基本 例題 121 双曲線の方程式

(1)　2 点 $(6,\ 0)$, $(-6,\ 0)$ を焦点とし，焦点からの距離の差が 10 である双曲線の方程式を求めよ。

(2)　2 直線 $y=2x$, $y=-2x$ を漸近線にもち，2 点 $(0,\ 5)$, $(0,\ -5)$ を焦点とする双曲線の方程式を求めよ。

p.201 基本事項 3，基本 120

CHART & SOLUTION

双曲線の方程式　① $\dfrac{x^2}{a^2}-\dfrac{y^2}{b^2}=1$　② $\dfrac{x^2}{a^2}-\dfrac{y^2}{b^2}=-1$

焦点の位置から判断

(1)　焦点が x 軸上にある ⟶ ① の形

(2)　焦点が y 軸上にある ⟶ ② の形

解答

(1)　2 点 $(6,\ 0)$, $(-6,\ 0)$ を焦点とする双曲線の方程式は

$$\frac{x^2}{a^2}-\frac{y^2}{b^2}=1 \quad (a>0,\ b>0)$$

と表される。

焦点からの距離の差が 10 であるから　$2a=10$

よって　$a=5$, $a^2=25$

焦点の座標から　$\sqrt{a^2+b^2}=6$

ゆえに　$b^2=6^2-a^2=36-25=11$

よって，求める双曲線の方程式は　$\boldsymbol{\dfrac{x^2}{25}-\dfrac{y^2}{11}=1}$

⇐ 焦点が **x 軸** 上にあるから，① の形。

⇐ ① の形のとき，焦点からの距離の差は　$2a$

⇐ 焦点は 2 点 $(\sqrt{a^2+b^2},\ 0)$, $(-\sqrt{a^2+b^2},\ 0)$

(2)　2 点 $(0,\ 5)$, $(0,\ -5)$ を焦点とする双曲線の方程式は

$$\frac{x^2}{a^2}-\frac{y^2}{b^2}=-1 \quad (a>0,\ b>0)$$

と表される。漸近線の傾きが ± 2 であるから

$$\frac{b}{a}=2 \quad すなわち \quad b=2a \quad \cdots\cdots ①$$

焦点の座標から　$\sqrt{a^2+b^2}=5$ ……②

①, ② から　$a^2+(2a)^2=5^2$　ゆえに　$a^2=5$, $b^2=20$

よって，求める双曲線の方程式は　$\boldsymbol{\dfrac{x^2}{5}-\dfrac{y^2}{20}=-1}$

⇐ 焦点が **y 軸** 上にあるから，② の形。

⇐ 漸近線の方程式は $y=\pm\dfrac{b}{a}x$

⇐ ② から　$a^2+b^2=5^2$
① を代入して　$5a^2=25$

PRACTICE 121❷

(1)　2 点 $(0,\ 5)$, $(0,\ -5)$ を焦点とし，焦点からの距離の差が 8 である双曲線の方程式を求めよ。

(2)　2 直線 $y=\dfrac{\sqrt{7}}{3}x$, $y=-\dfrac{\sqrt{7}}{3}x$ を漸近線にもち，2 点 $(0,\ 4)$, $(0,\ -4)$ を焦点とする双曲線の方程式を求めよ。

まとめ　放物線・楕円・双曲線の性質

<table>
<tr><th></th><th>方程式</th><th>焦点F, F′など</th><th>対称性</th><th>性質</th><th>概形</th></tr>
<tr><td rowspan="2">放物線</td><td>$y^2=4px$
$(p\neq0)$</td><td>$\mathrm{F}(p,\ 0)$
準線：$x=-p$
軸　：　x 軸
頂点：　原点</td><td>x 軸に関して対称。</td><td rowspan="2">放物線上の点Pから焦点と準線までの距離が等しい。</td><td>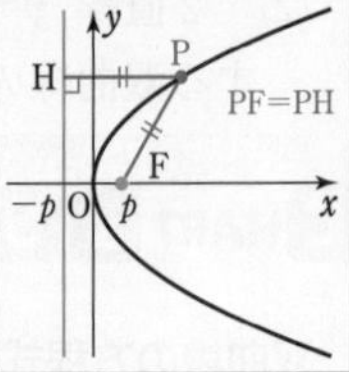</td></tr>
<tr><td>$x^2=4py$
$(p\neq0)$</td><td>$\mathrm{F}(0,\ p)$
準線：$y=-p$
軸　：　y 軸
頂点：　原点</td><td>y 軸に関して対称。</td><td>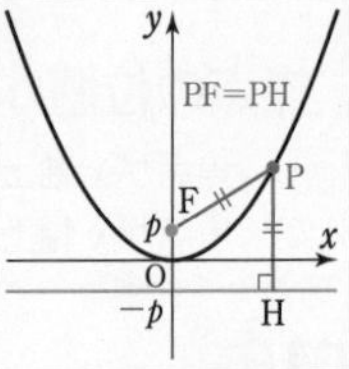</td></tr>
<tr><td rowspan="2">楕円</td><td>$\dfrac{x^2}{a^2}+\dfrac{y^2}{b^2}=1$
$(a>b>0)$</td><td>$\mathrm{F}(\sqrt{a^2-b^2},\ 0)$
$\mathrm{F}'(-\sqrt{a^2-b^2},\ 0)$
長軸の長さ：$2a$
短軸の長さ：$2b$</td><td rowspan="2">x 軸，y 軸，原点に関して対称。</td><td>楕円上の点Pと2つの焦点までの距離の和が一定で $2a$ に等しい。</td><td>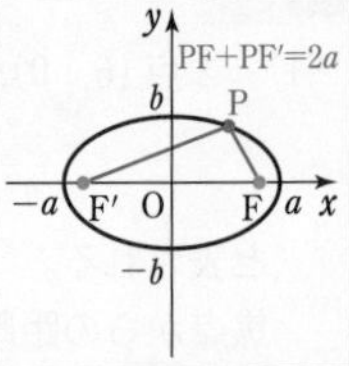</td></tr>
<tr><td>$\dfrac{x^2}{a^2}+\dfrac{y^2}{b^2}=1$
$(b>a>0)$</td><td>$\mathrm{F}(0,\ \sqrt{b^2-a^2})$
$\mathrm{F}'(0,\ -\sqrt{b^2-a^2})$
長軸の長さ：$2b$
短軸の長さ：$2a$</td><td>楕円上の点Pと2つの焦点までの距離の和が一定で $2b$ に等しい。</td><td>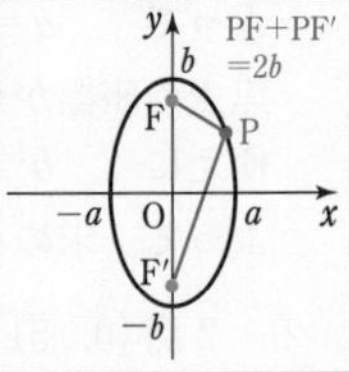</td></tr>
<tr><td rowspan="2">双曲線</td><td>$\dfrac{x^2}{a^2}-\dfrac{y^2}{b^2}=1$
$(a>0,\ b>0)$</td><td>$\mathrm{F}(\sqrt{a^2+b^2},\ 0)$
$\mathrm{F}'(-\sqrt{a^2+b^2},\ 0)$
漸近線：
$y=\pm\dfrac{b}{a}x$</td><td rowspan="2">x 軸，y 軸，原点に関して対称。</td><td>双曲線上の点Pと2つの焦点までの距離の差が0でなく一定で $2a$ に等しい。</td><td>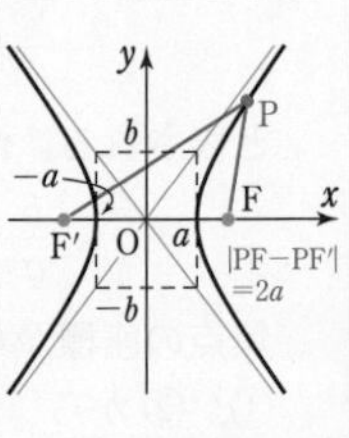</td></tr>
<tr><td>$\dfrac{x^2}{a^2}-\dfrac{y^2}{b^2}=-1$
$(a>0,\ b>0)$</td><td>$\mathrm{F}(0,\ \sqrt{a^2+b^2})$
$\mathrm{F}'(0,\ -\sqrt{a^2+b^2})$
漸近線：
$y=\pm\dfrac{b}{a}x$</td><td>双曲線上の点Pと2つの焦点までの距離の差が0でなく一定で $2b$ に等しい。</td><td>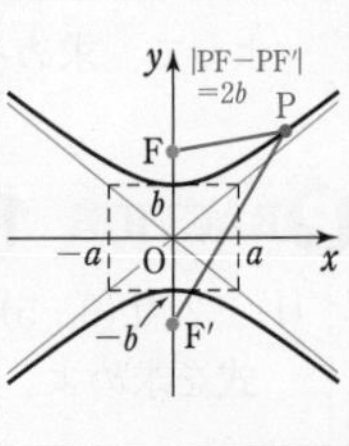</td></tr>
</table>

基本 例題 122　2次曲線の平行移動

(1)　楕円 $4x^2+5y^2=20$ を x 軸方向に -3, y 軸方向に -1 だけ平行移動した楕円の方程式を求めよ。また，焦点の座標を求めよ。

(2)　曲線 $9x^2-4y^2-54x-24y+9=0$ の概形をかけ。

p.201 基本事項 4

CHART & SOLUTION

曲線 $ax^2+cy^2+dx+ey+f=0$

標準形に向かって変形　2次の項に着目

(2)　2次の項が $9x^2-4y^2$ であるから，双曲線を平行移動したものと考えられる。よって，x, y のそれぞれについて平方完成し，$\dfrac{(x-p)^2}{A}-\dfrac{(y-q)^2}{B}=1$（または $=-1$）の形に変形。

注意　グラフの平行移動と点の平行移動を混同しない。

解答

(1)　$4\{x-(-3)\}^2+5\{y-(-1)\}^2=20$ から

$4(x+3)^2+5(y+1)^2=20$ すなわち $\boldsymbol{\dfrac{(x+3)^2}{5}+\dfrac{(y+1)^2}{4}=1}$

⇐ x を $\boldsymbol{x-(-3)}$, y を $\boldsymbol{y-(-1)}$ におき換える。

楕円 $\dfrac{x^2}{5}+\dfrac{y^2}{4}=1$ の焦点は2点 $(1,\ 0)$, $(-1,\ 0)$ であるから，これを x 軸方向に -3, y 軸方向に -1 だけ平行移動して，求める焦点の座標は　**2点 $(-2,\ -1)$, $(-4,\ -1)$**

⇐ $\sqrt{a^2-b^2}=\sqrt{5-4}=1$

⇐ 点 $(x,\ y)$ を x 軸方向に p, y 軸方向に q だけ平行移動した点の座標は $(x+p,\ y+q)$

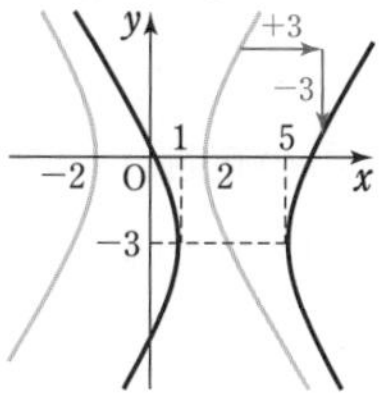

(2)　与えられた方程式を変形すると

$$9(x^2-6x+3^2)-9\cdot 3^2-4(y^2+6y+3^2)+4\cdot 3^2+9=0$$

よって　$9(x-3)^2-4(y+3)^2=36$

ゆえに　$\dfrac{(x-3)^2}{4}-\dfrac{(y+3)^2}{9}=1$

よって，与えられた曲線は，双曲線 $\dfrac{x^2}{4}-\dfrac{y^2}{9}=1$ を x 軸方向に3, y 軸方向に -3 だけ平行移動した双曲線である。

この双曲線の中心は $(3,\ -3)$, 漸近線は $y=\pm\dfrac{3}{2}(x-3)-3$ で，概形は **右図** のようになる。

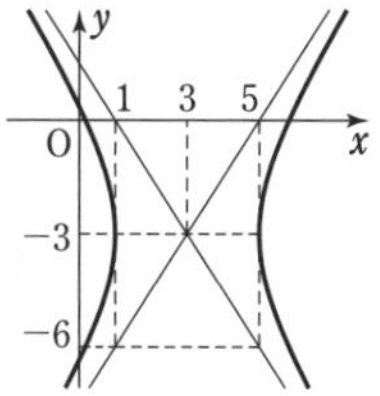

⇐ 双曲線 $\dfrac{x^2}{4}-\dfrac{y^2}{9}=1$ について
中心 $(0,\ 0)$,
漸近線 $y=\pm\dfrac{3}{2}x$

PRACTICE 122❷

(1)　楕円 $12x^2+3y^2=36$ を x 軸方向に1, y 軸方向に -2 だけ平行移動した楕円の方程式を求めよ。また，焦点の座標を求めよ。

(2)　次の曲線の焦点の座標を求め，概形をかけ。

(ア)　$25x^2-4y^2+100x-24y-36=0$　　(イ)　$y^2-4x-2y-7=0$

(ウ)　$4x^2+9y^2-8x+36y+4=0$

基本 例題 123　2次曲線上の点と定点の距離

楕円 $C: \dfrac{x^2}{3}+y^2=1$ 上の $x\geqq 0$ の範囲にある点をPとする。点Pと定点A$(0,\ -1)$ の距離を最大にするPの座標と，そのときの距離を求めよ。

CHART & SOLUTION

曲線上の点と定点の距離の最大値・最小値　(距離)^2 の式で考える

曲線上の点P$(s,\ t)$ の満たす条件から，(距離)^2 すなわち AP^2 は t の2次式で表される（Pの x 座標についての条件 $s\geqq 0$ に注意）。

よって，**t の2次関数の最大値問題**（t の値の範囲に注意）……❗

として解くことができる。

解答

P$(s,\ t)$ とする。ただし，$s\geqq 0$ とする。

点Pは楕円C上の点であるから

$$\frac{s^2}{3}+t^2=1 \quad \cdots\cdots ①$$

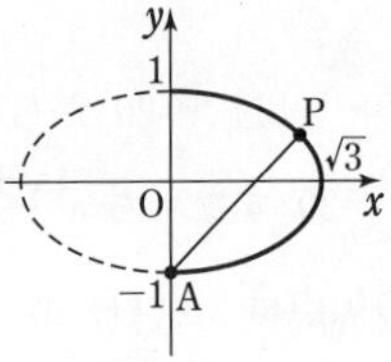

よって　$s^2=3(1-t^2)$

$s^2\geqq 0$ であるから　$3(1-t^2)\geqq 0$

ゆえに　$-1\leqq t\leqq 1$ ……②

⇐ $s^2\geqq 0$ から t のとりうる値の範囲を求める。

したがって　$\text{AP}^2=s^2+(t+1)^2$

$$=3(1-t^2)+(t+1)^2$$
$$=-2t^2+2t+4$$

❗ $$=-2\left(t-\frac{1}{2}\right)^2+\frac{9}{2}$$

⇐ 2次関数の最大・最小は $y=a(x-p)^2+q$ の形に変形して考える。

② の範囲の t について，AP^2 は $t=\dfrac{1}{2}$ で最大値 $\dfrac{9}{2}$ をとる。

AP$\geqq 0$ であるから，AP^2 が最大のとき，AP も最大となる。

$t=\dfrac{1}{2}$ のとき，① から　$\dfrac{s^2}{3}+\dfrac{1}{4}=1$

$s\geqq 0$ であるから　$s=\dfrac{3}{2}$

ゆえに，**P$\left(\dfrac{3}{2},\ \dfrac{1}{2}\right)$** のとき最大となり，そのときの **距離は**

$$\sqrt{\frac{9}{2}}=\frac{3\sqrt{2}}{2}$$

PRACTICE 123③

双曲線 $x^2-\dfrac{y^2}{2}=1$ 上の点Pと点$(0,\ 3)$ の距離を最小にするPの座標と，そのときの距離を求めよ。

重要 例題 124　2次曲線の回転移動

(1) 点 $P(X,\ Y)$ を，原点を中心として角 θ だけ回転した点を $Q(x,\ y)$ とするとき，X，Y を x，y，θ で表せ。

(2) 曲線 $5x^2+2\sqrt{3}xy+7y^2=16$ を，原点を中心として $\dfrac{\pi}{6}$ だけ回転移動した曲線の方程式を求めよ。　〔(2) 類　慶応大〕

p.153 基本事項 3，基本 87

CHART & SOLUTION

回転移動　複素数平面で考える

座標平面上の点（●，■）を，複素数平面上の点 ●＋■i とみる。

複素数平面上で，点 z を原点を中心として θ だけ回転した点は　**点 $(\cos\theta+i\sin\theta)z$**

(1) 点Pは点Qを，原点を中心として $-\theta$ だけ回転した点と考える。

(2) 回転前の曲線上の点を $P(X,\ Y)$ とすると　$5X^2+2\sqrt{3}XY+7Y^2=16$

このX，Yに，(1)で求めたX，Yの式を代入し，x と y の関係式を導く。

解答

(1) 複素数平面上において，点 $Q(x+yi)$ を原点を中心として $-\theta$ だけ回転した点が $P(X+Yi)$ であるから

$$X+Yi=\{\cos(-\theta)+i\sin(-\theta)\}(x+yi)$$
$$=(\cos\theta-i\sin\theta)(x+yi)$$
$$=(x\cos\theta+y\sin\theta)+(-x\sin\theta+y\cos\theta)i$$

したがって　$\boldsymbol{X=x\cos\theta+y\sin\theta,\ Y=-x\sin\theta+y\cos\theta}$

(2) 点 $(X,\ Y)$ を，原点を中心として $\dfrac{\pi}{6}$ だけ回転した点の座標を $(x,\ y)$ とすると，(1)から

$$X=x\cos\frac{\pi}{6}+y\sin\frac{\pi}{6}=\frac{1}{2}(\sqrt{3}x+y)\quad\cdots\cdots①$$

$$Y=-x\sin\frac{\pi}{6}+y\cos\frac{\pi}{6}=\frac{1}{2}(-x+\sqrt{3}y)\quad\cdots\cdots②$$

点 $(X,\ Y)$ を曲線 $5x^2+2\sqrt{3}xy+7y^2=16$ 上の点とすると

$$5X^2+2\sqrt{3}XY+7Y^2=16$$

これに，①，② の式を代入して

$$5\left\{\frac{1}{2}(\sqrt{3}x+y)\right\}^2+2\sqrt{3}\cdot\frac{1}{2}(\sqrt{3}x+y)\cdot\frac{1}{2}(-x+\sqrt{3}y)+7\left\{\frac{1}{2}(-x+\sqrt{3}y)\right\}^2=16$$

ゆえに　$\boldsymbol{\dfrac{x^2}{4}+\dfrac{y^2}{2}=1}$

$(X,\ Y)\ \underset{-\theta\text{回転}}{\overset{\theta\text{回転}}{\rightleftarrows}}\ (x,\ y)$

⇐ $\cos(-\theta)=\cos\theta$，$\sin(-\theta)=-\sin\theta$

inf. (1)は
$x+yi=(\cos\theta+i\sin\theta)\times(X+Yi)$
から
$\begin{cases}x=X\cos\theta-Y\sin\theta\\ y=X\sin\theta+Y\cos\theta\end{cases}$
として，X，Yについて解くと計算量が多くなる。そのため，解答では $-\theta$ の回転を考えている。
また，三角関数の加法定理（数学Ⅱ）を用いた 別解 も考えられる。解答編 PRACTICE 124 の inf. 参照。

PRACTICE 124④

曲線 $x^2-2\sqrt{3}xy+3y^2+6\sqrt{3}x-10y+12=0$ を，原点を中心として $-\dfrac{\pi}{6}$ だけ回転した曲線の方程式を求め，それを図示せよ。

重要 例題 125 複素数平面上の2次曲線の方程式

複素数 $z=x+yi$ (x, y は実数, i は虚数単位) が次の条件を満たすとき, x, y の満たす方程式を求めよ。また, その方程式が表す図形の概形を xy 平面上に図示せよ。

(1) $|z+3|+|z-3|=12$　　(2) $|2z|=|z+\overline{z}+4|$

基本 101, 114, 117

CHART & SOLUTION

複素数平面上の2次曲線

1 式の形から2次曲線の定義を読み取る

2 $z=x+yi$ (x, y は実数) とおいて, x, y の関係式を求める

(1) P(z), F(3), F′(−3) とすると PF+PF′=12 [楕円の定義] (方針 1)

(2) $z=x+yi$ を代入して x, y の関係式を求める (方針 2)。

解答

(1) P(z), F(3), F′(−3) とすると

$|z+3|=|z-(-3)|=\text{PF}'$, $|z-3|=\text{PF}$

よって　PF+PF′=12

したがって, 点Pの軌跡は2点F, F′ を焦点とする楕円である。ゆえに, xy 平面上において求める楕円の方程式は

$$\frac{x^2}{a^2}+\frac{y^2}{b^2}=1\ (a>b>0)$$

と表される。距離の和が12であるから　$2a=12$

よって　$a=6$, $a^2=36$

2点F, F′ を焦点とするから　$\sqrt{a^2-b^2}=3$

ゆえに　$b^2=a^2-3^2=36-9=27$

よって, 求める x, y の満たす方程式は　$\boldsymbol{\dfrac{x^2}{36}+\dfrac{y^2}{27}=1}$

概形は **右図** のようになる。

⇐ A(α), B(β) のとき AB=$|\beta-\alpha|$

⇐ 2定点からの距離の和が一定 ⟶ 楕円

⇐ 焦点が x 軸上で中心が原点

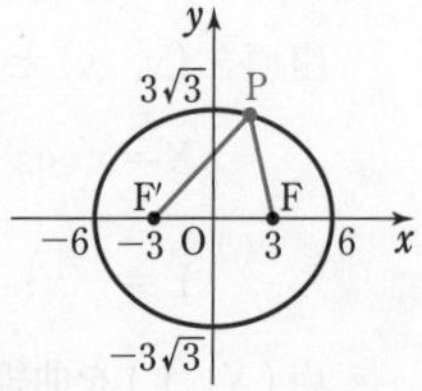

(2) 両辺を2乗して　$|2z|^2=|z+\overline{z}+4|^2$

$z=x+yi$ から　$|2z|^2=4|z|^2=4(x^2+y^2)$

$|z+\overline{z}+4|^2=|(x+yi)+(x-yi)+4|^2=|2(x+2)|^2=4(x+2)^2$

したがって　$4(x^2+y^2)=4(x+2)^2$

求める x, y の満たす方程式は　$\boldsymbol{y^2=4(x+1)}$

概形は **右図** のようになる。

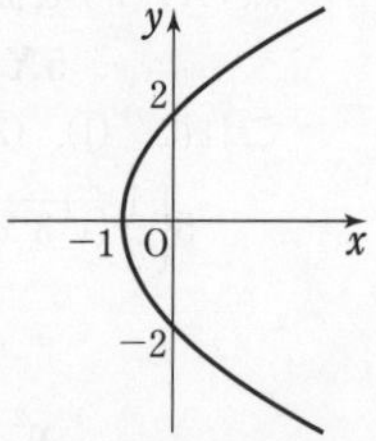

PRACTICE 125 ④

複素数 $z=x+yi$ (x, y は実数, i は虚数単位) が次の条件を満たすとき, x, y の満たす方程式を求めよ。また, その方程式が表す図形の概形を xy 平面上に図示せよ。

(1) $|z-4i|+|z+4i|=10$　　(2) $(z+\overline{z})^2=2(1+|z|^2)$　　[(1) 芝浦工大]

EXERCISES　13　2次曲線

A

104❷ (1) 中心は原点で，長軸は x 軸上，短軸は y 軸上にあり，2点 $(-4,\ 0)$，$(2,\ \sqrt{3})$ を通る楕円の方程式を求めよ。

(2) 中心が原点で，焦点が x 軸上にあり，2点 $\left(\frac{5}{2},\ -3\right)$，$(4,\ 4\sqrt{3})$ を通る双曲線の方程式を求めよ。

(3) 直交する漸近線をもつ双曲線を直角双曲線という。中心が原点，1つの焦点が $(0,\ 4)$ である直角双曲線の方程式を求めよ。 116, 121

105❷ 双曲線 $x^2-2y^2=-4$ を，点 $(-3,\ 1)$ に関して対称に移動して得られる曲線の方程式を求めよ。 118, 119

106❸ $a>0$ とする。放物線 $y=x^2$ と $ax=y^2+by$ が焦点を共有するとき，定数 a，b の値を求めよ。 114, 122

107❸ 2点 $(-5,\ 2)$，$(1,\ 2)$ からの距離の和が10である点の軌跡を求めよ。 117, 122

108❸ 放物線 $y^2=4x$ 上の点Pと，定点 $\mathrm{A}(a,\ 0)$ の距離の最小値を求めよ。ただし，a は定数とする。 123

B

109❸ 方程式 $2x^2-8x+y^2-6y+11=0$ が表す2次曲線を C_1 とする。

(1) C_1 の焦点の座標を求め，概形をかけ。

(2) a，b，c $(c>0)$ を定数とし，方程式 $(x-a)^2-\frac{(y-b)^2}{c^2}=1$ が表す双曲線を C_2 とする。C_1 の2つの焦点と C_2 の2つの焦点が正方形の4つの頂点となるとき，a，b，c の値を求めよ。 〔類 名城大〕 116

110❹ 双曲線上の任意の点Pから2つの漸近線に垂線PQ，PRを引くと，線分の長さの積 PQ・PR は一定であることを証明せよ。 120

111❸ 座標平面上の2点 $\mathrm{A}(x,\ y)$，$\mathrm{B}(xy^2-2y,\ 2x+y^3)$ について，点Aが楕円 $\frac{x^2}{3}+y^2=1$ 上を動くとき，内積 $\overrightarrow{\mathrm{OA}}\cdot\overrightarrow{\mathrm{OB}}$ の最大値を求めよ。ただし，Oは原点である。 〔武蔵工大〕 123

112❹ 平面上に，点 $\mathrm{A}(1,\ 0)$ を通り傾き m_1 の直線 ℓ_1 と点 $\mathrm{B}(-1,\ 0)$ を通り傾き m_2 の直線 ℓ_2 とがある。2直線 ℓ_1，ℓ_2 が $m_1m_2=k$，$k\neq0$ を満たしながら動くとき，ℓ_1 と ℓ_2 の交点の軌跡を求めよ。 〔類 秋田大〕

HINT

109 (2) 正方形の対角線の性質に着目する。

110 双曲線の方程式を $\frac{x^2}{a^2}-\frac{y^2}{b^2}=1$ $(a>0,\ b>0)$ とし，点と直線の距離の公式を利用。

111 $\overrightarrow{\mathrm{OA}}\cdot\overrightarrow{\mathrm{OB}}$ を x を用いて表し，基本形に変形する。

112 2直線 ℓ_1，ℓ_2 の交点を $\mathrm{P}(X,\ Y)$ として，X，Y の関係式を求める。

14 2次曲線と直線

基本事項

1 2次曲線と直線の共有点

2次曲線 $F(x,\ y)=0$ ……① と 直線 $ax+by+c=0$ ……② について，2次曲線と直線の共有点の座標は，① と ② の連立方程式の実数解で与えられる。

[1] ① と ② から1変数を消去して得られる方程式が2次方程式の場合，その判別式をDとする。

(ア) $\boldsymbol{D>0}$ (異なる2組の実数解をもつ) $\Longleftrightarrow$ **2点で交わる**

(イ) $\boldsymbol{D=0}$ (1組の実数解 [重解] をもつ) $\Longleftrightarrow$ **1点で接する**

(ウ) $\boldsymbol{D<0}$ (実数解をもたない) $\Longleftrightarrow$ **共有点がない**

[2] ① と ② から1変数を消去して得られる方程式が1次方程式の場合

(エ) (1組の実数解をもつ) $\Longleftrightarrow$ **1点で交わる**

2 2次曲線の接線

曲線上の点 $(\boldsymbol{x_1},\ \boldsymbol{y_1})$ における接線の方程式 ($p\neq0$, $a>0$, $b>0$)

1 **放物線** $y^2=4px$ $\longrightarrow$ $\boldsymbol{y_1y=2p(x+x_1)}$

　　　　 $x^2=4py$ $\longrightarrow$ $\boldsymbol{x_1x=2p(y+y_1)}$

2 **楕　円** $\dfrac{x^2}{a^2}+\dfrac{y^2}{b^2}=1$ $\longrightarrow$ $\boldsymbol{\dfrac{x_1x}{a^2}+\dfrac{y_1y}{b^2}=1}$

3 **双曲線** $\dfrac{x^2}{a^2}-\dfrac{y^2}{b^2}=\pm1$ $\longrightarrow$ $\boldsymbol{\dfrac{x_1x}{a^2}-\dfrac{y_1y}{b^2}=\pm1}$ (複号同順)

3 2次曲線と離心率 e

楕円・双曲線も，放物線と同じように，定点Fと定直線ℓからの距離の比が一定である点の軌跡として定義できる。すなわち，点Pからℓに引いた垂線をPHとするとき PF : PH $=e:1$ (eは正の定数) を満たす点Pの軌跡は，Fを1つの焦点とする2次曲線で，ℓを準線，$\boldsymbol{e}$を2次曲線の**離心率**という。このとき，eの値によって2次曲線は，次のように分類される。

$0<e<1$ のとき　楕円　　**$e=1$ のとき　放物線**　　**$e>1$ のとき　双曲線**

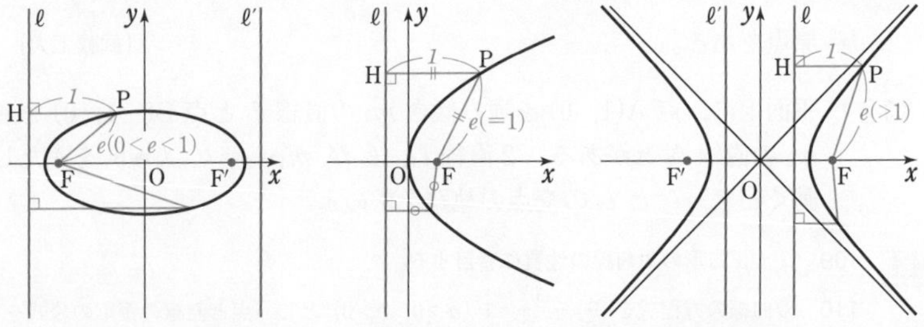

注意　グラフからわかるように，楕円と双曲線には，y軸対称な位置に焦点と準線がもう1つずつある。

解説 座標平面上で，ℓ を y 軸 $(x=0)$，$\mathrm{F}(c, 0)$ $(c>0)$，$\mathrm{P}(x, y)$ とし，P から y 軸に引

いた垂線を PH とすると $\dfrac{\mathrm{PF}}{\mathrm{PH}}=\dfrac{\sqrt{(x-c)^2+y^2}}{|x|}=e$

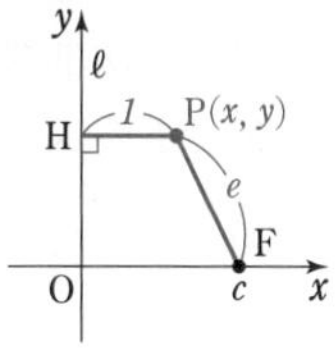

よって $\sqrt{(x-c)^2+y^2}=e|x|$

両辺を 2 乗して整理すると

$$(1-e^2)x^2-2cx+y^2+c^2=0 \quad \cdots\cdots Ⓐ$$

[1] $e=1$ のとき

Ⓐ から $y^2=2c\left(x-\dfrac{c}{2}\right)$ $\cdots\cdots ①$

曲線 ① を x 軸方向に $-\dfrac{c}{2}$ だけ平行移動して $c=2p$ とおくと

$$y^2=4px, \quad 焦点\,(p, 0), \quad 準線：x=-p$$

[2] $e \neq 1$ のとき

Ⓐ から $(1-e^2)\left(x-\dfrac{c}{1-e^2}\right)^2+y^2=\dfrac{(ce)^2}{1-e^2}$ $\cdots\cdots ②$

曲線 ② を x 軸方向に $-\dfrac{c}{1-e^2}$ だけ平行移動すると

$$(1-e^2)x^2+y^2=\dfrac{(ce)^2}{1-e^2} \quad \cdots\cdots ③$$

$0<e<1$ のとき

$a=\dfrac{ce}{1-e^2}$，$b=\dfrac{ce}{\sqrt{1-e^2}}$ とおくと，③ から

$$\dfrac{x^2}{a^2}+\dfrac{y^2}{b^2}=1 \ (a>b>0),$$

焦点 $(-ae, 0)$，

準線：$x=-\dfrac{a}{e}$，$e=\dfrac{\sqrt{a^2-b^2}}{a}$

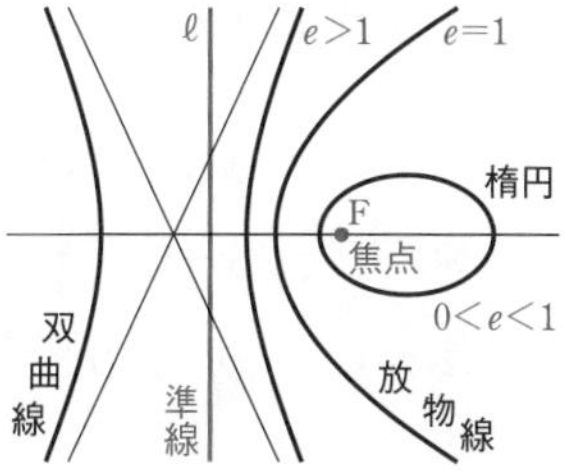

$e>1$ のとき

$a=\dfrac{ce}{e^2-1}$，$b=\dfrac{ce}{\sqrt{e^2-1}}$ とおくと，③ から

$$\dfrac{x^2}{a^2}-\dfrac{y^2}{b^2}=1 \ (a>0, \ b>0), \quad 焦点\,(ae, 0), \quad 準線：x=\dfrac{a}{e},$$

$$e=\dfrac{\sqrt{a^2+b^2}}{a}$$

CHECK & CHECK ・・・・・・・・・・・・・・・・・・・・・・・・・・・・・・・・

44 次の 2 次曲線と直線の共有点の個数を調べよ。

(1) $2x^2+y^2=1$，$x+y=1$ 　　　(2) $y^2=2x$，$2x-2y+1=0$ 　　🔂 **1**

45 次の楕円，双曲線上の与えられた点における接線の方程式を求めよ。

(1) $y^2=8x$ $(2, 4)$ 　　　(2) $\dfrac{x^2}{3}+\dfrac{y^2}{6}=1$ $(1, 2)$

(3) $2x^2-y^2=1$ $(\sqrt{2}, -\sqrt{3})$ 　　　🔂 **2**

基本 例題 126　2 次曲線と直線の共有点

次の 2 次曲線と直線は共有点をもつか。共有点をもつ場合には，その点の座標を求めよ。

(1)　$x^2-\dfrac{y^2}{4}=1$，$x+2y=1$　　(2)　$\dfrac{x^2}{2}+\dfrac{y^2}{3}=1$，$2x-y=4$

p.216 基本事項 1

CHART & SOLUTION

2 次曲線と直線の共有点　　共有点 ⟺ 実数解

1 変数を消去して考える。このとき，計算しやすい方の変数を消去すること。
(1)，(2) ともに，1 変数を消去すると 2 次方程式が得られる。

解答

(1)　$x^2-\dfrac{y^2}{4}=1$ から $4x^2-y^2=4$ … ①

$x+2y=1$ から $x=-2y+1$ … ②

② を ① に代入すると

$4(-2y+1)^2-y^2=4$

よって　$y(15y-16)=0$

ゆえに　$y=0,\ \dfrac{16}{15}$

② から　$y=0$ のとき $x=1$，$y=\dfrac{16}{15}$ のとき $x=-\dfrac{17}{15}$

したがって，2 つの共有点 $(\mathbf{1},\ \mathbf{0})$，$\left(-\dfrac{\mathbf{17}}{\mathbf{15}},\ \dfrac{\mathbf{16}}{\mathbf{15}}\right)$ をもつ。

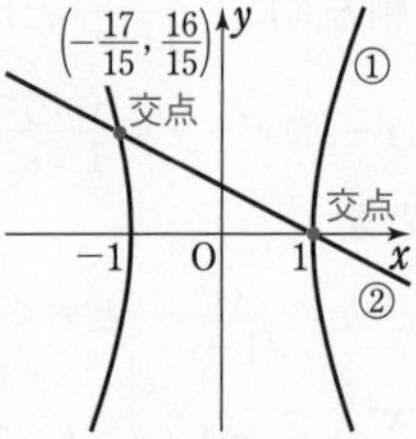

⇦ 計算しやすいように，x を消去する。
$y=-\dfrac{1}{2}x+\dfrac{1}{2}$ を ① に代入すると，計算が煩雑。

⇦ 双曲線 ① と直線 ② は異なる 2 点で交わる。

(2)　$\dfrac{x^2}{2}+\dfrac{y^2}{3}=1$ から $3x^2+2y^2=6$ … ①

$2x-y=4$ から　$y=2x-4$　… ②

② を ① に代入すると

$3x^2+2(2x-4)^2=6$

整理すると　$11x^2-32x+26=0$

この 2 次方程式の判別式を D とすると

$$\frac{D}{4}=(-16)^2-11\cdot 26=-30<0$$

よって，**共有点をもたない。**

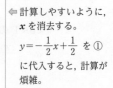

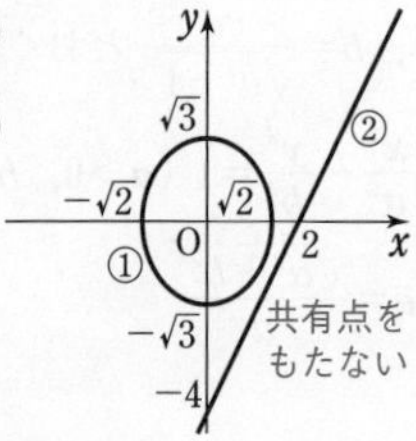

⇦ 計算しやすいように，y を消去する。
$x=\dfrac{1}{2}y+2$ を ① に代入すると，計算が煩雑。

⇦ $D<0$ であるから，実数解をもたない。

PRACTICE 126②

次の 2 次曲線と直線は共有点をもつか。共有点をもつ場合には，交点・接点の別とその点の座標を求めよ。

(1)　$9x^2+4y^2=36$，$x-y=3$　　(2)　$y^2=-4x$，$y=2x-3$

(3)　$x^2-4y^2=-1$，$x+2y=3$　　(4)　$3x^2+y^2=12$，$x-y=4$

基本 例題 127 共有点の個数

楕円 $\dfrac{x^2}{9}+\dfrac{y^2}{4}=1$ と直線 $y=mx+3$ の共有点の個数は，定数 m の値によってどのように変わるか。

p.216 基本事項 1，基本 126，重要 133

CHART & SOLUTION

2次曲線と直線の共有点の個数　共有点の個数 ⟶ 判別式

2次曲線の方程式と直線の方程式から1変数を消去して得られる2次方程式について，その判別式 D の符号で共有点の個数を判断。

$D>0$ のとき2個，$D=0$ のとき1個，$D<0$ のとき0個

解答

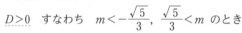

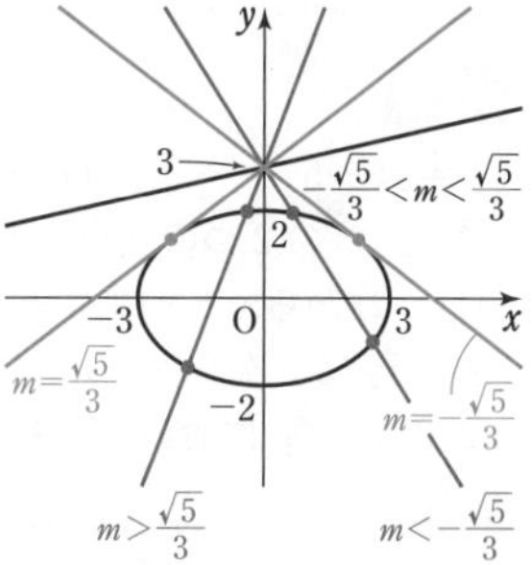

$\dfrac{x^2}{9}+\dfrac{y^2}{4}=1$ から　　$4x^2+9y^2=36$ ……①

$y=mx+3$ ……② を①に代入して整理すると

$(4+9m^2)x^2+54mx+45=0$ ……③

m は実数であるから　　$4+9m^2\neq 0$

よって，2次方程式③の判別式を D とすると

$$\frac{D}{4}=(27m)^2-(4+9m^2)\cdot 45=9\{81m^2-5(4+9m^2)\}$$
$$=36(9m^2-5)=36(3m+\sqrt{5})(3m-\sqrt{5})$$

楕円①と直線②の共有点の個数は，2次方程式③の実数解の個数と一致する。したがって

$D>0$　すなわち　$m<-\dfrac{\sqrt{5}}{3}$，$\dfrac{\sqrt{5}}{3}<m$ のとき

①と②は異なる2点で交わる

⇐ $D>0$ ⟺ 異なる2つの実数解をもつ

$D=0$　すなわち　$m=\pm\dfrac{\sqrt{5}}{3}$ のとき

①と②は1点で接する

⇐ $D=0$ ⟺ 重解をもつ

$D<0$　すなわち　$-\dfrac{\sqrt{5}}{3}<m<\dfrac{\sqrt{5}}{3}$ のとき

①と②の共有点はない

⇐ $D<0$ ⟺ 実数解をもたない

よって　　**$m<-\dfrac{\sqrt{5}}{3}$，$\dfrac{\sqrt{5}}{3}<m$ のとき2個，**

$m=\pm\dfrac{\sqrt{5}}{3}$ のとき1個，

$-\dfrac{\sqrt{5}}{3}<m<\dfrac{\sqrt{5}}{3}$ のとき0個

PRACTICE 127❸

曲線 $3x^2+12ax+4y^2=0$ と，直線 $x+2y=6$ の共有点の個数を調べよ。

基本 例題 128　弦の中点・長さ

直線 $y=3x-5$ が，双曲線 $4x^2-y^2=4$ によって切り取られる線分の中点の座標，および長さを求めよ。

CHART & SOLUTION

弦の中点・長さ　解と係数の関係を利用

直線と双曲線の方程式から 2 つの交点の座標を直接求める方法もあるが，計算が煩雑になることが多い。ここでは 2 式から y を消去して得られる 2 次方程式の解と係数の関係を用いて求める。

解と係数の関係

2 次方程式 $ax^2+bx+c=0$ の 2 つの解を α，β とすると　$\boldsymbol{\alpha+\beta=-\dfrac{b}{a}}$，$\boldsymbol{\alpha\beta=\dfrac{c}{a}}$

線分の長さには　$\boldsymbol{(\beta-\alpha)^2=(\alpha+\beta)^2-4\alpha\beta}$ を利用。

解答

$y=3x-5$ …… ①，$4x^2-y^2=4$ …… ② とする。

① と ② の 2 つの交点を $\mathrm{P}(x_1,\ y_1)$，$\mathrm{Q}(x_2,\ y_2)$ とする。

①，② から y を消去すると　$5x^2-30x+29=0$ …… ③

x_1，x_2 は 2 次方程式 ③ の異なる 2 つの実数解である。

ここで，③ において，解と係数の関係から

$$x_1+x_2=6 \ \cdots\cdots ④,\quad x_1x_2=\frac{29}{5} \ \cdots\cdots ⑤$$

線分 PQ の中点の座標は　$\left(\dfrac{x_1+x_2}{2},\ 3\cdot\dfrac{x_1+x_2}{2}-5\right)$

④ を代入して　**(3, 4)**

また　$\mathrm{PQ}^2=(x_2-x_1)^2+(y_2-y_1)^2=(x_2-x_1)^2+9(x_2-x_1)^2$

$=10(x_2-x_1)^2=10\{(x_1+x_2)^2-4x_1x_2\}$

④，⑤ を代入して　$\mathrm{PQ}^2=10\left(6^2-4\cdot\dfrac{29}{5}\right)=128$

よって　$\mathrm{PQ}=\sqrt{128}=\boldsymbol{8\sqrt{2}}$

曲線が切り取る直線の部分 (線分) を **弦** という。

⇐ $4x^2-(3x-5)^2=4$

⇐ $\dfrac{D}{4}=(-15)^2-5\cdot 29$
$=80>0$

⇐ $x_1+x_2=-\dfrac{-30}{5}$

⇐ 線分 PQ の中点は直線 $y=3x-5$ 上にある。

⇐ $y_2-y_1=(3x_2-5)-(3x_1-5)=3(x_2-x_1)$

INFORMATION　線分 PQ の長さ

直線 $y=3x-5$ の傾きを利用して求めることもできる。

右の図から　$\mathrm{PQ}=\sqrt{1^2+3^2}\,|x_2-x_1|=\sqrt{10}\,|x_2-x_1|$

$(x_2-x_1)^2=(x_1+x_2)^2-4x_1x_2=\dfrac{64}{5}$ から　$|x_2-x_1|=\dfrac{8}{\sqrt{5}}$

よって　$\mathrm{PQ}=\sqrt{10}\cdot\dfrac{8}{\sqrt{5}}=\boldsymbol{8\sqrt{2}}$

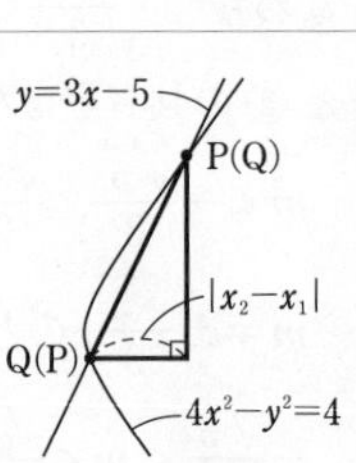

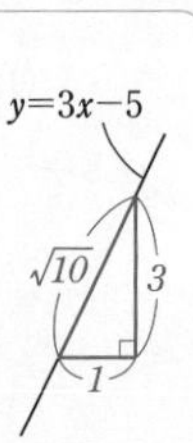

PRACTICE 128③

次の 2 次曲線と直線が交わってできる弦の中点の座標と長さを求めよ。

(1)　$y^2=8x$，$x-y=3$　(2)　$x^2+4y^2=4$，$x+3y=1$　(3)　$x^2-2y^2=1$，$2x-y=3$

基本 例題 129 弦の中点の軌跡

楕円 $x^2+4y^2=4$ と直線 $y=x+k$ が異なる2点P，Qで交わるとする。

(1) 定数kのとりうる値の範囲を求めよ。

(2) 線分PQの中点Rの軌跡を求めよ。

基本 127, 128

CHART & SOLUTION

弦の中点の軌跡　解と係数の関係を利用

(1) 異なる2点で交わる ⟶ 楕円と直線の方程式から導かれるxの2次方程式が異なる2つの実数解をもつ条件

(2) R$(x,\ y)$とする。(1)で求めた2次方程式の解をα，βとして **解と係数の関係** を利用。
x，yをkの式で表す。
kを消去して，x，yの関係式を導く。……❗

解答

(1) $y=x+k$ を $x^2+4y^2=4$ に代入して　$x^2+4(x+k)^2=4$

ゆえに　$5x^2+8kx+4k^2-4=0$ ……①

楕円と直線が異なる2点で交わるから，2次方程式①の判別式をDとすると　$D>0$

ここで　$\dfrac{D}{4}=(4k)^2-5(4k^2-4)=-4(k^2-5)$

よって　$k^2-5<0$　ゆえに　$-\sqrt{5}<k<\sqrt{5}$

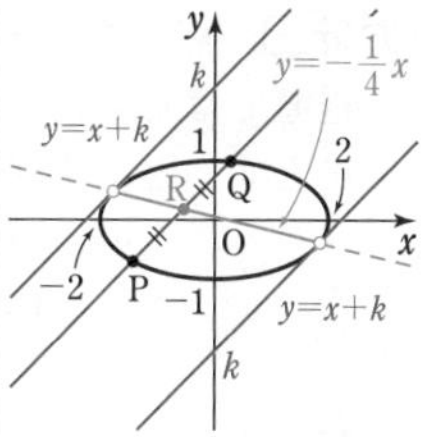

(2) kが(1)で求めた範囲にあるとき，方程式①は異なる2つの実数解α，βをもち，これらはP，Qのx座標である。
ここで，R$(x,\ y)$とすると，①において，解と係数の関係から　$x=\dfrac{\alpha+\beta}{2}=-\dfrac{4}{5}k$ ……②

⇐ $\alpha+\beta=-\dfrac{8}{5}k$

$y=x+k=-\dfrac{4}{5}k+k=\dfrac{k}{5}$ ……③

⇐ 点Rは直線 $y=x+k$ 上にある。

❗ ②から　$k=-\dfrac{5}{4}x$ ……④

これを③に代入すると　$y=-\dfrac{1}{4}x$

また，(1)と④から　$-\dfrac{4\sqrt{5}}{5}<x<\dfrac{4\sqrt{5}}{5}$

⇐ $-\sqrt{5}<-\dfrac{5}{4}x<\sqrt{5}$

したがって，求める軌跡は

直線 $y=-\dfrac{1}{4}x$ の $-\dfrac{4\sqrt{5}}{5}<x<\dfrac{4\sqrt{5}}{5}$ の部分

PRACTICE 129③

双曲線 $x^2-3y^2=3$ と直線 $y=x+k$ がある。

(1) 双曲線と直線が異なる2点で交わるような，定数kの値の範囲を求めよ。

(2) 双曲線が直線から切り取る線分の中点の軌跡を求めよ。

基本 例題 130　2次曲線に引いた接線

点 A(0, 5) から楕円 $x^2+4y^2=20$ に引いた接線の方程式を求めよ。

p.216 基本事項 1, 2, 重要 135

CHART & SOLUTION

2次曲線の曲線外から引いた接線

1　接点 ⟺ 重解 ⟶ 判別式 $D=0$ ……!

2　2次曲線の接線の公式を利用

接する ⟶ x（または y）の2次方程式が重解をもつ（**方針 1**）。⟶ 接線を $y=mx+5$ とおく。

$p.216$ の公式 $\dfrac{x_1x}{a^2}+\dfrac{y_1y}{b^2}=1$ を用いて解く方法もある（**方針 2**）。⟶ 接点を $(x_1,\ y_1)$ とおく。

解答

$x^2+4y^2=20$ ……① とする。

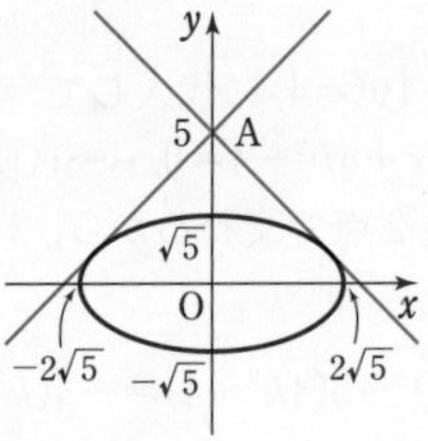

方針 1　点Aを通る接線は，x 軸に垂直ではないから，接線の傾きを m とすると，接線の方程式は

$$y=mx+5 \quad \cdots\cdots ②$$

← 直線②は点 (0, 5) を通る直線のうち，x 軸に垂直な直線 $x=0$ は表せないため，接線が x 軸に垂直でないことを確認する。x 軸に垂直な接線がある場合は解答編 PRACTICE 130 を参照。

②を①に代入すると

$$x^2+4(mx+5)^2=20$$

整理すると　$(4m^2+1)x^2+40mx+80=0$

この2次方程式の判別式を D とすると　← $4m^2+1 \neq 0$

$$\frac{D}{4}=(20m)^2-(4m^2+1)\cdot 80=80(m+1)(m-1)$$

! 直線②が楕円①に接する条件は，$D=0$ から　$m=\pm 1$

よって，接線の方程式は　$\boldsymbol{y=x+5,\ y=-x+5}$

← 接点の x 座標は，$5x^2\pm 40x+80=0$ の重解で $x=\mp 4$（複号同順）

方針 2　接点の座標を $P(x_1,\ y_1)$ とすると，点Pは楕円①上の点であるから

$$x_1{}^2+4y_1{}^2=20 \quad \cdots\cdots ②$$

楕円①上の点Pにおける接線の方程式は　$x_1x+4y_1y=20$　← $\dfrac{x_1x}{20}+\dfrac{y_1y}{5}=1$

点Aを通るから　$x_1\cdot 0+4y_1\cdot 5=20$

よって　$y_1=1$

これを②に代入すると　$x_1{}^2=16$

ゆえに　$x_1=\pm 4$

よって，接線の方程式は　$\boldsymbol{y=x+5,\ y=-x+5}$　← $\pm 4x+4y=20$

PRACTICE 130③

点 A(1, 4) から双曲線 $4x^2-y^2=4$ に引いた接線の方程式を求めよ。また，その接点の座標を求めよ。

基本 例題 131　2次曲線の接線と証明

放物線 $y^2=4px$ $(p>0)$ 上の点 $P(x_1,\ y_1)$ における接線と x 軸との交点をT，放物線の焦点をFとすると，$\angle PTF=\angle TPF$ であることを証明せよ。ただし，$x_1>0$，$y_1>0$ とする。

p.216 基本事項 2

CHART & THINKING

放物線の接線に成り立つ性質　2次曲線の接線の公式を利用

点 $(x_1,\ y_1)$ における接線の方程式は　$y_1y=2p(x+x_1)$ ⟵ p.216 参照

座標平面上では，角より距離の方が扱いやすい場合が多いことをふまえて，方針を考えてみよう。△FPT に着目すると，$\angle PTF=\angle TPF$ のとき，△FPT はどのような三角形だろうか？ ……❗

解答

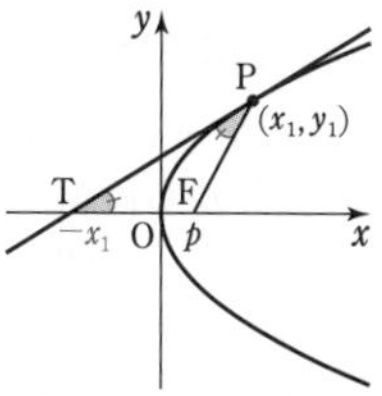

点Pにおける接線の方程式は　$y_1y=2p(x+x_1)$ …… ①

点Pは放物線上の点であるから　$y_1{}^2=4px_1$

また，焦点Fの座標は $(p,\ 0)$ であるから

$$\begin{aligned}FP&=\sqrt{(x_1-p)^2+y_1{}^2}\\&=\sqrt{(x_1-p)^2+4px_1}\\&=\sqrt{(x_1+p)^2}\\&=x_1+p\end{aligned}$$

⇐ $x_1+p>0$

Tの x 座標は，接線①に $y=0$ を代入して　$x=-x_1$

ゆえに　$FT=p-(-x_1)=p+x_1$

❗ よって，FP=FT となり，△FPT は二等辺三角形であるから

$\angle PTF=\angle TPF$

INFORMATION ―― 放物線の焦点の性質

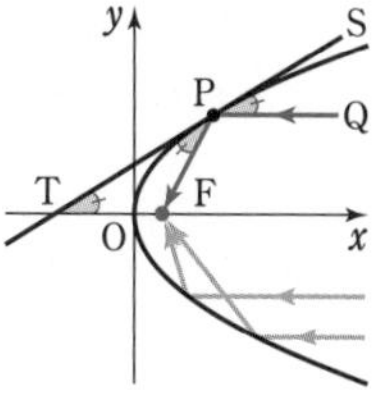

図のように接線を ST とする。

接点Pを通り x 軸に平行な半直線 PQ を引く。

このとき，上の例題から　$\angle SPQ=\angle PTF=\angle TPF$

すなわち，QP と FP は，接線 ST と等しい角をなす。

ゆえに，図のように，内側が放物線状の鏡に，軸に平行に進む光線が当たって反射すると，すべて放物線の焦点Fに集まることがわかる。電波を受信するパラボラアンテナは，放物線を軸の周りに1回転してできる面の形をしている（放物線：parabola）。身の回りで数学が活用されている例の1つである。

PRACTICE 131③

双曲線 $\dfrac{x^2}{16}-\dfrac{y^2}{9}=1$ 上の点 $P(x_1,\ y_1)$ における接線は，点Pと2つの焦点F，F′ とを結んでできる $\angle FPF'$ を2等分することを証明せよ。ただし，$x_1>0$，$y_1>0$ とする。

基本 例題 132 離心率

次の条件を満たす点Pの軌跡を求めよ。

(1) 点F(1, 0)と直線 $x=4$ からの距離の比が1：2であるような点P

(2) 点F(1, 0)と直線 $x=4$ からの距離の比が2：1であるような点P

p.216 基本事項 3

CHART & SOLUTION

軌跡

軌跡上の動点 (x, y) の関係式を導く ……❶

点P(x, y)から直線 $x=4$ に下ろした垂線をPHとするとき，PF，PHをx，yを用いて表す。

解答

点Pの座標を(x, y)とする。

(1) $PF=\sqrt{(x-1)^2+y^2}$

点Pから直線 $x=4$ に下ろした垂線をPHとすると

$PH=|x-4|$

PF：PH=1：2 であるから　$PH=2PF$

ゆえに　$PH^2=4PF^2$

❶ よって　$(x-4)^2=4\{(x-1)^2+y^2\}$

ゆえに　$3x^2+4y^2=12$

したがって，点Pの軌跡は　**楕円 $\dfrac{x^2}{4}+\dfrac{y^2}{3}=1$**

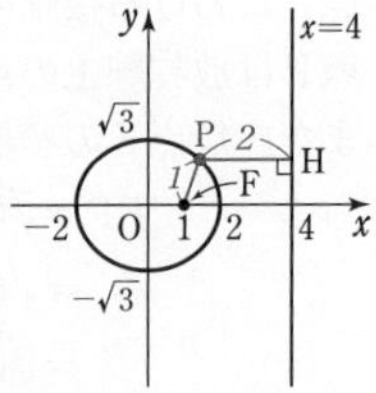

inf. 離心率は $\dfrac{1}{2}$

$0<\dfrac{1}{2}<1$ であるから，Pの軌跡は楕円である。

p.216 の基本事項 3 参照。

(2) (1)と同様にして，PF：PH=2：1 であるから

$2PH=PF$

ゆえに　$4PH^2=PF^2$

❶ よって　$4(x-4)^2=(x-1)^2+y^2$

すなわち　$3x^2-30x-y^2+63=0$

ゆえに　$3(x-5)^2-y^2=12$

したがって，点Pの軌跡は　**双曲線 $\dfrac{(x-5)^2}{4}-\dfrac{y^2}{12}=1$**

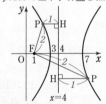

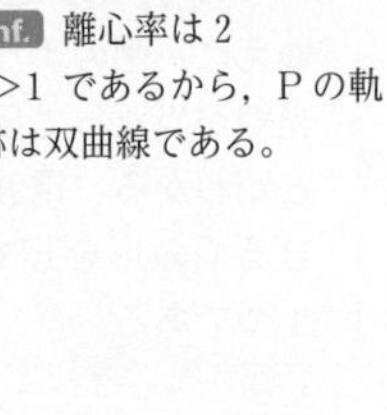

inf. 離心率は2

2>1 であるから，Pの軌跡は双曲線である。

PRACTICE 132❷

次の条件を満たす点Pの軌跡を求めよ。

(1) 点F(9, 0)と直線 $x=4$ からの距離の比が3：2であるような点P

(2) 点F(6, 0)と直線 $x=2$ からの距離が等しい点P

重要 例題 133　2つの2次曲線の共有点

放物線 $y=x^2+k$ が楕円 $x^2+4y^2=4$ と異なる4点で交わるための定数 k の値の範囲を求めよ。

基本 127，数学 I 基本 97

CHART & THINKING

2つの曲線の共有点　共有点 ⟺ 実数解

曲線と曲線の共有点についても，2次曲線と直線の共有点の問題（基本例題 127）と同じ方針で解決できる。
放物線 $y=x^2+k$，楕円 $x^2+4y^2=4$ はともに y 軸に関して対称であるから，その交点も y 軸に関して対称であることに着目。
⟶ 異なる4点で交わるとき，2つの曲線の方程式から x を消去して得られる y の2次方程式の実数解は，どのような条件を満たせばよいだろうか？　実数解の個数やその値の範囲について，グラフをかいて考えよう。……❗

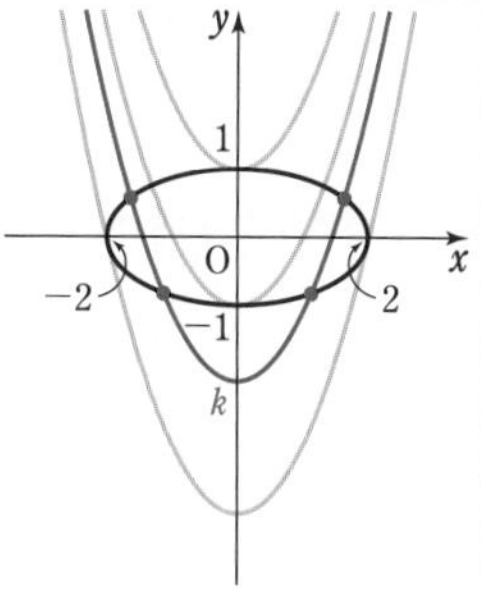

解答

$x^2=y-k$ を $x^2+4y^2=4$ に代入して整理すると

$$4y^2+y-(k+4)=0 \quad \cdots\cdots ①$$

$x^2=4-4y^2 \geqq 0$ から　$-1 \leqq y \leqq 1$

放物線 $y=x^2+k$ と楕円 $x^2+4y^2=4$ は y 軸に関して対称であるから，2つの曲線が異なる4点で交わる条件は，① が $-1<y<1$ において異なる2つの実数解をもつことである。❗

よって，① の判別式を D，左辺を $f(y)$ とすると，次のことが同時に成り立つ。

[1]　$D>0$
[2]　放物線 $z=f(y)$ の軸が $-1<y<1$ の範囲にある
[3]　$f(1)>0$　　[4]　$f(-1)>0$

[1]　$D=1^2-4\cdot4\{-(k+4)\}=16k+65$

$D>0$ から　$k>-\dfrac{65}{16}$ ……②

[2]　軸は直線 $y=-\dfrac{1}{8}$

軸は常に $-1<y<1$ の範囲にある。

[3]　$f(1)=1-k$　　$f(1)>0$ から　　$k<1$ ……③

[4]　$f(-1)=-1-k$　　$f(-1)>0$ から　　$k<-1$ ……④

②，③，④ の共通範囲を求めて　$\boldsymbol{-\dfrac{65}{16}<k<-1}$

⇐ 左の解答では，＿＿＿ を2次関数 $z=f(y)$ のグラフが $-1<y<1$ で y 軸と異なる2つの交点をもつ条件と読み換えて解いている（このような考え方は数学 I で学んだ）。

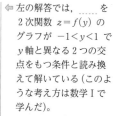

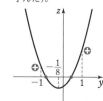

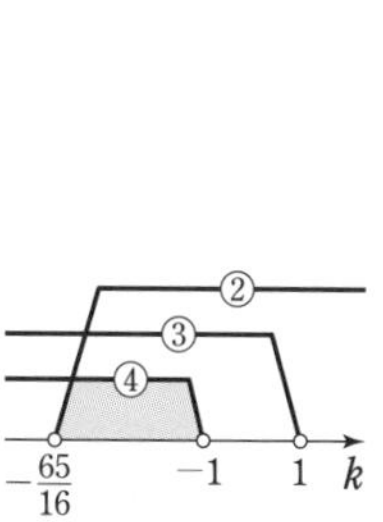

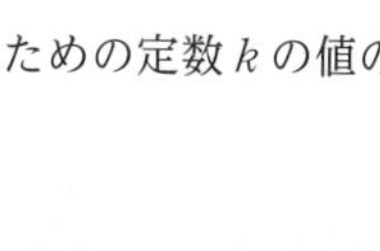

PRACTICE 133④

放物線 $y=x^2+k$ が双曲線 $x^2-4y^2=4$ と異なる4点で交わるための定数 k の値の範囲を求めよ。

重要例題 134　2次曲線上の点と直線の距離

楕円 $C : \frac{x^2}{4}+y^2=1$ と，直線 $\ell : x-2\sqrt{3}\,y+8=0$ について

(1) C 上の点 $\mathrm{P}(a,\ b)$ における接線が ℓ に平行であるための a，b が満たすべき条件を求めよ。

(2) ℓ に最も近い C 上の点をQとするとき，Qの座標およびQから ℓ までの距離を求めよ。

p.216 基本事項 2

CHART & SOLUTION

楕円上の点と直線の距離　直線に平行な接線を利用する

(2) 直線 ℓ に平行な接線の接点と直線 ℓ の距離が求める距離。……❗

inf. (2)は媒介変数表示を利用しても解くことができる。その場合，点 $(2\cos\theta,\ \sin\theta)$ と直線 ℓ の距離 d の最小値を求める（p.237 参照）。

解答

(1) C 上の点 $\mathrm{P}(a,\ b)$ における接線の方程式は $\frac{a}{4}x+by=1$

よって，求める条件は　$\frac{a}{4}\cdot(-2\sqrt{3})-1\cdot b=0$

ゆえに　$\boldsymbol{b=-\frac{\sqrt{3}}{2}a}$ ……①

(2) 点Qにおける接線は ℓ に平行であるから，$\mathrm{Q}(a,\ b)$ とすると(1)より，① が成り立つ。

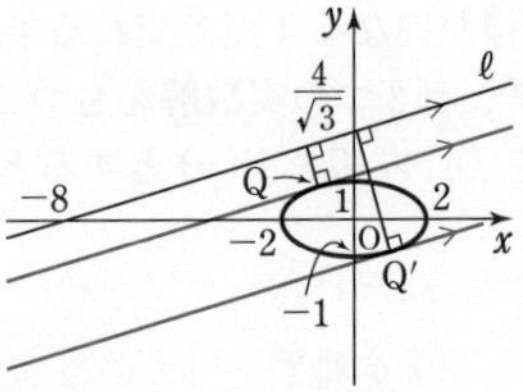

また　$\frac{a^2}{4}+b^2=1$ ……②

① を ② に代入して整理すると

$a^2=1$

よって　$a=\pm1$

図から，点Qの座標は　$\boldsymbol{\left(-1,\ \frac{\sqrt{3}}{2}\right)}$

❗ 点Qから直線 $\ell : x-2\sqrt{3}\,y+8=0$ までの距離は

$$\frac{\left|-1-2\sqrt{3}\cdot\frac{\sqrt{3}}{2}+8\right|}{\sqrt{1^2+(-2\sqrt{3})^2}}=\boldsymbol{\frac{4}{\sqrt{13}}}$$

⇐ 2直線 $a_1x+b_1y+c_1=0$，$a_2x+b_2y+c_2=0$ が平行 $\Longleftrightarrow a_1b_2-a_2b_1=0$

⇐ $\sqrt{3}\,a+2b=0$ でもよい。

⇐ Qは C 上の点。

⇐ $\mathrm{Q'}\left(1,\ -\frac{\sqrt{3}}{2}\right)$ は最も離れた点。

⇐ 点 $(p,\ q)$ と直線 $ax+by+c=0$ の距離は $\frac{|ap+bq+c|}{\sqrt{a^2+b^2}}$

PRACTICE 134[4]

楕円 $\frac{x^2}{3}+y^2=1$ ……① と，直線 $x+\sqrt{3}\,y=3\sqrt{3}$ ……② について

(1) 直線 ② に平行な，楕円 ① の接線の方程式を求めよ。

(2) 楕円 ① 上の点Pと直線 ② の距離の最大値 M と最小値 m を求めよ。

重要 例題 135　2接線の交点の軌跡

楕円 $\dfrac{x^2}{17}+\dfrac{y^2}{8}=1$ の外部の点 $\mathrm{P}(a,\ b)$ から，この楕円に引いた2本の接線が直交するような点Pの軌跡を求めよ。　〔東京工大〕 基本 130

CHART & THINKING

2次曲線の接線　接点 ⟺ 重解 ⟶ 判別式 $D=0$

点 $\mathrm{P}(a,\ b)$ を通る直線 $y=m(x-a)+b$ を楕円の方程式に代入して得られる x の2次方程式の解について，どのようなことが成り立つだろうか？　⟶ 基本例題130を振り返ろう。

直交 ⟺ 傾きの積が -1 と 解と係数の関係 を用いることに注意。

解答

[1]　$a=\pm\sqrt{17}$ のとき　　$b=\pm2\sqrt{2}$（複号任意）

[2]　$a\neq\pm\sqrt{17}$ のとき

点Pを通る傾き m の直線の方程式は　　$y=m(x-a)+b$

これを楕円の方程式に代入して y を消去すると

$$\frac{x^2}{17}+\frac{\{mx+(b-ma)\}^2}{8}=1$$

整理すると

$$(17m^2+8)x^2+34m(b-ma)x+17\{(b-ma)^2-8\}=0$$

この2次方程式の判別式を D とすると

$$\frac{D}{4}=\{17m(b-ma)\}^2-17(17m^2+8)\{(b-ma)^2-8\}$$

$$=17\{17m^2(b-ma)^2-17m^2(b-ma)^2+17m^2\cdot8-8(b-ma)^2+8^2\}$$

$$=17\cdot8\{17m^2-(b-ma)^2+8\}$$

$$=17\cdot8\{(17-a^2)m^2+2abm+8-b^2\}$$

$D=0$ から　　$(17-a^2)m^2+2abm+8-b^2=0$ ……①

m の2次方程式①の2つの解を α，β とすると　$\alpha\beta=-1$

解と係数の関係から　　$\alpha\beta=\dfrac{8-b^2}{17-a^2}$

ゆえに　　$\dfrac{8-b^2}{17-a^2}=-1$　すなわち　$8-b^2=-(17-a^2)$

よって　　$a^2+b^2=25$ ……②

②は，$(a,\ b)=(\pm\sqrt{17},\ \pm2\sqrt{2})$（複号任意）のときも成り立つ。以上から，求める軌跡は　　**円 $x^2+y^2=25$**

⇐ 2本の接線のうち1本が x 軸に垂直な場合。

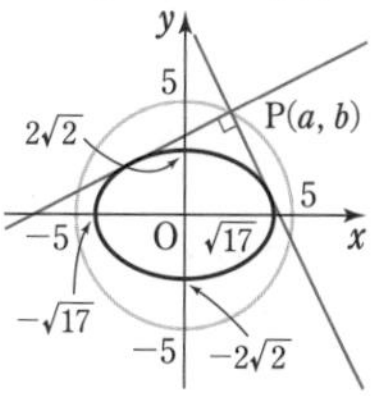

⇐ $(b-ma)$ のまま計算すると，判別式の計算がスムーズになる。

⇐ 直交 ⟺ 傾きの積が -1
①の2つの実数解 α，β が点Pから引いた2本の接線の傾きを表す。

PRACTICE 135 ⑤

$a>0$，$b>0$ とする。楕円 $\dfrac{x^2}{a^2}+\dfrac{y^2}{b^2}=1$ の外部の点Pから，この楕円に引いた2本の接線が直交するとき，次の設問に答えよ。

(1)　2つの接線が x 軸または y 軸に平行になる点Pの座標を求めよ。

(2)　点Pの軌跡を求めよ。　〔類 広島修道大〕

EXERCISES　　14　2次曲線と直線

A

113❷ 点 $(2,\ 0)$ を通る傾きが m の直線と楕円 $4x^2+y^2=1$ が，異なる 2 点で交わるとき，m の値の範囲を求めよ。 →127

114❸ 直線 $y=2x+k$ が楕円 $4x^2+9y^2=36$ によって切り取られる線分の長さが 4 となるとき，定数 k の値と線分の中点の座標を求めよ。 →128

115❸ 楕円 $C:\dfrac{x^2}{4}+y^2=1$ について

(1)　C 上の点 $(a,\ b)$ における接線の方程式を $a,\ b$ を用いて表せ。

(2)　y 軸上の点 $\mathrm{P}(0,\ t)$ (ただし，$t>1$) から C へ引いた 2 本の接線と x 軸との交点の x 座標を t を用いて表せ。

(3)　(2) の 2 本の接線と x 軸で囲まれた三角形が，正三角形になるときの t の値と，その正三角形の面積を求めよ。　〔東京電機大〕 →130

116❸ 放物線 $y=x^2$ と楕円 $x^2+\dfrac{y^2}{5}=1$ の共通接線の方程式を求めよ。 →130

117❷ $a>0$ とし，点 $\mathrm{P}(x,\ y)$ は，y 軸からの距離 d_1 と点 $(2,\ 0)$ からの距離 d_2 が $ad_1=d_2$ を満たすものとする。a が次の値のとき，点 $\mathrm{P}(x,\ y)$ の軌跡を求めよ。　〔札幌医大〕

(1)　$a=\dfrac{1}{2}$　　(2)　$a=1$　　(3)　$a=2$ →132

B

118❸ 双曲線 $C:\dfrac{x^2}{a^2}-\dfrac{y^2}{b^2}=1$ $(a>0,\ b>0)$ の上に点 $\mathrm{P}(x_1,\ y_1)$ をとる。ただし，$x_1>a$ とする。点 P における C の接線と 2 直線 $x=a$ および $x=-a$ の交点をそれぞれ Q，R とする。線分 QR を直径とする円は C の 2 つの焦点を通ることを示せ。　〔弘前大〕 →131

119❹ 原点 O において直交する 2 直線と放物線 $y^2=4px$ $(p>0)$ との交点のうち，原点 O 以外の 2 つの交点を P，Q とするとき，直線 PQ は常に x 軸上の定点を通ることを示せ。 →126

HINT

118　線分 QR を直径とする円の方程式を求めるために，その円の中心の座標と半径を求める。

119　原点を通る直交する 2 直線を $y=mx$，$y=-\dfrac{1}{m}x$ $(m\neq 0)$ として，放物線との交点 P，Q の座標を m を用いて表す。

EXERCISES　　14　2次曲線と直線

B 120❹ $a>0$, $b>0$ とする。点Pが円 $x^2+y^2=a^2$ の周上を動くとき，Pの y 座標だけを $\frac{b}{a}$ 倍した点Qの軌跡を C_1 とする。k を定数として，直線 $y=x+k$ に関して C_1 と対称な曲線を C_2 とする。

(1)　C_1 を表す方程式を求めよ。　(2)　C_2 を表す方程式を求めよ。

(3)　直線 $y=x+k$ と C_2 が共有点をもたないとき，k の値の範囲を求めよ。

〔室蘭工大〕 ⟲118, 127

121❹ 直線 ℓ：$y=-2x+10$ と楕円 C：$\frac{x^2}{4}+\frac{y^2}{a^2}=1$ を考える。ただし，a は正の数とする。

(1)　楕円 C の接線で直線 ℓ に平行なものの方程式を求めよ。

(2)　点Pが楕円 C 上を動くとき，点Pと直線 ℓ との距離の最小値が $\sqrt{5}$ になるように a の値を定めよ。 ⟲134

122❹ Oを原点とする座標平面における曲線 C：$\frac{x^2}{4}+y^2=1$ 上に，点 $\mathrm{P}\left(1,\ \frac{\sqrt{3}}{2}\right)$ をとる。

(1)　C の接線で直線OPに平行なものをすべて求めよ。

(2)　点Qが C 上を動くとき，△OPQの面積の最大値と，最大値を与えるQの座標をすべて求めよ。

〔岡山大〕 ⟲134

123❹ 放物線 C：$y=x^2$ 上の異なる2点 $\mathrm{P}(t,\ t^2)$，$\mathrm{Q}(s,\ s^2)$ $(s<t)$ における接線の交点を $\mathrm{R}(X,\ Y)$ とする。〔筑波大〕

(1)　X，Y を t，s を用いて表せ。

(2)　点P，Qが $\angle\mathrm{PRQ}=\frac{\pi}{4}$ を満たしながら C 上を動くとき，点Rは双曲線上を動くことを示し，かつ，その双曲線の方程式を求めよ。 ⟲135

124❹ 楕円 $Ax^2+By^2=1$ に，この楕円外の点 $\mathrm{P}(x_0,\ y_0)$ から引いた2本の接線の2つの接点をQ，Rとする。次のことを示せ。

(1)　直線QRの方程式は $Ax_0x+By_0y=1$ である。

(2)　楕円 $Ax^2+By^2=1$ 外にあって，直線QR上にある点Sからこの楕円に引いた2本の接線の2つの接点を通る直線 ℓ は，点Pを通る。

HINT

120　(2)　曲線 C_1 上の点を $\mathrm{Q}(s,\ t)$ とし，移る点を $\mathrm{R}(x,\ y)$ とすると，線分QRの中点 $\left(\frac{s+x}{2},\ \frac{t+y}{2}\right)$ は直線 $y=x+k$ 上にある。

121　(2)　楕円と直線 ℓ の位置関係を考える。また，(1)で求めた直線の y 切片に着目する。

122　(1)　接点を $(a,\ b)$ として，接線の傾きと，直線OPの傾きに着目する。

123　(2)　点P，点Qにおける接線と，x 軸の正の向きとのなす角をそれぞれ α，β として，加法定理を利用する。

124　$Ax^2+By^2=1$ 上の点 $(x',\ y')$ における接線の方程式は　$\boldsymbol{Ax'x+By'y=1}$

15 媒介変数表示

基本事項

1 媒介変数表示

平面上の曲線が1つの変数 t によって

$$x=f(t),\ y=g(t)$$

の形に表されたとき，これをその **曲線の媒介変数表示** といい，t を **媒介変数**（パラメータ）という。

2 2次曲線の媒介変数表示

放物線　$y^2=4px$　$\begin{cases} x=pt^2 \\ y=2pt \end{cases}$　　楕　円　$\dfrac{x^2}{a^2}+\dfrac{y^2}{b^2}=1$　$\begin{cases} x=a\cos\theta \\ y=b\sin\theta \end{cases}$

円　$x^2+y^2=a^2$　$\begin{cases} x=a\cos\theta \\ y=a\sin\theta \end{cases}$　　双曲線　$\dfrac{x^2}{a^2}-\dfrac{y^2}{b^2}=1$　$\begin{cases} x=\dfrac{a}{\cos\theta} \\ y=b\tan\theta \end{cases}$

円　$x^2+y^2=a^2$

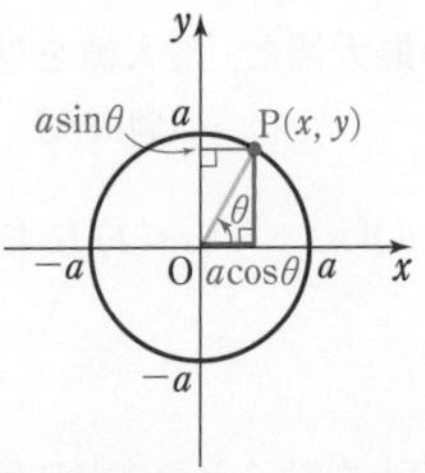

楕円　$\dfrac{x^2}{a^2}+\dfrac{y^2}{b^2}=1$

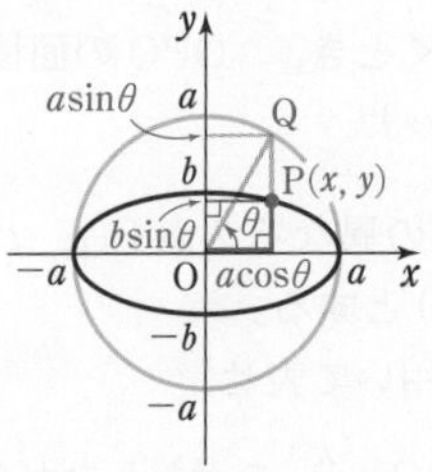

双曲線　$\dfrac{x^2}{a^2}-\dfrac{y^2}{b^2}=1$

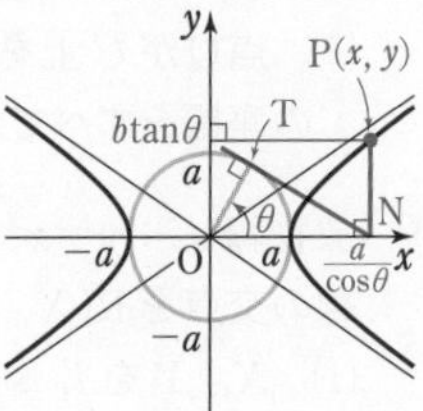

解説　放物線　$\boldsymbol{y^2=4px}$

y 軸に垂直な直線 $y=2pt$ との交点を $\mathrm{P}(x,\ y)$ とすると

$$x=pt^2,\ y=2pt$$

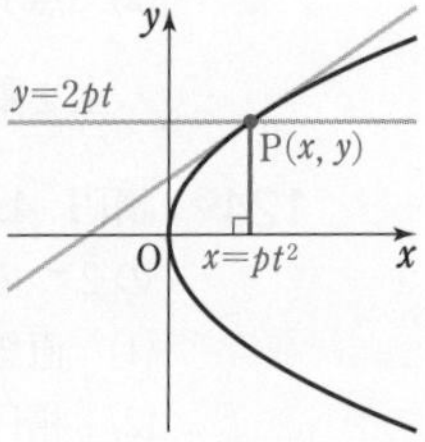

例　放物線 $y^2=8x$ を媒介変数 t を用いて表すと

$$\begin{cases} x=2t^2 \\ y=4t \end{cases}$$

3 曲線 $x=f(t)$，$y=g(t)$ の平行移動

曲線 $x=f(t)$，$y=g(t)$ を，x 軸方向に p，y 軸方向に q だけ平行移動した曲線の媒介変数表示は　　$\boldsymbol{x=f(t)+p,\ y=g(t)+q}$

解説　曲線 $x=f(t)$，$y=g(t)$ 上の点 $(X,\ Y)$ を x 軸方向に p，y 軸方向に q だけ平行移動した点を $(x,\ y)$ とすると

$$x=X+p=f(t)+p,\ y=Y+q=g(t)+q$$

4 いろいろな媒介変数表示

① **円** $(x-a)^2+(y-b)^2=r^2\ (r>0)$ $\qquad$ $\boldsymbol{x=a+r\cos\theta,\ y=b+r\sin\theta}$

② **楕 円** $\dfrac{x^2}{a^2}+\dfrac{y^2}{b^2}=1$ $\qquad$ $\boldsymbol{x=\dfrac{a(1-t^2)}{1+t^2},\ y=\dfrac{2bt}{1+t^2}}$

③ **双曲線** $\dfrac{x^2}{a^2}-\dfrac{y^2}{b^2}=1$ $\qquad$ $\boldsymbol{x=\dfrac{a(1+t^2)}{1-t^2},\ y=\dfrac{2bt}{1-t^2}}$

④ **サイクロイド** (円の半径が a) $\qquad$ $\boldsymbol{x=a(\theta-\sin\theta),\ y=a(1-\cos\theta)}$

解説 ① **円** 中心 $(a,\ b)$ が原点にくるように平行移動すると $x^2+y^2=r^2$

ゆえに $x=r\cos\theta,\ y=r\sin\theta$

これを，x 軸方向に a，y 軸方向に b だけ平行移動して

$$x=a+r\cos\theta,\ y=b+r\sin\theta$$

④ **サイクロイド** 半径 a の円が定直線 (x 軸) に接しながら，滑ることなく回転するとき，円周上の定点Pが描く曲線を **サイクロイド** という。サイクロイドの媒介変数表示は次の 補足 のように示される。

補足 点Pの最初の位置を原点Oとし，円が角 θ だけ回転したときの点Pの座標を $(x,\ y)$ とする。右の図のように円の中心をC，x 軸との接点をT，PからCTと x 軸に下ろした垂線の足をそれぞれQ，Rとすると，$\angle\mathrm{PCQ}=\theta$ より

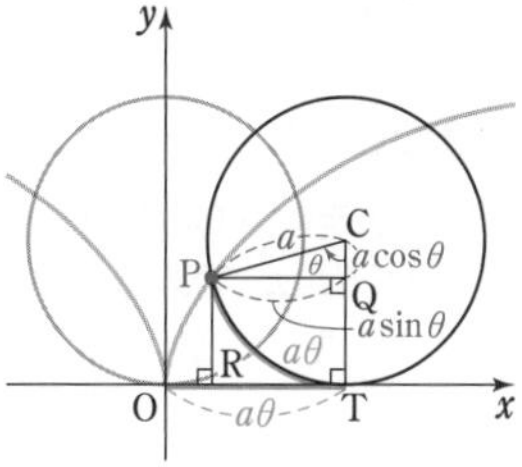

$$\mathrm{OT}=\overset{\frown}{\mathrm{PT}}=a\theta$$

また，△PQC において

$$\mathrm{PQ}=\mathrm{RT}=a\sin\theta,\ \mathrm{CQ}=a\cos\theta$$

したがって

$$x=\mathrm{OR}=\mathrm{OT}-\mathrm{RT}=a\theta-a\sin\theta=a(\theta-\sin\theta)$$

$$y=\mathrm{PR}=\mathrm{QT}=\mathrm{CT}-\mathrm{CQ}=a-a\cos\theta=a(1-\cos\theta)$$

よって，サイクロイドの媒介変数表示は $\boldsymbol{x=a(\theta-\sin\theta),\ y=a(1-\cos\theta)}$

θ の定義域をすべての実数で考えるとサイクロイドの概形は右の図のようになり，周期が $2\pi a$ の周期関数である。

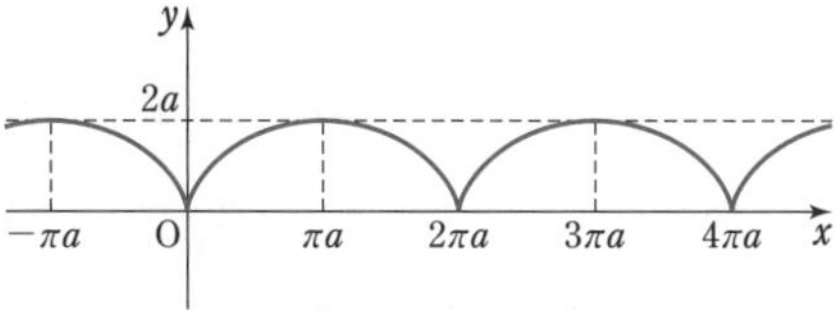

CHECK & CHECK

46 次のように媒介変数表示される曲線について，t を消去して x，y の方程式を求めよ。

(1) $x=3t+1,\ y=2t-1$ $\qquad$ (2) $x=t-1,\ y=t^2-2t$ $\qquad$ → 1

47 角 θ を媒介変数として，次の 2 次曲線を表せ。

(1) $x^2+y^2=16$ $\qquad$ (2) $x^2+y^2=5$ $\qquad$ (3) $\dfrac{x^2}{4}+y^2=1$

(4) $9x^2+4y^2=36$ $\qquad$ (5) $\dfrac{x^2}{16}-\dfrac{y^2}{9}=1$ $\qquad$ (6) $4x^2-y^2=4$ $\qquad$ → 2

基本 例題 136　曲線の媒介変数表示 (1)

θ, t は媒介変数とする。次の式で表される図形はどのような曲線を描くか。

(1) $\begin{cases} x=\cos\theta \\ y=\sin^2\theta \end{cases}$ $(0\leqq\theta\leqq\pi)$　　(2) $x=t^2+\dfrac{1}{t^2}$, $y=t^2-\dfrac{1}{t^2}$ $(t\neq 0)$

(3) $x=\sqrt{t}$, $y=2\sqrt{1-t}$

p.230 基本事項 1

CHART & SOLUTION

媒介変数で表されている曲線

媒介変数を消去して, x, y だけの式へ

(1), (3) **θ, t を消去。ただし, x, y の変域に注意。**

(2) **t^2 を消去。** t^2 と $\dfrac{1}{t^2}$ の連立方程式と考え, t^2 と $\dfrac{1}{t^2}$ を x, y の式で表し, $t^2\cdot\dfrac{1}{t^2}=1$ を利用する。

解答

(1) $y=1-\cos^2\theta=1-x^2$

$0\leqq\theta\leqq\pi$ であるから　$-1\leqq\cos\theta\leqq 1$

よって　**放物線 $y=1-x^2$ の $-1\leqq x\leqq 1$ の部分**

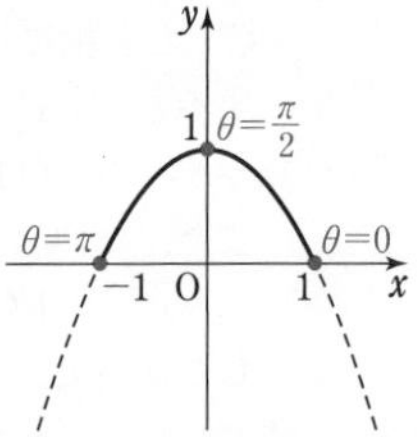

(2) $x=t^2+\dfrac{1}{t^2}$ …… ①, $y=t^2-\dfrac{1}{t^2}$ …… ②

①+② から　$x+y=2t^2$

①−② から　$x-y=\dfrac{2}{t^2}$

ゆえに　$(x+y)(x-y)=2t^2\cdot\dfrac{2}{t^2}=4$

よって　$x^2-y^2=4$

$t^2>0$, $\dfrac{1}{t^2}>0$ であるから, 相加平均と相乗平均の大小関係により　$x=t^2+\dfrac{1}{t^2}\geqq 2\sqrt{t^2\cdot\dfrac{1}{t^2}}=2$

ゆえに　**双曲線 $x^2-y^2=4$ の $x\geqq 2$ の部分**

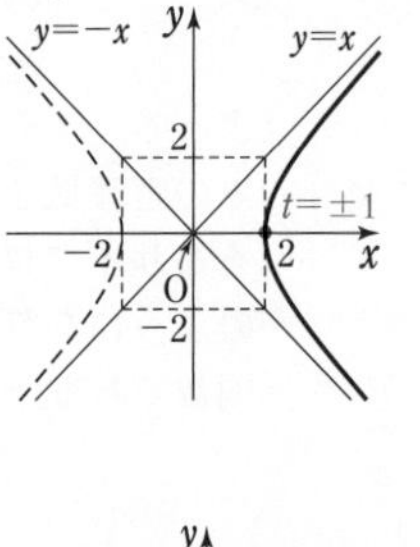

(3) $x=\sqrt{t}$ から　$x^2=t$

$y=2\sqrt{1-t}$ から　$y^2=4(1-t)$

ゆえに　$x^2+\dfrac{y^2}{4}=1$

また, $\sqrt{t}\geqq 0$, $\sqrt{1-t}\geqq 0$ であるから　$x\geqq 0$, $y\geqq 0$

よって　**楕円 $x^2+\dfrac{y^2}{4}=1$ の $x\geqq 0$, $y\geqq 0$ の部分**

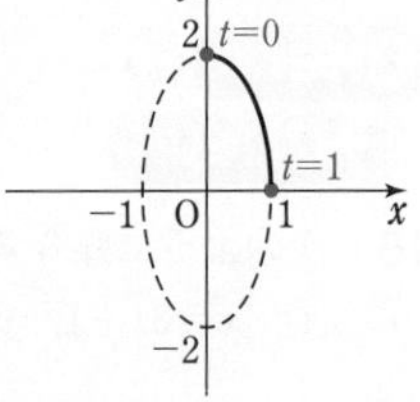

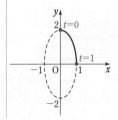

PRACTICE 136①

θ, t は媒介変数とする。次の式で表される図形はどのような曲線を描くか。

(1) $\begin{cases} x=\sin\theta+\cos\theta \\ y=\sin\theta\cos\theta \end{cases}$ $(0\leqq\theta\leqq\pi)$　　(2) $x=\dfrac{1}{2}(3^t+3^{-t})$, $y=\dfrac{1}{2}(3^t-3^{-t})$

基本 例題 137 曲線の媒介変数表示 (2)

θ は媒介変数とする。次の式で表される図形はどのような曲線を描くか。

(1) $x=3\cos\theta-4,\ y=\sin\theta+2$

(2) $x=\dfrac{2}{\cos\theta}+1,\ y=3\tan\theta-4$

p.230 基本事項 1，基本 136

CHART & SOLUTION

媒介変数で表されている曲線

媒介変数を消去して，x，y だけの式へ

(1) $\sin\theta$，$\cos\theta$ を x，y で表し，$\boldsymbol{\sin^2\theta+\cos^2\theta=1}$ に代入。

(2) $\tan\theta$，$\dfrac{1}{\cos\theta}$ を x，y で表し，$\boldsymbol{1+\tan^2\theta=\dfrac{1}{\cos^2\theta}}$ に代入。

解答

(1) $x=3\cos\theta-4$ から　$\cos\theta=\dfrac{x+4}{3}$ ……①

$y=\sin\theta+2$ から　$\sin\theta=y-2$ ……②

①，② を $\sin^2\theta+\cos^2\theta=1$ に代入して

$$(y-2)^2+\left(\frac{x+4}{3}\right)^2=1$$

よって　**楕円 $\boldsymbol{\dfrac{(x+4)^2}{9}+(y-2)^2=1}$**

(2) $x=\dfrac{2}{\cos\theta}+1$ から　$\dfrac{1}{\cos\theta}=\dfrac{x-1}{2}$ ……①

$y=3\tan\theta-4$ から　$\tan\theta=\dfrac{y+4}{3}$ ……②

①，② を $1+\tan^2\theta=\dfrac{1}{\cos^2\theta}$ に代入して

$$1+\left(\frac{y+4}{3}\right)^2=\left(\frac{x-1}{2}\right)^2$$

よって　**双曲線 $\boldsymbol{\dfrac{(x-1)^2}{4}-\dfrac{(y+4)^2}{9}=1}$**

(1)

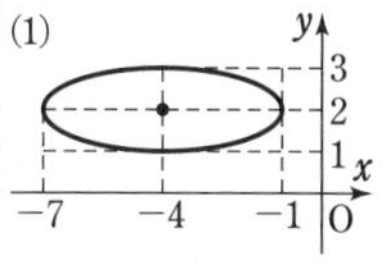

⇦ θ を消去。

(2)

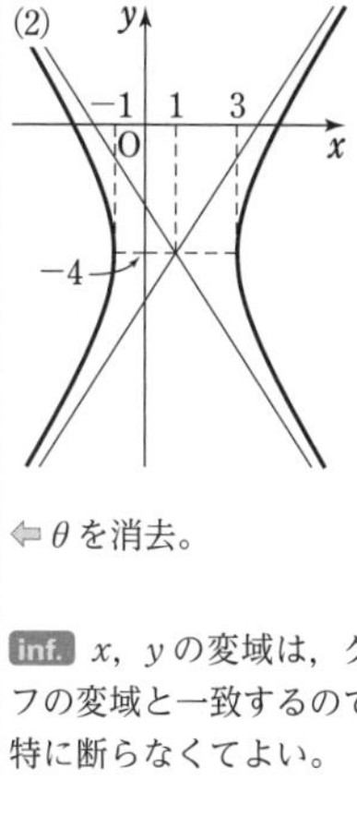

⇦ θ を消去。

inf. x，y の変域は，グラフの変域と一致するので，特に断らなくてよい。

4章 15 媒介変数表示

PRACTICE 137②

θ は媒介変数とする。次の式で表される図形はどのような曲線を描くか。

(1) $x=2\cos\theta+3,\ y=3\sin\theta-2$

(2) $x=2\tan\theta-1,\ y=\dfrac{\sqrt{2}}{\cos\theta}+2$

基本 例題 138 曲線の媒介変数表示 (3)

t は媒介変数とする。次の式で表される図形はどのような曲線を描くか。

(1) $x=\dfrac{1}{1+t^2}$, $y=\dfrac{t}{1+t^2}$　　(2) $x=\dfrac{1-t^2}{1+t^2}$, $y=\dfrac{4t}{1+t^2}$

p.230 基本事項 1, 基本 136

CHART & SOLUTION

媒介変数で表されている曲線 (分数式)

媒介変数を消去して，x，y だけの式へ

t を x で表して y の式に代入する方針では大変。ここでは，$t=(x,\ y$ の式$)$，$t^2=(x,\ y$ の式$)$ として t を消去する。ただし，除外点があるので要注意。例えば，(1) では　点 $(0,\ 0)$

解答

(1) $x=\dfrac{1}{1+t^2}$ ……①, $y=\dfrac{t}{1+t^2}$ ……② とする。

① を ② に代入して　　$y=tx$

$x\neq 0$ であるから　　$t=\dfrac{y}{x}$

これを ① に代入して t を消去すると　　$x=\dfrac{1}{1+\left(\dfrac{y}{x}\right)^2}$

整理すると　　$x(x^2-x+y^2)=0$

$x\neq 0$ であるから　　$x^2-x+y^2=0$

よって　　**円 $\left(x-\dfrac{1}{2}\right)^2+y^2=\dfrac{1}{4}$**

ただし，点 $(0,\ 0)$ を除く。

(2) $x=\dfrac{1-t^2}{1+t^2}$ から　　$(1+t^2)x=1-t^2$

よって　　$(1+x)t^2=1-x$

$x\neq -1$ であるから　　$t^2=\dfrac{1-x}{1+x}$ ……①

また，$y=\dfrac{4t}{1+t^2}$ から　　$t=\dfrac{1+t^2}{4}y=\dfrac{y}{2(1+x)}$ ……②

①，② から t を消去して　　$\left\{\dfrac{y}{2(1+x)}\right\}^2=\dfrac{1-x}{1+x}$

ゆえに　　$4x^2+y^2=4$

よって　　**楕円 $x^2+\dfrac{y^2}{4}=1$　ただし，点 $(-1,\ 0)$ を除く。**

⇐ 2 式を比較して
$y=t\cdot\dfrac{1}{1+t^2}=tx$
とみることがポイント。

inf. 恒等式
$\left(\dfrac{1}{1+t^2}\right)^2+\left(\dfrac{t}{1+t^2}\right)^2=\dfrac{1}{1+t^2}$
を利用する解法もある (解答編 PRACTICE 138 別解を参照)。

⇐ 円の方程式に $x=0$ を代入すると　$y=0$

⇐ この式に $x=-1$ を代入すると $0=2$ となり，不合理である。

⇐ ① から
$1+t^2=1+\dfrac{1-x}{1+x}=\dfrac{2}{1+x}$

⇐ 楕円の方程式に $x=-1$ を代入すると　$y=0$

PRACTICE 138③

t は媒介変数とする。$x=\dfrac{1+t^2}{1-t^2}$, $y=\dfrac{4t}{1-t^2}$ で表される図形はどのような曲線を描くか。

ズーム UP 2次曲線の媒介変数表示

2 次曲線の媒介変数表示には，基本例題 137 のように三角関数で表す方法と，基本例題 138 のように分数関数で表す方法があります。この 2 つの方法について考えてみましょう。

$\tan\dfrac{\theta}{2}=t$ のおき換えの意味

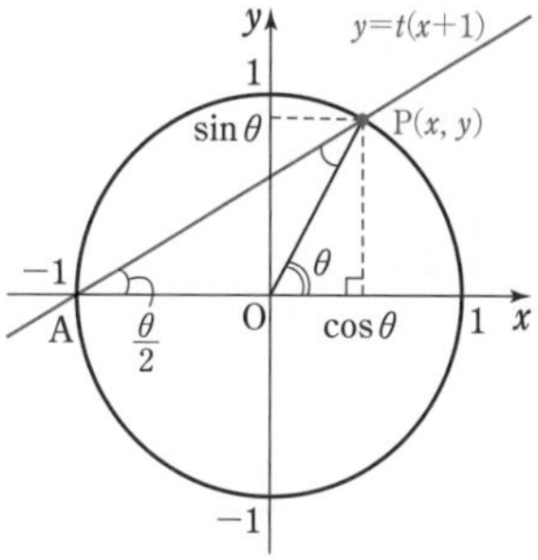

原点を中心とする単位円上に点 A$(-1,\ 0)$ と点Aとは異なる点 P$(x,\ y)$ をとり，OP と x 軸の正の向きとのなす角を θ とすると，

$x=\cos\theta,\ y=\sin\theta$ …… ① が成り立つ (① は単位円上の点を三角関数で表した媒介変数表示)。

ここで，直線 AP の傾きを t とすると $t=\tan\dfrac{\theta}{2}$ である。点Pは

円 $x^2+y^2=1$，直線 $y=t(x+1)$

の交点であるから，2 式から y を消去して

$x^2+t^2(x+1)^2=1$　すなわち　$(x^2-1)+t^2(x+1)^2=0$

$x\neq-1$ から，両辺を $x+1$ で割って　$(x-1)+t^2(x+1)=0$

x について整理して　$(1+t^2)x=1-t^2$　　$1+t^2\neq0$ から　$x=\dfrac{1-t^2}{1+t^2}$ …… ②

直線の方程式に代入して　$y=t\left(\dfrac{1-t^2}{1+t^2}+1\right)=\dfrac{2t}{1+t^2}$ …… ③

①，②，③ から，$\tan\dfrac{\theta}{2}=t$ とおくことにより，単位円上の点 P$(x,\ y)$ は

$$\boldsymbol{x}=\cos\theta=\boldsymbol{\frac{1-t^2}{1+t^2}},\quad \boldsymbol{y}=\sin\theta=\boldsymbol{\frac{2t}{1+t^2}}\quad \cdots\cdots (*)$$

と表せることがわかる。ただし，単位円上の点 $(-1,\ 0)$ を除く。

楕円と双曲線の媒介変数表示

楕円 $\dfrac{x^2}{a^2}+\dfrac{y^2}{b^2}=1$ と双曲線 $\dfrac{x^2}{a^2}-\dfrac{y^2}{b^2}=1$ の三角関数による媒介変数表示

$\begin{cases}x=a\cos\theta\\ y=b\sin\theta\end{cases}$，$\begin{cases}x=\dfrac{a}{\cos\theta}\\ y=b\tan\theta\end{cases}$ ($p.230$ 基本事項 2 参照) それぞれに $(*)$ を代入すると

楕　円：$\boldsymbol{x}=\boldsymbol{\dfrac{a(1-t^2)}{1+t^2}}$，$\boldsymbol{y}=\boldsymbol{\dfrac{2bt}{1+t^2}}$　← 基本例題 138 (2) では，$a=1$，$b=2$

双曲線：$\boldsymbol{x}=a\cdot\dfrac{1+t^2}{1-t^2}=\boldsymbol{\dfrac{a(1+t^2)}{1-t^2}}$，$\boldsymbol{y}=b\cdot\dfrac{\sin\theta}{\cos\theta}=b\cdot\dfrac{\frac{2t}{1+t^2}}{\frac{1-t^2}{1+t^2}}=\boldsymbol{\dfrac{2bt}{1-t^2}}$

となることがわかる ($p.231$ 基本事項 4 ②，③ 参照)。

基本 例題 139 媒介変数の利用(軌跡)

定円 $x^2+y^2=r^2$ の周上を点 $P(x,\ y)$ が動くとき，座標が $(x^2-y^2,\ 2xy)$ である点Qはどのような曲線上を動くか。 p.230 基本事項 2，基本 137

CHART & SOLUTION

媒介変数の利用

2次曲線上の点は媒介変数表示が有効

円の媒介変数表示 $x=r\cos\theta,\ y=r\sin\theta$ を利用する。
点Qの座標 $(X,\ Y)$ も θ で表してから，媒介変数 θ を消去して $X,\ Y$ の関係式を導く。

解答

$x^2+y^2=r^2$ から $x=r\cos\theta,\ y=r\sin\theta\ (0\leqq\theta<2\pi)$ と表される。

Qの座標を $(X,\ Y)$ とすると

$$X=x^2-y^2=r^2(\cos^2\theta-\sin^2\theta)$$
$$=r^2\cos 2\theta$$
$$Y=2xy=2r\cos\theta\cdot r\sin\theta$$
$$=r^2\sin 2\theta$$

よって　$X^2+Y^2=r^4(\cos^2 2\theta+\sin^2 2\theta)=r^4,\ 0\leqq 2\theta<4\pi$

ゆえに，点Qは **円 $x^2+y^2=(r^2)^2$** の周上を動く。

別解　Qの座標を $(X,\ Y)$ とすると　$X=x^2-y^2,\ Y=2xy$

$$X^2+Y^2=(x^2-y^2)^2+(2xy)^2=x^4+2x^2y^2+y^4$$
$$=(x^2+y^2)^2=(r^2)^2$$

よって，点Qは **円 $x^2+y^2=(r^2)^2$** の周上を動く。

⇦ 円の媒介変数表示。

⇦ $X=\bigcirc\cos\triangle$，$Y=\square\sin\triangle$ の形 ⟶ **$\sin^2\triangle+\cos^2\triangle=1$ の活用。**

INFORMATION　点Pと点Qの動きについて

$0\leqq\theta\leqq\pi$ のとき，Pは点 $(r,\ 0)$ から点 $(0,\ r)$ を経て点 $(-r,\ 0)$ まで動く。このとき，Qは点 $(r^2,\ 0)$ から点 $(-r^2,\ 0)$ を経て1周する。Pが残りの半円周上を動くと，Qは同じ運動を繰り返す。つまり，**Qは全体で2周する。**

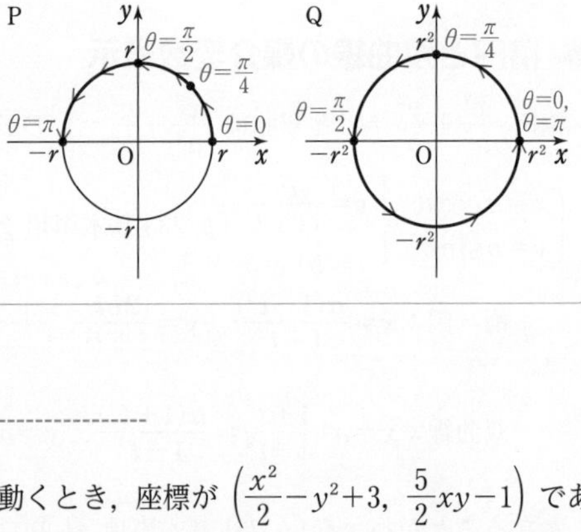

PRACTICE 139②

円 $x^2+y^2=4$ の周上を点 $P(x,\ y)$ が動くとき，座標が $\left(\dfrac{x^2}{2}-y^2+3,\ \dfrac{5}{2}xy-1\right)$ である点Qはどのような曲線上を動くか。

基本 例題 140 媒介変数の利用（最大・最小）

x，y が $2x^2+3y^2=1$ を満たす実数のとき，x^2-y^2+xy の最大値を求めよ。

〔早稲田大〕 p.230 基本事項 2

CHART & THINKING

2次曲線上の点における式の値の最大・最小

2次曲線上の点は媒介変数表示が有効

x，y が満たす方程式は，楕円を表すことに着目。→ 点 $(x,\ y)$ は楕円上を動くことがわかる。前ページの基本例題 139 と同様，媒介変数表示を利用すると，x，y はどのように表されるだろうか？ ……❗

それを x^2-y^2+xy に代入して得られる三角関数の式について最大値を求めよう。三角関数の合成を用いることに注意。

解答

楕円 $2x^2+3y^2=1$ 上の点 $(x,\ y)$ は

❗ $$x=\frac{1}{\sqrt{2}}\cos\theta,\ y=\frac{1}{\sqrt{3}}\sin\theta\ (0\leqq\theta<2\pi)$$

と表されるから

$$x^2-y^2+xy=\left(\frac{1}{\sqrt{2}}\cos\theta\right)^2-\left(\frac{1}{\sqrt{3}}\sin\theta\right)^2+\frac{1}{\sqrt{2}}\cos\theta\cdot\frac{1}{\sqrt{3}}\sin\theta$$

$$=\frac{1}{2}\cos^2\theta-\frac{1}{3}\sin^2\theta+\frac{1}{\sqrt{6}}\sin\theta\cos\theta$$

$$=\frac{1}{2}\cdot\frac{1+\cos 2\theta}{2}-\frac{1}{3}\cdot\frac{1-\cos 2\theta}{2}+\frac{1}{2\sqrt{6}}\sin 2\theta$$

$$=\frac{\sqrt{6}}{12}\sin 2\theta+\frac{5}{12}\cos 2\theta+\frac{1}{12}$$

$$=\frac{\sqrt{31}}{12}\sin(2\theta+\alpha)+\frac{1}{12}$$

ただし　$\sin\alpha=\dfrac{5}{\sqrt{31}}$，$\cos\alpha=\dfrac{\sqrt{6}}{\sqrt{31}}$

$0\leqq\theta<2\pi$ であるから　$\alpha\leqq 2\theta+\alpha<4\pi+\alpha$

よって　$-1\leqq\sin(2\theta+\alpha)\leqq 1$

ゆえに，求める最大値は　$\boldsymbol{\dfrac{\sqrt{31}+1}{12}}$

⇦ $\dfrac{x^2}{\left(\frac{1}{\sqrt{2}}\right)^2}+\dfrac{y^2}{\left(\frac{1}{\sqrt{3}}\right)^2}=1$

⇦ $\cos^2\theta=\dfrac{1+\cos 2\theta}{2}$，$\sin^2\theta=\dfrac{1-\cos 2\theta}{2}$，$\sin\theta\cos\theta=\dfrac{1}{2}\sin 2\theta$

⇦ $\sqrt{6}\sin 2\theta+5\cos 2\theta=\sqrt{6+25}\sin(2\theta+\alpha)$

⇦ 例えば，$2\theta+\alpha=\dfrac{\pi}{2}$ のとき，すなわち $\theta=\dfrac{\pi}{4}-\dfrac{\alpha}{2}$ のとき最大となる。

PRACTICE 140❸

x，y が $\dfrac{x^2}{24}+\dfrac{y^2}{4}=1$ を満たす実数のとき，$x^2+6\sqrt{2}xy-6y^2$ の最小値とそのときの x，y の値を求めよ。

重要 例題 141 エピサイクロイドの媒介変数表示

座標平面上に，原点Oを中心とする半径2の固定された円Cと，それに外側から接しながら回転する半径1の円C'がある。円C'の中心が$(3,\ 0)$にあるときのC'側の接点に印Pをつけ，円C'を円Cに接しながら滑らずに回転させる。円C'の中心C′がOの周りをθだけ回転したときの点Pの座標を$(x,\ y)$とする。このとき，点Pの描く曲線を，媒介変数θで表せ。

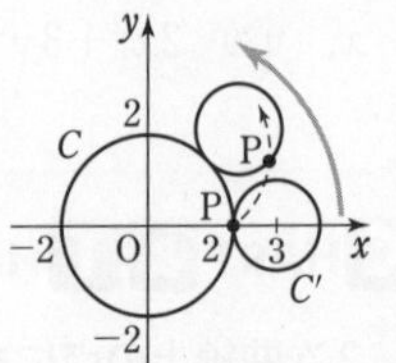

p.231 基本事項 4

CHART & THINKING

まず，**図をかいて考えよう**。中心C′がOの周りをθだけ回転したときの円CとC'の接点をT，A(2, 0)とする。滑らずに回転するから，$\overset{\frown}{\mathrm{PT}}=\overset{\frown}{\mathrm{AT}}$であることに着目（解答の図参照）。

扇形（半径r，中心角θラジアン）の弧の長さは　$\boldsymbol{r\theta}$

点Pの座標は，**ベクトルを利用**して考えよう。⟶ 座標$(x,\ y)$は，$\overrightarrow{\mathrm{OP}}$の成分とみればよい。また，$\overrightarrow{\mathrm{OP}}=\overrightarrow{\mathrm{OC'}}+\overrightarrow{\mathrm{C'P}}$と分割すると，点C′は点Oを中心とする円周上を，点Pは円C'上を動くから，$\overrightarrow{\mathrm{OC'}}$，$\overrightarrow{\mathrm{C'P}}$の成分はそれぞれ円の媒介変数表示を用いて表すことができる。どのように表すことができるだろうか？

特に，$\overrightarrow{\mathrm{C'P}}$の成分について，線分C′Pの$x$軸の正方向からの回転角を$\theta$を用いて表すことに注意。……❗

解答

円C'の中心C′がOの周りをθだけ回転したときの円CとC'の接点をTとし，A(2, 0)とする。

$\overset{\frown}{\mathrm{PT}}=\overset{\frown}{\mathrm{AT}}=2\theta$，$\mathrm{PC'}=1$ から

$$\angle \mathrm{TC'P}=2\theta$$

よって，線分C′Pのx軸の正方向からの回転角αは　$\alpha=\theta+\pi+2\theta=3\theta+\pi$ ❗

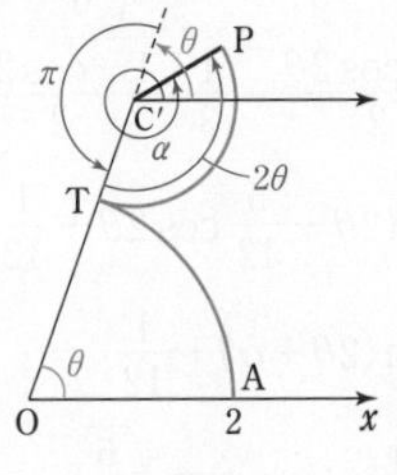

P$(x,\ y)$とすると　$\overrightarrow{\mathrm{OP}}=(x,\ y)$，$\overrightarrow{\mathrm{OC'}}=(3\cos\theta,\ 3\sin\theta)$，

$\overrightarrow{\mathrm{C'P}}=(\cos(3\theta+\pi),\ \sin(3\theta+\pi))$

$\overrightarrow{\mathrm{OP}}=\overrightarrow{\mathrm{OC'}}+\overrightarrow{\mathrm{C'P}}$ であるから

$$\begin{cases}\boldsymbol{x}=3\cos\theta+\cos(3\theta+\pi)=\boldsymbol{3\cos\theta-\cos 3\theta}\\ \boldsymbol{y}=3\sin\theta+\sin(3\theta+\pi)=\boldsymbol{3\sin\theta-\sin 3\theta}\end{cases}$$

inf. 点Pの軌跡は下図の赤線である。

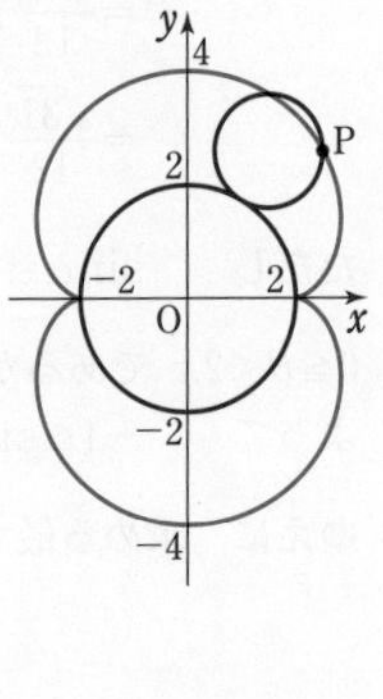

PRACTICE 141④

座標平面上の円 $C：x^2+y^2=9$ の内側を半径1の円Dが滑らずに転がる。時刻tにおいてDは点$(3\cos t,\ 3\sin t)$でCに接しているとする。

時刻$t=0$において点$(3,\ 0)$にあったD上の点Pの時刻tにおける座標$(x(t),\ y(t))$を求めよ。ただし，$0\leqq t\leqq\dfrac{2}{3}\pi$とする。　〔早稲田大〕

STEP UP エピサイクロイド・ハイポサイクロイド

原点Oを中心とした半径aの定円に，半径bの円Cが外接しながら滑ることなく回転するときの円C上の定点Pの軌跡を **エピ（外）サイクロイド**（例題 141）といい，半径bの円Cが内接しながら滑ることなく回転するときの円C上の定点Pの軌跡を **ハイポ（内）サイクロイド**（PRACTICE 141）という。前ページと同様に考えると，これらの曲線の媒介変数表示は，次のようになる。

円Cの中心Cが原点を中心としてθだけ回転したときの接点をTとし，P$(x,\ y)$，A$(a,\ 0)$とする。

$\overset{\frown}{\mathrm{PT}}=\overset{\frown}{\mathrm{AT}}=a\theta$，$\mathrm{PC}=b$ から　　$\angle\mathrm{TCP}=\dfrac{a}{b}\theta$

① **外接する場合**　$(a>0,\ b>0)$　**エピサイクロイド**

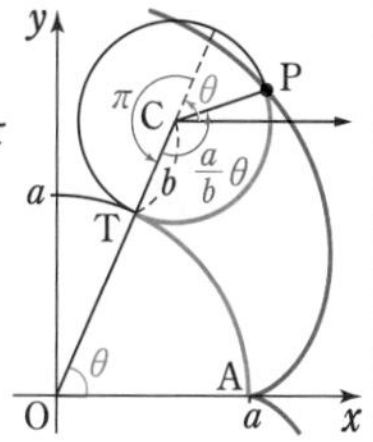

線分CPのx軸の正方向からの角αは　$\alpha=\theta+\pi+\dfrac{a}{b}\theta=\dfrac{a+b}{b}\theta+\pi$

ゆえに　$\overrightarrow{\mathrm{OC}}=((a+b)\cos\theta,\ (a+b)\sin\theta)$，

$\overrightarrow{\mathrm{CP}}=(b\cos\alpha,\ b\sin\alpha)=\left(-b\cos\dfrac{a+b}{b}\theta,\ -b\sin\dfrac{a+b}{b}\theta\right)$

$\overrightarrow{\mathrm{OP}}=\overrightarrow{\mathrm{OC}}+\overrightarrow{\mathrm{CP}}$ であるから　$\begin{cases} \boldsymbol{x=(a+b)\cos\theta-b\cos\dfrac{a+b}{b}\theta} \\ \boldsymbol{y=(a+b)\sin\theta-b\sin\dfrac{a+b}{b}\theta} \end{cases}$

② **内接する場合**　$(a>b>0,\ a\neq 2b)$　**ハイポサイクロイド**

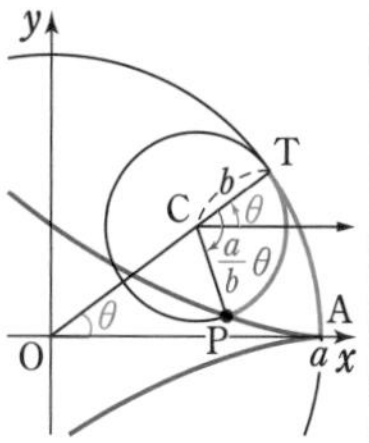

線分CPのx軸の正方向からの角αは　$\alpha=\theta-\dfrac{a}{b}\theta=-\dfrac{a-b}{b}\theta$

ゆえに　$\overrightarrow{\mathrm{OC}}=((a-b)\cos\theta,\ (a-b)\sin\theta)$，

$\overrightarrow{\mathrm{CP}}=(b\cos\alpha,\ b\sin\alpha)=\left(b\cos\dfrac{a-b}{b}\theta,\ -b\sin\dfrac{a-b}{b}\theta\right)$

$\overrightarrow{\mathrm{OP}}=\overrightarrow{\mathrm{OC}}+\overrightarrow{\mathrm{CP}}$ であるから　$\begin{cases} \boldsymbol{x=(a-b)\cos\theta+b\cos\dfrac{a-b}{b}\theta} \\ \boldsymbol{y=(a-b)\sin\theta-b\sin\dfrac{a-b}{b}\theta} \end{cases}$

①で $a=b$ の場合 $\begin{cases} x=2a\cos\theta-a\cos2\theta \\ y=2a\sin\theta-a\sin2\theta \end{cases}$

カージオイド または **心臓形** という。

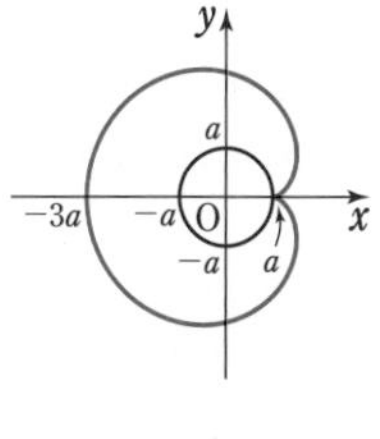

②で $a=4b$ の場合 $\begin{cases} x=3b\cos\theta+b\cos3\theta \\ y=3b\sin\theta-b\sin3\theta \end{cases}$

アステロイド または **星芒形**（せいぼうけい） という。

3倍角の公式を用いて整理すると

$\begin{cases} x=4b\cos^3\theta \\ y=4b\sin^3\theta \end{cases}$

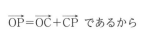

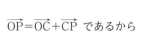

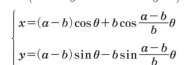

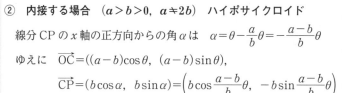

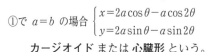

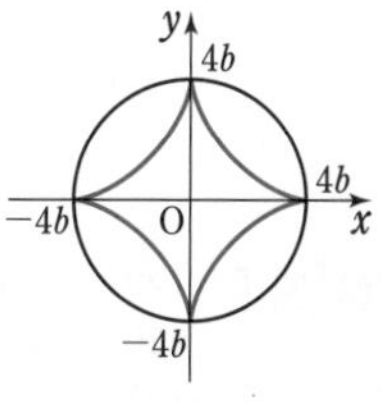

EXERCISES　

A

125❷ 媒介変数 t を用いて $x=3\left(t+\dfrac{1}{t}\right)+1$, $y=t-\dfrac{1}{t}$ と表される曲線は双曲線である。

(1) この双曲線について，中心と頂点，および漸近線を求めよ。

(2) この曲線の概形をかけ。〔東北学院大〕 ➡136

126❸ a を正の定数とする。媒介変数表示

$$x=a(1+\sin 2\theta),\ y=\sqrt{2}\,a(\cos\theta-\sin\theta)\quad\left(-\frac{\pi}{4}\leqq\theta\leqq\frac{\pi}{4}\right)$$

で表される曲線を C とする。θ を消去して，x と y の方程式を求め，曲線 C を図示せよ。〔類 兵庫県大〕 ➡137

127❸ $x=\dfrac{1+4t+t^2}{1+t^2}$, $y=\dfrac{3+t^2}{1+t^2}$ で媒介変数表示された曲線 C を x, y の方程式で表せ。〔鳥取大〕 ➡138

128❸ x, y が $x^2+4y^2=16$ を満たす実数のとき，$x^2+4\sqrt{3}\,xy-4y^2$ の最大値・最小値とそのときの x, y の値を求めよ。 ➡140

B

129❸ $\begin{cases} x\cos^2 t=2(\cos^4 t+1) \\ y\cos t=\cos^2 t+1 \end{cases}$ のとき，次の問いに答えよ。

(1) y と x の関係式を求めよ。

(2) t が 0 から π まで動くとき，点 $(x,\ y)$ が描く図形を求めよ。

➡136

130❹ 楕円 $x^2+\dfrac{y^2}{3}=1$ を原点Oの周りに $\dfrac{\pi}{4}$ だけ回転して得られる曲線を C とする。点 $(x,\ y)$ が曲線 C 上を動くとき，$k=x+2y$ の最大値を求めよ。

〔類 高知大〕 ➡124, 140

131❹ 半径2の円板が x 軸上を正の方向に滑らずに回転するとき，円板上の点Pの描く曲線 C を考える。円板の中心の最初の位置を $(0,\ 2)$，点Pの最初の位置を $(0,\ 1)$ とし，円板がその中心の周りに回転した角を θ とするとき，点Pの座標を θ を用いて表せ。〔類 お茶の水大〕 ➡141

HINT

129 (1) x, y をそれぞれ $\cos t$ を用いて表す。(2) 相加平均と相乗平均の大小関係を利用。

130 複素数平面で考える。点 z を原点を中心として θ だけ回転した点は点 $(\cos\theta+i\sin\theta)z$

131 (円板が x 軸を滑らず移動した距離)$=$(回転した円周)
ベクトルを用いて考える。

16 極座標と極方程式

基本事項

1 極座標

平面上に点Oと半直線 OX を定めると，平面上の任意の点Pの位置は，OP の長さ r と，OX から半直線 OP へ測った角 θ で決まる。ただし，θ は弧度法で表した一般角である。このとき，2 つの数の組 $(r,\ \theta)$ を点Pの **極座標** といい，定点Oを **極**，半直線 OX を **始線**，角 θ を **偏角** という。

なお，極Oの極座標は，θ を任意の値として $(0,\ \theta)$ と定める。

極座標では，$(\boldsymbol{r},\ \boldsymbol{\theta})$ **と** $(\boldsymbol{r},\ \boldsymbol{\theta}+2\boldsymbol{n\pi})$ [n は整数] は **同じ点** を表す。したがって，ある点Pの極座標は 1 通りには定まらない。しかし，極O以外の点に対して，$0 \leqq \theta < 2\pi$ と制限すると **P の極座標は 1 通りに定まる**。

2 極座標と直交座標

原点Oを極，x 軸の正の部分を始線とする。

点Pの直交座標を $(x,\ y)$，極座標を $(r,\ \theta)$ とすると

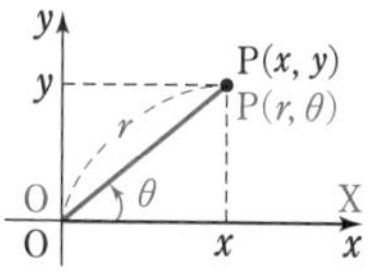

1 $\begin{cases} \boldsymbol{x = r\cos\theta} \\ \boldsymbol{y = r\sin\theta} \end{cases}$

2 $\begin{cases} \boldsymbol{r = \sqrt{x^2 + y^2}} \\ r \neq 0 \text{ のとき} \quad \boldsymbol{\cos\theta = \dfrac{x}{r},\ \sin\theta = \dfrac{y}{r}} \end{cases}$

補足　これまで用いてきた x 座標と y 座標の組 $(x,\ y)$ で表した座標を **直交座標** という。

3 2 点間の距離，三角形の面積

Oを極とする極座標で表された 2 点 $\mathrm{A}(r_1,\ \theta_1)$，$\mathrm{B}(r_2,\ \theta_2)$ $[r_1>0,\ r_2>0,\ \theta_2 \geqq \theta_1]$ に対して

① 2 点 A，B 間の距離　　$\mathbf{AB} = \sqrt{\boldsymbol{r_1^2 + r_2^2 - 2r_1r_2\cos(\theta_2 - \theta_1)}}$

② 三角形 OAB の面積 S　　$\boldsymbol{S = \dfrac{1}{2}r_1r_2|\sin(\theta_2 - \theta_1)|}$

解説　図をかくと，右の図のようになり，△OAB において
$\angle \mathrm{AOB} = \theta_2 - \theta_1$ [$\theta_2 - \theta_1 > \pi$ のときは $2\pi - (\theta_2 - \theta_1)$]，
$\mathrm{OA} = r_1$，$\mathrm{OB} = r_2$ となる。

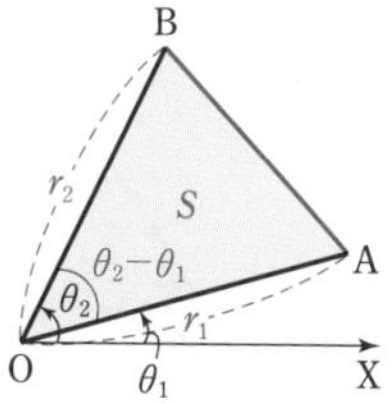

① 辺 AB の長さについては，余弦定理
[$c^2 = a^2 + b^2 - 2ab\cos C$ の形] が成り立ち，上の公式が導かれる。

② 三角形の面積 S については，面積公式
$\left[S = \dfrac{1}{2}ab\sin C \text{ の形}\right]$ が成り立ち，上の公式が導かれる。

4 円，直線の極方程式

① 中心が極 O，半径が a の円　　$r=a$

② 中心が $(a,\ 0)$，半径が a の円　　$r=2a\cos\theta$

③ 中心が $(r_0,\ \theta_0)$，半径が a の円　　$r^2+r_0{}^2-2rr_0\cos(\theta-\theta_0)=a^2$

④ 極Oを通り，始線と α の角をなす直線　　$\theta=\alpha$

⑤ 点 $A(a,\ \alpha)$ を通り，OA に垂直な直線　　$r\cos(\theta-\alpha)=a\quad(a>0)$

注意　極方程式では $r<0$ の場合も考える。
すなわち，$r>0$ のとき，極座標が $(-r,\ \theta)$ である点は，極座標が $(r,\ \theta+\pi)$ である点と考える。

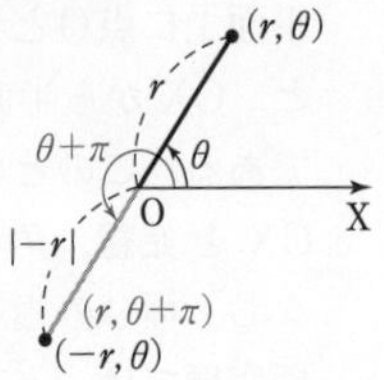

解説　以下，極をOとする。

② 円周上の点を $P(r,\ \theta)$ とし，点 $A(2a,\ 0)$ をとる。

$\angle OPA=\dfrac{\pi}{2}$ から　　$OP=OA\cos\theta$

したがって，極方程式は　　$r=2a\cos\theta$

注意　例えば，$\dfrac{\pi}{2}<\theta<\dfrac{3}{2}\pi$ のとき，$\cos\theta<0$ となるが，このときは $r<0$ と考える。$\theta=\dfrac{\pi}{2}$，$\dfrac{3}{2}\pi$ のとき，$r=0$ となるから極を含む。

③ 円の中心の極座標を $C(r_0,\ \theta_0)$，円周上の点を $P(r,\ \theta)$ とする。

$\triangle OCP$ において余弦定理から　　$CP^2=OP^2+OC^2-2OP\cdot OC\cos\angle COP$

$CP=a$，$OP=r$，$OC=r_0$，$\angle COP=|\theta-\theta_0|$ であるから

$$a^2=r^2+r_0{}^2-2rr_0\cos|\theta-\theta_0|$$

したがって，極方程式は　　$r^2+r_0{}^2-2rr_0\cos(\theta-\theta_0)=a^2$

④ 直線上の点を $P(r,\ \theta)$ とする。

r の値に関わらず $\theta=\alpha$ で一定であるから，極方程式は　　$\theta=\alpha$

⑤ 直線上の点を $P(r,\ \theta)$ とする。

$\angle OAP=\dfrac{\pi}{2}$ から　　$OA=OP\cos\angle AOP$　　ゆえに　　$OA=OP\cos|\theta-\alpha|$

したがって，極方程式は　　$r\cos(\theta-\alpha)=a\ (a>0)$

注意　$\theta=\alpha$ のとき，$r=a$ から，点Pは点Aに一致する。

①

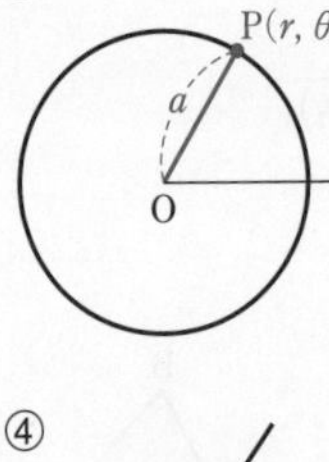

②

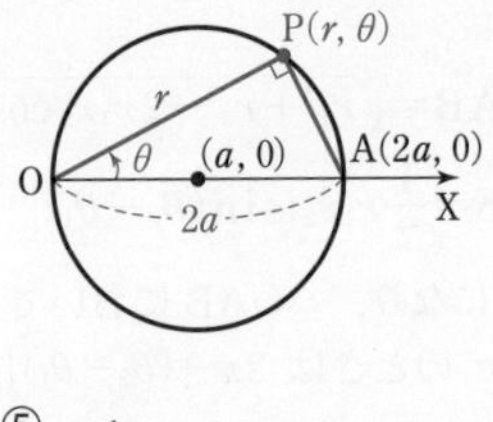

③

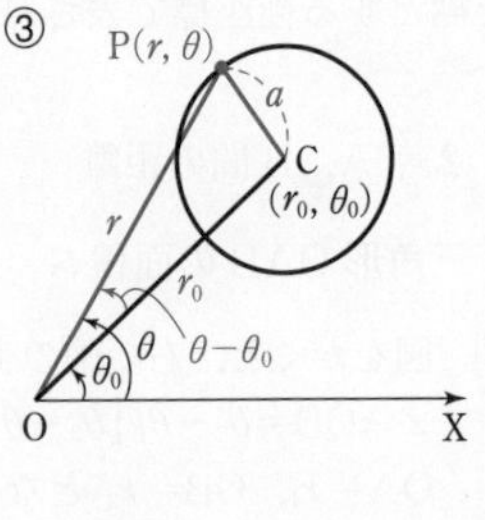

④

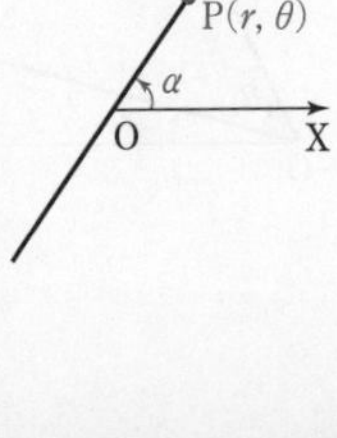

⑤

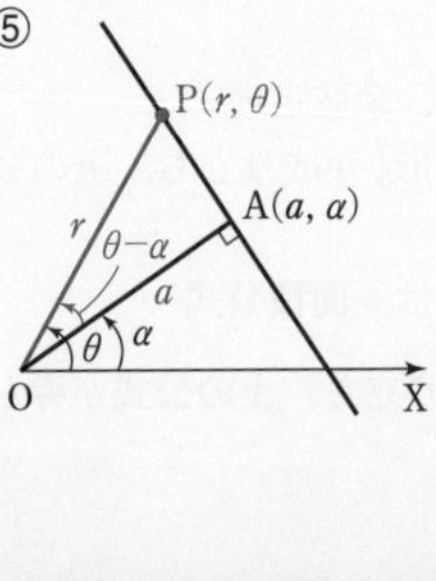

5 2次曲線の極方程式

極座標が$(a,\ 0)$である点Aを通り，始線OXに垂直な直線をℓとする。点Pからℓに下ろした垂線をPHとするとき，離心率$e=\dfrac{\mathrm{OP}}{\mathrm{PH}}$（$p.216$基本事項 3 参照）の値が一定であるような点Pの軌跡は2次曲線になり，その極方程式は

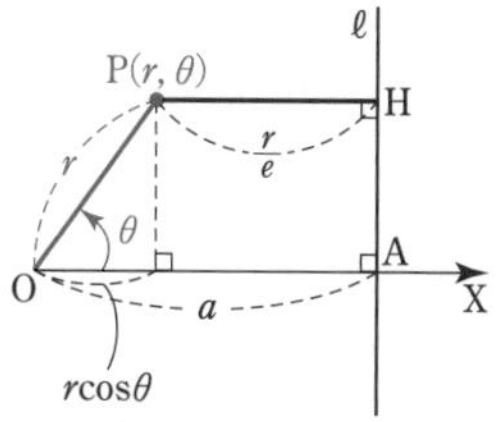

$$r=\frac{ea}{1+e\cos\theta}$$

であり，**$0<e<1$ のとき楕円，$e=1$ のとき放物線，$e>1$ のとき双曲線** を表す。

証明 $\mathrm{OP}:\mathrm{PH}=e:1$，$\mathrm{OP}=r$ より　$r:\mathrm{PH}=e:1$　ゆえに　$\mathrm{PH}=\dfrac{r}{e}$

また　$\mathrm{PH}=\mathrm{OA}-r\cos\theta=a-r\cos\theta$

よって　$\dfrac{r}{e}=a-r\cos\theta$　すなわち　$r(1+e\cos\theta)=ea$

ゆえに　$r=\dfrac{ea}{1+e\cos\theta}$

参考 媒介変数や極方程式で表された曲線には，次のようなものがある。式から曲線の概形をつかむのは難しいことが多いが，グラフを作成する機能を備えたコンピュータを利用すれば概形を知ることができる。

① **リサージュ曲線　$x=\sin at$，$y=\sin bt$**（a，bは有理数）⟶ 図①

② **アルキメデスの渦巻線　$r=a\theta$**（$a>0$，$\theta\geqq 0$）⟶ 図②

③ **正葉曲線　$r=\sin a\theta$**（aは有理数）⟶ 図③

④ **リマソン　$r=a+b\cos\theta$**（$b>0$）⟶ 図④

⑤ **カージオイド（心臓形）　$r=a(1+\cos\theta)$**（$a>0$）⟶ 図⑤

↳④で$a=b$の場合

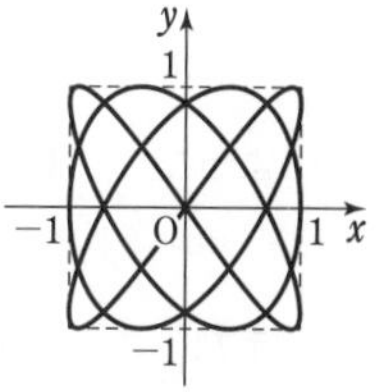

図①（$a=3$，$b=4$）

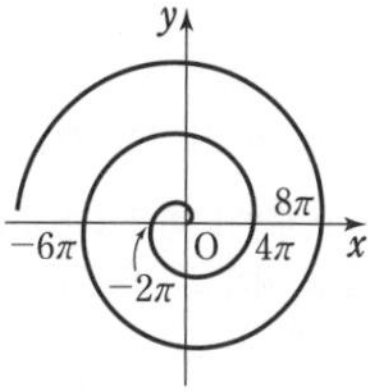

図②（$a=2$）

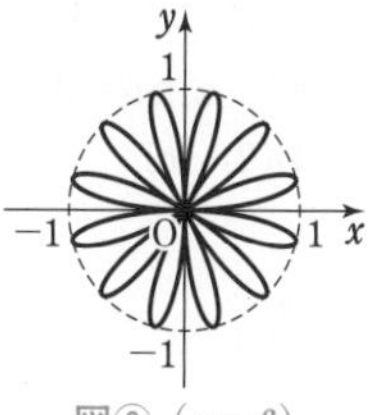

図③（$a=6$）

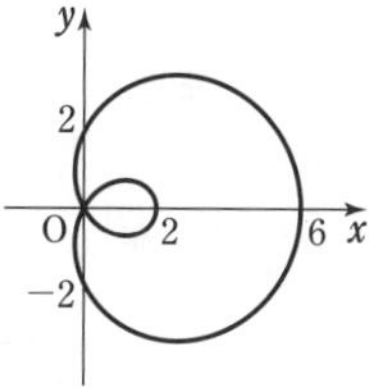

図④（$a=2$，$b=4$）

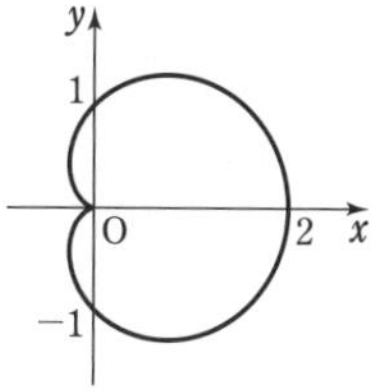

図⑤（$a=1$）

CHECK & CHECK

48 極座標で表された次の点の位置を図示せよ。

$\mathrm{A}\left(3,\ \dfrac{\pi}{6}\right)$，　$\mathrm{B}\left(2,\ \dfrac{3}{4}\pi\right)$，　$\mathrm{C}\left(1,\ -\dfrac{2}{3}\pi\right)$　→ 1

49 次の極方程式で表される曲線を図示せよ。

(1)　$r=3$　　(2)　$\theta=\dfrac{\pi}{3}$　　(3)　$r=4\cos\theta$　→ 4

基本 例題 142 極座標と直交座標

(1) 次の極座標の点 A，B の直交座標を求めよ。$A\left(6,\ \dfrac{\pi}{4}\right)$，$B\left(2,\ -\dfrac{5}{6}\pi\right)$

(2) 次の直交座標の点 C，D の極座標 $(r,\ \theta)$ $[0 \leqq \theta < 2\pi]$ を求めよ。

$C(\sqrt{3},\ -3)$，$D(-2,\ 0)$

p.241 基本事項 1，2

CHART & SOLUTION

極座標 $(r,\ \theta)$ と直交座標 $(x,\ y)$

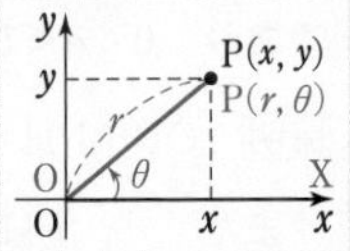

$$x = r\cos\theta,\ y = r\sin\theta,\ r = \sqrt{x^2+y^2}$$

(1) $x = r\cos\theta$，$y = r\sin\theta$ により，$(x,\ y)$ を定める。

(2) $r = \sqrt{x^2+y^2}$，$\cos\theta = \dfrac{x}{r}$，$\sin\theta = \dfrac{y}{r}$ により，$(r,\ \theta)$ を定める（ただし，$r \neq 0$）。

解答

(1) $x = 6\cos\dfrac{\pi}{4} = 3\sqrt{2}$，$y = 6\sin\dfrac{\pi}{4} = 3\sqrt{2}$

よって　**$A(3\sqrt{2},\ 3\sqrt{2})$**

$x = 2\cos\left(-\dfrac{5}{6}\pi\right) = -\sqrt{3}$，$y = 2\sin\left(-\dfrac{5}{6}\pi\right) = -1$

よって　**$B(-\sqrt{3},\ -1)$**

(2) $r = \sqrt{(\sqrt{3})^2+(-3)^2} = 2\sqrt{3}$

また　$\cos\theta = \dfrac{1}{2}$，$\sin\theta = -\dfrac{\sqrt{3}}{2}$

$0 \leqq \theta < 2\pi$ から　$\theta = \dfrac{5}{3}\pi$　よって　**$C\left(2\sqrt{3},\ \dfrac{5}{3}\pi\right)$**

$r = \sqrt{(-2)^2+0^2} = 2$　また　$\cos\theta = -1$，$\sin\theta = 0$

$0 \leqq \theta < 2\pi$ から　$\theta = \pi$　よって　**$D(2,\ \pi)$**

(1)

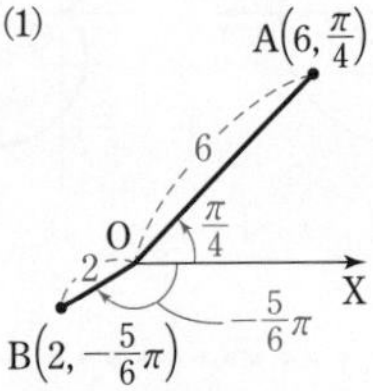

(2)

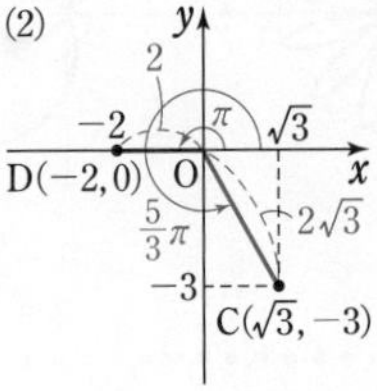

⇐ A，B は $\begin{cases} x = r\cos\theta \\ y = r\sin\theta \end{cases}$ を利用。

⇐ C，D は $\begin{cases} r = \sqrt{x^2+y^2} \\ \cos\theta = \dfrac{x}{r},\ \sin\theta = \dfrac{y}{r} \end{cases}$ を利用。

$0 \leqq \theta < 2\pi$ に注意。

⇐ 図形的に考えてもよい。

inf. 例えば，極座標が $\left(6,\ \dfrac{9}{4}\pi\right)$，$\left(6,\ -\dfrac{7}{4}\pi\right)$ である点は A と同じ位置にある。しかし，極座標 $(r,\ \theta)$ は，偏角を $0 \leqq \theta < 2\pi$ のように制限すると 1 通りに定まる。

PRACTICE 142[1]

(1) 次の極座標の点 A，B の直交座標を求めよ。　$A\left(4,\ \dfrac{5}{4}\pi\right)$，$B\left(3,\ -\dfrac{\pi}{2}\right)$

(2) 次の直交座標の点 C，D の極座標 $(r,\ \theta)$ $[0 \leqq \theta < 2\pi]$ を求めよ。

$C\left(\dfrac{\sqrt{2}}{2},\ -\dfrac{\sqrt{2}}{2}\right)$，$D(-2,\ -2\sqrt{3})$

基本 例題 143 距離・三角形の面積（極座標）

極がOの極座標に関して，2点 $A\left(2,\ \frac{\pi}{6}\right)$，$B\left(4,\ \frac{5}{6}\pi\right)$ がある。

(1) 線分ABの長さを求めよ。　　(2) △OABの面積を求めよ。

p.241 基本事項 3

CHART & SOLUTION

極座標と三角形

極座標のまま図示して考える

△OABにおいて

$AB^2=OA^2+OB^2-2OA\cdot OB\cos\angle AOB$　余弦定理

$\triangle OAB=\frac{1}{2}OA\cdot OB\sin\angle AOB$　三角形の面積

解答

△OABにおいて

$OA=2,\ OB=4,$

$\angle AOB=\frac{5}{6}\pi-\frac{\pi}{6}=\frac{2}{3}\pi$

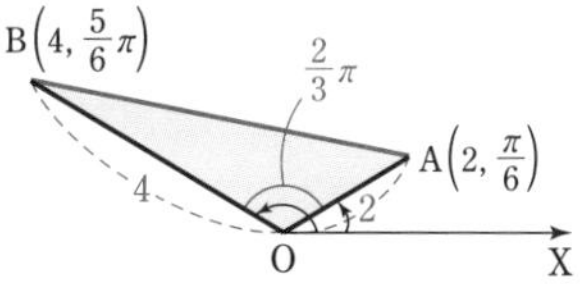

(1) 余弦定理により

$$AB^2=2^2+4^2-2\cdot2\cdot4\cos\frac{2}{3}\pi=28$$

ゆえに　$AB=\sqrt{28}=\mathbf{2\sqrt{7}}$

⇦ $AB^2=OA^2+OB^2-2OA\cdot OB\cos\angle AOB$

(2) △OABの面積 S は　$S=\frac{1}{2}\cdot2\cdot4\sin\frac{2}{3}\pi=\mathbf{2\sqrt{3}}$

INFORMATION　極座標で表しにくいものについて

上のように，線分ABの長さは極座標のまま求めることができる。しかし，線分ABの中点など，極座標で表しにくいものは，A，Bの極座標を **直交座標で表す** と考えやすい。例えば，この例題において，線分ABの中点の極座標は以下のようにして求められる。

2点A，Bの直交座標は　$A(\sqrt{3},\ 1)$，$B(-2\sqrt{3},\ 2)$

⟶ 線分ABの中点の直交座標は　$\left(-\frac{\sqrt{3}}{2},\ \frac{3}{2}\right)$

⟶ 線分ABの中点の極座標は　$\left(\sqrt{3},\ \frac{2}{3}\pi\right)$

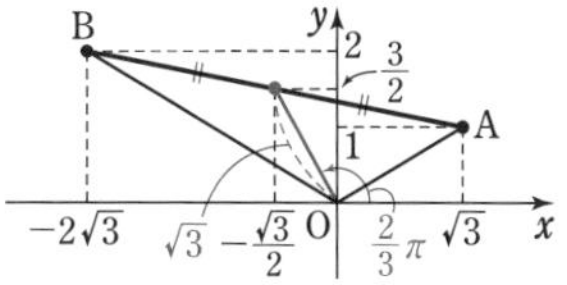

PRACTICE 143③

Oを極とし，極座標に関して2点 $P\left(3,\ \frac{5}{12}\pi\right)$，$Q\left(2,\ \frac{3}{4}\pi\right)$ がある。

(1) 2点P，Q間の距離を求めよ。　　(2) △OPQの面積を求めよ。

基本 例題 144 直交座標の方程式 ⟶ 極方程式

次の直交座標に関する方程式を，極方程式で表せ。

(1) $x-\sqrt{3}y-2=0$　(2) $x^2+y^2=-2x$　(3) $y^2=4x$

⊃ p.241 基本事項 2

CHART & SOLUTION

直交座標の方程式 ⟶ 極方程式

$$\boldsymbol{x=r\cos\theta,\ y=r\sin\theta,\ x^2+y^2=r^2}$$

x，y を消去して，r，θ だけの関係式を導く。また，得られた極方程式が三角関数の加法定理などを用いることで，より簡単な方程式になるときは，そのように変形する。

(1) では途中で，$r(a\cos\theta+b\sin\theta)=c$ の形の極方程式が得られる。このとき，三角関数の合成を用いても簡単な形になるが，加法定理 $\cos(\alpha-\beta)=\cos\alpha\cos\beta+\sin\alpha\sin\beta$ を利用すると，$r\cos(\theta-\alpha)=d$ の形となり，表す図形がわかりやすい。

(2)，(3) では **$r=0$ が極を表す** ことに注意し，他方に含まれていることを確認する。

解答

(1) $x-\sqrt{3}y-2=0$ に $x=r\cos\theta$，$y=r\sin\theta$ を代入すると

$$r(\cos\theta-\sqrt{3}\sin\theta)=2$$

ゆえに　$r\left\{\cos\theta\cdot\frac{1}{2}+\sin\theta\cdot\left(-\frac{\sqrt{3}}{2}\right)\right\}=1$

よって，求める極方程式は　$\boldsymbol{r\cos\left(\theta-\frac{5}{3}\pi\right)=1}$

⇐ $r\cos\theta-\sqrt{3}r\sin\theta-2=0$

⇐ $\frac{1}{\sqrt{1^2+(-\sqrt{3})^2}}=\frac{1}{2}$，$\frac{-\sqrt{3}}{\sqrt{1^2+(-\sqrt{3})^2}}=-\frac{\sqrt{3}}{2}$

(2) $x^2+y^2=-2x$ に $x^2+y^2=r^2$，$x=r\cos\theta$ を代入すると

$$r(r+2\cos\theta)=0$$

⇐ $r^2=-2r\cos\theta$

ゆえに　$r=0$　または　$r=-2\cos\theta$

$r=0$ は極を表し，$r=-2\cos\theta$ は極 $\left(0,\ \frac{\pi}{2}\right)$ を通る。

⇐ 極Oの極座標は $(0,\ \theta)$　θ は任意の数。

よって，求める極方程式は　$\boldsymbol{r=-2\cos\theta}$

(3) $y^2=4x$ に $x=r\cos\theta$，$y=r\sin\theta$ を代入すると

$$r(r\sin^2\theta-4\cos\theta)=0$$

⇐ $r^2\sin^2\theta=4r\cos\theta$

ゆえに　$r=0$　または　$r\sin^2\theta=4\cos\theta$

$r=0$ は極を表し，$r\sin^2\theta=4\cos\theta$ は極 $\left(0,\ \frac{\pi}{2}\right)$ を通る。

よって，求める極方程式は　$\boldsymbol{r\sin^2\theta=4\cos\theta}$

PRACTICE 144②

次の直交座標に関する方程式を，極方程式で表せ。

(1) $x+y+2=0$　(2) $x^2+y^2-4y=0$　(3) $x^2-y^2=-4$

基本 例題 145　極方程式 ⟶ 直交座標の方程式

Oを極とする次の極方程式の表す曲線を，直交座標に関する方程式で表し，xy 平面上に図示せよ。

(1)　$\dfrac{1}{r}=\cos\theta+2\sin\theta$　　　(2)　$r^2\sin 2\theta=-2$

(3)　$r^2(3\sin^2\theta+1)=4$

$p.241$ 基本事項 2，基本 144

CHART & SOLUTION

極方程式 ⟶ 直交座標の方程式

$$\boldsymbol{r\cos\theta=x,\ \ r\sin\theta=y,\ \ r^2=x^2+y^2}$$

を用いて，x，y だけの関係式を導く。

(1)　両辺を r 倍する。(2)　$\sin 2\theta=2\sin\theta\cos\theta$

解答

(1)　$\dfrac{1}{r}=\cos\theta+2\sin\theta$ の両辺を r 倍して

$$1=r\cos\theta+2r\sin\theta$$

$r\cos\theta=x$，$r\sin\theta=y$ を代入すると　　$1=x+2y$

よって　　$\boldsymbol{y=-\dfrac{1}{2}x+\dfrac{1}{2}}$，**下図**

⇐ $r\cos\theta$，$r\sin\theta$ の形を作る。

(2)　極方程式の左辺を変形すると

$$r^2\sin 2\theta=r^2\cdot 2\sin\theta\cos\theta=2r\cos\theta\cdot r\sin\theta$$

よって　　$2r\cos\theta\cdot r\sin\theta=-2$

$r\cos\theta=x$，$r\sin\theta=y$ を代入すると　　$2xy=-2$

ゆえに　　$\boldsymbol{xy=-1}$，**下図**

⇐ 2倍角の公式。

(3)　$3(r\sin\theta)^2+r^2=4$

$r\sin\theta=y$，$r^2=x^2+y^2$ を代入すると　$3y^2+(x^2+y^2)=4$

ゆえに　　$x^2+4y^2=4$

すなわち　$\boldsymbol{\dfrac{x^2}{4}+y^2=1}$，**下図**

⇐ $r\sin\theta$，r^2 の形を作る。

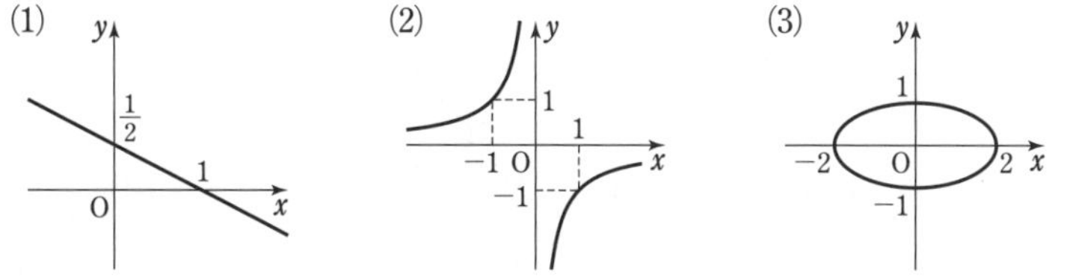

PRACTICE 145②

次の極方程式を，直交座標に関する方程式で表し，xy 平面上に図示せよ。

(1)　$r^2(7\cos^2\theta+9)=144$　　　(2)　$r=2\cos\left(\theta-\dfrac{\pi}{3}\right)$　　［(1) 奈良教育大］

基本 例題 146 円・直線の極方程式

Oを極とする極座標において，次の円，直線の極方程式を求めよ。

(1) 中心が $C\left(2,\ \frac{\pi}{6}\right)$，極を通る円　(2) 中心が $C\left(4,\ \frac{\pi}{4}\right)$，半径3の円

(3) 点 $A\left(2,\ \frac{\pi}{3}\right)$ を通り，OA に垂直な直線

p.242 基本事項 4

CHART & SOLUTION

円，直線の極方程式

図形上の点 P$(r,\ \theta)$ をとり一定なものに注目 ……❗

まず，極座標のまま図示して考える。その際，直角三角形を手掛かりに点Pが動いても常に一定である辺の長さや，角の大きさに注目する。

別解 極座標を直交座標で考え，直交座標での方程式を作り，

$\boldsymbol{r^2=x^2+y^2,\ x=r\cos\theta,\ y=r\sin\theta}$ を代入する。……❗

解答

(1) 円周上の点を P$(r,\ \theta)$ とする。

点 $A\left(4,\ \frac{\pi}{6}\right)$ をとると，線分 OA は

❗ この円の直径であるから $\angle OPA=\frac{\pi}{2}$

ゆえに　$OP=OA\cos\angle AOP$

$=OA\cos\left|\theta-\frac{\pi}{6}\right|$

よって，求める極方程式は　$\boldsymbol{r=4\cos\left(\theta-\frac{\pi}{6}\right)}$

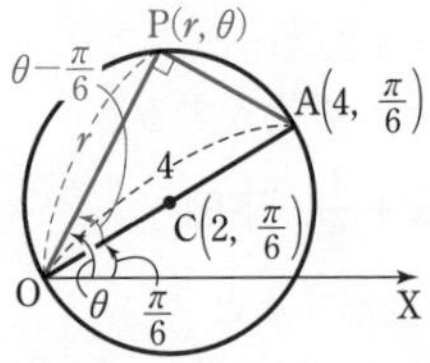

⇐ 図形上の点Pの極座標を $(r,\ \theta)$ とおくことからスタート。

⇐ $\angle OPA=\frac{\pi}{2}$ で常に一定。

⇐ $\angle AOP=\frac{\pi}{6}-\theta$ の場合もある。

⇐ $\cos\left|\theta-\frac{\pi}{6}\right|=\cos\left\{\pm\left(\theta-\frac{\pi}{6}\right)\right\}$
$=\cos\left(\theta-\frac{\pi}{6}\right)$

(2) 円周上の点を P$(r,\ \theta)$ とする。△OCP において余弦定理から　$CP^2=OP^2+OC^2-2OP\cdot OC\cos\angle COP$

❗ $CP=3,\ OP=r,\ OC=4,$

$\angle COP=\left|\theta-\frac{\pi}{4}\right|$ であるから

$3^2=r^2+4^2-2\cdot r\cdot 4\cos\left|\theta-\frac{\pi}{4}\right|$

よって，求める極方程式は

$\boldsymbol{r^2-8r\cos\left(\theta-\frac{\pi}{4}\right)+7=0}$

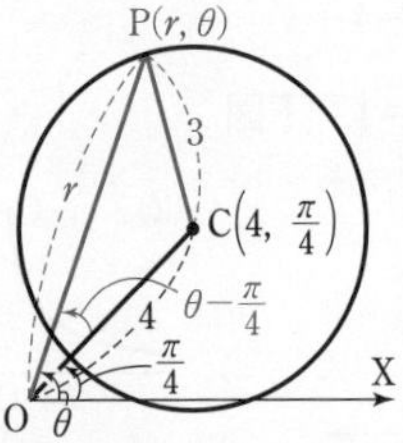

⇐ CP=3 で常に一定。

⇐ $\angle COP=\frac{\pi}{4}-\theta$ の場合もある。

⇐ $\cos\left|\theta-\frac{\pi}{4}\right|=\cos\left\{\pm\left(\theta-\frac{\pi}{4}\right)\right\}$
$=\cos\left(\theta-\frac{\pi}{4}\right)$

(3) 直線上の点を P$(r,\ \theta)$ とする。

❗ $\angle OAP=\frac{\pi}{2}$ から

$OA=OP\cos\angle AOP$

$=OP\cos\left|\theta-\frac{\pi}{3}\right|$

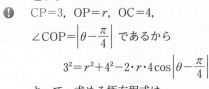

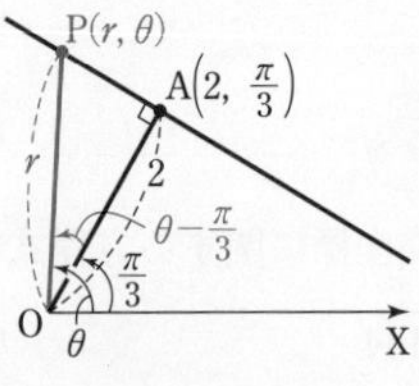

⇐ $\angle OAP=\frac{\pi}{2}$ で常に一定。

⇐ $\angle AOP=\frac{\pi}{3}-\theta$ の場合もある。

よって，求める極方程式は　$r\cos\left(\theta-\dfrac{\pi}{3}\right)=2$

⇦ $\cos\left|\theta-\dfrac{\pi}{3}\right|=\cos\left\{\pm\left(\theta-\dfrac{\pi}{3}\right)\right\}=\cos\left(\theta-\dfrac{\pi}{3}\right)$

別解　それぞれ直交座標で考える。

(1)　$2\cos\dfrac{\pi}{6}=\sqrt{3}$，$2\sin\dfrac{\pi}{6}=1$ であるから，中心の座標は $(\sqrt{3},\ 1)$ で，半径は 2 である。

⇦ 中心の極座標は $\left(2,\ \dfrac{\pi}{6}\right)$ 極を通るから，半径は 2。

よって，方程式は　$(x-\sqrt{3})^2+(y-1)^2=2^2$

展開して　$(x^2+y^2)-2\sqrt{3}x-2y=0$

$x^2+y^2=r^2$，$x=r\cos\theta$，$y=r\sin\theta$ を代入して整理すると　$r(r-2\sqrt{3}\cos\theta-2\sin\theta)=0$

よって　$r=0$ または $r-2\sqrt{3}\cos\theta-2\sin\theta=0$ …①

① を変形して　$r=2(\sqrt{3}\cos\theta+\sin\theta)=4\cos\left(\theta-\dfrac{\pi}{6}\right)$

⇦ $\sqrt{3}\cos\theta+\sin\theta=2\left(\cos\theta\cos\dfrac{\pi}{6}+\sin\theta\sin\dfrac{\pi}{6}\right)=2\cos\left(\theta-\dfrac{\pi}{6}\right)$

$r=0$ は上式に含まれるから，求める極方程式は

$$r=4\cos\left(\theta-\frac{\pi}{6}\right)$$

(2)　$4\cos\dfrac{\pi}{4}=2\sqrt{2}$，$4\sin\dfrac{\pi}{4}=2\sqrt{2}$ であるから，中心の座標は　$(2\sqrt{2},\ 2\sqrt{2})$

よって，方程式は　$(x-2\sqrt{2})^2+(y-2\sqrt{2})^2=3^2$

⇦ 半径は 3

展開して　$(x^2+y^2)-4\sqrt{2}x-4\sqrt{2}y+7=0$

$x^2+y^2=r^2$，$x=r\cos\theta$，$y=r\sin\theta$ を代入して整理すると　$r^2-4\sqrt{2}r(\cos\theta+\sin\theta)+7=0$

よって，求める極方程式は　$r^2-8r\cos\left(\theta-\dfrac{\pi}{4}\right)+7=0$

⇦ $\cos\theta+\sin\theta=\sqrt{2}\left(\cos\theta\cos\dfrac{\pi}{4}+\sin\theta\sin\dfrac{\pi}{4}\right)=\sqrt{2}\cos\left(\theta-\dfrac{\pi}{4}\right)$

(3)　$2\cos\dfrac{\pi}{3}=1$，$2\sin\dfrac{\pi}{3}=\sqrt{3}$ であるから，点Aの座標は $(1,\ \sqrt{3})$

ゆえに，直線 OA の傾きは $\sqrt{3}$ であるから，求める直線の傾きは $-\dfrac{1}{\sqrt{3}}$ である。よって，方程式は

⇦ 求める直線の傾きを a とすると　$\sqrt{3}a=-1$　よって　$a=-\dfrac{1}{\sqrt{3}}$

$$y-\sqrt{3}=-\frac{1}{\sqrt{3}}(x-1)\quad すなわち\quad x+\sqrt{3}y=4$$

$x=r\cos\theta$，$y=r\sin\theta$ を代入して

$$r\cos\theta+\sqrt{3}r\sin\theta=4$$

よって，求める極方程式は　$r\cos\left(\theta-\dfrac{\pi}{3}\right)=2$

⇦ $\cos\theta+\sqrt{3}\sin\theta=2\left(\cos\theta\cdot\cos\dfrac{\pi}{3}+\sin\theta\sin\dfrac{\pi}{3}\right)=2\cos\left(\theta-\dfrac{\pi}{3}\right)$

PRACTICE 146③

Oを極とする極座標において，次の円，直線の極方程式を求めよ。

(1)　極Oと点 $A\left(4,\ \dfrac{\pi}{3}\right)$ を直径の両端とする円

(2)　中心が $C\left(6,\ \dfrac{\pi}{4}\right)$，半径 4 の円　(3)　点 $A\left(\sqrt{3},\ \dfrac{\pi}{6}\right)$ を通り，OA に垂直な直線

基本 例題 147 2次曲線の極方程式 ③③③③③

(1) 極座標が$(3,\ 0)$である点Aを通り，始線に垂直な直線をℓとする。極Oを焦点，ℓを準線とする放物線の極方程式を求めよ。

(2) 極方程式 $r=\dfrac{1}{2+\sqrt{3}\cos\theta}$ の表す曲線を直交座標に関する方程式で表し，それを図示せよ。 [(2) 琉球大]

p.216 基本事項 3，p.243 基本事項 5，基本 145

CHART & SOLUTION

2次曲線の極方程式

1 曲線上の点$(r,\ \theta)$をとり，2次曲線の定義に注目

2 直交座標で考える

(1) 放物線上の点の極座標を$(r,\ \theta)$とし，求める放物線の満たすべき条件からr，θの関係式を導く。

(2) 極方程式 ⟶ 直交座標の方程式
$r\cos\theta=x$，$r^2=x^2+y^2$ を代入し，x，yだけの関係式を導く。…… ❗

解答

(1) 放物線上の点Pの極座標を$(r,\ \theta)$とし，点Pから準線ℓに下ろした垂線をPHとすると　OP=PH

OP$=r$，PH$=3-r\cos\theta$ であるから　$r=3-r\cos\theta$

ゆえに　$(1+\cos\theta)r=3$

$1+\cos\theta\neq0$ であるから　$\boldsymbol{r=\dfrac{3}{1+\cos\theta}}$

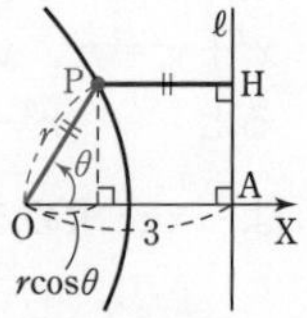

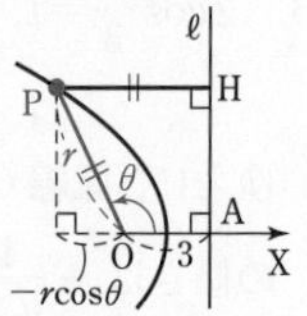

(2) $r=\dfrac{1}{2+\sqrt{3}\cos\theta}$ から　$2r=1-\sqrt{3}\,r\cos\theta$

❗ $r\cos\theta=x$ を代入すると　$2r=1-\sqrt{3}\,x$

両辺を2乗すると

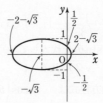

$4r^2=1-2\sqrt{3}\,x+3x^2$

❗ $r^2=x^2+y^2$ を代入すると

$x^2+2\sqrt{3}\,x+4y^2-1=0$

ゆえに　$(x+\sqrt{3})^2+4y^2=4$

よって　$\boldsymbol{\dfrac{(x+\sqrt{3})^2}{4}+y^2=1}$，**右図**

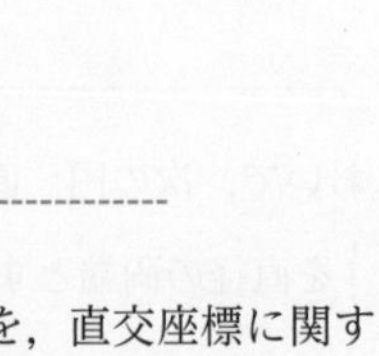

PRACTICE 147③

極方程式 $r=\dfrac{\sqrt{6}}{2+\sqrt{6}\cos\theta}$ の表す曲線を，直交座標に関する方程式で表し，その概形を図示せよ。

基本 例題 148 極方程式と軌跡

直線 $r\cos\left(\theta-\frac{2}{3}\pi\right)=\sqrt{3}$ 上の動点Pと極Oを結ぶ線分 OP を1辺とする正三角形 OPQ を作る。Qの軌跡の極方程式を求めよ。

CHART & SOLUTION

軌跡

1 軌跡上の動点 $(r,\ \theta)$ の関係式を導く

2 条件でつなぎの文字を消す ……❗

直線上の点を $P(s,\ \alpha)$，頂点Qを $Q(r,\ \theta)$ とする。

⟶ $s,\ \alpha,\ r,\ \theta$ の関係式を求め，$s,\ \alpha$ を消去する。

正三角形は2つできることに注意。

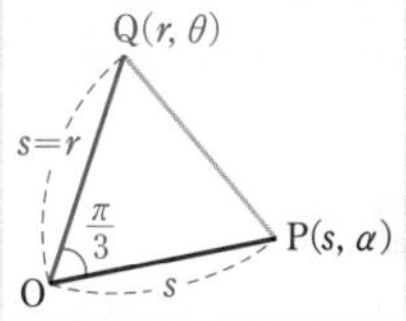

解答

点Pの極座標を $(s,\ \alpha)$，点Qの極座標を $(r,\ \theta)$ とする。

点Pは与えられた直線上にあるから

$$s\cos\left(\alpha-\frac{2}{3}\pi\right)=\sqrt{3} \quad \cdots\cdots ①$$

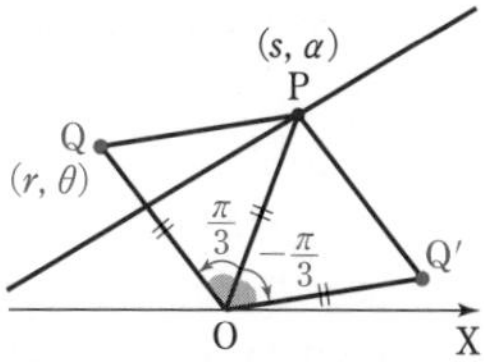

△OPQ は正三角形であるから　　OQ=OP，$\angle POQ=\frac{\pi}{3}$

よって　　$(r,\ \theta)=\left(s,\ \alpha+\frac{\pi}{3}\right),\ \left(s,\ \alpha-\frac{\pi}{3}\right)$

ゆえに　　$(s,\ \alpha)=\left(r,\ \theta-\frac{\pi}{3}\right),\ \left(r,\ \theta+\frac{\pi}{3}\right)$

❗ $(s,\ \alpha)=\left(r,\ \theta-\frac{\pi}{3}\right)$ のとき，① から

$$r\cos(\theta-\pi)=\sqrt{3}$$

❗ $(s,\ \alpha)=\left(r,\ \theta+\frac{\pi}{3}\right)$ のとき，① から

$$r\cos\left(\theta-\frac{\pi}{3}\right)=\sqrt{3}$$

したがって，点Qの軌跡の極方程式は

$$\boldsymbol{r\cos\theta=-\sqrt{3},\ r\cos\left(\theta-\frac{\pi}{3}\right)=\sqrt{3}}$$

⇐ 正三角形は上図のように2つ考えられる。

⇐ $\theta=\alpha+\frac{\pi}{3}$ から $\alpha=\theta-\frac{\pi}{3}$
$\alpha=\theta+\frac{\pi}{3}$ も同様。

⇐ $\alpha=\theta-\frac{\pi}{3}$ から
$\alpha-\frac{2}{3}\pi=\theta-\pi$

⇐ $\alpha=\theta+\frac{\pi}{3}$ から
$\alpha-\frac{2}{3}\pi=\theta-\frac{\pi}{3}$

PRACTICE 148❸

極座標が $\left(1,\ \frac{\pi}{2}\right)$ である点を通り，始線 OX に平行な直線 ℓ 上に点Pをとり，点Qを △OPQ が正三角形となるように定める。ただし，△OPQ の頂点 O，P，Q はこの順で時計回りに並んでいるものとする。

(1) 点Pが直線 ℓ 上を動くとき，点Qの軌跡を極方程式で表せ。

(2) (1) で求めた極方程式を直交座標についての方程式で表せ。

重要 例題 149 レムニスケートの極方程式

曲線 $(x^2+y^2)^2=x^2-y^2$ について，次の問いに答えよ。

(1) 与えられた曲線が x 軸，y 軸，原点に関して対称であることを示せ。

(2) 与えられた曲線の極方程式を求め，概形をかけ。

基本 144

CHART & SOLUTION

座標の選定　対称性 ⟶ 直交座標，概形 ⟶ 極座標

直交座標のまま対称性を調べ，その結果 $0\leqq\theta\leqq\frac{\pi}{2}$ の範囲の極座標で概形を調べる。

解答

(1) $f(x,\ y)=(x^2+y^2)^2-(x^2-y^2)$ とすると，与えられた曲線の方程式は　$f(x,\ y)=0$ ……①

$f(x,\ -y)=f(-x,\ y)=f(-x,\ -y)=f(x,\ y)$ であるから曲線①は，x 軸，y 軸，原点に関してそれぞれ対称である。

(2) 与式に $x=r\cos\theta$, $y=r\sin\theta$, $x^2+y^2=r^2$ を代入すると　$(r^2)^2=r^2(\cos^2\theta-\sin^2\theta)$　ゆえに　$r^2(r^2-\cos 2\theta)=0$

よって　$r=0$ または $r^2=\cos 2\theta$

$r=0$ は $r^2=\cos 2\theta$ に含まれるから，求める極方程式は

$$\boldsymbol{r^2=\cos 2\theta}$$

曲線①の対称性から，$r\geqq 0$, $0\leqq\theta\leqq\frac{\pi}{2}$ の範囲で考える。

また，$r^2\geqq 0$ から　$\cos 2\theta\geqq 0$

ゆえに，曲線の存在範囲は　$0\leqq\theta\leqq\frac{\pi}{4}$

θ	0	$\frac{\pi}{12}$	$\frac{\pi}{8}$	$\frac{\pi}{6}$	$\frac{\pi}{4}$
r^2	1	$\frac{\sqrt{3}}{2}$	$\frac{\sqrt{2}}{2}$	$\frac{1}{2}$	0

これらをもとにして，第1象限における曲線①をかき，それと x 軸，y 軸，原点に関して対称な曲線もかき加えると，曲線の概形は **右の図** のようになる。

曲線 $f(x,\ y)=0$ について
$f(x,\ -y)=f(x,\ y)$
⟶ x 軸に関して対称
$f(-x,\ y)=f(x,\ y)$
⟶ y 軸に関して対称
$f(-x,\ -y)=f(x,\ y)$
⟶ 原点に関して対称

⇐ $\cos^2\theta-\sin^2\theta=\cos 2\theta$

⇐ $x\geqq 0$, $y\geqq 0$ の範囲で考える。

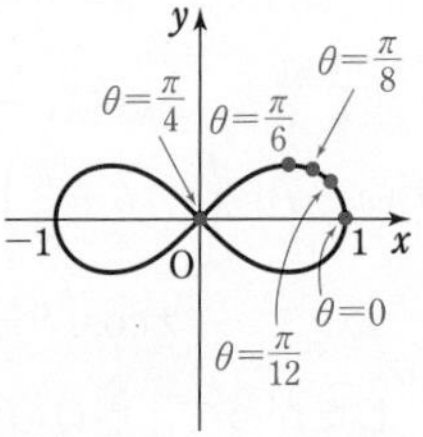

inf. この曲線を，**レムニスケート** という。

PRACTICE 149③

$a>0$ とする。極方程式 $r=a(1+\cos\theta)$ $(0\leqq\theta<2\pi)$ で表される曲線 K（**心臓形，カージオイド**）について，次の問いに答えよ。

(1) 曲線 K は直線 $\theta=0$ に関して対称であることを示せ。

(2) 曲線 $C：r=a\cos\theta$ はどんな曲線か。

(3) $0\leqq\theta_1\leqq\pi$ である任意の θ_1 に対し，直線 $\theta=\theta_1$ と曲線 C および曲線 K との交点を考えることにより，曲線 K の概形をかけ。

重要 例題 150 図形への応用（極座標）

焦点Fを極とする放物線 C の極方程式を $r=\dfrac{2p}{1-\cos\theta}$ $(p>0)$ とする。これを用いて，C の2つの弦PQ，RSがともにFを通り互いに直交するとき，$\dfrac{1}{\mathrm{PQ}}+\dfrac{1}{\mathrm{RS}}$ の値は一定であることを証明せよ。

基本 147

CHART & THINKING

図形への応用（極座標）　r，θ の特長を活かす

弦PQ，RSが直交するという条件に着目。点Fで直交するから，点Fを極とする極座標で考えよう。点Pの偏角を θ とすると，Q，R，Sの偏角はどのように表すことができるだろうか？ ……❶

解答

PQ⊥RS であるから，$\mathrm{P}(r_1,\ \theta)$，

❶ $\mathrm{Q}(r_2,\ \theta+\pi)$，$\mathrm{R}\left(r_3,\ \theta+\dfrac{\pi}{2}\right)$，

❶ $\mathrm{S}\left(r_4,\ \theta+\dfrac{3}{2}\pi\right)$ と表される。

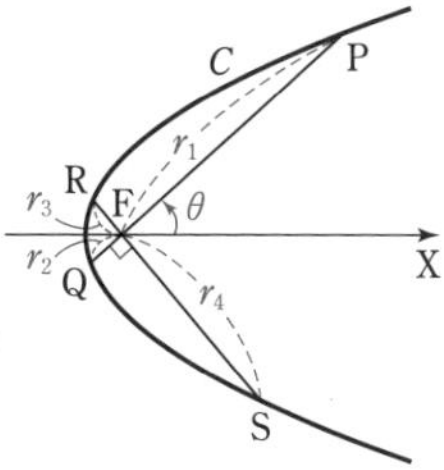

⇐ $\mathrm{S}\left(r_4,\ \theta+\dfrac{\pi}{2}+\pi\right)$

（ただし，$r_1>0$，$r_2>0$，$r_3>0$，$r_4>0$）

また，$\cos(\theta+\pi)=-\cos\theta$，

$\cos\left(\theta+\dfrac{\pi}{2}\right)=-\sin\theta$，$\cos\left(\theta+\dfrac{3}{2}\pi\right)=\sin\theta$ であるから

⇐ $\cos(\alpha+\beta)$ $=\cos\alpha\cos\beta-\sin\alpha\sin\beta$

$$r_1=\frac{2p}{1-\cos\theta},\quad r_2=\frac{2p}{1+\cos\theta},\quad r_3=\frac{2p}{1+\sin\theta},\quad r_4=\frac{2p}{1-\sin\theta}$$

⇐ 4点P，Q，R，Sは放物線 C 上にある。

ゆえに

$$\mathrm{PQ}=r_1+r_2=\frac{2p}{1-\cos\theta}+\frac{2p}{1+\cos\theta}=\frac{4p}{1-\cos^2\theta}=\frac{4p}{\sin^2\theta},$$

⇐ PQ=FP+FQ

$$\mathrm{RS}=r_3+r_4=\frac{2p}{1+\sin\theta}+\frac{2p}{1-\sin\theta}=\frac{4p}{1-\sin^2\theta}=\frac{4p}{\cos^2\theta}$$

⇐ RS=FR+FS

よって　$\dfrac{1}{\mathrm{PQ}}+\dfrac{1}{\mathrm{RS}}=\dfrac{\sin^2\theta+\cos^2\theta}{4p}=\dfrac{1}{4p}$ （一定）

PRACTICE 150❹

Oを中心とする楕円の1つの焦点をFとする。この楕円上の4点をP，Q，R，Sとするとき，次のことを証明せよ。

(1) $\angle\mathrm{POQ}=\dfrac{\pi}{2}$ のとき　$\dfrac{1}{\mathrm{OP}^2}+\dfrac{1}{\mathrm{OQ}^2}$ は一定

(2) 焦点Fを極とする楕円の極方程式を $r(1+e\cos\theta)=l$ $(0<e<1,\ l>0)$ とする。弦PQ，RSが，焦点Fを通り直交しているとき $\dfrac{1}{\mathrm{PF}\cdot\mathrm{QF}}+\dfrac{1}{\mathrm{RF}\cdot\mathrm{SF}}$ は一定

EXERCISES　16 極座標と極方程式

A

132❸ 極座標で表された 3 点 $A\left(4,\ -\dfrac{\pi}{3}\right)$, $B\left(3,\ \dfrac{\pi}{3}\right)$, $C\left(2,\ \dfrac{3}{4}\pi\right)$ を頂点とする三角形 ABC の面積を求めよ。 →143

133❷ $\dfrac{\pi}{2} \leqq \theta \leqq \dfrac{3}{4}\pi$ のとき，極方程式 $r=2(\cos\theta+\sin\theta)$ の表す曲線の長さを求めよ。 〔防衛大〕 →145

134❸ 極座標が $(1,\ 0)$ である点をA，極座標が $\left(\sqrt{3},\ \dfrac{\pi}{2}\right)$ である点をBとする。このとき，極Oを通り，線分 AB に垂直な直線 ℓ の極方程式は ア［　　］である。また，a を正の定数とし，極方程式 $r=a\cos\theta$ で表される曲線が直線 AB と接するとき，a の値は イ［　　］である。 〔北里大〕 →146

B

135❸ 極方程式 $r=\dfrac{2}{2+\cos\theta}$ で与えられる図形と，等式 $|z|+\left|z+\dfrac{4}{3}\right|=\dfrac{8}{3}$ を満たす複素数 z で与えられる図形は同じであることを示し，この図形の概形をかけ。 〔山形大〕 →100, 147

136❸ 点Aの極座標を $(2,\ 0)$，極Oと点Aを結ぶ線分を直径とする円 C の周上の任意の点をQとする。点Qにおける円 C の接線に極Oから下ろした垂線の足をPとする。点Pの極座標を $(r,\ \theta)$ とするとき，その軌跡の極方程式を求めよ。ただし，$0 \leqq \theta < \pi$ とする。 →148

137❹ $a>0$ を定数として，極方程式 $r=a(1+\cos\theta)$ により表される曲線 C_a を考える。
点Pが曲線 C_a 上を動くとき，極座標が $(2a,\ 0)$ の点とPとの距離の最大値を求めよ。

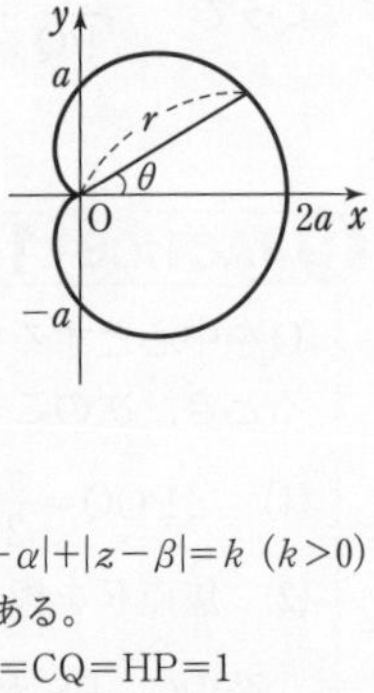

HINT

135 極方程式を直交座標で表して考える。複素数平面上で，等式 $|z-\alpha|+|z-\beta|=k\ (k>0)$ を満たす点 z は，2 点 α, β からの距離の和が k である図形上にある。

136 円の中心Cから直線 OP に下ろした垂線の足をHとすると　OC=CQ=HP=1

137 $A(2a,\ 0)$, $P(r,\ \theta)$ とし，A，P を直交座標で表して考える。

Research&Work

● ここで扱うテーマについて

各分野の学習内容に関連する重要なテーマを取り上げました。各分野の学習をひと通り終えた後に取り組み，学習内容の理解を深めましょう。

■テーマ一覧

① ベクトルの式を満たす点の存在範囲と斜交座標
② 空間図形とベクトル
③ 複素数平面の応用
④ 2 次曲線の考察

● 各テーマの構成について

各テーマは，解説（前半 2 ページ）と 問題に挑戦（後半 2 ページ）の計 4 ページで構成されています。

[1] 解説　各テーマについて，これまでに学んだことを振り返りながら，解説しています。また，基本的な問題として **確認**，やや発展的な問題として **やってみよう** を掲載しています。説明されている内容の確認を終えたら，これらの問題に取り組み，きちんと理解できているかどうかを確かめましょう。わからないときは，➲ で示された箇所に戻って復習することも大切です。

[2] 問題に挑戦　そのテーマの総仕上げとなる問題を掲載しています。前半の 解説 で学んだことも活用しながらチャレンジしましょう。大学入学共通テストにつながる問題演習として取り組むこともできます。

※ デジタルコンテンツについて

問題と関連するデジタルコンテンツを用意したテーマもあります。関数のグラフを動かすことにより，問題で取り上げた内容を確認することができます。該当箇所に掲載した QR コードから，コンテンツに直接アクセスできます。

なお，下記の URL，または，右の QR コードから，Research & Work で用意したデジタルコンテンツの一覧にアクセスできます。

https://cds.chart.co.jp/books/x2d4njtli1/sublist/9000000000

Research & Work 1 数学C ベクトルの式を満たす点の存在範囲と斜交座標

1 平面上の点の存在範囲の復習

平面上の△OAB において，$\overrightarrow{OP}=s\overrightarrow{OA}+t\overrightarrow{OB}$ (s, t は実数) を満たす点Pの存在範囲は，s, t の条件式によって，次の 4 つのタイプに分けられる。

1	$s+t=1$ (係数の和が 1)	$\Longleftrightarrow$	直線 AB
2	$s+t=1$, $s\geqq 0$, $t\geqq 0$	$\Longleftrightarrow$	線分 AB
3	$0\leqq s+t\leqq 1$, $s\geqq 0$, $t\geqq 0$	$\Longleftrightarrow$	△OAB の周および内部
4	$0\leqq s\leqq 1$, $0\leqq t\leqq 1$	$\Longleftrightarrow$	平行四辺形 OACB の周および内部 (ただし，点Cは $\overrightarrow{OC}=\overrightarrow{OA}+\overrightarrow{OB}$ を満たす点)

数学C例題 37，38

問題で与えられる s, t の条件式を変形して，上の 4 つのタイプのいずれかの形を導くことが解法のポイントである。復習のために，次の「確認」に取り組んでみよう。

確認 **Q1** △OAB において，次の式を満たす点Pの存在範囲を求めよ。

(1) $\overrightarrow{OP}=s\overrightarrow{OA}+t\overrightarrow{OB}$, $3s+4t=4$

(2) $\overrightarrow{OP}=s\overrightarrow{OA}+3t\overrightarrow{OB}$, $0\leqq 2s+5t\leqq 1$, $s\geqq 0$, $t\geqq 0$

2 座標平面での考察

ここでは，座標平面を用いて点の存在範囲について考えてみよう。

例 OA=OB=1, ∠AOB=90° の直角二等辺三角形 OAB において，

$$\overrightarrow{OP}=x\overrightarrow{OA}+y\overrightarrow{OB},\ 0\leqq x+y\leqq 1,\ x\geqq 0,\ y\geqq 0\quad (x,\ y \text{ は実数})$$

を満たす点Pの存在範囲を考えよう。

Oを原点とする座標平面上で，

$$\overrightarrow{OA}=(1,\ 0),\ \overrightarrow{OB}=(0,\ 1)$$

とすることができるから

$$\overrightarrow{OP}=x(1,\ 0)+y(0,\ 1)=(x,\ y)$$

すなわち，座標平面上で点Pの座標は $(x,\ y)$ である。

よって，点Pの存在範囲は，連立不等式 $0\leqq x+y\leqq 1$, $x\geqq 0$, $y\geqq 0$ の表す領域であるから，これを図示すると**右図の斜線部分** となる。**ただし，境界線を含む。**

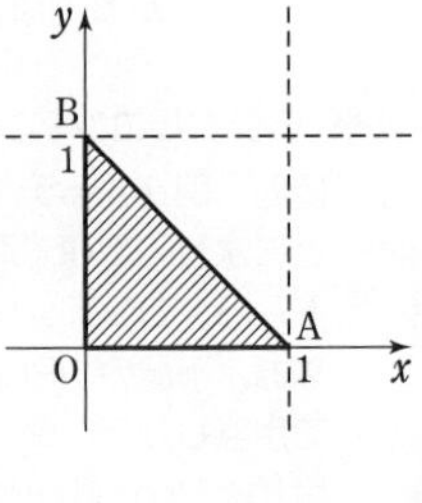

この領域は，△OAB の周および内部 (上の 3 のタイプ) に他ならない。

上の **例** の △OAB は，OA=OB=1, ∠AOB=90° の直角二等辺三角形という形状をしており，これは直交座標で扱うのに都合がよい。

OA≠1, OB≠1, ∠AOB≠90° の場合には，次ページで紹介する斜交座標を用いる。

座標平面を導入することによって，数学Ⅱ「図形と方程式」で学習した内容を用いて考えることができます。

3 斜交座標

平面上で1次独立なベクトル $\overrightarrow{\mathrm{OA}}$, $\overrightarrow{\mathrm{OB}}$ を定めると，任意の点Pは

$\overrightarrow{\mathbf{OP}}=s\overrightarrow{\mathbf{OA}}+t\overrightarrow{\mathbf{OB}}$ (s, t は実数) ……Ⓐ

の形にただ1通りに表される。➡ p.25

このとき，実数の組 $(s,\ t)$ を **斜交座標** といい，Ⓐ によって定まる点Pを $\mathrm{P}(s,\ t)$ で表す (図1)。特に，$\overrightarrow{\mathrm{OA}}\perp\overrightarrow{\mathrm{OB}}$, $|\overrightarrow{\mathrm{OA}}|=|\overrightarrow{\mathrm{OB}}|=1$ のときの斜交座標は，$\overrightarrow{\mathrm{OA}}$ の延長を x 軸，$\overrightarrow{\mathrm{OB}}$ の延長を y 軸にとった xy 座標 (直交座標) になる (図2)。

[図1] 斜交座標

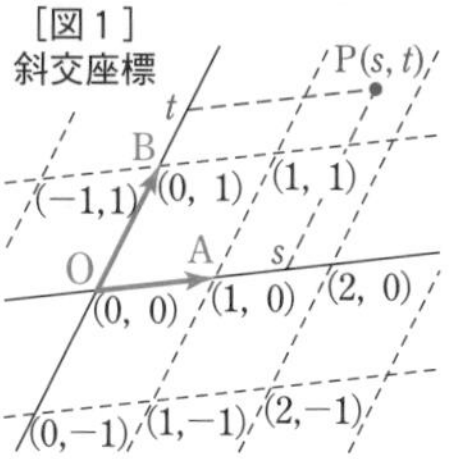

[図2] 直交座標

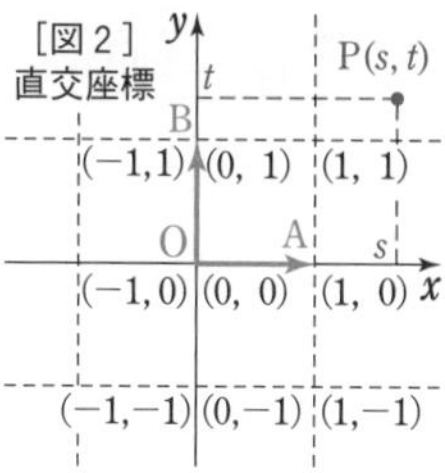

斜交座標が定められた平面は，「直交座標平面を斜めから見たもの」というイメージでとらえることができる。そこで，ある条件を満たして動く点Pが，直交座標平面上で直線を描くならば，斜交座標平面上でも直線を描くことになる。

図4は，図3 (直交座標) に示した点，線分，三角形を斜交座標に映したものである。この図からわかるように，直交座標と斜交座標の変換によって図形の長さや角度は変わるが，図形の位置，長さの比などは変わらない。

具体的に例題について考えてみよう。

[図3] 直交座標

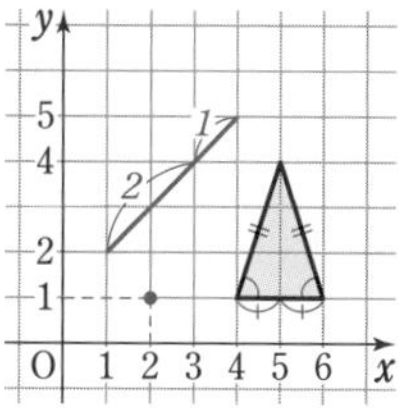

[図4] 斜交座標

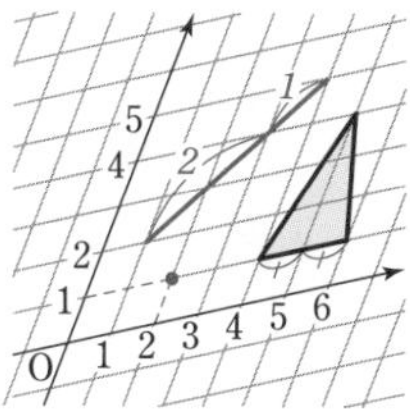

● **数学C基本例題37(2)**

$\overrightarrow{\mathrm{OP}}=s\overrightarrow{\mathrm{OA}}+t\overrightarrow{\mathrm{OB}}$, $2s+t=3$, $s\geqq 0$, $t\geqq 0$ ……(∗) すなわち

$\mathrm{P}(s,\ t)$, $2s+t=3$, $s\geqq 0$, $t\geqq 0$ を満たす点Pは，直交座標平面上では直線 $2x+y=3$ の $x\geqq 0$, $y\geqq 0$ を満たす部分にある。この直線と座標軸との交点を $\mathrm{C}\left(\frac{3}{2},\ 0\right)$, $\mathrm{D}(0,\ 3)$ とする。

これに対して，斜交座標平面上で同じ座標をもつ点C，Dを考えると

$$\overrightarrow{\mathrm{OA}}=\frac{2}{3}\overrightarrow{\mathrm{OC}},\quad \overrightarrow{\mathrm{OB}}=\frac{1}{3}\overrightarrow{\mathrm{OD}}$$

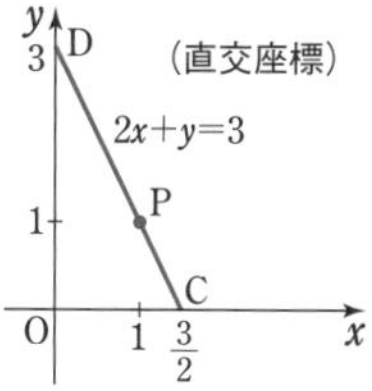

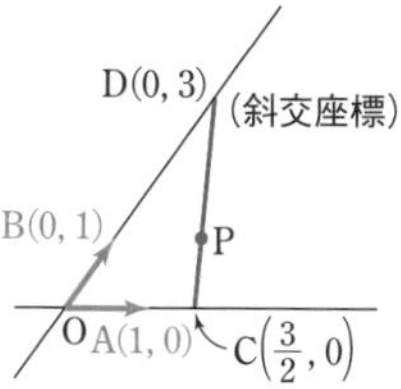

よって，点Pの条件式 (∗) は

$$\overrightarrow{\mathrm{OP}}=\frac{2}{3}s\overrightarrow{\mathrm{OC}}+\frac{t}{3}\overrightarrow{\mathrm{OD}},\quad \frac{2}{3}s+\frac{t}{3}=1,\quad \frac{2}{3}s\geqq 0,\quad \frac{t}{3}\geqq 0$$

となり，点Pの存在範囲は線分CDである。

点 $\mathrm{P}(s,\ t)$ の条件が s と t の1次方程式または1次不等式で与えられたとき，上と同様，

[1] **s を x，t を y におき換えた方程式 (不等式) の表す図形を直交座標平面上で考える**

[2] **[1] の図形をそのまま斜交座標平面上の直線，線分，領域に読み替える**

という手順で点Pの存在範囲を求めることができる。

やってみよう

問1 Oを原点，A(1, 0)，B(0, 1)，$\overrightarrow{\mathrm{OP}}=x\overrightarrow{\mathrm{OA}}+y\overrightarrow{\mathrm{OB}}$ (x, y は実数) とする。x, y が $2\leqq x+2y\leqq 4$, $x\geqq 0$, $y\geqq 0$ を満たしながら変化するとき，点Pの存在範囲を xy 座標平面上に図示せよ。

● 問題に挑戦 ●

1 平面上に，OA=8，OB=7，AB=9 である△OABと点Pがあり，$\overrightarrow{\mathrm{OP}}$ が，
$\overrightarrow{\mathrm{OP}}=s\overrightarrow{\mathrm{OA}}+t\overrightarrow{\mathrm{OB}}$ (s，t は実数) …… ① と表されているとする。

(1) $|\overrightarrow{\mathrm{OA}}|=8$，$|\overrightarrow{\mathrm{OB}}|=7$，$|\overrightarrow{\mathrm{AB}}|=9$ から　$\overrightarrow{\mathrm{OA}}\cdot\overrightarrow{\mathrm{OB}}=$ アイ

このことを利用すると，△OABの面積 S は $S=$ ウエ $\sqrt{\text{オ}}$ と求められる。

(2) s，t が

$s\geqq 0$，$t\geqq 0$，$s+3t\leqq 3$ …… ②

を満たしながら動くとする。このときの点Pの存在範囲の面積 T を S を用いて表したい。次のような新しい座標平面を用いる方法によって考えてみよう。

直線OA，OBを座標軸とし，辺OA，辺OBの長さを1目盛りとした座標平面を，新しい座標平面と呼ぶこととする。

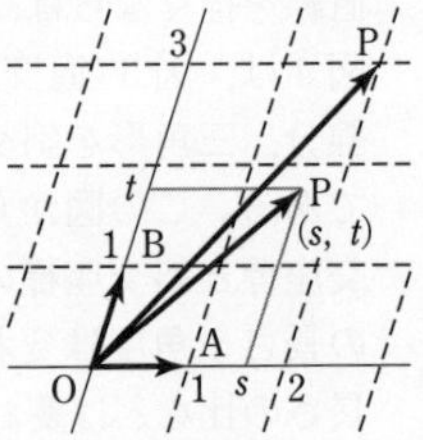

例えば，① に対し，$s=2$，$t=3$ のとき

$\overrightarrow{\mathrm{OP}}=2\overrightarrow{\mathrm{OA}}+3\overrightarrow{\mathrm{OB}}$

を満たす点Pの座標は (2, 3) となる。つまり，① を満たす点Pの座標は (s, t) と表される。新しい座標平面上において，s，t の1次方程式は直線を表すから，新しい座標平面上に直線 $s=0$，$t=0$，$s+3t=3$ をかくことにより，連立不等式 ② を満たす点Pの存在範囲を図示すると，図 カ の影をつけた部分のようになる。ただし，境界線を含む。また，$\mathrm{A_3}$，$\mathrm{B_3}$ はそれぞれ $3\overrightarrow{\mathrm{OA}}=\overrightarrow{\mathrm{OA_3}}$，$3\overrightarrow{\mathrm{OB}}=\overrightarrow{\mathrm{OB_3}}$ を満たす点である。よって，$T=$ キ S である。

カ に当てはまるものを，次の⓪～③のうちから1つ選べ。

⓪
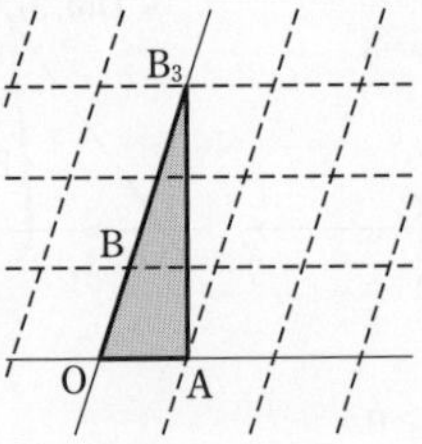

①
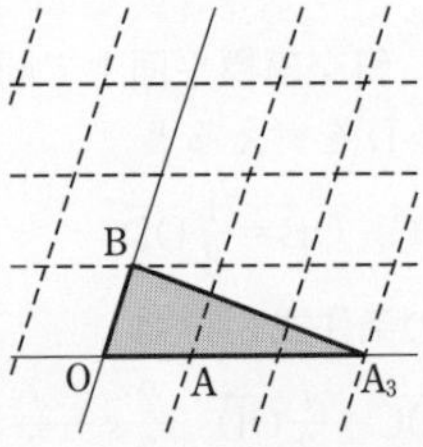

②
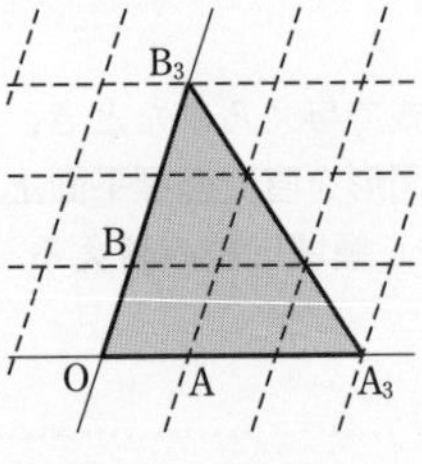

③
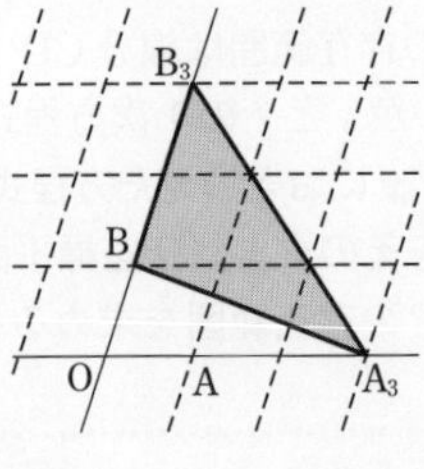

(3) s, t が

$$s \geqq 0,\ t \geqq 0,\ s+3t \leqq 3,\ 1 \leqq 2s+t \leqq 2 \ \cdots\cdots \text{③}$$

を満たしながら動くとする。このときの点Pの存在範囲の面積 U を求めたい。

連立不等式 ③ を，次の (i)，(ii) のように分けて考える。

(i) $s \geqq 0,\ t \geqq 0,\ s+3t \leqq 3$　(ii) $s \geqq 0,\ t \geqq 0,\ 1 \leqq 2s+t \leqq 2$

連立不等式 (ii) を満たす点Pの存在範囲を新しい座標平面上に図示すると，図 $\boxed{\text{ク}}$ の影をつけた部分のようになる。ただし，境界線を含む。また，A_1，B_1 はそれぞれ $\frac{1}{2}\overrightarrow{OA}=\overrightarrow{OA_1}$，$\frac{1}{2}\overrightarrow{OB}=\overrightarrow{OB_1}$ を満たす点であり，A_2，B_2 はそれぞれ $2\overrightarrow{OA}=\overrightarrow{OA_2}$，$2\overrightarrow{OB}=\overrightarrow{OB_2}$ を満たす点である。

求める面積 U は，(i) と (ii) の共通部分の面積であるから　$U=\dfrac{\boxed{\text{ケ}}}{\boxed{\text{コサ}}}S$

よって　$U=\dfrac{\boxed{\text{シス}}\sqrt{\boxed{\text{セ}}}}{\boxed{\text{ソ}}}$

$\boxed{\text{ク}}$ に当てはまるものを，次の⓪～③のうちから1つ選べ。

⓪

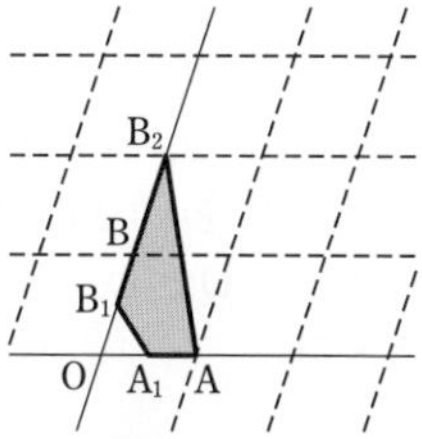

①

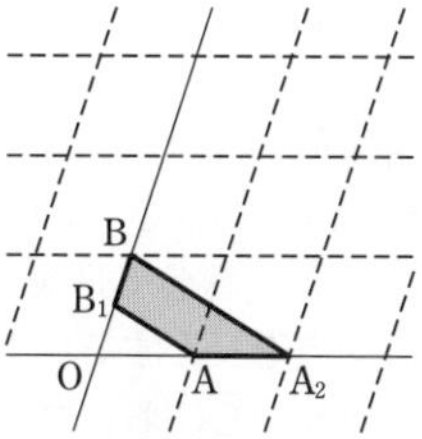

②

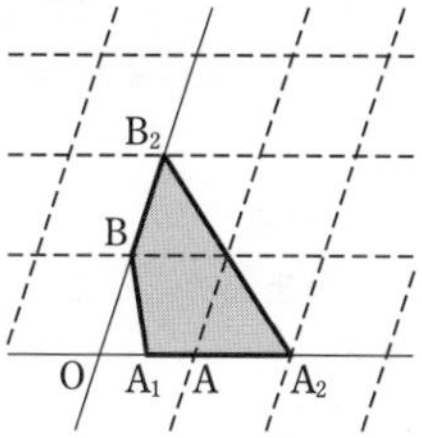

③

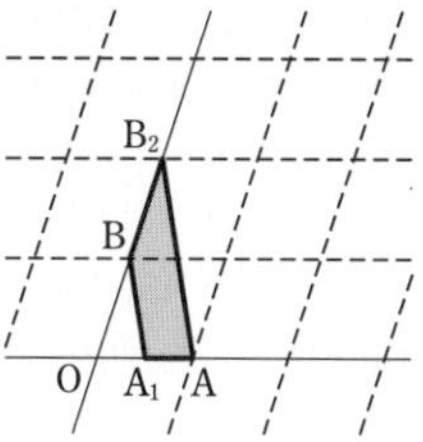

Research & Work 2 数学C 空間図形とベクトル

空間図形の問題を考えるとき，ベクトルは大変役に立つ道具となる。ここでは，まず空間図形に関するベクトルの重要な解法を振り返る。これは確実に使えるようになってほしい。続いて，空間における2平面に関して，やや発展的な事柄を取り上げる。混乱しやすい内容を含むので，これについても理解を深めておこう。

1 位置ベクトルの解法の復習

直線と平面の交点の位置ベクトルを求めるとき，次の2つの方法があることを学んだ。

1 (係数の和)=1 を利用する方法　　**2 2通りに表し係数比較する方法**

p.114 振り返り

問題で扱われる空間図形は，四面体，四角錐，平行六面体などさまざまであるが，図形に関する条件をベクトルを用いた数式で表し，ベクトルの係数を求めるという流れは同様である。計算の手間や条件の表しやすさに応じて，2つの方法のうちいずれかを選べばよい。なお，これらの方法の要点は，**平面上** で交点の位置ベクトルを求めるときにも共通する。関連付けて学習しておこう。

確認 Q2　四面体OABCの辺OAを1：1に内分する点をD，辺OBを2：1に内分する点をE，辺OCを1：2に内分する点をF，辺ABを1：2に内分する点をPとする。また，線分CPを $t:(1-t)$ に内分する点をQとし，平面DEFと線分OQとの交点をRとする。ただし，$0<t<1$ とする。

(1) $\overrightarrow{OQ}$ を $\overrightarrow{OA}$，$\overrightarrow{OB}$，$\overrightarrow{OC}$ および t を用いて表せ。

(2) 点Rが線分OQを2：3に内分するとき，t の値を求めよ。〔日本女子大〕

2 2平面の関係

テーマを変えて，空間における2平面の関係について考えてみよう。
平面は通る1点と法線ベクトル(平面に垂直なベクトル)で決まるから，2平面の平行，垂直，なす角は法線ベクトルを利用して考えることができる。

異なる2平面 α，β の法線ベクトルをそれぞれ $\vec{m}$，$\vec{n}$ とすると

① **平行条件** $\alpha /\!/ \beta$ …… $\vec{m} /\!/ \vec{n}$　すなわち　$\vec{m}=k\vec{n}$ **となる実数 k がある**

② **垂直条件** $\alpha \perp \beta$ …… $\vec{m} \perp \vec{n}$　すなわち　$\vec{m}\cdot\vec{n}=0$

③ α，β のなす角を $\theta\,(0^\circ \leqq \theta \leqq 90^\circ)$ とすると　$\cos\theta=\dfrac{|\vec{m}\cdot\vec{n}|}{|\vec{m}||\vec{n}|}$

① 平行

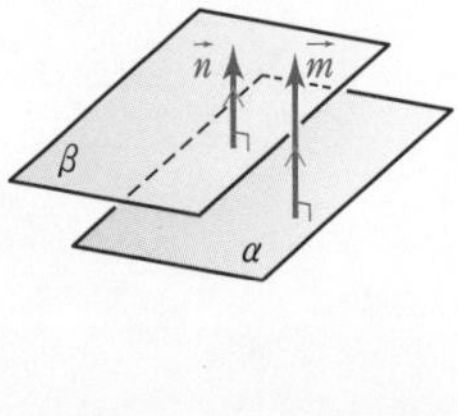

② 垂直

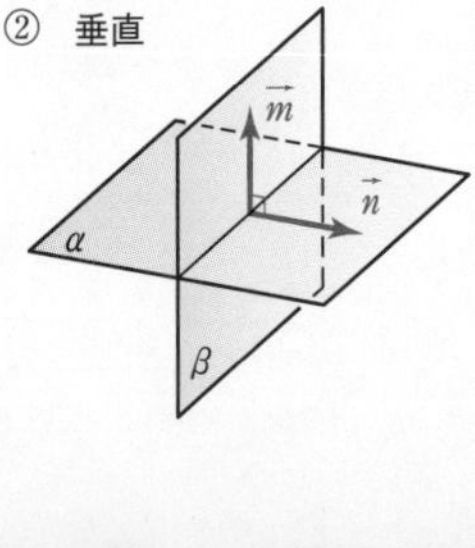

③

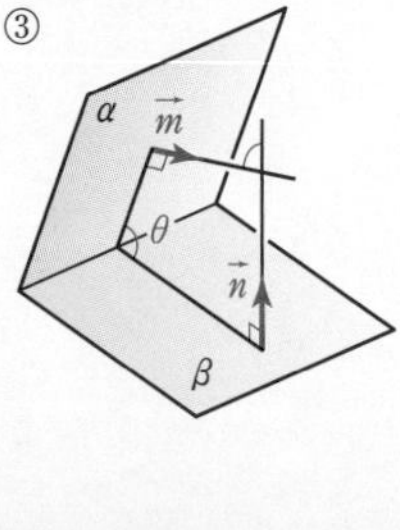

補足 交わる2平面の共有点全体を2平面の **交線** といい，交線上の点から，交線に対し垂直に引いた平面上の2直線のなす角 θ を，2平面の **なす角** という。また，$\theta=90^\circ$ のとき，2平面は **垂直** であるという。なお，2平面が共有点をもたないとき，2平面は **平行** であるという。

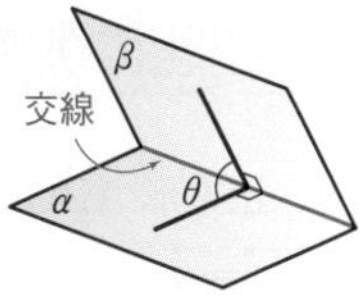

注意 右図のように，交線上の点を通る2本の直線は何通りも引くことができるが，垂直に引いた2直線のなす角以外は，2平面のなす角ではない。図形をイメージするときに混乱しやすいので要注意である。

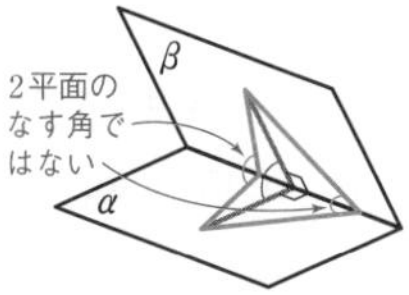

具体的に2平面のなす角を求めてみよう。 ← 平面の方程式については，$p.134$ 参照。

例 2平面 $\alpha: x-2y+z=7$，$\beta: x+y-2z=14$ のなす角 θ を求めよう。ただし，$0^\circ \leqq \theta \leqq 90^\circ$ とする。

$\vec{m}=(1,\ -2,\ 1)$，$\vec{n}=(1,\ 1,\ -2)$ とすると，$\vec{m}$，$\vec{n}$ は，それぞれ平面 α，β の法線ベクトルである。

$\vec{m}$，$\vec{n}$ のなす角を $\theta_1\,(0^\circ \leqq \theta_1 \leqq 180^\circ)$ とすると

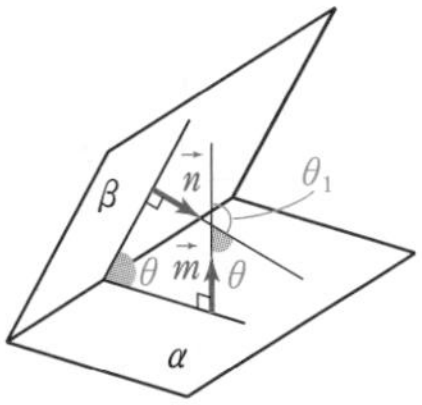

$$\cos\theta_1=\frac{\vec{m}\cdot\vec{n}}{|\vec{m}||\vec{n}|}$$

← θ_1 は 90° 以下とは限らないから分子に絶対値記号を付けていない。

$$=\frac{1\times1+(-2)\times1+1\times(-2)}{\sqrt{1^2+(-2)^2+1^2}\sqrt{1^2+1^2+(-2)^2}}$$

$$=\frac{-3}{\sqrt{6}\sqrt{6}}=-\frac{1}{2}$$

$0^\circ \leqq \theta_1 \leqq 180^\circ$ であるから　　$\theta_1=120^\circ$

よって，2平面 α，β のなす角 θ は　　$\theta=180^\circ-120^\circ=\mathbf{60^\circ}$

← 法線ベクトルのなす角 θ_1 が 90° より大きい場合，2平面のなす角は $180^\circ-\theta_1$

確認

Q3 次の2平面のなす角 θ を求めよ。ただし，$0^\circ \leqq \theta \leqq 90^\circ$ とする。

(1) $3x-4y+5z=2$，$x+7y-10z=0$

(2) $2x-y-2z=3$，$x-y=5$

やってみよう

問2 図の平行六面体 BDGF-OCEA の辺 OC を 3：1 に内分する点を P，辺 BF を 2：1 に内分する点を Q，辺 EG を 1：1 に内分する点を R とする。$\vec{a}=\overrightarrow{\mathrm{OA}}$，$\vec{b}=\overrightarrow{\mathrm{OB}}$，$\vec{c}=\overrightarrow{\mathrm{OC}}$，$\vec{p}=\overrightarrow{\mathrm{OP}}$，$\vec{q}=\overrightarrow{\mathrm{OQ}}$，$\vec{r}=\overrightarrow{\mathrm{OR}}$ とおくとき，次の問いに答えよ。

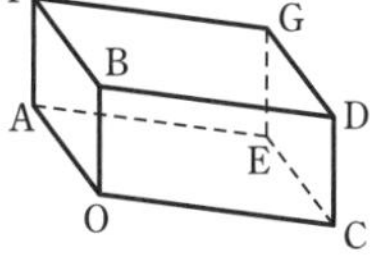

(1) $\vec{p}$，$\vec{q}$，$\vec{r}$ を $\vec{a}$，$\vec{b}$，$\vec{c}$ の式で表せ。

(2) 平面 PQR と辺 FG の交点を X とするとき，FX：XG を求めよ。　〔日本女子大〕

問3 O を原点とする座標空間に2点 A(1, 0, 1)，B(0, 1, $\sqrt{2}$) をとり，O，A，B によって定められる平面を α とする。平面 α と xy 平面のなす角 θ を求めよ。ただし，$0^\circ \leqq \theta \leqq 90^\circ$ とする。

● 問題に挑戦 ●

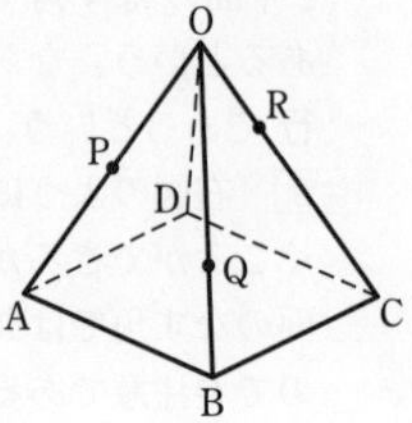

2　正方形ABCDを底面とする正四角錐O-ABCDにおいて，
$\overrightarrow{OA}=\vec{a}$，$\overrightarrow{OB}=\vec{b}$，$\overrightarrow{OC}=\vec{c}$，$\overrightarrow{OD}=\vec{d}$ とする。
また，辺OAの中点をP，辺OBを $q:(1-q)\ (0<q<1)$ に内分する点をQ，辺OCを1：2に内分する点をRとする。

(1)　$\overrightarrow{OP}$，$\overrightarrow{OQ}$，$\overrightarrow{OR}$ はそれぞれ $\vec{a}$，$\vec{b}$，$\vec{c}$ を用いて

$\overrightarrow{OP}=\dfrac{\boxed{ア}}{\boxed{イ}}\vec{a}$，$\overrightarrow{OQ}=\boxed{ウ}\vec{b}$，$\overrightarrow{OR}=\dfrac{\boxed{エ}}{\boxed{オ}}\vec{c}$ と表される。

また，$\vec{d}$ を $\vec{a}$，$\vec{b}$，$\vec{c}$ を用いて表すと，$\vec{d}=\boxed{カ}$ となる。

$\boxed{ウ}$，$\boxed{カ}$ に当てはまるものを，次の解答群から1つずつ選べ。

$\boxed{ウ}$ の解答群

⓪ q　① $-q$　② $(1-q)$　③ $(q-1)$　④ $\dfrac{q}{1+q}$　⑤ $\dfrac{1-q}{1+q}$

$\boxed{カ}$ の解答群

⓪ $\vec{a}+\vec{b}+\vec{c}$　① $\vec{a}+\vec{b}-\vec{c}$　② $\vec{a}-\vec{b}+\vec{c}$　③ $-\vec{a}+\vec{b}+\vec{c}$
④ $\vec{a}-\vec{b}-\vec{c}$　⑤ $-\vec{a}+\vec{b}-\vec{c}$　⑥ $-\vec{a}-\vec{b}+\vec{c}$　⑦ $-\vec{a}-\vec{b}-\vec{c}$

(2)　平面PQRと直線ODが交わるとき，その交点をXとする。

$q=\dfrac{2}{3}$ のとき，点Xが辺ODに対してどのような位置にあるのかを調べよう。

(i)　$\overrightarrow{OX}=k\vec{d}$ （k は実数）とおき，次の **方針1** または **方針2** を用いて k の値を求める。

方針1

点Xは平面PQR上にあることから，実数 α，β を用いて

$$\overrightarrow{PX}=\alpha\overrightarrow{PQ}+\beta\overrightarrow{PR}$$

と表される。よって，$\overrightarrow{OX}$ を $\vec{a}$，$\vec{b}$，$\vec{c}$ と実数 α，β を用いて表すと，

$\overrightarrow{OX}=\boxed{キ}\vec{a}+\boxed{ク}\vec{b}+\boxed{ケ}\vec{c}$ となる。

また，$\overrightarrow{OX}=k\vec{d}=k\left(\boxed{カ}\right)$ であることから，$\overrightarrow{OX}$ は $\vec{a}$，$\vec{b}$，$\vec{c}$ と実数 k を用いて表すこともできる。

この2通りの表現を用いて，k の値を求める。

方針 2

$\overrightarrow{\mathrm{OX}}=k\vec{d}=k\left(\boxed{\text{カ}}\right)$ であることから，$\overrightarrow{\mathrm{OX}}$ を $\overrightarrow{\mathrm{OP}}$，$\overrightarrow{\mathrm{OQ}}$，$\overrightarrow{\mathrm{OR}}$ と実数 α'，β'，γ' を用いて　$\overrightarrow{\mathrm{OX}}=\alpha'\overrightarrow{\mathrm{OP}}+\beta'\overrightarrow{\mathrm{OQ}}+\gamma'\overrightarrow{\mathrm{OR}}$ と表すと

$\alpha'=\boxed{\text{コ}}k$，$\beta'=\dfrac{\boxed{\text{サシ}}}{\boxed{\text{ス}}}k$，$\gamma'=\boxed{\text{セ}}k$ となる。

点Xは平面 PQR 上にあるから，$\alpha'+\beta'+\gamma'=\boxed{\text{ソ}}$ が成り立つ。
この等式を用いて k の値を求める。

$\boxed{\text{キ}}$～$\boxed{\text{ケ}}$ に当てはまるものを，次の解答群から1つずつ選べ。

$\boxed{\text{キ}}$～$\boxed{\text{ケ}}$ **の解答群**（同じものを繰り返し選んでもよい。）

⓪ $\dfrac{1}{2}\alpha$　① $\dfrac{1}{3}\alpha$　② $\dfrac{2}{3}\alpha$　③ $\dfrac{1}{2}\beta$　④ $\dfrac{1}{3}\beta$　⑤ $\dfrac{2}{3}\beta$

⑥ $\dfrac{1-\alpha-\beta}{2}$　⑦ $\dfrac{1-\alpha-\beta}{3}$　⑧ $\dfrac{2(1-\alpha-\beta)}{3}$

(ii) **方針 1** または **方針 2** を用いて，k の値を求めると，$k=\dfrac{\boxed{\text{タ}}}{\boxed{\text{チ}}}$ である。

よって，点Xは辺 OD を $\boxed{\text{ツ}}:\boxed{\text{テ}}$ に内分する位置にあることがわかる。

(3) 平面 PQR が直線 OD と交わるとき，$\overrightarrow{\mathrm{OX}}=x\vec{d}$（$x$ は実数）とおくと，x は q を用いて $x=\dfrac{q}{\boxed{\text{ト}}q-\boxed{\text{ナ}}}$ と表される。

(4) 平面 PQR と辺 OD について，次のようになる。

$q=\dfrac{1}{4}$ のとき，平面 PQR は $\boxed{\text{ニ}}$。

$q=\dfrac{1}{5}$ のとき，平面 PQR は $\boxed{\text{ヌ}}$。

$q=\dfrac{1}{6}$ のとき，平面 PQR は $\boxed{\text{ネ}}$。

$\boxed{\text{ニ}}$～$\boxed{\text{ネ}}$ に当てはまるものを，次の解答群から1つずつ選べ。

$\boxed{\text{ニ}}$～$\boxed{\text{ネ}}$ **の解答群**（同じものを繰り返し選んでもよい。）

⓪ 辺 OD と点Oで交わる　① 辺 OD と点Dで交わる

② 辺 OD（両端を除く）と交わる　③ 辺 OD のOを越える延長と交わる

④ 辺 OD のDを越える延長と交わる　⑤ 直線 OD と平行である

Research & Work 3 数学C 複素数平面の応用

1 複素数平面における回転と拡大

図形問題を考えるための道具として，三角比，座標平面，ベクトル，複素数平面など，さまざまなものを学んできた。それぞれに特徴があり，問題に応じて使い分ける必要がある。複素数平面は，図形の回転や拡大を扱う場合に特に役立つことが多い。次に示すように回転や拡大は複素数の積として表されるので，この性質を利用する。

$$z'=r(\cos\theta+i\sin\theta)z$$

原点からの距離を r 倍に拡大・縮小 ── r

原点を中心として θ だけ回転 ── $(\cos\theta+i\sin\theta)$

p.181 ズーム UP

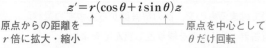

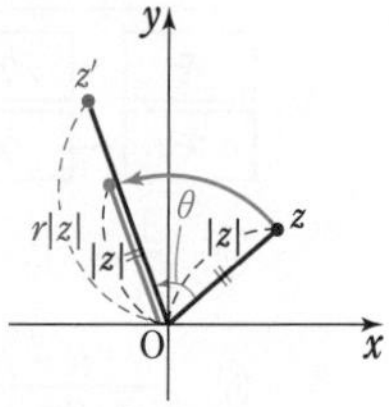

上の式は，複素数を掛けることにより，図形を回転・拡大させることができる，ということを意味しており，これはベクトルなどの他の道具にはない特色といえる。

なお，回転・拡大を考えるときは，複素数は極形式で扱うことが多い。

それでは，この回転・拡大の考え方を使って，次の「確認」に取り組んでみよう。

確認

Q4 Oを原点とする複素数平面上で，複素数 α，β を表す点をそれぞれ A，B とする。ただし，$\alpha\neq0$，$\beta\neq0$ である。△OAB が必ず直角二等辺三角形となるような α，β の関係式を，次のうちから 2 つ選べ。

① $\alpha+\beta=0$　② $|\alpha|=|\beta|$　③ $\beta=i\alpha$

④ $\beta=\left(\dfrac{1+\sqrt{3}i}{2}\right)\alpha$　⑤ $\beta=(1-i)\alpha$

2 複素数の漸化式

ここでは，項に複素数を含む数列の問題について考えてみよう。複素数の数列でも，数学B「数列」で学んだことをそのまま使えばよい。

例1 複素数 z_n について，漸化式

$$z_{n+1}=wz_n\ (n=1,\ 2,\ 3,\ \cdots\cdots)\quad\cdots\cdots①$$

によって定められる数列 $\{z_n\}$ がある。

漸化式 ① から，数列 $\{z_n\}$ は初項 z_1，公比 w の等比数列であることがわかる。

よって，$\{z_n\}$ の一般項は

$$z_n=z_1w^{n-1}$$

ここで，$z_1=\cos\alpha+i\sin\alpha$，$w=r(\cos\theta+i\sin\theta)$ とすると，z_n の絶対値と偏角は

$$|z_n|=|z_1w^{n-1}|$$
$$=|z_1||w|^{n-1}\quad\longleftarrow|z_1|=1,\ |w|=r$$
$$=r^{n-1}\qquad\longrightarrow \text{絶対値は 積（累乗）}$$

$$\arg z_n=\arg(z_1w^{n-1})$$
$$=\arg z_1+(n-1)\arg w\quad\longleftarrow\arg z_1=\alpha,\ \arg w=\theta$$
$$=\alpha+(n-1)\theta\qquad\longrightarrow \text{偏角は 和}$$

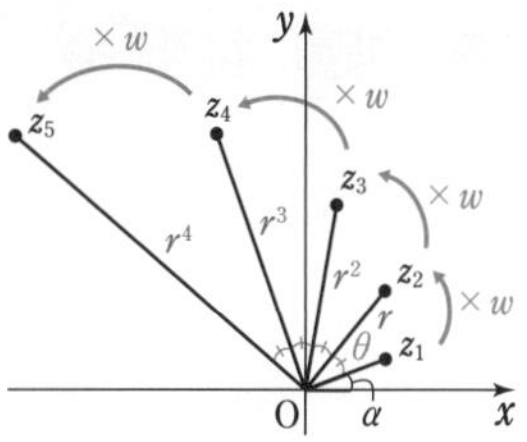

(α, θ は鋭角, $r>1$ の場合)

複素数平面上で数列の各項 z_1, z_2, z_3, …… を表す点が，どのような位置にあるかをとらえることも大切である。

漸化式 ① の場合，z_n と z_{n+1} の位置関係は，前ページの **1** で取り上げた回転・拡大によって順に定められる（右図参照）。

3　1の n 乗根に関する考察

2 をふまえて，1の n 乗根について考えてみよう。
1の n 乗根には，次のような性質があることを学んだ。

1　$z^n=1$ の解は，1, α, α^2, α^3, ……, α^{n-1} の n 個あり，すべて異なる。
2　$\alpha^{n-1}+\alpha^{n-2}+\alpha^{n-3}+\cdots\cdots+1=0$
3　複素数平面上で α^k を表す点は，点1を1つの頂点として単位円に内接する正 n 角形の各頂点である。

p.169 まとめ

1 について，$z^n=1$ の解（1の n 乗根）は，等比数列の項をなしていることがわかる。これは，① において，$w=\alpha$, $z_1=1$ としたときの漸化式 $z_{n+1}=\alpha z_n$ …… ② によって定められる等比数列の項のうち最初の n 項である，と考えることもできる。
ここで，② において

$$\alpha=\cos\frac{2\pi}{n}+i\sin\frac{2\pi}{n}$$

← $\left(\cos\frac{2\pi}{n}+i\sin\frac{2\pi}{n}\right)^n=\cos 2\pi+i\sin 2\pi=1$ から，$\cos\frac{2\pi}{n}+i\sin\frac{2\pi}{n}$ は1の n 乗根である。

とすると

$$z_{n+1}=\left(\cos\frac{2\pi}{n}+i\sin\frac{2\pi}{n}\right)z_n \quad \cdots\cdots ③$$

よって，点 z_{n+1} は，点 z_n を原点を中心として $\frac{2\pi}{n}$ だけ回転した点である。$z_1=1$ であることに注意すると，③ から定められる数列の各項を表す点は，上の 3 で示したような，正 n 角形の各頂点となることがわかる。

例2　③ において，$n=6$ とすると

$$z_{n+1}=\left(\cos\frac{\pi}{3}+i\sin\frac{\pi}{3}\right)z_n$$

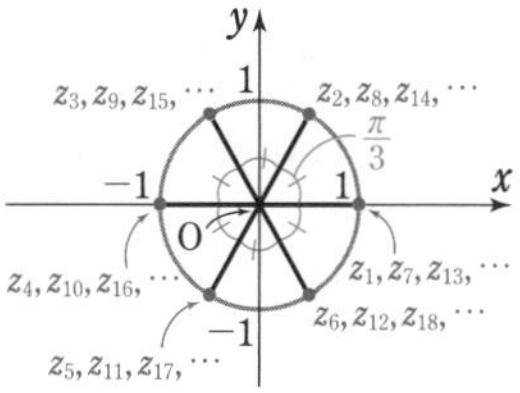

このとき，z_1, z_2, z_3, …… を表す点は右図のように正六角形の頂点となる。数列の各項 z_1, z_2, z_3, …… を表す点を順にとっていくと，$z_7=z_1$ となり，単位円上をちょうど1周する。これ以降，点 z_8, z_9, …… をとっていっても，すでに描かれた点と一致することになる。

やってみよう

問4　複素数からなる数列 $\{z_n\}$ が，次の条件により定められている。

$$z_1=1, \quad z_{n+1}=\left(\cos\frac{2}{5}\pi+i\sin\frac{2}{5}\pi\right)z_n \quad (n=1,\ 2,\ 3,\ \cdots\cdots)$$

(1)　複素数平面上の点 z_1 と点 z_{101} が一致することを示せ。

(2)　$\sum_{n=1}^{101} z_n$ の値を求めよ。

問題に挑戦

3 複素数 z_n $(n=1, 2, 3, \cdots\cdots)$ が次の式を満たしている。

$$z_1=1$$

$$z_n z_{n+1}=\frac{1}{2}\left(\frac{1+\sqrt{3}\,i}{2}\right)^{n-1} \quad (n=1,\ 2,\ 3,\ \cdots\cdots) \quad \cdots\cdots ①$$

(1) ① において，$n=1$ のとき　$z_1z_2=\frac{1}{2}\left(\frac{1+\sqrt{3}\,i}{2}\right)^0$

$z_1=1$ であるから　$z_2=\frac{1}{2}$

また，① において，$n=2$ のとき　$z_2z_3=\frac{1}{2}\left(\frac{1+\sqrt{3}\,i}{2}\right)$

よって　$z_3=$ [ア]

同様に，z_4，z_5 の値を求めると　$z_4=$ [イ]，　$z_5=$ [ウ]

[ア] ～ [ウ] の解答群（同じものを繰り返し選んでもよい。）

⓪ 0　① $\frac{1}{2}$　② 1　③ $\frac{1+\sqrt{3}\,i}{4}$　④ $\frac{1+\sqrt{3}\,i}{2}$

⑤ $\frac{-1+\sqrt{3}\,i}{4}$　⑥ $\frac{-1+\sqrt{3}\,i}{2}$　⑦ $\frac{1-\sqrt{3}\,i}{4}$　⑧ $\frac{1-\sqrt{3}\,i}{2}$

(2) Oを原点とする複素数平面で，z_1，z_2，z_3，z_4，z_5 を表す点を，それぞれ A，B，C，D，E とする。次の⓪～⑤のうち，正しいものは [エ] と [オ] である。

[エ]，[オ] の解答群（解答の順序は問わない。）

⓪ △ABC は正三角形である。　① △BCD は正三角形である。

② △OCE は直角三角形である。　③ △BCE は直角三角形である。

④ 四角形 ABDC は平行四辺形である。　⑤ 四角形 AOEC は平行四辺形である。

(3) z_n を n の式で表そう。

① において n を $n+1$ とすると　$z_{n+1}z_{n+2}=\frac{1}{2}\left(\frac{1+\sqrt{3}\,i}{2}\right)^n$ ……②

①，② から，z_{n+2} を z_n で表すと　$z_{n+2}=$ [カ] z_n

[1] n が奇数のとき

$n=2m-1$ $(m=1, 2, 3, \cdots\cdots)$ とおくと　$z_{2(m+1)-1}=$ [カ] z_{2m-1}

よって　$z_n=z_{2m-1}=\left(\text{[カ]}\right)^{\text{[キ]}}$

[2] n が偶数のとき

$n=2m$ $(m=1, 2, 3, \cdots\cdots)$ とおくと　$z_{2(m+1)}=$ [カ] z_{2m}

よって　$z_n=z_{2m}=\frac{1}{\text{[ク]}}\left(\text{[カ]}\right)^{\text{[ケ]}}$

カ の解答群

⓪ $\frac{1+\sqrt{3}i}{4}$　① $\frac{1+\sqrt{3}i}{2}$　② $\frac{-1+\sqrt{3}i}{4}$　③ $\frac{-1+\sqrt{3}i}{2}$

④ $\frac{1-\sqrt{3}i}{4}$　⑤ $\frac{1-\sqrt{3}i}{2}$　⑥ $\frac{-1-\sqrt{3}i}{4}$　⑦ $\frac{-1-\sqrt{3}i}{2}$

キ, ケ の解答群（同じものを繰り返し選んでもよい。）

⓪ $n-1$　① n　② $n+1$　③ $\frac{n-1}{2}$

④ $\frac{n}{2}$　⑤ $\frac{n+1}{2}$　⑥ $\frac{n}{2}-1$　⑦ $\frac{n}{2}+1$

(4) $n=1,\ 2,\ 3,\ \cdots\cdots$ について，複素数平面上で z_n を表す点を図示していくと，複素数平面上には全部で コサ 個の点が描かれる。ただし，同じ位置にある点は1個と数えるものとする。

(5) $\sum_{n=1}^{1010} z_n$ の値を求めよう。

$\alpha=\frac{1+\sqrt{3}i}{2}$ とおくと，$\alpha^6=$ シ，$\alpha \neq 1$ であるから

$$1+\alpha+\alpha^2+\alpha^3+\alpha^4+\alpha^5=\boxed{ス}$$

1010 を コサ で割った余りに着目することにより，$\sum_{n=1}^{1010} z_n$ の値を求めると

$$\sum_{n=1}^{1010} z_n=\frac{\boxed{セ}}{\boxed{ソ}}$$

Research & Work 4 数学C 2次曲線の考察

1 2次曲線について

円，楕円，双曲線，放物線は，それぞれ次のような x，y の2次方程式で表される。

円　$x^2+y^2=r^2$ $(r>0)$

楕円　$\dfrac{x^2}{a^2}+\dfrac{y^2}{b^2}=1$ $(a>0,\ b>0,\ a\neq b)$　←$a=b$ のときは，円を表す。円は楕円の特別な場合といえる。

双曲線　$\dfrac{x^2}{a^2}-\dfrac{y^2}{b^2}=\pm1$ $(a>0,\ b>0)$

放物線　$y^2=4px$ $(p\neq0)$，$x^2=4py$ $(p\neq0)$

これらの曲線をまとめて2次曲線という。

上記のように表される2次曲線を平行移動したときの曲線の方程式は

$$\boldsymbol{ax^2+cy^2+dx+ey+f=0} \quad \cdots\cdots ①$$

➲ $p.201$ 基本事項

の形で表される。

① が2次曲線を表すとき，曲線の特徴（円の半径，楕円や双曲線の焦点などの情報）を調べるためには平方完成をすることが基本となる。ただし，① の形からでも，次のように考えることはできる。

- $a=c$ のとき，① は円を表す。
- $ac>0$ のとき（a と c が同符号のとき），① は楕円を表す。
- $ac<0$ のとき（a と c が異符号のとき），① は双曲線を表す。
- a または c いずれか一方のみが0のとき，① は放物線を表す。←a，c ともに0のときは，直線を表し，2次曲線とはならない。
- 曲線が原点 $(0,\ 0)$ を通る $\iff f=0$

① で係数を変化させたときの曲線の様子について，具体例で考えてみよう。

例　① において，c，d，e，f の値を $c=f=1$，$d=e=2$ とすると

$$ax^2+y^2+2x+2y+1=0$$

$a=0$ とすると　$y^2+2x+2y+1=0$　すなわち　$x=-\dfrac{1}{2}y^2-y-\dfrac{1}{2}$

これは放物線を表す。

$a\neq0$ のとき，x，y それぞれについて平方完成し，右辺が1となるように整理すると

$$\frac{\left(x+\frac{1}{a}\right)^2}{\frac{1}{a^2}}+\frac{(y+1)^2}{\frac{1}{a}}=1 \quad \cdots\cdots Ⓐ$$

←楕円または双曲線の標準形を意識した変形。

Ⓐ において，$a=1$ とすると　$(x+1)^2+(y+1)^2=1$

よって，① は円を表す。←中心 $(-1,\ -1)$，半径1の円

$0<a<1$，$1<a$ のとき，Ⓐ において，$\left(x+\dfrac{1}{a}\right)^2$ の係数，$(y+1)^2$ の係数は異なる値をとり，かつ，ともに正となる。よって，① は楕円を表す。

$a<0$ のとき，Ⓐ において，$\left(x+\dfrac{1}{a}\right)^2$ の係数は正，$(y+1)^2$ の係数は負となる。

よって，① は双曲線を表す。

関数グラフソフト

①で，a，c，d，e，fを変化させたときの曲線の様子について，グラフソフトを使って確認できます。数値を変えて試してみましょう。なお，①の係数とソフトで設定されている係数の文字は異なることにご注意ください。

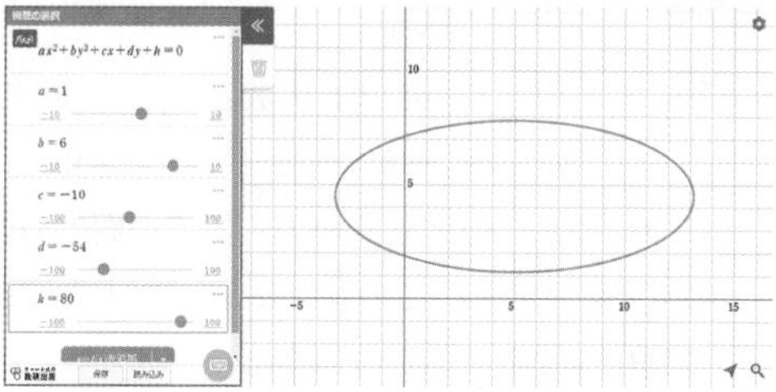

確認 **Q5** x，yの方程式 $ax^2+cy^2+dx+ey+f=0$ について，係数a，c，d，e，fが次の値のとき，方程式が表す曲線の概形をかけ。

(1) $a=3$，$c=-7$，$d=-6$，$e=0$，$f=24$

(2) $a=0$，$c=1$，$d=1$，$e=-4$，$f=8$

2 2次曲線の回転移動について

$p.213$ 重要例題124では，複素数平面の知識を用いて2次曲線を回転させる方法について学習した。この例題の内容は，曲線 $5x^2+2\sqrt{3}xy+7y^2=16$ ……(＊) を，原点を中心として $\dfrac{\pi}{6}$ だけ回転すると，楕円 $\dfrac{x^2}{4}+\dfrac{y^2}{2}=1$ となる，ということだった。回転して得られた曲線が楕円であるから，もとの曲線(＊)も楕円であることがわかる。つまり，x，yの2次方程式にxyの項を含む場合にも，その方程式は2次曲線を表すことがある。

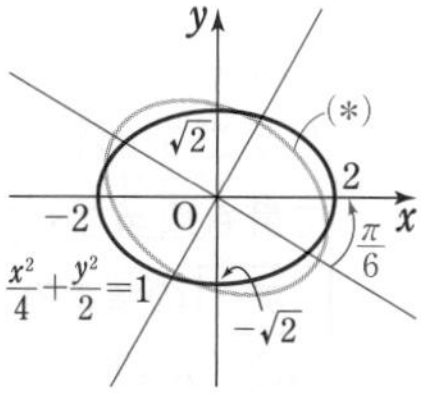

一般に，2次曲線の方程式は次のような形に表される。

$$\boldsymbol{ax^2+bxy+cy^2+dx+ey+f=0} \quad \cdots\cdots ②$$

$p.201$ 基本事項

これは，①の式に **xyの項が追加** された形である。

②が2次曲線を表すとき，平行移動，対称移動，原点を中心とする回転移動を組み合わせて，標準形に直すことができることが知られている。

参考　②が2次曲線を表すとき，次のように分類できることが知られている。

$b^2-4ac<0 \iff$ 楕円　　特に $a=c$，$b=0 \iff$ 円

$b^2-4ac>0 \iff$ 双曲線

$b^2-4ac=0 \iff$ 放物線

やってみよう

問5 eを定数とし，曲線 $2x^2+y^2+8x+ey+6=0$ をCとする。eの値を変化させたときの曲線Cについて，正しいものを次のうちからすべて選べ。

① 曲線Cは，双曲線となることがある。

② 曲線Cの2つの焦点を通る直線は，常にy軸に平行である。

③ 曲線Cは，常にx軸と2つの共有点をもつ。

● 問題に挑戦 ●

4 ［1］ a, b, c, d, f を実数とし，x, y の方程式

$$ax^2+by^2+cx+dy+f=0$$

について，この方程式が表す座標平面上の図形をコンピュータソフトを用いて表示させる。ただし，このコンピュータソフトでは a, b, c, d, f の値は十分に広い範囲で変化させられるものとする。

図 1

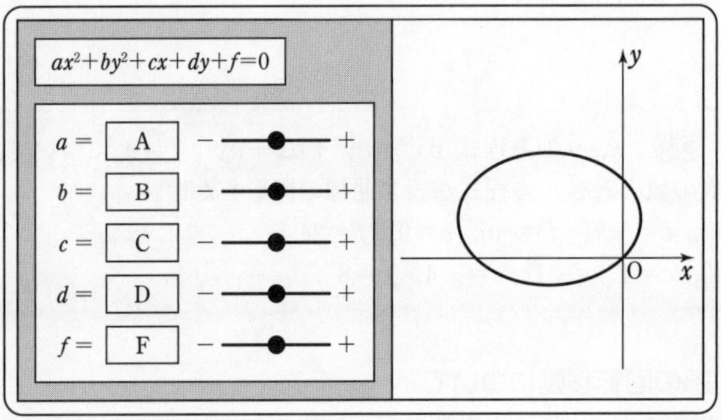

(1) a, d, f の値を $a=2$, $d=-10$, $f=0$ とし，更に，b, c にある値をそれぞれ入れたところ，図 1 のような楕円が表示された。このときの b, c の値の組み合わせとして最も適当なものは，次の⓪～⑦のうち ［ア］ である。

［ア］ の解答群

⓪ $b=1$,	$c=9$	① $b=1$,	$c=-9$
② $b=-1$,	$c=9$	③ $b=-1$,	$c=-9$
④ $b=4$,	$c=9$	⑤ $b=4$,	$c=-9$
⑥ $b=-4$,	$c=9$	⑦ $b=-4$,	$c=-9$

(2) 係数 a, b, d, f は(1)のときの値のまま変えずに，係数 c の値だけを変化させたとき，座標平面上には ［イ］。

また，係数 a, c, d, f は(1)のときの値のまま変えずに，係数 b の値だけを $b\geqq 0$ の範囲で変化させたとき，座標平面上には ［ウ］。

［イ］，［ウ］ の解答群（同じものを繰り返し選んでもよい。）

⓪ つねに楕円のみが現れ，円は現れない

① 楕円，円が現れ，他の図形は現れない

② 楕円，円，放物線が現れ，他の図形は現れない

③ 楕円，円，双曲線が現れ，他の図形は現れない

④ 楕円，円，双曲線，放物線が現れ，他の図形は現れない

⑤ 楕円，円，双曲線，放物線が現れ，また他の図形が現れることもある

［2］ 次に，x，y の 2 次方程式が xy の項を含む場合を考えよう。

a，b，c，f を実数とし，x，y の方程式

$$ax^2+bxy+cy^2+f=0$$

について，この方程式が表す座標平面上の図形をコンピュータソフトを用いて表示させる。ただし，このコンピュータソフトでは a，b，c，f の値は十分に広い範囲で変化させられるものとする。また，a，b，c，f にある値を入力したとき，楕円が表示される場合は，図 2 のように楕円の長軸と短軸も表示されるものとする。

図 2

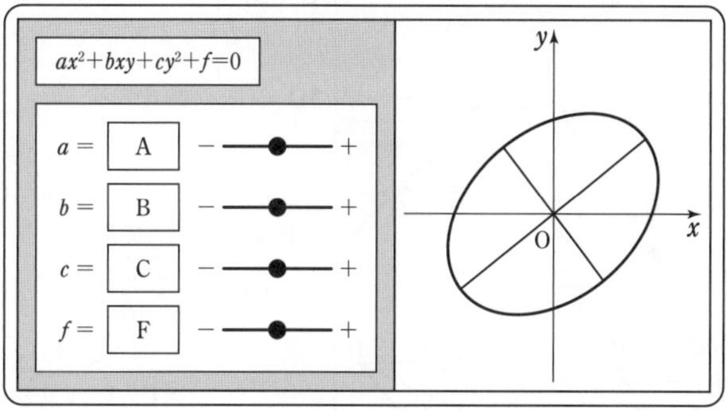

a，b，c，f の値を $a=2$，$b=1$，$c=2$，$f=-15$ とすると，原点 O を中心とし，長軸と短軸が座標軸と重ならない楕円が表示された。この楕円を C とする。また，楕円 C を，原点を中心として角 $\theta\left(0<\theta\leqq\frac{\pi}{2}\right)$ だけ回転して得られる楕円を D とする。

楕円 D の長軸と短軸が座標軸に重なるとき，D の方程式の係数 a，b，c，f の値を求めよう。

楕円 C：$2x^2+xy+2y^2-15=0$ を，原点を中心として角 θ だけ回転したとき，C 上の点 $\mathrm{P}(X,\ Y)$ が点 $\mathrm{Q}(x,\ y)$ に移るとする。このとき，X，Y は x，y，θ により，

$X=x\cos\theta+y\sin\theta$，$Y=-x\sin\theta+y\cos\theta$ ……① と表すことができる。

また，点 P は C 上にあるから　　$2X^2+XY+2Y^2-15=0$ ……②

①，② から求めた x，y の関係式が楕円 D の方程式である。この方程式において，xy の項の係数が 0 になるとき，方程式は $Ax^2+By^2=1$ の形になるから，D の長軸と短軸は座標軸と重なる。

このとき　$\theta=\dfrac{\pi}{\boxed{\text{エ}}}$

以上から，求める a，b，c，f の値の組み合わせの 1 つは

$$a=\frac{1}{\boxed{\text{オカ}}},\quad b=0,\quad c=\frac{1}{\boxed{\text{キ}}},\quad f=-1$$

であることがわかる。

CHECK & CHECK の解答（数学 *C*）

◎ CHECK & CHECK 問題の詳しい解答を示し，最終の答の数値などは太字で示した。

1 (1) $\boldsymbol{\vec{a}}$ **と** $\boldsymbol{\vec{i}}$**，**$\boldsymbol{\vec{c}}$ **と** $\boldsymbol{\vec{h}}$

(2) $\boldsymbol{\vec{a}}$ **と** $\boldsymbol{\vec{j}}$**，**$\boldsymbol{\vec{b}}$ **と** $\boldsymbol{\vec{c}}$ **と** $\boldsymbol{\vec{h}}$**，**$\boldsymbol{\vec{e}}$ **と** $\boldsymbol{\vec{g}}$

(3) $\boldsymbol{\vec{c}}$ **と** $\boldsymbol{\vec{h}}$

2 ［図］

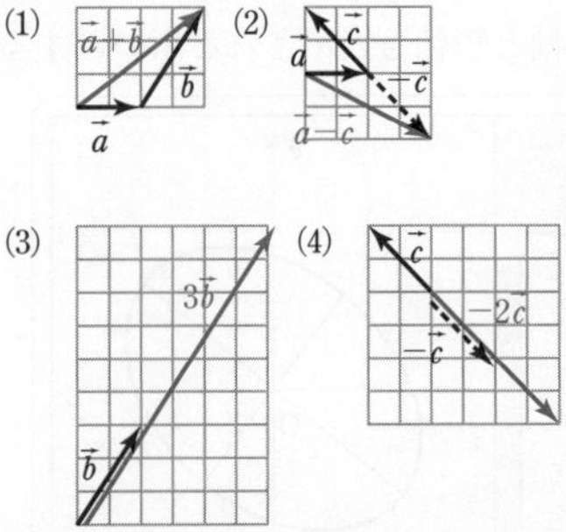

3 $\overrightarrow{\mathrm{EA}}=-\overrightarrow{\mathrm{AE}}=\boldsymbol{-\vec{a}}$

$\overrightarrow{\mathrm{DE}}=-\overrightarrow{\mathrm{BE}}=\boldsymbol{-\vec{b}}$

$\overrightarrow{\mathrm{AC}}=2\overrightarrow{\mathrm{AE}}=\boldsymbol{2\vec{a}}$

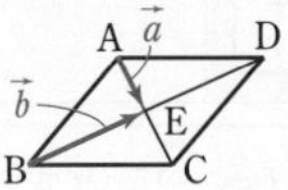

4 $|\vec{a}|=3$ であるから，求めるベクトルは

$$\boldsymbol{\frac{1}{3}\vec{a},\ -\frac{1}{3}\vec{a}}$$

5 (1) $2\vec{a}=2(1,\ -2)=\boldsymbol{(2,\ -4)}$

よって　$|2\vec{a}|=\sqrt{2^2+(-4)^2}=\boldsymbol{2\sqrt{5}}$

(2) $3\vec{b}=3(-2,\ 3)=\boldsymbol{(-6,\ 9)}$

よって　$|3\vec{b}|=\sqrt{(-6)^2+9^2}=\boldsymbol{3\sqrt{13}}$

6 (1) $\vec{a}+\vec{b}=(-2,\ 1)+(2,\ -3)$

$=\boldsymbol{(0,\ -2)}$

(2) $3\vec{a}-2\vec{b}=3(-2,\ 1)-2(2,\ -3)$

$=(-6,\ 3)-(4,\ -6)$

$=\boldsymbol{(-10,\ 9)}$

(3) $3(2\vec{a}-\vec{b})-4(\vec{a}-\vec{b})$

$=6\vec{a}-3\vec{b}-4\vec{a}+4\vec{b}$

$=2\vec{a}+\vec{b}=2(-2,\ 1)+(2,\ -3)$

$=(-4,\ 2)+(2,\ -3)=\boldsymbol{(-2,\ -1)}$

7 (1) $\overrightarrow{\mathrm{AB}}=(4-2,\ 7-3)=\boldsymbol{(2,\ 4)}$

よって　$|\overrightarrow{\mathrm{AB}}|=\sqrt{2^2+4^2}=\boldsymbol{2\sqrt{5}}$

(2) $\overrightarrow{\mathrm{AB}}=(5-(-1),\ -2-4)=\boldsymbol{(6,\ -6)}$

よって　$|\overrightarrow{\mathrm{AB}}|=\sqrt{6^2+(-6)^2}=\boldsymbol{6\sqrt{2}}$

8 (1) $\vec{a}\cdot\vec{b}=|\vec{a}||\vec{b}|\cos 60^\circ$

$=1\times3\times\dfrac{1}{2}=\boldsymbol{\dfrac{3}{2}}$

(2) $\vec{a}\cdot\vec{b}=|\vec{a}||\vec{b}|\cos 135^\circ$

$=2\times4\times\left(-\dfrac{\sqrt{2}}{2}\right)$

$=\boldsymbol{-4\sqrt{2}}$

9 (1) $\vec{a}\cdot\vec{b}=1\times6+(-2)\times3=\boldsymbol{0}$

(2) $\vec{a}\cdot\vec{b}=\sqrt{3}\times0+(-3)\times1=\boldsymbol{-3}$

10 (1) $\cos\theta=\dfrac{\vec{a}\cdot\vec{b}}{|\vec{a}||\vec{b}|}$

$=\dfrac{3\times1+1\times2}{\sqrt{3^2+1^2}\times\sqrt{1^2+2^2}}=\dfrac{1}{\sqrt{2}}$

$0^\circ\leqq\theta\leqq180^\circ$ であるから　$\boldsymbol{\theta=45^\circ}$

(2) $\cos\theta=\dfrac{\vec{a}\cdot\vec{b}}{|\vec{a}||\vec{b}|}$

$=\dfrac{1\times2+(-\sqrt{3})\times0}{\sqrt{1^2+(-\sqrt{3})^2}\times\sqrt{2^2+0^2}}=\dfrac{1}{2}$

$0^\circ\leqq\theta\leqq180^\circ$ であるから　$\boldsymbol{\theta=60^\circ}$

(3) $\cos\theta=\dfrac{\vec{a}\cdot\vec{b}}{|\vec{a}||\vec{b}|}$

$=\dfrac{2\times\left(-\dfrac{3}{4}\right)+3\times\dfrac{1}{2}}{\sqrt{2^2+3^2}\times\sqrt{\left(-\dfrac{3}{4}\right)^2+\left(\dfrac{1}{2}\right)^2}}=0$

$0^\circ\leqq\theta\leqq180^\circ$ であるから　$\boldsymbol{\theta=90^\circ}$

(4) $\cos\theta=\dfrac{\vec{a}\cdot\vec{b}}{|\vec{a}||\vec{b}|}$

$=\dfrac{1\times(-\sqrt{2})+(-2)\times2\sqrt{2}}{\sqrt{1^2+(-2)^2}\times\sqrt{(-\sqrt{2})^2+(2\sqrt{2})^2}}=-1$

$0^\circ\leqq\theta\leqq180^\circ$ であるから　$\boldsymbol{\theta=180^\circ}$

11 (1) $\vec{a}\perp\vec{b}$ であるための条件は

$\vec{a}\cdot\vec{b}=0$

ここで　$\vec{a}\cdot\vec{b}=3\times x+2\times6=3x+12$

よって　$3x+12=0$

ゆえに　$\boldsymbol{x=-4}$

(2) $\vec{a}\perp\vec{b}$ であるための条件は　$\vec{a}\cdot\vec{b}=0$

ここで　$\vec{a}\cdot\vec{b}=3\times(-1)+x\times\sqrt{3}$

$=\sqrt{3}\,x-3$

よって　$\sqrt{3}\,x-3=0$

ゆえに　$\boldsymbol{x=\sqrt{3}}$

12 (1) $\dfrac{3\vec{a}+\vec{b}}{1+3}=\boldsymbol{\dfrac{3}{4}\vec{a}+\dfrac{1}{4}\vec{b}}$

(2) $\dfrac{-3\vec{a}+\vec{b}}{1-3}=\dfrac{3}{2}\vec{a}-\dfrac{1}{2}\vec{b}$

13 3点A, B, Cが一直線にあるとき, $\overrightarrow{AC}=k\overrightarrow{AB}$ となる実数kがある。

(1) $\overrightarrow{AB}=(2,\ 4)$, $\overrightarrow{AC}=(x-2,\ -7)$

$\overrightarrow{AC}=k\overrightarrow{AB}$ とすると

$(x-2,\ -7)=k(2,\ 4)$

よって $x-2=2k$ ……①

$-7=4k$ ……②

② から $k=-\dfrac{7}{4}$ これを ① に代入して

$x-2=-\dfrac{7}{2}$ よって $\boldsymbol{x=-\dfrac{3}{2}}$

(2) $\overrightarrow{AB}=(-4,\ 4)$, $\overrightarrow{AC}=(-7,\ y+1)$

$\overrightarrow{AC}=k\overrightarrow{AB}$ とすると

$(-7,\ y+1)=k(-4,\ 4)$

よって $-7=-4k$ ……①

$y+1=4k$ ……②

① から $k=\dfrac{7}{4}$ これを ② に代入して

$y+1=7$ よって $\boldsymbol{y=6}$

14 直線上の任意の点をP$(x,\ y)$, tを媒介変数とする。

(1) $(x,\ y)=(1,\ 1)+t(-2,\ 1)$

$=(1-2t,\ 1+t)$

よって $\begin{cases}\boldsymbol{x=1-2t}\\ \boldsymbol{y=1+t}\end{cases}$

(2) $(x,\ y)=(-4,\ 3)+t(5,\ 6)$

$=(-4+5t,\ 3+6t)$

よって $\begin{cases}\boldsymbol{x=-4+5t}\\ \boldsymbol{y=3+6t}\end{cases}$

15 直線上の任意の点をP$(x,\ y)$とすると $\vec{n}\cdot\overrightarrow{AP}=0$

(1) $\overrightarrow{AP}=(x-2,\ y+1)$ から

$3(x-2)+4(y+1)=0$

よって $\boldsymbol{3x+4y-2=0}$

(2) $\overrightarrow{AP}=(x-1,\ y-3)$ から

$-(x-1)+2(y-3)=0$

よって $\boldsymbol{x-2y+5=0}$

16 (1) **(2, −3)**

(2) 式を変形すると $x+2y-6=0$

よって **(1, 2)**

17 $(x,\ y)-(2,\ 1)=(x-2,\ y-1)$,

$(x,\ y)-(-8,\ 7)=(x+8,\ y-7)$ から

$(x-2)(x+{}^{ア}\boldsymbol{8})+(y-{}^{イ}\boldsymbol{1})(y-7)=0$

18 (1) $\sqrt{3^2+(-4)^2+2^2}=\boldsymbol{\sqrt{29}}$

(2) $\sqrt{(-2-4)^2+\{2-(-1)\}^2+(5-3)^2}$

$=\sqrt{(-6)^2+3^2+2^2}=\sqrt{49}=\boldsymbol{7}$

19 (1) $\overrightarrow{AD}+\overrightarrow{BC}-\overrightarrow{BD}-\overrightarrow{AC}$

$=\overrightarrow{AD}+\overrightarrow{BC}+\overrightarrow{DB}+\overrightarrow{CA}$

$=(\overrightarrow{AD}+\overrightarrow{DB})+(\overrightarrow{BC}+\overrightarrow{CA})$

$=\overrightarrow{AB}+\overrightarrow{BA}=\overrightarrow{AA}=\vec{0}$

(2) $\overrightarrow{AD}-\overrightarrow{AB}-(\overrightarrow{CD}-\overrightarrow{CB})$

$=\overrightarrow{AD}+\overrightarrow{BA}+\overrightarrow{DC}+\overrightarrow{CB}$

$=(\overrightarrow{BA}+\overrightarrow{AD})+(\overrightarrow{DC}+\overrightarrow{CB})$

$=\overrightarrow{BD}+\overrightarrow{DB}=\overrightarrow{BB}=\vec{0}$

よって $\overrightarrow{AD}-\overrightarrow{AB}=\overrightarrow{CD}-\overrightarrow{CB}$

別解 $\overrightarrow{AD}-\overrightarrow{AB}=\overrightarrow{BD}$, $\overrightarrow{CD}-\overrightarrow{CB}=\overrightarrow{BD}$ であるから $\overrightarrow{AD}-\overrightarrow{AB}=\overrightarrow{CD}-\overrightarrow{CB}$

20 (1) $-1=x-2$, $2=y+3$, $-3=-z-4$ を解いて $\boldsymbol{x=1}$, $\boldsymbol{y=-1}$, $\boldsymbol{z=-1}$

(2) $2x-1=3$, $4=3y+1$, $3z=2-z$ を解いて $\boldsymbol{x=2}$, $\boldsymbol{y=1}$, $\boldsymbol{z=\dfrac{1}{2}}$

21 (1) $|\vec{a}|=\sqrt{6^2+(-3)^2+2^2}=\sqrt{49}=\boldsymbol{7}$

(2) $|\vec{b}|=\sqrt{7^2+1^2+(-5)^2}=\sqrt{75}=\boldsymbol{5\sqrt{3}}$

22 (1) $\vec{a}+\vec{b}=(2,\ -1,\ 3)+(-2,\ -3,\ 1)$

$=\boldsymbol{(0,\ -4,\ 4)}$

(2) $\vec{a}-\vec{b}=(2,\ -1,\ 3)-(-2,\ -3,\ 1)$

$=\boldsymbol{(4,\ 2,\ 2)}$

(3) $2\vec{a}=2(2,\ -1,\ 3)=\boldsymbol{(4,\ -2,\ 6)}$

(4) $2\vec{a}+3\vec{b}$

$=2(2,\ -1,\ 3)+3(-2,\ -3,\ 1)$

$=(4,\ -2,\ 6)+(-6,\ -9,\ 3)$

$=\boldsymbol{(-2,\ -11,\ 9)}$

(5) $5\vec{b}-4\vec{a}$

$=5(-2,\ -3,\ 1)-4(2,\ -1,\ 3)$

$=(-10,\ -15,\ 5)-(8,\ -4,\ 12)$

$=\boldsymbol{(-18,\ -11,\ -7)}$

23 $\overrightarrow{\mathbf{AB}}=(1-3,\ 2-(-1),\ 3-2)$

$=\boldsymbol{(-2,\ 3,\ 1)}$

よって $|\overrightarrow{\mathbf{AB}}|=\sqrt{(-2)^2+3^2+1^2}=\boldsymbol{\sqrt{14}}$

$\overrightarrow{\mathbf{BC}}=(2-1,\ 3-2,\ 1-3)=\boldsymbol{(1,\ 1,\ -2)}$

よって $|\overrightarrow{\mathbf{BC}}|=\sqrt{1^2+1^2+(-2)^2}=\boldsymbol{\sqrt{6}}$

$\overrightarrow{\mathbf{CA}}=(3-2,\ -1-3,\ 2-1)=\boldsymbol{(1,\ -4,\ 1)}$

よって $|\overrightarrow{\mathbf{CA}}|=\sqrt{1^2+(-4)^2+1^2}=\boldsymbol{3\sqrt{2}}$

24 (1) $\vec{a}\cdot\vec{b}=-2\times1+1\times(-1)+2\times0$
$=\mathbf{-3}$

(2) $\vec{a}\cdot\vec{b}=2\times(-1)+3\times2+(-4)\times1=\mathbf{0}$

25 $\overrightarrow{ML}=(2-1,\ 1-2,\ 0-0)$
$=(1,\ -1,\ 0)$,
$\overrightarrow{MN}=(2-1,\ 2-2,\ 1-0)=(1,\ 0,\ 1)$
よって
$$\cos\angle LMN=\frac{\overrightarrow{ML}\cdot\overrightarrow{MN}}{|\overrightarrow{ML}||\overrightarrow{MN}|}$$
$$=\frac{1\times1+(-1)\times0+0\times1}{\sqrt{1^2+(-1)^2+0^2}\sqrt{1^2+0^2+1^2}}=\frac{1}{2}$$
$0^\circ\leqq\angle LMN\leqq180^\circ$ から　$\angle LMN=\mathbf{60^\circ}$

26 (1) $\overrightarrow{OP}=\dfrac{\overrightarrow{OE}+2\overrightarrow{OF}}{2+1}=\dfrac{1}{3}\overrightarrow{OE}+\dfrac{2}{3}\overrightarrow{OF}$
$=\dfrac{1}{3}(\vec{a}+\vec{d})+\dfrac{2}{3}(\vec{a}+\vec{c}+\vec{d})$
$=\boldsymbol{\vec{a}+\dfrac{2}{3}\vec{c}+\vec{d}}$

別解　$\overrightarrow{OP}$ を分割して考えると
$\overrightarrow{OP}=\overrightarrow{OA}+\overrightarrow{AE}+\overrightarrow{EP}=\vec{a}+\vec{d}+\dfrac{2}{3}\overrightarrow{EF}$
$=\boldsymbol{\vec{a}+\dfrac{2}{3}\vec{c}+\vec{d}}$

(2) $\overrightarrow{OQ}=\dfrac{-2\overrightarrow{OC}+\overrightarrow{OE}}{1-2}=2\overrightarrow{OC}-\overrightarrow{OE}$
$=2\vec{c}-(\vec{a}+\vec{d})$
$=\boldsymbol{-\vec{a}+2\vec{c}-\vec{d}}$

27 3点A, B, Cが一直線上にあるとき,
$\overrightarrow{AC}=k\overrightarrow{AB}$ となる実数kがある。
$\overrightarrow{AC}=k\overrightarrow{AB}$ から
$(x-3,\ y-2,\ -6)=k(2,\ -3,\ -2)$
よって
$x-3=2k,\ y-2=-3k,\ -6=-2k$
これを解くと
$k=3,\ x=$ ア$\mathbf{9}$, $y=$ イ$\mathbf{-7}$

28 (1) $\left(\dfrac{7-3}{2},\ \dfrac{-1+5}{2},\ \dfrac{2+4}{2}\right)$
すなわち　$\mathbf{(2,\ 2,\ 3)}$

(2) **2:1 に内分する点の座標は**
$\left(\dfrac{1\cdot7+2\cdot(-3)}{2+1},\ \dfrac{1\cdot(-1)+2\cdot5}{2+1},\ \dfrac{1\cdot2+2\cdot4}{2+1}\right)$
すなわち　$\boldsymbol{\left(\dfrac{1}{3},\ 3,\ \dfrac{10}{3}\right)}$

2:1 に外分する点の座標は
$\left(\dfrac{-1\cdot7+2\cdot(-3)}{2-1},\ \dfrac{-1\cdot(-1)+2\cdot5}{2-1},\ \dfrac{-1\cdot2+2\cdot4}{2-1}\right)$
すなわち　$\mathbf{(-13,\ 11,\ 6)}$

(3) **1:2 に内分する点の座標は**
$\left(\dfrac{2\cdot7+1\cdot(-3)}{1+2},\ \dfrac{2\cdot(-1)+1\cdot5}{1+2},\ \dfrac{2\cdot2+1\cdot4}{1+2}\right)$
すなわち　$\boldsymbol{\left(\dfrac{11}{3},\ 1,\ \dfrac{8}{3}\right)}$

1:2 に外分する点の座標は
$\left(\dfrac{-2\cdot7+1\cdot(-3)}{1-2},\ \dfrac{-2\cdot(-1)+1\cdot5}{1-2},\ \dfrac{-2\cdot2+1\cdot4}{1-2}\right)$
すなわち　$\mathbf{(17,\ -7,\ 0)}$

(4) 三角形ABCの重心の座標は
$\left(\dfrac{7+(-3)+5}{3},\ \dfrac{-1+5+(-7)}{3},\ \dfrac{2+4+0}{3}\right)$
すなわち　$\mathbf{(3,\ -1,\ 2)}$

29 (1) $\boldsymbol{x^2+y^2+z^2=4}$

(2) $(x-1)^2+\{y-(-2)\}^2+(z-3)^2=5^2$
よって　$\boldsymbol{(x-1)^2+(y+2)^2+(z-3)^2=25}$

30 直線上の任意の点をP$(x,\ y,\ z)$, tを媒介変数とする。

(1) $(x,\ y,\ z)=(-2,\ 1,\ 3)+t(1,\ 3,\ -4)$
$=(-2+t,\ 1+3t,\ 3-4t)$
よって　$\begin{cases}\boldsymbol{x=-2+t}\\ \boldsymbol{y=1+3t}\\ \boldsymbol{z=3-4t}\end{cases}$

(2) $(x,\ y,\ z)$
$=(1-t)(2,\ -4,\ 3)+t(3,\ -1,\ 5)$
$=(2+t,\ -4+3t,\ 3+2t)$
よって　$\begin{cases}\boldsymbol{x=2+t}\\ \boldsymbol{y=-4+3t}\\ \boldsymbol{z=3+2t}\end{cases}$

別解　$\overrightarrow{AB}=(3-2,\ -1-(-4),\ 5-3)$
$=(1,\ 3,\ 2)$
よって　$(x,\ y,\ z)$
$=\overrightarrow{OA}+t\overrightarrow{AB}$
$=(2,\ -4,\ 3)+t(1,\ 3,\ 2)$
$=(2+t,\ -4+3t,\ 3+2t)$
ゆえに　$\begin{cases}\boldsymbol{x=2+t}\\ \boldsymbol{y=-4+3t}\\ \boldsymbol{z=3+2t}\end{cases}$

31

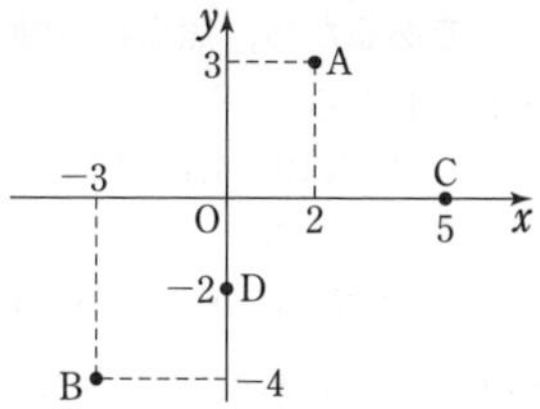

32

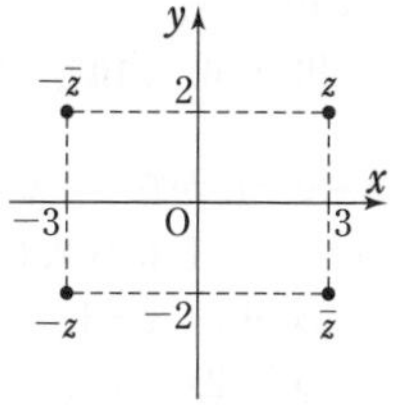

点 $\overline{z}$ は点 z と実軸に関して対称。
点 $-z$ は点 z と原点に関して対称。
点 $-\overline{z}$ は点 z と虚軸に関して対称。

33 (1) $|-2+i|=\sqrt{(-2)^2+1^2}=\boldsymbol{\sqrt{5}}$

(2) $\left|\dfrac{1}{2}-\dfrac{\sqrt{3}}{2}i\right|=\sqrt{\left(\dfrac{1}{2}\right)^2+\left(-\dfrac{\sqrt{3}}{2}\right)^2}=\boldsymbol{1}$

(3) $|1-\sqrt{2}|=\boldsymbol{\sqrt{2}-1}$

(4) $|-5i|=\sqrt{0^2+(-5)^2}=\boldsymbol{5}$

34 (1) $\mathrm{AB}=|(-4+5i)-(2+3i)|$
$=|-6+2i|=\sqrt{(-6)^2+2^2}$
$=\boldsymbol{2\sqrt{10}}$

(2) $\mathrm{AB}=|(3-4i)-(-2+i)|=|5-5i|$
$=\sqrt{5^2+(-5)^2}=\boldsymbol{5\sqrt{2}}$

35 (1) 絶対値は　$\sqrt{1^2+(-1)^2}=\sqrt{2}$

偏角 θ は　$\cos\theta=\dfrac{1}{\sqrt{2}}$, $\sin\theta=-\dfrac{1}{\sqrt{2}}$

$0\leqq\theta<2\pi$ では　$\theta=\dfrac{7}{4}\pi$

よって　$\boldsymbol{1-i=\sqrt{2}\left(\cos\dfrac{7}{4}\pi+i\sin\dfrac{7}{4}\pi\right)}$

(2) 絶対値は　$\sqrt{0^2+(-2)^2}=2$

偏角 θ は　$\cos\theta=0$, $\sin\theta=\dfrac{-2}{2}=-1$

$0\leqq\theta<2\pi$ では　$\theta=\dfrac{3}{2}\pi$

よって　$\boldsymbol{-2i=2\left(\cos\dfrac{3}{2}\pi+i\sin\dfrac{3}{2}\pi\right)}$

(3) 絶対値は　$\sqrt{(-\sqrt{3})^2+3^2}=2\sqrt{3}$

偏角 θ は　$\cos\theta=\dfrac{-\sqrt{3}}{2\sqrt{3}}=-\dfrac{1}{2}$,

$\sin\theta=\dfrac{3}{2\sqrt{3}}=\dfrac{\sqrt{3}}{2}$

$0\leqq\theta<2\pi$ では　$\theta=\dfrac{2}{3}\pi$

よって

$\boldsymbol{-\sqrt{3}+3i=2\sqrt{3}\left(\cos\dfrac{2}{3}\pi+i\sin\dfrac{2}{3}\pi\right)}$

36 (1) $\alpha\beta$

$=\cos\left(\dfrac{2}{3}\pi+\dfrac{\pi}{6}\right)+i\sin\left(\dfrac{2}{3}\pi+\dfrac{\pi}{6}\right)$

$=\cos\dfrac{5}{6}\pi+i\sin\dfrac{5}{6}\pi=\boldsymbol{-\dfrac{\sqrt{3}}{2}+\dfrac{1}{2}i}$

$\dfrac{\alpha}{\beta}=\cos\left(\dfrac{2}{3}\pi-\dfrac{\pi}{6}\right)+i\sin\left(\dfrac{2}{3}\pi-\dfrac{\pi}{6}\right)$

$=\cos\dfrac{\pi}{2}+i\sin\dfrac{\pi}{2}=\boldsymbol{i}$

(2) $\alpha\beta$

$=2\cdot3\left\{\cos\left(\dfrac{\pi}{4}+\dfrac{5}{12}\pi\right)+i\sin\left(\dfrac{\pi}{4}+\dfrac{5}{12}\pi\right)\right\}$

$=6\left(\cos\dfrac{2}{3}\pi+i\sin\dfrac{2}{3}\pi\right)=\boldsymbol{-3+3\sqrt{3}\,i}$

$\dfrac{\alpha}{\beta}=\dfrac{2}{3}\left\{\cos\left(\dfrac{\pi}{4}-\dfrac{5}{12}\pi\right)+i\sin\left(\dfrac{\pi}{4}-\dfrac{5}{12}\pi\right)\right\}$

$=\dfrac{2}{3}\left\{\cos\left(-\dfrac{\pi}{6}\right)+i\sin\left(-\dfrac{\pi}{6}\right)\right\}$

$=\boldsymbol{\dfrac{\sqrt{3}}{3}-\dfrac{1}{3}i}$

37 (1) $\dfrac{1-\sqrt{3}\,i}{2}=\cos\dfrac{5}{3}\pi+i\sin\dfrac{5}{3}\pi$ であるから，**点 z を原点を中心として $\dfrac{5}{3}\pi$ だけ回転した点** である。

(2) $-i=\cos\dfrac{3}{2}\pi+i\sin\dfrac{3}{2}\pi$ であるから，**点 z を原点を中心として $\dfrac{3}{2}\pi$ だけ回転した点** である。

38 (1) $\left(\cos\dfrac{\pi}{3}+i\sin\dfrac{\pi}{3}\right)^6$

$=\cos2\pi+i\sin2\pi=\boldsymbol{1}$

(2) $\left\{2\left(\cos\dfrac{\pi}{10}+i\sin\dfrac{\pi}{10}\right)\right\}^5$

$=2^5\left(\cos\dfrac{\pi}{2}+i\sin\dfrac{\pi}{2}\right)=\boldsymbol{32i}$

39 (1) $\dfrac{(-3+6i)+(5-8i)}{2}=\dfrac{2-2i}{2}$

$=\mathbf{1-i}$

(2) 点Pを表す複素数は

$\dfrac{1\cdot(2-3i)+2\cdot(-7+3i)}{2+1}=\dfrac{-12+3i}{3}$

$=\mathbf{-4+i}$

点Qを表す複素数は

$\dfrac{-1\cdot(2-3i)+2\cdot(-7+3i)}{2-1}=\mathbf{-16+9i}$

40 (1) **点 z 全体は，2点1，i を結ぶ線分の垂直二等分線。**

(2) **点 z 全体は，点 $1-i$ を中心とする半径2の円。**

41 $\dfrac{\gamma-\alpha}{\beta-\alpha}=\dfrac{1+3i}{2+i}=\dfrac{(1+3i)(2-i)}{(2+i)(2-i)}$

$=\dfrac{5+5i}{5}=1+i$

$1+i$ を極形式で表すと

$1+i=\sqrt{2}\left(\cos\dfrac{\pi}{4}+i\sin\dfrac{\pi}{4}\right)$

よって　　$\boldsymbol{\angle\beta\alpha\gamma=\dfrac{\pi}{4}}$

42 $\alpha=3-2i,\ \beta=5+6i,\ \gamma=7+ci$ とすると

$\dfrac{\gamma-\alpha}{\beta-\alpha}=\dfrac{(7+ci)-(3-2i)}{(5+6i)-(3-2i)}=\dfrac{4+(c+2)i}{2+8i}$

$=\dfrac{\{4+(c+2)i\}(1-4i)}{2(1+4i)(1-4i)}$

$=\dfrac{4(c+3)+(c-14)i}{34}$

(1) 3点A，B，Cが一直線上にあるための条件は，$\dfrac{\gamma-\alpha}{\beta-\alpha}$ が実数となることである。

ゆえに　　$c-14=0$　　よって　　$\mathbf{c=14}$

(2) AB⊥ACであるための条件は，$\dfrac{\gamma-\alpha}{\beta-\alpha}$ が純虚数となることである。

ゆえに　　$c+3=0$ かつ $c-14\neq0$

よって　　$\mathbf{c=-3}$

43 (1) $y^2=8x$ を変形して

$y^2=4\cdot2x$

よって　　**焦点 (2, 0)**

(2) $\sqrt{3}>1$ であるから，焦点は x 軸上にある。

$\sqrt{(\sqrt{3})^2-1^2}=\sqrt{2}$ から

焦点 $(\sqrt{2},\ 0)$，$(-\sqrt{2},\ 0)$

(3) $3<5$ であるから，焦点は y 軸上にある。

$\sqrt{5^2-3^2}=4$ から

焦点 (0, 4)，(0, −4)

(4) $\sqrt{4^2+3^2}=5$ から

焦点 (5, 0)，(−5, 0)

(5) $x^2-9y^2=-9$ から $\dfrac{x^2}{3^2}-y^2=-1$

$\sqrt{3^2+1^2}=\sqrt{10}$ から

焦点 $(0,\ \sqrt{10})$，$(0,\ -\sqrt{10})$

44 (1) $x+y=1$ から　　$y=-x+1$

これを $2x^2+y^2=1$ に代入して

$2x^2+(-x+1)^2=1$

よって　　$3x^2-2x=0$

ゆえに　　$x(3x-2)=0$

よって　　$x=0,\ \dfrac{2}{3}$

したがって，共有点は　　**2個**

(2) $2x-2y+1=0$ から　　$2x=2y-1$

これを $y^2=2x$ に代入して

$y^2=2y-1$

よって　　$y^2-2y+1=0$

ゆえに　　$(y-1)^2=0$

よって　　$y=1$

したがって，共有点は　　**1個**

45 (1) $4\cdot y=2\cdot2(x+2)$

すなわち　　$\boldsymbol{y=x+2}$

(2) $\dfrac{1\cdot x}{3}+\dfrac{2\cdot y}{6}=1$

すなわち　　$\boldsymbol{x+y-3=0}$

(3) $2\cdot\sqrt{2}\cdot x-(-\sqrt{3})\cdot y=1$

すなわち　　$\boldsymbol{2\sqrt{2}x+\sqrt{3}y-1=0}$

46 (1) $x=3t+1$ から　　$t=\dfrac{1}{3}x-\dfrac{1}{3}$

$y=2t-1$ に代入して

$y=2\left(\dfrac{1}{3}x-\dfrac{1}{3}\right)-1$

よって　　**直線** $\boldsymbol{y=\dfrac{2}{3}x-\dfrac{5}{3}}$

(2) $x=t-1$ から　　$t=x+1$

$y=t^2-2t$ に代入して

$y=(x+1)^2-2(x+1)$

よって　　**放物線** $\boldsymbol{y=x^2-1}$

47 (1) $\boldsymbol{x=4\cos\theta,\ y=4\sin\theta}$

(2) $\boldsymbol{x=\sqrt{5}\cos\theta,\ y=\sqrt{5}\sin\theta}$

(3) $\boldsymbol{x=2\cos\theta,\ y=\sin\theta}$

(4) $9x^2+4y^2=36$ の両辺を 36 で割って

$$\frac{x^2}{4}+\frac{y^2}{9}=1$$

よって　$\boldsymbol{x=2\cos\theta,\ y=3\sin\theta}$

(5) $\boldsymbol{x=\dfrac{4}{\cos\theta},\ y=3\tan\theta}$

(6) $4x^2-y^2=4$ の両辺を 4 で割って

$$x^2-\frac{y^2}{4}=1$$

よって　$\boldsymbol{x=\dfrac{1}{\cos\theta},\ y=2\tan\theta}$

48 〔図〕

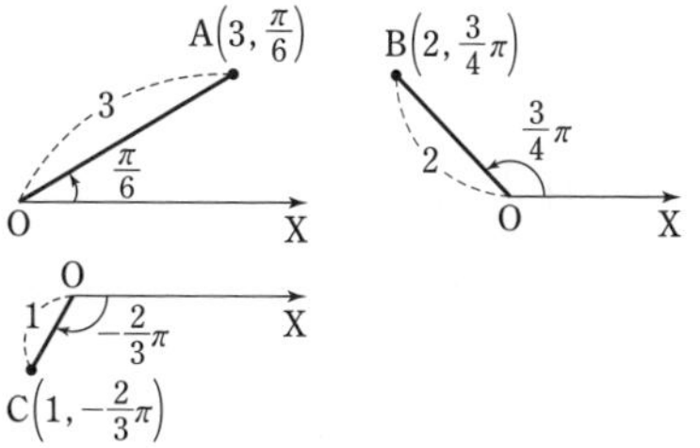

49 (1) 中心が極 O, 半径が 3 の円 〔図〕

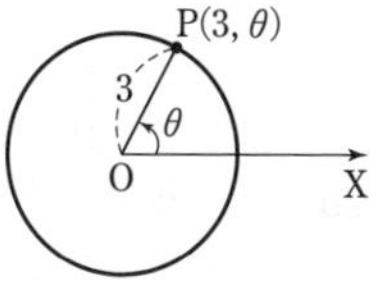

(2) 極Oを通り，始線と $\dfrac{\pi}{3}$ の角をなす直線 〔図〕

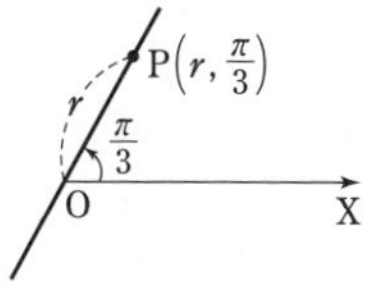

(3) $r=4\cos\theta$ を変形して　$r=2\cdot2\cos\theta$
よって，中心が $(2,\ 0)$，半径が 2 の円 〔図〕

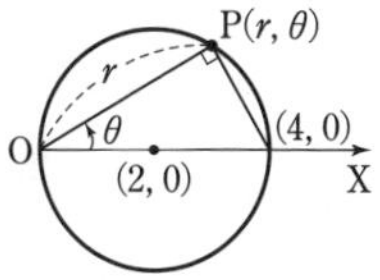

PRACTICE, EXERCISES の解答 (数学C)

PRACTICE, EXERCISES について，問題の要求している答の数値のみをあげ，図・証明は省略した。

第1章　平面上のベクトル

●PRACTICE の解答

1, 2　略

3　(1) $\frac{5}{6}\vec{a}-\frac{13}{6}\vec{b}$

(2) (ア) $\vec{x}=\frac{6}{5}\vec{a}+\frac{6}{5}\vec{b}$

(イ) $\vec{x}=\frac{3}{13}\vec{a}+\frac{2}{13}\vec{b}$, $\vec{y}=\frac{2}{13}\vec{a}-\frac{3}{13}\vec{b}$

4　(1) 略

(2) $\frac{2}{5}\vec{a}$, $-\frac{2}{5}\vec{a}$

5　(1) $\overrightarrow{FE}=\vec{a}+\vec{b}$　(2) $\overrightarrow{AC}=2\vec{a}+\vec{b}$

(3) $\overrightarrow{AQ}=2\vec{a}+\frac{3}{2}\vec{b}$　(4) $\overrightarrow{RQ}=\frac{1}{2}\vec{a}+\vec{b}$

6　(1) $\vec{c}=2\vec{a}+3\vec{b}$　(2) $\vec{c}=-\frac{25}{8}\vec{a}+\frac{1}{8}\vec{b}$

7　(1) $\vec{x}=(4,\ 0)$, $\vec{y}=(-3,\ -2)$

(2) $\vec{x}=\left(\frac{13}{3},\ 2\right)$, $\vec{y}=\left(\frac{11}{3},\ -6\right)$

8　(1) $t=-3$　(2) $x=\frac{2}{3}$

9　$x=-2$, $y=4$, $\mathrm{BE}=\frac{\sqrt{85}}{2}$

10　(ア) 5　(イ) 2

11　(1) $\sqrt{3}+1$　(2) $3+\sqrt{3}$

(3) $-\sqrt{3}-1$　(4) $-3-\sqrt{3}$

12　(1) $\vec{a}\cdot\vec{b}=2\sqrt{6}$, $\theta=30°$

(2) $\vec{a}\cdot\vec{b}=-20$, $\theta=135°$

(3) $\overrightarrow{AB}\cdot\overrightarrow{AC}=-5$, $\theta=120°$

13　(1) $x=\frac{1}{3}$

(2) $(m,\ n)=(2+\sqrt{3},\ -1+2\sqrt{3})$, $(2-\sqrt{3},\ -1-2\sqrt{3})$

14　(1) $x=0,\ \frac{1}{2}$

(2) $\left(\frac{3}{\sqrt{10}},\ \frac{1}{\sqrt{10}}\right)$, $\left(-\frac{3}{\sqrt{10}},\ -\frac{1}{\sqrt{10}}\right)$

15　(1) 略　(2) $\theta=60°$

16　(1) $3\sqrt{7}$　(2) $\sqrt{37}$

17　(1) $\theta=30°$　(2) $t=-\frac{11}{6}$

18　(ア) $-\frac{2}{3}$　(イ) $\frac{4\sqrt{2}}{3}$

19　(1) $\frac{5\sqrt{3}}{2}$　(2) 1

(3) 24

20　略

21　$k\leqq-\frac{2}{\sqrt{3}}$, $\frac{2}{\sqrt{3}}\leqq k$

22　最大値は $\sqrt{2}$，最小値は $-\sqrt{2}$

23　点Fは $\frac{1}{3}\vec{a}+\frac{2}{3}\vec{c}$,

点Gは $\frac{11}{18}\vec{a}+\frac{1}{6}\vec{b}+\frac{2}{9}\vec{c}$

24　略

25　(1) $\vec{d}=\frac{4}{7}\vec{a}+\frac{3}{7}\vec{c}$

(2) $\vec{i}=\frac{8}{21}\vec{a}+\frac{1}{3}\vec{b}+\frac{2}{7}\vec{c}$

26　(1) 線分 BC を 5：6 に内分する点をDとしたとき，線分 AD を 11：2 に内分する点

(2) 2：6：5

27　(1) $\overrightarrow{OR}=2\vec{q}-2\vec{p}$, $\overrightarrow{OS}=2\vec{q}-3\vec{p}$, $\overrightarrow{OT}=\vec{q}-2\vec{p}$

(2) 略

28　略

29　$\overrightarrow{OP}=\frac{10}{37}\vec{a}+\frac{12}{37}\vec{b}$, $\overrightarrow{OQ}=\frac{5}{11}\vec{a}+\frac{6}{11}\vec{b}$

30　(1) $\vec{a}\cdot\vec{b}=\frac{45}{2}$　(2) 略

(3) $t=\frac{9}{10}$　(4) 略

31　略

32　(1) $\vec{a}\cdot\vec{b}=5$

(2) $\overrightarrow{OH}=\frac{1}{12}\vec{a}+\frac{11}{60}\vec{b}$

33　$\angle C=90°$ の直角三角形

34 (1) $x=3+t$, $y=1-2t$; $2x+y-7=0$
(2) $x=3-3t$, $y=6-4t$; $4x-3y+6=0$

35 直線上の任意の点を $\mathrm{P}(\vec{p})$, t を媒介変数とする。
(1) $\vec{p}=\frac{1}{2}(1-t)\vec{a}-\frac{1}{2}t\vec{b}$
(2) $\vec{p}=\left(1-\frac{1}{2}t\right)\vec{a}-\frac{1}{2}t\vec{b}$

36 (1) $\overrightarrow{\mathrm{OD}}=\frac{12}{35}\overrightarrow{\mathrm{OA}}+\frac{3}{7}\overrightarrow{\mathrm{OB}}$
(2) $\overrightarrow{\mathrm{OE}}=\frac{4}{9}\overrightarrow{\mathrm{OA}}+\frac{5}{9}\overrightarrow{\mathrm{OB}}$

37 (1) $\frac{1}{3}\overrightarrow{\mathrm{OA}}=\overrightarrow{\mathrm{OA'}}$, $\frac{1}{3}\overrightarrow{\mathrm{OB}}=\overrightarrow{\mathrm{OB'}}$ となる点 A′, B′ をとると，線分 A′B′
(2) $\frac{4}{3}\overrightarrow{\mathrm{OA}}=\overrightarrow{\mathrm{OA'}}$, $2\overrightarrow{\mathrm{OB}}=\overrightarrow{\mathrm{OB'}}$ となる点 A′, B′ をとると，線分 A′B′

38 (1) $4\overrightarrow{\mathrm{OA}}=\overrightarrow{\mathrm{OA'}}$, $4\overrightarrow{\mathrm{OB}}=\overrightarrow{\mathrm{OB'}}$ となる点 A′, B′ をとると，△OA′B′ の周および内部
(2) $2\overrightarrow{\mathrm{OA}}=\overrightarrow{\mathrm{OC}}$, $3\overrightarrow{\mathrm{OA}}=\overrightarrow{\mathrm{OD}}$, $3\overrightarrow{\mathrm{OA}}+2\overrightarrow{\mathrm{OB}}=\overrightarrow{\mathrm{OE}}$, $2\overrightarrow{\mathrm{OA}}+2\overrightarrow{\mathrm{OB}}=\overrightarrow{\mathrm{OF}}$ となる点 C, D, E, F をとると，平行四辺形 CDEF の周および内部

39 (1) $3x+y-5=0$ (2) $\alpha=45°$

40 $\mathrm{H}\left(-\frac{1}{2},\ \frac{1}{2}\right)$, $\mathrm{AH}=\frac{\sqrt{10}}{2}$

41 (1) 線分 AB を 2：3 に内分する点を中心とする半径 1 の円
(2) 辺 BC を 3：2 に外分する点を D とすると，線分 AD を直径とする円

42 (1) 略 (2) $4x-3y+19=0$

43 (1) $\frac{1}{2}\overrightarrow{\mathrm{OB}}=\overrightarrow{\mathrm{OC}}$, $2\overrightarrow{\mathrm{OA}}=\overrightarrow{\mathrm{OD}}$ となる点 C, D をとると，台形 ADBC の周および内部
(2) $\overrightarrow{\mathrm{OA}}+\overrightarrow{\mathrm{OB}}=\overrightarrow{\mathrm{OC}}$, $-\overrightarrow{\mathrm{OB}}=\overrightarrow{\mathrm{OD}}$ となる点 C, D をとると，平行四辺形 ODAC の周および内部

44 (1) $\overrightarrow{\mathrm{OD}}=\frac{\vec{a}+\vec{b}}{3}$, $r=\frac{|\vec{a}|}{3}$
(2) 線分 OA の中点を中心とし，半径 $\frac{1}{6}$OA の円

●EXERCISES の解答

1 (1) $5\vec{a}+21\vec{b}-6\vec{c}$
(2) $\vec{x}=\frac{2}{19}\vec{a}+\frac{5}{19}\vec{b}$, $\vec{y}=\frac{3}{19}\vec{a}-\frac{2}{19}\vec{b}$

2 略

3 (1) $\overrightarrow{\mathrm{BQ}}=\frac{1}{2}\vec{b}+\frac{1}{2}\vec{c}$
(2) $\overrightarrow{\mathrm{PQ}}=\frac{1}{2}\vec{a}+\frac{1}{2}\vec{b}$

4 (1) $\overrightarrow{\mathrm{AF}}=\frac{3}{4}\overrightarrow{\mathrm{AB}}+\frac{1}{4}\overrightarrow{\mathrm{AD}}$
(2) $\overrightarrow{\mathrm{FB}}=3\overrightarrow{\mathrm{AB}}-\overrightarrow{\mathrm{AC}}$

5 $s=-1$, $t=2$

6 (1) 略
(2) ひし形，平行四辺形かつ AE＝ED
(3) $\mathrm{AF}:\mathrm{CF}=1:\frac{\sqrt{5}-1}{2}$
(4) $\overrightarrow{\mathrm{CD}}=-\vec{a}+\frac{\sqrt{5}-1}{2}\vec{b}$

7 $t=-\frac{3}{5}$, 1

8 (1) $\vec{c}=-\frac{15}{2}\vec{a}+\frac{7}{2}\vec{b}$
(2) $\vec{x}=\left(1,\ \frac{9}{5}\right)$, $\vec{y}=\left(0,\ -\frac{2}{5}\right)$

9 $(x,\ y)=(2,\ 7),\ (-2,\ -7)$

10 $k=-2$ のとき最大値 5,
$k=\frac{1}{2}$ のとき最小値 $\frac{5\sqrt{2}}{2}$

11 (1) $\overrightarrow{\mathrm{PB}}=(3-2t,\ 1-3t)$,
$\overrightarrow{\mathrm{PC}}=(4-2t,\ 3-3t)$
(2) $t=\frac{5}{7}$ (3) $t=\frac{5}{9}$

12 (2, 5), (6, −3), (0, −1)

13 3

14 $\sqrt{3}$

15 (1) $x=\frac{-1\pm\sqrt{145}}{12}$ (2) $x=-\frac{1}{2}$

16 120°

17 (1) $\frac{7}{4}$ (2) 50
(3) $t=-\frac{7}{25}$ のとき最小値 $\frac{288}{25}$

18 (1) $-\frac{3}{2}$ (2) $\frac{3\sqrt{3}}{4}$

19 (1) $\theta=120^\circ$

(2) $t=\frac{1}{\sqrt{2}}$ のとき最小値 $\frac{1}{\sqrt{2}}$

20 $\triangle ABC=\frac{1}{2}\sqrt{xy+yz+zx}$

21 $\frac{15}{13}\leqq|\vec{a}+\vec{b}|\leqq\frac{17}{13}$

22 (ア) $-\frac{1}{6}$　(イ) $\frac{\sqrt{15}}{2}$

(ウ) $k<-\frac{2\sqrt{15}}{15}$, $\frac{2\sqrt{15}}{15}<k$

23 (1) $(a,\ b)=(5\sqrt{2},\ -5\sqrt{2})$,

$(c,\ d)=(3,\ 3)$ (解答は他にもある)

(2) 60

24 (1) $\overrightarrow{OI}=\frac{4}{9}\overrightarrow{OA}+\frac{1}{3}\overrightarrow{OB}$　(2) $\frac{21}{2}$

(3) $\frac{\sqrt{15}}{12}$

25 $\frac{324}{11}$

26 略

27 (1) $\overrightarrow{OP}=k\vec{a}$, $\overrightarrow{OQ}=l\vec{b}$

(2) $\overrightarrow{OR}=\frac{k(1-l)}{1-kl}\vec{a}+\frac{l(1-k)}{1-kl}\vec{b}$

28 (1), (2) 略　(3) 1：2　(4) 1：1

29, 30 略

31 (1) 略

(2) $\vec{g}=\frac{t(1-t)}{1-t+t^2}\vec{a}+\frac{t^2}{1-t+t^2}\vec{b}+\frac{(1-t)^2}{1-t+t^2}\vec{c}$

(3) $t=\frac{1}{2}$

32 $\overrightarrow{OH}=\frac{3}{7}\overrightarrow{OA}+\frac{16}{35}\overrightarrow{OB}$

33 長方形

34 (1) $\overrightarrow{OD}=\frac{1-t}{2}\vec{a}+\frac{1+t}{2}\vec{b}$

(2) $\frac{1+t}{4}\sqrt{1-\alpha^2}$

(3) $\alpha=-\frac{5}{11}$ または $-1<\alpha\leqq-\frac{1}{2}$

35 略

36 $\overrightarrow{ON}=\frac{3}{5}\vec{a}+\frac{2}{5}\vec{b}$, $\overrightarrow{OP}=\frac{6}{17}\vec{a}+\frac{4}{17}\vec{b}$

37 略

38 $-1<k<0$　**39** 略

40 (1) $\vec{a}\cdot\vec{b}=10$

(2) 円の中心の位置ベクトルは $\vec{a}-\vec{b}$,

半径は $4\sqrt{7}$

(3) 円の中心の位置ベクトルは $\frac{2\vec{a}+\vec{b}}{4}$,

半径は $\sqrt{2}$

41 (1) $|\overrightarrow{OP}-\overrightarrow{OA}|=r$

(2) $\left|\overrightarrow{OQ}-\frac{1}{2}(\overrightarrow{OA}+\overrightarrow{OB})\right|=\frac{r}{2}$

42 (1) $10\sqrt{3}$　(2) 1：3

43 Aを中心とする半径 $\frac{\sqrt{2}}{2}$ の円

44 (1) $\left(x-\frac{k}{2}\right)^2+y^2=\left(\frac{k}{2}\right)^2$　$(x\neq0)$

(2) 最大値は $\frac{k^2}{2}$, $\angle POA=45^\circ$

45 略

第2章　空間のベクトル

●PRACTICE の解答

45 (1) A(2, 3, 0), B(0, 3, −1),

C(2, 0, −1)

(2) (ア) (−3, 4, −2)　(イ) (3, 4, 2)

(ウ) (−3, −4, 2)

(エ) (−3, −4, −2)

(オ) (3, 4, −2)　(カ) (3, −4, 2)

(キ) (3, −4, −2)

46 (1) $\left(0,\ \frac{1}{4},\ 0\right)$　(2) $\left(0,\ -21,\ \frac{17}{2}\right)$

47 (1) $\overrightarrow{AH}=\vec{b}+\vec{c}$, $\overrightarrow{CE}=-\vec{a}-\vec{b}+\vec{c}$

(2), (3) 略

48 (1) $\vec{d}=\vec{a}+\vec{b}+2\vec{c}$

(2) $\vec{e}=-\vec{a}+2\vec{b}$

49 $a=7$, $b=3$, $c=5$,

隣り合う2辺の長さは $\sqrt{29}$, $2\sqrt{6}$；

対角線の長さは $\sqrt{73}$, $\sqrt{33}$

50 $t=\frac{2}{3}$ のとき最小値 $\frac{\sqrt{42}}{3}$

51 (1) 1　(2) $\theta=60^\circ$

52 $\vec{p}=(1,\ -1,\ 5)$, $(-1,\ 1,\ -5)$

53 (1) $\theta=150^\circ$, 面積は $2\sqrt{3}$

(2) (ア) $\frac{1}{2}\sqrt{9p^2+24p+116}$　(イ) $p=2$

54 (1) $p=1$　(2) $\theta=60^\circ$

55 (1) $\overrightarrow{OG}=\frac{1}{3}(2\vec{a}+\vec{b}+\vec{c})$

(2) $\overrightarrow{OP}=\vec{b}+\vec{c}$, $\overrightarrow{OQ}=-\vec{b}+\vec{c}$, $\overrightarrow{OR}=\vec{b}-\vec{c}$

(3) 略

56 略

57 $\overrightarrow{OH}=\frac{2}{15}\vec{a}+\frac{1}{5}\vec{b}+\frac{2}{3}\vec{c}$

58 $z=6$

59 OR：OQ=36：91

60 (1) $H\left(\frac{72}{61},\ \frac{36}{61},\ \frac{48}{61}\right)$

(2) $\sqrt{61}$

61 (1) 略　(2) 1

62 (1) 線分 BC を 5：4 に内分する点を D，線分 AD を 9：2 に内分する点を E とすると，線分 OE を 11：7 に内分する点

(2) $V_1：V_2=18：7$

63 $\frac{\sqrt{10}}{5}$

64 (1) $x=3,\ y=3,\ z=1$

(2) $x=-3,\ y=2,\ z=4$

(3) $x=1,\ y=4,\ z=3$

65 (1) $x=-2$　(2) $y=2$

(3) $z=-2$

66 (1) $(x-3)^2+y^2+(z-2)^2=13$

(2) $(x-2)^2+(y-4)^2+(z+1)^2=27$

(3) $(x-2)^2+(y+3)^2+(z-1)^2=9$

67 (1) 順に

$(x+1)^2+(y-3)^2=21,\ z=0$；

$(y-3)^2+(z-2)^2=24,\ x=0$；

$(x+1)^2+(z-2)^2=16,\ y=0$

(2) $a=\pm1$，中心$(1,\ -2,\ 0)$

68 (1) $\left(\frac{8}{9},\ -\frac{4}{9},\ \frac{10}{9}\right)$

(2) 順に，$\left(\frac{4}{3},\ -\frac{1}{3},\ 0\right)$，$\left(0,\ -\frac{7}{5},\ \frac{4}{5}\right)$，$\left(\frac{7}{4},\ 0,\ -\frac{1}{4}\right)$

69 (1) 中心$\left(\frac{1}{2},\ 2,\ -\frac{3}{2}\right)$，半径 $\frac{\sqrt{10}}{2}$ の球面

(2) 中心の座標は $\left(\frac{1}{2},\ 1,\ \frac{3}{2}\right)$，半径は $\frac{\sqrt{14}}{2}$

70 (1) $5x-7y-z+13=0$

(2) $6x+4y+3z-12=0$

71 (1) $(-3,\ -1,\ 7)$

(2) $\left(\frac{18}{11},\ \frac{26}{11},\ \frac{12}{11}\right)$

72 (1) 略

(2) $P\left(\frac{1}{2},\ \frac{3}{2},\ 0\right)$，$Q(1,\ 2,\ 0)$ のとき最小値 $\frac{\sqrt{2}}{2}$

73 (1) $A\left(-\frac{4}{3},\ \frac{10}{3},\ 0\right)$

(2) $H(-2,\ 3,\ 0)$　(3) $\frac{\sqrt{70}}{14}$

74 (1) $x-3y-5z+1=0$　(2) $\frac{\sqrt{6}}{6}$

75 (1) (ア) $x-5=\frac{y-7}{5}=\frac{z+3}{-4}$

(イ) $\frac{x-1}{-4}=\frac{y-2}{-3}=z-3$

(2) $\left(-\frac{11}{3},\ \frac{7}{3},\ -3\right)$

●EXERCISES の解答

46 2

47 (1) $AB=\sqrt{6}$，$BC=\sqrt{42}$，$CA=\sqrt{42}$

(2) $S=\frac{9\sqrt{3}}{2}$

48 略

49 $k=-3,\ l=-5$

50 (1) 略　(2) $(1,\ 3,\ 4)$，$(5,\ -1,\ 0)$

51 $\overrightarrow{AB}=\frac{1}{2}(\vec{p}+\vec{q}-\vec{r})$，

$\overrightarrow{AD}=\frac{1}{2}(\vec{p}-\vec{q}+\vec{r})$，

$\overrightarrow{AE}=\frac{1}{2}(-\vec{p}+\vec{q}+\vec{r})$，

$\overrightarrow{AG}=\frac{1}{2}(\vec{p}+\vec{q}+\vec{r})$

52 $\vec{e_1}=-\vec{a}+\vec{b}+\vec{c}$，$\vec{e_2}=\vec{a}-\vec{b}+\vec{c}$，$\vec{e_3}=\vec{a}+\vec{b}-\vec{c}$，$\vec{d}=6\vec{a}+4\vec{b}+2\vec{c}$

53 $(0,\ 0,\ 6)$，$(4,\ -1,\ 3)$，$(2,\ -2,\ 8)$，$(1,\ -5,\ 4)$

54 最大になるとき $\vec{x}=(2,\ 5,\ 8)$,
最小になるとき $\vec{x}=\left(-\frac{4}{7},\ -\frac{1}{7},\ \frac{2}{7}\right)$

55 (1) $m=\frac{1}{\sqrt{21}}$ (2) $x=-1$
(3) $\vec{c}=\vec{a}+2\vec{b}$

56 (ア) -2 (イ) 9 (ウ) $45\sqrt{2}$
(エ) $\left(\frac{49}{8},\ 0,\ \frac{57}{8}\right)$

57 (1) 順に, $-\frac{1}{\sqrt{2}}$, $-\frac{1}{2}$, $\frac{1}{2}$
(2) $\alpha=135°$, $\beta=120°$, $\gamma=60°$

58 $t=-2,\ -\frac{1}{2}$

59 $x=\frac{4}{9}$, $y=\frac{5}{9}$ のとき最小値 $\frac{\sqrt{6}}{3}$

60 (1) $t=-45°$ のとき
$P(\sqrt{2},\ -\sqrt{2},\ 1)$,
$t=135°$ のとき
$P(-\sqrt{2},\ \sqrt{2},\ 1)$
(2) $-75°\leqq t\leqq -15°$, $105°\leqq t\leqq 165°$

61 (1) $\sqrt{21}$
(2) $t=-\frac{3}{5}$ のとき最小値 $\frac{21\sqrt{5}}{10}$

62, 63 略

64 (1) $\overrightarrow{OP}=\frac{5}{22}\vec{a}+\frac{9}{22}\vec{b}+\frac{4}{11}\vec{c}$
(2) OF：FP＝11：5

65 (1) $\overrightarrow{PQ}=\frac{1}{4}(\vec{a}+\vec{b}+\vec{c})$,
$\overrightarrow{PR}=\frac{1}{4}(\vec{a}+\vec{b}+\vec{c})$, 証明略
(2) 証明略, PQ：QG＝3：1 (3) 略

66 略

67 (1) $\overrightarrow{DG}=\frac{1}{2t}\overrightarrow{DA}+\frac{1}{2t}\overrightarrow{DB}+\frac{t-2}{2t}\overrightarrow{DC}$
(2), (3) 略

68 $(-5,\ 3,\ 1)$

69 $\cos\theta=-\frac{1}{3}$

70 (1) $B\left(\frac{1}{2},\ \frac{\sqrt{3}}{2},\ 0\right)$,
$C\left(\frac{1}{2},\ \frac{\sqrt{3}}{6},\ \frac{\sqrt{6}}{3}\right)$
(2) $\cos\theta=\frac{5}{6}$

71 (1) $(5,\ -8,\ 5)$
(2) $x=-1$, $y=3$, $z=4$

72 (1) $(x+3)^2+(y-1)^2+(z-3)^2=9$
(2) $(x+2)^2+(y-2)^2+(z-2)^2=4$,
$(x+6)^2+(y-6)^2+(z-6)^2=36$
(3) $x^2+(y-9)^2+z^2=69$

73 (1) $r=5$
(2) 中心の座標は $(1,\ 5,\ 3)$,
半径は $2\sqrt{3}$
(3) $k=-1,\ 5$

74 (1) s, t を実数とする。
ℓ のベクトル方程式は
$x=1+s$, $y=2+s$, $z=3-2s$
m のベクトル方程式は
$x=3+2t$, $y=1$, $z=2+t$
(2) 点Eの座標は $\left(\frac{3}{2},\ \frac{5}{2},\ 2\right)$,
点Fの座標は $\left(\frac{9}{5},\ 1,\ \frac{7}{5}\right)$

75 (1) $x^2+y^2-\frac{5}{3}x-\frac{5}{3}y=0$
(2) $a=b=\frac{5}{6}$ かつ
$\left(c\leqq\frac{1}{3}\right.$ または $\left.\frac{13}{3}\leqq c\right)$

第3章 複素数平面

●PRACTICE の解答

76 略

77 $x=\pm 2$

78 (1) $z=-1+5i$ (2) 略

79 略

80 (1) $-13i$ (2) $2+i$

81 (1) 25 (2) -6
(3) $-3+4i$, $-3-4i$

82 (1) $\alpha\beta=-1$, $\frac{\alpha}{\beta}+\frac{\beta}{\alpha}=1$ (2) $\sqrt{3}$

83 $z=4,\ 1\pm\sqrt{3}i$

84 (1) $2\left(\cos\frac{\pi}{6}+i\sin\frac{\pi}{6}\right)$
(2) $3\left(\cos\frac{5}{7}\pi+i\sin\frac{5}{7}\pi\right)$

85 (1) $\alpha\beta=12\sqrt{2}\left(\cos\frac{\pi}{12}+i\sin\frac{\pi}{12}\right)$,

$\dfrac{\alpha}{\beta}=\dfrac{\sqrt{2}}{3}\left(\cos\dfrac{17}{12}\pi+i\sin\dfrac{17}{12}\pi\right)$

(2) $\arg\alpha^3=\dfrac{\pi}{4}$, $\left|\dfrac{\alpha^3}{\beta}\right|=\dfrac{8\sqrt{2}}{3}$

86 $\cos\dfrac{5}{12}\pi=\dfrac{\sqrt{6}-\sqrt{2}}{4}$,

$\sin\dfrac{5}{12}\pi=\dfrac{\sqrt{6}+\sqrt{2}}{4}$

87 (1) $-2-4i$

(2) $\left(1+\dfrac{\sqrt{3}}{2}\right)+\left(-\dfrac{1}{2}+\sqrt{3}\right)i$

88 $2-\sqrt{2}+(1+3\sqrt{2})i$

89 (1) $4+2\sqrt{3}i$, $1-3\sqrt{3}i$

(2) $-2-i$, $2+i$, $-3+i$, $1+3i$,

$-\dfrac{3}{2}+\dfrac{i}{2}$, $\dfrac{1}{2}+\dfrac{3}{2}i$

90 (1) $-8-8\sqrt{3}i$

(2) $\dfrac{1}{8}i$ (3) $-\dfrac{1}{32}+\dfrac{\sqrt{3}}{32}i$

91 $n=12$

92 $z^{10}+\dfrac{1}{z^{10}}=1$

93 (1) $z=\pm1$, $\pm\dfrac{1}{2}\pm\dfrac{\sqrt{3}}{2}i$ (複号任意)

(2) $z=\pm1$, $\pm\dfrac{1}{\sqrt{2}}\pm\dfrac{1}{\sqrt{2}}i$ (複号任意),

$\pm i$

94 (1) $z=\pm\sqrt{3}+i$, $-2i$

(2) $z=\pm(\sqrt{3}+i)$

95 (1) 1 (2) 2

96 (1) -1 (2) 1

97 (1) $\cos(\pi-\alpha)+i\sin(\pi-\alpha)$

(2) $\cos\left(\alpha+\dfrac{3}{2}\pi\right)+i\sin\left(\alpha+\dfrac{3}{2}\pi\right)$

98 (1) $\alpha=\dfrac{1+i}{2}$

(2) $z_{17}=\dfrac{257+255i}{512}$

99 (1) $\dfrac{4-14i}{3}$ (2) $17+17i$

(3) $-5-13i$ (4) $3-\dfrac{7}{3}i$

100 (1) 2 点 -2, $\dfrac{i}{2}$ を結ぶ線分の垂直二等分線

(2) 点 $-\dfrac{i}{3}$ を中心とする半径 1 の円

(3) 点 i を通り，虚軸に垂直な直線

(4) 点 $-2i$ を中心とする半径 3 の円の内部

101 点 $-4-i$ を中心とする半径 $2\sqrt{2}$ の円

102 (1) 点 $1-3i$ を中心とする半径 1 の円

(2) 点 i を通り，虚軸に垂直な直線

103 (1) 原点を中心とする半径 $\dfrac{1}{3}$ の円

(2) 点 $-i$ を中心とする半径 1 の円。ただし，原点は除く

104 $z=\dfrac{\sqrt{3}}{2}+\dfrac{3}{2}i$ のとき最大値 3

$z=-\dfrac{\sqrt{3}}{2}+\dfrac{1}{2}i$ のとき最小値 1

105 (1) $\dfrac{\pi}{4}$

(2) (ア) $a=4$ (イ) $a=0$

106 (1) BA＝BC の直角二等辺三角形

(2) 正三角形

(3) $\angle A=\dfrac{\pi}{3}$, $\angle B=\dfrac{\pi}{6}$, $\angle C=\dfrac{\pi}{2}$ の直角三角形

107 (1) $\angle O=\dfrac{\pi}{2}$, $\angle A=\dfrac{\pi}{3}$, $\angle B=\dfrac{\pi}{6}$ の直角三角形

(2) AO＝AB の直角二等辺三角形

108 $\beta=-\dfrac{1}{2}+\dfrac{\sqrt{3}}{2}i$

109 (1) 点 0 と点 1 を結ぶ線分の垂直二等分線

(2) 点 $\dfrac{1}{2}$ を中心とする半径 $\dfrac{1}{2}$ の円。ただし，点 1 を除く

110～112 略

113 $\dfrac{513}{256}+\dfrac{171\sqrt{3}}{256}i$

●EXERCISES の解答

76 (1) $a=\dfrac{1}{2}z+\dfrac{1}{2}\overline{z}$

(2) $b=-\dfrac{1}{2}iz+\dfrac{1}{2}i\overline{z}$

(3) $a-b=\dfrac{1}{2}(1+i)z+\dfrac{1}{2}(1-i)\overline{z}$

(4) $a^2-b^2=\frac{1}{2}z^2+\frac{1}{2}(\bar{z})^2$

77 (ア) $\sqrt{5}$ (イ) 5 (ウ) 4

78 証明略，$\beta=-\frac{1}{\alpha\bar{\alpha}}$，

$a=\frac{1}{\alpha\bar{\alpha}}-(\alpha+\bar{\alpha})$，$b=\alpha\bar{\alpha}-\frac{\alpha+\bar{\alpha}}{\alpha\bar{\alpha}}$

79 略

80 1

81 $z=0$，$-2+2i$

82 略

83 (ア) $\frac{\pi}{4}$ (イ) $\frac{5}{12}\pi$

84 (1) $\left(1-\frac{\sqrt{3}}{2},\ \frac{1}{2}+\sqrt{3}\right)$

(2) $(1,\ -2)$

85 C$(4+5i)$，D$(6i)$
または C$(2-3i)$，D$(-2-2i)$

86 略

87 (ア) $\frac{\sqrt{3}}{2}-\frac{1}{2}i$ (イ) $-i$

(ウ) $-\frac{1}{2}+\frac{\sqrt{3}}{2}i$

88 (ア) 2 (イ) $\frac{\pi}{6}$

89 n が 3 の倍数のとき 2，
3 の倍数でないとき -1

90 $m=6$，$n=12$

91 (1) $i-1$ (2) 0 (3) 略

92 $2\cos\frac{\alpha}{2}\left(\cos\frac{\alpha}{2}+i\sin\frac{\alpha}{2}\right)$

93 (1) $z_2=\frac{3+\sqrt{3}i}{2}$，$z_3=1+\sqrt{3}i$

(2) $\alpha=\frac{1+\sqrt{3}i}{2}$

(3) $z_n=\frac{1-\sqrt{3}i}{2}\left(\frac{1+\sqrt{3}i}{2}\right)^{n-1}+\frac{1+\sqrt{3}i}{2}$

(4) $n=6k+5$ (k は 0 以上の整数)

94 $c=1$

95 (1) 1

(2) $z=-\frac{1\pm\sqrt{3}}{2}+\frac{\mp1+\sqrt{3}}{2}i$

(複号同順)

96 (1) 実軸および原点を中心とする半径 1 の円。ただし，原点を除く

(2) $\frac{4}{3}$

97 (1) 点 $1+i$ を中心とする半径 1 の円

(2) $4+2\sqrt{2}$

98 (1) $\frac{\alpha-\beta}{\gamma-\beta}=-2$，$1\pm\sqrt{3}i$

(2) $\angle\mathrm{A}=\frac{\pi}{6}$，$\angle\mathrm{B}=\frac{\pi}{3}$，$\angle\mathrm{C}=\frac{\pi}{2}$ の直角三角形

99 (1) 6

(2) $\beta=\frac{3\sqrt{2}-\sqrt{6}}{2}+\frac{3\sqrt{2}+\sqrt{6}}{2}i$，

$\arg\beta=\frac{5}{12}\pi$

(3) 8 個

100 略

101 (1) 略

(2) $3-2\sqrt{2}\leqq r\leqq3+2\sqrt{2}$；

$0\leqq\theta\leqq\frac{\pi}{2}$，$\frac{3}{2}\pi\leqq\theta<2\pi$

102 (1) $\frac{1+i}{2}\alpha+\frac{1-i}{2}\beta$

(2) 平行四辺形 (3) 略

103 (1) $z_1=\cos\left(\theta-\frac{\pi}{3}\right)+i\sin\left(\theta-\frac{\pi}{3}\right)$

(2) $z_2=\frac{1}{2}\{\cos(\pi-\theta)+i\sin(\pi-\theta)\}$

(3) $z_0=\frac{\sqrt{6}}{2}+\frac{\sqrt{10}}{2}i$

第 4 章　式と曲線

●PRACTICE の解答

114 (1) $\left(\frac{7}{4},\ 0\right)$，$x=-\frac{7}{4}$，図略

(2) $x^2=-4y$

115 放物線 $y^2=12x$

116 図略

(1) 長軸の長さ $4\sqrt{2}$
短軸の長さ 4
焦点 $(0,\ 2)$，$(0,\ -2)$

(2) 長軸の長さ $2\sqrt{10}$
短軸の長さ $2\sqrt{6}$
焦点 $(2,\ 0)$，$(-2,\ 0)$

117 $\frac{x^2}{9}+y^2=1$

118 $\dfrac{x^2}{25}+\dfrac{y^2}{4}=1$

119 楕円 $\dfrac{x^2}{36}+\dfrac{y^2}{9}=1$

120 (1) 頂点 $(2,\ 0)$, $(-2,\ 0)$
焦点 $(2\sqrt{2},\ 0)$, $(-2\sqrt{2},\ 0)$
漸近線 $y=\pm x$, 図略
(2) 頂点 $(0,\ 5)$, $(0,\ -5)$
焦点 $(0,\ \sqrt{34})$, $(0,\ -\sqrt{34})$
漸近線 $y=\pm\dfrac{5}{3}x$, 図略

121 (1) $\dfrac{x^2}{9}-\dfrac{y^2}{16}=-1$
(2) $\dfrac{x^2}{9}-\dfrac{y^2}{7}=-1$

122 (1) $\dfrac{(x-1)^2}{3}+\dfrac{(y+2)^2}{12}=1$；
$(1,\ 1)$, $(1,\ -5)$
(2) 図略
(ア) $(\sqrt{29}-2,\ -3)$,
$(-\sqrt{29}-2,\ -3)$
(イ) $(-1,\ 1)$
(ウ) $(\sqrt{5}+1,\ -2)$,
$(-\sqrt{5}+1,\ -2)$

123 $\mathrm{P}(-\sqrt{3},\ 2)$ または $\mathrm{P}(\sqrt{3},\ 2)$ のときで距離は 2

124 $(y-\sqrt{3})^2=-x$, 図略

125 図略
(1) $\dfrac{x^2}{9}+\dfrac{y^2}{25}=1$
(2) $x^2-y^2=1$

126 (1) 2つの交点 $(0,\ -3)$, $\left(\dfrac{24}{13},\ -\dfrac{15}{13}\right)$
(2) 共有点をもたない
(3) 1つの交点 $\left(\dfrac{4}{3},\ \dfrac{5}{6}\right)$
(4) 接点 $(1,\ -3)$

127 $a<-1$, $3<a$ のとき共有点は 2 個
$a=-1$, 3 のとき共有点は 1 個
$-1<a<3$ のとき共有点は 0 個

128 (1) $(7,\ 4)$, $8\sqrt{5}$
(2) $\left(\dfrac{4}{13},\ \dfrac{3}{13}\right)$, $\dfrac{8\sqrt{30}}{13}$
(3) $\left(\dfrac{12}{7},\ \dfrac{3}{7}\right)$, $\dfrac{2\sqrt{55}}{7}$

129 (1) $k<-\sqrt{2}$, $\sqrt{2}<k$
(2) 直線 $y=\dfrac{1}{3}x$ の $x<-\dfrac{3\sqrt{2}}{2}$,
$\dfrac{3\sqrt{2}}{2}<x$ の部分

130 接線の方程式が $x=1$ のとき,
接点 $(1,\ 0)$；
接線の方程式が $y=\dfrac{5}{2}x+\dfrac{3}{2}$ のとき,
接点 $\left(-\dfrac{5}{3},\ -\dfrac{8}{3}\right)$

131 略

132 (1) 双曲線 $\dfrac{x^2}{36}-\dfrac{y^2}{45}=1$
(2) 放物線 $y^2=8(x-4)$

133 $k<-\dfrac{63}{16}$

134 (1) $x+\sqrt{3}y=\sqrt{6}$,
$x+\sqrt{3}y=-\sqrt{6}$
(2) $M=\dfrac{3\sqrt{3}+\sqrt{6}}{2}$,
$m=\dfrac{3\sqrt{3}-\sqrt{6}}{2}$

135 (1) $(\pm a,\ \pm b)$ (複号任意)
(2) 円 $x^2+y^2=a^2+b^2$

136 (1) 放物線 $y=\dfrac{1}{2}x^2-\dfrac{1}{2}$ の
$-1\leqq x\leqq\sqrt{2}$ の部分
(2) 双曲線 $x^2-y^2=1$ の $x\geqq1$ の部分

137 (1) 楕円 $\dfrac{(x-3)^2}{4}+\dfrac{(y+2)^2}{9}=1$
(2) 双曲線 $\dfrac{(x+1)^2}{4}-\dfrac{(y-2)^2}{2}=-1$

138 双曲線 $x^2-\dfrac{y^2}{4}=1$
ただし, 点 $(-1,\ 0)$ を除く

139 楕円 $\dfrac{(x-2)^2}{9}+\dfrac{(y+1)^2}{25}=1$

140 $(x,\ y)=(-\sqrt{6},\ \sqrt{3})$,
$(\sqrt{6},\ -\sqrt{3})$
のとき最小値 -48

141 $(x(t),\ y(t))$
$=(2\cos t+\cos 2t,\ 2\sin t-\sin 2t)$

142 (1) $\mathrm{A}(-2\sqrt{2},\ -2\sqrt{2})$, $\mathrm{B}(0,\ -3)$

(2) $C\left(1,\ \frac{7}{4}\pi\right)$, $D\left(4,\ \frac{4}{3}\pi\right)$

143 (1) $\sqrt{7}$ (2) $\frac{3\sqrt{3}}{2}$

144 (1) $r\cos\left(\theta-\frac{5}{4}\pi\right)=\sqrt{2}$

(2) $r=4\sin\theta$

(3) $r^2\cos 2\theta=-4$

145 (1) $\frac{x^2}{9}+\frac{y^2}{16}=1$，図略

(2) $x^2+y^2-x-\sqrt{3}\,y=0$，図略

146 (1) $r=4\cos\left(\theta-\frac{\pi}{3}\right)$

(2) $r^2-12r\cos\left(\theta-\frac{\pi}{4}\right)+20=0$

(3) $r\cos\left(\theta-\frac{\pi}{6}\right)=\sqrt{3}$

147 $\frac{(x-3)^2}{6}-\frac{y^2}{3}=1$，図略

148 (1) $r\sin\left(\theta+\frac{\pi}{3}\right)=1$

(2) $\sqrt{3}\,x+y=2$

149 (1) 略

(2) 点$\left(\frac{a}{2},\ 0\right)$を中心とし，半径$\frac{a}{2}$の円

(3) 略

150 略

●EXERCISESの解答

104 (1) $\frac{x^2}{16}+\frac{y^2}{4}=1$

(2) $\frac{x^2}{4}-\frac{y^2}{16}=1$

(3) $\frac{x^2}{8}-\frac{y^2}{8}=-1$

105 $\frac{(x+6)^2}{4}-\frac{(y-2)^2}{2}=-1$

106 $a=\frac{1}{2}$，$b=-\frac{1}{2}$

107 楕円 $\frac{(x+2)^2}{25}+\frac{(y-2)^2}{16}=1$

108 $a\leqq 2$ のとき　最小値$|a|$

$a>2$ のとき　最小値 $2\sqrt{a-1}$

109 (1) 焦点は2点$(2,\ \sqrt{3}+3)$，$(2,\ -\sqrt{3}+3)$；図略

(2) $a=2$，$b=3$，$c=\sqrt{2}$

110 略

111 $\frac{9}{8}$

112 $k>0$ のとき

双曲線 $x^2-\frac{y^2}{k}=1$　$(x\neq\pm 1)$

$k<0$ のとき

楕円 $x^2+\frac{y^2}{-k}=1$　$(x\neq\pm 1)$

113 $-\frac{2}{\sqrt{15}}<m<\frac{2}{\sqrt{15}}$

114 $k=\frac{2\sqrt{10}}{3}$ のとき，中点の座標は$\left(-\frac{3\sqrt{10}}{10},\ \frac{\sqrt{10}}{15}\right)$；

$k=-\frac{2\sqrt{10}}{3}$ のとき，中点の座標は$\left(\frac{3\sqrt{10}}{10},\ -\frac{\sqrt{10}}{15}\right)$

115 (1) $\frac{ax}{4}+by=1$

(2) $\pm\frac{2t}{\sqrt{t^2-1}}$

(3) $t=\sqrt{13}$，面積は$\frac{13}{\sqrt{3}}$

116 $y=2\sqrt{5}\,x-5$，$y=-2\sqrt{5}\,x-5$

117 (1) 楕円 $\frac{\left(x-\frac{8}{3}\right)^2}{\frac{16}{9}}+\frac{y^2}{\frac{4}{3}}=1$

(2) 放物線 $x=\frac{1}{4}y^2+1$

(3) 双曲線 $\frac{\left(x+\frac{2}{3}\right)^2}{\frac{16}{9}}-\frac{y^2}{\frac{16}{3}}=1$

118，119 略

120 (1) $\frac{x^2}{a^2}+\frac{y^2}{b^2}=1$

(2) $\frac{(x+k)^2}{b^2}+\frac{(y-k)^2}{a^2}=1$

(3) $k<-\sqrt{a^2+b^2}$，$\sqrt{a^2+b^2}<k$

121 (1) $y=-2x+\sqrt{a^2+16}$，$y=-2x-\sqrt{a^2+16}$

(2) $a=3$

122 (1) $\sqrt{3}x-2y=4$, $-\sqrt{3}x+2y=4$

(2) 最大値 1,

Qの座標 $\left(\sqrt{3},\ -\dfrac{1}{2}\right)$, $\left(-\sqrt{3},\ \dfrac{1}{2}\right)$

123 (1) $X=\dfrac{s+t}{2}$, $Y=st$

(2) 証明略,

$2x^2-2\left(y+\dfrac{3}{4}\right)^2=-1$ $\left(y<-\dfrac{1}{4}\right)$

124 略

125 (1) 中心 $(1,\ 0)$；頂点 $(7,\ 0)$, $(-5,\ 0)$

漸近線 $y=\dfrac{1}{3}x-\dfrac{1}{3}$, $y=-\dfrac{1}{3}x+\dfrac{1}{3}$

(2) 略

126 $x=-\dfrac{1}{2a}y^2+2a$, 図略

127 $\dfrac{(x-1)^2}{4}+(y-2)^2=1$

ただし, 点 $(1,\ 1)$ を除く

128 $(x,\ y)=(2\sqrt{3},\ 1)$, $(-2\sqrt{3},\ -1)$ で

最大値 32,

$(x,\ y)=(-2,\ \sqrt{3})$, $(2,\ -\sqrt{3})$ で

最小値 -32

129 (1) $y^2=\dfrac{1}{2}x+2$

(2) 放物線 $y^2=\dfrac{1}{2}x+2$ の $x\geqq 4$ の部分

130 $\sqrt{6}$

131 $(2\theta-\sin\theta,\ 2-\cos\theta)$

132 $\dfrac{-\sqrt{2}+12\sqrt{3}+7\sqrt{6}}{4}$

133 $\dfrac{\sqrt{2}}{2}\pi$

134 (ア) $\theta=\dfrac{\pi}{6}$ (イ) $-6+4\sqrt{3}$

135 略

136 $r=1+\cos\theta$

137 $\dfrac{4}{\sqrt{3}}a$

Research & Work の解答（数学C）

◎ **確認** と **やってみよう** は詳しい解答を示し，最終の答の数値などを太字で示した。
また，**問題に挑戦** は，最終の答の数値のみを示した。詳しい解答を別冊解答編に掲載している。

1 ベクトルの式を満たす点の存在範囲と斜交座標

Q 1 (1) $3s+4t=4$ から $\frac{3}{4}s+t=1$

また $\overrightarrow{OP}=s\overrightarrow{OA}+t\overrightarrow{OB}$

$=\frac{3}{4}s\left(\frac{4}{3}\overrightarrow{OA}\right)+t\overrightarrow{OB}$

ここで，$\frac{3}{4}s=s'$ とおくと

$\overrightarrow{OP}=s'\left(\frac{4}{3}\overrightarrow{OA}\right)+t\overrightarrow{OB}$，$s'+t=1$

よって，

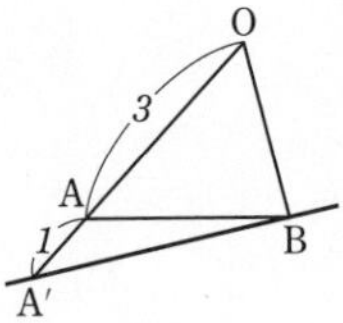

$\boldsymbol{\frac{4}{3}\overrightarrow{OA}=\overrightarrow{OA'}}$ **となる点 A′ をとると，**
点Pの存在範囲は
直線 A′B である。

(2) $\overrightarrow{OP}=s\overrightarrow{OA}+3t\overrightarrow{OB}$

$=2s\left(\frac{1}{2}\overrightarrow{OA}\right)+5t\left(\frac{3}{5}\overrightarrow{OB}\right)$

ここで，$2s=s'$，$5t=t'$ とおくと

$\overrightarrow{OP}=s'\left(\frac{1}{2}\overrightarrow{OA}\right)+t'\left(\frac{3}{5}\overrightarrow{OB}\right)$，

$0\leqq s'+t'\leqq 1$，$s'\geqq 0$，$t'\geqq 0$

よって，

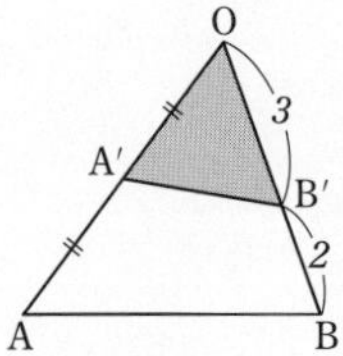

$\boldsymbol{\frac{1}{2}\overrightarrow{OA}=\overrightarrow{OA'}}$，

$\boldsymbol{\frac{3}{5}\overrightarrow{OB}=\overrightarrow{OB'}}$ **となる点 A′，B′ をとると，**
点Pの存在範囲は
△OA′B′ の周および内部 である。

問 1 $\overrightarrow{OA}=(1,\ 0)$，$\overrightarrow{OB}=(0,\ 1)$ から
$\overrightarrow{OP}=x(1,\ 0)+y(0,\ 1)=(x,\ y)$

ゆえに，座標平面上で点Pの座標は $(x,\ y)$ である。

よって，点Pの存在範囲は，連立不等式 $2\leqq x+2y\leqq 4$，$x\geqq 0$，$y\geqq 0$ の表す領域であるから，これを図示すると **右図の斜線部分** となる。ただし，**境界線を含む**。

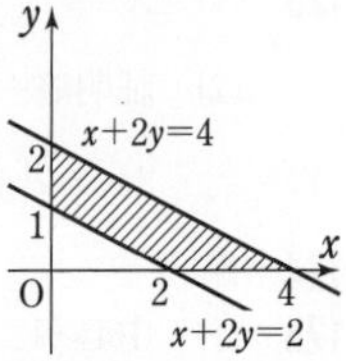

(問題に挑戦) 1

(1) (アイ) 16　(ウエ) 12　(オ) 5

(2) (カ) ①　(キ) 3　(3) (ク) ③　(ケ) 9
(コサ) 10　(シス) 54　(セ) 5　(ソ) 5

(1 の詳しい解答は解答編 p.214～ 参照)

2 空間図形とベクトル

Q 2

(1) $\overrightarrow{OP}=\frac{2\overrightarrow{OA}+\overrightarrow{OB}}{1+2}$

$=\frac{2}{3}\overrightarrow{OA}+\frac{1}{3}\overrightarrow{OB}$

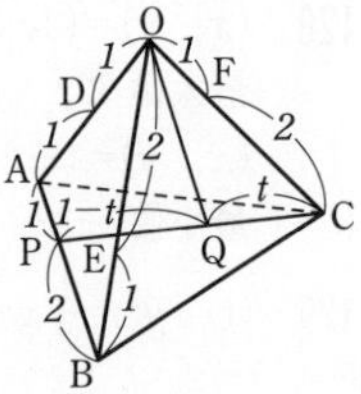

よって

$\overrightarrow{OQ}$

$=t\overrightarrow{OP}+(1-t)\overrightarrow{OC}$

$\boldsymbol{=\frac{2}{3}t\overrightarrow{OA}+\frac{1}{3}t\overrightarrow{OB}+(1-t)\overrightarrow{OC}}$

(2) 条件から $\overrightarrow{OR}=\frac{2}{5}\overrightarrow{OQ}$

(1)の結果から

$\overrightarrow{OR}=\frac{4}{15}t\overrightarrow{OA}+\frac{2}{15}t\overrightarrow{OB}+\frac{2}{5}(1-t)\overrightarrow{OC}$

$\overrightarrow{OA}=2\overrightarrow{OD}$，

$\overrightarrow{OB}=\frac{3}{2}\overrightarrow{OE}$，

$\overrightarrow{OC}=3\overrightarrow{OF}$ であるから

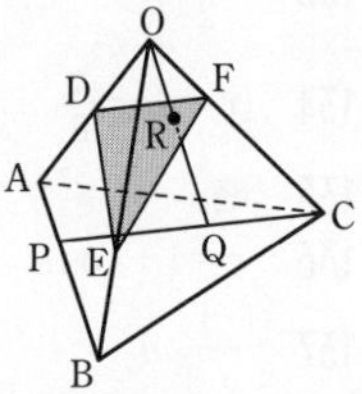

$\overrightarrow{OR}=\frac{8}{15}t\overrightarrow{OD}+\frac{t}{5}\overrightarrow{OE}$

$+\frac{6}{5}(1-t)\overrightarrow{OF}$

点Rは平面 DEF 上にあるから

$\frac{8}{15}t+\frac{t}{5}+\frac{6}{5}(1-t)=1$

したがって $t=\boldsymbol{\frac{3}{7}}$

Q 3 (1) $\vec{m}=(3,\ -4,\ 5)$, $\vec{n}=(1,\ 7,\ -10)$ とすると，$\vec{m}$，$\vec{n}$ はそれぞれ平面 $3x-4y+5z=2$，$x+7y-10z=0$ の法線ベクトルである。

$\vec{m}$，$\vec{n}$ のなす角を $\theta_1\ (0°\leqq\theta_1\leqq 180°)$ とすると

$$\cos\theta_1=\frac{\vec{m}\cdot\vec{n}}{|\vec{m}||\vec{n}|}$$
$$=\frac{3\times1+(-4)\times7+5\times(-10)}{\sqrt{3^2+(-4)^2+5^2}\sqrt{1^2+7^2+(-10)^2}}$$
$$=\frac{-75}{5\sqrt{2}\times5\sqrt{6}}=-\frac{\sqrt{3}}{2}$$

$0°\leqq\theta_1\leqq180°$ であるから　　$\theta_1=150°$

よって，2 平面のなす角 θ は

$\theta=180°-150°=\mathbf{30°}$

(2) $\vec{m}=(2,\ -1,\ -2)$, $\vec{n}=(1,\ -1,\ 0)$ とすると，$\vec{m}$，$\vec{n}$ はそれぞれ平面 $2x-y-2z=3$，$x-y=5$ の法線ベクトルである。

$\vec{m}$，$\vec{n}$ のなす角を $\theta_2\ (0°\leqq\theta_2\leqq180°)$ とすると

$$\cos\theta_2=\frac{\vec{m}\cdot\vec{n}}{|\vec{m}||\vec{n}|}$$
$$=\frac{2\times1+(-1)\times(-1)+(-2)\times0}{\sqrt{2^2+(-1)^2+(-2)^2}\sqrt{1^2+(-1)^2+0^2}}$$
$$=\frac{1}{\sqrt{2}}$$

$0°\leqq\theta_2\leqq180°$ であるから　　$\theta_2=45°$

よって，2 平面のなす角 θ は　　$\theta=\mathbf{45°}$

問2 (1) $\vec{p}=\frac{3}{4}\vec{c}$

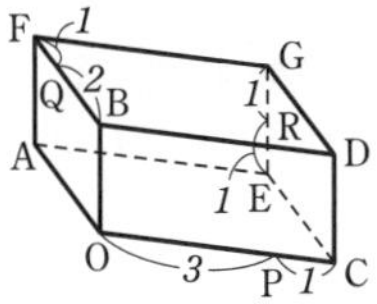

$\vec{q}=\overrightarrow{OB}+\overrightarrow{BQ}$
$=\frac{2}{3}\vec{a}+\vec{b}$

$\vec{r}=\overrightarrow{OA}+\overrightarrow{AE}+\overrightarrow{ER}$
$=\vec{a}+\frac{1}{2}\vec{b}+\vec{c}$

(2) 点 X は平面 PQR 上にあるから，s，t，u を実数として

$\overrightarrow{OX}=s\vec{p}+t\vec{q}+u\vec{r}$，$s+t+u=1$

と表される。このとき，(1) から

$$\overrightarrow{OX}=\left(\frac{2}{3}t+u\right)\vec{a}+\left(t+\frac{1}{2}u\right)\vec{b}+\left(\frac{3}{4}s+u\right)\vec{c}\quad\cdots\cdots①$$

また，点 X は直線 FG 上にあるから，k を実数として，$\overrightarrow{FX}=k\overrightarrow{FG}$ と表される。

よって

$\overrightarrow{OX}=\overrightarrow{OA}+\overrightarrow{AF}+\overrightarrow{FX}=\overrightarrow{OA}+\overrightarrow{AF}+k\overrightarrow{FG}$
$=\vec{a}+\vec{b}+k\vec{c}$　……②

①，② から

$$\left(\frac{2}{3}t+u\right)\vec{a}+\left(t+\frac{1}{2}u\right)\vec{b}+\left(\frac{3}{4}s+u\right)\vec{c}$$
$$=\vec{a}+\vec{b}+k\vec{c}$$

4 点 O，A，B，C は同じ平面上にないから

$\frac{2}{3}t+u=1$　……③,

$t+\frac{1}{2}u=1$　……④,

$\frac{3}{4}s+u=k$　……⑤

③，④ から　　$t=\frac{3}{4}$，$u=\frac{1}{2}$

$s+t+u=1$ であるから　　$s=-\frac{1}{4}$

⑤ から　$k=\frac{5}{16}$　　よって　$\overrightarrow{FX}=\frac{5}{16}\overrightarrow{FG}$

ゆえに　　FX : XG $=\mathbf{5:11}$

問3 平面 α の法線ベクトルを $\vec{n}=(p,\ q,\ r)\ (\vec{n}\neq\vec{0})$ とすると，$\vec{n}\perp\overrightarrow{OA}$ より，$\vec{n}\cdot\overrightarrow{OA}=0$ であるから

$p\times1+q\times0+r\times1=0$

よって　　$p=-r$　……①

$\vec{n}\perp\overrightarrow{OB}$ より，$\vec{n}\cdot\overrightarrow{OB}=0$ であるから

$p\times0+q\times1+r\times\sqrt{2}=0$

よって　　$q=-\sqrt{2}r$　……②

①，② から　　$\vec{n}=r(-1,\ -\sqrt{2},\ 1)$

$\vec{n}\neq\vec{0}$ であるから，$r=1$ として

$\vec{n}=(-1,\ -\sqrt{2},\ 1)$

また，xy 平面の法線ベクトルを $\vec{n'}$ とすると　　$\vec{n'}=(0,\ 0,\ 1)$

$\vec{n}$ と $\vec{n'}$ のなす角を $\theta_1\ (0°\leqq\theta_1\leqq180°)$ とすると

$$\cos\theta_1=\frac{\vec{n}\cdot\vec{n'}}{|\vec{n}||\vec{n'}|}$$
$$=\frac{1}{\sqrt{(-1)^2+(-\sqrt{2})^2+1^2}\cdot1}=\frac{1}{2}$$

$0°\leqq\theta_1\leqq180°$ であるから　　$\theta_1=60°$

よって，2 平面のなす角 θ は　　$\theta=\mathbf{60°}$

(問題に挑戦) [2]

(1) (ア) 1 (イ) 2 (ウ) ⓪ (エ) 1 (オ) 3 (カ) ②

(2) (キ) ⑥ (ク) ② (ケ) ④ (コ) 2

(サシ) −3 (ス) 2 (セ) 3 (ソ) 1 (タ) 2

(チ) 7 (ツ) 2 (テ) 5

(3) (ト) 5 (ナ) 1

(4) (ニ) ① (ヌ) ⑤ (ネ) ③

([2] の詳しい解答は解答編 $p.219$～ 参照)

[3] 複素数平面の応用

Q4 ① $\alpha+\beta=0$ から $\dfrac{\alpha+\beta}{2}=0$

よって，線分 AB の中点はOである。

ゆえに，△OAB は直角二等辺三角形ではない。

② $|\alpha|=|\beta|$ から，2 点 A，B は原点Oを中心とする同じ円周上に存在するが，△OAB が直角二等辺三角形となるとは限らない。

③ $\beta=i\alpha$ より $\beta=\left(\cos\dfrac{\pi}{2}+i\sin\dfrac{\pi}{2}\right)\alpha$ であるから，点Bは，点Aを原点Oを中心として $\dfrac{\pi}{2}$ だけ回転した点である。

よって，△OAB は直角二等辺三角形である。

④ $\beta=\left(\dfrac{1+\sqrt{3}i}{2}\right)\alpha$ より

$\beta=\left(\cos\dfrac{\pi}{3}+i\sin\dfrac{\pi}{3}\right)\alpha$ であるから，点Bは，点Aを原点Oを中心として $\dfrac{\pi}{3}$ だけ回転した点である。

よって，△OAB は正三角形である。

⑤ $\beta=(1-i)\alpha=\sqrt{2}\left(\dfrac{1}{\sqrt{2}}-\dfrac{i}{\sqrt{2}}\right)\alpha$ より

$\beta=\sqrt{2}\left\{\cos\left(-\dfrac{\pi}{4}\right)+i\sin\left(-\dfrac{\pi}{4}\right)\right\}\alpha$ であるから，点Bは，点Aを原点Oを中心として $-\dfrac{\pi}{4}$ だけ回転し，Oからの距離を $\sqrt{2}$ 倍した点である。

よって，△OAB は直角二等辺三角形である。

以上から ③，⑤

問4 条件から，数列 $\{z_n\}$ は初項 $z_1=1$，公比 $\cos\dfrac{2}{5}\pi+i\sin\dfrac{2}{5}\pi$ の等比数列であるから

$$z_n=\left(\cos\frac{2}{5}\pi+i\sin\frac{2}{5}\pi\right)^{n-1} \quad \cdots\cdots ①$$

(1) ① から $z_{101}=\left(\cos\dfrac{2}{5}\pi+i\sin\dfrac{2}{5}\pi\right)^{100}$

$$=\cos 40\pi+i\sin 40\pi=1$$

$z_1=1$ であるから，点 z_1 と点 z_{101} は一致する。

(2) $\alpha=\cos\dfrac{2}{5}\pi+i\sin\dfrac{2}{5}\pi$ とすると

$$\alpha^5=\left(\cos\frac{2}{5}\pi+i\sin\frac{2}{5}\pi\right)^5$$
$$=\cos 2\pi+i\sin 2\pi=1$$

ゆえに $\alpha^5-1=0$

よって $(\alpha-1)(\alpha^4+\alpha^3+\alpha^2+\alpha+1)=0$

$\alpha\neq1$ から $\alpha^4+\alpha^3+\alpha^2+\alpha+1=0$

両辺に α^{5l} (l は 0 以上の整数) を掛けると

$$\alpha^{5l+4}+\alpha^{5l+3}+\alpha^{5l+2}+\alpha^{5l+1}+\alpha^{5l}=0$$

① より，$z_n=\alpha^{n-1}$ であるから

$$z_{5l+5}+z_{5l+4}+z_{5l+3}+z_{5l+2}+z_{5l+1}=0$$

よって $\displaystyle\sum_{n=1}^{101}z_n$

$$=(z_1+z_2+z_3+z_4+z_5)$$
$$+(z_6+z_7+z_8+z_9+z_{10})+\cdots\cdots$$
$$+(z_{96}+z_{97}+z_{98}+z_{99}+z_{100})$$
$$+z_{101}$$
$$=z_{101}$$

(1) より，$z_{101}=1$ であるから $\displaystyle\sum_{n=1}^{101}z_n=\mathbf{1}$

(問題に挑戦) [3]

(1) (ア) ④ (イ) ③ (ウ) ⑥

(2) (エ) ③ (オ) ⑤ [または (エ) ⑤ (オ) ③]

(3) (カ) ① (キ) ③ (ク) 2 (ケ) ⑥

(4) (コサ) 12

(5) (シ) 1 (ス) 0 (セ) 3 (ソ) 2

([3] の詳しい解答は解答編 $p.223$～ 参照)

4 2次曲線の考察

Q 5 (1) 方程式は
$$3x^2-7y^2-6x+24=0$$
変形すると
$$3(x-1)^2-3-7y^2+24=0$$
ゆえに $\dfrac{(x-1)^2}{7}-\dfrac{y^2}{3}=-1$

よって，この方程式は，双曲線 $\dfrac{x^2}{7}-\dfrac{y^2}{3}=-1$ を x 軸方向に 1 だけ平行移動した双曲線を表す。

この双曲線の中心は $(1,\ 0)$，漸近線は
$$y=\pm\frac{\sqrt{21}}{7}(x-1)$$
で，概形は **右図** のようになる。

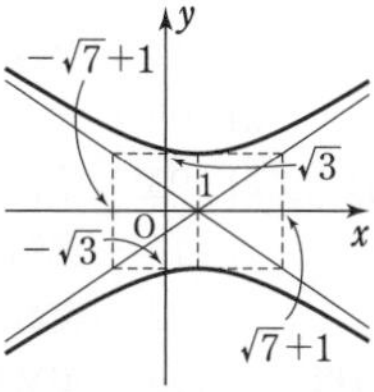

(2) 方程式は $y^2+x-4y+8=0$

変形すると $(y-2)^2-4+x+8=0$

ゆえに $(y-2)^2=-(x+4)$

よって，この方程式は，放物線 $y^2=-x$ を x 軸方向に -4，y 軸方向に 2 だけ平行移動した放物線を表す。

この放物線の頂点は $(-4,\ 2)$，軸は $y=2$ で，概形は **右図** のようになる。

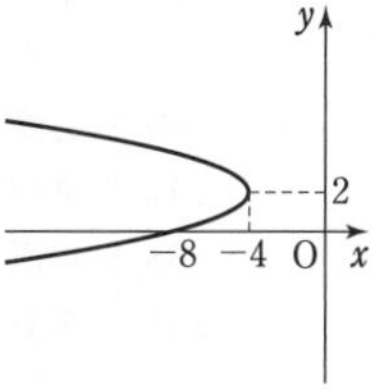

問5 ① 与えられた方程式を変形すると
$$2(x+2)^2+\left(y+\frac{e}{2}\right)^2=\frac{e^2}{4}+2$$
ゆえに $\dfrac{(x+2)^2}{\dfrac{e^2}{8}+1}+\dfrac{\left(y+\dfrac{e}{2}\right)^2}{\dfrac{e^2}{4}+2}=1$ ……①

① において $\dfrac{e^2}{8}+1>0$，$\dfrac{e^2}{4}+2>0$

よって
$$\frac{e^2}{4}+2>\frac{1}{2}\left(\frac{e^2}{4}+2\right)=\frac{e^2}{8}+1 \quad \cdots\cdots②$$
すなわち $\dfrac{e^2}{8}+1\neq\dfrac{e^2}{4}+2$

以上から，e の値によらず，① は楕円を表す。よって，正しくない。

② ② から，楕円 C の長軸は y 軸に平行である。

したがって，2 つの焦点を通る直線は，y 軸に平行である。よって，正しい。

③ 与えられた方程式において，$y=0$ とすると $2x^2+8x+6=0$

よって $(x+1)(x+3)=0$

ゆえに，曲線 C は，e の値によらず，2 点 $(-1,\ 0)$，$(-3,\ 0)$ を通る。

よって，正しい。

以上から，正しいものは ②，③

(問題に挑戦) 4

[1] (1) (ア) ④ (2) (イ) ⓪ (ウ) ②

[2] (エ) 4 (オカ) 10 (キ) 6

(4 の詳しい解答は解答編 $p.227$～ 参照)

INDEX

1. 用語の掲載ページ(右側の数字)を示した。
2. 主に初出のページを示した。関連するページを合わせて示したところもある。

【あ行】

【か行】

【さ行】

【記号】

＜特別付録：数学C「行列」＞
右のQRコードから,「チャート式 数学Ⅲ＋C(赤チャート)」に掲載している「行列」の紙面を閲覧できます。
※ページ番号, 問題番号等は「赤チャート」のものであり, 本書のものとの関連はありませんのでご注意ください。

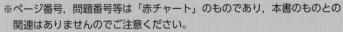

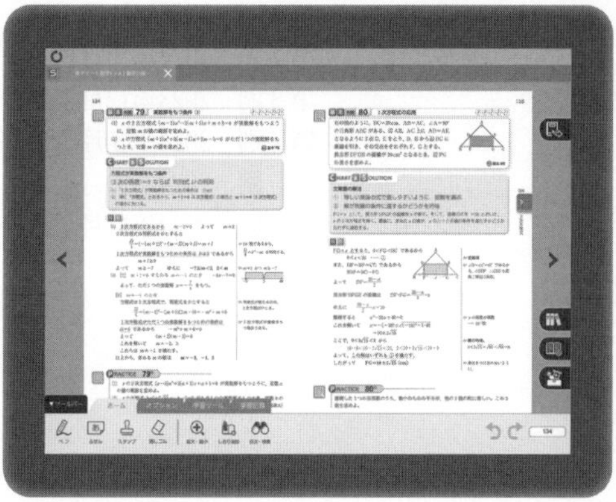

●編著者
チャート研究所

●表紙・カバーデザイン
有限会社アーク・ビジュアル・ワークス

●本文デザイン
デザイン・プラス・プロフ株式会社

●イラスト（先生，生徒）
有限会社アラカグラフィクス

初版　新制（数学C）
第1刷　1996年2月1日　発行
改訂版
第1刷　2000年2月1日　発行
新課程
第1刷　2005年2月1日　発行
新課程
第1刷　2023年10月1日　発行
第2刷　2023年10月10日　発行
第3刷　2023年12月1日　発行
第4刷　2024年3月1日　発行
第5刷　2024年10月1日　発行
第6刷　2024年11月1日　発行

編集・制作　チャート研究所
発行者　星野 泰也

ISBN978-4-410-10792-4

※解答・解説は数研出版株式会社が作成したものです。

チャート式® 解法と演習 数学C

発行所
数研出版株式会社

〒101-0052 東京都千代田区神田小川町2丁目3番地3
［振替］00140-4-118431
〒604-0861 京都市中京区烏丸通竹屋町上る大倉町205番地
［電話］代表（075）231-0161
ホームページ https://www.chart.co.jp
印刷　寿印刷株式会社

3 複素数平面

1 複素数平面

▷複素数の加法・減法

① 点 $\alpha+\beta$ は，原点Oを点 β に移す平行移動によって点 α が移る点である。

② 点 $\alpha-\beta$ は，点 β を原点Oに移す平行移動によって点 α が移る点である。

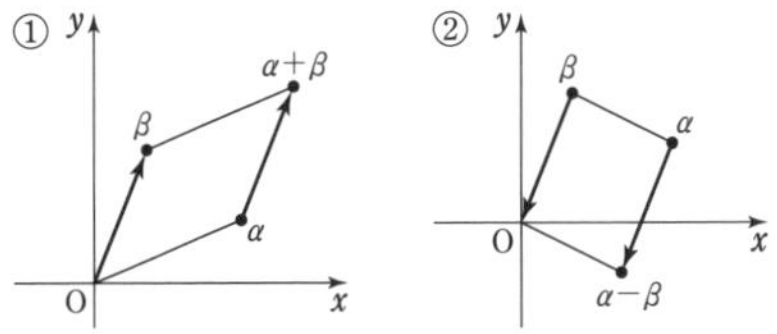

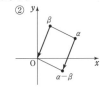

▷複素数の実数倍　$\alpha \neq 0$ のとき

3点 $0,\ \alpha,\ \beta$ が一直線上にある

$\iff \beta=k\alpha$ となる実数 k がある

▷共役な複素数の性質　$\alpha,\ \beta$ は複素数とする。

① α が実数　$\iff \overline{\alpha}=\alpha$

α が純虚数 $\iff \overline{\alpha}=-\alpha,\ \alpha \neq 0$

② $\alpha+\overline{\alpha},\ \alpha\overline{\alpha}$ は常に実数，特に　$\alpha\overline{\alpha} \geqq 0$

$\overline{\alpha+\beta}=\overline{\alpha}+\overline{\beta}$　　$\overline{\alpha-\beta}=\overline{\alpha}-\overline{\beta}$

$\overline{\alpha\beta}=\overline{\alpha}\,\overline{\beta}$　　$\overline{\left(\dfrac{\alpha}{\beta}\right)}=\dfrac{\overline{\alpha}}{\overline{\beta}}$ $(\beta \neq 0)$

$\overline{\overline{\alpha}}=\alpha$　　$\overline{\alpha^n}=(\overline{\alpha})^n$ （n は自然数）

▷絶対値と2点間の距離

① 定義　$z=a+bi$ に対し　$|z|=\sqrt{a^2+b^2}$

② 絶対値の性質　$z,\ \alpha,\ \beta$ は複素数とする。

$|z|=0 \iff z=0$

$|z|=|-z|=|\overline{z}|,$　　$z\overline{z}=|z|^2$

$|\alpha\beta|=|\alpha||\beta|$

$\left|\dfrac{\alpha}{\beta}\right|=\dfrac{|\alpha|}{|\beta|}$ $(\beta \neq 0)$

③ 2点 $\alpha,\ \beta$ 間の距離　$|\beta-\alpha|$

2 複素数の極形式

複素数平面上で，$\mathrm{O}(0),\ \mathrm{P}(z),\ z=a+bi\ (\neq 0)$，$\mathrm{OP}=r$，OPと実軸の正の部分とのなす角が θ のとき　$z=r(\cos\theta+i\sin\theta)$ $(r>0)$

▷複素数の乗法，除法

$z_1=r_1(\cos\theta_1+i\sin\theta_1),\ z_2=r_2(\cos\theta_2+i\sin\theta_2)$ とする。ただし，$r_1>0,\ r_2>0$ とする。

① 複素数の乗法

$z_1z_2=r_1r_2\{\cos(\theta_1+\theta_2)+i\sin(\theta_1+\theta_2)\}$

$|z_1z_2|=|z_1||z_2|,$　　$\arg z_1z_2=\arg z_1+\arg z_2$

② 複素数の除法（$z_2 \neq 0$ とする）

$\dfrac{z_1}{z_2}=\dfrac{r_1}{r_2}\{\cos(\theta_1-\theta_2)+i\sin(\theta_1-\theta_2)\}$

$\left|\dfrac{z_1}{z_2}\right|=\dfrac{|z_1|}{|z_2|},$　　$\arg\dfrac{z_1}{z_2}=\arg z_1-\arg z_2$

▷複素数の乗法と回転　$\mathrm{P}(z)$，$r>0$ とする。

点 $r(\cos\theta+i\sin\theta)z$ は，点Pを原点Oを中心として角 θ だけ回転し，OPを r 倍した点である。

3 ド・モアブルの定理

▷ド・モアブルの定理　n が整数のとき

$(\cos\theta+i\sin\theta)^n=\cos n\theta+i\sin n\theta$

▷1の n 乗根　1の n 乗根は n 個あり，それらを $z_k\ (k=0,\ 1,\ 2,\ \cdots\cdots,\ n-1)$ とすると

$$z_k=\cos\frac{2k\pi}{n}+i\sin\frac{2k\pi}{n}$$

$n \geqq 3$ のとき，点 $z_k\ (k=0,\ 1,\ 2,\ \cdots\cdots,\ n-1)$ は点1を1つの頂点として，単位円に内接する正 n 角形の頂点である。

4 複素数と図形

点 $\mathrm{A}(\alpha),\ \mathrm{B}(\beta),\ \mathrm{C}(\gamma),\ \mathrm{D}(\delta),\ \mathrm{P}(z_1),\ \mathrm{Q}(z_2),\ \mathrm{R}(z_3),\ \mathrm{P'}(w_1),\ \mathrm{Q'}(w_2),\ \mathrm{R'}(w_3)$ は互いに異なる点とする。

▷線分ABの内分点，外分点

$m:n$ に内分する点　$\dfrac{n\alpha+m\beta}{m+n}$

$m:n$ に外分する点　$\dfrac{-n\alpha+m\beta}{m-n}$

中点　$\dfrac{\alpha+\beta}{2}$

▷方程式の表す図形

・$\boldsymbol{|z-\alpha|=r}$ $(r>0)$ は　中心A，半径 r の円

・$\boldsymbol{n|z-\alpha|=m|z-\beta|}$ $(n>0,\ m>0)$ は

$m=n$ なら　線分ABの垂直二等分線

$m \neq n$ なら　線分ABを $m:n$ に内分する点と外分する点を直径の両端とする円（アポロニウスの円）

▷なす角，平行・垂直などの条件

・$\angle\beta\alpha\gamma=\arg\dfrac{\gamma-\alpha}{\beta-\alpha}$，$\angle\mathrm{BAC}=\left|\arg\dfrac{\gamma-\alpha}{\beta-\alpha}\right|$

・3点A，B，Cが一直線上にある $\iff \dfrac{\gamma-\alpha}{\beta-\alpha}$ が実数

・$\mathrm{AB}\perp\mathrm{AC} \iff \dfrac{\gamma-\alpha}{\beta-\alpha}$ が純虚数

・$\dfrac{\delta-\gamma}{\beta-\alpha}$ が $\begin{cases}\text{実数} \iff \mathrm{AB}\,/\!/\,\mathrm{CD} \\ \text{純虚数} \iff \mathrm{AB}\perp\mathrm{CD}\end{cases}$

新課程
チャート式®

解法と演習

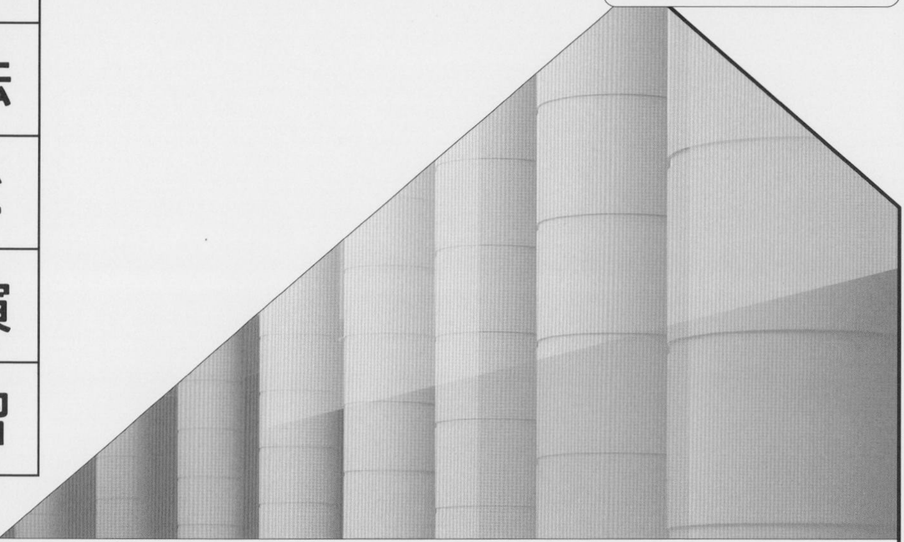

数学C

〔ベクトル
複素数平面
式と曲線〕

〈解答編〉

問題文＋解答

数研出版
https://www.chart.co.jp

PRACTICE, EXERCISES の解答（数学C）

注意　・PRACTICE，EXERCISES の全問題文と解答例を掲載した。
・必要に応じて，HINT として，解答の前に問題の解法の手がかりや方針を示した。また，inf. として，補足事項や注意事項を示したところもある。
・主に本冊の CHART＆SOLUTION，CHART＆THINKING に対応した箇所を赤字で示した。

PR ①1　右の図で与えられた3つのベクトル $\vec{a}$，$\vec{b}$，$\vec{c}$ について，次のベクトルを図示せよ。
(1)　$\vec{a}+\vec{c}$　　(2)　$-3\vec{c}$
(3)　$-\vec{a}+3\vec{b}-2\vec{c}$

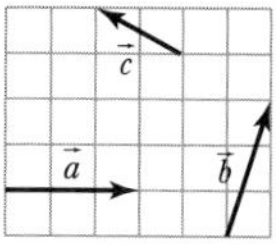

(1)～(3)　〔図〕

(1)
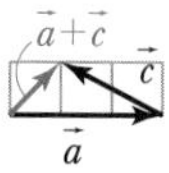

(2)
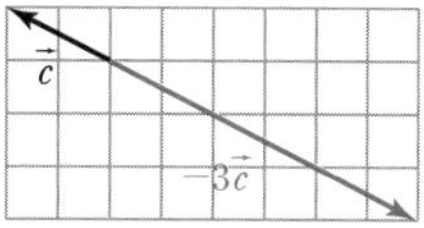

(3)
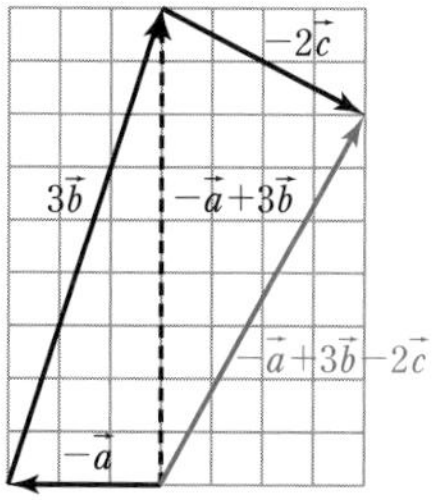

(3)　$-\vec{a}$ は，$\vec{a}$ と反対の向きで，大きさが等しい。$(-\vec{a}+3\vec{b})+(-2\vec{c})$ として考える。$(-\vec{a}+3\vec{b})$ の終点に $(-2\vec{c})$ の始点を重ねる。

参考　(1) は次のように図示してもよい。

(1)
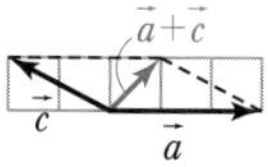

PR ①2　次の等式が成り立つことを証明せよ。

$$\overrightarrow{AB}+\overrightarrow{DC}+\overrightarrow{EF}=\overrightarrow{DB}+\overrightarrow{EC}+\overrightarrow{AF}$$

$\overrightarrow{AB}+\overrightarrow{DC}+\overrightarrow{EF}-(\overrightarrow{DB}+\overrightarrow{EC}+\overrightarrow{AF})$　⇐(左辺)−(右辺)

$=\overrightarrow{AB}+\overrightarrow{DC}+\overrightarrow{EF}-\overrightarrow{DB}-\overrightarrow{EC}-\overrightarrow{AF}$

$=\overrightarrow{AB}+\overrightarrow{DC}+\overrightarrow{EF}+\overrightarrow{BD}+\overrightarrow{CE}+\overrightarrow{FA}$　⇐向き変え $-\overrightarrow{DB}=\overrightarrow{BD}$ など。

$=(\overrightarrow{AB}+\overrightarrow{BD})+(\overrightarrow{DC}+\overrightarrow{CE})+(\overrightarrow{EF}+\overrightarrow{FA})$　⇐合成 $\overrightarrow{A\square}+\overrightarrow{\square B}=\overrightarrow{AB}$

$=\overrightarrow{AD}+\overrightarrow{DE}+\overrightarrow{EA}=(\overrightarrow{AD}+\overrightarrow{DE})+\overrightarrow{EA}$

$=\overrightarrow{AE}+\overrightarrow{EA}=\overrightarrow{AA}=\vec{0}$　⇐$\overrightarrow{PP}=\vec{0}$

よって　$\overrightarrow{AB}+\overrightarrow{DC}+\overrightarrow{EF}=\overrightarrow{DB}+\overrightarrow{EC}+\overrightarrow{AF}$

別解　$\overrightarrow{AB}+\overrightarrow{DC}+\overrightarrow{EF}-(\overrightarrow{DB}+\overrightarrow{EC}+\overrightarrow{AF})$

$=(\overrightarrow{AB}-\overrightarrow{AF})+(\overrightarrow{DC}-\overrightarrow{DB})+(\overrightarrow{EF}-\overrightarrow{EC})$　⇐$\overrightarrow{\square B}-\overrightarrow{\square A}=\overrightarrow{AB}$

$=(\overrightarrow{FB}+\overrightarrow{BC})+\overrightarrow{CF}=\overrightarrow{FC}+\overrightarrow{CF}=\overrightarrow{FF}=\vec{0}$

よって　$\overrightarrow{AB}+\overrightarrow{DC}+\overrightarrow{EF}=\overrightarrow{DB}+\overrightarrow{EC}+\overrightarrow{AF}$

PR ②3

(1) $\frac{1}{3}(\vec{a}-2\vec{b})-\frac{1}{2}(-\vec{a}+3\vec{b})$ を簡単にせよ。

(2) (ア) $2(\vec{x}-3\vec{a})+3(\vec{x}-2\vec{b})=\vec{0}$ を満たす $\vec{x}$ を，$\vec{a}$，$\vec{b}$ を用いて表せ。

(イ) $3\vec{x}+2\vec{y}=\vec{a}$，$2\vec{x}-3\vec{y}=\vec{b}$ を満たす $\vec{x}$，$\vec{y}$ を，$\vec{a}$，$\vec{b}$ を用いて表せ。

(1) $\frac{1}{3}(\vec{a}-2\vec{b})-\frac{1}{2}(-\vec{a}+3\vec{b})=\frac{1}{3}\vec{a}-\frac{2}{3}\vec{b}+\frac{1}{2}\vec{a}-\frac{3}{2}\vec{b}$

$=\left(\frac{1}{3}+\frac{1}{2}\right)\vec{a}+\left(-\frac{2}{3}-\frac{3}{2}\right)\vec{b}$

$=\boldsymbol{\frac{5}{6}\vec{a}-\frac{13}{6}\vec{b}}$

⇐$\frac{1}{3}(a-2b)-\frac{1}{2}(-a+3b)$ を整理する要領で。

(2) (ア) 与式から　$2\vec{x}-6\vec{a}+3\vec{x}-6\vec{b}=\vec{0}$

ゆえに　$5\vec{x}=6\vec{a}+6\vec{b}$　　よって　$\boldsymbol{\vec{x}=\frac{6}{5}\vec{a}+\frac{6}{5}\vec{b}}$

⇐x の方程式 $2(x-3a)+3(x-2b)=0$ を解く要領で。

(イ) $3\vec{x}+2\vec{y}=\vec{a}$ ……①，$2\vec{x}-3\vec{y}=\vec{b}$ ……② とする。

①×3＋②×2 から　$13\vec{x}=3\vec{a}+2\vec{b}$

よって　$\boldsymbol{\vec{x}=\frac{3}{13}\vec{a}+\frac{2}{13}\vec{b}}$

①×2−②×3 から　$13\vec{y}=2\vec{a}-3\vec{b}$

ゆえに　$\boldsymbol{\vec{y}=\frac{2}{13}\vec{a}-\frac{3}{13}\vec{b}}$

⇐x，y の連立方程式 $\begin{cases}3x+2y=a\\2x-3y=b\end{cases}$ を解く要領で。

PR ②4

(1) $\overrightarrow{OA}=2\vec{a}$，$\overrightarrow{OB}=3\vec{b}$，$\overrightarrow{OP}=5\vec{a}-4\vec{b}$，$\overrightarrow{OQ}=\vec{a}+2\vec{b}$ であるとき，$\overrightarrow{PQ}/\!/\overrightarrow{AB}$ であることを示せ。ただし，$2\vec{a}\neq3\vec{b}$ とする。

(2) $|\vec{a}|=10$ のとき，$\vec{a}$ と平行で大きさが 4 であるベクトルを求めよ。

(1) $\overrightarrow{AB}=\overrightarrow{OB}-\overrightarrow{OA}=3\vec{b}-2\vec{a}$ ……①

$\overrightarrow{PQ}=\overrightarrow{OQ}-\overrightarrow{OP}$

$=(\vec{a}+2\vec{b})-(5\vec{a}-4\vec{b})$

$=-4\vec{a}+6\vec{b}$

$=2(3\vec{b}-2\vec{a})$ ……②

⇐$\overrightarrow{AB}$ を分割。

⇐$\overrightarrow{PQ}$ を分割。

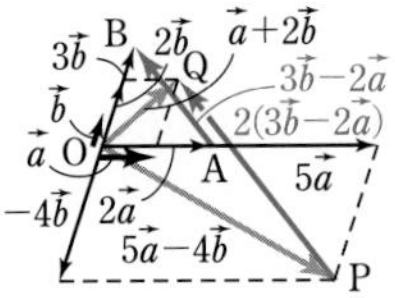

①，② から　$\overrightarrow{PQ}=2\overrightarrow{AB}$

また　$\overrightarrow{PQ}\neq\vec{0}$，$\overrightarrow{AB}\neq\vec{0}$

よって　$\overrightarrow{PQ}/\!/\overrightarrow{AB}$

⇐$2\vec{a}\neq3\vec{b}$ であるから $3\vec{b}-2\vec{a}\neq\vec{0}$

(2) $\vec{a}$ と平行な単位ベクトルは，$\frac{\vec{a}}{|\vec{a}|}$ と $-\frac{\vec{a}}{|\vec{a}|}$ であり，$|\vec{a}|=10$

であるから　$\frac{\vec{a}}{10}$，$-\frac{\vec{a}}{10}$

よって，$\vec{a}$ と平行で大きさが 4 であるベクトルは

$4\times\frac{\vec{a}}{10}=\boldsymbol{\frac{2}{5}\vec{a}}$，$4\times\left(-\frac{\vec{a}}{10}\right)=\boldsymbol{-\frac{2}{5}\vec{a}}$

⇐単位ベクトルを 4 倍する。

PR ②5

正六角形 ABCDEF において，辺 CD の中点を Q とし，辺 BC の中点を R とする。$\overrightarrow{AB}=\vec{a}$，$\overrightarrow{AF}=\vec{b}$ とするとき，次のベクトルを $\vec{a}$，$\vec{b}$ を用いて表せ。

(1) $\overrightarrow{FE}$　　(2) $\overrightarrow{AC}$　　(3) $\overrightarrow{AQ}$　　(4) $\overrightarrow{RQ}$

この正六角形の対角線 AD，BE，CF の交点を O とする。

(1)　$\overrightarrow{\mathrm{FE}}=\overrightarrow{\mathrm{FO}}+\overrightarrow{\mathrm{OE}}=\boldsymbol{\vec{a}+\vec{b}}$

(2)　$\overrightarrow{\mathrm{AC}}=\overrightarrow{\mathrm{AB}}+\overrightarrow{\mathrm{BC}}=\overrightarrow{\mathrm{AB}}+\overrightarrow{\mathrm{FE}}$

$=\vec{a}+(\vec{a}+\vec{b})=\boldsymbol{2\vec{a}+\vec{b}}$

(3)　$\overrightarrow{\mathrm{AQ}}=\overrightarrow{\mathrm{AD}}+\overrightarrow{\mathrm{DQ}}$

$=2\overrightarrow{\mathrm{AO}}+\frac{1}{2}\overrightarrow{\mathrm{DC}}$

$=2(\vec{a}+\vec{b})+\frac{1}{2}(-\vec{b})$

$=\boldsymbol{2\vec{a}+\frac{3}{2}\vec{b}}$

(4)　$\overrightarrow{\mathrm{RQ}}=\overrightarrow{\mathrm{RC}}+\overrightarrow{\mathrm{CQ}}=\frac{1}{2}\overrightarrow{\mathrm{BC}}+\frac{1}{2}\overrightarrow{\mathrm{CD}}$

$=\frac{1}{2}(\vec{a}+\vec{b})+\frac{1}{2}\vec{b}=\boldsymbol{\frac{1}{2}\vec{a}+\vec{b}}$

別解　$\overrightarrow{\mathrm{RQ}}=\overrightarrow{\mathrm{AQ}}-\overrightarrow{\mathrm{AR}}=\overrightarrow{\mathrm{AQ}}-(\overrightarrow{\mathrm{AB}}+\overrightarrow{\mathrm{BR}})$

$=\overrightarrow{\mathrm{AQ}}-\overrightarrow{\mathrm{AB}}-\frac{1}{2}\overrightarrow{\mathrm{FE}}=\left(2\vec{a}+\frac{3}{2}\vec{b}\right)-\vec{a}-\frac{1}{2}(\vec{a}+\vec{b})$

$=\boldsymbol{\frac{1}{2}\vec{a}+\vec{b}}$

(1), (2)

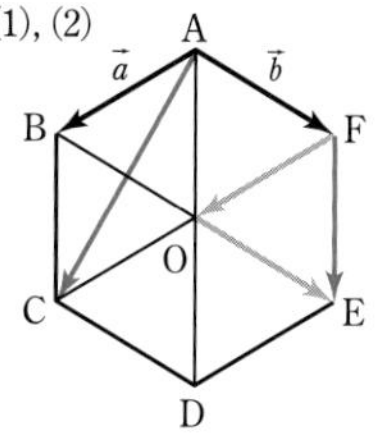

(3), (4)

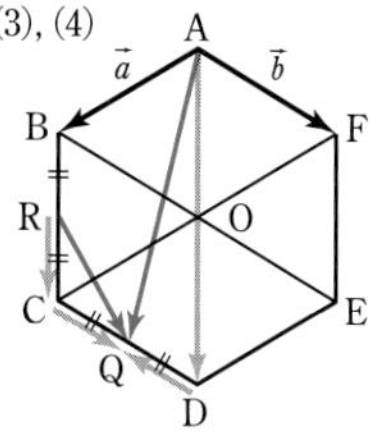

⇦しりとりで分割。
$\overrightarrow{\mathrm{FO}}=\overrightarrow{\mathrm{AB}}$，$\overrightarrow{\mathrm{OE}}=\overrightarrow{\mathrm{AF}}$

⇦(1) を利用。
$\overrightarrow{\mathrm{AC}}=\overrightarrow{\mathrm{AF}}+\overrightarrow{\mathrm{FO}}+\overrightarrow{\mathrm{OC}}$
$=\vec{b}+\vec{a}+\vec{a}$
として求めてもよい。

⇦$\overrightarrow{\mathrm{AO}}=\overrightarrow{\mathrm{AB}}+\overrightarrow{\mathrm{BO}}$
$=\overrightarrow{\mathrm{AB}}+\overrightarrow{\mathrm{AF}}$

⇦$\overrightarrow{\mathrm{AQ}}=\overrightarrow{\mathrm{AB}}+\overrightarrow{\mathrm{BC}}+\overrightarrow{\mathrm{CQ}}$
$=\overrightarrow{\mathrm{AB}}+\overrightarrow{\mathrm{FE}}+\frac{1}{2}\overrightarrow{\mathrm{AF}}$
として求めてもよい。

⇦$\overrightarrow{\mathrm{BC}}=\overrightarrow{\mathrm{FE}}$，$\overrightarrow{\mathrm{CD}}=\overrightarrow{\mathrm{AF}}$

⇦(1)，(3) の結果を利用。

PR
②**6**

(1)　$\vec{a}=(3,\ 2)$，$\vec{b}=(0,\ -1)$ のとき，$\vec{c}=(6,\ 1)$ を $\vec{a}$ と $\vec{b}$ で表せ。　〔(1) 湘南工科大〕

(2)　$\vec{a}=(-1,\ 2)$，$\vec{b}=(-5,\ -6)$ のとき，$\vec{c}=\left(\frac{5}{2},\ -7\right)$ を $\vec{a}$ と $\vec{b}$ で表せ。

(1)　$\vec{c}=s\vec{a}+t\vec{b}$ (s，t は実数)

とすると

$(6,\ 1)=s(3,\ 2)+t(0,\ -1)$

$=(3s,\ 2s-t)$

よって　$6=3s$，$1=2s-t$

この連立方程式を解くと

$s=2$，$t=3$

ゆえに　$\boldsymbol{\vec{c}=2\vec{a}+3\vec{b}}$

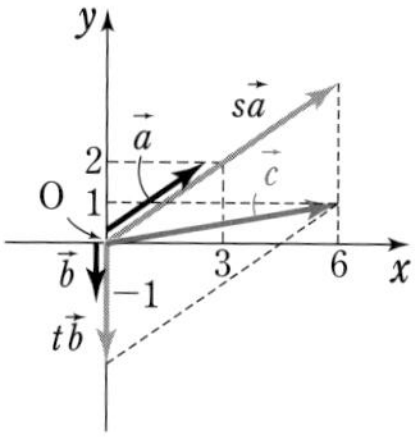

⇦対応する成分が等しい。

(2)　$\vec{c}=s\vec{a}+t\vec{b}$ (s，t は実数)

とすると

$\left(\frac{5}{2},\ -7\right)$

$=s(-1,\ 2)+t(-5,\ -6)$

$=(-s-5t,\ 2s-6t)$

よって　$\frac{5}{2}=-s-5t$，$-7=2s-6t$

この連立方程式を解くと　$s=-\frac{25}{8}$，$t=\frac{1}{8}$

ゆえに　$\boldsymbol{\vec{c}=-\frac{25}{8}\vec{a}+\frac{1}{8}\vec{b}}$

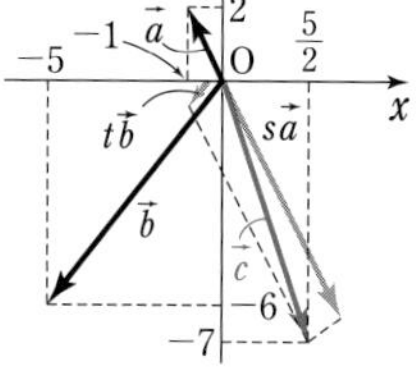

⇦対応する成分が等しい。

PR ③7

(1) 2つのベクトル $\vec{x}$, $\vec{y}$ において, $\vec{x}+2\vec{y}=(-2,\ -4)$, $2\vec{x}+\vec{y}=(5,\ -2)$ のとき, $\vec{x}$ と $\vec{y}$ を求めよ。

(2) $\vec{a}=(2,\ -1)$, $\vec{b}=(3,\ 11)$ とする。2つの等式 $2\vec{x}-\vec{y}=\vec{a}+\vec{b}$, $-\vec{x}+2\vec{y}=3\vec{a}-\vec{b}$ を満たす $\vec{x}$, $\vec{y}$ を成分で表せ。

(1) $\vec{x}+2\vec{y}=(-2,\ -4)$ …… ①, $2\vec{x}+\vec{y}=(5,\ -2)$ …… ②

②×2−① から　$3\vec{x}=2(5,\ -2)-(-2,\ -4)=(12,\ 0)$

よって　$\boldsymbol{\vec{x}}=\frac{1}{3}(12,\ 0)=\boldsymbol{(4,\ 0)}$

ゆえに, ② から

$\boldsymbol{\vec{y}}=-2\vec{x}+(5,\ -2)=-2(4,\ 0)+(5,\ -2)$

$=\boldsymbol{(-3,\ -2)}$

(2) $2\vec{x}-\vec{y}=\vec{a}+\vec{b}$ …… ①, $-\vec{x}+2\vec{y}=3\vec{a}-\vec{b}$ …… ②

①×2+② から　$3\vec{x}=5\vec{a}+\vec{b}$

よって

$$\boldsymbol{\vec{x}}=\frac{1}{3}(5\vec{a}+\vec{b})=\frac{1}{3}\{5(2,\ -1)+(3,\ 11)\}=\boldsymbol{\left(\frac{13}{3},\ 2\right)}$$

ゆえに, ① から　$\boldsymbol{\vec{y}}=2\vec{x}-\vec{a}-\vec{b}=2\left(\frac{13}{3},\ 2\right)-(2,\ -1)-(3,\ 11)=\boldsymbol{\left(\frac{11}{3},\ -6\right)}$

⇐ $\vec{y}$ を消去。

別解　①+② から

$3(\vec{x}+\vec{y})=(3,\ -6)$

よって

$\vec{x}+\vec{y}=(1,\ -2)$ …… ③

②−③ から $\boldsymbol{\vec{x}=(4,\ 0)}$

①−③ から

$\boldsymbol{\vec{y}=(-3,\ -2)}$

⇐ $\vec{y}$ を消去。

PR ②8

(1) 2つのベクトル $\vec{a}=(-3,\ 2)$, $\vec{b}=(5t+3,\ -t+5)$ が平行になるように, t の値を定めよ。

(2) $\vec{a}=(x,\ -1)$, $\vec{b}=(2,\ -3)$ について, $\vec{b}-\vec{a}$ と $\vec{a}+3\vec{b}$ が平行になるように, x の値を定めよ。

(1) $\vec{a}\neq\vec{0}$, $\vec{b}\neq\vec{0}$ であるから, $\vec{a}\parallel\vec{b}$ になるのは, $\vec{b}=k\vec{a}$ となる実数 k が存在するときである。

$(5t+3,\ -t+5)=(-3k,\ 2k)$ から

$5t+3=-3k$ …… ①,

$-t+5=2k$ …… ②

①×2+②×3 から　$7t+21=0$

よって　$\boldsymbol{t=-3}$　　このとき　$k=4$

別解　$\vec{a}\neq\vec{0}$, $\vec{b}\neq\vec{0}$ であるから, $\vec{a}\parallel\vec{b}$ になるための条件は

$(-3)\times(-t+5)-2\times(5t+3)=0$

よって　$3t-15-10t-6=0$

ゆえに　$-7t-21=0$　　したがって　$\boldsymbol{t=-3}$

(2)　$\vec{b}-\vec{a}=(2,\ -3)-(x,\ -1)=(2-x,\ -2)$

$\vec{a}+3\vec{b}=(x,\ -1)+3(2,\ -3)=(x+6,\ -10)$

$\vec{b}-\vec{a}\neq\vec{0}$, $\vec{a}+3\vec{b}\neq\vec{0}$ であるから, $(\vec{b}-\vec{a})\parallel(\vec{a}+3\vec{b})$ になるのは, $\vec{a}+3\vec{b}=k(\vec{b}-\vec{a})$ となる実数 k が存在するときである。

よって　$(x+6,\ -10)=k(2-x,\ -2)$

ゆえに　$x+6=k(2-x)$ …… ①, $-10=-2k$ …… ②

② から　$k=5$　　① に代入して　$x+6=5(2-x)$

これを解くと　$\boldsymbol{x=\frac{2}{3}}$

⇐ $5t+3=0$ かつ $-t+5=0$ となる t はないから $\vec{b}\neq\vec{0}$

⇐ x 成分, y 成分がそれぞれ等しい。

⇐①, ② から, t の値が決まれば k の値も定まるので, k の値は必ずしも求めなくてもよい。

⇐ $a_1b_2-a_2b_1=0$

⇐ $\vec{b}-\vec{a}$ の y 成分は $-2\neq0$, $\vec{a}+3\vec{b}$ の y 成分は $-10\neq0$

⇐ x 成分, y 成分がそれぞれ等しい。

別解　$\vec{b}-\vec{a}=(2-x,\ -2)\neq\vec{0}$, $\vec{a}+3\vec{b}=(x+6,\ -10)\neq\vec{0}$ であるから，$(\vec{b}-\vec{a})/\!/(\vec{a}+3\vec{b})$ になるための条件は

$$(2-x)\times(-10)-(-2)\times(x+6)=0$$

⇐ $a_1b_2-a_2b_1=0$

よって　$-20+10x+2x+12=0$

ゆえに　$12x-8=0$

したがって　$\boldsymbol{x=\dfrac{2}{3}}$

PR ②9　4点 A$(-2,\ 3)$, B$(2,\ x)$, C$(8,\ 2)$, D$(y,\ 7)$ を頂点とする四角形 ABCD が平行四辺形になるように，x, y の値を定めよ。また，このとき，平行四辺形 ABCD の対角線の交点をEとして，線分 BE の長さを求めよ。

四角形 ABCD が平行四辺形になるのは，$\overrightarrow{AD}=\overrightarrow{BC}$ のときであるから

$$(y-(-2),\ 7-3)=(8-2,\ 2-x)$$

よって　$y+2=6$, $4=2-x$

したがって　$\boldsymbol{x=-2,\ y=4}$

また，$\overrightarrow{BD}=(4-2,\ 7-(-2))=(2,\ 9)$ から

$$|\overrightarrow{BD}|=\sqrt{2^2+9^2}=\sqrt{85}$$

したがって　$\boldsymbol{BE=\dfrac{1}{2}|\overrightarrow{BD}|=\dfrac{\sqrt{85}}{2}}$

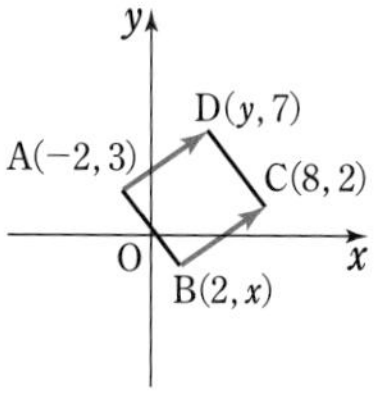

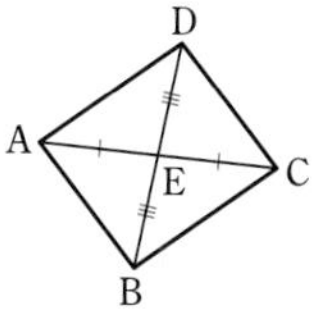

別解　対角線 AC, BD の中点が一致することから

点 $\left(\dfrac{-2+8}{2},\ \dfrac{3+2}{2}\right)$ と点 $\left(\dfrac{2+y}{2},\ \dfrac{x+7}{2}\right)$ が一致する。

⇐ $3=\dfrac{2+y}{2}$, $\dfrac{5}{2}=\dfrac{x+7}{2}$

よって　$\boldsymbol{x=-2,\ y=4}$

(以下，同様。)

PR ③10　2つのベクトル $\vec{a}=(11,\ -2)$ と $\vec{b}=(-4,\ 3)$ に対して $\vec{c}=\vec{a}+t\vec{b}$ とおく。実数 t が変化するとき，$|\vec{c}|$ の最小値は ア□，そのときの t の値は イ□ である。〔摂南大〕

$$\vec{c}=\vec{a}+t\vec{b}=(11,\ -2)+t(-4,\ 3)$$
$$=(11-4t,\ -2+3t)$$

よって　$|\vec{c}|^2=(11-4t)^2+(-2+3t)^2$
$=25t^2-100t+125$
$=25(t-2)^2+25$

⇐ $25t^2-100t+125$
$=25(t^2-4t)+125$
$=25\{(t-2)^2-2^2\}+125$
$=25(t-2)^2-25\cdot2^2+125$

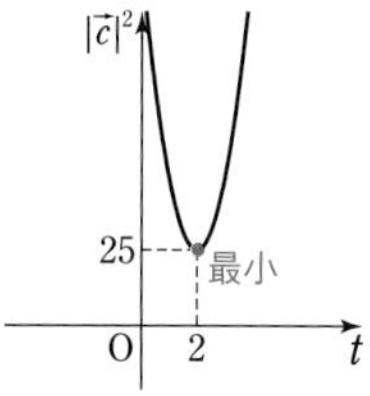

ゆえに，$|\vec{c}|^2$ は $t=2$ のとき最小値 25 をとる。

$|\vec{c}|\geqq0$ であるから，このとき $|\vec{c}|$ も最小となる。

⇐この断りは重要。

したがって，$|\vec{c}|$ は $t=$ イ$\boldsymbol{2}$ のとき最小値 $\sqrt{25}=$ ア$\boldsymbol{5}$ をとる。

PR ②11

△ABC において，$AB=\sqrt{2}$，$BC=\sqrt{3}+1$，$CA=2$，$\angle B=45°$，$\angle C=30°$ であるとき，次の内積を求めよ。

(1) $\overrightarrow{BA}\cdot\overrightarrow{BC}$　(2) $\overrightarrow{CA}\cdot\overrightarrow{CB}$　(3) $\overrightarrow{AB}\cdot\overrightarrow{BC}$　(4) $\overrightarrow{BC}\cdot\overrightarrow{CA}$

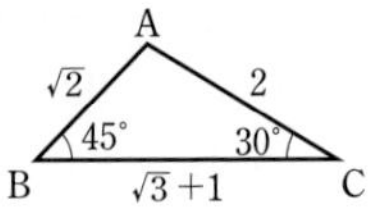

(1) $\overrightarrow{BA}$ と $\overrightarrow{BC}$ のなす角は 45° であるから

$$\overrightarrow{BA}\cdot\overrightarrow{BC}=|\overrightarrow{BA}||\overrightarrow{BC}|\cos 45°$$
$$=\sqrt{2}\times(\sqrt{3}+1)\times\frac{1}{\sqrt{2}}$$
$$=\boldsymbol{\sqrt{3}+1}$$

(2) $\overrightarrow{CA}$ と $\overrightarrow{CB}$ のなす角は 30° であるから

$$\overrightarrow{CA}\cdot\overrightarrow{CB}=|\overrightarrow{CA}||\overrightarrow{CB}|\cos 30°$$
$$=2\times(\sqrt{3}+1)\times\frac{\sqrt{3}}{2}$$
$$=\boldsymbol{3+\sqrt{3}}$$

(3) $\overrightarrow{AB}$ と $\overrightarrow{BC}$ のなす角は，$180°-45°$ すなわち 135° である。

したがって　$\overrightarrow{AB}\cdot\overrightarrow{BC}=|\overrightarrow{AB}||\overrightarrow{BC}|\cos 135°$

$$=\sqrt{2}\times(\sqrt{3}+1)\times\left(-\frac{1}{\sqrt{2}}\right)$$
$$=\boldsymbol{-\sqrt{3}-1}$$

(3) 始点をBにそろえる。

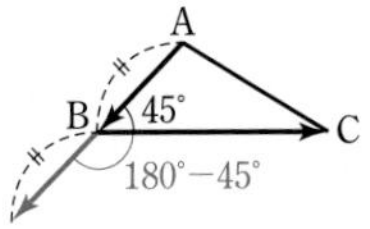

(4) $\overrightarrow{BC}$ と $\overrightarrow{CA}$ のなす角は，$180°-30°$ すなわち 150° である。

したがって　$\overrightarrow{BC}\cdot\overrightarrow{CA}=|\overrightarrow{BC}||\overrightarrow{CA}|\cos 150°$

$$=(\sqrt{3}+1)\times 2\times\left(-\frac{\sqrt{3}}{2}\right)$$
$$=\boldsymbol{-3-\sqrt{3}}$$

(4) 始点をCにそろえる。

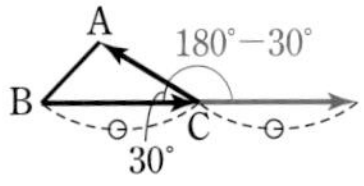

PR ②12

(1) $\vec{a}=(\sqrt{6},\ \sqrt{2})$，$\vec{b}=(1,\ \sqrt{3})$ のとき，$\vec{a}$，$\vec{b}$ の内積と，そのなす角 θ を求めよ。

(2) $\vec{a}=(2,\ 4)$，$\vec{b}=(2,\ -6)$ のとき，$\vec{a}$，$\vec{b}$ の内積と，そのなす角 θ を求めよ。

(3) 3点 $A(-3,\ 4)$，$B(2\sqrt{3}-2,\ \sqrt{3}+2)$，$C(-4,\ 6)$ について，$\overrightarrow{AB}$，$\overrightarrow{AC}$ の内積と，そのなす角 θ を求めよ。

(1) $\vec{a}\cdot\vec{b}=\sqrt{6}\times 1+\sqrt{2}\times\sqrt{3}=\boldsymbol{2\sqrt{6}}$

また　$|\vec{a}|=\sqrt{(\sqrt{6})^2+(\sqrt{2})^2}=\sqrt{8}=2\sqrt{2}$

$|\vec{b}|=\sqrt{1^2+(\sqrt{3})^2}=2$

よって　$\cos\theta=\dfrac{\vec{a}\cdot\vec{b}}{|\vec{a}||\vec{b}|}=\dfrac{2\sqrt{6}}{2\sqrt{2}\times 2}=\dfrac{\sqrt{3}}{2}$

$0°\leqq\theta\leqq 180°$ であるから　$\boldsymbol{\theta=30°}$

(2) $\vec{a}\cdot\vec{b}=2\times 2+4\times(-6)=\boldsymbol{-20}$

また　$|\vec{a}|=\sqrt{2^2+4^2}=\sqrt{20}=2\sqrt{5}$

$|\vec{b}|=\sqrt{2^2+(-6)^2}=\sqrt{40}=2\sqrt{10}$

よって　$\cos\theta=\dfrac{\vec{a}\cdot\vec{b}}{|\vec{a}||\vec{b}|}=\dfrac{-20}{2\sqrt{5}\times 2\sqrt{10}}=-\dfrac{1}{\sqrt{2}}$

$0°\leqq\theta\leqq 180°$ であるから　$\boldsymbol{\theta=135°}$

$\vec{a}=(a_1,\ a_2)$，
$\vec{b}=(b_1,\ b_2)$ のとき
$\vec{a}\cdot\vec{b}=a_1b_1+a_2b_2$
$\cos\theta=\dfrac{\vec{a}\cdot\vec{b}}{|\vec{a}||\vec{b}|}$

(3) $\overrightarrow{AB}=(2\sqrt{3}-2-(-3),\ \sqrt{3}+2-4)=(2\sqrt{3}+1,\ \sqrt{3}-2)$
$\overrightarrow{AC}=(-4-(-3),\ 6-4)=(-1,\ 2)$

よって　$\overrightarrow{AB}\cdot\overrightarrow{AC}=(2\sqrt{3}+1)\times(-1)+(\sqrt{3}-2)\times 2=\mathbf{-5}$

また　$|\overrightarrow{AB}|=\sqrt{(2\sqrt{3}+1)^2+(\sqrt{3}-2)^2}=\sqrt{20}=2\sqrt{5}$
$|\overrightarrow{AC}|=\sqrt{(-1)^2+2^2}=\sqrt{5}$

ゆえに　$\cos\theta=\dfrac{\overrightarrow{AB}\cdot\overrightarrow{AC}}{|\overrightarrow{AB}||\overrightarrow{AC}|}=\dfrac{-5}{2\sqrt{5}\times\sqrt{5}}=-\dfrac{1}{2}$

$0^\circ\leqq\theta\leqq180^\circ$ であるから　$\boldsymbol{\theta=120^\circ}$

PR
③**13**

(1) $\overrightarrow{OA}=(x,\ 1)$, $\overrightarrow{OB}=(2,\ 1)$ について，$\overrightarrow{OA}$, $\overrightarrow{OB}$ のなす角が 45° であるとき，x の値を求めよ。

(2) $\vec{a}=(2,\ -1)$, $\vec{b}=(m,\ n)$ について，$|\vec{b}|=2\sqrt{5}$ であり，$\vec{a}$ と $\vec{b}$ のなす角は 60° である。このとき，m, n の値を求めよ。

(1) $\overrightarrow{OA}\cdot\overrightarrow{OB}=x\times2+1\times1=2x+1$　　⇐成分による表現。
$|\overrightarrow{OA}|=\sqrt{x^2+1^2}=\sqrt{x^2+1}$, $|\overrightarrow{OB}|=\sqrt{2^2+1^2}=\sqrt{5}$

$\overrightarrow{OA}\cdot\overrightarrow{OB}=|\overrightarrow{OA}||\overrightarrow{OB}|\cos45^\circ$ から

$$2x+1=\sqrt{x^2+1}\sqrt{5}\times\frac{1}{\sqrt{2}}\quad\cdots\cdots ①$$

① の両辺を 2 乗して整理すると　$3x^2+8x-3=0$

よって　$(x+3)(3x-1)=0$　　ゆえに　$x=-3,\ \dfrac{1}{3}$

ここで，① より，$2x+1>0$ であるから　$x>-\dfrac{1}{2}$

⇐ $\sqrt{x^2+1}>0$ であるから，① の右辺は正。よって，① の左辺も正であり $2x+1>0$

ゆえに　$\boldsymbol{x=\dfrac{1}{3}}$

(2) $|\vec{b}|=2\sqrt{5}$ から　$|\vec{b}|^2=20$

よって　$m^2+n^2=20$　$\cdots\cdots$ ①

$|\vec{a}|=\sqrt{2^2+(-1)^2}=\sqrt{5}$ であるから

$$\vec{a}\cdot\vec{b}=|\vec{a}||\vec{b}|\cos60^\circ=\sqrt{5}\times2\sqrt{5}\times\frac{1}{2}=5$$

⇐定義による表現。

また，$\vec{a}\cdot\vec{b}=2\times m+(-1)\times n=2m-n$ であるから　　⇐成分による表現。

$2m-n=5$

ゆえに　$n=2m-5$　$\cdots\cdots$ ②

② を ① に代入すると　$m^2+(2m-5)^2=20$

整理すると　$5m^2-20m+5=0$

よって　$m^2-4m+1=0$

これを解くと　$m=2\pm\sqrt{3}$

② から　$m=2+\sqrt{3}$ のとき　$n=-1+2\sqrt{3}$　　⇐ $2(2+\sqrt{3})-5=-1+2\sqrt{3}$

$m=2-\sqrt{3}$ のとき　$n=-1-2\sqrt{3}$　　⇐ $2(2-\sqrt{3})-5=-1-2\sqrt{3}$

したがって

$$(\boldsymbol{m},\ \boldsymbol{n})=(\mathbf{2+\sqrt{3}},\ \mathbf{-1+2\sqrt{3}}),\ (\mathbf{2-\sqrt{3}},\ \mathbf{-1-2\sqrt{3}})$$

PR ②14

(1) 2つのベクトル $\vec{a}=(x+1,\ x)$, $\vec{b}=(x,\ x-2)$ が垂直になるような x の値を求めよ。

(2) ベクトル $\vec{a}=(1,\ -3)$ に垂直である単位ベクトルを求めよ。

(1) $\vec{a}\neq\vec{0}$, $\vec{b}\neq\vec{0}$ から, $\vec{a}\perp\vec{b}$ であるための条件は

$\vec{a}\cdot\vec{b}=0$

ここで　$\vec{a}\cdot\vec{b}=(x+1)\times x+x\times(x-2)$

$=x(2x-1)$

よって　$x(2x-1)=0$

ゆえに　$\boldsymbol{x=0,\ \frac{1}{2}}$

⇐(1) $(x+1,\ x)\neq\vec{0}$, $(x,\ x-2)\neq\vec{0}$ である。

(2) $\vec{a}$ に垂直な単位ベクトルを $\vec{u}=(s,\ t)$ とする。

$\vec{a}\perp\vec{u}$ であるから　$\vec{a}\cdot\vec{u}=0$

よって　$1\times s+(-3)\times t=0$

ゆえに　$s=3t$ ……①

また, $|\vec{u}|=1$ であるから　$s^2+t^2=1$ ……②

① を ② に代入すると　$(3t)^2+t^2=1$

整理すると　$10t^2=1$

よって　$t=\pm\frac{1}{\sqrt{10}}$

① から　$s=\pm\frac{3}{\sqrt{10}}$ (複号同順)

したがって, $\vec{a}$ に垂直な単位ベクトルは

$$\boldsymbol{\left(\frac{3}{\sqrt{10}},\ \frac{1}{\sqrt{10}}\right),\ \left(-\frac{3}{\sqrt{10}},\ -\frac{1}{\sqrt{10}}\right)}$$

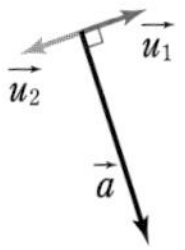

$\vec{u_1}=\left(\frac{3}{\sqrt{10}},\ \frac{1}{\sqrt{10}}\right)$

$\vec{u_2}=\left(-\frac{3}{\sqrt{10}},\ -\frac{1}{\sqrt{10}}\right)$

別解　$\vec{a}=(1,\ -3)$ に垂直な単位ベクトルは

$\frac{1}{|\vec{a}|}(3,\ 1)$, $-\frac{1}{|\vec{a}|}(3,\ 1)$

$|\vec{a}|=\sqrt{10}$ から

$$\boldsymbol{\left(\frac{3}{\sqrt{10}},\ \frac{1}{\sqrt{10}}\right),\ \left(-\frac{3}{\sqrt{10}},\ -\frac{1}{\sqrt{10}}\right)}$$

⇐基本例題 14(2) の 別解 参照。

PR ②15

(1) 等式 $\left|\frac{1}{2}\vec{a}-\frac{1}{3}\vec{b}\right|^2+\left|\frac{1}{2}\vec{a}+\frac{1}{3}\vec{b}\right|^2=\frac{1}{2}|\vec{a}|^2+\frac{2}{9}|\vec{b}|^2$ を証明せよ。

(2) $|\vec{a}|=1$, $|\vec{b}|=1$ で, $-3\vec{a}+2\vec{b}$ と $\vec{a}+4\vec{b}$ が垂直であるとき, $\vec{a}$ と $\vec{b}$ のなす角 θ を求めよ。

(1) (左辺)$=\left|\frac{1}{2}\vec{a}-\frac{1}{3}\vec{b}\right|^2+\left|\frac{1}{2}\vec{a}+\frac{1}{3}\vec{b}\right|^2$

$=\left(\frac{1}{2}\vec{a}-\frac{1}{3}\vec{b}\right)\cdot\left(\frac{1}{2}\vec{a}-\frac{1}{3}\vec{b}\right)+\left(\frac{1}{2}\vec{a}+\frac{1}{3}\vec{b}\right)\cdot\left(\frac{1}{2}\vec{a}+\frac{1}{3}\vec{b}\right)$

$=\frac{1}{4}|\vec{a}|^2-\frac{1}{3}\vec{a}\cdot\vec{b}+\frac{1}{9}|\vec{b}|^2+\frac{1}{4}|\vec{a}|^2+\frac{1}{3}\vec{a}\cdot\vec{b}+\frac{1}{9}|\vec{b}|^2$

$=\frac{1}{2}|\vec{a}|^2+\frac{2}{9}|\vec{b}|^2=$(右辺)

よって　$\left|\frac{1}{2}\vec{a}-\frac{1}{3}\vec{b}\right|^2+\left|\frac{1}{2}\vec{a}+\frac{1}{3}\vec{b}\right|^2=\frac{1}{2}|\vec{a}|^2+\frac{2}{9}|\vec{b}|^2$

⇐$\left(\frac{1}{2}a-\frac{1}{3}b\right)^2+\left(\frac{1}{2}a+\frac{1}{3}b\right)^2$ と同じように計算。

(2) $(-3\vec{a}+2\vec{b})\perp(\vec{a}+4\vec{b})$ であるから

$$(-3\vec{a}+2\vec{b})\cdot(\vec{a}+4\vec{b})=0$$

⇐(内積)=0

よって　$-3|\vec{a}|^2-10\vec{a}\cdot\vec{b}+8|\vec{b}|^2=0$

$|\vec{a}|=|\vec{b}|=1$ を代入して

$$-3\times1^2-10\vec{a}\cdot\vec{b}+8\times1^2=0$$

ゆえに　$\vec{a}\cdot\vec{b}=\frac{1}{2}$

したがって　$\cos\theta=\frac{\vec{a}\cdot\vec{b}}{|\vec{a}||\vec{b}|}=\frac{1}{2}$

$0^\circ\leqq\theta\leqq180^\circ$ であるから　$\boldsymbol{\theta=60^\circ}$

PR ②16

(1) $|\vec{a}|=2$, $|\vec{b}|=3$ で $\vec{a}$ と $\vec{b}$ のなす角が 120° であるとき，$|3\vec{a}-\vec{b}|$ を求めよ。

(2) $|\vec{a}|=|\vec{a}-2\vec{b}|=2$, $|\vec{b}|=1$ のとき，$|2\vec{a}+3\vec{b}|$ を求めよ。

(1) $\vec{a}\cdot\vec{b}=|\vec{a}||\vec{b}|\cos120^\circ$

$$=2\times3\times\left(-\frac{1}{2}\right)$$

$$=-3$$

よって　$|3\vec{a}-\vec{b}|^2=(3\vec{a}-\vec{b})\cdot(3\vec{a}-\vec{b})$

$$=9|\vec{a}|^2-6\vec{a}\cdot\vec{b}+|\vec{b}|^2$$

$$=9\times2^2-6\times(-3)+3^2$$

$$=63$$

⇐$(3a-b)^2$
$=9a^2-6ab+b^2$
と同じように計算。

$|3\vec{a}-\vec{b}|\geqq0$ であるから

$$|3\vec{a}-\vec{b}|=\sqrt{63}=\boldsymbol{3\sqrt{7}}$$

⇐$\sqrt{63}=3\sqrt{7}$

(2) $|\vec{a}-2\vec{b}|^2=(\vec{a}-2\vec{b})\cdot(\vec{a}-2\vec{b})$

$$=|\vec{a}|^2-4\vec{a}\cdot\vec{b}+4|\vec{b}|^2$$

⇐$(a-2b)^2$
$=a^2-4ab+4b^2$
と同じように計算。

$|\vec{a}|=2$, $|\vec{b}|=1$, $|\vec{a}-2\vec{b}|=2$ であるから

$$2^2=2^2-4\vec{a}\cdot\vec{b}+4\times1^2$$

よって　$\vec{a}\cdot\vec{b}=1$

ゆえに　$|2\vec{a}+3\vec{b}|^2=(2\vec{a}+3\vec{b})\cdot(2\vec{a}+3\vec{b})$

$$=4|\vec{a}|^2+12\vec{a}\cdot\vec{b}+9|\vec{b}|^2$$

$$=4\times2^2+12\times1+9\times1^2$$

$$=37$$

⇐$(2a+3b)^2$
$=4a^2+12ab+9b^2$
と同じように計算。

$|2\vec{a}+3\vec{b}|\geqq0$ であるから

$$|2\vec{a}+3\vec{b}|=\boldsymbol{\sqrt{37}}$$

PR ③17

(1) $|\vec{a}|=4$, $|\vec{b}|=\sqrt{3}$, $|2\vec{a}-5\vec{b}|=\sqrt{19}$ のとき，$\vec{a}$，$\vec{b}$ のなす角 θ を求めよ。
(2) $|\vec{a}|=3$, $|\vec{b}|=2$, $|\vec{a}-2\vec{b}|=\sqrt{17}$ のとき，$\vec{a}+\vec{b}$ と $\vec{a}+t\vec{b}$ が垂直であるような実数 t の値を求めよ。

(1) $|2\vec{a}-5\vec{b}|^2=4|\vec{a}|^2-20\vec{a}\cdot\vec{b}+25|\vec{b}|^2$
$=4\times4^2-20\vec{a}\cdot\vec{b}+25\times(\sqrt{3})^2$
$=139-20\vec{a}\cdot\vec{b}$

$|2\vec{a}-5\vec{b}|^2=19$ であるから
$139-20\vec{a}\cdot\vec{b}=19$

よって　$\vec{a}\cdot\vec{b}=6$

したがって　$\cos\theta=\dfrac{\vec{a}\cdot\vec{b}}{|\vec{a}||\vec{b}|}=\dfrac{6}{4\times\sqrt{3}}=\dfrac{\sqrt{3}}{2}$

$0^\circ\leqq\theta\leqq180^\circ$ であるから　$\boldsymbol{\theta=30^\circ}$

(2) $|\vec{a}-2\vec{b}|^2=|\vec{a}|^2-4\vec{a}\cdot\vec{b}+4|\vec{b}|^2$
$=3^2-4\vec{a}\cdot\vec{b}+4\times2^2=25-4\vec{a}\cdot\vec{b}$

$|\vec{a}-2\vec{b}|^2=17$ であるから　$25-4\vec{a}\cdot\vec{b}=17$

よって　$\vec{a}\cdot\vec{b}=2$　…… ①

また，$(\vec{a}+\vec{b})\perp(\vec{a}+t\vec{b})$ から　$(\vec{a}+\vec{b})\cdot(\vec{a}+t\vec{b})=0$

すなわち　$|\vec{a}|^2+(1+t)\vec{a}\cdot\vec{b}+t|\vec{b}|^2=0$

① から　$3^2+(1+t)\times2+t\times2^2=0$

ゆえに　$\boldsymbol{t=-\dfrac{11}{6}}$

inf. $2\vec{a}=\overrightarrow{OA}$, $5\vec{b}=\overrightarrow{OB}$ とすると $OA=8$, $OB=5\sqrt{3}$
$AB=|\overrightarrow{AB}|=|5\vec{b}-2\vec{a}|=|2\vec{a}-5\vec{b}|=\sqrt{19}$
$2\vec{a}$ と $5\vec{b}$ のなす角は θ であるから，△OAB に余弦定理を適用すると
$\cos\theta=\dfrac{8^2+(5\sqrt{3})^2-(\sqrt{19})^2}{2\times8\times5\sqrt{3}}$

⇐ $|\vec{a}-2\vec{b}|=\sqrt{17}$ は $|\vec{a}-2\vec{b}|^2=(\sqrt{17})^2$ として扱う。

⇐ (内積)$=0$

PR ③18

ベクトル $\vec{a}$，$\vec{b}$ について，$|\vec{a}|=2$, $|\vec{b}|=1$, $|\vec{a}+3\vec{b}|=3$ とする。このとき，内積 $\vec{a}\cdot\vec{b}$ の値は $\vec{a}\cdot\vec{b}=$ ア□ である。また t が実数全体を動くとき $|\vec{a}+t\vec{b}|$ の最小値は イ□ である。
〔慶応大〕

(ア) $|\vec{a}+3\vec{b}|=3$ の両辺を 2 乗して　$|\vec{a}|^2+6\vec{a}\cdot\vec{b}+9|\vec{b}|^2=9$

$|\vec{a}|=2$, $|\vec{b}|=1$ を代入して　$2^2+6\vec{a}\cdot\vec{b}+9\times1^2=9$

よって　$\vec{a}\cdot\vec{b}=$ ア $\boldsymbol{-\dfrac{2}{3}}$

(イ) $|\vec{a}+t\vec{b}|^2=|\vec{a}|^2+2t\vec{a}\cdot\vec{b}+t^2|\vec{b}|^2$
$=2^2+2t\times\left(-\dfrac{2}{3}\right)+t^2\times1^2$
$=t^2-\dfrac{4}{3}t+4$
$=\left(t-\dfrac{2}{3}\right)^2+\dfrac{32}{9}$

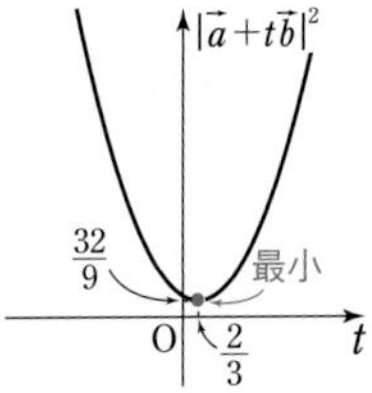

⇐ $t^2-\dfrac{4}{3}t+4=\left(t-\dfrac{2}{3}\right)^2-\left(\dfrac{2}{3}\right)^2+4$

よって，$|\vec{a}+t\vec{b}|^2$ は $t=\dfrac{2}{3}$ のとき最小値 $\dfrac{32}{9}$ をとる。

$|\vec{a}+t\vec{b}|\geqq0$ であるから，このとき $|\vec{a}+t\vec{b}|$ も最小となる。

したがって，$|\vec{a}+t\vec{b}|$ は $t=\dfrac{2}{3}$ のとき最小値 $\sqrt{\dfrac{32}{9}}=$ イ $\boldsymbol{\dfrac{4\sqrt{2}}{3}}$

をとる。

PR ③19

(1)　△OAB において，$|\overrightarrow{OA}|=2\sqrt{3}$，$|\overrightarrow{OB}|=5$，$\overrightarrow{OA}\cdot\overrightarrow{OB}=-15$ のとき，△OAB の面積 S を求めよ。

(2)　3点 O(0, 0)，A(1, 2)，B(3, 4) を頂点とする △OAB の面積 S を求めよ。

(3)　3点 P(2, 8)，Q(0, −2)，R(6, 4) を頂点とする △PQR の面積 S を求めよ。

(1)　$\overrightarrow{OA}=\vec{a}$，$\overrightarrow{OB}=\vec{b}$ とすると

$|\vec{a}|=2\sqrt{3}$，$|\vec{b}|=5$，$\vec{a}\cdot\vec{b}=-15$

よって　$S=\frac{1}{2}\sqrt{(2\sqrt{3})^2\times5^2-(-15)^2}=\frac{1}{2}\sqrt{75}=\boldsymbol{\frac{5\sqrt{3}}{2}}$

(2)　$\overrightarrow{OA}=\vec{a}$，$\overrightarrow{OB}=\vec{b}$ とすると

$\vec{a}=(1,\ 2)$，$\vec{b}=(3,\ 4)$

よって　$S=\frac{1}{2}|1\times4-2\times3|=\frac{1}{2}|-2|=\boldsymbol{1}$

別解　$|\vec{a}|^2=1^2+2^2=5$，$|\vec{b}|^2=3^2+4^2=25$，

$\vec{a}\cdot\vec{b}=1\times3+2\times4=11$

よって　$S=\frac{1}{2}\sqrt{5\times25-11^2}=\frac{1}{2}\sqrt{4}=\boldsymbol{1}$

(3)　$\overrightarrow{PQ}=(0-2,\ -2-8)=(-2,\ -10)$，

$\overrightarrow{PR}=(6-2,\ 4-8)=(4,\ -4)$

であるから

$S=\frac{1}{2}|(-2)\times(-4)-(-10)\times4|=\frac{1}{2}|48|=\boldsymbol{24}$

別解　$\overrightarrow{PQ}=(-2,\ -10)$，$\overrightarrow{PR}=(4,\ -4)$ であるから

$|\overrightarrow{PQ}|^2=(-2)^2+(-10)^2=104$，$|\overrightarrow{PR}|^2=4^2+(-4)^2=32$，

$\overrightarrow{PQ}\cdot\overrightarrow{PR}=(-2)\times4+(-10)\times(-4)=32$

よって　$S=\frac{1}{2}\sqrt{|\overrightarrow{PQ}|^2|\overrightarrow{PR}|^2-(\overrightarrow{PQ}\cdot\overrightarrow{PR})^2}$

$=\frac{1}{2}\sqrt{104\times32-32^2}=\boldsymbol{24}$

三角形の面積
△OAB において，
$\overrightarrow{OA}=\vec{a}=(a_1,\ a_2)$
$\overrightarrow{OB}=\vec{b}=(b_1,\ b_2)$
とすると
△OAB の面積 S は
$\boldsymbol{S=\frac{1}{2}\sqrt{|\vec{a}|^2|\vec{b}|^2-(\vec{a}\cdot\vec{b})^2}}$
$\boldsymbol{=\frac{1}{2}|a_1b_2-a_2b_1|}$

⇦3点P，Q，Rはいずれも O(0, 0) ではないから，Pを始点としたベクトルを考える。

(3)　別解 の最後は
$\frac{1}{2}\sqrt{104\times32-32^2}$
$=\frac{1}{2}\sqrt{32\times(104-32)}$
$=\frac{1}{2}\sqrt{32\times72}$
$=\frac{1}{2}\sqrt{2^5\times2^3\times3^2}$
と考えるとよい。

PR ③20

不等式 $|3\vec{a}+2\vec{b}|\leqq3|\vec{a}|+2|\vec{b}|$ を証明せよ。

$(3|\vec{a}|+2|\vec{b}|)^2-|3\vec{a}+2\vec{b}|^2$

$=9|\vec{a}|^2+12|\vec{a}||\vec{b}|+4|\vec{b}|^2-(9|\vec{a}|^2+12\vec{a}\cdot\vec{b}+4|\vec{b}|^2)$

$=12(|\vec{a}||\vec{b}|-\vec{a}\cdot\vec{b})\geqq0$

よって　$|3\vec{a}+2\vec{b}|^2\leqq(3|\vec{a}|+2|\vec{b}|)^2$

$3|\vec{a}|+2|\vec{b}|\geqq0$，$|3\vec{a}+2\vec{b}|\geqq0$ であるから

$|3\vec{a}+2\vec{b}|\leqq3|\vec{a}|+2|\vec{b}|$

参考　重要例題 20 (1) で証明した不等式 $|\vec{a}||\vec{b}|\geqq|\vec{a}\cdot\vec{b}|$ の両辺を2乗すると　$|\vec{a}|^2|\vec{b}|^2\geqq|\vec{a}\cdot\vec{b}|^2$

ここで，$\vec{a}=(a,\ b)$，$\vec{b}=(x,\ y)$ とすると

$\boldsymbol{(a^2+b^2)(x^2+y^2)\geqq(ax+by)^2}$

(等号は $ay=bx$ のとき成り立つ)

この不等式を**コーシー・シュワルツの不等式**という。

⇦$|\vec{a}||\vec{b}|\geqq\vec{a}\cdot\vec{b}$
重要例題 20 (1) 参照。

⇦$A\geqq0$，$B\geqq0$ のとき
$A\leqq B \iff A^2\leqq B^2$

PR ④21

$|\vec{a}|=2$, $|\vec{b}|=1$, $|\vec{a}-\vec{b}|=\sqrt{3}$ とするとき，$|k\vec{a}+t\vec{b}|\geqq 2$ がすべての実数 t に対して成り立つような実数 k の値の範囲を求めよ。

$|\vec{a}-\vec{b}|=\sqrt{3}$ の両辺を 2 乗して　$|\vec{a}|^2-2\vec{a}\cdot\vec{b}+|\vec{b}|^2=3$

$|\vec{a}|=2$, $|\vec{b}|=1$ を代入して　$2^2-2\vec{a}\cdot\vec{b}+1^2=3$

よって　$\vec{a}\cdot\vec{b}=1$

ゆえに　$|k\vec{a}+t\vec{b}|^2=k^2|\vec{a}|^2+2kt\vec{a}\cdot\vec{b}+t^2|\vec{b}|^2$

$=k^2\times 2^2+2kt\times 1+t^2\times 1^2$

$=4k^2+2kt+t^2$ ……①

$|k\vec{a}+t\vec{b}|\geqq 0$ であるから，$|k\vec{a}+t\vec{b}|\geqq 2$ は

$|k\vec{a}+t\vec{b}|^2\geqq 4$ ……② と同値である。

よって，①，② から　$4k^2+2kt+t^2\geqq 4$

すなわち　$t^2+2kt+4k^2-4\geqq 0$ ……③

③ がすべての実数 t に対して成り立つための条件は，t の 2 次方程式 $t^2+2kt+4k^2-4=0$ の判別式を D とすると，t^2 の係数は正であるから　$D\leqq 0$

ここで　$\dfrac{D}{4}=k^2-1\times(4k^2-4)=-3k^2+4$

よって　$-3k^2+4\leqq 0$　ゆえに　$k^2-\dfrac{4}{3}\geqq 0$

したがって　$\boldsymbol{k\leqq -\dfrac{2}{\sqrt{3}},\ \dfrac{2}{\sqrt{3}}\leqq k}$

CHART　$|\vec{p}|$ は $|\vec{p}|^2$ として扱う

⇐$A\geqq 0$, $B\geqq 0$ のとき $A\geqq B \iff A^2\geqq B^2$

⇐k は定数と考える。

⇐t^2 の係数>0, $D\leqq 0$

⇐$\left(k+\dfrac{2}{\sqrt{3}}\right)\left(k-\dfrac{2}{\sqrt{3}}\right)\geqq 0$

PR ④22

実数 x, y, a, b が条件 $x^2+y^2=1$ および $a^2+b^2=2$ を満たすとき，$ax+by$ の最大値，最小値を求めよ。

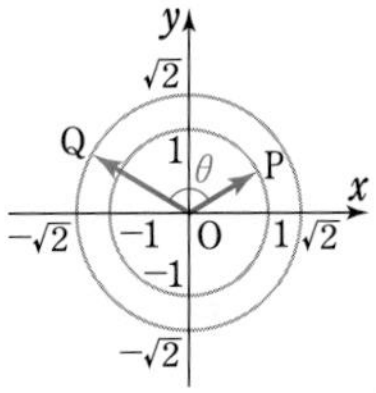

O を原点とする。

$x^2+y^2=1$ を満たす x, y に対して

$\overrightarrow{OP}=(x,\ y)$ とし，

$a^2+b^2=2$ を満たす a, b に対して

$\overrightarrow{OQ}=(a,\ b)$ とする。

$\overrightarrow{OP}$, $\overrightarrow{OQ}$ のなす角を θ とすると

$\overrightarrow{OP}\cdot\overrightarrow{OQ}=|\overrightarrow{OP}||\overrightarrow{OQ}|\cos\theta$

よって　$ax+by=1\times\sqrt{2}\times\cos\theta$

$0^\circ\leqq\theta\leqq 180^\circ$ より，$-1\leqq\cos\theta\leqq 1$ であるから

$-\sqrt{2}\leqq ax+by\leqq\sqrt{2}$

ゆえに　$ax+by$ の **最大値は $\sqrt{2}$，最小値は $-\sqrt{2}$**

別解　コーシー・シュワルツの不等式から

$(a^2+b^2)(x^2+y^2)\geqq(ax+by)^2$

よって　$2\geqq(ax+by)^2$

ゆえに　$-\sqrt{2}\leqq ax+by\leqq\sqrt{2}$

等号が成り立つのは $ay=bx$ のときである。

よって　$ax+by$ の **最大値は $\sqrt{2}$，最小値は $-\sqrt{2}$**

⇐$|\overrightarrow{OP}|=\sqrt{x^2+y^2}=1$, $|\overrightarrow{OQ}|=\sqrt{a^2+b^2}=\sqrt{2}$

⇐すなわち，$\theta=0^\circ$ のとき最大値，$\theta=180^\circ$ のとき最小値をとる。

inf.　**コーシー・シュワルツの不等式** については，PR 20 の 参考 を参照。

PR ②23　3点 $A(\vec{a})$, $B(\vec{b})$, $C(\vec{c})$ を頂点とする△ABC の辺 BC を 2：1 に外分する点を D，辺 AB の中点を E とする。線分 ED を 1：2 に内分する点を F，△AEF の重心を G とするとき，点 F，G の位置ベクトルを $\vec{a}$，$\vec{b}$，$\vec{c}$ を用いて表せ。

3点 D，E，F の位置ベクトルを，それぞれ $\vec{d}$，$\vec{e}$，$\vec{f}$ とすると

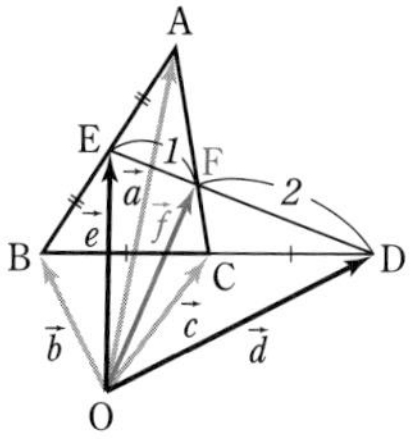

$$\vec{d}=\frac{-\vec{b}+2\vec{c}}{2-1}=-\vec{b}+2\vec{c}$$

⇦点 D は辺 BC を 2：1 に**外分**する点。

$$\vec{e}=\frac{\vec{a}+\vec{b}}{2}=\frac{1}{2}\vec{a}+\frac{1}{2}\vec{b}$$

⇦点 E は辺 AB の中点。

よって

$$\vec{f}=\frac{2\vec{e}+\vec{d}}{1+2}=\frac{(\vec{a}+\vec{b})+(-\vec{b}+2\vec{c})}{3}$$

$$=\boldsymbol{\frac{1}{3}\vec{a}+\frac{2}{3}\vec{c}}$$

⇦点 F は線分 ED を 1：2 に**内分**する点。

inf.　点 F は辺 AC を 2：1 に内分する点になっている。

また，点 G の位置ベクトルを $\vec{g}$ とすると

$$\vec{g}=\frac{\vec{a}+\vec{e}+\vec{f}}{3}$$

$$=\frac{1}{3}\left\{\vec{a}+\left(\frac{1}{2}\vec{a}+\frac{1}{2}\vec{b}\right)+\left(\frac{1}{3}\vec{a}+\frac{2}{3}\vec{c}\right)\right\}$$

$$=\boldsymbol{\frac{11}{18}\vec{a}+\frac{1}{6}\vec{b}+\frac{2}{9}\vec{c}}$$

⇦△AEF の重心の位置ベクトルは $\dfrac{\vec{a}+\vec{e}+\vec{f}}{3}$

PR ②24　三角形 ABC の内部に点 P がある。AP と辺 BC の交点を Q とするとき，BQ：QC＝1：2，AP：PQ＝3：4 であるなら，等式 $4\overrightarrow{PA}+2\overrightarrow{PB}+\overrightarrow{PC}=\vec{0}$ が成り立つことを証明せよ。

5点 A，B，C，P，Q の位置ベクトルを，それぞれ $\vec{a}$，$\vec{b}$，$\vec{c}$，$\vec{p}$，$\vec{q}$ とすると

⇦[1]（位置ベクトル）の方針

$$\vec{p}=\frac{4\vec{a}+3\vec{q}}{3+4},\quad \vec{q}=\frac{2\vec{b}+\vec{c}}{1+2}$$

よって　$\vec{p}=\dfrac{4\vec{a}+2\vec{b}+\vec{c}}{7}$

⇦$3\vec{q}=2\vec{b}+\vec{c}$

ゆえに　$4\overrightarrow{PA}+2\overrightarrow{PB}+\overrightarrow{PC}=4(\vec{a}-\vec{p})+2(\vec{b}-\vec{p})+(\vec{c}-\vec{p})$

⇦$\overrightarrow{PA}=\vec{a}-\vec{p}$ など。

$$=4\vec{a}+2\vec{b}+\vec{c}-7\vec{p}=4\vec{a}+2\vec{b}+\vec{c}-7\times\frac{4\vec{a}+2\vec{b}+\vec{c}}{7}=\vec{0}$$

別解　$\overrightarrow{AB}=\vec{b}$，$\overrightarrow{AC}=\vec{c}$ とすると

⇦[2]（始点を A）の方針

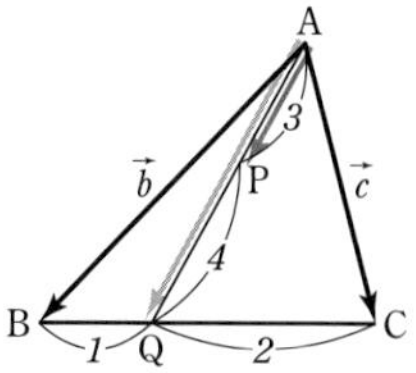

$$\overrightarrow{AQ}=\frac{2\vec{b}+\vec{c}}{1+2}=\frac{2}{3}\vec{b}+\frac{1}{3}\vec{c},$$

$$\overrightarrow{AP}=\frac{3}{7}\overrightarrow{AQ}=\frac{2}{7}\vec{b}+\frac{1}{7}\vec{c}$$

⇦$\overrightarrow{AP}=\dfrac{3}{7}\left(\dfrac{2}{3}\vec{b}+\dfrac{1}{3}\vec{c}\right)$

ゆえに

$$4\overrightarrow{PA}+2\overrightarrow{PB}+\overrightarrow{PC}$$

$$=-4\overrightarrow{AP}+2(\overrightarrow{AB}-\overrightarrow{AP})+(\overrightarrow{AC}-\overrightarrow{AP})$$

⇦始点を A にそろえる。

$$=-7\overrightarrow{AP}+2\overrightarrow{AB}+\overrightarrow{AC}$$

$$=-7\left(\frac{2}{7}\vec{b}+\frac{1}{7}\vec{c}\right)+2\vec{b}+\vec{c}=\vec{0}$$

PR ②25

3点 $A(\vec{a})$，$B(\vec{b})$，$C(\vec{c})$ を頂点とする △ABC において，AB=6，BC=8，CA=7 である。また，∠B の二等分線と辺 AC の交点をDとする。
(1) 点Dの位置ベクトルを $\vec{d}$ とするとき，$\vec{d}$ を $\vec{a}$，$\vec{c}$ で表せ。
(2) △ABC の内心 I の位置ベクトルを $\vec{i}$ とするとき，$\vec{i}$ を $\vec{a}$，$\vec{b}$，$\vec{c}$ で表せ。

(1) BD は ∠B の二等分線であるから

CD：DA=BC：BA

=8：6=4：3

よって $\boldsymbol{\vec{d}}=\dfrac{3\vec{c}+4\vec{a}}{4+3}=\boldsymbol{\dfrac{4}{7}\vec{a}+\dfrac{3}{7}\vec{c}}$

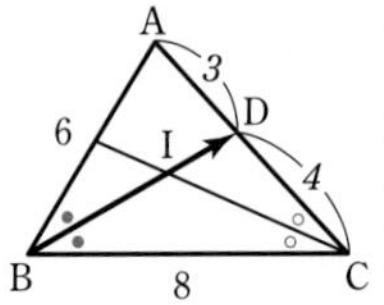

⇐角の二等分線と線分比。

(2) △ABC の内心 I は線分 BD 上にあり，CI は ∠C を 2 等分するから

BI：ID=CB：CD

(1) より，$CD=\dfrac{4}{4+3}CA=\dfrac{4}{7}\times7=4$ であるから

⇐CD：DA=4：3

BI：ID=8：4=2：1

よって $\vec{i}=\dfrac{\vec{b}+2\vec{d}}{2+1}=\dfrac{\vec{b}+2\vec{d}}{3}$

(1) から $\boldsymbol{\vec{i}}=\dfrac{1}{3}\left\{\vec{b}+2\left(\dfrac{4}{7}\vec{a}+\dfrac{3}{7}\vec{c}\right)\right\}=\boldsymbol{\dfrac{8}{21}\vec{a}+\dfrac{1}{3}\vec{b}+\dfrac{2}{7}\vec{c}}$

本冊 *p*.52 INFORMATION 内心の位置ベクトルの証明

$A(\vec{a})$，$B(\vec{b})$，$C(\vec{c})$ を頂点とする △ABC において，$BC=l$，$CA=m$，$AB=n$ であるとき，△ABC の内心 $I(\vec{i})$ は $\boldsymbol{\vec{i}=\dfrac{l\vec{a}+m\vec{b}+n\vec{c}}{l+m+n}}$ と表される。

証明 ∠A の二等分線と辺 BC の交点をDとすると

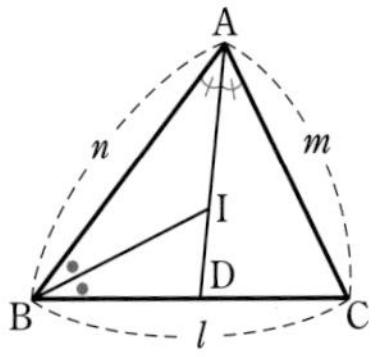

$BD：DC=AB：AC=n：m$

よって，点Dの位置ベクトルを $\vec{d}$ とすると

$\vec{d}=\dfrac{m\vec{b}+n\vec{c}}{n+m}$ ……①

また，$BC=l$ であるから

$BD=\dfrac{n}{n+m}BC=\dfrac{nl}{n+m}$

∠B の二等分線と AD の交点が △ABC の内心 I である。

よって $AI：ID=BA：BD=n：\dfrac{nl}{n+m}=(n+m)：l$

ゆえに，① から

$\vec{i}=\dfrac{l\vec{a}+(n+m)\vec{d}}{(n+m)+l}=\dfrac{1}{l+m+n}\left\{l\vec{a}+(n+m)\dfrac{m\vec{b}+n\vec{c}}{n+m}\right\}$

$=\dfrac{l\vec{a}+m\vec{b}+n\vec{c}}{l+m+n}$

PR ③26　三角形ABCと点Pがあり，$2\overrightarrow{PA}+6\overrightarrow{PB}+5\overrightarrow{PC}=\vec{0}$ を満たしている。
(1)　点Pの位置をいえ。
(2)　面積比 △PBC：△PCA：△PAB を求めよ。

(1)　等式から

$$-2\overrightarrow{AP}+6(\overrightarrow{AB}-\overrightarrow{AP})+5(\overrightarrow{AC}-\overrightarrow{AP})=\vec{0}$$

⇐差の形に分割。

よって　$\overrightarrow{AP}=\dfrac{6\overrightarrow{AB}+5\overrightarrow{AC}}{13}$

$=\dfrac{11}{13}\times\dfrac{6\overrightarrow{AB}+5\overrightarrow{AC}}{11}$

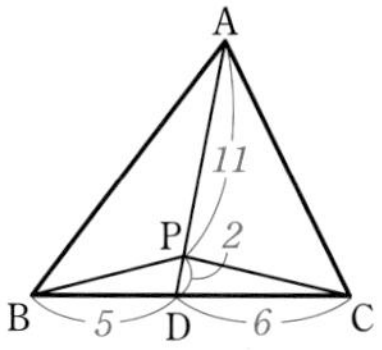

ここで，$\overrightarrow{AD}=\dfrac{6\overrightarrow{AB}+5\overrightarrow{AC}}{11}$ とおくと，
点Dは線分BCを5：6に内分する点であり

$$\overrightarrow{AP}=\frac{11}{13}\overrightarrow{AD}$$

⇐$6\overrightarrow{AB}+5\overrightarrow{AC}$ において，$\overrightarrow{AB}$，$\overrightarrow{AC}$ の係数の和は
$6+5=11$
よって
$\overrightarrow{AP}=k\left(\dfrac{6\overrightarrow{AB}+5\overrightarrow{AC}}{11}\right)$
の形に変形する。

よって　AP：PD＝11：2
ゆえに，点Pは，**線分BCを5：6に内分する点をDとしたとき，線分ADを11：2に内分する点**である。

⇐点Dの位置の説明を含めて解答とする。

(2)　△ABCの面積をSとすると

$$\triangle PBC=\frac{2}{11+2}\triangle ABC=\frac{2}{13}S,$$

$$\triangle PCA=\frac{11}{11+2}\triangle ADC=\frac{11}{13}\times\frac{6}{5+6}\triangle ABC=\frac{6}{13}S,$$

$$\triangle PAB=\frac{11}{11+2}\triangle ABD=\frac{11}{13}\times\frac{5}{5+6}\triangle ABC=\frac{5}{13}S$$

⇐**三角形の面積比**
「等高なら底辺の比」
「等底なら高さの比」
を利用する。

よって　△PBC：△PCA：△PAB

$$=\frac{2}{13}S:\frac{6}{13}S:\frac{5}{13}S$$

$=$**2：6：5**

補足　基本例題26の inf. の証明は同様の計算で次のようにすればよい。

(1)　$-a\overrightarrow{AP}+b(\overrightarrow{AB}-\overrightarrow{AP})+c(\overrightarrow{AC}-\overrightarrow{AP})=\vec{0}$ から
$(a+b+c)\overrightarrow{AP}=b\overrightarrow{AB}+c\overrightarrow{AC}$

⇐差の形に分割。

ゆえに

$$\overrightarrow{AP}=\frac{1}{a+b+c}(b\overrightarrow{AB}+c\overrightarrow{AC})$$

$$=\frac{c+b}{a+b+c}\times\frac{b\overrightarrow{AB}+c\overrightarrow{AC}}{c+b}$$

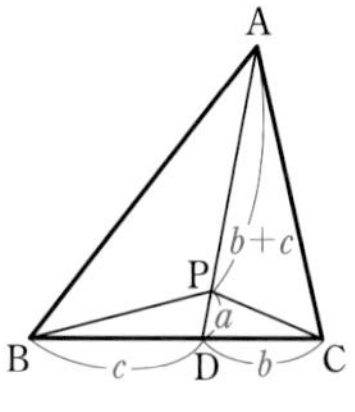

よって，辺BCを $c：b$ に内分する点をDとすると

$$\overrightarrow{AP}=\frac{b+c}{a+b+c}\overrightarrow{AD}$$

⇐$\overrightarrow{AD}=\dfrac{b\overrightarrow{AB}+c\overrightarrow{AC}}{c+b}$

したがって，点Pは線分ADを $(b+c)：a$ に内分する点であるから **点Pは△ABCの内部にある。**

⇐$(b+c):\{(a+b+c)-(b+c)\}$

(2) $\triangle ABC=S$ とおくと

$$\triangle PBC=\frac{a}{a+b+c}S,$$

$$\triangle PCA=\frac{b+c}{a+b+c}\triangle ADC=\frac{b+c}{a+b+c}\times\frac{b}{b+c}\triangle ABC=\frac{b}{a+b+c}S,$$

$$\triangle PAB=\frac{b+c}{a+b+c}\triangle ABD=\frac{b+c}{a+b+c}\times\frac{c}{b+c}\triangle ABC=\frac{c}{a+b+c}S$$

したがって　**△PBC：△PCA：△PAB**

$$=\frac{a}{a+b+c}S:\frac{b}{a+b+c}S:\frac{c}{a+b+c}S=\boldsymbol{a:b:c}$$

PR ②27

正六角形 OPQRST において $\overrightarrow{OP}=\vec{p}$, $\overrightarrow{OQ}=\vec{q}$ とする。
(1) $\overrightarrow{OR}$, $\overrightarrow{OS}$, $\overrightarrow{OT}$ を，それぞれ $\vec{p}$, $\vec{q}$ を用いて表せ。
(2) △OQS の重心 G_1 と △PRT の重心 G_2 は一致することを証明せよ。

(1) $\overrightarrow{OR}=2\overrightarrow{PQ}=2(\overrightarrow{OQ}-\overrightarrow{OP})$
$\quad=\boldsymbol{2\vec{q}-2\vec{p}}$
$\overrightarrow{OS}=\overrightarrow{OR}+\overrightarrow{RS}=\overrightarrow{OR}-\overrightarrow{OP}$
$\quad=2\vec{q}-2\vec{p}-\vec{p}$
$\quad=\boldsymbol{2\vec{q}-3\vec{p}}$
$\overrightarrow{OT}=\overrightarrow{QR}=\overrightarrow{OR}-\overrightarrow{OQ}=2\vec{q}-2\vec{p}-\vec{q}$
$\quad=\boldsymbol{\vec{q}-2\vec{p}}$

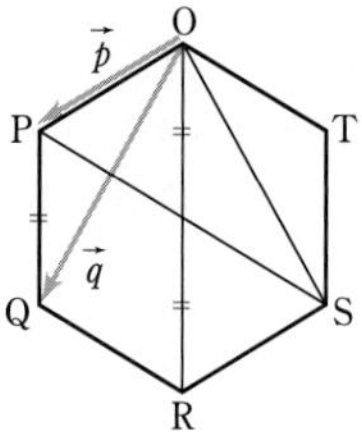

(2) $\overrightarrow{OG_1}=\dfrac{\overrightarrow{OQ}+\overrightarrow{OS}}{3}=\dfrac{1}{3}(\vec{q}+2\vec{q}-3\vec{p})=\vec{q}-\vec{p}$

$\overrightarrow{OG_2}=\dfrac{\overrightarrow{OP}+\overrightarrow{OR}+\overrightarrow{OT}}{3}=\dfrac{1}{3}(\vec{p}+2\vec{q}-2\vec{p}+\vec{q}-2\vec{p})$

$\quad=\vec{q}-\vec{p}$

よって　$\overrightarrow{OG_1}=\overrightarrow{OG_2}$

したがって，点 G_1 と点 G_2 は一致する。

HINT (2) △ABC の重心 G ⟶ $\overrightarrow{OG}=\frac{1}{3}(\overrightarrow{OA}+\overrightarrow{OB}+\overrightarrow{OC})$

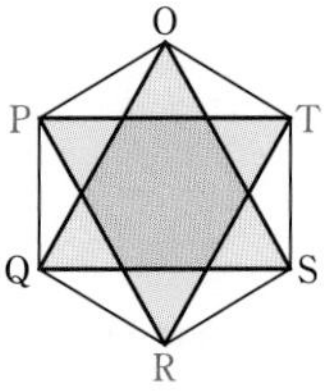

⇐ G_1, G_2 の位置ベクトルが一致。

PR ②28

平行四辺形 ABCD において，対角線 BD を 9：10 に内分する点を P，辺 AB を 3：2 に内分する点を Q，線分 QD を 1：2 に内分する点を R とするとき，3 点 C，P，R は一直線上にあることを証明せよ。

$\overrightarrow{CB}=\vec{b}$, $\overrightarrow{CD}=\vec{d}$ とすると

$\overrightarrow{CP}=\dfrac{10\vec{b}+9\vec{d}}{9+10}$ ……①

$\overrightarrow{CQ}=\overrightarrow{CB}+\overrightarrow{BQ}=\vec{b}+\dfrac{2}{5}\vec{d}$ であるから

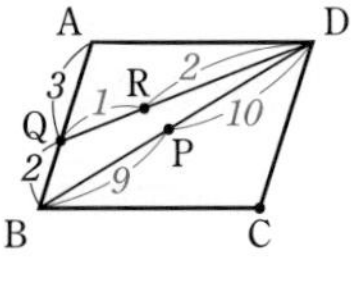

$$\overrightarrow{CR}=\frac{2\overrightarrow{CQ}+\overrightarrow{CD}}{1+2}=\frac{2\left(\vec{b}+\frac{2}{5}\vec{d}\right)+\vec{d}}{3}=\frac{10\vec{b}+9\vec{d}}{15}\ \cdots\cdots ②$$

①，② から　$\overrightarrow{CR}=\dfrac{19}{15}\overrightarrow{CP}$

よって，3 点 C，P，R は一直線上にある。

⇐ $\overrightarrow{CP}$, $\overrightarrow{CR}$ について考えるから，頂点 C を始点とするベクトル $\overrightarrow{CB}=\vec{b}$, $\overrightarrow{CD}=\vec{d}$ を用いて $\overrightarrow{CP}$, $\overrightarrow{CR}$ を表す。

⇐ $10\vec{b}+9\vec{d}=19\overrightarrow{CP}$ から $\overrightarrow{CR}=\frac{1}{15}\times19\overrightarrow{CP}$

PR ②29 △OAB において，辺 OA を 2：3 に内分する点を C，辺 OB を 4：5 に内分する点を D とする。線分 AD と BC の交点を P とし，直線 OP と辺 AB との交点を Q とする。$\overrightarrow{OA}=\vec{a}$，$\overrightarrow{OB}=\vec{b}$ とするとき，$\overrightarrow{OP}$，$\overrightarrow{OQ}$ をそれぞれ $\vec{a}$，$\vec{b}$ を用いて表せ。〔類　近畿大〕

AP：PD$=s:(1-s)$，BP：PC$=t:(1-t)$ とすると

$\overrightarrow{OP}=(1-s)\overrightarrow{OA}+s\overrightarrow{OD}$

$=(1-s)\vec{a}+\frac{4}{9}s\vec{b}$ ……①

$\overrightarrow{OP}=(1-t)\overrightarrow{OB}+t\overrightarrow{OC}$

$=\frac{2}{5}t\vec{a}+(1-t)\vec{b}$ ……②

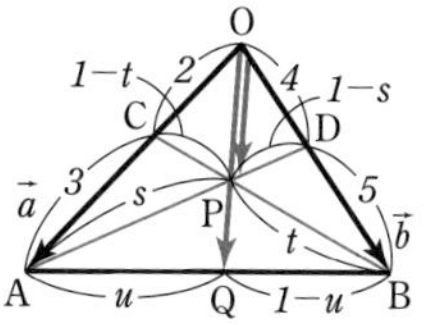

⇦$\overrightarrow{OD}=\frac{4}{9}\overrightarrow{OB}=\frac{4}{9}\vec{b}$

⇦$\overrightarrow{OC}=\frac{2}{5}\overrightarrow{OA}=\frac{2}{5}\vec{a}$

①，② から　$(1-s)\vec{a}+\frac{4}{9}s\vec{b}=\frac{2}{5}t\vec{a}+(1-t)\vec{b}$

$\vec{a}\neq\vec{0}$，$\vec{b}\neq\vec{0}$，$\vec{a}\not\parallel\vec{b}$ であるから　$1-s=\frac{2}{5}t$，$\frac{4}{9}s=1-t$

⇦ ＿＿ の断りを必ず明記する。

これを解くと　$s=\frac{27}{37}$，$t=\frac{25}{37}$

ゆえに　$\boldsymbol{\overrightarrow{OP}=\frac{10}{37}\vec{a}+\frac{12}{37}\vec{b}}$

また，AQ：QB$=u:(1-u)$ とすると

$\overrightarrow{OQ}=(1-u)\vec{a}+u\vec{b}$ ……③

また，点 Q は直線 OP 上にあるから，$\overrightarrow{OQ}=k\overrightarrow{OP}$（$k$ は実数）とすると，(1) より

⇦3 点 O，P，Q が一直線上にある条件。

$\overrightarrow{OQ}=k\left(\frac{10}{37}\vec{a}+\frac{12}{37}\vec{b}\right)=\frac{10}{37}k\vec{a}+\frac{12}{37}k\vec{b}$ ……④

③，④ から　$(1-u)\vec{a}+u\vec{b}=\frac{10}{37}k\vec{a}+\frac{12}{37}k\vec{b}$

⇦この式の $\vec{a}$，$\vec{b}$ の係数を比較する。

$\vec{a}\neq\vec{0}$，$\vec{b}\neq\vec{0}$，$\vec{a}\not\parallel\vec{b}$ であるから　$1-u=\frac{10}{37}k$，$u=\frac{12}{37}k$

これを解くと　$k=\frac{37}{22}$，$u=\frac{6}{11}$

ゆえに　$\boldsymbol{\overrightarrow{OQ}=\frac{5}{11}\vec{a}+\frac{6}{11}\vec{b}}$

別解 1　**（メネラウスの定理，チェバの定理を用いる解法）**

△OAD と直線 BC について，メネラウスの定理により

⇦メネラウスの定理，チェバの定理は数学Aの「図形の性質」で学ぶ。本冊 $p.58$ も参照。

$\frac{OC}{CA}\cdot\frac{AP}{PD}\cdot\frac{DB}{BO}=1$

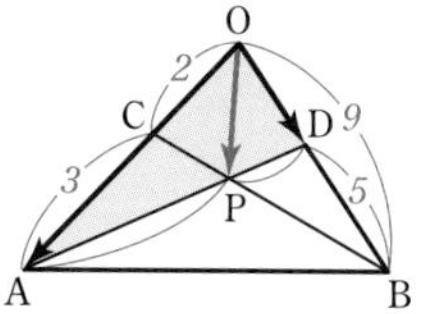

よって　$\frac{2}{3}\cdot\frac{AP}{PD}\cdot\frac{5}{9}=1$

ゆえに　$\frac{AP}{PD}=\frac{27}{10}$

よって　AP：PD＝27：10

ゆえに　$\overrightarrow{OP}=\frac{10\overrightarrow{OA}+27\overrightarrow{OD}}{27+10}=\frac{1}{37}\left(10\vec{a}+27\times\frac{4}{9}\vec{b}\right)$

$=\boldsymbol{\frac{10}{37}\vec{a}+\frac{12}{37}\vec{b}}$

⇦P は線分 AD を 27：10 に内分する点。

△OAB においてチェバの定理により

$$\frac{OC}{CA}\cdot\frac{AQ}{QB}\cdot\frac{BD}{DO}=1$$

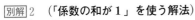

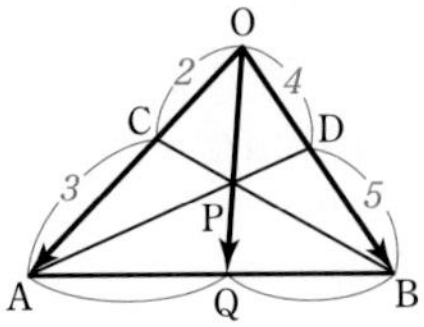

よって　$\frac{2}{3}\cdot\frac{AQ}{QB}\cdot\frac{5}{4}=1$

ゆえに　$\frac{AQ}{QB}=\frac{6}{5}$

よって　AQ：QB＝6：5

ゆえに　$\overrightarrow{OQ}=\frac{5\overrightarrow{OA}+6\overrightarrow{OB}}{6+5}=\boldsymbol{\frac{5}{11}\vec{a}+\frac{6}{11}\vec{b}}$

⇐Q は辺 AB を 6：5 に内分する点。

別解 2　**(「係数の和が 1」を使う解法)**

$\overrightarrow{OP}=x\vec{a}+y\vec{b}$ (x, y は実数) とする。

$\vec{b}=\frac{9}{4}\overrightarrow{OD}$ から　$\overrightarrow{OP}=x\vec{a}+y\left(\frac{9}{4}\overrightarrow{OD}\right)=x\overrightarrow{OA}+\frac{9}{4}y\overrightarrow{OD}$

点Pは直線 AD 上にあるから　$x+\frac{9}{4}y=1$ …… ①

$\vec{a}=\frac{5}{2}\overrightarrow{OC}$ から　$\overrightarrow{OP}=x\left(\frac{5}{2}\overrightarrow{OC}\right)+y\vec{b}=\frac{5}{2}x\overrightarrow{OC}+y\overrightarrow{OB}$

点Pは直線 BC 上にあるから　$\frac{5}{2}x+y=1$ …… ②

①, ② を解くと　$x=\frac{10}{37}$, $y=\frac{12}{37}$

よって　$\boldsymbol{\overrightarrow{OP}=\frac{10}{37}\vec{a}+\frac{12}{37}\vec{b}}$

また, 3 点 O, P, Q は一直線上にあるから,

$\overrightarrow{OQ}=k\overrightarrow{OP}=\frac{10}{37}k\vec{a}+\frac{12}{37}k\vec{b}$ (k は実数) とおく。

点Qは直線 AB 上にあるから

$\frac{10}{37}k+\frac{12}{37}k=1$　　よって　$k=\frac{37}{22}$

ゆえに　$\boldsymbol{\overrightarrow{OQ}=\frac{5}{11}\vec{a}+\frac{6}{11}\vec{b}}$

⇐異なる 2 点 A($\vec{a}$), B($\vec{b}$) を通る直線のベクトル方程式
　$\boldsymbol{\vec{p}=s\vec{a}+t\vec{b}}$, $\boldsymbol{s+t=1}$
を利用する。
(本冊 p.67 基本事項 1 参照。)

PR ③30

三角形 OAB において, OA＝6, OB＝5, AB＝4 である。辺 OA を 5：3 に内分する点を C, 辺 OB を $t:(1-t)$ に内分する点をDとし, 辺 BC と辺 AD の交点をHとする。$\vec{a}=\overrightarrow{OA}$, $\vec{b}=\overrightarrow{OB}$ とするとき, 次の問いに答えよ。

(1) $\vec{a}\cdot\vec{b}$ の値を求めよ。
(2) $\vec{a}\perp\overrightarrow{BC}$ であることを示せ。
(3) $\vec{b}\perp\overrightarrow{AD}$ となるときの t の値を求めよ。
(4) $\vec{b}\perp\overrightarrow{AD}$ であるとき, $\overrightarrow{OH}\perp\overrightarrow{AB}$ となることを示せ。　〔高知大〕

(1) $|\vec{b}-\vec{a}|=4$ から　$|\vec{b}-\vec{a}|^2=4^2$

よって　$|\vec{b}|^2-2\vec{a}\cdot\vec{b}+|\vec{a}|^2=16$

$|\vec{a}|=6$, $|\vec{b}|=5$ から　$5^2-2\vec{a}\cdot\vec{b}+6^2=16$

ゆえに　$\boldsymbol{\vec{a}\cdot\vec{b}=\frac{45}{2}}$

⇐$AB=|\overrightarrow{AB}|$
　$=|\vec{b}-\vec{a}|$

⇐$-2\vec{a}\cdot\vec{b}=-45$

別解　余弦定理により

$$\cos\angle AOB=\frac{6^2+5^2-4^2}{2\cdot6\cdot5}=\frac{3}{4}$$

よって　$\vec{a}\cdot\vec{b}=|\vec{a}||\vec{b}|\cos\angle AOB=6\times5\times\frac{3}{4}=\frac{45}{2}$

(2)　$\overrightarrow{BC}=\overrightarrow{OC}-\overrightarrow{OB}=\frac{5}{8}\vec{a}-\vec{b}$ であるから

$$\vec{a}\cdot\overrightarrow{BC}=\vec{a}\cdot\left(\frac{5}{8}\vec{a}-\vec{b}\right)=\frac{5}{8}|\vec{a}|^2-\vec{a}\cdot\vec{b}$$

$$=\frac{5}{8}\times6^2-\frac{45}{2}=\frac{45}{2}-\frac{45}{2}=0$$

したがって　$\vec{a}\perp\overrightarrow{BC}$

(3)　$\overrightarrow{AD}=\overrightarrow{OD}-\overrightarrow{OA}=t\vec{b}-\vec{a}$ であるから

$$\vec{b}\cdot\overrightarrow{AD}=\vec{b}\cdot(t\vec{b}-\vec{a})=t|\vec{b}|^2-\vec{a}\cdot\vec{b}=t\times5^2-\frac{45}{2}=\frac{5}{2}(10t-9)$$

$\vec{b}\perp\overrightarrow{AD}$ のとき，$\vec{b}\cdot\overrightarrow{AD}=0$ であるから

$$\frac{5}{2}(10t-9)=0$$

よって　$t=\frac{9}{10}$

(4)　(2) より，$\vec{a}\perp\overrightarrow{BH}$ であるから　$\vec{a}\cdot\overrightarrow{BH}=0$

よって　$\vec{a}\cdot(\overrightarrow{OH}-\vec{b})=0$

ゆえに　$\overrightarrow{OH}\cdot\vec{a}=\vec{a}\cdot\vec{b}$　……①

$\vec{b}\perp\overrightarrow{AD}$ のとき，$\vec{b}\perp\overrightarrow{AH}$ であるから　$\vec{b}\cdot\overrightarrow{AH}=0$

よって　$\vec{b}\cdot(\overrightarrow{OH}-\vec{a})=0$

ゆえに　$\overrightarrow{OH}\cdot\vec{b}=\vec{a}\cdot\vec{b}$　……②

①，② から　$\overrightarrow{OH}\cdot\overrightarrow{AB}=\overrightarrow{OH}\cdot(\vec{b}-\vec{a})=\overrightarrow{OH}\cdot\vec{b}-\overrightarrow{OH}\cdot\vec{a}$

$$=\vec{a}\cdot\vec{b}-\vec{a}\cdot\vec{b}=0$$

したがって　$\overrightarrow{OH}\perp\overrightarrow{AB}$

⇐△ABC において，AB$=c$，BC$=a$，CA$=b$ とするとき $\cos C=\frac{a^2+b^2-c^2}{2ab}$

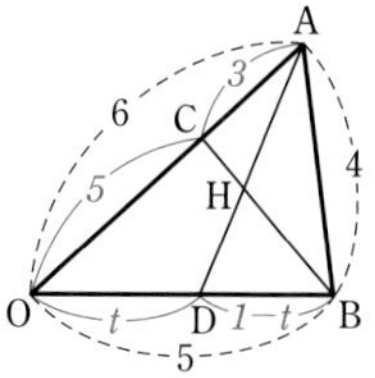

⇐$\vec{a}\neq\vec{0}$，$\overrightarrow{BC}\neq\vec{0}$

⇐$\overrightarrow{OH}\neq\vec{0}$，$\overrightarrow{AB}\neq\vec{0}$

PR ③31　△ABC において，辺 BC を 1：3 に内分する点を D とするとき，等式 $3AB^2+AC^2=4(AD^2+3BD^2)$ が成り立つことを証明せよ。

$\overrightarrow{AB}=\vec{b}$，$\overrightarrow{AC}=\vec{c}$ とすると

$$\overrightarrow{AD}=\frac{3\vec{b}+\vec{c}}{1+3}=\frac{3}{4}\vec{b}+\frac{1}{4}\vec{c},\quad \overrightarrow{BD}=\frac{1}{4}\overrightarrow{BC}=-\frac{1}{4}\vec{b}+\frac{1}{4}\vec{c}$$

⇐$\overrightarrow{BC}=\vec{c}-\vec{b}$

よって　$4(AD^2+3BD^2)=4|\overrightarrow{AD}|^2+12|\overrightarrow{BD}|^2$

$$=4\left|\frac{3}{4}\vec{b}+\frac{1}{4}\vec{c}\right|^2+12\left|-\frac{1}{4}\vec{b}+\frac{1}{4}\vec{c}\right|^2$$

$$=4\left(\frac{9}{16}|\vec{b}|^2+\frac{3}{8}\vec{b}\cdot\vec{c}+\frac{1}{16}|\vec{c}|^2\right)+12\left(\frac{1}{16}|\vec{b}|^2-\frac{1}{8}\vec{b}\cdot\vec{c}+\frac{1}{16}|\vec{c}|^2\right)$$

$$=3|\vec{b}|^2+|\vec{c}|^2$$

$$=3AB^2+AC^2$$

⇐$\left|\frac{3}{4}\vec{b}+\frac{1}{4}\vec{c}\right|^2=\left(\frac{1}{4}|3\vec{b}+\vec{c}|\right)^2=\frac{1}{16}(9|\vec{b}|^2+6\vec{b}\cdot\vec{c}+|\vec{c}|^2)$ と計算してもよい。

PR ④**32**

△OAB において，OA=7，OB=5，AB=8 とし，垂心をHとする。また，$\overrightarrow{OA}=\vec{a}$，$\overrightarrow{OB}=\vec{b}$ とする。

(1) 内積 $\vec{a}\cdot\vec{b}$ を求めよ。　　(2) $\overrightarrow{OH}$ を $\vec{a}$，$\vec{b}$ を用いて表せ。

(1) $|\overrightarrow{AB}|^2=|\vec{b}-\vec{a}|^2=|\vec{b}|^2-2\vec{a}\cdot\vec{b}+|\vec{a}|^2$

$|\overrightarrow{AB}|=8$，$|\vec{a}|=7$，$|\vec{b}|=5$ であるから

$8^2=5^2-2\vec{a}\cdot\vec{b}+7^2$　　よって　$\boldsymbol{\vec{a}\cdot\vec{b}=5}$

⇦ $2\vec{a}\cdot\vec{b}=10$

(2) $\overrightarrow{OH}=s\vec{a}+t\vec{b}$ (s，t は実数) とする。

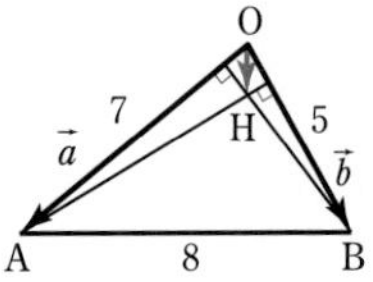

Hは垂心であるから　$\overrightarrow{OA}\perp\overrightarrow{BH}$

よって　$\overrightarrow{OA}\cdot\overrightarrow{BH}=0$

⇦(内積)=0

ゆえに　$\vec{a}\cdot\{s\vec{a}+(t-1)\vec{b}\}=0$

⇦ $\overrightarrow{BH}=\overrightarrow{OH}-\overrightarrow{OB}$ $=s\vec{a}+t\vec{b}-\vec{b}$

よって　$s|\vec{a}|^2+(t-1)\vec{a}\cdot\vec{b}=0$

$|\vec{a}|=7$，$\vec{a}\cdot\vec{b}=5$ であるから　$49s+5(t-1)=0$

ゆえに　$49s+5t-5=0$ …… ①

また，$\overrightarrow{OB}\perp\overrightarrow{AH}$ から　$\overrightarrow{OB}\cdot\overrightarrow{AH}=0$

⇦(内積)=0

ゆえに　$\vec{b}\cdot\{(s-1)\vec{a}+t\vec{b}\}=0$

⇦ $\overrightarrow{AH}=\overrightarrow{OH}-\overrightarrow{OA}$ $=s\vec{a}+t\vec{b}-\vec{a}$

よって　$(s-1)\vec{a}\cdot\vec{b}+t|\vec{b}|^2=0$

$|\vec{b}|=5$，$\vec{a}\cdot\vec{b}=5$ であるから　$5(s-1)+25t=0$

ゆえに　$s+5t-1=0$ …… ②

①，② を解くと　$s=\dfrac{1}{12}$，$t=\dfrac{11}{60}$

よって　$\boldsymbol{\overrightarrow{OH}=\dfrac{1}{12}\vec{a}+\dfrac{11}{60}\vec{b}}$

別解 (正射影ベクトルを用いる解法。本冊 $p.63$ 参照。)

点Aから辺 OB に垂線 AP を，点Bから辺 OA に垂線 BQ を下ろすと

$\overrightarrow{OP}=\dfrac{\vec{a}\cdot\vec{b}}{|\vec{b}|^2}\vec{b}=\dfrac{1}{5}\vec{b}$，$\overrightarrow{OQ}=\dfrac{\vec{a}\cdot\vec{b}}{|\vec{a}|^2}\vec{a}=\dfrac{5}{49}\vec{a}$ …… (＊)

AH : HP $=s:(1-s)$ とすると

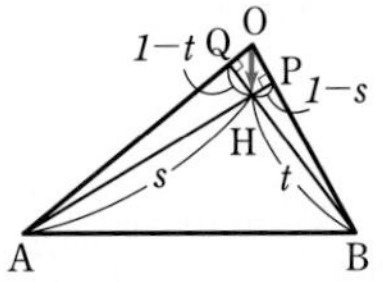

$\overrightarrow{OH}=(1-s)\overrightarrow{OA}+s\overrightarrow{OP}=(1-s)\vec{a}+\dfrac{1}{5}s\vec{b}$ …… ①

BH : HQ $=t:(1-t)$ とすると

$\overrightarrow{OH}=(1-t)\overrightarrow{OB}+t\overrightarrow{OQ}=\dfrac{5}{49}t\vec{a}+(1-t)\vec{b}$ …… ②

①，② から　$(1-s)\vec{a}+\dfrac{1}{5}s\vec{b}=\dfrac{5}{49}t\vec{a}+(1-t)\vec{b}$

$\vec{a}\neq\vec{0}$，$\vec{b}\neq\vec{0}$，$\vec{a}\not\parallel\vec{b}$ であるから　$1-s=\dfrac{5}{49}t$，$\dfrac{1}{5}s=1-t$

これを解くと　$s=\dfrac{11}{12}$，$t=\dfrac{49}{60}$

よって　$\boldsymbol{\overrightarrow{OH}=\dfrac{1}{12}\vec{a}+\dfrac{11}{60}\vec{b}}$

参考 ((＊) 以降でメネラウスの定理を用いる解法)

(＊) から　OP : PB $=1:4$，OQ : QA $=5:44$

△OAP と直線 BQ について，メネラウスの定理により

$$\frac{OQ}{QA}\cdot\frac{AH}{HP}\cdot\frac{PB}{BO}=1$$

よって　$\frac{5}{44}\cdot\frac{AH}{HP}\cdot\frac{4}{5}=1$　　ゆえに　$\frac{AH}{HP}=11$

よって　AH：HP＝11：1

ゆえに　$\overrightarrow{\mathbf{OH}}=\frac{\overrightarrow{OA}+11\overrightarrow{OP}}{11+1}=\boldsymbol{\frac{1}{12}\vec{a}+\frac{11}{60}\vec{b}}$

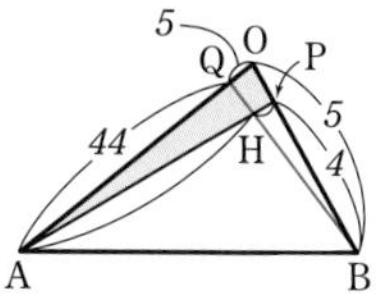

⇐$\overrightarrow{OP}=\frac{1}{5}\vec{b}$

PR ④33　次の等式を満たす △ABC は，どんな形の三角形か。

$$\overrightarrow{AB}\cdot\overrightarrow{AB}=\overrightarrow{AB}\cdot\overrightarrow{AC}+\overrightarrow{BA}\cdot\overrightarrow{BC}+\overrightarrow{CA}\cdot\overrightarrow{CB}$$

等式を変形すると

$$\overrightarrow{AB}\cdot\overrightarrow{AC}-\overrightarrow{AB}\cdot\overrightarrow{BC}+\overrightarrow{AC}\cdot\overrightarrow{BC}-\overrightarrow{AB}\cdot\overrightarrow{AB}=0$$

⇐始点をAまたはBにそろえる。

この等式の左辺について

$$(\text{左辺})=(\overrightarrow{AB}\cdot\overrightarrow{AC}+\overrightarrow{AC}\cdot\overrightarrow{BC})-(\overrightarrow{AB}\cdot\overrightarrow{BC}+\overrightarrow{AB}\cdot\overrightarrow{AB})$$
$$=\overrightarrow{AC}\cdot(\overrightarrow{AB}+\overrightarrow{BC})-\overrightarrow{AB}\cdot(\overrightarrow{AB}+\overrightarrow{BC})$$

⇐$\overrightarrow{AC}$，$\overrightarrow{AB}$ でくくる。

$$=\overrightarrow{AC}\cdot\overrightarrow{AC}-\overrightarrow{AB}\cdot\overrightarrow{AC}$$
$$=\overrightarrow{AC}\cdot(\overrightarrow{AC}-\overrightarrow{AB})=\overrightarrow{AC}\cdot\overrightarrow{BC}$$

⇐$\overrightarrow{AC}$ でくくる。

よって　$\overrightarrow{AC}\cdot\overrightarrow{BC}=0$

$\overrightarrow{AC}\neq\vec{0}$，$\overrightarrow{BC}\neq\vec{0}$ であるから　$\overrightarrow{AC}\perp\overrightarrow{BC}$

したがって　AC⊥BC

ゆえに，△ABC は，**∠C＝90° の直角三角形** である。

別解　$\overrightarrow{AB}\cdot\overrightarrow{AB}=\overrightarrow{AB}\cdot(\overrightarrow{AC}+\overrightarrow{CB})+\overrightarrow{CA}\cdot\overrightarrow{CB}$

$$=\overrightarrow{AB}\cdot\overrightarrow{AB}+\overrightarrow{CA}\cdot\overrightarrow{CB}$$

⇐等式の右辺において，$\overrightarrow{AB}\cdot\overrightarrow{AC}+\overrightarrow{BA}\cdot\overrightarrow{BC}=\overrightarrow{AB}\cdot\overrightarrow{AC}-\overrightarrow{AB}\cdot(-\overrightarrow{CB})$ と変形する。

よって　$\overrightarrow{CA}\cdot\overrightarrow{CB}=0$

$\overrightarrow{CA}\neq\vec{0}$，$\overrightarrow{CB}\neq\vec{0}$ であるから　$\overrightarrow{CA}\perp\overrightarrow{CB}$

したがって　CA⊥CB

ゆえに，△ABC は，**∠C＝90° の直角三角形** である。

PR ①34　次の直線の媒介変数表示を，媒介変数を t として求めよ。また，t を消去した式で表せ。

(1)　点 A(3, 1) を通り，ベクトル $\vec{d}=(1,\ -2)$ に平行な直線

(2)　2点 A(3, 6)，B(0, 2) を通る直線

直線上の任意の点を P(x, y)，t を媒介変数とする。

(1)　$(x,\ y)=(3,\ 1)+t(1,\ -2)=(3+t,\ 1-2t)$

⇐$\vec{p}=\vec{a}+t\vec{d}$ に $\vec{p}=(x,\ y)$，$\vec{a}=(3,\ 1)$，$\vec{d}=(1,\ -2)$ を代入。

よって，媒介変数表示は　$\begin{cases}\boldsymbol{x=3+t} & \cdots\cdots ①\\ \boldsymbol{y=1-2t} & \cdots\cdots ②\end{cases}$

①×2＋② から　$2x+y=7$

⇐ t を消去。

よって　$\boldsymbol{2x+y-7=0}$

(2)　$(x,\ y)=(1-t)(3,\ 6)+t(0,\ 2)=(3-3t,\ 6-4t)$

⇐$\vec{p}=(1-t)\vec{a}+t\vec{b}$ に $\vec{p}=(x,\ y)$，$\vec{a}=(3,\ 6)$，$\vec{b}=(0,\ 2)$ を代入。

よって，媒介変数表示は　$\begin{cases}\boldsymbol{x=3-3t} & \cdots\cdots ①\\ \boldsymbol{y=6-4t} & \cdots\cdots ②\end{cases}$

①×4－②×3 から　$4x-3y=-6$

⇐ t を消去。

よって　$\boldsymbol{4x-3y+6=0}$

PR ②35 △OAB において，辺 OA の中点を C，辺 OB を 1：3 に外分する点を D とする。$\overrightarrow{OA}=\vec{a}$，$\overrightarrow{OB}=\vec{b}$ とするとき，次の直線のベクトル方程式を求めよ。
(1) 直線 CD　　(2) A を通り，CD に平行な直線

直線上の任意の点を $P(\vec{p})$，t を媒介変数とする。

(1) $\overrightarrow{OC}=\frac{1}{2}\vec{a}$，$\overrightarrow{OD}=-\frac{1}{2}\vec{b}$ であるから，

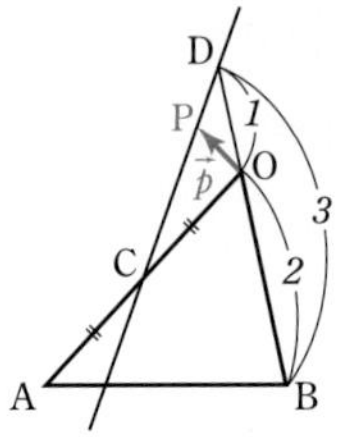

求める直線のベクトル方程式は

$$\vec{p}=(1-t)\overrightarrow{OC}+t\overrightarrow{OD}$$
$$=\boldsymbol{\frac{1}{2}(1-t)\vec{a}-\frac{1}{2}t\vec{b}}$$

⇦ $\vec{p}=t\overrightarrow{OC}+(1-t)\overrightarrow{OD}$ としてもよい。

(2) $\overrightarrow{CD}=\overrightarrow{OD}-\overrightarrow{OC}$

$$=-\frac{1}{2}\vec{b}-\frac{1}{2}\vec{a}$$

⇦まず，方向ベクトルを求める。

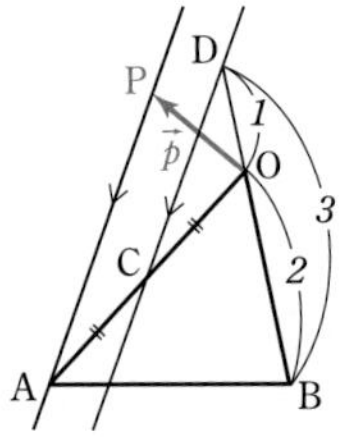

よって，求める直線のベクトル方程式は

$$\vec{p}=\overrightarrow{OA}+t\overrightarrow{CD}$$
$$=\vec{a}+t\left(-\frac{1}{2}\vec{b}-\frac{1}{2}\vec{a}\right)$$
$$=\boldsymbol{\left(1-\frac{1}{2}t\right)\vec{a}-\frac{1}{2}t\vec{b}}$$

inf. $t=2s$ として，$\vec{p}=(1-s)\vec{a}-s\vec{b}$ と表してもよい。

PR ②36 △OAB において，辺 OA を 3：2 に内分する点を C，線分 BC を 4：3 に内分する点を D とし，直線 OD と辺 AB の交点を E とする。次のベクトルを $\overrightarrow{OA}$，$\overrightarrow{OB}$ を用いて表せ。
(1) $\overrightarrow{OD}$　　(2) $\overrightarrow{OE}$

(1) BD：DC＝4：3 であるから

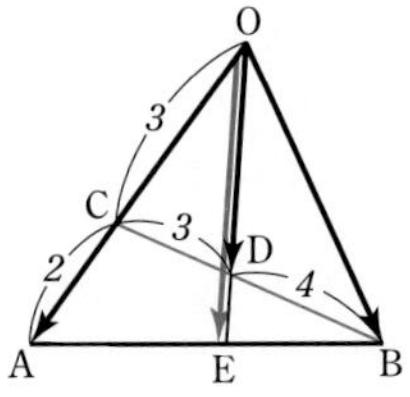

$$\overrightarrow{OD}=\frac{3\overrightarrow{OB}+4\overrightarrow{OC}}{4+3}$$
$$=\frac{1}{7}\left(3\overrightarrow{OB}+\frac{12}{5}\overrightarrow{OA}\right)$$
$$=\boldsymbol{\frac{12}{35}\overrightarrow{OA}+\frac{3}{7}\overrightarrow{OB}}$$

⇦ $\overrightarrow{OC}=\frac{3}{5}\overrightarrow{OA}$

(2) 点 E は直線 OD 上にあるから，
$\overrightarrow{OE}=k\overrightarrow{OD}$（$k$ は実数）とすると，

⇦ 3 点 O，D，E は一直線上にある。

(1) から　$\overrightarrow{OE}=k\left(\frac{12}{35}\overrightarrow{OA}+\frac{3}{7}\overrightarrow{OB}\right)$

$$=\frac{12}{35}k\overrightarrow{OA}+\frac{3}{7}k\overrightarrow{OB}\quad\cdots\cdots ①$$

点 E は直線 AB 上にあるから　$\frac{12}{35}k+\frac{3}{7}k=1$

⇦ $\overrightarrow{OE}=s\overrightarrow{OA}+t\overrightarrow{OB}$，$s+t=1$（係数の和が 1）

よって　$\frac{27}{35}k=1$　　ゆえに　$k=\frac{35}{27}$

① に代入して　$\boldsymbol{\overrightarrow{OE}=\frac{4}{9}\overrightarrow{OA}+\frac{5}{9}\overrightarrow{OB}}$

⇦点 E は辺 AB を 5：4 に内分する。

PR ②37 △OAB において，次の式を満たす点Pの存在範囲を求めよ。

(1) $\overrightarrow{OP}=s\overrightarrow{OA}+t\overrightarrow{OB}$, $s+t=\dfrac{1}{3}$, $s\geqq 0$, $t\geqq 0$

(2) $\overrightarrow{OP}=s\overrightarrow{OA}+t\overrightarrow{OB}$, $3s+2t=4$, $s\geqq 0$, $t\geqq 0$

(1) $s+t=\dfrac{1}{3}$ から　$3s+3t=1$

また　$\overrightarrow{OP}=s\overrightarrow{OA}+t\overrightarrow{OB}$

$=3s\left(\dfrac{1}{3}\overrightarrow{OA}\right)+3t\left(\dfrac{1}{3}\overrightarrow{OB}\right)$

ここで，$3s=s'$, $3t=t'$ とおくと

$\overrightarrow{OP}=s'\left(\dfrac{1}{3}\overrightarrow{OA}\right)+t'\left(\dfrac{1}{3}\overrightarrow{OB}\right)$,

$s'+t'=1$, $s'\geqq 0$, $t'\geqq 0$

よって，$\dfrac{1}{3}\overrightarrow{OA}=\overrightarrow{OA'}$, $\dfrac{1}{3}\overrightarrow{OB}=\overrightarrow{OB'}$ となる点 A′, B′ をとると，点Pの存在範囲は **線分 A′B′** である。

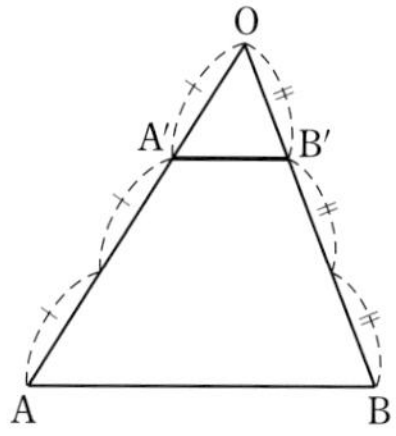

⇐ $\overrightarrow{OP}=◎\overrightarrow{OA'}+▲\overrightarrow{OB'}$
◎+▲=1, ◎≧0, ▲≧0
この形を意識して変形する。

(2) $3s+2t=4$ から　$\dfrac{3}{4}s+\dfrac{1}{2}t=1$

また　$\overrightarrow{OP}=s\overrightarrow{OA}+t\overrightarrow{OB}$

$=\dfrac{3}{4}s\left(\dfrac{4}{3}\overrightarrow{OA}\right)+\dfrac{1}{2}t(2\overrightarrow{OB})$

ここで，$\dfrac{3}{4}s=s'$, $\dfrac{1}{2}t=t'$ とおくと

$\overrightarrow{OP}=s'\left(\dfrac{4}{3}\overrightarrow{OA}\right)+t'(2\overrightarrow{OB})$,

$s'+t'=1$, $s'\geqq 0$, $t'\geqq 0$

よって，$\dfrac{4}{3}\overrightarrow{OA}=\overrightarrow{OA'}$, $2\overrightarrow{OB}=\overrightarrow{OB'}$ となる点 A′, B′ をとると，点Pの存在範囲は **線分 A′B′** である。

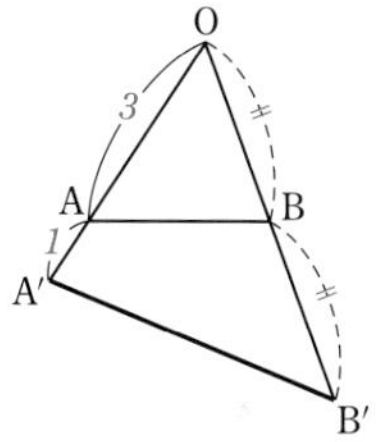

⇐ $\overrightarrow{OP}=◎\overrightarrow{OA'}+▲\overrightarrow{OB'}$
◎+▲=1, ◎≧0, ▲≧0
この形を意識して変形する。

PR ③38 △OAB において，次の式を満たす点Pの存在範囲を求めよ。

(1) $\overrightarrow{OP}=s\overrightarrow{OA}+t\overrightarrow{OB}$, $0\leqq s+t\leqq 4$, $s\geqq 0$, $t\geqq 0$

(2) $\overrightarrow{OP}=s\overrightarrow{OA}+t\overrightarrow{OB}$, $2\leqq s\leqq 3$, $0\leqq t\leqq 2$

(1) $0\leqq s+t\leqq 4$ から　$0\leqq \dfrac{s}{4}+\dfrac{t}{4}\leqq 1$

また　$\overrightarrow{OP}=s\overrightarrow{OA}+t\overrightarrow{OB}$

$=\dfrac{s}{4}(4\overrightarrow{OA})+\dfrac{t}{4}(4\overrightarrow{OB})$

ここで，$\dfrac{s}{4}=s'$, $\dfrac{t}{4}=t'$ とおくと

$\overrightarrow{OP}=s'(4\overrightarrow{OA})+t'(4\overrightarrow{OB})$,

$0\leqq s'+t'\leqq 1$, $s'\geqq 0$, $t'\geqq 0$

よって，$4\overrightarrow{OA}=\overrightarrow{OA'}$, $4\overrightarrow{OB}=\overrightarrow{OB'}$ となる点 A′, B′ をとると，点Pの存在範囲は **△OA′B′ の周および内部** である。

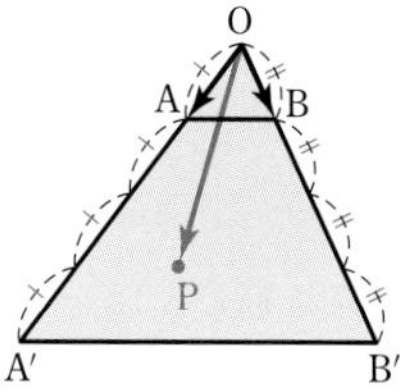

⇐ $\overrightarrow{OP}=◎\overrightarrow{OA'}+▲\overrightarrow{OB'}$
0≦◎+▲≦1,
◎≧0, ▲≧0
この形を意識して変形する。

⇐△OAB の周，内部
$\vec{p}=s\vec{a}+t\vec{b}$, $0\leqq s+t\leqq 1$, $s\geqq 0$, $t\geqq 0$ が基本。

(2)　s を固定して，$\overrightarrow{OC'}=s\overrightarrow{OA}$ とすると　$\overrightarrow{OP}=\overrightarrow{OC'}+t\overrightarrow{OB}$

ここで，t を $0\leqq t\leqq 2$ の範囲で変化させると，点Pは右の図の線分 C′F′ 上を動く。ただし，$\overrightarrow{OF'}=\overrightarrow{OC'}+2\overrightarrow{OB}$ である。

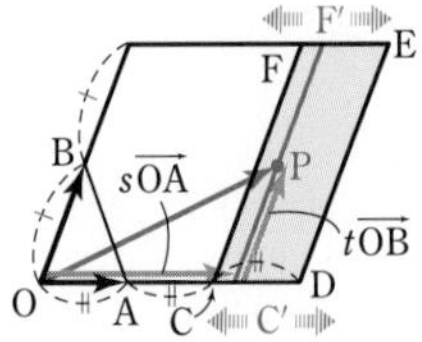

次に，s を $2\leqq s\leqq 3$ の範囲で変化させると，線分 C′F′ は図の線分 CF から DE まで平行に動く。

ただし，$\overrightarrow{OC}=2\overrightarrow{OA}$，$\overrightarrow{OD}=3\overrightarrow{OA}$，$\overrightarrow{OF}=2\overrightarrow{OA}+2\overrightarrow{OB}$，$\overrightarrow{OE}=3\overrightarrow{OA}+2\overrightarrow{OB}$ である。

よって，$\boldsymbol{2\overrightarrow{OA}=\overrightarrow{OC}}$，$\boldsymbol{3\overrightarrow{OA}=\overrightarrow{OD}}$，$\boldsymbol{3\overrightarrow{OA}+2\overrightarrow{OB}=\overrightarrow{OE}}$，$\boldsymbol{2\overrightarrow{OA}+2\overrightarrow{OB}=\overrightarrow{OF}}$ **となる点 C，D，E，F をとると，**点Pの存在範囲は **平行四辺形 CDEF の周および内部** である。

⇐ s と t は無関係に動く。

別解　$0\leqq s-2\leqq 1$，$0\leqq \dfrac{t}{2}\leqq 1$ から，$s-2=s'$，$\dfrac{t}{2}=t'$ とすると

$\overrightarrow{OP}=(s'+2)\overrightarrow{OA}+2t'\overrightarrow{OB}$

$=\{s'\overrightarrow{OA}+t'(2\overrightarrow{OB})\}+2\overrightarrow{OA}$

ここで，$\overrightarrow{OQ}=s'\overrightarrow{OA}+t'(2\overrightarrow{OB})$ とおくと，

$0\leqq s'\leqq 1$，$0\leqq t'\leqq 1$ から，点Qの存在範囲は平行四辺形 OANM の周および内部である。

ただし，$\overrightarrow{OM}=2\overrightarrow{OB}$，$\overrightarrow{ON}=\overrightarrow{OA}+2\overrightarrow{OB}$ である。

$\overrightarrow{OP}=\overrightarrow{OQ}+2\overrightarrow{OA}$

であるから，点Pの存在範囲は，平行四辺形 OANM の周および内部を $2\overrightarrow{OA}$ だけ平行移動したものである。

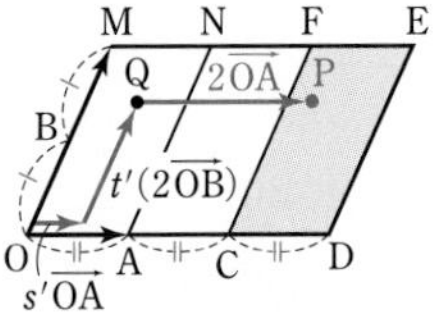

よって，$\boldsymbol{2\overrightarrow{OA}=\overrightarrow{OC}}$，$\boldsymbol{3\overrightarrow{OA}=\overrightarrow{OD}}$，$\boldsymbol{3\overrightarrow{OA}+2\overrightarrow{OB}=\overrightarrow{OE}}$，$\boldsymbol{2\overrightarrow{OA}+2\overrightarrow{OB}=\overrightarrow{OF}}$ **となる点 C，D，E，F をとると，**点Pの存在範囲は **平行四辺形 CDEF の周および内部** である。

⇐ $0\leqq$ ● $\leqq 1$ の形を作る。

⇐ $s=s'+2$，$t=2t'$

⇐ $+2\overrightarrow{OA}$ の部分は後で考える。

⇐点Qの存在範囲全体を $2\overrightarrow{OA}$ だけ平行移動したものが点Pの存在範囲となる。

PR ②39

(1)　3点 A(1, 2)，B(2, 3)，C(−1, 2) について，点Aを通り，BC に垂直な直線の方程式を求めよ。

(2)　2直線 $x-2y+3=0$，$6x-2y-5=0$ のなす鋭角 α を求めよ。

(1)　求める直線は，点Aを通り，$\overrightarrow{BC}=(-3,\ -1)$ に垂直な直線であるから，直線上の点を $P(x,\ y)$ とすると

$\overrightarrow{BC}\cdot\overrightarrow{AP}=0$

$\overrightarrow{AP}=(x-1,\ y-2)$ であるから

$-3(x-1)-(y-2)=0$

すなわち　$\boldsymbol{3x+y-5=0}$

inf.　点 $A(x_1,\ y_1)$ を通り，$\vec{n}=(a,\ b)$ が法線ベクトルである直線の方程式は

$a(x-x_1)+b(y-y_1)=0$

(2)　2 直線 $x-2y+3=0$，$6x-2y-5=0$ の法線ベクトルは，それぞれ $\vec{m}=(1,\ -2)$，$\vec{n}=(6,\ -2)$ とおける。
$\vec{m}$，$\vec{n}$ のなす角を $\theta(0^\circ \leqq \theta \leqq 180^\circ)$ とすると

$$\cos\theta=\frac{\vec{m}\cdot\vec{n}}{|\vec{m}||\vec{n}|}=\frac{10}{\sqrt{5}\times 2\sqrt{10}}=\frac{1}{\sqrt{2}}$$

$0^\circ \leqq \theta \leqq 180^\circ$ であるから　　$\theta=45^\circ$
したがって　　$\boldsymbol{\alpha=\theta=45^\circ}$

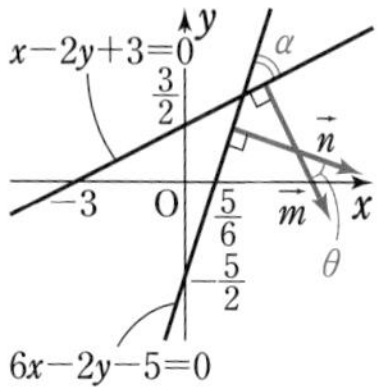

PR ③40　点 A$(-1,\ 2)$ から直線 $x-3y+2=0$ に垂線を引き，この直線との交点をHとする。点Hの座標と線分 AH の長さをベクトルを用いて求めよ。

H$(s,\ t)$ とすると　　$\overrightarrow{\mathrm{AH}}=(s+1,\ t-2)$
直線 $x-3y+2=0$ の法線ベクトルを $\vec{n}=(1,\ -3)$ とすると
$\overrightarrow{\mathrm{AH}}/\!/\vec{n}$
よって，$\overrightarrow{\mathrm{AH}}=k\vec{n}$ となる実数 k が存在する。
したがって　　$s+1=k$，$t-2=-3k$
ゆえに　　$s=k-1$ ……①，$t=-3k+2$ ……②
また　　$s-3t+2=0$
これに①，②を代入して整理すると　　$10k-5=0$
したがって　　$k=\dfrac{1}{2}$
①，②から　　$s=-\dfrac{1}{2}$，$t=\dfrac{1}{2}$
よって　　$\mathbf{H}\left(-\dfrac{1}{2},\ \dfrac{1}{2}\right)$
$|\overrightarrow{\mathrm{AH}}|=\left|\dfrac{1}{2}\vec{n}\right|$ から

$$\mathrm{AH}=|\overrightarrow{\mathrm{AH}}|=\frac{1}{2}\sqrt{1^2+(-3)^2}=\frac{\sqrt{10}}{2}$$

⇦$\overrightarrow{\mathrm{AH}}/\!/\vec{n} \iff (s+1)\times(-3)-(t-2)\times 1=0$ を用いてもよい。

⇦Hは直線 $x-3y+2=0$ 上の点。

inf.　点と直線の距離の公式（本冊 $p.78$ 参照）を用いると

$$\mathrm{AH}=\frac{|-1-3\times 2+2|}{\sqrt{1^2+(-3)^2}}=\frac{\sqrt{10}}{2}$$

PR ③41　(1)　平面上の異なる 2 つの定点 A，B と任意の点Pに対し，ベクトル方程式 $|3\overrightarrow{\mathrm{OA}}+2\overrightarrow{\mathrm{OB}}-5\overrightarrow{\mathrm{OP}}|=5$ はどのような図形を表すか。
(2)　平面上に点Pと △ABC がある。条件 $2\overrightarrow{\mathrm{PA}}\cdot\overrightarrow{\mathrm{PB}}=3\overrightarrow{\mathrm{PA}}\cdot\overrightarrow{\mathrm{PC}}$ を満たす点Pの集合を求めよ。

(1)　$|3\overrightarrow{\mathrm{OA}}+2\overrightarrow{\mathrm{OB}}-5\overrightarrow{\mathrm{OP}}|=5$ を変形すると

$$5\left|\overrightarrow{\mathrm{OP}}-\frac{3\overrightarrow{\mathrm{OA}}+2\overrightarrow{\mathrm{OB}}}{5}\right|=5$$

すなわち　$\left|\overrightarrow{\mathrm{OP}}-\dfrac{3\overrightarrow{\mathrm{OA}}+2\overrightarrow{\mathrm{OB}}}{5}\right|=1$

よって，**線分 AB を 2：3 に内分する点を中心とする半径 1 の円** を表す。

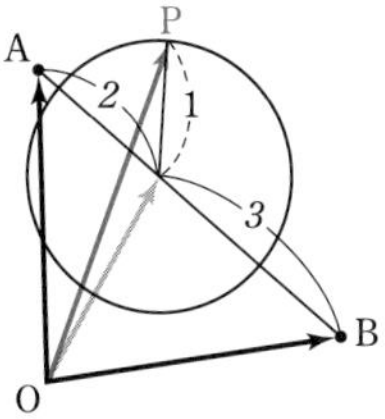

(2)　与式から　　$2\overrightarrow{\mathrm{PA}}\cdot\overrightarrow{\mathrm{PB}}-3\overrightarrow{\mathrm{PA}}\cdot\overrightarrow{\mathrm{PC}}=0$
したがって　　$\overrightarrow{\mathrm{PA}}\cdot(2\overrightarrow{\mathrm{PB}}-3\overrightarrow{\mathrm{PC}})=0$
よって　　$\overrightarrow{\mathrm{PA}}\cdot(-2\overrightarrow{\mathrm{PB}}+3\overrightarrow{\mathrm{PC}})=0$

HINT　(2)　線分 AB を $m:n$ に外分する点をCとすると

$$\overrightarrow{\mathrm{OC}}=\frac{-n\overrightarrow{\mathrm{OA}}+m\overrightarrow{\mathrm{OB}}}{m-n}$$

または

$$\overrightarrow{\mathrm{OC}}=\frac{n\overrightarrow{\mathrm{OA}}-m\overrightarrow{\mathrm{OB}}}{-m+n}$$

ゆえに　　$\overrightarrow{PA}\cdot\left(\dfrac{-2\overrightarrow{PB}+3\overrightarrow{PC}}{3-2}\right)=0$

辺 BC を 3：2 に外分する点を D とすると

$\overrightarrow{PA}=\vec{0}$ または $\overrightarrow{PD}=\vec{0}$ または $\overrightarrow{PA}\perp\overrightarrow{PD}$

⇐$\overrightarrow{PA}\cdot\overrightarrow{PD}=0$

よって，点Pの集合は，**線分 AD を直径とする円** である。

PR ③42

2 点 A(6, 6)，B(0, −2) を直径の両端とする円を C とする。
(1) 点 $P_0(-1,\ 5)$ は円 C 上の点であることを，ベクトルを用いて示せ。
(2) 点 P_0 における円 C の接線の方程式を，ベクトルを用いて求めよ。

(1) $\overrightarrow{AP_0}=(-1-6,\ 5-6)=(-7,\ -1)$

$\overrightarrow{BP_0}=(-1-0,\ 5-(-2))=(-1,\ 7)$

よって　　$\overrightarrow{AP_0}\cdot\overrightarrow{BP_0}=(-7)\times(-1)+(-1)\times7=0$

$\overrightarrow{AP_0}\neq\vec{0}$，$\overrightarrow{BP_0}\neq\vec{0}$ であるから　　$\overrightarrow{AP_0}\perp\overrightarrow{BP_0}$

すなわち　　$\angle AP_0B=90^\circ$

⇐直径に対する円周角は 90°

したがって，点 P_0 は円 C 上の点である。

(2) 円の中心をCとすると　　C(3, 2)

⇐C は線分 AB の中点。

点 P_0 における円 C の接線上の任意の点 $P(x,\ y)$ に対して

$\overrightarrow{CP_0}\cdot\overrightarrow{P_0P}=0$ …… ①

⇐$P=P_0$ なら $\overrightarrow{P_0P}=0$
$P\neq P_0$ なら $\overrightarrow{CP_0}\perp\overrightarrow{P_0P}$
① は円 C 上の点 P_0 における接線のベクトル方程式である。
$(\vec{p_0}-\vec{c})\cdot(\vec{p}-\vec{p_0})=0$ と表してもよい。

$\overrightarrow{CP_0}=(-1-3,\ 5-2)=(-4,\ 3)$，

$\overrightarrow{P_0P}=(x-(-1),\ y-5)=(x+1,\ y-5)$

であるから，① より

$-4(x+1)+3(y-5)=0$

したがって，点 P_0 における円 C の接線の方程式は

$\boldsymbol{4x-3y+19=0}$

(本冊 $p.80$ 基本例題 42 INFORMATION の証明)

円 $(x-a)^2+(y-b)^2=r^2$ $(r>0)$ 上の点 $(x_0,\ y_0)$ における接線の方程式は

$$(x_0-a)(x-a)+(y_0-b)(y-b)=r^2$$

証明　$C(a,\ b)$，$P_0(x_0,\ y_0)$ とし，点 P_0 における接線上の任意の点を $P(x,\ y)$ とする。

$\overrightarrow{CP_0}$ は，接線の法線ベクトル。

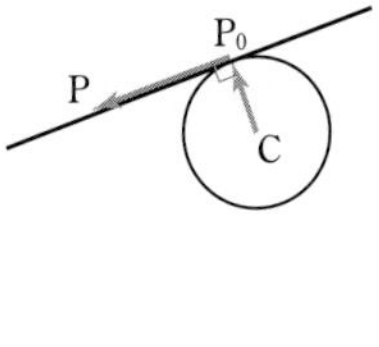

接線のベクトル方程式は

$\overrightarrow{CP_0}\cdot\overrightarrow{P_0P}=0$

左辺を変形して　　$\overrightarrow{CP_0}\cdot(\overrightarrow{CP}-\overrightarrow{CP_0})=0$

すなわち　　$\overrightarrow{CP_0}\cdot\overrightarrow{CP}=|\overrightarrow{CP_0}|^2$ …… ①

$\overrightarrow{CP_0}=(x_0-a,\ y_0-b)$，$\overrightarrow{CP}=(x-a,\ y-b)$，$|\overrightarrow{CP_0}|=r$ であるから，接線の方程式は，① より

$(x_0-a)(x-a)+(y_0-b)(y-b)=r^2$

PR ④43

△OAB において，次の式を満たす点Pの存在範囲を求めよ。
(1) $\overrightarrow{OP}=s\overrightarrow{OA}+t\overrightarrow{OB}$，$1\leqq s+2t\leqq2$，$s\geqq0$，$t\geqq0$
(2) $\overrightarrow{OP}=s\overrightarrow{OA}+(s-t)\overrightarrow{OB}$，$0\leqq s\leqq1$，$0\leqq t\leqq1$

(1)　$s+2t=k$ として固定する。このとき，$\dfrac{s}{k}+\dfrac{2t}{k}=1$ であるから，

$k\overrightarrow{OA}=\overrightarrow{OA'}$，$\dfrac{k}{2}\overrightarrow{OB}=\overrightarrow{OB'}$，$\dfrac{s}{k}=s'$，

$\dfrac{2t}{k}=t'$ とすると

$$\overrightarrow{OP}=s'\overrightarrow{OA'}+t'\overrightarrow{OB'},\ s'+t'=1,\ s'\geqq 0,\ t'\geqq 0$$

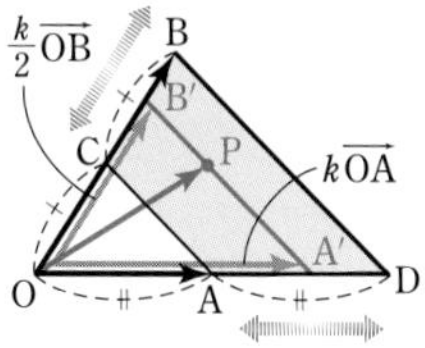

よって，点Pは線分 A'B' 上を動く。

次に，$1\leqq k\leqq 2$ の範囲で k を変化させると，線分 A'B' は図の線分 AC から DB まで平行に動く。

ただし，$\overrightarrow{OC}=\dfrac{1}{2}\overrightarrow{OB}$，$\overrightarrow{OD}=2\overrightarrow{OA}$ である。

よって，$\mathbf{\dfrac{1}{2}\overrightarrow{OB}=\overrightarrow{OC}}$，$\mathbf{2\overrightarrow{OA}=\overrightarrow{OD}}$ **となる点C，Dをとると，**

点Pの存在範囲は **台形 ADBC の周および内部** である。

(2)　$\overrightarrow{OP}=s(\overrightarrow{OA}+\overrightarrow{OB})+t(-\overrightarrow{OB})$

$\overrightarrow{OA}+\overrightarrow{OB}=\overrightarrow{OC}$，$-\overrightarrow{OB}=\overrightarrow{OD}$ とすると

$$\overrightarrow{OP}=s\overrightarrow{OC}+t\overrightarrow{OD},$$
$$0\leqq s\leqq 1,\ 0\leqq t\leqq 1$$

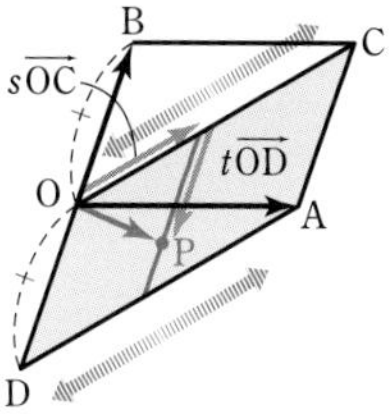

よって，$\mathbf{\overrightarrow{OA}+\overrightarrow{OB}=\overrightarrow{OC}}$，

$\mathbf{-\overrightarrow{OB}=\overrightarrow{OD}}$ **となる点C，Dをとると**，点Pの存在範囲は **平行四辺形 ODAC の周および内部** である。

⇐$1\leqq k\leqq 2$

⇐$\overrightarrow{OP}=\dfrac{s}{k}(k\overrightarrow{OA})+\dfrac{2t}{k}\left(\dfrac{k}{2}\overrightarrow{OB}\right)$

⇐$\overrightarrow{BD}=2\overrightarrow{CA}$ から CA // BD

⇐$\overrightarrow{OC}+\overrightarrow{OD}=\overrightarrow{OA}+\overrightarrow{OB}-\overrightarrow{OB}=\overrightarrow{OA}$ である。

PR ④44

平面上に，異なる2定点O，Aと，線分 OA を直径とする円 C を考える。また，円 C 上に点Bをとり，$\overrightarrow{OA}=\vec{a}$，$\overrightarrow{OB}=\vec{b}$ とする。

(1)　この平面上で，$\overrightarrow{OP}\cdot\overrightarrow{AP}+\overrightarrow{AP}\cdot\overrightarrow{BP}+\overrightarrow{BP}\cdot\overrightarrow{OP}=0$ を満たす点Pの全体よりなる円の中心をD，半径を r とする。$\overrightarrow{OD}$ および r を，$\vec{a}$ と $\vec{b}$ を用いて表せ。

(2)　(1)において，点Bが円 C 上を動くとき，点Dはどんな図形を描くか。　〔岡山大〕

(1)　$\overrightarrow{OP}=\vec{p}$ とすると，与えられた等式は

$$\vec{p}\cdot(\vec{p}-\vec{a})+(\vec{p}-\vec{a})\cdot(\vec{p}-\vec{b})+(\vec{p}-\vec{b})\cdot\vec{p}=0$$

したがって

$$|\vec{p}|^2-\vec{p}\cdot\vec{a}+|\vec{p}|^2-\vec{p}\cdot\vec{a}-\vec{p}\cdot\vec{b}+\vec{a}\cdot\vec{b}+|\vec{p}|^2-\vec{b}\cdot\vec{p}=0$$

整理すると　$3|\vec{p}|^2-2(\vec{a}+\vec{b})\cdot\vec{p}+\vec{a}\cdot\vec{b}=0$ ……①

$$3|\vec{p}|^2-2(\vec{a}+\vec{b})\cdot\vec{p}+\vec{a}\cdot\vec{b}$$
$$=3\left|\vec{p}-\frac{\vec{a}+\vec{b}}{3}\right|^2-\frac{|\vec{a}+\vec{b}|^2}{3}+\vec{a}\cdot\vec{b}$$
$$=3\left|\vec{p}-\frac{\vec{a}+\vec{b}}{3}\right|^2-\frac{|\vec{a}+\vec{b}|^2-3\vec{a}\cdot\vec{b}}{3}$$

と変形できるから，① より

$$3\left|\vec{p}-\frac{\vec{a}+\vec{b}}{3}\right|^2=\frac{|\vec{a}+\vec{b}|^2-3\vec{a}\cdot\vec{b}}{3}$$

HINT　(1)　Bは線分 OA を直径とする円周上の点であるから，OB⊥AB が成り立つ。

⇐$3p^2-2(a+b)p+ab$
$=3\left(p-\dfrac{a+b}{3}\right)^2-3\times\dfrac{(a+b)^2}{9}+ab$
と同じように変形。

ゆえに　$\left|\vec{p}-\dfrac{\vec{a}+\vec{b}}{3}\right|^2=\dfrac{|\vec{a}|^2-\vec{a}\cdot\vec{b}+|\vec{b}|^2}{9}$ ……②

ここで，$\overrightarrow{\mathrm{OB}}=\vec{0}$ または $\overrightarrow{\mathrm{AB}}=\vec{0}$ または $\overrightarrow{\mathrm{OB}}\perp\overrightarrow{\mathrm{AB}}$ であるから

$\vec{b}\cdot(\vec{b}-\vec{a})=0$　　よって　$|\vec{b}|^2-\vec{a}\cdot\vec{b}=0$

② に代入して　$\left|\vec{p}-\dfrac{\vec{a}+\vec{b}}{3}\right|^2=\dfrac{|\vec{a}|^2}{9}$

よって　$\left|\vec{p}-\dfrac{\vec{a}+\vec{b}}{3}\right|=\dfrac{|\vec{a}|}{3}$　　ゆえに　$\boldsymbol{\overrightarrow{\mathrm{OD}}=\dfrac{\vec{a}+\vec{b}}{3}}$，$\boldsymbol{r=\dfrac{|\vec{a}|}{3}}$

(2)　点Bは円 C 上にあるから　$\left|\vec{b}-\dfrac{\vec{a}}{2}\right|=\dfrac{|\vec{a}|}{2}$ ……③

(1) の結果から　$\vec{b}=3\overrightarrow{\mathrm{OD}}-\vec{a}$

これを ③ に代入して　$\left|3\overrightarrow{\mathrm{OD}}-\dfrac{3}{2}\vec{a}\right|=\dfrac{|\vec{a}|}{2}$

すなわち　$\left|\overrightarrow{\mathrm{OD}}-\dfrac{\vec{a}}{2}\right|=\dfrac{|\vec{a}|}{6}$

ゆえに，点Dは，**線分 OA の中点を中心とし，半径 $\boldsymbol{\dfrac{1}{6}}$OA の円** を描く。

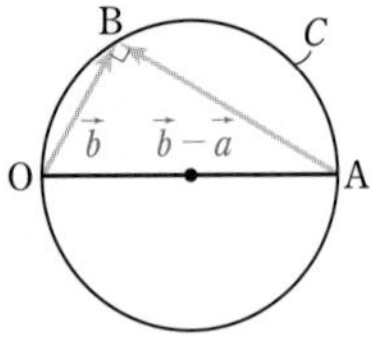

⇦点Dは△OABの重心である。

⇦円 C は，線分 OA を直径とする円であるから，円 C の中心は線分 OA の中点，半径は $\dfrac{1}{2}$OA

EX ②1　(1) $\vec{x}=3\vec{a}-\vec{b}+2\vec{c}$, $\vec{y}=2\vec{a}+5\vec{b}-\vec{c}$ のとき，$7(2\vec{x}-3\vec{y})-5(3\vec{x}-5\vec{y})$ を $\vec{a}$, $\vec{b}$, $\vec{c}$ を用いて表せ。
(2) $2\vec{x}+5\vec{y}=\vec{a}$, $3\vec{x}-2\vec{y}=\vec{b}$ を満たす $\vec{x}$, $\vec{y}$ を $\vec{a}$, $\vec{b}$ を用いて表せ。

CHART　ベクトルの演算　数式と同じように計算

(1) $7(2\vec{x}-3\vec{y})-5(3\vec{x}-5\vec{y})$
$=14\vec{x}-21\vec{y}-15\vec{x}+25\vec{y}=-\vec{x}+4\vec{y}$
$=-(3\vec{a}-\vec{b}+2\vec{c})+4(2\vec{a}+5\vec{b}-\vec{c})=\boldsymbol{5\vec{a}+21\vec{b}-6\vec{c}}$

(2) $2\vec{x}+5\vec{y}=\vec{a}$ ……①，$3\vec{x}-2\vec{y}=\vec{b}$ ……②　とする。
①×2＋②×5 から　$19\vec{x}=2\vec{a}+5\vec{b}$
したがって　$\boldsymbol{\vec{x}=\frac{2}{19}\vec{a}+\frac{5}{19}\vec{b}}$
①×3－②×2 から　$19\vec{y}=3\vec{a}-2\vec{b}$
したがって　$\boldsymbol{\vec{y}=\frac{3}{19}\vec{a}-\frac{2}{19}\vec{b}}$

⇐まず，与式を整理する（いきなり $\vec{x}$, $\vec{y}$ を代入しない）。

(2) x, y の連立方程式
$\begin{cases}2x+5y=a\\3x-2y=b\end{cases}$
を解く要領で。

EX ③2　$(2\vec{a}+3\vec{b})/\!/(\vec{a}-4\vec{b})$, $\vec{a}\neq\vec{0}$, $\vec{b}\neq\vec{0}$ のとき，$\vec{a}/\!/\vec{b}$ であることを示せ。

$(2\vec{a}+3\vec{b})/\!/(\vec{a}-4\vec{b})$ であるから，k を実数として，
$2\vec{a}+3\vec{b}=k(\vec{a}-4\vec{b})$ と表される。
よって　$(k-2)\vec{a}=(4k+3)\vec{b}$ ……①
$k-2=0$ とすると　$k=2$
このとき，① は $\vec{0}=11\vec{b}$ となり，$\vec{b}\neq\vec{0}$ に反する。
ゆえに　$k-2\neq0$
よって，① から　$\vec{a}=\frac{4k+3}{k-2}\vec{b}$
したがって　$\vec{a}/\!/\vec{b}$

HINT
$\vec{p}\neq\vec{0}$, $\vec{q}\neq\vec{0}$ のとき
$\vec{p}/\!/\vec{q}$
⇔
$\vec{p}=k\vec{q}$ となる実数 k がある。

⇐$\frac{4k+3}{k-2}=k'$ とおくと $\vec{a}=k'\vec{b}$ と表される。

EX ②3　AD∦BC である四角形 ABCD の辺 AB，CD の中点をそれぞれ P，Q とし，$\overrightarrow{AD}=\vec{a}$, $\overrightarrow{BC}=\vec{b}$, $\overrightarrow{BD}=\vec{c}$ とする。
(1) $\overrightarrow{BQ}$ を $\vec{b}$, $\vec{c}$ を用いて表せ。　(2) $\overrightarrow{PQ}$ を $\vec{a}$, $\vec{b}$ を用いて表せ。

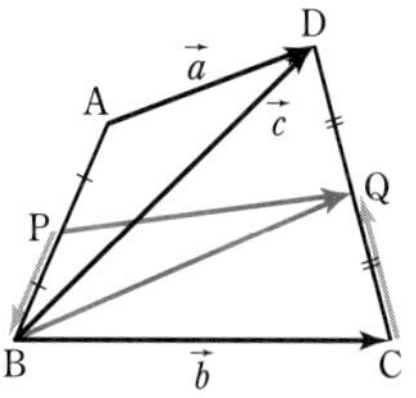

(1) $\overrightarrow{CD}=\overrightarrow{BD}-\overrightarrow{BC}=\vec{c}-\vec{b}$ であるから
$\boldsymbol{\overrightarrow{BQ}}=\overrightarrow{BC}+\overrightarrow{CQ}=\overrightarrow{BC}+\frac{1}{2}\overrightarrow{CD}$
$=\vec{b}+\frac{1}{2}(\vec{c}-\vec{b})$
$=\boldsymbol{\frac{1}{2}\vec{b}+\frac{1}{2}\vec{c}}$

(2) $\overrightarrow{AB}=\overrightarrow{DB}-\overrightarrow{DA}=-\vec{c}+\vec{a}$ であるから
$\boldsymbol{\overrightarrow{PQ}}=\overrightarrow{PB}+\overrightarrow{BQ}=\frac{1}{2}\overrightarrow{AB}+\overrightarrow{BQ}$
$=\frac{1}{2}(-\vec{c}+\vec{a})+\frac{1}{2}\vec{b}+\frac{1}{2}\vec{c}$
$=\boldsymbol{\frac{1}{2}\vec{a}+\frac{1}{2}\vec{b}}$

⇐$\overrightarrow{CD}=\overrightarrow{□D}-\overrightarrow{□C}$

⇐$\overrightarrow{BQ}$ をしりとりで分割。
$\overrightarrow{BQ}=\overrightarrow{B□}+\overrightarrow{□Q}$

⇐$\overrightarrow{PQ}$ をしりとりで分割。
$\overrightarrow{PQ}=\overrightarrow{P□}+\overrightarrow{□Q}$
$\overrightarrow{PQ}=\overrightarrow{BQ}-\overrightarrow{BP}$（差の形に分割）としてもよい。

EX ②4

(1) 平行四辺形 ABCD の辺 AB を 2：1 に内分する点をEとし，BD と EC の交点をFとするとき，$\overrightarrow{AF}$ を $\overrightarrow{AB}$ と $\overrightarrow{AD}$ を用いて表せ。〔東京電機大〕

(2) 正六角形 ABCDEF において，$\overrightarrow{FB}$ を $\overrightarrow{AB}$，$\overrightarrow{AC}$ を用いて表せ。〔類 立教大〕

(1) △BEF と △DCF において

∠BEF＝∠DCF

∠EBF＝∠CDF

よって △BEF∽△DCF

ゆえに BF：FD＝BE：DC

＝BE：AB＝1：3

したがって $\overrightarrow{AF}=\overrightarrow{AB}+\overrightarrow{BF}=\overrightarrow{AB}+\frac{1}{4}\overrightarrow{BD}$

$=\overrightarrow{AB}+\frac{1}{4}(\overrightarrow{AD}-\overrightarrow{AB})=\mathbf{\frac{3}{4}\overrightarrow{AB}+\frac{1}{4}\overrightarrow{AD}}$

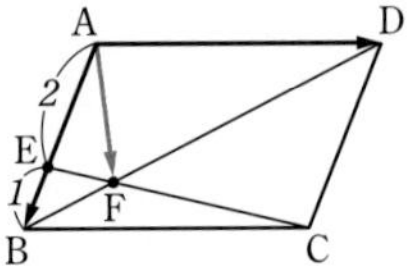

⇐錯角が等しい。

⇐2組の角がそれぞれ等しい。

⇐しりとりで分割。

⇐差の形に分割。
$\overrightarrow{BD}=\overrightarrow{AD}-\overrightarrow{AB}$

(2) $\overrightarrow{FB}=\overrightarrow{AB}-\overrightarrow{AF}$

$=\overrightarrow{AB}-(\overrightarrow{AC}+\overrightarrow{CF})$

$=\overrightarrow{AB}-\overrightarrow{AC}-\overrightarrow{CF}$

$=\overrightarrow{AB}-\overrightarrow{AC}-(-2\overrightarrow{AB})$

$\mathbf{=3\overrightarrow{AB}-\overrightarrow{AC}}$

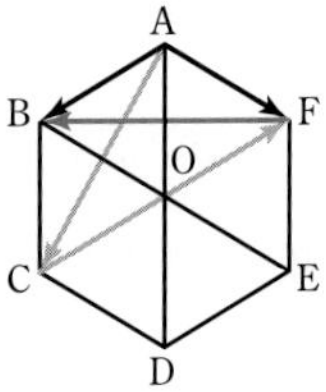

⇐まず，$\overrightarrow{FB}$ を差の形に分割し，始点をAにそろえる。更に，$\overrightarrow{AF}$ をしりとりの形に分割する。

EX ③5

互いに平行ではない2つのベクトル $\vec{a}$，$\vec{b}$（ただし，$\vec{a}\neq\vec{0}$，$\vec{b}\neq\vec{0}$ とする）があって，これらが $s(\vec{a}+3\vec{b})+t(-2\vec{a}+\vec{b})=-5\vec{a}-\vec{b}$ を満たすとき，実数 s，t の値を求めよ。

（左辺）$=(s-2t)\vec{a}+(3s+t)\vec{b}$

よって $(s-2t)\vec{a}+(3s+t)\vec{b}=-5\vec{a}-\vec{b}$

$\vec{a}\neq\vec{0}$，$\vec{b}\neq\vec{0}$，$\vec{a}\not\parallel\vec{b}$ であるから $s-2t=-5$，$3s+t=-1$

この連立方程式を解くと $\mathbf{s=-1,\ t=2}$

HINT $\vec{a}\neq\vec{0}$，$\vec{b}\neq\vec{0}$，$\vec{a}\not\parallel\vec{b}$ のとき
$k\vec{a}+l\vec{b}=m\vec{a}+n\vec{b}$
$\Longleftrightarrow k=m,\ l=n$

EX ④6

平面上に1辺の長さが1の正五角形があり，その頂点を順に A，B，C，D，E とする。次の問いに答えよ。

(1) 辺 BC と線分 AD は平行であることを示せ。

(2) 線分 AC と線分 BD の交点をFとする。四角形 AFDE はどのような形であるか，その名称と理由を答えよ。

(3) 線分 AF と線分 CF の長さの比を求めよ。

(4) $\overrightarrow{AB}=\vec{a}$，$\overrightarrow{BC}=\vec{b}$ とするとき，$\overrightarrow{CD}$ を $\vec{a}$ と $\vec{b}$ で表せ。〔鳥取大〕

(1) 正五角形の外接円を考える。

$\overset{\frown}{AB}=\overset{\frown}{CD}$ から，円周角の定理により

∠ACB＝∠CAD

したがって，錯角が等しいから，辺 BC と線分 AD は平行である。

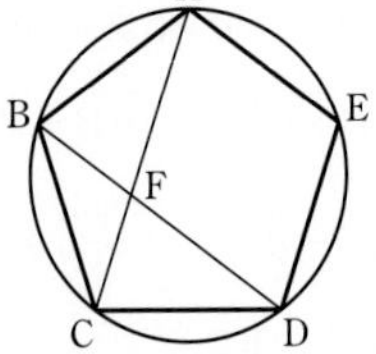

(2) (1)と同様に考えると

$\overset{\frown}{AB}=\overset{\frown}{DE}$ から BD∥AE

⇐∠AEB＝∠DBE

$\overset{\frown}{AE}=\overset{\frown}{CD}$ から　　$AC /\!/ ED$

⇦$\angle ACE=\angle CED$

よって，**四角形 AFDE は平行四辺形** である。また，

AE=ED であるから，**四角形 AFDE はひし形** である。

(3)　$CF=x$ とする。(2) の結果から　$AF=AE=1$

よって　　$AD=AC=AF+FC=1+x$

(1) の結果を用いると　　$\triangle BCF \backsim \triangle DAF$

⇦(1) から
$\angle ACB=\angle CAD$
また $\angle BFC=\angle DFA$

ゆえに　　$AF:CF=AD:CB$

よって　　$1:x=(1+x):1$

ゆえに　　$x(1+x)=1$　　　よって　　$x^2+x-1=0$

$x>0$ であるから　　$x=\dfrac{-1+\sqrt{5}}{2}$

したがって　　$\mathbf{AF:CF=1:\dfrac{\sqrt{5}-1}{2}}$

(4)　$AD=AC=1+\dfrac{\sqrt{5}-1}{2}=\dfrac{\sqrt{5}+1}{2}$

$BC /\!/ AD$，$BC=1$ であるから

⇦$\overrightarrow{BC} /\!/ \overrightarrow{AD}$

$$\overrightarrow{AD}=\frac{AD}{BC}\overrightarrow{BC}=\frac{\sqrt{5}+1}{2}\vec{b}$$

したがって　　$\overrightarrow{\mathbf{CD}}=\overrightarrow{AD}-\overrightarrow{AC}=\dfrac{\sqrt{5}+1}{2}\vec{b}-(\vec{a}+\vec{b})$

⇦差の形。

$$=-\vec{\boldsymbol{a}}+\frac{\sqrt{5}-1}{2}\vec{\boldsymbol{b}}$$

EX ②7　ベクトル $\vec{a}=(1,\ -2)$，$\vec{b}=(1,\ 1)$ に対し，ベクトル $t\vec{a}+\vec{b}$ の大きさが $\sqrt{5}$ となる t の値を求めよ。

$t\vec{a}+\vec{b}=t(1,\ -2)+(1,\ 1)=(t+1,\ -2t+1)$ から

$$|t\vec{a}+\vec{b}|^2=(t+1)^2+(-2t+1)^2=5t^2-2t+2$$

$|t\vec{a}+\vec{b}|^2=(\sqrt{5})^2=5$ であるから　$5t^2-2t+2=5$

よって　　$5t^2-2t-3=0$　　　ゆえに　　$(5t+3)(t-1)=0$

したがって　　$\boldsymbol{t=-\dfrac{3}{5},\ 1}$

CHART
$|\vec{p}|$ は $|\vec{p}|^2$ として扱う
ベクトルの大きさは，2乗して考えると平方根がでてこないので扱いやすい。

EX ②8　$\vec{a}=(1,\ 1)$，$\vec{b}=(1,\ 3)$ とする。
(1)　$\vec{c}=(-4,\ 3)$ を $k\vec{a}+l\vec{b}$ (k，l は実数) の形に表せ。
(2)　$\vec{x}+2\vec{y}=\vec{a}$，$\vec{x}-3\vec{y}=\vec{b}$ を満たす $\vec{x}$，$\vec{y}$ を成分で表せ。

(1)　$\vec{c}=k\vec{a}+l\vec{b}$ とすると

$$(-4,\ 3)=k(1,\ 1)+l(1,\ 3)=(k+l,\ k+3l)$$

よって　　$-4=k+l$，$3=k+3l$

⇦対応する成分が等しい。

これを解いて　　$k=-\dfrac{15}{2}$，$l=\dfrac{7}{2}$

したがって　　$\vec{\boldsymbol{c}}=-\dfrac{15}{2}\vec{\boldsymbol{a}}+\dfrac{7}{2}\vec{\boldsymbol{b}}$

(2) $\vec{x}+2\vec{y}=\vec{a}$ …… ①，$\vec{x}-3\vec{y}=\vec{b}$ …… ② とする。

①×3＋②×2 から　$5\vec{x}=3\vec{a}+2\vec{b}$

よって

$$\vec{\boldsymbol{x}}=\frac{1}{5}(3\vec{a}+2\vec{b})=\frac{1}{5}\{3(1,\ 1)+2(1,\ 3)\}=\left(\mathbf{1},\ \frac{\mathbf{9}}{\mathbf{5}}\right)$$

また，①－② から　$5\vec{y}=\vec{a}-\vec{b}$

ゆえに

$$\vec{\boldsymbol{y}}=\frac{1}{5}(\vec{a}-\vec{b})=\frac{1}{5}\{(1,\ 1)-(1,\ 3)\}=\left(\mathbf{0},\ -\frac{\mathbf{2}}{\mathbf{5}}\right)$$

⇐x，y の連立方程式 $\begin{cases} x+2y=a \\ x-3y=b \end{cases}$ を解く要領で。

EX ③9　平面ベクトル $\vec{a}=(1,\ 3)$，$\vec{b}=(2,\ 8)$，$\vec{c}=(x,\ y)$ がある。$\vec{c}$ は $2\vec{a}+\vec{b}$ に平行で，$|\vec{c}|=\sqrt{53}$ である。このとき，x，y の値を求めよ。〔岩手大〕

$2\vec{a}+\vec{b}=2(1,\ 3)+(2,\ 8)=(4,\ 14)$

$\vec{c}\neq\vec{0}$，$2\vec{a}+\vec{b}\neq\vec{0}$ であるから，$\vec{c}\,/\!/\,2\vec{a}+\vec{b}$ のとき，

$\vec{c}=k(2\vec{a}+\vec{b})$ …… ① となる実数 k が存在する。

ここで　$|2\vec{a}+\vec{b}|=\sqrt{4^2+14^2}=2\sqrt{53}$

① から　$|\vec{c}|=|k||2\vec{a}+\vec{b}|$

よって　$\sqrt{53}=|k|\cdot 2\sqrt{53}$　したがって　$|k|=\dfrac{1}{2}$

ゆえに　$k=\pm\dfrac{1}{2}$

$k=\dfrac{1}{2}$ のとき　$\vec{c}=\dfrac{1}{2}(4,\ 14)=(2,\ 7)$

$k=-\dfrac{1}{2}$ のとき　$\vec{c}=-\dfrac{1}{2}(4,\ 14)=(-2,\ -7)$

よって　$(\boldsymbol{x},\ \boldsymbol{y})=(\mathbf{2},\ \mathbf{7}),\ (\mathbf{-2},\ \mathbf{-7})$

⇐$|\vec{c}|\neq 0$ から $\vec{c}\neq\vec{0}$

⇐$2\vec{a}+\vec{b}=2(2,\ 7)$ から $|2\vec{a}+\vec{b}|=2\sqrt{2^2+7^2}$ としてもよい。

⇐$|x|=c$ $(c>0)$ のとき $x=\pm c$

別解　$2\vec{a}+\vec{b}=2(1,\ 3)+(2,\ 8)=(4,\ 14)$

$\vec{c}\neq\vec{0}$，$2\vec{a}+\vec{b}\neq\vec{0}$ であるから，$\vec{c}=(x,\ y)$ と $2\vec{a}+\vec{b}$ が平行であるとき

$x\times 14-y\times 4=0$　ゆえに　$y=\dfrac{7}{2}x$ …… ②

$|\vec{c}|=\sqrt{53}$ から　$x^2+y^2=53$

② を代入して　$x^2+\left(\dfrac{7}{2}x\right)^2=53$

よって　$x^2=4$　ゆえに　$x=\pm 2$

$x=2$ のとき　$y=\dfrac{7}{2}\cdot 2=7$

$x=-2$ のとき　$y=\dfrac{7}{2}\cdot(-2)=-7$

よって　$(\boldsymbol{x},\ \boldsymbol{y})=(\mathbf{2},\ \mathbf{7}),\ (\mathbf{-2},\ \mathbf{-7})$

⇐$(a_1,\ a_2)\neq(0,\ 0)$，$(b_1,\ b_2)\neq(0,\ 0)$ のとき $(a_1,\ a_2)\,/\!/\,(b_1,\ b_2)$ $\iff a_1b_2-a_2b_1=0$

EX ③10　$\vec{a}=(2,\ 3)$, $\vec{b}=(1,\ -1)$, $\vec{t}=\vec{a}+k\vec{b}$ とする。$-2\leqq k\leqq 2$ のとき，$|\vec{t}|$ の最大値および最小値を求めよ。　〔東京電機大〕

$\vec{t}=(2,\ 3)+k(1,\ -1)=(k+2,\ -k+3)$

よって　$|\vec{t}|^2=(k+2)^2+(-k+3)^2$

$=2k^2-2k+13=2\left(k-\dfrac{1}{2}\right)^2+\dfrac{25}{2}$

$|\vec{t}|\geqq 0$ であるから，$|\vec{t}|^2$ が最大のとき $|\vec{t}|$ も最大となり，$|\vec{t}|^2$ が最小のとき $|\vec{t}|$ も最小となる。

ゆえに，$-2\leqq k\leqq 2$ のとき，$|\vec{t}|$ は

$k=-2$ で最大値　$\sqrt{25}=5$,

$k=\dfrac{1}{2}$ で最小値　$\sqrt{\dfrac{25}{2}}=\dfrac{5\sqrt{2}}{2}$ をとる。

$f(k)=2\left(k-\dfrac{1}{2}\right)^2+\dfrac{25}{2}$

$(-2\leqq k\leqq 2)$ のグラフ

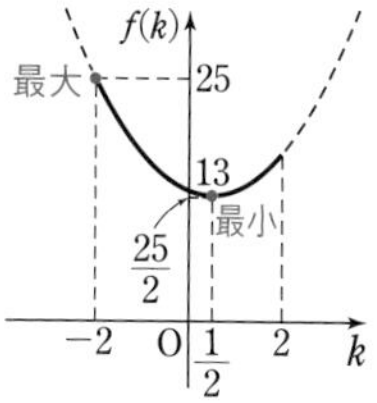

EX ③11　座標平面上に3定点A，B，Cと動点Pがあって，$\overrightarrow{AB}=(3,\ 1)$, $\overrightarrow{BC}=(1,\ 2)$ であり，$\overrightarrow{AP}$ が実数 t を用いて $\overrightarrow{AP}=(2t,\ 3t)$ と表されるとき

(1) $\overrightarrow{PB}$, $\overrightarrow{PC}$ を求めよ。

(2) $\overrightarrow{PC}$ が $\overrightarrow{AB}$ と平行であるときの t の値を求めよ。

(3) $\overrightarrow{PA}$ と $\overrightarrow{PB}$ の大きさが等しいときの t の値を求めよ。　〔新潟大〕

(1) $\overrightarrow{PB}=\overrightarrow{AB}-\overrightarrow{AP}=(3,\ 1)-(2t,\ 3t)$

$=\mathbf{(3-2t,\ 1-3t)}$

$\overrightarrow{PC}=\overrightarrow{PB}+\overrightarrow{BC}=(3-2t,\ 1-3t)+(1,\ 2)$

$=\mathbf{(4-2t,\ 3-3t)}$

⇐差の形に分割。

⇐しりとりで分割。

(2) $\overrightarrow{PC}\neq\vec{0}$, $\overrightarrow{AB}\neq\vec{0}$ であるから，$\overrightarrow{PC}/\!/\overrightarrow{AB}$ になるのは，$\overrightarrow{PC}=k\overrightarrow{AB}$ となる実数 k が存在するときである。

$(4-2t,\ 3-3t)=(3k,\ k)$ から

$4-2t=3k$, $3-3t=k$　　k を消去して　$7t=5$

ゆえに　$\boldsymbol{t=\dfrac{5}{7}}$　　このとき　$k=\dfrac{6}{7}$

別解　$\overrightarrow{PC}/\!/\overrightarrow{AB}\iff(4-2t)\times1-(3-3t)\times3=0$

整理すると　$7t-5=0$

よって　$\boldsymbol{t=\dfrac{5}{7}}$

(3) $|\overrightarrow{PA}|=|\overrightarrow{PB}|$ のとき　$|\overrightarrow{PA}|^2=|\overrightarrow{PB}|^2$

ゆえに　$(2t)^2+(3t)^2=(3-2t)^2+(1-3t)^2$

よって　$13t^2=10-18t+13t^2$

整理すると　$9t-5=0$　　ゆえに　$\boldsymbol{t=\dfrac{5}{9}}$

⇐$|\overrightarrow{PA}|^2=|\overrightarrow{AP}|^2$

EX ③12　3点 $P(1,\ 2)$, $Q(3,\ -2)$, $R(4,\ 1)$ を頂点とする平行四辺形の第4の頂点Sの座標を求めよ。

求める第4の頂点Sの座標を $(x,\ y)$ とする。

[1]　四角形PQRSが平行四辺形となるための条件は

$\overrightarrow{PS}=\overrightarrow{QR}$

$\overrightarrow{PS}=(x-1,\ y-2)$, $\overrightarrow{QR}=(1,\ 3)$ であるから

$x-1=1$, $y-2=3$

よって　$x=2$, $y=5$　　ゆえに　$\mathbf{S(2,\ 5)}$

CHART　四角形ABCDが平行四辺形 $\iff\overrightarrow{AD}=\overrightarrow{BC}$

[2] 四角形PQSRが平行四辺形となるための条件は

$\overrightarrow{PR}=\overrightarrow{QS}$

$\overrightarrow{PR}=(3,\ -1)$, $\overrightarrow{QS}=(x-3,\ y+2)$ であるから

$x-3=3,\ y+2=-1$

よって　$x=6,\ y=-3$　　ゆえに　**S(6, −3)**

[3] 四角形PSQRが平行四辺形となるための条件は

$\overrightarrow{PR}=\overrightarrow{SQ}$

$\overrightarrow{PR}=(3,\ -1)$, $\overrightarrow{SQ}=(3-x,\ -2-y)$ であるから

$3-x=3,\ -2-y=-1$

よって　$x=0,\ y=-1$　　ゆえに　**S(0, −1)**

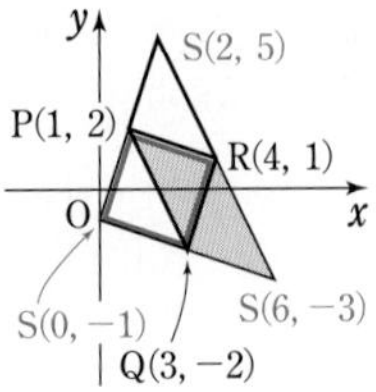

別解　[1] 対角線PR, QSの中点が一致することから，

点$\left(\dfrac{1+4}{2},\ \dfrac{2+1}{2}\right)$と点$\left(\dfrac{3+x}{2},\ \dfrac{-2+y}{2}\right)$が一致する。

よって　$x=2,\ y=5$　　したがって　**S(2, 5)**

[2]，[3] も同様にして求められる。

⇐対角線がそれぞれの中点で交わる。

⇐$\dfrac{5}{2}=\dfrac{3+x}{2}$, $\dfrac{3}{2}=\dfrac{-2+y}{2}$

EX ②13

1辺の長さが1の正六角形ABCDEFがある。このとき，内積$\overrightarrow{AC}\cdot\overrightarrow{AD}$を求めよ。〔中央大〕

対角線ADとBEの交点をOとし，$\overrightarrow{AO}=\vec{a}$, $\overrightarrow{AB}=\vec{b}$ とすると

$\overrightarrow{AC}=\overrightarrow{AO}+\overrightarrow{OC}=\vec{a}+\vec{b}$,

$\overrightarrow{AD}=2\vec{a}$

よって　$\overrightarrow{AC}\cdot\overrightarrow{AD}=(\vec{a}+\vec{b})\cdot 2\vec{a}$

$=2|\vec{a}|^2+2\vec{a}\cdot\vec{b}$

$=2\cdot 1^2+2\times 1\cdot 1\cdot\cos 60°$

$=2+2\times\dfrac{1}{2}=\mathbf{3}$

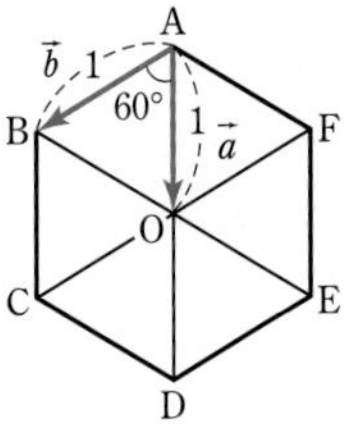

⇐$\overrightarrow{OC}=\overrightarrow{AB}=\vec{b}$

⇐$|\vec{a}|=1$, $|\vec{b}|=1$, $\vec{a}$, $\vec{b}$ のなす角は60°

EX ③14

2つのベクトル $\vec{a}=(1,\ t)$ と $\vec{b}=\left(1,\ \dfrac{t}{3}\right)$ のなす角が30°であるとき，tの値を求めよ。ただし，$t>0$ とする。〔岩手大〕

$\vec{a}\cdot\vec{b}=1+\dfrac{t^2}{3}$, $|\vec{a}|=\sqrt{1+t^2}$, $|\vec{b}|=\sqrt{1+\dfrac{t^2}{9}}$

$\vec{a}\cdot\vec{b}=|\vec{a}||\vec{b}|\cos 30°$ から

$1+\dfrac{t^2}{3}=\sqrt{1+t^2}\cdot\sqrt{1+\dfrac{t^2}{9}}\cdot\dfrac{\sqrt{3}}{2}$

両辺は正であるから，2乗して整理すると

$t^4-6t^2+9=0$

ゆえに　$(t^2-3)^2=0$

よって　$t^2=3$

$t>0$ であるから　$t=\sqrt{\mathbf{3}}$

⇐(成分による表現)＝(定義による表現)

⇐$a>0$, $b>0$ のとき $a=b \iff a^2=b^2$

⇐$\left(1+\dfrac{t^2}{3}\right)^2=(1+t^2)\left(1+\dfrac{t^2}{9}\right)\cdot\dfrac{3}{4}$ を展開して整理する。

EX ②15　2つのベクトル $\vec{a}=(-1,\ 2)$, $\vec{b}=(x,\ 1)$ について
(1) $2\vec{a}-3\vec{b}$ と $\vec{a}+2\vec{b}$ が垂直になるように x の値を定めよ。
(2) $2\vec{a}-3\vec{b}$ と $\vec{a}+2\vec{b}$ が平行になるように x の値を定めよ。

(1) $2\vec{a}-3\vec{b}=2(-1,\ 2)-3(x,\ 1)=(-2-3x,\ 1)$
$\vec{a}+2\vec{b}=(-1,\ 2)+2(x,\ 1)=(-1+2x,\ 4)$
$2\vec{a}-3\vec{b}\neq\vec{0}$, $\vec{a}+2\vec{b}\neq\vec{0}$ から, $(2\vec{a}-3\vec{b})\perp(\vec{a}+2\vec{b})$ であるための条件は

$$(2\vec{a}-3\vec{b})\cdot(\vec{a}+2\vec{b})=0$$

よって　$(-2-3x)\times(-1+2x)+1\times4=0$
整理すると　$6x^2+x-6=0$
ゆえに　$\boldsymbol{x=\dfrac{-1\pm\sqrt{145}}{12}}$

(2) $(2\vec{a}-3\vec{b})\parallel(\vec{a}+2\vec{b})$ であるための条件は

$$(-2-3x)\times4-1\times(-1+2x)=0$$

よって　$-14x-7=0$
ゆえに　$\boldsymbol{x=-\dfrac{1}{2}}$

⇐$2\vec{a}-3\vec{b}\neq\vec{0}$, $\vec{a}+2\vec{b}\neq\vec{0}$

⇐$\vec{a}\neq\vec{0}$, $\vec{b}\neq\vec{0}$, $\vec{a}=(a_1,\ a_2)$, $\vec{b}=(b_1,\ b_2)$ とする。
$\boldsymbol{\vec{a}\perp\vec{b} \iff \vec{a}\cdot\vec{b}=0}$
$\boldsymbol{\iff a_1b_1+a_2b_2=0}$

⇐$\vec{a}\neq\vec{0}$, $\vec{b}\neq\vec{0}$, $\vec{a}=(a_1,\ a_2)$, $\vec{b}=(b_1,\ b_2)$ とする。
$\boldsymbol{\vec{a}\parallel\vec{b} \iff a_1b_2-a_2b_1=0}$

EX ③16　ともに零ベクトルでない2つのベクトル $\vec{a}$, $\vec{b}$ が $3|\vec{a}|=|\vec{b}|$ であり, $3\vec{a}-2\vec{b}$ と $15\vec{a}+4\vec{b}$ が垂直であるとき, $\vec{a}$, $\vec{b}$ のなす角 θ $(0°\leqq\theta\leqq180°)$ を求めよ。　〔長崎大〕

$\vec{a}$, $\vec{b}$ はともに零ベクトルでないから
$|\vec{a}|\neq0$, $|\vec{b}|\neq0$　…… ①
$3|\vec{a}|=|\vec{b}|$　…… ②　の両辺を2乗すると
$9|\vec{a}|^2=|\vec{b}|^2$　…… ②′
$3\vec{a}-2\vec{b}$ と $15\vec{a}+4\vec{b}$ が垂直であるから
$(3\vec{a}-2\vec{b})\cdot(15\vec{a}+4\vec{b})=0$
ゆえに　$45|\vec{a}|^2-18\vec{a}\cdot\vec{b}-8|\vec{b}|^2=0$
②′ を代入して
$45|\vec{a}|^2-18\vec{a}\cdot\vec{b}-72|\vec{a}|^2=0$
よって　$\vec{a}\cdot\vec{b}=-\dfrac{3}{2}|\vec{a}|^2$　…… ③
$\vec{a}\cdot\vec{b}=|\vec{a}||\vec{b}|\cos\theta$ であるから, ①, ②, ③ より

$$\cos\theta=\frac{\vec{a}\cdot\vec{b}}{|\vec{a}||\vec{b}|}=\frac{-\frac{3}{2}|\vec{a}|^2}{|\vec{a}|\times3|\vec{a}|}=-\frac{1}{2}$$

$0°\leqq\theta\leqq180°$ であるから　$\boldsymbol{\theta=120°}$

CHART
ベクトルの垂直
(内積)$=0$

⇐$(3a-2b)(15a+4b)$ を展開する要領で計算する。$\vec{a}^2$ でなく $|\vec{a}|^2$, $\vec{a}\vec{b}$ でなく $\vec{a}\cdot\vec{b}$ と書くことに注意。

EX ③17　2つのベクトル $\vec{a}$, $\vec{b}$ が $|\vec{a}+\vec{b}|=4$, $|\vec{a}-\vec{b}|=3$ を満たすとき
(1) $\vec{a}\cdot\vec{b}$ を求めよ。
(2) $|\sqrt{3}\vec{a}+\vec{b}|^2+|\vec{a}-\sqrt{3}\vec{b}|^2$ を求めよ。
(3) t を実数とするとき, $|t\vec{a}+\vec{b}|^2+|\vec{a}+t\vec{b}|^2$ の最小値と, そのときの t の値を求めよ。
〔類 北海道薬大〕

(1) $|\vec{a}+\vec{b}|=4$ から　$|\vec{a}+\vec{b}|^2=16$

また　$|\vec{a}+\vec{b}|^2=|\vec{a}|^2+2\vec{a}\cdot\vec{b}+|\vec{b}|^2$

よって　$|\vec{a}|^2+2\vec{a}\cdot\vec{b}+|\vec{b}|^2=16$ ……①

$|\vec{a}-\vec{b}|=3$ から　$|\vec{a}-\vec{b}|^2=9$

また　$|\vec{a}-\vec{b}|^2=|\vec{a}|^2-2\vec{a}\cdot\vec{b}+|\vec{b}|^2$

よって　$|\vec{a}|^2-2\vec{a}\cdot\vec{b}+|\vec{b}|^2=9$ ……②

①−② から　$4\vec{a}\cdot\vec{b}=7$

したがって　$\vec{a}\cdot\vec{b}=\mathbf{\frac{7}{4}}$ ……③

(2) $|\sqrt{3}\vec{a}+\vec{b}|^2+|\vec{a}-\sqrt{3}\vec{b}|^2$

$=3|\vec{a}|^2+2\sqrt{3}\vec{a}\cdot\vec{b}+|\vec{b}|^2+|\vec{a}|^2-2\sqrt{3}\vec{a}\cdot\vec{b}+3|\vec{b}|^2$

$=4(|\vec{a}|^2+|\vec{b}|^2)$

ここで，①+② から　$2(|\vec{a}|^2+|\vec{b}|^2)=25$

したがって　$|\vec{a}|^2+|\vec{b}|^2=\frac{25}{2}$ ……④

よって　$|\sqrt{3}\vec{a}+\vec{b}|^2+|\vec{a}-\sqrt{3}\vec{b}|^2=4\times\frac{25}{2}=\mathbf{50}$

(3) $|t\vec{a}+\vec{b}|^2+|\vec{a}+t\vec{b}|^2$

$=t^2|\vec{a}|^2+2t\vec{a}\cdot\vec{b}+|\vec{b}|^2+|\vec{a}|^2+2t\vec{a}\cdot\vec{b}+t^2|\vec{b}|^2$

$=(|\vec{a}|^2+|\vec{b}|^2)t^2+4t\vec{a}\cdot\vec{b}+(|\vec{a}|^2+|\vec{b}|^2)$

これに ③，④ を代入して

$$|t\vec{a}+\vec{b}|^2+|\vec{a}+t\vec{b}|^2=\frac{25}{2}t^2+7t+\frac{25}{2}$$

$$=\frac{25}{2}\left(t+\frac{7}{25}\right)^2+\frac{288}{25}$$

よって，$|t\vec{a}+\vec{b}|^2+|\vec{a}+t\vec{b}|^2$ は，$\boldsymbol{t=-\frac{7}{25}}$ のとき **最小値** $\mathbf{\frac{288}{25}}$ をとる。

CHART
$|\vec{p}|$ は $|\vec{p}|^2=\vec{p}\cdot\vec{p}$ として扱う

⇐$|\vec{a}|^2$，$|\vec{b}|^2$ を消去。

⇐平方完成する。

EX ③18

△OAB において，$|\overrightarrow{OA}|=3$，$|\overrightarrow{OB}|=1$ である。また，点Cは $\overrightarrow{OC}=\overrightarrow{OA}+2\overrightarrow{OB}$，$|\overrightarrow{OC}|=\sqrt{7}$ を満たす。

(1) 内積 $\overrightarrow{OA}\cdot\overrightarrow{OB}$ を求めよ。　(2) △OAB の面積を求めよ。

(1) $\overrightarrow{OC}=\overrightarrow{OA}+2\overrightarrow{OB}$ から

$$|\overrightarrow{OC}|^2=|\overrightarrow{OA}+2\overrightarrow{OB}|^2=|\overrightarrow{OA}|^2+4\overrightarrow{OA}\cdot\overrightarrow{OB}+4|\overrightarrow{OB}|^2$$

$|\overrightarrow{OA}|=3$，$|\overrightarrow{OB}|=1$，$|\overrightarrow{OC}|=\sqrt{7}$ であるから

$$(\sqrt{7})^2=3^2+4\overrightarrow{OA}\cdot\overrightarrow{OB}+4\times1^2$$

よって　$\overrightarrow{OA}\cdot\overrightarrow{OB}=\mathbf{-\frac{3}{2}}$

(2) $\triangle OAB=\frac{1}{2}\sqrt{|\overrightarrow{OA}|^2|\overrightarrow{OB}|^2-(\overrightarrow{OA}\cdot\overrightarrow{OB})^2}$

$$=\frac{1}{2}\sqrt{3^2\times1^2-\left(-\frac{3}{2}\right)^2}=\mathbf{\frac{3\sqrt{3}}{4}}$$

CHART
$|\vec{p}|$ は $|\vec{p}|^2=\vec{p}\cdot\vec{p}$ として扱う

⇐三角形の面積公式を利用。

別解　$\angle AOB=\theta$ とすると

$$\cos\theta=\frac{\overrightarrow{OA}\cdot\overrightarrow{OB}}{|\overrightarrow{OA}||\overrightarrow{OB}|}=\frac{-\frac{3}{2}}{3\times 1}=-\frac{1}{2}$$

⇦なす角を求める解法。

$0^\circ\leqq\theta\leqq180^\circ$ であるから　$\theta=120^\circ$

ゆえに

$$\triangle OAB=\frac{1}{2}|\overrightarrow{OA}||\overrightarrow{OB}|\sin\theta=\frac{1}{2}\times3\times1\times\frac{\sqrt{3}}{2}=\boldsymbol{\frac{3\sqrt{3}}{4}}$$

EX ④19　$\vec{0}$ でない2つのベクトル $\vec{a}$ と $\vec{b}$ において $\vec{a}+2\vec{b}$ と $\vec{a}-2\vec{b}$ が垂直で，$|\vec{a}+2\vec{b}|=2|\vec{b}|$ とする。

(1) $\vec{a}$ と $\vec{b}$ のなす角 θ $(0^\circ\leqq\theta\leqq180^\circ)$ を求めよ。

(2) $|\vec{a}|=1$ のとき，$\left|t\vec{a}+\frac{1}{t}\vec{b}\right|$ $(t>0)$ の最小値を求めよ。　〔群馬大〕

(1) $\vec{a}+2\vec{b}$ と $\vec{a}-2\vec{b}$ が垂直であるから

$$(\vec{a}+2\vec{b})\cdot(\vec{a}-2\vec{b})=0$$

よって　$|\vec{a}|^2-4|\vec{b}|^2=0$

$|\vec{a}|>0$, $|\vec{b}|>0$ であるから　$|\vec{a}|=2|\vec{b}|$ ……①

また，$|\vec{a}+2\vec{b}|=2|\vec{b}|$ から　$|\vec{a}+2\vec{b}|^2=4|\vec{b}|^2$

ゆえに　$|\vec{a}|^2+4\vec{a}\cdot\vec{b}+4|\vec{b}|^2=4|\vec{b}|^2$

よって　$|\vec{a}|^2+4|\vec{a}||\vec{b}|\cos\theta=0$

$|\vec{a}|\neq0$, $|\vec{b}|\neq0$ であるから　$\cos\theta=-\frac{|\vec{a}|}{4|\vec{b}|}$

ゆえに，① から　$\cos\theta=-\frac{2|\vec{b}|}{4|\vec{b}|}=-\frac{1}{2}$

$0^\circ\leqq\theta\leqq180^\circ$ であるから　$\boldsymbol{\theta=120^\circ}$

CHART
ベクトルの垂直
(内積)=0

⇦$4|\vec{a}||\vec{b}|\cos\theta=-|\vec{a}|^2$ の両辺を $4|\vec{a}||\vec{b}|$ $(\neq0)$ で割る。

(2) $\left|t\vec{a}+\frac{1}{t}\vec{b}\right|^2=t^2|\vec{a}|^2+2\vec{a}\cdot\vec{b}+\frac{1}{t^2}|\vec{b}|^2$

$|\vec{a}|=1$, ① から

$$\left|t\vec{a}+\frac{1}{t}\vec{b}\right|^2=t^2\times1^2+2\times1\times\frac{1}{2}\times\left(-\frac{1}{2}\right)+\frac{1}{t^2}\times\left(\frac{1}{2}\right)^2$$

$$=t^2-\frac{1}{2}+\frac{1}{4t^2}=\left(t^2+\frac{1}{4t^2}\right)-\frac{1}{2}$$

⇦$|\vec{b}|=\frac{1}{2}$, $\vec{a}\cdot\vec{b}=|\vec{a}||\vec{b}|\cos120^\circ$

$t>0$ より，$t^2>0$, $\frac{1}{4t^2}>0$ であるから，

(相加平均)≧(相乗平均) により

$$\left(t^2+\frac{1}{4t^2}\right)-\frac{1}{2}\geqq2\sqrt{t^2\times\frac{1}{4t^2}}-\frac{1}{2}=1-\frac{1}{2}=\frac{1}{2}$$

等号は $t^2=\frac{1}{4t^2}$ すなわち $t=\frac{1}{\sqrt{2}}$ のとき成り立つ。

⇦相加平均と相乗平均の大小関係（数学Ⅱ）
$\boldsymbol{a>0}$, $\boldsymbol{b>0}$ **のとき**
$\boldsymbol{\frac{a+b}{2}\geqq\sqrt{ab}}$
等号が成り立つのは $a=b$ のときである。

$\left|t\vec{a}+\frac{1}{t}\vec{b}\right|\geqq0$ であるから，$\left|t\vec{a}+\frac{1}{t}\vec{b}\right|^2$ が最小となるとき，

$\left|t\vec{a}+\frac{1}{t}\vec{b}\right|$ も最小となる。

よって，$\left|t\vec{a}+\frac{1}{t}\vec{b}\right|$ は $\boldsymbol{t=\frac{1}{\sqrt{2}}}$ **のとき 最小値** $\boldsymbol{\frac{1}{\sqrt{2}}}$ をとる。

EX ③20 △ABC について，$\overrightarrow{AB}$, $\overrightarrow{BC}$, $\overrightarrow{CA}$ に関する内積を，それぞれ $\overrightarrow{AB}\cdot\overrightarrow{BC}=x$, $\overrightarrow{BC}\cdot\overrightarrow{CA}=y$, $\overrightarrow{CA}\cdot\overrightarrow{AB}=z$ とおく。△ABC の面積を x, y, z を使って表せ。 〔類 大分大〕

$\overrightarrow{AB}=\vec{b}$, $\overrightarrow{AC}=\vec{c}$ とおくと　$\overrightarrow{BC}=\overrightarrow{AC}-\overrightarrow{AB}=\vec{c}-\vec{b}$

内積の条件から

$$\vec{b}\cdot(\vec{c}-\vec{b})=x,\ (\vec{c}-\vec{b})\cdot(-\vec{c})=y,\ (-\vec{c})\cdot\vec{b}=z$$

よって　$\vec{b}\cdot\vec{c}=-z$, $|\vec{b}|^2=-(x+z)$, $|\vec{c}|^2=-(y+z)$

したがって

$$\triangle ABC=\frac{1}{2}\sqrt{|\vec{b}|^2|\vec{c}|^2-(\vec{b}\cdot\vec{c})^2}$$
$$=\frac{1}{2}\sqrt{\{-(x+z)\}\times\{-(y+z)\}-(-z)^2}$$
$$=\boldsymbol{\frac{1}{2}\sqrt{xy+yz+zx}}$$

HINT　△ABC の面積
$\overrightarrow{AB}=\vec{p}$, $\overrightarrow{AC}=\vec{q}$ とするとき
△ABC
$=\frac{1}{2}\sqrt{|\vec{p}|^2|\vec{q}|^2-(\vec{p}\cdot\vec{q})^2}$

EX ④21 平面上のベクトル $\vec{a}$, $\vec{b}$ が $|2\vec{a}+\vec{b}|=2$, $|3\vec{a}-5\vec{b}|=1$ を満たすように動くとき，$|\vec{a}+\vec{b}|$ のとりうる値の範囲を求めよ。 〔類 名城大〕

$2\vec{a}+\vec{b}=\vec{p}$ …… ①, $3\vec{a}-5\vec{b}=\vec{q}$ …… ②　とする。

①×5+② から　$13\vec{a}=5\vec{p}+\vec{q}$

よって　$\vec{a}=\dfrac{5}{13}\vec{p}+\dfrac{1}{13}\vec{q}$

①×3−②×2 から　$13\vec{b}=3\vec{p}-2\vec{q}$

よって　$\vec{b}=\dfrac{3}{13}\vec{p}-\dfrac{2}{13}\vec{q}$

ゆえに　$\vec{a}+\vec{b}=\dfrac{8}{13}\vec{p}-\dfrac{1}{13}\vec{q}$

よって　$|\vec{a}+\vec{b}|^2=\left|\dfrac{8}{13}\vec{p}-\dfrac{1}{13}\vec{q}\right|^2$

$$=\frac{1}{13^2}(64|\vec{p}|^2-16\vec{p}\cdot\vec{q}+|\vec{q}|^2)$$

$\vec{p}$, $\vec{q}$ のなす角を θ ($0°\leqq\theta\leqq180°$) とすると

$$|\vec{a}+\vec{b}|^2=\frac{1}{13^2}(64\times2^2-16\times2\times1\times\cos\theta+1^2)$$
$$=\frac{1}{13^2}(257-32\cos\theta)$$

$-1\leqq\cos\theta\leqq1$ であるから　$\dfrac{225}{13^2}\leqq|\vec{a}+\vec{b}|^2\leqq\dfrac{289}{13^2}$

$|\vec{a}+\vec{b}|\geqq0$ であるから　$\boldsymbol{\dfrac{15}{13}\leqq|\vec{a}+\vec{b}|\leqq\dfrac{17}{13}}$

CHART
$|\vec{p}|$ は $|\vec{p}|^2=\vec{p}\cdot\vec{p}$ として扱う

⇐ $\vec{p}\cdot\vec{q}=|\vec{p}||\vec{q}|\cos\theta$, $|\vec{p}|=2$, $|\vec{q}|=1$

CHART
$A\geqq0$, $B\geqq0$ のとき
$A\leqq B \iff A^2\leqq B^2$

EX ④22 2つのベクトル $\vec{a}$, $\vec{b}$ は $|\vec{a}|=2$, $|\vec{b}|=3$, $|\vec{a}+\vec{b}|=4$ を満たすとする。$P=|\vec{a}+t\vec{b}|$ の値を最小にする実数 t の値は ア□ であり，そのときの P の最小値は イ□ である。また，すべての実数 t に対して $|k\vec{a}+t\vec{b}|>1$ が成り立つとき，実数 k のとりうる値の範囲は ウ□ である。 〔類 北里大〕

$|\vec{a}+\vec{b}|=4$ より $|\vec{a}+\vec{b}|^2=16$ であるから　$|\vec{a}|^2+2\vec{a}\cdot\vec{b}+|\vec{b}|^2=16$

CHART　$|\vec{p}|$ は $|\vec{p}|^2=\vec{p}\cdot\vec{p}$ として扱う

ここで，$|\vec{a}|^2=4$，$|\vec{b}|^2=9$ であるから　　$\vec{a}\cdot\vec{b}=\dfrac{3}{2}$

$P=|\vec{a}+t\vec{b}|$ から

$$P^2=|\vec{a}|^2+2t\vec{a}\cdot\vec{b}+t^2|\vec{b}|^2=4+2t\cdot\frac{3}{2}+t^2\cdot 9$$

$$=9t^2+3t+4=9\left(t+\frac{1}{6}\right)^2+\frac{15}{4}$$

⇦平方完成する。

よって，P^2 は $t=-\dfrac{1}{6}$ のとき最小値 $\dfrac{15}{4}$ をとる。

$P\geqq 0$ であるから，このとき P も最小となる。

⇦この断りは重要。

したがって，P は $t=$ ア $\boldsymbol{-\dfrac{1}{6}}$ のとき最小値 $\sqrt{\dfrac{15}{4}}=$ イ $\boldsymbol{\dfrac{\sqrt{15}}{2}}$ をとる。

また，$|k\vec{a}+t\vec{b}|\geqq 0$ であるから，$|k\vec{a}+t\vec{b}|>1$ は

$|k\vec{a}+t\vec{b}|^2>1$　…… ①　と同値である。

⇦$A\geqq 0$，$B\geqq 0$ のとき $A>B \Longleftrightarrow A^2>B^2$

ここで　　$|k\vec{a}+t\vec{b}|^2=k^2|\vec{a}|^2+2kt\vec{a}\cdot\vec{b}+t^2|\vec{b}|^2$

$$=4k^2+3kt+9t^2$$

⇦$|\vec{a}|^2=4$，$|\vec{b}|^2=9$，$\vec{a}\cdot\vec{b}=\dfrac{3}{2}$ を代入。

よって，① から　　$4k^2+3kt+9t^2>1$

すなわち　　$9t^2+3kt+4k^2-1>0$　…… ②

⇦問題の不等式の条件は ② がすべての実数 t に対して成り立つこと。

② がすべての実数 t に対して成り立つための条件は，t の 2 次方程式 $9t^2+3kt+4k^2-1=0$ の判別式を D とすると，t^2 の係数は正であるから　　$D<0$

⇦$D<0$ が条件。

ここで　　$D=(3k)^2-4\cdot 9(4k^2-1)=-135k^2+36$

よって　　$-135k^2+36<0$　　ゆえに　　$k^2-\dfrac{4}{15}>0$

⇦$\left(k+\sqrt{\dfrac{4}{15}}\right)\left(k-\sqrt{\dfrac{4}{15}}\right)>0$

したがって　　ウ $\boldsymbol{k<-\dfrac{2\sqrt{15}}{15},\ \dfrac{2\sqrt{15}}{15}<k}$

EX ④23　平面上の点 $(a,\ b)$ は円 $x^2+y^2-100=0$ 上を動き，点 $(c,\ d)$ は円 $x^2+y^2-6x-8y+24=0$ 上を動くものとする。

(1)　$ac+bd=0$ を満たす $(a,\ b)$ と $(c,\ d)$ の例を 1 組あげよ。

(2)　$ac+bd$ の最大値を求めよ。　〔埼玉大〕

C_1：$x^2+y^2-100=0$，C_2：$x^2+y^2-6x-8y+24=0$ とおく。

円 C_1 の方程式を変形すると　　$x^2+y^2=10^2$

よって，円 C_1 は中心が原点で半径が 10 の円である。

円 C_2 の方程式を変形すると　　$(x-3)^2+(y-4)^2=1^2$

よって，円 C_2 は中心が $(3,\ 4)$ で半径が 1 の円である。

また，円 C_1 上の点 $(a,\ b)$ を P，円 C_2 上の点 $(c,\ d)$ を Q とおく。

(1)　$\overrightarrow{\mathrm{OP}}=(a,\ b)$，$\overrightarrow{\mathrm{OQ}}=(c,\ d)$ であるから

$$ac+bd=\overrightarrow{\mathrm{OP}}\cdot\overrightarrow{\mathrm{OQ}}$$

$ac+bd=0$ のとき，$\overrightarrow{\mathrm{OP}}\cdot\overrightarrow{\mathrm{OQ}}=0$ から　　$\angle\mathrm{POQ}=90^\circ$

⇦$\overrightarrow{\mathrm{OP}}\neq\vec{0}$，$\overrightarrow{\mathrm{OQ}}\neq\vec{0}$

点 (3, 3) は円 C_2 上の点であり，Q(3, 3) とすると

$$\angle \mathrm{QO}x=45^\circ$$

$\angle \mathrm{POQ}=90^\circ$ となるのは，例えば右の図のように点Pが第4象限にあり，$\angle \mathrm{PO}x=45^\circ$ となるときである。

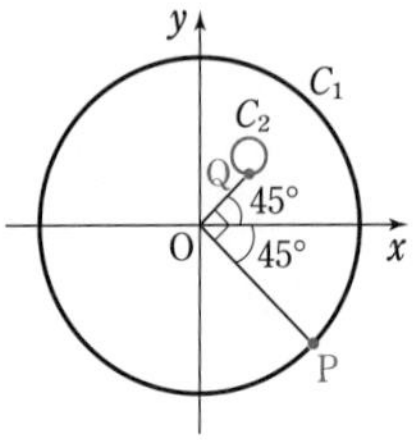

このとき

$$a=\mathrm{OP}\cos 45^\circ=10\cdot\frac{1}{\sqrt{2}}=5\sqrt{2}$$

$$b=-\mathrm{OP}\sin 45^\circ=-10\cdot\frac{1}{\sqrt{2}}$$

$$=-5\sqrt{2}$$

したがって

$$(\boldsymbol{a},\ \boldsymbol{b})=(\mathbf{5\sqrt{2}},\ \mathbf{-5\sqrt{2}}),\ (\boldsymbol{c},\ \boldsymbol{d})=(\mathbf{3},\ \mathbf{3})$$

⇦条件を満たす組は他にも考えられる。例えば，Q(2, 4) とすると，$\overrightarrow{\mathrm{OQ}}$ に垂直なベクトルの1つが (2, −1) であることから $(a,\ b)=(4\sqrt{5},\ -2\sqrt{5})$，$(c,\ d)=(2,\ 4)$ も答えの例となることがわかる。

⇦ a はPの x 座標。

⇦ b はPの y 座標。

(2) $\angle \mathrm{POQ}=\theta$ とおくと

$$ac+bd=\overrightarrow{\mathrm{OP}}\cdot\overrightarrow{\mathrm{OQ}}$$

$$=|\overrightarrow{\mathrm{OP}}||\overrightarrow{\mathrm{OQ}}|\cos\theta$$

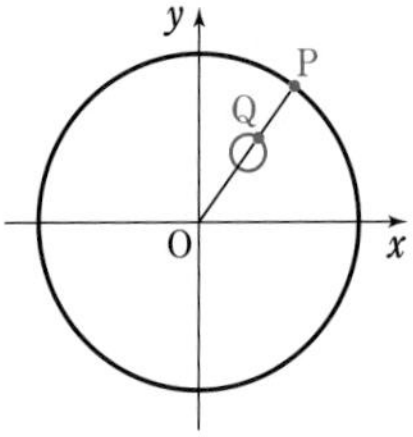

点Pのとり方によらず，常に

$$|\overrightarrow{\mathrm{OP}}|=10$$

円 C_2 の中心をCとすると

$$|\overrightarrow{\mathrm{OQ}}|\leqq|\overrightarrow{\mathrm{OC}}|+|\overrightarrow{\mathrm{CQ}}|$$

$$=5+1=6$$

⇦三角不等式。
$|\overrightarrow{\mathrm{OC}}|=\sqrt{3^2+4^2}=5$

すなわち，$|\overrightarrow{\mathrm{OQ}}|$ の最大値は 6

また，$\cos\theta$ は $\theta=0^\circ$ のとき最大値1をとる。

よって，O，Q，P が一直線上にあり，かつ $|\overrightarrow{\mathrm{OQ}}|=6$ のとき $ac+bd$ は最大となり，最大値は $10\cdot6\cdot1=\mathbf{60}$

EX ③24

△OAB において，OA=3，OB=4，AB=2 である。∠AOB の二等分線と辺 AB との交点をCとし，∠OAB の二等分線と線分 OC との交点を I とする。また，辺 AO を 1：4 に外分する点をDとする。

(1) $\overrightarrow{\mathrm{OI}}$ を $\overrightarrow{\mathrm{OA}}$，$\overrightarrow{\mathrm{OB}}$ を用いて表せ。　(2) 内積 $\overrightarrow{\mathrm{OA}}\cdot\overrightarrow{\mathrm{OB}}$ の値を求めよ。

(3) △ADI の面積を求めよ。　〔芝浦工大〕

(1) OC は ∠AOB の二等分線であるから

$$\mathrm{AC}:\mathrm{CB}=\mathrm{OA}:\mathrm{OB}=3:4$$

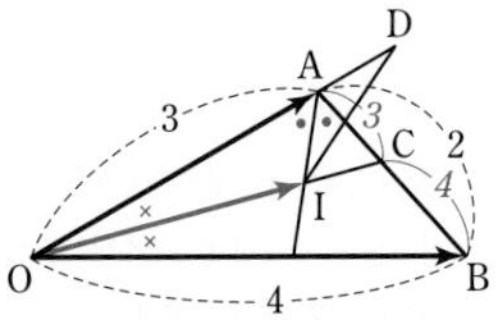

よって $$\overrightarrow{\mathrm{OC}}=\frac{4\overrightarrow{\mathrm{OA}}+3\overrightarrow{\mathrm{OB}}}{3+4}$$

$$=\frac{4}{7}\overrightarrow{\mathrm{OA}}+\frac{3}{7}\overrightarrow{\mathrm{OB}}$$

また $$\mathrm{AC}=2\times\frac{3}{3+4}=\frac{6}{7}$$

AI は ∠OAC の二等分線であるから

$$\mathrm{OI}:\mathrm{IC}=\mathrm{AO}:\mathrm{AC}=3:\frac{6}{7}=7:2$$

よって　$\overrightarrow{\mathrm{OI}}=\dfrac{7}{7+2}\overrightarrow{\mathrm{OC}}=\dfrac{7}{9}\left(\dfrac{4}{7}\overrightarrow{\mathrm{OA}}+\dfrac{3}{7}\overrightarrow{\mathrm{OB}}\right)$

$=\boldsymbol{\dfrac{4}{9}\overrightarrow{\mathrm{OA}}+\dfrac{1}{3}\overrightarrow{\mathrm{OB}}}$

(2)　$|\overrightarrow{\mathrm{AB}}|^2=|\overrightarrow{\mathrm{OB}}-\overrightarrow{\mathrm{OA}}|^2=|\overrightarrow{\mathrm{OA}}|^2-2\overrightarrow{\mathrm{OA}}\cdot\overrightarrow{\mathrm{OB}}+|\overrightarrow{\mathrm{OB}}|^2$

$|\overrightarrow{\mathrm{AB}}|^2=4$，$|\overrightarrow{\mathrm{OA}}|^2=9$，$|\overrightarrow{\mathrm{OB}}|^2=16$ であるから

$4=9-2\overrightarrow{\mathrm{OA}}\cdot\overrightarrow{\mathrm{OB}}+16$

したがって　$\overrightarrow{\mathrm{OA}}\cdot\overrightarrow{\mathrm{OB}}=\boldsymbol{\dfrac{21}{2}}$

⇦△OAB において余弦定理を用いて，$\mathrm{AB}^2=\mathrm{OA}^2+\mathrm{OB}^2-2\cdot\mathrm{OA}\cdot\mathrm{OB}\cdot\cos\angle\mathrm{AOB}$ から $|\overrightarrow{\mathrm{AB}}|^2=|\overrightarrow{\mathrm{OA}}|^2+|\overrightarrow{\mathrm{OB}}|^2-2\overrightarrow{\mathrm{OA}}\cdot\overrightarrow{\mathrm{OB}}$ としてもよい。

(3)　$\triangle\mathrm{OAB}=\dfrac{1}{2}\sqrt{|\overrightarrow{\mathrm{OA}}|^2|\overrightarrow{\mathrm{OB}}|^2-(\overrightarrow{\mathrm{OA}}\cdot\overrightarrow{\mathrm{OB}})^2}$

$=\dfrac{1}{2}\sqrt{9\cdot16-\left(\dfrac{21}{2}\right)^2}=\dfrac{3\sqrt{15}}{4}$

⇦$\dfrac{1}{2}\cdot\dfrac{3}{2}\sqrt{4^2\cdot2^2-7^2}=\dfrac{3}{4}\sqrt{(8+7)(8-7)}$

$\triangle\mathrm{OAI}=\dfrac{7}{9}\triangle\mathrm{OAC}=\dfrac{7}{9}\cdot\dfrac{3}{7}\triangle\mathrm{OAB}=\dfrac{1}{3}\cdot\dfrac{3\sqrt{15}}{4}=\dfrac{\sqrt{15}}{4}$

OA：AD＝3：1 であるから，求める △ADI の面積は

$\triangle\mathrm{ADI}=\dfrac{1}{3}\triangle\mathrm{OAI}=\dfrac{1}{3}\cdot\dfrac{\sqrt{15}}{4}=\boldsymbol{\dfrac{\sqrt{15}}{12}}$

EX ③25　△ABC の周囲の長さが 36，△ABC に内接する円の半径が 3 であるとする。点Qが $6\overrightarrow{\mathrm{AQ}}+3\overrightarrow{\mathrm{BQ}}+2\overrightarrow{\mathrm{CQ}}=\vec{0}$ を満たすとき，△QBC の面積を求めよ。　〔名古屋市大〕

$6\overrightarrow{\mathrm{AQ}}+3\overrightarrow{\mathrm{BQ}}+2\overrightarrow{\mathrm{CQ}}=\vec{0}$ を変形すると

$6\overrightarrow{\mathrm{AQ}}+3(\overrightarrow{\mathrm{AQ}}-\overrightarrow{\mathrm{AB}})+2(\overrightarrow{\mathrm{AQ}}-\overrightarrow{\mathrm{AC}})=\vec{0}$

⇦始点をAにそろえる。

ゆえに　$\overrightarrow{\mathrm{AQ}}=\dfrac{1}{11}(3\overrightarrow{\mathrm{AB}}+2\overrightarrow{\mathrm{AC}})$

⇦$11\overrightarrow{\mathrm{AQ}}=3\overrightarrow{\mathrm{AB}}+2\overrightarrow{\mathrm{AC}}$

$=\dfrac{5}{11}\times\dfrac{3\overrightarrow{\mathrm{AB}}+2\overrightarrow{\mathrm{AC}}}{5}$

⇦$2+3=5$

ここで，$\overrightarrow{\mathrm{AD}}=\dfrac{3\overrightarrow{\mathrm{AB}}+2\overrightarrow{\mathrm{AC}}}{5}$ とおくと，点Dは線分 BC を 2：3 に内分する点であり　$\overrightarrow{\mathrm{AQ}}=\dfrac{5}{11}\overrightarrow{\mathrm{AD}}$

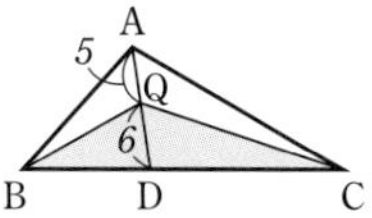

△ABD：△QBD
＝△ADC：△QDC
＝11：6

よって　AQ：QD＝5：6

したがって　$\triangle\mathrm{QBC}=\dfrac{6}{11}\triangle\mathrm{ABC}$　…… ①

また，△ABC の内接円の半径が 3 であるから

$\triangle\mathrm{ABC}=\dfrac{1}{2}\times3\times(\mathrm{BC}+\mathrm{CA}+\mathrm{AB})=\dfrac{1}{2}\times3\times36=54$

⇦△ABC の内接円の半径を r とすると $\triangle\mathrm{ABC}=\dfrac{1}{2}r(a+b+c)$

① に代入して　$\triangle\mathrm{QBC}=\dfrac{6}{11}\times54=\boldsymbol{\dfrac{324}{11}}$

EX ③26

AD∥BC，BC=2AD である四角形 ABCD がある。点 P，Q が

$$\overrightarrow{PA}+2\overrightarrow{PB}+3\overrightarrow{PC}=\vec{0},\ \overrightarrow{QA}+\overrightarrow{QC}+\overrightarrow{QD}=\vec{0}$$

を満たすとき，次の問いに答えよ。

(1) AB と PQ が平行であることを示せ。

(2) 3 点 P，Q，D が一直線上にあることを示せ。〔滋賀大〕

点 A，B，C，D，P，Q の位置ベクトルをそれぞれ $\vec{a}$，$\vec{b}$，$\vec{c}$，$\vec{d}$，$\vec{p}$，$\vec{q}$ とする。AD∥BC，BC=2AD であるから

$$\overrightarrow{BC}=2\overrightarrow{AD} \quad \text{すなわち} \quad \vec{c}-\vec{b}=2(\vec{d}-\vec{a})$$

よって　$\vec{c}=\vec{b}+2\vec{d}-2\vec{a}$

$\overrightarrow{PA}+2\overrightarrow{PB}+3\overrightarrow{PC}=\vec{0}$ から

$$(\vec{a}-\vec{p})+2(\vec{b}-\vec{p})+3(\vec{c}-\vec{p})=\vec{0}$$

よって　$\vec{p}=\dfrac{1}{6}(\vec{a}+2\vec{b}+3\vec{c})$

$\overrightarrow{QA}+\overrightarrow{QC}+\overrightarrow{QD}=\vec{0}$ から

$$(\vec{a}-\vec{q})+(\vec{c}-\vec{q})+(\vec{d}-\vec{q})=\vec{0}$$

よって　$\vec{q}=\dfrac{1}{3}(\vec{a}+\vec{c}+\vec{d})$

(1) $\overrightarrow{PQ}=\vec{q}-\vec{p}=\dfrac{1}{3}(\vec{a}+\vec{c}+\vec{d})-\dfrac{1}{6}(\vec{a}+2\vec{b}+3\vec{c})$　⇐$\overrightarrow{PQ}$ を $\overrightarrow{AB}$ で表す。

$$=\frac{1}{6}(\vec{a}-2\vec{b}-\vec{c}+2\vec{d})$$

$$=\frac{1}{6}\{\vec{a}-2\vec{b}-(\vec{b}+2\vec{d}-2\vec{a})+2\vec{d}\}$$

⇐$\vec{c}=\vec{b}+2\vec{d}-2\vec{a}$

$$=\frac{1}{2}(\vec{a}-\vec{b})=-\frac{1}{2}\overrightarrow{AB}$$

⇐$\dfrac{1}{6}(3\vec{a}-3\vec{b})$

よって，$\overrightarrow{PQ}=-\dfrac{1}{2}\overrightarrow{AB}$ であるから　PQ∥AB

(2) $\overrightarrow{PD}=\vec{d}-\vec{p}=\vec{d}-\dfrac{1}{6}(\vec{a}+2\vec{b}+3\vec{c})$　⇐$\overrightarrow{PD}$ を $\overrightarrow{AB}$ で表す。

$$=\frac{1}{6}(-\vec{a}-2\vec{b}-3\vec{c}+6\vec{d})$$

$$=\frac{1}{6}\{-\vec{a}-2\vec{b}-3(\vec{b}+2\vec{d}-2\vec{a})+6\vec{d}\}$$

$$=\frac{5}{6}(\vec{a}-\vec{b})=-\frac{5}{6}\overrightarrow{AB}$$

(1) より $\overrightarrow{AB}=-2\overrightarrow{PQ}$ であるから　$\overrightarrow{PD}=\dfrac{5}{3}\overrightarrow{PQ}$　⇐$\overrightarrow{PD}=-\dfrac{5}{6}(-2\overrightarrow{PQ})$

よって，3 点 P，Q，D は一直線上にある。

HINT

(1) $\overrightarrow{PQ}=k\overrightarrow{AB}$

(2) $\overrightarrow{PD}=k\overrightarrow{PQ}$

となる実数 k が存在することを示す。

EX ③27

$0<k<1$，$0<l<1$ とする。鋭角三角形 OAB の辺 OA を $k:(1-k)$ に内分する点を P，辺 OB を $l:(1-l)$ に内分する点を Q，AQ と BP の交点を R とおく。$\overrightarrow{OA}=\vec{a}$，$\overrightarrow{OB}=\vec{b}$ とする。

(1) $\overrightarrow{OP}$，$\overrightarrow{OQ}$ をそれぞれ $\vec{a}$，$\vec{b}$ を用いて表せ。

(2) $\overrightarrow{OR}$ を $\vec{a}$，$\vec{b}$ を用いて表せ。〔類 高知大〕

(1)　$\overrightarrow{\mathrm{OP}}=k\vec{a}$，$\overrightarrow{\mathrm{OQ}}=l\vec{b}$

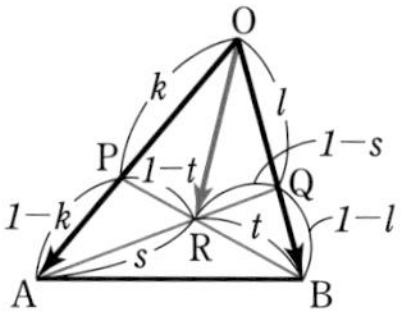

(2)　AR：RQ$=s:(1-s)$,
BR：RP$=t:(1-t)$ とすると

$\overrightarrow{\mathrm{OR}}=(1-s)\overrightarrow{\mathrm{OA}}+s\overrightarrow{\mathrm{OQ}}$
$=(1-s)\vec{a}+ls\vec{b}$
$\overrightarrow{\mathrm{OR}}=t\overrightarrow{\mathrm{OP}}+(1-t)\overrightarrow{\mathrm{OB}}$
$=kt\vec{a}+(1-t)\vec{b}$

⇐$\overrightarrow{\mathrm{OR}}$ を2通りに表す。

よって　$(1-s)\vec{a}+ls\vec{b}=kt\vec{a}+(1-t)\vec{b}$

$\vec{a}\neq\vec{0}$，$\vec{b}\neq\vec{0}$，$\vec{a}\not\parallel\vec{b}$ であるから

⇐この断りは重要。

$1-s=kt$ ……①，$ls=1-t$ ……②

① から　$s=1-kt$ ……③

③ を ② に代入して整理すると　$(1-kl)t=1-l$

$0<kl<1$ であるから　$1-kl\neq0$

⇐ $0<k<1$，$0<l<1$ から　$0<kl<1$

ゆえに　$t=\dfrac{1-l}{1-kl}$

したがって　$\overrightarrow{\mathbf{OR}}=\dfrac{\boldsymbol{k(1-l)}}{\boldsymbol{1-kl}}\vec{a}+\dfrac{\boldsymbol{l(1-k)}}{\boldsymbol{1-kl}}\vec{b}$

⇐$\overrightarrow{\mathrm{OR}}=kt\vec{a}+(1-t)\vec{b}$ に $t=\dfrac{1-l}{1-kl}$ を代入する。
s の値は求めなくてもよいが，③ から
$s=\dfrac{1-k}{1-kl}$

別解　△OAQ と直線 BP について，メネラウスの定理により

$\dfrac{\mathrm{OP}}{\mathrm{PA}}\cdot\dfrac{\mathrm{AR}}{\mathrm{RQ}}\cdot\dfrac{\mathrm{QB}}{\mathrm{BO}}=1$

よって　$\dfrac{k}{1-k}\cdot\dfrac{\mathrm{AR}}{\mathrm{RQ}}\cdot\dfrac{1-l}{1}=1$

ゆえに　$\dfrac{\mathrm{AR}}{\mathrm{RQ}}=\dfrac{1-k}{k(1-l)}$

すなわち　AR：RQ$=(1-k):k(1-l)$

よって　$\overrightarrow{\mathbf{OR}}=\dfrac{k(1-l)\overrightarrow{\mathrm{OA}}+(1-k)\overrightarrow{\mathrm{OQ}}}{1-k+k(1-l)}$
$=\dfrac{\boldsymbol{k(1-l)}}{\boldsymbol{1-kl}}\vec{a}+\dfrac{\boldsymbol{l(1-k)}}{\boldsymbol{1-kl}}\vec{b}$

EX
③**28**

三角形ABCの外接円の中心をDとし，点Aと異なる点Eは $\overrightarrow{\mathrm{DA}}+\overrightarrow{\mathrm{DB}}+\overrightarrow{\mathrm{DC}}=\overrightarrow{\mathrm{DE}}$ を満たすとする。また，頂点Aと辺BCの中点を通る直線が頂点Bと辺CAの中点を通る直線と交わる点をFとする。

(1)　$\overrightarrow{\mathrm{AF}}+\overrightarrow{\mathrm{BF}}+\overrightarrow{\mathrm{CF}}=\vec{0}$ が成り立つことを示せ。
(2)　直線AEは直線BCと垂直に交わることを示せ。
(3)　点Eと点Fが異なるとき，線分の長さの比DF：EFを求めよ。
(4)　点Eと点Fが等しいとき，辺の長さの比AB：ACを求めよ。

(1)　点Fは△ABCの重心であるから　$\overrightarrow{\mathrm{AF}}=\dfrac{\overrightarrow{\mathrm{AB}}+\overrightarrow{\mathrm{AC}}}{3}$

よって　$\overrightarrow{\mathrm{AF}}+\overrightarrow{\mathrm{BF}}+\overrightarrow{\mathrm{CF}}=\overrightarrow{\mathrm{AF}}+(\overrightarrow{\mathrm{AF}}-\overrightarrow{\mathrm{AB}})+(\overrightarrow{\mathrm{AF}}-\overrightarrow{\mathrm{AC}})$

⇐始点をAにそろえる。

$=3\overrightarrow{\mathrm{AF}}-\overrightarrow{\mathrm{AB}}-\overrightarrow{\mathrm{AC}}$
$=3\cdot\dfrac{\overrightarrow{\mathrm{AB}}+\overrightarrow{\mathrm{AC}}}{3}-\overrightarrow{\mathrm{AB}}-\overrightarrow{\mathrm{AC}}$
$=\vec{0}$

(2) $\overrightarrow{AE}\cdot\overrightarrow{BC}=(\overrightarrow{DE}-\overrightarrow{DA})\cdot(\overrightarrow{DC}-\overrightarrow{DB})$

$=(\overrightarrow{DA}+\overrightarrow{DB}+\overrightarrow{DC}-\overrightarrow{DA})\cdot(\overrightarrow{DC}-\overrightarrow{DB})$

$=(\overrightarrow{DB}+\overrightarrow{DC})\cdot(\overrightarrow{DC}-\overrightarrow{DB})$

$=|\overrightarrow{DC}|^2-|\overrightarrow{DB}|^2$

点Dは △ABC の外心であるから　$|\overrightarrow{DB}|=|\overrightarrow{DC}|$

よって　$|\overrightarrow{DC}|^2-|\overrightarrow{DB}|^2=0$　ゆえに　$\overrightarrow{AE}\cdot\overrightarrow{BC}=0$

$\overrightarrow{AE}\neq\vec{0}$, $\overrightarrow{BC}\neq\vec{0}$ から AE⊥BC，すなわち直線 AE は直線 BC と垂直に交わる。

CHART
垂直　内積利用
⇐問題で与えられた等式を利用するため，始点をDにそろえる。

inf. 同様に BE⊥AC, CE⊥AB が証明できるから，点Eは △ABC の垂心である。

(3) (1)より，$\overrightarrow{AF}+\overrightarrow{BF}+\overrightarrow{CF}=\vec{0}$ であるから

$(\overrightarrow{DF}-\overrightarrow{DA})+(\overrightarrow{DF}-\overrightarrow{DB})+(\overrightarrow{DF}-\overrightarrow{DC})=\vec{0}$

ゆえに　$3\overrightarrow{DF}=\overrightarrow{DA}+\overrightarrow{DB}+\overrightarrow{DC}$

よって　$3\overrightarrow{DF}=\overrightarrow{DE}$

したがって　DF：EF＝1：(3−1)＝**1：2**

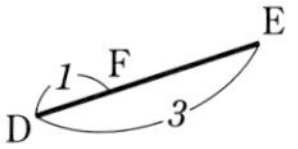

(4) 点Eと点Fが等しいとき，点Eは △ABC の重心であるから，直線 AE は辺 BC の中点を通る。

また，(2)から，AE⊥BC である。

よって，直線 AE は，辺 BC の垂直二等分線となる。

したがって，△ABC は AB＝AC の二等辺三角形である。

よって　AB：AC＝**1：1**

EX ③29 点Oを中心とする円を考える。この円の円周上に3点 A, B, C があって，$\overrightarrow{OA}+\overrightarrow{OB}+\overrightarrow{OC}=\vec{0}$ を満たしている。このとき，三角形 ABC は正三角形であることを証明せよ。

円の半径を r $(r>0)$ とすると　$|\overrightarrow{OA}|=|\overrightarrow{OB}|=|\overrightarrow{OC}|=r$

$\overrightarrow{OA}+\overrightarrow{OB}+\overrightarrow{OC}=\vec{0}$ から　$\overrightarrow{OA}+\overrightarrow{OB}=-\overrightarrow{OC}$

よって　$|\overrightarrow{OA}+\overrightarrow{OB}|^2=|-\overrightarrow{OC}|^2$

すなわち　$|\overrightarrow{OA}|^2+2\overrightarrow{OA}\cdot\overrightarrow{OB}+|\overrightarrow{OB}|^2=|\overrightarrow{OC}|^2$

ゆえに　$r^2+2\overrightarrow{OA}\cdot\overrightarrow{OB}+r^2=r^2$

したがって　$\overrightarrow{OA}\cdot\overrightarrow{OB}=-\dfrac{r^2}{2}$

HINT 正三角形であることを証明するには，次のどちらかを示せばよい。
[1] 3辺の長さが等しい
[2] 3つの内角が等しい
ここでは [1] を示す。

このとき　$|\overrightarrow{AB}|^2=|\overrightarrow{OB}-\overrightarrow{OA}|^2=|\overrightarrow{OB}|^2-2\overrightarrow{OA}\cdot\overrightarrow{OB}+|\overrightarrow{OA}|^2$

$=r^2-2\left(-\dfrac{r^2}{2}\right)+r^2=3r^2$

$|\overrightarrow{AB}|>0$ であるから　$|\overrightarrow{AB}|=\sqrt{3}\,r$

同様にして　$|\overrightarrow{BC}|=|\overrightarrow{CA}|=\sqrt{3}\,r$

ゆえに　AB＝BC＝CA

よって，三角形 ABC は正三角形である。

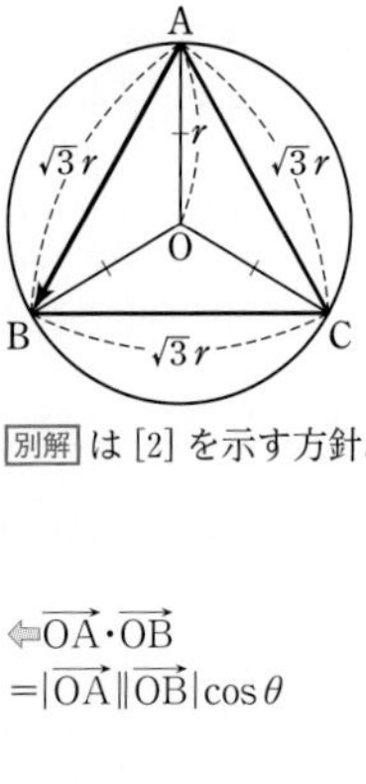

別解 $\left(\overrightarrow{OA}\cdot\overrightarrow{OB}=-\dfrac{r^2}{2}\right.$ を求めた後の別解$\left.\right)$

別解 は [2] を示す方針。

$\overrightarrow{OA}$ と $\overrightarrow{OB}$ のなす角を θ とすると，OA＝OB＝r から

$r^2\cos\theta=-\dfrac{r^2}{2}$

⇐$\overrightarrow{OA}\cdot\overrightarrow{OB}=|\overrightarrow{OA}||\overrightarrow{OB}|\cos\theta$

よって　$\cos\theta=-\dfrac{1}{2}$

$0° \leqq \theta \leqq 180°$ であるから　　$\theta = 120°$
ゆえに　　$\angle BCA = 60°$
同様に　　$\angle CAB = \angle ABC = 60°$
よって，三角形 ABC は正三角形である。

⇦弧 AB に対して
θ…中心角
$\angle BCA$…円周角

EX ④30　$BC = a$, $CA = b$, $AB = c$ である △ABC と点 P について，P が △ABC の内心のとき，$a\overrightarrow{PA} + b\overrightarrow{PB} + c\overrightarrow{PC} = \vec{0}$ が成り立つことを証明せよ。

直線 AP と辺 BC の交点を D とする。
$BD : DC = AB : AC = c : b$ であるから

$$\overrightarrow{PD} = \frac{b\overrightarrow{PB} + c\overrightarrow{PC}}{c + b} \quad \cdots\cdots ①$$

⇦始点を P にする。

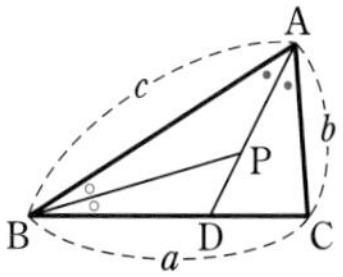

また　$DP : PA = BD : BA$

$$= \frac{c}{b+c}BC : BA$$

$$= \frac{ac}{b+c} : c$$

$$= a : (b+c)$$

よって，① から

$$\overrightarrow{PA} = \frac{b+c}{a}\overrightarrow{DP} = \frac{b+c}{a}\left(-\frac{b\overrightarrow{PB} + c\overrightarrow{PC}}{b+c}\right)$$

$$= -\frac{b\overrightarrow{PB} + c\overrightarrow{PC}}{a}$$

したがって，$a\overrightarrow{PA} + b\overrightarrow{PB} + c\overrightarrow{PC} = \vec{0}$ が成り立つ。

EX ⑤31　一直線上にない 3 点 A, B, C の位置ベクトルをそれぞれ $\vec{a}$, $\vec{b}$, $\vec{c}$ とする。$0 < t < 1$ を満たす実数 t に対して，△ABC の辺 BC, CA, AB を $t : (1-t)$ に内分する点をそれぞれ D, E, F とする。また，線分 BE と CF の交点を G，線分 CF と AD の交点を H，線分 AD と BE の交点を I とする。

(1)　実数 x, y, z が $x + y + z = 0$, $x\vec{a} + y\vec{b} + z\vec{c} = \vec{0}$ を満たすとき，$x = y = z = 0$ となることを示せ。
(2)　点 G の位置ベクトル $\vec{g}$ を $\vec{a}$, $\vec{b}$, $\vec{c}$, t で表せ。
(3)　3 点 G, H, I が一致するような t の値を求めよ。　〔類 東北大〕

HINT　(3)　G と H が一致するとして t の値を求め，そのとき I も一致することを示す。

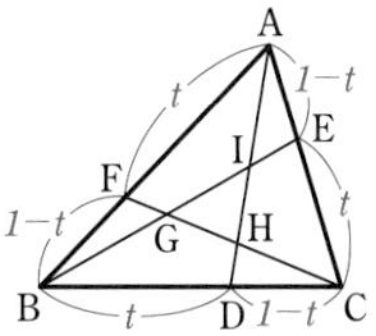

(1)　$x + y + z = 0$ と $x\vec{a} + y\vec{b} + z\vec{c} = \vec{0}$ から

$$x\vec{a} + y\vec{b} - (x+y)\vec{c} = \vec{0}$$

$$x(\vec{a} - \vec{c}) + y(\vec{b} - \vec{c}) = \vec{0}$$

$$x\overrightarrow{CA} + y\overrightarrow{CB} = \vec{0}$$

$\overrightarrow{CA} \neq \vec{0}$，$\overrightarrow{CB} \neq \vec{0}$，$\overrightarrow{CA} \not\parallel \overrightarrow{CB}$ であるから

⇦この断りを必ず明記する。

$$x = 0, \quad y = 0$$

よって，$z = -(x+y)$ により　　$z = 0$

(2)　$BG : GE = s : (1-s)$ とすると

$$\overrightarrow{AG} = (1-s)\overrightarrow{AB} + s\overrightarrow{AE}$$

$$= (1-s)\overrightarrow{AB} + s(1-t)\overrightarrow{AC} \quad \cdots\cdots ①$$

CG：GF$=u:(1-u)$ とすると

$$\overrightarrow{AG}=(1-u)\overrightarrow{AC}+u\overrightarrow{AF}$$
$$=ut\overrightarrow{AB}+(1-u)\overrightarrow{AC} \quad \cdots\cdots ②$$

⇐$\overrightarrow{AG}$ を 2 通りに表す。

①，② から

$$(1-s)\overrightarrow{AB}+s(1-t)\overrightarrow{AC}=ut\overrightarrow{AB}+(1-u)\overrightarrow{AC}$$

$\overrightarrow{AB}\neq\vec{0}$，$\overrightarrow{AC}\neq\vec{0}$，$\overrightarrow{AB}\not\parallel\overrightarrow{AC}$ であるから

$$1-s=ut,\ s(1-t)=1-u$$

⇐係数比較。

これを解くと　$s=\dfrac{-t+1}{1-t+t^2}$，$u=\dfrac{t}{1-t+t^2}$

⇐$1-t+t^2\neq0$

よって　$\overrightarrow{AG}=\dfrac{t^2}{1-t+t^2}\overrightarrow{AB}+\dfrac{(1-t)^2}{1-t+t^2}\overrightarrow{AC}$

ゆえに　$\vec{g}-\vec{a}=\dfrac{t^2}{1-t+t^2}(\vec{b}-\vec{a})+\dfrac{(1-t)^2}{1-t+t^2}(\vec{c}-\vec{a})$

したがって　$\boldsymbol{\vec{g}=\dfrac{t(1-t)}{1-t+t^2}\vec{a}+\dfrac{t^2}{1-t+t^2}\vec{b}+\dfrac{(1-t)^2}{1-t+t^2}\vec{c}}$

別解 1　（メネラウスの定理を用いる解法）

△ABE と直線 CF について，メネラウスの定理により

$$\frac{AF}{FB}\cdot\frac{BG}{GE}\cdot\frac{EC}{CA}=1$$

すなわち　$\dfrac{t}{1-t}\cdot\dfrac{BG}{GE}\cdot\dfrac{t}{1}=1$

よって　BG：GE$=(1-t):t^2$

したがって，点Eの位置ベクトルを $\vec{e}$ とすると

$$\vec{g}=\frac{t^2\vec{b}+(1-t)\vec{e}}{(1-t)+t^2}=\frac{t^2\vec{b}+(1-t)\{t\vec{a}+(1-t)\vec{c}\}}{1-t+t^2}$$

⇐$1-t+t^2\neq0$

$$\boldsymbol{=\frac{t(1-t)}{1-t+t^2}\vec{a}+\frac{t^2}{1-t+t^2}\vec{b}+\frac{(1-t)^2}{1-t+t^2}\vec{c}}$$

別解 2　（「係数の和が 1」を用いる解法）

⇐本冊の基本例題 36 を参照。

BG：GE$=s:(1-s)$ とすると

$$\overrightarrow{AG}=(1-s)\overrightarrow{AB}+s\overrightarrow{AE}=\frac{1-s}{t}\overrightarrow{AF}+s(1-t)\overrightarrow{AC}$$

点Gは線分 CF 上にあるから　$\dfrac{1-s}{t}+s(1-t)=1$

両辺に t を掛けると　$1-s+s(t-t^2)=t$

整理すると　$(-1+t-t^2)s=t-1$

よって　$s=\dfrac{1-t}{1-t+t^2}$

$\overrightarrow{AG}=(1-s)\overrightarrow{AB}+s(1-t)\overrightarrow{AC}$ であるから

$$\vec{g}-\vec{a}=\frac{t^2}{1-t+t^2}(\vec{b}-\vec{a})+\frac{(1-t)^2}{1-t+t^2}(\vec{c}-\vec{a})$$

したがって　$\boldsymbol{\vec{g}=\dfrac{t(1-t)}{1-t+t^2}\vec{a}+\dfrac{t^2}{1-t+t^2}\vec{b}+\dfrac{(1-t)^2}{1-t+t^2}\vec{c}}$

(3)　点Hの位置ベクトルを $\vec{h}$ とすると，(2) と同様にして

$$\vec{h}=\frac{(1-t)^2}{1-t+t^2}\vec{a}+\frac{t(1-t)}{1-t+t^2}\vec{b}+\frac{t^2}{1-t+t^2}\vec{c}$$

GとHが一致するから　$\vec{g}=\vec{h}$

よって　$\{t(1-t)-(1-t)^2\}\vec{a}+\{t^2-t(1-t)\}\vec{b}+\{(1-t)^2-t^2\}\vec{c}=\vec{0}$

ゆえに　$(-2t^2+3t-1)\vec{a}+(2t^2-t)\vec{b}+(1-2t)\vec{c}=\vec{0}$

ここで，$(-2t^2+3t-1)+(2t^2-t)+(1-2t)=0$ が成り立つから，(1)で示したことにより

$-2t^2+3t-1=0$ …… ①，$2t^2-t=0$ …… ②，

$1-2t=0$ …… ③

③から　$t=\frac{1}{2}$

$t=\frac{1}{2}$ は①，②をともに満たし，$t=\frac{1}{2}$ 以外の値は③を満たさない。

したがって　$t=\frac{1}{2}$

このとき，AD，BE，CF は中線となり，3点G，H，Iは△ABCの重心となるから，確かに一致する。

よって，求める t の値は　$\boldsymbol{t=\frac{1}{2}}$

CHART　点の一致は位置ベクトルの一致で示す

⇐(1)の条件を満たすから，(1)の結果が利用できる。

⇐Iも一致することを確認する。

EX ④32　三角形OABにおいて OA=4，OB=5，AB=6 とする。三角形OABの外心をHとするとき，$\overrightarrow{OH}$ を $\overrightarrow{OA}$，$\overrightarrow{OB}$ を用いて表せ。〔類 早稲田大〕

$\overrightarrow{OA}=\vec{a}$，$\overrightarrow{OB}=\vec{b}$ とする。

辺OA，辺OBの中点をそれぞれM，Nとする。

ただし，三角形OABは直角三角形ではないから，点HはM，Nと一致しない。

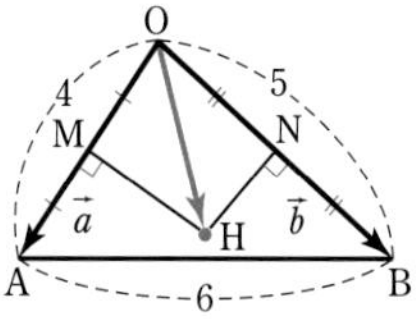

Hは三角形OABの外心であるから

OA⊥MH，OB⊥NH

$\overrightarrow{OH}=s\vec{a}+t\vec{b}$（$s$，$t$ は実数）とする。

OA⊥MH より，$\overrightarrow{OA}\cdot\overrightarrow{MH}=0$ であるから

$\vec{a}\cdot(\overrightarrow{OH}-\overrightarrow{OM})=0$

よって　$\vec{a}\cdot\left\{\left(s-\frac{1}{2}\right)\vec{a}+t\vec{b}\right\}=0$

ゆえに　$\left(s-\frac{1}{2}\right)|\vec{a}|^2+t\vec{a}\cdot\vec{b}=0$ …… ①

OB⊥NH より，$\overrightarrow{OB}\cdot\overrightarrow{NH}=0$ であるから

$\vec{b}\cdot(\overrightarrow{OH}-\overrightarrow{ON})=0$

よって　$\vec{b}\cdot\left\{s\vec{a}+\left(t-\frac{1}{2}\right)\vec{b}\right\}=0$

ゆえに　$s\vec{a}\cdot\vec{b}+\left(t-\frac{1}{2}\right)|\vec{b}|^2=0$ …… ②

HINT　三角形の外心は各辺の垂直二等分線の交点。

参考　直角三角形の外心は斜辺の中点の位置にある。例えば ∠A=90° のときHはNと一致する。

⇐$\overrightarrow{OM}=\frac{1}{2}\vec{a}$

⇐$\overrightarrow{ON}=\frac{1}{2}\vec{b}$

ここで　$|\overrightarrow{AB}|^2=|\overrightarrow{OB}-\overrightarrow{OA}|^2=|\vec{b}|^2-2\vec{a}\cdot\vec{b}+|\vec{a}|^2$

よって　$6^2=5^2-2\vec{a}\cdot\vec{b}+4^2$

⇦$|\overrightarrow{AB}|=6$, $|\vec{a}|=4$, $|\vec{b}|=5$

ゆえに　$\vec{a}\cdot\vec{b}=\dfrac{5}{2}$

よって，① から　$\left(s-\dfrac{1}{2}\right)\times4^2+t\times\dfrac{5}{2}=0$

整理すると　$32s+5t=16$　…… ③

また，② から　$s\times\dfrac{5}{2}+\left(t-\dfrac{1}{2}\right)\times5^2=0$

整理すると　$s+10t=5$　…… ④

③，④ を解くと　$s=\dfrac{3}{7}$，$t=\dfrac{16}{35}$

したがって　$\boldsymbol{\overrightarrow{OH}=\dfrac{3}{7}\overrightarrow{OA}+\dfrac{16}{35}\overrightarrow{OB}}$

別解　(正射影ベクトルを用いる解法。本冊 $p.63$ 参照。)

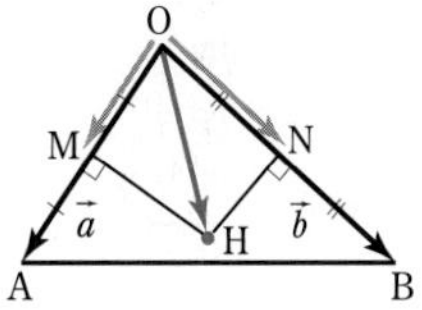

$\angle HOM<90^\circ$，$\angle HON<90^\circ$

であるから

$\overrightarrow{OM}\cdot\overrightarrow{OH}=OM^2=2^2$,

$\overrightarrow{ON}\cdot\overrightarrow{OH}=ON^2=\left(\dfrac{5}{2}\right)^2$

⇦$\angle HOM=\theta$ とすると，$|\overrightarrow{OH}|\cos\theta=|\overrightarrow{OM}|$ であるから $\overrightarrow{OM}\cdot\overrightarrow{OH}$ $=|\overrightarrow{OM}||\overrightarrow{OH}|\cos\theta$ $=|\overrightarrow{OM}|^2=OM^2$
また，M は線分 OA の中点であるから
$OM=\dfrac{1}{2}OA$
点 N についても同様。

$\overrightarrow{OH}=s\overrightarrow{OA}+t\overrightarrow{OB}$ (s，t は実数)

とすると，$\overrightarrow{OM}\cdot\overrightarrow{OH}=4$ から

$s\overrightarrow{OM}\cdot\overrightarrow{OA}+t\overrightarrow{OM}\cdot\overrightarrow{OB}=4$

$\overrightarrow{OM}=\dfrac{1}{2}\overrightarrow{OA}$ であるから

$\dfrac{s}{2}|\overrightarrow{OA}|^2+\dfrac{t}{2}\overrightarrow{OA}\cdot\overrightarrow{OB}=4$　…… ①

また，$\overrightarrow{ON}\cdot\overrightarrow{OH}=\left(\dfrac{5}{2}\right)^2$ から

$s\overrightarrow{ON}\cdot\overrightarrow{OA}+t\overrightarrow{ON}\cdot\overrightarrow{OB}=\dfrac{25}{4}$

$\overrightarrow{ON}=\dfrac{1}{2}\overrightarrow{OB}$ であるから

$\dfrac{s}{2}\overrightarrow{OA}\cdot\overrightarrow{OB}+\dfrac{t}{2}|\overrightarrow{OB}|^2=\dfrac{25}{4}$　…… ②

ここで，$|\overrightarrow{AB}|^2=|\overrightarrow{OB}|^2-2\overrightarrow{OA}\cdot\overrightarrow{OB}+|\overrightarrow{OA}|^2$ から

$6^2=5^2-2\overrightarrow{OA}\cdot\overrightarrow{OB}+4^2$

⇦$|\overrightarrow{OA}|=4$，$|\overrightarrow{OB}|=5$，$|\overrightarrow{AB}|=6$

よって　$\overrightarrow{OA}\cdot\overrightarrow{OB}=\dfrac{5}{2}$

ゆえに，①，② に代入して整理すると

$32s+5t=16$，$s+10t=5$

これを解いて　$s=\dfrac{3}{7}$，$t=\dfrac{16}{35}$

したがって　$\boldsymbol{\overrightarrow{OH}=\dfrac{3}{7}\overrightarrow{OA}+\dfrac{16}{35}\overrightarrow{OB}}$

EX ④33 四角形ABCDと点Oがあり，$\overrightarrow{OA}=\vec{a}$，$\overrightarrow{OB}=\vec{b}$，$\overrightarrow{OC}=\vec{c}$，$\overrightarrow{OD}=\vec{d}$ とおく。$\vec{a}+\vec{c}=\vec{b}+\vec{d}$ かつ $\vec{a}\cdot\vec{c}=\vec{b}\cdot\vec{d}$ のとき，この四角形の形を調べよ。〔類 学習院大〕

HINT　四角形の形状問題においても，三角形のときと同様に，
2辺ずつの長さの関係，2辺のなす角 を調べる。

$\vec{a}+\vec{c}=\vec{b}+\vec{d}$ …… ①，$\vec{a}\cdot\vec{c}=\vec{b}\cdot\vec{d}$ …… ② とする。

① から　$\vec{d}-\vec{a}=\vec{c}-\vec{b}$

よって，$\overrightarrow{AD}=\overrightarrow{BC}$ となるから，四角形ABCDは平行四辺形である。

① から　$\vec{d}=\vec{a}-\vec{b}+\vec{c}$

⇐ $\vec{d}$ を消去する方針。

これを ② に代入して　$\vec{a}\cdot\vec{c}=\vec{b}\cdot(\vec{a}-\vec{b}+\vec{c})$

ゆえに　$\vec{a}\cdot(\vec{c}-\vec{b})-\vec{b}\cdot(\vec{c}-\vec{b})=0$

したがって　$(\vec{a}-\vec{b})\cdot(\vec{c}-\vec{b})=0$

すなわち　$\overrightarrow{BA}\cdot\overrightarrow{BC}=0$

⇐ $ac-b(a-b+c)$ を因数分解するように変形する。$ac-b(a-b+c)=0$ から $a(c-b)-b(c-b)=0$

$\overrightarrow{BA}\neq\vec{0}$，$\overrightarrow{BC}\neq\vec{0}$ であるから　BA⊥BC

したがって　$\angle B=90^\circ$

四角形ABCDは平行四辺形であるから，$\angle B=90^\circ$ より，$\angle A=\angle C=\angle D=90^\circ$ が導かれる。

⇐ $\angle A=180^\circ-\angle B$，$\angle C=180^\circ-\angle B$

よって，四角形ABCDは **長方形** である。

別解　四角形ABCDが平行四辺形であることを次のように示してもよい。$\vec{a}+\vec{c}=\vec{b}+\vec{d}$ から　$\dfrac{\vec{a}+\vec{c}}{2}=\dfrac{\vec{b}+\vec{d}}{2}$

よって，対角線AC，BDの中点が一致するから，四角形ABCDは平行四辺形である。

EX ④34 平面上で点Oを中心とした半径1の円周上に相異なる2点A，Bをとる。点O，A，Bは一直線上にないものとする。$\vec{a}=\overrightarrow{OA}$，$\vec{b}=\overrightarrow{OB}$ とし，$\vec{a}$ と $\vec{b}$ の内積を α とおく。$0<t<1$ に対して，線分ABを $t:(1-t)$ に内分する点をCとする。点P，Qを

$$\overrightarrow{OP}=2\overrightarrow{OA}+\overrightarrow{OC},\ \overrightarrow{OQ}=\overrightarrow{OB}+\overrightarrow{OC}$$

となるようにとり，直線OQと直線ABの交点をDとする。

(1) $\overrightarrow{OD}$ を求めよ。

(2) 三角形OADの面積を t と α を用いて表せ。

(3) $\overrightarrow{OP}$ と $\overrightarrow{OQ}$ が直交するような t の値がただ1つ存在するための必要十分条件を α を用いて表せ。〔名古屋工大〕

(1) $\overrightarrow{OC}=(1-t)\overrightarrow{OA}+t\overrightarrow{OB}=(1-t)\vec{a}+t\vec{b}$ であるから

$\overrightarrow{OQ}=\overrightarrow{OB}+\overrightarrow{OC}=\vec{b}+(1-t)\vec{a}+t\vec{b}=(1-t)\vec{a}+(1+t)\vec{b}$

Dは平行四辺形OCQBの対角線の交点であるから

⇐ Dは対角線BCと対角線OQの交点。

$$\overrightarrow{OD}=\frac{1}{2}\overrightarrow{OQ}=\frac{1}{2}\{(1-t)\vec{a}+(1+t)\vec{b}\}=\boldsymbol{\frac{1-t}{2}\vec{a}+\frac{1+t}{2}\vec{b}}$$

(2) $\triangle OAD=\dfrac{1+t}{2}\triangle OAB=\dfrac{1+t}{2}\times\dfrac{1}{2}\sqrt{|\vec{a}|^2|\vec{b}|^2-(\vec{a}\cdot\vec{b})^2}$

$=\boldsymbol{\dfrac{1+t}{4}\sqrt{1-\alpha^2}}$

⇐ $\triangle OAD:\triangle OAB$ $=AD:AB$ $=(AC+CD):AB$ $=\left(t+\dfrac{1-t}{2}\right):1$

(3) $\overrightarrow{OP}=2\vec{a}+(1-t)\vec{a}+t\vec{b}=(3-t)\vec{a}+t\vec{b}$

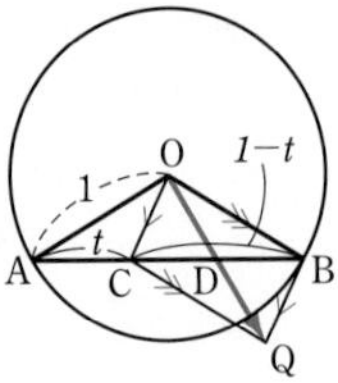

$\overrightarrow{OP}\perp\overrightarrow{OQ}$ より $\overrightarrow{OP}\cdot\overrightarrow{OQ}=0$ であるから

$\{(3-t)\vec{a}+t\vec{b}\}\cdot\{(1-t)\vec{a}+(1+t)\vec{b}\}=0$

よって　$(3-t)(1-t)|\vec{a}|^2$
$+\{(3-t)(1+t)+t(1-t)\}\vec{a}\cdot\vec{b}+t(1+t)|\vec{b}|^2=0$

$|\vec{a}|=|\vec{b}|=1$，$\vec{a}\cdot\vec{b}=\alpha$ であるから

$(3-t)(1-t)+\{(3-t)(1+t)+t(1-t)\}\alpha+t(1+t)=0$

ゆえに　$2t^2-3t+3+(-2t^2+3t+3)\alpha=0$

t について整理すると

$2(1-\alpha)t^2-3(1-\alpha)t+3(1+\alpha)=0$

この方程式が $0<t<1$ において，ただ1つの解をもてばよい。

3点O，A，Bは一直線上にないから　$-1<\alpha<1$

$f(t)=2(1-\alpha)t^2-3(1-\alpha)t+3(1+\alpha)$ とおく。

⇐$-1<\alpha<1$ であるから，$f(t)$ は2次式。

$y=f(t)$ のグラフは，下に凸の放物線で，軸は直線 $t=\dfrac{3}{4}$

⇐$f(t)=2(1-\alpha)\times\left(t-\dfrac{3}{4}\right)^2+\dfrac{33}{8}\alpha+\dfrac{15}{8}$

また　$f(0)=3(1+\alpha)>0$

よって，求める条件は

$f\left(\dfrac{3}{4}\right)=0$　または　$f(1)\leqq 0$

⇐$y=f(t)$ のグラフは，$f\left(\dfrac{3}{4}\right)=0$ のとき x 軸と接し，$f(1)\leqq 0$ のとき x 軸と $0<t<1$ において1点で交わる。

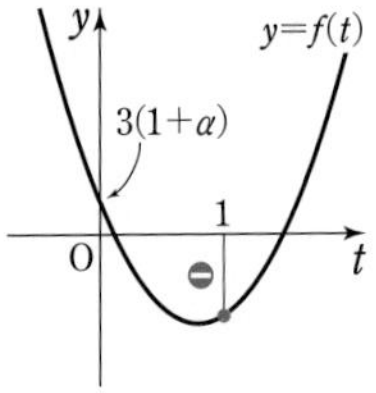

$f\left(\dfrac{3}{4}\right)=0$ のとき　$2(1-\alpha)\left(\dfrac{3}{4}\right)^2-3(1-\alpha)\cdot\dfrac{3}{4}+3(1+\alpha)=0$

ゆえに　$\alpha=-\dfrac{5}{11}$　($-1<\alpha<1$ に適する。)

$f(1)\leqq 0$ のとき　$2(1-\alpha)-3(1-\alpha)+3(1+\alpha)\leqq 0$

整理すると　$\alpha\leqq-\dfrac{1}{2}$

$-1<\alpha<1$ であるから　$-1<\alpha\leqq-\dfrac{1}{2}$

以上から　$\boldsymbol{\alpha=-\dfrac{5}{11}}$ **または** $\boldsymbol{-1<\alpha\leqq-\dfrac{1}{2}}$

EX ③35　Oを原点とするとき，ベクトル $\overrightarrow{OA}=\vec{a}$，$\overrightarrow{OB}=\vec{b}$ のなす角の二等分線のベクトル方程式は，t を変数として，$\vec{p}=t\left(\dfrac{\vec{a}}{|\vec{a}|}+\dfrac{\vec{b}}{|\vec{b}|}\right)$ で表されることを証明せよ。

$\dfrac{\vec{a}}{|\vec{a}|}$，$\dfrac{\vec{b}}{|\vec{b}|}$ は単位ベクトルであるから

$\overrightarrow{OA'}=\dfrac{\vec{a}}{|\vec{a}|}$，$\overrightarrow{OB'}=\dfrac{\vec{b}}{|\vec{b}|}$ とすると，

△OA′B′ は二等辺三角形となる。

∠A′OB′ の二等分線は底辺 A′B′ の中点を通るから，原点と辺A′B′ の中点を通る直線のベクトル方程式は

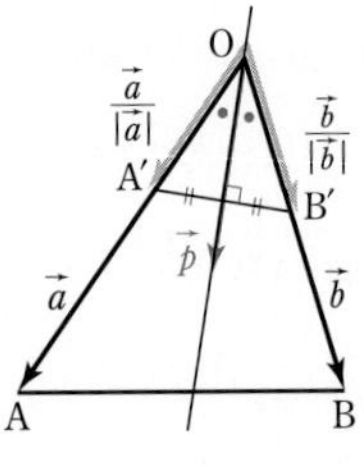

HINT　$\dfrac{\vec{a}}{|\vec{a}|}$，$\dfrac{\vec{b}}{|\vec{b}|}$ はともに **単位ベクトル**。二等辺三角形の頂角の二等分線は，底辺を垂直に2等分することを利用する。

⇐底辺 A′B′ の中点をMとすると

$\overrightarrow{OM}=\dfrac{\overrightarrow{OA'}+\overrightarrow{OB'}}{2}$

$$\vec{p}=t'\times\frac{1}{2}\left(\frac{\vec{a}}{|\vec{a}|}+\frac{\vec{b}}{|\vec{b}|}\right)\quad(t'\text{ は実数})\ \cdots\cdots ①$$

⇦$\vec{p}=t'\overrightarrow{\mathrm{OM}}$

と表される。
よって，$\overrightarrow{\mathrm{OA}}$ と $\overrightarrow{\mathrm{OB}}$ のなす角の二等分線のベクトル方程式は，
① で $\dfrac{t'}{2}=t$ とおくと，

$$\vec{p}=t\left(\frac{\vec{a}}{|\vec{a}|}+\frac{\vec{b}}{|\vec{b}|}\right)\quad(t\text{ は実数})\quad\text{と表される。}$$

EX ③36

三角形OABで，辺OAを2：1に内分する点をL，辺OBの中点をM，辺ABを2：3に内分する点をNとする。線分LMとONの交点をPとする。$\vec{a}=\overrightarrow{\mathrm{OA}}$，$\vec{b}=\overrightarrow{\mathrm{OB}}$ とするとき，$\overrightarrow{\mathrm{ON}}$ と $\overrightarrow{\mathrm{OP}}$ を $\vec{a}$，$\vec{b}$ を用いて表せ。〔琉球大〕

AN：NB＝2：3 であるから　$\overrightarrow{\mathrm{ON}}=\dfrac{3\vec{a}+2\vec{b}}{2+3}=\boldsymbol{\dfrac{3}{5}\vec{a}+\dfrac{2}{5}\vec{b}}$

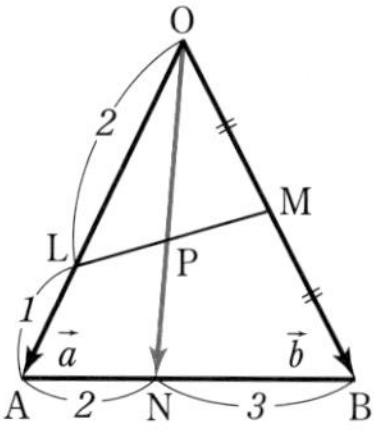

点Pは直線ON上にあるから，$\overrightarrow{\mathrm{OP}}=k\overrightarrow{\mathrm{ON}}$（$k$ は実数）とすると

$$\overrightarrow{\mathrm{OP}}=k\left(\frac{3}{5}\vec{a}+\frac{2}{5}\vec{b}\right)=\frac{3}{5}k\vec{a}+\frac{2}{5}k\vec{b}\quad\cdots\cdots ①$$

ここで，$\overrightarrow{\mathrm{OL}}=\dfrac{2}{3}\vec{a}$，$\overrightarrow{\mathrm{OM}}=\dfrac{1}{2}\vec{b}$ であるから

$$\vec{a}=\frac{3}{2}\overrightarrow{\mathrm{OL}},\quad \vec{b}=2\overrightarrow{\mathrm{OM}}$$

これらを ① に代入して　$\overrightarrow{\mathrm{OP}}=\dfrac{9}{10}k\overrightarrow{\mathrm{OL}}+\dfrac{4}{5}k\overrightarrow{\mathrm{OM}}$

⇦$\overrightarrow{\mathrm{OP}}$ を $\overrightarrow{\mathrm{OL}}$ と $\overrightarrow{\mathrm{OM}}$ で表す。

点Pは直線LM上にあるから　$\dfrac{9}{10}k+\dfrac{4}{5}k=1$

⇦「係数の和が1」の利用。

よって　$k=\dfrac{10}{17}$

ゆえに，① から　$\overrightarrow{\mathrm{OP}}=\boldsymbol{\dfrac{6}{17}\vec{a}+\dfrac{4}{17}\vec{b}}$

EX ③37

O(0, 0)，A(2, 4)，B(−2, 2) とする。実数 s，t が次の条件を満たしながら変化するとき，$\overrightarrow{\mathrm{OP}}=s\overrightarrow{\mathrm{OA}}+t\overrightarrow{\mathrm{OB}}$ を満たす点Pの存在範囲を図示せよ。

(1)　$s=0$，$t\geqq 0$　　(2)　$s+4t=2$　　(3)　$2s+t\leqq\dfrac{1}{2}$，$s\geqq 0$，$t\geqq 0$

(1)　$s=0$ であるから
　$\overrightarrow{\mathrm{OP}}=t\overrightarrow{\mathrm{OB}}$ $(t\geqq 0)$
　よって，点Pの存在範囲は **半直線OB** である。〔図〕

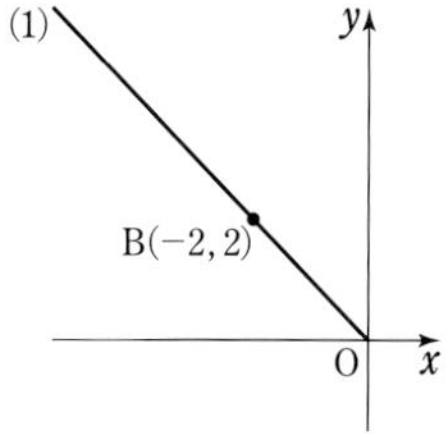

(2)　$s+4t=2$ から　$\dfrac{s}{2}+2t=1$

⇦両辺を2で割って ＝1の形に

$$\overrightarrow{\mathrm{OP}}=\frac{s}{2}(2\overrightarrow{\mathrm{OA}})+2t\left(\frac{1}{2}\overrightarrow{\mathrm{OB}}\right)$$

$\dfrac{s}{2}=s'$，$2t=t'$，$2\overrightarrow{\mathrm{OA}}=\overrightarrow{\mathrm{OA'}}$，$\dfrac{1}{2}\overrightarrow{\mathrm{OB}}=\overrightarrow{\mathrm{OB'}}$ とおくと

$$\overrightarrow{\mathrm{OP}}=s'\overrightarrow{\mathrm{OA'}}+t'\overrightarrow{\mathrm{OB'}},\quad s'+t'=1$$

⇦$\overrightarrow{\mathrm{OA'}}=2\overrightarrow{\mathrm{OA}}=(4,\ 8)$
$\overrightarrow{\mathrm{OB'}}=\dfrac{1}{2}\overrightarrow{\mathrm{OB}}=(-1,\ 1)$

よって，**A′(4, 8)，B′(−1, 1) とすると**，点 P の存在範囲は
直線 A′B′ である。〔図〕

(3)　$2s+t \leqq \frac{1}{2}$ から　　$4s+2t \leqq 1$

$$\overrightarrow{OP}=4s\left(\frac{1}{4}\overrightarrow{OA}\right)+2t\left(\frac{1}{2}\overrightarrow{OB}\right)$$

$4s=s'$，$2t=t'$，$\frac{1}{4}\overrightarrow{OA}=\overrightarrow{OA'}$，$\frac{1}{2}\overrightarrow{OB}=\overrightarrow{OB'}$ とおくと

$$\overrightarrow{OP}=s'\overrightarrow{OA'}+t'\overrightarrow{OB'},\ s'+t'\leqq 1,\ s'\geqq 0,\ t'\geqq 0$$

よって，**A′$\left(\frac{1}{2}, 1\right)$，B′(−1, 1) とすると**，点 P の存在範囲は
△OA′B′ の周および内部 である。〔図〕

⇦両辺を 2 倍して $\leqq 1$ の形に

⇦$\overrightarrow{OA'}=\frac{1}{4}\overrightarrow{OA}=\left(\frac{1}{2}, 1\right)$
$\overrightarrow{OB'}=\frac{1}{2}\overrightarrow{OB}=(-1, 1)$

(2)
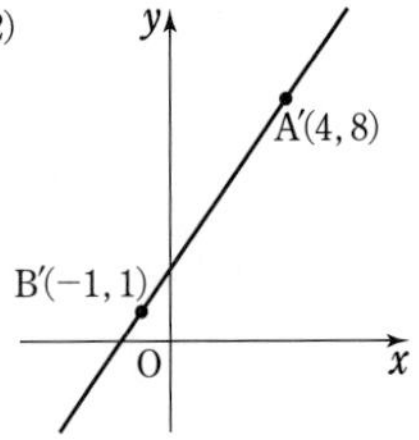

(3)
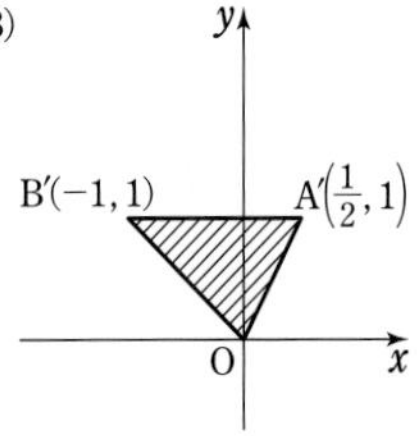

EX ③38　平面上に三角形 ABC がある。実数 k に対して，点 P が $\overrightarrow{PA}+\overrightarrow{PC}=k\overrightarrow{AB}$ を満たすとする。点 P が三角形 ABC の内部(辺上を含まない)にあるような k の値の範囲を求めよ。　〔福井県大〕

$\overrightarrow{PA}+\overrightarrow{PC}=k\overrightarrow{AB}$ から　　$-\overrightarrow{AP}+\overrightarrow{AC}-\overrightarrow{AP}=k\overrightarrow{AB}$

よって　　$\overrightarrow{AP}=-\frac{k}{2}\overrightarrow{AB}+\frac{1}{2}\overrightarrow{AC}$

点 P が △ABC の内部(辺上を含まない)にあるための条件は

$$-\frac{k}{2}+\frac{1}{2}<1 \text{ かつ } -\frac{k}{2}>0$$

よって　　$-1<k$ かつ $k<0$　　　したがって　　$\boldsymbol{-1<k<0}$

⇦始点を A にそろえる。

⇦内部であるから等号は含まない。

EX ③39　△ABC において AC=BC とする。$\overrightarrow{CA}=\vec{a}$，$\overrightarrow{CB}=\vec{b}$，$\overrightarrow{CP}=\vec{p}$ とし，t を任意の実数とすると $\vec{p}=\frac{1}{2}\vec{a}+t(\vec{a}+\vec{b})$ は，辺 AC の中点を通り，辺 AB に垂直な直線を表すベクトル方程式であることを示せ。

$\vec{p}=\frac{1}{2}\vec{a}+t(\vec{a}+\vec{b})$ …… ①

は，辺 AC の中点を通り，ベクトル $\vec{a}+\vec{b}$ に平行な直線のベクトル方程式である。

ここで　　$\overrightarrow{AB}=\vec{b}-\vec{a}$

また

$$(\vec{a}+\vec{b})\cdot(\vec{b}-\vec{a})=|\vec{b}|^2-|\vec{a}|^2=0$$

よって　　$(\vec{a}+\vec{b})\perp\overrightarrow{AB}$

ゆえに，① は辺 AC の中点を通り，辺 AB に垂直な直線を表す。

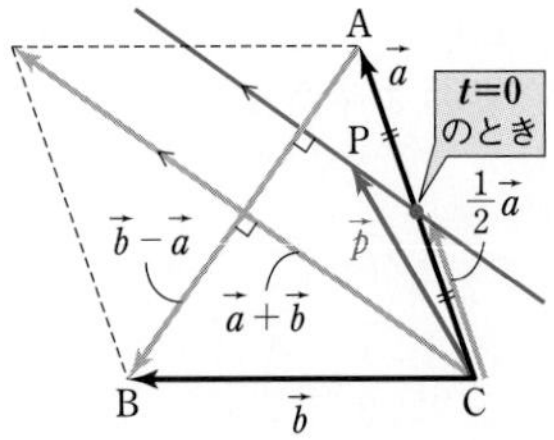

⇦$\frac{1}{2}\vec{a}=\overrightarrow{CD}$ とすると，D は辺 AC の中点。

⇦AC=BC から $|\vec{a}|=|\vec{b}|$

EX ③40 平面上に定点 A($\vec{a}$), B($\vec{b}$) があり，$|\vec{a}-\vec{b}|=5$, $|\vec{a}|=3$, $|\vec{b}|=6$ を満たしているとき，次の問いに答えよ。

(1) 内積 $\vec{a}\cdot\vec{b}$ を求めよ。

(2) 点 P($\vec{p}$) に関するベクトル方程式 $|\vec{p}-\vec{a}+\vec{b}|=|2\vec{a}+\vec{b}|$ で表される円の中心の位置ベクトルと半径を求めよ。

(3) 点 P($\vec{p}$) に関するベクトル方程式 $(\vec{p}-\vec{a})\cdot(2\vec{p}-\vec{b})=0$ で表される円の中心の位置ベクトルと半径を求めよ。 〔東北学院大〕

(1) $|\vec{a}-\vec{b}|^2=|\vec{a}|^2-2\vec{a}\cdot\vec{b}+|\vec{b}|^2$

ここで，$|\vec{a}-\vec{b}|=5$, $|\vec{a}|=3$, $|\vec{b}|=6$ であるから

$25=9-2\vec{a}\cdot\vec{b}+36$ 　よって　$\boldsymbol{\vec{a}\cdot\vec{b}=10}$

(2) $|2\vec{a}+\vec{b}|^2=4|\vec{a}|^2+4\vec{a}\cdot\vec{b}+|\vec{b}|^2=4\times9+4\times10+36=112$

よって　$|2\vec{a}+\vec{b}|=\sqrt{112}=4\sqrt{7}$

したがって，ベクトル方程式は　$|\vec{p}-(\vec{a}-\vec{b})|=4\sqrt{7}$

⇦$|\vec{p}-\vec{a}+\vec{b}|$
$=|\vec{p}-(\vec{a}-\vec{b})|$

よって，**円の中心の位置ベクトルは $\vec{a}-\vec{b}$，半径は $4\sqrt{7}$** である。

(3) $(\vec{p}-\vec{a})\cdot(2\vec{p}-\vec{b})=0$ から　$2|\vec{p}|^2-(2\vec{a}+\vec{b})\cdot\vec{p}+\vec{a}\cdot\vec{b}=0$

$\vec{a}\cdot\vec{b}=10$ であるから　$|\vec{p}|^2-\dfrac{2\vec{a}+\vec{b}}{2}\cdot\vec{p}+5=0$

⇦$|\vec{p}|^2-2\left(\dfrac{2\vec{a}+\vec{b}}{4}\right)\cdot\vec{p}+\left|\dfrac{2\vec{a}+\vec{b}}{4}\right|^2-\left|\dfrac{2\vec{a}+\vec{b}}{4}\right|^2+5=0$

よって　$\left|\vec{p}-\dfrac{2\vec{a}+\vec{b}}{4}\right|^2=\left|\dfrac{2\vec{a}+\vec{b}}{4}\right|^2-5$

(2) より $\left|\dfrac{2\vec{a}+\vec{b}}{4}\right|^2-5=\left(\dfrac{4\sqrt{7}}{4}\right)^2-5=2$ であるから，ベクトル方程式は　$\left|\vec{p}-\dfrac{2\vec{a}+\vec{b}}{4}\right|=\sqrt{2}$

よって，**円の中心の位置ベクトルは $\dfrac{2\vec{a}+\vec{b}}{4}$，半径は $\sqrt{2}$** である。

別解　$(\vec{p}-\vec{a})\cdot(2\vec{p}-\vec{b})=0$ から

$$(\vec{p}-\vec{a})\cdot\left(\vec{p}-\frac{\vec{b}}{2}\right)=0$$

したがって，点Pは A($\vec{a}$), B′$\left(\dfrac{\vec{b}}{2}\right)$ を結んだ線分を直径とする円周上にある。

⇦AP⊥B′P

円の中心の位置ベクトルは　$\dfrac{1}{2}\left(\vec{a}+\dfrac{\vec{b}}{2}\right)=\boldsymbol{\dfrac{2\vec{a}+\vec{b}}{4}}$

$(\text{半径})^2=\left|\dfrac{2\vec{a}+\vec{b}}{4}-\dfrac{\vec{b}}{2}\right|^2=\left|\dfrac{2\vec{a}-\vec{b}}{4}\right|^2=\dfrac{4|\vec{a}|^2-4\vec{a}\cdot\vec{b}+|\vec{b}|^2}{16}$

$=\dfrac{4\cdot3^2-4\cdot10+6^2}{16}=2$

よって，**半径は　$\sqrt{2}$**

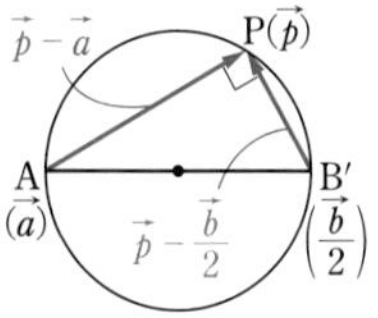

EX ③41

Oを原点とする座標平面上に，半径 r，中心の位置ベクトル $\overrightarrow{\mathrm{OA}}$ の円 C を考え，その円周上の点Pの位置ベクトルを $\overrightarrow{\mathrm{OP}}$ とする。また，円 C の外部に点Bを考え，その位置ベクトルを $\overrightarrow{\mathrm{OB}}$ とする。更に，点Bと点Pの中点をQ，その位置ベクトルを $\overrightarrow{\mathrm{OQ}}$，点Pが円周上を動くとき点Qが描く図形を D とする。

(1) 円 C を表すベクトル方程式を求めよ。

(2) 図形 D を表すベクトル方程式を求めよ。〔山梨大〕

HINT (2) まず，$\overrightarrow{\mathrm{OQ}}$ を $\overrightarrow{\mathrm{OP}}$，$\overrightarrow{\mathrm{OB}}$ を用いて表す。

(1) $|\overrightarrow{\mathrm{AP}}|=r$

また，$\overrightarrow{\mathrm{AP}}=\overrightarrow{\mathrm{OP}}-\overrightarrow{\mathrm{OA}}$ であるから

$$|\overrightarrow{\mathbf{OP}}-\overrightarrow{\mathbf{OA}}|=r$$

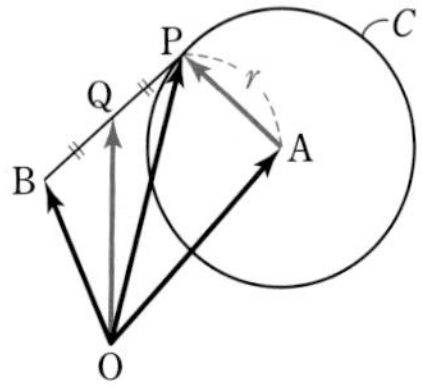

⇦図からすぐにわかる。

(2) $\overrightarrow{\mathrm{OQ}}=\frac{1}{2}(\overrightarrow{\mathrm{OP}}+\overrightarrow{\mathrm{OB}})$ から

$$\overrightarrow{\mathrm{OP}}=2\overrightarrow{\mathrm{OQ}}-\overrightarrow{\mathrm{OB}}$$

これを(1)の結果に代入すると

$$|2\overrightarrow{\mathrm{OQ}}-\overrightarrow{\mathrm{OB}}-\overrightarrow{\mathrm{OA}}|=r$$

ゆえに $\left|\overrightarrow{\mathbf{OQ}}-\frac{1}{2}(\overrightarrow{\mathbf{OA}}+\overrightarrow{\mathbf{OB}})\right|=\frac{r}{2}$

⇦線分ABの中点を中心とし，半径 $\frac{r}{2}$ の円を描く。

別解 $\overrightarrow{\mathrm{OQ}}=\frac{1}{2}(\overrightarrow{\mathrm{OP}}+\overrightarrow{\mathrm{OB}})=\frac{1}{2}(\overrightarrow{\mathrm{OA}}+\overrightarrow{\mathrm{AP}}+\overrightarrow{\mathrm{OB}})$

よって $\overrightarrow{\mathrm{OQ}}-\frac{1}{2}(\overrightarrow{\mathrm{OA}}+\overrightarrow{\mathrm{OB}})=\frac{1}{2}\overrightarrow{\mathrm{AP}}$

ゆえに $\left|\overrightarrow{\mathbf{OQ}}-\frac{1}{2}(\overrightarrow{\mathbf{OA}}+\overrightarrow{\mathbf{OB}})\right|=\frac{r}{2}$

⇦$\left|\frac{1}{2}\overrightarrow{\mathrm{AP}}\right|=\frac{1}{2}|\overrightarrow{\mathrm{AP}}|=\frac{r}{2}$

EX ③42

平面上に△OABがあり，OA=5，OB=8，AB=7 とする。s，t を実数として，点Pを $\overrightarrow{\mathrm{OP}}=s\overrightarrow{\mathrm{OA}}+t\overrightarrow{\mathrm{OB}}$ で定める。

(1) △OABの面積 S を求めよ。

(2) $s\geqq0$，$t\geqq0$，$1\leqq s+t\leqq2$ のとき，点Pの存在範囲の面積を T とする。面積比 $S:T$ を求めよ。〔類 摂南大〕

(1) $|\overrightarrow{\mathrm{AB}}|^2=|\overrightarrow{\mathrm{OB}}-\overrightarrow{\mathrm{OA}}|^2=|\overrightarrow{\mathrm{OA}}|^2-2\overrightarrow{\mathrm{OA}}\cdot\overrightarrow{\mathrm{OB}}+|\overrightarrow{\mathrm{OB}}|^2$

$|\overrightarrow{\mathrm{AB}}|^2=49$，$|\overrightarrow{\mathrm{OA}}|^2=25$，$|\overrightarrow{\mathrm{OB}}|^2=64$ であるから

$49=25-2\overrightarrow{\mathrm{OA}}\cdot\overrightarrow{\mathrm{OB}}+64$ ゆえに $\overrightarrow{\mathrm{OA}}\cdot\overrightarrow{\mathrm{OB}}=20$

CHART $|\vec{p}|$ は $|\vec{p}|^2=\vec{p}\cdot\vec{p}$ として扱う

よって $S=\frac{1}{2}\sqrt{|\overrightarrow{\mathrm{OA}}|^2|\overrightarrow{\mathrm{OB}}|^2-(\overrightarrow{\mathrm{OA}}\cdot\overrightarrow{\mathrm{OB}})^2}$

$=\frac{1}{2}\sqrt{25\cdot64-20^2}=\mathbf{10\sqrt{3}}$

⇦$\frac{1}{2}\cdot5\cdot4\sqrt{2^2-1}$

別解 △OABにおいて余弦定理により

$$\cos\angle\mathrm{AOB}=\frac{5^2+8^2-7^2}{2\cdot5\cdot8}=\frac{1}{2}$$

ゆえに $\angle\mathrm{AOB}=60^\circ$

よって $S=\frac{1}{2}\cdot\mathrm{OA}\cdot\mathrm{OB}\cdot\sin\angle\mathrm{AOB}=\frac{1}{2}\cdot5\cdot8\cdot\frac{\sqrt{3}}{2}$

$=\mathbf{10\sqrt{3}}$

(2) $s+t=k$ として固定する。

このとき，$\dfrac{s}{k}+\dfrac{t}{k}=1$ であるから，

$k\overrightarrow{\mathrm{OA}}=\overrightarrow{\mathrm{OA'}}$，$k\overrightarrow{\mathrm{OB}}=\overrightarrow{\mathrm{OB'}}$，$\dfrac{s}{k}=s'$，$\dfrac{t}{k}=t'$ とすると

$$\overrightarrow{\mathrm{OP}}=s'\overrightarrow{\mathrm{OA'}}+t'\overrightarrow{\mathrm{OB'}},\ s'+t'=1,\ s'\geqq 0,\ t'\geqq 0$$

よって，点Pは線分A′B′上を動く。

次に，$1\leqq k\leqq 2$ の範囲で k を変化させると，線分A′B′は右図の線分ABからCDまで平行に動く。

ただし，$\overrightarrow{\mathrm{OC}}=2\overrightarrow{\mathrm{OA}}$，$\overrightarrow{\mathrm{OD}}=2\overrightarrow{\mathrm{OB}}$ である。

よって，点Pの存在範囲は台形ACDBの周および内部である。

△OAB∽△OCD であり，その相似比は1：2であるから，面積 T は

$$T=\triangle\mathrm{OCD}-\triangle\mathrm{OAB}=2^2\triangle\mathrm{OAB}-\triangle\mathrm{OAB}$$
$$=3\triangle\mathrm{OAB}=3S$$

よって，求める面積比は　$S:T=\mathbf{1:3}$

⇦$1\leqq k\leqq 2$

⇦$\overrightarrow{\mathrm{OP}}=\dfrac{s}{k}(k\overrightarrow{\mathrm{OA}})+\dfrac{t}{k}(k\overrightarrow{\mathrm{OB}})$

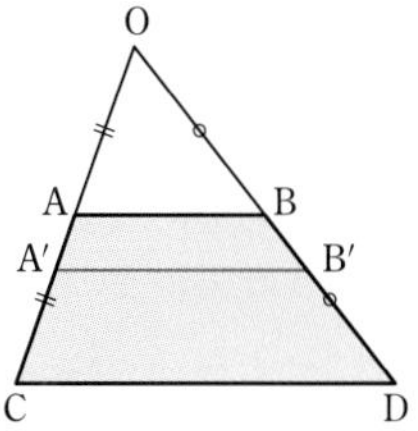

EX ③43　△ABCを1辺の長さが1の正三角形とする。△ABCを含む平面上の点Pが $\overrightarrow{\mathrm{AP}}\cdot\overrightarrow{\mathrm{BP}}-\overrightarrow{\mathrm{BP}}\cdot\overrightarrow{\mathrm{CP}}+\overrightarrow{\mathrm{CP}}\cdot\overrightarrow{\mathrm{AP}}=0$ を満たして動くとき，Pが描く図形を求めよ。〔埼玉大〕

$\overrightarrow{\mathrm{AB}}=\vec{b}$，$\overrightarrow{\mathrm{AC}}=\vec{c}$，$\overrightarrow{\mathrm{AP}}=\vec{p}$ とすると，条件の等式から

$$\vec{p}\cdot(\vec{p}-\vec{b})-(\vec{p}-\vec{b})\cdot(\vec{p}-\vec{c})+(\vec{p}-\vec{c})\cdot\vec{p}=0$$

整理すると　$|\vec{p}|^2-\vec{b}\cdot\vec{c}=0$

ここで，$\vec{b}\cdot\vec{c}=1\times1\times\cos60°=\dfrac{1}{2}$ であるから　$|\vec{p}|^2=\dfrac{1}{2}$

ゆえに　$|\vec{p}|=\dfrac{\sqrt{2}}{2}$　　すなわち　$|\overrightarrow{\mathrm{AP}}|=\dfrac{\sqrt{2}}{2}$

したがって，Pが描く図形は，**Aを中心とする半径 $\dfrac{\sqrt{2}}{2}$ の円**である。

⇦Aを始点とする位置ベクトルで表す。

⇦$|\vec{b}|=|\vec{c}|=1$

別解　A(0, 0)，B(1, 0)，$\mathrm{C}\left(\dfrac{1}{2},\ \dfrac{\sqrt{3}}{2}\right)$，P$(x,\ y)$ とおくと，Pが満たす等式から

$$x(x-1)+y^2-(x-1)\left(x-\frac{1}{2}\right)-y\left(y-\frac{\sqrt{3}}{2}\right)$$
$$+\left(x-\frac{1}{2}\right)x+\left(y-\frac{\sqrt{3}}{2}\right)y=0$$

整理すると　$x^2+y^2=\dfrac{1}{2}$

したがって，Pが描く図形は，**Aを中心とする半径 $\dfrac{\sqrt{2}}{2}$ の円**である。

⇦△ABCが正三角形になるように，座標を設定する。

⇦$\overrightarrow{\mathrm{AP}}=(x,\ y)$，$\overrightarrow{\mathrm{BP}}=(x-1,\ y)$，$\overrightarrow{\mathrm{CP}}=\left(x-\dfrac{1}{2},\ y-\dfrac{\sqrt{3}}{2}\right)$

EX ⑤44

原点をOとする。x 軸上に定点 $\mathrm{A}(k,\ 0)\ (k>0)$ がある。いま，平面上に動点Pを $\overrightarrow{\mathrm{OP}}\neq\vec{0}$，$\overrightarrow{\mathrm{OP}}\cdot(\overrightarrow{\mathrm{OA}}-\overrightarrow{\mathrm{OP}})=0$，$0^\circ\leqq\angle\mathrm{POA}<90^\circ$ となるようにとるとき

(1) 点 $\mathrm{P}(x,\ y)$ の軌跡の方程式を x，y を用いて表せ。

(2) $|\overrightarrow{\mathrm{OP}}||\overrightarrow{\mathrm{OA}}-\overrightarrow{\mathrm{OP}}|$ の最大値とこのときの $\angle\mathrm{POA}$ を求めよ。〔埼玉工大〕

HINT (2) △POA について考える。$|\overrightarrow{\mathrm{OP}}|$，$|\overrightarrow{\mathrm{OA}}-\overrightarrow{\mathrm{OP}}|$ すなわち $|\overrightarrow{\mathrm{PA}}|$ を $|\overrightarrow{\mathrm{OA}}|$ を用いて表す。

(1) $\overrightarrow{\mathrm{OP}}\cdot(\overrightarrow{\mathrm{OA}}-\overrightarrow{\mathrm{OP}})=0$ から　$\overrightarrow{\mathrm{OP}}\cdot\overrightarrow{\mathrm{PA}}=0$

$\overrightarrow{\mathrm{OP}}\neq\vec{0}$，$0^\circ\leqq\angle\mathrm{POA}<90^\circ$ であるから

$(\overrightarrow{\mathrm{PA}}\neq\vec{0}$ かつ $\overrightarrow{\mathrm{OP}}\perp\overrightarrow{\mathrm{PA}})$ または $\overrightarrow{\mathrm{PA}}=\vec{0}$

したがって，点Pの軌跡は2点O，Aを直径の両端とする円である。ただし，$\overrightarrow{\mathrm{OP}}\neq\vec{0}$ であるから，原点を除く。

⇦中心は線分OAの中点，半径は $\frac{1}{2}\mathrm{OA}$

よって，その方程式は

$$\left(\boldsymbol{x}-\frac{\boldsymbol{k}}{2}\right)^2+\boldsymbol{y}^2=\left(\frac{\boldsymbol{k}}{2}\right)^2\ (\boldsymbol{x}\neq\boldsymbol{0})$$

(2) $\angle\mathrm{POA}=\theta$ とすると

$$|\overrightarrow{\mathrm{OP}}|=|\overrightarrow{\mathrm{OA}}|\cos\theta=k\cos\theta$$
$$|\overrightarrow{\mathrm{OA}}-\overrightarrow{\mathrm{OP}}|=|\overrightarrow{\mathrm{PA}}|=|\overrightarrow{\mathrm{OA}}|\sin\theta=k\sin\theta$$

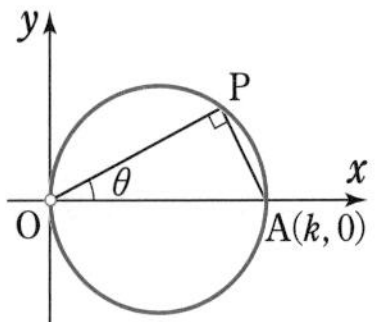

よって　$|\overrightarrow{\mathrm{OP}}||\overrightarrow{\mathrm{OA}}-\overrightarrow{\mathrm{OP}}|=k^2\sin\theta\cos\theta=\dfrac{k^2}{2}\sin 2\theta$

$0^\circ\leqq\theta<90^\circ$ であるから　$0^\circ\leqq 2\theta<180^\circ$

この範囲において，$\sin 2\theta$ は $2\theta=90^\circ$，すなわち $\theta=45^\circ$ のとき最大値1をとる。

⇦$0^\circ\leqq 2\theta<180^\circ$ のとき $0\leqq\sin 2\theta\leqq 1$

ゆえに，求める **最大値は $\dfrac{k^2}{2}$**　このとき　**$\angle\mathrm{POA}=45^\circ$**

EX ④45

Oを原点，$\mathrm{A}(2,\ 1)$，$\mathrm{B}(1,\ 2)$，$\overrightarrow{\mathrm{OP}}=s\overrightarrow{\mathrm{OA}}+t\overrightarrow{\mathrm{OB}}$ (s，t は実数) とする。

s，t が次の関係を満たしながら変化するとき，点Pの描く図形を図示せよ。

(1) $1\leqq s\leqq 2$，$0\leqq t\leqq 1$　　(2) $1\leqq s+t\leqq 2$，$s\geqq 0$，$t\geqq 0$

(1) s を固定するとき，$s\overrightarrow{\mathrm{OA}}=\overrightarrow{\mathrm{OQ}}$，$s\overrightarrow{\mathrm{OA}}+\overrightarrow{\mathrm{OB}}=\overrightarrow{\mathrm{OR}}$ とおくと，点Pは図の線分QR上を動く。

⇦$t=0$ のとき点Pは点Qと一致し，$t=1$ のとき点Pは点Rと一致する。

更に，s を $1\leqq s\leqq 2$ の範囲で動かすと，点Qは図の線分AA′上を動く。

ゆえに，求める図形は図の赤く塗りつぶした部分。ただし，境界線を含む。〔**図**〕

(2) $s+t=k$ として固定する。このとき，$\dfrac{s}{k}+\dfrac{t}{k}=1$ であるから，$k\overrightarrow{\mathrm{OA}}=\overrightarrow{\mathrm{OQ}}$，$k\overrightarrow{\mathrm{OB}}=\overrightarrow{\mathrm{OR}}$ とおいて

⇦$s+t=k$ の両辺を k で割って，$=1$ に導く。

$$\overrightarrow{\mathrm{OP}}=\frac{s}{k}\overrightarrow{\mathrm{OQ}}+\frac{t}{k}\overrightarrow{\mathrm{OR}},\ \frac{s}{k}+\frac{t}{k}=1,\ \frac{s}{k}\geqq 0,\ \frac{t}{k}\geqq 0$$

よって，点Pは図の線分QR上を動く。

更に，k を $1\leqq k\leqq 2$ の範囲で動かすと，点Qは図の線分AA′上を動く。

ゆえに，求める図形は図の赤く塗りつぶした部分。ただし，境界線を含む。〔図〕

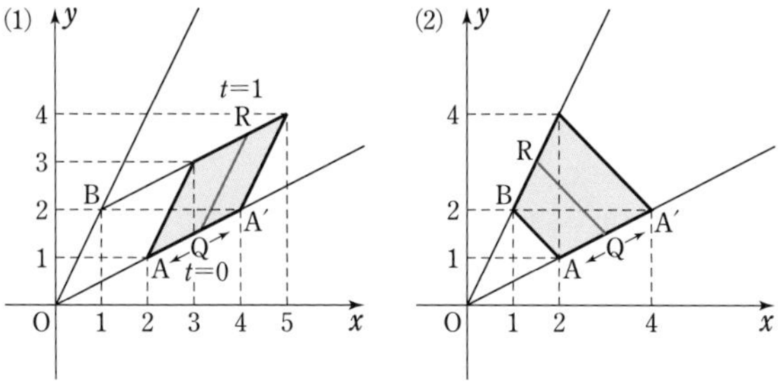

別解　P(x, y) とおくと，$\overrightarrow{OP}=(x,\ y)$ であるから，$\overrightarrow{OP}=s\overrightarrow{OA}+t\overrightarrow{OB}$ を成分で表すと

$$(x,\ y)=s(2,\ 1)+t(1,\ 2)$$
$$=(2s+t,\ s+2t)$$

よって　$\begin{cases} x=2s+t \\ y=s+2t \end{cases}$

⇦s, t の連立方程式を解く要領で求める。

これを s, t について解くと

$$s=\frac{2}{3}x-\frac{1}{3}y,\ t=-\frac{1}{3}x+\frac{2}{3}y$$

(1) $\begin{cases} 1\leqq \dfrac{2}{3}x-\dfrac{1}{3}y\leqq 2 \\ 0\leqq -\dfrac{1}{3}x+\dfrac{2}{3}y\leqq 1 \end{cases}$　ゆえに　$\begin{cases} 3\leqq 2x-y\leqq 6 \\ 0\leqq -x+2y\leqq 3 \end{cases}$

⇦$\begin{cases} 1\leqq s\leqq 2 \\ 0\leqq t\leqq 1 \end{cases}$ に代入。

よって，求める図形は図の赤く塗りつぶした部分。ただし，境界線を含む。〔図〕

(2) $\begin{cases} 1\leqq \dfrac{1}{3}x+\dfrac{1}{3}y\leqq 2 \\ \dfrac{2}{3}x-\dfrac{1}{3}y\geqq 0 \\ -\dfrac{1}{3}x+\dfrac{2}{3}y\geqq 0 \end{cases}$　ゆえに　$\begin{cases} 3\leqq x+y\leqq 6 \\ 2x-y\geqq 0 \\ -x+2y\geqq 0 \end{cases}$

⇦$\begin{cases} 1\leqq s+t\leqq 2 \\ s\geqq 0 \\ t\geqq 0 \end{cases}$ に代入。

よって，求める図形は図の赤く塗りつぶした部分。ただし，境界線を含む。〔図〕

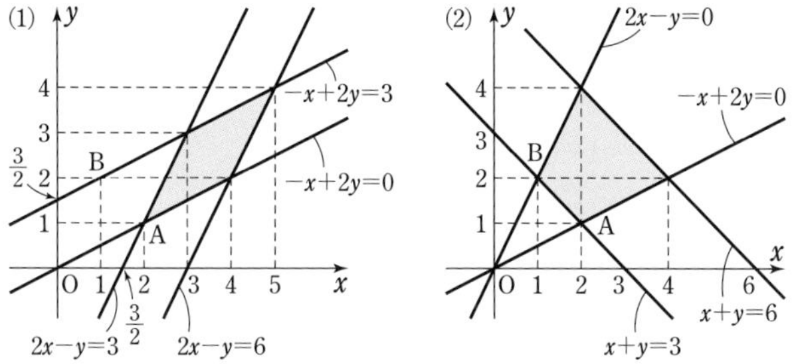

PR ①45

(1) 点 P(2, 3, −1) から xy 平面，yz 平面，zx 平面に垂線を下ろし，各平面との交点を，それぞれ A，B，C とするとき，3点 A，B，C の座標を求めよ。
(2) 点 Q(−3, 4, 2) と (ア) xy 平面　(イ) yz 平面　(ウ) zx 平面　(エ) x 軸　(オ) y 軸　(カ) z 軸　(キ) 原点　に関して対称な点の座標をそれぞれ求めよ。

(1) **A(2, 3, 0)，B(0, 3, −1)，C(2, 0, −1)**

(2) (ア) **(−3, 4, −2)**　(イ) **(3, 4, 2)**
(ウ) **(−3, −4, 2)**　(エ) **(−3, −4, −2)**
(オ) **(3, 4, −2)**　(カ) **(3, −4, 2)**
(キ) **(3, −4, −2)**

(1)
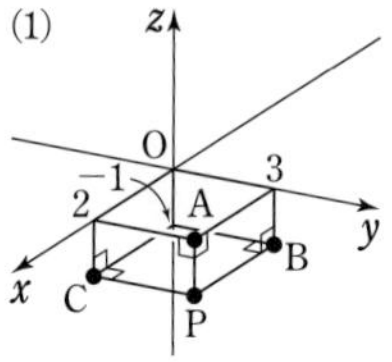

inf. **点 P(a, b, c) と対称な点**
座標平面に関して対称な点は
xy 平面：$(a,\ b,\ -c)$，yz 平面：$(-a,\ b,\ c)$，zx 平面：$(a,\ -b,\ c)$
座標軸に関して対称な点は
x 軸：$(a,\ -b,\ -c)$，y 軸：$(-a,\ b,\ -c)$，z 軸：$(-a,\ -b,\ c)$
原点に関して対称な点は　$(-a,\ -b,\ -c)$

PR ②46

3点 A(3, 0, −2)，B(−1, 2, 3)，C(2, 1, 0) について
(1) 2点 A，B から等距離にある y 軸上の点 P の座標を求めよ。
(2) 3点 A，B，C から等距離にある yz 平面上の点 Q の座標を求めよ。

(1) P(0, y, 0) とすると，AP=BP から　$AP^2=BP^2$

⇐ y 軸上の点 ⟶ x 座標と z 座標が **0**

よって　$(0-3)^2+(y-0)^2+\{0-(-2)\}^2$
$=\{0-(-1)\}^2+(y-2)^2+(0-3)^2$

整理すると　$1-4y=0$　ゆえに　$y=\dfrac{1}{4}$

⇐ $9+y^2+4$
$=1+(y-2)^2+9$

したがって　$\mathbf{P\left(0,\ \dfrac{1}{4},\ 0\right)}$

(2) Q(0, y, z) とする。条件から　AQ=BQ=CQ

⇐ yz 平面上の点 ⟶ x 座標が **0**

AQ=BQ から　$AQ^2=BQ^2$
よって　$(0-3)^2+y^2+\{z-(-2)\}^2$
$=\{0-(-1)\}^2+(y-2)^2+(z-3)^2$
ゆえに　$9+y^2+(z+2)^2=1+(y-2)^2+(z-3)^2$
整理すると　$4y+10z=1$　…… ①
AQ=CQ から　$AQ^2=CQ^2$

⇐ $BQ^2=CQ^2$ とすると
$2y+6z-9=0$

よって　$(0-3)^2+y^2+\{z-(-2)\}^2$
$=(0-2)^2+(y-1)^2+z^2$
ゆえに　$9+y^2+(z+2)^2=4+(y-1)^2+z^2$
整理すると　$y+2z=-4$　…… ②
①，② を解いて　$y=-21$，$z=\dfrac{17}{2}$

⇐ ② から　$y=-2z-4$
これを ① に代入して
$4(-2z-4)+10z=1$

したがって　$\mathbf{Q\left(0,\ -21,\ \dfrac{17}{2}\right)}$

PR ②47 平行六面体 ABCD-EFGH において，$\overrightarrow{AB}=\vec{a}$，$\overrightarrow{AD}=\vec{b}$，$\overrightarrow{AE}=\vec{c}$ とする。
(1) $\overrightarrow{AH}$，$\overrightarrow{CE}$ を，それぞれ $\vec{a}$，$\vec{b}$，$\vec{c}$ を用いて表せ。
(2) 等式 $\overrightarrow{AG}+\overrightarrow{BH}+\overrightarrow{CE}+\overrightarrow{DF}=4\overrightarrow{AE}$ が成り立つことを証明せよ。
(3) 等式 $3\overrightarrow{BH}+2\overrightarrow{DF}=2\overrightarrow{AG}+3\overrightarrow{CE}+2\overrightarrow{BC}$ が成り立つことを証明せよ。

(1) $\overrightarrow{\mathbf{AH}}=\overrightarrow{AD}+\overrightarrow{DH}=\overrightarrow{AD}+\overrightarrow{AE}$
$=\boldsymbol{\vec{b}+\vec{c}}$

$\overrightarrow{\mathbf{CE}}=\overrightarrow{CD}+\overrightarrow{DA}+\overrightarrow{AE}=-\overrightarrow{AB}-\overrightarrow{AD}+\overrightarrow{AE}$
$=\boldsymbol{-\vec{a}-\vec{b}+\vec{c}}$

⇐$\overrightarrow{DH}=\overrightarrow{AE}$

(2) $\overrightarrow{AG}=\overrightarrow{AB}+\overrightarrow{BC}+\overrightarrow{CG}=\overrightarrow{AB}+\overrightarrow{AD}+\overrightarrow{AE}$
$=\vec{a}+\vec{b}+\vec{c}$

$\overrightarrow{BH}=\overrightarrow{BA}+\overrightarrow{AD}+\overrightarrow{DH}=-\overrightarrow{AB}+\overrightarrow{AD}+\overrightarrow{AE}$
$=-\vec{a}+\vec{b}+\vec{c}$

$\overrightarrow{DF}=\overrightarrow{DC}+\overrightarrow{CB}+\overrightarrow{BF}=\overrightarrow{AB}-\overrightarrow{AD}+\overrightarrow{AE}$
$=\vec{a}-\vec{b}+\vec{c}$

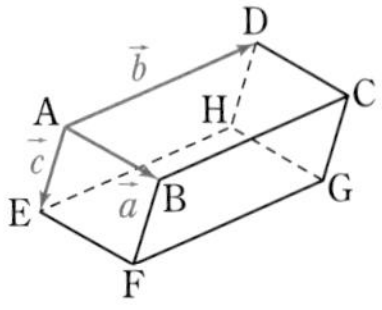

また，(1) から　$\overrightarrow{CE}=-\vec{a}-\vec{b}+\vec{c}$

ゆえに　$\overrightarrow{AG}+\overrightarrow{BH}+\overrightarrow{CE}+\overrightarrow{DF}$
$=(\vec{a}+\vec{b}+\vec{c})+(-\vec{a}+\vec{b}+\vec{c})+(-\vec{a}-\vec{b}+\vec{c})$
$+(\vec{a}-\vec{b}+\vec{c})$
$=4\vec{c}$

よって　$\overrightarrow{AG}+\overrightarrow{BH}+\overrightarrow{CE}+\overrightarrow{DF}=4\overrightarrow{AE}$

⇐$4\vec{c}=4\overrightarrow{AE}$

別解　$\overrightarrow{BF}=\overrightarrow{AE}$，$\overrightarrow{CG}=\overrightarrow{AE}$，$\overrightarrow{DH}=\overrightarrow{AE}$ であるから

$\overrightarrow{AG}+\overrightarrow{BH}+\overrightarrow{CE}+\overrightarrow{DF}-4\overrightarrow{AE}$
$=(\overrightarrow{AG}-\overrightarrow{AE})+(\overrightarrow{BH}-\overrightarrow{AE})+(\overrightarrow{CE}-\overrightarrow{AE})+(\overrightarrow{DF}-\overrightarrow{AE})$
$=(\overrightarrow{AG}-\overrightarrow{AE})+(\overrightarrow{BH}-\overrightarrow{BF})+(\overrightarrow{CE}-\overrightarrow{CG})+(\overrightarrow{DF}-\overrightarrow{DH})$
$=\overrightarrow{EG}+\overrightarrow{FH}+\overrightarrow{GE}+\overrightarrow{HF}$
$=(\overrightarrow{EG}+\overrightarrow{GE})+(\overrightarrow{FH}+\overrightarrow{HF})$
$=\vec{0}$

よって　$\overrightarrow{AG}+\overrightarrow{BH}+\overrightarrow{CE}+\overrightarrow{DF}=4\overrightarrow{AE}$

⇐$A-B=0$ から $A=B$ を証明する。

⇐$4\overrightarrow{AE}=\overrightarrow{AE}+\overrightarrow{AE}+\overrightarrow{AE}+\overrightarrow{AE}$ として考える。また $\overrightarrow{A□}-\overrightarrow{A△}=\overrightarrow{△□}$ など。

(3) (2) から
$3\overrightarrow{BH}+2\overrightarrow{DF}=3(-\vec{a}+\vec{b}+\vec{c})+2(\vec{a}-\vec{b}+\vec{c})$
$=(-3+2)\vec{a}+(3-2)\vec{b}+(3+2)\vec{c}$
$=-\vec{a}+\vec{b}+5\vec{c}$

CHART ベクトルの演算 数式と同じように計算

また　$2\overrightarrow{AG}+3\overrightarrow{CE}+2\overrightarrow{BC}$
$=2(\vec{a}+\vec{b}+\vec{c})+3(-\vec{a}-\vec{b}+\vec{c})+2\vec{b}$
$=(2-3)\vec{a}+(2-3+2)\vec{b}+(2+3)\vec{c}$
$=-\vec{a}+\vec{b}+5\vec{c}$

⇐$\overrightarrow{BC}=\overrightarrow{AD}=\vec{b}$

したがって　$3\overrightarrow{BH}+2\overrightarrow{DF}=2\overrightarrow{AG}+3\overrightarrow{CE}+2\overrightarrow{BC}$

inf.　$3\overrightarrow{BH}+2\overrightarrow{DF}-(2\overrightarrow{AG}+3\overrightarrow{CE}+2\overrightarrow{BC})=\vec{0}$ を示してもよい。

PR
②**48**

$\vec{a}=(1,\ 2,\ -5)$, $\vec{b}=(2,\ 3,\ 1)$, $\vec{c}=(-1,\ 0,\ 1)$ であるとき，次のベクトルを，それぞれ $s\vec{a}+t\vec{b}+u\vec{c}$（$s$, t, u は実数）の形に表せ。
(1) $\vec{d}=(1,\ 5,\ -2)$　　(2) $\vec{e}=(3,\ 4,\ 7)$

$s\vec{a}+t\vec{b}+u\vec{c}=s(1,\ 2,\ -5)+t(2,\ 3,\ 1)+u(-1,\ 0,\ 1)$
$=(s+2t-u,\ 2s+3t,\ -5s+t+u)$

(1) $\vec{d}=s\vec{a}+t\vec{b}+u\vec{c}$ とすると
$(1,\ 5,\ -2)=(s+2t-u,\ 2s+3t,\ -5s+t+u)$
よって　$s+2t-u=1$　…… ①　　⇦ x 成分が等しい。
$2s+3t=5$　…… ②　　⇦ y 成分が等しい。
$-5s+t+u=-2$　…… ③　　⇦ z 成分が等しい。
①+③ から　$-4s+3t=-1$　…… ④
②−④ から　$6s=6$　ゆえに　$s=1$
よって，④ から　$t=1$　更に，① から　$u=2$　　⇦ $s=1$ と ② から，$t=1$ を求めてもよい。
したがって　$\boldsymbol{\vec{d}=\vec{a}+\vec{b}+2\vec{c}}$

(2) $\vec{e}=s\vec{a}+t\vec{b}+u\vec{c}$ とすると
$(3,\ 4,\ 7)=(s+2t-u,\ 2s+3t,\ -5s+t+u)$
ゆえに　$s+2t-u=3$　…… ⑤
$2s+3t=4$　…… ⑥
$-5s+t+u=7$　…… ⑦
⑤+⑦ から　$-4s+3t=10$　…… ⑧
⑥−⑧ から　$6s=-6$　よって　$s=-1$
ゆえに，⑧ から　$t=2$　更に，⑤ から　$u=0$　　⇦ $s=-1$ と ⑥ から，$t=2$ を求めてもよい。
したがって　$\boldsymbol{\vec{e}=-\vec{a}+2\vec{b}}$

PR
②**49**

4 点 A(1, 2, −1), B(3, 5, 3), C(5, 0, 1), D(a, b, c) を頂点とする四角形 ABDC が平行四辺形になるように，a, b, c の値を定めよ。また，このとき，平行四辺形 ABDC の隣り合う 2 辺の長さと対角線の長さを，それぞれ求めよ。

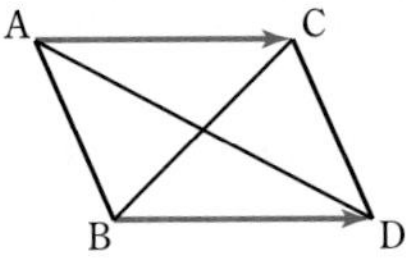

四角形 ABDC が平行四辺形になるのは $\overrightarrow{AC}=\overrightarrow{BD}$ のときであるから　　⇦平行四辺形であるための条件を $\overrightarrow{AB}=\overrightarrow{CD}$ としてもよい。
$(5-1,\ 0-2,\ 1-(-1))$
$=(a-3,\ b-5,\ c-3)$
よって　$4=a-3$, $-2=b-5$,
$2=c-3$　　⇦成分を比較する。
ゆえに　$\boldsymbol{a=7,\ b=3,\ c=5}$　　⇦D(7, 3, 5)
また　$|\overrightarrow{AB}|=\sqrt{(3-1)^2+(5-2)^2+\{3-(-1)\}^2}$
$=\sqrt{2^2+3^2+4^2}=\sqrt{29}$
$|\overrightarrow{BD}|=\sqrt{4^2+(-2)^2+2^2}=2\sqrt{6}$　　⇦AB, BD が隣り合う辺。
よって，**隣り合う 2 辺の長さは**　$\boldsymbol{\sqrt{29},\ 2\sqrt{6}}$
対角線の長さは $|\overrightarrow{AD}|$, $|\overrightarrow{BC}|$ である。
$|\overrightarrow{AD}|=\sqrt{(7-1)^2+(3-2)^2+\{5-(-1)\}^2}$
$=\sqrt{6^2+1^2+6^2}=\sqrt{73}$

$|\overrightarrow{\mathrm{BC}}|=\sqrt{(5-3)^2+(0-5)^2+(1-3)^2}$
$=\sqrt{2^2+(-5)^2+(-2)^2}=\sqrt{33}$

したがって，**対角線の長さは**　$\sqrt{73}$，$\sqrt{33}$

別解　(平行四辺形になるための条件「2 本の対角線の中点が一致する」を利用する解法)

対角線 AD の中点は　$\left(\dfrac{1+a}{2},\ \dfrac{2+b}{2},\ \dfrac{-1+c}{2}\right)$

対角線 BC の中点は　$\left(\dfrac{3+5}{2},\ \dfrac{5+0}{2},\ \dfrac{3+1}{2}\right)$

⇦中点の座標に関しては本冊 $p.122$ 基本事項 1 を参照。

この 2 点が一致するとき

$$\frac{1+a}{2}=4,\quad \frac{2+b}{2}=\frac{5}{2},\quad \frac{-1+c}{2}=2$$

よって　$\boldsymbol{a=7,\ b=3,\ c=5}$　(以下同じ)

PR ③50　$\vec{a}=(1,\ -1,\ 2)$，$\vec{b}=(1,\ 1,\ -1)$ とする。$\vec{a}+t\vec{b}$ (t は実数) の大きさの最小値とそのときの t の値を求めよ。〔北見工大〕

$\vec{a}+t\vec{b}=(1,\ -1,\ 2)+t(1,\ 1,\ -1)$
$=(1+t,\ -1+t,\ 2-t)$

よって　$|\vec{a}+t\vec{b}|^2=(1+t)^2+(-1+t)^2+(2-t)^2$
$=1+2t+t^2+1-2t+t^2+4-4t+t^2$
$=3t^2-4t+6$
$=3\left(t-\dfrac{2}{3}\right)^2+\dfrac{14}{3}$

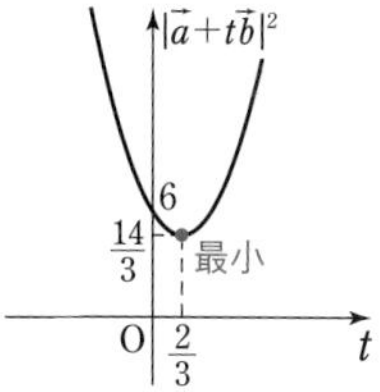

CHART
$|\vec{a}+t\vec{b}|$ の最小値
$|\vec{a}+t\vec{b}|^2$ の最小値を考える

⇦$3\left(t^2-\dfrac{4}{3}t\right)+6$
$=3\left\{\left(t-\dfrac{2}{3}\right)^2-\left(\dfrac{2}{3}\right)^2\right\}+6$
$=3\left(t-\dfrac{2}{3}\right)^2-3\left(\dfrac{2}{3}\right)^2+6$

ゆえに，$|\vec{a}+t\vec{b}|^2$ は $t=\dfrac{2}{3}$ のとき最小値 $\dfrac{14}{3}$ をとる。

$|\vec{a}+t\vec{b}|\geqq 0$ であるから，このとき $|\vec{a}+t\vec{b}|$ も最小となる。

⇦この断りは重要。

したがって，$|\vec{a}+t\vec{b}|$ は **$t=\dfrac{2}{3}$ のとき最小値 $\sqrt{\dfrac{14}{3}}=\dfrac{\sqrt{42}}{3}$** をとる。

PR ②51　(1) AB$=1$，AD$=\sqrt{3}$，AE$=1$ の直方体 ABCD-EFGH について，内積 $\overrightarrow{\mathrm{AE}}\cdot\overrightarrow{\mathrm{CF}}$ を求めよ。
(2) $\vec{a}=(2,\ -3,\ -1)$，$\vec{b}=(-1,\ -2,\ -3)$ の内積となす角 θ を求めよ。

(1)　$\overrightarrow{\mathrm{AE}}=\overrightarrow{\mathrm{CG}}$ であり，$\overrightarrow{\mathrm{CG}}$ と $\overrightarrow{\mathrm{CF}}$ のなす角は $60°$，$|\overrightarrow{\mathrm{CG}}|=1$，$|\overrightarrow{\mathrm{CF}}|=2$ であるから

$\overrightarrow{\mathrm{AE}}\cdot\overrightarrow{\mathrm{CF}}=\overrightarrow{\mathrm{CG}}\cdot\overrightarrow{\mathrm{CF}}$
$=|\overrightarrow{\mathrm{CG}}||\overrightarrow{\mathrm{CF}}|\cos 60°$
$=1\times 2\times\dfrac{1}{2}=\boldsymbol{1}$

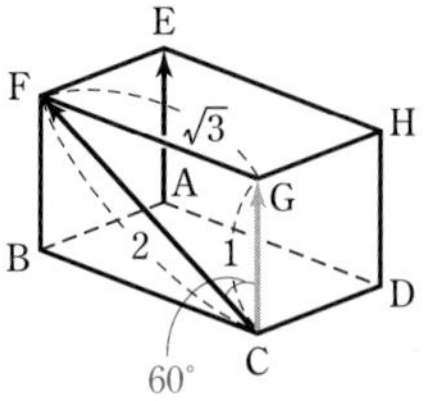

⇦始点を C にそろえた。

(2) 内積は $\vec{a}\cdot\vec{b}=2\times(-1)+(-3)\times(-2)+(-1)\times(-3)=\mathbf{7}$

また $\cos\theta=\dfrac{\vec{a}\cdot\vec{b}}{|\vec{a}||\vec{b}|}$

$$=\frac{7}{\sqrt{2^2+(-3)^2+(-1)^2}\sqrt{(-1)^2+(-2)^2+(-3)^2}}$$

$$=\frac{7}{14}=\frac{1}{2}$$

$0^\circ\leqq\theta\leqq180^\circ$ であるから $\boldsymbol{\theta=60^\circ}$

PR ②52 座標空間に4点 O(0, 0, 0), A(3, −2, −1), B(1, 1, 1), C(−1, 4, 2) がある。$\overrightarrow{OA}$, $\overrightarrow{BC}$ のどちらにも垂直で大きさが $3\sqrt{3}$ であるベクトル $\vec{p}$ を求めよ。〔類 慶応大〕

$\vec{p}=(x,\ y,\ z)$ とする。

$\overrightarrow{OA}\perp\vec{p}$ より $\overrightarrow{OA}\cdot\vec{p}=0$ であるから

$3x-2y-z=0$ …… ①

⇐垂直 ⟹ (内積)=0

$\overrightarrow{BC}\perp\vec{p}$ から $\overrightarrow{BC}\cdot\vec{p}=0$

$\overrightarrow{BC}=(-2,\ 3,\ 1)$ であるから

$-2x+3y+z=0$ …… ②

$|\vec{p}|^2=(3\sqrt{3})^2$ であるから

$x^2+y^2+z^2=27$ …… ③

⇐$|\vec{p}|^2=x^2+y^2+z^2$

①, ② から, y, z を x で表すと $y=-x$, $z=5x$

これらを ③ に代入すると $x^2+(-x)^2+(5x)^2=27$

整理すると $27x^2=27$ すなわち $x=\pm1$

$x=1$ のとき $y=-1$, $z=5$

$x=-1$ のとき $y=1$, $z=-5$

したがって $\boldsymbol{\vec{p}=(1,\ -1,\ 5),\ (-1,\ 1,\ -5)}$

答えは, $\boldsymbol{\vec{p}=(\pm1,\ \mp1,\ \pm5)}$ (**複号同順**) と書いてもよい。

PR ③53 (1) 3点 A(5, 4, 7), B(3, 4, 5), C(1, 2, 1) について, $\angle ABC=\theta$ とおく。ただし, $0^\circ<\theta<180^\circ$ とする。このとき, θ および △ABC の面積を求めよ。

(2) 空間の3点 O(0, 0, 0), A(1, 2, p), B(3, 0, −4) について

(ア) HINT の公式を用いて, △OAB の面積を p で表せ。

(イ) △OAB の面積が $5\sqrt{2}$ で, $p>0$ のとき, p の値を求めよ。〔(2) 類 立教大〕

HINT $\overrightarrow{PQ}=\vec{x}$, $\overrightarrow{PR}=\vec{y}$ のとき, △PQR の面積は $\dfrac{1}{2}\sqrt{|\vec{x}|^2|\vec{y}|^2-(\vec{x}\cdot\vec{y})^2}$

(1) $\overrightarrow{BA}=(2,\ 0,\ 2)$, $\overrightarrow{BC}=(-2,\ -2,\ -4)$ であるから

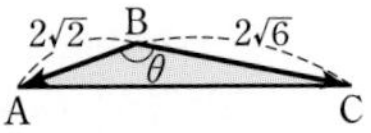

$|\overrightarrow{BA}|=\sqrt{2^2+0^2+2^2}=2\sqrt{2}$

$|\overrightarrow{BC}|=\sqrt{(-2)^2+(-2)^2+(-4)^2}=2\sqrt{6}$

また $\overrightarrow{BA}\cdot\overrightarrow{BC}=2\times(-2)+0\times(-2)+2\times(-4)=-12$

ゆえに $\cos\theta=\dfrac{\overrightarrow{BA}\cdot\overrightarrow{BC}}{|\overrightarrow{BA}||\overrightarrow{BC}|}=\dfrac{-12}{2\sqrt{2}\times2\sqrt{6}}=-\dfrac{\sqrt{3}}{2}$

HINT の公式を用いると $S=\dfrac{1}{2}\sqrt{8\times24-144}$ $=\dfrac{1}{2}\times4\sqrt{3}=\mathbf{2\sqrt{3}}$

$0^\circ<\theta<180^\circ$ であるから $\boldsymbol{\theta=150^\circ}$

△ABC の面積を S とおくと

$S=\frac{1}{2}|\overrightarrow{BA}||\overrightarrow{BC}|\sin 150°=\frac{1}{2}\times 2\sqrt{2}\times 2\sqrt{6}\times\frac{1}{2}=\mathbf{2\sqrt{3}}$

(2) (ア) $\overrightarrow{OA}=(1,\ 2,\ p)$, $\overrightarrow{OB}=(3,\ 0,\ -4)$ であるから

$|\overrightarrow{OA}|=\sqrt{1^2+2^2+p^2}=\sqrt{p^2+5}$

$|\overrightarrow{OB}|=\sqrt{3^2+0^2+(-4)^2}=5$

また　$\overrightarrow{OA}\cdot\overrightarrow{OB}=1\times 3+2\times 0+p\times(-4)=-4p+3$

△OAB の面積を S とすると

$S=\frac{1}{2}\sqrt{|\overrightarrow{OA}|^2|\overrightarrow{OB}|^2-(\overrightarrow{OA}\cdot\overrightarrow{OB})^2}$

$=\frac{1}{2}\sqrt{25(p^2+5)-(-4p+3)^2}$

$=\mathbf{\frac{1}{2}\sqrt{9p^2+24p+116}}$

(イ) 条件から　$\frac{1}{2}\sqrt{9p^2+24p+116}=5\sqrt{2}$

両辺を2乗して整理すると　$3p^2+8p-28=0$

ゆえに　$(p-2)(3p+14)=0$

これを解くと　$p=2,\ -\frac{14}{3}$

$p>0$ であるから　$\mathbf{p=2}$

⇐ HINT の公式を利用。

⇐ $25p^2+125$
$-(16p^2-24p+9)$
$=9p^2+24p+116$

⇐ $9p^2+24p+116=200$ から。

PR ③54

(1) $\vec{a}=(-4,\ \sqrt{2},\ 0)$ と $\vec{b}=(\sqrt{2},\ p,\ -1)$ $(p>0)$ のなす角が $120°$ であるとき，p の値を求めよ。

(2) (1)の $\vec{b}$ と y 軸の正の向きのなす角 θ を求めよ。

(1) $\vec{a}\cdot\vec{b}=(-4)\times\sqrt{2}+\sqrt{2}\times p+0\times(-1)=\sqrt{2}(p-4)$

$|\vec{a}|=\sqrt{(-4)^2+(\sqrt{2})^2+0^2}=3\sqrt{2}$

$|\vec{b}|=\sqrt{(\sqrt{2})^2+p^2+(-1)^2}=\sqrt{p^2+3}$

$\vec{a}\cdot\vec{b}=|\vec{a}||\vec{b}|\cos 120°$ から

$\sqrt{2}(p-4)=3\sqrt{2}\times\sqrt{p^2+3}\times\left(-\frac{1}{2}\right)$

すなわち　$p-4=-\frac{3}{2}\sqrt{p^2+3}$　…… ①

① の両辺を2乗して整理すると　$5p^2+32p-37=0$

よって　$(p-1)(5p+37)=0$

ゆえに　$p=1,\ -\frac{37}{5}$

$p>0$ であるから　$\mathbf{p=1}$　これは ① を満たす。

(2) y 軸の正の向きと同じ向きのベクトルの1つは

$\vec{e_2}=(0,\ 1,\ 0)$

(1) より，$|\vec{b}|=2$ であり，$\vec{b}\cdot\vec{e_2}=1$, $|\vec{e_2}|=1$ であるから

$\cos\theta=\frac{\vec{b}\cdot\vec{e_2}}{|\vec{b}||\vec{e_2}|}=\frac{1}{2\times 1}=\frac{1}{2}$

$0°\leqq\theta\leqq 180°$ であるから　$\mathbf{\theta=60°}$

⇐内積の成分による表現。

⇐(① の右辺)<0 より $p-4<0$ であるから $p<4$

⇐$\vec{b}$ と $\vec{e_2}$ の内積は，$\vec{b}$ の y 成分となる。

PR ②55
空間内に同一平面上にない4点O，A，B，Cがある。$\overrightarrow{OA}=\vec{a}$，$\overrightarrow{OB}=\vec{b}$，$\overrightarrow{OC}=\vec{c}$ とおき，D，Eは $\overrightarrow{OD}=\vec{a}+\vec{b}$，$\overrightarrow{OE}=\vec{a}+\vec{c}$ を満たす点とする。
(1) △ODEの重心をGとおくとき，$\overrightarrow{OG}$ を $\vec{a}$，$\vec{b}$，$\vec{c}$ を用いて表せ。
(2) P，Q，Rはそれぞれ $3\overrightarrow{AG}=\overrightarrow{AP}$，$3\overrightarrow{DG}=\overrightarrow{DQ}$，$3\overrightarrow{EG}=\overrightarrow{ER}$ を満たす点とする。このとき，$\overrightarrow{OP}$，$\overrightarrow{OQ}$，$\overrightarrow{OR}$ を $\vec{a}$，$\vec{b}$，$\vec{c}$ を用いて表せ。
(3) O，B，Cはそれぞれ線分QR，PR，PQの中点であることを示せ。　〔山形大〕

(1) $\boldsymbol{\overrightarrow{OG}}=\frac{1}{3}(\overrightarrow{OD}+\overrightarrow{OE})=\frac{1}{3}(\vec{a}+\vec{b}+\vec{a}+\vec{c})=\boldsymbol{\frac{1}{3}(2\vec{a}+\vec{b}+\vec{c})}$

(2) $\overrightarrow{AP}=3\overrightarrow{AG}$ から　$\overrightarrow{OP}-\overrightarrow{OA}=3(\overrightarrow{OG}-\overrightarrow{OA})$
よって　$\boldsymbol{\overrightarrow{OP}}=-2\overrightarrow{OA}+3\overrightarrow{OG}$
$=-2\vec{a}+(2\vec{a}+\vec{b}+\vec{c})=\boldsymbol{\vec{b}+\vec{c}}$
$\overrightarrow{DQ}=3\overrightarrow{DG}$ から　$\overrightarrow{OQ}-\overrightarrow{OD}=3(\overrightarrow{OG}-\overrightarrow{OD})$
よって　$\boldsymbol{\overrightarrow{OQ}}=-2\overrightarrow{OD}+3\overrightarrow{OG}$
$=-2(\vec{a}+\vec{b})+(2\vec{a}+\vec{b}+\vec{c})=\boldsymbol{-\vec{b}+\vec{c}}$
$\overrightarrow{ER}=3\overrightarrow{EG}$ から　$\overrightarrow{OR}-\overrightarrow{OE}=3(\overrightarrow{OG}-\overrightarrow{OE})$
よって　$\boldsymbol{\overrightarrow{OR}}=-2\overrightarrow{OE}+3\overrightarrow{OG}$
$=-2(\vec{a}+\vec{c})+(2\vec{a}+\vec{b}+\vec{c})=\boldsymbol{\vec{b}-\vec{c}}$

(3) 線分QR，PR，PQの中点をそれぞれL，M，Nとすると
$$\overrightarrow{OL}=\frac{1}{2}(\overrightarrow{OQ}+\overrightarrow{OR})=\frac{1}{2}(-\vec{b}+\vec{c}+\vec{b}-\vec{c})=\vec{0}$$
すなわち　$\overrightarrow{OL}=\overrightarrow{OO}$
よって，線分QRの中点は点Oと一致する。
また　$\overrightarrow{OM}=\frac{1}{2}(\overrightarrow{OP}+\overrightarrow{OR})=\frac{1}{2}(\vec{b}+\vec{c}+\vec{b}-\vec{c})=\vec{b}$
すなわち　$\overrightarrow{OM}=\overrightarrow{OB}$
よって，線分PRの中点は点Bと一致する。
また　$\overrightarrow{ON}=\frac{1}{2}(\overrightarrow{OP}+\overrightarrow{OQ})=\frac{1}{2}(\vec{b}+\vec{c}-\vec{b}+\vec{c})=\vec{c}$
すなわち　$\overrightarrow{ON}=\overrightarrow{OC}$
よって，線分PQの中点は点Cと一致する。

⇐△ABCの重心のOに関する位置ベクトルは $\frac{\overrightarrow{OA}+\overrightarrow{OB}+\overrightarrow{OC}}{3}$

⇐$3\overrightarrow{OG}=3\times\frac{1}{3}(2\vec{a}+\vec{b}+\vec{c})$

⇐線分ABの中点の位置ベクトルは $\frac{\overrightarrow{OA}+\overrightarrow{OB}}{2}$

⇐共点条件は，位置ベクトルの一致で示す。

PR ②56
平行六面体ABCD-EFGHで△BDE，△CHFの重心をそれぞれP，Qとするとき，4点A，P，Q，Gが一直線上にあることを証明せよ。

$\overrightarrow{AB}=\vec{b}$，$\overrightarrow{AD}=\vec{d}$，$\overrightarrow{AE}=\vec{e}$ とする。
Pは△BDEの重心であるから
$$\overrightarrow{AP}=\frac{\overrightarrow{AB}+\overrightarrow{AD}+\overrightarrow{AE}}{3}$$
$$=\frac{1}{3}(\vec{b}+\vec{d}+\vec{e})\quad\cdots\cdots ①$$
また　$\overrightarrow{AC}=\overrightarrow{AB}+\overrightarrow{AD}=\vec{b}+\vec{d}$,
$\overrightarrow{AH}=\overrightarrow{AD}+\overrightarrow{AE}=\vec{d}+\vec{e}$,
$\overrightarrow{AF}=\overrightarrow{AB}+\overrightarrow{AE}=\vec{b}+\vec{e}$

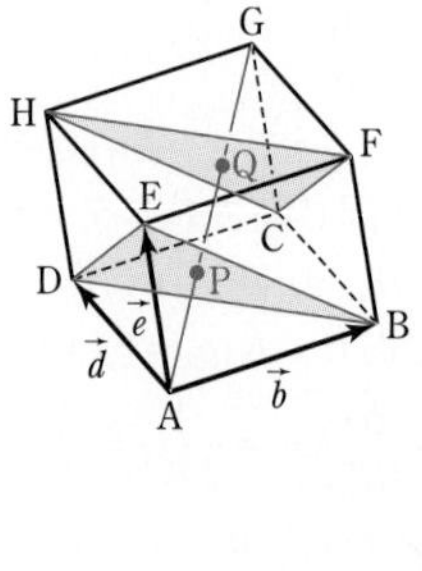

CHART
共線は実数倍
Q，Gが直線AP上にあることを示したい。
⟶ $\overrightarrow{AQ}=k\overrightarrow{AP}$，$\overrightarrow{AG}=k'\overrightarrow{AP}$
となる実数 k，k' があることを示す。
⇐平行六面体の各面は，平行四辺形である。

Q は △CHF の重心であるから

$$\overrightarrow{AQ}=\frac{\overrightarrow{AC}+\overrightarrow{AH}+\overrightarrow{AF}}{3}=\frac{\vec{b}+\vec{d}+\vec{d}+\vec{e}+\vec{b}+\vec{e}}{3}$$

$$=\frac{2\vec{b}+2\vec{d}+2\vec{e}}{3}=\frac{2}{3}(\vec{b}+\vec{d}+\vec{e})\quad\cdots\cdots②$$

更に　$\overrightarrow{AG}=\overrightarrow{AB}+\overrightarrow{BC}+\overrightarrow{CG}=\overrightarrow{AB}+\overrightarrow{AD}+\overrightarrow{AE}$

$$=\vec{b}+\vec{d}+\vec{e}\quad\cdots\cdots③$$

①, ② から　$\overrightarrow{AQ}=2\overrightarrow{AP}$　　①, ③ から　$\overrightarrow{AG}=3\overrightarrow{AP}$

したがって，4点A，P，Q，G は一直線上にある。

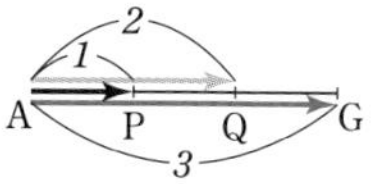

PR ③57　四面体 OABC の辺 AB，BC，CA を 3：2，2：3，1：4 に内分する点を，それぞれ D，E，F とする。CD と EF の交点を H とし，$\overrightarrow{OA}=\vec{a}$，$\overrightarrow{OB}=\vec{b}$，$\overrightarrow{OC}=\vec{c}$ とする。このとき，ベクトル $\overrightarrow{OH}$ を $\vec{a}$，$\vec{b}$，$\vec{c}$ を用いて表せ。

条件から　$\overrightarrow{OD}=\dfrac{2\overrightarrow{OA}+3\overrightarrow{OB}}{3+2}=\dfrac{2}{5}\vec{a}+\dfrac{3}{5}\vec{b}$　　⇦AD：DB＝3：2

$\overrightarrow{OE}=\dfrac{3\overrightarrow{OB}+2\overrightarrow{OC}}{2+3}=\dfrac{3}{5}\vec{b}+\dfrac{2}{5}\vec{c}$　　⇦BE：EC＝2：3

$\overrightarrow{OF}=\dfrac{4\overrightarrow{OC}+\overrightarrow{OA}}{1+4}=\dfrac{4}{5}\vec{c}+\dfrac{1}{5}\vec{a}$　　⇦CF：FA＝1：4

CH：HD＝s：$(1-s)$ とすると

$$\overrightarrow{OH}=(1-s)\overrightarrow{OC}+s\overrightarrow{OD}$$

$$=(1-s)\vec{c}+s\left(\frac{2}{5}\vec{a}+\frac{3}{5}\vec{b}\right)$$

$$=\frac{2s}{5}\vec{a}+\frac{3s}{5}\vec{b}+(1-s)\vec{c}\quad\cdots\cdots①$$

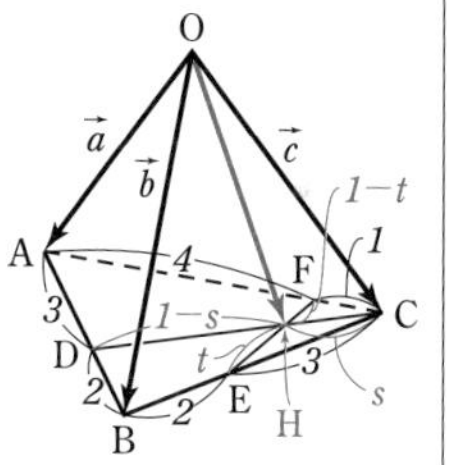

⇦ H は直線 CD 上にあるから，$\overrightarrow{CH}=k\overrightarrow{CD}$ として考えてもよい。
$\overrightarrow{CH}=k\overrightarrow{CD}$ を変形すると
$\overrightarrow{OH}=(1-k)\overrightarrow{OC}+k\overrightarrow{OD}$
となり，解答と同じ式になる。

また，EH：HF＝t：$(1-t)$ とすると

$$\overrightarrow{OH}=(1-t)\overrightarrow{OE}+t\overrightarrow{OF}$$

$$=(1-t)\left(\frac{3}{5}\vec{b}+\frac{2}{5}\vec{c}\right)+t\left(\frac{4}{5}\vec{c}+\frac{1}{5}\vec{a}\right)$$

$$=\frac{t}{5}\vec{a}+\frac{3(1-t)}{5}\vec{b}+\frac{2(1+t)}{5}\vec{c}\quad\cdots\cdots②$$

⇦点Hを，線分 EF を t：$(1-t)$ に内分する点として考える。

①, ② から

$$\frac{2s}{5}\vec{a}+\frac{3s}{5}\vec{b}+(1-s)\vec{c}=\frac{t}{5}\vec{a}+\frac{3(1-t)}{5}\vec{b}+\frac{2(1+t)}{5}\vec{c}$$

4点O，A，B，C は同じ平面上にないから　　⇦**この断りは重要。**

$$\frac{2s}{5}=\frac{t}{5},\quad\frac{3s}{5}=\frac{3(1-t)}{5},\quad 1-s=\frac{2(1+t)}{5}$$

⇦$\vec{a}$，$\vec{b}$，$\vec{c}$ の係数を比較する。

よって　　$2s=t$，$s=1-t$，$5(1-s)=2(1+t)$

$2s=t$ と $s=1-t$ を連立して解くと　　$s=\dfrac{1}{3}$，$t=\dfrac{2}{3}$

これは，$5(1-s)=2(1+t)$ を満たす。　　⇦この確認を忘れないように。

したがって　　$\boldsymbol{\overrightarrow{OH}=\dfrac{2}{15}\vec{a}+\dfrac{1}{5}\vec{b}+\dfrac{2}{3}\vec{c}}$

PR ②58 3点A(1, 1, 0), B(3, 4, 5), C(1, 3, 6) の定める平面ABC上に点P(4, 5, z) があるとき，z の値を求めよ。

$\overrightarrow{CP}=(3,\ 2,\ z-6)$, $\overrightarrow{CA}=(0,\ -2,\ -6)$, $\overrightarrow{CB}=(2,\ 1,\ -1)$
に対して $\overrightarrow{CP}=s\overrightarrow{CA}+t\overrightarrow{CB}$ となる実数 s, t があるから

$$(3,\ 2,\ z-6)=s(0,\ -2,\ -6)+t(2,\ 1,\ -1)$$

すなわち　$(3,\ 2,\ z-6)=(2t,\ -2s+t,\ -6s-t)$

よって　$3=2t$ …… ①, $2=-2s+t$ …… ②,
$z-6=-6s-t$ …… ③

⇦対応する成分が等しい。

①, ② を解くと　$s=-\dfrac{1}{4}$, $t=\dfrac{3}{2}$

⇦z を含まない ① と ② から，まず s, t を求める。

③ に代入して　$z-6=-6\times\left(-\dfrac{1}{4}\right)-\dfrac{3}{2}=0$

したがって　$\boldsymbol{z=6}$

別解　原点をOとし，$\overrightarrow{OP}=\vec{p}$, $\overrightarrow{OA}=\vec{a}$, $\overrightarrow{OB}=\vec{b}$, $\overrightarrow{OC}=\vec{c}$ とする。点Pが平面ABC上にあるための条件は，

$$\vec{p}=s\vec{a}+t\vec{b}+u\vec{c},\quad s+t+u=1$$

となる実数 s, t, u があることである。ゆえに

$$(4,\ 5,\ z)=s(1,\ 1,\ 0)+t(3,\ 4,\ 5)+u(1,\ 3,\ 6)$$

⇦$s+t+u=1$ を忘れないように。

よって　$(4,\ 5,\ z)=(s+3t+u,\ s+4t+3u,\ 5t+6u)$

ゆえに　$s+3t+u=4$ …… ①
$s+4t+3u=5$ …… ②
$5t+6u=z$ …… ③

また　$s+t+u=1$ …… ④

①, ②, ④ を解いて　$s=-\dfrac{1}{4}$, $t=\dfrac{3}{2}$, $u=-\dfrac{1}{4}$

⇦①, ②, ④ から s, t, u を求め，③ に代入する。

よって，③ から　$\boldsymbol{z}=5\times\dfrac{3}{2}+6\times\left(-\dfrac{1}{4}\right)=\boldsymbol{6}$

PR ③59 四面体OABCにおいて，辺ABの中点をP，線分PCを2：1に内分する点をQとする。また，辺OAを3：2に内分する点をD，辺OBを2：1に内分する点をE，辺OCを1：2に内分する点をFとする。平面DEFと線分OQの交点をRとするとき，OR：OQを求めよ。

$$\overrightarrow{OQ}=\frac{\overrightarrow{OP}+2\overrightarrow{OC}}{2+1}$$
$$=\frac{1}{3}\left(\frac{\overrightarrow{OA}+\overrightarrow{OB}}{2}\right)+\frac{2}{3}\overrightarrow{OC}$$
$$=\frac{1}{6}\overrightarrow{OA}+\frac{1}{6}\overrightarrow{OB}+\frac{2}{3}\overrightarrow{OC}$$

⇦PQ：QC＝2：1
Pは AB の中点。

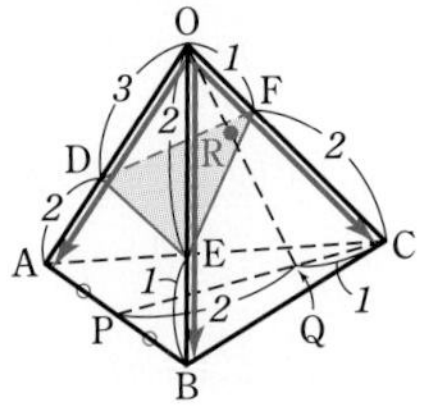

点Rは線分OQ上にあるから，
$\overrightarrow{OR}=k\overrightarrow{OQ}$ (k は実数) とすると

$$\overrightarrow{OR}=k\overrightarrow{OQ}=k\left(\frac{1}{6}\overrightarrow{OA}+\frac{1}{6}\overrightarrow{OB}+\frac{2}{3}\overrightarrow{OC}\right)$$
$$=\frac{1}{6}k\overrightarrow{OA}+\frac{1}{6}k\overrightarrow{OB}+\frac{2}{3}k\overrightarrow{OC}\quad\cdots\cdots(*)$$

$\overrightarrow{OD}=\frac{3}{5}\overrightarrow{OA}$, $\overrightarrow{OE}=\frac{2}{3}\overrightarrow{OB}$, $\overrightarrow{OF}=\frac{1}{3}\overrightarrow{OC}$ であるから

$$\overrightarrow{OR}=\frac{1}{6}k\left(\frac{5}{3}\overrightarrow{OD}\right)+\frac{1}{6}k\left(\frac{3}{2}\overrightarrow{OE}\right)+\frac{2}{3}k(3\overrightarrow{OF})$$

$$=\frac{5}{18}k\overrightarrow{OD}+\frac{1}{4}k\overrightarrow{OE}+2k\overrightarrow{OF} \quad \cdots\cdots (**)$$

⇐点Rは平面DEF上にあるから，$\overrightarrow{OR}$ を $\overrightarrow{OD}$，$\overrightarrow{OE}$，$\overrightarrow{OF}$ で表す。

点Rは平面DEF上にあるから　$\frac{5}{18}k+\frac{1}{4}k+2k=1$

⇐(係数の和)=1

よって　$\frac{91}{36}k=1$　　ゆえに　$k=\frac{36}{91}$

したがって　**OR：OQ＝$\frac{36}{91}$：1＝36：91**

⇐OR：OQ＝k：1

別解 **1**　($\overrightarrow{OR}$ を $\overrightarrow{OA}$，$\overrightarrow{OB}$，$\overrightarrow{OC}$ で2通りに表す解法)

[(∗)までは同じ。]

点Rは平面DEF上にあるから，s，t，u を実数として

$$\overrightarrow{OR}=s\overrightarrow{OD}+t\overrightarrow{OE}+u\overrightarrow{OF},\ s+t+u=1$$

と表される。

⇐点Pが平面ABC上にある
⇔ $\overrightarrow{OP}=s\overrightarrow{OA}+t\overrightarrow{OB}+u\overrightarrow{OC}$，$s+t+u=1$
これを点Rと平面DEFに適用する。

ここで，$\overrightarrow{OD}=\frac{3}{5}\overrightarrow{OA}$，$\overrightarrow{OE}=\frac{2}{3}\overrightarrow{OB}$，$\overrightarrow{OF}=\frac{1}{3}\overrightarrow{OC}$ であるから

$$\overrightarrow{OR}=\frac{3}{5}s\overrightarrow{OA}+\frac{2}{3}t\overrightarrow{OB}+\frac{1}{3}u\overrightarrow{OC} \quad \cdots\cdots ①$$

(∗)，① から

$$\frac{1}{6}k\overrightarrow{OA}+\frac{1}{6}k\overrightarrow{OB}+\frac{2}{3}k\overrightarrow{OC}=\frac{3}{5}s\overrightarrow{OA}+\frac{2}{3}t\overrightarrow{OB}+\frac{1}{3}u\overrightarrow{OC}$$

4点O，A，B，Cは同じ平面上にないから

⇐**この断りは重要。**

$$\frac{1}{6}k=\frac{3}{5}s,\ \frac{1}{6}k=\frac{2}{3}t,\ \frac{2}{3}k=\frac{1}{3}u$$

ゆえに　$s=\frac{5}{18}k$，$t=\frac{1}{4}k$，$u=2k$

これらを $s+t+u=1$ に代入して　$\frac{5}{18}k+\frac{1}{4}k+2k=1$

よって　$k=\frac{36}{91}$　　(以下同じ。)

別解 **2**　($\overrightarrow{OR}$ を $\overrightarrow{OD}$，$\overrightarrow{OE}$，$\overrightarrow{OF}$ で2通りに表す解法)

[(∗∗)までは同じ。]

点Rは平面DEF上にあるから，s，t を実数として

$$\overrightarrow{DR}=s\overrightarrow{DE}+t\overrightarrow{DF}$$

と表される。

⇐**共面条件**
点Pが平面ABC上にある
⇔ $\overrightarrow{CP}=s\overrightarrow{CA}+t\overrightarrow{CB}$ となる実数，s，t がある

ゆえに　$\overrightarrow{OR}-\overrightarrow{OD}=s(\overrightarrow{OE}-\overrightarrow{OD})+t(\overrightarrow{OF}-\overrightarrow{OD})$

よって　$\overrightarrow{OR}=(1-s-t)\overrightarrow{OD}+s\overrightarrow{OE}+t\overrightarrow{OF} \quad \cdots\cdots ②$

(∗∗)，② から

$$\frac{5}{18}k\overrightarrow{OD}+\frac{1}{4}k\overrightarrow{OE}+2k\overrightarrow{OF}=(1-s-t)\overrightarrow{OD}+s\overrightarrow{OE}+t\overrightarrow{OF}$$

4点O，D，E，Fは同じ平面上にないから

⇐**この断りは重要。**

$\frac{5}{18}k=1-s-t,\ \frac{1}{4}k=s,\ 2k=t$

ゆえに　$\frac{5}{18}k=1-\frac{1}{4}k-2k$

よって　$k=\frac{36}{91}$　(以下同じ。)

PR ③60 原点をOとし，A(2, 0, 0)，B(0, 4, 0)，C(0, 0, 3) とする。原点から3点A，B，Cを含む平面に垂線OHを下ろしたとき，次のものを求めよ。

(1) 点Hの座標　　(2) △ABCの面積

HINT (2) 四面体OABCの体積 V を次のように2通りに表す。

$$V=\frac{1}{3}\triangle OAB\times OC=\frac{1}{3}\triangle ABC\times OH$$

三角形の面積公式 $\triangle ABC=\frac{1}{2}\sqrt{|\overrightarrow{AB}|^2|\overrightarrow{AC}|^2-(\overrightarrow{AB}\cdot\overrightarrow{AC})^2}$ を利用してもよい（別解 参照)。

(1) 点Hは平面ABC上にあるから，s，t，u を実数として

$$\overrightarrow{OH}=s\overrightarrow{OA}+t\overrightarrow{OB}+u\overrightarrow{OC},\ s+t+u=1$$

と表される。

よって　$\overrightarrow{OH}=s(2,\ 0,\ 0)+t(0,\ 4,\ 0)+u(0,\ 0,\ 3)$
$=(2s,\ 4t,\ 3u)$

また　$\overrightarrow{AB}=(-2,\ 4,\ 0)$，$\overrightarrow{AC}=(-2,\ 0,\ 3)$

OH⊥(平面ABC)であるから

$$\overrightarrow{OH}\perp\overrightarrow{AB},\ \overrightarrow{OH}\perp\overrightarrow{AC}$$

よって，$\overrightarrow{OH}\cdot\overrightarrow{AB}=0$ から

$$2s\times(-2)+4t\times4+3u\times0=0$$

すなわち　$-4s+16t=0$　……①

また，$\overrightarrow{OH}\cdot\overrightarrow{AC}=0$ から

$$2s\times(-2)+4t\times0+3u\times3=0$$

すなわち　$-4s+9u=0$　……②

①，② から　$t=\frac{s}{4}$，$u=\frac{4}{9}s$

$s+t+u=1$ に代入して

$$s+\frac{s}{4}+\frac{4}{9}s=1$$

よって　$s=\frac{36}{61}$

ゆえに　$t=\frac{9}{61}$，$u=\frac{16}{61}$

このとき　$\overrightarrow{OH}=\left(\frac{72}{61},\ \frac{36}{61},\ \frac{48}{61}\right)$

したがって　**H$\left(\frac{72}{61},\ \frac{36}{61},\ \frac{48}{61}\right)$**

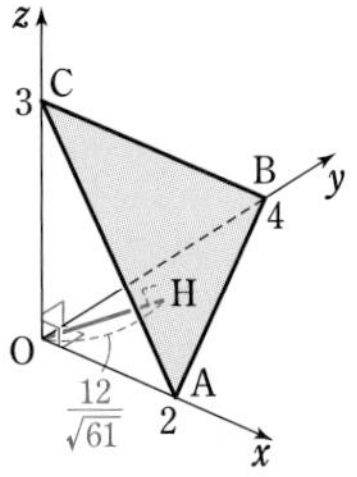

(2)　四面体 OABC の体積を V とすると

$$V=\frac{1}{3}\triangle\mathrm{OAB}\times\mathrm{OC}$$

$$=\frac{1}{3}\times\frac{1}{2}\times2\times4\times3=4 \quad \cdots\cdots ③$$

また　$V=\frac{1}{3}\triangle\mathrm{ABC}\times\mathrm{OH}$ $\cdots\cdots ④$

ここで，$\overrightarrow{\mathrm{OH}}=\frac{12}{61}(6,\ 3,\ 4)$ であるから

$$\mathrm{OH}=|\overrightarrow{\mathrm{OH}}|=\frac{12}{61}\sqrt{6^2+3^2+4^2}=\frac{12}{\sqrt{61}}$$

よって，③，④ から

$$4=\frac{1}{3}\triangle\mathrm{ABC}\times\frac{12}{\sqrt{61}}$$

したがって　$\triangle\mathrm{ABC}=\boldsymbol{\sqrt{61}}$

別解　$\overrightarrow{\mathrm{AB}}=(-2,\ 4,\ 0)$，$\overrightarrow{\mathrm{AC}}=(-2,\ 0,\ 3)$ であるから
$|\overrightarrow{\mathrm{AB}}|^2=20$，$|\overrightarrow{\mathrm{AC}}|^2=13$，$\overrightarrow{\mathrm{AB}}\cdot\overrightarrow{\mathrm{AC}}=4$

よって　$\triangle\mathrm{ABC}=\frac{1}{2}\sqrt{|\overrightarrow{\mathrm{AB}}|^2|\overrightarrow{\mathrm{AC}}|^2-(\overrightarrow{\mathrm{AB}}\cdot\overrightarrow{\mathrm{AC}})^2}$

$$=\frac{1}{2}\sqrt{20\times13-16}$$

$$=\boldsymbol{\sqrt{61}}$$

⇦V を2通りに表す。③は △OAB を底面，OC を高さとみたときの体積，④は △ABC を底面，OH を高さとみたときの体積である。

⇦ベクトルによる三角形の面積公式を用いた解法。(1) で $\overrightarrow{\mathrm{AB}}$，$\overrightarrow{\mathrm{AC}}$ を求めているので，それを利用する。

2章
PR

PR ③61　1辺の長さが2の正四面体 ABCD において，辺 AD，BC の中点を，それぞれ E，F とする。
(1)　EF⊥BC が成り立つことを証明せよ。
(2)　△ABC の重心をGとするとき，線分 EG の長さを求めよ。

$\overrightarrow{\mathrm{AB}}=\vec{b}$，$\overrightarrow{\mathrm{AC}}=\vec{c}$，$\overrightarrow{\mathrm{AD}}=\vec{d}$ とする。

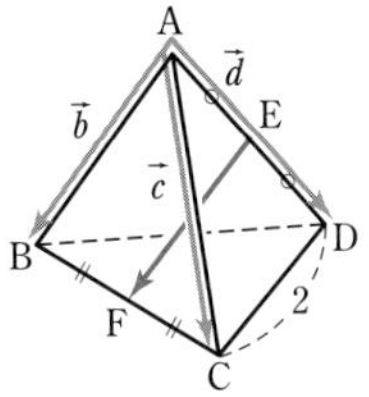

(1)　$\overrightarrow{\mathrm{EF}}=\overrightarrow{\mathrm{AF}}-\overrightarrow{\mathrm{AE}}=\frac{\vec{b}+\vec{c}}{2}-\frac{1}{2}\vec{d}$

$$=\frac{1}{2}(\vec{b}+\vec{c}-\vec{d})$$

$\overrightarrow{\mathrm{BC}}=\overrightarrow{\mathrm{AC}}-\overrightarrow{\mathrm{AB}}$
$=\vec{c}-\vec{b}$

よって　$\overrightarrow{\mathrm{EF}}\cdot\overrightarrow{\mathrm{BC}}=\frac{1}{2}(\vec{b}+\vec{c}-\vec{d})\cdot(\vec{c}-\vec{b})$

$$=\frac{1}{2}(\vec{b}\cdot\vec{c}-|\vec{b}|^2+|\vec{c}|^2-\vec{c}\cdot\vec{b}-\vec{d}\cdot\vec{c}+\vec{d}\cdot\vec{b})$$

$$=\frac{1}{2}(-|\vec{b}|^2+|\vec{c}|^2-|\vec{d}||\vec{c}|\cos60^\circ+|\vec{d}||\vec{b}|\cos60^\circ)$$

$$=\frac{1}{2}\left(-2^2+2^2-2\times2\times\frac{1}{2}+2\times2\times\frac{1}{2}\right)$$

$$=0$$

$\overrightarrow{\mathrm{EF}}\neq\vec{0}$，$\overrightarrow{\mathrm{BC}}\neq\vec{0}$ より $\overrightarrow{\mathrm{EF}}\perp\overrightarrow{\mathrm{BC}}$ であるから　EF⊥BC

⇦$\vec{d}$ と $\vec{c}$，$\vec{d}$ と $\vec{b}$ のなす角はともに 60°

⇦$|\vec{b}|=|\vec{c}|=|\vec{d}|=2$，$\cos60^\circ=\frac{1}{2}$

(2) $\overrightarrow{EG}=\overrightarrow{AG}-\overrightarrow{AE}=\dfrac{\vec{b}+\vec{c}}{3}-\dfrac{1}{2}\vec{d}=\dfrac{1}{6}(2\vec{b}+2\vec{c}-3\vec{d})$

⇐$\overrightarrow{AG}=\dfrac{\overrightarrow{AA}+\overrightarrow{AB}+\overrightarrow{AC}}{3}$

よって　$|\overrightarrow{EG}|^2=\left|\dfrac{1}{6}(2\vec{b}+2\vec{c}-3\vec{d})\right|^2=\dfrac{1}{36}|2\vec{b}+2\vec{c}-3\vec{d}|^2$

$=\dfrac{1}{36}(4|\vec{b}|^2+4|\vec{c}|^2+9|\vec{d}|^2+8\vec{b}\cdot\vec{c}-12\vec{c}\cdot\vec{d}-12\vec{d}\cdot\vec{b})$

$=\dfrac{1}{36}(4\times2^2+4\times2^2+9\times2^2+8\times2-12\times2-12\times2)$

$=\dfrac{1}{36}(16+16+36+16-24-24)=\dfrac{1}{36}\times36=1$

$|\overrightarrow{EG}|\geqq0$ であるから　　$EG=|\overrightarrow{EG}|=\mathbf{1}$

⇐$(x+y+z)^2$
$=x^2+y^2+z^2$
$+2xy+2yz+2zx$
と同じように計算。

⇐$|\vec{b}|=|\vec{c}|=|\vec{d}|=2$,
$\vec{b}\cdot\vec{c}=\vec{c}\cdot\vec{d}=\vec{d}\cdot\vec{b}$
$=2\times2\times\cos60^\circ=2$

PR ③62

四面体 OABC と点Pについて $7\overrightarrow{OP}+2\overrightarrow{AP}+4\overrightarrow{BP}+5\overrightarrow{CP}=\vec{0}$ が成り立つ。
(1) 点Pはどのような位置にあるか。
(2) 四面体 OABC，PABC の体積をそれぞれ V_1，V_2 とするとき，$V_1:V_2$ を求めよ。

(1) $7\overrightarrow{OP}+2\overrightarrow{AP}+4\overrightarrow{BP}+5\overrightarrow{CP}=\vec{0}$ から

$7\overrightarrow{OP}+2(\overrightarrow{OP}-\overrightarrow{OA})+4(\overrightarrow{OP}-\overrightarrow{OB})+5(\overrightarrow{OP}-\overrightarrow{OC})=\vec{0}$

ゆえに　　$18\overrightarrow{OP}=2\overrightarrow{OA}+4\overrightarrow{OB}+5\overrightarrow{OC}$

よって　　$\overrightarrow{OP}=\dfrac{1}{18}(2\overrightarrow{OA}+4\overrightarrow{OB}+5\overrightarrow{OC})$

線分 BC を 5：4 に内分する点をDとすると

$\overrightarrow{OP}=\dfrac{1}{18}\left(2\overrightarrow{OA}+9\times\dfrac{4\overrightarrow{OB}+5\overrightarrow{OC}}{9}\right)$

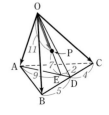

$=\dfrac{1}{18}(2\overrightarrow{OA}+9\overrightarrow{OD})$

線分 AD を 9：2 に内分する点をEとすると

$\overrightarrow{OP}=\dfrac{1}{18}\times11\times\dfrac{2\overrightarrow{OA}+9\overrightarrow{OD}}{11}$

$=\dfrac{11}{18}\overrightarrow{OE}$

したがって，点Pは，**線分 BC を 5：4 に内分する点を D，線分 AD を 9：2 に内分する点をEとすると，線分 OE を 11：7 に内分する点** である。

(2) 四面体 OABC の底面を △ABC，高さを h_1，四面体 PABC の底面を △ABC，高さを h_2 とすると

$V_1:V_2=h_1:h_2=OE:PE$

ゆえに，(1) から

$\boldsymbol{V_1:V_2=18:7}$

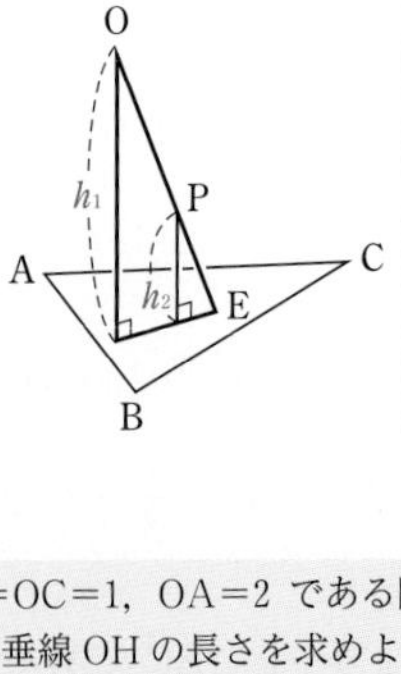

⇐V_1，V_2 は底面が同じであるから，$V_1:V_2$ は，高さの比になる。

PR ④63

∠AOB＝∠AOC＝60°，∠BOC＝90°，OB＝OC＝1，OA＝2 である四面体 OABC において，頂点Oから平面 ABC に垂線 OH を下ろす。垂線 OH の長さを求めよ。

$\overrightarrow{OA}=\vec{a}$, $\overrightarrow{OB}=\vec{b}$, $\overrightarrow{OC}=\vec{c}$ とする。

点Hは平面 ABC 上にあるから，s, t, u を実数として

$$\overrightarrow{OH}=s\vec{a}+t\vec{b}+u\vec{c},\ s+t+u=1$$

と表される。OH⊥(平面 ABC) から

$$\overrightarrow{OH}\perp\overrightarrow{AB},\ \overrightarrow{OH}\perp\overrightarrow{AC}$$

よって　$(s\vec{a}+t\vec{b}+u\vec{c})\cdot(\vec{b}-\vec{a})=0$ ……①

$(s\vec{a}+t\vec{b}+u\vec{c})\cdot(\vec{c}-\vec{a})=0$ ……②

ここで　$|\vec{a}|^2=4$, $|\vec{b}|^2=|\vec{c}|^2=1$,

$\vec{a}\cdot\vec{b}=\vec{c}\cdot\vec{a}=2\times1\times\cos60^\circ=1$, $\vec{b}\cdot\vec{c}=0$

①から　$-s|\vec{a}|^2+t|\vec{b}|^2+(s-t)\vec{a}\cdot\vec{b}+u\vec{b}\cdot\vec{c}-u\vec{c}\cdot\vec{a}=0$

ゆえに　$3s+u=0$ ……③

②から　$-s|\vec{a}|^2+u|\vec{c}|^2+(s-u)\vec{c}\cdot\vec{a}+t\vec{b}\cdot\vec{c}-t\vec{a}\cdot\vec{b}=0$

よって　$3s+t=0$ ……④

③，④および $s+t+u=1$ を解いて

$$s=-\frac{1}{5},\ t=\frac{3}{5},\ u=\frac{3}{5}$$

ゆえに　$\overrightarrow{OH}=-\frac{1}{5}\vec{a}+\frac{3}{5}\vec{b}+\frac{3}{5}\vec{c}$

よって　$|\overrightarrow{OH}|^2=\frac{1}{25}|-\vec{a}+3\vec{b}+3\vec{c}|^2$

$$=\frac{1}{25}(|\vec{a}|^2+9|\vec{b}|^2+9|\vec{c}|^2-6\vec{a}\cdot\vec{b}+18\vec{b}\cdot\vec{c}-6\vec{c}\cdot\vec{a})$$

$$=\frac{1}{25}(4+9\times1+9\times1-6\times1+18\times0-6\times1)=\frac{2}{5}$$

$|\overrightarrow{OH}|\geqq0$ であるから

$$\mathrm{OH}=|\overrightarrow{OH}|=\sqrt{\frac{2}{5}}=\boldsymbol{\frac{\sqrt{10}}{5}}$$

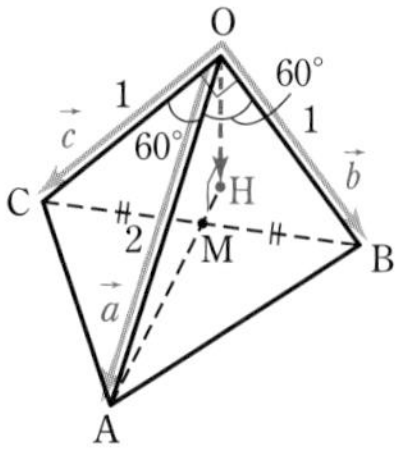

inf.　辺 BC の中点をMとすると

$$\overrightarrow{OH}=-\frac{1}{5}\vec{a}+\frac{6}{5}\cdot\frac{\vec{b}+\vec{c}}{2}$$

$$=-\frac{1}{5}\overrightarrow{OA}+\frac{6}{5}\overrightarrow{OM}$$

$$=\frac{-\overrightarrow{OA}+6\overrightarrow{OM}}{6-1}$$

よって，Hは線分 AM を6：1に外分する点である。

PR ①64　3点 A(−3, 0, 4), B(x, y, z), C(5, −1, 2) について，次の条件を満たす x, y, z の値を求めよ。

(1)　線分 AB を1：2に内分する点の座標が (−1, 1, 3)

(2)　線分 AB を3：4に外分する点の座標が (−3, −6, 4)

(3)　△ABC の重心の座標が (1, 1, 3)

(1)　$\left(\frac{2\times(-3)+1\times x}{1+2},\ \frac{2\times0+1\times y}{1+2},\ \frac{2\times4+1\times z}{1+2}\right)$

すなわち　$\left(\frac{-6+x}{3},\ \frac{y}{3},\ \frac{8+z}{3}\right)$

この座標が (−1, 1, 3) に等しい。

よって　$\boldsymbol{x=3,\ y=3,\ z=1}$

(2)　$\left(\frac{4\times(-3)+(-3)\times x}{-3+4},\ \frac{4\times0+(-3)\times y}{-3+4},\ \frac{4\times4+(-3)\times z}{-3+4}\right)$

すなわち　$(-12-3x,\ -3y,\ 16-3z)$

この座標が (−3, −6, 4) に等しい。

よって　$\boldsymbol{x=-3,\ y=2,\ z=4}$

別解　(1)　P(−1, 1, 3) とすると，B は線分 AP を3：2に外分する点である。よって

$$\boldsymbol{x}=\frac{-2\times(-3)+3\times(-1)}{3-2}=\boldsymbol{3}$$

$$\boldsymbol{y}=\frac{-2\times0+3\times1}{3-2}=\boldsymbol{3}$$

$$\boldsymbol{z}=\frac{-2\times4+3\times3}{3-2}=\boldsymbol{1}$$

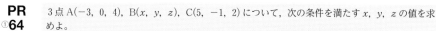

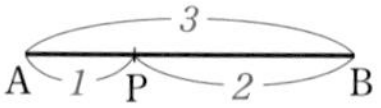

(3) $\left(\dfrac{-3+x+5}{3},\ \dfrac{0+y+(-1)}{3},\ \dfrac{4+z+2}{3}\right)$

すなわち $\left(\dfrac{x+2}{3},\ \dfrac{y-1}{3},\ \dfrac{z+6}{3}\right)$

この座標が (1, 1, 3) に等しい。

よって　**$x=1$, $y=4$, $z=3$**

PR ①65

(1) 点 A(−2, 1, 0) を通り，yz 平面に平行な平面の方程式を求めよ。
(2) 点 B(3, 2, −4) を通り，zx 平面に平行な平面の方程式を求めよ。
(3) 点 C(0, 3, −2) を通り，z 軸に垂直な平面の方程式を求めよ。

(1) **$x=-2$**　(2) **$y=2$**

(3) z 軸に垂直な平面は，xy 平面に平行であるから，求める平面の方程式は　**$z=-2$**

PR ②66

次の球面の方程式を求めよ。
(1) 点 A(3, 0, 2) を中心とし，点 B(1, $\sqrt{5}$, 4) を通る球面
(2) 2 点 A(−1, 1, 2), B(5, 7, −4) を直径の両端とする球面
(3) 点 (2, −3, 1) を中心とし，zx 平面に接する球面

(1) $AB=\sqrt{(1-3)^2+(\sqrt{5}-0)^2+(4-2)^2}=\sqrt{13}$　⇐半径

よって，求める球面の方程式は

$$(x-3)^2+(y-0)^2+(z-2)^2=(\sqrt{13})^2$$

ゆえに　**$(x-3)^2+y^2+(z-2)^2=13$**

(2) 線分 AB の中点 M が球面の中心であるから

$$M\left(\frac{-1+5}{2},\ \frac{1+7}{2},\ \frac{2+(-4)}{2}\right)$$

すなわち　M(2, 4, −1)

また　$AM=\sqrt{\{2-(-1)\}^2+(4-1)^2+(-1-2)^2}=3\sqrt{3}$

よって，求める球面の方程式は

$$(x-2)^2+(y-4)^2+\{z-(-1)\}^2=(3\sqrt{3})^2$$

ゆえに　**$(x-2)^2+(y-4)^2+(z+1)^2=27$**

(2)

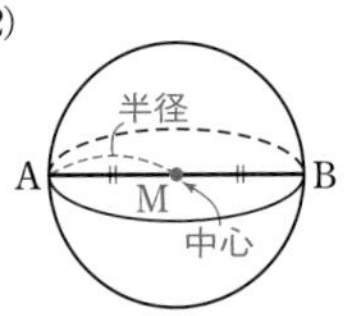

別解　球面上の点を P(x, y, z) とし，A($\vec{a}$), B($\vec{b}$), P($\vec{p}$) とすると　$\vec{p}-\vec{a}=(x+1,\ y-1,\ z-2)$,
$\vec{p}-\vec{b}=(x-5,\ y-7,\ z+4)$

⇐A($\vec{a}$), B($\vec{b}$) とし，線分 AB を直径とする球面のベクトル方程式は $(\vec{p}-\vec{a})\cdot(\vec{p}-\vec{b})=0$

よって　$(x+1)(x-5)+(y-1)(y-7)+(z-2)(z+4)=0$

整理すると　**$(x-2)^2+(y-4)^2+(z+1)^2=27$**

inf.　解答は次のように簡潔に書いてもよい。

球面上の点を P(x, y, z) とすると

$\overrightarrow{AP}=(x+1,\ y-1,\ z-2)$, $\overrightarrow{BP}=(x-5,\ y-7,\ z+4)$

$\overrightarrow{AP}\cdot\overrightarrow{BP}=0$ から

$(x+1)(x-5)+(y-1)(y-7)+(z-2)(z+4)=0$

よって　**$(x-2)^2+(y-4)^2+(z+1)^2=27$**

(3)　中心の y 座標が -3 であるから，球面の半径は 3 となる。
よって，求める球面の方程式は

$$(x-2)^2+\{y-(-3)\}^2+(z-1)^2=3^2$$

ゆえに　$\boldsymbol{(x-2)^2+(y+3)^2+(z-1)^2=9}$

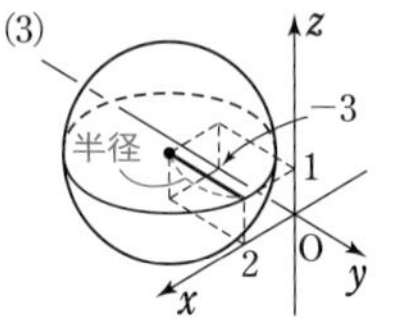

PR ②67

(1)　中心が $(-1,\ 3,\ 2)$，半径が 5 の球面が xy 平面，yz 平面，zx 平面と交わってできる図形の方程式をそれぞれ求めよ。

(2)　中心が $(1,\ -2,\ 3a)$，半径が $\sqrt{13}$ の球面が xy 平面と交わってできる円の半径が 2 であるという。a の値を求めよ。また，この円の中心の座標を求めよ。

(1)　中心が $(-1,\ 3,\ 2)$，半径が 5 の球面の方程式は

$$(x+1)^2+(y-3)^2+(z-2)^2=5^2$$

球面が xy 平面と交わってできる図形の方程式は

$$(x+1)^2+(y-3)^2+(0-2)^2=5^2,\ z=0$$

すなわち　$\boldsymbol{(x+1)^2+(y-3)^2=21,\ z=0}$

球面が yz 平面と交わってできる図形の方程式は

$$(0+1)^2+(y-3)^2+(z-2)^2=5^2,\ x=0$$

すなわち　$\boldsymbol{(y-3)^2+(z-2)^2=24,\ x=0}$

球面が zx 平面と交わってできる図形の方程式は

$$(x+1)^2+(0-3)^2+(z-2)^2=5^2,\ y=0$$

すなわち　$\boldsymbol{(x+1)^2+(z-2)^2=16,\ y=0}$

(2)　中心が $(1,\ -2,\ 3a)$，半径が $\sqrt{13}$ の球面の方程式は

$$(x-1)^2+(y+2)^2+(z-3a)^2=13$$

この球面と xy 平面が交わってできる図形の方程式は

$$(x-1)^2+(y+2)^2+(0-3a)^2=13,\ z=0$$

すなわち　$(x-1)^2+(y+2)^2=13-9a^2,\ z=0$

これは，$13-9a^2>0$ のとき，xy 平面上で **中心 $(1,\ -2,\ 0)$**，半径 $\sqrt{13-9a^2}$ の円を表す。その半径が 2 であるから

$13-9a^2=2^2$　　ゆえに　$\boldsymbol{a=\pm1}$

⇦xy 平面 ⟶ $z=0$

⇦上の方程式に $z=0$ を代入。

⇦yz 平面 ⟶ $x=0$

⇦上の方程式に $x=0$ を代入。

⇦zx 平面 ⟶ $y=0$

⇦上の方程式に $y=0$ を代入。

注意　(1)の答えでは，それぞれ $z=0$，$x=0$，$y=0$ を忘れないように。

別解　球の中心と xy 平面の距離は $|3a|$ である。
よって，三平方の定理から　$|3a|^2+2^2=(\sqrt{13})^2$
ゆえに　$9a^2=9$
よって　$\boldsymbol{a=\pm1}$

PR ③68

(1)　点 A$(2,\ -1,\ 0)$ を通り，$\vec{d}=(-2,\ 1,\ 2)$ に平行な直線 ℓ に，原点Oから垂線 OH を下ろす。点 H の座標を求めよ。

(2)　2 点 A$(3,\ 1,\ -1)$，B$(-2,\ -3,\ 2)$ を通る直線と，xy 平面，yz 平面，zx 平面との交点の座標をそれぞれ求めよ。

(1)　点 H は直線 ℓ 上にあるから，t を媒介変数とすると

$$\overrightarrow{OH}=\overrightarrow{OA}+t\vec{d}$$

と表される。

ここで，$\overrightarrow{OA}=(2,\ -1,\ 0)$，$\vec{d}=(-2,\ 1,\ 2)$ であるから

$$\overrightarrow{OH}=(2,\ -1,\ 0)+t(-2,\ 1,\ 2)$$
$$=(2-2t,\ -1+t,\ 2t)$$

また，OH は直線 ℓ への垂線であるから　$\overrightarrow{OH}\perp\vec{d}$

よって　$\overrightarrow{OH}\cdot\vec{d}=0$

ゆえに　$(2-2t)\times(-2)+(-1+t)\times1+2t\times2=0$

⇦整理すると $-5+9t=0$

これを解いて　$t=\dfrac{5}{9}$

このとき　$\overrightarrow{OH}=\left(\dfrac{8}{9},\ -\dfrac{4}{9},\ \dfrac{10}{9}\right)$

したがって，点Hの座標は　$\left(\dfrac{8}{9},\ -\dfrac{4}{9},\ \dfrac{10}{9}\right)$

(2)　直線AB上の点をP$(x,\ y,\ z)$，t を媒介変数とすると

$\overrightarrow{OP}=(1-t)\overrightarrow{OA}+t\overrightarrow{OB}$

$=(3-5t,\ 1-4t,\ -1+3t)$

⇦$\overrightarrow{OP}=\overrightarrow{OA}+t\overrightarrow{AB}$ としてもよい。

点Pが xy 平面上にあるとき，Pの z 座標は0であるから

$-1+3t=0$

よって　$t=\dfrac{1}{3}$　このとき　$\overrightarrow{OP}=\left(\dfrac{4}{3},\ -\dfrac{1}{3},\ 0\right)$

したがって，**xy 平面との交点の座標は**　$\left(\dfrac{4}{3},\ -\dfrac{1}{3},\ 0\right)$

点Pが yz 平面上にあるとき，Pの x 座標は0であるから

$3-5t=0$

よって　$t=\dfrac{3}{5}$　このとき　$\overrightarrow{OP}=\left(0,\ -\dfrac{7}{5},\ \dfrac{4}{5}\right)$

したがって，**yz 平面との交点の座標は**　$\left(0,\ -\dfrac{7}{5},\ \dfrac{4}{5}\right)$

点Pが zx 平面上にあるとき，Pの y 座標は0であるから

$1-4t=0$

よって　$t=\dfrac{1}{4}$　このとき　$\overrightarrow{OP}=\left(\dfrac{7}{4},\ 0,\ -\dfrac{1}{4}\right)$

したがって，**zx 平面との交点の座標は**　$\left(\dfrac{7}{4},\ 0,\ -\dfrac{1}{4}\right)$

PR ③69

(1)　方程式 $x^2+y^2+z^2-x-4y+3z+4=0$ はどんな図形を表すか。

(2)　4点O(0, 0, 0)，A(0, 2, 3)，B(1, 0, 3)，C(1, 2, 0) を通る球面の中心の座標と半径を求めよ。　〔(2) 類 九州大〕

(1)　$\left\{x^2-x+\left(\dfrac{1}{2}\right)^2\right\}+(y^2-4y+2^2)+\left\{z^2+3z+\left(\dfrac{3}{2}\right)^2\right\}$

$=-4+\left(\dfrac{1}{2}\right)^2+2^2+\left(\dfrac{3}{2}\right)^2$

ゆえに　$\left(x-\dfrac{1}{2}\right)^2+(y-2)^2+\left(z+\dfrac{3}{2}\right)^2=\dfrac{5}{2}$

したがって　**中心 $\left(\dfrac{1}{2},\ 2,\ -\dfrac{3}{2}\right)$，半径 $\dfrac{\sqrt{10}}{2}$ の球面**

HINT　球面の方程式(一般形)について，$x^2+y^2+z^2+Ax+By+Cz+D=0$（ただし $A^2+B^2+C^2>4D$）は $(x-a)^2+(y-b)^2+(z-c)^2=r^2$ の形に変形できる。

⇦$\sqrt{\dfrac{5}{2}}=\dfrac{\sqrt{5}}{\sqrt{2}}=\dfrac{\sqrt{10}}{2}$

(2)　球面の方程式を $x^2+y^2+z^2+Ax+By+Cz+D=0$ とすると　$D=0,\ 13+2B+3C+D=0,$

$10+A+3C+D=0,\ 5+A+2B+D=0$

⇦4点の x 座標，y 座標，z 座標をそれぞれ代入する。

ゆえに　$A=-1,\ B=-2,\ C=-3$

したがって，球面の方程式は

$$x^2+y^2+z^2-x-2y-3z=0$$

これを変形して

$$\left\{x^2-x+\left(\frac{1}{2}\right)^2\right\}+(y^2-2y+1^2)+\left\{z^2-3z+\left(\frac{3}{2}\right)^2\right\}$$
$$=\left(\frac{1}{2}\right)^2+1^2+\left(\frac{3}{2}\right)^2$$

⇐x, y, z の2次式をそれぞれ平方完成する。

よって　$\left(x-\frac{1}{2}\right)^2+(y-1)^2+\left(z-\frac{3}{2}\right)^2=\frac{7}{2}$

ゆえに　**中心の座標は $\left(\frac{1}{2},\ 1,\ \frac{3}{2}\right)$，半径は $\sqrt{\frac{7}{2}}=\frac{\sqrt{14}}{2}$**

別解　中心の座標を D$(a,\ b,\ c)$ とすると，

OD＝AD，OD＝BD，OD＝CD から

$$a^2+b^2+c^2=a^2+(b-2)^2+(c-3)^2$$
$$a^2+b^2+c^2=(a-1)^2+b^2+(c-3)^2$$
$$a^2+b^2+c^2=(a-1)^2+(b-2)^2+c^2$$

⇐中心と4点までの距離が等しい。

したがって　$4b+6c=13$，$a+3c=5$，$2a+4b=5$

⇐a^2, b^2, c^2 の項は消える。

これを解いて　$a=\frac{1}{2}$，$b=1$，$c=\frac{3}{2}$

よって，**中心の座標は　$\left(\frac{1}{2},\ 1,\ \frac{3}{2}\right)$**

また，**半径は**

$$\sqrt{\left(\frac{1}{2}-0\right)^2+(1-0)^2+\left(\frac{3}{2}-0\right)^2}=\sqrt{\frac{14}{4}}=\frac{\sqrt{14}}{2}$$

⇐OD の長さ。

PR ③70

次の3点の定める平面を α とする。点 P$(x,\ y,\ z)$ が α 上にあるとき，x, y, z が満たす関係式を求めよ。

(1)　$(1,\ 2,\ 4)$，$(-2,\ 0,\ 3)$，$(4,\ 5,\ -2)$

(2)　$(2,\ 0,\ 0)$，$(0,\ 3,\ 0)$，$(0,\ 0,\ 4)$

(1)　平面 α の法線ベクトルを $\vec{n}=(a,\ b,\ c)$ $(\vec{n}\neq\vec{0})$ とする。

A$(1,\ 2,\ 4)$，B$(-2,\ 0,\ 3)$，C$(4,\ 5,\ -2)$ とすると

$$\overrightarrow{AB}=(-3,\ -2,\ -1),\ \overrightarrow{AC}=(3,\ 3,\ -6)$$

$\vec{n}\perp\overrightarrow{AB}$ であるから　$\vec{n}\cdot\overrightarrow{AB}=0$

⇐法線ベクトルは平面 α 上の直線に垂直。

よって　$-3a-2b-c=0$　…… ①

$\vec{n}\perp\overrightarrow{AC}$ であるから　$\vec{n}\cdot\overrightarrow{AC}=0$

ゆえに　$3a+3b-6c=0$　…… ②

①，② から　$a=-5c$，$b=7c$

よって　$\vec{n}=c(-5,\ 7,\ 1)$

$\vec{n}\neq\vec{0}$ であるから，$c=1$ として　$\vec{n}=(-5,\ 7,\ 1)$

⇐$\vec{n}\neq\vec{0}$ であれば，c はどの値でもよい。

点Pは平面 α 上にあるから　$\vec{n}\cdot\overrightarrow{AP}=0$

$\overrightarrow{AP}=(x-1,\ y-2,\ z-4)$ であるから

$$-5(x-1)+7(y-2)+(z-4)=0$$

したがって　$\mathbf{5x-7y-z+13=0}$

別解 1　原点をOとする。点Pは平面α上にあるから，s，t，u を実数として

$$\overrightarrow{OP}=s\overrightarrow{OA}+t\overrightarrow{OB}+u\overrightarrow{OC},\ s+t+u=1$$

と表される。

⇐平面αのベクトル方程式。

よって　$(x,\ y,\ z)=s(1,\ 2,\ 4)+t(-2,\ 0,\ 3)+u(4,\ 5,\ -2)$

$=(s-2t+4u,\ 2s+5u,\ 4s+3t-2u)$

ゆえに　$x=s-2t+4u$，$y=2s+5u$，$z=4s+3t-2u$

⇐平面αの媒介変数表示。

s，t，u について解くと　$s=\dfrac{1}{39}(15x-8y+10z)$，

$$t=\frac{1}{39}(-24x+18y-3z),\ u=\frac{1}{39}(-6x+11y-4z)$$

⇐s，t，u の連立方程式を解く。

$s+t+u=1$ に代入して整理すると　$\boldsymbol{5x-7y-z+13=0}$

別解 2　平面の方程式を $ax+by+cz+d=0$ とする。

点 (1，2，4) を通るから　$a+2b+4c+d=0$　…… ①

点 (−2，0，3) を通るから　$-2a+3c+d=0$　…… ②

点 (4，5，−2) を通るから　$4a+5b-2c+d=0$　…… ③

①，②，③ から　$a=-5c$，$b=7c$，$d=-13c$

よって　$-5cx+7cy+cz-13c=0$

$c\neq 0$ としてよいから　$\boldsymbol{5x-7y-z+13=0}$

点Pが平面α上にあるとき，この式を満たすから，これが求める関係式である。

inf.　**平面の方程式は**
$\boldsymbol{ax+by+cz+d=0}$
ただし
$(a,\ b,\ c)\neq(0,\ 0,\ 0)$
(本冊 $p.134$ STEP UP 参照。)

⇐$c=0$ のとき，$a=b=d=0$ となり，x，y，z の関係式にならない。

(2)　平面αの法線ベクトルを $\vec{n}=(a,\ b,\ c)$ $(\vec{n}\neq\vec{0})$ とする。

A(2，0，0)，B(0，3，0)，C(0，0，4) とすると

$$\overrightarrow{AB}=(-2,\ 3,\ 0),\ \overrightarrow{AC}=(-2,\ 0,\ 4)$$

$\vec{n}\perp\overrightarrow{AB}$ であるから　$\vec{n}\cdot\overrightarrow{AB}=0$

よって　$-2a+3b=0$　…… ①

$\vec{n}\perp\overrightarrow{AC}$ であるから　$\vec{n}\cdot\overrightarrow{AC}=0$

ゆえに　$-2a+4c=0$　…… ②

① から　$b=\dfrac{2}{3}a$

② から　$c=\dfrac{1}{2}a$

よって　$\vec{n}=a\left(1,\ \dfrac{2}{3},\ \dfrac{1}{2}\right)$

$\vec{n}\neq\vec{0}$ であるから，$a=6$ として　$\vec{n}=(6,\ 4,\ 3)$

点Pは平面α上にあるから　$\vec{n}\cdot\overrightarrow{AP}=0$

$\overrightarrow{AP}=(x-2,\ y,\ z)$ であるから

$$6(x-2)+4y+3z=0$$

したがって　$\boldsymbol{6x+4y+3z-12=0}$

別解 2　平面の方程式を
$ax+by+cz+d=0$
…… ① とする。
3 点 (2，0，0)，(0，3，0)，(0，0，4) がこの平面上にあるから

$$\begin{cases}2a+d=0 & \cdots\cdots ② \\ 3b+d=0 & \cdots\cdots ③ \\ 4c+d=0 & \cdots\cdots ④\end{cases}$$

② から　$a=-\dfrac{1}{2}d$

③ から　$b=-\dfrac{1}{3}d$

④ から　$c=-\dfrac{1}{4}d$

ゆえに，平面の方程式は，① から

$$-\frac{1}{2}dx-\frac{1}{3}dy-\frac{1}{4}dz+d=0$$

$d\neq 0$ としてよいから
$\boldsymbol{6x+4y+3z-12=0}$
点Pが平面α上にあるとき，この式を満たすから，これが求める関係式である。

別解 1　原点をOとする。点Pは平面α上にあるから，s，t，u を実数として

$$\overrightarrow{OP}=s\overrightarrow{OA}+t\overrightarrow{OB}+u\overrightarrow{OC},\ s+t+u=1$$

と表される。

よって　$(x,\ y,\ z)=s(2,\ 0,\ 0)+t(0,\ 3,\ 0)+u(0,\ 0,\ 4)$
$=(2s,\ 3t,\ 4u)$

ゆえに　$x=2s,\ y=3t,\ z=4u$

すなわち　$s=\dfrac{x}{2},\ t=\dfrac{y}{3},\ u=\dfrac{z}{4}$

$s+t+u=1$ に代入して整理すると

$$\boldsymbol{6x+4y+3z-12=0}$$

inf.　3点 $(a,\ 0,\ 0)$, $(0,\ b,\ 0)$, $(0,\ 0,\ c)$ $(abc\neq 0)$ を通る平面の方程式は
$$\frac{x}{a}+\frac{y}{b}+\frac{z}{c}=1$$

PR ③71

(1)　直線 $\ell:(x,\ y,\ z)=(-5,\ 3,\ 3)+s(1,\ -2,\ 2)$ と直線 $m:(x,\ y,\ z)=(0,\ 3,\ 2)+t(3,\ 4,\ -5)$ の交点の座標を求めよ。
(2)　2点 $\mathrm{A}(2,\ 4,\ 0)$, $\mathrm{B}(0,\ -5,\ 6)$ を通る直線 ℓ と，点 $(0,\ 2,\ 0)$ を中心とする半径2の球面との共有点の座標を求めよ。

(1)　$\ell: x=-5+s,\ y=3-2s,\ z=3+2s$
$m: x=3t,\ y=3+4t,\ z=2-5t$
2直線 ℓ, m が交わるとき，
$-5+s=3t$ …①，$3-2s=3+4t$ …②，$3+2s=2-5t$ …③
を同時に満たす実数 s, t が存在する。
①，② を解いて　$s=2,\ t=-1$　これは ③ を満たす。
よって，求める交点の座標は
$$\boldsymbol{(-3,\ -1,\ 7)}$$

⇐下線の確認は重要。

⇐ ℓ または m の媒介変数表示の式に $s=2$ または $t=-1$ を代入する。

(2)　t を媒介変数とすると，直線 ℓ の媒介変数表示は
$$(x,\ y,\ z)=(1-t)(2,\ 4,\ 0)+t(0,\ -5,\ 6)$$
すなわち　$x=2-2t,\ y=4-9t,\ z=6t$　…… ①
点 $(0,\ 2,\ 0)$ を中心とする半径2の球面の方程式は
$$x^2+(y-2)^2+z^2=4 \quad \cdots\cdots ②$$
① を ② に代入すると
$$(2-2t)^2+(2-9t)^2+(6t)^2=4$$
整理すると　$121t^2-44t+4=0$
すなわち　$(11t-2)^2=0$
ゆえに　$t=\dfrac{2}{11}$
よって，共有点の座標は
$$\boldsymbol{\left(\frac{18}{11},\ \frac{26}{11},\ \frac{12}{11}\right)}$$

⇐解が1つであるから，共有点は1つである。

PR ④72

2点 $\mathrm{A}(1,\ 1,\ -1)$, $\mathrm{B}(0,\ 2,\ 1)$ を通る直線を ℓ，2点 $\mathrm{C}(2,\ 1,\ 1)$, $\mathrm{D}(3,\ 0,\ 2)$ を通る直線を m とする。
(1)　ℓ と m は交わらないことを示せ。
(2)　ℓ 上の点Pと m 上の点Qの距離PQの最小値を求めよ。

(1)　s を媒介変数とすると，直線 ℓ の媒介変数表示は
$$(x,\ y,\ z)=(1-s)(1,\ 1,\ -1)+s(0,\ 2,\ 1)$$
すなわち　$\ell: x=1-s,\ y=1+s,\ z=-1+2s$　…… ①

⇐ $\vec{p}=(1-s)\vec{a}+s\vec{b}$ ただし，$\mathrm{A}(\vec{a})$, $\mathrm{B}(\vec{b})$。

また，t を媒介変数とすると，直線 m の媒介変数表示は

$$(x,\ y,\ z)=(1-t)(2,\ 1,\ 1)+t(3,\ 0,\ 2)$$

すなわち　m：$x=2+t,\ y=1-t,\ z=1+t$　……②

ℓ と m が交わるとすると，①，② から

$$1-s=2+t,\ 1+s=1-t,\ -1+2s=1+t$$

これらを同時に満たす $s,\ t$ は存在しない。

よって，ℓ と m は交わらない。

⇐$\vec{p}=(1-t)\vec{c}+t\vec{d}$ ただし，$C(\vec{c})$，$D(\vec{d})$。

⇐第2式から $s=-t$ 第1式に代入すると $1=2$ となり不適。

(2) (1)から $P(1-s,\ 1+s,\ -1+2s)$，$Q(2+t,\ 1-t,\ 1+t)$ とおける。

よって　$PQ^2=(1+t+s)^2+(-t-s)^2+(2+t-2s)^2$

$=6s^2-6s+3t^2+6t+5$

$=6\left(s-\dfrac{1}{2}\right)^2+3(t+1)^2+\dfrac{1}{2}$

⇐平方完成する。

ゆえに，PQ^2 は $s=\dfrac{1}{2}$ かつ $t=-1$ すなわち $\mathbf{P\left(\dfrac{1}{2},\ \dfrac{3}{2},\ 0\right)}$，**$\mathbf{Q(1,\ 2,\ 0)}$ のとき** 最小値 $\dfrac{1}{2}$ をとる。$PQ>0$ であるから，このとき PQ は **最小値** $\sqrt{\dfrac{1}{2}}=\mathbf{\dfrac{\sqrt{2}}{2}}$ をとる。

⇐$s-\dfrac{1}{2}=0$ かつ $t+1=0$ のとき最小。

PR
④**73**

点 $P(-2,\ 3,\ 1)$ を通り，$\vec{d}=(2,\ 1,\ -3)$ に平行な直線を ℓ とする。
(1) 直線 ℓ と xy 平面の交点Aの座標を求めよ。
(2) 点Pから xy 平面に垂線 PH を下ろしたときの，点Hの座標を求めよ。
(3) 直線 ℓ と xy 平面のなす鋭角を θ とするとき，$\cos\theta$ の値を求めよ。

(1) Oを原点とする。点Aは直線 ℓ 上の点であるから

$\overrightarrow{OA}=\overrightarrow{OP}+t\vec{d}$

$=(-2+2t,\ 3+t,\ 1-3t)$

と表される。ただし，t は実数である。

点Aは xy 平面上にあるから，Aの z 座標は0である。

よって　$1-3t=0$

ゆえに　$t=\dfrac{1}{3}$

このとき　$\overrightarrow{OA}=\left(-\dfrac{4}{3},\ \dfrac{10}{3},\ 0\right)$

よって，求める座標は

$$\mathbf{A\left(-\dfrac{4}{3},\ \dfrac{10}{3},\ 0\right)}$$

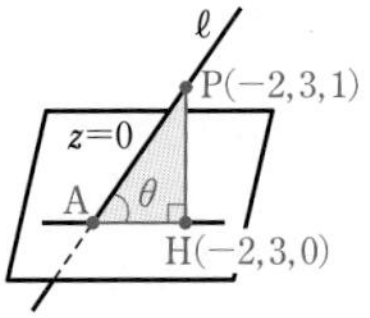

(2) 点Pから xy 平面に垂線を下ろすと，z 座標が0になるから　$\mathbf{H(-2,\ 3,\ 0)}$

⇐xy 平面上の点は，z 座標が0である。

(3) $AH=\sqrt{\left\{-2-\left(-\dfrac{4}{3}\right)\right\}^2+\left(3-\dfrac{10}{3}\right)^2+0^2}=\dfrac{\sqrt{5}}{3}$，

$AP=\sqrt{\left\{-2-\left(-\dfrac{4}{3}\right)\right\}^2+\left(3-\dfrac{10}{3}\right)^2+(1-0)^2}=\dfrac{\sqrt{14}}{3}$

であるから　$\cos\theta=\dfrac{\mathrm{AH}}{\mathrm{AP}}=\dfrac{\sqrt{5}}{3}\div\dfrac{\sqrt{14}}{3}=\boldsymbol{\dfrac{\sqrt{70}}{14}}$

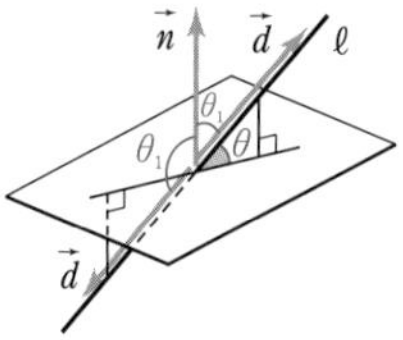

別解　xy 平面は $\vec{n}=(0,\ 0,\ 1)$ に垂直で，直線 ℓ は $\vec{d}=(2,\ 1,\ -3)$ に平行である。
$\vec{n}$ と $\vec{d}$ のなす角を θ_1 とすると

$$\cos\theta_1=\frac{\vec{n}\cdot\vec{d}}{|\vec{n}||\vec{d}|}=\frac{-3}{1\times\sqrt{14}}=-\frac{3}{\sqrt{14}}$$

$\cos\theta_1<0$ であるから，$90^\circ<\theta_1<180^\circ$ である。
このとき　$\theta=\theta_1-90^\circ$
ゆえに　$\cos\theta=\cos(\theta_1-90^\circ)=\sin\theta_1$

$$=\sqrt{1-\cos^2\theta_1}=\sqrt{1-\left(-\frac{3}{\sqrt{14}}\right)^2}$$

$$=\boldsymbol{\frac{\sqrt{70}}{14}}$$

⇐図から，$\theta=90^\circ-\theta_1$ または $\theta=\theta_1-90^\circ$ である。$\cos\theta_1$ の符号から，θ_1 は鈍角であり，$\theta=\theta_1-90^\circ$ である。

inf.　一般に，直線 ℓ と平面 α に対し，ℓ 上の各点から α 上へ垂線を下ろしたときの，α 上の点の集合を **直線 ℓ の平面 α 上への正射影** という。直線 ℓ と平面 α のなす角は，その正射影と ℓ のなす角である。

PR ③74　点A(2, −4, 3)とする。
(1) 点Aを通り，$\vec{n}=(1,\ -3,\ -5)$ に垂直な平面の方程式を求めよ。
(2) 平面 α：$x-y-2z+1=0$ に平行で，点Aを通る平面を β とする。平面 β と点P(1, −4, 2)の距離を求めよ。

(1) A(2, −4, 3)を通り，$\vec{n}=(1,\ -3,\ -5)$ に垂直な平面の方程式は

$$(x-2)+(-3)\{y-(-4)\}+(-5)(z-3)=0$$

よって　$\boldsymbol{x-3y-5z+1=0}$

(2) 平面 α はベクトル $\vec{n}=(1,\ -1,\ -2)$ に垂直な平面で，平面 β は α と平行であるから，平面 β は $\vec{n}$ に垂直な平面である。
また，平面 β はA(2, −4, 3)を通るから，平面 β の方程式は　$(x-2)+(-1)\{y-(-4)\}+(-2)(z-3)=0$
よって　$x-y-2z=0$
ゆえに，求める距離は

$$\frac{|1-(-4)-2\times2|}{\sqrt{1^2+(-1)^2+(-2)^2}}=\frac{|1|}{\sqrt{6}}=\boldsymbol{\frac{\sqrt{6}}{6}}$$

⇐平面 α の方程式の x，y，z の係数を順に並べたものが $\vec{n}$ である。

⇐点と平面の距離。

補足　補充例題74の 別解

(1) 平面上の点をP$(x,\ y,\ z)$ とする。$\vec{n}\neq\vec{0}$ から

$$\vec{n}\perp\overrightarrow{\mathrm{AP}}\ \text{または}\ \overrightarrow{\mathrm{AP}}=\vec{0}$$

よって　$\vec{n}\cdot\overrightarrow{\mathrm{AP}}=0$
$\overrightarrow{\mathrm{AP}}=(x+1,\ y-3,\ z+2)$ であるから

$$4\times(x+1)+(-1)\times(y-3)+3\times(z+2)=0$$

ゆえに　$\boldsymbol{4x-y+3z+13=0}$

⇐平面の方程式の公式や，点と平面の距離の公式を用いない解法。特に，(2)は計算量が多く大変。

(2) 平面αの法線ベクトルを $\vec{n}=(a,\ b,\ c)\ (\neq\vec{0})$ とする。

また，平面α上の異なる3点 $\mathrm{X}\left(\dfrac{7}{2},\ 0,\ 0\right)$，$\mathrm{Y}(0,\ -7,\ 0)$，$\mathrm{Z}\left(0,\ 0,\ \dfrac{7}{2}\right)$ をとる。

このとき，$\vec{n}\perp\overrightarrow{\mathrm{XY}}$，$\vec{n}\perp\overrightarrow{\mathrm{XZ}}$ であるから

$$\vec{n}\cdot\overrightarrow{\mathrm{XY}}=0,\ \vec{n}\cdot\overrightarrow{\mathrm{XZ}}=0$$

$\vec{n}\cdot\overrightarrow{\mathrm{XY}}=0$ から　$a\times\left(-\dfrac{7}{2}\right)+b\times(-7)+c\times 0=0$

よって　$b=-\dfrac{a}{2}$

$\vec{n}\cdot\overrightarrow{\mathrm{XZ}}=0$ から　$a\times\left(-\dfrac{7}{2}\right)+b\times 0+c\times\dfrac{7}{2}=0$

ゆえに　$c=a$

よって　$\vec{n}=a\left(1,\ -\dfrac{1}{2},\ 1\right)$

$\vec{n}\neq\vec{0}$ であるから，$a=2$ として　$\vec{n}=(2,\ -1,\ 2)$

この$\vec{n}$は平面βに垂直なベクトルであるから，平面β上の点をQ$(x,\ y,\ z)$とすると　$\vec{n}\cdot\overrightarrow{\mathrm{AQ}}=0$

ゆえに　$2\times\{x-(-1)\}+(-1)\times(y-3)+2\times\{z-(-2)\}=0$

よって　$2x-y+2z+9=0$　……①

また，点B$(-1,\ -5,\ 3)$を通り，$\vec{n}=(2,\ -1,\ 2)$ に平行な直線ℓは，tを媒介変数とすると

$$(x,\ y,\ z)=(-1,\ -5,\ 3)+t(2,\ -1,\ 2)$$
$$=(-1+2t,\ -5-t,\ 3+2t)\quad\cdots\cdots②$$

②を①に代入して

$$2\times(-1+2t)-(-5-t)+2\times(3+2t)+9=0$$

よって　$9t+18=0$　　ゆえに　$t=-2$

直線ℓと平面βの交点をHとすると，②で $t=0$ のとき点B，$t=-2$ のとき点Hを表すから

$$\overrightarrow{\mathrm{BH}}=\overrightarrow{\mathrm{OH}}-\overrightarrow{\mathrm{OB}}=(-2)(2,\ -1,\ 2)$$

求める距離は$|\overrightarrow{\mathrm{BH}}|$であるから

$$|\overrightarrow{\mathrm{BH}}|=|-2|\times\sqrt{2^2+(-1)^2+2^2}=2\times 3=\mathbf{6}$$

⇐αとβは平行であるから，αの法線ベクトルを求める。

⇐$\vec{n}$は平面βに垂直であるから，直線ℓと平面βは垂直に交わる。よって，直線ℓと平面βの交点をHとすると，$|\overrightarrow{\mathrm{BH}}|$が求める距離である。

PR ③75

(1) 次の直線の方程式を求めよ。ただし，媒介変数を用いずに表せ。
　(ア) 点$(5,\ 7,\ -3)$を通り，$\vec{d}=(1,\ 5,\ -4)$ に平行な直線
　(イ) 2点A$(1,\ 2,\ 3)$，B$(-3,\ -1,\ 4)$を通る直線

(2) 直線 $\dfrac{x+3}{2}=\dfrac{y-1}{-4}=\dfrac{z+2}{3}$ と平面 $2x+y-3z-4=0$ の交点の座標を求めよ。

(1) (ア) 求める直線の方程式は　$x-5=\dfrac{y-7}{5}=\dfrac{z-(-3)}{-4}$

よって　$\boldsymbol{x-5=\dfrac{y-7}{5}=\dfrac{z+3}{-4}}$

別解　$(x,\ y,\ z)=(5,\ 7,\ -3)+t(1,\ 5,\ -4)$ から

$x=5+t$ …… ①，$y=7+5t$ …… ②，

$z=-3-4t$ …… ③

⇦公式を用いない解法。

①，②，③ から　$t=x-5$，$t=\dfrac{y-7}{5}$，$t=\dfrac{z+3}{-4}$

⇦それぞれを $t=$…… の形に表す。

よって　$\boldsymbol{x-5=\dfrac{y-7}{5}=\dfrac{z+3}{-4}}$

(イ) $\overrightarrow{\mathrm{AB}}=(-3-1,\ -1-2,\ 4-3)$

$=(-4,\ -3,\ 1)$

⇦まず，方向ベクトルを求める。

求める直線は，点Aを通り $\overrightarrow{\mathrm{AB}}$ に平行な直線であるから，その方程式は

$$\frac{x-1}{-4}=\frac{y-2}{-3}=\frac{z-3}{1}$$

よって　$\boldsymbol{\dfrac{x-1}{-4}=\dfrac{y-2}{-3}=z-3}$

inf.　空間における直線の方程式の表し方は1通りとは限らない。例えば，(1)(イ)で，点Bを通り $\overrightarrow{\mathrm{AB}}$ に平行な直線として求めると $\boldsymbol{\dfrac{x+3}{-4}=\dfrac{y+1}{-3}=z-4}$ となるが，これも正しい答えである。

別解　$(x,\ y,\ z)=(1-t)(1,\ 2,\ 3)+t(-3,\ -1,\ 4)$ から

$x=1-4t$ …… ①，$y=2-3t$ …… ②，

$z=3+t$ …… ③

⇦公式を用いない解法。$\vec{p}=(1-t)\vec{a}+t\vec{b}$ に代入する。

①，②，③ から　$t=\dfrac{x-1}{-4}$，$t=\dfrac{y-2}{-3}$，$t=z-3$

よって　$\boldsymbol{\dfrac{x-1}{-4}=\dfrac{y-2}{-3}=z-3}$

(2) $\dfrac{x+3}{2}=\dfrac{y-1}{-4}=\dfrac{z+2}{3}=t$ とおくと

⇦比例式は文字でおく。

$x=2t-3,\ y=-4t+1,\ z=3t-2$ …… ①

⇦直線を媒介変数表示の形にする。

これを $2x+y-3z-4=0$ に代入すると

$$2(2t-3)+(-4t+1)-3(3t-2)-4=0$$

よって　$-9t-3=0$　ゆえに　$t=-\dfrac{1}{3}$

① に代入して　$x=-\dfrac{11}{3}$，$y=\dfrac{7}{3}$，$z=-3$

よって，求める座標は　$\boldsymbol{\left(-\dfrac{11}{3},\ \dfrac{7}{3},\ -3\right)}$

EX ②46 点Oを原点とする空間に，3点 A(1, 2, 0)，B(0, 2, 3)，C(1, 0, 3) がある。このとき，四面体 OABC の体積を求めよ。 〔群馬大〕

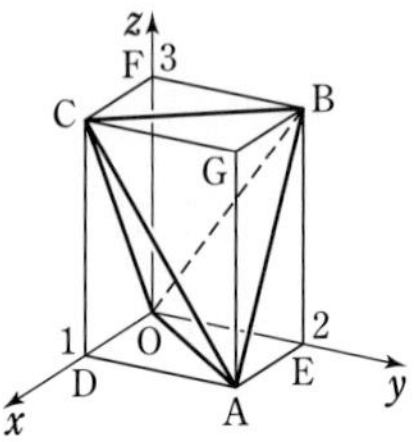

右の図のように，D(1, 0, 0)，E(0, 2, 0)，F(0, 0, 3)，G(1, 2, 3) とする。

このとき，四面体 COAD，四面体 BOAE，四面体 OBCF，四面体 ABCG の体積はすべて

$$\frac{1}{3}\cdot\frac{1}{2}\cdot1\cdot2\cdot3=1$$

よって，求める体積は

$$1\cdot2\cdot3-4\cdot1=\mathbf{2}$$

HINT 四面体 OABC を含む直方体について考える。その直方体の体積から，余分な四面体（4つある）の体積を引く。

⇐底面積が $\frac{1}{2}\cdot1\cdot2$，高さが 3

EX ②47 空間において，3点 A(5, 0, 1)，B(4, 2, 0)，C(0, 1, 5) を頂点とする三角形 ABC がある。
(1) 線分 AB，BC，CA の長さを求めよ。
(2) 三角形 ABC の面積 S を求めよ。 〔類 長崎大〕

(1) $\mathbf{AB}=\sqrt{(4-5)^2+(2-0)^2+(0-1)^2}=\boldsymbol{\sqrt{6}}$

$\mathbf{BC}=\sqrt{(0-4)^2+(1-2)^2+(5-0)^2}=\boldsymbol{\sqrt{42}}$

$\mathbf{CA}=\sqrt{(5-0)^2+(0-1)^2+(1-5)^2}=\boldsymbol{\sqrt{42}}$

2点 $\mathrm{A}(a_1,\ a_2,\ a_3)$，$\mathrm{B}(b_1,\ b_2,\ b_3)$ に対し
$\mathbf{AB}=\sqrt{(b_1-a_1)^2+(b_2-a_2)^2+(b_3-a_3)^2}$

(2) (1)より，CA＝CB であるから，辺 AB の中点をDとすると

CD⊥AB

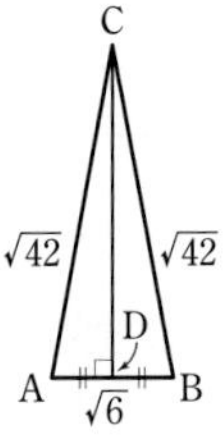

⇐△CAD≡△CBD

よって　$\mathrm{CD}=\sqrt{(\sqrt{42})^2-\left(\frac{\sqrt{6}}{2}\right)^2}$

$=\frac{9}{\sqrt{2}}$

⇐$\mathrm{CD}=\sqrt{\mathrm{CA}^2-\mathrm{AD}^2}$

ゆえに　$S=\frac{1}{2}\mathrm{AB}\cdot\mathrm{CD}$

$=\frac{1}{2}\cdot\sqrt{6}\cdot\frac{9}{\sqrt{2}}=\boldsymbol{\frac{9\sqrt{3}}{2}}$

別解 $\overrightarrow{\mathrm{CA}}=(5,\ -1,\ -4)$，$\overrightarrow{\mathrm{CB}}=(4,\ 1,\ -5)$ であるから

$\overrightarrow{\mathrm{CA}}\cdot\overrightarrow{\mathrm{CB}}=5\times4+(-1)\times1+(-4)\times(-5)$

$=39$

よって　$S=\frac{1}{2}\sqrt{|\overrightarrow{\mathrm{CA}}|^2|\overrightarrow{\mathrm{CB}}|^2-(\overrightarrow{\mathrm{CA}}\cdot\overrightarrow{\mathrm{CB}})^2}$

$=\frac{1}{2}\sqrt{42^2-39^2}=\boldsymbol{\frac{9\sqrt{3}}{2}}$

別解は，本冊 p.100 INFORMATION の三角形の面積公式を使った解法。

EX ②48　四面体ABCDにおいて，次の等式が成り立つことを示せ。
(1) $\overrightarrow{AB}+\overrightarrow{BD}+\overrightarrow{DC}+\overrightarrow{CA}=\vec{0}$
(2) $\overrightarrow{BC}-\overrightarrow{DA}=\overrightarrow{AC}-\overrightarrow{DB}$

(1) $\overrightarrow{AB}+\overrightarrow{BD}+\overrightarrow{DC}+\overrightarrow{CA}=(\overrightarrow{AB}+\overrightarrow{BD})+(\overrightarrow{DC}+\overrightarrow{CA})$
$=\overrightarrow{AD}+\overrightarrow{DA}$
$=\overrightarrow{AA}=\vec{0}$

(2) $(\overrightarrow{BC}-\overrightarrow{DA})-(\overrightarrow{AC}-\overrightarrow{DB})=\overrightarrow{BC}-\overrightarrow{AC}-(\overrightarrow{DA}-\overrightarrow{DB})$
$=\overrightarrow{BC}+\overrightarrow{CA}-(\overrightarrow{DA}+\overrightarrow{BD})$
$=\overrightarrow{BA}-\overrightarrow{BA}=\vec{0}$

よって　$\overrightarrow{BC}-\overrightarrow{DA}=\overrightarrow{AC}-\overrightarrow{DB}$

別解　$\overrightarrow{BC}-\overrightarrow{DA}=(\overrightarrow{AC}-\overrightarrow{AB})-(\overrightarrow{BA}-\overrightarrow{BD})$
$=\overrightarrow{AC}-\overrightarrow{AB}+\overrightarrow{AB}-\overrightarrow{DB}$
$=\overrightarrow{AC}-\overrightarrow{DB}$

合成，分割，向き換え を利用。
$\overrightarrow{A\square}+\overrightarrow{\square B}=\overrightarrow{AB}$,
$\overrightarrow{AB}=\overrightarrow{A\square}+\overrightarrow{\square B}$,
$\overrightarrow{AB}=\overrightarrow{\square B}-\overrightarrow{\square A}$,
$\overrightarrow{BA}=-\overrightarrow{AB}$

⇦(左辺)−(右辺)$=\vec{0}$ を示す。

⇦左辺を変形して右辺を導く。

EX ③49　同じ平面上にない異なる4点O，A，B，Cがあり，2点P，Qに対し $\overrightarrow{OP}=\overrightarrow{OA}-\overrightarrow{OB}$, $\overrightarrow{OQ}=-5\overrightarrow{OC}$ のとき，$k\overrightarrow{OP}+\overrightarrow{OQ}=-3\overrightarrow{OA}+3\overrightarrow{OB}+l\overrightarrow{OC}$ を満たす実数 k, l の値を求めよ。

$k\overrightarrow{OP}+\overrightarrow{OQ}=-3\overrightarrow{OA}+3\overrightarrow{OB}+l\overrightarrow{OC}$ から
$k(\overrightarrow{OA}-\overrightarrow{OB})-5\overrightarrow{OC}=-3\overrightarrow{OA}+3\overrightarrow{OB}+l\overrightarrow{OC}$
よって　$k\overrightarrow{OA}-k\overrightarrow{OB}-5\overrightarrow{OC}=-3\overrightarrow{OA}+3\overrightarrow{OB}+l\overrightarrow{OC}$
4点O，A，B，Cは同じ平面上にないから
$k=-3,\ -k=3,\ -5=l$
ゆえに　$\boldsymbol{k=-3,\ l=-5}$

HINT　4点O，A，B，Cが同じ平面上にないとき
$s\overrightarrow{OA}+t\overrightarrow{OB}+u\overrightarrow{OC}$
$=s'\overrightarrow{OA}+t'\overrightarrow{OB}+u'\overrightarrow{OC}$
⟺
$s=s',\ t=t',\ u=u'$

EX ③50　3点A(2, −1, 3), B(5, 2, 3), C(2, 2, 0)について
(1) 3点A，B，Cを頂点とする三角形は正三角形であることを示せ。
(2) 正四面体の3つの頂点がA，B，Cであるとき，第4の頂点Dの座標を求めよ。

(1) $AB=\sqrt{(5-2)^2+\{2-(-1)\}^2+(3-3)^2}=\sqrt{18}=3\sqrt{2}$
$BC=\sqrt{(2-5)^2+(2-2)^2+(0-3)^2}=\sqrt{18}=3\sqrt{2}$
$CA=\sqrt{(2-2)^2+(-1-2)^2+(3-0)^2}=\sqrt{18}=3\sqrt{2}$
$AB=BC=CA$ であるから，△ABCは正三角形である。

(2) Dの座標を $(x,\ y,\ z)$ とする。
(1)から，正四面体の1辺の長さは $3\sqrt{2}$ である。
ゆえに　$AD=BD=CD=3\sqrt{2}$
すなわち　$AD^2=BD^2=CD^2=18$
$AD^2=18$ から　$(x-2)^2+(y+1)^2+(z-3)^2=18$
よって　$x^2+y^2+z^2-4x+2y-6z=4$　…… ①
$BD^2=18$ から　$(x-5)^2+(y-2)^2+(z-3)^2=18$
よって　$x^2+y^2+z^2-10x-4y-6z=-20$　…… ②
$CD^2=18$ から　$(x-2)^2+(y-2)^2+z^2=18$
よって　$x^2+y^2+z^2-4x-4y=10$　…… ③

HINT　(2) 正四面体の1辺の長さは(1)で求めた正三角形の1辺の長さ。

⇦未知数は x, y, z の3個
⟶ 少なくとも3個の方程式が必要
⟶ x, y, z の方程式①，②，③を解く。

①−② から　$x+y=4$　　よって　$y=4-x$

③−② から　$x+z=5$　　よって　$z=5-x$

これらを ① に代入して

$$x^2+(4-x)^2+(5-x)^2-4x+2(4-x)-6(5-x)=4$$

展開して整理すると　$x^2-6x+5=0$

ゆえに　$(x-1)(x-5)=0$　　よって　$x=1,\ 5$

$x=1$ のとき　$y=3,\ z=4$

$x=5$ のとき　$y=-1,\ z=0$

したがって，頂点Dの座標は　**(1, 3, 4), (5, −1, 0)**

⇐ $x^2+(16-8x+x^2)+(25-10x+x^2)-4x+8-2x-30+6x=4$

EX ③51

平行六面体 ABCD-EFGH において，$\overrightarrow{AC}=\vec{p}$，$\overrightarrow{AF}=\vec{q}$，$\overrightarrow{AH}=\vec{r}$ とするとき，$\overrightarrow{AB}$，$\overrightarrow{AD}$，$\overrightarrow{AE}$，$\overrightarrow{AG}$ を，それぞれ $\vec{p}$，$\vec{q}$，$\vec{r}$ を用いて表せ。

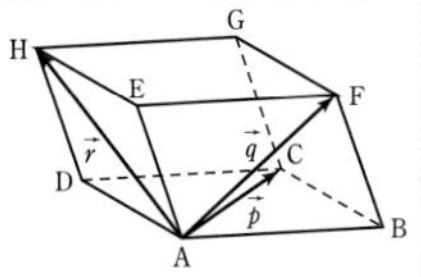

$\overrightarrow{AB}=\vec{x}$，$\overrightarrow{AD}=\vec{y}$，$\overrightarrow{AE}=\vec{z}$ とすると，

$$\overrightarrow{AC}=\overrightarrow{AB}+\overrightarrow{AD},\ \overrightarrow{AF}=\overrightarrow{AB}+\overrightarrow{AE},\ \overrightarrow{AH}=\overrightarrow{AE}+\overrightarrow{AD}$$

であるから

$\vec{x}+\vec{y}=\vec{p}$ …… ①，　$\vec{z}+\vec{x}=\vec{q}$ …… ②

$\vec{y}+\vec{z}=\vec{r}$ …… ③

⇐ x，y，z の連立方程式 $x+y=p$，$z+x=q$，$y+z=r$ を解く要領で。

①+②+③ から　$\vec{x}+\vec{y}+\vec{z}=\frac{1}{2}(\vec{p}+\vec{q}+\vec{r})$ …… ④

④ と ③ から　$\vec{x}=\frac{1}{2}(\vec{p}+\vec{q}+\vec{r})-\vec{r}=\frac{1}{2}(\vec{p}+\vec{q}-\vec{r})$

④ と ② から　$\vec{y}=\frac{1}{2}(\vec{p}+\vec{q}+\vec{r})-\vec{q}=\frac{1}{2}(\vec{p}-\vec{q}+\vec{r})$

④ と ① から　$\vec{z}=\frac{1}{2}(\vec{p}+\vec{q}+\vec{r})-\vec{p}=\frac{1}{2}(-\vec{p}+\vec{q}+\vec{r})$

また，④ から

$$\overrightarrow{AG}=\vec{x}+\vec{y}+\vec{z}=\frac{1}{2}(\vec{p}+\vec{q}+\vec{r})$$

⇐ $\overrightarrow{AG}$ を $\overrightarrow{AC}+\overrightarrow{CG}$ と分割して求めてもよい。

以上から　$\boldsymbol{\overrightarrow{AB}=\frac{1}{2}(\vec{p}+\vec{q}-\vec{r})}$，$\boldsymbol{\overrightarrow{AD}=\frac{1}{2}(\vec{p}-\vec{q}+\vec{r})}$，

$\boldsymbol{\overrightarrow{AE}=\frac{1}{2}(-\vec{p}+\vec{q}+\vec{r})}$，$\boldsymbol{\overrightarrow{AG}=\frac{1}{2}(\vec{p}+\vec{q}+\vec{r})}$

EX ②52

$\vec{e_1}=(1,\ 0,\ 0)$，$\vec{e_2}=(0,\ 1,\ 0)$，$\vec{e_3}=(0,\ 0,\ 1)$ とし，$\vec{a}=\left(0,\ \frac{1}{2},\ \frac{1}{2}\right)$，$\vec{b}=\left(\frac{1}{2},\ 0,\ \frac{1}{2}\right)$，$\vec{c}=\left(\frac{1}{2},\ \frac{1}{2},\ 0\right)$ とするとき，$\vec{e_1}$，$\vec{e_2}$，$\vec{e_3}$ をそれぞれ $\vec{a}$，$\vec{b}$，$\vec{c}$ を用いて表せ。また，$\vec{d}=(3,\ 4,\ 5)$ を $\vec{a}$，$\vec{b}$，$\vec{c}$ を用いて表せ。　〔近畿大〕

HINT　(前半)　$\vec{a}$，$\vec{b}$，$\vec{c}$ をそれぞれ $\vec{e_1}$，$\vec{e_2}$，$\vec{e_3}$ を用いて表して，$\vec{e_1}$，$\vec{e_2}$，$\vec{e_3}$ について解く。
(後半)　$\vec{d}$ を $\vec{e_1}$，$\vec{e_2}$，$\vec{e_3}$ を用いて表し，前半の結果を代入する。

$\vec{a}$, $\vec{b}$, $\vec{c}$ をそれぞれ $\vec{e_1}$, $\vec{e_2}$, $\vec{e_3}$ を用いて表すと

$$\vec{a}=\frac{1}{2}\vec{e_2}+\frac{1}{2}\vec{e_3} \quad \cdots\cdots ①$$

$$\vec{b}=\frac{1}{2}\vec{e_1}+\frac{1}{2}\vec{e_3} \quad \cdots\cdots ②$$

$$\vec{c}=\frac{1}{2}\vec{e_1}+\frac{1}{2}\vec{e_2} \quad \cdots\cdots ③$$

②＋③－① から　$\boldsymbol{\vec{e_1}=-\vec{a}+\vec{b}+\vec{c}}$

③＋①－② から　$\boldsymbol{\vec{e_2}=\vec{a}-\vec{b}+\vec{c}}$

①＋②－③ から　$\boldsymbol{\vec{e_3}=\vec{a}+\vec{b}-\vec{c}}$

また　$\vec{d}=3\vec{e_1}+4\vec{e_2}+5\vec{e_3}$

$=3(-\vec{a}+\vec{b}+\vec{c})+4(\vec{a}-\vec{b}+\vec{c})+5(\vec{a}+\vec{b}-\vec{c})$

$\boldsymbol{=6\vec{a}+4\vec{b}+2\vec{c}}$

⇐ $\vec{a}=(a_1,\ a_2,\ a_3)$ のとき
$\vec{a}=a_1\vec{e_1}+a_2\vec{e_2}+a_3\vec{e_3}$
なお，$\vec{e_1}=(1,\ 0,\ 0)$,
$\vec{e_2}=(0,\ 1,\ 0)$,
$\vec{e_3}=(0,\ 0,\ 1)$ は，空間における **基本ベクトル** である。

別解　$\vec{e_1}$, $\vec{e_2}$, $\vec{e_3}$ を，$\vec{a}$, $\vec{b}$, $\vec{c}$ を用いて表すとき，次のようにして考えてもよい。

①×2 から　$\vec{e_2}+\vec{e_3}=2\vec{a}$ ……①′

②×2 から　$\vec{e_1}+\vec{e_3}=2\vec{b}$ ……②′

③×2 から　$\vec{e_1}+\vec{e_2}=2\vec{c}$ ……③′

①′＋②′＋③′ から　$2(\vec{e_1}+\vec{e_2}+\vec{e_3})=2(\vec{a}+\vec{b}+\vec{c})$

よって　$\vec{e_1}+\vec{e_2}+\vec{e_3}=\vec{a}+\vec{b}+\vec{c}$ ……④

④－①′ から　$\boldsymbol{\vec{e_1}=-\vec{a}+\vec{b}+\vec{c}}$

④－②′ から　$\boldsymbol{\vec{e_2}=\vec{a}-\vec{b}+\vec{c}}$

④－③′ から　$\boldsymbol{\vec{e_3}=\vec{a}+\vec{b}-\vec{c}}$

この問題では，左の 別解 のように
$\boldsymbol{\vec{e_1}+\vec{e_2}+\vec{e_3}}$
を $\vec{a}$, $\vec{b}$, $\vec{c}$ を用いて表すと考えやすい。

EX ②53　4点A(1, −2, −3), B(2, 1, 1), C(−1, −3, 2), D(3, −4, −1) がある。線分AB, AC, ADを3辺にもつ平行六面体の他の頂点の座標を求めよ。〔類 防衛大〕

Oを原点とし，平行六面体を ABEC-DFGH とする。

ここで　$\overrightarrow{AB}=(1,\ 3,\ 4)$,

$\overrightarrow{AC}=(-2,\ -1,\ 5)$,

$\overrightarrow{AD}=(2,\ -2,\ 2)$

平行六面体の各面は平行四辺形であるから

$\overrightarrow{OE}=\overrightarrow{OA}+\overrightarrow{AE}=\overrightarrow{OA}+\overrightarrow{AB}+\overrightarrow{AC}$

$=(0,\ 0,\ 6)$

$\overrightarrow{OF}=\overrightarrow{OA}+\overrightarrow{AF}=\overrightarrow{OA}+\overrightarrow{AB}+\overrightarrow{AD}$

$=(4,\ -1,\ 3)$

よって　$\overrightarrow{OG}=\overrightarrow{OE}+\overrightarrow{EG}=\overrightarrow{OE}+\overrightarrow{AD}=(2,\ -2,\ 8)$

また　$\overrightarrow{OH}=\overrightarrow{OA}+\overrightarrow{AH}=\overrightarrow{OA}+\overrightarrow{AC}+\overrightarrow{AD}=(1,\ -5,\ 4)$

したがって，他の頂点の座標は

(0, 0, 6), (4, −1, 3), (2, −2, 8), (1, −5, 4)

HINT　平行六面体を ABEC-DFGH とおいて，原点Oを始点とする点E, F, G, Hの位置ベクトルを求める。

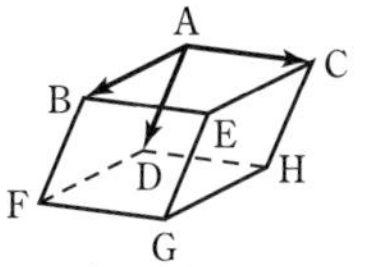

⇐ $\overrightarrow{OG}=\overrightarrow{OA}+\overrightarrow{AG}$
$=\overrightarrow{OA}+\overrightarrow{AB}+\overrightarrow{BE}+\overrightarrow{EG}$
$=\overrightarrow{OA}+\overrightarrow{AB}+\overrightarrow{AC}+\overrightarrow{AD}$
としてもよい。

EX ③54 $\vec{a}=(0,\ 1,\ 2)$, $\vec{b}=(2,\ 4,\ 6)$ とする。$-1\leqq t\leqq 1$ である実数 t に対し $\vec{x}=\vec{a}+t\vec{b}$ の大きさが最大，最小になるときの $\vec{x}$ を，それぞれ求めよ。

$\vec{x}=\vec{a}+t\vec{b}=(0,\ 1,\ 2)+t(2,\ 4,\ 6)$

$=(2t,\ 4t+1,\ 6t+2)$ ……①

よって

$|\vec{x}|^2=(2t)^2+(4t+1)^2+(6t+2)^2$

$=56t^2+32t+5$

$=56\left(t+\dfrac{2}{7}\right)^2+\dfrac{3}{7}$

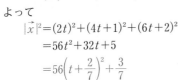

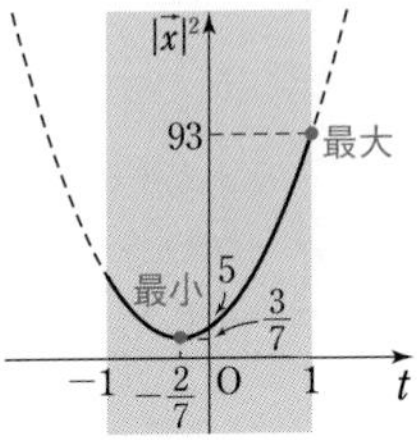

$-1\leqq t\leqq 1$ の範囲において，$|\vec{x}|^2$ は，

$t=1$ のとき最大値 93 をとり，

$t=-\dfrac{2}{7}$ のとき最小値 $\dfrac{3}{7}$ をとる。

$|\vec{x}|\geqq 0$ であるから，$|\vec{x}|^2$ が最大となるとき $|\vec{x}|$ も最大となり，$|\vec{x}|^2$ が最小となるとき $|\vec{x}|$ も最小となる。

したがって，① から，$|\vec{x}|$ が

最大になるとき $\vec{x}=(2,\ 5,\ 8)$,

最小になるとき $\vec{x}=\left(-\dfrac{4}{7},\ -\dfrac{1}{7},\ \dfrac{2}{7}\right)$

CHART
$|\vec{a}+t\vec{b}|$ の最大値・最小値
$|\vec{a}+t\vec{b}|^2$ の最大値・最小値を考える

⇦$56t^2+32t+5$
$=56\left(t^2+\dfrac{32}{56}t\right)+5$
$=56\left(t+\dfrac{2}{7}\right)^2-56\left(\dfrac{2}{7}\right)^2+5$

EX ②55 $\vec{a}=(1,\ 2,\ -3)$, $\vec{b}=(-1,\ 2,\ 1)$, $\vec{c}=(-1,\ 6,\ x)$, $\vec{d}=(l,\ m,\ n)$ とする。ただし，$\vec{d}$ は $\vec{a}$, $\vec{b}$ および $\vec{c}$ のどれにも垂直な単位ベクトルで，$lmn>0$ である。

(1) m の値を求めよ。　(2) x の値を求めよ。

(3) $\vec{c}$ を $\vec{a}$ と $\vec{b}$ を用いて表せ。〔成蹊大〕

(1) $\vec{d}\perp\vec{a}$ より $\vec{d}\cdot\vec{a}=0$ であるから

$l+2m-3n=0$ ……①

$\vec{d}\perp\vec{b}$ より $\vec{d}\cdot\vec{b}=0$ であるから

$-l+2m+n=0$ ……②

$|\vec{d}|^2=1$ であるから

$l^2+m^2+n^2=1$ ……③

①，② から，l, n を m で表すと　$l=4m$, $n=2m$

これらを ③ に代入すると　$(4m)^2+m^2+(2m)^2=1$

整理すると　$21m^2=1$

また，$lmn=8m^3>0$ であるから　$m>0$

したがって　$\boldsymbol{m=\dfrac{1}{\sqrt{21}}}$

(2) $\vec{d}\perp\vec{c}$ より $\vec{d}\cdot\vec{c}=0$ であるから

$-l+6m+nx=0$

(1) より，$l=4m$, $n=2m$ であるから

$2m+2mx=0$

よって　$2m(x+1)=0$

$m>0$ であるから　$\boldsymbol{x=-1}$

CHART
垂直　内積$=0$ を利用

⇦$\vec{d}$ は単位ベクトルであるから，大きさは1

⇦①+② から
$4m-2n=0$
更に，$n=2m$ を ① に代入する。

(3) $\vec{c}=s\vec{a}+t\vec{b}$ とすると

$$(-1,\ 6,\ -1)=s(1,\ 2,\ -3)+t(-1,\ 2,\ 1)$$
$$=(s-t,\ 2s+2t,\ -3s+t)$$

よって　$s-t=-1,\ 2s+2t=6,\ -3s+t=-1$

$s-t=-1$ と $2s+2t=6$ を連立して解くと　$s=1,\ t=2$

$s=1,\ t=2$ は，$-3s+t=-1$ を満たす。

したがって　$\boldsymbol{\vec{c}=\vec{a}+2\vec{b}}$

⇐方程式の数が変数の数より多いときは，得られた解が残りの方程式を満たすことを確認する。

EX ③56

3点 A(2, 0, 0), B(12, 5, 10), C(p, 1, 8) がある。
内積 $\overrightarrow{AB}\cdot\overrightarrow{AC}=45$ であるとき，$p=$ ア□ となる。このとき，ACの長さは イ□，△ABCの面積は ウ□ となる。また，$p=$ ア□ のとき，3点A, B, Cから等距離にある zx 平面上の点Qの座標は エ□ である。〔立命館大〕

$\overrightarrow{AB}=(10,\ 5,\ 10)$，$\overrightarrow{AC}=(p-2,\ 1,\ 8)$ であるから

$$\overrightarrow{AB}\cdot\overrightarrow{AC}=10(p-2)+5\times1+10\times8=10p+65$$

$\overrightarrow{AB}\cdot\overrightarrow{AC}=45$ であるとき　$10p+65=45$　　よって　$p=$ ア$\boldsymbol{-2}$

このとき，$\overrightarrow{AC}=(-4,\ 1,\ 8)$ であるから

$$AC=|\overrightarrow{AC}|=\sqrt{(-4)^2+1^2+8^2}=\text{イ}\,\boldsymbol{9}$$

また，$|\overrightarrow{AB}|^2=10^2+5^2+10^2=15^2$ から，△ABCの面積は

$$\frac{1}{2}\sqrt{|\overrightarrow{AB}|^2|\overrightarrow{AC}|^2-(\overrightarrow{AB}\cdot\overrightarrow{AC})^2}=\frac{1}{2}\sqrt{15^2\times9^2-45^2}$$
$$=\text{ウ}\,\boldsymbol{45\sqrt{2}}$$

⇐$\frac{1}{2}\sqrt{15^2\times9^2-(15\times3)^2}$
$=\frac{1}{2}\sqrt{15^2\times3^2(9-1)}$

Q(x, 0, z) とする。条件から　AQ=BQ=CQ

AQ=BQ から　$AQ^2=BQ^2$

よって　$(x-2)^2+z^2=(x-12)^2+(-5)^2+(z-10)^2$

整理すると　$4x+4z=53$　…… ①

AQ=CQ から　$AQ^2=CQ^2$

よって　$(x-2)^2+z^2=(x+2)^2+(-1)^2+(z-8)^2$

整理すると　$-8x+16z=65$　…… ②

①, ② を解いて　$x=\frac{49}{8},\ z=\frac{57}{8}$

よって，点Qの座標は　エ$\boldsymbol{\left(\frac{49}{8},\ 0,\ \frac{57}{8}\right)}$

⇐点Qは zx 平面上にあるから，y 座標は0とする。

⇐$BQ^2=CQ^2$ を計算してもよいが，AQ^2 を含む方が計算がラク。

EX ②57

$\vec{e_1}$, $\vec{e_2}$, $\vec{e_3}$ を，それぞれ x 軸，y 軸，z 軸に関する基本ベクトルとし，ベクトル $\vec{a}=\left(-\frac{3}{\sqrt{2}},\ -\frac{3}{2},\ \frac{3}{2}\right)$ と $\vec{e_1}$, $\vec{e_2}$, $\vec{e_3}$ のなす角を，それぞれ α, β, γ とする。

(1) $\cos\alpha$, $\cos\beta$, $\cos\gamma$ の値を求めよ。　　(2) α, β, γ を求めよ。

(1) $$|\vec{a}|=\sqrt{\left(-\frac{3}{\sqrt{2}}\right)^2+\left(-\frac{3}{2}\right)^2+\left(\frac{3}{2}\right)^2}$$
$$=\sqrt{\frac{9}{2}+\frac{9}{4}+\frac{9}{4}}=3$$

よって

HINT
$\vec{e_1}=(1,\ 0,\ 0)$,
$\vec{e_2}=(0,\ 1,\ 0)$,
$\vec{e_3}=(0,\ 0,\ 1)$,
$|\vec{e_1}|=|\vec{e_2}|=|\vec{e_3}|=1$

$$\cos\boldsymbol{\alpha}=\frac{\vec{a}\cdot\vec{e_1}}{|\vec{a}||\vec{e_1}|}=\frac{-\frac{3}{\sqrt{2}}}{3\cdot 1}=-\frac{\mathbf{1}}{\sqrt{\mathbf{2}}}$$

⇐$\vec{a}\cdot\vec{e_1}$ は $\vec{a}$ の x 成分となる。

$$\cos\boldsymbol{\beta}=\frac{\vec{a}\cdot\vec{e_2}}{|\vec{a}||\vec{e_2}|}=\frac{-\frac{3}{2}}{3\cdot 1}=-\frac{\mathbf{1}}{\mathbf{2}}$$

$$\cos\boldsymbol{\gamma}=\frac{\vec{a}\cdot\vec{e_3}}{|\vec{a}||\vec{e_3}|}=\frac{\frac{3}{2}}{3\cdot 1}=\frac{\mathbf{1}}{\mathbf{2}}$$

⇐$\cos\alpha$, $\cos\beta$, $\cos\gamma$ を $\vec{a}$ の **方向余弦** という。

(2) $\cos\alpha=-\frac{1}{\sqrt{2}}$, $0°\leqq\alpha\leqq 180°$ から　$\boldsymbol{\alpha=135°}$

$\cos\beta=-\frac{1}{2}$, $0°\leqq\beta\leqq 180°$ から　$\boldsymbol{\beta=120°}$

$\cos\gamma=\frac{1}{2}$, $0°\leqq\gamma\leqq 180°$ から　$\boldsymbol{\gamma=60°}$

EX ③58 $\vec{a}=(3,\ 4,\ 5)$, $\vec{b}=(7,\ 1,\ 0)$ のとき, $\vec{a}+t\vec{b}$ と $\vec{b}+t\vec{a}$ のなす角が 120° となるような実数 t の値を求めよ。

$\vec{a}+t\vec{b}=(3+7t,\ 4+t,\ 5)$, $\vec{b}+t\vec{a}=(7+3t,\ 1+4t,\ 5t)$ であるから　$(\vec{a}+t\vec{b})\cdot(\vec{b}+t\vec{a})$

$=(3+7t)(7+3t)+(4+t)(1+4t)+5\times 5t$

$=25t^2+100t+25=25(t^2+4t+1)$

$|\vec{a}+t\vec{b}|=\sqrt{(3+7t)^2+(4+t)^2+5^2}$

$=\sqrt{50t^2+50t+50}$

$=5\sqrt{2}\sqrt{t^2+t+1}$

$|\vec{b}+t\vec{a}|=\sqrt{(7+3t)^2+(1+4t)^2+(5t)^2}$

$=\sqrt{50t^2+50t+50}$

$=5\sqrt{2}\sqrt{t^2+t+1}$

HINT　まず, 内積 $(\vec{a}+t\vec{b})\cdot(\vec{b}+t\vec{a})$, $|\vec{a}+t\vec{b}|$, $|\vec{b}+t\vec{a}|$ を t で表す。

$\vec{a}+t\vec{b}$ と $\vec{b}+t\vec{a}$ のなす角が 120° となるための条件は

$(\vec{a}+t\vec{b})\cdot(\vec{b}+t\vec{a})=|\vec{a}+t\vec{b}||\vec{b}+t\vec{a}|\cos 120°$

すなわち　$25(t^2+4t+1)=(5\sqrt{2}\sqrt{t^2+t+1})^2\times\left(-\frac{1}{2}\right)$

⇐(成分による表現)=(定義による表現)

ゆえに　$t^2+4t+1=-(t^2+t+1)$

よって　$2t^2+5t+2=0$　　ゆえに　$(t+2)(2t+1)=0$

よって　$\boldsymbol{t=-2,\ -\frac{1}{2}}$

EX ③59 空間内に 3 点 A(1, −1, 1), B(−1, 2, 2), C(2, −1, −1) がある。このとき, ベクトル $\vec{r}=\overrightarrow{\mathrm{OA}}+x\overrightarrow{\mathrm{AB}}+y\overrightarrow{\mathrm{AC}}$ の大きさの最小値を求めよ。〔信州大〕

$\overrightarrow{\mathrm{AB}}=(-2,\ 3,\ 1)$, $\overrightarrow{\mathrm{AC}}=(1,\ 0,\ -2)$ であるから

$\vec{r}=\overrightarrow{\mathrm{OA}}+x\overrightarrow{\mathrm{AB}}+y\overrightarrow{\mathrm{AC}}$

$=(1,\ -1,\ 1)+x(-2,\ 3,\ 1)+y(1,\ 0,\ -2)$

$=(1-2x+y,\ -1+3x,\ 1+x-2y)$

よって　$|\vec{r}|^2$

$=(1-2x+y)^2+(-1+3x)^2+(1+x-2y)^2$

$=(1+4x^2+y^2-4x-4xy+2y)+(1-6x+9x^2)$
$\quad+(1+x^2+4y^2+2x-4xy-4y)$

$=14x^2-8xy+5y^2-8x-2y+3$

$=14x^2-8(y+1)x+5y^2-2y+3$

$=14\left\{x-\frac{2}{7}(y+1)\right\}^2+\frac{27}{7}y^2-\frac{30}{7}y+\frac{13}{7}$

$=14\left\{x-\frac{2}{7}(y+1)\right\}^2+\frac{27}{7}\left(y-\frac{5}{9}\right)^2+\frac{2}{3}$

⇐$14x^2-8(y+1)x+5y^2-2y+3$
$=14\left\{x-\frac{2}{7}(y+1)\right\}^2-14\left\{\frac{2}{7}(y+1)\right\}^2+5y^2-2y+3$

よって，$x-\frac{2}{7}(y+1)=0$，$y-\frac{5}{9}=0$ のとき $|\vec{r}|^2$ は最小値をとる。

$x-\frac{2}{7}(y+1)=0$，$y-\frac{5}{9}=0$ から　　$x=\frac{4}{9}$，$y=\frac{5}{9}$

したがって，$\vec{r}$ の大きさは，

$x=\frac{4}{9}$，$y=\frac{5}{9}$ のとき最小値 $\sqrt{\frac{2}{3}}=\frac{\sqrt{6}}{3}$ をとる。

EX ④60

$\overrightarrow{OP}=(2\cos t,\ 2\sin t,\ 1)$，$\overrightarrow{OQ}=(-\sin 3t,\ \cos 3t,\ -1)$ とする。ただし，$-180°\leqq t\leqq 180°$，O は原点とする。
(1) 点Pと点Qの距離が最小となる t と，そのときの点Pの座標を求めよ。
(2) $\overrightarrow{OP}$ と $\overrightarrow{OQ}$ のなす角が 0° 以上 90° 以下となる t の範囲を求めよ。　［北海道大］

HINT (1) $|\overrightarrow{PQ}|^2$ の最小値を求める。

(1) $\overrightarrow{PQ}=\overrightarrow{OQ}-\overrightarrow{OP}=(-\sin 3t-2\cos t,\ \cos 3t-2\sin t,\ -2)$

よって

$|\overrightarrow{PQ}|^2=(-\sin 3t-2\cos t)^2+(\cos 3t-2\sin t)^2+(-2)^2$

$=\sin^2 3t+4\sin 3t\cos t+4\cos^2 t$
$\quad+\cos^2 3t-4\cos 3t\sin t+4\sin^2 t+4$

$=4(\sin 3t\cos t-\cos 3t\sin t)+9$

$=4\sin(3t-t)+9=4\sin 2t+9$

⇐$\sin^2 3t+\cos^2 3t=1$，$\sin^2 t+\cos^2 t=1$

⇐三角関数の加法定理
$\sin(\alpha-\beta)=\sin\alpha\cos\beta-\cos\alpha\sin\beta$

$-180°\leqq t\leqq 180°$ であるから　$-360°\leqq 2t\leqq 360°$　……①

ゆえに　　$-1\leqq \sin 2t\leqq 1$

よって，$|\overrightarrow{PQ}|^2$ は $\sin 2t=-1$ のとき最小になる。

$|\overrightarrow{PQ}|\geqq 0$ であるから，このとき $|\overrightarrow{PQ}|$ も最小になる。

① の範囲で $\sin 2t=-1$ を解くと　　$2t=-90°$，$270°$

ゆえに　　$t=-45°$，$135°$

したがって，求める t の値と点Pの座標は

$t=-45°$ のとき　$P(\sqrt{2},\ -\sqrt{2},\ 1)$

$t=135°$ のとき　$P(-\sqrt{2},\ \sqrt{2},\ 1)$

(2) $\overrightarrow{OP}$ と $\overrightarrow{OQ}$ のなす角を θ とすると

$\overrightarrow{OP}\cdot\overrightarrow{OQ}=|\overrightarrow{OP}||\overrightarrow{OQ}|\cos\theta$

$0°\leqq\theta\leqq 90°$ となるための条件は　　$\cos\theta\geqq 0$

よって，$\overrightarrow{OP}\cdot\overrightarrow{OQ}\geqq 0$ となる t の範囲を求めればよい。
ここで

$$\overrightarrow{OP}\cdot\overrightarrow{OQ}=2\cos t\times(-\sin 3t)+2\sin t\times\cos 3t+1\times(-1)$$
$$=-2(\sin 3t\cos t-\cos 3t\sin t)-1$$
$$=-2\sin(3t-t)-1$$
$$=-2\sin 2t-1$$

$\overrightarrow{OP}\cdot\overrightarrow{OQ}\geqq 0$ から　$-2\sin 2t-1\geqq 0$

ゆえに　$\sin 2t\leqq -\dfrac{1}{2}$

① から　$-150^\circ\leqq 2t\leqq -30^\circ$，$210^\circ\leqq 2t\leqq 330^\circ$

よって　$\boldsymbol{-75^\circ\leqq t\leqq -15^\circ}$，$\boldsymbol{105^\circ\leqq t\leqq 165^\circ}$

⇐$|\overrightarrow{OP}|>0$，$|\overrightarrow{OQ}|>0$ であるから
$\cos\theta\geqq 0$
⟺
$|\overrightarrow{OP}||\overrightarrow{OQ}|\cos\theta\geqq 0$

EX ④61

座標空間に点 A(1，1，1)，点 B(−1，2，3) がある。
(1) 2 点 A，B と，xy 平面上の動点 P に対して，AP+PB の最小値を求めよ。
(2) 2 点 A，B と点 C(t，−1，4) について，△ABC の面積 $S(t)$ の最小値を求めよ。

(1) 2 点 A，B は，z 座標がともに正であるから，xy 平面に関して同じ側にある。
xy 平面に関して点 A と対称な点を A′ とすると

$$AP+PB=A'P+PB$$

A′P+PB が最小になるのは，3 点 A′，P，B が 1 つの直線上にあるときである。
A′(1，1，−1) であるから

$$A'B=\sqrt{(-1-1)^2+(2-1)^2+\{3-(-1)\}^2}=\sqrt{21}$$

よって，求める最小値は　$\boldsymbol{\sqrt{21}}$

HINT　折れ線の長さの最小値を考えるとき，折れ線を 1 本の線分にのばす。

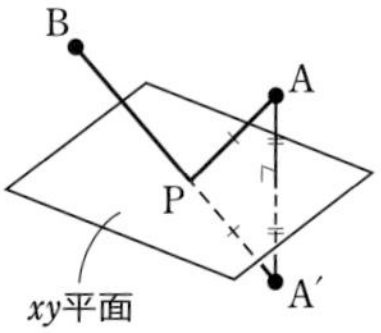

(2) $\overrightarrow{AB}=(-2，1，2)$，$\overrightarrow{AC}=(t-1，-2，3)$ であるから

$$|\overrightarrow{AB}|^2=(-2)^2+1^2+2^2=9$$
$$|\overrightarrow{AC}|^2=(t-1)^2+(-2)^2+3^2=t^2-2t+14$$
$$\overrightarrow{AB}\cdot\overrightarrow{AC}=-2(t-1)+1\times(-2)+2\times 3=-2t+6$$

よって

$$S(t)=\frac{1}{2}\sqrt{|\overrightarrow{AB}|^2|\overrightarrow{AC}|^2-(\overrightarrow{AB}\cdot\overrightarrow{AC})^2}$$
$$=\frac{1}{2}\sqrt{9(t^2-2t+14)-(-2t+6)^2}$$
$$=\frac{1}{2}\sqrt{5t^2+6t+90}$$
$$=\frac{1}{2}\sqrt{5\left(t+\frac{3}{5}\right)^2+\frac{441}{5}}$$

ゆえに，$\boldsymbol{t=-\dfrac{3}{5}}$ **のとき最小値** $\boldsymbol{\dfrac{21\sqrt{5}}{10}}$ をとる。

⇐$\dfrac{1}{2}\sqrt{\dfrac{441}{5}}=\dfrac{1}{2}\cdot\dfrac{21}{\sqrt{5}}$

EX ②62 四面体 ABCD において，△BCD の重心をEとし，線分 AE を 3：1 に内分する点をGとする。このとき，等式 $\overrightarrow{AG}+\overrightarrow{BG}+\overrightarrow{CG}+\overrightarrow{DG}=\vec{0}$ が成り立つことを証明せよ。

点Oに関する点 A，B，C，D，E，G の位置ベクトルを，それぞれ $\vec{a}$，$\vec{b}$，$\vec{c}$，$\vec{d}$，$\vec{e}$，$\vec{g}$ とする。

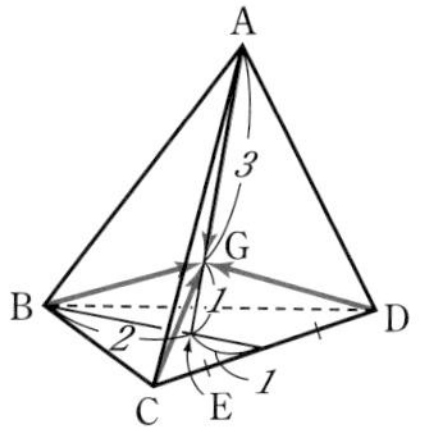

△BCD の重心が E，線分 AE を 3：1 に内分する点がGであるから

$$\vec{e}=\frac{\vec{b}+\vec{c}+\vec{d}}{3}$$

$$\vec{g}=\frac{1\times\vec{a}+3\times\vec{e}}{3+1}=\frac{\vec{a}+\vec{b}+\vec{c}+\vec{d}}{4}$$

ゆえに　$\overrightarrow{AG}+\overrightarrow{BG}+\overrightarrow{CG}+\overrightarrow{DG}$

$=(\vec{g}-\vec{a})+(\vec{g}-\vec{b})+(\vec{g}-\vec{c})+(\vec{g}-\vec{d})$

$=4\vec{g}-(\vec{a}+\vec{b}+\vec{c}+\vec{d})=\vec{0}$

inf. この問題の点Gを**四面体の重心**という。基本例題 55 も参照。

⇦重心の位置ベクトル

⇦$\overrightarrow{AG}=\overrightarrow{OG}-\overrightarrow{OA}$
他も同じように差の形に分割する。

EX ②63 四面体 ABCD において，辺 AB，CB，CD，AD を $t:(1-t)$ $[0<t<1]$ に内分する点を，それぞれ P，Q，R，S とする。
(1) 四角形 PQRS は平行四辺形であることを示せ。
(2) $AC\perp BD$ ならば，四角形 PQRS は長方形であることを示せ。

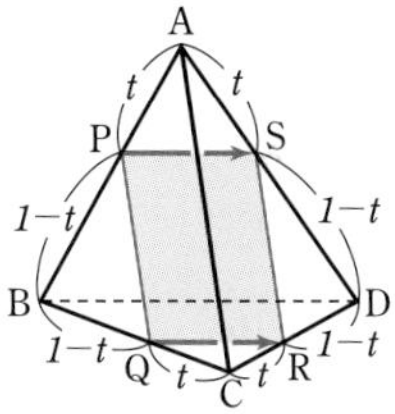

(1) $\overrightarrow{PS}=\overrightarrow{AS}-\overrightarrow{AP}$

$=t\overrightarrow{AD}-t\overrightarrow{AB}$

$=t\overrightarrow{BD}$

$\overrightarrow{QR}=\overrightarrow{AR}-\overrightarrow{AQ}$

$=(1-t)\overrightarrow{AC}+t\overrightarrow{AD}$

$\quad-\{t\overrightarrow{AB}+(1-t)\overrightarrow{AC}\}$

$=t\overrightarrow{AD}-t\overrightarrow{AB}$

$=t\overrightarrow{BD}$

したがって　$\overrightarrow{PS}=\overrightarrow{QR}$

よって，四角形 PQRS は平行四辺形である。

⇦$\overrightarrow{AR}=\dfrac{(1-t)\overrightarrow{AC}+t\overrightarrow{AD}}{t+(1-t)}$

$\overrightarrow{AQ}=\dfrac{t\overrightarrow{AB}+(1-t)\overrightarrow{AC}}{(1-t)+t}$

⇦$\overrightarrow{PS}\neq\vec{0}$，$\overrightarrow{QR}\neq\vec{0}$ のとき，次のことが成り立つ。
$\overrightarrow{PS}=\overrightarrow{QR}$ のとき
PS∥QR，PS=QR

(2) $\overrightarrow{PQ}=\overrightarrow{AQ}-\overrightarrow{AP}=\{t\overrightarrow{AB}+(1-t)\overrightarrow{AC}\}-t\overrightarrow{AB}$

$=(1-t)\overrightarrow{AC}$

また，(1) から　$\overrightarrow{PS}=t\overrightarrow{BD}$

$AC\perp BD$ から　$\overrightarrow{AC}\cdot\overrightarrow{BD}=0$

ゆえに　$\overrightarrow{PQ}\cdot\overrightarrow{PS}=(1-t)\overrightarrow{AC}\cdot t\overrightarrow{BD}$

$=t(1-t)\overrightarrow{AC}\cdot\overrightarrow{BD}$

$=0$

$\overrightarrow{PQ}\neq\vec{0}$，$\overrightarrow{PS}\neq\vec{0}$ であるから　$\overrightarrow{PQ}\perp\overrightarrow{PS}$

すなわち　$PQ\perp PS$

四角形 PQRS は平行四辺形であり，かつ $PQ\perp PS$ であるから，四角形 PQRS は長方形である。

⇦(1) から
⇦平行四辺形の隣り合う 2 辺が垂直ならば，長方形となる。

EX ③64 四面体 OABC において，辺 OA を 1：2 に内分する点を D，線分 BD を 5：3 に内分する点を E，線分 CE を 3：1 に内分する点を F，直線 OF と平面 ABC の交点を P とする。$\overrightarrow{OA}=\vec{a}$，$\overrightarrow{OB}=\vec{b}$，$\overrightarrow{OC}=\vec{c}$ とするとき

(1) $\overrightarrow{OP}$ を $\vec{a}$，$\vec{b}$，$\vec{c}$ を用いて表せ。　(2) OF：FP を求めよ。

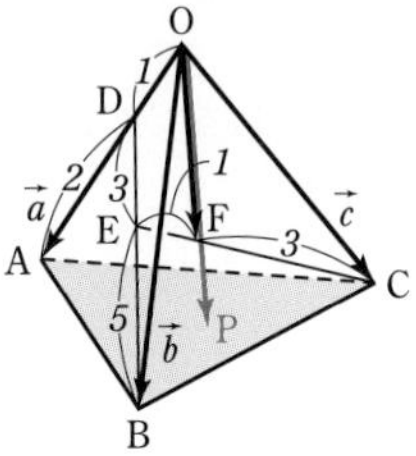

(1) 条件から

$\overrightarrow{OD}=\dfrac{1}{3}\vec{a}$

$\overrightarrow{OE}=\dfrac{3\overrightarrow{OB}+5\overrightarrow{OD}}{5+3}$　⇐BE：ED＝5：3

$=\dfrac{1}{8}\left(3\vec{b}+\dfrac{5}{3}\vec{a}\right)=\dfrac{5}{24}\vec{a}+\dfrac{3}{8}\vec{b}$

$\overrightarrow{OF}=\dfrac{\overrightarrow{OC}+3\overrightarrow{OE}}{3+1}$　⇐CF：FE＝3：1

$=\dfrac{1}{4}\left\{\vec{c}+3\left(\dfrac{5}{24}\vec{a}+\dfrac{3}{8}\vec{b}\right)\right\}=\dfrac{5}{32}\vec{a}+\dfrac{9}{32}\vec{b}+\dfrac{1}{4}\vec{c}$

点 P は直線 OF 上にあるから，$\overrightarrow{OP}=k\overrightarrow{OF}$（$k$ は実数）とすると　$\overrightarrow{OP}=\dfrac{5}{32}k\vec{a}+\dfrac{9}{32}k\vec{b}+\dfrac{1}{4}k\vec{c}$

CHART 共線は実数倍

また，点 P は平面 ABC 上にあるから

$\dfrac{5}{32}k+\dfrac{9}{32}k+\dfrac{1}{4}k=1$　　ゆえに　$k=\dfrac{16}{11}$

⇐点 P が平面 ABC 上にある条件 $\overrightarrow{OP}=s\overrightarrow{OA}+t\overrightarrow{OB}+u\overrightarrow{OC}$，$s+t+u=1$（係数の和が 1）

よって　$\boldsymbol{\overrightarrow{OP}=\dfrac{5}{22}\vec{a}+\dfrac{9}{22}\vec{b}+\dfrac{4}{11}\vec{c}}$

(2) (1) から　$\overrightarrow{OP}=\dfrac{16}{11}\overrightarrow{OF}$

ゆえに　OF：OP＝11：16　　よって　**OF：FP＝11：5**

EX ③65 1辺の長さが 1 の正四面体 PABC において，辺 PA，BC，PB，AC の中点をそれぞれ K，L，M，N とする。線分 KL，MN の中点をそれぞれ Q，R とし，△ABC の重心を G とする。また，$\overrightarrow{PA}=\vec{a}$，$\overrightarrow{PB}=\vec{b}$，$\overrightarrow{PC}=\vec{c}$ とおく。

(1) $\overrightarrow{PQ}$，$\overrightarrow{PR}$ を $\vec{a}$，$\vec{b}$，$\vec{c}$ を用いて表し，点 Q と R が一致することを示せ。

(2) 3 点 P，Q，G が同一直線上にあることを示せ。また，PQ：QG を求めよ。

(3) PG⊥AB を示せ。　〔大分大〕

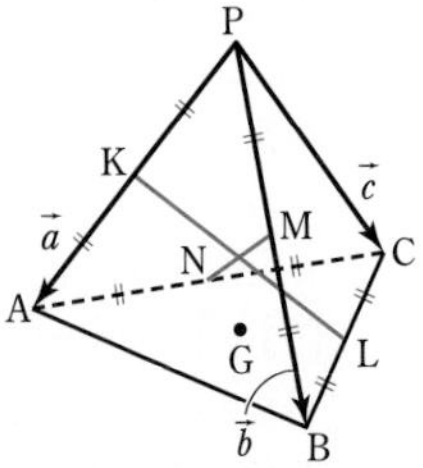

(1) $\overrightarrow{PK}=\dfrac{1}{2}\overrightarrow{PA}=\dfrac{1}{2}\vec{a}$，$\overrightarrow{PL}=\dfrac{\overrightarrow{PB}+\overrightarrow{PC}}{2}=\dfrac{\vec{b}+\vec{c}}{2}$

$\overrightarrow{PM}=\dfrac{1}{2}\overrightarrow{PB}=\dfrac{1}{2}\vec{b}$，$\overrightarrow{PN}=\dfrac{\overrightarrow{PA}+\overrightarrow{PC}}{2}=\dfrac{\vec{a}+\vec{c}}{2}$

ゆえに　$\boldsymbol{\overrightarrow{PQ}}=\dfrac{\overrightarrow{PK}+\overrightarrow{PL}}{2}=\dfrac{1}{2}\left(\dfrac{1}{2}\vec{a}+\dfrac{\vec{b}+\vec{c}}{2}\right)$

$\boldsymbol{=\dfrac{1}{4}(\vec{a}+\vec{b}+\vec{c})}$ …… ①

$\boldsymbol{\overrightarrow{PR}}=\dfrac{\overrightarrow{PM}+\overrightarrow{PN}}{2}=\dfrac{1}{2}\left(\dfrac{1}{2}\vec{b}+\dfrac{\vec{a}+\vec{c}}{2}\right)$

⇐線分 AB の中点の位置ベクトルは　$\dfrac{\vec{a}+\vec{b}}{2}$

$\boldsymbol{=\dfrac{1}{4}(\vec{a}+\vec{b}+\vec{c})}$

よって，$\overrightarrow{PQ}=\overrightarrow{PR}$ となり，点Qと点Rは一致する。

⇦**共点条件**
$\overrightarrow{OP}=\overrightarrow{OQ} \Longleftrightarrow$
2点P，Qは一致する。

(2)　$\overrightarrow{PG}=\dfrac{\overrightarrow{PA}+\overrightarrow{PB}+\overrightarrow{PC}}{3}=\dfrac{\vec{a}+\vec{b}+\vec{c}}{3}$

よって　$\vec{a}+\vec{b}+\vec{c}=3\overrightarrow{PG}$

これを ① に代入すると　$\overrightarrow{PQ}=\dfrac{1}{4}\times 3\overrightarrow{PG}=\dfrac{3}{4}\overrightarrow{PG}$　…… ②

ゆえに，3点P，Q，Gは同一直線上にある。

また，② から　**PQ：QG＝3：1**

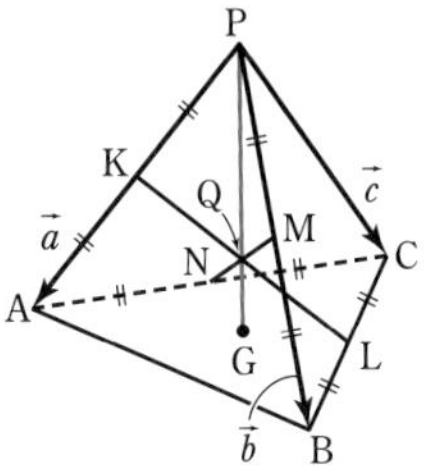

(3)　$\overrightarrow{AB}=\overrightarrow{PB}-\overrightarrow{PA}=\vec{b}-\vec{a}$ であるから

$$\overrightarrow{PG}\cdot\overrightarrow{AB}=\left\{\frac{1}{3}(\vec{a}+\vec{b}+\vec{c})\right\}\cdot(\vec{b}-\vec{a})$$
$$=\frac{1}{3}(\vec{a}\cdot\vec{b}+\vec{b}\cdot\vec{b}+\vec{c}\cdot\vec{b}-\vec{a}\cdot\vec{a}-\vec{b}\cdot\vec{a}-\vec{c}\cdot\vec{a})$$
$$=\frac{1}{3}(|\vec{b}|^2-|\vec{a}|^2+\vec{c}\cdot\vec{b}-\vec{c}\cdot\vec{a})$$
$$=\frac{1}{3}(1^2-1^2+1\cdot 1\cdot\cos 60^\circ-1\cdot 1\cdot\cos 60^\circ)=0$$

$\overrightarrow{PG}\neq\vec{0}$，$\overrightarrow{AB}\neq\vec{0}$ より $\overrightarrow{PG}\perp\overrightarrow{AB}$ であるから　PG⊥AB

⇦正四面体PABCの4つの面はいずれも1辺の長さが1の正三角形。ゆえに，$\vec{c}$ と $\vec{b}$，$\vec{c}$ と $\vec{a}$ のなす角はともに60°。

EX ③66　直方体の隣り合う3辺をOA，OB，OCとし，$\overrightarrow{OD}=\overrightarrow{OA}+\overrightarrow{OB}+\overrightarrow{OC}$ を満たす頂点をDとする。線分ODが平面ABCと直交するとき，この直方体は立方体であることを証明せよ。
〔東京学芸大〕

OD⊥(平面ABC) であるから

　　OD⊥AB，OD⊥AC

⇦AB，ACは平面ABC上の2直線。

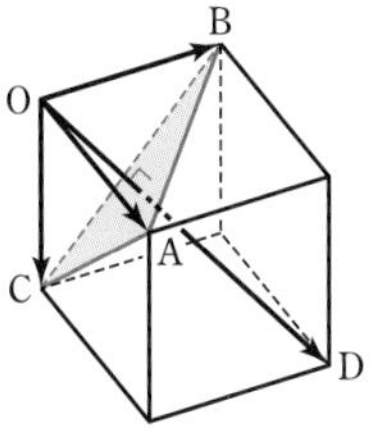

ゆえに　$\overrightarrow{OD}\cdot\overrightarrow{AB}=0$，$\overrightarrow{OD}\cdot\overrightarrow{AC}=0$

$\overrightarrow{OD}=\overrightarrow{OA}+\overrightarrow{OB}+\overrightarrow{OC}$ であるから，

$\overrightarrow{OD}\cdot\overrightarrow{AB}=0$ より

$(\overrightarrow{OA}+\overrightarrow{OB}+\overrightarrow{OC})\cdot(\overrightarrow{OB}-\overrightarrow{OA})=0$　…… ①

ここで，OA⊥OB，OB⊥OC，OC⊥OA

⇦直方体の性質。

であるから　$\overrightarrow{OA}\cdot\overrightarrow{OB}=\overrightarrow{OB}\cdot\overrightarrow{OC}=\overrightarrow{OC}\cdot\overrightarrow{OA}=0$

よって，① は $|\overrightarrow{OB}|^2-|\overrightarrow{OA}|^2=0$ となる。

ゆえに　$|\overrightarrow{OA}|=|\overrightarrow{OB}|$　…… ②

同様にして，$\overrightarrow{OD}\cdot\overrightarrow{AC}=0$ から　$|\overrightarrow{OA}|=|\overrightarrow{OC}|$　…… ③

⇦$\overrightarrow{OD}\cdot\overrightarrow{AC}=0$ に $\overrightarrow{OD}=\overrightarrow{OA}+\overrightarrow{OB}+\overrightarrow{OC}$，$\overrightarrow{AC}=\overrightarrow{OC}-\overrightarrow{OA}$ を代入。

②，③ から　OA＝OB＝OC

したがって，隣り合う3辺の長さが等しいから，この直方体は立方体である。

EX ③67　空間内に四面体ABCDがある。辺ABの中点をM，辺CDの中点をNとする。t を0でない実数とし，点Gを $\overrightarrow{GA}+\overrightarrow{GB}+(t-2)\overrightarrow{GC}+t\overrightarrow{GD}=\vec{0}$ を満たす点とする。
(1)　$\overrightarrow{DG}$ を $\overrightarrow{DA}$，$\overrightarrow{DB}$，$\overrightarrow{DC}$ で表せ。　(2)　点Gは点Nと一致しないことを示せ。
(3)　直線NGと直線MCは平行であることを示せ。
〔東北大〕

(1)　$\overrightarrow{GA}+\overrightarrow{GB}+(t-2)\overrightarrow{GC}+t\overrightarrow{GD}=\vec{0}$ から

$(\overrightarrow{DA}-\overrightarrow{DG})+(\overrightarrow{DB}-\overrightarrow{DG})+(t-2)(\overrightarrow{DC}-\overrightarrow{DG})-t\overrightarrow{DG}=\vec{0}$

⇦始点をDにそろえる。

よって　$2t\overrightarrow{\mathrm{DG}}=\overrightarrow{\mathrm{DA}}+\overrightarrow{\mathrm{DB}}+(t-2)\overrightarrow{\mathrm{DC}}$

$t\neq0$ であるから　$\overrightarrow{\mathrm{DG}}=\dfrac{1}{2t}\overrightarrow{\mathrm{DA}}+\dfrac{1}{2t}\overrightarrow{\mathrm{DB}}+\dfrac{t-2}{2t}\overrightarrow{\mathrm{DC}}$　…… ①

(2)　点Nは辺CDの中点であるから　$\overrightarrow{\mathrm{DN}}=\dfrac{1}{2}\overrightarrow{\mathrm{DC}}$　…… ②

4点A，B，C，Dは同じ平面上にないから，点Gが点Nと一致するための条件は，①，② より

$$\frac{1}{2t}=0 \text{ かつ } \frac{t-2}{2t}=\frac{1}{2}$$

これらを満たす実数 t は存在しないから，点Gは点Nと一致しない。

⇐1次独立である $\vec{a}$，$\vec{b}$，$\vec{c}$ に対し，任意のベクトル $\vec{p}$ は $\vec{p}=s\vec{a}+t\vec{b}+u\vec{c}$ の形にただ1通りに表される。

⇐ $\dfrac{1}{2t}=0$ を満たす実数 t は存在しない。

(3)　①，② から

$$\overrightarrow{\mathrm{NG}}=\overrightarrow{\mathrm{DG}}-\overrightarrow{\mathrm{DN}}=\frac{1}{2t}\overrightarrow{\mathrm{DA}}+\frac{1}{2t}\overrightarrow{\mathrm{DB}}+\frac{t-2}{2t}\overrightarrow{\mathrm{DC}}-\frac{1}{2}\overrightarrow{\mathrm{DC}}$$

$$=\frac{1}{2t}\overrightarrow{\mathrm{DA}}+\frac{1}{2t}\overrightarrow{\mathrm{DB}}-\frac{1}{t}\overrightarrow{\mathrm{DC}}$$

⇐ $\overrightarrow{\mathrm{DA}}$，$\overrightarrow{\mathrm{DB}}$，$\overrightarrow{\mathrm{DC}}$ だけで表す。

また　$\overrightarrow{\mathrm{MC}}=\overrightarrow{\mathrm{DC}}-\overrightarrow{\mathrm{DM}}=\overrightarrow{\mathrm{DC}}-\dfrac{\overrightarrow{\mathrm{DA}}+\overrightarrow{\mathrm{DB}}}{2}$

$$=-\frac{1}{2}\overrightarrow{\mathrm{DA}}-\frac{1}{2}\overrightarrow{\mathrm{DB}}+\overrightarrow{\mathrm{DC}}$$

ゆえに　$\overrightarrow{\mathrm{MC}}=-t\overrightarrow{\mathrm{NG}}$

$t\neq0$，$\overrightarrow{\mathrm{MC}}\neq\vec{0}$ であり，(2) より $\overrightarrow{\mathrm{NG}}\neq\vec{0}$ であるから，直線NGと直線MCは平行である。

⇐点Gと点Nは一致しないから　$\overrightarrow{\mathrm{NG}}\neq\vec{0}$

EX ④68　座標空間に4点A(2，1，0)，B(1，0，1)，C(0，1，2)，D(1，3，7)がある。3点A，B，Cを通る平面に関して点Dと対称な点をEとするとき，点Eの座標を求めよ。〔京都大〕

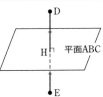

点Dから平面ABCに下ろした垂線の足をHとする。

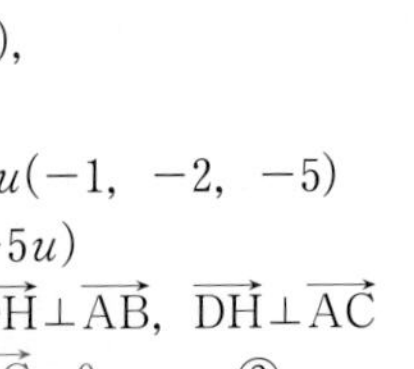

Hは平面ABC上にあるから

$\overrightarrow{\mathrm{DH}}=s\overrightarrow{\mathrm{DA}}+t\overrightarrow{\mathrm{DB}}+u\overrightarrow{\mathrm{DC}}$，

$s+t+u=1$　…… ①

と表される。

$\overrightarrow{\mathrm{DA}}=(1,\ -2,\ -7)$，$\overrightarrow{\mathrm{DB}}=(0,\ -3,\ -6)$，

$\overrightarrow{\mathrm{DC}}=(-1,\ -2,\ -5)$ であるから

$\overrightarrow{\mathrm{DH}}=s(1,\ -2,\ -7)+t(0,\ -3,\ -6)+u(-1,\ -2,\ -5)$

$\quad=(s-u,\ -2s-3t-2u,\ -7s-6t-5u)$

DHは平面ABCに垂直であるから　$\overrightarrow{\mathrm{DH}}\perp\overrightarrow{\mathrm{AB}}$，$\overrightarrow{\mathrm{DH}}\perp\overrightarrow{\mathrm{AC}}$

ゆえに　$\overrightarrow{\mathrm{DH}}\cdot\overrightarrow{\mathrm{AB}}=0$　…… ②，$\overrightarrow{\mathrm{DH}}\cdot\overrightarrow{\mathrm{AC}}=0$　…… ③

$\overrightarrow{\mathrm{AB}}=(-1,\ -1,\ 1)$ であるから，② より

$(s-u)\times(-1)+(-2s-3t-2u)\times(-1)+(-7s-6t-5u)\times1=0$

よって　$6s+3t+2u=0$　…… ④

$\overrightarrow{\mathrm{AC}}=(-2,\ 0,\ 2)$ であるから，③ より

$(s-u)\times(-2)+(-2s-3t-2u)\times0+(-7s-6t-5u)\times2=0$

HINT　点Dから平面ABCに下ろした垂線の足をHとすると，Hは線分DEの中点である。
よって　$\overrightarrow{\mathrm{DE}}=2\overrightarrow{\mathrm{DH}}$
$\overrightarrow{\mathrm{DH}}$ の成分は，「Hが平面ABC上にある」，「DH⊥平面ABC」から求めることができる。

inf.　「$\overrightarrow{\mathrm{DH}}=s\overrightarrow{\mathrm{DA}}+t\overrightarrow{\mathrm{DB}}+u\overrightarrow{\mathrm{DC}}$，$s+t+u=1$」の代わりに，「$\overrightarrow{\mathrm{AH}}=s\overrightarrow{\mathrm{AB}}+t\overrightarrow{\mathrm{AC}}$」として考えてもよい。その場合，$\overrightarrow{\mathrm{DH}}=\overrightarrow{\mathrm{DA}}+\overrightarrow{\mathrm{AH}}$ として $\overrightarrow{\mathrm{DH}}$ の成分を s，t を用いて表す。

よって　$4s+3t+2u=0$　…… ⑤

①, ④, ⑤ から　$s=0,\ t=-2,\ u=3$

したがって　$\overrightarrow{DH}=(-3,\ 0,\ -3)$

原点をOとすると

$$\overrightarrow{OE}=\overrightarrow{OD}+\overrightarrow{DE}=\overrightarrow{OD}+2\overrightarrow{DH}$$
$$=(1,\ 3,\ 7)+2(-3,\ 0,\ -3)$$
$$=(-5,\ 3,\ 1)$$

ゆえに，点Eの座標は　$(\mathbf{-5,\ 3,\ 1})$

別解　3点A，B，Cを通る平面の方程式を $ax+by+cz+d=0$ とする。

⇦平面の方程式の一般形は $ax+by+cz+d=0$ ただし $(a,\ b,\ c)\neq(0,\ 0,\ 0)$ 本冊 $p.134$ STEP UP 参照。

点Aを通るから　$2a+b+d=0$　…… ①

点Bを通るから　$a+c+d=0$　…… ②

点Cを通るから　$b+2c+d=0$　…… ③

①, ②, ③ から　$a=c,\ b=0,\ d=-2c$

よって　$cx+cz-2c=0$

ここで，$c=0$ とすると (左辺)$=0$ となり，平面を表さない。

ゆえに，$c\neq0$ であり，平面 ABC の方程式は　$x+z-2=0$

よって，平面 ABC の法線ベクトルの1つは　$(1,\ 0,\ 1)$

⇦平面：$ax+by+cz+d=0$ の法線ベクトルの1つは $(a,\ b,\ c)$

点Dから平面 ABC に垂線 DH を下ろすと，k を実数として

$$\overrightarrow{DH}=k(1,\ 0,\ 1)$$

ゆえに，原点をOとすると

$$\overrightarrow{OH}=\overrightarrow{OD}+\overrightarrow{DH}=(1,\ 3,\ 7)+(k,\ 0,\ k)$$
$$=(k+1,\ 3,\ k+7)$$

点Hは平面 ABC 上の点であるから

$$(k+1)+(k+7)-2=0$$

⇦$x+z-2=0$ に $x=k+1,\ z=k+7$ を代入する。

よって　$k=-3$

ゆえに　$\overrightarrow{OE}=\overrightarrow{OD}+2\overrightarrow{DH}=(1,\ 3,\ 7)+2(-3,\ 0,\ -3)$
$=(-5,\ 3,\ 1)$

よって　$\mathbf{E(-5,\ 3,\ 1)}$

EX ④69　正四面体 ABCD の辺 AB, CD の中点をそれぞれ M, N とし，線分 MN の中点を G, ∠AGB を θ とする。このとき，$\cos\theta$ の値を求めよ。〔熊本大〕

正四面体の1辺の長さを $4a$ とし，$\overrightarrow{AB}=4\vec{b}$, $\overrightarrow{AC}=4\vec{c}$, $\overrightarrow{AD}=4\vec{d}$ とすると

inf.　中点や分点に関する問題において，$\overrightarrow{AB}=k\vec{b}$ (k は定数) などと表すと，分数の計算が少なくなり，見通しよく計算できる場合がある。そのため，本問では正四面体の1辺の長さを $4a$, $\overrightarrow{AB}=4\vec{b}$ などとした。

$$\overrightarrow{AN}=\frac{1}{2}(4\vec{c}+4\vec{d})=2(\vec{c}+\vec{d})$$

$$\overrightarrow{AM}=\frac{1}{2}\overrightarrow{AB}=2\vec{b}$$

$$\overrightarrow{AG}=\frac{1}{2}(\overrightarrow{AM}+\overrightarrow{AN})$$
$$=\frac{1}{2}\{2\vec{b}+2(\vec{c}+\vec{d})\}$$
$$=\vec{b}+\vec{c}+\vec{d}$$

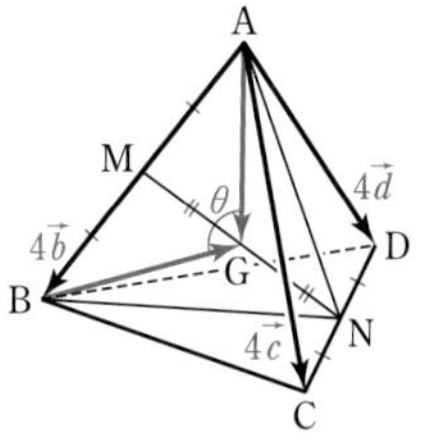

$$\overrightarrow{BG}=\overrightarrow{AG}-\overrightarrow{AB}$$
$$=(\vec{b}+\vec{c}+\vec{d})-4\vec{b}$$
$$=-3\vec{b}+\vec{c}+\vec{d}$$

$|\vec{b}|=|\vec{c}|=|\vec{d}|=\frac{4a}{4}=a$, $\vec{b}\cdot\vec{c}=\vec{c}\cdot\vec{d}=\vec{d}\cdot\vec{b}=a^2\cos 60°$

であるから

$$|\overrightarrow{GA}|^2=\overrightarrow{AG}\cdot\overrightarrow{AG}$$
$$=(\vec{b}+\vec{c}+\vec{d})\cdot(\vec{b}+\vec{c}+\vec{d})$$
$$=|\vec{b}|^2+|\vec{c}|^2+|\vec{d}|^2+2(\vec{b}\cdot\vec{c}+\vec{c}\cdot\vec{d}+\vec{d}\cdot\vec{b})$$
$$=3a^2+2\times 3a^2\cos 60°$$
$$=6a^2$$

$$\overrightarrow{GA}\cdot\overrightarrow{GB}=\overrightarrow{AG}\cdot\overrightarrow{BG}$$
$$=(\vec{b}+\vec{c}+\vec{d})\cdot(-3\vec{b}+\vec{c}+\vec{d})$$
$$=-3|\vec{b}|^2+|\vec{c}|^2+|\vec{d}|^2-2\vec{b}\cdot\vec{c}+2\vec{c}\cdot\vec{d}-2\vec{d}\cdot\vec{b}$$
$$=-a^2-2a^2\cos 60°$$
$$=-2a^2$$

直線 MN は辺 AB の垂直二等分線であるから

GA=GB　すなわち　$|\overrightarrow{GA}|=|\overrightarrow{GB}|$

したがって

$$\boldsymbol{\cos\theta}=\frac{\overrightarrow{GA}\cdot\overrightarrow{GB}}{|\overrightarrow{GA}||\overrightarrow{GB}|}=\frac{\overrightarrow{GA}\cdot\overrightarrow{GB}}{|\overrightarrow{GA}|^2}$$
$$=\frac{-2a^2}{6a^2}=\boldsymbol{-\frac{1}{3}}$$

inf.　正四面体の1辺の長さを $4a$ とすると

$$AN=BN=2\sqrt{3}\,a$$

△AMN は，∠AMN=90° の直角三角形であるから

$$MN=\sqrt{AN^2-AM^2}$$
$$=\sqrt{12a^2-4a^2}=2\sqrt{2}\,a$$

G は線分 MN の中点であるから

$$MG=\sqrt{2}\,a$$

よって　$AG=\sqrt{AM^2+MG^2}$
$$=\sqrt{4a^2+2a^2}=\sqrt{6}\,a$$

また，$\cos\theta=-\frac{1}{3}$ のとき，θ の値は約 109.5° である。

⇐正四面体の各面はすべて合同な正三角形である。よって，$\vec{b}$ と $\vec{c}$，$\vec{c}$ と $\vec{d}$，$\vec{d}$ と $\vec{b}$ のなす角はすべて 60° である。

⇐$(b+c+d)^2$ を展開するように計算。

⇐$AN=BN=2\sqrt{3}\,a$ ゆえに，△NAB は二等辺三角形であるから
MN⊥AB

⇐図形の特徴(正四面体)を利用すると，線分 AG，BG の長さはらくに導かれる。

⇐△AMG は直角三角形。

EX ⑤70

1辺の長さが1である正四面体の頂点を O，A，B，C とする。

(1)　O を原点に，A を (1, 0, 0) に重ね，B を xy 平面上に，C を $x>0$, $y>0$, $z>0$ の部分におく。頂点 B，C の座標を求めよ。

(2)　$\overrightarrow{OA}$ と $\overrightarrow{OB}$，および $\overrightarrow{OB}$ と $\overrightarrow{OC}$ のなす角を，それぞれ2等分する2つのベクトルのなす角を θ とするとき，$\cos\theta$ の値を求めよ。　〔室蘭工大〕

HINT　(1)　正四面体の各辺の長さをもとに式を作る。線分の長さは2乗の形で扱う。

(1)　B$(a,\ b,\ 0)$ とする。

また，c，d，e を正の数とし，C$(c,\ d,\ e)$ とすると

$$\overrightarrow{\mathrm{OA}}\cdot\overrightarrow{\mathrm{OB}}=a,\ \overrightarrow{\mathrm{OB}}\cdot\overrightarrow{\mathrm{OC}}=ac+bd,\ \overrightarrow{\mathrm{OC}}\cdot\overrightarrow{\mathrm{OA}}=c$$

正四面体の1辺の長さは1であるから

$$|\overrightarrow{\mathrm{OA}}|=|\overrightarrow{\mathrm{OB}}|=|\overrightarrow{\mathrm{OC}}|=|\overrightarrow{\mathrm{AB}}|=|\overrightarrow{\mathrm{BC}}|=|\overrightarrow{\mathrm{CA}}|=1 \quad \cdots\cdots ①$$

ここで

$$|\overrightarrow{\mathrm{OB}}|^2=a^2+b^2 \quad \cdots\cdots ②$$

$$|\overrightarrow{\mathrm{OC}}|^2=c^2+d^2+e^2 \quad \cdots\cdots ③$$

$$\begin{aligned}|\overrightarrow{\mathrm{AB}}|^2&=|\overrightarrow{\mathrm{OB}}-\overrightarrow{\mathrm{OA}}|^2\\&=|\overrightarrow{\mathrm{OB}}|^2-2\overrightarrow{\mathrm{OB}}\cdot\overrightarrow{\mathrm{OA}}+|\overrightarrow{\mathrm{OA}}|^2\\&=1-2a+1=2(1-a) \quad \cdots\cdots ④\end{aligned}$$

$$\begin{aligned}|\overrightarrow{\mathrm{BC}}|^2&=|\overrightarrow{\mathrm{OC}}-\overrightarrow{\mathrm{OB}}|^2=|\overrightarrow{\mathrm{OC}}|^2-2\overrightarrow{\mathrm{OC}}\cdot\overrightarrow{\mathrm{OB}}+|\overrightarrow{\mathrm{OB}}|^2\\&=1-2(ac+bd)+1\\&=2(1-ac-bd) \quad \cdots\cdots ⑤\end{aligned}$$

$$\begin{aligned}|\overrightarrow{\mathrm{CA}}|^2&=|\overrightarrow{\mathrm{OA}}-\overrightarrow{\mathrm{OC}}|^2=|\overrightarrow{\mathrm{OA}}|^2-2\overrightarrow{\mathrm{OA}}\cdot\overrightarrow{\mathrm{OC}}+|\overrightarrow{\mathrm{OC}}|^2\\&=1-2c+1=2(1-c) \quad \cdots\cdots ⑥\end{aligned}$$

①，④，⑥ から　　$a=c=\dfrac{1}{2}$

このとき，①，②，③，⑤ から

$$\begin{cases} b^2=\dfrac{3}{4} & \cdots\cdots ⑦ \\ d^2+e^2=\dfrac{3}{4} & \cdots\cdots ⑧ \\ bd=\dfrac{1}{4} & \cdots\cdots ⑨ \end{cases}$$

$d>0$ であるから，⑨ より　　$b>0$

ゆえに，⑦ から　　$b=\dfrac{\sqrt{3}}{2}$

よって，⑨ から　　$d=\dfrac{\sqrt{3}}{6}$

ゆえに，⑧，$e>0$ から　　$e=\dfrac{\sqrt{6}}{3}$

よって　　**B**$\left(\dfrac{1}{2},\ \dfrac{\sqrt{3}}{2},\ 0\right)$，**C**$\left(\dfrac{1}{2},\ \dfrac{\sqrt{3}}{6},\ \dfrac{\sqrt{6}}{3}\right)$

inf.　図形的に考えると次のようになる。

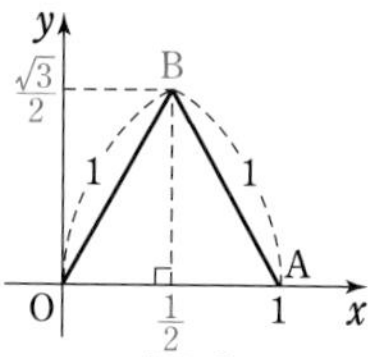

[図1]

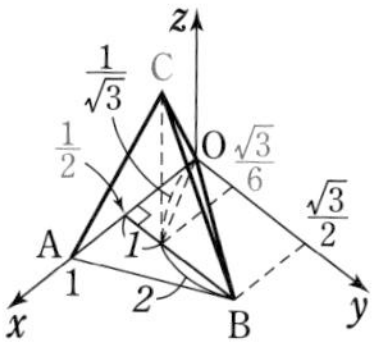

[図2]

[図2] において，点Cの x 座標，y 座標は △OAB の重心の x 座標，y 座標に等しい。また，Cの z 座標は三平方の定理により

$$\sqrt{1^2-\left(\frac{1}{\sqrt{3}}\right)^2}=\frac{\sqrt{6}}{3}$$

別解　正四面体 OABC の1辺の長さは1であるから

$$\overrightarrow{\mathrm{OA}}\cdot\overrightarrow{\mathrm{OB}}=\overrightarrow{\mathrm{OB}}\cdot\overrightarrow{\mathrm{OC}}=\overrightarrow{\mathrm{OC}}\cdot\overrightarrow{\mathrm{OA}}=1\times1\times\cos60^\circ=\frac{1}{2}$$

⇐△OAB，△OBC，△OCA は，1辺の長さが1の正三角形。

ここで，B$(a,\ b,\ 0)$ とする。

また，c，d，e を正の数とし，C$(c,\ d,\ e)$ とする。

よって　　$\overrightarrow{\mathrm{OA}}\cdot\overrightarrow{\mathrm{OB}}=a,\ \overrightarrow{\mathrm{OB}}\cdot\overrightarrow{\mathrm{OC}}=ac+bd,\ \overrightarrow{\mathrm{OC}}\cdot\overrightarrow{\mathrm{OA}}=c$

ゆえに　　$a=c=\dfrac{1}{2}$（$c>0$ を満たしている），$ac+bd=\dfrac{1}{2}$

よって　　$bd=\dfrac{1}{4}$　　　$d>0$ であるから　　$b>0$

$|\overrightarrow{OB}|^2=1$ であるから　　$a^2+b^2=1$

$a=\dfrac{1}{2}$ を代入して　　$b^2=\dfrac{3}{4}$

$b>0$ であるから　　$b=\dfrac{\sqrt{3}}{2}$

これを $bd=\dfrac{1}{4}$ に代入して

$$\frac{\sqrt{3}}{2}d=\frac{1}{4}$$

ゆえに　　$d=\dfrac{1}{2\sqrt{3}}=\dfrac{\sqrt{3}}{6}$

$|\overrightarrow{OC}|^2=1$ であるから

$$c^2+d^2+e^2=1$$

$c=\dfrac{1}{2}$，$d=\dfrac{\sqrt{3}}{6}$ を代入して

$$e^2=\frac{2}{3}$$

$e>0$ であるから

$$e=\frac{\sqrt{2}}{\sqrt{3}}=\frac{\sqrt{6}}{3}$$

よって　　$\mathbf{B}\left(\dfrac{1}{2},\ \dfrac{\sqrt{3}}{2},\ 0\right)$，$\mathbf{C}\left(\dfrac{1}{2},\ \dfrac{\sqrt{3}}{6},\ \dfrac{\sqrt{6}}{3}\right)$

(2)　2辺 AB，BC の中点をそれぞれ M，N とすると

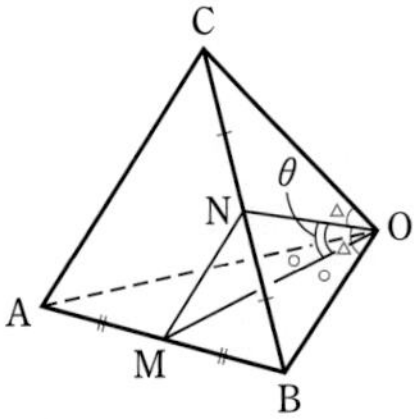

$$\mathrm{OM}=\mathrm{ON}=\frac{\sqrt{3}}{2}$$

中点連結定理から

$$\mathrm{MN}=\frac{1}{2}\mathrm{AC}=\frac{1}{2}$$

よって，余弦定理から

$$\cos\theta=\frac{\left(\dfrac{\sqrt{3}}{2}\right)^2+\left(\dfrac{\sqrt{3}}{2}\right)^2-\left(\dfrac{1}{2}\right)^2}{2\times\dfrac{\sqrt{3}}{2}\times\dfrac{\sqrt{3}}{2}}$$

$$=\frac{5}{6}$$

⇦**中点連結定理**
△BAC において，辺 BA，BC の中点をそれぞれ M，N とすると
MN∥AC，$\mathrm{MN}=\dfrac{1}{2}\mathrm{AC}$

EX ②71

(1)　点 A(1, −2, 3) に関して，点 P(−3, 4, 1) と対称な点の座標を求めよ。

(2)　A(1, 1, 4)，B(−1, 1, 2)，C(x, y, z)，D(1, 3, 2) を頂点とする四面体において，△BCD の重心Gと点Aを結ぶ線分 AG を 3：1 に内分する点の座標が (0, 2, 3) のとき，x，y，z の値を求めよ。

HINT　(1)　求める点と点Pを結ぶ線分の中点がAとなる。

(1)　求める点の座標を $(x,\ y,\ z)$ とすると

$$\frac{-3+x}{2}=1,\quad \frac{4+y}{2}=-2,\quad \frac{1+z}{2}=3$$

よって　　$x=5,\ y=-8,\ z=5$

ゆえに，求める点の座標は

$$\mathbf{(5,\ -8,\ 5)}$$

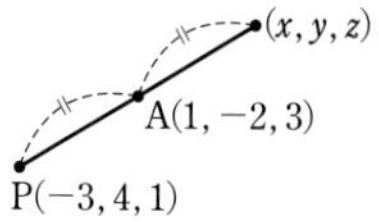

(2)　Gは△BCDの重心であるから

$$G\left(\frac{-1+x+1}{3},\ \frac{1+y+3}{3},\ \frac{2+z+2}{3}\right)$$

すなわち　$G\left(\frac{x}{3},\ \frac{y+4}{3},\ \frac{z+4}{3}\right)$

よって，線分AGを3：1に内分する点の座標は

$$\left(\frac{1+x}{4},\ \frac{1+(y+4)}{4},\ \frac{4+(z+4)}{4}\right)$$

この座標が $(0,\ 2,\ 3)$ に等しい。

ゆえに　　$\boldsymbol{x=-1,\ y=3,\ z=4}$

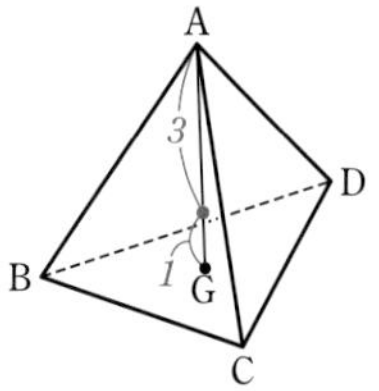

inf.　点 $(0,\ 2,\ 3)$ は四面体ABCDの重心である。

EX ③72　次の球面の方程式を求めよ。
(1)　中心が $(-3,\ 1,\ 3)$ で，2つの座標平面に接する球面
(2)　点 $(-2,\ 2,\ 4)$ を通り，3つの座標平面に接する球面
(3)　中心が y 軸上にあり，2点 $(2,\ 2,\ 4)$，$(1,\ 1,\ 2)$ を通る球面

(1)　中心の x 座標が -3 より，中心から yz 平面までの距離は $|-3|=3$ である。
同様にして，中心から zx 平面までの距離は1，xy 平面までの距離は3である。
よって，求める球面は yz 平面と xy 平面に接し，半径は3である。
ゆえに，球面の方程式は

$$\boldsymbol{(x+3)^2+(y-1)^2+(z-3)^2=9}$$

CHART　球面の方程式　半径と中心で決定

⇦半径は，中心から xy 平面までの距離。

(2)　求める球面の半径を $r\ (r>0)$ とすると，点 $(-2,\ 2,\ 4)$ を通ることから，球面の中心は $(-r,\ r,\ r)$ とおける。
よって，球面の方程式は

$$(x+r)^2+(y-r)^2+(z-r)^2=r^2$$

点 $(-2,\ 2,\ 4)$ を通ることから

$$(-2+r)^2+(2-r)^2+(4-r)^2=r^2$$

整理すると　　$(r-2)(r-6)=0$

ゆえに　　$r=2,\ 6$

したがって，求める球面の方程式は

$$\boldsymbol{(x+2)^2+(y-2)^2+(z-2)^2=4,}$$
$$\boldsymbol{(x+6)^2+(y-6)^2+(z-6)^2=36}$$

⇦求める球面が3つの座標平面に接するから，中心の座標の候補は
$(\pm r,\ \pm r,\ \pm r)$
（ただし，複号任意）
となる。
また，点 $(-2,\ 2,\ 4)$ を通るから，球面上の点および中心において
$(x\text{座標})\leqq 0$，$(y\text{座標})\geqq 0$，$(z\text{座標})\geqq 0$

(3) 中心の座標を $(0,\ b,\ 0)$, 半径を r $(r>0)$ とすると球面の方程式は　　$x^2+(y-b)^2+z^2=r^2$

2点 $(2,\ 2,\ 4)$, $(1,\ 1,\ 2)$ を通ることから

$$2^2+(2-b)^2+4^2=r^2,\ 1^2+(1-b)^2+2^2=r^2$$

この2式から r^2 を消去すると　　$b=9$

このとき　　$r^2=69$

よって, 求める球面の方程式は

$$\boldsymbol{x^2+(y-9)^2+z^2=69}$$

⇐$4+4-4b+b^2+16$ $=1+1-2b+b^2+4$ から　$2b=18$

EX ③**73**

(1) 中心が $(2,\ -3,\ 4)$, 半径が r の球面が xy 平面と交わってできる円の半径が3であるという。r の値を求めよ。

(2) 中心が $(-1,\ 5,\ 3)$, 半径が4の球面が平面 $x=1$ と交わってできる円の中心の座標と半径を求めよ。

(3) 中心が $(1,\ -3,\ 2)$, 原点を通る球面が平面 $z=k$ と交わってできる円の半径が $\sqrt{5}$ であるという。k の値を求めよ。

(1) 球面の方程式は　$(x-2)^2+(y+3)^2+(z-4)^2=r^2$ $(r>0)$

この球面が xy 平面と交わってできる図形の方程式は

$$(x-2)^2+(y+3)^2=r^2-16,\ z=0$$

これは, $r^2-16>0$ のとき, xy 平面上で半径が $\sqrt{r^2-16}$ の円を表す。

その半径が3であるから　　$r^2-16=9$

よって　　$r^2=25$　　$r>0$ であるから　　$\boldsymbol{r=5}$

⇐(1) $(x-2)^2+(y+3)^2+(z-4)^2=r^2$ に $z=0$ を代入。

別解　球の中心と xy 平面の距離は4である。よって　$4^2+3^2=r^2$ $r>0$ であるから　$\boldsymbol{r=5}$

(2) 球面の方程式は　$(x+1)^2+(y-5)^2+(z-3)^2=4^2$

この球面が平面 $x=1$ と交わってできる図形の方程式は

$$(y-5)^2+(z-3)^2=12,\ x=1$$

よって　　**中心の座標は $(1,\ 5,\ 3)$, 半径は $2\sqrt{3}$**

⇐$\sqrt{12}=2\sqrt{3}$

(3) 球面の半径 r は, 中心 $(1,\ -3,\ 2)$ と原点との距離に等しいから　　$r^2=1^2+(-3)^2+2^2=14$

したがって, 球面の方程式は

$$(x-1)^2+(y+3)^2+(z-2)^2=14$$

ゆえに, 球面と平面 $z=k$ が交わってできる図形の方程式は

$$(x-1)^2+(y+3)^2+(k-2)^2=14,\ z=k$$

⇐$z=k$ を代入。

よって　　$(x-1)^2+(y+3)^2=14-(k-2)^2,\ z=k$

これは, $14-(k-2)^2>0$ のとき, 平面 $z=k$ 上で, 半径 $\sqrt{14-(k-2)^2}$ の円を表す。

その半径が $\sqrt{5}$ であるから　　$14-(k-2)^2=(\sqrt{5})^2$

ゆえに　　$(k-2)^2=9$

よって　　$k-2=\pm3$

したがって　　$\boldsymbol{k=-1,\ 5}$

EX ③74 空間の4点 A(1, 2, 3), B(2, 3, 1), C(3, 1, 2), D(1, 1, 1) に対し，2点 A, B を通る直線を ℓ，2点 C, D を通る直線を m とする。
(1) ℓ, m のベクトル方程式を求めよ。
(2) ℓ と m のどちらにも直交する直線を n とするとき，ℓ と n の交点Eの座標および m と n の交点Fの座標を求めよ。 〔旭川医大〕

(1) ℓ 上の任意の点を $\mathrm{P}(\vec{p})$，m 上の任意の点を $\mathrm{Q}(\vec{q})$ とする。
ℓ の方向ベクトルは　$\overrightarrow{\mathrm{AB}}=(1,\ 1,\ -2)$
m の方向ベクトルは　$\overrightarrow{\mathrm{DC}}=(2,\ 0,\ 1)$
よって，s，t を実数とすると
ℓ のベクトル方程式は
$$\vec{p}=(1,\ 2,\ 3)+s(1,\ 1,\ -2)$$
⇦これを答としてもよい。
すなわち　$\boldsymbol{x=1+s,\ y=2+s,\ z=3-2s}$
m のベクトル方程式は
$$\vec{q}=(3,\ 1,\ 2)+t(2,\ 0,\ 1)$$
⇦これを答としてもよい。
すなわち　$\boldsymbol{x=3+2t,\ y=1,\ z=2+t}$

(2) 点Eの座標を $(s_0+1,\ s_0+2,\ -2s_0+3)$，点Fの座標を $(2t_0+3,\ 1,\ t_0+2)$ とする。
直線 n の方向ベクトルは，
$\overrightarrow{\mathrm{FE}}=(s_0-2t_0-2,\ s_0+1,\ -2s_0-t_0+1)$ である。
ℓ と n が直交するから
$$1\times(s_0-2t_0-2)+1\times(s_0+1)-2\times(-2s_0-t_0+1)=0$$
⇦$\overrightarrow{\mathrm{AB}}\cdot\overrightarrow{\mathrm{FE}}=0$
整理すると　$6s_0-3=0$　ゆえに　$s_0=\dfrac{1}{2}$
したがって，**点Eの座標は**　$\boldsymbol{\left(\dfrac{3}{2},\ \dfrac{5}{2},\ 2\right)}$
m と n が直交するから
$$2\times(s_0-2t_0-2)+0\times(s_0+1)+1\times(-2s_0-t_0+1)=0$$
⇦$\overrightarrow{\mathrm{DC}}\cdot\overrightarrow{\mathrm{FE}}=0$
整理すると　$-5t_0-3=0$　ゆえに　$t_0=-\dfrac{3}{5}$
したがって，**点Fの座標は**　$\boldsymbol{\left(\dfrac{9}{5},\ 1,\ \dfrac{7}{5}\right)}$

inf. 線分 EF の長さが2直線 ℓ，m の最短距離を表す。$|\overrightarrow{\mathrm{EF}}|^2$ を s_0，t_0 の2次式で表し，平方完成する方針でもよい（重要例題 72 参照）。

EX ④75 (1) xy 平面上の3点 O(0, 0), A(2, 1), B(1, 2) を通る円の方程式を求めよ。
(2) t が実数全体を動くとき，xyz 空間内の点 $(t+2,\ t+2,\ t)$ がつくる直線を ℓ とする。3点 O(0, 0, 0), A′(2, 1, 0), B′(1, 2, 0) を通り，中心を $\mathrm{C}(a,\ b,\ c)$ とする球面 S が直線 ℓ と共有点をもつとき，a, b, c の満たす条件を求めよ。 〔北海道大〕

(1) 求める円の方程式を $x^2+y^2+lx+my+n=0$ とおく。
3点 (0, 0), (2, 1), (1, 2) を通るから
$$n=0,\quad 2l+m+n+5=0,\quad l+2m+n+5=0$$
⇦$n=0$ から $2l+m+5=0$, $l+2m+5=0$
これを解くと　$l=-\dfrac{5}{3},\ m=-\dfrac{5}{3},\ n=0$
ゆえに，求める円の方程式は
$$\boldsymbol{x^2+y^2-\frac{5}{3}x-\frac{5}{3}y=0}$$

(2)　3 点 O，A′，B′ は xy 平面上にあるから，球面 S と xy 平面の共有点がつくる図形は O，A′，B′ を通る円である。

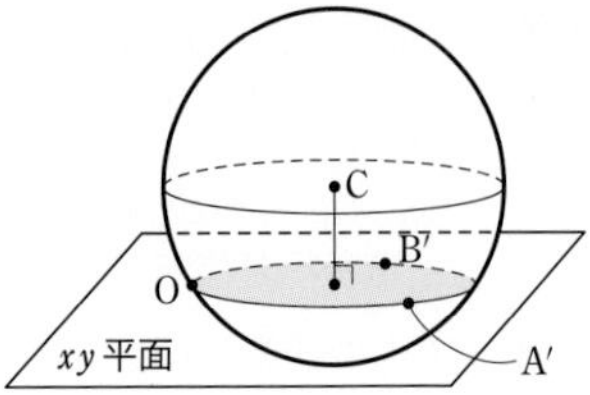

この円を表す方程式は，(1) より

$$x^2+y^2-\frac{5}{3}x-\frac{5}{3}y=0,\ z=0$$

すなわち　$\left(x-\frac{5}{6}\right)^2+\left(y-\frac{5}{6}\right)^2=\frac{25}{18},\ z=0$

⇦ $z=0$ を忘れないように。

よって，円の中心の座標は　$\left(\frac{5}{6},\ \frac{5}{6},\ 0\right)$

球の中心 C$(a,\ b,\ c)$ から xy 平面に下ろした垂線は，この円の中心 $\left(\frac{5}{6},\ \frac{5}{6},\ 0\right)$ を通る。よって，点 C と円の中心の x 座標，y 座標は等しく　$a=\frac{5}{6},\ b=\frac{5}{6}$

また，球面 S の半径は

$$\mathrm{OC}=\sqrt{\left(\frac{5}{6}\right)^2+\left(\frac{5}{6}\right)^2+c^2}=\sqrt{c^2+\frac{25}{18}}$$

よって，球面 S の方程式は

$$\left(x-\frac{5}{6}\right)^2+\left(y-\frac{5}{6}\right)^2+(z-c)^2=c^2+\frac{25}{18}$$

⇦ $\left(\sqrt{c^2+\frac{25}{18}}\right)^2=c^2+\frac{25}{18}$

点 $(t+2,\ t+2,\ t)$ が球面 S 上にあるとき

$$\left(t+2-\frac{5}{6}\right)^2+\left(t+2-\frac{5}{6}\right)^2+(t-c)^2=c^2+\frac{25}{18}$$

⇦球面の方程式に $x=t+2,\ y=t+2,\ z=t$ を代入。

すなわち　$9t^2-2(3c-7)t+4=0$　…… ①

直線 ℓ が球面 S と共有点をもつための必要十分条件は，t の 2 次方程式 ① が実数解をもつことである。

① の判別式を D とすると

$$\frac{D}{4}=(3c-7)^2-9\cdot4=9c^2-42c+13=(3c-1)(3c-13)$$

$D\geqq0$ であるから　$(3c-1)(3c-13)\geqq0$

よって　$c\leqq\frac{1}{3},\ \frac{13}{3}\leqq c$

したがって，$a,\ b,\ c$ の満たすべき条件は

$$\boldsymbol{a=b=\frac{5}{6}}\ \textbf{かつ}\ \boldsymbol{\left(c\leqq\frac{1}{3}\ \textbf{または}\ \frac{13}{3}\leqq c\right)}$$

PR ①76

複素数平面上において，2点 α，β が右の図のように与えられているとき，次の点を図示せよ。

(1) $\alpha+\beta$　　(2) $-\alpha+\beta$　　(3) -2β

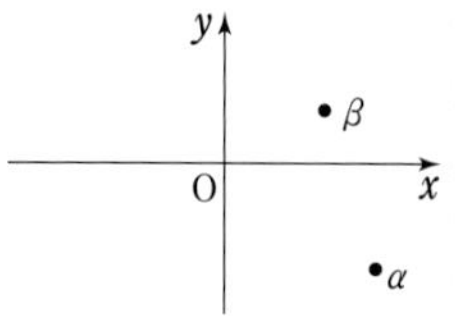

(1)から(3)の各点は，右図のようになる。

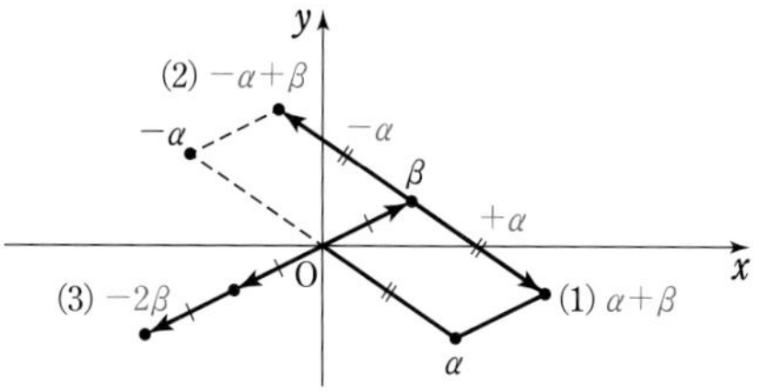

⇐点 $-\alpha$ は点 α と原点に関して対称な点であることを利用して
$-\alpha+\beta=\beta+(-\alpha)$
と考え，原点Oを点 $-\alpha$ に移す平行移動を点 β に行う。

PR ②77

$\alpha=x+4i$，$\beta=6+6xi$ とする。2点 $A(\alpha)$，$B(\beta)$ と原点Oが一直線上にあるとき，実数 x の値を求めよ。

3点O，A，Bが一直線上にあるとき $\beta=k\alpha$ を満たす実数 k がある。

$6+6xi=k(x+4i)$ から　$6+6xi=kx+4ki$

x，k は実数であるから，$6x$，kx，$4k$ は実数である。

したがって　$6=kx$ ……①，$6x=4k$ ……②

②から　$k=\dfrac{6}{4}x$　　①に代入すると　$6=\dfrac{6}{4}x\cdot x$

ゆえに　$x^2=4$　　よって　$\boldsymbol{x=\pm 2}$

また　$k=\pm 3$

⇐この断り書きは重要。

⇐複素数の相等
a，b，c，d が実数で，$a+bi=c+di$ ならば
$a=c$ かつ $b=d$
実部　　虚部

PR ②78

(1) 複素数 z が，$z-3\overline{z}=2+20i$ を満たすとき，共役複素数の性質を利用して，z を求めよ。

(2) a, b, c は実数とする。5次方程式 $ax^5+bx^2+c=0$ が虚数 α を解にもつとき，共役複素数 $\overline{\alpha}$ も解にもつことを示せ。

(1)　$z-3\overline{z}=2+20i$ ……① とする。

①の両辺の共役複素数を考えると

$\overline{z-3\overline{z}}=\overline{2+20i}$

よって　$\overline{z}-3\overline{\overline{z}}=2-20i$

ゆえに　$\overline{z}-3z=2-20i$

すなわち　$-3z+\overline{z}=2-20i$ ……②

①+②×3から　$-8z=8-40i$

ゆえに　$\boldsymbol{z=-1+5i}$

⇐共役複素数の性質を利用。
α，β を複素数とすると
$\overline{\alpha+\beta}=\overline{\alpha}+\overline{\beta}$
更に，k を実数とすると
$\overline{k\alpha}=k\overline{\alpha}$，$\overline{\overline{\alpha}}=\alpha$

inf. 「共役複素数の性質を利用して」という条件がない場合，(1)は次のように解くことができる。

$z=a+bi$ (a，b は実数) とおくと

$a+bi-3(a-bi)=2+20i$

整理して　$-2a+4bi=2+20i$

⇐「a，b は実数」の断りは重要。

$-2a$，$4b$ は実数であるから　　$-2a=2$　かつ　$4b=20$

したがって　　$a=-1$，$b=5$

よって　　$\boldsymbol{z=-1+5i}$

(2)　5次方程式 $ax^5+bx^2+c=0$ が虚数 α を解にもつから

$a\alpha^5+b\alpha^2+c=0$ が成り立つ。

両辺の共役複素数を考えると

$$\overline{a\alpha^5+b\alpha^2+c}=\overline{0}$$

よって　　$\overline{a\alpha^5}+\overline{b\alpha^2}+\overline{c}=0$

ゆえに　　$a\overline{\alpha^5}+b\overline{\alpha^2}+c=0$

すなわち　$a(\overline{\alpha})^5+b(\overline{\alpha})^2+c=0$

これは，$x=\overline{\alpha}$ が5次方程式 $ax^5+bx^2+c=0$ の解であることを示している。

よって，5次方程式 $ax^5+bx^2+c=0$ が虚数 α を解にもつとき，共役複素数 $\overline{\alpha}$ も解にもつ。

⇐a，b，c，d が実数で，$a+bi=c+di$ ならば $a=c$ かつ $b=d$

⇐$x=\alpha$ が解 $\Longleftrightarrow$ α を代入すると成り立つ。

⇐a，b，c は実数であるから $\overline{a}=a$，$\overline{b}=b$，$\overline{c}=c$，$\overline{0}=0$

また　$\overline{\alpha^n}=(\overline{\alpha})^n$

PR ③79

(1)　$z\overline{z}=1$ のとき，$z+\dfrac{1}{z}$ は実数であることを示せ。　〔類 琉球大〕

(2)　z^3 が実数でない複素数 z に対して，$z^3-(\overline{z})^3$ は純虚数であることを示せ。

(1)　$z\neq0$ であるから，$z\overline{z}=1$ より　　$\overline{z}=\dfrac{1}{z}$

$w=z+\dfrac{1}{z}$ とする。

両辺の共役複素数を考えると

$$\overline{w}=\overline{z+\frac{1}{z}}$$

ここで　　$(\text{右辺})=\overline{z}+\overline{\left(\dfrac{1}{z}\right)}=\overline{z}+\dfrac{1}{\overline{z}}=\dfrac{1}{z}+z=w$

したがって，$\overline{w}=w$ であるから，$z+\dfrac{1}{z}$ は実数である。

(2)　$v=z^3-(\overline{z})^3$ とする。

z^3 が実数ではないから　　$\overline{z^3}\neq z^3$

よって　　$(\overline{z})^3\neq z^3$　　　ゆえに　　$z^3-(\overline{z})^3\neq0$

すなわち　$v\neq0$

$v=z^3-(\overline{z})^3$ の両辺の共役複素数を考えると

$$\overline{v}=\overline{z^3-(\overline{z})^3}$$

ここで　　$(\text{右辺})=\overline{z^3}-\overline{(\overline{z})^3}=(\overline{z})^3-(\overline{\overline{z}})^3$

$$=-z^3+(\overline{z})^3=-v$$

したがって，$\overline{v}=-v$ かつ $v\neq0$ であるから，$z^3-(\overline{z})^3$ は純虚数である。

⇐$z=0$ とすると，$0=1$ となるから不合理である。よって　$z\neq0$

⇐共役複素数の性質を利用。
α，β を複素数とすると $\overline{\alpha+\beta}=\overline{\alpha}+\overline{\beta}$

⇐z^3 が実数 $\Longleftrightarrow$ $\overline{z^3}=z^3$ であるから，z^3 が実数でない $\Longleftrightarrow$ $\overline{z^3}\neq z^3$

PR ②80

3点 A$(-2-2i)$，B$(5-3i)$，C$(2+6i)$ について，次の点を表す複素数を求めよ。

(1)　2点A，Bから等距離にある虚軸上の点P

(2)　3点A，B，Cから等距離にある点Q

(1)　P(ki)（k は実数）とすると

$$AP^2=|ki-(-2-2i)|^2=|2+(k+2)i|^2$$
$$=2^2+(k+2)^2=k^2+4k+8$$
$$BP^2=|ki-(5-3i)|^2=|(-5)+(k+3)i|^2$$
$$=(-5)^2+(k+3)^2=k^2+6k+34$$

⇐「k は実数」の断りは重要。

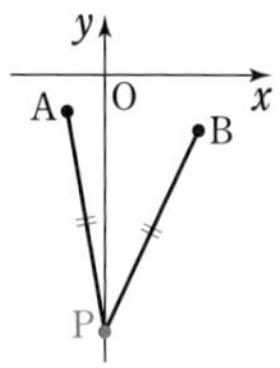

AP＝BP より $AP^2=BP^2$ であるから

$$k^2+4k+8=k^2+6k+34$$

これを解いて　$k=-13$

したがって，点Pを表す複素数は　$\boldsymbol{-13i}$

(2)　Q$(a+bi)$（a，b は実数）とすると

⇐「a，b は実数」の断りは重要。

$$AQ^2=|(a+bi)-(-2-2i)|^2=|(a+2)+(b+2)i|^2$$
$$=(a+2)^2+(b+2)^2$$
$$BQ^2=|(a+bi)-(5-3i)|^2=|(a-5)+(b+3)i|^2$$
$$=(a-5)^2+(b+3)^2$$
$$CQ^2=|(a+bi)-(2+6i)|^2=|(a-2)+(b-6)i|^2$$
$$=(a-2)^2+(b-6)^2$$

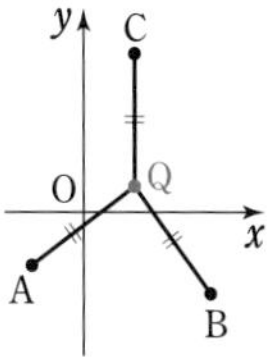

inf.　点Qは複素数平面上で △ABC の外心である。

AQ＝BQ より $AQ^2=BQ^2$ であるから

$$(a+2)^2+(b+2)^2=(a-5)^2+(b+3)^2$$

整理すると　$7a-b=13$ ……①

BQ＝CQ より $BQ^2=CQ^2$ であるから

$$(a-5)^2+(b+3)^2=(a-2)^2+(b-6)^2$$

整理すると　$a-3b=-1$ ……②

①，② を解くと　$a=2$，$b=1$

したがって，点Qを表す複素数は　$\boldsymbol{2+i}$

PR ③81　$|z|=5$ かつ $|z+5|=2\sqrt{5}$ を満たす複素数 z について，次の値を求めよ。
(1)　$z\overline{z}$　　(2)　$z+\overline{z}$　　(3)　z

(1)　$\boldsymbol{z\overline{z}=|z|^2=5^2=25}$

(2)　$|z+5|=2\sqrt{5}$ から　$|z+5|^2=20$

よって　$(z+5)\overline{(z+5)}=20$

⇐$|z+5|^2=(z+5)\overline{(z+5)}$

すなわち　$(z+5)(\overline{z}+5)=20$

⇐$\overline{z+5}=\overline{z}+\overline{5}=\overline{z}+5$

展開すると　$z\overline{z}+5z+5\overline{z}+25=20$

$z\overline{z}=25$ を代入して整理すると　$5(z+\overline{z})=-30$

よって　$\boldsymbol{z+\overline{z}=-6}$

(3)　$z\neq0$ であるから，(1) の結果より　$\overline{z}=\dfrac{25}{z}$

⇐$|z|=5$ から　$z\neq0$

これを (2) の結果に代入して　$z+\dfrac{25}{z}=-6$

両辺に z を掛けて整理すると　$z^2+6z+25=0$

よって　$z=-3\pm\sqrt{3^2-1\cdot25}=-3\pm4i$

⇐解の公式の利用

したがって　$\boldsymbol{z=-3+4i,\ -3-4i}$

別解 1　$z=a+bi$ (a, b は実数) とおく。

$\overline{z}=a-bi$ であるから　$z+\overline{z}=a+bi+(a-bi)=2a$

(2) より，$z+\overline{z}=-6$ であるから　$a=-3$

また，$|z|=5$ であるから　$a^2+b^2=25$

$a=-3$ を代入して　$b^2=16$　よって　$b=\pm 4$

したがって　$\boldsymbol{z=-3+4i,\ -3-4i}$

別解 2　$z+\overline{z}=-6$, $z\overline{z}=25$ から 2 数 z, $\overline{z}$ は 2 次方程式

$$t^2+6t+25=0$$

の解である。これを解いて　$t=-3\pm 4i$

すなわち　$\boldsymbol{z=-3+4i,\ -3-4i}$

⇐「a, b は実数」の断りは重要。

⇐$2a=-6$

⇐$|z|^2=a^2+b^2$

⇐解の公式を用いて
$t=-3\pm\sqrt{3^2-1\cdot 25}$
$=-3\pm\sqrt{-16}$

PR ③82

α, β は複素数とする。

(1) $|\alpha|=|\beta|=1$, $\alpha-\beta+1=0$ のとき，$\alpha\beta$, $\dfrac{\alpha}{\beta}+\dfrac{\beta}{\alpha}$ の値を求めよ。

(2) $|\alpha|=|\beta|=|\alpha-\beta|=1$ のとき，$|2\beta-\alpha|$ の値を求めよ。

(1) $|\alpha|^2=1^2$ から　$\alpha\overline{\alpha}=1$　ゆえに　$\overline{\alpha}=\dfrac{1}{\alpha}$ …… ①

$|\beta|^2=1^2$ から　$\beta\overline{\beta}=1$　ゆえに　$\overline{\beta}=\dfrac{1}{\beta}$ …… ②

$\alpha-\beta+1=0$ の両辺の共役複素数を考えると

$\overline{\alpha-\beta+1}=\overline{0}$　すなわち　$\overline{\alpha}-\overline{\beta}+1=0$

①, ② を代入して　$\dfrac{1}{\alpha}-\dfrac{1}{\beta}+1=0$

ゆえに　$\beta-\alpha+\alpha\beta=0$

よって　$\alpha\beta=\alpha-\beta$

$\alpha-\beta=-1$ であるから

$\boldsymbol{\alpha\beta=-1}$

また　$\dfrac{\boldsymbol{\alpha}}{\boldsymbol{\beta}}+\dfrac{\boldsymbol{\beta}}{\boldsymbol{\alpha}}=\dfrac{\alpha^2+\beta^2}{\alpha\beta}=\dfrac{(\alpha-\beta)^2+2\alpha\beta}{\alpha\beta}$

$=\dfrac{(-1)^2+2\cdot(-1)}{-1}=\boldsymbol{1}$

(2) $|\alpha-\beta|^2=(\alpha-\beta)(\overline{\alpha-\beta})=(\alpha-\beta)(\overline{\alpha}-\overline{\beta})$

$=\alpha\overline{\alpha}-\alpha\overline{\beta}-\overline{\alpha}\beta+\beta\overline{\beta}$

$=|\alpha|^2-\alpha\overline{\beta}-\overline{\alpha}\beta+|\beta|^2$

条件より，$|\alpha|^2=|\beta|^2=|\alpha-\beta|^2=1$ であるから

$1=1-\alpha\overline{\beta}-\overline{\alpha}\beta+1$

ゆえに　$\alpha\overline{\beta}+\overline{\alpha}\beta=1$

よって　$|2\beta-\alpha|^2=(2\beta-\alpha)(\overline{2\beta-\alpha})$

$=(2\beta-\alpha)(2\overline{\beta}-\overline{\alpha})$

$=4\beta\overline{\beta}-2\overline{\alpha}\beta-2\alpha\overline{\beta}+\alpha\overline{\alpha}$

$=4|\beta|^2-2(\alpha\overline{\beta}+\overline{\alpha}\beta)+|\alpha|^2$

$=4\cdot 1^2-2\cdot 1+1^2=3$

したがって　$\boldsymbol{|2\beta-\alpha|=\sqrt{3}}$

⇐$\alpha\overline{\alpha}=|\alpha|^2$

⇐$\beta\overline{\beta}=|\beta|^2$

⇐$\overline{\alpha+\beta}=\overline{\alpha}+\overline{\beta}$,
$\overline{\alpha-\beta}=\overline{\alpha}-\overline{\beta}$

⇐両辺に $\alpha\beta$ を掛ける。

⇐条件 $\alpha-\beta+1=0$ から。

⇐$\alpha-\beta$ と $\alpha\beta$ で表す。

⇐$|z|^2=z\overline{z}$,
$\overline{\alpha-\beta}=\overline{\alpha}-\overline{\beta}$

⇐$|z|^2=z\overline{z}$

⇐$\alpha\overline{\beta}+\overline{\alpha}\beta=1$ を代入。

PR ④83 $z+\dfrac{4}{z}$ が実数であり，かつ $|z-2|=2$ であるような複素数 z を求めよ。〔一橋大〕

$z+\dfrac{4}{z}\ (z\neq0)$ は実数であるから　$\overline{z+\dfrac{4}{z}}=z+\dfrac{4}{z}$

ここで，$\overline{z+\dfrac{4}{z}}=\overline{z}+\overline{\left(\dfrac{4}{z}\right)}=\overline{z}+\dfrac{4}{\overline{z}}$ から

$$\overline{z}+\frac{4}{\overline{z}}=z+\frac{4}{z}$$

両辺に $z\overline{z}$ を掛けて　$\overline{z}|z|^2+4z=z|z|^2+4\overline{z}$

したがって　$z|z|^2-\overline{z}|z|^2-4z+4\overline{z}=0$

$$(\text{左辺})=(z-\overline{z})|z|^2-4(z-\overline{z})=(z-\overline{z})(|z|^2-4)$$
$$=(z-\overline{z})(|z|-2)(|z|+2)$$

よって　$(z-\overline{z})(|z|-2)(|z|+2)=0$

ゆえに　$z=\overline{z}$　または　$|z|=2$

[1]　$z=\overline{z}$ のとき

z は実数である。よって，$|z-2|=2$ から　$z-2=\pm2$

ゆえに　$z=0,\ 4$　　$z\neq0$ であるから　$z=4$

[2]　$|z|=2$ のとき

$|z-2|=2$ から　$|z-2|^2=4$

ゆえに　$(z-2)\overline{(z-2)}=4$

すなわち　$(z-2)(\overline{z}-2)=4$

展開すると　$z\overline{z}-2z-2\overline{z}+4=4$

よって　$|z|^2-2(z+\overline{z})=0$

$|z|=2$ から　$z+\overline{z}=2$ ……(＊)

ここで，$|z|=2$ から　$|z|^2=4$　　ゆえに　$z\overline{z}=4$

$z+\overline{z}=2$ のとき，$z\overline{z}=4$ から，2数 z，$\overline{z}$ は2次方程式

$t^2-2t+4=0$ の解である。よって　$t=1\pm\sqrt{3}i$

[1]，[2] から　$\boldsymbol{z=4,\ 1\pm\sqrt{3}i}$

inf.　$z=a+bi$ (a，b は実数) ……① とおくと

$\overline{z}=a-bi$ ……② である。

①＋② から　$z+\overline{z}=2a$　　①－② から　$z-\overline{z}=2bi$

よって，z の実部 a，虚部 b は z と $\overline{z}$ を用いて，

$a=\dfrac{1}{2}(z+\overline{z})$，$b=\dfrac{1}{2i}(z-\overline{z})$ と表せる。

すなわち，z と $\overline{z}$ の和がわかれば z の実部，差がわかれば虚部を求めることができる。

本問の [2] では，(＊) より，z の実部が1である。

$|z|=2$ であるから，z の虚部は　$\pm\sqrt{2^2-1^2}=\pm\sqrt{3}$

よって，$z=1\pm\sqrt{3}i$ と求めることができる。

⇐ α が実数 $\Leftrightarrow$ $\overline{\alpha}=\alpha$

⇐ $\overline{\alpha+\beta}=\overline{\alpha}+\overline{\beta}$

⇐ 両辺に $z\overline{z}$ すなわち $|z|^2$ を掛ける。

⇐ $|z|>0$ から　$|z|+2\neq0$

⇐ z が実数であるとき $z-2$ も実数。

⇐ $|z-2|^2=(z-2)\overline{(z-2)}$

⇐ $2^2-2(z+\overline{z})=0$

⇐ 解の公式により
$t=-(-1)\pm\sqrt{(-1)^2-1\cdot4}$
$=1\pm\sqrt{-3}$

⇐ 複素数 z の実部 a は
$a=\dfrac{1}{2}(z+\overline{z})$

PR ①84 次の複素数を極形式で表せ。ただし，偏角 θ の範囲は $0\leqq\theta<2\pi$ とする。

(1) $2\left(\sin\frac{\pi}{3}+i\cos\frac{\pi}{3}\right)$　　(2) $z=\cos\frac{12}{7}\pi+i\sin\frac{12}{7}\pi$ のとき　$-3z$

(1) $\mathbf{2\left(\sin\frac{\pi}{3}+i\cos\frac{\pi}{3}\right)}$

$=2\left(\frac{\sqrt{3}}{2}+\frac{1}{2}i\right)$

$=\mathbf{2\left(\cos\frac{\pi}{6}+i\sin\frac{\pi}{6}\right)}$

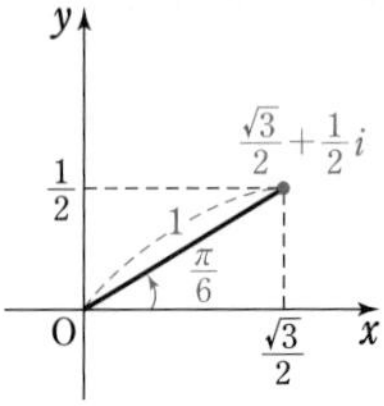

別解　$\mathbf{2\left(\sin\frac{\pi}{3}+i\cos\frac{\pi}{3}\right)}$

$=2\left\{\cos\left(\frac{\pi}{2}-\frac{\pi}{3}\right)+i\sin\left(\frac{\pi}{2}-\frac{\pi}{3}\right)\right\}$

$=\mathbf{2\left(\cos\frac{\pi}{6}+i\sin\frac{\pi}{6}\right)}$

⇐ $\cos\left(\frac{\pi}{2}-\theta\right)=\sin\theta$
$\sin\left(\frac{\pi}{2}-\theta\right)=\cos\theta$

(2) z の絶対値は $\sqrt{\cos^2\frac{12}{7}\pi+\sin^2\frac{12}{7}\pi}=1$，　偏角は $\frac{12}{7}\pi$

点 $-3z$ は，点 z を原点に関して対称移動し，原点からの距離を 3 倍した点である。

よって，$-3z$ の絶対値は 3，偏角は　$\frac{12}{7}\pi-\pi=\frac{5}{7}\pi$

したがって　　$\mathbf{-3z=3\left(\cos\frac{5}{7}\pi+i\sin\frac{5}{7}\pi\right)}$

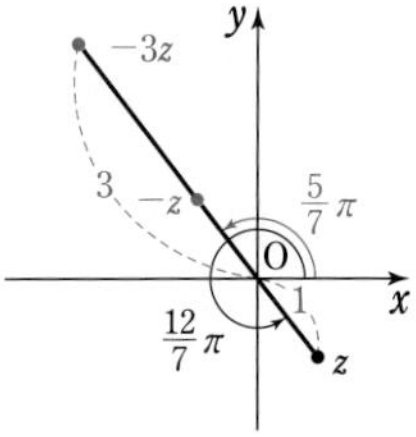

PR ①85 $\alpha=-2+2i$，$\beta=-3-3\sqrt{3}i$ とする。ただし，偏角は $0\leqq\theta<2\pi$ とする。

(1) $\alpha\beta$，$\frac{\alpha}{\beta}$ をそれぞれ極形式で表せ。　　(2) $\arg\alpha^3$，$\left|\frac{\alpha^3}{\beta}\right|$ をそれぞれ求めよ。

(1) α，β をそれぞれ極形式で表すと

$\alpha=2\sqrt{2}\left(\cos\frac{3}{4}\pi+i\sin\frac{3}{4}\pi\right)$,

$\beta=6\left(\cos\frac{4}{3}\pi+i\sin\frac{4}{3}\pi\right)$

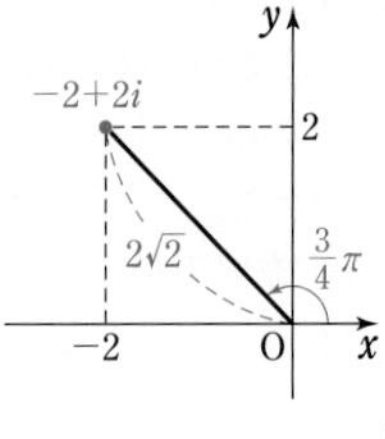

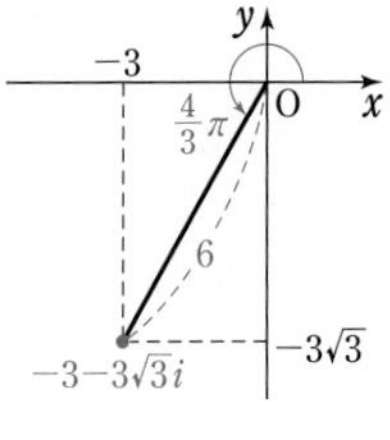

よって

$\boldsymbol{\alpha\beta}=2\sqrt{2}\cdot 6\left\{\cos\left(\frac{3}{4}\pi+\frac{4}{3}\pi\right)\right.$
$\left.+i\sin\left(\frac{3}{4}\pi+\frac{4}{3}\pi\right)\right\}$

$=12\sqrt{2}\left(\cos\frac{25}{12}\pi+i\sin\frac{25}{12}\pi\right)$

$=\mathbf{12\sqrt{2}\left(\cos\frac{\pi}{12}+i\sin\frac{\pi}{12}\right)}$,

$\boldsymbol{\frac{\alpha}{\beta}}=\frac{2\sqrt{2}}{6}\left\{\cos\left(\frac{3}{4}\pi-\frac{4}{3}\pi\right)+i\sin\left(\frac{3}{4}\pi-\frac{4}{3}\pi\right)\right\}$

⇐ $\frac{3}{4}\pi+\frac{4}{3}\pi=\frac{25}{12}\pi$

⇐偏角 θ が $0\leqq\theta<2\pi$ を満たすように変形する。
$\frac{25}{12}\pi-2\pi=\frac{\pi}{12}$

⇐ $\frac{3}{4}\pi-\frac{4}{3}\pi=-\frac{7}{12}\pi$

$=\dfrac{\sqrt{2}}{3}\left\{\cos\left(-\dfrac{7}{12}\pi\right)+i\sin\left(-\dfrac{7}{12}\pi\right)\right\}$

$=\boldsymbol{\dfrac{\sqrt{2}}{3}\left(\cos\dfrac{17}{12}\pi+i\sin\dfrac{17}{12}\pi\right)}$

⇦偏角 θ が $0\leqq\theta<2\pi$ を満たすように変形する。
$-\dfrac{7}{12}\pi+2\pi=\dfrac{17}{12}\pi$

(2)　(1) より $\arg\alpha=\dfrac{3}{4}\pi$ であるから　　$\arg\alpha^3=3\arg\alpha=\dfrac{9}{4}\pi$

$\dfrac{9}{4}\pi-2\pi=\dfrac{\pi}{4}$ から　　$\boldsymbol{\arg\alpha^3=\dfrac{\pi}{4}}$

(1) より $|\alpha|=2\sqrt{2}$，$|\beta|=6$ であるから

$\left|\dfrac{\alpha^3}{\beta}\right|=\dfrac{|\alpha^3|}{|\beta|}=\dfrac{|\alpha|^3}{|\beta|}=\dfrac{16\sqrt{2}}{6}=\boldsymbol{\dfrac{8\sqrt{2}}{3}}$

⇦$\arg\alpha^3=\arg(\alpha\cdot\alpha\cdot\alpha)$
$=3\arg\alpha$

⇦偏角 θ が $0\leqq\theta<2\pi$ を満たすように変形する。

3章
PR

PR ②86　$1+i$，$\sqrt{3}+i$ を極形式で表すことにより，$\cos\dfrac{5}{12}\pi$，$\sin\dfrac{5}{12}\pi$ の値をそれぞれ求めよ。

$1+i$，$\sqrt{3}+i$ をそれぞれ極形式で表すと

$1+i=\sqrt{2}\left(\dfrac{1}{\sqrt{2}}+\dfrac{1}{\sqrt{2}}i\right)=\sqrt{2}\left(\cos\dfrac{\pi}{4}+i\sin\dfrac{\pi}{4}\right)$

$\sqrt{3}+i=2\left(\dfrac{\sqrt{3}}{2}+\dfrac{1}{2}i\right)=2\left(\cos\dfrac{\pi}{6}+i\sin\dfrac{\pi}{6}\right)$

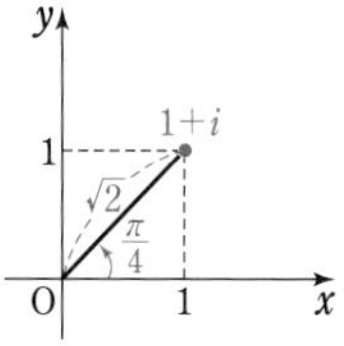

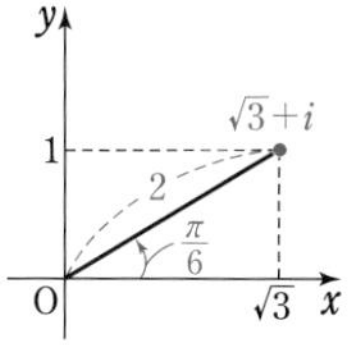

ゆえに　$(1+i)(\sqrt{3}+i)=\sqrt{2}\cdot2\left\{\cos\left(\dfrac{\pi}{4}+\dfrac{\pi}{6}\right)+i\sin\left(\dfrac{\pi}{4}+\dfrac{\pi}{6}\right)\right\}$

$=2\sqrt{2}\left(\cos\dfrac{5}{12}\pi+i\sin\dfrac{5}{12}\pi\right)$ …… ①

⇦極形式の形。

また　$(1+i)(\sqrt{3}+i)=\sqrt{3}-1+(\sqrt{3}+1)i$ …… ②

⇦$a+bi$ の形。

よって，①，② から

$2\sqrt{2}\cos\dfrac{5}{12}\pi=\sqrt{3}-1$，$2\sqrt{2}\sin\dfrac{5}{12}\pi=\sqrt{3}+1$

⇦①，② の実部どうし，虚部どうしがそれぞれ等しい。

したがって

$\boldsymbol{\cos\dfrac{5}{12}\pi}=\dfrac{\sqrt{3}-1}{2\sqrt{2}}=\boldsymbol{\dfrac{\sqrt{6}-\sqrt{2}}{4}}$，

$\boldsymbol{\sin\dfrac{5}{12}\pi}=\dfrac{\sqrt{3}+1}{2\sqrt{2}}=\boldsymbol{\dfrac{\sqrt{6}+\sqrt{2}}{4}}$

PR ②87　$z=4-2i$ とする。

(1)　点 z を原点を中心として $-\dfrac{\pi}{2}$ だけ回転した点を表す複素数 w_1 を求めよ。

(2)　点 z を原点を中心として $\dfrac{\pi}{3}$ だけ回転し，原点からの距離を $\dfrac{1}{2}$ 倍した点を表す複素数 w_2 を求めよ。

(1)　$\boldsymbol{w_1}=\left\{\cos\left(-\dfrac{\pi}{2}\right)+i\sin\left(-\dfrac{\pi}{2}\right)\right\}z$

$=(-i)(4-2i)$

$\boldsymbol{=-2-4i}$

⇦絶対値が1で，偏角が $-\dfrac{\pi}{2}$ の複素数を z に掛ける。

(2) $\boldsymbol{w_2}=\frac{1}{2}\left(\cos\frac{\pi}{3}+i\sin\frac{\pi}{3}\right)z$

$=\frac{1}{2}\left(\frac{1}{2}+\frac{\sqrt{3}}{2}i\right)(4-2i)$

$=\boldsymbol{\left(1+\frac{\sqrt{3}}{2}\right)+\left(-\frac{1}{2}+\sqrt{3}\right)i}$

⇐絶対値が $\frac{1}{2}$ で，偏角が $\frac{\pi}{3}$ の複素数を z に掛ける。

inf. 上の問題において，原点をO，P(z)，Q(w_1)，R(w_2) とすると，△OPQ は ∠POQ$=\frac{\pi}{2}$，OP$=$OQ から直角二等辺三角形であることがわかる。

△OPR は ∠POR$=\frac{\pi}{3}$，OP：OR$=2：1$ から，∠ORP$=\frac{\pi}{2}$，∠POR$=\frac{\pi}{3}$，∠OPR$=\frac{\pi}{6}$ の直角三角形であることがわかる。

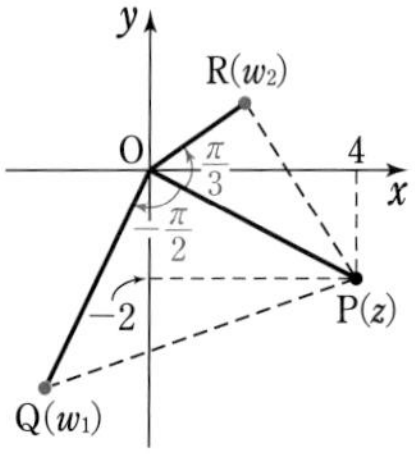

PR ③88

$\alpha=2+i$，$\beta=4+5i$ とする。点 β を，点 α を中心として $\frac{\pi}{4}$ だけ回転した点を表す複素数 γ を求めよ。

点 α が原点Oに移るような平行移動で，点 β，γ がそれぞれ β'，γ' に移るとすると

$\beta'=\beta-\alpha$

$=(4+5i)-(2+i)$

$=2+4i$

$\gamma'=\gamma-\alpha$

⇐[1] $-\alpha$ の平行移動。

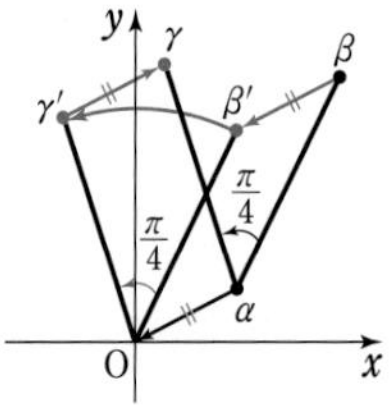

点 γ' は，点 β' を原点Oを中心として $\frac{\pi}{4}$ だけ回転した点であるから

$\gamma'=\left(\cos\frac{\pi}{4}+i\sin\frac{\pi}{4}\right)(2+4i)$

$=\left(\frac{\sqrt{2}}{2}+\frac{\sqrt{2}}{2}i\right)(2+4i)$

$=-\sqrt{2}+3\sqrt{2}\,i$

⇐[2] 原点を中心とした $\frac{\pi}{4}$ の回転移動。

よって　$\boldsymbol{\gamma}=\gamma'+\alpha$

$=-\sqrt{2}+3\sqrt{2}\,i+(2+i)$

$\boldsymbol{=2-\sqrt{2}+(1+3\sqrt{2})i}$

⇐[3] 元に戻す $+\alpha$ の平行移動。

inf. 基本例題 88 の INFORMATION で扱った式を上の問題に適用すると，以下のようになる。

$\gamma=\left(\cos\frac{\pi}{4}+i\sin\frac{\pi}{4}\right)\{(4+5i)-(2+i)\}+(2+i)$

$=\left(\frac{\sqrt{2}}{2}+\frac{\sqrt{2}}{2}i\right)(2+4i)+(2+i)$

$=2-\sqrt{2}+(1+3\sqrt{2})i$

⇐点 β を点 α を中心として θ だけ回転した点を表す複素数 γ は
$\boldsymbol{\gamma=(\cos\theta+i\sin\theta)\times(\beta-\alpha)+\alpha}$

PR
③**89**

原点をOとする。
(1)　A$(5-\sqrt{3}i)$ とする。△OAB が正三角形となるような点Bを表す複素数wを求めよ。
(2)　A$(-1+2i)$ とする。△OAB が直角二等辺三角形となるような点Bを表す複素数βを求めよ。
〔(1)類　千葉工大〕

HINT　(2)　例題と異なり，等しい２辺を示していないので，OA＝OB，AO＝AB，BO＝BA の場合に分けて考える。

(1)　点Bは，点Aを原点Oを中心として $\frac{\pi}{3}$ または $-\frac{\pi}{3}$ だけ回転した点である。

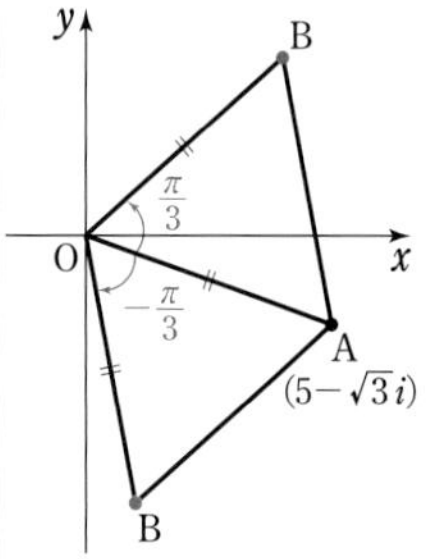

[1]　$\frac{\pi}{3}$ だけ回転した場合

$$w=\left(\cos\frac{\pi}{3}+i\sin\frac{\pi}{3}\right)(5-\sqrt{3}i)$$
$$=\left(\frac{1}{2}+\frac{\sqrt{3}}{2}i\right)(5-\sqrt{3}i)=\mathbf{4+2\sqrt{3}\,i}$$

[2]　$-\frac{\pi}{3}$ だけ回転した場合

$$w=\left\{\cos\left(-\frac{\pi}{3}\right)+i\sin\left(-\frac{\pi}{3}\right)\right\}(5-\sqrt{3}i)$$
$$=\left(\frac{1}{2}-\frac{\sqrt{3}}{2}i\right)(5-\sqrt{3}i)=\mathbf{1-3\sqrt{3}\,i}$$

(2)　[1]　OA＝OB の直角二等辺三角形の場合

点Bは，点Aを原点Oを中心として $\frac{\pi}{2}$ または $-\frac{\pi}{2}$ だけ回転した点であるから

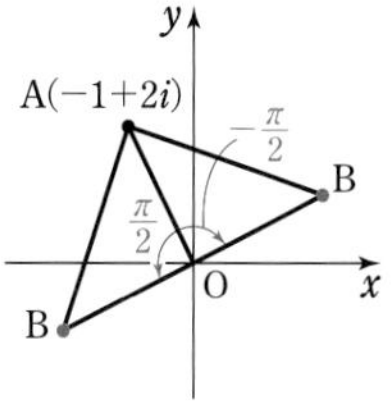

$$\beta=\left\{\cos\left(\pm\frac{\pi}{2}\right)+i\sin\left(\pm\frac{\pi}{2}\right)\right\}(-1+2i)$$
$$=\pm i(-1+2i)=\mp2\mp i$$
（複号はすべて同順。以下同様）

よって　　$\boldsymbol{\beta=-2-i,\ 2+i}$

[2]　AO＝AB の直角二等辺三角形の場合

点Bは，点Aを原点Oを中心として $\frac{\pi}{4}$ または $-\frac{\pi}{4}$ だけ回転し，原点からの距離を $\sqrt{2}$ 倍した点であるから

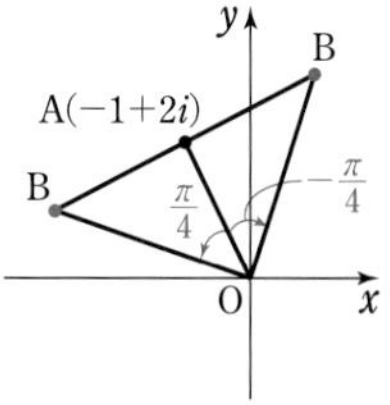

$$\boldsymbol{\beta}=\sqrt{2}\left\{\cos\left(\pm\frac{\pi}{4}\right)+i\sin\left(\pm\frac{\pi}{4}\right)\right\}(-1+2i)$$
$$=\sqrt{2}\left(\frac{1}{\sqrt{2}}\pm\frac{1}{\sqrt{2}}i\right)(-1+2i)$$
$$=\mathbf{-3+i,\ 1+3i}$$

別解　点Bは，原点Oを点Aを中心として $\frac{\pi}{2}$ または $-\frac{\pi}{2}$ だけ回転した点である。点Aが原点に移るような平行移動で，点O，B がそれぞれ点O′，B′ に移るとすると

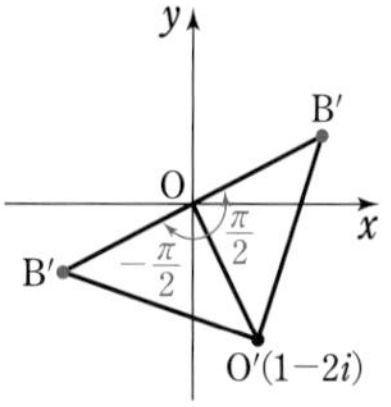

O′$(1-2i)$，B′$(\beta-(-1+2i))$

点 B′ は，点 O′ を原点Oを中心として $\frac{\pi}{2}$ または $-\frac{\pi}{2}$ だけ回転した点であるから

$$\beta-(-1+2i)=\left\{\cos\left(\pm\frac{\pi}{2}\right)+i\sin\left(\pm\frac{\pi}{2}\right)\right\}(1-2i)$$
$$=\pm i(1-2i)=\pm 2\pm i$$

よって　　$\boldsymbol{\beta=-3+i,\ 1+3i}$

[3]　BO=BA の直角二等辺三角形の場合

点Bは，点Aを原点Oを中心として $\frac{\pi}{4}$ または $-\frac{\pi}{4}$ だけ回転し，原点からの距離を $\frac{1}{\sqrt{2}}$ 倍した点であるから

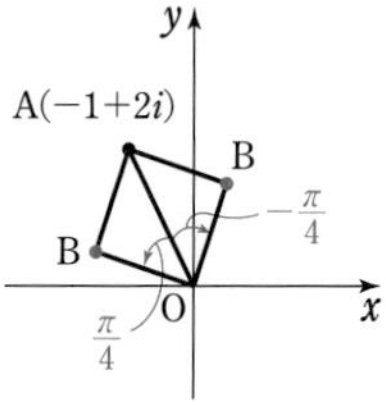

$$\beta=\frac{1}{\sqrt{2}}\left\{\cos\left(\pm\frac{\pi}{4}\right)+i\sin\left(\pm\frac{\pi}{4}\right)\right\}(-1+2i)$$
$$=\frac{1}{\sqrt{2}}\left(\frac{1}{\sqrt{2}}\pm\frac{1}{\sqrt{2}}i\right)(-1+2i)$$
$$=\boldsymbol{-\frac{3}{2}+\frac{i}{2},\ \frac{1}{2}+\frac{3}{2}i}$$

別解　点Aは，原点Oを点Bを中心として $\frac{\pi}{2}$ または $-\frac{\pi}{2}$ だけ回転した点である。
点Bが原点に移るような平行移動で，点 O，A がそれぞれ点 O′，A′ に移るとすると

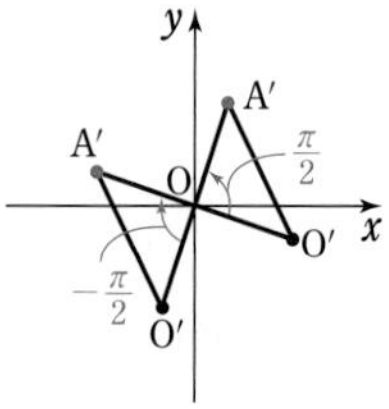

$$O'(-\beta),\ A'((-1+2i)-\beta)$$

点 A′ は，点 O′ を原点 O を中心として $\frac{\pi}{2}$ または $-\frac{\pi}{2}$ だけ回転した点であるから

$$(-1+2i)-\beta=\left\{\cos\left(\pm\frac{\pi}{2}\right)+i\sin\left(\pm\frac{\pi}{2}\right)\right\}(-\beta)$$
$$=\pm i(-\beta)$$

よって　　$\boldsymbol{\beta=-\frac{3}{2}+\frac{i}{2},\ \frac{1}{2}+\frac{3}{2}i}$

PR ①90

次の複素数の値を求めよ。

(1)　$(\sqrt{3}-i)^4$　　(2)　$\left(\frac{2}{-1+i}\right)^{-6}$　　(3)　$\left(\frac{-\sqrt{6}+\sqrt{2}i}{4}\right)^8$

(1)　$\sqrt{3}-i=2\left\{\cos\left(-\frac{\pi}{6}\right)+i\sin\left(-\frac{\pi}{6}\right)\right\}$

から

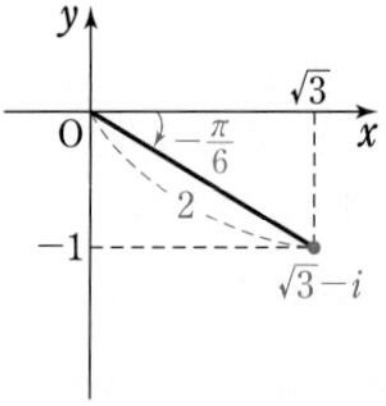

$$(\sqrt{3}-i)^4$$
$$=2^4\left\{\cos\left(-\frac{\pi}{6}\right)+i\sin\left(-\frac{\pi}{6}\right)\right\}^4$$
$$=16\left\{\cos\left(-\frac{2}{3}\pi\right)+i\sin\left(-\frac{2}{3}\pi\right)\right\}$$
$$=\boldsymbol{-8-8\sqrt{3}i}$$

⇦$4\times\left(-\frac{\pi}{6}\right)=-\frac{2}{3}\pi$

(2)　$-1+i=\sqrt{2}\left(\cos\frac{3}{4}\pi+i\sin\frac{3}{4}\pi\right)$

から

$$\left(\frac{2}{-1+i}\right)^{-6}=\left(\frac{-1+i}{2}\right)^{6}$$
$$=\frac{1}{2^6}(\sqrt{2})^6\left(\cos\frac{3}{4}\pi+i\sin\frac{3}{4}\pi\right)^6$$
$$=\frac{1}{(\sqrt{2})^6}\left(\cos\frac{9}{2}\pi+i\sin\frac{9}{2}\pi\right)$$
$$=\frac{1}{2^3}\left(\cos\frac{\pi}{2}+i\sin\frac{\pi}{2}\right)=\boldsymbol{\frac{1}{8}i}$$

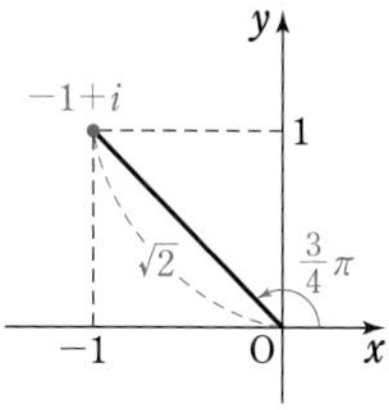

⇦$6\times\frac{3}{4}\pi=\frac{9}{2}\pi$

⇦$\frac{9}{2}\pi=\frac{\pi}{2}+4\pi$

(3)　$\frac{-\sqrt{6}+\sqrt{2}i}{4}=\frac{\sqrt{2}}{2}\left(-\frac{\sqrt{3}}{2}+\frac{1}{2}i\right)$

$=\frac{\sqrt{2}}{2}\left(\cos\frac{5}{6}\pi+i\sin\frac{5}{6}\pi\right)$

から

$$\left(\frac{-\sqrt{6}+\sqrt{2}i}{4}\right)^8$$
$$=\left(\frac{\sqrt{2}}{2}\right)^8\left(\cos\frac{5}{6}\pi+i\sin\frac{5}{6}\pi\right)^8$$
$$=\frac{1}{2^4}\left(\cos\frac{20}{3}\pi+i\sin\frac{20}{3}\pi\right)$$
$$=\frac{1}{16}\left(\cos\frac{2}{3}\pi+i\sin\frac{2}{3}\pi\right)$$
$$=\boldsymbol{-\frac{1}{32}+\frac{\sqrt{3}}{32}i}$$

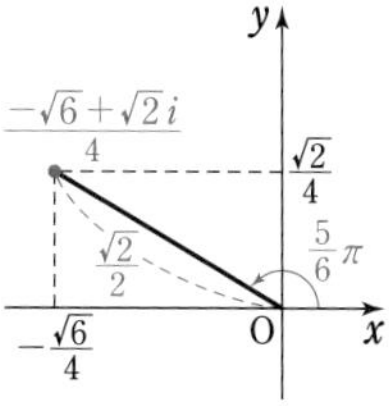

⇦$8\times\frac{5}{6}\pi=\frac{20}{3}\pi$

⇦$\frac{20}{3}\pi=\frac{2}{3}\pi+6\pi$

PR
③**91**　複素数 $z=\frac{-1+i}{1+\sqrt{3}i}$ について，z^n が実数となるような最小の正の整数 n を求めよ。

$-1+i$，$1+\sqrt{3}i$ をそれぞれ極形式で表すと　$-1+i=\sqrt{2}\left(\cos\frac{3}{4}\pi+i\sin\frac{3}{4}\pi\right)$，

$1+\sqrt{3}i=2\left(\cos\frac{\pi}{3}+i\sin\frac{\pi}{3}\right)$

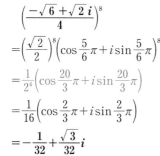

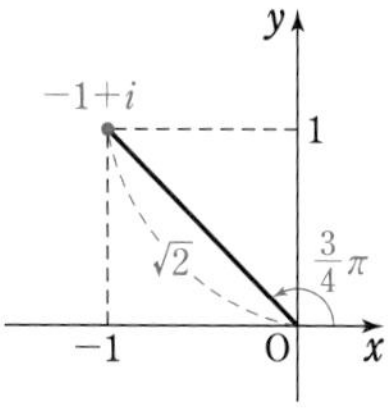

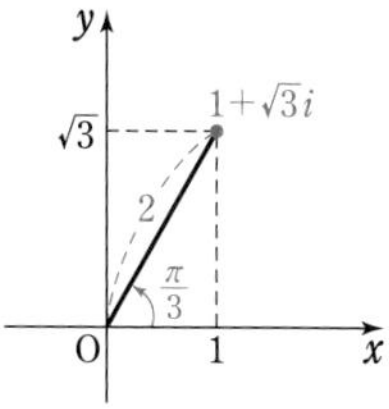

よって　$z=\frac{\sqrt{2}}{2}\left\{\cos\left(\frac{3}{4}\pi-\frac{\pi}{3}\right)+i\sin\left(\frac{3}{4}\pi-\frac{\pi}{3}\right)\right\}$

$=\frac{\sqrt{2}}{2}\left(\cos\frac{5}{12}\pi+i\sin\frac{5}{12}\pi\right)$

⇦$\frac{3}{4}\pi-\frac{\pi}{3}=\frac{5}{12}\pi$

ゆえに　$z^n=\left(\frac{\sqrt{2}}{2}\right)^n\left(\cos\frac{5}{12}\pi+i\sin\frac{5}{12}\pi\right)^n$

$=\left(\frac{\sqrt{2}}{2}\right)^n\left(\cos\frac{5}{12}n\pi+i\sin\frac{5}{12}n\pi\right)$

⇦ド・モアブルの定理

z^n が実数となるとき　　$\sin\frac{5}{12}n\pi=0$

ゆえに　　$\frac{5}{12}n\pi=m\pi$ （m は整数）　　よって　　$n=\frac{12}{5}m$

したがって，n が最小の正の整数となるのは $m=5$ のときであるから　　$\boldsymbol{n=12}$

⇐$\sin\theta=0$ の解は $\theta=k\pi$（k は整数）

PR ③92　複素数 z が $z+\frac{1}{z}=\sqrt{3}$ を満たすとき，$z^{10}+\frac{1}{z^{10}}$ の値を求めよ。〔京都産大〕

$z+\frac{1}{z}=\sqrt{3}$ から　　$z^2-\sqrt{3}z+1=0$

⇐両辺に z を掛けて整理。

これを解いて　　$z=\frac{-(-\sqrt{3})\pm\sqrt{(-\sqrt{3})^2-4\cdot1\cdot1}}{2}$

⇐解の公式を利用。

$$=\frac{\sqrt{3}\pm i}{2}=\frac{\sqrt{3}}{2}\pm\frac{1}{2}i$$

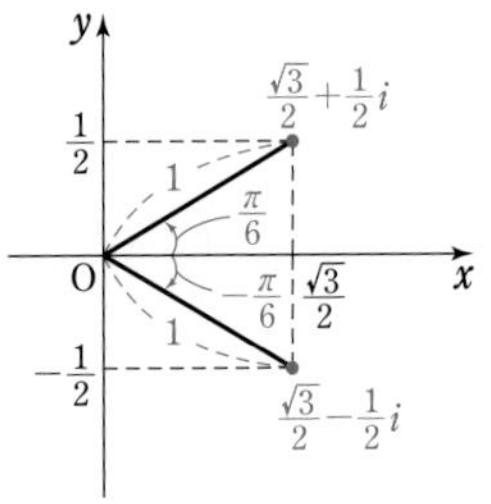

それぞれ極形式で表すと

$$z=\frac{\sqrt{3}}{2}+\frac{1}{2}i=\cos\frac{\pi}{6}+i\sin\frac{\pi}{6}$$

$$z=\frac{\sqrt{3}}{2}-\frac{1}{2}i=\cos\left(-\frac{\pi}{6}\right)+i\sin\left(-\frac{\pi}{6}\right)$$

[1]　$z=\frac{\sqrt{3}}{2}+\frac{1}{2}i$ のとき

$$z^{10}=\left(\cos\frac{\pi}{6}+i\sin\frac{\pi}{6}\right)^{10}=\cos\frac{5}{3}\pi+i\sin\frac{5}{3}\pi$$

$$=\frac{1}{2}-\frac{\sqrt{3}}{2}i$$

⇐$10\times\frac{\pi}{6}=\frac{5}{3}\pi$

また　　$\frac{1}{z^{10}}=(z^{10})^{-1}=\left(\cos\frac{5}{3}\pi+i\sin\frac{5}{3}\pi\right)^{-1}$

$$=\cos\left(-\frac{5}{3}\pi\right)+i\sin\left(-\frac{5}{3}\pi\right)=\frac{1}{2}+\frac{\sqrt{3}}{2}i$$

よって　　$z^{10}+\frac{1}{z^{10}}=\left(\frac{1}{2}-\frac{\sqrt{3}}{2}i\right)+\left(\frac{1}{2}+\frac{\sqrt{3}}{2}i\right)=1$

[2]　$z=\frac{\sqrt{3}}{2}-\frac{1}{2}i$ のとき

$$z^{10}=\left\{\cos\left(-\frac{\pi}{6}\right)+i\sin\left(-\frac{\pi}{6}\right)\right\}^{10}$$

$$=\cos\left(-\frac{5}{3}\pi\right)+i\sin\left(-\frac{5}{3}\pi\right)=\frac{1}{2}+\frac{\sqrt{3}}{2}i$$

⇐$10\times\left(-\frac{\pi}{6}\right)=-\frac{5}{3}\pi$

また　　$\frac{1}{z^{10}}=(z^{10})^{-1}=\left\{\cos\left(-\frac{5}{3}\pi\right)+i\sin\left(-\frac{5}{3}\pi\right)\right\}^{-1}$

$$=\cos\frac{5}{3}\pi+i\sin\frac{5}{3}\pi=\frac{1}{2}-\frac{\sqrt{3}}{2}i$$

よって　　$z^{10}+\frac{1}{z^{10}}=\left(\frac{1}{2}+\frac{\sqrt{3}}{2}i\right)+\left(\frac{1}{2}-\frac{\sqrt{3}}{2}i\right)=1$

以上から　　$\boldsymbol{z^{10}+\frac{1}{z^{10}}=1}$

別解　条件から

$$z^2+\frac{1}{z^2}=\left(z+\frac{1}{z}\right)^2-2z\cdot\frac{1}{z}=(\sqrt{3})^2-2=1,$$

$$z^3+\frac{1}{z^3}=\left(z+\frac{1}{z}\right)^3-3z\cdot\frac{1}{z}\left(z+\frac{1}{z}\right)=(\sqrt{3})^3-3\cdot\sqrt{3}=0$$

⇦ z と $\frac{1}{z}$ の対称式とみる解答。

ゆえに　$z^5+\frac{1}{z^5}=\left(z^3+\frac{1}{z^3}\right)\left(z^2+\frac{1}{z^2}\right)-z^2\cdot\frac{1}{z^2}\left(z+\frac{1}{z}\right)$

$$=0\cdot1-\sqrt{3}=-\sqrt{3}$$

⇦ $\alpha^5+\beta^5=(\alpha^3+\beta^3)(\alpha^2+\beta^2)-\alpha^2\beta^2(\alpha+\beta)$

よって　$\boldsymbol{z^{10}+\frac{1}{z^{10}}}=\left(z^5+\frac{1}{z^5}\right)^2-2z^5\cdot\frac{1}{z^5}=(-\sqrt{3})^2-2=\mathbf{1}$

3章 PR

PR ②93　極形式を用いて，次の方程式を解け。

(1)　$z^6=1$　　　(2)　$z^8=1$

(1)　$z^6=1$ から　$|z|^6=1$　　よって　$|z|=1$

⇦ $r=1$

したがって，z の極形式を $z=\cos\theta+i\sin\theta$ $(0\leqq\theta<2\pi)$

とすると　$z^6=\cos6\theta+i\sin6\theta$

⇦ド・モアブルの定理

また，1 を極形式で表すと　$1=\cos0+i\sin0$

よって，方程式は　$\cos6\theta+i\sin6\theta=\cos0+i\sin0$

両辺の偏角を比較すると

$6\theta=0+2k\pi$（k は整数）　すなわち　$\theta=\frac{k\pi}{3}$

⇦ $6\theta=0$ だけではない。$+2k\pi$ を忘れずに！

よって　$z=\cos\frac{k\pi}{3}+i\sin\frac{k\pi}{3}$ ……①

$0\leqq\theta<2\pi$ の範囲では　$k=0,\ 1,\ 2,\ 3,\ 4,\ 5$

① で $k=0,\ 1,\ 2,\ 3,\ 4,\ 5$ としたときの z をそれぞれ z_0, z_1, z_2, z_3, z_4, z_5 とすると

$$z_0=\cos0+i\sin0=1,$$

$$z_1=\cos\frac{\pi}{3}+i\sin\frac{\pi}{3}=\frac{1}{2}+\frac{\sqrt{3}}{2}i,$$

$$z_2=\cos\frac{2}{3}\pi+i\sin\frac{2}{3}\pi=-\frac{1}{2}+\frac{\sqrt{3}}{2}i,$$

$$z_3=\cos\pi+i\sin\pi=-1,$$

$$z_4=\cos\frac{4}{3}\pi+i\sin\frac{4}{3}\pi=-\frac{1}{2}-\frac{\sqrt{3}}{2}i,$$

$$z_5=\cos\frac{5}{3}\pi+i\sin\frac{5}{3}\pi=\frac{1}{2}-\frac{\sqrt{3}}{2}i$$

inf.　$z^6=1$ の解を複素数平面上に図示すると，次図のようになる。
解を表す点 z_0, z_1, z_2, z_3, z_4, z_5 は単位円に内接する正六角形の頂点である。

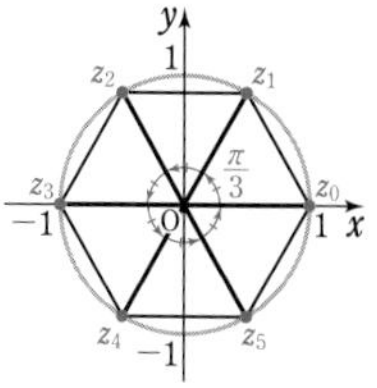

したがって，求める解は

$$\boldsymbol{z=\pm1,\ \pm\frac{1}{2}\pm\frac{\sqrt{3}}{2}i}\ \textbf{（複号任意）}$$

⇦ $\pm\frac{1}{2}\pm\frac{\sqrt{3}}{2}i$ は複号同順ではなく，複号任意である。4 通りの値を示している。

(2)　$z^8=1$ から　$|z|^8=1$　　よって　$|z|=1$

したがって，z の極形式を $z=\cos\theta+i\sin\theta$ $(0\leqq\theta<2\pi)$

とすると　$z^8=\cos8\theta+i\sin8\theta$

また，1を極形式で表すと　$1=\cos 0+i\sin 0$

よって，方程式は　$\cos 8\theta+i\sin 8\theta=\cos 0+i\sin 0$

両辺の偏角を比較すると

$8\theta=0+2k\pi$（k は整数）

⇐$8\theta=0$ だけではない。$+2k\pi$ を忘れずに！

すなわち　$\theta=\dfrac{k\pi}{4}$

よって　$z=\cos\dfrac{k\pi}{4}+i\sin\dfrac{k\pi}{4}$ …… ②

$0\leqq\theta<2\pi$ の範囲では　$k=0,\ 1,\ 2,\ 3,\ 4,\ 5,\ 6,\ 7$

② で $k=0,\ 1,\ 2,\ 3,\ 4,\ 5,\ 6,\ 7$ としたときの z をそれぞれ $z_0,\ z_1,\ z_2,\ z_3,\ z_4,\ z_5,\ z_6,\ z_7$ とすると

$$z_0=\cos 0+i\sin 0=1,$$
$$z_1=\cos\frac{\pi}{4}+i\sin\frac{\pi}{4}=\frac{1}{\sqrt{2}}+\frac{1}{\sqrt{2}}i,$$
$$z_2=\cos\frac{\pi}{2}+i\sin\frac{\pi}{2}=i,$$
$$z_3=\cos\frac{3}{4}\pi+i\sin\frac{3}{4}\pi=-\frac{1}{\sqrt{2}}+\frac{1}{\sqrt{2}}i,$$
$$z_4=\cos\pi+i\sin\pi=-1,$$
$$z_5=\cos\frac{5}{4}\pi+i\sin\frac{5}{4}\pi=-\frac{1}{\sqrt{2}}-\frac{1}{\sqrt{2}}i,$$
$$z_6=\cos\frac{3}{2}\pi+i\sin\frac{3}{2}\pi=-i,$$
$$z_7=\cos\frac{7}{4}\pi+i\sin\frac{7}{4}\pi=\frac{1}{\sqrt{2}}-\frac{1}{\sqrt{2}}i$$

inf.　$z^8=1$ の解を複素数平面上に図示すると，下図のようになる。解を表す点 $z_0,\ z_1,\ z_2,\ z_3,\ z_4,\ z_5,\ z_6,\ z_7$ は単位円に接する正八角形の頂点である。

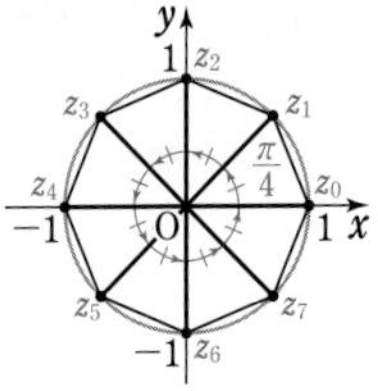

したがって，求める解は

$$\boldsymbol{z=\pm 1,\ \pm\frac{1}{\sqrt{2}}\pm\frac{1}{\sqrt{2}}i}\ \textbf{（複号任意）},\ \boldsymbol{\pm i}$$

⇐$\pm\dfrac{1}{\sqrt{2}}\pm\dfrac{1}{\sqrt{2}}i$ は複号同順ではなく，複号任意である。4通りの値を示している。

PR ③94　次の方程式を解け。　［(1) 東北学院大］

(1)　$z^3=8i$　　(2)　$z^2=2(1+\sqrt{3}i)$

(1)　z の極形式を $z=r(\cos\theta+i\sin\theta)$ $(r>0,\ 0\leqq\theta<2\pi)$ とすると

$$z^3=r^3(\cos 3\theta+i\sin 3\theta)$$

⇐ド・モアブルの定理

また，$8i$ を極形式で表すと

$$8i=8\left(\cos\frac{\pi}{2}+i\sin\frac{\pi}{2}\right)$$

よって，方程式は

$$r^3(\cos 3\theta+i\sin 3\theta)=8\left(\cos\frac{\pi}{2}+i\sin\frac{\pi}{2}\right)$$

両辺の絶対値と偏角を比較すると

$$r^3=8,\ 3\theta=\frac{\pi}{2}+2k\pi \ (k は整数)$$

⇦$3\theta=\frac{\pi}{2}$ だけではない。$+2k\pi$ を忘れずに！

$r>0$ であるから　　$r=2$　　また　　$\theta=\frac{\pi}{6}+\frac{2k\pi}{3}$

よって　　$z=2\left\{\cos\left(\frac{\pi}{6}+\frac{2k\pi}{3}\right)+i\sin\left(\frac{\pi}{6}+\frac{2k\pi}{3}\right)\right\}$ ……①

$0\leqq\theta<2\pi$ の範囲では　　$k=0,\ 1,\ 2$

① で $k=0,\ 1,\ 2$ としたときの z をそれぞれ $z_0,\ z_1,\ z_2$ とすると

$$z_0=2\left(\cos\frac{\pi}{6}+i\sin\frac{\pi}{6}\right)=\sqrt{3}+i,$$

$$z_1=2\left(\cos\frac{5}{6}\pi+i\sin\frac{5}{6}\pi\right)=-\sqrt{3}+i,$$

$$z_2=2\left(\cos\frac{3}{2}\pi+i\sin\frac{3}{2}\pi\right)=-2i$$

したがって，求める解は　　$\boldsymbol{z=\pm\sqrt{3}+i,\ -2i}$

inf.　点 z_0 ～ z_2 を複素数平面上に図示すると下図のようになる。
解を表す点 $z_0,\ z_1,\ z_2$ は原点を中心とする半径 2 の円に内接する正三角形の頂点である。

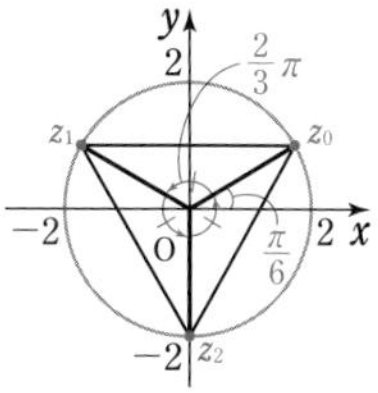

(2)　z の極形式を $z=r(\cos\theta+i\sin\theta)$ $(r>0,\ 0\leqq\theta<2\pi)$ とすると

$$z^2=r^2(\cos2\theta+i\sin2\theta)$$

⇦ド・モアブルの定理

また，$2(1+\sqrt{3}i)$ を極形式で表すと

$$2(1+\sqrt{3}i)=4\left(\cos\frac{\pi}{3}+i\sin\frac{\pi}{3}\right)$$

よって，方程式は

$$r^2(\cos2\theta+i\sin2\theta)=4\left(\cos\frac{\pi}{3}+i\sin\frac{\pi}{3}\right)$$

両辺の絶対値と偏角を比較すると

$$r^2=4,\ 2\theta=\frac{\pi}{3}+2k\pi \ (k は整数)$$

⇦$2\theta=\frac{\pi}{3}$ だけではない。$+2k\pi$ を忘れずに！

$r>0$ であるから　　$r=2$　　また　　$\theta=\frac{\pi}{6}+k\pi$

よって　　$z=2\left\{\cos\left(\frac{\pi}{6}+k\pi\right)+i\sin\left(\frac{\pi}{6}+k\pi\right)\right\}$ ……②

$0\leqq\theta<2\pi$ の範囲では　　$k=0,\ 1$

② で $k=0,\ 1$ としたときの z をそれぞれ $z_0,\ z_1$ とすると

$$z_0=2\left(\cos\frac{\pi}{6}+i\sin\frac{\pi}{6}\right)=\sqrt{3}+i,$$

$$z_1=2\left(\cos\frac{7}{6}\pi+i\sin\frac{7}{6}\pi\right)=-\sqrt{3}-i$$

したがって，求める解は　　$\boldsymbol{z=\pm(\sqrt{3}+i)}$

inf.　点 $z_0,\ z_1$ を複素数平面上に図示すると次図のようになる。$z_1=-z_0$ である。

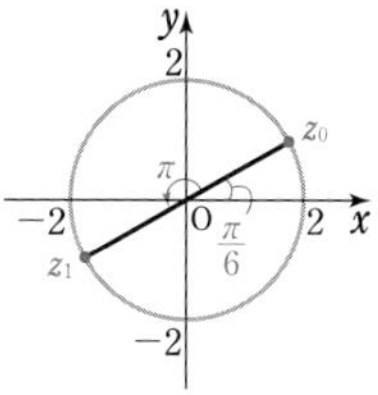

3章 PR

PR
④95

$\alpha=\cos\dfrac{2\pi}{5}+i\sin\dfrac{2\pi}{5}$ のとき，次の式の値を求めよ。

(1) α^5　　(2) $\dfrac{1}{1-\alpha}+\dfrac{1}{1-\alpha^2}+\dfrac{1}{1-\alpha^3}+\dfrac{1}{1-\alpha^4}$

(1) $\boldsymbol{\alpha^5}=\left(\cos\dfrac{2\pi}{5}+i\sin\dfrac{2\pi}{5}\right)^5=\cos 2\pi+i\sin 2\pi=\mathbf{1}$

⇐ド・モアブルの定理

(2) $\dfrac{1}{1-\alpha}+\dfrac{1}{1-\alpha^4}=\dfrac{1}{1-\alpha}+\dfrac{\alpha}{\alpha-\alpha^5}$

$=\dfrac{1}{1-\alpha}+\dfrac{\alpha}{\alpha-1}=\dfrac{1-\alpha}{1-\alpha}=1$

⇐$\alpha^5=1$ を利用するために，$\dfrac{1}{1-\alpha^4}$ の分母・分子に α を掛ける。

$\dfrac{1}{1-\alpha^2}+\dfrac{1}{1-\alpha^3}=\dfrac{1}{1-\alpha^2}+\dfrac{\alpha^2}{\alpha^2-\alpha^5}$

$=\dfrac{1}{1-\alpha^2}+\dfrac{\alpha^2}{\alpha^2-1}=\dfrac{1-\alpha^2}{1-\alpha^2}=1$

⇐$\alpha^5=1$ を利用するために，$\dfrac{1}{1-\alpha^3}$ の分母・分子に α^2 を掛ける。

したがって　(与式)$=1+1=\mathbf{2}$

別解　$\dfrac{1}{1-\alpha}+\dfrac{1}{1-\alpha^4}=\dfrac{1-\alpha^4+1-\alpha}{(1-\alpha)(1-\alpha^4)}$

⇐通分

$=\dfrac{2-\alpha-\alpha^4}{1-\alpha-\alpha^4+\alpha^5}$

⇐分母を展開して $\alpha^5=1$ を代入。

$=\dfrac{2-\alpha-\alpha^4}{2-\alpha-\alpha^4}=1$

同様にして　$\dfrac{1}{1-\alpha^2}+\dfrac{1}{1-\alpha^3}=1$

したがって　(与式)$=1+1=\mathbf{2}$

PR
④96

複素数 α を $\alpha=\cos\dfrac{2\pi}{7}+i\sin\dfrac{2\pi}{7}$ とおく。

(1) $\alpha^6+\alpha^5+\alpha^4+\alpha^3+\alpha^2+\alpha$ の値を求めよ。

(2) $t=\alpha+\overline{\alpha}$ とおくとき，t^3+t^2-2t の値を求めよ。　〔類　九州大〕

(1) ド・モアブルの定理から

$\alpha^7=\left(\cos\dfrac{2\pi}{7}+i\sin\dfrac{2\pi}{7}\right)^7=\cos 2\pi+i\sin 2\pi=1$ ……①

$\alpha^7-1=0$ であるから

$(\alpha-1)(\alpha^6+\alpha^5+\alpha^4+\alpha^3+\alpha^2+\alpha+1)=0$

⇐$x^n-1=(x-1)\times(x^{n-1}+x^{n-2}+\cdots\cdots+1)$

$\alpha\neq1$ であるから　$\alpha^6+\alpha^5+\alpha^4+\alpha^3+\alpha^2+\alpha+1=0$

よって　$\boldsymbol{\alpha^6+\alpha^5+\alpha^4+\alpha^3+\alpha^2+\alpha=-1}$

別解　(① までは同じ)

$\alpha\neq1$ より，等比数列の和の公式から

$\boldsymbol{\alpha^6+\alpha^5+\alpha^4+\alpha^3+\alpha^2+\alpha}=\dfrac{\alpha(1-\alpha^6)}{1-\alpha}=\dfrac{\alpha-\alpha^7}{1-\alpha}$

⇐初項 α，公比 α，項数 6 の等比数列の和。

$=\dfrac{\alpha-1}{1-\alpha}=\mathbf{-1}$

(2) $\alpha^7=1$ から　$|\alpha|^7=1$　　よって　$|\alpha|=1$

ゆえに　$|\alpha|^2=1$　すなわち　$\alpha\overline{\alpha}=1$　　よって　$\overline{\alpha}=\dfrac{1}{\alpha}$

⇐$\alpha\overline{\alpha}=|\alpha|^2$

したがって，$t=\alpha+\overline{\alpha}$ から

$$\boldsymbol{t^3+t^2-2t}=(\alpha+\overline{\alpha})^3+(\alpha+\overline{\alpha})^2-2(\alpha+\overline{\alpha})$$
$$=\left(\alpha+\frac{1}{\alpha}\right)^3+\left(\alpha+\frac{1}{\alpha}\right)^2-2\left(\alpha+\frac{1}{\alpha}\right)$$
$$=\alpha^3+3\alpha+\frac{3}{\alpha}+\frac{1}{\alpha^3}+\alpha^2+2+\frac{1}{\alpha^2}-2\alpha-\frac{2}{\alpha}$$
$$=\frac{\alpha^6+\alpha^5+\alpha^4+2\alpha^3+\alpha^2+\alpha+1}{\alpha^3}$$
$$=\frac{(\alpha^6+\alpha^5+\alpha^4+\alpha^3+\alpha^2+\alpha)+\alpha^3+1}{\alpha^3}$$
$$=\frac{-1+\alpha^3+1}{\alpha^3}=\boldsymbol{1}$$

⇐(1) の結果から $\alpha^6+\alpha^5+\alpha^4+\alpha^3+\alpha^2+\alpha=-1$

3章 PR

PR ④97　次の複素数を極形式で表せ。ただし，偏角 θ は $0\leqq\theta<2\pi$ とする。

(1)　$z=-\cos\alpha+i\sin\alpha\ (0\leqq\alpha<\pi)$　　(2)　$z=\sin\alpha-i\cos\alpha\ \left(0\leqq\alpha<\frac{\pi}{2}\right)$

HINT　(1)　実部の符号を入れ替えるために $\cos(\pi\pm\theta)=-\cos\theta$ を利用。
$\sin(\pi\pm\theta)=\mp\sin\theta$（複号同順）であるから，虚部の符号が変わらない $\pi-\theta$ の利用を考える。

(2)　$\cos\left(\frac{\pi}{2}-\alpha\right)=\sin\alpha$，$\cos(-\theta)=\cos\theta$ から　　$\sin\theta=\cos\left(\theta-\frac{\pi}{2}\right)$

$\sin\left(\frac{\pi}{2}-\alpha\right)=\cos\alpha$，$\sin(-\theta)=-\sin\theta$ から　　$-\cos\theta=\sin\left(\theta-\frac{\pi}{2}\right)$

これの利用を考える。

(1)　$|z|=\sqrt{(-\cos\alpha)^2+(\sin\alpha)^2}=1$　　⇐z の絶対値は 1。

また，$-\cos\alpha=\cos(\pi-\alpha)$，$\sin\alpha=\sin(\pi-\alpha)$ であるから

$$-\cos\alpha+i\sin\alpha=\boldsymbol{\cos(\pi-\alpha)+i\sin(\pi-\alpha)}\ \cdots\cdots ①$$

$0\leqq\alpha<\pi$ より，$0<\pi-\alpha\leqq\pi$ であるから，① は求める極形式である。

(2)　$|z|=\sqrt{(\sin\alpha)^2+(-\cos\alpha)^2}=1$　　⇐z の絶対値は 1。

また，$\sin\alpha=\cos\left(\alpha-\frac{\pi}{2}\right)$，$-\cos\alpha=\sin\left(\alpha-\frac{\pi}{2}\right)$ であるから

$$\sin\alpha-i\cos\alpha=\cos\left(\alpha-\frac{\pi}{2}\right)+i\sin\left(\alpha-\frac{\pi}{2}\right)$$
$$=\boldsymbol{\cos\left(\alpha+\frac{3}{2}\pi\right)+i\sin\left(\alpha+\frac{3}{2}\pi\right)}\ \cdots\cdots ②$$

⇐$\alpha-\frac{\pi}{2}$ は偏角 θ の条件 $0\leqq\theta<2\pi$ を満たさない。

$0\leqq\alpha<\frac{\pi}{2}$ より，$\frac{3}{2}\pi\leqq\alpha+\frac{3}{2}\pi<2\pi$ であるから，② は求める極形式である。

別解　$z_0=\cos\alpha+i\sin\alpha$ とおく。

(1)　$z=-(\cos\alpha-i\sin\alpha)=-\overline{z_0}$ より，z と z_0 は虚軸に関して対称であるから，z の絶対値は 1，　偏角は　$\pi-\alpha$

よって　　$z=\boldsymbol{\cos(\pi-\alpha)+i\sin(\pi-\alpha)}$

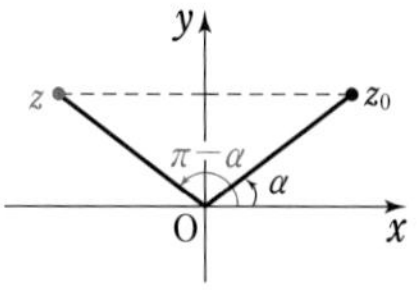

(2) $z=-i(\cos\alpha+i\sin\alpha)=-iz_0$ より，z は z_0 を原点Oを中心として $-\dfrac{\pi}{2}$ だけ回転した点であるから，z の絶対値は1，

偏角は　$\alpha+\dfrac{3}{2}\pi$

よって　$z=\boldsymbol{\cos\left(\alpha+\dfrac{3}{2}\pi\right)+i\sin\left(\alpha+\dfrac{3}{2}\pi\right)}$

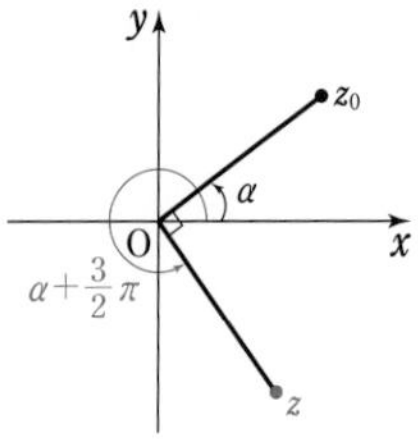

PR ④98

次の複素数の数列を考える。$\begin{cases} z_1=1 \\ z_{n+1}=\dfrac{1}{2}(1+i)z_n+\dfrac{1}{2}\ (n=1,\ 2,\ 3,\ \cdots\cdots) \end{cases}$

(1) $z_{n+1}-\alpha=\dfrac{1}{2}(1+i)(z_n-\alpha)$ となる定数 α の値を求めよ。

(2) z_{17} を求めよ。　〔類 福島大〕

(1) $z_{n+1}-\alpha=\dfrac{1}{2}(1+i)(z_n-\alpha)$ から

$$z_{n+1}=\frac{1}{2}(1+i)z_n+\frac{1-i}{2}\alpha$$

よって　$\dfrac{1-i}{2}\alpha=\dfrac{1}{2}$

ゆえに　$\boldsymbol{\alpha}=\dfrac{1}{1-i}=\boldsymbol{\dfrac{1+i}{2}}$

⇐(1)の式は与えられた漸化式と，漸化式で z_{n+1} と z_n を α とおいた式（特性方程式）の差をとったもの。

$$\begin{array}{rl} & z_{n+1}=\frac{1}{2}(1+i)z_n+\frac{1}{2} \\ -) & \alpha=\frac{1}{2}(1+i)\alpha+\frac{1}{2} \\ \hline & z_{n+1}-\alpha=\frac{1}{2}(1+i)(z_n-\alpha) \end{array}$$

(2) (1)より，数列 $\{z_n-\alpha\}$ は初項 $z_1-\alpha$，公比 $\dfrac{1}{2}(1+i)$ の等比数列であるから　$z_n-\alpha=\left\{\dfrac{1}{2}(1+i)\right\}^{n-1}(z_1-\alpha)$

よって　$z_n=\left\{\dfrac{1}{2}(1+i)\right\}^{n-1}(1-\alpha)+\alpha$

ゆえに　$z_{17}=\left\{\dfrac{1}{2}(1+i)\right\}^{16}(1-\alpha)+\alpha$

⇐α のまましばらく計算を進めた方がスムーズ。

$\dfrac{1}{2}(1+i)$ を極形式で表すと

$$\frac{1}{2}(1+i)=\frac{1}{\sqrt{2}}\left(\cos\frac{\pi}{4}+i\sin\frac{\pi}{4}\right)$$

よって　$z_{17}=\left(\dfrac{1}{\sqrt{2}}\right)^{16}\left(\cos\dfrac{\pi}{4}+i\sin\dfrac{\pi}{4}\right)^{16}(1-\alpha)+\alpha$

$$=\frac{1}{2^8}(\cos 4\pi+i\sin 4\pi)\left(\frac{1}{2}-\frac{i}{2}\right)+\frac{1}{2}+\frac{i}{2}$$

$$=\frac{1}{2^8}\cdot 1\cdot\left(\frac{1}{2}-\frac{i}{2}\right)+\frac{1}{2}+\frac{i}{2}$$

$$=\boldsymbol{\frac{257+255i}{512}}$$

⇐ド・モアブルの定理

$$\left(\frac{1}{\sqrt{2}}\right)^{16}=\left(\frac{1}{2^{\frac{1}{2}}}\right)^{16}=\frac{1}{2^8}$$

PR ①99　3点 A$(-6i)$, B$(2-4i)$, C$(7+3i)$ について，次の点を表す複素数を求めよ。
(1) 線分 AB を 2：1 に内分する点P　(2) 線分 BC を 3：2 に外分する点Q
(3) 平行四辺形 ADBC の頂点D　(4) △ABC の重心G

(1) 点Pを表す複素数は

$$\frac{1\cdot(-6i)+2(2-4i)}{2+1}=\boldsymbol{\frac{4-14i}{3}}$$

⇐内分点の公式で $m=2,\ n=1$

(2) 点Qを表す複素数は

$$\frac{-2(2-4i)+3(7+3i)}{3-2}=\boldsymbol{17+17i}$$

⇐**3：2 に外分**
⟶ 3：(−2) に内分と考えるとよい。

(3) 点D(z) とすると，線分 AB と線分 CD の中点が一致するから

$$\frac{(-6i)+(2-4i)}{2}=\frac{(7+3i)+z}{2}$$

ゆえに　$2-10i=7+3i+z$　よって　$z=\boldsymbol{-5-13i}$

⇐2本の対角線が互いに他を2等分する。

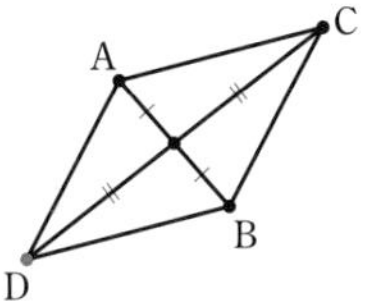

別解　$(2-4i)-(7+3i)=-5-7i$　⇐$\overrightarrow{CB}=\overrightarrow{OB}-\overrightarrow{OC}$
ゆえに　$z=(-6i)+(-5-7i)$　⇐$\overrightarrow{OD}=\overrightarrow{OA}+\overrightarrow{AD}$
$=\boldsymbol{-5-13i}$　$=\overrightarrow{OA}+\overrightarrow{CB}$

(4) 重心Gを表す複素数は

$$\frac{(-6i)+(2-4i)+(7+3i)}{3}=\frac{9-7i}{3}=\boldsymbol{3-\frac{7}{3}i}$$

PR ②100　次の方程式・不等式を満たす点 z 全体の集合は，どのような図形か。
(1) $|2z+4|=|2iz+1|$　(2) $(3z+i)(3\overline{z}-i)=9$
(3) $z-\overline{z}=2i$　(4) $|z+2i|<3$

(1) $|2z+4|=|2(z+2)|=2|z+2|$

$|2iz+1|=|i(2z-i)|=|i||2z-i|$
$=|2z-i|$
$=2\left|z-\dfrac{i}{2}\right|$

であるから，方程式は　$|z-(-2)|=\left|z-\dfrac{i}{2}\right|$

⇐$|z-\alpha|=|z-\beta|$ を満たす点 z 全体の集合は **2点 α, β を結ぶ線分の垂直二等分線**

したがって　**2点 -2, $\dfrac{i}{2}$ を結ぶ線分の垂直二等分線**

(2) 方程式から　$(3z+i)\overline{(3z+i)}=9$

ゆえに　$|3z+i|^2=3^2$　⇐$\alpha\overline{\alpha}=|\alpha|^2$

よって　$|3z+i|=3$　すなわち　$\left|z-\left(-\dfrac{i}{3}\right)\right|=1$

⇐$|z-\alpha|=r\ (r>0)$ を満たす点 z 全体の集合は**点 α を中心とする半径 r の円**

したがって　**点 $-\dfrac{i}{3}$ を中心とする半径1の円**

(3) $z=x+yi$ (x, y は実数) とすると $\overline{z}=x-yi$ であるから

$x+yi-(x-yi)=2i$　よって　$y=1$　⇐$2yi=2i$

ゆえに　$z=x+i$　⇐x は任意の実数

したがって　**点 i を通り，虚軸に垂直な直線**

別解 $z-\overline{z}=2i$ から $\dfrac{z-\overline{z}}{2i}=1$

すなわち (z の虚部)$=1$

よって **点 i を通り，虚軸に垂直な直線**

(4) $|z+2i|<3$ から $|z-(-2i)|<3$

よって **点 $-2i$ を中心とする半径3の円の内部**

⇐$z=x+yi$ (x, y は実数) とすると $\overline{z}=x-yi$
よって $z-\overline{z}=2yi$
ゆえに，z の虚部は $y=\dfrac{z-\overline{z}}{2i}$

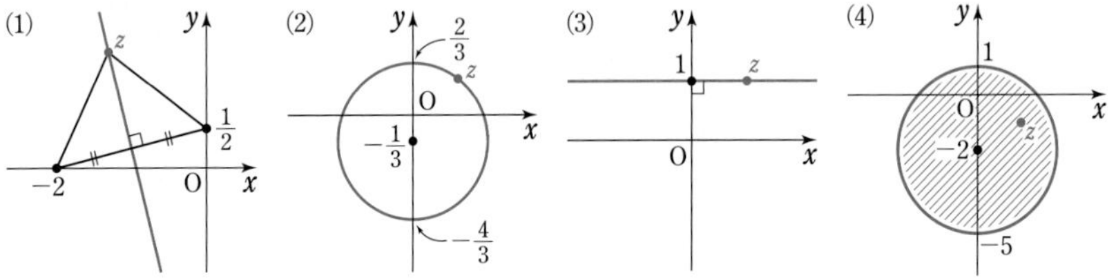

PR ②101 次の方程式を満たす点 z 全体の集合は，どのような図形か。
$$|z-3i|=2|z+3|$$

$|z-3i|=2|z+3|$ の両辺を2乗して
$$|z-3i|^2=2^2|z+3|^2$$
よって $(z-3i)\overline{(z-3i)}=4(z+3)\overline{(z+3)}$　⇐$|\alpha|^2=\alpha\overline{\alpha}$

ゆえに $(z-3i)(\overline{z}+3i)=4(z+3)(\overline{z}+3)$　⇐$\overline{z-3i}=\overline{z}-\overline{3i}=\overline{z}+3i$

両辺を展開すると
$$z\overline{z}+3iz-3i\overline{z}+9=4z\overline{z}+12z+12\overline{z}+36$$
⇐$3z\overline{z}+(12-3i)z+(12+3i)\overline{z}+27=0$

整理して $z\overline{z}+(4-i)z+(4+i)\overline{z}+9=0$

よって $(z+4+i)(\overline{z}+4-i)-8=0$　⇐$z\overline{z}+\alpha z+\beta\overline{z}=(z+\beta)(\overline{z}+\alpha)-\alpha\beta$

ゆえに $(z+4+i)\overline{(z+4+i)}=8$

すなわち $|z+4+i|^2=8$　⇐$\alpha\overline{\alpha}=|\alpha|^2$

したがって $|z+4+i|=2\sqrt{2}$

よって，点 z 全体の集合は

点 $-4-i$ を中心とする半径 $2\sqrt{2}$ の円

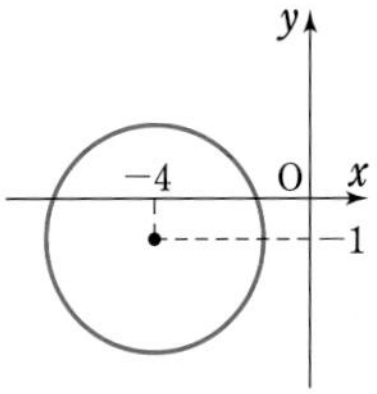

別解1 $z=x+yi$ (x, y は実数) とすると
$$|z-3i|^2=|x+(y-3)i|^2=x^2+(y-3)^2$$
$$|z+3|^2=|(x+3)+yi|^2=(x+3)^2+y^2$$
⇐a, b が実数のとき $|a+bi|=\sqrt{a^2+b^2}$

これらを $|z-3i|^2=\{2|z+3|\}^2$ に代入すると
$$x^2+(y-3)^2=4\{(x+3)^2+y^2\}$$
展開して $x^2+y^2-6y+9=4x^2+24x+36+4y^2$　⇐$3x^2+24x+3y^2+6y+27=0$

すなわち $x^2+8x+y^2+2y+9=0$　⇐$(x+4)^2-4^2+(y+1)^2-1^2+9=0$

変形すると $(x+4)^2+(y+1)^2=8$

これは，座標平面上で，点 $(-4,\ -1)$ を中心とする半径 $2\sqrt{2}$ の円を表す。

よって，複素数平面上の点 z 全体の集合は

点 $-4-i$ を中心とする半径 $2\sqrt{2}$ の円

別解 2　A($3i$), B(-3), P(z) とすると, $|z-3i|=2|z+3|$ から
$\mathrm{AP}=2\mathrm{BP}$

よって　$\mathrm{AP}:\mathrm{BP}=2:1$

線分 AB を 2：1 に内分する点を C(α), 外分する点を D(β) とすると, 点 P 全体は, 2 点 C, D を直径の両端とする円である。

$\alpha=\dfrac{1\cdot 3i+2(-3)}{2+1}=-2+i$

$\beta=\dfrac{-1\cdot 3i+2(-3)}{2-1}=-6-3i$

ゆえに, 点 z 全体は

2 点 $-2+i$, $-6-3i$ を直径の両端とする円

⇐$|z-3i|$ は 2 点 A, P 間の距離, $|z+3|$ は 2 点 B, P 間の距離を表す。

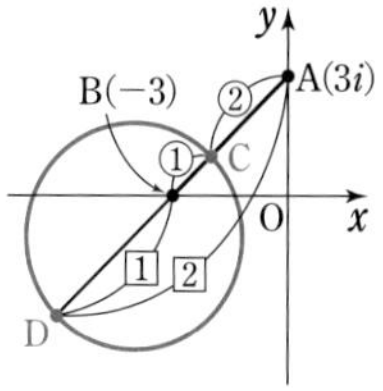

⇐このような答え方でもよい。

PR ③102　点 z が次の図形上を動くとき, $w=(-\sqrt{3}+i)z+1+i$ で表される点 w は, どのような図形を描くか。

(1)　点 $-1+\sqrt{3}i$ を中心とする半径 $\dfrac{1}{2}$ の円

(2)　2 点 2, $1+\sqrt{3}i$ を結ぶ線分の垂直二等分線

$w=(-\sqrt{3}+i)z+1+i$ から　$(-\sqrt{3}+i)z=w-(1+i)$

よって　$z=\dfrac{w-(1+i)}{-\sqrt{3}+i}$ ……①

⇐z について解く。

(1)　点 z は点 $-1+\sqrt{3}i$ を中心とする半径 $\dfrac{1}{2}$ の円上を動くから　$|z+1-\sqrt{3}i|=\dfrac{1}{2}$

⇐点 α を中心とする半径 r の円は　$|z-\alpha|=r$
なお, $|z-(-1+\sqrt{3}i)|=|z+1-\sqrt{3}i|$ としているのは, 後の計算で符号ミスをしないようにするため。

① を代入すると　$\left|\dfrac{w-(1+i)}{-\sqrt{3}+i}+1-\sqrt{3}i\right|=\dfrac{1}{2}$

ここで　$\dfrac{w-(1+i)}{-\sqrt{3}+i}+1-\sqrt{3}i$

$=\dfrac{w-1-i+(1-\sqrt{3}i)(-\sqrt{3}+i)}{-\sqrt{3}+i}$

$=\dfrac{w-(1-3i)}{-\sqrt{3}+i}$

よって　$\left|\dfrac{w-(1-3i)}{-\sqrt{3}+i}\right|=\dfrac{1}{2}$

すなわち　$\dfrac{|w-(1-3i)|}{|-\sqrt{3}+i|}=\dfrac{1}{2}$

⇐$\left|\dfrac{\alpha}{\beta}\right|=\dfrac{|\alpha|}{|\beta|}$

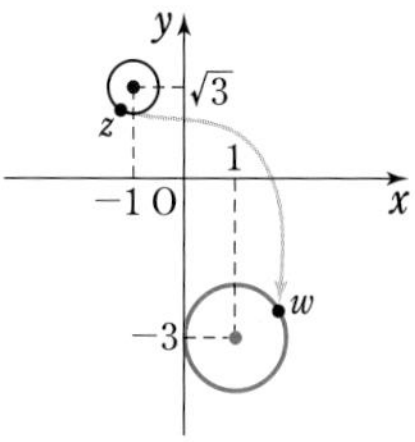

$|-\sqrt{3}+i|=2$ であるから
$|w-(1-3i)|=1$

⇐$|-\sqrt{3}+i|=\sqrt{(-\sqrt{3})^2+1^2}=2$

よって, 点 w は **点 $1-3i$ を中心とする半径 1 の円** を描く。

(2)　点 z は 2 点 2, $1+\sqrt{3}i$ を結ぶ線分の垂直二等分線上を動くから　$|z-2|=|z-1-\sqrt{3}i|$

⇐2 点 α, β を結ぶ線分の垂直二等分線は　$|z-\alpha|=|z-\beta|$

① を代入すると　$\left|\dfrac{w-(1+i)}{-\sqrt{3}+i}-2\right|=\left|\dfrac{w-(1+i)}{-\sqrt{3}+i}-1-\sqrt{3}i\right|$

すなわち　$\left|\dfrac{w-(1-2\sqrt{3}+3i)}{-\sqrt{3}+i}\right|=\left|\dfrac{w-(1-2\sqrt{3}-i)}{-\sqrt{3}+i}\right|$

ゆえに　　$|w-(1-2\sqrt{3}+3i)|=|w-(1-2\sqrt{3}-i)|$

よって，点 w は 2 点 $1-2\sqrt{3}+3i$，$1-2\sqrt{3}-i$ を結ぶ線分の垂直二等分線，すなわち，**点 i を通り，虚軸に垂直な直線** を描く。

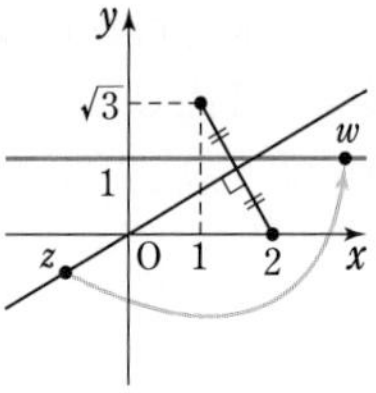

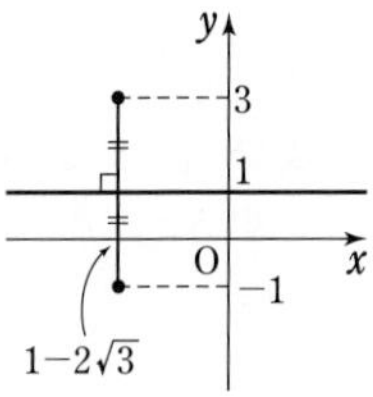

⇐点 z が動く垂直二等分線は，原点と 2 点 2，$1+\sqrt{3}i$ を結ぶ線分の中点を通る。

別解　点 z は，2 点 2，$1+\sqrt{3}i$ を結ぶ線分の垂直二等分線上を動くから，z を表す複素数は，実数 k を用いて

$$z=k\left(\frac{2+1+\sqrt{3}i}{2}\right)\quad すなわち\quad z=\frac{\sqrt{3}}{2}k(\sqrt{3}+i)$$

と表される。

ここで，$\dfrac{\sqrt{3}}{2}k=l$ とおくと，l は実数で　　$z=l(\sqrt{3}+i)$

これを $w=(-\sqrt{3}+i)z+1+i$ に代入すると

$$w=(-\sqrt{3}+i)\cdot l(\sqrt{3}+i)+1+i$$
$$=-4l+1+i$$

w の実部はすべての実数値をとり，虚部は常に 1 である。
よって，点 w は，**点 i を通り，虚軸に垂直な直線** を描く。

inf.　$w=(-\sqrt{3}+i)z+1+i=2\left(\cos\dfrac{5}{6}\pi+i\sin\dfrac{5}{6}\pi\right)z+1+i$

であるから，点 w は，点 z に対して，次の [1]，[2]，[3] の順に回転・拡大・平行移動を行うと得られる。

[1]　原点を中心として $\dfrac{5}{6}\pi$ だけ回転 ⟶ 点 z が点 $\left(\cos\dfrac{5}{6}\pi+i\sin\dfrac{5}{6}\pi\right)z\,(=z_1)$ に。

[2]　原点からの距離を 2 倍に拡大 ⟶ 点 z_1 が点 $2z_1\,(=z_2)$ に。

[3]　実軸方向に 1，虚軸方向に 1 だけ平行移動 ⟶ 点 z_2 が点 $z_2+1+i\,(=w)$ に。

PR ③103

点 z が次の図形上を動くとき，$w=\dfrac{1}{z}$ で表される点 w はどのような図形を描くか。

(1)　原点を中心とする半径 3 の円　　　(2)　点 $\dfrac{i}{2}$ を通り，虚軸に垂直な直線

$w=\dfrac{1}{z}$ から　　$wz=1$

$w\neq 0$ であるから　　$z=\dfrac{1}{w}$ ……①

⇐$w=\dfrac{1}{z}$ の式の形からもわかるように，$w=0$ となるような z は存在しない。

(1)　点 z は原点を中心とする半径 3 の円上を動くから

$$|z|=3$$

① を代入すると　$\left|\dfrac{1}{w}\right|=3$　　ゆえに　$|w|=\dfrac{1}{3}$

よって，点 w は **原点を中心とする半径 $\dfrac{1}{3}$ の円** を描く。

(2)　点 z は2点 0, i を結ぶ線分の垂直二等分線上を動くから

$$|z|=|z-i|$$

①を代入すると　$\left|\frac{1}{w}\right|=\left|\frac{1}{w}-i\right|$

両辺に $|w|$ を掛けて　$|1-wi|=1$

よって　$|i||-i-w|=1$

ゆえに　$|w+i|=1$

⇐| |内の w の係数を1にする。

よって，点 w は **点 $-i$ を中心とする半径1の円** を描く。

ただし，$w\neq0$ であるから，原点は除く。

⇐除外点に注意。

別解　z の虚部は $\frac{1}{2}$ であるから　$\frac{z-\overline{z}}{2i}=\frac{1}{2}$

⇐$z=x+yi$ (x, y は実数) とすると　$\overline{z}=x-yi$　よって　$z-\overline{z}=2yi$　ゆえに，z の虚部は　$y=\frac{z-\overline{z}}{2i}$

すなわち　$z-\overline{z}=i$ ……②

また，①から　$\overline{z}=\frac{1}{\overline{w}}$ ……③

①，③を②に代入すると　$\frac{1}{w}-\frac{1}{\overline{w}}=i$

両辺に $w\overline{w}$ を掛けて　$\overline{w}-w=iw\overline{w}$

両辺に i を掛けて　$i\overline{w}-iw=-w\overline{w}$

⇐$w\overline{w}$ の係数を1にする。

よって　$w\overline{w}-iw+i\overline{w}=0$

ゆえに　$(w+i)(\overline{w}-i)+i^2=0$

⇐$w\overline{w}+\alpha w+\beta\overline{w}=(w+\beta)(\overline{w}+\alpha)-\alpha\beta$

よって　$(w+i)\overline{(w+i)}=1$

ゆえに　$|w+i|^2=1$　すなわち　$|w+i|=1$

⇐$\alpha\overline{\alpha}=|\alpha|^2$

よって，点 w は **点 $-i$ を中心とする半径1の円** を描く。

ただし，$w\neq0$ であるから，原点は除く。

⇐除外点に注意。

PR ③104　複素数 z が $|z-i|=1$ を満たすとき，$|z+\sqrt{3}|$ の最大値および最小値と，そのときの z の値をそれぞれ求めよ。

$|z-i|=1$ であるから，点 $\mathrm{P}(z)$ は点 $\mathrm{C}(i)$ を中心とする半径1の円周上の点である。

⇐複素数 z が $|z-\alpha|=r$ を満たすとき，点 z は中心が点 α，半径 r の円周上に存在する。

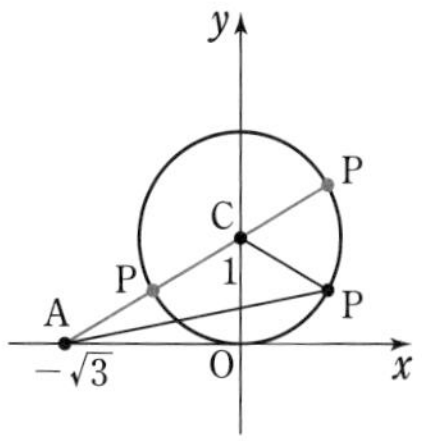

$|z+\sqrt{3}|=|z-(-\sqrt{3})|$ から，点 $\mathrm{A}(-\sqrt{3})$ とすると，$|z+\sqrt{3}|$ は2点A，Pの距離である。

よって，$|z+\sqrt{3}|$ が最大となるのは，右図から，3点A，C，Pがこの順で一直線上にあるときである。

⇐点Pを円周上の点とすると　AC+CP≧AP　等号が成り立つとき，APは最大となる。

よって，求める **最大値** は

$$\mathrm{AC}+\mathrm{CP}=|i-(-\sqrt{3})|+1=|\sqrt{3}+i|+1$$
$$=\sqrt{(\sqrt{3})^2+1^2}+1=2+1=\mathbf{3}$$

⇐(線分ACの長さ)+(円の半径)

このとき，点Pは線分ACを3：1に外分する点であるから，最大となるときの z の値は

$$z=\frac{-1\cdot(-\sqrt{3})+3\cdot i}{3-1}=\frac{\sqrt{3}}{2}+\frac{3}{2}i$$

また，$|z+\sqrt{3}|$ が最小となるのは，図から，3点A，P，Cがこの順で一直線上にあるときである。

よって，求める **最小値** は　　AC−CP=2−1=**1**

このとき，点Pは線分ACの中点であるから，最小となるときの z の値は　　$z=\frac{-\sqrt{3}+i}{2}=-\frac{\sqrt{3}}{2}+\frac{1}{2}i$

⇦2点A(α)，B(β) について，線分ABを $m:n$ に外分する点を表す複素数は　$\frac{-n\alpha+m\beta}{m-n}$

⇦(線分ACの長さ)−(円の半径)

⇦2点A(α)，B(β) について，線分ABの中点を表す複素数は　$\frac{\alpha+\beta}{2}$

PR ②105

(1) 複素数平面上の3点A($-1+2i$)，B($2+i$)，C($1-2i$) に対し，∠BACの大きさを求めよ。
(2) $\alpha=2+i$，$\beta=3+2i$，$\gamma=a+3i$ とし，複素数平面上で3点をA(α)，B(β)，C(γ) とする。ただし，a は実数の定数とする。
(ア) 3点A，B，Cが一直線上にあるように a の値を定めよ。
(イ) 2直線AB，ACが垂直であるように a の値を定めよ。

(1) $\alpha=-1+2i$，$\beta=2+i$，$\gamma=1-2i$ とすると

$$\frac{\gamma-\alpha}{\beta-\alpha}=\frac{(1-2i)-(-1+2i)}{(2+i)-(-1+2i)}=\frac{2-4i}{3-i}$$

$$=\frac{(2-4i)(3+i)}{(3-i)(3+i)}=\frac{10-10i}{10}=1-i$$

⇦分母の実数化

$$=\sqrt{2}\left\{\cos\left(-\frac{\pi}{4}\right)+i\sin\left(-\frac{\pi}{4}\right)\right\}$$

⇦極形式で表す。

したがって　　$\angle\mathbf{BAC}=\left|-\frac{\pi}{4}\right|=\boldsymbol{\frac{\pi}{4}}$

⇦$\angle\mathrm{BAC}=\left|\arg\frac{\gamma-\alpha}{\beta-\alpha}\right|$

(2) $$\frac{\gamma-\alpha}{\beta-\alpha}=\frac{(a+3i)-(2+i)}{(3+2i)-(2+i)}=\frac{(a-2)+2i}{1+i}$$

$$=\frac{\{(a-2)+2i\}(1-i)}{(1+i)(1-i)}=\frac{a+(4-a)i}{2}\quad\cdots\cdots ①$$

(ア) 3点A，B，Cが一直線上にあるための条件は，① が実数となることであるから　　$4-a=0$

よって　　$\boldsymbol{a=4}$

(イ) 2直線AB，ACが垂直であるための条件は，① が純虚数となることであるから　　$a=0$ かつ $4-a\neq0$

よって　　$\boldsymbol{a=0}$

⇦$z=x+yi$ (x，y は実数) において
$y=0 \Longrightarrow z$ は実数
$x=0$ かつ $y\neq0 \Longrightarrow z$ は純虚数

⇦$4-a\neq0$ を満たす。

PR ③106

複素数平面上の3点A(α)，B(β)，C(γ) を頂点とする△ABCについて，次の等式が成り立つとき，△ABCはどのような三角形か。
(1) $\beta(1-i)=\alpha-\gamma i$　　(2) $2(\alpha-\beta)=(1+\sqrt{3}i)(\gamma-\beta)$
(3) $(\alpha-\beta)(3+\sqrt{3}i)=4(\gamma-\beta)$

3点A，B，Cは三角形の頂点であるから，$\alpha-\beta\neq0$，$\gamma-\beta\neq0$ である。

(1)　$\beta(1-i)=\alpha-\gamma i$ から　　$(\gamma-\beta)i=\alpha-\beta$

ゆえに　　$\dfrac{\alpha-\beta}{\gamma-\beta}=i$

よって，$\left|\dfrac{\alpha-\beta}{\gamma-\beta}\right|=\dfrac{|\alpha-\beta|}{|\gamma-\beta|}=\dfrac{BA}{BC}$ から　　$\dfrac{BA}{BC}=1$

ゆえに　　BA＝BC

また，$\dfrac{\alpha-\beta}{\gamma-\beta}$ は純虚数であるから　　$\angle CBA=\dfrac{\pi}{2}$

ゆえに，△ABC は **BA＝BC の直角二等辺三角形** である。

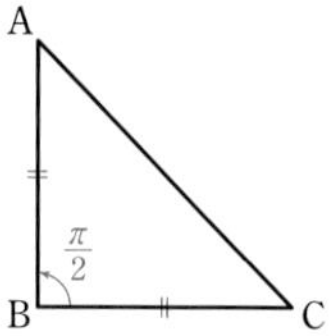

⇦$\angle B=\dfrac{\pi}{2}$ の直角二等辺三角形 と答えてもよい。

(2)　$2(\alpha-\beta)=(1+\sqrt{3}\,i)(\gamma-\beta)$ から

$$\frac{\alpha-\beta}{\gamma-\beta}=\frac{1}{2}(1+\sqrt{3}\,i)=\cos\frac{\pi}{3}+i\sin\frac{\pi}{3}$$

よって，$\left|\dfrac{\alpha-\beta}{\gamma-\beta}\right|=\dfrac{|\alpha-\beta|}{|\gamma-\beta|}=\dfrac{BA}{BC}$ から　　$\dfrac{BA}{BC}=1$

ゆえに　　BA＝BC

また，$\arg\dfrac{\alpha-\beta}{\gamma-\beta}=\dfrac{\pi}{3}$ から　　$\angle CBA=\dfrac{\pi}{3}$

ゆえに，△ABC は **正三角形** である。

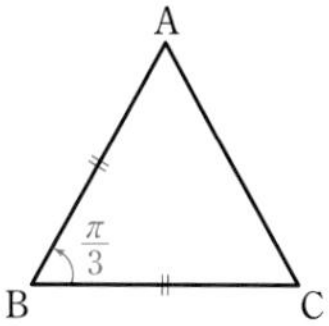

(3)　$(\alpha-\beta)(3+\sqrt{3}\,i)=4(\gamma-\beta)$ から

$$\frac{\gamma-\beta}{\alpha-\beta}=\frac{1}{4}(3+\sqrt{3}\,i)=\frac{\sqrt{3}}{2}\left(\cos\frac{\pi}{6}+i\sin\frac{\pi}{6}\right)$$

よって，$\left|\dfrac{\gamma-\beta}{\alpha-\beta}\right|=\dfrac{|\gamma-\beta|}{|\alpha-\beta|}=\dfrac{BC}{BA}$ から　　$\dfrac{BC}{BA}=\dfrac{\sqrt{3}}{2}$

ゆえに　　BA：BC＝2：$\sqrt{3}$

また，$\arg\dfrac{\gamma-\beta}{\alpha-\beta}=\dfrac{\pi}{6}$ から　　$\angle ABC=\dfrac{\pi}{6}$

ゆえに，△ABC は **$\angle A=\dfrac{\pi}{3}$，$\angle B=\dfrac{\pi}{6}$，$\angle C=\dfrac{\pi}{2}$ の直角三角形** である。

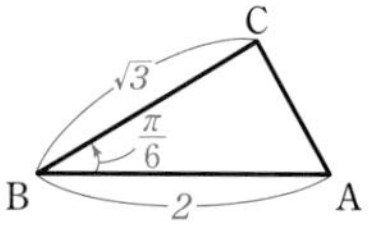

PR ③107　3 点 O(0)，A(α)，B(β) を頂点とする △OAB について，次の等式が成り立つとき，△OAB はどのような三角形か。
(1)　$3\alpha^2+\beta^2=0$　　　(2)　$2\alpha^2-2\alpha\beta+\beta^2=0$

(1)　$\alpha\neq0$ より $\alpha^2\neq0$ であるから，等式 $3\alpha^2+\beta^2=0$ の両辺を α^2 で割ると　　$3+\left(\dfrac{\beta}{\alpha}\right)^2=0$　すなわち　$\left(\dfrac{\beta}{\alpha}\right)^2=-3$

したがって

$$\frac{\beta}{\alpha}=\pm\sqrt{3}\,i=\sqrt{3}\cdot(\pm i)=\sqrt{3}\left\{\cos\left(\pm\frac{\pi}{2}\right)+i\sin\left(\pm\frac{\pi}{2}\right)\right\}$$

（複号同順）

⇦$\beta^2=-3\alpha^2$ から $\beta=\pm\sqrt{3}\,i\alpha$
ゆえに　$\dfrac{\beta}{\alpha}=\pm\sqrt{3}\,i$
としてもよい。

$\left|\dfrac{\beta}{\alpha}\right|=\dfrac{|\beta|}{|\alpha|}=\dfrac{OB}{OA}$ から　　$\dfrac{OB}{OA}=\sqrt{3}$

よって　　OA：OB＝1：$\sqrt{3}$

また，$\dfrac{\beta}{\alpha}$ は純虚数であるから　　$\angle \mathrm{AOB}=\dfrac{\pi}{2}$

ゆえに，△OAB は **$\angle \mathrm{O}=\dfrac{\pi}{2}$，$\angle \mathrm{A}=\dfrac{\pi}{3}$，$\angle \mathrm{B}=\dfrac{\pi}{6}$ の直角三角形** である。

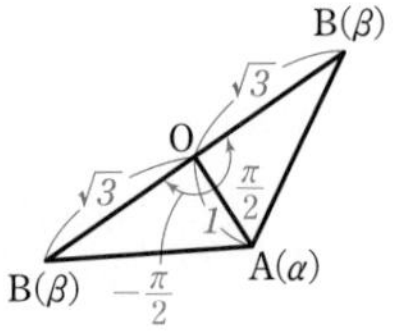

(2)　$\alpha \neq 0$ より $\alpha^2 \neq 0$ であるから，等式 $2\alpha^2-2\alpha\beta+\beta^2=0$ の両辺を α^2 で割ると　　$2-2\cdot\dfrac{\beta}{\alpha}+\left(\dfrac{\beta}{\alpha}\right)^2=0$

すなわち　　$\left(\dfrac{\beta}{\alpha}\right)^2-2\cdot\dfrac{\beta}{\alpha}+2=0$

$\dfrac{\beta}{\alpha}$ について解くと　　$\dfrac{\beta}{\alpha}=-(-1)\pm\sqrt{(-1)^2-1\cdot 2}=1\pm i$

$$=\sqrt{2}\left\{\cos\left(\pm\frac{\pi}{4}\right)+i\sin\left(\pm\frac{\pi}{4}\right)\right\}$$

（複号同順）

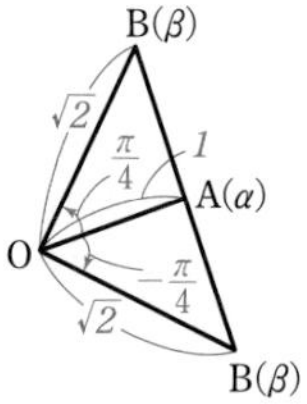

$\left|\dfrac{\beta}{\alpha}\right|=\dfrac{|\beta|}{|\alpha|}=\dfrac{\mathrm{OB}}{\mathrm{OA}}$ から　　$\dfrac{\mathrm{OB}}{\mathrm{OA}}=\sqrt{2}$

よって　　$\mathrm{OA}:\mathrm{OB}=1:\sqrt{2}$

また，$\arg\dfrac{\beta}{\alpha}=\pm\dfrac{\pi}{4}$ から　　$\angle \mathrm{AOB}=\dfrac{\pi}{4}$

ゆえに，△OAB は **AO＝AB の直角二等辺三角形** である。

⇦**$\angle \mathrm{A}=\dfrac{\pi}{2}$ の直角二等辺三角形** と答えてもよい。

PR ③108　$\alpha=\dfrac{1}{2}+\dfrac{\sqrt{3}}{6}i$ とし，複素数 1，α に対応する複素数平面上の点をそれぞれ P，Q とすると，直線 PQ は複素数 β を用いて，方程式 $\beta z+\overline{\beta}\,\overline{z}+1=0$ で表される。この β を求めよ。〔類　早稲田大〕

点 z が直線 PQ 上にあるとき，$\dfrac{z-1}{\alpha-1}$ は実数であるから

$\overline{\left(\dfrac{z-1}{\alpha-1}\right)}=\dfrac{z-1}{\alpha-1}$　すなわち　$\dfrac{\overline{z}-1}{\overline{\alpha}-1}=\dfrac{z-1}{\alpha-1}$

⇦z が実数 $\Longleftrightarrow \overline{z}=z$

両辺に $(\overline{\alpha}-1)(\alpha-1)$ を掛けて

$$(\alpha-1)(\overline{z}-1)=(\overline{\alpha}-1)(z-1)$$

整理して　$(1-\overline{\alpha})z+(\alpha-1)\overline{z}-(\alpha-\overline{\alpha})=0$

$\alpha=\dfrac{1}{2}+\dfrac{\sqrt{3}}{6}i$ を代入すると

$$\left(\frac{1}{2}+\frac{\sqrt{3}}{6}i\right)z+\left(-\frac{1}{2}+\frac{\sqrt{3}}{6}i\right)\overline{z}-\frac{\sqrt{3}}{3}i=0$$

⇦$1-\overline{\alpha}$ $=1-\overline{\left(\dfrac{1}{2}+\dfrac{\sqrt{3}}{6}i\right)}$ $=\dfrac{1}{2}+\dfrac{\sqrt{3}}{6}i$

両辺に $\sqrt{3}\,i$ を掛けて

$$\left(-\frac{1}{2}+\frac{\sqrt{3}}{2}i\right)z+\left(-\frac{1}{2}-\frac{\sqrt{3}}{2}i\right)\overline{z}+1=0$$

⇦定数項を 1 にする。

$\overline{-\dfrac{1}{2}+\dfrac{\sqrt{3}}{2}i}=-\dfrac{1}{2}-\dfrac{\sqrt{3}}{2}i$ であるから　　$\boldsymbol{\beta=-\dfrac{1}{2}+\dfrac{\sqrt{3}}{2}i}$

PR ④109

-1 と異なる複素数 z に対し，複素数 w を $w=\dfrac{z}{z+1}$ で定める。
(1) 点 z が原点を中心とする半径1の円上を動くとき，点 w の描く図形を求めよ。
(2) 点 z が虚軸上を動くとき，点 w の描く図形を求めよ。 〔類 新潟大〕

$w=\dfrac{z}{z+1}$ から　$w(z+1)=z$

ゆえに　$(1-w)z=w$

ここで，$w=1$ とすると，$0=1$ となり不合理である。

よって，$w\neq1$ であるから　$z=\dfrac{w}{1-w}$ ……①

⇦「$w=$」の式を「$z=$」の式に変形する。
⇦$1-w=0$ の可能性があるから，直ちに $1-w$ で割ってはいけない。

(1) 点 z は原点を中心とする半径1の円上を動くから　$|z|=1$

① を代入すると　$\left|\dfrac{w}{1-w}\right|=1$

ゆえに　$\dfrac{|w|}{|1-w|}=1$

よって　$|w|=|w-1|$

したがって，点 w は **点0と点1を結ぶ線分の垂直二等分線** を描く。

⇦z の条件式。
⇦$\left|\dfrac{\alpha}{\beta}\right|=\dfrac{|\alpha|}{|\beta|}$

(2) 点 z が虚軸上を動くとき　$z+\overline{z}=0$

① を代入すると　$\dfrac{w}{1-w}+\overline{\left(\dfrac{w}{1-w}\right)}=0$

ゆえに　$\dfrac{w}{1-w}+\dfrac{\overline{w}}{1-\overline{w}}=0$

両辺に $(1-w)(1-\overline{w})$ を掛けて

$w(1-\overline{w})+\overline{w}(1-w)=0$

整理して　$2w\overline{w}-w-\overline{w}=0$

よって　$w\overline{w}-\dfrac{1}{2}w-\dfrac{1}{2}\overline{w}=0$

ゆえに　$\left(w-\dfrac{1}{2}\right)\left(\overline{w}-\dfrac{1}{2}\right)-\dfrac{1}{4}=0$

よって　$\left(w-\dfrac{1}{2}\right)\overline{\left(w-\dfrac{1}{2}\right)}=\dfrac{1}{4}$

ゆえに　$\left|w-\dfrac{1}{2}\right|^2=\left(\dfrac{1}{2}\right)^2$　すなわち　$\left|w-\dfrac{1}{2}\right|=\dfrac{1}{2}$

したがって，点 w は **点 $\dfrac{1}{2}$ を中心とする半径 $\dfrac{1}{2}$ の円** を描く。

ただし，$w\neq1$ であるから，**点1を除く**。

⇦$z=bi$（b は実数）から $z+\overline{z}=bi-bi=0$
⇦$w\overline{w}$ の係数を1にする。
⇦$w\overline{w}+aw+b\overline{w}=(w+b)(\overline{w}+a)-ab$
⇦$\alpha\overline{\alpha}=|\alpha|^2$
⇦除外点に注意。

PR ④110

複素数 z の実部を $\mathrm{Re}\,z$ で表す。このとき，次の領域を複素数平面上に図示せよ。
(1) $|z|>1$ かつ $\mathrm{Re}\,z<\dfrac{1}{2}$ を満たす点 z の領域
(2) $w=\dfrac{1}{z}$ とする。点 z が (1) で求めた領域を動くとき，点 w が動く領域

(1) $|z|>1$ の表す領域は，原点を中心とする半径1の円の外部である。

また，$\mathrm{Re}\,z<\dfrac{1}{2}$ の表す領域は，点 $\dfrac{1}{2}$ を通り実軸に垂直な直線 ℓ の左側である。
よって，求める領域は **右図の斜線部分。ただし，境界線を含まない。**

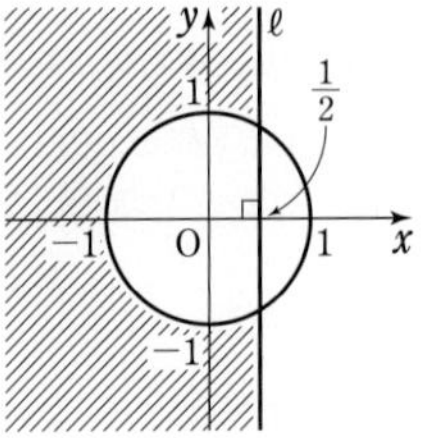

(2) $w=\dfrac{1}{z}$ から　　$wz=1$

⇦$w=\dfrac{1}{z}$ の式の形からもわかるように，$w=0$ となるような z は存在しない。

$w\neq 0$ であるから　　$z=\dfrac{1}{w}$ …… ①

直線 ℓ は 2 点 O(0)，A(1) を結ぶ線分の垂直二等分線であり，直線 ℓ の左側の部分にある点を P(z) とすると，OP<AP すなわち $|z|<|z-1|$ が成り立つ。

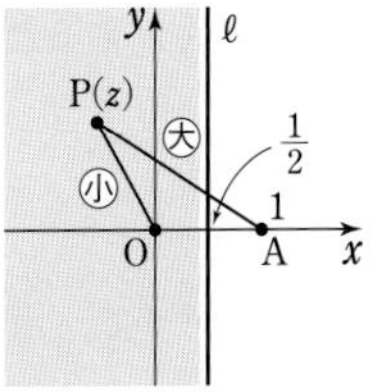

よって，(1) で求めた領域は，$|z|>1$ かつ $|z|<|z-1|$ と表される。

① を $|z|>1$ に代入すると　　$\left|\dfrac{1}{w}\right|>1$

ゆえに　　$|w|<1$ …… ②

① を $|z|<|z-1|$ に代入すると　　$\left|\dfrac{1}{w}\right|<\left|\dfrac{1}{w}-1\right|$

よって　　$\dfrac{1}{|w|}<\dfrac{|1-w|}{|w|}$

ゆえに　　$|w-1|>1$ …… ③

よって，求める領域は ②，③ それぞれが表す領域の共通部分で，**右図の斜線部分。ただし，境界線を含まない。**

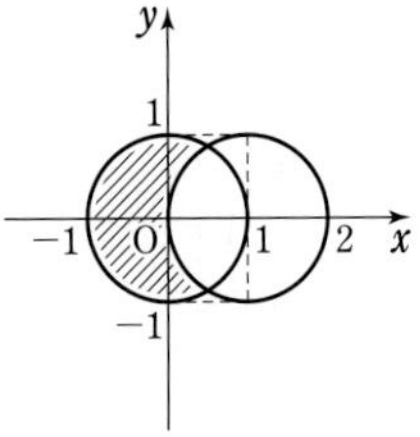

inf.　③ は次のように導くこともできる。
$\mathrm{Re}\,z<\dfrac{1}{2}$ から
$\dfrac{z+\overline{z}}{2}<\dfrac{1}{2}$
すなわち $z+\overline{z}<1$
よって $\dfrac{1}{w}+\dfrac{1}{\overline{w}}<1$
ゆえに $w\overline{w}-w-\overline{w}>0$
ゆえに $(w-1)(\overline{w}-1)>1$
よって $(w-1)\overline{(w-1)}>1$
ゆえに $|w-1|^2>1$
これから $|w-1|>1$

別解　(1)　$z=x+yi$ (x，y は実数) とすると

$|z|^2>1^2$ から　　$x^2+y^2>1$ …… ①

$\mathrm{Re}\,z<\dfrac{1}{2}$ から　　$x<\dfrac{1}{2}$ …… ②

⇦$\mathrm{Re}\,z=x$

①，② それぞれが表す領域の共通部分を図示する。(図省略)

(2)　$w=x+yi$ (x，y は実数) とする。

$w=\dfrac{1}{z}$ から　　$wz=1$

$w\neq 0$ であるから　　$z=\dfrac{1}{w}$

また　　$(x,\ y)\neq(0,\ 0)$

このとき　　$z=\dfrac{1}{w}=\dfrac{1}{x+yi}=\dfrac{x-yi}{x^2+y^2}$

⇦分母の実数化。

$|z|^2>1^2$ から　　$\dfrac{x^2+y^2}{(x^2+y^2)^2}>1$

ゆえに　　$x^2+y^2<1$ …… ③

$\mathrm{Re}z<\dfrac{1}{2}$ から　　$z+\overline{z}<1$

よって　　$\dfrac{x-yi}{x^2+y^2}+\dfrac{x+yi}{x^2+y^2}<1$　すなわち　$\dfrac{2x}{x^2+y^2}<1$

ゆえに　　$x^2+y^2>2x$　すなわち　$(x-1)^2+y^2>1$ …… ④

③, ④ それぞれが表す領域の共通部分を図示する。(図省略)

⇐ $\dfrac{z+\overline{z}}{2}<\dfrac{1}{2}$

⇐ $(x,\ y)\neq(0,\ 0)$ から $x^2+y^2>0$

PR ③111 線分 AB 上(ただし, 両端を除く)に1点Oをとり, 線分 AO, OB をそれぞれ1辺とする正方形 AOCD と正方形 OBEF を, 線分 AB の同じ側に作る。このとき, 複素数平面を利用して, AF⊥BC であることを証明せよ。

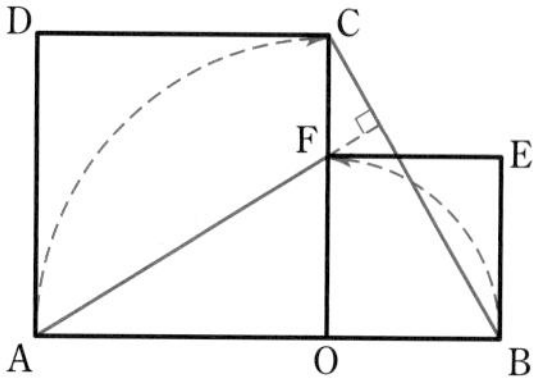

複素数平面上で, 点Oを原点, A(α), B(β) とすると 2点C, F は, 2点A, B をそれぞれ原点Oを中心として $-\dfrac{\pi}{2}$, $\dfrac{\pi}{2}$ だけ回転した点である。

よって, C(u), F(v) とすると

$$u=-i\cdot\alpha=-\alpha i,\ v=i\cdot\beta=\beta i$$

また　　$\dfrac{u-\beta}{v-\alpha}=\dfrac{-\alpha i-\beta}{\beta i-\alpha}=\dfrac{-\alpha i+i^2\beta}{-\alpha+\beta i}$

$$=\frac{i(-\alpha+\beta i)}{-\alpha+\beta i}=i$$

よって, $\dfrac{u-\beta}{v-\alpha}$ は純虚数であるから　　AF⊥BC

⇐AF, BC の垂直条件を考えるので, 複素数 $\dfrac{u-\beta}{v-\alpha}$ を調べる。

注意　正方形 AOCD と正方形 OBEF を, 線分 AB の下側に作った場合, 2点C, F は 2点A, B をそれぞれ原点Oを中心として $\dfrac{\pi}{2}$, $-\dfrac{\pi}{2}$ だけ回転した点である。この場合も解答と同様に AF⊥BC を証明することができる。

PR ④112 異なる3点 O(0), A(α), B(β) を頂点とする △OAB の内心を P(z) とする。このとき, z は等式 $z=\dfrac{|\beta|\alpha+|\alpha|\beta}{|\alpha|+|\beta|+|\beta-\alpha|}$ を満たすことを示せ。

OA$=|\alpha|=a$, OB$=|\beta|=b$, AB$=|\beta-\alpha|=c$ とおく。

また, ∠AOB の二等分線と辺 AB の交点を D(w) とする。

AD : DB＝OA : OB＝a : b

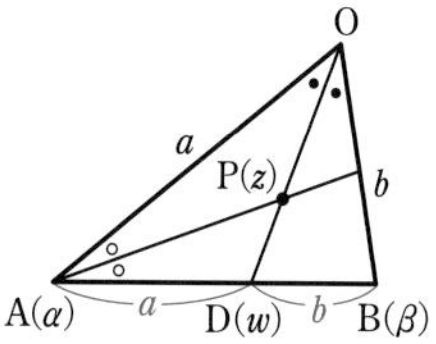

であるから　　$w=\dfrac{b\alpha+a\beta}{a+b}$

⇐角の二等分線の定理。

P は ∠OAB の二等分線と OD の交点であるから

$$\mathrm{OP}:\mathrm{PD}=\mathrm{OA}:\mathrm{AD}$$
$$=a:\left(\frac{a}{a+b}\cdot c\right)$$
$$=(a+b):c$$

ゆえに　　OP : OD$=(a+b):(a+b+c)$

⇐これより, P は線分 OD を $(a+b):c$ に内分する点であるから $z=\dfrac{c\cdot 0+(a+b)w}{a+b+c}$ としてもよい。

よって　$z=\dfrac{a+b}{a+b+c}w=\dfrac{a+b}{a+b+c}\cdot\dfrac{b\alpha+a\beta}{a+b}$

$=\dfrac{b\alpha+a\beta}{a+b+c}$

すなわち　$z=\dfrac{|\beta|\alpha+|\alpha|\beta}{|\alpha|+|\beta|+|\beta-\alpha|}$

PR ④113 複素数平面上で原点Oから実軸上を 2 進んだ点を P_0 とする。次に，P_0 を中心として進んできた方向に対して $\dfrac{\pi}{3}$ 回転して向きを変え，1 進んだ点を P_1 とする。以下同様に，P_n に到達した後，進んできた方向に対して $\dfrac{\pi}{3}$ 回転してから前回進んだ距離の $\dfrac{1}{2}$ 倍進んで到達した点を P_{n+1} とする。点 P_8 が表す複素数を求めよ。

n を 0 以上の整数，P_n を表す複素数を z_n とし，

$$w_n=z_{n+1}-z_n$$

とする。

点 w_{n+1} は，点 w_n を原点を中心として $\dfrac{\pi}{3}$ だけ回転し，原点からの距離を $\dfrac{1}{2}$ 倍した点であるから，

$$\frac{1}{2}\left(\cos\frac{\pi}{3}+i\sin\frac{\pi}{3}\right)=\alpha$$

とおくと　$w_{n+1}=\alpha w_n$

よって　$w_n=\alpha^n w_0$

ここで　$w_0=z_1-z_0=\alpha z_0=2\alpha$　…… ①

ゆえに　$w_n=\alpha^n\cdot 2\alpha$　すなわち　$z_{n+1}-z_n=2\alpha^{n+1}$

また，① から　$z_1=2\alpha+z_0=2(\alpha+1)$

よって　$z_8=z_1+\displaystyle\sum_{k=1}^{7}2\alpha^{k+1}=2(\alpha+1)+\frac{2\alpha^2(1-\alpha^7)}{1-\alpha}$

$=\dfrac{2(1-\alpha^9)}{1-\alpha}$

ここで　$\alpha^9=\left(\dfrac{1}{2}\right)^9\left\{\cos\left(\dfrac{\pi}{3}\times 9\right)+i\sin\left(\dfrac{\pi}{3}\times 9\right)\right\}$

$=\left(\dfrac{1}{2}\right)^9(\cos 3\pi+i\sin 3\pi)=-\dfrac{1}{2^9}$

よって　$z_8=\dfrac{2\left\{1-\left(-\dfrac{1}{2^9}\right)\right\}}{1-\dfrac{1}{2}\left(\dfrac{1}{2}+\dfrac{\sqrt{3}}{2}i\right)}=\dfrac{2\{2^9+1\}}{2^9}\cdot\dfrac{4}{3-\sqrt{3}\,i}$

$=\dfrac{2^9+1}{2^6}\cdot\dfrac{3+\sqrt{3}\,i}{(3-\sqrt{3}\,i)(3+\sqrt{3}\,i)}=\dfrac{513}{64}\cdot\dfrac{3+\sqrt{3}\,i}{12}$

$=\dfrac{171(3+\sqrt{3}\,i)}{256}$

したがって，P_8 が表す複素数は　$\boldsymbol{\dfrac{513}{256}+\dfrac{171\sqrt{3}}{256}i}$

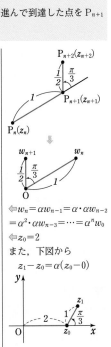

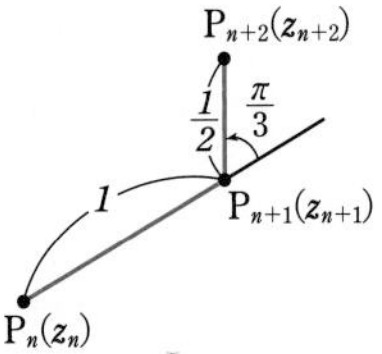

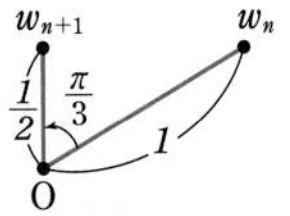

⇦ $w_n=\alpha w_{n-1}=\alpha\cdot\alpha w_{n-2}=\alpha^2\cdot\alpha w_{n-3}=\cdots=\alpha^n w_0$

⇦ $z_0=2$

また，下図から

$z_1-z_0=\alpha(z_0-0)$

EX ②76 a, b は実数とし，$z=a+bi$ とするとき，次の式を z と $\overline{z}$ を用いて表せ。
(1) a　(2) b　(3) $a-b$　(4) a^2-b^2

$z=a+bi$ から　$\overline{z}=a-bi$

(1) $z+\overline{z}=2a$ であるから　$\boldsymbol{a=\frac{1}{2}z+\frac{1}{2}\overline{z}}$

(2) $z-\overline{z}=2bi$ であるから

$$\boldsymbol{b}=\frac{1}{2i}(z-\overline{z})=-\frac{i}{2}(z-\overline{z})=\boldsymbol{-\frac{1}{2}iz+\frac{1}{2}i\overline{z}}$$

⇐ $\frac{1}{2i}=\frac{i}{2i\cdot i}=-\frac{i}{2}$

(3) (1), (2) から　$\boldsymbol{a-b}=\left(\frac{1}{2}z+\frac{1}{2}\overline{z}\right)-\left(-\frac{1}{2}iz+\frac{1}{2}i\overline{z}\right)$

$$\boldsymbol{=\frac{1}{2}(1+i)z+\frac{1}{2}(1-i)\overline{z}}$$

(4) $z^2=a^2+2abi-b^2$ …… ①
$(\overline{z})^2=a^2-2abi-b^2$ …… ②
①+② から　$z^2+(\overline{z})^2=2(a^2-b^2)$

したがって　$\boldsymbol{a^2-b^2=\frac{1}{2}z^2+\frac{1}{2}(\overline{z})^2}$

別解　$a+b=\frac{1}{2}\{(z+\overline{z})-i(z-\overline{z})\}$,

$a-b=\frac{1}{2}\{(z+\overline{z})+i(z-\overline{z})\}$

⇐ $a^2-b^2=(a+b)(a-b)$ の利用。左のように式をまとめないと計算が煩雑である。

よって

$$\boldsymbol{a^2-b^2}=(a+b)(a-b)$$
$$=\frac{1}{4}\{(z+\overline{z})-i(z-\overline{z})\}\{(z+\overline{z})+i(z-\overline{z})\}$$
$$=\frac{1}{4}\{(z+\overline{z})^2+(z-\overline{z})^2\}=\frac{1}{2}\{z^2+(\overline{z})^2\}$$
$$\boldsymbol{=\frac{1}{2}z^2+\frac{1}{2}(\overline{z})^2}$$

⇐ $(z+\overline{z})^2-i^2(z-\overline{z})^2$
$=(z+\overline{z})^2+(z-\overline{z})^2$
$=2\{z^2+(\overline{z})^2\}$

EX ②77 複素数 z が $z^2=-3+4i$ を満たすとき z の絶対値は ア☐ であり，z の共役複素数 $\overline{z}$ を z を用いて表すと $\overline{z}=\frac{イ☐}{z}$ である（ただし i は虚数単位）。また，$(z+\overline{z})^2$ の値は ウ☐ である。
〔関西学院大〕

$z^2=-3+4i$ から　$|z^2|=\sqrt{(-3)^2+4^2}=5$
よって，$|z|^2=|z^2|=5$ であるから

$$|z|=^{ア}\boldsymbol{\sqrt{5}}$$

⇐ $|z|$ を求めるために，$|z|^2$ を考える。

$|z|^2=5$ から　$z\overline{z}=5$

⇐ $|z|^2=z\overline{z}$

ゆえに　$\overline{z}=\frac{^{イ}\boldsymbol{5}}{z}$

また　$(z+\overline{z})^2=z^2+2z\overline{z}+(\overline{z})^2=z^2+2|z|^2+\overline{z^2}$
$=-3+4i+2\cdot5+(-3-4i)=^{ウ}\boldsymbol{4}$

⇐ $(\overline{z})^2=\overline{z}\,\overline{z}=\overline{zz}=\overline{z^2}$
一般に　$(\overline{z})^n=\overline{z^n}$

EX ②78

a, b は実数とし，3 次方程式 $x^3+ax^2+bx+1=0$ が虚数解 α をもつとする。
このとき，α の共役複素数 $\overline{\alpha}$ もこの方程式の解になることを示せ。また，3 つ目の解 β，および係数 a，b を α，$\overline{\alpha}$ を用いて表せ。〔類 防衛医大〕

3 次方程式 $x^3+ax^2+bx+1=0$ ……① が $x=\alpha$ を解にもつから $\alpha^3+a\alpha^2+b\alpha+1=0$ が成り立つ。

⇐ $x=\alpha$ が解 ⟺ α を代入すると成り立つ。

両辺の共役複素数を考えると

$$\overline{\alpha^3+a\alpha^2+b\alpha+1}=\overline{0}$$

よって　$\overline{\alpha^3}+\overline{a\alpha^2}+\overline{b\alpha}+\overline{1}=0$

ゆえに　$\overline{\alpha^3}+a\overline{\alpha^2}+b\overline{\alpha}+1=0$

すなわち　$(\overline{\alpha})^3+a(\overline{\alpha})^2+b\overline{\alpha}+1=0$

⇐ a，b は実数であるから $\overline{a}=a$，$\overline{b}=b$
また　$\overline{\alpha^n}=(\overline{\alpha})^n$

これは，$x=\overline{\alpha}$ が 3 次方程式 ① の解であることを示している。
また，① の解は α，$\overline{\alpha}$，β であるから，解と係数の関係により

$$\alpha+\overline{\alpha}+\beta=-a \text{ ……②}, \quad \alpha\overline{\alpha}+\overline{\alpha}\beta+\beta\alpha=b \text{ ……③},$$
$$\alpha\overline{\alpha}\beta=-1 \text{ ……④}$$

⇐ 3 次方程式 $px^3+qx^2+rx+s=0$ の解を α，β，γ とすると
$\alpha+\beta+\gamma=-\dfrac{q}{p}$，
$\alpha\beta+\beta\gamma+\gamma\alpha=\dfrac{r}{p}$，
$\alpha\beta\gamma=-\dfrac{s}{p}$

$\alpha\neq0$ であるから，④ より　$\boldsymbol{\beta=-\dfrac{1}{\alpha\overline{\alpha}}}$

② から　$a=-\beta-(\alpha+\overline{\alpha})=\boldsymbol{\dfrac{1}{\alpha\overline{\alpha}}-(\alpha+\overline{\alpha})}$

③ から　$b=\alpha\overline{\alpha}+\beta(\alpha+\overline{\alpha})=\boldsymbol{\alpha\overline{\alpha}-\dfrac{\alpha+\overline{\alpha}}{\alpha\overline{\alpha}}}$

EX ③79

$|z|=|w|=1$，$zw\neq1$ を満たす複素数 z，w に対して，$\dfrac{z-w}{1-zw}$ は実数であることを証明せよ。

$|z|^2=1^2$ から　$z\overline{z}=1$　よって　$\overline{z}=\dfrac{1}{z}$

⇐ $|z|^2=z\overline{z}$

$|w|^2=1^2$ から　$w\overline{w}=1$　よって　$\overline{w}=\dfrac{1}{w}$

⇐ $|w|^2=w\overline{w}$

$$\overline{\left(\frac{z-w}{1-zw}\right)}=\frac{\overline{z-w}}{\overline{1-zw}}=\frac{\overline{z}-\overline{w}}{1-\overline{z}\,\overline{w}}=\frac{\dfrac{1}{z}-\dfrac{1}{w}}{1-\dfrac{1}{z}\cdot\dfrac{1}{w}}$$
$$=\frac{w-z}{zw-1}=\frac{z-w}{1-zw}$$

⇐ $\overline{\left(\dfrac{\alpha}{\beta}\right)}=\dfrac{\overline{\alpha}}{\overline{\beta}}$，$\overline{\alpha+\beta}=\overline{\alpha}+\overline{\beta}$

$\overline{\left(\dfrac{z-w}{1-zw}\right)}=\dfrac{z-w}{1-zw}$ であるから，$\dfrac{z-w}{1-zw}$ は実数である。

⇐ $\overline{\alpha}=\alpha$ ⟺ α は実数

EX ③80

虚数 z について，$z+\dfrac{1}{z}$ が実数であるとき，$|z|$ を求めよ。

$z+\dfrac{1}{z}$ は実数であるから　$\overline{z+\dfrac{1}{z}}=z+\dfrac{1}{z}$

⇐ z が実数 ⟺ $\overline{z}=z$

よって　$\overline{z}+\dfrac{1}{\overline{z}}=z+\dfrac{1}{z}$

⇐ $\overline{z+\dfrac{1}{z}}=\overline{z}+\overline{\left(\dfrac{1}{z}\right)}=\overline{z}+\dfrac{1}{\overline{z}}$

両辺に $z\overline{z}$ を掛けると　$\overline{z}(z\overline{z})+z=z(z\overline{z})+\overline{z}$

ゆえに　$\overline{z}|z|^2+z-z|z|^2-\overline{z}=0$

よって　$(\overline{z}-z)(|z|^2-1)=0$

z は虚数であるから　$z\neq\overline{z}$　すなわち　$\overline{z}-z\neq0$

ゆえに　$|z|^2-1=0$　すなわち　$|z|^2=1$

よって　$|z|=\mathbf{1}$

←$|z|^2(\overline{z}-z)-(\overline{z}-z)=0$

別解　$z=a+bi$ (a, b は実数) とおくと,

$$\frac{1}{z}=\frac{1}{a+bi}=\frac{1\cdot(a-bi)}{(a+bi)(a-bi)}=\frac{a-bi}{a^2+b^2}$$

$$=\frac{a}{a^2+b^2}-\frac{bi}{a^2+b^2}$$

←分母の実数化。

よって　$$z+\frac{1}{z}=a+bi+\frac{a}{a^2+b^2}-\frac{bi}{a^2+b^2}$$

$$=\left(a+\frac{a}{a^2+b^2}\right)+\left(b-\frac{b}{a^2+b^2}\right)i$$

$z+\dfrac{1}{z}$ は実数であるから　$b-\dfrac{b}{a^2+b^2}=0$

←(虚部)$=0$

これを整理すると　$b(a^2+b^2-1)=0$

z は虚数であるから　$b\neq0$

←z が虚数 $\iff$ z の (虚部)$\neq0$

ゆえに　$a^2+b^2-1=0$　すなわち　$a^2+b^2=1$

よって　$|z|=\mathbf{1}$

←$|z|=\sqrt{a^2+b^2}$

EX ③81　複素数 z が $|z-1|=|z+i|$, $2|z-i|=|z+2i|$ をともに満たすとき, z の値を求めよ。〔日本女子大〕

$z=a+bi$ (a, b は実数) とする。

←「a, b は実数」の断りは重要。

$|z-1|=|z+i|$ から　$|(a-1)+bi|=|a+(b+1)i|$

ゆえに　$(a-1)^2+b^2=a^2+(b+1)^2$

←x, y が実数のとき $|x+yi|=\sqrt{x^2+y^2}$

整理して　$a+b=0$ …… ①

同様に, $2|z-i|=|z+2i|$ から　$2|a+(b-1)i|=|a+(b+2)i|$

ゆえに　$4\{a^2+(b-1)^2\}=a^2+(b+2)^2$

整理して　$a^2+b^2-4b=0$ …… ②

inf.　この問題は, 別解 のように z, $\overline{z}$ の形で進めるよりも $z=a+bi$ とした方が早い。

① から　$a=-b$ …… ③

② に代入して　$b(b-2)=0$　よって　$b=0$, 2

←$(-b)^2+b^2-4b=0$ から　$b^2-2b=0$

ゆえに, ③ から　$(a, b)=(0, 0)$, $(-2, 2)$

よって　$\boldsymbol{z=0,\ -2+2i}$

別解　$|z-1|=|z+i|$ から　$|z-1|^2=|z+i|^2$

ゆえに　$(z-1)\overline{(z-1)}=(z+i)\overline{(z+i)}$

よって　$(z-1)(\overline{z}-1)=(z+i)(\overline{z}-i)$

←$\overline{z-1}=\overline{z}-1$
$\overline{z+i}=\overline{z}+\overline{i}=\overline{z}+(-i)$

ゆえに　$z\overline{z}-z-\overline{z}+1=z\overline{z}-iz+i\overline{z}+1$

よって　$(i-1)z=(1+i)\overline{z}$

したがって　$$\overline{z}=\frac{i-1}{1+i}z=\frac{(i-1)(1-i)}{(1+i)(1-i)}z=iz \quad\cdots\cdots ①$$

←$\dfrac{i-1}{1+i}=\dfrac{(i-1)(1-i)}{(1+i)(1-i)}=\dfrac{-i^2-1+2i}{1-i^2}=\dfrac{2i}{2}=i$

また, $2|z-i|=|z+2i|$ から　$4|z-i|^2=|z+2i|^2$

ゆえに　$4(z-i)\overline{(z-i)}=(z+2i)\overline{(z+2i)}$

よって　$4(z-i)(\overline{z}+i)=(z+2i)(\overline{z}-2i)$

① を代入して　$4(z-i)(iz+i)=(z+2i)(iz-2i)$

両辺を i で割ると　$4(z-i)(z+1)=(z+2i)(z-2)$

よって　$4(z^2+z-iz-i)=z^2-2z+2iz-4i$

ゆえに　$3z^2+6z-6iz=0$

よって　$z(z+2-2i)=0$

したがって　$\boldsymbol{z=0,\ -2+2i}$

⇐ $\overline{z-i}=\overline{z}-\overline{i}=\overline{z}-(-i)$
$\overline{z+2i}=\overline{z}+\overline{2i}$
$=\overline{z}+2(-i)$

EX ④82

絶対値が 1 より小さい複素数 α, β に対して，不等式 $\left|\dfrac{\alpha-\beta}{1-\overline{\alpha}\beta}\right|<1$ が成り立つことを示せ。
ただし，$\overline{\alpha}$ は α の共役複素数を表す。〔学習院大〕

$$\begin{aligned}|1-\overline{\alpha}\beta|^2-|\alpha-\beta|^2&=(1-\overline{\alpha}\beta)\overline{(1-\overline{\alpha}\beta)}-(\alpha-\beta)\overline{(\alpha-\beta)}\\&=(1-\overline{\alpha}\beta)(1-\alpha\overline{\beta})-(\alpha-\beta)(\overline{\alpha}-\overline{\beta})\\&=1-\alpha\overline{\beta}-\overline{\alpha}\beta+\alpha\overline{\alpha}\beta\overline{\beta}-(\alpha\overline{\alpha}-\alpha\overline{\beta}-\overline{\alpha}\beta+\beta\overline{\beta})\\&=1-\alpha\overline{\alpha}-\beta\overline{\beta}+\alpha\overline{\alpha}\beta\overline{\beta}=(1-\alpha\overline{\alpha})(1-\beta\overline{\beta})\\&=(1-|\alpha|^2)(1-|\beta|^2)\end{aligned}$$

条件より，$|\alpha|<1$, $|\beta|<1$ であるから

$(1-|\alpha|^2)(1-|\beta|^2)>0$

よって　$|1-\overline{\alpha}\beta|^2>|\alpha-\beta|^2$

ゆえに　$|1-\overline{\alpha}\beta|>|\alpha-\beta|$

両辺を $|1-\overline{\alpha}\beta|$ (>0) で割ると　$1>\dfrac{|\alpha-\beta|}{|1-\overline{\alpha}\beta|}$

したがって　$\left|\dfrac{\alpha-\beta}{1-\overline{\alpha}\beta}\right|<1$

⇐ $\dfrac{|B|}{|A|}<1$ を示すには，$A\neq0$ かつ $|B|<|A|$ を示せばよい。更に，両辺正から $|A|^2-|B|^2>0$ を示せばよい。

⇐ $|\alpha|<1$ であるから
$|\overline{\alpha}|<1$
これと $|\beta|<1$ から
$|\overline{\alpha}||\beta|<1$
よって　$1-|\overline{\alpha}\beta|>0$
ゆえに　$|1-\overline{\alpha}\beta|>0$

EX ②83

i を虚数単位とし，$\alpha=\sqrt{3}+i$, $\beta=(\sqrt{3}-1)+(\sqrt{3}+1)i$ とおく。このとき，$\dfrac{\beta}{\alpha}$ の偏角は ア［　］であり，β の偏角は イ［　］である。ただし，複素数 z の偏角 θ は，$0\leqq\theta<2\pi$ の範囲で考える。〔関西大〕

$$\begin{aligned}\frac{\beta}{\alpha}&=\frac{(\sqrt{3}-1)+(\sqrt{3}+1)i}{\sqrt{3}+i}\\&=\frac{\{(\sqrt{3}-1)+(\sqrt{3}+1)i\}(\sqrt{3}-i)}{(\sqrt{3}+i)(\sqrt{3}-i)}\\&=\frac{(3-\sqrt{3})-(\sqrt{3}-1)i+(3+\sqrt{3})i+(\sqrt{3}+1)}{4}\\&=\frac{4+4i}{4}=1+i=\sqrt{2}\left(\cos\frac{\pi}{4}+i\sin\frac{\pi}{4}\right)\end{aligned}$$

⇐まずは，分母の実数化。

⇐極形式で表す。

よって，$\dfrac{\beta}{\alpha}$ の偏角は　$\arg\dfrac{\beta}{\alpha}=$ ア $\boldsymbol{\dfrac{\pi}{4}}$

また，$\alpha=2\left(\cos\frac{\pi}{6}+i\sin\frac{\pi}{6}\right)$ であるから　　$\arg\alpha=\frac{\pi}{6}$

よって，β の偏角は　　$\arg\beta=\arg\left(\frac{\beta}{\alpha}\cdot\alpha\right)=\arg\frac{\beta}{\alpha}+\arg\alpha$

$$=\frac{\pi}{4}+\frac{\pi}{6}={}^{イ}\boldsymbol{\frac{5}{12}\pi}$$

⇐$\arg zw$
$=\arg z+\arg w$

EX ③84

(1)　点 A(2, 1) を，原点を中心として $\frac{\pi}{3}$ だけ回転した点Bの座標を求めよ。

(2)　点 A(2, 1) を，点Pを中心として $\frac{\pi}{3}$ だけ回転した点の座標は $Q\left(\frac{3}{2}-\frac{3\sqrt{3}}{2},\ -\frac{1}{2}+\frac{\sqrt{3}}{2}\right)$ であった。点Pの座標を求めよ。　〔類　佐賀大〕

(1)　複素数平面上で，点 $2+i$ を原点を中心として $\frac{\pi}{3}$ だけ回転した点を表す複素数は

$$\left(\cos\frac{\pi}{3}+i\sin\frac{\pi}{3}\right)(2+i)=\left(\frac{1}{2}+\frac{\sqrt{3}}{2}i\right)(2+i)$$
$$=\left(1-\frac{\sqrt{3}}{2}\right)+\left(\frac{1}{2}+\sqrt{3}\right)i$$

よって，点Bの座標は　　$\boldsymbol{\left(1-\frac{\sqrt{3}}{2},\ \frac{1}{2}+\sqrt{3}\right)}$

⇐回転移動を扱う場合，複素数平面で考えた方がスムーズ。
点 z を，原点を中心として θ だけ回転した点
$(\cos\theta+i\sin\theta)z$

⇐複素数平面で求めた点を座標平面に戻す。
$a+bi \iff (a,\ b)$

(2)　複素数平面上で，A，P，Q を表す複素数を，それぞれ α, β, γ とすると点 γ は，点 α を点 β を中心として $\frac{\pi}{3}$ だけ回転した点であるから

$$\gamma=\left(\cos\frac{\pi}{3}+i\sin\frac{\pi}{3}\right)(\alpha-\beta)+\beta$$
$$=\frac{1+\sqrt{3}i}{2}(\alpha-\beta)+\beta=\frac{1+\sqrt{3}i}{2}\alpha+\frac{1-\sqrt{3}i}{2}\beta$$

よって　　$\frac{1-\sqrt{3}i}{2}\beta=\gamma-\frac{1+\sqrt{3}i}{2}\alpha$

$$=\frac{3-3\sqrt{3}}{2}+\frac{-1+\sqrt{3}}{2}i-\frac{1+\sqrt{3}i}{2}(2+i)$$
$$=\frac{1-2\sqrt{3}}{2}-\frac{2+\sqrt{3}}{2}i$$

ゆえに　　$(1-\sqrt{3}i)\beta=1-2\sqrt{3}-(2+\sqrt{3})i$

よって　　$\beta=\frac{1-2\sqrt{3}-(2+\sqrt{3})i}{1-\sqrt{3}i}$

$$=\frac{\{1-2\sqrt{3}-(2+\sqrt{3})i\}(1+\sqrt{3}i)}{(1-\sqrt{3}i)(1+\sqrt{3}i)}$$
$$=\frac{4-8i}{4}=1-2i$$

したがって，点Pの座標は　　**(1, −2)**

⇐本冊 p. 159 INFORMATION 参照。

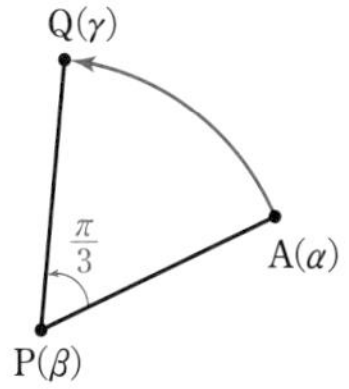

EX ③85

複素数平面上で，$-1+2i$，$3+i$ を表す点をそれぞれ A，B とするとき，線分 AB を1辺とする正方形 ABCD の頂点 C，D を表す複素数を求めよ。

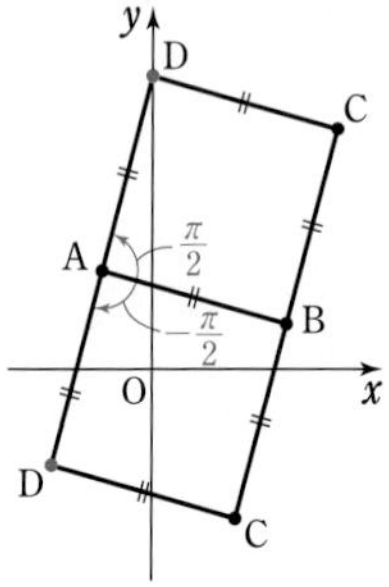

点 $C(\gamma)$，$D(\delta)$ とする。点Dは，点Bを点Aを中心として $\pm\frac{\pi}{2}$ だけ回転した点である。

点Aが原点に移るような平行移動で，点 B，D がそれぞれ点 B′，D′ に移るとすると　　$B'(4-i)$，$D'(\delta-(-1+2i))$

点 D′ は，点 B′ を原点Oを中心として $\pm\frac{\pi}{2}$ だけ回転した点であるから

$$\delta-(-1+2i)=\left\{\cos\left(\pm\frac{\pi}{2}\right)+i\sin\left(\pm\frac{\pi}{2}\right)\right\}(4-i)$$
$$=\pm i(4-i)$$
$$=\pm(1+4i)\quad\text{(複号同順)}$$

よって　　$\delta=\pm(1+4i)+(-1+2i)=6i,\ -2-2i$

また，点Cは，点Aが点Bに移るような平行移動

$3+i-(-1+2i)$　すなわち　$4-i$

で点Dが移る点である。

よって　　$\gamma=\delta+4-i$

したがって，$\delta=6i$ のとき　　$\gamma=4+5i$

$\delta=-2-2i$ のとき　　$\gamma=2-3i$

ゆえに　　**$C(4+5i)$，$D(6i)$　または　$C(2-3i)$，$D(-2-2i)$**

⇐ベクトルを用いて考えると，$\overrightarrow{DC}=\overrightarrow{AB}$ から
$\overrightarrow{OC}=\overrightarrow{OD}+\overrightarrow{AB}$
$=\overrightarrow{OD}+\overrightarrow{OB}-\overrightarrow{OA}$

EX ②86

ド・モアブルの定理を用いて，次の等式を証明せよ。

(1)　$\sin 2\theta=2\sin\theta\cos\theta$，$\cos 2\theta=\cos^2\theta-\sin^2\theta$

(2)　$\sin 3\theta=3\sin\theta-4\sin^3\theta$，$\cos 3\theta=4\cos^3\theta-3\cos\theta$

(1)　ド・モアブルの定理により

$$(\cos\theta+i\sin\theta)^2=\cos 2\theta+i\sin 2\theta\quad\cdots\cdots ①$$

また　　$(\cos\theta+i\sin\theta)^2$

$$=\cos^2\theta+2i\sin\theta\cos\theta+i^2\sin^2\theta$$
$$=(\cos^2\theta-\sin^2\theta)+i(2\sin\theta\cos\theta)\quad\cdots\cdots ②$$

⇐$(a+b)^2=a^2+2ab+b^2$

① と ② の実部と虚部を比較して

$\sin 2\theta=2\sin\theta\cos\theta$，$\cos 2\theta=\cos^2\theta-\sin^2\theta$

(2)　ド・モアブルの定理により

$$(\cos\theta+i\sin\theta)^3=\cos 3\theta+i\sin 3\theta\quad\cdots\cdots ③$$

また

$$(\cos\theta+i\sin\theta)^3$$
$$=\cos^3\theta+3\cos^2\theta\cdot i\sin\theta+3\cos\theta\cdot i^2\sin^2\theta+i^3\sin^3\theta$$
$$=\cos^3\theta-3\cos\theta\sin^2\theta+3i\sin\theta\cos^2\theta-i\sin^3\theta$$
$$=\cos^3\theta-3\cos\theta(1-\cos^2\theta)+3i\sin\theta(1-\sin^2\theta)-i\sin^3\theta$$
$$=(4\cos^3\theta-3\cos\theta)+i(3\sin\theta-4\sin^3\theta)\quad\cdots\cdots ④$$

⇐$(a+b)^3$
$=a^3+3a^2b+3ab^2+b^3$

③ と ④ の実部と虚部を比較して

$\sin 3\theta=3\sin\theta-4\sin^3\theta$，$\cos 3\theta=4\cos^3\theta-3\cos\theta$

EX ③87 次の計算をせよ。

$\dfrac{2+\sqrt{3}-i}{2+\sqrt{3}+i}=$ ア□，$\left(\dfrac{2+\sqrt{3}-i}{2+\sqrt{3}+i}\right)^3=$ イ□，$\left(\dfrac{2+\sqrt{3}-i}{2+\sqrt{3}+i}\right)^{2024}=$ ウ□

(ア) $\dfrac{2+\sqrt{3}-i}{2+\sqrt{3}+i}=\dfrac{(2+\sqrt{3}-i)^2}{(2+\sqrt{3})^2-i^2}$

$=\dfrac{(2+\sqrt{3})^2-2(2+\sqrt{3})i+i^2}{8+4\sqrt{3}}$

$=\dfrac{2\sqrt{3}(2+\sqrt{3})-2(2+\sqrt{3})i}{4(2+\sqrt{3})}$

$=\boldsymbol{\dfrac{\sqrt{3}}{2}-\dfrac{1}{2}i}$

⇦まずは，分母の実数化。

(イ) $\alpha=\dfrac{2+\sqrt{3}-i}{2+\sqrt{3}+i}$ とおくと，(ア)から　$\alpha=\dfrac{\sqrt{3}}{2}-\dfrac{1}{2}i$

α を極形式で表すと　$\alpha=\cos\left(-\dfrac{\pi}{6}\right)+i\sin\left(-\dfrac{\pi}{6}\right)$

⇦$\dfrac{11}{6}\pi$ とせずに，$-\dfrac{\pi}{6}$ とした方が計算がスムーズ。

よって　$\alpha^3=\left\{\cos\left(-\dfrac{\pi}{6}\right)+i\sin\left(-\dfrac{\pi}{6}\right)\right\}^3$

$=\cos\left(-\dfrac{\pi}{2}\right)+i\sin\left(-\dfrac{\pi}{2}\right)=\boldsymbol{-i}$

⇦$3\times\left(-\dfrac{\pi}{6}\right)=-\dfrac{\pi}{2}$

(ウ) $\alpha^{2024}=(\alpha^3)^{674}\cdot\alpha^2=(-i)^{674}\cdot\alpha^2$

$=(-i)^{4\times168+2}\cdot\alpha^2=-\alpha^2$

$=-\left\{\cos\left(-\dfrac{\pi}{3}\right)+i\sin\left(-\dfrac{\pi}{3}\right)\right\}$

$=\boldsymbol{-\dfrac{1}{2}+\dfrac{\sqrt{3}}{2}i}$

⇦$2024=3\times674+2$

⇦$(-i)^{4k}=1, (-i)^2=-1$
$674=4\times168+2$

⇦ド・モアブルの定理

EX ③88 複素数 z が $|z|=1$ を満たすとき，$\left|z^3-\dfrac{1}{z^3}\right|$ の最大値は ア□ である。また，最大値をとるときの z のうち，$0<\arg z<\dfrac{\pi}{2}$ を満たすものの偏角は，$\arg z=$ イ□ である。〔立教大〕

$|z|=1$ から，$z=\cos\theta+i\sin\theta$ $(0\leqq\theta<2\pi)$ とする。

$z^3=(\cos\theta+i\sin\theta)^3=\cos3\theta+i\sin3\theta$

⇦ド・モアブルの定理

$\dfrac{1}{z^3}=z^{-3}=(\cos\theta+i\sin\theta)^{-3}=\cos(-3\theta)+i\sin(-3\theta)$

$=\cos3\theta-i\sin3\theta$

したがって

$\left|z^3-\dfrac{1}{z^3}\right|=|(\cos3\theta+i\sin3\theta)-(\cos3\theta-i\sin3\theta)|$

$=|2i\sin3\theta|=2|\sin3\theta|$

$0\leqq\theta<2\pi$ より $0\leqq3\theta<6\pi$ であるから　$0\leqq2|\sin3\theta|\leqq2$

⇦$0\leqq|\sin3\theta|\leqq1$

よって，$\left|z^3-\dfrac{1}{z^3}\right|$ の最大値は　ア**2**

最大値をとるときの z は $\sin3\theta=\pm1$ を満たすから，

$0\leqq3\theta<6\pi$ より

$$3\theta=\frac{2k+1}{2}\pi \quad (k=0,\ 1,\ \cdots\cdots,\ 5)$$

⇐$3\theta=\frac{\pi}{2},\ \frac{3}{2}\pi,\ \cdots,\ \frac{11}{2}\pi$ のように，θ の値を具体的に求めてもよい。

すなわち　$\theta=\frac{2k+1}{6}\pi$

$\arg z=\theta$ であるから，最大値をとるとき，$0<\arg z<\frac{\pi}{2}$ を満たすのは，$k=0$ のときで，このとき　　$\theta=\frac{\pi}{6}$

⇐$0<\frac{2k+1}{6}\pi<\frac{\pi}{2}$ とすると　$0<2k+1<3$ ゆえに　　$-\frac{1}{2}<k<1$

よって　　$\arg z=$ ${}^{イ}\boldsymbol{\frac{\pi}{6}}$

EX ③89　$P=\left(\frac{-1+\sqrt{3}i}{2}\right)^n+\left(\frac{-1-\sqrt{3}i}{2}\right)^n$ の値を求めよ。ただし，n は正の整数とする。

$\frac{-1+\sqrt{3}i}{2}$，$\frac{-1-\sqrt{3}i}{2}$ を極形式で表すと

$$\frac{-1+\sqrt{3}i}{2}=\cos\frac{2}{3}\pi+i\sin\frac{2}{3}\pi,$$
$$\frac{-1-\sqrt{3}i}{2}=\cos\left(-\frac{2}{3}\pi\right)+i\sin\left(-\frac{2}{3}\pi\right)$$

⇐n 乗の問題では，偏角 θ を $-\pi<\theta\leqq\pi$ の範囲にとる方が処理しやすい。

よって

$$P=\left(\frac{-1+\sqrt{3}i}{2}\right)^n+\left(\frac{-1-\sqrt{3}i}{2}\right)^n$$
$$=\left(\cos\frac{2}{3}\pi+i\sin\frac{2}{3}\pi\right)^n+\left\{\cos\left(-\frac{2}{3}\pi\right)+i\sin\left(-\frac{2}{3}\pi\right)\right\}^n$$
$$=\cos\frac{2}{3}n\pi+i\sin\frac{2}{3}n\pi+\cos\left(-\frac{2}{3}n\pi\right)+i\sin\left(-\frac{2}{3}n\pi\right)$$
$$=\cos\frac{2}{3}n\pi+i\sin\frac{2}{3}n\pi+\cos\frac{2}{3}n\pi-i\sin\frac{2}{3}n\pi$$
$$=2\cos\frac{2}{3}n\pi$$

⇐$\sin(-\theta)=-\sin\theta$　$\cos(-\theta)=\cos\theta$

⇐ここで終わりにしないこと。

m を正の整数として

[1]　$n=3m-2$ のとき

$$P=2\cos\frac{2}{3}(3m-2)\pi=2\cos\left(2m\pi-\frac{4}{3}\pi\right)$$
$$=2\cos\left(-\frac{4}{3}\pi\right)=2\cdot\left(-\frac{1}{2}\right)=-1$$

⇐$\cos\left(-\frac{4}{3}\pi\right)=\cos\frac{2}{3}\pi$

[2]　$n=3m-1$ のとき

$$P=2\cos\frac{2}{3}(3m-1)\pi=2\cos\left(2m\pi-\frac{2}{3}\pi\right)$$
$$=2\cos\left(-\frac{2}{3}\pi\right)=2\cdot\left(-\frac{1}{2}\right)=-1$$

⇐$\cos\left(-\frac{2}{3}\pi\right)=\cos\frac{4}{3}\pi$

[3]　$n=3m$　　のとき

$$P=2\cos\frac{2}{3}\cdot 3m\pi=2\cos 2m\pi=2\cdot 1=2$$

したがって　**n が3の倍数のとき 2，3の倍数でないとき -1**

EX ④90

等式 $(i-\sqrt{3})^m=(1+i)^n$ を満たす自然数 m, n のうち, m が最小となるときの m, n の値を求めよ。ただし, i は虚数単位である。　〔九州大〕

$$i-\sqrt{3}=2\left(-\frac{\sqrt{3}}{2}+\frac{1}{2}i\right)=2\left(\cos\frac{5}{6}\pi+i\sin\frac{5}{6}\pi\right)$$

$$1+i=\sqrt{2}\left(\frac{1}{\sqrt{2}}+\frac{1}{\sqrt{2}}i\right)=\sqrt{2}\left(\cos\frac{\pi}{4}+i\sin\frac{\pi}{4}\right)$$

であるから

$$(i-\sqrt{3})^m=2^m\left(\cos\frac{5m}{6}\pi+i\sin\frac{5m}{6}\pi\right)$$

⇐ド・モアブルの定理

$$(1+i)^n=2^{\frac{n}{2}}\left(\cos\frac{n}{4}\pi+i\sin\frac{n}{4}\pi\right)$$

⇐$(\sqrt{2})^n=(2^{\frac{1}{2}})^n=2^{\frac{n}{2}}$

等式 $(i-\sqrt{3})^m=(1+i)^n$ の両辺の絶対値と偏角を比較して

$2^m=2^{\frac{n}{2}}$ ……①

$\frac{5m}{6}\pi=\frac{n}{4}\pi+2k\pi$ （k は整数）……②

① から　　$n=2m$

これを ② に代入して　　$\frac{5m}{6}\pi=\frac{m}{2}\pi+2k\pi$

よって　　$m=6k$

⇐$5m\pi=3m\pi+12k\pi$
よって　$2m\pi=12k\pi$

この等式を満たす自然数 m で最小のものは $\boldsymbol{m=6}$ である。

これを $n=2m$ に代入して　　$\boldsymbol{n}=2\cdot6=\mathbf{12}$

EX ④91

$\alpha=\frac{\sqrt{3}}{2}+\frac{1}{2}i$, $\beta=\frac{1}{2}+\frac{\sqrt{3}}{2}i$ とする。また, $\gamma_n=\alpha^n+\beta^n$ （$n=1$, 2, ……, 12）とおく。

(1) γ_3 の値を求めよ。　(2) $\sum_{n=1}^{12}\gamma_n$ の値を求めよ。

(3) p, q を自然数とし, $p+q=12$ を満たすならば, γ_p と γ_q は共役複素数になることを証明せよ。　〔立命館大〕

(1)　$$\alpha=\frac{\sqrt{3}}{2}+\frac{1}{2}i=\cos\frac{\pi}{6}+i\sin\frac{\pi}{6}$$

⇐極形式で表す。

$$\beta=\frac{1}{2}+\frac{\sqrt{3}}{2}i=\cos\frac{\pi}{3}+i\sin\frac{\pi}{3}$$

よって　$$\boldsymbol{\gamma_3}=\alpha^3+\beta^3=\left(\cos\frac{\pi}{6}+i\sin\frac{\pi}{6}\right)^3+\left(\cos\frac{\pi}{3}+i\sin\frac{\pi}{3}\right)^3$$

$$=\left(\cos\frac{\pi}{2}+i\sin\frac{\pi}{2}\right)+(\cos\pi+i\sin\pi)=\boldsymbol{i-1}$$

⇐ド・モアブルの定理

(2)　$\alpha^{12}=1$ から

$$(\alpha-1)(\alpha^{11}+\alpha^{10}+\cdots+\alpha^2+\alpha+1)=0$$

$\alpha\neq1$ であるから

$$\alpha^{11}+\alpha^{10}+\cdots\cdots+\alpha^2+\alpha+1=0$$

同様にして, $\beta^{12}=1$, $\beta\neq1$ から

$$\beta^{11}+\beta^{10}+\cdots\cdots+\beta^2+\beta+1=0$$

(2) 別解　等比数列の和の公式を用いる。

$$\sum_{n=1}^{12}\boldsymbol{\gamma_n}=\sum_{n=1}^{12}(\alpha^n+\beta^n)=\frac{\alpha(1-\alpha^{12})}{1-\alpha}+\frac{\beta(1-\beta^{12})}{1-\beta}=\mathbf{0}$$

$$\sum_{n=1}^{12}\gamma_n=\sum_{n=1}^{12}(\alpha^n+\beta^n)$$
$$=(\alpha+\alpha^2+\alpha^3+\cdots\cdots+\alpha^{11}+\alpha^{12})$$
$$+(\beta+\beta^2+\beta^3+\cdots\cdots+\beta^{11}+\beta^{12})$$
$$=\alpha(1+\alpha+\alpha^2+\cdots\cdots+\alpha^{10}+\alpha^{11})$$
$$+\beta(1+\beta+\beta^2+\cdots\cdots+\beta^{10}+\beta^{11})$$
$$=\alpha\cdot 0+\beta\cdot 0=\mathbf{0}$$

(3) $|\alpha|=1$, $|\beta|=1$ から　$\alpha\overline{\alpha}=|\alpha|^2=1$, $\beta\overline{\beta}=|\beta|^2=1$

よって　$\overline{\alpha}=\dfrac{1}{\alpha}$, $\overline{\beta}=\dfrac{1}{\beta}$

ここで　$\overline{\gamma_q}=\overline{\alpha^q+\beta^q}=(\overline{\alpha})^q+(\overline{\beta})^q$

$$=\left(\frac{1}{\alpha}\right)^q+\left(\frac{1}{\beta}\right)^q=\frac{1}{\alpha^q}+\frac{1}{\beta^q}$$
$$=\frac{1}{\alpha^{12-p}}+\frac{1}{\beta^{12-p}}=\frac{\alpha^p}{\alpha^{12}}+\frac{\beta^p}{\beta^{12}}$$
$$=\alpha^p+\beta^p=\gamma_p$$

よって，γ_p と γ_q は共役な複素数である。

⇐共役複素数の性質
$\overline{\alpha+\beta}=\overline{\alpha}+\overline{\beta}$,
$\overline{\alpha\beta}=\overline{\alpha}\,\overline{\beta}$

⇐$p+q=12$ より
$q=12-p$

EX ⑤92　次の複素数を極形式で表せ。ただし，偏角 θ は $0\leqq\theta<2\pi$ とする。
$1+\cos\alpha+i\sin\alpha$　$(0\leqq\alpha<\pi)$

$1+\cos\alpha=2\cos^2\dfrac{\alpha}{2}$, $\sin\alpha=2\sin\dfrac{\alpha}{2}\cos\dfrac{\alpha}{2}$ であるから

$$\mathbf{1+\cos\alpha+i\sin\alpha}=2\cos^2\frac{\alpha}{2}+2i\sin\frac{\alpha}{2}\cos\frac{\alpha}{2}$$
$$=\mathbf{2\cos\frac{\alpha}{2}\left(\cos\frac{\alpha}{2}+i\sin\frac{\alpha}{2}\right)}\ \cdots\cdots ①$$

$0\leqq\alpha<\pi$ より，$0\leqq\dfrac{\alpha}{2}<\dfrac{\pi}{2}$, $2\cos\dfrac{\alpha}{2}>0$ であるから，① は求める極形式である。

⇐半角の公式
$\cos^2\dfrac{\alpha}{2}=\dfrac{1+\cos\alpha}{2}$ から
$1+\cos\alpha=2\cos^2\dfrac{\alpha}{2}$
2倍角の公式
$\sin 2\alpha=2\sin\alpha\cos\alpha$
から
$\sin\alpha=2\sin\dfrac{\alpha}{2}\cos\dfrac{\alpha}{2}$

別解　与えられた複素数を z とし，$z_0=\cos\alpha+i\sin\alpha$ とすると　$z=1+\cos\alpha+i\sin\alpha=z_0+1$

したがって，点 z は，点 z_0 を実軸方向に1だけ平行移動した点である。

ここで，$z=r(\cos\theta+i\sin\theta)$ $(r>0,\ 0\leqq\theta<2\pi)$ とすると

$$r=\sqrt{(1+\cos\alpha)^2+\sin^2\alpha}$$
$$=\sqrt{2(1+\cos\alpha)}=\sqrt{4\cos^2\frac{\alpha}{2}}$$

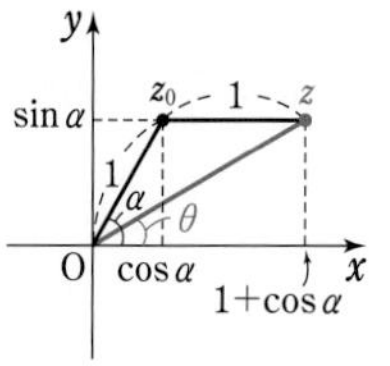

$0\leqq\alpha<\pi$ より $0\leqq\dfrac{\alpha}{2}<\dfrac{\pi}{2}$ であるから　$\cos\dfrac{\alpha}{2}>0$

ゆえに　$r=2\cos\dfrac{\alpha}{2}$

よって　$2\cos\dfrac{\alpha}{2}(\cos\theta+i\sin\theta)=1+\cos\alpha+i\sin\alpha$

ゆえに　$\cos\theta=\dfrac{1+\cos\alpha}{2\cos\dfrac{\alpha}{2}}=\dfrac{2\cos^2\dfrac{\alpha}{2}}{2\cos\dfrac{\alpha}{2}}=\cos\dfrac{\alpha}{2}$

$\sin\theta=\dfrac{\sin\alpha}{2\cos\dfrac{\alpha}{2}}=\dfrac{2\sin\dfrac{\alpha}{2}\cos\dfrac{\alpha}{2}}{2\cos\dfrac{\alpha}{2}}=\sin\dfrac{\alpha}{2}$

したがって　$\arg z=\theta=\dfrac{\alpha}{2}$

よって　$\boldsymbol{1+\cos\alpha+i\sin\alpha=2\cos\dfrac{\alpha}{2}\left(\cos\dfrac{\alpha}{2}+i\sin\dfrac{\alpha}{2}\right)}$

⇐実部と虚部を比較すると

$2\cos\dfrac{\alpha}{2}\cos\theta=1+\cos\alpha$,

$2\cos\dfrac{\alpha}{2}\sin\theta=\sin\alpha$

EX
⑤93

次の漸化式で定義される複素数の数列

$$z_1=1,\ z_{n+1}=\frac{1+\sqrt{3}i}{2}z_n+1\ (n=1,\ 2,\ \cdots\cdots)$$

を考える。ただし，i は虚数単位である。

(1)　z_2, z_3 を求めよ。

(2)　上の漸化式を $z_{n+1}-\alpha=\dfrac{1+\sqrt{3}i}{2}(z_n-\alpha)$ と表したとき，複素数 α を求めよ。

(3)　一般項 z_n を求めよ。

(4)　$z_n=-\dfrac{1-\sqrt{3}i}{2}$ となるような自然数 n をすべて求めよ。　〔北海道大〕

(1)　$\boldsymbol{z_2}=\dfrac{1+\sqrt{3}i}{2}z_1+1=\dfrac{1+\sqrt{3}i}{2}\cdot1+1=\boldsymbol{\dfrac{3+\sqrt{3}i}{2}}$,

$\boldsymbol{z_3}=\dfrac{1+\sqrt{3}i}{2}z_2+1=\dfrac{1+\sqrt{3}i}{2}\cdot\dfrac{3+\sqrt{3}i}{2}+1$

$=\dfrac{3+\sqrt{3}i+3\sqrt{3}i-3}{4}+1=\boldsymbol{1+\sqrt{3}i}$

(2)　$z_{n+1}-\alpha=\dfrac{1+\sqrt{3}i}{2}(z_n-\alpha)$ から

$z_{n+1}=\dfrac{1+\sqrt{3}i}{2}z_n+\dfrac{1-\sqrt{3}i}{2}\alpha$

よって　$\dfrac{1-\sqrt{3}i}{2}\alpha=1$

ゆえに　$\boldsymbol{\alpha}=\dfrac{2}{1-\sqrt{3}i}=\boldsymbol{\dfrac{1+\sqrt{3}i}{2}}$

⇐(2)の式は与えられた漸化式と，漸化式で z_{n+1} と z_n を α とおいた式(特性方程式)の差をとったもの。

$$\begin{array}{rl} & z_{n+1}=\dfrac{1+\sqrt{3}i}{2}z_n+1 \\ -) & \alpha=\dfrac{1+\sqrt{3}i}{2}\alpha+1 \\ \hline & z_{n+1}-\alpha=\dfrac{1+\sqrt{3}i}{2}(z_n-\alpha)\end{array}$$

(3)　(2)より，数列 $\{z_n-\alpha\}$ は初項 $z_1-\alpha$，公比 $\dfrac{1+\sqrt{3}i}{2}$ の等比数列であるから　$z_n-\alpha=(z_1-\alpha)\left(\dfrac{1+\sqrt{3}i}{2}\right)^{n-1}$

よって　$\boldsymbol{z_n}=\left(1-\dfrac{1+\sqrt{3}i}{2}\right)\left(\dfrac{1+\sqrt{3}i}{2}\right)^{n-1}+\dfrac{1+\sqrt{3}i}{2}$

$=\boldsymbol{\dfrac{1-\sqrt{3}i}{2}\left(\dfrac{1+\sqrt{3}i}{2}\right)^{n-1}+\dfrac{1+\sqrt{3}i}{2}}$

(4) $z_n=-\dfrac{1-\sqrt{3}i}{2}$ から

$$\frac{1-\sqrt{3}i}{2}\left(\frac{1+\sqrt{3}i}{2}\right)^{n-1}+\frac{1+\sqrt{3}i}{2}=-\frac{1-\sqrt{3}i}{2}$$

整理すると $\dfrac{1-\sqrt{3}i}{2}\left(\dfrac{1+\sqrt{3}i}{2}\right)^{n-1}=-1$

ここで $\dfrac{1-\sqrt{3}i}{2}=\cos\left(-\dfrac{\pi}{3}\right)+i\sin\left(-\dfrac{\pi}{3}\right)$,

$\dfrac{1+\sqrt{3}i}{2}=\cos\dfrac{\pi}{3}+i\sin\dfrac{\pi}{3}$

よって

$$\frac{1-\sqrt{3}i}{2}\left(\frac{1+\sqrt{3}i}{2}\right)^{n-1}$$
$$=\cos\left\{-\frac{\pi}{3}+\frac{\pi}{3}\times(n-1)\right\}+i\sin\left\{-\frac{\pi}{3}+\frac{\pi}{3}\times(n-1)\right\}$$

⇐ド・モアブルの定理

また，-1 を極形式で表すと $-1=\cos\pi+i\sin\pi$

よって，方程式は

$$\cos\left\{-\frac{\pi}{3}+\frac{\pi}{3}(n-1)\right\}+i\sin\left\{-\frac{\pi}{3}+\frac{\pi}{3}(n-1)\right\}=\cos\pi+i\sin\pi$$

両辺の偏角を比較すると

$$-\frac{\pi}{3}+\frac{\pi}{3}(n-1)=\pi+2k\pi \ (k \text{は整数})$$

⇐$-1+(n-1)=3+6k$

ゆえに $n=6k+5$

n は自然数であるから **$n=6k+5$（k は 0 以上の整数）**

EX ②94

c を実数とする。x についての 2 次方程式

$$x^2+(3-2c)x+c^2+5=0$$

が 2 つの解 α, β をもつとする。複素数平面上の 3 点 α, β, c^2 が三角形の 3 頂点になり，その三角形の重心は 0 であるという。c を求めよ。

解と係数の関係から $\alpha+\beta=2c-3$ ……①

また，条件から $\dfrac{\alpha+\beta+c^2}{3}=0$

⇐三角形の重心が原点。

① を代入して $c^2+2c-3=0$ よって $(c-1)(c+3)=0$

ゆえに $c=1,\ -3$

[1] $c=1$ のとき，2 次方程式は $x^2+x+6=0$

⇐求めた c の値に対して，3 点 α, β, c^2 が三角形の 3 頂点となるかどうかを確認。

これを解いて $x=\dfrac{-1\pm\sqrt{23}i}{2}$

よって，α, β は互いに共役な異なる複素数である。

ゆえに，3 点 α, β, c^2 は三角形の 3 頂点となるから，適する。

⇐c^2 は実軸上の点で，2 点 α, β を結ぶ直線上にない。

[2] $c=-3$ のとき，2 次方程式は $x^2+9x+14=0$

よって $(x+2)(x+7)=0$ ゆえに $x=-2,\ -7$

よって，3 点 α, β, c^2 は実軸上にあるから，不適。

⇐ 3 点 α, β, c^2 は一直線上。

[1], [2] から **$c=1$**

EX ③95

複素数平面上の 3 点 A(α)，W(w)，Z(z) は原点 O(0) と異なり，$\alpha=-\dfrac{1}{2}+\dfrac{\sqrt{3}}{2}i$，$w=(1+\alpha)z+1+\overline{\alpha}$ とする。2 直線 OW，OZ が垂直であるとき，次の問いに答えよ。

(1) $|z-\alpha|$ の値を求めよ。

(2) △OAZ が直角三角形になるときの複素数 z を求めよ。〔類 山形大〕

(1) $w\neq0$，$z\neq0$ であり，2 直線 OW，OZ は垂直であるから，$\dfrac{w-0}{z-0}$ は純虚数である。

ゆえに　$\overline{\left(\dfrac{w}{z}\right)}+\dfrac{w}{z}=0$　すなわち　$\dfrac{\overline{w}}{\overline{z}}+\dfrac{w}{z}=0$

両辺に $z\overline{z}$ を掛けて　$z\overline{w}+\overline{z}w=0$ ……①

ここで，$1+\alpha=\dfrac{1}{2}+\dfrac{\sqrt{3}}{2}i=-\overline{\alpha}$ であるから

$$w=(1+\alpha)z+1+\overline{\alpha}$$
$$=-\overline{\alpha}z+1-(1+\alpha)=-\overline{\alpha}z-\alpha$$

$w=-\overline{\alpha}z-\alpha$，$\overline{w}=-\alpha\overline{z}-\overline{\alpha}$ を ① に代入して

$$z(\alpha\overline{z}+\overline{\alpha})+\overline{z}(\overline{\alpha}z+\alpha)=0$$
$$\alpha|z|^2+\overline{\alpha}z+\overline{\alpha}|z|^2+\alpha\overline{z}=0$$

ゆえに　$(\alpha+\overline{\alpha})|z|^2+\overline{\alpha}z+\alpha\overline{z}=0$

$\alpha+\overline{\alpha}=-1$ であるから　$|z|^2-\overline{\alpha}z-\alpha\overline{z}=0$

$|\alpha|^2=1$ であるから　$|z|^2-\overline{\alpha}z-\alpha\overline{z}+|\alpha|^2=1$

よって　$(z-\alpha)(\overline{z}-\overline{\alpha})=1$　すなわち　$(z-\alpha)\overline{(z-\alpha)}=1$

ゆえに　$|z-\alpha|^2=1$　すなわち　$\boldsymbol{|z-\alpha|=1}$

(2) (1) の結果から，点 Z は，点 A を中心とする半径 1 の円上のうち，原点 O を除く部分を動く。

したがって，右の図から，△OAZ が直角三角形となるのは，$\angle\mathrm{OAZ}=\dfrac{\pi}{2}$ のときである。

OA：OZ$=1:\sqrt{2}$ であるから，点 Z は，点 A を点 O を中心として $\pm\dfrac{\pi}{4}$ だけ回転し，原点からの距離を $\sqrt{2}$ 倍した点である。

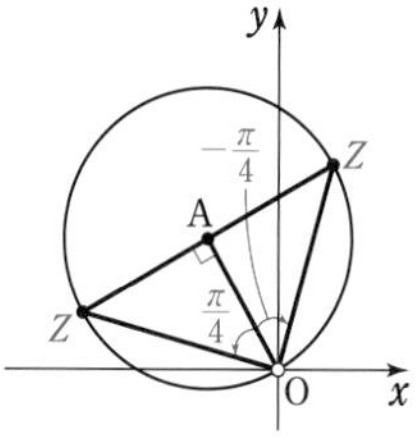

よって　$\boldsymbol{z}=\sqrt{2}\left\{\cos\left(\pm\dfrac{\pi}{4}\right)+i\sin\left(\pm\dfrac{\pi}{4}\right)\right\}\alpha$

$$=\sqrt{2}\left(\frac{1}{\sqrt{2}}\pm\frac{1}{\sqrt{2}}i\right)\left(-\frac{1}{2}+\frac{\sqrt{3}}{2}i\right)$$
$$=(1\pm i)\left(-\frac{1}{2}+\frac{\sqrt{3}}{2}i\right)$$
$$=\boldsymbol{-\frac{1\pm\sqrt{3}}{2}+\frac{\mp1+\sqrt{3}}{2}i}\ \textbf{（複号同順）}$$

⇐ α が純虚数 ⟺ $\alpha+\overline{\alpha}=0$ かつ $\alpha\neq0$
条件から，$w\neq0$，$z\neq0$ であるから $\dfrac{w}{z}\neq0$

⇐点 α と点 $1+\alpha$ は虚軸に関して対称である。

⇐ $\alpha\overline{\alpha}=|\alpha|^2$

⇐ $z\neq0$ に注意。

⇐△OAZ は直角二等辺三角形になると考えられる。

別解　点 Z は，点 O を点 A を中心として $\pm\dfrac{\pi}{2}$ だけ回転した点であるから

$\boldsymbol{z}=\pm i(0-\alpha)+\alpha$
$=(1\mp i)\alpha$
$=(1\mp i)\left(-\dfrac{1}{2}+\dfrac{\sqrt{3}}{2}i\right)$
$=\boldsymbol{\dfrac{-1\pm\sqrt{3}}{2}+\dfrac{\sqrt{3}\pm1}{2}i}$

（複号同順）

EX ③96

(1) $z+\frac{1}{z}$ が実数となるような複素数 z が表す複素数平面上の点全体は，どのような図形を表すか。

(2) $z+\frac{1}{z}$ が実数となる複素数 z と，$\left|w-\left(\frac{8}{3}+2i\right)\right|=\frac{2}{3}$ を満たす複素数 w について，$|z-w|$ の最小値を求めよ。〔類　名古屋工大〕

(1) $z+\frac{1}{z}$ が実数であるための条件は

$\overline{z+\frac{1}{z}}=z+\frac{1}{z}$　すなわち　$\overline{z}+\frac{1}{\overline{z}}=z+\frac{1}{z}$

⇐ α が実数 $\Longleftrightarrow$ $\overline{\alpha}=\alpha$

両辺に $z\overline{z}$ $(=|z|^2)$ を掛けて　$\overline{z}|z|^2+z=z|z|^2+\overline{z}$

⇐ $z(\overline{z})^2+z=z^2\overline{z}+\overline{z}$

ゆえに　$|z|^2(z-\overline{z})-(z-\overline{z})=0$

よって　$(z-\overline{z})(|z|^2-1)=0$

したがって　$z-\overline{z}=0$ または $|z|^2-1=0$

すなわち　$\overline{z}=z$ または $|z|=1$

ゆえに　z は実数 または $|z|=1$

よって，$z+\frac{1}{z}$ が実数となるような複素数 z が表す複素数平面上の点全体は **実軸および原点を中心とする半径1の円** である。**ただし，原点を除く。**

⇐除外点に注意。$\frac{1}{z}$ を考えているから，$z\neq0$ である。

(2) $A\left(\frac{8}{3}+2i\right)$ とすると，点 w は点Aを中心とする半径 $\frac{2}{3}$ の円上にある。また，$|z-w|$ は2点 z，w の距離を表す。

(1)から，点 z は，原点を除いた実軸上　または　原点を中心とする半径1の円上にある。

[1] 点 z が原点を除いた実軸上にあるとき

$|z-w|$ が最小となるのは，点 z，w が右の図の位置にあるときである。このとき

$$|z-w|=2-\frac{2}{3}=\frac{4}{3}$$

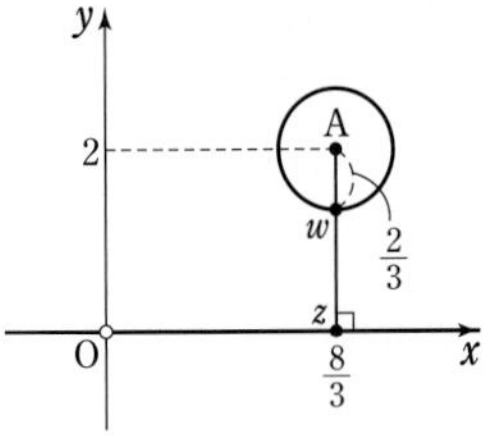

⇐点Aと実軸の最短距離は，点Aから実軸に下ろした垂線の長さに等しい。

[2] z が原点を中心とする半径1の円上にあるとき

$|z-w|$ が最小となるのは，点 z，w が線分 OA 上にあるときである。

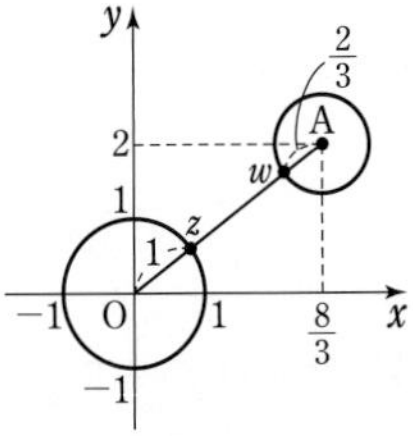

⇐2点 z，w が2つの円の中心を結ぶ線分上にあるとき。

$$OA=\sqrt{\left(\frac{8}{3}\right)^2+2^2}=\sqrt{\frac{100}{9}}=\frac{10}{3}$$

であるから，このとき　$|z-w|=\frac{10}{3}-\left(1+\frac{2}{3}\right)=\frac{5}{3}$

[1]，[2] から，$|z-w|$ の最小値は　$\boldsymbol{\frac{4}{3}}$

EX ③97

i を虚数単位とし，k を実数とする。$\alpha=-1+i$ であり，点 z は複素数平面上で原点を中心とする単位円上を動く。

(1) $w_1=\dfrac{\alpha+z}{i}$ とする。点 w_1 が描く図形を求めよ。

(2) w_2 は等式 $w_2\overline{\alpha}-\overline{w_2}\alpha+ki=0$ を満たす。点 w_2 の軌跡が，(1)で求めた点 w_1 の軌跡と共有点をもつ場合の k の最大値を求めよ。　〔類 鳥取大〕

(1) 点 z は原点を中心とする単位円上を動くから

$|z|=1$ ……①

$w_1=\dfrac{\alpha+z}{i}$ から　$z=iw_1-\alpha$

これを①に代入すると　$|iw_1-\alpha|=1$

ゆえに　$\left|i\left(w_1-\dfrac{\alpha}{i}\right)\right|=1$　すなわち　$|i|\left|w_1-\dfrac{\alpha}{i}\right|=1$

よって　$\left|w_1-\dfrac{\alpha}{i}\right|=1$

$\dfrac{\alpha}{i}=\dfrac{-1+i}{i}=1+i$ であるから　$|w_1-(1+i)|=1$

よって，点 w_1 は **点 $1+i$ を中心とする半径1の円** を描く。

(2) $w_2=x+yi$ (x，y は実数) とする。これを

$w_2\overline{\alpha}-\overline{w_2}\alpha+ki=0$

に代入すると　$(x+yi)(-1-i)-(x-yi)(-1+i)+ki=0$

整理すると　$(2x+2y-k)i=0$

すなわち　$2x+2y-k=0$

よって，xy 平面上で円 $(x-1)^2+(y-1)^2=1$ と直線 $2x+2y-k=0$ が共有点をもつような実数 k の最大値を求めればよい。

共有点をもつ条件は　$\dfrac{|2\cdot1+2\cdot1-k|}{\sqrt{2^2+2^2}}\leqq1$

ゆえに　$|k-4|\leqq2\sqrt{2}$

すなわち　$-2\sqrt{2}\leqq k-4\leqq2\sqrt{2}$

よって　$4-2\sqrt{2}\leqq k\leqq4+2\sqrt{2}$

したがって，求める k の最大値は　$\mathbf{4+2\sqrt{2}}$

⇦ z を w_1 の式で表し，z の条件式に代入。

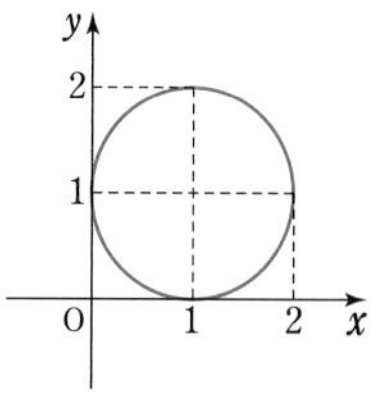

⇦点 w_2 の描く図形（軌跡）は直線である。

⇦ xy 平面上では，点 w_1 の描く円の中心は (1, 1) である。

⇦点と直線の距離の公式。円の中心 (1, 1) と直線の距離が円の半径以下，すなわち1以下であるとき円と直線は共有点をもつ。

EX ③98

互いに異なる3つの複素数 α，β，γ の間に，
等式 $\alpha^3-3\alpha^2\beta+3\alpha\beta^2-\beta^3=8(\beta^3-3\beta^2\gamma+3\beta\gamma^2-\gamma^3)$ が成り立つとする。

(1) $\dfrac{\alpha-\beta}{\gamma-\beta}$ を求めよ。

(2) 3点 α，β，γ が一直線上にないとき，それらを頂点とする三角形はどのような三角形か。　〔神戸大〕

(1) 等式の両辺を変形すると　$(\alpha-\beta)^3=8(\beta-\gamma)^3$

すなわち　$(\alpha-\beta)^3=-8(\gamma-\beta)^3$

$\beta\neq\gamma$ であるから　$\left(\dfrac{\alpha-\beta}{\gamma-\beta}\right)^3=-8$

⇦ $a^3-3a^2b+3ab^2-b^3=(a-b)^3$

$\dfrac{\alpha-\beta}{\gamma-\beta}=z$ とおくと　$z^3=-8$　ゆえに　$z^3+8=0$

よって　$(z+2)(z^2-2z+4)=0$

これを解いて　$z=-2,\ 1\pm\sqrt{3}i$

したがって　$\boldsymbol{\dfrac{\alpha-\beta}{\gamma-\beta}=-2,\ 1\pm\sqrt{3}i}$

⇐$z+2=0$ または $z^2-2z+4=0$

(2)　3点A，B，Cが一直線上にないことから，$\dfrac{\alpha-\beta}{\gamma-\beta}$ は実数ではない。ゆえに　$\dfrac{\alpha-\beta}{\gamma-\beta}=1\pm\sqrt{3}i$

⇐$\dfrac{\alpha-\beta}{\gamma-\beta}$ が実数のとき3点 α，β，γ は一直線上にある。

極形式で表すと　$\dfrac{\alpha-\beta}{\gamma-\beta}=2\left\{\cos\left(\pm\dfrac{\pi}{3}\right)+i\sin\left(\pm\dfrac{\pi}{3}\right)\right\}$

(複号同順)

よって，$\left|\dfrac{\alpha-\beta}{\gamma-\beta}\right|=\dfrac{|\alpha-\beta|}{|\gamma-\beta|}=\dfrac{\text{BA}}{\text{BC}}$ から　$\dfrac{\text{BA}}{\text{BC}}=2$

ゆえに　BA：BC＝2：1

また，$\arg\dfrac{\alpha-\beta}{\gamma-\beta}=\pm\dfrac{\pi}{3}$ から　$\angle\text{CBA}=\dfrac{\pi}{3}$

よって，△ABC は $\boldsymbol{\angle A=\dfrac{\pi}{6},\ \angle B=\dfrac{\pi}{3},\ \angle C=\dfrac{\pi}{2}}$ **の直角三角形**である。

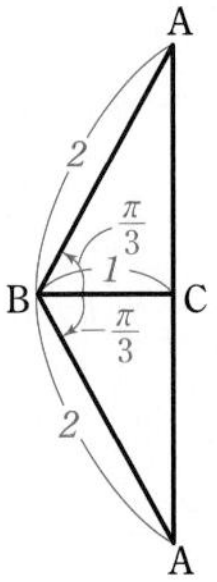

EX
③**99**

複素数の偏角 θ はすべて $0\leqq\theta<2\pi$ とする。$\alpha=2\sqrt{2}(1+i)$ とし，等式 $|z-\alpha|=2$ を満たす複素数 z を考える。

(1)　$|z|$ の最大値を求めよ。

(2)　z の中で偏角が最大となるものを β とおくとき，β の値，β の偏角を求めよ。

(3)　$1\leqq n\leqq100$ の範囲で，β^n が実数になる整数 n の個数を求めよ。　〔類 センター試験〕

(1)　A(α) とすると，方程式 $|z-\alpha|=2$ を満たす点 z 全体の集合は，点Aを中心とする，半径2の円である。よって，3点O，A，z がこの順で一直線上にあるとき $|z|$ は最大となり，その最大値は

$\text{OA}+2=2\sqrt{2}\cdot\sqrt{1^2+1^2}+2$
$=4+2=\boldsymbol{6}$

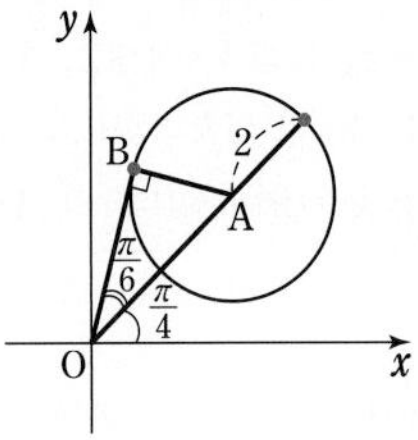

⇐$|z|$ は原点と点 z の距離。円周上の点で，原点からの距離が最大になる点を図から判断する。

(2)　点 β は，原点Oを通る接線と円 $|z-\alpha|=2$ との接点のうち，偏角が大きい方の点である。B(β) とすると，△OAB において，OA＝4，AB＝2，$\angle\text{B}=\dfrac{\pi}{2}$ から△OAB は内角が $\dfrac{\pi}{6}$，$\dfrac{\pi}{3}$，$\dfrac{\pi}{2}$ の直角三角形である。

α を極形式で表すと

$$\alpha=2\sqrt{2}(1+i)=2\sqrt{2}\cdot\sqrt{2}\left(\cos\frac{\pi}{4}+i\sin\frac{\pi}{4}\right)$$
$$=4\left(\cos\frac{\pi}{4}+i\sin\frac{\pi}{4}\right)$$

$\arg\alpha=\frac{\pi}{4}$ であるから　　$\boldsymbol{\arg\beta=\frac{\pi}{4}+\frac{\pi}{6}=\frac{5}{12}\pi}$

また，$\frac{\beta}{\alpha}=\frac{\sqrt{3}}{2}\left(\cos\frac{\pi}{6}+i\sin\frac{\pi}{6}\right)$ から

$$\beta=\frac{\sqrt{3}}{2}\left(\cos\frac{\pi}{6}+i\sin\frac{\pi}{6}\right)\alpha$$
$$=\frac{\sqrt{3}}{2}\left(\frac{\sqrt{3}}{2}+\frac{1}{2}i\right)\{2\sqrt{2}(1+i)\}$$
$$=\boldsymbol{\frac{3\sqrt{2}-\sqrt{6}}{2}+\frac{3\sqrt{2}+\sqrt{6}}{2}i}$$

⇐ $\frac{5}{12}\pi$ の三角比の値がわからないので点 β を表す複素数は，計算によって求める。

(3)　$\arg\beta^n=\frac{5}{12}n\pi$ であるから，β^n が実数になるのは

$\sin\frac{5}{12}n\pi=0$ のときである。

すなわち　　$\frac{5}{12}n\pi=m\pi$（m は正の整数）

$\frac{5}{12}n=m$ を満たす最小の正の整数 n は　　$n=12$

$100=12\times8+4$ から，求める整数 n の個数は　　**8 個**

⇐ β^n が実数となる
$\Longrightarrow$ 点 β^n が実軸上にある
$\Longrightarrow$ $\sin\frac{5}{12}n\pi=0$

EX ③100　0 でない複素数 $z=x+yi$ について，$z+\frac{4}{z}$ が実数で，更に不等式 $2\leqq z+\frac{4}{z}\leqq5$ を満たすとき，点 $(x,\ y)$ が存在する範囲を xy 座標平面上に図示せよ。〔類 関西大〕

$z=r(\cos\theta+i\sin\theta)$（$r>0$，$0\leqq\theta<2\pi$）とすると

$$z+\frac{4}{z}=r(\cos\theta+i\sin\theta)+\frac{4}{r}\{\cos(-\theta)+i\sin(-\theta)\}$$
$$=r(\cos\theta+i\sin\theta)+\frac{4}{r}(\cos\theta-i\sin\theta)$$
$$=\left(r+\frac{4}{r}\right)\cos\theta+i\left(r-\frac{4}{r}\right)\sin\theta$$

$z+\frac{4}{z}$ は実数であるから　　$\left(r-\frac{4}{r}\right)\sin\theta=0$

⇐(虚部)=0

ゆえに　　$r-\frac{4}{r}=0$　または　$\sin\theta=0$

[1]　$r-\frac{4}{r}=0$ のとき，分母を払って　　$r^2-4=0$

ゆえに　　$r=\pm2$　　　$r>0$ であるから　　$r=2$

このとき　　$z+\frac{4}{z}=4\cos\theta$

$2\leqq z+\frac{4}{z}\leqq5$ から　　$2\leqq4\cos\theta\leqq5$

ゆえに　$\frac{1}{2} \leqq \cos\theta \leqq \frac{5}{4}$

また，$0 \leqq \theta < 2\pi$ では $-1 \leqq \cos\theta \leqq 1$ であるから

$\frac{1}{2} \leqq \cos\theta \leqq 1$

よって　$z = 2(\cos\theta + i\sin\theta)$ $\left(0 \leqq \theta \leqq \frac{\pi}{3},\ \frac{5}{3}\pi \leqq \theta < 2\pi\right)$

したがって，点 z は，原点を中心とする半径 2 の円で，

中心角 $0 \leqq \theta \leqq \frac{\pi}{3}$，$\frac{5}{3}\pi \leqq \theta < 2\pi$ の円弧上にある。

⇦ z の絶対値は 2 であり，$0 \leqq \theta < 2\pi$ で偏角は $0 \leqq \theta \leqq \frac{\pi}{3}$，$\frac{5}{3}\pi \leqq \theta < 2\pi$ の範囲にある。$-\pi \leqq \theta < \pi$ として，$-\frac{\pi}{3} \leqq \theta \leqq \frac{\pi}{3}$ の範囲と考えてもよい。

[2]　$\sin\theta = 0$ のとき，$0 \leqq \theta < 2\pi$ から　$\theta = 0,\ \pi$

(i)　$\theta = 0$ のとき　$z = r$

$z + \frac{4}{z} = r + \frac{4}{r}$ と不等式から　$2 \leqq r + \frac{4}{r} \leqq 5$

各辺に r を掛けて　$2r \leqq r^2 + 4 \leqq 5r$

$2r \leqq r^2 + 4$ から　$r^2 - 2r + 4 \geqq 0$

ゆえに　$(r-1)^2 + 3 \geqq 0$

これは常に成り立つ。

$r^2 + 4 \leqq 5r$ から　$r^2 - 5r + 4 \leqq 0$

ゆえに　$(r-1)(r-4) \leqq 0$　よって　$1 \leqq r \leqq 4$

したがって，$2r \leqq r^2 + 4 \leqq 5r$ の解は　$1 \leqq r \leqq 4$

ゆえに，点 z は実軸上の点 1 と点 4 を結ぶ線分上にある。

(ii)　$\theta = \pi$ のとき　$z = -r$

$z + \frac{4}{z} = -r - \frac{4}{r} < 0$

これは $2 \leqq z + \frac{4}{z} \leqq 5$ を満たさない。

よって，$\theta = \pi$ は不適。

以上から，点 $(x,\ y)$ が存在する範囲は，**右図の太線部分** である。

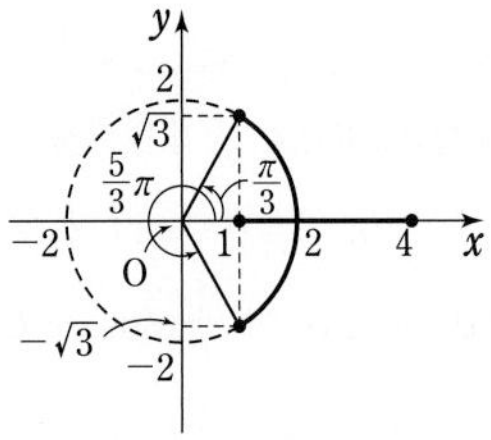

別解　$z + \frac{4}{z} = x + yi + \frac{4}{x+yi} = x + yi + \frac{4(x-yi)}{(x+yi)(x-yi)}$

$= \frac{(x+yi)(x^2+y^2) + 4(x-yi)}{x^2+y^2}$

$= \frac{x(x^2+y^2+4) + y(x^2+y^2-4)i}{x^2+y^2}$

⇦分母の実数化。

$z + \frac{4}{z}$ は実数であるから　$\frac{y(x^2+y^2-4)}{x^2+y^2} = 0$

⇦(虚部)$=0$

よって　$y = 0$　または　$x^2 + y^2 = 4$

[1]　$y = 0$ のとき　$z = x$

ゆえに　$z + \frac{4}{z} = x + \frac{4}{x}$

不等式から　$2 \leqq x + \frac{4}{x} \leqq 5$

⇦$z = r(\cos\theta + i\sin\theta)$ として解いたときの [2] の場合分けと同じ。つまり $\sin\theta = 0$ のときである。

(i)　$x>0$ のとき，各辺に x を掛けて　$2x \leqq x^2+4 \leqq 5x$

$2x \leqq x^2+4$ から　　$x^2-2x+4 \geqq 0$

ゆえに　　$(x-1)^2+3 \geqq 0$　　　これは常に成り立つ。

$x^2+4 \leqq 5x$ から　　$x^2-5x+4 \leqq 0$

ゆえに　　$(x-1)(x-4) \leqq 0$　　　よって　　$1 \leqq x \leqq 4$

したがって，$2x \leqq x^2+4 \leqq 5x$ の解は　　$1 \leqq x \leqq 4$

(ii)　$x<0$ のとき　　$z+\dfrac{4}{z}=x+\dfrac{4}{x}<0$

これは $2 \leqq z+\dfrac{4}{z} \leqq 5$ を満たさない。

したがって，[1] のとき　　$z=x$　$(1 \leqq x \leqq 4)$

[2]　$x^2+y^2=4$ のとき

$$z+\frac{4}{z}=\frac{x(x^2+y^2+4)}{x^2+y^2}=\frac{x(4+4)}{4}=2x$$

⇦$z=r(\cos\theta+i\sin\theta)$ として解いたときの [1] の場合分けと同じ。つまり $r=2$ のときである。

不等式から　　$2 \leqq 2x \leqq 5$　すなわち　$1 \leqq x \leqq \dfrac{5}{2}$　…… ①

また，$y^2=4-x^2 \geqq 0$ から　　$x^2-4 \leqq 0$

ゆえに　　$-2 \leqq x \leqq 2$　　① との共通範囲は　　$1 \leqq x \leqq 2$

以上から，点 $(x,\ y)$ が存在する範囲は，

x 軸上の $1 \leqq x \leqq 4$ の部分 または 円 $x^2+y^2=4$ の $1 \leqq x \leqq 2$ の部分 (図省略)

EX ③101　複素数 z が $|z| \leqq 1$ を満たすとする。$w=z-\sqrt{2}$ で表される複素数 w について，次の問いに答えよ。

(1)　複素数平面上で，点 w はどのような図形を描くか。図示せよ。

(2)　w^2 の絶対値を r，偏角を θ とするとき，r と θ の範囲をそれぞれ求めよ。ただし，$0 \leqq \theta < 2\pi$ とする。　〔類 東京学芸大〕

(1)　$w=z-\sqrt{2}$ から　　$z=w+\sqrt{2}$

$|z| \leqq 1$ に代入すると　　$|w+\sqrt{2}| \leqq 1$

ゆえに，点 w は点 $-\sqrt{2}$ を中心とする半径 1 の円周およびその内部を描く。

よって，点 w の描く図形は，**右図の斜線部分** のようになる。

ただし，境界線を含む。

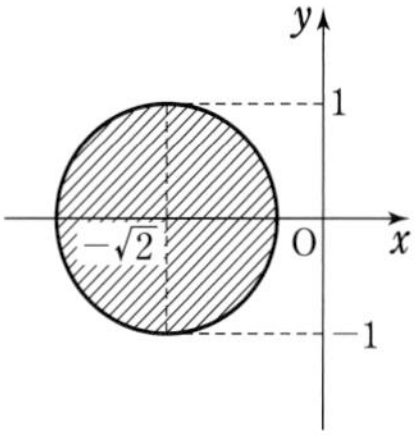

⇦単位円を実軸方向に $-\sqrt{2}$ だけ平行移動したもの。

(2)　$w=R(\cos\alpha+i\sin\alpha)$

$(R>0,\ 0 \leqq \alpha < 2\pi)$ とする。

また，右図のように，3 点 A，B，C をとる。

右図から，$|w|=R$ は

$w=-\sqrt{2}-1$ で最大，

$w=-\sqrt{2}+1$ で最小となり，

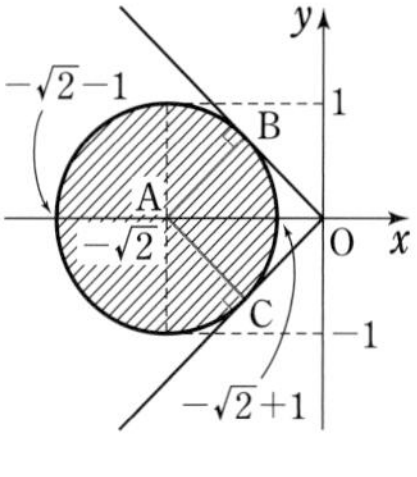

⇦R は原点Oと円の周および内部の点との距離を表すから

$\sqrt{2}-1 \leqq R \leqq \sqrt{2}+1$

$w=-\sqrt{2}-1$ のとき

$$R=|-\sqrt{2}-1|=\sqrt{2}+1$$

$w=-\sqrt{2}+1$ のとき

$$R=|-\sqrt{2}+1|=\sqrt{2}-1$$

ゆえに　$\sqrt{2}-1\leqq|w|\leqq\sqrt{2}+1$

$OA=\sqrt{2}$，$AB=1$，$\angle ABO=\dfrac{\pi}{2}$ から　$\angle AOB=\dfrac{\pi}{4}$

⇦△OABは線分OAを斜辺とする直角二等辺三角形。

同様にして　$\angle AOC=\dfrac{\pi}{4}$

以上から　$\sqrt{2}-1\leqq R\leqq\sqrt{2}+1$　……①

$\dfrac{3}{4}\pi\leqq\alpha\leqq\dfrac{5}{4}\pi$　……②

⇦$\angle xOB\leqq\alpha\leqq\angle xOC$

$w^2=R^2(\cos\alpha+i\sin\alpha)^2=R^2(\cos 2\alpha+i\sin 2\alpha)$ であるから

$$r=|w^2|=R^2,\ \theta=\arg w^2=2\alpha+2n\pi\quad(n\text{ は整数})$$

① から　$(\sqrt{2}-1)^2\leqq R^2\leqq(\sqrt{2}+1)^2$

すなわち　$\boldsymbol{3-2\sqrt{2}\leqq r\leqq 3+2\sqrt{2}}$

次に，② から　$2\cdot\dfrac{3}{4}\pi+2n\pi\leqq 2\alpha+2n\pi\leqq 2\cdot\dfrac{5}{4}\pi+2n\pi$

$0\leqq\theta<2\pi$ で考えるから $n=-1$ として　$-\dfrac{\pi}{2}\leqq\theta\leqq\dfrac{\pi}{2}$

$n=0$ として　$\dfrac{3}{2}\pi\leqq\theta\leqq\dfrac{5}{2}\pi$

$0\leqq\theta<2\pi$ との共通範囲は　$\boldsymbol{0\leqq\theta\leqq\dfrac{\pi}{2},\ \dfrac{3}{2}\pi\leqq\theta<2\pi}$

EX ③102

複素数平面上の4点 $A(\alpha)$，$B(\beta)$，$C(\gamma)$，$D(\delta)$ を頂点とする四角形ABCDを考える。ただし，四角形ABCDは，すべての内角が180°より小さい四角形(凸四角形)であるとする。また，四角形ABCDの頂点は反時計回りにA，B，C，Dの順に並んでいるとする。四角形ABCDの外側に，4辺AB，BC，CD，DAをそれぞれ斜辺とする直角二等辺三角形APB，BQC，CRD，DSAを作る。

(1) 点Pを表す複素数を求めよ。

(2) 四角形PQRSが平行四辺形であるための必要十分条件は，四角形ABCDがどのような四角形であることか答えよ。

(3) 四角形PQRSが平行四辺形であるならば，四角形PQRSは正方形であることを示せ。

$P(p)$，$Q(q)$，$R(r)$，$S(s)$ とする。

(1) 点Pは，点Aを点Bを中心として $\dfrac{\pi}{4}$ だけ回転し，Bとの距離を $\dfrac{1}{\sqrt{2}}$ 倍した点である。

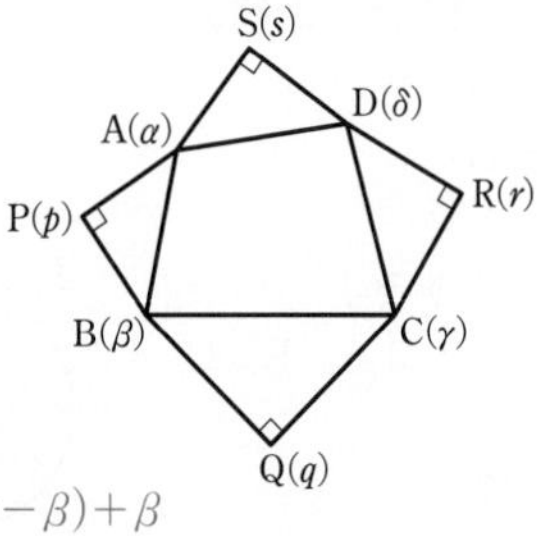

⇦$\angle PAB=\dfrac{\pi}{4}$，$AP:AB=1:\sqrt{2}$

したがって

$$p=\frac{1}{\sqrt{2}}\left(\cos\frac{\pi}{4}+i\sin\frac{\pi}{4}\right)(\alpha-\beta)+\beta$$

⇦本冊 $p.159$ INFORMATION 参照。

よって　$p=\dfrac{1+i}{2}(\alpha-\beta)+\beta=\boldsymbol{\dfrac{1+i}{2}\alpha+\dfrac{1-i}{2}\beta}$

(2) (1) と同様に考えると

$$q=\frac{1+i}{2}\beta+\frac{1-i}{2}\gamma,\quad r=\frac{1+i}{2}\gamma+\frac{1-i}{2}\delta,$$

$$s=\frac{1+i}{2}\delta+\frac{1-i}{2}\alpha$$

したがって

四角形 PQRS が平行四辺形

$\iff p-q=s-r$

⇐ベクトルで考えると $\overrightarrow{\mathrm{QP}}=\overrightarrow{\mathrm{RS}}$

$$\iff \left(\frac{1+i}{2}\alpha+\frac{1-i}{2}\beta\right)-\left(\frac{1+i}{2}\beta+\frac{1-i}{2}\gamma\right)=\left(\frac{1+i}{2}\delta+\frac{1-i}{2}\alpha\right)-\left(\frac{1+i}{2}\gamma+\frac{1-i}{2}\delta\right)$$

$\iff (1+i)\alpha-2i\beta-(1-i)\gamma=2i\delta+(1-i)\alpha-(1+i)\gamma$

$\iff 2i\alpha-2i\beta=2i\delta-2i\gamma$

$\iff \alpha-\beta=\delta-\gamma$

⇐ベクトルで考えると $\overrightarrow{\mathrm{BA}}=\overrightarrow{\mathrm{CD}}$

$\iff$ 四角形 ABCD が平行四辺形

よって，四角形 PQRS が平行四辺形であるための必要十分条件は，四角形 ABCD が **平行四辺形** であることである。

(3) 四角形 PQRS が平行四辺形であるならば，(2) から

$$\alpha-\beta=\delta-\gamma$$

⇐(2) から $p-q=s-r \iff \alpha-\beta=\delta-\gamma$

すなわち　$\delta=\alpha-\beta+\gamma$ …… ①

ここで，(2) の計算から

$$p-q=\frac{1}{2}\{(1+i)\alpha-2i\beta-(1-i)\gamma\}\ \cdots\cdots ②$$

また　$r-q=\left(\frac{1+i}{2}\gamma+\frac{1-i}{2}\delta\right)-\left(\frac{1+i}{2}\beta+\frac{1-i}{2}\gamma\right)$

$$=\frac{1}{2}\{2i\gamma+(1-i)\delta-(1+i)\beta\}$$

したがって，① から

$$r-q=\frac{1}{2}\{2i\gamma+(1-i)(\alpha-\beta+\gamma)-(1+i)\beta\}$$

$$=\frac{1}{2}\{(-i+1)\alpha-2\beta+(i+1)\gamma\}\ \cdots\cdots ③$$

②，③ から　$p-q=(r-q)i$ …… ④

よって，$|p-q|=|(r-q)i|$ であるから

$$|p-q|=|r-q|$$

⇐$|i|=1$

すなわち　QP＝QR …… ⑤

また，$r \neq q$ であるから，④ より　$\dfrac{p-q}{r-q}=i$

ゆえに，$\dfrac{p-q}{r-q}$ は純虚数であるから　$\angle\mathrm{PQR}=\dfrac{\pi}{2}$ …… ⑥

⇐垂直 $\iff$ 純虚数

⑤，⑥ から，四角形 PQRS が平行四辺形ならば，四角形 PQRS は正方形である。

EX ④103

複素数平面上で，$z_0=2(\cos\theta+i\sin\theta)\ \left(0<\theta<\dfrac{\pi}{2}\right)$，$z_1=\dfrac{1-\sqrt{3}i}{4}z_0$，$z_2=-\dfrac{1}{z_0}$ を表す点を，それぞれ P_0，P_1，P_2 とする。

(1) z_1 を極形式で表せ。　(2) z_2 を極形式で表せ。

(3) 原点 O，P_0，P_1，P_2 の 4 点が同一円周上にあるときの z_0 の値を求めよ。〔岡山大〕

(1) $$z_1=\frac{1-\sqrt{3}i}{4}\cdot 2(\cos\theta+i\sin\theta)$$
$$=\left(\frac{1}{2}-\frac{\sqrt{3}}{2}i\right)(\cos\theta+i\sin\theta)$$
$$=\left\{\cos\left(-\frac{\pi}{3}\right)+i\sin\left(-\frac{\pi}{3}\right)\right\}(\cos\theta+i\sin\theta)\ \cdots\cdots ①$$
$$\boldsymbol{=\cos\left(\theta-\frac{\pi}{3}\right)+i\sin\left(\theta-\frac{\pi}{3}\right)}$$

⇐$\dfrac{1-\sqrt{3}i}{4}\cdot 2$ を極形式にする。

(2) $$z_2=-\frac{1}{2}\cdot\frac{1}{\cos\theta+i\sin\theta}$$
$$=-\frac{1}{2}(\cos\theta-i\sin\theta)$$
$$=\frac{1}{2}(-\cos\theta+i\sin\theta)$$
$$\boldsymbol{=\frac{1}{2}\{\cos(\pi-\theta)+i\sin(\pi-\theta)\}}$$

inf. $-\cos\theta+i\sin\theta$ $=\cos(\pi-\theta)+i\sin(\pi-\theta)$ の変形は PRACTICE 97 (1) 参照。$\cos(\pi-\theta)=-\cos\theta$，$\sin(\pi-\theta)=\sin\theta$

(3) ① から　$z_1=\dfrac{1}{2}\left\{\cos\left(-\dfrac{\pi}{3}\right)+i\sin\left(-\dfrac{\pi}{3}\right)\right\}z_0$

また　$OP_0=2$

よって　$OP_1=1$，$\angle P_1OP_0=\dfrac{\pi}{3}$

ゆえに　$\angle P_0P_1O=\dfrac{\pi}{2}$

よって，$z_2\neq 0$，$z_2\neq z_0$ であるから，4 点 O，P_0，P_1，P_2 が同一円周上にあるのは，$\angle OP_2P_0=\dfrac{\pi}{2}$ のとき，

すなわち $\dfrac{z_0-z_2}{0-z_2}$ が純虚数のときである。

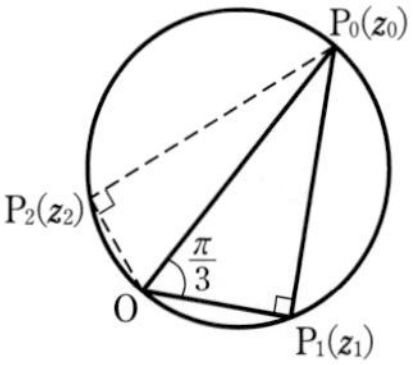

$$\frac{z_0-z_2}{0-z_2}=\frac{z_0+\dfrac{1}{z_0}}{\dfrac{1}{z_0}}=z_0{}^2+1=4(\cos 2\theta+i\sin 2\theta)+1$$
$$=(4\cos 2\theta+1)+i\cdot 4\sin 2\theta$$

⇐ド・モアブルの定理

$4\cos 2\theta+1=0$ から　$4(2\cos^2\theta-1)+1=0$

⇐$z_0{}^2+1$ が純虚数から (実部)$=0$

よって　$\cos^2\theta=\dfrac{3}{8}$

$0<\theta<\dfrac{\pi}{2}$ であるから　$\cos\theta>0$，$\sin\theta>0$

よって　$\cos\theta=\sqrt{\dfrac{3}{8}}=\dfrac{\sqrt{6}}{4}$，

$$\sin\theta=\sqrt{1-\frac{3}{8}}=\sqrt{\frac{5}{8}}=\frac{\sqrt{10}}{4}$$

このとき　$4\sin 2\theta=8\sin\theta\cos\theta=8\cdot\frac{\sqrt{10}}{4}\cdot\frac{\sqrt{6}}{4}\neq 0$

⇐(虚部)$\neq 0$ の確認。

したがって　$z_0=2\left(\frac{\sqrt{6}}{4}+\frac{\sqrt{10}}{4}i\right)=\boldsymbol{\frac{\sqrt{6}}{2}+\frac{\sqrt{10}}{2}i}$

PR ①114

(1) 放物線 $y^2=7x$ の焦点，準線を求めよ。また，その概形をかけ。
(2) 焦点が点 $(0,\ -1)$，準線が直線 $y=1$ の放物線の方程式を求めよ。

(1) $y^2=4\cdot\frac{7}{4}x$ から

焦点は点 $\left(\frac{7}{4},\ 0\right)$，

準線は 直線 $x=-\frac{7}{4}$

概形は**右図**。

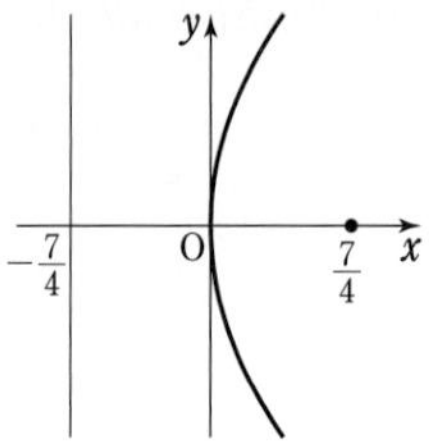

⇐ $p=\frac{7}{4}$

(2) $x^2=4py$ に $p=-1$ を代入して

$x^2=-4y$

⇐焦点が y 軸上にある。

PR ③115

円 $(x-3)^2+y^2=1$ に外接し，直線 $x=-2$ にも接するような円の中心の軌跡を求めよ。

円 $(x-3)^2+y^2=1$ を C_1 とし，円 C_1 の中心をAとする。
また，円 C_1 と外接し，直線 $x=-2$ にも接する円を C_2 とする。
円 C_2 の中心を $P(x,\ y)$ とし，点Pから直線 $x=-2$ に下ろした垂線を PH とすると　$PH=|x+2|$

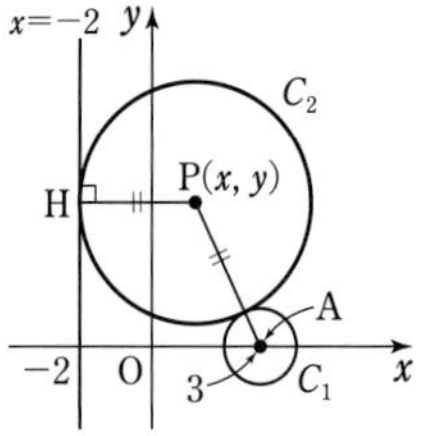

右の図より $x>-2$ であるから　$PH=x+2$
2つの円 C_1，C_2 が外接するから

$AP=PH+1$

⇐中心間の距離
=半径の和

よって　$\sqrt{(x-3)^2+y^2}=x+3$

両辺を2乗して　$(x-3)^2+y^2=(x+3)^2$

⇐ $x+3>0$ であるから両辺を2乗しても同値。

ゆえに　$y^2=12x$

したがって，求める軌跡は　**放物線 $y^2=12x$**

PR ①116

次の楕円の長軸・短軸の長さ，焦点を求めよ。また，その概形をかけ。

(1) $\frac{x^2}{4}+\frac{y^2}{8}=1$　　(2) $3x^2+5y^2=30$

(1) $\frac{x^2}{2^2}+\frac{y^2}{(2\sqrt{2})^2}=1$ であるから

⇐ $2<2\sqrt{2}$ であるから y 軸上に焦点をもつ楕円。

長軸の長さは　$2\cdot2\sqrt{2}=4\sqrt{2}$

短軸の長さは　$2\cdot2=4$

$\sqrt{(2\sqrt{2})^2-2^2}=2$ から，**焦点は2点 $(0,\ 2)$，$(0,\ -2)$** であり，

概形は **右図**。

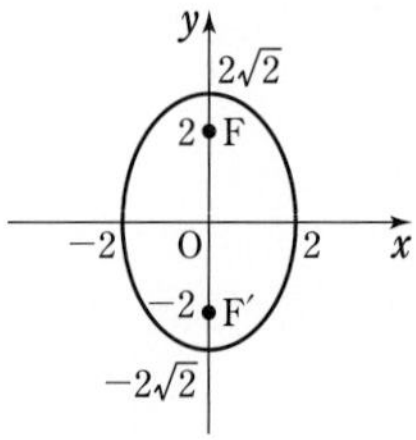

(2) $3x^2+5y^2=30$ を変形すると，

⇐両辺を30で割って $f(x,\ y)=1$ の形にする。

$\frac{x^2}{(\sqrt{10})^2}+\frac{y^2}{(\sqrt{6})^2}=1$ であるから

長軸の長さは　$2\cdot\sqrt{10}=\mathbf{2\sqrt{10}}$

短軸の長さは　$2\cdot\sqrt{6}=\mathbf{2\sqrt{6}}$

$\sqrt{(\sqrt{10})^2-(\sqrt{6})^2}=2$ から，**焦点は 2 点 $(2,\ 0)$，$(-2,\ 0)$** であり，

概形は **右図**。

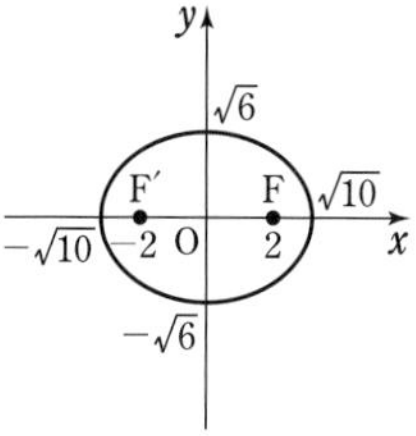

⇦$\sqrt{10}>\sqrt{6}$ であるから **x 軸** 上に焦点をもつ楕円。

PR ②117　2 点 $(2\sqrt{2},\ 0)$，$(-2\sqrt{2},\ 0)$ を焦点とし，焦点からの距離の和が 6 である楕円の方程式を求めよ。

2 点 $(2\sqrt{2},\ 0)$，$(-2\sqrt{2},\ 0)$ を焦点とする楕円の方程式は

$$\frac{x^2}{a^2}+\frac{y^2}{b^2}=1\ (a>b>0)$$

と表される。焦点からの距離の和が 6 であるから

$2a=6$　　よって　$a=3$，$a^2=9$

焦点の座標から　$\sqrt{a^2-b^2}=2\sqrt{2}$

ゆえに　$b^2=a^2-(2\sqrt{2})^2=9-8=1$

よって，求める楕円の方程式は　$\mathbf{\frac{x^2}{9}+y^2=1}$

⇦焦点が **x 軸** 上にあるから　$a>b$

別解　$F(2\sqrt{2},\ 0)$，$F'(-2\sqrt{2},\ 0)$，楕円上の点を $P(x,\ y)$ とする。$PF+PF'=6$ であるから

$$\sqrt{(x-2\sqrt{2})^2+y^2}+\sqrt{(x+2\sqrt{2})^2+y^2}=6$$

よって　$\sqrt{(x-2\sqrt{2})^2+y^2}=6-\sqrt{(x+2\sqrt{2})^2+y^2}$

両辺を 2 乗すると　$(x-2\sqrt{2})^2+y^2=36-12\sqrt{(x+2\sqrt{2})^2+y^2}+(x+2\sqrt{2})^2+y^2$

整理して　$3\sqrt{(x+2\sqrt{2})^2+y^2}=2\sqrt{2}x+9$

更に，両辺を 2 乗して　$9\{(x+2\sqrt{2})^2+y^2\}=(2\sqrt{2}x+9)^2$

整理して　$x^2+9y^2=9$

ゆえに，求める楕円の方程式は　$\mathbf{\frac{x^2}{9}+y^2=1}$

⇦2 点 F，F′ は焦点であるから　$PF+PF'=6$

⇦$\sqrt{■}+\sqrt{□}=●$ の両辺を 2 乗すると計算が煩雑。

⇦$9x^2+36\sqrt{2}x+72+9y^2=8x^2+36\sqrt{2}x+81$

PR ②118　円 $x^2+y^2=4$ を y 軸をもとにして x 軸方向に $\frac{5}{2}$ 倍に拡大した曲線の方程式を求めよ。

円上に点 $Q(s,\ t)$ をとり，Q が移る点を $P(x,\ y)$ とすると

$$x=\frac{5}{2}s,\ y=t$$

ゆえに　$s=\frac{2}{5}x$，$t=y$

$s^2+t^2=4$ であるから　$\left(\frac{2}{5}x\right)^2+y^2=4$

よって　$\mathbf{\frac{x^2}{25}+\frac{y^2}{4}=1}$

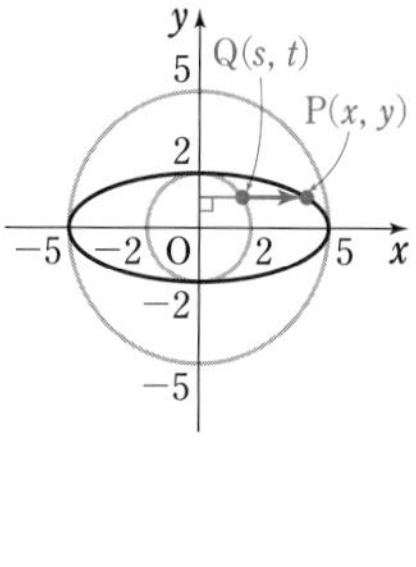

⇦s，t を消去。

⇦楕円を表す。

PR ②119

長さが3の線分ABの端点Aはx軸上を，端点Bはy軸上を動くとき，線分ABを1：2に外分する点Pの軌跡を求めよ。

2点A，Bの座標を，それぞれ$(s,\ 0)$，$(0,\ t)$とすると，
$AB^2=3^2$ であるから　　$s^2+t^2=3^2$ ……①
点Pの座標を$(x,\ y)$とすると，点Pは線分ABを1：2に外分するから

$$x=2s,\ y=-t$$

ゆえに　　$s=\frac{1}{2}x,\ t=-y$

これらを①に代入すると　　$\left(\frac{1}{2}x\right)^2+(-y)^2=3^2$

すなわち　$\frac{x^2}{6^2}+\frac{y^2}{3^2}=1$

よって，点Pの軌跡は，**楕円 $\boldsymbol{\frac{x^2}{36}+\frac{y^2}{9}=1}$** である。

⇐$x=\frac{-2\cdot s+1\cdot 0}{1-2}$，
$y=\frac{-2\cdot 0+1\cdot t}{1-2}$

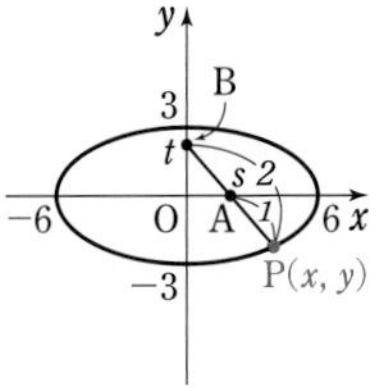

PR ①120

次の双曲線の頂点と焦点，および漸近線を求めよ。また，その概形をかけ。
(1)　$\frac{x^2}{4}-\frac{y^2}{4}=1$　　　(2)　$25x^2-9y^2=-225$

(1)　$\frac{x^2}{2^2}-\frac{y^2}{2^2}=1$ であるから，**頂点は**
2点 $(2,\ 0)$，$(-2,\ 0)$
$\sqrt{2^2+2^2}=2\sqrt{2}$ であるから，**焦点は**
2点 $(2\sqrt{2},\ 0)$，$(-2\sqrt{2},\ 0)$
また，**漸近線は2直線 $\boldsymbol{y=\pm x}$**
概形は **右図**。

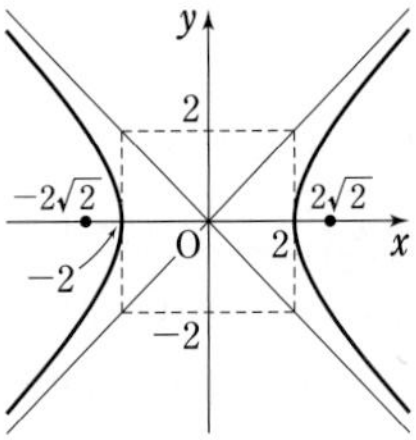

(2)　$25x^2-9y^2=-225$ を変形して　　$\frac{x^2}{3^2}-\frac{y^2}{5^2}=-1$
よって，**頂点は**
2点 $(0,\ 5)$，$(0,\ -5)$
$\sqrt{3^2+5^2}=\sqrt{34}$ であるから，**焦点は**
2点 $(0,\ \sqrt{34})$，$(0,\ -\sqrt{34})$
また，**漸近線は2直線 $\boldsymbol{y=\pm\frac{5}{3}x}$**
概形は **右図**。

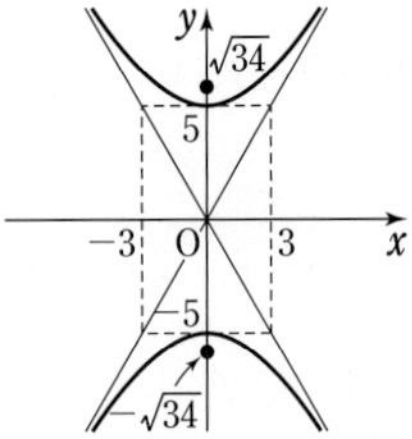

⇐右辺が1であるから
x軸上
に焦点をもつ双曲線。
⇐グラフは，まず漸近線をかくとよい。
⇐$\frac{x}{2}-\frac{y}{2}=0$，$\frac{x}{2}+\frac{y}{2}=0$
すなわち $x-y=0$，
$x+y=0$ でもよい。
⇐右辺が-1であるから
y軸上
に焦点をもつ双曲線。
⇐グラフは，まず漸近線をかくとよい。
⇐$\frac{x}{3}-\frac{y}{5}=0$，$\frac{x}{3}+\frac{y}{5}=0$
でもよい。

inf.　2次曲線は，円錐をその頂点を通らない平面で切った切り口の曲線として現れることが知られている。このことから，2次曲線を **円錐曲線** ということもある。また，円と楕円は，直円柱をその軸と交わる平面で切った切り口の曲線でもある。

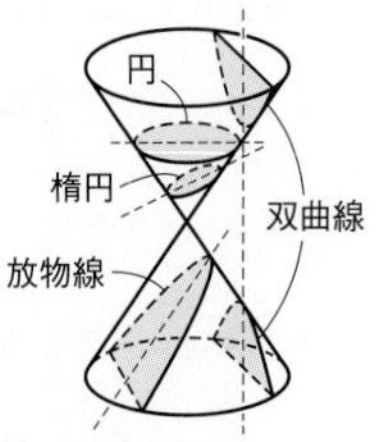

PR
②**121**

(1)　2点 $(0,\ 5)$, $(0,\ -5)$ を焦点とし，焦点からの距離の差が8である双曲線の方程式を求めよ。

(2)　2直線 $y=\frac{\sqrt{7}}{3}x$, $y=-\frac{\sqrt{7}}{3}x$ を漸近線にもち，2点 $(0,\ 4)$, $(0,\ -4)$ を焦点とする双曲線の方程式を求めよ。

(1)　2点 $(0,\ 5)$, $(0,\ -5)$ を焦点とする双曲線の方程式は

$$\frac{x^2}{a^2}-\frac{y^2}{b^2}=-1\ (a>0,\ b>0)$$

と表される。焦点からの距離の差が8であるから

$2b=8$

よって　$b=4$, $b^2=16$

焦点の座標から　$\sqrt{a^2+b^2}=5$

ゆえに　$a^2=5^2-b^2=25-16=9$

よって，求める双曲線の方程式は　$\boldsymbol{\frac{x^2}{9}-\frac{y^2}{16}=-1}$

⇦焦点が y 軸 上にあるから $\frac{x^2}{a^2}-\frac{y^2}{b^2}=-1$

⇦焦点は2点 $(0,\ \sqrt{a^2+b^2})$, $(0,\ -\sqrt{a^2+b^2})$

別解　$\mathrm{F}(0,\ 5)$, $\mathrm{F}'(0,\ -5)$, 双曲線上の点を $\mathrm{P}(x,\ y)$ とする。$|\mathrm{PF}-\mathrm{PF}'|=8$ であるから

$$\left|\sqrt{x^2+(y-5)^2}-\sqrt{x^2+(y+5)^2}\right|=8$$

よって　$\sqrt{x^2+(y-5)^2}-\sqrt{x^2+(y+5)^2}=\pm 8$

すなわち　$\sqrt{x^2+(y-5)^2}=\sqrt{x^2+(y+5)^2}\pm 8$

（以下，複号同順）

両辺を2乗すると

$$x^2+(y-5)^2=x^2+(y+5)^2\pm 16\sqrt{x^2+(y+5)^2}+64$$

整理して　$\pm 4\sqrt{x^2+(y+5)^2}=-(5y+16)$

更に，両辺を2乗して　$16\{x^2+(y+5)^2\}=(5y+16)^2$

整理して　$16x^2-9y^2=-144$

ゆえに，求める双曲線の方程式は　$\boldsymbol{\frac{x^2}{9}-\frac{y^2}{16}=-1}$

⇦2点F, F′は焦点であるから $|\mathrm{PF}-\mathrm{PF}'|=8$

⇦$\sqrt{■}-\sqrt{□}=●$ の両辺を2乗すると計算が煩雑。

⇦$16x^2+16y^2+160y+400$ $=25y^2+160y+256$

(2)　2点 $(0,\ 4)$, $(0,\ -4)$ を焦点とする双曲線の方程式は

$$\frac{x^2}{a^2}-\frac{y^2}{b^2}=-1\ (a>0,\ b>0)$$

と表される。漸近線の傾きが $\pm\frac{\sqrt{7}}{3}$ であるから

$$\frac{b}{a}=\frac{\sqrt{7}}{3}\quad すなわち\quad b=\frac{\sqrt{7}}{3}a\ \cdots\cdots ①$$

焦点の座標から　$\sqrt{a^2+b^2}=4$ ……②

①, ②から　$a^2+\left(\frac{\sqrt{7}}{3}a\right)^2=4^2$

ゆえに　$a^2=9$, $b^2=7$

よって，求める双曲線の方程式は　$\boldsymbol{\frac{x^2}{9}-\frac{y^2}{7}=-1}$

⇦焦点が y 軸 上にあるから $\frac{x^2}{a^2}-\frac{y^2}{b^2}=-1$

⇦漸近線の方程式は $y=\pm\frac{b}{a}x$

⇦②から　$a^2+b^2=4^2$
①を代入して
$\frac{16}{9}a^2=16$

PR ②122

(1) 楕円 $12x^2+3y^2=36$ を x 軸方向に 1，y 軸方向に -2 だけ平行移動した楕円の方程式を求めよ。また，焦点の座標を求めよ。

(2) 次の曲線の焦点の座標を求め，概形をかけ。

(ア) $25x^2-4y^2+100x-24y-36=0$　　(イ) $y^2-4x-2y-7=0$

(ウ) $4x^2+9y^2-8x+36y+4=0$

(1) $12(x-1)^2+3\{y-(-2)\}^2=36$ から

$$12(x-1)^2+3(y+2)^2=36$$

すなわち $\boldsymbol{\dfrac{(x-1)^2}{3}+\dfrac{(y+2)^2}{12}=1}$

楕円 $\dfrac{x^2}{3}+\dfrac{y^2}{12}=1$ の焦点の座標は $(0,\ 3)$，$(0,\ -3)$ であるから，これを x 軸方向に 1，y 軸方向に -2 だけ平行移動して，求める焦点の座標は　　2 点 $\boldsymbol{(1,\ 1)}$，$\boldsymbol{(1,\ -5)}$

(2) (ア) 与えられた方程式を変形すると

$$25(x^2+4x+2^2)-25\cdot2^2-4(y^2+6y+3^2)+4\cdot3^2-36=0$$

よって　　$25(x+2)^2-4(y+3)^2=100$

ゆえに　　$\dfrac{(x+2)^2}{4}-\dfrac{(y+3)^2}{25}=1$

よって，与えられた曲線は，双曲線 $\dfrac{x^2}{4}-\dfrac{y^2}{25}=1$ を x 軸方向に -2，y 軸方向に -3 だけ平行移動した双曲線である。

ゆえに，焦点は

2 点 $\boldsymbol{(\sqrt{29}-2,\ -3)}$，

$\boldsymbol{(-\sqrt{29}-2,\ -3)}$

双曲線 $\dfrac{(x+2)^2}{4}-\dfrac{(y+3)^2}{25}=1$ の中心は $(-2,\ -3)$，漸近線は $y=\pm\dfrac{5}{2}(x+2)-3$ で，概形は**右図**のようになる。

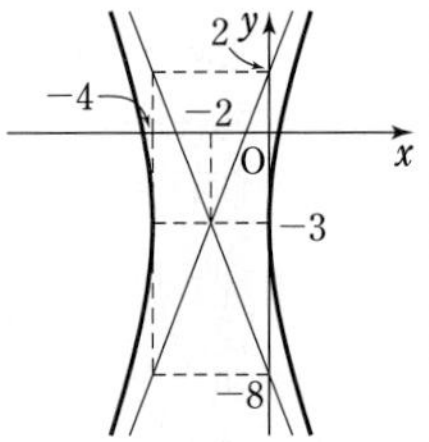

(イ) 与えられた方程式を変形すると

$$y^2-2y+1^2-1^2-4x-7=0$$

よって　　$(y-1)^2=4x+8$

ゆえに　　$(y-1)^2=4(x+2)$

よって，与えられた曲線は，放物線 $y^2=4x$ を x 軸方向に -2，y 軸方向に 1 だけ平行移動した放物線である。

ゆえに，焦点は　　点 $\boldsymbol{(-1,\ 1)}$

放物線 $(y-1)^2=4(x+2)$ の頂点は $(-2,\ 1)$，軸は $y=1$ で，概形は**右図**のようになる。

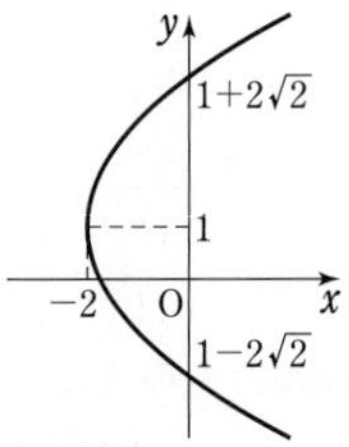

(ウ) 与えられた方程式を変形すると

$$4(x^2-2x+1^2)-4\cdot1^2+9(y^2+4y+2^2)-9\cdot2^2+4=0$$

⇐ x を $\boldsymbol{x-1}$，y を $\boldsymbol{y-(-2)}$ におき換える。

⇐ $\sqrt{b^2-a^2}=\sqrt{12-3}=3$

⇐点 $(x,\ y)$ を x 軸方向に p，y 軸方向に q だけ平行移動した点の座標は $(x+p,\ y+q)$

⇐双曲線 $\dfrac{x^2}{4}-\dfrac{y^2}{25}=1$ について
焦点 $(\sqrt{29},\ 0)$，$(-\sqrt{29},\ 0)$
中心 $(0,\ 0)$
漸近線 $y=\pm\dfrac{5}{2}x$

⇐放物線 $y^2=4x$ について
焦点 $(1,\ 0)$
頂点 $(0,\ 0)$
軸 $y=0$

よって　$4(x-1)^2+9(y+2)^2=36$

ゆえに　$\dfrac{(x-1)^2}{9}+\dfrac{(y+2)^2}{4}=1$

よって，与えられた曲線は，楕円 $\dfrac{x^2}{9}+\dfrac{y^2}{4}=1$ を x 軸方向に1，y 軸方向に -2 だけ平行移動した楕円である。

ゆえに，焦点は

2点 $(\sqrt{5}+1,\ -2)$，$(-\sqrt{5}+1,\ -2)$

楕円 $\dfrac{(x-1)^2}{9}+\dfrac{(y+2)^2}{4}=1$ の中心は $(1,\ -2)$ で，概形は **右図** のようになる。

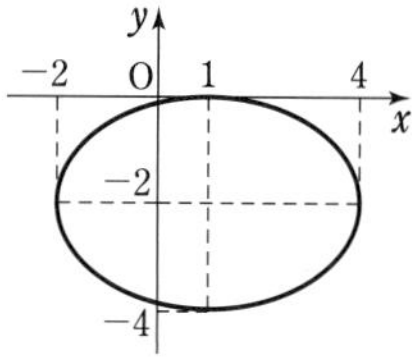

⇦楕円 $\dfrac{x^2}{9}+\dfrac{y^2}{4}=1$ について
焦点 $(\sqrt{5},\ 0)$，$(-\sqrt{5},\ 0)$
中心 $(0,\ 0)$

PR ③123　双曲線 $x^2-\dfrac{y^2}{2}=1$ 上の点Pと点 $(0,\ 3)$ の距離を最小にするPの座標と，そのときの距離を求めよ。

$A(0,\ 3)$，$P(s,\ t)$ とする。

Pは双曲線 $x^2-\dfrac{y^2}{2}=1$ 上の点であるから　$s^2-\dfrac{t^2}{2}=1$ ……①

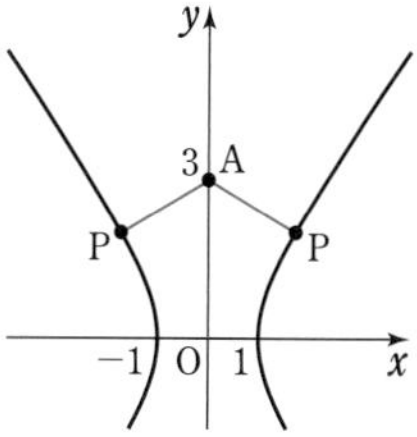

よって　$s^2=1+\dfrac{t^2}{2}$

したがって

$$AP^2=s^2+(t-3)^2=1+\frac{t^2}{2}+(t-3)^2$$

$$=\frac{3}{2}t^2-6t+10=\frac{3}{2}(t-2)^2+4$$

⇦2次関数の最大・最小は $y=a(x-p)^2+q$ の形に変形して考える。

よって，AP^2 は $t=2$ のとき最小値4をとる。

$AP\geqq0$ であるから，AP^2 が最小のとき，AP も最小となる。

$t=2$ のとき，①から　$s^2=3$

ゆえに　$s=\pm\sqrt{3}$

よって，**$P(-\sqrt{3},\ 2)$ または $P(\sqrt{3},\ 2)$** のとき最小となり，そのときの **距離は**　$\sqrt{4}=\mathbf{2}$

PR ④124　曲線 $x^2-2\sqrt{3}xy+3y^2+6\sqrt{3}x-10y+12=0$ を，原点を中心として $-\dfrac{\pi}{6}$ だけ回転した曲線の方程式を求め，それを図示せよ。

点 $P(X,\ Y)$ を曲線 $x^2-2\sqrt{3}xy+3y^2+6\sqrt{3}x-10y+12=0$ 上の点とすると

$$X^2-2\sqrt{3}XY+3Y^2+6\sqrt{3}X-10Y+12=0 \quad \cdots\cdots ①$$

また，点 $P(X,\ Y)$ を，原点を中心として $-\frac{\pi}{6}$ だけ回転した点を $Q(x,\ y)$ とする。

複素数平面上において，点 $Q(x+yi)$ を原点を中心として $\frac{\pi}{6}$ だけ回転した点が $P(X+Yi)$ であるから

$$X+Yi=\left(\cos\frac{\pi}{6}+i\sin\frac{\pi}{6}\right)(x+yi)=\left(\frac{\sqrt{3}}{2}+\frac{1}{2}i\right)(x+yi)$$
$$=\left(\frac{\sqrt{3}}{2}x-\frac{1}{2}y\right)+\left(\frac{1}{2}x+\frac{\sqrt{3}}{2}y\right)i$$

⇐ $\cos\frac{\pi}{6}=\frac{\sqrt{3}}{2}$, $\sin\frac{\pi}{6}=\frac{1}{2}$

よって　$X=\frac{1}{2}(\sqrt{3}x-y)$，$Y=\frac{1}{2}(x+\sqrt{3}y)$

これらを ① に代入して

$$\frac{1}{4}(\sqrt{3}x-y)^2-\frac{2\sqrt{3}}{4}(\sqrt{3}x-y)(x+\sqrt{3}y)$$
$$+\frac{3}{4}(x+\sqrt{3}y)^2+\frac{6\sqrt{3}}{2}(\sqrt{3}x-y)$$
$$-\frac{10}{2}(x+\sqrt{3}y)+12=0$$

展開すると

$$\frac{3}{4}x^2-\frac{\sqrt{3}}{2}xy+\frac{1}{4}y^2-\frac{3}{2}x^2-\sqrt{3}xy+\frac{3}{2}y^2$$
$$+\frac{3}{4}x^2+\frac{3\sqrt{3}}{2}xy+\frac{9}{4}y^2+9x-3\sqrt{3}y$$
$$-5x-5\sqrt{3}y+12=0$$

整理すると　$y^2+x-2\sqrt{3}y+3=0$

ゆえに　$\boldsymbol{(y-\sqrt{3})^2=-x}$

⇐ $y^2-2\sqrt{3}y+3=-x$

よって，この方程式は，放物線 $y^2=-x$ を y 軸方向に $\sqrt{3}$ だけ平行移動した曲線を表す。

すなわち，頂点 $(0,\ \sqrt{3})$ の放物線で，**右図** のようになる。

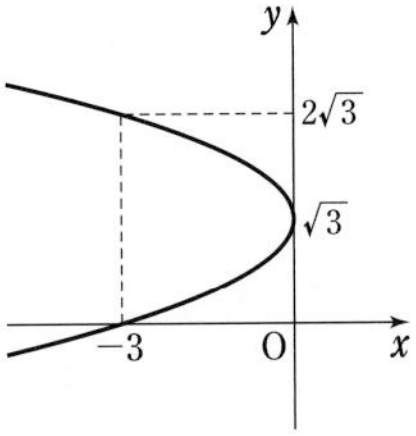

inf.　本冊 $p.213$ 重要例題 124 (1) の 別解

三角関数の加法定理を利用する。

動径 OQ が x 軸の正の向きとなす角を α とすると，動径 OP が x 軸の正の向きとなす角は $\alpha-\theta$ である。

また，$OP=OQ=r$ とすると　$x=r\cos\alpha$，$y=r\sin\alpha$

よって　$X=r\cos(\alpha-\theta)=r\cos\alpha\cos\theta+r\sin\alpha\sin\theta$
$=x\cos\theta+y\sin\theta$
$Y=r\sin(\alpha-\theta)=r\sin\alpha\cos\theta-r\cos\alpha\sin\theta$
$=-x\sin\theta+y\cos\theta$

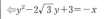

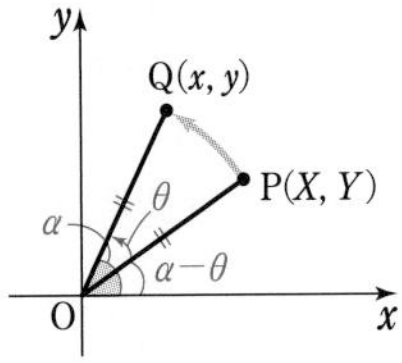

inf.　2 次曲線の一般形は

$$ax^2+bxy+cy^2+dx+ey+f=0$$

であり，この方程式が2次曲線を表すとき，次のように分類される。

$a=c,\ b=0 \iff$ 円
$b^2-4ac<0 \iff$ 楕円
$b^2-4ac>0 \iff$ 双曲線
$b^2-4ac=0 \iff$ 放物線

PR ④125 複素数 $z=x+yi$（x, y は実数，i は虚数単位）が次の条件を満たすとき，x, y の満たす方程式を求めよ。また，その方程式が表す図形の概形を xy 平面上に図示せよ。
(1) $|z-4i|+|z+4i|=10$　　(2) $(z+\overline{z})^2=2(1+|z|^2)$　　[(1) 芝浦工大]

(1) $P(z)$, $F(4i)$, $F'(-4i)$ とすると
$|z-4i|=PF,\ |z+4i|=|z-(-4i)|=PF'$
よって　$PF+PF'=10$
したがって，点Pの軌跡は2点F, F′を焦点とする楕円である。
ゆえに，xy 平面上において求める楕円の方程式は
$\dfrac{x^2}{a^2}+\dfrac{y^2}{b^2}=1\ (b>a>0)$
と表される。距離の和が10であるから　$2b=10$
よって　$b=5,\ b^2=25$
2点F, F′を焦点とするから　$\sqrt{b^2-a^2}=4$
ゆえに　$a^2=b^2-4^2=25-16=9$
よって，求める x, y の満たす方程式は　$\boldsymbol{\dfrac{x^2}{9}+\dfrac{y^2}{25}=1}$
概形は **右図** のようになる。

⇐A(α), B(β) のとき AB=|β−α|
⇐2定点からの距離の和が一定 ⟶ 楕円
⇐焦点が **y 軸** 上で中心が原点

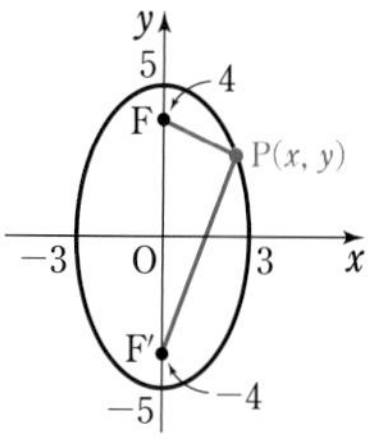

別解　$z=x+yi$ を条件式に代入して
$|x+yi-4i|+|x+yi+4i|=10$
すなわち　$|x+(y-4)i|+|x+(y+4)i|=10$
ゆえに　$\sqrt{x^2+(y-4)^2}+\sqrt{x^2+(y+4)^2}=10$
よって　$\sqrt{x^2+(y-4)^2}=10-\sqrt{x^2+(y+4)^2}$
両辺を2乗すると　$x^2+(y-4)^2=100-20\sqrt{x^2+(y+4)^2}+x^2+(y+4)^2$
整理して　$5\sqrt{x^2+(y+4)^2}=4y+25$
更に，両辺を2乗して　$25\{x^2+(y+4)^2\}=(4y+25)^2$
整理して　$25x^2+9y^2=225$
よって，求める x, y の方程式は　$\boldsymbol{\dfrac{x^2}{9}+\dfrac{y^2}{25}=1}$（図示略）

⇐a, b が実数のとき $|a+bi|=\sqrt{a^2+b^2}$
⇐$25x^2+25y^2+200y+400$ $=16y^2+200y+625$

(2) $z=x+yi$ を条件式に代入すると
$(x+yi+x-yi)^2=2(1+x^2+y^2)$
よって　$(2x)^2=2(1+x^2+y^2)$
ゆえに　$2x^2=1+x^2+y^2$
よって，x, y の満たす方程式は　$\boldsymbol{x^2-y^2=1}$
概形は **右図** のようになる。

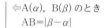

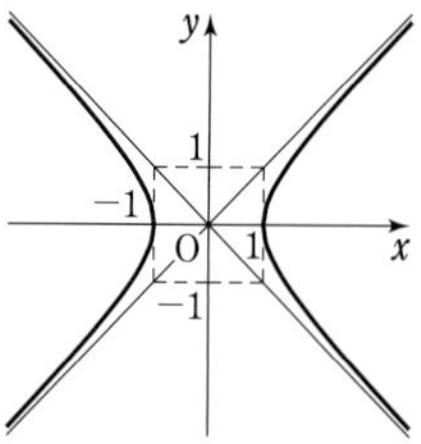

PR
②**126**

次の2次曲線と直線は共有点をもつか。共有点をもつ場合には，交点・接点の別とその点の座標を求めよ。

(1) $9x^2+4y^2=36$, $x-y=3$　　(2) $y^2=-4x$, $y=2x-3$
(3) $x^2-4y^2=-1$, $x+2y=3$　　(4) $3x^2+y^2=12$, $x-y=4$

(1) $9x^2+4y^2=36$ …… ①

$x-y=3$ から　$y=x-3$ …… ②

② を ① に代入すると

$9x^2+4(x-3)^2=36$

よって　$x(13x-24)=0$

ゆえに　$x=0,\ \dfrac{24}{13}$

② から　$x=0$ のとき　$y=-3$,

$x=\dfrac{24}{13}$ のとき　$y=-\dfrac{15}{13}$

したがって，**2つの交点 $(0,\ -3)$, $\left(\dfrac{24}{13},\ -\dfrac{15}{13}\right)$** をもつ。

⇦ y を消去する。

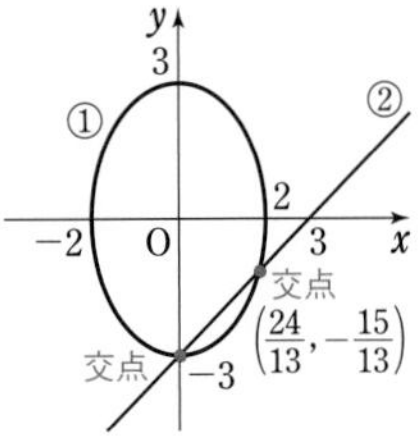

(2) $y^2=-4x$ …… ①, $y=2x-3$ …… ②

② を ① に代入すると　$(2x-3)^2=-4x$

整理すると　$4x^2-8x+9=0$

この2次方程式の判別式を D とすると

$$\frac{D}{4}=(-4)^2-4\cdot9=-20<0$$

よって，**共有点をもたない。**

⇦ y を消去する。

⇦ $D<0$ であるから，実数解をもたない。

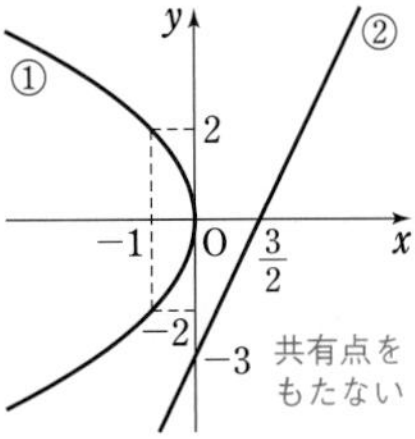

(3) $x^2-4y^2=-1$ …… ①

$x+2y=3$ から　$x=-2y+3$ …… ②

② を ① に代入すると

$(-2y+3)^2-4y^2=-1$

よって　$-12y+10=0$

ゆえに　$y=\dfrac{5}{6}$　　② から　$x=\dfrac{4}{3}$

したがって，**1つの交点 $\left(\dfrac{4}{3},\ \dfrac{5}{6}\right)$** をもつ。

⇦計算しやすいように，x を消去する。
$y=-\dfrac{1}{2}x+\dfrac{3}{2}$ を ① に代入すると，計算が煩雑。

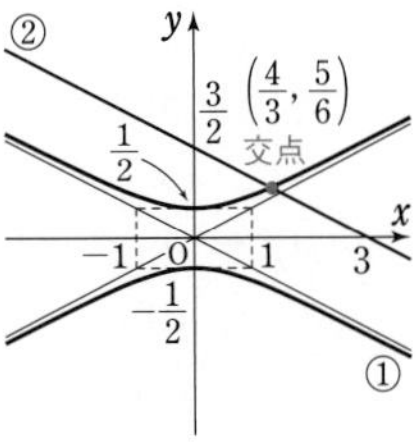

(4) $3x^2+y^2=12$ …… ①

$x-y=4$ から　$y=x-4$ …… ②

② を ① に代入すると

$3x^2+(x-4)^2=12$

よって　$4x^2-8x+4=0$

ゆえに　$(x-1)^2=0$

よって　$x=1$

② から　$y=-3$

したがって，**接点 $(1,\ -3)$** をもつ。

⇦ y を消去する。

⇦ $x=1$ は重解であるから，点 $(1,\ -3)$ は**接点**となる。

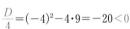

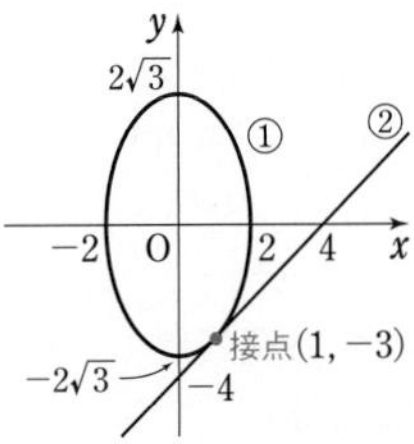

PR ③127　曲線 $3x^2+12ax+4y^2=0$ と，直線 $x+2y=6$ の共有点の個数を調べよ。

$x+2y=6$ から　　$2y=-x+6$ …… ①

① を $3x^2+12ax+4y^2=0$ …… ② に代入すると

$$3x^2+12ax+(-x+6)^2=0$$

整理すると　　$x^2+3(a-1)x+9=0$ …… ③

⇦$x=6-2y$ として x を消去してもよいが，$4y^2=(2y)^2$ に着目して，y を消去した方がスムーズ。

よって，2 次方程式 ③ の判別式を D とすると

$$D=\{3(a-1)\}^2-4\cdot1\cdot9$$
$$=9(a^2-2a-3)$$
$$=9(a+1)(a-3)$$

曲線 ② と直線 ① の共有点の個数は，2 次方程式 ③ の実数解の個数と一致する。したがって

$D>0$　すなわち　$a<-1,\ 3<a$ のとき

　　① と ② は異なる 2 点で交わる

⇦$D>0 \iff$ 異なる 2 つの実数解をもつ

$D=0$　すなわち　$a=-1,\ 3$ のとき

　　① と ② は 1 点で接する

⇦$D=0 \iff$ 重解をもつ

$D<0$　すなわち　$-1<a<3$ のとき

　　① と ② の共有点はない

⇦$D<0 \iff$ 実数解をもたない

よって　　**$a<-1,\ 3<a$ のとき 2 個，**
　　　　　$a=-1,\ 3$ のとき 1 個，
　　　　　$-1<a<3$ のとき 0 個

inf.　$3x^2+12ax+4y^2=0$ から

$$3\{x^2+4ax+(2a)^2\}-3(2a)^2+4y^2=0$$

ゆえに　　$3(x+2a)^2+4y^2=12a^2$

$a\neq0$ のとき　　$\dfrac{(x+2a)^2}{(2a)^2}+\dfrac{y^2}{(\sqrt{3}a)^2}=1$

⇦両辺を $12a^2$ で割る。

これは，楕円を表す。

⇦$2a\neq0,\ \sqrt{3}a\neq0$

この楕円は，中心が $(-2a,\ 0)$ で原点を通る。

よって，図のように直線 ① に接する楕円が境目になって，共有点の個数が変わる。

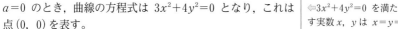

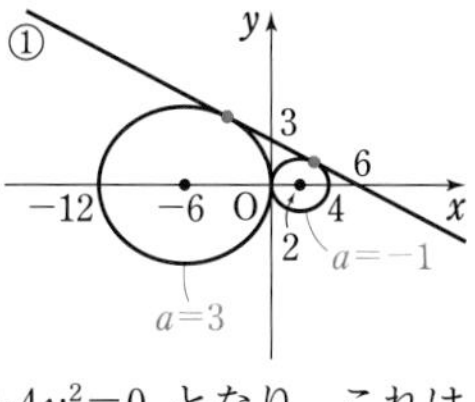

$a=0$ のとき，曲線の方程式は $3x^2+4y^2=0$ となり，これは点 $(0,\ 0)$ を表す。

⇦$3x^2+4y^2=0$ を満たす実数 $x,\ y$ は $x=y=0$

PR ③128　次の 2 次曲線と直線が交わってできる弦の中点の座標と長さを求めよ。

(1)　$y^2=8x,\ x-y=3$　　(2)　$x^2+4y^2=4,\ x+3y=1$

(3)　$x^2-2y^2=1,\ 2x-y=3$

(1)　$y^2=8x$ …… ①，$x-y=3$ …… ② とする。

① と ② の 2 つの交点を $\mathrm{P}(x_1,\ y_1)$，$\mathrm{Q}(x_2,\ y_2)$ とする。

② から　　$y=x-3$

これを ① に代入して，y を消去すると

$$x^2-14x+9=0 \quad \cdots\cdots ③$$

x_1，x_2 は2次方程式 ③ の異なる2つの実数解である。

ここで，③ において，解と係数の関係から

$$x_1+x_2=14 \quad \cdots\cdots ④,\quad x_1x_2=9 \quad \cdots\cdots ⑤$$

線分PQの中点の座標は $\left(\dfrac{x_1+x_2}{2},\ \dfrac{x_1+x_2}{2}-3\right)$

④ を代入して　**(7, 4)**

また　$PQ^2=(x_2-x_1)^2+(y_2-y_1)^2=(x_2-x_1)^2+(x_2-x_1)^2$
$=2(x_2-x_1)^2=2\{(x_1+x_2)^2-4x_1x_2\}$

④，⑤ を代入して　$PQ^2=2(14^2-4\cdot 9)=320$

したがって　$\mathbf{PQ=8\sqrt{5}}$

inf.　本冊 $p.220$ INFORMATION 参照。

直線 $y=x-3$ の傾きが1であるから

$$PQ=\sqrt{1^2+1^2}|x_2-x_1|$$

④，⑤ から

$$(x_2-x_1)^2=(x_1+x_2)^2-4x_1x_2=160$$

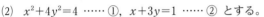

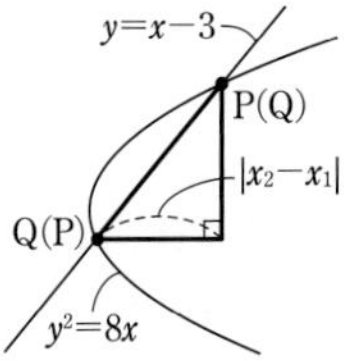

よって　$PQ=\sqrt{2}\cdot\sqrt{160}=\mathbf{8\sqrt{5}}$

(2)　$x^2+4y^2=4 \ \cdots\cdots ①$，$x+3y=1 \ \cdots\cdots ②$ とする。

① と ② の2つの交点を $P(x_1,\ y_1)$，$Q(x_2,\ y_2)$ とする。

② から　$x=1-3y$

これを ① に代入して，x を消去すると

$$13y^2-6y-3=0 \quad \cdots\cdots ③$$

y_1，y_2 は2次方程式 ③ の異なる2つの実数解である。

ここで，③ において，解と係数の関係から

$$y_1+y_2=\frac{6}{13} \quad \cdots\cdots ④,\quad y_1y_2=-\frac{3}{13} \quad \cdots\cdots ⑤$$

線分PQの中点の座標は $\left(1-3\cdot\dfrac{y_1+y_2}{2},\ \dfrac{y_1+y_2}{2}\right)$

④ を代入して　$\left(\mathbf{\dfrac{4}{13}},\ \mathbf{\dfrac{3}{13}}\right)$

また　$PQ^2=(x_2-x_1)^2+(y_2-y_1)^2=9(y_2-y_1)^2+(y_2-y_1)^2$
$=10(y_2-y_1)^2=10\{(y_1+y_2)^2-4y_1y_2\}$

④，⑤ を代入して　$PQ^2=10\left\{\left(\dfrac{6}{13}\right)^2-4\cdot\left(-\dfrac{3}{13}\right)\right\}=\dfrac{1920}{169}$

したがって　$\mathbf{PQ=\dfrac{8\sqrt{30}}{13}}$

(3)　$x^2-2y^2=1 \ \cdots\cdots ①$，$2x-y=3 \ \cdots\cdots ②$ とする。

① と ② の2つの交点を $P(x_1,\ y_1)$，$Q(x_2,\ y_2)$ とする。

② から　$y=2x-3$

これを ① に代入して，y を消去すると

⇐ $(x-3)^2=8x$

⇐ $\dfrac{D}{4}=(-7)^2-1\cdot 9=40>0$

⇐ $x_1+x_2=-\dfrac{-14}{1}$

⇐線分PQの中点は直線 $y=x-3$ 上にある。

⇐ $y_2-y_1=(x_2-3)-(x_1-3)=x_2-x_1$

⇐直角二等辺三角形

⇐計算しやすいように，$\boldsymbol{x}$ を消去する。

⇐ $(1-3y)^2+4y^2=4$

⇐ $\dfrac{D}{4}=(-3)^2-13\cdot(-3)=48>0$

⇐ $y_1+y_2=-\dfrac{-6}{13}$

⇐線分PQの中点は直線 $x=1-3y$ 上にある。

⇐ $x_2-x_1=(1-3y_2)-(1-3y_1)=-3(y_2-y_1)$

$7x^2-24x+19=0$ …… ③

x_1, x_2 は2次方程式 ③ の異なる2つの実数解である。

ここで，③ において，解と係数の関係から

$x_1+x_2=\dfrac{24}{7}$ …… ④，$x_1x_2=\dfrac{19}{7}$ …… ⑤

線分 PQ の中点の座標は　$\left(\dfrac{x_1+x_2}{2},\ 2\cdot\dfrac{x_1+x_2}{2}-3\right)$

④ を代入して　$\left(\boldsymbol{\dfrac{12}{7}},\ \boldsymbol{\dfrac{3}{7}}\right)$

また　$PQ^2=(x_2-x_1)^2+(y_2-y_1)^2=(x_2-x_1)^2+4(x_2-x_1)^2$
$=5(x_2-x_1)^2=5\{(x_1+x_2)^2-4x_1x_2\}$

④，⑤ を代入して　$PQ^2=5\left\{\left(\dfrac{24}{7}\right)^2-4\cdot\dfrac{19}{7}\right\}=\dfrac{220}{49}$

したがって　$\mathrm{PQ}=\boldsymbol{\dfrac{2\sqrt{55}}{7}}$

⇦$x^2-2(2x-3)^2=1$

⇦$\dfrac{D}{4}=(-12)^2-7\cdot19$
$=11>0$

⇦$x_1+x_2=-\dfrac{-24}{7}$

⇦線分 PQ の中点は直線 $y=2x-3$ 上にある。

⇦y_2-y_1
$=(2x_2-3)-(2x_1-3)$
$=2(x_2-x_1)$

PR ③129

双曲線 $x^2-3y^2=3$ と直線 $y=x+k$ がある。
(1) 双曲線と直線が異なる2点で交わるような，定数 k の値の範囲を求めよ。
(2) 双曲線が直線から切り取る線分の中点の軌跡を求めよ。

(1) $y=x+k$ を $x^2-3y^2=3$ に代入して　$x^2-3(x+k)^2=3$

ゆえに　$2x^2+6kx+3k^2+3=0$ …… ①

双曲線と直線が異なる2点で交わるから，2次方程式 ① の判別式を D とすると　$D>0$

ここで　$\dfrac{D}{4}=(3k)^2-2(3k^2+3)$
$=3k^2-6=3(k+\sqrt{2})(k-\sqrt{2})$

よって　$\boldsymbol{k<-\sqrt{2},\ \sqrt{2}<k}$

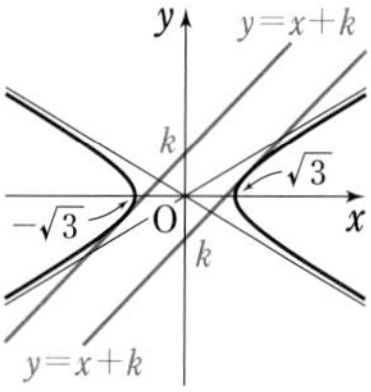

(2) k が (1) で求めた範囲にあるとき，方程式 ① は異なる2つの実数解 α, β をもち，これらは，双曲線が直線から切り取る線分の端点の x 座標である。

ここで，線分の中点の座標を $(x,\ y)$ とすると，① において，解と係数の関係から

$x=\dfrac{\alpha+\beta}{2}=-\dfrac{3}{2}k$ …… ②

$y=x+k=-\dfrac{3}{2}k+k=-\dfrac{k}{2}$ …… ③

③ から　$k=-2y$

これを ② に代入すると　$x=3y$

(1) と ② から　$x<-\dfrac{3\sqrt{2}}{2},\ \dfrac{3\sqrt{2}}{2}<x$

したがって，求める軌跡は

直線 $\boldsymbol{y=\dfrac{1}{3}x}$ の $\boldsymbol{x<-\dfrac{3\sqrt{2}}{2},\ \dfrac{3\sqrt{2}}{2}<x}$ の部分

CHART
弦の中点の軌跡
解と係数の関係を利用

⇦$\alpha+\beta=-3k$

⇦中点 $(x,\ y)$ は直線 $y=x+k$ 上にある。

⇦$-\dfrac{2}{3}x<-\sqrt{2}$,
$\sqrt{2}<-\dfrac{2}{3}x$

PR ③130 点A(1, 4)から双曲線 $4x^2-y^2=4$ に引いた接線の方程式を求めよ。また，その接点の座標を求めよ。

$4x^2-y^2=4$ ……① とする。

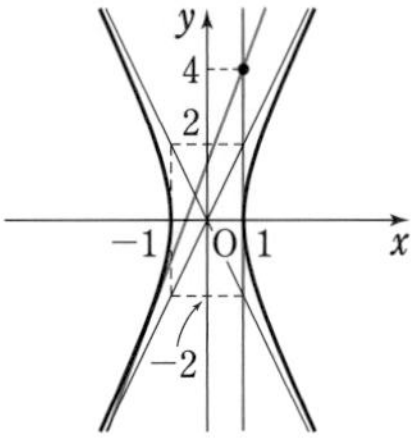

方針 1 点Aを通る接線のうち，x 軸に垂直なものの方程式は $x=1$ であり，その接点の座標は(1, 0)である。

x 軸に垂直ではない接線の傾きを m とすると，接線の方程式は

$$y=m(x-1)+4 \quad \cdots\cdots ②$$

②を①に代入すると

$$4x^2-\{m(x-1)+4\}^2=4$$

整理すると

$$(4-m^2)x^2+2m(m-4)x-m^2+8m-20=0 \quad \cdots\cdots ③$$

$m=\pm2$ のとき，直線②は双曲線の漸近線 $y=\pm2x$（複号同順）と平行で，接線ではない。よって　$m\neq\pm2$

このとき，2次方程式③の判別式を D とすると

$$\frac{D}{4}=\{m(m-4)\}^2-(4-m^2)(-m^2+8m-20)$$
$$=-32m+80=-16(2m-5)$$

直線②が双曲線①に接する条件は，$D=0$ から　$m=\dfrac{5}{2}$

よって，接線の方程式は　$y=\dfrac{5}{2}x+\dfrac{3}{2}$ ……④

$m=\dfrac{5}{2}$ を③に代入して　$-\dfrac{9}{4}x^2-\dfrac{15}{2}x-\dfrac{25}{4}=0$

ゆえに　$9x^2+30x+25=0$　よって　$(3x+5)^2=0$

すなわち　$x=-\dfrac{5}{3}$　④から　$y=-\dfrac{8}{3}$

したがって，接線の方程式と接点の座標は

接線の方程式が $x=1$ のとき　接点 (1, 0)

接線の方程式が $y=\dfrac{5}{2}x+\dfrac{3}{2}$ のとき　接点 $\left(-\dfrac{5}{3},\ -\dfrac{8}{3}\right)$

方針 2 接点の座標を $P(x_1,\ y_1)$ とすると，点Pは双曲線①上の点であるから　$4x_1{}^2-y_1{}^2=4$ ……②

双曲線①上の点Pにおける接線の方程式は

$$4x_1x-y_1y=4 \quad \cdots\cdots ③$$

点Aを通るから　$4x_1\cdot1-y_1\cdot4=4$

よって　$y_1=x_1-1$ ……④

これを②に代入すると　$4x_1{}^2-(x_1-1)^2=4$

ゆえに　$3x_1{}^2+2x_1-5=0$

よって　$(x_1-1)(3x_1+5)=0$

ゆえに　$x_1=1,\ -\dfrac{5}{3}$

inf. 点(1, 4)を通る直線のうち，x 軸に垂直な直線 ($x=1$) は双曲線の接線である。そのことを確認後, 点(1, 4)を通る直線のうち，x 軸に垂直でないものを②の形で表す。

⇐接線は点(1, 4)を通る。

⇐このとき $4-m^2\neq0$

inf. 接線の方程式を傾き m の直線とおいて判別式を使う解法は，次の(ア)〜(ウ)の点で注意が必要。
(ア) x 軸に垂直な直線は表せない。
(イ) 判別式の計算が煩雑な場合がある。
(ウ) 接点を改めて求めなければならない。

⇐2次方程式 $ax^2+bx+c=0$ が重解をもつとき，その重解は
$x=-\dfrac{b}{2a}$
よって，$m=\dfrac{5}{2}$ を
$x=-\dfrac{2m(m-4)}{2(4-m^2)}$
に代入してもよい。

⇐$x_1x-\dfrac{y_1y}{4}=1$

$x_1=1$ のとき，④ から　　$y_1=0$

このとき，接線の方程式は ③ から　　$4x=4$

すなわち　　$x=1$

$x_1=-\dfrac{5}{3}$ のとき，④ から　　$y_1=-\dfrac{8}{3}$

このとき，接線の方程式は ③ から　　$-\dfrac{20}{3}x+\dfrac{8}{3}y=4$

すなわち　　$y=\dfrac{5}{2}x+\dfrac{3}{2}$

したがって，接線の方程式と接点の座標は

接線の方程式が $x=1$ のとき　接点 $(1,\ 0)$

接線の方程式が $y=\dfrac{5}{2}x+\dfrac{3}{2}$ のとき　接点 $\left(-\dfrac{5}{3},\ -\dfrac{8}{3}\right)$

PR ③131　双曲線 $\dfrac{x^2}{16}-\dfrac{y^2}{9}=1$ 上の点 $P(x_1,\ y_1)$ における接線は，点Pと2つの焦点F，F′ とを結んでできる ∠FPF′ を2等分することを証明せよ。ただし，$x_1>0$，$y_1>0$ とする。

HINT　接線と x 軸の交点をTとすると，接線が ∠FPF′ を2等分 ⟺ FT：F′T＝PF：PF′

$\sqrt{4^2+3^2}=5$ であるから，双曲線 $\dfrac{x^2}{4^2}-\dfrac{y^2}{3^2}=1$ の焦点は

$\qquad F(5,\ 0)$，$F'(-5,\ 0)$

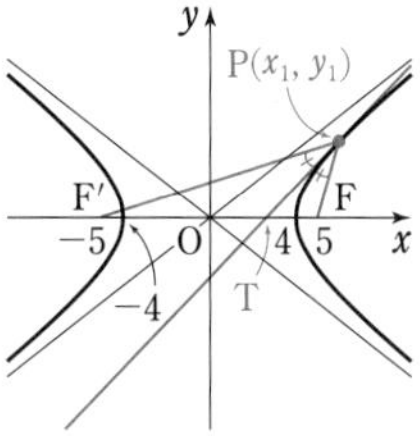

点Pにおける接線の方程式は

$$\frac{x_1x}{16}-\frac{y_1y}{9}=1 \quad \cdots\cdots ①$$

⇐双曲線 $\dfrac{x^2}{a^2}-\dfrac{y^2}{b^2}=1$ 上の点 $(x_1,\ y_1)$ における接線の方程式は $\dfrac{x_1x}{a^2}-\dfrac{y_1y}{b^2}=1$

① で $y=0$ とすると　　$x=\dfrac{16}{x_1}$

接線 ① と x 軸との交点を T とすると

$$FT:F'T=\left(5-\frac{16}{x_1}\right):\left(\frac{16}{x_1}+5\right)$$
$$=(5x_1-16):(5x_1+16) \quad \cdots\cdots ②$$

また，点Pは双曲線 $\dfrac{x^2}{16}-\dfrac{y^2}{9}=1$ 上にあるから

$$\frac{{x_1}^2}{16}-\frac{{y_1}^2}{9}=1,\ x_1>4$$

⇐$x_1>0$，$y_1>0$ であるから，図より　$x_1>4$

ゆえに　　${y_1}^2=\dfrac{9({x_1}^2-16)}{16}$

よって　　$PF=\sqrt{(x_1-5)^2+{y_1}^2}$

$$=\sqrt{(x_1-5)^2+\frac{9({x_1}^2-16)}{16}}$$
$$=\sqrt{\frac{1}{16}(25{x_1}^2-160x_1+256)}$$
$$=\frac{1}{4}(5x_1-16)$$

⇐$x_1>4$ から　$5x_1-16>0$

$$\mathrm{PF'}=\sqrt{(x_1+5)^2+y_1{}^2}$$
$$=\sqrt{(x_1+5)^2+\frac{9(x_1{}^2-16)}{16}}$$
$$=\sqrt{\frac{1}{16}(25x_1{}^2+160x_1+256)}$$
$$=\frac{1}{4}(5x_1+16)$$

⇦$\mathrm{PF'}-\mathrm{PF}=8$ から
$\mathrm{PF'}=\mathrm{PF}+8$
$=\frac{1}{4}(5x_1-16)+8$
としてもよい。

⇦$x_1>4$ から
$5x_1+16>0$

ゆえに　$\mathrm{PF}:\mathrm{PF'}=(5x_1-16):(5x_1+16)$ ……③

②，③ から　$\mathrm{PF}:\mathrm{PF'}=\mathrm{FT}:\mathrm{F'T}$

よって，点 $\mathrm{P}(x_1,\ y_1)$ における接線は $\angle \mathrm{FPF'}$ を 2 等分する。

PR ②132

次の条件を満たす点Pの軌跡を求めよ。
(1) 点 F(9, 0) と直線 $x=4$ からの距離の比が 3 : 2 であるような点P
(2) 点 F(6, 0) と直線 $x=2$ からの距離が等しい点P

点Pの座標を $(x,\ y)$ とする。

(1) $\mathrm{PF}=\sqrt{(x-9)^2+y^2}$

点Pから直線 $x=4$ に下ろした垂線を PH とすると
$$\mathrm{PH}=|x-4|$$
$\mathrm{PF}:\mathrm{PH}=3:2$ であるから　$3\mathrm{PH}=2\mathrm{PF}$

ゆえに　$9\mathrm{PH}^2=4\mathrm{PF}^2$

よって　$9(x-4)^2=4\{(x-9)^2+y^2\}$

ゆえに　$5x^2-4y^2=180$

したがって，点Pの軌跡は　**双曲線 $\boldsymbol{\frac{x^2}{36}-\frac{y^2}{45}=1}$**

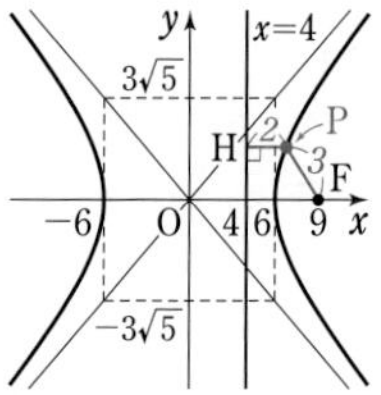

inf.　離心率は $\frac{3}{2}$
$\frac{3}{2}>1$ であるから，P の軌跡は双曲線である。

(2) $\mathrm{PF}=\sqrt{(x-6)^2+y^2}$

点Pから直線 $x=2$ に下ろした垂線を PH とすると
$$\mathrm{PH}=|x-2|$$
$\mathrm{PF}=\mathrm{PH}$ であるから　$\mathrm{PF}^2=\mathrm{PH}^2$

よって　$(x-6)^2+y^2=(x-2)^2$

ゆえに　$y^2=8x-32$

したがって，点Pの軌跡は　**放物線 $\boldsymbol{y^2=8(x-4)}$**

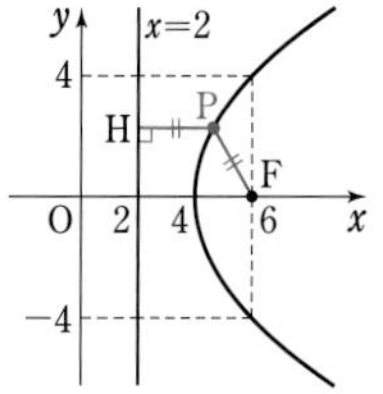

inf.　離心率は 1 であるから，P の軌跡は放物線である。

PR ④133

放物線 $y=x^2+k$ が双曲線 $x^2-4y^2=4$ と異なる 4 点で交わるための定数 k の値の範囲を求めよ。

$y=x^2+k$，$x^2-4y^2=4$ から x を消去すると　$(y-k)-4y^2=4$

よって　$4y^2-y+(k+4)=0$ ……①

$x^2=y-k\geqq 0$ から　$y\geqq k$

放物線 $y=x^2+k$ と双曲線 $x^2-4y^2=4$ は y 軸に関して対称であるから，2 つの曲線が異なる 4 点で交わる条件は，

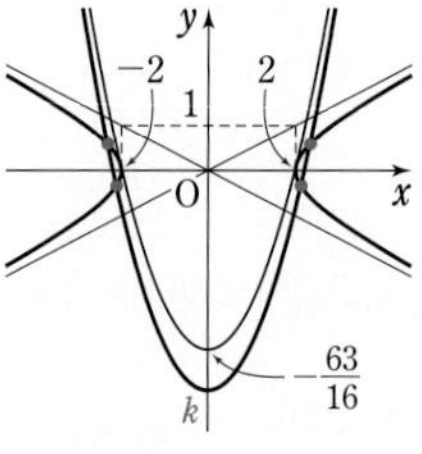

① が $y>k$ において異なる 2 つの実数解をもつことである。
よって，① の判別式を D，左辺を $f(y)$ とすると，次のことが同時に成り立つ。

⇐ $y>k$ である ① の解 1 つに対して，交点は 2 つ定まる。

⇐ $z=f(y)$ とすると

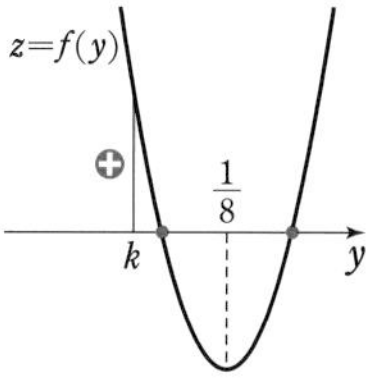

[1]　$D>0$
[2]　放物線 $z=f(y)$ の軸が $y>k$ の範囲にある
[3]　$f(k)>0$

[1]　$D=(-1)^2-4\cdot4(k+4)=-16k-63$

$D>0$ から　　$k<-\dfrac{63}{16}$ …… ②

[2]　軸は直線 $y=\dfrac{1}{8}$ であるから　　$k<\dfrac{1}{8}$ …… ③

[3]　$f(k)=4k^2+4$　　$f(k)>0$ は常に成り立つ。

②，③ の共通範囲を求めて　　$\boldsymbol{k<-\dfrac{63}{16}}$

別解　$y=x^2+k$，$x^2-4y^2=4$ から y を消去すると

$x^2-4(x^2+k)^2=4$

よって　　$4x^4+(8k-1)x^2+4(k^2+1)=0$ …… ①

$x^2=t$ とおくと，$x^2=4y^2+4\geqq4$ から　　$t\geqq4$

① から　　$4t^2+(8k-1)t+4(k^2+1)=0$ …… ②

① が異なる 4 つの実数解をもつためには，$t\geqq4$ において，② が異なる 2 つの実数解をもてばよい。

⇐ $t\geqq4$ である ② の解 1 つに対して，異なる 2 つの x が定まる。

したがって，② の判別式を D，左辺を $g(t)$ とすると，次のことが同時に成り立つ。

⇐ $z=g(t)$ とすると

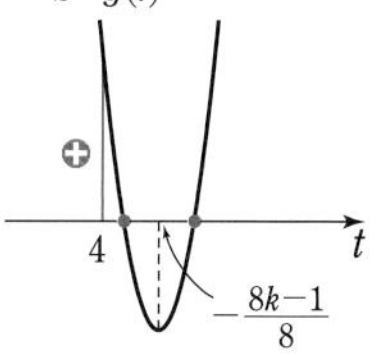

[1]　$D>0$
[2]　放物線 $z=g(t)$ の軸が $t>4$ の範囲にある
[3]　$g(4)\geqq0$

[1]　$D=(8k-1)^2-4\cdot4\cdot4(k^2+1)=-16k-63$

$D>0$ から　　$k<-\dfrac{63}{16}$ …… ③

[2]　軸は直線 $t=-\dfrac{8k-1}{8}$ であるから　　$-\dfrac{8k-1}{8}>4$

ゆえに　　$k<-\dfrac{31}{8}$ …… ④

[3]　$g(4)=64+4(8k-1)+4(k^2+1)=4(k+4)^2$
$g(4)\geqq0$ は常に成り立つ。

③，④ の共通範囲を求めて　　$\boldsymbol{k<-\dfrac{63}{16}}$

⇐ $-\dfrac{31}{8}=-\dfrac{62}{16}>-\dfrac{63}{16}$

PR ④134　楕円 $\dfrac{x^2}{3}+y^2=1$ …… ① と，直線 $x+\sqrt{3}y=3\sqrt{3}$ …… ② について
(1)　直線 ② に平行な，楕円 ① の接線の方程式を求めよ。
(2)　楕円 ① 上の点Pと直線 ② の距離の最大値 M と最小値 m を求めよ。

(1)　求める接線の方程式は $x+\sqrt{3}y=k$ と表される。
$x=k-\sqrt{3}y$ を ① に代入して整理すると

⇐求める接線は直線 ② に平行。

$$6y^2-2\sqrt{3}ky+k^2-3=0$$

この y の2次方程式の判別式を D とすると

$$\frac{D}{4}=(-\sqrt{3}k)^2-6(k^2-3)=-3k^2+18$$
$$=-3(k^2-6)$$

CHART 2次曲線の接線
接点 ⟺ 重解
⟶ 判別式 $D=0$

$D=0$ から　　$k=\pm\sqrt{6}$

したがって，求める接線の方程式は

$$\boldsymbol{x+\sqrt{3}y=\sqrt{6},\ x+\sqrt{3}y=-\sqrt{6}}$$

別解　楕円 ① 上の点 $P(a,\ b)$ における接線の方程式は

$$\frac{a}{3}x+by=1$$

これが直線 ② に平行であるから　　$\frac{a}{3}\cdot\sqrt{3}-1\cdot b=0$

⇦ **2直線 $a_1x+b_1y+c_1=0$, $a_2x+b_2y+c_2=0$ が平行 ⟺ $a_1b_2-a_2b_1=0$**

ゆえに　　$a=\sqrt{3}b$

ここで，点 P は楕円 ① 上にあるから　　$\frac{a^2}{3}+b^2=1$

よって　　$2b^2=1$　　　　ゆえに　　$b=\pm\frac{\sqrt{2}}{2}$

$b=\frac{\sqrt{2}}{2}$ のとき，$a=\frac{\sqrt{6}}{2}$ であり，接線の方程式は

$$\frac{\sqrt{6}}{6}x+\frac{\sqrt{2}}{2}y=1 \quad \text{すなわち} \quad x+\sqrt{3}y=\sqrt{6}$$

$b=-\frac{\sqrt{2}}{2}$ のとき，$a=-\frac{\sqrt{6}}{2}$ であり，接線の方程式は

$$-\frac{\sqrt{6}}{6}x-\frac{\sqrt{2}}{2}y=1 \quad \text{すなわち} \quad x+\sqrt{3}y=-\sqrt{6}$$

よって，求める接線の方程式は

$$\boldsymbol{x+\sqrt{3}y=\sqrt{6},\ x+\sqrt{3}y=-\sqrt{6}}$$

(2)　図から，接線 $x+\sqrt{3}y=-\sqrt{6}$ 上の点 $(-\sqrt{6},\ 0)$ と直線 ② の距離が M であり，接線 $x+\sqrt{3}y=\sqrt{6}$ 上の点 $(\sqrt{6},\ 0)$ と直線 ② の距離が m である。

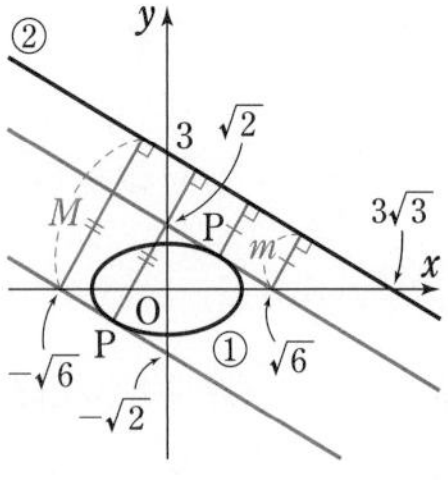

点 $(-\sqrt{6},\ 0)$ と直線 ② の距離が M に等しいから

$$\boldsymbol{M}=\frac{|-\sqrt{6}+\sqrt{3}\cdot0-3\sqrt{3}|}{\sqrt{1^2+(\sqrt{3})^2}}$$
$$=\boldsymbol{\frac{3\sqrt{3}+\sqrt{6}}{2}}$$

⇦直線 $x+\sqrt{3}y=-\sqrt{6}$ と直線 ② は平行である。よって，直線 $x+\sqrt{3}y=-\sqrt{6}$ 上のどの点を選んでも，その点と直線 ② の距離は一定である。

点 $(\sqrt{6},\ 0)$ と直線 ② の距離が m に等しいから

$$\boldsymbol{m}=\frac{|\sqrt{6}+\sqrt{3}\cdot0-3\sqrt{3}|}{\sqrt{1^2+(\sqrt{3})^2}}=\boldsymbol{\frac{3\sqrt{3}-\sqrt{6}}{2}}$$

⇦ $(3\sqrt{3})^2>(\sqrt{6})^2$ から　$3\sqrt{3}>\sqrt{6}$

PR ⑤135　$a>0$, $b>0$ とする。楕円 $\dfrac{x^2}{a^2}+\dfrac{y^2}{b^2}=1$ の外部の点Pから，この楕円に引いた2本の接線が直交するとき，次の設問に答えよ。

(1)　2つの接線が x 軸または y 軸に平行になる点Pの座標を求めよ。

(2)　点Pの軌跡を求めよ。　〔類 広島修道大〕

(1)　$a>0$, $b>0$, 楕円 $\dfrac{x^2}{a^2}+\dfrac{y^2}{b^2}=1$ の外部の点Pは，条件から右図の4点。よって，点Pの座標は

$(\pm\boldsymbol{a},\ \pm\boldsymbol{b})$ **(複号任意)**

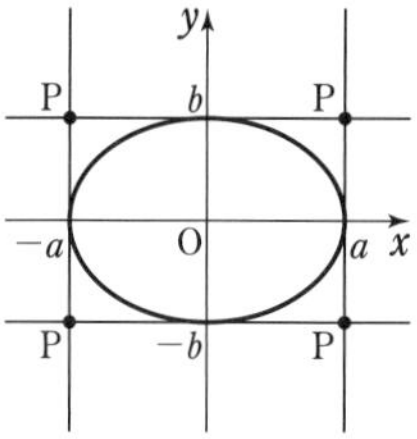

(2)　(1)で求めた点以外の点Pの座標を $(X,\ Y)$ とする。

このとき　$X\neq\pm a$

点Pを通る傾き m の直線の方程式は　$y=m(x-X)+Y$

これを楕円の方程式に代入して y を消去すると

$$\frac{x^2}{a^2}+\frac{\{mx+(Y-mX)\}^2}{b^2}=1$$

整理すると

$(a^2m^2+b^2)x^2+2a^2m(Y-mX)x+a^2\{(Y-mX)^2-b^2\}=0$

⇐$(Y-mX)^2$ のまま計算すると，判別式の計算がスムーズになる。

この2次方程式の判別式を D とすると

$$\frac{D}{4}=\{a^2m(Y-mX)\}^2-(a^2m^2+b^2)\cdot a^2\{(Y-mX)^2-b^2\}$$
$$=a^2\{a^2m^2(Y-mX)^2-a^2m^2(Y-mX)^2+a^2b^2m^2$$
$$-b^2(Y-mX)^2+b^4\}$$
$$=-a^2b^2\{(X^2-a^2)m^2-2XYm+Y^2-b^2\}$$

$D=0$ から　$(X^2-a^2)m^2-2XYm+Y^2-b^2=0$ ……①

⇐$a>0$, $b>0$

m の2次方程式①の2つの解を α, β とすると　$\alpha\beta=-1$

⇐直交 ⟺ 傾きの積が -1

解と係数の関係から　$\alpha\beta=\dfrac{Y^2-b^2}{X^2-a^2}$

①の2つの実数解 α, β が点Pから引いた2本の接線の傾きを表す。

ゆえに　$\dfrac{Y^2-b^2}{X^2-a^2}=-1$　すなわち　$Y^2-b^2=-(X^2-a^2)$

よって　$X^2+Y^2=a^2+b^2$ $(X\neq\pm a)$

(1)から，$(X,\ Y)=(\pm a,\ \pm b)$ (複号任意) のときも，$X^2+Y^2=a^2+b^2$ が成り立つ。

以上から，求める軌跡は　**円 $\boldsymbol{x^2+y^2=a^2+b^2}$**

inf.　一般に，放物線，楕円，双曲線の曲線外の点から引いた2本の接線が垂直となる点の軌跡は次のようになることが知られている。ただし，[3]では $a^2>b^2$ とする。

[1]　放物線
準線：$x=-p$

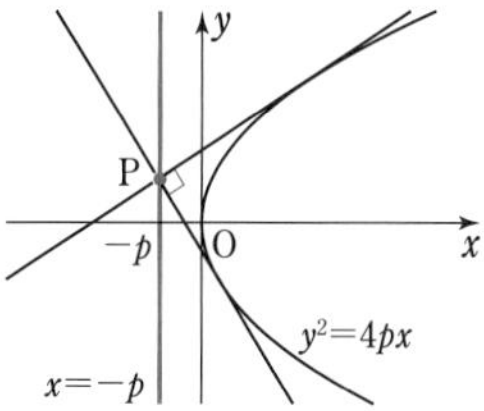

[2]　楕円
準円：$x^2+y^2=a^2+b^2$

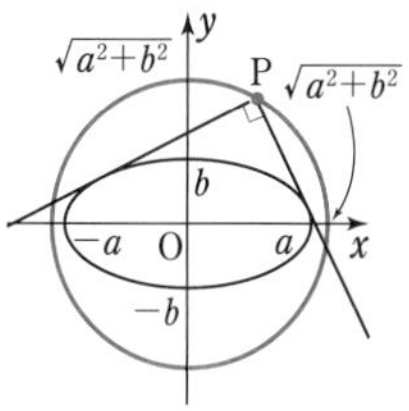

[3]　双曲線
準円：$x^2+y^2=a^2-b^2$

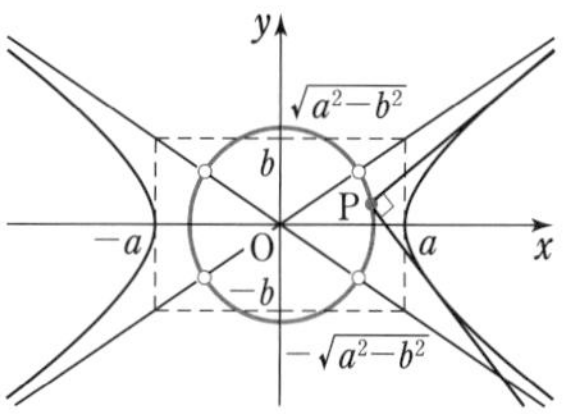

PR ①136

θ, t は媒介変数とする。
次の式で表される図形はどのような曲線を描くか。

(1) $\begin{cases} x=\sin\theta+\cos\theta \\ y=\sin\theta\cos\theta \end{cases}$ $(0\leqq\theta\leqq\pi)$　　(2) $x=\dfrac{1}{2}(3^t+3^{-t})$, $y=\dfrac{1}{2}(3^t-3^{-t})$

HINT (1) 定義域は三角関数の合成によって求める。
(2) $3^t\cdot3^{-t}=1$ を利用して, t を消去する。

(1) $x=\sin\theta+\cos\theta$ の両辺を 2 乗し, 整理すると

$$x^2=1+2\sin\theta\cos\theta$$

これに $\sin\theta\cos\theta=y$ を代入すると　$x^2=1+2y$

ゆえに　$y=\dfrac{1}{2}x^2-\dfrac{1}{2}$

$\sin\theta+\cos\theta=\sqrt{2}\sin\left(\theta+\dfrac{\pi}{4}\right)$ であるから, $0\leqq\theta\leqq\pi$ のとき

$$-1\leqq\sin\theta+\cos\theta\leqq\sqrt{2}$$

よって　**放物線 $y=\dfrac{1}{2}x^2-\dfrac{1}{2}$ の $-1\leqq x\leqq\sqrt{2}$ の部分**

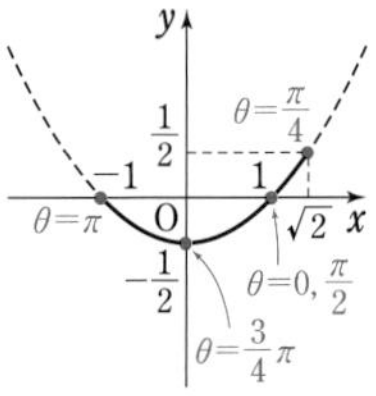

⇦ $\dfrac{\pi}{4}\leqq\theta+\dfrac{\pi}{4}\leqq\dfrac{5}{4}\pi$ から $-\dfrac{1}{\sqrt{2}}\leqq\sin\left(\theta+\dfrac{\pi}{4}\right)\leqq1$

(2) $x=\dfrac{1}{2}(3^t+3^{-t})$ …… ①, $y=\dfrac{1}{2}(3^t-3^{-t})$ …… ②

①+② から　$x+y=3^t$　　①−② から　$x-y=3^{-t}$

ゆえに　$(x+y)(x-y)=3^t\cdot3^{-t}$

よって　$x^2-y^2=1$

$3^t>0$, $3^{-t}>0$ であるから, 相加平均と相乗平均の大小関係により　$x=\dfrac{1}{2}(3^t+3^{-t})\geqq\sqrt{3^t\cdot3^{-t}}=1$

ゆえに　**双曲線 $x^2-y^2=1$ の $x\geqq1$ の部分**

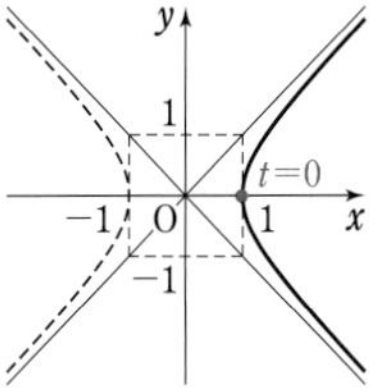

⇦「≧」の等号は, $3^t=3^{-t}$ すなわち $t=0$ のとき成り立つ。

PR ②137

θ は媒介変数とする。次の式で表される図形はどのような曲線を描くか。

(1) $x=2\cos\theta+3$, $y=3\sin\theta-2$　　(2) $x=2\tan\theta-1$, $y=\dfrac{\sqrt{2}}{\cos\theta}+2$

(1) $x=2\cos\theta+3$ から　$\cos\theta=\dfrac{x-3}{2}$ …… ①

$y=3\sin\theta-2$ から　$\sin\theta=\dfrac{y+2}{3}$ …… ②

①, ② を $\sin^2\theta+\cos^2\theta=1$ に代入して

$$\left(\frac{y+2}{3}\right)^2+\left(\frac{x-3}{2}\right)^2=1$$

よって　**楕円 $\dfrac{(x-3)^2}{4}+\dfrac{(y+2)^2}{9}=1$**

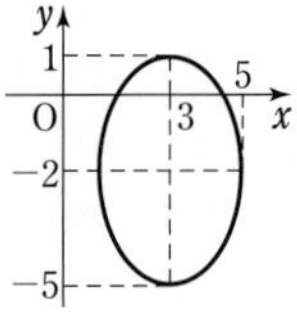

⇦θ を消去。

(2) $x=2\tan\theta-1$ から　$\tan\theta=\dfrac{x+1}{2}$ …… ①

$y=\dfrac{\sqrt{2}}{\cos\theta}+2$ から　$\dfrac{1}{\cos\theta}=\dfrac{y-2}{\sqrt{2}}$ …… ②

①, ② を $1+\tan^2\theta=\dfrac{1}{\cos^2\theta}$ に代入して

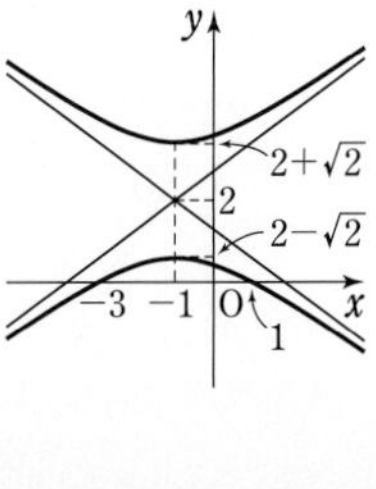

$$1+\left(\frac{x+1}{2}\right)^2=\left(\frac{y-2}{\sqrt{2}}\right)^2$$

⇦θ を消去。

よって　**双曲線** $\boldsymbol{\frac{(x+1)^2}{4}-\frac{(y-2)^2}{2}=-1}$

PR ③138　t は媒介変数とする。$x=\frac{1+t^2}{1-t^2}$，$y=\frac{4t}{1-t^2}$ で表される図形はどのような曲線を描くか。

HINT　分数式で表されている場合は，除外点があることが多いので，**要注意**。

$x=\frac{1+t^2}{1-t^2}$ から　$(1-t^2)x=1+t^2$

よって　$(x+1)t^2=x-1$

⇦$(x+1)t^2=x-1$ に $x=-1$ を代入すると $0=-2$ となり不合理である。

$x\neq-1$ であるから　$t^2=\frac{x-1}{x+1}$ ……①

また，$y=\frac{4t}{1-t^2}$ から

$$t=\frac{1-t^2}{4}y=\frac{y}{4}\left(1-\frac{x-1}{x+1}\right)=\frac{y}{4}\cdot\frac{2}{x+1}$$

$$=\frac{y}{2(x+1)} \quad \cdots\cdots ②$$

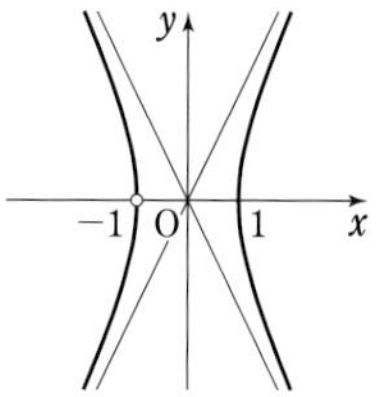

①，② から t を消去して　$\left\{\frac{y}{2(x+1)}\right\}^2=\frac{x-1}{x+1}$

ゆえに　$4x^2-y^2=4$

よって　**双曲線** $\boldsymbol{x^2-\frac{y^2}{4}=1}$

ただし，点 $(-1,\ 0)$ を除く。

⇦双曲線の方程式に $x=-1$ を代入すると $y=0$

別解　$x=\frac{1+t^2}{1-t^2}$ から

$$x=-1+\frac{2}{1-t^2} \quad すなわち \quad \frac{1}{1-t^2}=\frac{x+1}{2}$$

⇦分母に注目すると
$\left(\frac{1}{1-t^2}\right)^2-\left(\frac{t}{1-t^2}\right)^2=\frac{1}{1-t^2}$
よって，この式に代入できるように，x，y の式を変形する。

$y=\frac{4t}{1-t^2}$ から　$\frac{t}{1-t^2}=\frac{y}{4}$

$\left(\frac{1}{1-t^2}\right)^2-\left(\frac{t}{1-t^2}\right)^2=\frac{1}{1-t^2}$ が成り立つから

$$\left(\frac{x+1}{2}\right)^2-\left(\frac{y}{4}\right)^2=\frac{x+1}{2}$$

ゆえに　$4x^2-y^2=4$

すなわち　$x^2-\frac{y^2}{4}=1$

また，$x=-1+\frac{2}{1-t^2}$ から　$x<-1,\ 1\leqq x$

⇦$1-t^2\leqq1$
$1-t^2<0$ のとき
$\frac{1}{1-t^2}<0$，
$0<1-t^2\leqq1$ のとき
$\frac{1}{1-t^2}\geqq1$

よって　**双曲線** $\boldsymbol{x^2-\frac{y^2}{4}=1}$

ただし，点 $(-1,\ 0)$ を除く。

PR ②139

円 $x^2+y^2=4$ の周上を点 $\mathrm{P}(x,\ y)$ が動くとき，座標が $\left(\dfrac{x^2}{2}-y^2+3,\ \dfrac{5}{2}xy-1\right)$ である点Qはどのような曲線上を動くか。

$x^2+y^2=4$ から $x=2\cos\theta,\ y=2\sin\theta\ (0\leqq\theta<2\pi)$ と表される。

⇐円の媒介変数表示。

Qの座標を $(X,\ Y)$ とすると

$$X=\frac{x^2}{2}-y^2+3$$
$$=2\cos^2\theta-4\sin^2\theta+3=5-6\sin^2\theta$$
$$=3\cos 2\theta+2$$

⇐$\cos^2\theta=1-\sin^2\theta$

⇐$\sin^2\theta=\dfrac{1-\cos 2\theta}{2}$

$$Y=\frac{5}{2}xy-1=10\sin\theta\cos\theta-1$$
$$=5\sin 2\theta-1$$

⇐$2\sin\theta\cos\theta=\sin 2\theta$

よって　$\cos 2\theta=\dfrac{X-2}{3}$，$\sin 2\theta=\dfrac{Y+1}{5}$

ゆえに　$\left(\dfrac{X-2}{3}\right)^2+\left(\dfrac{Y+1}{5}\right)^2=1$

⇐$\cos^2 2\theta+\sin^2 2\theta=1$

$0\leqq 2\theta<4\pi$ であるから，点Qは，**楕円 $\dfrac{(x-2)^2}{9}+\dfrac{(y+1)^2}{25}=1$** の周上を動く。

inf.　Pが円上を1周するとき，Qは楕円上を2周する。

PR ③140

$x,\ y$ が $\dfrac{x^2}{24}+\dfrac{y^2}{4}=1$ を満たす実数のとき，$x^2+6\sqrt{2}xy-6y^2$ の最小値とそのときの $x,\ y$ の値を求めよ。

楕円 $\dfrac{x^2}{24}+\dfrac{y^2}{4}=1$ 上の点 $(x,\ y)$ は，

⇐$\dfrac{x^2}{(2\sqrt{6})^2}+\dfrac{y^2}{2^2}=1$

$$x=2\sqrt{6}\cos\theta,\ y=2\sin\theta\quad(0\leqq\theta<2\pi)$$

と表されるから

$$x^2+6\sqrt{2}xy-6y^2$$
$$=(2\sqrt{6}\cos\theta)^2+6\sqrt{2}\cdot 2\sqrt{6}\cos\theta\cdot 2\sin\theta-6(2\sin\theta)^2$$
$$=24\cos^2\theta+48\sqrt{3}\sin\theta\cos\theta-24\sin^2\theta$$
$$=24(\cos^2\theta-\sin^2\theta+2\sqrt{3}\sin\theta\cos\theta)$$
$$=24(\sqrt{3}\sin 2\theta+\cos 2\theta)$$
$$=48\sin\left(2\theta+\frac{\pi}{6}\right)$$

⇐$\sin\theta$，$\cos\theta$ の2次の**同次式**（どの項も次数が同じである式）は，次の公式を用いて，2θ の三角関数で表される。
$\cos^2\theta=\dfrac{1+\cos 2\theta}{2}$，
$\sin^2\theta=\dfrac{1-\cos 2\theta}{2}$，
$\cos^2\theta-\sin^2\theta=\cos 2\theta$，
$\sin\theta\cos\theta=\dfrac{1}{2}\sin 2\theta$

$0\leqq\theta<2\pi$ であるから　$\dfrac{\pi}{6}\leqq 2\theta+\dfrac{\pi}{6}<4\pi+\dfrac{\pi}{6}$

よって　$-1\leqq\sin\left(2\theta+\dfrac{\pi}{6}\right)\leqq 1$

ゆえに，$x^2+6\sqrt{2}xy-6y^2$ は $\sin\left(2\theta+\dfrac{\pi}{6}\right)=-1$ のとき最小となり，最小値は -48 である。

$\sin\left(2\theta+\dfrac{\pi}{6}\right)=-1$，$\dfrac{\pi}{6}\leqq 2\theta+\dfrac{\pi}{6}<4\pi+\dfrac{\pi}{6}$ から

$$2\theta+\frac{\pi}{6}=\frac{3}{2}\pi,\ \frac{7}{2}\pi$$

よって　　$\theta=\frac{2}{3}\pi,\ \frac{5}{3}\pi$

$\theta=\frac{2}{3}\pi$ のとき　　$x=-\sqrt{6},\ y=\sqrt{3}$

$\theta=\frac{5}{3}\pi$ のとき　　$x=\sqrt{6},\ y=-\sqrt{3}$

ゆえに，**最小値は -48** で，そのときの x，y の値は

$$(\boldsymbol{x},\ \boldsymbol{y})=(-\sqrt{6},\ \sqrt{3}),\ (\sqrt{6},\ -\sqrt{3})$$

⇐ $x=2\sqrt{6}\cos\frac{2}{3}\pi$, $y=2\sin\frac{2}{3}\pi$

PR ④141 座標平面上の円 C：$x^2+y^2=9$ の内側を半径 1 の円 D が滑らずに転がる。時刻 t において D は点 $(3\cos t,\ 3\sin t)$ で C に接しているとする。時刻 $t=0$ において点 $(3,\ 0)$ にあった D 上の点Pの時刻 t における座標 $(x(t),\ y(t))$ を求めよ。ただし，$0\leqq t\leqq\frac{2}{3}\pi$ とする。　［早稲田大］

A(3, 0)，T$(3\cos t,\ 3\sin t)$ とする。

円 D の中心をQとすると，

$\overset{\frown}{\mathrm{PT}}=\overset{\frown}{\mathrm{AT}}=3t$，PQ$=1$ から

$\angle\mathrm{TQP}=3t$

よって，半直線 QP の x 軸の正方向からの回転角は　　$t-3t=-2t$

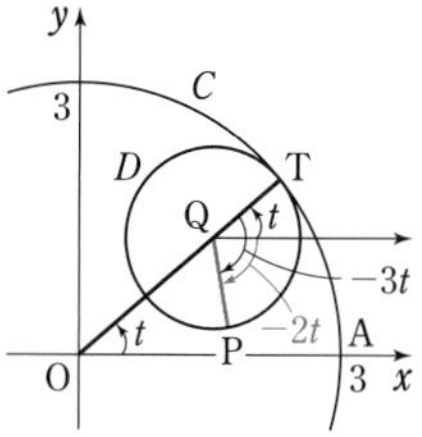

ゆえに

$$\overrightarrow{\mathrm{QP}}=(\cos(-2t),\ \sin(-2t))=(\cos 2t,\ -\sin 2t)$$

また　　$\overrightarrow{\mathrm{OQ}}=(2\cos t,\ 2\sin t)$

$\overrightarrow{\mathrm{OP}}=\overrightarrow{\mathrm{OQ}}+\overrightarrow{\mathrm{QP}}$ であるから

$$(\boldsymbol{x(t)},\ \boldsymbol{y(t)})=(\boldsymbol{2\cos t+\cos 2t},\ \boldsymbol{2\sin t-\sin 2t})$$

inf.　$0\leqq t\leqq\frac{2}{3}\pi$ のとき，点Pの描く曲線は下の図のようになる。

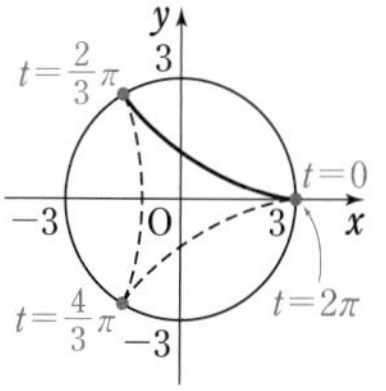

上の曲線を **デルトイド** という。

PR ①142 (1) 次の極座標の点A，Bの直交座標を求めよ。

$\mathrm{A}\left(4,\ \frac{5}{4}\pi\right)$，$\mathrm{B}\left(3,\ -\frac{\pi}{2}\right)$

(2) 次の直交座標の点C，Dの極座標 $(r,\ \theta)$ $[0\leqq\theta<2\pi]$ を求めよ。

$\mathrm{C}\left(\frac{\sqrt{2}}{2},\ -\frac{\sqrt{2}}{2}\right)$，$\mathrm{D}(-2,\ -2\sqrt{3})$

(1)　$x=4\cos\frac{5}{4}\pi=-2\sqrt{2}$，$y=4\sin\frac{5}{4}\pi=-2\sqrt{2}$

よって　　$\mathbf{A}(-2\sqrt{2},\ -2\sqrt{2})$

$x=3\cos\left(-\frac{\pi}{2}\right)=0$，$y=3\sin\left(-\frac{\pi}{2}\right)=-3$

よって　　$\mathbf{B}(0,\ -3)$

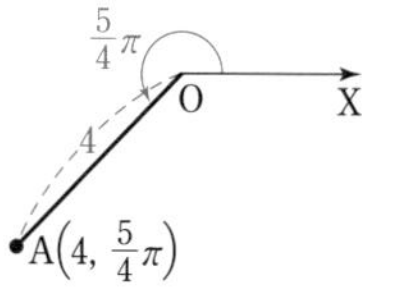

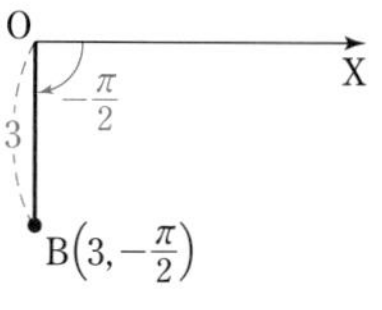

(2)　$r=\sqrt{\left(\frac{\sqrt{2}}{2}\right)^2+\left(-\frac{\sqrt{2}}{2}\right)^2}=1$

また　　$\cos\theta=\frac{\sqrt{2}}{2}$，$\sin\theta=-\frac{\sqrt{2}}{2}$

$0 \leqq \theta < 2\pi$ から　$\theta = \frac{7}{4}\pi$

よって　$\mathbf{C\left(1,\ \frac{7}{4}\pi\right)}$

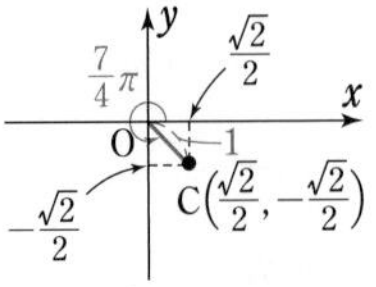

$r = \sqrt{(-2)^2 + (-2\sqrt{3})^2} = 4$

また　$\cos\theta = \frac{-2}{4} = -\frac{1}{2}$, $\sin\theta = \frac{-2\sqrt{3}}{4} = -\frac{\sqrt{3}}{2}$

$0 \leqq \theta < 2\pi$ から　$\theta = \frac{4}{3}\pi$

よって　$\mathbf{D\left(4,\ \frac{4}{3}\pi\right)}$

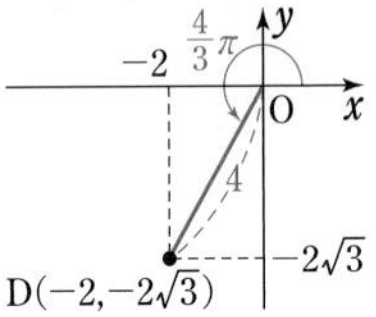

PR ③143　O を極とし，極座標に関して 2 点 $P\left(3,\ \frac{5}{12}\pi\right)$, $Q\left(2,\ \frac{3}{4}\pi\right)$ がある。
(1) 2 点 P，Q 間の距離を求めよ。　(2) △OPQ の面積を求めよ。

△OPQ において

$OP = 3$, $OQ = 2$,

$\angle POQ = \frac{3}{4}\pi - \frac{5}{12}\pi = \frac{\pi}{3}$

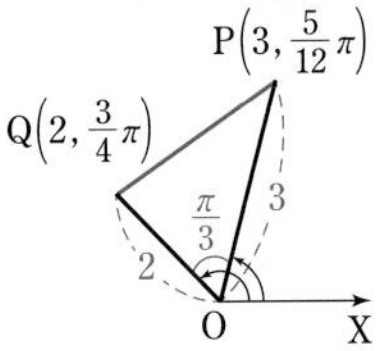

(1) 余弦定理により

$$PQ^2 = 3^2 + 2^2 - 2\cdot3\cdot2\cos\frac{\pi}{3} = 7$$

⇐$PQ^2 = OP^2 + OQ^2 - 2OP\cdot OQ\cos\angle POQ$

ゆえに　$PQ = \mathbf{\sqrt{7}}$

(2) $\triangle OPQ = \frac{1}{2}\cdot3\cdot2\sin\frac{\pi}{3} = \mathbf{\frac{3\sqrt{3}}{2}}$

PR ②144　次の直交座標に関する方程式を，極方程式で表せ。
(1) $x+y+2=0$　(2) $x^2+y^2-4y=0$　(3) $x^2-y^2=-4$

(1) $x+y+2=0$ に $x = r\cos\theta$, $y = r\sin\theta$ を代入すると

$r(\cos\theta + \sin\theta) = -2$

⇐$r\cos\theta + r\sin\theta + 2 = 0$

すなわち　$r(-\cos\theta - \sin\theta) = 2$

ゆえに　$r\left\{\cos\theta\cdot\left(-\frac{1}{\sqrt{2}}\right) + \sin\theta\cdot\left(-\frac{1}{\sqrt{2}}\right)\right\} = \sqrt{2}$

⇐$\frac{-1}{\sqrt{(-1)^2+(-1)^2}} = -\frac{1}{\sqrt{2}}$

よって，求める極方程式は　$\mathbf{r\cos\left(\theta - \frac{5}{4}\pi\right) = \sqrt{2}}$

(2) $x^2+y^2-4y=0$ に $x^2+y^2=r^2$, $y = r\sin\theta$ を代入すると

$r(r - 4\sin\theta) = 0$

⇐$r^2 - 4r\sin\theta = 0$

ゆえに　$r = 0$　または　$r = 4\sin\theta$

$r = 0$ は極を表し，$r = 4\sin\theta$ は極 $(0,\ 0)$ を通る。

⇐極 O の極座標は $(0,\ \theta)$ θ は任意の数。

よって，求める極方程式は　$\mathbf{r = 4\sin\theta}$

(3) $x^2-y^2=-4$ に $x = r\cos\theta$, $y = r\sin\theta$ を代入すると

$r^2(\cos^2\theta - \sin^2\theta) = -4$

ゆえに　$r^2\cos 2\theta=-4$

よって，求める極方程式は　$\boldsymbol{r^2\cos 2\theta=-4}$

⇐2倍角の公式。

PR ②145 次の極方程式を，直交座標に関する方程式で表し，xy 平面上に図示せよ。

(1) $r^2(7\cos^2\theta+9)=144$　(2) $r=2\cos\left(\theta-\dfrac{\pi}{3}\right)$　[(1) 奈良教育大]

(1) $7(r\cos\theta)^2+9r^2=144$

⇐$r\cos\theta$，r^2 の形を作る。

$r\cos\theta=x$，$r^2=x^2+y^2$ を代入すると

$$7x^2+9(x^2+y^2)=144$$

よって　$16x^2+9y^2=144$

ゆえに　$\boldsymbol{\dfrac{x^2}{9}+\dfrac{y^2}{16}=1}$，**右図**

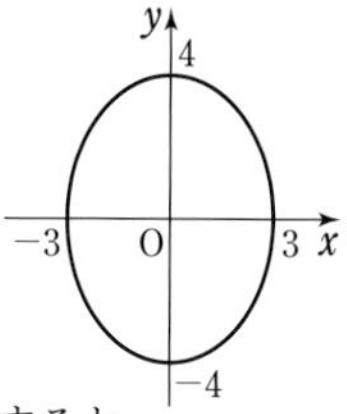

(2) 極方程式の右辺を加法定理を用いて展開すると

$$r=2\left(\cos\theta\cos\frac{\pi}{3}+\sin\theta\sin\frac{\pi}{3}\right)$$

⇐$\cos(\alpha-\beta)$
$=\cos\alpha\cos\beta$
$+\sin\alpha\sin\beta$

すなわち　$r=\cos\theta+\sqrt{3}\sin\theta$

両辺に r を掛けると

$$r^2=r\cos\theta+\sqrt{3}\,r\sin\theta$$

$r^2=x^2+y^2$，$r\cos\theta=x$，$r\sin\theta=y$ を代入すると

$$\boldsymbol{x^2+y^2-x-\sqrt{3}\,y=0}$$

[inf.] $(x,\ y)=(0,\ 0)$ となるのは，$r=0$ $\left(\theta=\dfrac{5}{6}\pi\right)$ のときである。

これを変形して

$$\left(x-\frac{1}{2}\right)^2+\left(y-\frac{\sqrt{3}}{2}\right)^2=1$$

ゆえに，**右図**。

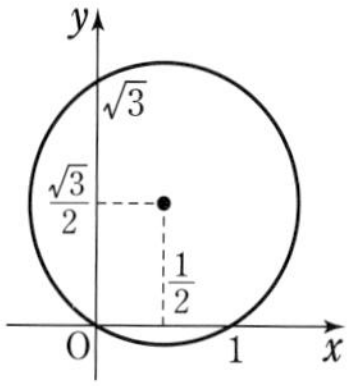

[別解] $r=2\cos\left(\theta-\dfrac{\pi}{3}\right)$ ……① を

変形して　$r=2\cdot1\cdot\cos\left(\theta-\dfrac{\pi}{3}\right)$

よって，極方程式①は $\mathrm{C}\left(1,\ \dfrac{\pi}{3}\right)$ を中心とし，半径1の円を表す。

⇐極方程式が表す曲線上の点を $\mathrm{P}(r,\ \theta)$ とすると図のようになる。

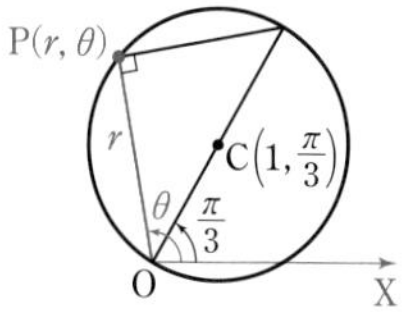

⇐$r=2a\cos(\theta-\alpha)$ は，中心 $(a,\ \alpha)$，半径が a の円を表す。

$\mathrm{C}\left(1,\ \dfrac{\pi}{3}\right)$ を直交座標で表すと

$$\mathrm{C}\left(1\cdot\cos\frac{\pi}{3},\ 1\cdot\sin\frac{\pi}{3}\right)$$

すなわち　$\mathrm{C}\left(\dfrac{1}{2},\ \dfrac{\sqrt{3}}{2}\right)$

ゆえに，極方程式①を直交座標に関する方程式で表すと

$$\boldsymbol{\left(x-\frac{1}{2}\right)^2+\left(y-\frac{\sqrt{3}}{2}\right)^2=1}\quad(図示略)$$

⇐中心 $\left(\dfrac{1}{2},\ \dfrac{\sqrt{3}}{2}\right)$，半径1の円。

PR ③146

Oを極とする極座標において，次の円，直線の極方程式を求めよ。

(1) 極Oと点 $A\left(4,\ \dfrac{\pi}{3}\right)$ を直径の両端とする円

(2) 中心が $C\left(6,\ \dfrac{\pi}{4}\right)$，半径4の円　　(3) 点 $A\left(\sqrt{3},\ \dfrac{\pi}{6}\right)$ を通り，OA に垂直な直線

(1) 円周上の点を $P(r,\ \theta)$ とする。

線分 OA はこの円の直径であるから　$\angle OPA=\dfrac{\pi}{2}$

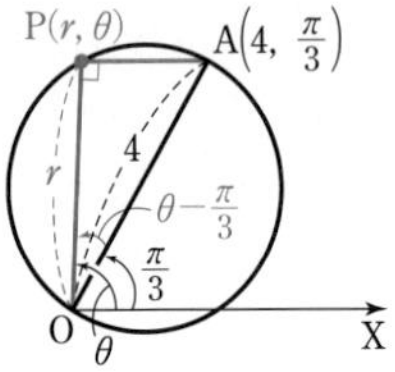

⇐$\angle OPA=\dfrac{\pi}{2}$ で常に一定。

ゆえに　$OP=OA\cos\angle AOP$

$=OA\cos\left|\theta-\dfrac{\pi}{3}\right|$

⇐$\angle AOP=\dfrac{\pi}{3}-\theta$ の場合もある。

よって，求める極方程式は

$$\boldsymbol{r=4\cos\left(\theta-\frac{\pi}{3}\right)}$$

⇐$\cos\left|\theta-\dfrac{\pi}{3}\right|$
$=\cos\left\{\pm\left(\theta-\dfrac{\pi}{3}\right)\right\}$
$=\cos\left(\theta-\dfrac{\pi}{3}\right)$

(2) 円周上の点を $P(r,\ \theta)$ とする。

△OCP において余弦定理から

$$CP^2=OP^2+OC^2-2OP\cdot OC\cos\angle COP$$

$CP=4$，$OP=r$，$OC=6$，

⇐$CP=4$ で常に一定。

$\angle COP=\left|\theta-\dfrac{\pi}{4}\right|$ であるから

⇐$\angle COP=\dfrac{\pi}{4}-\theta$ の場合もある。

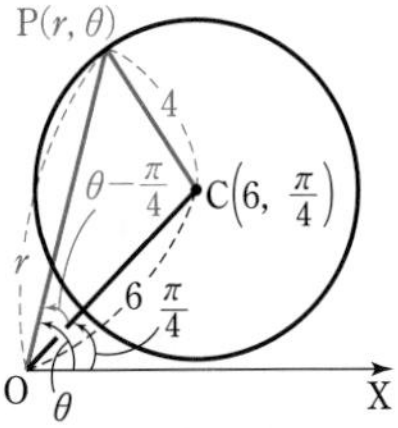

$$4^2=r^2+6^2-2\cdot r\cdot 6\cos\left|\theta-\frac{\pi}{4}\right|$$

よって，求める極方程式は

$$\boldsymbol{r^2-12r\cos\left(\theta-\frac{\pi}{4}\right)+20=0}\ (*)$$

(*) $\cos\left|\theta-\dfrac{\pi}{4}\right|$
$=\cos\left\{\pm\left(\theta-\dfrac{\pi}{4}\right)\right\}$
$=\cos\left(\theta-\dfrac{\pi}{4}\right)$

(3) 直線上の点を $P(r,\ \theta)$ とする。

$\angle OAP=\dfrac{\pi}{2}$ から

⇐$\angle OAP=\dfrac{\pi}{2}$ で常に一定。

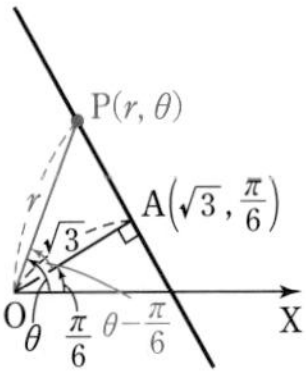

$OA=OP\cos\angle AOP$

$=OP\cos\left|\theta-\dfrac{\pi}{6}\right|$

⇐$\angle AOP=\dfrac{\pi}{6}-\theta$ の場合もある。

よって，求める極方程式は　$\boldsymbol{r\cos\left(\theta-\frac{\pi}{6}\right)=\sqrt{3}}$

⇐$\cos\left|\theta-\dfrac{\pi}{6}\right|$
$=\cos\left\{\pm\left(\theta-\dfrac{\pi}{6}\right)\right\}$
$=\cos\left(\theta-\dfrac{\pi}{6}\right)$

別解　それぞれ直交座標で考える。

(1) $4\cos\dfrac{\pi}{3}=2$，$4\sin\dfrac{\pi}{3}=2\sqrt{3}$ であるから，点Aの座標は $(2,\ 2\sqrt{3})$ である。よって，中心が点 $(1,\ \sqrt{3})$ で，半径が2の円であるから，その方程式は　$(x-1)^2+(y-\sqrt{3})^2=2^2$

⇐中心の極座標 $\left(2,\ \dfrac{\pi}{3}\right)$

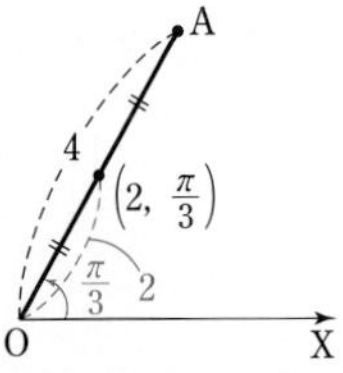

展開して　$(x^2+y^2)-2x-2\sqrt{3}\,y=0$

$x^2+y^2=r^2$，$x=r\cos\theta$，$y=r\sin\theta$ を代入して

$$r^2-2r\cos\theta-2\sqrt{3}\,r\sin\theta=0$$

ゆえに　$r(r-2\cos\theta-2\sqrt{3}\sin\theta)=0$

よって

$r=0$　または　$r-2\cos\theta-2\sqrt{3}\sin\theta=0$ …… ①

① を変形して

$r=2(\cos\theta+\sqrt{3}\sin\theta)$

$=4\cos\left(\theta-\frac{\pi}{3}\right)$

⇐$\cos\theta+\sqrt{3}\sin\theta$ $=2\left(\cos\theta\cos\frac{\pi}{3}+\sin\theta\sin\frac{\pi}{3}\right)$ $=2\cos\left(\theta-\frac{\pi}{3}\right)$

$r=0$ は上式に含まれるから，求める極方程式は

$$\boldsymbol{r=4\cos\left(\theta-\frac{\pi}{3}\right)}$$

(2)　$6\cos\frac{\pi}{4}=3\sqrt{2}$，$6\sin\frac{\pi}{4}=3\sqrt{2}$ であるから，中心の座標は　$(3\sqrt{2},\ 3\sqrt{2})$

よって，方程式は　$(x-3\sqrt{2})^2+(y-3\sqrt{2})^2=4^2$

⇐半径は 4

展開して　$(x^2+y^2)-6\sqrt{2}x-6\sqrt{2}y+20=0$

$x^2+y^2=r^2$，$x=r\cos\theta$，$y=r\sin\theta$ を代入して

$r^2-6\sqrt{2}r\cos\theta-6\sqrt{2}r\sin\theta+20=0$

ゆえに　$r^2-6\sqrt{2}r(\cos\theta+\sin\theta)+20=0$

よって，求める極方程式は

$$\boldsymbol{r^2-12r\cos\left(\theta-\frac{\pi}{4}\right)+20=0}$$

⇐$\cos\theta+\sin\theta$ $=\sqrt{2}\left(\cos\theta\cos\frac{\pi}{4}+\sin\theta\sin\frac{\pi}{4}\right)$ $=\sqrt{2}\cos\left(\theta-\frac{\pi}{4}\right)$

(3)　$\sqrt{3}\cos\frac{\pi}{6}=\frac{3}{2}$，$\sqrt{3}\sin\frac{\pi}{6}=\frac{\sqrt{3}}{2}$ であるから，点Aの座標は　$\left(\frac{3}{2},\ \frac{\sqrt{3}}{2}\right)$

ゆえに，直線 OA の傾きは $\frac{1}{\sqrt{3}}$ であるから，求める直線の傾きは $-\sqrt{3}$ である。

⇐求める直線の傾きを a とすると　$\frac{1}{\sqrt{3}}a=-1$ よって　$a=-\sqrt{3}$

よって，方程式は

$$y-\frac{\sqrt{3}}{2}=-\sqrt{3}\left(x-\frac{3}{2}\right)$$

すなわち　$\sqrt{3}x+y=2\sqrt{3}$

$x=r\cos\theta$，$y=r\sin\theta$ を代入して

$\sqrt{3}r\cos\theta+r\sin\theta=2\sqrt{3}$

⇐$\sqrt{3}\cos\theta+\sin\theta$ $=2\left(\cos\theta\cos\frac{\pi}{6}+\sin\theta\sin\frac{\pi}{6}\right)$ $=2\cos\left(\theta-\frac{\pi}{6}\right)$

よって，求める極方程式は

$$\boldsymbol{r\cos\left(\theta-\frac{\pi}{6}\right)=\sqrt{3}}$$

PR ③147　極方程式 $r=\frac{\sqrt{6}}{2+\sqrt{6}\cos\theta}$ の表す曲線を，直交座標に関する方程式で表し，その概形を図示せよ。

$r=\frac{\sqrt{6}}{2+\sqrt{6}\cos\theta}$ から　$2r=\sqrt{6}-\sqrt{6}r\cos\theta$

$r\cos\theta=x$ を代入すると　$2r=\sqrt{6}-\sqrt{6}x$

両辺を2乗すると

$$4r^2=6-12x+6x^2$$

$r^2=x^2+y^2$ を代入して

$$x^2-6x-2y^2+3=0$$

ゆえに　$(x-3)^2-2y^2=6$

よって　$\dfrac{(x-3)^2}{6}-\dfrac{y^2}{3}=1$，**右図**

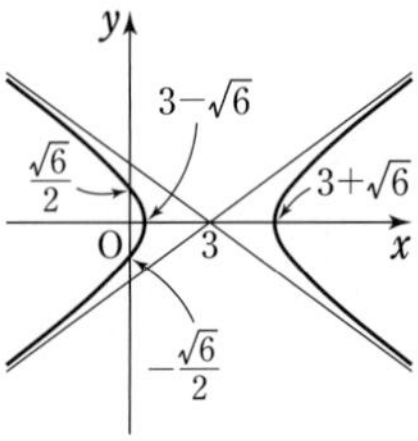

PR ③148

極座標が $\left(1,\ \dfrac{\pi}{2}\right)$ である点を通り，始線OXに平行な直線 ℓ 上に点Pをとり，点Qを△OPQが正三角形となるように定める。ただし，△OPQの頂点O，P，Qはこの順で時計回りに並んでいるものとする。

(1) 点Pが直線 ℓ 上を動くとき，点Qの軌跡を極方程式で表せ。

(2) (1)で求めた極方程式を直交座標についての方程式で表せ。

(1) 点Pの極座標を $(s,\ \alpha)$，点Qの極座標を $(r,\ \theta)$ とする。

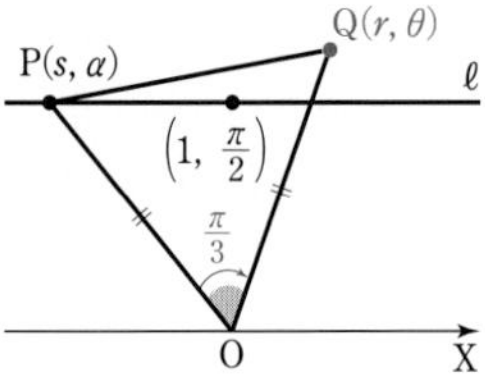

点Pは直線 ℓ 上にあるから

$$s\sin\alpha=1 \quad \cdots\cdots ①$$

△OPQは正三角形で，3点O，P，Qはこの順で時計回りに並ぶから　$\mathrm{OQ}=\mathrm{OP}$，$\angle\mathrm{POQ}=\dfrac{\pi}{3}$

よって　$(r,\ \theta)=\left(s,\ \alpha-\dfrac{\pi}{3}\right)$

ゆえに　$(s,\ \alpha)=\left(r,\ \theta+\dfrac{\pi}{3}\right)$

①から　$r\sin\left(\theta+\dfrac{\pi}{3}\right)=1$

⇐s，α を消去する。

よって，点Qの軌跡の極方程式は　$\boldsymbol{r\sin\left(\theta+\dfrac{\pi}{3}\right)=1}$

(2) (1)から，極方程式の左辺を加法定理を用いて展開すると

$$r\left(\sin\theta\cos\frac{\pi}{3}+\cos\theta\sin\frac{\pi}{3}\right)=1$$

⇐$\sin(\alpha+\beta)=\sin\alpha\cos\beta+\cos\alpha\sin\beta$

すなわち　$\dfrac{1}{2}r\sin\theta+\dfrac{\sqrt{3}}{2}r\cos\theta=1$

$r\cos\theta=x$，$r\sin\theta=y$ を代入すると　$\dfrac{1}{2}y+\dfrac{\sqrt{3}}{2}x=1$

よって，求める方程式は　$\boldsymbol{\sqrt{3}x+y=2}$

PR ③149

$a>0$ とする。極方程式 $r=a(1+\cos\theta)$ $(0\leqq\theta<2\pi)$ で表される曲線 K（**心臓形**，**カージオイド**）について，次の問いに答えよ。

(1) 曲線 K は直線 $\theta=0$ に関して対称であることを示せ。

(2) 曲線 C：$r=a\cos\theta$ はどんな曲線か。

(3) $0\leqq\theta_1\leqq\pi$ である任意の θ_1 に対し，直線 $\theta=\theta_1$ と曲線 C および曲線 K との交点を考えることにより，曲線 K の概形をかけ。

HINT　(1)　$f(\theta)=a(1+\cos\theta)$ として，$f(-\theta)=f(\theta)$ を示す。
(3)　極方程式を $r=a\cos\theta+a$ として考える。

(1)　$f(\theta)=a(1+\cos\theta)$ とすると

$$f(-\theta)=a\{1+\cos(-\theta)\}=a(1+\cos\theta)=f(\theta)$$

よって，点 $(r,\ \theta)$ が曲線 K 上にあるとき，点 $(r,\ -\theta)$ も曲線 K 上にある。
ゆえに，K は直線 $\theta=0$ に関して対称である。

(2)　**点 $\left(\dfrac{a}{2},\ 0\right)$ を中心とし，半径 $\dfrac{a}{2}$ の円**

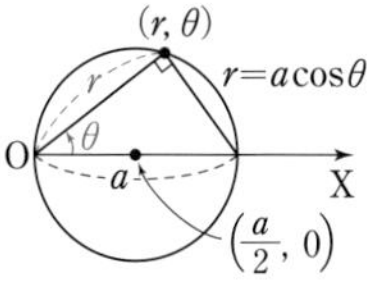

(3)　曲線 K の極方程式を変形して

$$r=a\cos\theta+a \quad \cdots\cdots ①$$

ここで，$0\leqq\theta_1\leqq\pi$ である任意の θ_1 に対し，直線 $\theta=\theta_1$ と円 C との交点（極Oを除く）を $\mathrm{Q}(a\cos\theta_1,\ \theta_1)$ とする。
ここで，点Pを次のように定める。

[1]　$0\leqq\theta_1<\dfrac{\pi}{2}$ のとき

点Qから，$\overrightarrow{\mathrm{OQ}}$ の方向に a だけ延長した点。

[2]　$\dfrac{\pi}{2}<\theta_1\leqq\pi$ のとき

点Qから，$-\overrightarrow{\mathrm{OQ}}$ の方向に a だけ延長した点。

[3]　$\theta_1=\dfrac{\pi}{2}$ のとき　　$\mathrm{P}\left(a,\ \dfrac{\pi}{2}\right)$

このとき，Pの座標は

$\mathrm{P}(a\cos\theta_1+a,\ \theta_1)$

よって，① から，点Pは曲線 K 上の点である。
したがって，(1) より，θ_1 が $0\leqq\theta_1<2\pi$ の範囲で変わるとき曲線 K の概形は **右図** のようになる。

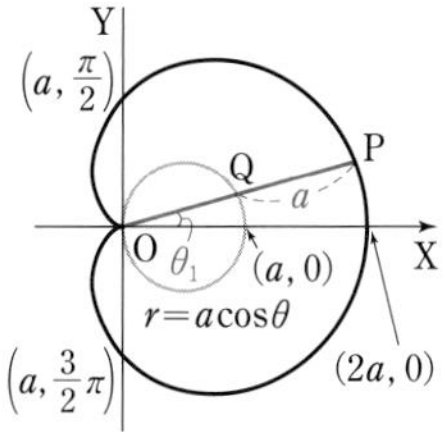

[2]　$\dfrac{\pi}{2}<\theta_1\leqq\pi$ のとき

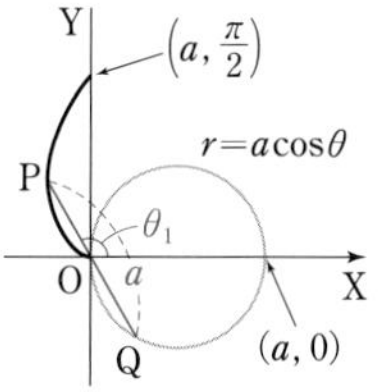

⇦図の直線OYは，極を通り始線に垂直な直線。

PR ④150　Oを中心とする楕円の1つの焦点をFとする。この楕円上の4点をP，Q，R，Sとするとき，次のことを証明せよ。

(1)　$\angle\mathrm{POQ}=\dfrac{\pi}{2}$ のとき $\dfrac{1}{\mathrm{OP}^2}+\dfrac{1}{\mathrm{OQ}^2}$ は一定

(2)　焦点Fを極とする楕円の極方程式を $r(1+e\cos\theta)=l$ $(0<e<1,\ l>0)$ とする。弦PQ，RSが，焦点Fを通り直交しているとき $\dfrac{1}{\mathrm{PF}\cdot\mathrm{QF}}+\dfrac{1}{\mathrm{RF}\cdot\mathrm{SF}}$ は一定

(1)　楕円の直交座標による方程式を

$$\frac{x^2}{a^2}+\frac{y^2}{b^2}=1 \ (a>0,\ b>0)$$

とする。

$\angle\mathrm{POQ}=\dfrac{\pi}{2}$ であるから，O を極とすると，P，Q の極座標は

$$\mathrm{P}(r_1,\ \theta),\ \mathrm{Q}\left(r_2,\ \theta+\frac{\pi}{2}\right)$$

と表される。ただし，$r_1>0$，$r_2>0$ とする。

よって，P，Q の直交座標は

$$\mathrm{P}(r_1\cos\theta,\ r_1\sin\theta)$$

$$\mathrm{Q}\left(r_2\cos\left(\theta+\frac{\pi}{2}\right),\ r_2\sin\left(\theta+\frac{\pi}{2}\right)\right)$$

ゆえに　$\mathrm{Q}(-r_2\sin\theta,\ r_2\cos\theta)$

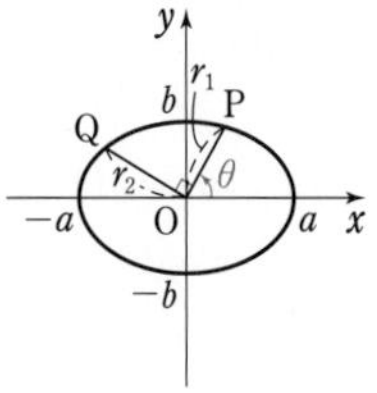

⇦ $\cos\left(\theta+\frac{\pi}{2}\right)=-\sin\theta$, $\sin\left(\theta+\frac{\pi}{2}\right)=\cos\theta$

点Pは楕円上にあるから

$$\frac{r_1^2\cos^2\theta}{a^2}+\frac{r_1^2\sin^2\theta}{b^2}=1$$

よって　$r_1^2\left(\frac{\cos^2\theta}{a^2}+\frac{\sin^2\theta}{b^2}\right)=1$

⇦ $r_1^2\ (=\mathrm{OP}^2)$ について整理する。

点Qは楕円上にあるから

$$\frac{r_2^2\sin^2\theta}{a^2}+\frac{r_2^2\cos^2\theta}{b^2}=1$$

ゆえに　$r_2^2\left(\frac{\sin^2\theta}{a^2}+\frac{\cos^2\theta}{b^2}\right)=1$

⇦ $r_2^2\ (=\mathrm{OQ}^2)$ について整理する。

よって　$\frac{1}{\mathrm{OP}^2}+\frac{1}{\mathrm{OQ}^2}$

$$=\frac{1}{r_1^2}+\frac{1}{r_2^2}$$

$$=\left(\frac{\cos^2\theta}{a^2}+\frac{\sin^2\theta}{b^2}\right)+\left(\frac{\sin^2\theta}{a^2}+\frac{\cos^2\theta}{b^2}\right)$$

$$=\frac{1}{a^2}(\sin^2\theta+\cos^2\theta)+\frac{1}{b^2}(\sin^2\theta+\cos^2\theta)$$

$$=\frac{1}{a^2}+\frac{1}{b^2}\ (一定)$$

(2) $r(1+e\cos\theta)=l$ $(0<e<1,\ l>0)$ …… ① とする。

PQ⊥RS であるから

$$\mathrm{P}(r_1,\ \theta),\ \mathrm{R}\left(r_2,\ \theta+\frac{\pi}{2}\right),$$

$$\mathrm{Q}(r_3,\ \theta+\pi),\ \mathrm{S}\left(r_4,\ \theta+\frac{3}{2}\pi\right)$$

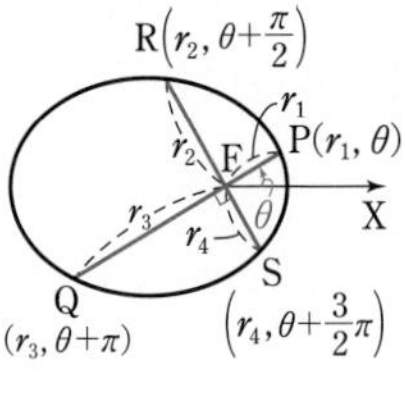

と表される。ただし，$r_1>0$，$r_2>0$，$r_3>0$，$r_4>0$ とする。

2点P，Q は楕円 ① 上にあるから

$$\mathrm{PF}=r_1=\frac{l}{1+e\cos\theta}$$

$$\mathrm{QF}=r_3=\frac{l}{1+e\cos(\theta+\pi)}$$

ここで　$\cos(\theta+\pi)=-\cos\theta$

ゆえに　$\frac{1}{\mathrm{PF}}=\frac{1+e\cos\theta}{l},\ \frac{1}{\mathrm{QF}}=\frac{1-e\cos\theta}{l}$

よって　$\dfrac{1}{\mathrm{PF}\cdot\mathrm{QF}}=\dfrac{1}{\mathrm{PF}}\cdot\dfrac{1}{\mathrm{QF}}=\dfrac{1-e^2\cos^2\theta}{l^2}$ ……②

2点R，Sは楕円①上にあるから

$$\mathrm{RF}=r_2=\frac{l}{1+e\cos\left(\theta+\dfrac{\pi}{2}\right)}$$

$$\mathrm{SF}=r_4=\frac{l}{1+e\cos\left(\theta+\dfrac{3}{2}\pi\right)}$$

ここで　$\cos\left(\theta+\dfrac{\pi}{2}\right)=-\sin\theta,\ \cos\left(\theta+\dfrac{3}{2}\pi\right)=\sin\theta$

よって　$\dfrac{1}{\mathrm{RF}}=\dfrac{1-e\sin\theta}{l},\ \dfrac{1}{\mathrm{SF}}=\dfrac{1+e\sin\theta}{l}$

ゆえに　$\dfrac{1}{\mathrm{RF}\cdot\mathrm{SF}}=\dfrac{1}{\mathrm{RF}}\cdot\dfrac{1}{\mathrm{SF}}=\dfrac{1-e^2\sin^2\theta}{l^2}$ ……③

⇐②の右辺で θ の代わりに $\theta+\dfrac{\pi}{2}$ とおいても求められる。

②，③から

$$\frac{1}{\mathrm{PF}\cdot\mathrm{QF}}+\frac{1}{\mathrm{RF}\cdot\mathrm{SF}}=\frac{2-e^2(\cos^2\theta+\sin^2\theta)}{l^2}=\frac{2-e^2}{l^2}\ \text{(一定)}$$

inf.　極方程式①は $r=\dfrac{ea}{1+e\cos\theta}$ において，$0<e<1$，$l=ea>0$ とした式である。本冊 $p.243$ 基本事項 5 参照。

EX ②104

(1) 中心は原点で，長軸は x 軸上，短軸は y 軸上にあり，2 点 $(-4,\ 0)$，$(2,\ \sqrt{3})$ を通る楕円の方程式を求めよ。

(2) 中心が原点で，焦点が x 軸上にあり，2 点 $\left(\frac{5}{2},\ -3\right)$，$(4,\ 4\sqrt{3})$ を通る双曲線の方程式を求めよ。

(3) 直交する漸近線をもつ双曲線を直角双曲線という。中心が原点，1 つの焦点が $(0,\ 4)$ である直角双曲線の方程式を求めよ。

(1) 中心が原点で，長軸が x 軸上，短軸が y 軸上にある楕円の方程式は $\frac{x^2}{a^2}+\frac{y^2}{b^2}=1\ (a>b>0)$ と表される。

点 $(-4,\ 0)$ を通るから

$$\frac{16}{a^2}=1 \quad \cdots\cdots ①$$

⇐ $\frac{(-4)^2}{a^2}+\frac{0^2}{b^2}=1$

点 $(2,\ \sqrt{3})$ を通るから

$$\frac{4}{a^2}+\frac{3}{b^2}=1 \quad \cdots\cdots ②$$

⇐ $\frac{2^2}{a^2}+\frac{(\sqrt{3})^2}{b^2}=1$

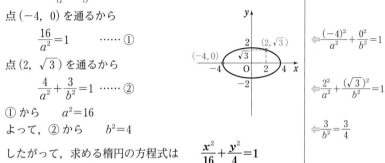

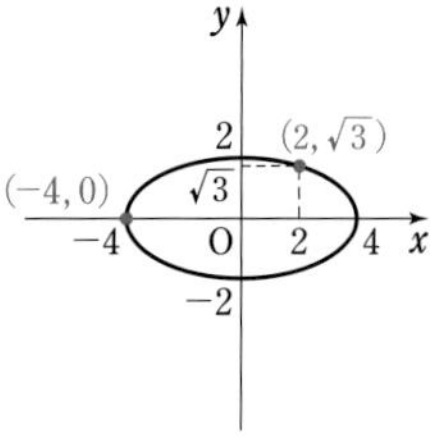

① から　$a^2=16$

よって，② から　$b^2=4$

⇐ $\frac{3}{b^2}=\frac{3}{4}$

したがって，求める楕円の方程式は　$\boldsymbol{\frac{x^2}{16}+\frac{y^2}{4}=1}$

(2) 中心が原点で，焦点が x 軸上にあるから，双曲線の方程式は $\frac{x^2}{a^2}-\frac{y^2}{b^2}=1\ (a>0,\ b>0)$ と表される。

点 $\left(\frac{5}{2},\ -3\right)$ を通るから　$\frac{25}{4a^2}-\frac{9}{b^2}=1 \quad \cdots\cdots ①$

点 $(4,\ 4\sqrt{3})$ を通るから　$\frac{16}{a^2}-\frac{48}{b^2}=1 \quad \cdots\cdots ②$

①×16−②×3 から　$\frac{52}{a^2}=13$

⇐連立方程式 ①，② から，$\frac{1}{b^2}$ の項を消去する。

よって　$a^2=4$　　ゆえに，② から　$b^2=16$

よって，求める双曲線の方程式は　$\boldsymbol{\frac{x^2}{4}-\frac{y^2}{16}=1}$

(3) 中心が原点，1 つの焦点が $(0,\ 4)$ であるから，双曲線の方程式は $\frac{x^2}{a^2}-\frac{y^2}{b^2}=-1\ (a>0,\ b>0)$ と表される。

⇐焦点が y 軸上にあり，中心が原点にある双曲線。

このとき，漸近線は　$y=\pm\frac{b}{a}x$

漸近線が直交するから　$\frac{b}{a}\cdot\left(-\frac{b}{a}\right)=-1$

⇐**直交 ⟺ 傾きの積が −1**

ゆえに　$b^2=a^2 \quad \cdots\cdots ①$

焦点の 1 つが $(0,\ 4)$ であるから　$\sqrt{a^2+b^2}=4$

⇐焦点の座標は $(0,\ \pm\sqrt{a^2+b^2})$

① を代入して　$2a^2=4^2$

よって　$a^2=8$　　① から　$b^2=8$

ゆえに，求める直角双曲線の方程式は　$\boldsymbol{\frac{x^2}{8}-\frac{y^2}{8}=-1}$

EX ②105 双曲線 $x^2-2y^2=-4$ を，点 $(-3,\ 1)$ に関して対称に移動して得られる曲線の方程式を求めよ。

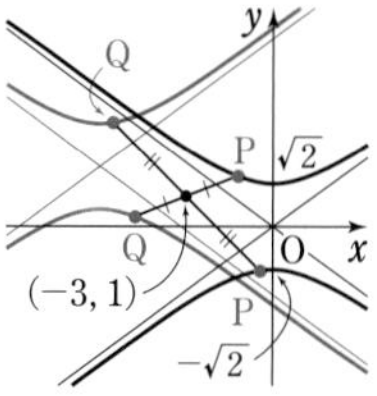

双曲線 $x^2-2y^2=-4$ 上の任意の点を $\mathrm{P}(s,\ t)$ とする。
また，点 $(-3,\ 1)$ に関してPと対称な点を $\mathrm{Q}(x,\ y)$ とする。
線分PQの中点の座標が $(-3,\ 1)$ であるから

$$\frac{s+x}{2}=-3,\quad \frac{t+y}{2}=1$$

ゆえに　$s=-x-6,\ t=-y+2$ ……①
Pは，双曲線 $x^2-2y^2=-4$ 上にあるから，① より

$$(-x-6)^2-2(-y+2)^2=-4$$

⇦$s^2-2t^2=-4$

すなわち　$(x+6)^2-2(y-2)^2=-4$
したがって，求める曲線の方程式は

$$\boldsymbol{\frac{(x+6)^2}{4}-\frac{(y-2)^2}{2}=-1}$$

⇦これは双曲線を表す。

EX ③106 $a>0$ とする。放物線 $y=x^2$ と $ax=y^2+by$ が焦点を共有するとき，定数 $a,\ b$ の値を求めよ。

HINT　放物線 $ax=y^2+by$ は，どのような放物線(標準形)をどのように平行移動したものかを考える。そして，放物線 $ax=y^2+by$ の焦点を求める。

$y=x^2$ を変形して　$x^2=4\cdot\frac{1}{4}y$

ゆえに，放物線 $y=x^2$ について　焦点 $\left(0,\ \frac{1}{4}\right)$

$ax=y^2+by$ ……① を変形して

$$y^2+by+\left(\frac{b}{2}\right)^2=ax+\left(\frac{b}{2}\right)^2$$

よって　$\left(y+\frac{b}{2}\right)^2=4\cdot\frac{a}{4}\left(x+\frac{b^2}{4a}\right)$

⇦$(y-s)^2=4p(x-t)$ の形にする。

この式で表される曲線は，放物線 $y^2=4\cdot\frac{a}{4}x$ を x 軸方向に $-\frac{b^2}{4a}$，y 軸方向に $-\frac{b}{2}$ だけ平行移動した放物線である。

ゆえに，放物線①について　焦点 $\left(\frac{a}{4}-\frac{b^2}{4a},\ -\frac{b}{2}\right)$

⇦放物線 $y^2=4\cdot\frac{a}{4}x$ の焦点は $\left(\frac{a}{4},\ 0\right)$

2つの放物線が焦点を共有するための条件は

$$\frac{a}{4}-\frac{b^2}{4a}=0 \text{ ……②},\quad -\frac{b}{2}=\frac{1}{4} \text{ ……③}$$

③ から　$\boldsymbol{b=-\frac{1}{2}}$

② に代入して　$\frac{a}{4}-\frac{1}{16a}=0$

よって　$4a^2=1$

$a>0$ であるから　$\boldsymbol{a=\frac{1}{2}}$

EX ③107 2点 $(-5,\ 2)$, $(1,\ 2)$ からの距離の和が 10 である点の軌跡を求めよ。

軌跡は，2点 $(-5,\ 2)$, $(1,\ 2)$ を焦点とする，中心 $(-2,\ 2)$ の楕円。2点 $(-5,\ 2)$, $(1,\ 2)$ を x 軸方向に 2，y 軸方向に -2 だけ平行移動すると　$(-3,\ 0)$, $(3,\ 0)$

2点 $(-3,\ 0)$, $(3,\ 0)$ を焦点とする楕円の方程式は

$$\frac{x^2}{a^2}+\frac{y^2}{b^2}=1\ (a>b>0)\ \cdots\cdots ①$$

と表されて，焦点からの距離の和が 10 であるから

$2a=10$　　よって　$a=5,\ a^2=25$

焦点の座標から，$\sqrt{a^2-b^2}=3$ であるから

$b^2=a^2-3^2=25-9=16$

よって，① は　$\frac{x^2}{25}+\frac{y^2}{16}=1$

ゆえに，求める軌跡は　**楕円 $\frac{(x+2)^2}{25}+\frac{(y-2)^2}{16}=1$**

⇦ 2定点からの距離の和が一定 ⟶ 楕円

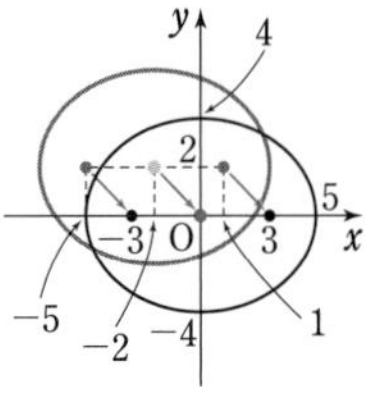

⇦楕円 $\frac{x^2}{25}+\frac{y^2}{16}=1$ を x 軸方向に -2，y 軸方向に 2 だけ平行移動する。

別解　$A(-5,\ 2)$, $B(1,\ 2)$，軌跡上の点を $P(x,\ y)$ とする。

$AP+BP=10$ であるから

$$\sqrt{(x+5)^2+(y-2)^2}+\sqrt{(x-1)^2+(y-2)^2}=10$$

よって　$\sqrt{(x+5)^2+(y-2)^2}=10-\sqrt{(x-1)^2+(y-2)^2}$

両辺を2乗すると

$$(x+5)^2+(y-2)^2$$
$$=100-20\sqrt{(x-1)^2+(y-2)^2}+(x-1)^2+(y-2)^2$$

整理して　$5\sqrt{(x-1)^2+(y-2)^2}=-3x+19$

更に，両辺を2乗すると

$$25\{(x-1)^2+(y-2)^2\}=(-3x+19)^2$$

整理して　$16x^2+64x-336+25(y-2)^2=0$

すなわち　$16(x+2)^2+25(y-2)^2=400$

ゆえに，求める軌跡は　**楕円 $\frac{(x+2)^2}{25}+\frac{(y-2)^2}{16}=1$**

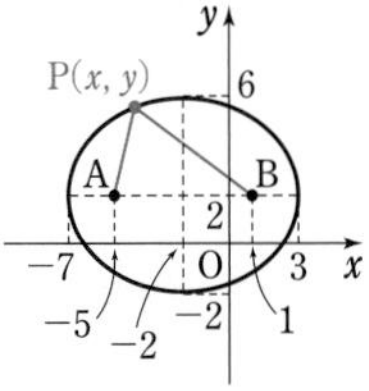

⇦$(y-2)^2$ を展開しないで式を整理する。

EX ③108 放物線 $y^2=4x$ 上の点Pと，定点 $A(a,\ 0)$ の距離の最小値を求めよ。ただし，a は定数とする。

Pは放物線 $y^2=4x$ 上の点であるから，$P(s,\ t)$ とすると　$t^2=4s$

ゆえに　$AP^2=(s-a)^2+t^2$
$=(s-a)^2+4s$
$=s^2-2(a-2)s+a^2$
$=\{s-(a-2)\}^2+4a-4$

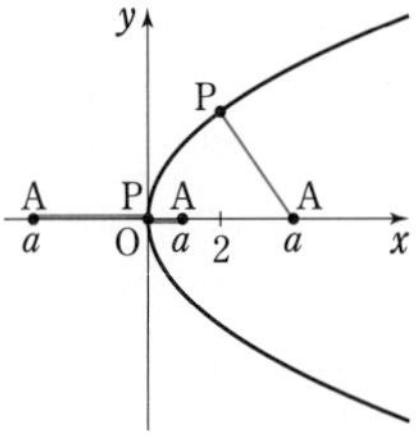

⇦AP^2 の最小値について考える。

⇦ s の2次関数とみて，平方完成。

⇦軸の位置で場合分け。

$s=\frac{t^2}{4}\geqq 0$ であるから

[1]　$a-2\leqq 0$ すなわち $a\leqq 2$ のとき

AP^2 は $s=0$ のとき最小で，最小値は　a^2

⇦ s は 0 以上の値しかとらないので，$a-2\leqq 0$ のとき，$s-(a-2)\geqq 0$

[2]　$0<a-2$ すなわち $a>2$ のとき

AP^2 は $s=a-2$ のとき最小で，最小値は　　$4a-4$

$a>2$ から　　$4a-4>0$

$AP \geqq 0$ であるから，AP^2 が最小のとき，AP も最小となる。

以上から　　**$a \leqq 2$ のとき　最小値 $|a|$**

$a>2$ のとき　最小値 $2\sqrt{a-1}$

⇐ $\sqrt{a^2}=|a|$

EX ③109　方程式 $2x^2-8x+y^2-6y+11=0$ が表す2次曲線を C_1 とする。　［類　名城大］

(1)　C_1 の焦点の座標を求め，概形をかけ。

(2)　$a,\ b,\ c\ (c>0)$ を定数とし，方程式 $(x-a)^2-\dfrac{(y-b)^2}{c^2}=1$ が表す双曲線を C_2 とする。C_1 の2つの焦点と C_2 の2つの焦点が正方形の4つの頂点となるとき，$a,\ b,\ c$ の値を求めよ。

(1)　$2x^2-8x+y^2-6y+11=0$ を変形すると

$$2(x^2-4x+2^2)-2\cdot 2^2+(y^2-6y+3^2)-3^2+11=0$$

よって　　$2(x-2)^2+(y-3)^2=6$

ゆえに　　$C_1:\dfrac{(x-2)^2}{3}+\dfrac{(y-3)^2}{6}=1$

よって，C_1 は楕円 $\dfrac{x^2}{3}+\dfrac{y^2}{6}=1$ を x 軸方向に 2，y 軸方向に 3だけ平行移動した楕円である。

⇐楕円 $\dfrac{x^2}{3}+\dfrac{y^2}{6}=1$ について
焦点 $(0,\ \sqrt{3})$，$(0,\ -\sqrt{3})$
中心 $(0,\ 0)$

ゆえに，焦点は

2点 $(\mathbf{2},\ \sqrt{\mathbf{3}}+\mathbf{3})$，$(\mathbf{2},\ -\sqrt{\mathbf{3}}+\mathbf{3})$

C_1 の中心は $(2,\ 3)$ で，概形は **右図** のようになる。

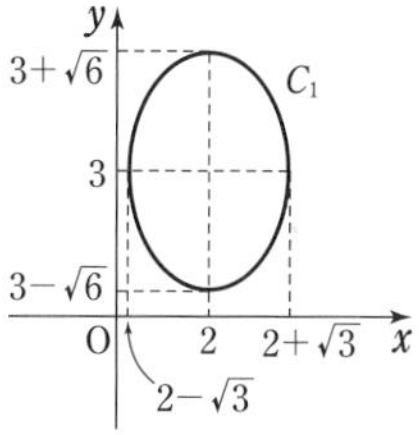

(2)　C_2 は双曲線 $x^2-\dfrac{y^2}{c^2}=1$ を x 軸方向に a，y 軸方向に b だけ平行移動した双曲線である。

⇐双曲線 $x^2-\dfrac{y^2}{c^2}=1$ について
焦点 $(\sqrt{1+c^2},\ 0)$，$(-\sqrt{1+c^2},\ 0)$

ゆえに，C_2 の焦点の座標は　　$(\pm\sqrt{1+c^2}+a,\ b)$

C_1 の焦点をそれぞれ　$F_1(2,\ 3+\sqrt{3})$，$F_2(2,\ 3-\sqrt{3})$，

C_2 の焦点をそれぞれ　$G_1(\sqrt{1+c^2}+a,\ b)$，

$G_2(-\sqrt{1+c^2}+a,\ b)$ とする。

$F_1F_2 \perp G_1G_2$ であるから，4点 F_1，F_2，G_1，G_2 が正方形の4つの頂点となるとき，線分 F_1F_2，G_1G_2 は対角線である。

⇐$F_1F_2 /\!/ y$ 軸，$G_1G_2 /\!/ x$ 軸

線分 F_1F_2 の中点 $(2,\ 3)$ と線分 G_1G_2 の中点 $(a,\ b)$ が一致するから　　**$a=2$，$b=3$**

⇐正方形の2本の対角線の中点は一致する。また，対角線の長さは等しい。

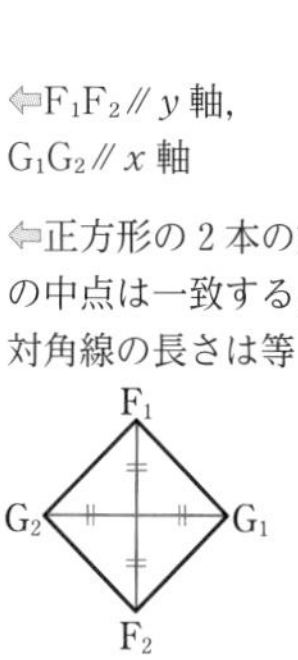

また，$F_1F_2=G_1G_2$ であるから，$F_1F_2=2\sqrt{3}$，

$G_1G_2=2\sqrt{1+c^2}$ より

$2\sqrt{3}=2\sqrt{1+c^2}$　　すなわち　$c^2=2$

$c>0$ から　　**$c=\sqrt{2}$**

EX ④110 双曲線上の任意の点Pから2つの漸近線に垂線PQ，PRを引くと，線分の長さの積PQ・PRは一定であることを証明せよ。

HINT 双曲線の方程式を，標準形 $\frac{x^2}{a^2}-\frac{y^2}{b^2}=1$ で表すと計算がスムーズ。

双曲線の方程式を $\frac{x^2}{a^2}-\frac{y^2}{b^2}=1$ $(a>0,\ b>0)$ とする。

このとき，漸近線は　$y=\pm\frac{b}{a}x$

すなわち　$bx-ay=0,\ bx+ay=0$

$P(x_1,\ y_1)$ とすると　$\frac{x_1^2}{a^2}-\frac{y_1^2}{b^2}=1$ …… ①

また　$PQ\cdot PR=\frac{|bx_1-ay_1|}{\sqrt{b^2+a^2}}\cdot\frac{|bx_1+ay_1|}{\sqrt{b^2+a^2}}$

$=\frac{|b^2x_1^2-a^2y_1^2|}{a^2+b^2}$

① から　$b^2x_1^2-a^2y_1^2=a^2b^2$

よって　$PQ\cdot PR=\frac{|a^2b^2|}{a^2+b^2}=\frac{a^2b^2}{a^2+b^2}$ (一定)

inf. 楕円上にあって長軸，短軸上にない点Pと短軸の両端を通る2本の直線が，長軸またはその延長と交わる点をQ，Rとする。このとき，楕円の中心をOとすると，OQ，ORの積は一定であることが知られている。

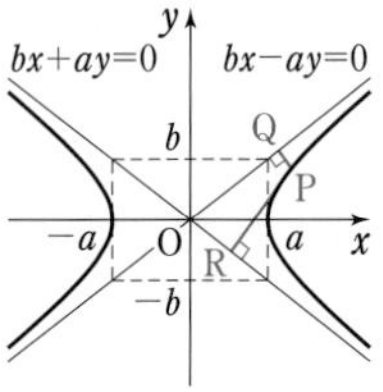

⇐直線 $px+qy+r=0$ と点 $(x_1,\ y_1)$ の距離は $\frac{|px_1+qy_1+r|}{\sqrt{p^2+q^2}}$

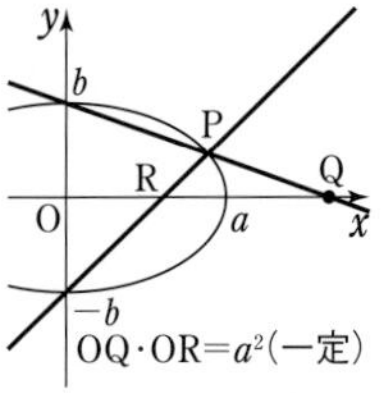

$OQ\cdot OR=a^2$(一定)

EX ③111 座標平面上の2点 $A(x,\ y)$，$B(xy^2-2y,\ 2x+y^3)$ について，点Aが楕円 $\frac{x^2}{3}+y^2=1$ 上を動くとき，内積 $\overrightarrow{OA}\cdot\overrightarrow{OB}$ の最大値を求めよ。ただし，Oは原点である。〔武蔵工大〕

HINT $\overrightarrow{OA}\cdot\overrightarrow{OB}=(x,\ y$ の式$)$ から y を消去した式を x^2 の2次式(複2次式)とみて，$y=a(x^2-p)^2+q$ の形に変形する。最大値を求める際は x の値の範囲に注意する。

$y^2=1-\frac{x^2}{3}$，$y^2\geqq 0$ であるから　$3-x^2\geqq 0$

よって　$0\leqq x^2\leqq 3$ …… ①

ここで　$\overrightarrow{OA}\cdot\overrightarrow{OB}=x(xy^2-2y)+y(2x+y^3)=x^2y^2+y^4$

$=x^2\left(1-\frac{x^2}{3}\right)+\left(1-\frac{x^2}{3}\right)^2=-\frac{2}{9}x^4+\frac{1}{3}x^2+1$

$=-\frac{2}{9}\left(x^2-\frac{3}{4}\right)^2+\frac{9}{8}$

⇐$y=a(x^2-p)^2+q$ の形に変形。

① から，$-\frac{2}{9}\left(x^2-\frac{3}{4}\right)^2+\frac{9}{8}$ は $x^2=\frac{3}{4}$ で最大値をとる。

$x^2=\frac{3}{4}$ のとき　$y^2=1-\frac{x^2}{3}=\frac{3}{4}$

ゆえに，$(x,\ y)=\left(\pm\frac{\sqrt{3}}{2},\ \pm\frac{\sqrt{3}}{2}\right)$ (複号任意) で最大値 $\mathbf{\frac{9}{8}}$ をとる。

別解　点 $A(x,\ y)$ は楕円 $\dfrac{x^2}{3}+y^2=1$ 上にあるから

$$x=\sqrt{3}\cos\theta,\ y=\sin\theta\ (0\leqq\theta<2\pi)$$

とおける。このとき

$$xy^2-2y=\sqrt{3}\cos\theta\sin^2\theta-2\sin\theta$$
$$2x+y^3=2\sqrt{3}\cos\theta+\sin^3\theta$$

したがって

$$\overrightarrow{OA}\cdot\overrightarrow{OB}=\sqrt{3}\cos\theta(\sqrt{3}\cos\theta\sin^2\theta-2\sin\theta)+\sin\theta(2\sqrt{3}\cos\theta+\sin^3\theta)$$
$$=3\cos^2\theta\sin^2\theta+\sin^4\theta$$
$$=3(1-\sin^2\theta)\sin^2\theta+\sin^4\theta$$
$$=-2\sin^4\theta+3\sin^2\theta$$
$$=-2\left(\sin^2\theta-\frac{3}{4}\right)^2+\frac{9}{8}$$

$0\leqq\sin^2\theta\leqq1$ から，$\sin^2\theta=\dfrac{3}{4}$ すなわち $\sin\theta=\pm\dfrac{\sqrt{3}}{2}$ のとき最大値をとる。

$\sin\theta=\pm\dfrac{\sqrt{3}}{2}$ のとき　$\cos\theta=\pm\sqrt{1-\sin^2\theta}=\pm\dfrac{1}{2}$

ゆえに，$(x,\ y)=\left(\pm\dfrac{\sqrt{3}}{2},\ \pm\dfrac{\sqrt{3}}{2}\right)$（複号任意）で最大値 $\dfrac{9}{8}$ をとる。

⇦楕円の媒介変数表示。

⇦$-1\leqq\sin\theta\leqq1$ から $0\leqq\sin^2\theta\leqq1$

⇦$x=\sqrt{3}\cos\theta=\sqrt{3}\left(\pm\dfrac{1}{2}\right)=\pm\dfrac{\sqrt{3}}{2}$

EX ④112　平面上に，点 $A(1,\ 0)$ を通り傾き m_1 の直線 ℓ_1 と点 $B(-1,\ 0)$ を通り傾き m_2 の直線 ℓ_2 とがある。2直線 ℓ_1，ℓ_2 が $m_1m_2=k$，$k\neq0$ を満たしながら動くとき，ℓ_1 と ℓ_2 の交点の軌跡を求めよ。〔類　秋田大〕

直線 ℓ_1 は傾き m_1 で点 $A(1,\ 0)$ を通るから，その方程式は

$$y=m_1(x-1)$$

直線 ℓ_2 は傾き m_2 で点 $B(-1,\ 0)$ を通るから，その方程式は

$$y=m_2(x+1)$$

ℓ_1 と ℓ_2 の交点を $P(X,\ Y)$ とすると

点Pは直線 ℓ_1 上にあるから　$Y=m_1(X-1)$ ……①

点Pは直線 ℓ_2 上にあるから　$Y=m_2(X+1)$ ……②

$X=1$ のとき，① から　$Y=0$

$X=1,\ Y=0$ を ② に代入すると　$0=2m_2$

ゆえに　$m_2=0$

よって，$k=m_1m_2=0$ となり，$k\neq0$ に矛盾。

また，$X=-1$ のとき，② から　$Y=0$

$X=-1,\ Y=0$ を ① に代入すると　$0=-2m_1$

ゆえに　$m_1=0$

よって，$k=m_1m_2=0$ となり，$k\neq0$ に矛盾。

ゆえに，$X\neq\pm1$ であるから，①，② より

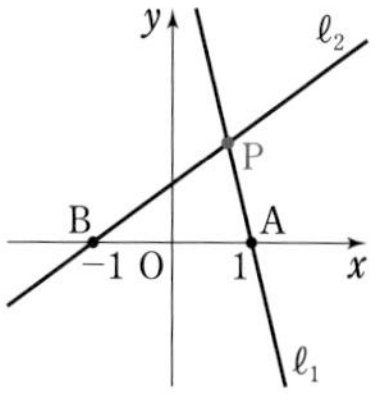

$$m_1=\frac{Y}{X-1},\ m_2=\frac{Y}{X+1}$$

よって　$\dfrac{Y}{X-1}\cdot\dfrac{Y}{X+1}=k$

⇐$m_1m_2=k$

ゆえに　$X^2-\dfrac{Y^2}{k}=1$

⇐標準形にする。

したがって，ℓ_1 と ℓ_2 の交点の軌跡は

$k>0$ のとき　双曲線 $x^2-\dfrac{y^2}{k}=1$ $(x\neq\pm1)$

$k<0$ のとき　楕円 $x^2+\dfrac{y^2}{-k}=1$ $(x\neq\pm1)$

⇐特に $k=-1$ のとき円 $x^2+y^2=1$ $(x\neq\pm1)$

EX ②113　点 (2, 0) を通る傾きが m の直線と楕円 $4x^2+y^2=1$ が，異なる2点で交わるとき，m の値の範囲を求めよ。

点 (2, 0) を通る傾きが m の直線の方程式は

$y=m(x-2)$ ……①

これと楕円の方程式 $4x^2+y^2=1$ から y を消去すると

$4x^2+\{m(x-2)\}^2=1$

よって　$4x^2+m^2(x^2-4x+4)=1$

ゆえに　$(m^2+4)x^2-4m^2x+4m^2-1=0$ ……②

2次方程式 ② の判別式を D とすると

$$\frac{D}{4}=(-2m^2)^2-(m^2+4)(4m^2-1)$$
$$=-15m^2+4$$

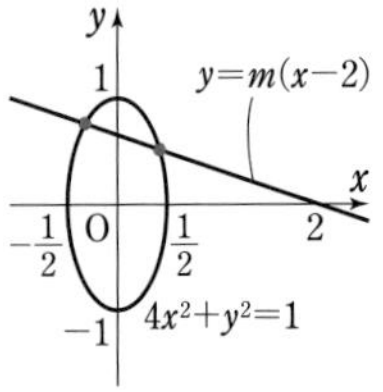

楕円 $4x^2+y^2=1$ と直線 ① の共有点の個数は，2次方程式 ② の実数解の個数と一致する。

したがって，楕円 $4x^2+y^2=1$ と直線 ① が異なる2点で交わるとき，② が異なる2つの実数解をもつから　$D>0$

よって　$m^2-\dfrac{4}{15}<0$

したがって，m の値の範囲は　$\boldsymbol{-\dfrac{2}{\sqrt{15}}<m<\dfrac{2}{\sqrt{15}}}$

EX ③114　直線 $y=2x+k$ が楕円 $4x^2+9y^2=36$ によって切り取られる線分の長さが4となるとき，定数 k の値と線分の中点の座標を求めよ。

$4x^2+9y^2=36$ ……①，$y=2x+k$ ……② とする。

楕円 ① と直線 ② の異なる2つの交点を $\mathrm{P}(x_1,\ y_1)$，$\mathrm{Q}(x_2,\ y_2)$ とする。

①，② から y を消去して

$4x^2+9(2x+k)^2=36$

ゆえに　$40x^2+36kx+9k^2-36=0$ ……③

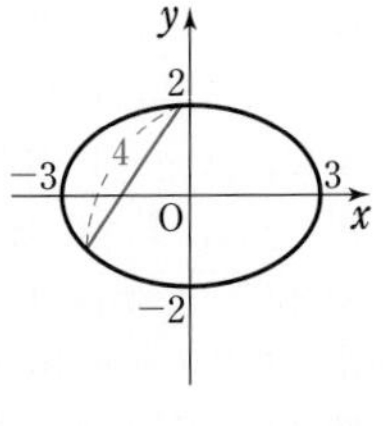

2次方程式 ③ の判別式を D とすると

$$\frac{D}{4}=(18k)^2-40(9k^2-36)=-36(k^2-40)$$

③ が異なる 2 つの実数解 x_1, x_2 をもつから，$D>0$ より

$$k^2-40<0$$

よって　$-2\sqrt{10}<k<2\sqrt{10}$ ……④

また，③ において，解と係数の関係から

$$x_1+x_2=-\frac{9}{10}k \text{ ……⑤},$$

$$x_1x_2=\frac{9k^2-36}{40} \text{ ……⑥}$$

ゆえに　$PQ^2=(x_2-x_1)^2+(y_2-y_1)^2$

$=(x_2-x_1)^2+\{2x_2+k-(2x_1+k)\}^2$

$=(x_2-x_1)^2+\{2(x_2-x_1)\}^2$

$=5(x_2-x_1)^2$

$=5\{(x_1+x_2)^2-4x_1x_2\}$

⑤，⑥ を代入して

$$PQ^2=5\left\{\left(-\frac{9}{10}k\right)^2-4\cdot\frac{9k^2-36}{40}\right\}$$

$$=5\cdot\frac{81k^2-90k^2+360}{100}=\frac{9}{20}(40-k^2)$$

PQ=4 であるから　$\frac{9}{20}(40-k^2)=16$

よって　$k^2=\frac{40}{9}$　ゆえに　$k=\pm\frac{2\sqrt{10}}{3}$

これは ④ を満たす。

また，切り取られる線分の中点の座標は

$$\left(\frac{x_1+x_2}{2},\ 2\cdot\frac{x_1+x_2}{2}+k\right)$$

$\boldsymbol{k=\frac{2\sqrt{10}}{3}}$ **のとき**，⑤ から　$x_1+x_2=-\frac{3\sqrt{10}}{5}$

このとき，**中点の座標は**　$\boldsymbol{\left(-\frac{3\sqrt{10}}{10},\ \frac{\sqrt{10}}{15}\right)}$

$\boldsymbol{k=-\frac{2\sqrt{10}}{3}}$ **のとき**，⑤ から　$x_1+x_2=\frac{3\sqrt{10}}{5}$

このとき，**中点の座標は**　$\boldsymbol{\left(\frac{3\sqrt{10}}{10},\ -\frac{\sqrt{10}}{15}\right)}$

inf.　$PQ=\sqrt{1+2^2}|x_2-x_1|$ としてもよい。

⇐2 点 P，Q は直線 ② 上にあるから $y_1=2x_1+k$，$y_2=2x_2+k$

⇐$(x_2-x_1)^2$
$=x_2^2-2x_2x_1+x_1^2$
$=x_1^2+2x_1x_2+x_2^2$
$-4x_1x_2$
$=(x_1+x_2)^2-4x_1x_2$

⇐切り取られる線分の長さは 4 である。

⇐切り取られる線分の中点は，直線 $y=2x+k$ 上にある。

4章 EX

EX ③115

楕円 $C:\frac{x^2}{4}+y^2=1$ について

(1)　C 上の点 $(a,\ b)$ における接線の方程式を a，b を用いて表せ。

(2)　y 軸上の点 $P(0,\ t)$（ただし，$t>1$）から C へ引いた 2 本の接線と x 軸との交点の x 座標を t を用いて表せ。

(3)　(2) の 2 本の接線と x 軸で囲まれた三角形が，正三角形になるときの t の値と，その正三角形の面積を求めよ。　〔東京電機大〕

(1) $\boldsymbol{\dfrac{ax}{4}+by=1}$ …… ①

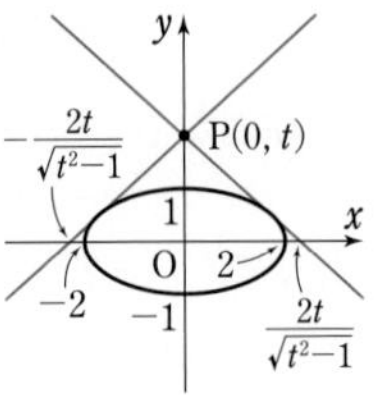

(2) 接線 ① が点 P(0, t) を通るとき　　$bt=1$

よって　　$b=\dfrac{1}{t}$ …… ②

また，点 $(a,\ b)$ は楕円 C 上の点であるから

$$\frac{a^2}{4}+b^2=1 \text{ …… ③}$$

②，③ から　　$\dfrac{a^2}{4}+\dfrac{1}{t^2}=1$

ゆえに　　$a^2=4\left(1-\dfrac{1}{t^2}\right)=\dfrac{4(t^2-1)}{t^2}$

ここで，$t>1$ であるから　　$t^2-1>0$

よって　　$a=\pm\dfrac{2\sqrt{t^2-1}}{t}$ …… ④

接線 ① と x 軸との交点の x 座標は，① で $y=0$ として

$$x=\frac{4}{a}$$

⇦④ から　$a\neq0$

ゆえに，④ から，求める x 座標は

$$\pm\frac{4t}{2\sqrt{t^2-1}} \quad \text{すなわち} \quad \boldsymbol{\pm\frac{2t}{\sqrt{t^2-1}}}$$

(3) $\dfrac{t}{\dfrac{2t}{\sqrt{t^2-1}}}=\tan 60^\circ$ であるから　　$\dfrac{\sqrt{t^2-1}}{2}=\sqrt{3}$

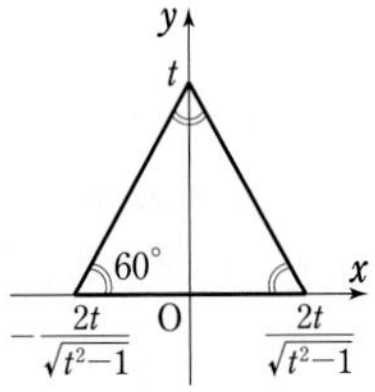

両辺を 2 乗して　　$\dfrac{t^2-1}{4}=3$　　　よって　　$t^2=13$

$t>1$ であるから　　$\boldsymbol{t=\sqrt{13}}$

このときの正三角形の面積は

$$\frac{1}{2}\cdot2\cdot\frac{2\sqrt{13}}{\sqrt{13-1}}\cdot\sqrt{13}=\boldsymbol{\frac{13}{\sqrt{3}}}$$

EX
③**116**

放物線 $y=x^2$ と楕円 $x^2+\dfrac{y^2}{5}=1$ の共通接線の方程式を求めよ。

$y=x^2$ …… ①，$x^2+\dfrac{y^2}{5}=1$ …… ② とする。

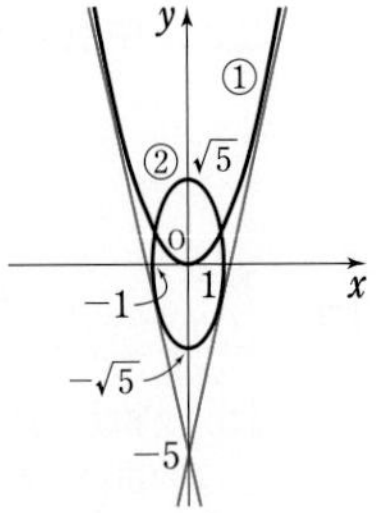

放物線 ① と楕円 ② の共通接線は x 軸に垂直でないから，その方程式は

$$y=mx+n \text{ …… ③}$$

と表される。

①，③ から y を消去して　　$x^2=mx+n$

ゆえに　　$x^2-mx-n=0$

この 2 次方程式の判別式を D_1 とすると

$$D_1=(-m)^2-4\cdot1\cdot(-n)=m^2+4n$$

直線 ③ が放物線 ① と接するとき，$D_1=0$ から

$$m^2+4n=0 \quad \cdots\cdots ④$$

また，②，③ から y を消去して

$$x^2+\frac{(mx+n)^2}{5}=1$$

よって　$5x^2+m^2x^2+2mnx+n^2-5=0$

ゆえに　$(m^2+5)x^2+2mnx+n^2-5=0$

この 2 次方程式の判別式を D_2 とすると

⇦$m^2+5>0$

$$\frac{D_2}{4}=(mn)^2-(m^2+5)(n^2-5)$$
$$=5(m^2-n^2+5)$$

直線 ③ が楕円 ② と接するとき，$D_2=0$ から

$$m^2-n^2+5=0 \quad \cdots\cdots ⑤$$

④，⑤ から m を消去して　$n^2+4n-5=0$

⇦④−⑤ から。

よって　$(n-1)(n+5)=0$

ゆえに　$n=1,\ -5$

④ より，$n \leqq 0$ であるから　$n=-5$

⇦$4n=-m^2 \leqq 0$

よって，④ から　$m^2=-4\cdot(-5)=20$

ゆえに　$m=\pm 2\sqrt{5}$

したがって，求める共通接線の方程式は

$$\boldsymbol{y=2\sqrt{5}\,x-5,\quad y=-2\sqrt{5}\,x-5}$$

別解　$y=x^2 \cdots\cdots ①$，$x^2+\dfrac{y^2}{5}=1 \cdots\cdots ②$ とする。

楕円 ② 上の点 $(x_1,\ y_1)$ における接線の方程式は

⇦楕円 ② 上の点 $(x_1,\ y_1)$ における接線が放物線 ① と接する，として考える。

$$x_1x+\frac{y_1y}{5}=1 \quad \cdots\cdots ③$$

① と ③ から y を消去して

$$y_1x^2+5x_1x-5=0$$

この 2 次方程式の判別式を D とすると

⇦$y_1=0$ のとき，③ は x 軸に垂直な直線となるから，放物線 ① の接線ではない。よって　$y_1 \neq 0$

$$D=(5x_1)^2-4\cdot y_1\cdot(-5)=5(5x_1{}^2+4y_1)$$

直線 ③ が放物線 ① と接するとき，$D=0$ から

$$5x_1{}^2+4y_1=0 \quad \cdots\cdots ④$$

また，点 $(x_1,\ y_1)$ は楕円 ② 上の点であるから

$$x_1{}^2+\frac{y_1{}^2}{5}=1 \quad \cdots\cdots ⑤$$

④，⑤ から x_1 を消去して　$y_1{}^2-4y_1-5=0$

⇦$-\dfrac{4}{5}y_1+\dfrac{y_1{}^2}{5}=1$

よって　$(y_1+1)(y_1-5)=0$

ゆえに　$y_1=-1,\ 5$

④ より，$y_1 \leqq 0$ であるから　$y_1=-1$

⇦④ から
$y_1=-\dfrac{5}{4}x_1{}^2 \leqq 0$

よって，④ から　$x_1{}^2=\dfrac{4}{5}$

ゆえに　$x_1=\pm\dfrac{2}{\sqrt{5}}$

4章
EX

$x_1=\frac{2}{\sqrt{5}}$, $y_1=-1$ を③に代入して

$$\frac{2}{\sqrt{5}}x-\frac{1}{5}y=1 \quad \text{すなわち} \quad y=2\sqrt{5}x-5$$

$x_1=-\frac{2}{\sqrt{5}}$, $y_1=-1$ を③に代入して

$$-\frac{2}{\sqrt{5}}x-\frac{1}{5}y=1 \quad \text{すなわち} \quad y=-2\sqrt{5}x-5$$

したがって，求める共通接線の方程式は

$$\boldsymbol{y=2\sqrt{5}x-5,\ y=-2\sqrt{5}x-5}$$

EX
②**117**

$a>0$ とし，点 $\mathrm{P}(x,\ y)$ は，y 軸からの距離 d_1 と点 $(2,\ 0)$ からの距離 d_2 が $ad_1=d_2$ を満たすものとする。a が次の値のとき，点 $\mathrm{P}(x,\ y)$ の軌跡を求めよ。〔札幌医大〕

(1) $a=\frac{1}{2}$　　(2) $a=1$　　(3) $a=2$

$ad_1=d_2$ の両辺を 2 乗すると　$a^2d_1{}^2=d_2{}^2$

$d_1=|x|$, $d_2=\sqrt{(x-2)^2+y^2}$ であるから

$$a^2x^2=(x-2)^2+y^2 \quad \cdots\cdots ①$$

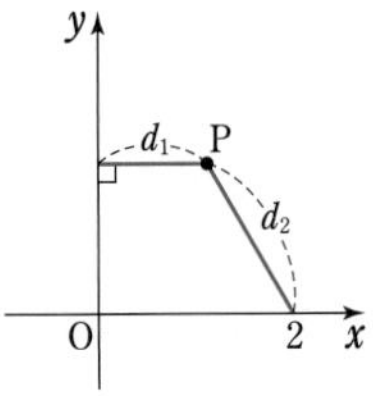

⇦$|x|^2=x^2$

(1) $a=\frac{1}{2}$ を①に代入すると

$$\left(\frac{1}{2}\right)^2x^2=(x-2)^2+y^2$$

よって　$\frac{3}{4}x^2-4x+4+y^2=0$

ゆえに　$\frac{3}{4}\left(x-\frac{8}{3}\right)^2+y^2=\frac{4}{3}$

よって，点Pの軌跡は　**楕円** $\boldsymbol{\dfrac{\left(x-\frac{8}{3}\right)^2}{\frac{16}{9}}+\dfrac{y^2}{\frac{4}{3}}=1}$

inf. 離心率は $\frac{1}{2}$
$0<\frac{1}{2}<1$ であるから，Pの軌跡は楕円である。

(2) $a=1$ を①に代入すると

$1^2\cdot x^2=(x-2)^2+y^2$　ゆえに　$x=\frac{1}{4}y^2+1$

よって，点Pの軌跡は　**放物線** $\boldsymbol{x=\frac{1}{4}y^2+1}$

inf. 離心率は1であるから，Pの軌跡は放物線である。

(3) $a=2$ を①に代入すると

$2^2\cdot x^2=(x-2)^2+y^2$　よって　$3x^2+4x-4-y^2=0$

ゆえに　$3\left(x+\frac{2}{3}\right)^2-y^2=\frac{16}{3}$

よって，点Pの軌跡は　**双曲線** $\boldsymbol{\dfrac{\left(x+\frac{2}{3}\right)^2}{\frac{16}{9}}-\dfrac{y^2}{\frac{16}{3}}=1}$

inf. 離心率は2
$2>1$ であるから，Pの軌跡は双曲線である。

EX ③118

双曲線 C : $\dfrac{x^2}{a^2}-\dfrac{y^2}{b^2}=1$ $(a>0,\ b>0)$ の上に点 $\mathrm{P}(x_1,\ y_1)$ をとる。ただし，$x_1>a$ とする。点Pにおける C の接線と2直線 $x=a$ および $x=-a$ の交点をそれぞれ Q，R とする。線分 QR を直径とする円は C の2つの焦点を通ることを示せ。〔弘前大〕

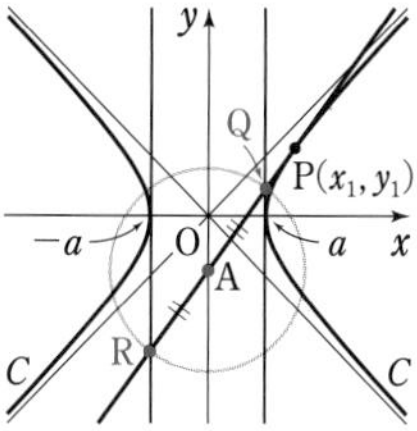

点 $\mathrm{P}(x_1,\ y_1)$ における接線の方程式は

$$\frac{x_1x}{a^2}-\frac{y_1y}{b^2}=1 \quad \cdots\cdots ①$$

また，$x_1>a$ であるから　$y_1 \neq 0$

① に $x=a$ を代入すると

$$\frac{x_1}{a}-\frac{y_1y}{b^2}=1$$

$y_1 \neq 0$ であるから　$y=\dfrac{b^2x_1}{ay_1}-\dfrac{b^2}{y_1}$

⇦交点Qの y 座標。

① に $x=-a$ を代入すると　$-\dfrac{x_1}{a}-\dfrac{y_1y}{b^2}=1$

$y_1 \neq 0$ であるから　$y=-\dfrac{b^2x_1}{ay_1}-\dfrac{b^2}{y_1}$

⇦交点Rの y 座標。

よって　$\mathrm{Q}\left(a,\ \dfrac{b^2x_1}{ay_1}-\dfrac{b^2}{y_1}\right)$，$\mathrm{R}\left(-a,\ -\dfrac{b^2x_1}{ay_1}-\dfrac{b^2}{y_1}\right)$

$\dfrac{1}{2}\left\{\left(\dfrac{b^2x_1}{ay_1}-\dfrac{b^2}{y_1}\right)+\left(-\dfrac{b^2x_1}{ay_1}-\dfrac{b^2}{y_1}\right)\right\}=-\dfrac{b^2}{y_1}$ であるから，線分 QR の中点をAとすると　$\mathrm{A}\left(0,\ -\dfrac{b^2}{y_1}\right)$

また　$\mathrm{AQ}^2=a^2+\dfrac{b^4x_1^2}{a^2y_1^2}$

ゆえに，線分 QR を直径とする円の方程式は

$$x^2+\left(y+\frac{b^2}{y_1}\right)^2=a^2+\frac{b^4x_1^2}{a^2y_1^2} \quad \cdots\cdots ②$$

⇦円の中心はAであり，(円の半径)＝AQ である。

双曲線 C の2つの焦点は　$(\sqrt{a^2+b^2},\ 0)$，$(-\sqrt{a^2+b^2},\ 0)$

② の左辺に $x=\sqrt{a^2+b^2}$，$y=0$ を代入すると　$a^2+b^2+\dfrac{b^4}{y_1^2}$

ここで，点Pは双曲線 C 上の点であるから　$\dfrac{x_1^2}{a^2}-\dfrac{y_1^2}{b^2}=1$

よって　$a^2+b^2+\dfrac{b^4}{y_1^2}=a^2+\dfrac{b^4}{y_1^2}\left(\dfrac{y_1^2}{b^2}+1\right)=a^2+\dfrac{b^4x_1^2}{a^2y_1^2}$

⇦$\dfrac{x_1^2}{a^2}-\dfrac{y_1^2}{b^2}=1$ から $\dfrac{y_1^2}{b^2}+1=\dfrac{x_1^2}{a^2}$

したがって，点 $(\sqrt{a^2+b^2},\ 0)$ は円 ② 上にある。

また，円 ② は y 軸に関して対称であるから，

点 $(-\sqrt{a^2+b^2},\ 0)$ も円 ② 上にある。

EX ④119 原点Oにおいて直交する2直線と放物線 $y^2=4px$ $(p>0)$ との交点のうち，原点O以外の2つの交点をP，Qとするとき，直線PQは常に x 軸上の定点を通ることを示せ。

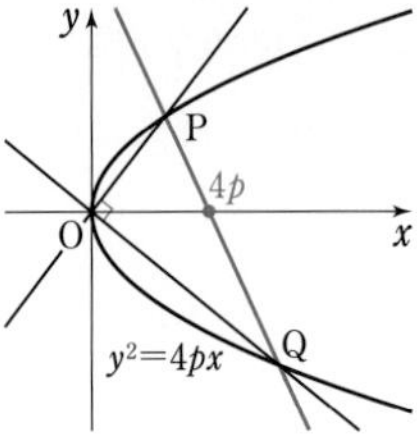

原点O以外で放物線と2直線は交点をもつから，2直線の方程式は $x=0$ でも $y=0$ でもない。
よって，直交する2直線の方程式は

$$y=mx,\ y=-\frac{1}{m}x\ (m\neq0)$$

と表される。

⇦軸に垂直でない，**直交する2直線の傾きの積は -1** である。

$y=mx$，$y^2=4px$ から y を消去して　$m^2x^2=4px$

ゆえに，$x\neq0$ のとき　$x=\dfrac{4p}{m^2}$

⇦原点O以外の交点の x 座標。

$y=-\dfrac{1}{m}x$，$y^2=4px$ から y を消去して　$\dfrac{1}{m^2}x^2=4px$

よって，$x\neq0$ のとき　$x=4pm^2$

⇦原点O以外の交点の x 座標。

$\mathrm{P}\left(\dfrac{4p}{m^2},\ \dfrac{4p}{m}\right)$，$\mathrm{Q}(4pm^2,\ -4pm)$ ……① とする。

⇦2点P，Qの定め方から，この2点は異なる2点である。

[1]　P，Qの x 座標が一致するとき

$$\frac{4p}{m^2}=4pm^2$$

ゆえに　$m^4-1=0$

⇦$p>0$

よって　$(m^2+1)(m^2-1)=0$

$m^2+1>0$ であるから　$m=\pm1$

①から，P，Qの x 座標は，ともに $x=4p$ となる。

ゆえに，直線PQは定点 $(4p,\ 0)$ を通る。

⇦直線PQの方程式は $x=4p$

[2]　P, Qの x 座標が一致しないときすなわち $m\neq\pm1$ のとき

①から，直線PQの方程式は

$$y=\frac{-4pm-\dfrac{4p}{m}}{4pm^2-\dfrac{4p}{m^2}}\left(x-\frac{4p}{m^2}\right)+\frac{4p}{m}$$

⇦$x_1\neq x_2$ のとき，2点 $(x_1,\ y_1)$，$(x_2,\ y_2)$ を通る直線の方程式は
$\boldsymbol{y=\dfrac{y_2-y_1}{x_2-x_1}(x-x_1)+y_1}$

ゆえに　$y=\dfrac{-m(m^2+1)}{m^4-1}\left(x-\dfrac{4p}{m^2}\right)+\dfrac{4p}{m}$

⇦$\dfrac{-m(m^2+1)}{m^4-1}=\dfrac{-m(m^2+1)}{(m^2+1)(m^2-1)}=\dfrac{-m}{m^2-1}$

よって　$y=\dfrac{-m}{m^2-1}\cdot\dfrac{m^2x-4p}{m^2}+\dfrac{4p}{m}$

ゆえに　$y=\dfrac{-m^2x+4p+4pm^2-4p}{m(m^2-1)}$

すなわち　$y=-\dfrac{m}{m^2-1}(x-4p)$

よって，直線PQは定点 $(4p,\ 0)$ を通る。

[1]，[2] により，直線PQは常に x 軸上の定点 $(4p,\ 0)$ を通る。

別解　(① を求めた後の別解)

①から，直線PQの方程式は

$$\left(-4pm-\frac{4p}{m}\right)\left(x-\frac{4p}{m^2}\right)-\left(4pm^2-\frac{4p}{m^2}\right)\left(y-\frac{4p}{m}\right)=0$$

よって

$$\left(-m-\frac{1}{m}\right)\left(x-\frac{4p}{m^2}\right)-\left(m^2-\frac{1}{m^2}\right)\left(y-\frac{4p}{m}\right)=0$$

ゆえに

$$\left(m+\frac{1}{m}\right)\left\{-x+\frac{4p}{m^2}-\left(m-\frac{1}{m}\right)\left(y-\frac{4p}{m}\right)\right\}=0$$

$m+\dfrac{1}{m}=\dfrac{m^2+1}{m}\neq 0$ であるから

$$-x-\left(m-\frac{1}{m}\right)y+4p=0$$

よって，直線 PQ は常に x 軸上の定点 $(4p,\ 0)$ を通る。

⇐異なる 2 点 $(x_1,\ y_1)$, $(x_2,\ y_2)$ を通る直線の方程式は
$(\boldsymbol{y_2-y_1})(\boldsymbol{x-x_1})$
$-(\boldsymbol{x_2-x_1})(\boldsymbol{y-y_1})=\boldsymbol{0}$

⇐$m+\dfrac{1}{m}\neq 0$ について，
$m>0$ のとき $m+\dfrac{1}{m}>0$,
$m<0$ のとき $m+\dfrac{1}{m}<0$
と分けて示してもよい。

4章
EX

EX
④**120**

$a>0,\ b>0$ とする。点Pが円 $x^2+y^2=a^2$ の周上を動くとき，P の y 座標だけを $\dfrac{b}{a}$ 倍した点Qの軌跡を C_1 とする。k を定数として，直線 $y=x+k$ に関して C_1 と対称な曲線を C_2 とする。
(1)　C_1 を表す方程式を求めよ。　　(2)　C_2 を表す方程式を求めよ。
(3)　直線 $y=x+k$ と C_2 が共有点をもたないとき，k の値の範囲を求めよ。　〔室蘭工大〕

(1)　P$(s,\ t)$，Q$(x,\ y)$ とすると　　$x=s,\ y=\dfrac{b}{a}t$

ゆえに　　$s=x,\ t=\dfrac{a}{b}y$

$s^2+t^2=a^2$ であるから　　$x^2+\left(\dfrac{a}{b}y\right)^2=a^2$

⇐$s,\ t$ を消去。

よって，C_1 の方程式は　　$\boldsymbol{\dfrac{x^2}{a^2}+\dfrac{y^2}{b^2}=1}$

(2)　Q$(s,\ t)$ とし，直線 $y=x+k$ に関して点Qと対称な点を R$(x,\ y)$ とする。

線分 QR の中点 $\left(\dfrac{s+x}{2},\ \dfrac{t+y}{2}\right)$ は直線 $y=x+k$ 上にあるから　　$\dfrac{t+y}{2}=\dfrac{s+x}{2}+k$

ゆえに　　$s-t=-x+y-2k$ ……①

また，線分 QR は直線 $y=x+k$ に垂直であるから

$$\frac{y-t}{x-s}=-1$$

⇐直交
⟺ 傾きの積が −1

よって　　$s+t=x+y$ ……②

①，②から　　$s=y-k,\ t=x+k$

Qは C_1 上の点であるから　　$\dfrac{(y-k)^2}{a^2}+\dfrac{(x+k)^2}{b^2}=1$

したがって，C_2 の方程式は　　$\boldsymbol{\dfrac{(x+k)^2}{b^2}+\dfrac{(y-k)^2}{a^2}=1}$

(3) $y=x+k$ と C_2 の方程式から y を消去すると

$$\frac{(x+k)^2}{b^2}+\frac{(x+k-k)^2}{a^2}=1 \quad \cdots\cdots ③$$

直線 $y=x+k$ と C_2 が共有点をもたない条件は ③ が実数解をもたないことである。

③ を変形して　　$(a^2+b^2)x^2+2a^2kx+a^2(k^2-b^2)=0$

この 2 次方程式の判別式を D とすると

$$\frac{D}{4}=(a^2k)^2-(a^2+b^2)\cdot a^2(k^2-b^2)$$
$$=a^2b^2(a^2+b^2-k^2)$$

$D<0$ から　　$a^2+b^2-k^2<0$

$a^2+b^2>0$ であるから　　$\boldsymbol{k<-\sqrt{a^2+b^2},\ \sqrt{a^2+b^2}<k}$

⇐ x について整理。
⇐ $a^2+b^2>0$
⇐ $D<0$ ⟺ 実数解をもたない

EX ④121

直線 ℓ : $y=-2x+10$ と楕円 C : $\frac{x^2}{4}+\frac{y^2}{a^2}=1$ を考える。ただし，a は正の数とする。

(1) 楕円 C の接線で直線 ℓ に平行なものの方程式を求めよ。

(2) 点Pが楕円 C 上を動くとき，点Pと直線 ℓ との距離の最小値が $\sqrt{5}$ になるように a の値を定めよ。

(1) 求める方程式を $y=-2x+b$ とする。

$\frac{x^2}{4}+\frac{y^2}{a^2}=1$ に代入して整理すると

$$(a^2+16)x^2-16bx+4(b^2-a^2)=0$$

この 2 次方程式の判別式を D とすると

$$\frac{D}{4}=(-8b)^2-4(a^2+16)(b^2-a^2)$$
$$=4a^2(a^2-b^2+16)$$

$D=0$，$a>0$ から　　$a^2-b^2+16=0$

すなわち　$b^2=a^2+16$

よって　　$b=\pm\sqrt{a^2+16}$

ゆえに，求める接線の方程式は

$$\boldsymbol{y=-2x+\sqrt{a^2+16},\ y=-2x-\sqrt{a^2+16}}$$

⇐ $\frac{x^2}{4}+\frac{(-2x+b)^2}{a^2}=1$
⇐ 接する ⟺ $D=0$

(2) 題意から図のようになる。

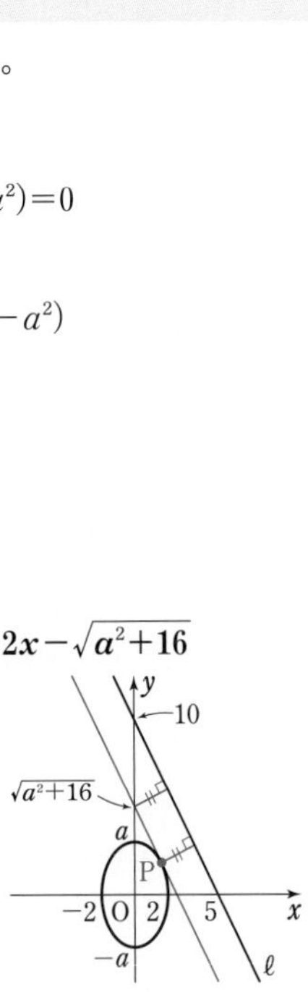

$y=-2x+\sqrt{a^2+16}$ 上の点 $(0,\ \sqrt{a^2+16})$ と直線 ℓ との距離が $\sqrt{5}$ であればよいから

$$\sqrt{5}=\frac{|\sqrt{a^2+16}-10|}{\sqrt{2^2+1^2}}$$

図から　　$\sqrt{a^2+16}<10$

よって　　$\sqrt{5}=\frac{10-\sqrt{a^2+16}}{\sqrt{5}}$

ゆえに　　$a^2=9$

$a>0$ であるから　　$\boldsymbol{a=3}$

⇐ ℓ : $2x+y-10=0$

EX
④**122**

Oを原点とする座標平面における曲線 $C:\dfrac{x^2}{4}+y^2=1$ 上に，点 $\mathrm{P}\left(1,\ \dfrac{\sqrt{3}}{2}\right)$ をとる。

(1) Cの接線で直線OPに平行なものをすべて求めよ。

(2) 点QがC上を動くとき，△OPQの面積の最大値と，最大値を与えるQの座標をすべて求めよ。
〔岡山大〕

(1) 接点の座標を$(a,\ b)$とすると，接線の方程式は

$$\frac{ax}{4}+by=1 \quad \cdots\cdots ①$$

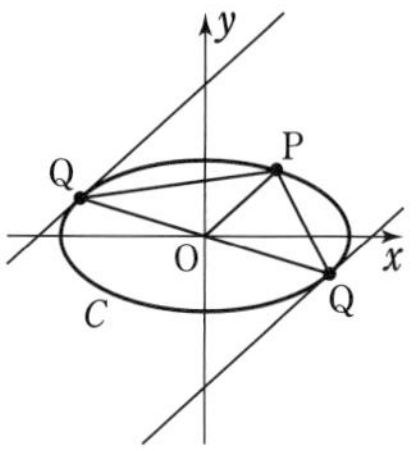

直線OPの傾きは　$\dfrac{\sqrt{3}}{2}$

よって，直線①が直線OPに平行であるための条件は

$$-\frac{a}{4b}=\frac{\sqrt{3}}{2}$$

すなわち　$a=-2\sqrt{3}\,b$ ……②

接点$(a,\ b)$は曲線C上の点であるから

$$\frac{a^2}{4}+b^2=1 \quad \cdots\cdots ③$$

②，③を連立させて解くと

$$(a,\ b)=\left(\sqrt{3},\ -\frac{1}{2}\right),\ \left(-\sqrt{3},\ \frac{1}{2}\right)$$

よって，求める直線は

$$\boldsymbol{\sqrt{3}\,x-2y=4,\ -\sqrt{3}\,x+2y=4}$$

(2) 線分OPを△OPQの底辺と考えると，高さは点Qと直線OPの距離dに等しい。
△OPQの面積が最大になるのは，dが最大のときであり，そのとき，Qは(1)で求めた接線の接点に一致する。

Qの座標が$\left(\sqrt{3},\ -\dfrac{1}{2}\right)$のとき，△OPQの面積は

$$\frac{1}{2}\left|1\cdot\left(-\frac{1}{2}\right)-\sqrt{3}\cdot\frac{\sqrt{3}}{2}\right|=1$$

⇐O(0, 0)，P$(x_1,\ y_1)$，Q$(x_2,\ y_2)$のとき
△OPQ$=\dfrac{1}{2}|x_1y_2-x_2y_1|$

Qの座標が$\left(-\sqrt{3},\ \dfrac{1}{2}\right)$のとき，△OPQの面積は上で求めた値と等しいから　1

よって，△OPQの面積の最大値は**1**である。

また，それを与えるQの座標は

$$\boldsymbol{\left(\sqrt{3},\ -\frac{1}{2}\right),\ \left(-\sqrt{3},\ \frac{1}{2}\right)}$$

別解　(1) 直線OPの傾きは　$\dfrac{\sqrt{3}}{2}$

よって，求める接線の方程式は $y=\dfrac{\sqrt{3}}{2}x+k$ と表せる。

$\dfrac{x^2}{4}+y^2=1$ に代入して整理すると

$$x^2+\sqrt{3}\,kx+k^2-1=0$$

この2次方程式の判別式をDとすると

$$D=(\sqrt{3}k)^2-4(k^2-1)=-(k+2)(k-2)$$

$D=0$ から　　$k=\pm 2$

よって，求める直線は　　$\boldsymbol{y=\frac{\sqrt{3}}{2}x\pm 2}$

(2) （Qのx座標の求め方）

接点のx座標は　$x^2\pm 2\sqrt{3}x+3=0$ の重解であるから

$$x=-\frac{\pm 2\sqrt{3}}{2}=\mp\sqrt{3}\ \text{（複号同順）}$$

⇦2次方程式 $ax^2+bx+c=0$ の重解は $x=-\dfrac{b}{2a}$

EX ④123 放物線 $C: y=x^2$ 上の異なる2点 $\mathrm{P}(t,\ t^2)$，$\mathrm{Q}(s,\ s^2)$ $(s<t)$ における接線の交点を $\mathrm{R}(X,\ Y)$ とする。

(1) X，Yをt，sを用いて表せ。

(2) 点P，Qが $\angle\mathrm{PRQ}=\dfrac{\pi}{4}$ を満たしながらC上を動くとき，点Rは双曲線上を動くことを示し，かつ，その双曲線の方程式を求めよ。　〔筑波大〕

(1) $y=x^2$ から　　$y'=2x$

放物線 $y=x^2$ 上の異なる2点 $\mathrm{P}(t,\ t^2)$，$\mathrm{Q}(s,\ s^2)$ における接線の方程式は，それぞれ

$$y=2tx-t^2\ \cdots\cdots ①,\quad y=2sx-s^2\ \cdots\cdots ②$$

①，② からyを消去すると　　$2tx-t^2=2sx-s^2$

よって　　$2(t-s)x=(t-s)(t+s)$

$t-s\neq 0$ から　　$x=\dfrac{s+t}{2}$

このとき，① から　　$y=st$

ゆえに　　$\boldsymbol{X=\frac{s+t}{2},\ Y=st}$

inf. 左の計算からもわかるように，原点を頂点とする放物線 $y=x^2$ の2本の接線の交点の座標は，接点のx座標を $x=\alpha,\ \beta$ とすると $\left(\dfrac{\alpha+\beta}{2},\ \alpha\beta\right)$ となる。

(2) 直線PR，QRとx軸の正の向きとのなす角をそれぞれα，βとすると

$$\tan\alpha=2t,\ \tan\beta=2s$$

$\beta-\alpha=\dfrac{\pi}{4}$ であるから　　$\tan(\beta-\alpha)=1$

ここで

$$\tan(\beta-\alpha)=\frac{\tan\beta-\tan\alpha}{1+\tan\beta\tan\alpha}=\frac{2s-2t}{1+2s\cdot 2t}$$

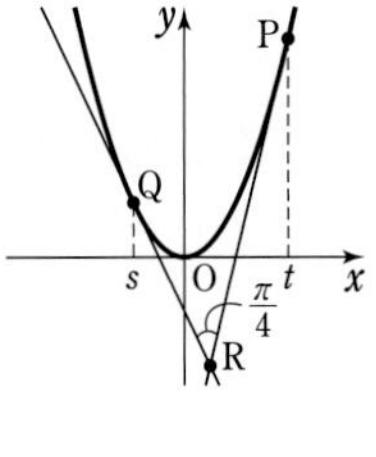

よって，$\dfrac{2s-2t}{1+4st}=1$ から　　$2(s-t)=1+4st\ \cdots\cdots ③$

$s<t$ であるから　　$1+4st<0\ \cdots\cdots ④$

③，④ と(1)で求めた式から，s，t を消去する。

③ から　　$\{2(s-t)\}^2=(1+4st)^2$

左辺を変形すると　　$4(s+t)^2-16st=(1+4st)^2$

(1)より，$s+t=2X$，$st=Y$ であるから

$$4(2X)^2-16Y=(1+4Y)^2$$

⇦基本対称式 $\begin{cases} s+t \\ st \end{cases}$ で表すために2乗する。

整理して　$2X^2-2\left(Y+\frac{3}{4}\right)^2=-1$

また，④ と $st=Y$ から　　$Y<-\frac{1}{4}$

したがって，点Rは双曲線

$\boldsymbol{2x^2-2\left(y+\frac{3}{4}\right)^2=-1\ \left(y<-\frac{1}{4}\right)}$ 上を動く。

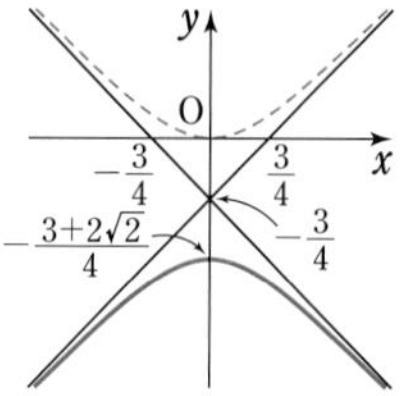

EX ④124　楕円 $Ax^2+By^2=1$ に，この楕円外の点 $P(x_0,\ y_0)$ から引いた2本の接線の2つの接点をQ，Rとする。次のことを示せ。

(1)　直線QRの方程式は $Ax_0x+By_0y=1$ である。

(2)　楕円 $Ax^2+By^2=1$ 外にあって，直線QR上にある点Sからこの楕円に引いた2本の接線の2つの接点を通る直線 ℓ は，点Pを通る。

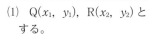

HINT　直線の方程式を $F(x,\ y)=0$ とすると，次の関係が成り立つ。
$F(a,\ b)=0 \iff$ 点 $(a,\ b)$ は直線 $F(x,\ y)=0$ 上にある。

(1)　$Q(x_1,\ y_1)$，$R(x_2,\ y_2)$ とする。

点Qにおける楕円の接線の方程式は

$Ax_1x+By_1y=1$ ……①

点Rにおける楕円の接線の方程式は

$Ax_2x+By_2y=1$ ……②

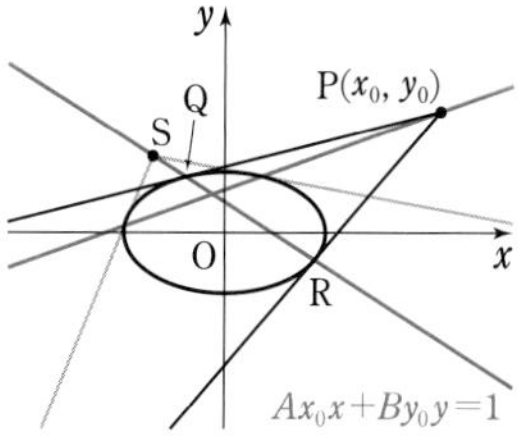

直線①は点 $P(x_0,\ y_0)$ を通るから

$Ax_1x_0+By_1y_0=1$ ……③

直線②は点 $P(x_0,\ y_0)$ を通るから

$Ax_2x_0+By_2y_0=1$ ……④

③，④ から，直線 $Ax_0x+By_0y=1$ は2点 $Q(x_1,\ y_1)$，$R(x_2,\ y_2)$ を通る。

QとRは異なる2点であるから，直線QRの方程式は

$Ax_0x+By_0y=1$

⇦異なる2点を通る直線の方程式は1通りである。

(2)　$S(x_3,\ y_3)$ とすると，(1) により，直線 ℓ の方程式は

$Ax_3x+By_3y=1$ ……⑤

一方，点Sは直線QR上にあるから，(1) により

$Ax_0x_3+By_0y_3=1$ ……⑥

⇦直線QRの方程式において，$x_0 \longrightarrow x_3$，$y_0 \longrightarrow y_3$ とする。

⑤，⑥ から，直線 ℓ は点 $P(x_0,\ y_0)$ を通る。

inf.　この問題は，双曲線 $Ax^2+By^2=1$ としても成り立つ。また，同様なことは，一般の2次曲線についても成り立つことが知られている。

EX ②125
媒介変数 t を用いて $x=3\left(t+\frac{1}{t}\right)+1$, $y=t-\frac{1}{t}$ と表される曲線は双曲線である。
(1) この双曲線について，中心と頂点，および漸近線を求めよ。
(2) この曲線の概形をかけ。〔東北学院大〕

(1) $x=3\left(t+\frac{1}{t}\right)+1$ から $t+\frac{1}{t}=\frac{x-1}{3}$ …… ①

また，$t-\frac{1}{t}=y$ …… ② とする。

①＋② から $2t=\frac{x-1+3y}{3}$

⇦$2t=(x,\ y$の式)

①－② から $\frac{2}{t}=\frac{x-1-3y}{3}$

⇦$\frac{2}{t}=(x,\ y$の式)

$2t\times\frac{2}{t}=4$ から $(x-1+3y)(x-1-3y)=36$

よって $(x-1)^2-9y^2=36$

ゆえに $\frac{(x-1)^2}{36}-\frac{y^2}{4}=1$

この式で表される双曲線は，双曲線 $\frac{x^2}{6^2}-\frac{y^2}{2^2}=1$ を x 軸方向に 1 だけ平行移動したものである。

⇦双曲線 $\frac{x^2}{6^2}-\frac{y^2}{2^2}=1$
中心 $(0,\ 0)$,
頂点 $(6,\ 0)$,
$(-6,\ 0)$
漸近線 $y=\pm\frac{1}{3}x$

したがって

中心は 点 $(0+1,\ 0)$ すなわち 点 $\boldsymbol{(1,\ 0)}$

頂点は 2 点 $(6+1,\ 0)$, $(-6+1,\ 0)$

すなわち 2 点 $\boldsymbol{(7,\ 0)}$, $\boldsymbol{(-5,\ 0)}$

漸近線は 2 直線 $y=\pm\frac{1}{3}(x-1)$

すなわち 2 直線 $\boldsymbol{y=\frac{1}{3}x-\frac{1}{3}}$, $\boldsymbol{y=-\frac{1}{3}x+\frac{1}{3}}$

(2) 〔図〕

EX ③126
a を正の定数とする。媒介変数表示
$$x=a(1+\sin 2\theta),\ y=\sqrt{2}\,a(\cos\theta-\sin\theta)\quad\left(-\frac{\pi}{4}\leqq\theta\leqq\frac{\pi}{4}\right)$$
で表される曲線を C とする。θ を消去して，x と y の方程式を求め，曲線 C を図示せよ。〔類 兵庫県大〕

$y=\sqrt{2}\,a(\cos\theta-\sin\theta)$ の両辺を 2 乗すると

$y^2=2a^2(\cos^2\theta-2\cos\theta\sin\theta+\sin^2\theta)$

ゆえに $y^2=2a^2(1-\sin 2\theta)$ …… ①

⇦$\sin^2\theta+\cos^2\theta=1$,
$2\sin\theta\cos\theta=\sin 2\theta$

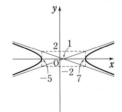

$a>0$，$x=a(1+\sin 2\theta)$ から　　$\sin 2\theta=\dfrac{x}{a}-1$　……②

② を ① に代入して　　$y^2=2a^2\left\{1-\left(\dfrac{x}{a}-1\right)\right\}$

ゆえに　$y^2=-2ax+4a^2$　　　$a>0$ から　$\boldsymbol{x=-\dfrac{1}{2a}y^2+2a}$

また　　$y=\sqrt{2}\,a\cdot\sqrt{2}\sin\left(\theta+\dfrac{3}{4}\pi\right)=2a\sin\left(\theta+\dfrac{3}{4}\pi\right)$

$a>0$ であり，$-\dfrac{\pi}{4}\leqq\theta\leqq\dfrac{\pi}{4}$ のとき

$\dfrac{\pi}{2}\leqq\theta+\dfrac{3}{4}\pi\leqq\pi$ であるから

$0\leqq y\leqq 2a$

したがって，曲線 C は放物線

$x=-\dfrac{1}{2a}y^2+2a$ の $0\leqq y\leqq 2a$ の

部分であり，その概形は **右図** のようになる。

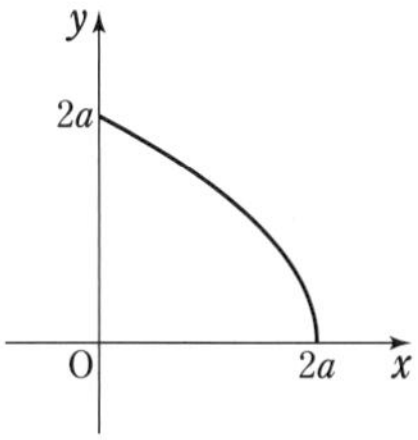

⇐ y の変域を調べる。三角関数の合成により
$\cos\theta-\sin\theta$
$=\sqrt{2}\sin\left(\theta+\dfrac{3}{4}\pi\right)$

⇐ $\dfrac{\pi}{2}\leqq\theta+\dfrac{3}{4}\pi\leqq\pi$ のとき
$0\leqq\sin\left(\theta+\dfrac{3}{4}\pi\right)\leqq 1$

4章
EX

EX
③**127**　$x=\dfrac{1+4t+t^2}{1+t^2}$，$y=\dfrac{3+t^2}{1+t^2}$ で媒介変数表示された曲線 C を x，y の方程式で表せ。　〔鳥取大〕

$x=\dfrac{1+4t+t^2}{1+t^2}=1+\dfrac{4t}{1+t^2}$ から　　$\dfrac{t}{1+t^2}=\dfrac{x-1}{4}$

$y=\dfrac{3+t^2}{1+t^2}=1+\dfrac{2}{1+t^2}$ から　　$\dfrac{1}{1+t^2}=\dfrac{y-1}{2}$　……(＊)

よって　　$\dfrac{y-1}{2}\times t=\dfrac{x-1}{4}$

$\dfrac{1}{1+t^2}\neq 0$ から　　$\dfrac{y-1}{2}\neq 0$　　　よって　　$y\neq 1$

⇐ $1+t^2\geqq 1$

ゆえに　　$t=\dfrac{x-1}{2(y-1)}$

これを $\dfrac{1}{1+t^2}=\dfrac{y-1}{2}$ に代入して t を消去すると

$$\frac{1}{1+\left\{\dfrac{x-1}{2(y-1)}\right\}^2}=\frac{y-1}{2}$$

整理すると　　$(x-1)^2+4(y-2)^2=4$

したがって，曲線 C の方程式は

$\boldsymbol{\dfrac{(x-1)^2}{4}+(y-2)^2=1}$　**ただし，点 (1, 1) を除く。**

⇐曲線の方程式に $y=1$ を代入すると $x=1$

別解　((＊) までは解答と同じ。)

$\left(\dfrac{t}{1+t^2}\right)^2+\left(\dfrac{1}{1+t^2}\right)^2=\dfrac{1}{1+t^2}$ が成り立つから

$$\left(\frac{x-1}{4}\right)^2+\left(\frac{y-1}{2}\right)^2=\frac{y-1}{2}$$

ゆえに　　$(x-1)^2+4(y-2)^2=4$

よって　$\dfrac{(x-1)^2}{4}+(y-2)^2=1$

また，$y=1+\dfrac{2}{1+t^2}$ から　$1<y\leqq 3$

したがって，曲線 C の方程式は

$\dfrac{(\boldsymbol{x}-\mathbf{1})^2}{\mathbf{4}}+(\boldsymbol{y}-\mathbf{2})^2=\mathbf{1}$　**ただし，点 (1, 1) を除く。**

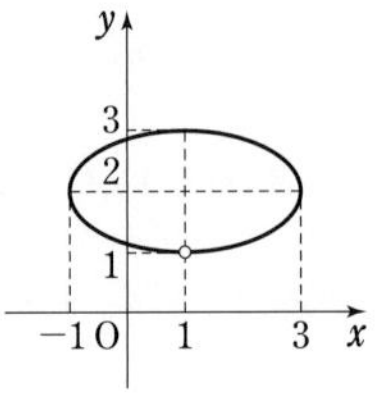

EX ③128　x，y が $x^2+4y^2=16$ を満たす実数のとき，$x^2+4\sqrt{3}\,xy-4y^2$ の最大値・最小値とそのときの x，y の値を求めよ。

楕円 $x^2+4y^2=16$ 上の点 $(x,\ y)$ は，

$x=4\cos\theta,\ y=2\sin\theta\quad(0\leqq\theta<2\pi)$

と表されるから

$$\begin{aligned}x^2+4\sqrt{3}\,xy-4y^2&=16\cos^2\theta+32\sqrt{3}\cos\theta\sin\theta-16\sin^2\theta\\&=16(\cos^2\theta-\sin^2\theta+2\sqrt{3}\sin\theta\cos\theta)\\&=16(\cos 2\theta+\sqrt{3}\sin 2\theta)\\&=32\sin\left(2\theta+\frac{\pi}{6}\right)\end{aligned}$$

$0\leqq\theta<2\pi$ であるから　$\dfrac{\pi}{6}\leqq 2\theta+\dfrac{\pi}{6}<4\pi+\dfrac{\pi}{6}$

よって　$-1\leqq\sin\left(2\theta+\dfrac{\pi}{6}\right)\leqq 1$

ゆえに，$x^2+4\sqrt{3}\,xy-4y^2$ は $\sin\left(2\theta+\dfrac{\pi}{6}\right)=1$ のとき最大となり，最大値は 32，$\sin\left(2\theta+\dfrac{\pi}{6}\right)=-1$ のとき最小となり，最小値は -32 である。

[1]　最大値をとるとき

$\sin\left(2\theta+\dfrac{\pi}{6}\right)=1$，$\dfrac{\pi}{6}\leqq 2\theta+\dfrac{\pi}{6}<4\pi+\dfrac{\pi}{6}$ から

$2\theta+\dfrac{\pi}{6}=\dfrac{\pi}{2},\ \dfrac{5}{2}\pi$

よって　$\theta=\dfrac{\pi}{6},\ \dfrac{7}{6}\pi$

$\theta=\dfrac{\pi}{6}$ のとき　$x=2\sqrt{3}$，$y=1$

$\theta=\dfrac{7}{6}\pi$ のとき　$x=-2\sqrt{3}$，$y=-1$

[2]　最小値をとるとき

$\sin\left(2\theta+\dfrac{\pi}{6}\right)=-1$，$\dfrac{\pi}{6}\leqq 2\theta+\dfrac{\pi}{6}<4\pi+\dfrac{\pi}{6}$ から

$2\theta+\dfrac{\pi}{6}=\dfrac{3}{2}\pi,\ \dfrac{7}{2}\pi$

よって　$\theta=\dfrac{2}{3}\pi,\ \dfrac{5}{3}\pi$

⇐ $\dfrac{x^2}{4^2}+\dfrac{y^2}{2^2}=1$

⇐ $\cos^2\theta-\sin^2\theta=\cos 2\theta$
$2\sin\theta\cos\theta=\sin 2\theta$

⇐ $0\leqq 2\theta<4\pi$

⇐ $x=4\cos\dfrac{\pi}{6}$，
$y=2\sin\dfrac{\pi}{6}$

$\theta=\dfrac{2}{3}\pi$ のとき　　$x=-2,\ y=\sqrt{3}$

$\theta=\dfrac{5}{3}\pi$ のとき　　$x=2,\ y=-\sqrt{3}$

ゆえに，$(x,\ y)=(2\sqrt{3},\ 1),\ (-2\sqrt{3},\ -1)$ で**最大値 32,**

$(x,\ y)=(-2,\ \sqrt{3}),\ (2,\ -\sqrt{3})$ で**最小値 −32**

をとる。

EX ③129 $\begin{cases} x\cos^2 t=2(\cos^4 t+1) \\ y\cos t=\cos^2 t+1 \end{cases}$ のとき，次の問いに答えよ。

(1) y と x の関係式を求めよ。

(2) t が 0 から π まで動くとき，点 $(x,\ y)$ が描く図形を求めよ。

(1) $x\cos^2 t=2(\cos^4 t+1)$ ……①，$y\cos t=\cos^2 t+1$ ……② とする。

① において，$\cos t=0$ とすると，(左辺)=0，(右辺)=2 となり，不適。よって　$\cos t\neq 0$

ゆえに，① の両辺を $\cos^2 t$ で割って　$x=2\left(\cos^2 t+\dfrac{1}{\cos^2 t}\right)$

⇦$\cos^2 t\neq 0$

また，② の両辺を $\cos t$ で割って　$y=\cos t+\dfrac{1}{\cos t}$

よって　$x=2\left\{\left(\cos t+\dfrac{1}{\cos t}\right)^2-2\right\}$

⇦$a^2+b^2=(a+b)^2-2ab$

ゆえに　$\boldsymbol{y^2=\dfrac{1}{2}x+2}$

(2) $0\leqq t\leqq \pi$ のとき，$-1\leqq \cos t\leqq 1$ (ただし $\cos t\neq 0$) である。

$\cos^2 t>0$ であるから，相加平均と相乗平均の大小関係より

$$x=2\left(\cos^2 t+\frac{1}{\cos^2 t}\right)\geqq 2\cdot 2\sqrt{\cos^2 t\cdot\frac{1}{\cos^2 t}}=4$$

⇦等号が成立するのは，$\cos^2 t=\dfrac{1}{\cos^2 t}$ すなわち $\cos t=\pm 1$ のときであるから　$t=0,\ \pi$

よって　$x\geqq 4$

ゆえに，**放物線 $y^2=\dfrac{1}{2}x+2$ の $x\geqq 4$ の部分** を描く。

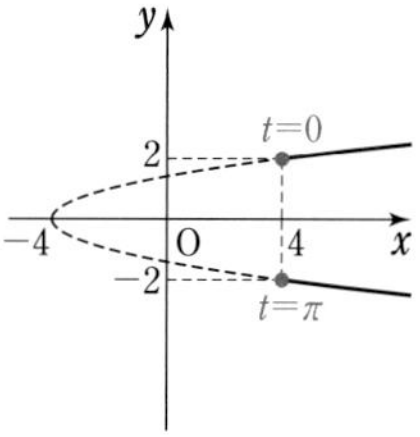

EX ④130 楕円 $x^2+\dfrac{y^2}{3}=1$ を原点Oの周りに $\dfrac{\pi}{4}$ だけ回転して得られる曲線を C とする。点 $(x,\ y)$ が曲線 C 上を動くとき，$k=x+2y$ の最大値を求めよ。　〔類 高知大〕

楕円 $x^2+\dfrac{y^2}{3}=1$ の媒介変数表示は

$x=\cos\theta,\ y=\sqrt{3}\sin\theta$

ただし，$0\leqq\theta<2\pi$ とする。

⇦このとき，楕円上の点 $(x,\ y)$ に対して，θ の値は1つ定まる。

ここで，複素数平面上の点の回転を考えて

$$\left(\cos\frac{\pi}{4}+i\sin\frac{\pi}{4}\right)(\cos\theta+\sqrt{3}\,i\sin\theta)$$
$$=\left(\frac{\sqrt{2}}{2}+\frac{\sqrt{2}}{2}i\right)(\cos\theta+\sqrt{3}\,i\sin\theta)$$
$$=\left(\frac{\sqrt{2}}{2}\cos\theta-\frac{\sqrt{6}}{2}\sin\theta\right)+\left(\frac{\sqrt{2}}{2}\cos\theta+\frac{\sqrt{6}}{2}\sin\theta\right)i$$

よって，点 $(\cos\theta,\ \sqrt{3}\sin\theta)$ を原点Oの周りに $\frac{\pi}{4}$ だけ回転した点の x 座標，y 座標は

$$x=\frac{\sqrt{2}}{2}\cos\theta-\frac{\sqrt{6}}{2}\sin\theta,\quad y=\frac{\sqrt{2}}{2}\cos\theta+\frac{\sqrt{6}}{2}\sin\theta$$

⇦曲線 C 上の点 $(x,\ y)$ の媒介変数表示。

ゆえに　$k=x+2y=\frac{3\sqrt{2}}{2}\cos\theta+\frac{\sqrt{6}}{2}\sin\theta$

ここで　$\frac{3\sqrt{2}}{2}\cos\theta+\frac{\sqrt{6}}{2}\sin\theta=\sqrt{6}\sin\left(\theta+\frac{\pi}{3}\right)$

⇦三角関数の合成。

よって　$k=\sqrt{6}\sin\left(\theta+\frac{\pi}{3}\right)$

$0\leqq\theta<2\pi$ であるから　$\frac{\pi}{3}\leqq\theta+\frac{\pi}{3}<2\pi+\frac{\pi}{3}$

ゆえに　$-1\leqq\sin\left(\theta+\frac{\pi}{3}\right)\leqq1$

よって　$-\sqrt{6}\leqq\sqrt{6}\sin\left(\theta+\frac{\pi}{3}\right)\leqq\sqrt{6}$

すなわち　$-\sqrt{6}\leqq k\leqq\sqrt{6}$

したがって，k の最大値は $\boldsymbol{\sqrt{6}}$ である。

⇦このとき　$\theta=\frac{\pi}{6}$

EX ④131

半径2の円板が x 軸上を正の方向に滑らずに回転するとき，円板上の点Pの描く曲線 C を考える。円板の中心の最初の位置を $(0,\ 2)$，点Pの最初の位置を $(0,\ 1)$ とし，円板がその中心の周りに回転した角を θ とするとき，点Pの座標を θ を用いて表せ。　〔類　お茶の水大〕

円板がその中心の周りに角 θ だけ回転したときの中心をR，円板上の点で最初に原点Oにあった点が移った点をQ，Rから x 軸に引いた垂線をRHとすると　$\mathrm{OH}=\overset{\frown}{\mathrm{QH}}=2\theta$

⇦中心角 θ，半径 r の弧の長さ $l=r\theta$

よって　$\mathrm{H}(2\theta,\ 0)$，$\mathrm{R}(2\theta,\ 2)$

$\overrightarrow{\mathrm{RP}}$ の x 軸の正方向からの回転角を α とすると

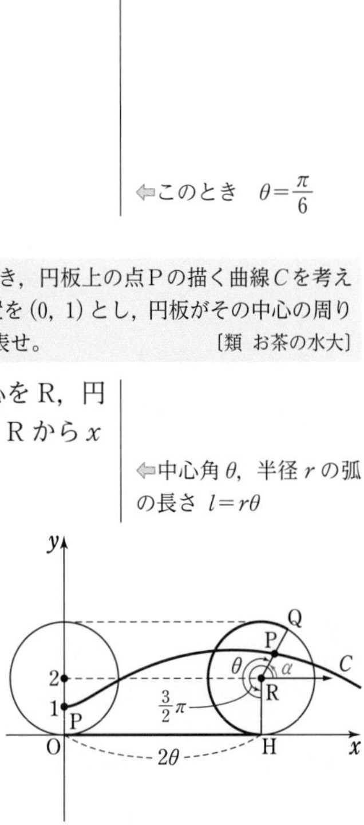

$$\alpha=\frac{3}{2}\pi-\theta$$

また，$|\overrightarrow{\mathrm{RP}}|=1$ であるから

$$\overrightarrow{\mathrm{RP}}=\left(\cos\left(\frac{3}{2}\pi-\theta\right),\ \sin\left(\frac{3}{2}\pi-\theta\right)\right)$$
$$=(-\sin\theta,\ -\cos\theta)$$

よって

$$\overrightarrow{\mathrm{OP}}=\overrightarrow{\mathrm{OR}}+\overrightarrow{\mathrm{RP}}=(2\theta,\ 2)+(-\sin\theta,\ -\cos\theta)$$
$$=(2\theta-\sin\theta,\ 2-\cos\theta)$$

ゆえに，点Pの座標は　$\boldsymbol{(2\theta-\sin\theta,\ 2-\cos\theta)}$

EX ③132 極座標で表された3点 $A\left(4,\ -\frac{\pi}{3}\right)$, $B\left(3,\ \frac{\pi}{3}\right)$, $C\left(2,\ \frac{3}{4}\pi\right)$ を頂点とする三角形ABCの面積を求めよ。

HINT　△OAB, △OBC, △OCA に分けて考える。

$A\left(4,\ -\frac{\pi}{3}\right)$ から　$A\left(4,\ -\frac{\pi}{3}+2\pi\right)$　すなわち　$A\left(4,\ \frac{5}{3}\pi\right)$

△ABC を図示すると，右の図のようになる。

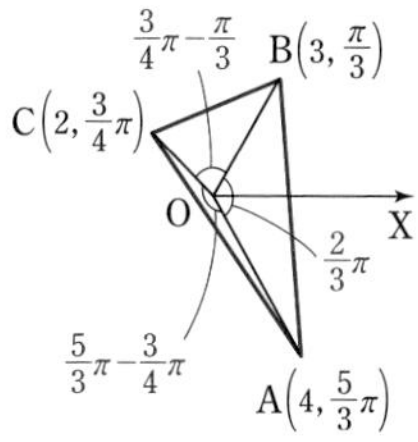

ゆえに

$$\triangle OAB=\frac{1}{2}OA\cdot OB\sin\angle AOB$$
$$=\frac{1}{2}\cdot4\cdot3\sin\frac{2}{3}\pi=6\times\frac{\sqrt{3}}{2}$$
$$=3\sqrt{3}$$

$$\triangle OBC=\frac{1}{2}OB\cdot OC\sin\angle BOC=\frac{1}{2}\cdot3\cdot2\sin\left(\frac{3}{4}\pi-\frac{\pi}{3}\right)$$
$$=3\left(\sin\frac{3}{4}\pi\cos\frac{\pi}{3}-\cos\frac{3}{4}\pi\sin\frac{\pi}{3}\right)$$
$$=3\left\{\frac{\sqrt{2}}{2}\cdot\frac{1}{2}-\left(-\frac{\sqrt{2}}{2}\right)\cdot\frac{\sqrt{3}}{2}\right\}=\frac{3(\sqrt{2}+\sqrt{6})}{4}$$

$$\triangle OCA=\frac{1}{2}OC\cdot OA\sin\angle COA$$
$$=\frac{1}{2}\cdot2\cdot4\sin\left(\frac{5}{3}\pi-\frac{3}{4}\pi\right)$$
$$=4\left(\sin\frac{5}{3}\pi\cos\frac{3}{4}\pi-\cos\frac{5}{3}\pi\sin\frac{3}{4}\pi\right)$$
$$=4\left\{\left(-\frac{\sqrt{3}}{2}\right)\left(-\frac{\sqrt{2}}{2}\right)-\frac{1}{2}\cdot\frac{\sqrt{2}}{2}\right\}$$
$$=\sqrt{6}-\sqrt{2}$$

よって　$\triangle ABC=3\sqrt{3}+\frac{3(\sqrt{2}+\sqrt{6})}{4}+\sqrt{6}-\sqrt{2}$

$$=\boldsymbol{\frac{-\sqrt{2}+12\sqrt{3}+7\sqrt{6}}{4}}$$

⇐ $(r,\ \theta)$ と $(r,\ \theta+2\pi)$ は同じ点を表す。

別解　3点の座標を直交座標に直してから，面積を求めてもよい。
3点の直交座標は

$A(2,\ -2\sqrt{3})$

$B\left(\frac{3}{2},\ \frac{3\sqrt{3}}{2}\right)$

$C(-\sqrt{2},\ \sqrt{2})$

点Aが原点Oに移るように平行移動すると，その平行移動によって，2点B，Cはそれぞれ，点 $\left(-\frac{1}{2},\ \frac{7\sqrt{3}}{2}\right)$，点 $(-2-\sqrt{2},\ \sqrt{2}+2\sqrt{3})$ に移る。

平行移動しても面積は変わらないので，三角形ABCの面積は

$$\frac{1}{2}\left|-\frac{1}{2}\times(\sqrt{2}+2\sqrt{3})-\frac{7\sqrt{3}}{2}\times(-2-\sqrt{2})\right|$$
$$=\boldsymbol{\frac{-\sqrt{2}+12\sqrt{3}+7\sqrt{6}}{4}}$$

EX ②133 $\frac{\pi}{2}\leqq\theta\leqq\frac{3}{4}\pi$ のとき，極方程式 $r=2(\cos\theta+\sin\theta)$ の表す曲線の長さを求めよ。　［防衛大］

$r=2(\cos\theta+\sin\theta)$ の両辺を r 倍して

$$r^2=2r\cos\theta+2r\sin\theta$$

$r^2=x^2+y^2$, $r\cos\theta=x$, $r\sin\theta=y$ を代入して

$$x^2+y^2=2x+2y$$

すなわち　$(x-1)^2+(y-1)^2=2$

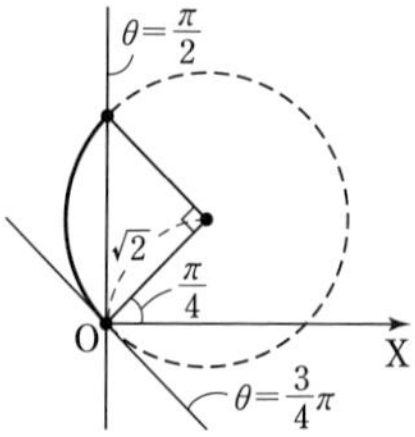

$\frac{\pi}{2}\leqq\theta\leqq\frac{3}{4}\pi$ より，曲線は右の図の太

⇐ $r\cos\theta$, $r\sin\theta$ の形を作る。

4章
EX

い実線部分のようになるから，求める曲線の長さは

$$\sqrt{2}\times\frac{\pi}{2}=\boldsymbol{\frac{\sqrt{2}}{2}\pi}$$

別解　$r=2(\cos\theta+\sin\theta)$ から　　$r=2\sqrt{2}\cos\left(\theta-\frac{\pi}{4}\right)$

よって，極方程式 $r=2(\cos\theta+\sin\theta)$ は

中心が $\left(\sqrt{2},\ \frac{\pi}{4}\right)$，半径 $\sqrt{2}$

の円を表す。

以下同様。

⇐cos で合成　または sin で合成後変形。

$r=2\sqrt{2}\sin\left(\theta+\frac{\pi}{4}\right)$

$=2\sqrt{2}\sin\left\{\frac{\pi}{2}+\left(\theta-\frac{\pi}{4}\right)\right\}$

$=2\sqrt{2}\cos\left(\theta-\frac{\pi}{4}\right)$

EX ③134

極座標が (1, 0) である点を A，極座標が $\left(\sqrt{3},\ \frac{\pi}{2}\right)$ である点をBとする。このとき，極Oを通り，線分 AB に垂直な直線 ℓ の極方程式は ^{ア}□ である。また，a を正の定数とし，極方程式 $r=a\cos\theta$ で表される曲線が直線 AB と接するとき，a の値は ^{イ}□ である。〔北里大〕

直線 ℓ は，極Oを通り，始線とのなす角が $\frac{\pi}{6}$ の直線であるから，求める極方程式は　　$^{ア}\boldsymbol{\theta=\frac{\pi}{6}}$

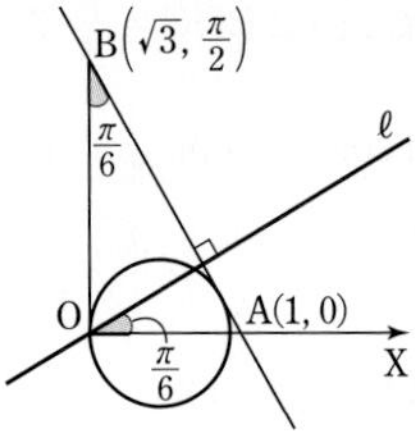

⇐直角三角形 OAB において，OA：OB=1：$\sqrt{3}$ であるから　∠OBA=$\frac{\pi}{6}$

$r=a\cos\theta=2\cdot\frac{a}{2}\cos\theta$ であるから，

この極方程式は，点 $\left(\frac{a}{2},\ 0\right)$ を中心とする半径 $\frac{a}{2}$ の円を表す。 ……(＊)

⇐**円の極方程式**
中心 $(a,\ 0)$，半径 a の円は　$r=2a\cos\theta$

円の中心を C，円と直線 AB の接点をDとすると

$$CA=1-\frac{a}{2},\quad CD=\frac{a}{2}$$

直角三角形 CAD において，CA：CD=2：$\sqrt{3}$ であるから

$$\left(1-\frac{a}{2}\right):\frac{a}{2}=2:\sqrt{3}\qquad ゆえに\qquad a=\sqrt{3}-\frac{\sqrt{3}}{2}a$$

よって　　$a=^{イ}\boldsymbol{-6+4\sqrt{3}}$

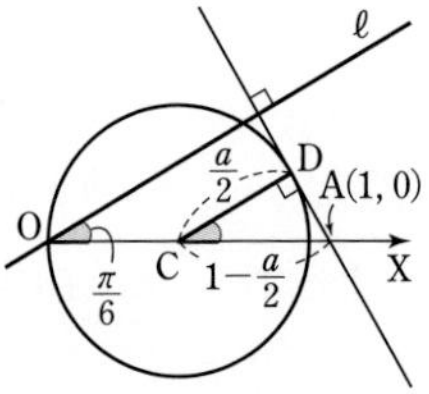

別解　(＊)までは上と同じ。

直交座標における直線 AB の方程式は

$$y=-\sqrt{3}x+\sqrt{3}\quad すなわち\quad \sqrt{3}x+y-\sqrt{3}=0$$

⇐直交座標で考える。

円が直線 AB と接するから　　$\frac{a}{2}=\frac{\left|\sqrt{3}\cdot\frac{a}{2}+1\cdot0-\sqrt{3}\right|}{\sqrt{3+1}}$

よって　　$2a=\sqrt{3}|a-2|$

両辺を 2 乗して整理すると　　$a^2+12a-12=0$

$a>0$ から　　$a=^{イ}\boldsymbol{-6+4\sqrt{3}}$

⇐円と直線が接するとき
(半径)
=(中心と直線の距離)
円の中心は，直交座標でも $\left(\frac{a}{2},\ 0\right)$ である。

EX ③135

極方程式 $r=\dfrac{2}{2+\cos\theta}$ で与えられる図形と，等式 $|z|+\left|z+\dfrac{4}{3}\right|=\dfrac{8}{3}$ を満たす複素数 z で与えられる図形は同じであることを示し，この図形の概形をかけ。〔山形大〕

$r=\dfrac{2}{2+\cos\theta}$ から　　$2r=2-r\cos\theta$

$r\cos\theta=x$ を代入して

$2r=2-x$

両辺を 2 乗して　　$4r^2=(2-x)^2$

$r^2=x^2+y^2$ を代入して

$4(x^2+y^2)=x^2-4x+4$

展開して整理すると　$\dfrac{\left(x+\dfrac{2}{3}\right)^2}{\left(\dfrac{4}{3}\right)^2}+\dfrac{y^2}{\left(\dfrac{2}{\sqrt{3}}\right)^2}=1$

これは $\dfrac{x^2}{\left(\dfrac{4}{3}\right)^2}+\dfrac{y^2}{\left(\dfrac{2}{\sqrt{3}}\right)^2}=1$ すなわち，原点を中心とし，焦点が 2 点 $\left(\dfrac{2}{3},\ 0\right)$, $\left(-\dfrac{2}{3},\ 0\right)$，長軸の長さが $\dfrac{8}{3}$ の楕円を x 軸方向に $-\dfrac{2}{3}$ だけ平行移動した楕円である。

すなわち，2 点 $(0,\ 0)$, $\left(-\dfrac{4}{3},\ 0\right)$ を焦点とし，長軸の長さが $\dfrac{8}{3}$ である楕円を表す。

また，$|z|+\left|z+\dfrac{4}{3}\right|=\dfrac{8}{3}$ を変形すると

$|z-0|+\left|z-\left(-\dfrac{4}{3}\right)\right|=\dfrac{8}{3}$

これは，点 z が複素数平面上の 2 点 0，$-\dfrac{4}{3}$ からの距離の和が $\dfrac{8}{3}$ である点が描く図形上にあることを表す。

よって，xy 平面上においては，2 点 $(0,\ 0)$, $\left(-\dfrac{4}{3},\ 0\right)$ を焦点とし，長軸の長さが $\dfrac{8}{3}$ である楕円を表す。

よって，極方程式 $r=\dfrac{2}{2+\cos\theta}$ で与えられる図形と，等式 $|z|+\left|z+\dfrac{4}{3}\right|=\dfrac{8}{3}$ を満たす複素数 z で与えられる図形は同じである。概形は **右図**。

⇦$r\cos\theta=x$, $r\sin\theta=y$, $r^2=x^2+y^2$

⇦$\dfrac{x^2}{a^2}+\dfrac{y^2}{b^2}=1$ $(a>b)$ とすると，楕円の焦点 $\mathrm{F}(\sqrt{a^2-b^2},\ 0)$, $\mathrm{F}'(-\sqrt{a^2-b^2},\ 0)$ 長軸の長さ $2a$

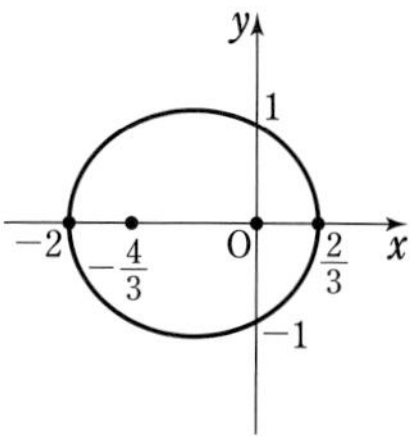

EX ③136 点Aの極座標を$(2,\ 0)$，極Oと点Aを結ぶ線分を直径とする円Cの周上の任意の点をQとする。点Qにおける円Cの接線に極Oから下ろした垂線の足をPとする。点Pの極座標を$(r,\ \theta)$とするとき，その軌跡の極方程式を求めよ。ただし，$0\leqq\theta<\pi$ とする。

円Cの中心をCとすると，その極座標は$(1,\ 0)$である。

[1] $0<\theta<\dfrac{\pi}{2}$ のとき

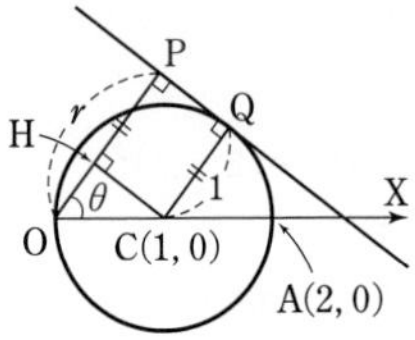

中心Cから直線OPに下ろした垂線の足をHとすると

$$OC=CQ=HP=1$$

$\angle COH=\theta$，$OH=\cos\theta$ から

$$OP=HP+OH=1+\cos\theta$$

[2] $\dfrac{\pi}{2}<\theta<\pi$ のとき

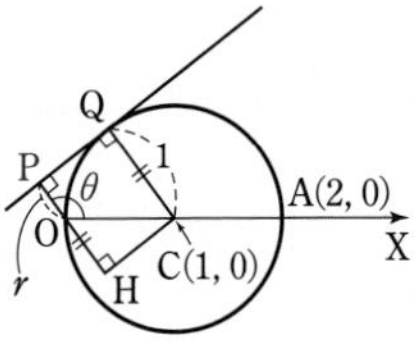

[1]と同様にして，$\angle COH=\pi-\theta$，$OH=\cos(\pi-\theta)=-\cos\theta$ から

$$OP=HP-OH=1+\cos\theta$$

[3] $\theta=0$ のとき

このとき，PはAに一致して　$OP=2$

よって，$OP=1+\cos\theta$ を満たす。

[4] $\theta=\dfrac{\pi}{2}$ のとき

このとき，$OP=CQ=1$ であるから，$OP=1+\cos\theta$ を満たす。

ゆえに，点Pの軌跡の極方程式は

$$\boldsymbol{r=1+\cos\theta}$$

⇐$r=1+\cos\theta$ で表される曲線は，**カージオイド**である。
(PRACTICE 149 参照)

EX ④137 $a>0$ を定数として，極方程式 $r=a(1+\cos\theta)$ により表される曲線C_aを考える。
点Pが曲線C_a上を動くとき，極座標が$(2a,\ 0)$の点とPとの距離の最大値を求めよ。

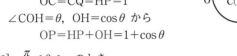

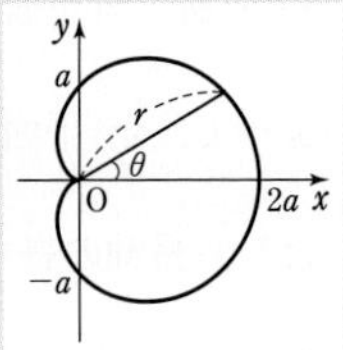

$A(2a,\ 0)$，$P(r,\ \theta)$ とすると，A，Pの直交座標は

$$A(2a,\ 0),\ P(r\cos\theta,\ r\sin\theta)$$

$r=a(1+\cos\theta)$ であるから

$$\begin{aligned}AP^2&=(r\cos\theta-2a)^2+(r\sin\theta)^2=r^2-4ar\cos\theta+4a^2\\&=a^2(1+\cos\theta)^2-4a^2\cos\theta(1+\cos\theta)+4a^2\\&=-3a^2\cos^2\theta-2a^2\cos\theta+5a^2\\&=-3a^2\left(\cos^2\theta+\frac{2}{3}\cos\theta\right)+5a^2\end{aligned}$$

⇐$r=a(1+\cos\theta)$

$$= -3a^2\left(\cos\theta + \frac{1}{3}\right)^2 + \frac{16}{3}a^2$$

ゆえに，$-1 \leqq \cos\theta \leqq 1$ の範囲において，$\cos\theta = -\frac{1}{3}$ のとき，AP^2 は最大となる。

$AP \geqq 0$ であるから，AP^2 が最大のとき，AP も最大となる。

したがって，AP の最大値は　$\sqrt{\frac{16}{3}a^2} = \boldsymbol{\frac{4}{\sqrt{3}}a}$

inf. 「$AP^2 = r^2 - 4ar\cos\theta + 4a^2$」は，次のようにして，△OAP に余弦定理を適用しても導くことができる。

$$AP^2 = OA^2 + OP^2 - 2OA \cdot OP\cos\angle AOP$$
$$= (2a)^2 + r^2 - 2 \cdot 2a \cdot r\cos\theta$$
$$= 4a^2 + r^2 - 4ar\cos\theta$$

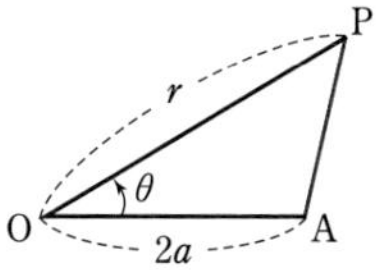

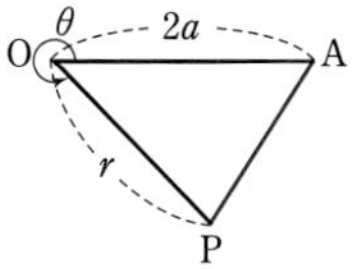

⇐ $-3a^2\left(\cos\theta + \frac{1}{3}\right)^2 + 3a^2 \cdot \left(\frac{1}{3}\right)^2 + 5a^2$

⇐ $a > 0$

⇐ $\cos\theta = \cos(2\pi - \theta)$ であるから，$\pi < \theta < 2\pi$ の場合も含めて $\cos\angle AOP = \cos\theta$ となる。

4章
EX

R&W (問題に挑戦) **1**

平面上に，OA=8，OB=7，AB=9 である △OAB と点Pがあり，$\overrightarrow{OP}$ が，$\overrightarrow{OP}=s\overrightarrow{OA}+t\overrightarrow{OB}$ （s，t は実数）……① と表されているとする。

(1) $|\overrightarrow{OA}|=8$，$|\overrightarrow{OB}|=7$，$|\overrightarrow{AB}|=9$ から　$\overrightarrow{OA}\cdot\overrightarrow{OB}=$ アイ

このことを利用すると，△OAB の面積 S は $S=$ ウエ $\sqrt{\text{オ}}$ と求められる。

(2) s，t が

$s\geqq0$，$t\geqq0$，$s+3t\leqq3$ ……②

を満たしながら動くとする。このときの点Pの存在範囲の面積 T を S を用いて表したい。次のような新しい座標平面を用いる方法によって考えてみよう。

直線 OA，OB を座標軸とし，辺 OA，辺 OB の長さを 1 目盛りとした座標平面を，新しい座標平面と呼ぶこととする。

例えば，① に対し，$s=2$，$t=3$ のとき

$\overrightarrow{OP}=2\overrightarrow{OA}+3\overrightarrow{OB}$

を満たす点Pの座標は (2, 3) となる。つまり，① を満たす点Pの座標は (s, t) と表される。新しい座標平面上において，s，t の 1 次方程式は直線を表すから，新しい座標平面上に直線 $s=0$，$t=0$，$s+3t=3$ をかくことにより，連立不等式 ② を満たす点Pの存在範囲を図示すると，図 カ の影をつけた部分のようになる。ただし，境界線を含む。また，A_3，B_3 はそれぞれ $3\overrightarrow{OA}=\overrightarrow{OA_3}$，$3\overrightarrow{OB}=\overrightarrow{OB_3}$ を満たす点である。よって，$T=$ キ S である。

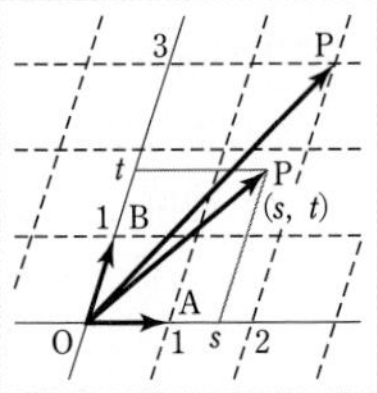

カ に当てはまるものを，次の⓪～③のうちから 1 つ選べ。

⓪
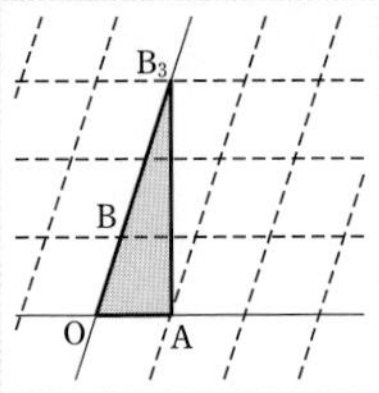

①
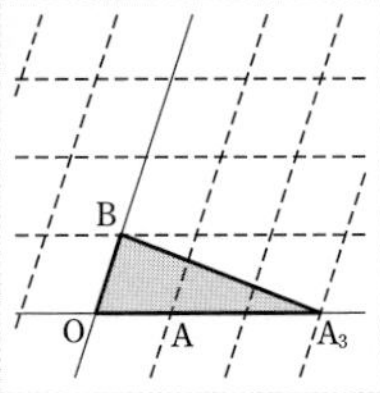

②
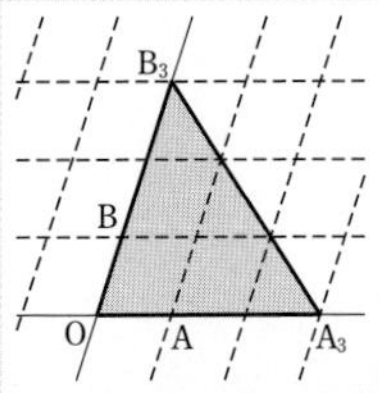

③
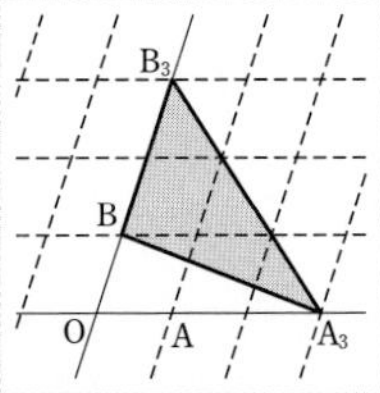

(3) s，t が

$s\geqq0$，$t\geqq0$，$s+3t\leqq3$，$1\leqq2s+t\leqq2$ ……③

を満たしながら動くとする。このときの点Pの存在範囲の面積 U を求めたい。

連立不等式 ③ を，次の (i)，(ii) のように分けて考える。

(i) $s\geqq0$，$t\geqq0$，$s+3t\leqq3$　　(ii) $s\geqq0$，$t\geqq0$，$1\leqq2s+t\leqq2$

連立不等式 (ii) を満たす点Pの存在範囲を新しい座標平面上に図示すると，図 ク の影をつけた部分のようになる。ただし，境界線を含む。また，A_1，B_1 はそれぞれ $\frac{1}{2}\overrightarrow{OA}=\overrightarrow{OA_1}$，$\frac{1}{2}\overrightarrow{OB}=\overrightarrow{OB_1}$ を満たす点であり，A_2，B_2 はそれぞれ $2\overrightarrow{OA}=\overrightarrow{OA_2}$，$2\overrightarrow{OB}=\overrightarrow{OB_2}$ を満たす点である。

求める面積 U は，(i) と (ii) の共通部分の面積であるから　$U=\dfrac{\text{ケ}}{\text{コサ}}S$

よって　$U=\dfrac{\text{シス}\sqrt{\text{セ}}}{\text{ソ}}$

ク に当てはまるものを，次の⓪～③のうちから 1 つ選べ。

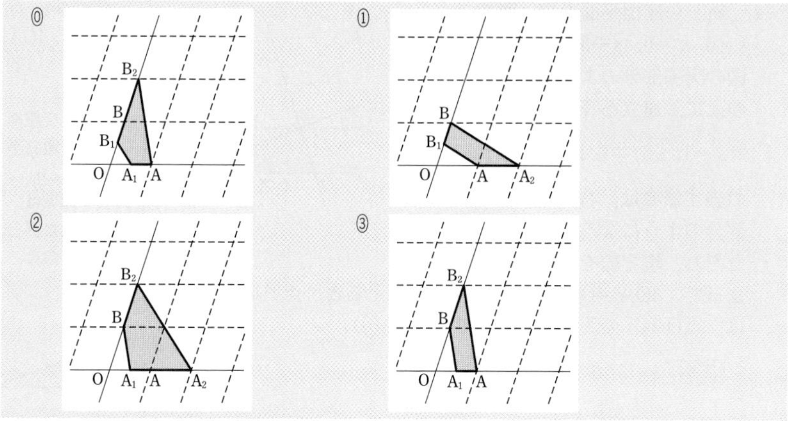

(1) $|\overrightarrow{AB}|=9$ から　　$|\overrightarrow{OB}-\overrightarrow{OA}|^2=9^2$

ゆえに　$|\overrightarrow{OB}|^2-2\overrightarrow{OA}\cdot\overrightarrow{OB}+|\overrightarrow{OA}|^2=81$

$|\overrightarrow{OA}|=8$, $|\overrightarrow{OB}|=7$ を代入して

$$7^2-2\overrightarrow{OA}\cdot\overrightarrow{OB}+8^2=81$$

よって　　$\overrightarrow{OA}\cdot\overrightarrow{OB}=$ ${}^{アイ}\mathbf{16}$

したがって，△OAB の面積は

$$S=\frac{1}{2}\sqrt{|\overrightarrow{OA}|^2|\overrightarrow{OB}|^2-(\overrightarrow{OA}\cdot\overrightarrow{OB})^2}$$

$$=\frac{1}{2}\sqrt{8^2\cdot7^2-16^2}$$

$$=\frac{1}{2}\sqrt{8^2(7^2-2^2)}$$

$$=\frac{8}{2}\cdot3\sqrt{5}$$

$$={}^{ウエ}\mathbf{12}\sqrt{{}^{オ}\mathbf{5}}$$

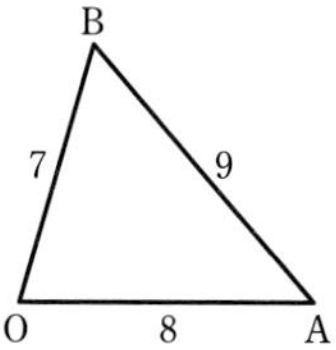

⇦$(b-a)^2=b^2-2ab+a^2$ と同じ要領。

別解 1　∠AOB$=\theta$ とおくと，余弦定理により

$$\cos\theta=\frac{7^2+8^2-9^2}{2\cdot7\cdot8}=\frac{2}{7}$$

$0°<\theta<180°$ であるから

$$\sin\theta=\sqrt{1-\cos^2\theta}=\frac{3\sqrt{5}}{7}$$

よって　　$S=\dfrac{1}{2}\mathrm{OA}\cdot\mathrm{OB}\sin\theta$

$$=\frac{1}{2}\cdot8\cdot7\cdot\frac{3\sqrt{5}}{7}$$

$$={}^{ウエ}\mathbf{12}\sqrt{{}^{オ}\mathbf{5}}$$

別解 2　ヘロンの公式を利用する。

$s=\dfrac{8+7+9}{2}=12$ から

$$S=\sqrt{12(12-8)(12-7)(12-9)}$$

$$=\sqrt{12\cdot4\cdot5\cdot3}={}^{ウエ}\mathbf{12}\sqrt{{}^{オ}\mathbf{5}}$$

⇦三角形の 3 辺の長さを a，b，c とすると，三角形の面積 S は

$S=\sqrt{s(s-a)(s-b)(s-c)}$

ただし　$s=\dfrac{a+b+c}{2}$

(2) 新しい座標平面上に，直線 $s=0$，$t=0$，$s+3t=3$ をかくと，図の実線部分のようになる。
ゆえに，連立不等式 $s \geqq 0$，$t \geqq 0$，

$s+3t \leqq 3$ すなわち $\dfrac{s}{3}+t \leqq 1$

の表す領域は，右の図の影をつけた部分のようになる。
ただし，境界線を含む。

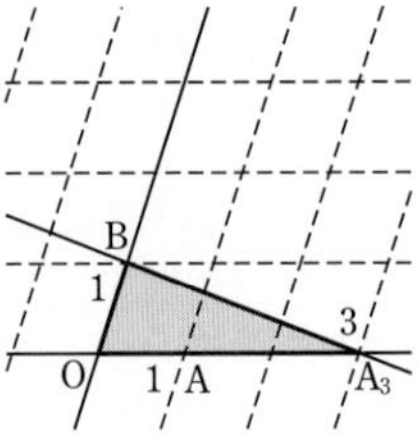

よって，$3\overrightarrow{OA}=\overrightarrow{OA_3}$ を満たす点 A_3 をとると，点Pの存在範囲は，$\triangle OA_3B$ の周および内部である（ｶ①）。

参考 $s+3t \leqq 3$ から $\dfrac{s}{3}+t \leqq 1$

また $\overrightarrow{OP}=\dfrac{s}{3}(3\overrightarrow{OA})+t\overrightarrow{OB}$

$3\overrightarrow{OA}=\overrightarrow{OA_3}$，$\dfrac{s}{3}=s'$ とすると

$\overrightarrow{OP}=s'\overrightarrow{OA_3}+t\overrightarrow{OB}$，

$s' \geqq 0$，$t \geqq 0$，$s'+t \leqq 1$

よって，点Pの存在範囲は，$\triangle OA_3B$ の周および内部である。

$\triangle OAB$ と $\triangle OA_3B$ は高さが等しく，底辺の長さの比について，$OA : OA_3=1 : 3$ であるから

$S : T=1 : 3$

したがって $T=$ｷ$\mathbf{3}S$

⇐直線OA，OBが座標軸となり，$|\overrightarrow{OA}|=8$，$|\overrightarrow{OB}|=7$ を1目盛りとしている。
なお，直交座標平面上において，連立不等式 $x \geqq 0$，$y \geqq 0$，$x+3y \leqq 3$ の表す領域は，下の図の影をつけた部分。ただし，境界線を含む。

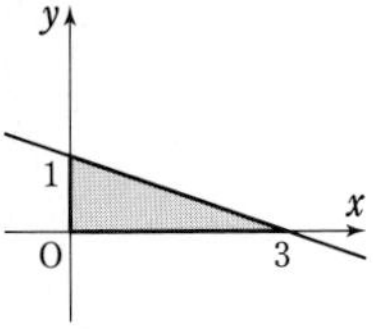

⇐参考では，ベクトル利用による解法を示す。

⇐斜交座標では，1目盛りの長さが1，座標軸のなす角が90°とは限らないから，直接面積を計算しようとするとミスをしやすい。よって，ここでは面積比を利用する。

(3) 新しい座標平面上に，直線 $s=0$，$t=0$，$2s+t=1$，$2s+t=2$ をかくと，図の実線部分のようになる。
ゆえに，連立不等式 $s \geqq 0$，$t \geqq 0$，

$1 \leqq 2s+t \leqq 2$ すなわち $\begin{cases} 2s+t \geqq 1 \\ s+\dfrac{t}{2} \leqq 1 \end{cases}$

の表す領域は，右の図の影をつけた部分のようになる。ただし，境界線を含む。

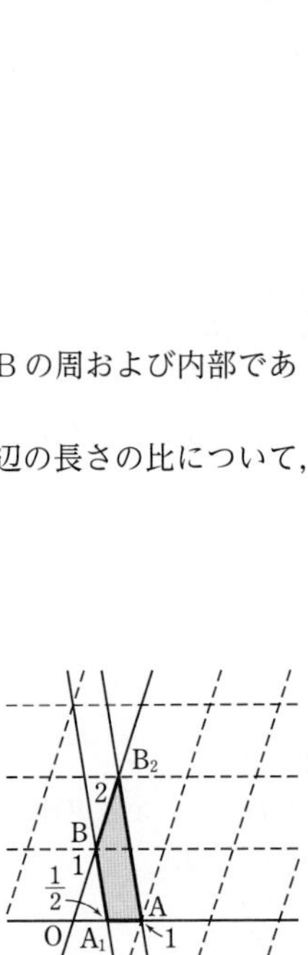

よって，$\dfrac{1}{2}\overrightarrow{OA}=\overrightarrow{OA_1}$，$2\overrightarrow{OB}=\overrightarrow{OB_2}$ を満たす点 A_1，B_2 をとると，点Pの存在範囲は，四角形 AB_2BA_1 の周および内部である（ｸ③）。

参考 $2s+t \geqq 1$ と $\overrightarrow{OP}=2s\left(\dfrac{1}{2}\overrightarrow{OA}\right)+t\overrightarrow{OB}$ から，

$\dfrac{1}{2}\overrightarrow{OA}=\overrightarrow{OA_1}$，$2s=s'$ とすると

$\overrightarrow{OP}=s'\overrightarrow{OA_1}+t\overrightarrow{OB}$，

$s' \geqq 0$，$t \geqq 0$，$s'+t \geqq 1$

このとき，点Pの存在範囲は，$\triangle OA_1B$ の外部で $\angle A_1OB$

⇐直交座標平面上で，連立不等式 $x \geqq 0$，$y \geqq 0$，$1 \leqq 2x+y \leqq 2$ の表す領域は，下の図の影をつけた部分。ただし，境界線を含む。

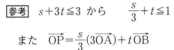

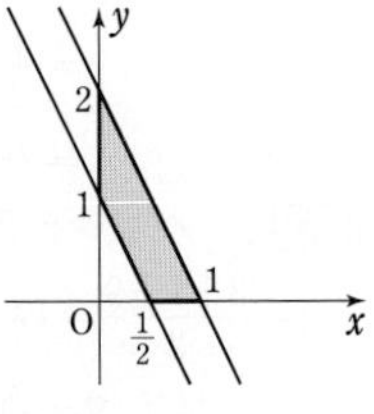

内にある部分である。ただし，境界線を含む。 …… Ⓐ

次に，$2s+t\leqq 2$ から　　$s+\frac{t}{2}\leqq 1$

また　　$\overrightarrow{\mathrm{OP}}=s\overrightarrow{\mathrm{OA}}+\frac{t}{2}(2\overrightarrow{\mathrm{OB}})$

$2\overrightarrow{\mathrm{OB}}=\overrightarrow{\mathrm{OB_2}}$，$\frac{t}{2}=t'$ とすると

$\overrightarrow{\mathrm{OP}}=s\overrightarrow{\mathrm{OA}}+t'\overrightarrow{\mathrm{OB_2}}$，

$s\geqq 0$，$t'\geqq 0$，$s+t'\leqq 1$

このとき，点Pの存在範囲は，
$\triangle \mathrm{OAB_2}$ の周および内部である。 …… Ⓑ

よって，(ii) の点Pの存在範囲は，Ⓐ と Ⓑ の共通部分であるから，右の図の影をつけた部分のようになる。ただし，境界線を含む。

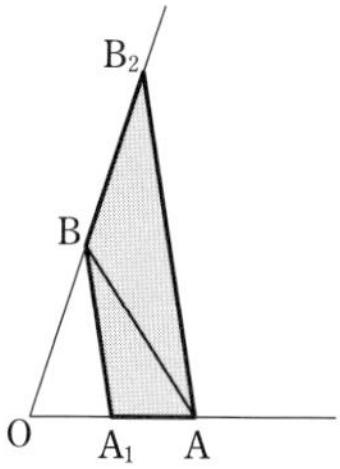

Ⓐ, Ⓑ の存在範囲は，それぞれ下の図の影をつけた部分。ただし，境界線を含む。

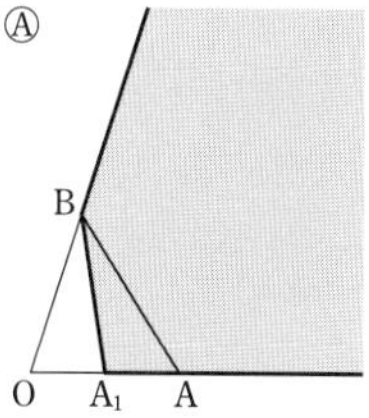

Ⓑ

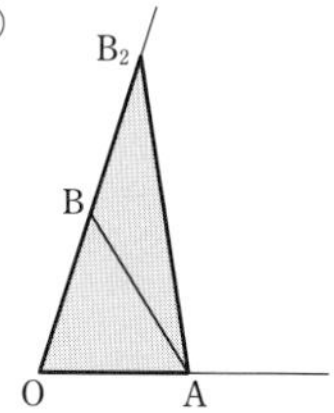

連立不等式 ③ を満たす点Pの存在範囲は，(i) と (ii) の存在範囲の共通部分であるから，図示すると，右の図の影をつけた部分のようになる。ただし，境界線を含む。ここで，直線 $\mathrm{AB_2}$，$\mathrm{A_3B}$ の交点をCとすると，四角形 $\mathrm{ACBA_1}$ の面積が求める面積 U である。

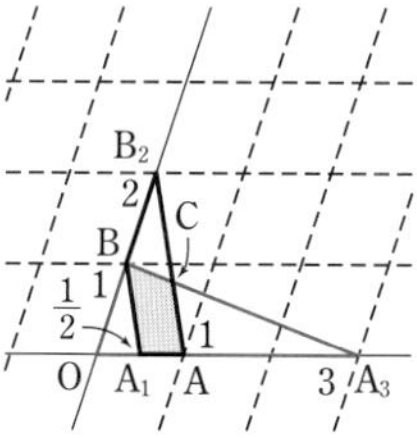

⇦直交座標平面上で，連立不等式 $x\geqq 0$，$y\geqq 0$，$x+3y\leqq 3$，$1\leqq 2x+y\leqq 2$ の表す領域は，下の図の影をつけた部分。ただし，境界線を含む。

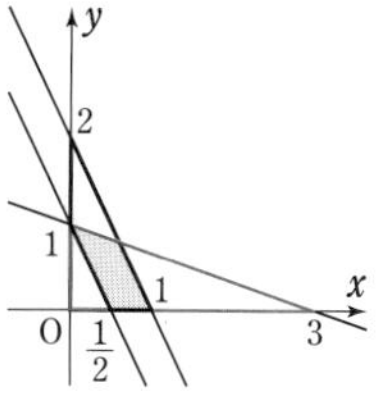

面積 U について

$U=\triangle \mathrm{A_1A_3B}-\triangle \mathrm{AA_3C}$ …… ④

$\mathrm{OA_1}:\mathrm{OA}=\mathrm{OB}:\mathrm{OB_2}=1:2$

であるから

$\mathrm{A_1B}/\!/\mathrm{AB_2}$ すなわち $\mathrm{A_1B}/\!/\mathrm{AC}$

ゆえに　　$\triangle \mathrm{AA_3C}\backsim\triangle \mathrm{A_1A_3B}$

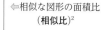

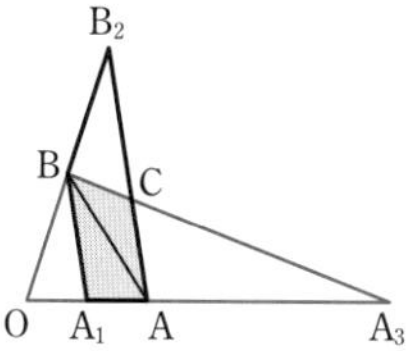

⇦平行線と線分の比の性質。

また，相似比は

$\mathrm{AA_3}:\mathrm{A_1A_3}=(3-1):\left(3-\frac{1}{2}\right)$

$=4:5$

よって　　$\triangle \mathrm{AA_3C}:\triangle \mathrm{A_1A_3B}=4^2:5^2=16:25$

⇦相似な図形の面積比
(相似比)^2

ゆえに　　$\triangle \mathrm{AA_3C}=\frac{16}{25}\triangle \mathrm{A_1A_3B}$ …… ⑤

ここで　　$\triangle \mathrm{OAB}:\triangle \mathrm{A_1A_3B}=\mathrm{OA}:\mathrm{A_1A_3}$

$=1:\left(3-\frac{1}{2}\right)=2:5$

⇦**三角形の面積比**
等高ならば底辺の比
$\triangle \mathrm{OAB}$ と $\triangle \mathrm{A_1A_3B}$ の高さは同じであるから，それぞれの三角形の底辺の長さの比が面積比となる。

よって　　$\triangle \mathrm{A_1A_3B}=\frac{5}{2}\triangle \mathrm{OAB}=\frac{5}{2}S$

⑤ に代入して

$\triangle \mathrm{AA_3C}=\frac{16}{25}\cdot\frac{5}{2}S=\frac{8}{5}S$

したがって，④ から

$$U=\frac{5}{2}S-\frac{8}{5}S=\frac{^{ケ}\mathbf{9}}{^{コサ}\mathbf{10}}S$$

(1) の結果を代入して

$$U=\frac{9}{10}S=\frac{9}{10}\cdot12\sqrt{5}=\frac{^{シス}\mathbf{54}\sqrt{^{セ}\mathbf{5}}}{^{ソ}\mathbf{5}}$$

R&W (問題に挑戦) 2

正方形 ABCD を底面とする正四角錐 O-ABCD において，$\overrightarrow{OA}=\vec{a}$，$\overrightarrow{OB}=\vec{b}$，$\overrightarrow{OC}=\vec{c}$，$\overrightarrow{OD}=\vec{d}$ とする。
また，辺 OA の中点を P，辺 OB を $q:(1-q)\ (0<q<1)$ に内分する点を Q，辺 OC を 1：2 に内分する点を R とする。

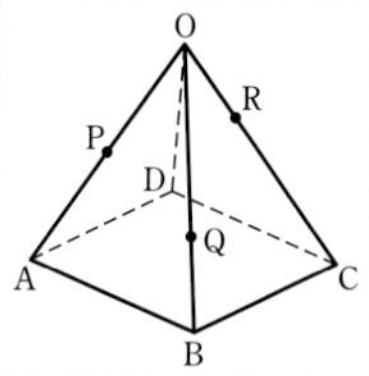

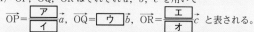

(1) $\overrightarrow{OP}$，$\overrightarrow{OQ}$，$\overrightarrow{OR}$ はそれぞれ $\vec{a}$，$\vec{b}$，$\vec{c}$ を用いて

$\overrightarrow{OP}=\dfrac{\boxed{ア}}{\boxed{イ}}\vec{a}$，$\overrightarrow{OQ}=\boxed{ウ}\vec{b}$，$\overrightarrow{OR}=\dfrac{\boxed{エ}}{\boxed{オ}}\vec{c}$ と表される。

また，$\vec{d}$ を $\vec{a}$，$\vec{b}$，$\vec{c}$ を用いて表すと，$\vec{d}=\boxed{カ}$ となる。

$\boxed{ウ}$，$\boxed{カ}$ に当てはまるものを，次の解答群から 1 つずつ選べ。

$\boxed{ウ}$ **の解答群**

⓪ q　① $-q$　② $(1-q)$　③ $(q-1)$　④ $\dfrac{q}{1+q}$　⑤ $\dfrac{1-q}{1+q}$

$\boxed{カ}$ **の解答群**

⓪ $\vec{a}+\vec{b}+\vec{c}$　① $\vec{a}+\vec{b}-\vec{c}$　② $\vec{a}-\vec{b}+\vec{c}$　③ $-\vec{a}+\vec{b}+\vec{c}$
④ $\vec{a}-\vec{b}-\vec{c}$　⑤ $-\vec{a}+\vec{b}-\vec{c}$　⑥ $-\vec{a}-\vec{b}+\vec{c}$　⑦ $-\vec{a}-\vec{b}-\vec{c}$

(2) 平面 PQR と直線 OD が交わるとき，その交点を X とする。

$q=\dfrac{2}{3}$ のとき，点 X が辺 OD に対してどのような位置にあるのかを調べよう。

(i) $\overrightarrow{OX}=k\vec{d}$ (k は実数) とおき，次の **方針 1** または **方針 2** を用いて k の値を求める。

方針 1

点 X は平面 PQR 上にあることから，実数 α，β を用いて
$$\overrightarrow{PX}=\alpha\overrightarrow{PQ}+\beta\overrightarrow{PR}$$
と表される。よって，$\overrightarrow{OX}$ を $\vec{a}$，$\vec{b}$，$\vec{c}$ と実数 α，β を用いて表すと，
$\overrightarrow{OX}=\boxed{キ}\vec{a}+\boxed{ク}\vec{b}+\boxed{ケ}\vec{c}$ となる。
また，$\overrightarrow{OX}=k\vec{d}=k(\boxed{カ})$ であることから，$\overrightarrow{OX}$ は $\vec{a}$，$\vec{b}$，$\vec{c}$ と実数 k を用いて表すこともできる。
この 2 通りの表現を用いて，k の値を求める。

方針 2

$\overrightarrow{OX}=k\vec{d}=k(\boxed{カ})$ であることから，$\overrightarrow{OX}$ を $\overrightarrow{OP}$，$\overrightarrow{OQ}$，$\overrightarrow{OR}$ と実数 α'，β'，γ' を用いて
$\overrightarrow{OX}=\alpha'\overrightarrow{OP}+\beta'\overrightarrow{OQ}+\gamma'\overrightarrow{OR}$ と表すと

$\alpha'=\boxed{コ}k$，$\beta'=\dfrac{\boxed{サシ}}{\boxed{ス}}k$，$\gamma'=\boxed{セ}k$ となる。

点 X は平面 PQR 上にあるから，$\alpha'+\beta'+\gamma'=\boxed{ソ}$ が成り立つ。
この等式を用いて k の値を求める。

$\boxed{キ}$ ～ $\boxed{ケ}$ に当てはまるものを，次の解答群から 1 つずつ選べ。

$\boxed{キ}$ ～ $\boxed{ケ}$ **の解答群** (同じものを繰り返し選んでもよい。)

⓪ $\dfrac{1}{2}\alpha$　① $\dfrac{1}{3}\alpha$　② $\dfrac{2}{3}\alpha$　③ $\dfrac{1}{2}\beta$　④ $\dfrac{1}{3}\beta$　⑤ $\dfrac{2}{3}\beta$

⑥ $\dfrac{1-\alpha-\beta}{2}$　⑦ $\dfrac{1-\alpha-\beta}{3}$　⑧ $\dfrac{2(1-\alpha-\beta)}{3}$

(ii) **方針 1** または **方針 2** を用いて，k の値を求めると，$k=\dfrac{\boxed{タ}}{\boxed{チ}}$ である。

よって，点 X は辺 OD を $\boxed{ツ}:\boxed{テ}$ に内分する位置にあることがわかる。

(3) 平面 PQR が直線 OD と交わるとき，$\overrightarrow{OX}=x\vec{d}$ (x は実数) とおくと，x は q を用いて

$x=\dfrac{q}{\boxed{ト}q-\boxed{ナ}}$ と表される。

(4) 平面 PQR と辺 OD について，次のようになる。

$q=\dfrac{1}{4}$ のとき，平面 PQR は $\boxed{ニ}$。 $q=\dfrac{1}{5}$ のとき，平面 PQR は $\boxed{ヌ}$。

$q=\dfrac{1}{6}$ のとき，平面 PQR は $\boxed{ネ}$。

[ニ]～[ネ]に当てはまるものを，次の解答群から1つずつ選べ。

[ニ]～[ネ]の解答群（同じものを繰り返し選んでもよい。）

⓪ 辺ODと点Oで交わる　　① 辺ODと点Dで交わる
② 辺OD（両端を除く）と交わる　　③ 辺ODのOを越える延長と交わる
④ 辺ODのDを越える延長と交わる　　⑤ 直線ODと平行である

(1) 点Pは辺OAの中点，点Qは辺OBを $q:(1-q)$ $(0<q<1)$ に内分する点，点Rは辺OCを1：2に内分する点であるから

$$\overrightarrow{OP}=\frac{{}^{ア}\mathbf{1}}{{}^{イ}\mathbf{2}}\vec{a},$$

$$\overrightarrow{OQ}=\frac{q}{q+(1-q)}\vec{b}=q\vec{b}\ （{}^{ウ}⓪），$$

$$\overrightarrow{OR}=\frac{{}^{エ}\mathbf{1}}{{}^{オ}\mathbf{3}}\vec{c}$$

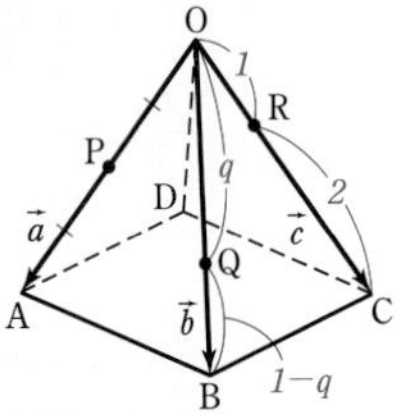

[参考] 正四角錐は，底面が正方形で，側面がすべて合同な二等辺三角形である角錐のこと。

また，底面ABCDは正方形であるから

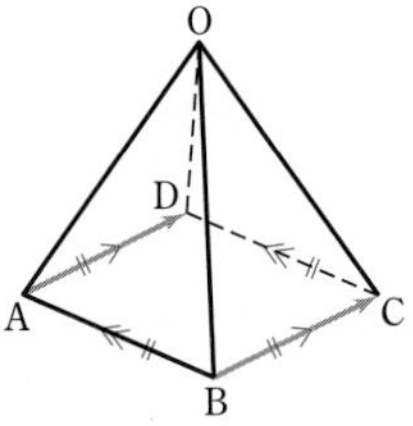

$$\overrightarrow{AD}=\overrightarrow{BC}$$

ゆえに　　$\vec{d}-\vec{a}=\vec{c}-\vec{b}$

したがって　　$\vec{d}=\vec{a}-\vec{b}+\vec{c}$ （^{カ}②）

⇐四角形ABCDが平行四辺形 ⟺ $\overrightarrow{AD}=\overrightarrow{BC}$

(2) $q=\dfrac{2}{3}$ のとき　　$\overrightarrow{OQ}=\dfrac{2}{3}\vec{b}$

(i) 点Xは直線OD上にあるから，$\overrightarrow{OX}=k\vec{d}$ （k は実数）とおく。

方針1 について。点Xは平面PQR上にあることから，実数 α，β を用いて，$\overrightarrow{PX}=\alpha\overrightarrow{PQ}+\beta\overrightarrow{PR}$ と表される。

よって　　$\overrightarrow{OX}-\overrightarrow{OP}=\alpha(\overrightarrow{OQ}-\overrightarrow{OP})+\beta(\overrightarrow{OR}-\overrightarrow{OP})$

ゆえに　　$\overrightarrow{OX}=(1-\alpha-\beta)\overrightarrow{OP}+\alpha\overrightarrow{OQ}+\beta\overrightarrow{OR}$

$$=(1-\alpha-\beta)\cdot\frac{1}{2}\vec{a}+\alpha\cdot\frac{2}{3}\vec{b}+\beta\cdot\frac{1}{3}\vec{c}$$

$$=\frac{1-\alpha-\beta}{2}\vec{a}+\frac{2}{3}\alpha\vec{b}+\frac{1}{3}\beta\vec{c}\quad\cdots\cdots①$$

よって　　（キ）⑥　　（ク）②　　（ケ）④

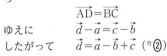

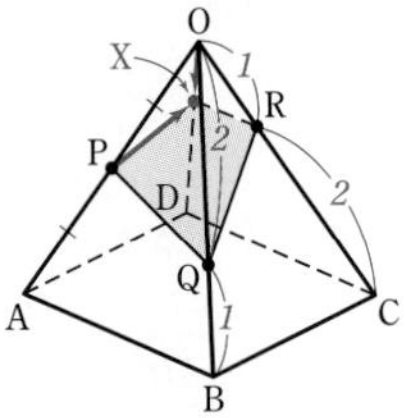

3点A，B，Cが一直線上にないとき

点Pが平面ABC上にある

⟺ $\overrightarrow{CP}=s\overrightarrow{CA}+t\overrightarrow{CB}$ となる実数 s，t がある

⟺ $\overrightarrow{OP}=s\overrightarrow{OA}+t\overrightarrow{OB}+u\overrightarrow{OC}$，$s+t+u=1$ となる実数 s，t，u がある

方針2 について。$\overrightarrow{OP}=\dfrac{1}{2}\vec{a}$，$\overrightarrow{OQ}=\dfrac{2}{3}\vec{b}$，$\overrightarrow{OR}=\dfrac{1}{3}\vec{c}$ から

$$\vec{a}=2\overrightarrow{OP},\ \vec{b}=\frac{3}{2}\overrightarrow{OQ},\ \vec{c}=3\overrightarrow{OR}$$

ゆえに　　$\overrightarrow{OX}=k\vec{d}=k(\vec{a}-\vec{b}+\vec{c})$

⇐(1)から $\vec{d}=\vec{a}-\vec{b}+\vec{c}$

$$=k\vec{a}-k\vec{b}+k\vec{c}$$

$$=2k\overrightarrow{OP}-\frac{3}{2}k\overrightarrow{OQ}+3k\overrightarrow{OR}$$

よって　　$\alpha'={}^{コ}\mathbf{2}k$，$\beta'=\dfrac{{}^{サシ}\mathbf{-3}}{{}^{ス}\mathbf{2}}k$，$\gamma'={}^{セ}\mathbf{3}k$　$\cdots\cdots$②

点Xは平面PQR上にあるから，

$\overrightarrow{OX}=\alpha'\overrightarrow{OP}+\beta'\overrightarrow{OQ}+\gamma'\overrightarrow{OR}$ と表されるとき，

$\alpha'+\beta'+\gamma'={}^{ソ}\mathbf{1}$　$\cdots\cdots$③ が成り立つ。

⇐**(係数の和)＝1**

(ii) **方針1** による解法。

$$\overrightarrow{OX}=k\vec{d}=k(\vec{a}-\vec{b}+\vec{c})=k\vec{a}-k\vec{b}+k\vec{c}\quad\cdots\cdots④$$

4 点 O，A，B，C は同じ平面上にないから，①，④ より

$$\frac{1-\alpha-\beta}{2}=k,\ \frac{2}{3}\alpha=-k,\ \frac{1}{3}\beta=k$$

これを解くと　$k=\frac{{}^{\text{タ}}\mathbf{2}}{{}^{\text{チ}}\mathbf{7}}$ $\left(\alpha=-\frac{3}{7},\ \beta=\frac{6}{7}\right)$ ①

方針 2 による解法。② を ③ に代入して

$$2k-\frac{3}{2}k+3k=1 \qquad \text{よって} \qquad k=\frac{{}^{\text{タ}}\mathbf{2}}{{}^{\text{チ}}\mathbf{7}}$$

$\left(\text{このとき，②から}\quad \alpha'=\frac{4}{7},\ \beta'=-\frac{3}{7},\ \gamma'=\frac{6}{7}\right)$

ゆえに　$\overrightarrow{\mathrm{OX}}=\frac{2}{7}\vec{d}$

よって，点 X は辺 OD を ${}^{\text{ツ}}\mathbf{2}:{}^{\text{テ}}\mathbf{5}$ に内分する位置にある。

① 問われているのは k の値だけであるが，求めた k の値に対して実数 α，β が確かに定まることを確認してもよい。

⇦ここでは，**方針 1** より **方針 2** の方がらくに解ける。

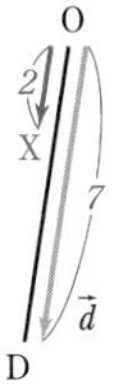

(3)　(2) と同様にして x を q で表す。

(2) の **方針 2** を用いると，$\overrightarrow{\mathrm{OP}}=\frac{1}{2}\vec{a}$，$\overrightarrow{\mathrm{OQ}}=q\vec{b}$，$\overrightarrow{\mathrm{OR}}=\frac{1}{3}\vec{c}$ より，

$\vec{a}=2\overrightarrow{\mathrm{OP}}$，$\vec{b}=\frac{1}{q}\overrightarrow{\mathrm{OQ}}$，$\vec{c}=3\overrightarrow{\mathrm{OR}}$ であるから

$$\begin{aligned}\overrightarrow{\mathrm{OX}}&=x\vec{d}=x(\vec{a}-\vec{b}+\vec{c})\\&=x\vec{a}-x\vec{b}+x\vec{c}\\&=2x\overrightarrow{\mathrm{OP}}-\frac{1}{q}x\overrightarrow{\mathrm{OQ}}+3x\overrightarrow{\mathrm{OR}}\end{aligned}$$

⇦(2)(i) の **方針 2** とまったく同様（ここでも **方針 2** の方が計算量は少なくてすむ）。$q=\frac{2}{3}$ としていた部分を文字 q のまま進める。

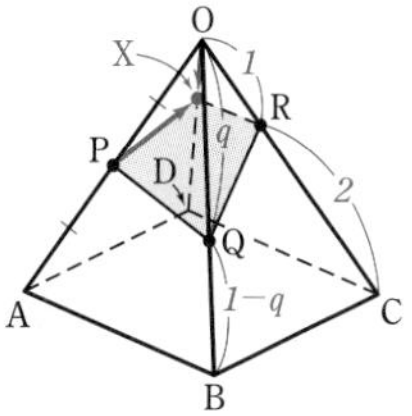

点 X は平面 PQR 上にあるから　$2x-\frac{1}{q}x+3x=1$

よって　$\frac{5q-1}{q}x=1$　…… ⑤

$q=\frac{1}{5}$ とすると，$0\cdot x=1$ となり，⑤ を満たす x は存在しない。

ゆえに，$q\fallingdotseq\frac{1}{5}$ であるから

$$x=\frac{q}{{}^{\text{ト}}\mathbf{5}q-{}^{\text{ナ}}\mathbf{1}}\quad \cdots\cdots ⑥$$

⇦$q=\frac{1}{5}$ のときは，平面 PQR と直線 OD の交点が存在しないことになる。
⟶ (4) の **ヌ** に関連。

別解　(2) の **方針 1** を用いると，次のようになる。

点 X は平面 PQR 上にあることから，実数 α，β を用いて

$$\overrightarrow{\mathrm{PX}}=\alpha\overrightarrow{\mathrm{PQ}}+\beta\overrightarrow{\mathrm{PR}}$$

と表される。

⇦(2)(i) の **方針 1** とまったく同様。$q=\frac{2}{3}$ としていた部分を文字 q のまま進める。

よって　$\overrightarrow{\mathrm{OX}}-\overrightarrow{\mathrm{OP}}=\alpha(\overrightarrow{\mathrm{OQ}}-\overrightarrow{\mathrm{OP}})+\beta(\overrightarrow{\mathrm{OR}}-\overrightarrow{\mathrm{OP}})$

ゆえに

$$\begin{aligned}\overrightarrow{\mathrm{OX}}&=(1-\alpha-\beta)\overrightarrow{\mathrm{OP}}+\alpha\overrightarrow{\mathrm{OQ}}+\beta\overrightarrow{\mathrm{OR}}\\&=(1-\alpha-\beta)\cdot\frac{1}{2}\vec{a}+\alpha q\vec{b}+\beta\cdot\frac{1}{3}\vec{c}\\&=\frac{1-\alpha-\beta}{2}\vec{a}+q\alpha\vec{b}+\frac{1}{3}\beta\vec{c}\end{aligned}$$

また

$$\begin{aligned}\overrightarrow{\mathrm{OX}}&=x\vec{d}=x(\vec{a}-\vec{b}+\vec{c})\\&=x\vec{a}-x\vec{b}+x\vec{c}\end{aligned}$$

4 点 O，A，B，C は同じ平面上にないから

$$\frac{1-\alpha-\beta}{2}=x,\ q\alpha=-x,\ \frac{1}{3}\beta=x$$

⇦$\overrightarrow{\mathrm{OX}}$ が $\vec{a}$，$\vec{b}$，$\vec{c}$ で 2 通りに表されたので，係数を比較。

$q\alpha=-x$ から　$\alpha=-\dfrac{x}{q}$　　$\dfrac{1}{3}\beta=x$ から　$\beta=3x$

これらを $\dfrac{1-\alpha-\beta}{2}=x$ に代入して整理すると

$$\frac{5q-1}{q}x=1 \quad \cdots\cdots ⑦$$

$q=\dfrac{1}{5}$ とすると，$0\cdot x=1$ となり，⑦ を満たす x は存在しない。ゆえに，$q\neq\dfrac{1}{5}$ であるから　$x=\dfrac{q}{{}^{ト}\mathbf{5}q-{}^{ナ}\mathbf{1}}$

このとき　$\alpha=-\dfrac{1}{5q-1}$，$\beta=\dfrac{3q}{5q-1}$

(4) $q=\dfrac{1}{4}$ のとき，⑥ から　$x=\dfrac{\frac{1}{4}}{5\cdot\frac{1}{4}-1}=1$

よって　$\overrightarrow{OX}=\vec{d}$　すなわち　$\overrightarrow{OX}=\overrightarrow{OD}$

ゆえに，点 X は点 D と一致するから　（ニ）①

（平面 PQR は辺 OD と点 D で交わる。）

$q=\dfrac{1}{5}$ のとき，(3) より $2x-\dfrac{1}{q}x+3x=1$ を満たす x の値は存在しない。

よって，直線 OD と平面 PQR の交点 X は存在しない。

ゆえに，平面 PQR は直線 OD と平行である。①　（ヌ）⑤

$q=\dfrac{1}{6}$ のとき，⑥ から　$x=\dfrac{\frac{1}{6}}{5\cdot\frac{1}{6}-1}=-1$

よって　$\overrightarrow{OX}=-\vec{d}=-\overrightarrow{OD}$

ゆえに，点 X は辺 OD の O を越える延長上にあるから

（ネ）③

（平面 PQR は辺 OD の O を越える延長と交わる。）

⇐$1+\dfrac{x}{q}-3x=2x$

① 平面と直線の位置関係は，次の [1]～[3] のいずれかである。

[1] 直線が平面に含まれる

[2] 1点で交わる

[3] 平行

[1]，[2] は起こらないから，[3] の関係となる。

点 X は辺 OD を 1：2 に外分する位置にある。

R&W (問題に挑戦) 3 複素数 z_n ($n=1,\ 2,\ 3,\ \cdots\cdots$) が次の式を満たしている。

$$z_1=1$$

$$z_nz_{n+1}=\frac{1}{2}\left(\frac{1+\sqrt{3}\,i}{2}\right)^{n-1}\ (n=1,\ 2,\ 3,\ \cdots\cdots)\ \cdots\cdots ①$$

(1) ① において，$n=1$ のとき　　$z_1z_2=\dfrac{1}{2}\left(\dfrac{1+\sqrt{3}\,i}{2}\right)^0$

$z_1=1$ であるから　　$z_2=\dfrac{1}{2}$

また，① において，$n=2$ のとき　　$z_2z_3=\dfrac{1}{2}\left(\dfrac{1+\sqrt{3}\,i}{2}\right)$

よって　　$z_3=$ [ア]

同様に，z_4，z_5 の値を求めると　　$z_4=$ [イ]，　$z_5=$ [ウ]

[ア]～[ウ]の解答群（同じものを繰り返し選んでもよい。）

⓪ 0　① $\dfrac{1}{2}$　② 1　③ $\dfrac{1+\sqrt{3}\,i}{4}$　④ $\dfrac{1+\sqrt{3}\,i}{2}$

⑤ $\dfrac{-1+\sqrt{3}\,i}{4}$　⑥ $\dfrac{-1+\sqrt{3}\,i}{2}$　⑦ $\dfrac{1-\sqrt{3}\,i}{4}$　⑧ $\dfrac{1-\sqrt{3}\,i}{2}$

(2) Oを原点とする複素数平面で，z_1，z_2，z_3，z_4，z_5 を表す点を，それぞれ A，B，C，D，E とする。次の⓪～⑤のうち，正しいものは [エ] と [オ] である。

[エ]，[オ]の解答群（解答の順序は問わない。）

⓪ △ABC は正三角形である。　① △BCD は正三角形である。

② △OCE は直角三角形である。　③ △BCE は直角三角形である。

④ 四角形 ABDC は平行四辺形である。　⑤ 四角形 AOEC は平行四辺形である。

(3) z_n を n の式で表そう。

① において n を $n+1$ とすると　　$z_{n+1}z_{n+2}=\dfrac{1}{2}\left(\dfrac{1+\sqrt{3}\,i}{2}\right)^n\ \cdots\cdots ②$

①，② から，z_{n+2} を z_n で表すと　　$z_{n+2}=$ [カ] z_n

[1] n が奇数のとき

$n=2m-1$ ($m=1,\ 2,\ 3,\ \cdots\cdots$) とおくと　　$z_{2(m+1)-1}=$ [カ] z_{2m-1}

よって　　$z_n=z_{2m-1}=($[カ]$)^{[キ]}$

[2] n が偶数のとき

$n=2m$ ($m=1,\ 2,\ 3,\ \cdots\cdots$) とおくと　　$z_{2(m+1)}=$ [カ] z_{2m}

よって　　$z_n=z_{2m}=\dfrac{1}{[ク]}($[カ]$)^{[ケ]}$

[カ]の解答群

⓪ $\dfrac{1+\sqrt{3}\,i}{4}$　① $\dfrac{1+\sqrt{3}\,i}{2}$　② $\dfrac{-1+\sqrt{3}\,i}{4}$　③ $\dfrac{-1+\sqrt{3}\,i}{2}$

④ $\dfrac{1-\sqrt{3}\,i}{4}$　⑤ $\dfrac{1-\sqrt{3}\,i}{2}$　⑥ $\dfrac{-1-\sqrt{3}\,i}{4}$　⑦ $\dfrac{-1-\sqrt{3}\,i}{2}$

[キ]，[ケ]の解答群（同じものを繰り返し選んでもよい。）

⓪ $n-1$　① n　② $n+1$　③ $\dfrac{n-1}{2}$

④ $\dfrac{n}{2}$　⑤ $\dfrac{n+1}{2}$　⑥ $\dfrac{n}{2}-1$　⑦ $\dfrac{n}{2}+1$

(4) $n=1,\ 2,\ 3,\ \cdots\cdots$ について，複素数平面上で z_n を表す点を図示していくと，複素数平面上には全部で [コサ] 個の点が描かれる。ただし，同じ位置にある点は1個と数えるものとする。

(5) $\displaystyle\sum_{n=1}^{1010} z_n$ の値を求めよう。$\alpha=\dfrac{1+\sqrt{3}\,i}{2}$ とおくと，$\alpha^6=$ [シ]，$\alpha\neq1$ であるから

$$1+\alpha+\alpha^2+\alpha^3+\alpha^4+\alpha^5=\text{[ス]}$$

1010 を [コサ] で割った余りに着目することにより，$\displaystyle\sum_{n=1}^{1010} z_n$ の値を求めると

$$\sum_{n=1}^{1010} z_n=\frac{\text{[セ]}}{\text{[ソ]}}$$

(1) ① において，$n=2$ のとき　$z_2z_3=\frac{1}{2}\left(\frac{1+\sqrt{3}i}{2}\right)$

$z_2=\frac{1}{2}$ から　$z_3=\frac{1+\sqrt{3}i}{2}$　(ア ④)

同様に，$n=3$ のとき　$z_3z_4=\frac{1}{2}\left(\frac{1+\sqrt{3}i}{2}\right)^2$

よって　$z_4=\frac{1}{2}\left(\frac{1+\sqrt{3}i}{2}\right)=\frac{1+\sqrt{3}i}{4}$　(イ ③)

また，$n=4$ のとき　$z_4z_5=\frac{1}{2}\left(\frac{1+\sqrt{3}i}{2}\right)^3$

よって　$z_5=\left(\frac{1+\sqrt{3}i}{2}\right)^2=\frac{-1+\sqrt{3}i}{2}$　(ウ ⑥)

⇦ $z_2=\frac{1}{2}$ で両辺を割る。

⇦ $z_3=\frac{1+\sqrt{3}i}{2}$ で両辺を割る。

⇦ $z_4=\frac{1}{2}\left(\frac{1+\sqrt{3}i}{2}\right)$ で両辺を割る。

⇦ $\left(\frac{1+\sqrt{3}i}{2}\right)^2=\frac{1+2\sqrt{3}i+3i^2}{4}=\frac{-2+2\sqrt{3}i}{4}$

(2) $z_3=\cos\frac{\pi}{3}+i\sin\frac{\pi}{3}$

$z_4=\frac{1}{2}\left(\frac{1+\sqrt{3}i}{2}\right)=\frac{1}{2}\left(\cos\frac{\pi}{3}+i\sin\frac{\pi}{3}\right)$

$z_5=\cos\frac{2}{3}\pi+i\sin\frac{2}{3}\pi$

よって，点 A，B，C，D，E は右図のように表される。

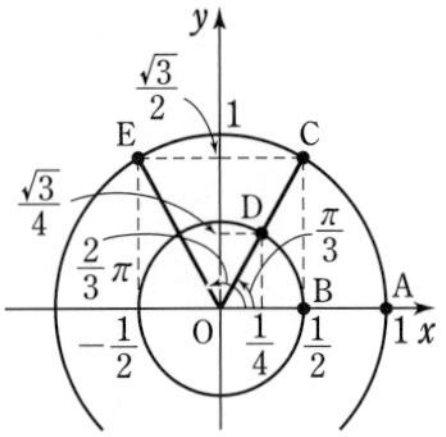

⓪ 図から，△ABC は $\angle ABC=\frac{\pi}{2}$ の直角三角形である。
よって，正しくない。

① 図から　$BC=\frac{\sqrt{3}}{2}$，$CD=\frac{1}{2}$
ゆえに，△BCD は正三角形でない。よって，正しくない。

② 図から　$OC=OE=1$，$\angle COE=\frac{\pi}{3}$
ゆえに，△OCE は正三角形である。よって，正しくない。

③ 図から　$\angle BCE=\frac{\pi}{2}$
ゆえに，△BCE は直角三角形である。よって，正しい。

④ 図から　AB $\not\parallel$ CD
ゆえに，四角形 ABDC は平行四辺形でない。よって，正しくない。

⑤ $z_1+z_5=1+\frac{-1+\sqrt{3}i}{2}=\frac{1+\sqrt{3}i}{2}=z_3$
ゆえに，四角形 AOEC は平行四辺形である。よって，正しい。

以上から，正しいものは　エ ③，オ ⑤　(または エ ⑤，オ ③)

⇦ AO=OE=EC=CA=1 から四角形 AOEC はひし形である。このことから判断してもよい。

(3) ① において n を $n+1$ とすると

$$z_{n+1}z_{n+2}=\frac{1}{2}\left(\frac{1+\sqrt{3}i}{2}\right)^n \quad \cdots\cdots ②$$

すべての自然数 n に対して，$z_n\neq 0$ であることに注意して

$$z_{n+1}=\frac{1}{2}\left(\frac{1+\sqrt{3}i}{2}\right)^{n-1}\times\frac{1}{z_n}$$

$$z_{n+2}=\frac{1}{2}\left(\frac{1+\sqrt{3}i}{2}\right)^n\times\frac{1}{z_{n+1}}$$

⇦ ① の右辺について $\frac{1}{2}\left(\frac{1+\sqrt{3}i}{2}\right)^{n-1}\neq 0$
よって，すべての n に対し　$z_nz_{n+1}\neq 0$
ゆえに　$z_n\neq 0$

よって

$$z_{n+2}=\frac{1}{2}\left(\frac{1+\sqrt{3}\,i}{2}\right)^n\times\frac{1}{\frac{1}{2}\left(\frac{1+\sqrt{3}\,i}{2}\right)^{n-1}\times\frac{1}{z_n}}$$

$$=\frac{1+\sqrt{3}\,i}{2}z_n \quad\cdots\cdots ③ \quad (カ①)$$

[1] n が奇数のとき

$n=2m-1$ ($m=1,\ 2,\ 3,\ \cdots\cdots$) とおくと，③ から

$$z_{2(m+1)-1}=\frac{1+\sqrt{3}\,i}{2}z_{2m-1}$$

⇦ $z_{2m-1}=a_m$ とおくと $a_{m+1}=\frac{1+\sqrt{3}\,i}{2}a_m$ このようにすると，等比数列であることがわかりやすい。

よって，数列 $\{z_{2m-1}\}$ は初項 $z_1=1$，公比 $\frac{1+\sqrt{3}\,i}{2}$ の等比数列であるから　$z_{2m-1}=\left(\frac{1+\sqrt{3}\,i}{2}\right)^{m-1}$

$m=\frac{n+1}{2}$ から　$z_n=z_{2m-1}=\left(\frac{1+\sqrt{3}\,i}{2}\right)^{\frac{n-1}{2}}$ ……④ (キ③)

⇦ $n=2m-1$ から $m=\frac{n+1}{2}$

[2] n が偶数のとき

$n=2m$ ($m=1,\ 2,\ 3,\ \cdots\cdots$) とおくと，③ から

$$z_{2(m+1)}=\frac{1+\sqrt{3}\,i}{2}z_{2m}$$

⇦ $z_{2m}=b_m$ とおくと $b_{m+1}=\frac{1+\sqrt{3}\,i}{2}b_m$

よって，数列 $\{z_{2m}\}$ は初項 $z_2=\frac{1}{2}$，公比 $\frac{1+\sqrt{3}\,i}{2}$ の等比数列であるから　$z_{2m}=\frac{1}{2}\left(\frac{1+\sqrt{3}\,i}{2}\right)^{m-1}$

$m=\frac{n}{2}$ から　$z_n=z_{2m}=\frac{1}{{}^{ク}2}\left(\frac{1+\sqrt{3}\,i}{2}\right)^{\frac{n}{2}-1}$ ……⑤ (ケ⑥)

⇦ $n=2m$ から $m=\frac{n}{2}$

(4) ③ から　$z_{n+2}=\left(\cos\frac{\pi}{3}+i\sin\frac{\pi}{3}\right)z_n$

よって，点 z_{n+2} は，点 z_n を原点Oを中心として $\frac{\pi}{3}$ だけ回転した点である。

ゆえに，点 z_1，z_2 から点 z_{11}，z_{12} まで順に点を図示すると，右図のようになる。

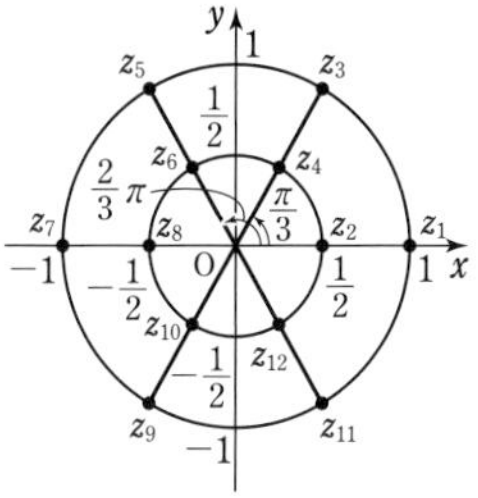

⇦点 z_1，……，z_5 の位置は(2)で求めているので，点 z_6 から始めてもよい。

また，図より，$z_{13}=z_1$，$z_{14}=z_2$ であるから，すべての自然数 n に対し，$z_{n+12}=z_n$ ……⑥ が成り立つ。

よって，13 以上の n に対し，点 z_n は，点 z_1，z_2，……，z_{12} のうちいずれかと一致する。

したがって，求める点の個数は，コサ**12** 個である。

⇦ $z_1=z_{13}=z_{25}=\cdots\cdots$，$z_2=z_{14}=z_{26}=\cdots\cdots$，$z_3=z_{15}=z_{27}=\cdots\cdots$，$z_4=z_{16}=z_{28}=\cdots\cdots$，……

(5) $\alpha=\frac{1+\sqrt{3}\,i}{2}$ とおくと

$$\alpha^6=\left(\frac{1+\sqrt{3}\,i}{2}\right)^6=\left(\cos\frac{\pi}{3}+i\sin\frac{\pi}{3}\right)^6=\cos 2\pi+i\sin 2\pi={}^{シ}\mathbf{1}$$

⇦極形式で表し，ド・モアブルの定理を適用。

よって　$\alpha^6-1=0$

ゆえに　$(\alpha-1)(1+\alpha+\alpha^2+\alpha^3+\alpha^4+\alpha^5)=0$

$\alpha \neq 1$ であるから　$1+\alpha+\alpha^2+\alpha^3+\alpha^4+\alpha^5={}^{ス}\mathbf{0}$　…… ⑦

よって，④ から　$z_1+z_3+z_5+z_7+z_9+z_{11}=0$　…… ⑧

⑦ の両辺に $\frac{1}{2}$ を掛けると　$\frac{1}{2}(1+\alpha+\alpha^2+\alpha^3+\alpha^4+\alpha^5)=0$

よって，⑤ から　$z_2+z_4+z_6+z_8+z_{10}+z_{12}=0$　…… ⑨

⑥，⑧，⑨ から　$\sum_{h=1}^{12} z_{12j+h}=0$　（j は 0 以上の整数）

$1010=84\times12+2$ であるから

$$\sum_{n=1}^{1010} z_n=\sum_{n=1}^{1008} z_n+z_{1009}+z_{1010}=z_1+z_2=1+\frac{1}{2}=\frac{{}^{セ}\mathbf{3}}{{}^{ソ}\mathbf{2}}$$

⇦ n が奇数のとき，④ から　$z_n=\alpha^{\frac{n-1}{2}}$
n が偶数のとき，⑤ から
$z_n=\frac{1}{2}\alpha^{\frac{n}{2}-1}$

⇦ $z_1+z_2+\cdots+z_{12}=0$,
$z_{13}+z_{14}+\cdots+z_{24}=0$,
$z_{25}+z_{26}+\cdots+z_{36}=0$,
……

⇦ $z_{1009}=z_{84\times12+1}=z_1$,
$z_{1010}=z_{84\times12+2}=z_2$

R&W (問題に挑戦) 4

〔1〕 a, b, c, d, fを実数とし，x, yの方程式

$$ax^2+by^2+cx+dy+f=0$$

について，この方程式が表す座標平面上の図形をコンピュータソフトを用いて表示させる。ただし，このコンピュータソフトではa, b, c, d, fの値は十分に広い範囲で変化させられるものとする。

図 1

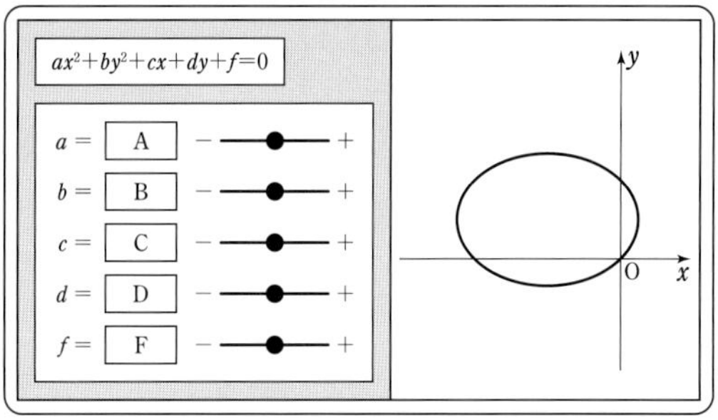

(1) a, d, fの値を $a=2$, $d=-10$, $f=0$ とし，更に，b, cにある値をそれぞれ入れたところ，図 1 のような楕円が表示された。このときのb, cの値の組み合わせとして最も適当なものは，次の⓪～⑦のうち［ア］である。

［ア］の解答群

⓪ $b=1$, $c=9$　① $b=1$, $c=-9$　② $b=-1$, $c=9$
③ $b=-1$, $c=-9$　④ $b=4$, $c=9$　⑤ $b=4$, $c=-9$
⑥ $b=-4$, $c=9$　⑦ $b=-4$, $c=-9$

(2) 係数a, b, d, fは(1)のときの値のまま変えずに，係数cの値だけを変化させたとき，座標平面上には［イ］。また，係数a, c, d, fは(1)のときの値のまま変えずに，係数bの値だけを $b\geqq 0$ の範囲で変化させたとき，座標平面上には［ウ］。

［イ］，［ウ］の解答群（同じものを繰り返し選んでもよい。）

⓪ つねに楕円のみが現れ，円は現れない
① 楕円，円が現れ，他の図形は現れない
② 楕円，円，放物線が現れ，他の図形は現れない
③ 楕円，円，双曲線が現れ，他の図形は現れない
④ 楕円，円，双曲線，放物線が現れ，他の図形は現れない
⑤ 楕円，円，双曲線，放物線が現れ，また他の図形が現れることもある

〔2〕 次に，x, yの 2 次方程式がxyの項を含む場合を考えよう。

a, b, c, fを実数とし，x, yの方程式

$$ax^2+bxy+cy^2+f=0$$

について，この方程式が表す座標平面上の図形をコンピュータソフトを用いて表示させる。ただし，このコンピュータソフトではa, b, c, fの値は十分に広い範囲で変化させられるものとする。また，a, b, c, fにある値を入力したとき，楕円が表示される場合は，図 2 のように楕円の長軸と短軸も表示されるものとする。

図 2

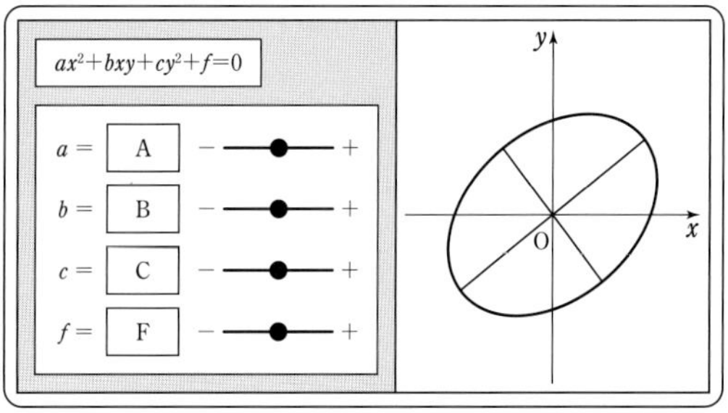

a, b, c, f の値を $a=2$, $b=1$, $c=2$, $f=-15$ とすると，原点Oを中心とし，長軸と短軸が座標軸と重ならない楕円が表示された。この楕円をCとする。また，楕円Cを，原点を中心として角$\theta\left(0<\theta\leqq\dfrac{\pi}{2}\right)$だけ回転して得られる楕円を$D$とする。楕円$D$の長軸と短軸が座標軸に重なるとき，$D$の方程式の係数$a$, b, c, fの値を求めよう。

楕円 $C:2x^2+xy+2y^2-15=0$ を，原点を中心として角θだけ回転したとき，C上の点$\mathrm{P}(X,\ Y)$が点$\mathrm{Q}(x,\ y)$に移るとする。このとき，X, Yはx, y, θにより，

$X=x\cos\theta+y\sin\theta$, $Y=-x\sin\theta+y\cos\theta$ …… ① と表すことができる。

また，点PはC上にあるから　　$2X^2+XY+2Y^2-15=0$ …… ②

①, ② から求めたx, yの関係式が楕円Dの方程式である。この方程式において，xyの項の係数が0になるとき，方程式は $Ax^2+By^2=1$ の形になるから，Dの長軸と短軸は座標軸と重なる。このとき　　$\theta=\dfrac{\pi}{\boxed{\text{エ}}}$

以上から，求めるa, b, c, fの値の組み合わせの1つは

$$a=\frac{1}{\boxed{\text{オカ}}},\quad b=0,\quad c=\frac{1}{\boxed{\text{キ}}},\quad f=-1$$

であることがわかる。

［1］ (1) $a=2$, $d=-10$, $f=0$ のとき，方程式は

$$2x^2+by^2+cx-10y=0 \quad\cdots\cdots ①$$

図1に表示されている楕円について，x軸との交点，y軸との交点，長軸がx軸に平行であることに注目する。

① において $y=0$ とすると

$$2x^2+cx=0 \quad すなわち \quad x(2x+c)=0$$

図1の楕円は，x軸との交点のx座標が0と負の値であるから　　$-\dfrac{c}{2}<0$　　よって　　$c>0$

⇐x軸との交点について調べるために $y=0$ を代入する。

① において $x=0$ とすると

$$by^2-10y=0 \quad すなわち \quad y(by-10)=0$$

図1の楕円は，y軸との交点のy座標が0と正の値であるから，$b\neq0$ であることに注意して

$$\frac{10}{b}>0 \qquad よって \qquad b>0$$

⇐y軸との交点について調べるために $x=0$ を代入する。

⇐$b=0$ とするとy軸との交点が2つあることに反する。

① を変形すると　　$2\left(x+\dfrac{c}{4}\right)^2+b\left(y-\dfrac{5}{b}\right)^2=\dfrac{c^2}{8}+\dfrac{25}{b}$

$b>0$ であるから　　$\dfrac{c^2}{8}+\dfrac{25}{b}>0$ …… ②

⇐両辺を $\dfrac{c^2}{8}+\dfrac{25}{b}$ で割るために，$\dfrac{c^2}{8}+\dfrac{25}{b}$ が0でないことを確認。

ゆえに　　$\dfrac{\left(x+\dfrac{c}{4}\right)^2}{\dfrac{1}{2}\left(\dfrac{c^2}{8}+\dfrac{25}{b}\right)}+\dfrac{\left(y-\dfrac{5}{b}\right)^2}{\dfrac{1}{b}\left(\dfrac{c^2}{8}+\dfrac{25}{b}\right)}=1$ …… (*)

楕円の長軸はx軸に平行であるから

$$\frac{1}{2}\left(\frac{c^2}{8}+\frac{25}{b}\right)>\frac{1}{b}\left(\frac{c^2}{8}+\frac{25}{b}\right)$$

⇐楕円 $\dfrac{x^2}{a^2}+\dfrac{y^2}{b^2}=1$ において，$a>b$ のとき，長軸はx軸に平行である。すなわち，横に長い楕円となる。

② から　　$\dfrac{1}{2}>\dfrac{1}{b}$　　ゆえに　　$b>2$

以上から　　$b>2$, $c>0$

⓪～⑦の中で，これらの不等式を満たすものは

④　$b=4$, $c=9$ だけである。(ア④)

(2) $a=2$, $b=4$, $d=-10$, $f=0$ のとき，方程式は

$$2x^2+4y^2+cx-10y=0$$

整理すると $\dfrac{\left(x+\dfrac{c}{4}\right)^2}{\dfrac{1}{2}\left(\dfrac{c^2}{8}+\dfrac{25}{4}\right)}+\dfrac{\left(y-\dfrac{5}{4}\right)^2}{\dfrac{1}{4}\left(\dfrac{c^2}{8}+\dfrac{25}{4}\right)}=1$ …… ③

⇐(＊)で，$b=4$ とすればよい。

$\dfrac{1}{2}\left(\dfrac{c^2}{8}+\dfrac{25}{4}\right)>0$, $\dfrac{1}{4}\left(\dfrac{c^2}{8}+\dfrac{25}{4}\right)>0$,

$\dfrac{1}{2}\left(\dfrac{c^2}{8}+\dfrac{25}{4}\right)\neq\dfrac{1}{4}\left(\dfrac{c^2}{8}+\dfrac{25}{4}\right)$ であるから，③ は楕円を表す。

(イ ⓪)

また，$a=2$, $c=9$, $d=-10$, $f=0$ のとき，方程式は

$$2x^2+by^2+9x-10y=0 \quad \cdots\cdots ④$$

[1] $b=0$ のとき

④ に $b=0$ を代入して整理すると $y=\dfrac{1}{5}x^2+\dfrac{9}{10}x$

この方程式が表す曲線は放物線である。

[2] $b>0$ のとき

④ を整理すると

$$\frac{\left(x+\frac{9}{4}\right)^2}{\frac{1}{2}\left(\frac{81}{8}+\frac{25}{b}\right)}+\frac{\left(y-\frac{5}{b}\right)^2}{\frac{1}{b}\left(\frac{81}{8}+\frac{25}{b}\right)}=1 \quad \cdots\cdots ⑤$$

⇐(＊)で，$c=9$ とすればよい。

(i) $b=2$ のとき

⇐⑤ の左辺の各項の分母が等しい場合と，そうでない場合で分けて考える。

⑤ に $b=2$ を代入して整理すると

$$\left(x+\frac{9}{4}\right)^2+\left(y-\frac{5}{2}\right)^2=\frac{181}{16}$$

この方程式が表す曲線は円である。

(ii) $b\neq2$ すなわち $0<b<2$, $2<b$ のとき

⑤ において，$\dfrac{1}{2}\left(\dfrac{81}{8}+\dfrac{25}{b}\right)>0$, $\dfrac{1}{b}\left(\dfrac{81}{8}+\dfrac{25}{b}\right)>0$,

$\dfrac{1}{2}\left(\dfrac{81}{8}+\dfrac{25}{b}\right)\neq\dfrac{1}{b}\left(\dfrac{81}{8}+\dfrac{25}{b}\right)$ であるから，

この方程式が表す曲線は楕円である。

以上から，b の値だけを $b\geqq0$ の範囲で変化させたとき，座標平面上には楕円，円，放物線が現れ，他の図形は現れない。

(ウ ②)

［2］ $X=x\cos\theta+y\sin\theta$, $Y=-x\sin\theta+y\cos\theta$ …… ①

$2X^2+XY+2Y^2-15=0$ …… ②

⇐① の求め方は，数学C重要例題 124 を参照。

① を ② に代入すると

$$2(x\cos\theta+y\sin\theta)^2+(x\cos\theta+y\sin\theta)(-x\sin\theta+y\cos\theta)$$
$$+2(-x\sin\theta+y\cos\theta)^2-15=0$$

展開して整理すると

$$(2\cos^2\theta-\sin\theta\cos\theta+2\sin^2\theta)x^2+(\cos^2\theta-\sin^2\theta)xy$$
$$+(2\sin^2\theta+\sin\theta\cos\theta+2\cos^2\theta)y^2=15$$

⇐$\sin^2\theta+\cos^2\theta=1$
2 倍角の公式
$\sin2\theta=2\sin\theta\cos\theta$
$\cos2\theta=\cos^2\theta-\sin^2\theta$

よって

$$\left(2-\frac{\sin 2\theta}{2}\right)x^2+\cos 2\theta xy+\left(2+\frac{\sin 2\theta}{2}\right)y^2=15 \quad \cdots\cdots ③$$

xy の項の係数が 0 になるとき　　$\cos 2\theta=0$

条件より，$0<2\theta \leqq \pi$ であるから　　$2\theta=\dfrac{\pi}{2}$

よって　　$\theta=\dfrac{\pi}{{}^{エ}\mathbf{4}}$

これを ③ に代入すると　　$\left(2-\dfrac{1}{2}\right)x^2+\left(2+\dfrac{1}{2}\right)y^2=15$

よって　　$\dfrac{x^2}{10}+\dfrac{y^2}{6}=1$

ゆえに，求める a，b，c，f の値の組み合わせの 1 つは

$$a=\frac{1}{{}^{オカ}\mathbf{10}},\ b=0,\ c=\frac{1}{{}^{キ}\mathbf{6}},\ f=-1$$

inf. 曲線 $E: ax^2+bxy+cy^2=h$ $(b \neq 0)$ を，原点を中心として角 θ だけ回転する場合を考えてみよう。このとき，E 上の点 $\mathrm{P}(X,\ Y)$ が点 $\mathrm{Q}(x,\ y)$ に移るとすると，上の解答と同様，X，Y は ① のように表される。

また，点 P は E 上にあるから　　$aX^2+bXY+cY^2=h$

これに ① を代入すると

$$a(x\cos\theta+y\sin\theta)^2+b(x\cos\theta+y\sin\theta)(-x\sin\theta+y\cos\theta)$$
$$+c(-x\sin\theta+y\cos\theta)^2=h$$

整理すると　　$(a\cos^2\theta-b\sin\theta\cos\theta+c\sin^2\theta)x^2$

$$+\{2(a-c)\sin\theta\cos\theta+b(\cos^2\theta-\sin^2\theta)\}xy$$
$$+(a\sin^2\theta+b\sin\theta\cos\theta+c\cos^2\theta)y^2=h$$

xy の項の係数が 0 になるとき　　$2(a-c)\sin\theta\cos\theta+b(\cos^2\theta-\sin^2\theta)=0$

すなわち　　$(a-c)\sin 2\theta+b\cos 2\theta=0$

$b \neq 0$ から　$a=c$ のとき　$\cos 2\theta=0$

$-\pi<2\theta \leqq \pi$ とすると，$2\theta=\pm\dfrac{\pi}{2}$ から　$\theta=\pm\dfrac{\pi}{4}$

$a \neq c$ のとき　$\tan 2\theta=\dfrac{b}{c-a}$

よって　[1]　$a=c$，$b \neq 0$ のとき　　$\theta=\pm\dfrac{\pi}{4}$

[2]　$a \neq c$，$b \neq 0$ のとき　　$\tan 2\theta=\dfrac{b}{c-a}$ を満たす角 θ

のように θ をとると，原点を中心とする角 θ の回転により，曲線 E の xy の項を消すことができる。

※解答・解説は数研出版株式会社が作成したものです。

発行所
数研出版株式会社

〒101-0052 東京都千代田区神田小川町２丁目３番地３
〔振替〕00140-4-118431
〒604-0861 京都市中京区烏丸通竹屋町上る大倉町205番地
〔電話〕代表(075)231-0161
ホームページ https://www.chart.co.jp
印刷 寿印刷株式会社
乱丁本・落丁本はお取り替えします。 240905